FORTSCHRITTE DER BOTANIK

BEGRÜNDET VON FRITZ VON WETTSTEIN

HERAUSGEGEBEN VON

ERWIN BÜNNING · HEINZ ELLENBERG
TÜBINGEN ZÜRICH

KARL ESSER · HERMANN MERXMÜLLER
BOCHUM MÜNCHEN

PETER SITTE
HEIDELBERG

IN ZUSAMMENARBEIT MIT ZAHLREICHEN FACHKOLLEGEN
UND BOTANISCHEN GESELLSCHAFTEN

SIEBENUNDZWANZIGSTER BAND
BERICHT ÜBER DAS JAHR 1964

SPRINGER-VERLAG BERLIN HEIDELBERG GMBH 1965

ISBN 978-3-662-42755-2 ISBN 978-3-662-43032-3 (eBook)

DOI 10.1007/978-3-662-43032-3

Ursprünglich erschienen bei Springer-Verlag Berlin · Heidelberg 1965

Softcover reprint of the hardcover 1st edition 1965

Library of Congress Catalog Card Number 33-15850

Titel-Nr. 4831

Vorwort

Die von Jahr zu Jahr wachsende Zahl der Veröffentlichungen macht es immer schwieriger, dem ursprünglichen Ziel der „Fortschritte der Botanik" gerecht zu werden. Herausgeber und Verlag hoffen, diese Schwierigkeit durch einige Änderungen verringern zu können. Zu den Änderungen, mit denen im vorliegenden Band begonnen wird, gehört eine neue Aufgliederung der Gebiete, das Hinzuziehen weiterer Mitherausgeber und der Entschluß, den Umfang künftig durch noch stärkeres Sieben des zu bewältigenden Stoffes einzuschränken. Was als „Fortschritt", was als wichtig für jeden Botaniker gelten darf, muß sich mehr an der Aufnahmefähigkeit des Lesers orientieren als an dem Wunsch, das eigene Forschungsgebiet möglichst umfassend berücksichtigt zu sehen.

Die Neugestaltung erfordert begreiflicherweise eine gewisse Übergangszeit. Darum bitten Herausgeber und Verlag die Leser, den jetzt vorliegenden Band, auch hinsichtlich des leider noch zu großen Umfangs, als eine Übergangslösung zu betrachten. Der Entschluß, der angewandten Botanik keinen besonderen Abschnitt mehr einzuräumen, konnte ebenfalls noch nicht ganz verwirklicht werden. Dieser Entschluß ist uns schwer gefallen; denn wir sind überzeugt, daß auch den auf die Anwendung gerichteten Teilen der Botanik große wissenschaftliche Bedeutung zukommt. Es hat sich aber als unmöglich herausgestellt, der angewandten Botanik im Rahmen eines angemessenen Bandumfanges auch nur annähernd gerecht zu werden. Das müßte auf andere Weise geschehen, z. B. durch eine eigene Reihe von Fortschrittsberichten.

Die Herausgeber

Inhaltsverzeichnis

---

[1] Der Beitrag entfällt in diesem Band.

[1] Der Beitrag entfällt in diesem Band.

Die Abschnitte sind wie folgt redigiert: A von P. SITTE, B von E. BÜNNING, C von K. ESSER, D von H. MERXMÜLLER und E von H. ELLENBERG.

A. Anatomie und Morphologie

1. Morphologie und Entwicklungsgeschichte der Zelle

Von Lothar Geitler und Elisabeth Tschermak-Woess, Wien

Bakterien. Daß die Nucleoide der Bakterien keine einfachen, homogenen Gebilde sind, sondern eine bestimmte Feinstruktur besitzen, die mit jener der Chromosomen der Karyonten bis zu einem gewissen Grad vergleichbar ist, war schon längere Zeit offenbar. Im Unterschied zu früheren Versuchen den Feinbau aufzuklären, ist die von Fuhs gegebene Interpretation elektronenmikroskopischer Bilder aufgrund der Untersuchung von *Bacillus subtilis* und *Escherichia coli*, die von besseren methodischen und theoretischen Voraussetzungen ausgeht, erfolgversprechender. Es wurden auch sämtliche Bilder von Nucleoiden aus gut wachsenden Kulturen, in denen sich die Nucleoide dauernd in Teilung befinden, ausgewertet, ohne daß, wie früher, höher geordnet erscheinende und leichter deutbare ausgewählt wurden[1]. Zusammen mit älteren Befunden (Fortschr. Bot. **24**, 2) läßt sich nunmehr feststellen, daß das Nucleoid aus einem einzigen sog. „Bakterienchromosom" besteht, das ± zusammengeballt oder nahezu über die ganze Zelle ausgebreitet ausgebildet sein kann. Das DNS-Material liegt in einer – im einzelnen wechselnden – Ordnung, d. h. in verschiedenen Mustern parallel laufender, ± gebündelter fädiger Strukturen vor, doch geht die Ordnung nie so weit wie bei den Chromosomen der Karyonten. Im wesentlichen besteht das Nucleoid aus einem DNS-Molekül bzw. dem Replikationsstadium eines solchen. Eine Gleichsetzung dieser Struktur mit der von Chromosomen, auch den angeblich ähnlichen von Dinoflagellaten (vgl. dazu Fortschr. Bot. **24**, 2, 3; **25**, 1) lehnt Fuhs – nach Meinung des Referenten mit vollem Recht – ab, weil die Fadenmuster viel zu variabel sind und die höhere Ordnung in Chromosomen nie erreichen. „Die ununterbrochen und nebeneinander verlaufenden Prozesse der DNS-Replikation und Nucleoidteilung werden als Ursache für eine fortwährende Umordnung des Nucleoidmaterials angenommen". Der Terminus „Bakterienchromosom" ist nur im Sinn einer funktionellen Einheit verwendbar.

Cyanophyceen. Nach Pankow und Martens treten in den Hormogonien von *Nostoc* Längsteilungen der Zellen auf. Gemeint sind die

[1] Die Erscheinung der „Dauerteilung" ist in gewissem Sinn nur mit dem Verhalten mancher Cyanophyceen in hoher Teilungsfrequenz vergleichbar, bei denen die nächste oder übernächste Teilung beginnt, bevor die vorangehende beendet ist, — eine Erscheinung, die bei Karyonten ihrer Organisation nach unmöglich ist; allerdings ist der Chromatinapparat der Cyanophyceen ein komplexes („polyenergides") Gebilde.

altbekannten, aber von den Autoren mißverstandenen Stauchungen, die unter Drehung der Längsachse der Zellen die Querwände als Längswände erscheinen lassen; es handelt sich um keine geometrische, sondern um eine morphologische Frage, und daß keine Längsteilungen vorliegen, ergibt sich unmittelbar aus der späteren Abrollung des Zellverbands zu einem einreihigen Faden. – Die Thylakoide im Chromatoplasma des in *Geosiphon* lebenden *Nostoc* sind sehr wenig orientiert, erscheinen unregelmäßig verzweigt und erweisen sich stellenweise als Einstülpungen der Plasmamembran (der Plasmagrenzschichte, des „Plasmalemmas"); möglicherweise entstehen sie aus ihr [SCHNEPF (1)], wie dies auch PANKRATZ und BOWEN annehmen. Bei der von ECHLIN untersuchten *Microcystis* liegen die Thylakoide ziemlich genau parallel zur Zelloberfläche orientiert. Nach allem zeigt sich, daß das Chromatoplasma in dieser Hinsicht sich recht verschieden verhält, wie es ja auch artspezifisch streng peripher lokalisiert sein kann oder den zentralen Zellraum mehr oder weniger durchsetzt. Ein Sonderfall ist gegeben, wenn in ihm Gasvacuolen auftreten und es sich in Einzelteile gliedert (vgl. den Abschnitt „Plastiden"). – Während die in den Zellen des Pilzes *Geosiphon* symbiotisch lebende *Nostoc*-Art wie freilebende Blaualgen eine Zellwand besitzt, die sich auch el.-m. nachweisen läßt [SCHNEPF (1)], bestätigt die el.-m. Untersuchung der Blaualgen-artigen Cyanelle des Flagellaten *Cyanophora* den lichtmikroskopischen Befund, daß ihr eine Zellwand fehlt und ihre Organisation auch sonst, abgesehen vom charakteristischen Bau des Chromatoplasmas, dem Bau freilebender Cyanophyceen nicht genau entspricht (HALL und CLAUS). Der große zentrale, homogene Körper bleibt rätselhaft, der „halo" der Autoren, in dem er liegt, ist in den el.-m. Bildern gegenüber dem Zustand im Leben exzessiv artifiziell vergrößert; in diesem substanzarmen Bereich eine Art von Zellkern und in dem riesigen zentralen Kugelkörper, dessen Durchmesser (im Leben) $^1/_3$ bis fast $^1/_2$ des Zelldurchmessers beträgt und der keinerlei Metabolie zeigt, einen Nucleolus sehen zu wollen, erscheint, wie andere ad hoc-Spekulationen der Autoren, ungenügend fundiert.

Karyonte Protisten. Mehrere Untersuchungen, die in vorbildlicher Weise licht- und el.-m. Methoden in gegenseitiger Ergänzung verwenden, zeigen, daß die karyonten Algen grundsätzlich mit den höheren Pflanzen cytologisch übereinstimmen: dies gilt z. B. für den Zusammenhang der zweischichtigen Kernmembran mit dem end. Ret., den Bau der Golgikörper, der Mitochondrien u. a. m., obwohl sich gewisse systematisch wichtige Gruppenmerkmale abzuzeichnen beginnen [MANTON (1, 3, 4), LEEDALE, MEUUSE und PRINGSHEIM, ETTL u. MANTON; auch DRUM and PANKRATZ für Diatomeen, WELLS für Basidiomyceten]. Charakteristische Unterschiede ergeben sich auch aus dem Feinbau der Geißelbasen [MANTON (2)]. ETTL u. MANTON schildern die Teilung des merkwürdigen Flagellaten *Pedinomonas*, der asymmetrischen Bau und eine Schubgeißel besitzt, aber sonst mit Chlorophyceen übereinstimmt: die Cytokinese beginnt an der Stelle des seitenständigen Chromatophors, an der der Augenfleck liegt, der zusammen mit dem Pyrenoid durchgeteilt wird. – Das übliche el.-mikr. Bild finden CHAMBERS u. MERCER auch bei *Chara*:

doppelte Kernwand mit Poren, Verbindungen mit dem end. Ret., angeblich auch mit den Plastiden und Mitochondrien; die interessante Frage, wie sich das end. Ret. einerseits im unbewegten Außenplasma, andererseits im strömenden Innenplasma verhält und wie der „Grenzübertritt" stattfindet, bleibt unbeantwortet: el.-mikr. findet sich praktisch kein Unterschied (was nur bedeuten kann, daß das Fixierungsbild trügt). Die *Fragmente endopolyploider* Kerne in den Internodienzellen halten die Autoren in völliger Unkenntnis der Literatur für „Kerne", wodurch auch das Wachstumsgeschehen (PEEBLES, MERCER u. CHAMBERS) in falschem Licht erscheint.

El.-m. Untersuchungen an *Nitzschia* ergeben, daß die sog. Plättchen und Doppelplättchen der Diatomeen, die schon früher als allgemein verbreitet erkannt wurden (Fortschr. Bot. **15**, 2) und mit großer Wahrscheinlichkeit für Golgikörper (Dictyosomen) gehalten werden konnten (Fortschr. Bot. **25**, 4), tatsächlich solche von typischem Bau sind (DRUM). Das Pyrenoid erscheint in diesem Fall von einer eigenen Membran umgeben (in anderen Algengruppen nicht), in seiner Nähe, wenn auch nicht ausschließlich hier, werden kleine Öltropfen gebildet (*im* Chromatophor, nicht zu verwechseln mit den bekannten außerhalb liegenden großen Ölkörpern). Auch bei *Cymbella affinis* ist das Pyrenoid mit einer Membran versehen und ist, wie bei vielen Diatomeen schon licht-m. nachgewiesen, zweiteilig. Der Bau ist artspezifisch, wie dies GIBBS (1) auch für andere Algengruppen el.-m. bestätigt hat. Mit einer Membran versehene Pyrenoide gibt es auch noch bei anderen, aber nicht bei allen Diatomeen (DRUM and PANKRATZ), Golgikörper treten bei den untersuchten Arten perinucleär auf (bei *Synedra* ist aber ein die Zelle der Länge nach durchziehendes Plattenband vorhanden; Fortschr. Bot. **13**, 1); die doppelschichtige, perforierte Kernmembran zeigt die gleiche Ausbildung wie bei anderen Organismen; in der Raphe ließ sich niemals Plasma nachweisen. – Die zentrische Diatomee *Cylindrotheca* bildet nur partiell verkieselte Schalen, ist in dieser Hinsicht also aberrant, so daß es fraglich erscheint, ob die el.-m. Befunde REIMANNs verallgemeinert werden können: die Ablagerung der Kieselsubstanz erfolgt im Protoplasten u. zw. unterhalb des Plasmalemmas; wie sie nach außen gelangt, bleibt noch unklar, jedenfalls ist es bemerkenswert, daß auch die Kieselplättchen (und andere Plättchen) gewisser Flagellaten intracellulär entstehen (Fortschr. Bot. **24**, 3, 4).

Eingehende Beobachtungen über die Wand- und Lappenbildung bei *Micrasterias* teilt KIERMAYER mit: an den prospektiven Lappeneinschnitten der jungen Halbzelle treten negative Plasmolyseorte auf, hier erfolgt minimale – nicht wie in anderen Fällen gesteigerte – Wandsubstanzanlagerung; auch starke Plasmolyse stört das Formbildungsvermögen nicht wesentlich, nach Deplasmolyse wird das Wachstum annähernd normal fortgesetzt; bei schwacher Turgorentspannung ist bereits am Septum das Muster der Lappenanlagen erkennbar. – Für zwei Discomyceten bestätigt SCHRANTZ frühere Beobachtungen (Fortschr. Bot. **25**, 3), daß die Querwände eine zentrale Pore besitzen, durch die die benachbarten Protoplasten miteinander in Verbindung stehen. Zum Bericht des

Vorjahrs (Fortschr. Bot. **26**, 3) über den Feinbau der Hefezelle bringt HAGEDORN Ergänzungen: die Mitose erfolgt wie bei anderen Ascomyceten intranucleär, die Mitochondrien zeigen im Zusammenhang mit Milieueinflüssen sehr variable Strukturen, die Plasmamembran und auch das end. Ret. ist wie bei anderen Pflanzenzellen ausgebildet. – Die Meiose des Basidiomyceten *Cyathus* läuft nach LU wie bei höheren Pflanzen ab, das Vorkommen von Quadrivalenten und sekundärer Paarung deutet darauf hin, daß es sich um eine tetraploide Art handelt ($n = 12$); die Bildbelege sind allerdings nur Photographieen und zu stark vergrößert, daher unanschaulich.

Plastiden. Der Vergleich des Doppellamellenbaus der Plastiden verschiedener Algengruppen ergibt gewisse Unterschiede: so liegen die Thylakoide bei den Cryptophyceen als Stapeln zu zweit, bei den untereinander nicht näher verwandten Chryso-, Dinophyceen und Diatomeen zu dritt, bei den Euglenen und Chlorophyceen zu 2. bis 6., bei den Rhodophyceen aber einzeln [GIBBS (2)]; da allerdings nur Stichproben vorliegen, ist es fraglich, ob die Ergebnisse endgültig sind, zumal auch die verschiedenen Lebenszustände der Zellen, die Veränderungen hervorrufen könnten, nicht berücksichtigt erscheinen. Die Tatsache, daß sich anscheinend die Rotalgen durch ihre isoliert liegenden Thylakoide von anderen Karyonten unterscheiden, bildet ein weiteres Differentialmerkmal. MENKE sieht darin aber eine bemerkenswerte Übereinstimmung mit den Cyanophyceen und denkt, auch im Hinblick auf die gemeinsamen Phykobiline, an eine engere phylogenetische Beziehung (l. c. S. 340). Die gleichen Farbstoffe kommen aber auch bei anderen Karyonten vor, und nicht ganz unwesentlich dürfte ja sein, daß die isolierten Thylakoide im einen Fall in einer Plastide, im anderen in keiner Plastide auftreten (und im einen Fall ein Zellkern, im andern kein Zellkern vorhanden ist). Es scheint nicht empfehlenswert, morphologisch-entwicklungsgeschichtlich gut fundierte Begriffe der Lichtmikroskopie zu entwerten und sozusagen zu atomisieren, indem man an ihre Stelle ihre Bauelemente setzt; das liefe auf dasselbe hinaus, wie wenn man eine Blüte allein mit Hilfe ihrer Zellen beschreiben wollte. Daß die Thylakoide im Chromatoplasma der Cyanophyceen nicht gestapelt sind, steht aber aufgrund zahlreicher Beobachtungen fest (vgl. a. S. 2). Daher ist es irreführend, wenn JOST für *Oscillatoria rubescens* Stapel angibt. In Wirklichkeit ist das Chromatoplasma solcher Oscillatorien, wie längst bekannt, zerklüftet, die Chromatoplasmateile zwischen den Lücken sind keine Stapeln, sondern jeder Teil für sich ebenso gebaut wie andere Chromatoplasmen. Die auffallende Unterbrechung des Chromatoplasmas hängt im besonderen bei *O. rubescens* offenbar auch mit der Bildung von Gasvacuolen zusammen, deren Existenz dem Autor völlig entgangen zu sein scheint, da er sie überhaupt nicht erwähnt; daher bleibt es auch unklar, was die von ihm beschriebenen sonstigen Inhaltskörper oder Organellen, z. B. die „Hohlspindeln", eigentlich sind.

Eine merkwürdige licht-m. sichtbare „helicoidale "Struktur fanden WARTENBERG u. DORSCHEID in dem axilen plattenförmigen Chromatophor von *Mesotaenium:* vom zentralen Pyrenoid gehen windmühlenflügelartig Lamellen aus, die farblos sein sollen und sich zwischen die gefärbten Lamellen einschalten; das Pyrenoid umgeben in der Art der Pyrenoidstärke anderer Conjugaten „discoidale Elemente", die aber nicht Stärke sein sollen und denen grüne Eigenfärbung zugesprochen wird. Bei einem anderen *Mesotaenium* ist von einer helicoidalen Struktur nichts zu sehen (CHARDARD), im Chromatophor sind, wie auch bei *Penium* (und wie von anderen Desmidiaceen schon l.-m. bekannt) Grana ausgebildet, die allerdings nicht genau gleich wie die der Metaphyten gebaut sind; ähnliche Grana gibt es nach WYGASCH auch bei *Haematococcus*. – Das Pyrenoid von *Scenedesmus* scheint el.-m. völlig einheitlich (nicht sectorial-mehrteilig), obwohl es von mehreren Stärkekörnern bedeckt wird – zweiteilige Pyrenoide anderer Algen besitzen dagegen zwei Stärkeschalen – und es ist von keiner Eigenmembran umhüllt [BISALPUTRA u. WEIER, ähnlich schon GIBBS (1)]. Es entsteht im Stroma des Chromatophors, dessen Lamellen auseinanderweichen. Die Stärke bildet sich in unmittelbarere Berührung mit der Pyrenoidsubstanz, später können Stärkekörner durch sich einschiebende Chromatophorenlamellen von ihr getrennt werden und können schließlich als Stromastärke erscheinen; doch ist es unwahrscheinlich, daß die gesamte Stromastärke auf diese Weise entsteht, wie dies vor langer Zeit TIMBERLAKE annahm. Im Unterschied zu *Scenedesmus* ist das Pyrenoid von *Mesotaenium* und *Penium* nach CHARDARD entsprechend der Vielzahl der Stärkekörner sectorialmehrteilig, d. h. wird von entsprechend vielen Lamellen bzw. Lamellenbündeln durchsetzt, und jeder Pyrenoidteil bildet, wie eigentlich zu erwarten, für sich ein Stärkekorn. Bei homogenen Pyrenoiden wäre eine homogene Stärkehülle zu erwarten, was nach l.-m. Beobachtungen auch oft zutrifft; ist, wie bei *Scenedesmus*, die Stärkehülle dennoch zerteilt, so handelt es sich offenbar um ein zufälliges Geschehen; Übereinstimmung zwischen Bau des Pyrenoids und der Hülle besteht auch bei *Pedinomonas* (ETTL u. MANTON). Am auffallendsten tritt die Übereinstimmung in Erscheinung, wenn das mehrteilige Pyrenoid in seine Einzelteile zerfällt und jeder Teil für sich eine Stärkekalotte bildet, wie dies ältere Beobachtungen an *Pyramidomonas montana* und *Anthoceros* zeigen.

Sog. „amöboide", ± fadenförmige Chromoplasten, d. h. solche, die wie Mitochondrien formveränderlich sind, beschreibt STEFFEN von einigen Angiospermen; sie können aus farblosen oder ergrünten Proplastiden oder sekundär aus Chloroplasten hervorgehen; STEFFEN u. RECK beschreiben die Genese bei *Daucus*[1].

Somatische Polyploidie, Endomitose. Die Endomitosetätigkeit wird – wahrscheinlich vorwiegend indirekt – von verschiedenen Faktoren beeinflußt. Die schon von *Kalanchoë* bekannte Abhängigkeit von den Lichtverhältnissen und vom Heteroauxinspiegel (Fortschr. Bot. **15**, 9) zeigt sich auch bei *Bryophyllum crenatum:* Das Blattmesophyll wird im

[1] Spezielle Probleme des Feinbaus der Plastiden, so die Problematik der Struktur der Grana und ihrer Beziehung zu den Zwischenbereichen und der Vermehrung der Thylakoide, die sich in intensiver Bearbeitung befinden [vgl. z. B. WEHRMAYER (1, 2) und die dort zitierte Lit.], können in diesem Rahmen nicht behandelt werden.

Kurztag maximal 64-ploid (vielleicht auch noch höher), im Langtag höchstens 16-ploid; bemerkenswerterweise verhalten sich Achse und Blattstiel gerade umgekehrt (RESENDE et alii, RESENDE u. CATARINO). Die von den Autoren angenommene Korrelation zwischen gesteigertem endomitotischem Wachstum und zunehmendem Organalter bzw. Verminderung der Gesamtwachstumsrate trifft zumindest nicht allgemein zu, denn in vielen Fällen – besonders deutlich bei einer Reihe von Früchten (LAUBER in Fortschr. Bot. **12**, 4) – wirkt sich die endomitotische Zellvergrößerung viel auffälliger auf das Gesamtwachstum aus als die Zellvermehrung und außerdem verhalten sich verschiedene Gewebe und Zellen eines Organs verschieden[1]. Bei *Beta vulgaris* stellen sich bei stärker beregneten Pflanzen höhere Endopolyploidiegrade in Blattmesophyll und Epidermis ein als bei schwächer beregneten [BUTTERFASS (1)]. Erwartungsgemäß ist der Grad der Endopolyploide auch genabhängig: bei bestimmten Trisomen ($2\,n$ + II, $2\,n$ + VIII) von *Beta* wird das Schwammparenchym höher endopolyploid als bei den übrigen Trisomen und den rein Disomen und bei der $2\,n$ + VIII-Trisomen sind in der unteren Epidermis des Blattes mehr tetraploide Zellen vorhanden; es tritt also eine gengesteuerte, Dosisabhängige zusätzliche Endopolyploidisierung auf; die Chloroplastenzahl verhält sich – wie schon im Vorjahr berichtet – entsprechend dem Endopolyploidiegrad [BUTTERFASS (2)]. Nach DNS-Messungen von JENSEN ist anzunehmen, daß es bei *Gossypium* bereits im Embryo zur Endopolyploidisierung kommt. Ob die von NUTI RONCHI im Wurzelmeristem von *Pisum* mittels Azaguanin ausgelöste angebliche Endopolyploidisierung tatsächlich mit der spontan zustande kommenden vergleichbar ist – was die Autorin und D'AMATO (2) offenbar annehmen –, muß wohl noch überprüft werden. – Bei *Chrysanthemum*, *Amaryllis*, *Allium cepa*, *Vicia faba* und *Zephyranthes lancasteri* enthält das Endosperm außer triploiden auch polyploide und aneuploide Kerne, was offenbar durchgehend auf Mitosehemmungen, Spindelspaltung und ähnliches zurückgeht, wenn KAPOOR u. TANDON (1–5) z. T. auch Kernfusionen und Endomitosen [letztere wahrscheinlich in dem viel Verwirrung schaffenden Sinn von D'AMATO (1, 2)] als Ursache annehmen[2]. Während allem Anschein nach bei vielen – darunter auch den obengenannten – Angiospermen der Ablauf gehemmter Mitosen in bestimmtem Ausmaß zum normalen Entwicklungsgang des Endosperms gehört (Fortschr. Bot. **24**, 5), stellen sich in degenerierenden Samen von *Chrysanthemum*, *Amaryllis* und *Allium* Mitoseaberrationen in besonders hoher Rate ein. Das (nucleäre) Endosperm von *Anemone nemorosa* zeigt insofern Besonderheiten, als es sich erstens ohne Befruchtung aus dem diploiden sekundären Embryosackkern entwickelt und zur Zeit der Befruchtung des Eis bereits mehrkernig

[1] Nach unseren Erfahrungen spielen sich Endomitosen nur in Zellen ab, die noch meristematische Züge und anscheinend einen gesteigerten Metabolismus besitzen; das Altern der Zellen kann also nicht die alleinige Ursache der Endopolyploidisierung sein. Es ist auch zu bedenken, daß die künstliche Mitosestimulierung, auf der die Folgerungen der Autoren beruhen, erst gewisse Zeit nach Abschluß der Endomitosetätigkeit gelingt.

[2] Daß Kompositen nur einen Samen pro Frucht enthalten, ist KAPOOR u. TANDON anscheinend entgangen!

ist, und zweitens in den wenigen die volle Reife erlangenden Samen einen verschiedenen Entwicklungsgang nimmt; nach der Wandbildung wächst es nämlich seltener unter Ablauf normaler Mitosen und Cytokinesen heran, häufiger so wie in den früher erwähnten Fällen unter Störungen des Kern- und Zellteilungsmechanismus, was zur Polyploidisierung in den zentralen Teilen führt [TRELA (1, 2)]. Auch die Antipoden werden wie bei anderen *Anemone*-Arten im Zuge zusätzlicher Kernteilungen unter Spindelverschmelzung, Vereinigung benachbarter Anaphase- oder Telophasekerne und Bildung von Restitutionskernen polyploid [TRELA (1)]. Die Antipoden von *Triticum* wachsen dagegen unter endomitotischer Polyploidisierung heran (IVANOVSKAYA u. PROKOFIEVA); sie zeigen verschiedene Kernstrukturen ähnlich wie die von *Papaver* (Fortschr. Bot. **19**, 4), darunter auch Riesenchromosomen[1]. – Nachdem es sich also im letzten Jahrzehnt wiederholt gezeigt hat, daß auch bei Angiospermen in endopolyploiden Kernen Riesenchromosomen auftreten, die denen der Dipteren im wesentlichen gleichen, (Fortschr. Bot. **19**ff.) konnten nun AMMERMANN sowie ALONSO u. PÉREZ-SILVA bei einer weiteren Gruppe von Organismen, nämlich den Ciliaten, Riesenchromosomen nachweisen. Diese zeigen – nach den Bildbelegen zu urteilen – bei *Stylonichia muscorum* deutliche Querscheiben, bei der anderen, *mytilus* nahestehenden Art dagegen vielleicht nur einen Scheibenbau vortäuschende Restspiralen, wie sie beispielsweise an den endomitotisch entstandenen Chromosomenbündeln von *Eranthis* beobachtet wurden (HASITSCHKA-JENSCHKE, Fortschr. Bot. **22**, 7).

Feinbau mitotischer und meiotischer Chromosomen. Das noch immer umstrittene alte Problem, ob das Anaphasechromosom 1-, 2-, 4- oder mehrstrangig gebaut ist, behandeln GIMÉNEZ-MARTÍN et alii (1–3) von neuem an *Scilla non-scripta* aufgrund licht-m. Befunde. Sie können vier Stränge – relativ überzeugend – nachweisen, die in zwei Stufenfolgen umeinander gewunden sind; in der Centromerenregion der Prophase- und Metaphasechromosomen soll man vier Stränge, die jeder vier Chromomeren führen, erkennen können. Um ihre Befunde mit den Markierungsversuchen von TAYLOR (Fortschr. Bot. **21**, 5) u. a. in Einklang zu bringen, nehmen die Autoren die Halbchromatide als physiologische Einheit an, die während der Reproduktion der Chromosomensubstanz geschlossen fungiert, unabhängig von der Zahl der Stränge, aus denen sie sich zusammensetzt. TAYLOR (1) baut hingegen seine Hypothese weiter aus, nach der das Chromosom aus einer einzigen Watson-Crick-Doppel-Helix bestehen soll, deren Längshälften an bestimmten Stellen unterbrochen und durch spezifische „linker" verknüpft sind; dadurch soll es möglich sein, daß die einzelnen Teile der Kette bzw. des Chromosoms sich zu verschiedenen Zeiten der interphasischen Syntheseperiode replizieren

[1] Die Bildbelege sind auch in der russischen Originalausgabe und in dieser nicht nur infolge schlechter Reproduktion sehr mangelhaft. Von Dr. L. STEINITZ-SEARS hergestellte und vor mehreren Jahren den Ref. übersandte Originalaufnahmen von *Triticum*-Antipoden zeigen jedoch sehr klar Riesenchromosomen, die allerdings nur in den heterochromatischen Abschnitten streng gebündelt und in den euchromatischen Endabschnitten locker gebaut sind.

(vgl. Fortschr. Bot. **26**, 12). RESCH (1) deutet seine el.-m. Bilder an Kernen von *Crepis* (mit Alk.-Eisessig und Karminessigs. behandelt, was der in der El.-M. herkömmlichen OsO_4-Fixg. ebenso wie in der karyol. Licht-M. im allgemeinen offenbar überlegen ist) im Sinne eines Aufbaus der telophasischen Chromosomen aus vier 0,1–0,2 μ breiten Chromonemata, die zu je zwei umeinander gewunden sind und ihrerseits Bündel von Subchromonemata (die keine Ordnung erkennen lassen) darstellen [vgl. auch RESCH u. PEVELING (2)]. – Ob das strickleiterartige Aussehen der Pachytänbivalente auf einer (licht)optischen Täuschung beruht und ob in Wirklichkeit die gepaarten Chromosomen als ineinander geschobene Spiralen vorliegen – wie RESCH u. PEVELING (1) meinen – muß wohl noch weiter verfolgt werden.

Eu- und Heterochromatin. Die licht.-m. geläufige Tatsache, daß es verschiedenes Heterochromatin und verschiedenes Euchromatin gibt, zeigt sich auch el.-m. [RESCH (2)]; und zwar gibt das l.-m. nicht oder nur andeutungsweise darstellbare Euchromatin von Chromozentrenkernen bei gleichem Chromonemadurchmesser einen viel schwächeren Kontrast als das von Chromonemakernen, und während sich in diesen Eu- und Heterochromatin nur durch die Spiralisierung unterscheiden, ist das Heterochromatin in Chromozentrenkernen dichter und stärker kontrastierbar als das Euchromatin. – Daß das Nucleolus-assoziierte Heterochromatin sich ins Innere der Nucleolen fortsetzt, war bisher zwar für alle Kerne sicher anzunehmen, jedoch nur für endopolyploide belegt; nunmehr weisen es GRANBOULAN u. GRANBOULAN für die Kerne aus der Affenniere el.-m-cytochemisch und autoradiographisch nach.

Die Spezialsegmente Kälte-behandelter *Trillium*-Chromosomen und die Chromozentren der Ruhekerne entsprechen einander in Zahl und Größe, sofern es in den letzteren nicht zur Fusion kommt, was bei Arten mit niedriger Chromosomenzahl und proximalem Heterochromatin relativ häufig eintritt [DYER (1), neben anderen cytogenetischen Daten]. Gelegentlich verhalten sich offenbar auch die an die heterochromatischen (= H-)Segmente anschließenden euchromatischen z. T. allocyclisch; außerdem bleibt in Chromosomenarmen, die viele oder lange H-Segmente enthalten, die Kälte-bedingte Überkontraktion des Euchromatins aus oder sie geht sogar in eine leichte Verlängerung über [DYER (2), vgl. auch den folgenden Abschnitt].

Konstitution der Chromosomen und DNS. Die angeblich so einzigartigen, weil in der Interphase kondensierten Chromosomen des Dinoflagellaten *Prorocentrum* (welche aber auch für andere Flagellaten und eine Reihe von Tieren charakteristisch sind – „Chromosomenkerne" nach TSCHERMAK-WOESS, Fortschr. Bot. **26**, 16) enthalten nach DODGE zwar DNS, aber k e i n e Proteine und keine RNS; eine Kernmembran fehlt. Wegen dieser und vermeintlicher weiterer Parallelen mit dem Bakteriennucleoid das Kernverhalten der Dinophyceen als intermediär zwischen Bakterien und höheren Organismen anzusehen, geht aber sicher zu weit (vgl. auch S. 1). Auch wäre es wichtig, andere Dinophyceen, bei denen eine leichte interphasische Entspiralisierung erfolgt, zum Vergleich heranzuziehen. – Die Ausbildung von Spezialsegmenten in den

Chromosomen kältebehandelter Pflanzen beruht nicht auf einer Unterbindung der DNS-Synthese oder dem Abbau metaboler DNS, was WOODARD u. SWIFT mikrophotometrisch und autoradiographisch nachweisen; sie geht vielmehr offenbar auf eine lokale Veränderung des Spiralisierungsformwechsels (Ausbleiben der Spiralisierung) zurück. In den interphasischen Kernen zeigt sich weder im Bau noch im DNS-Gehalt ein Unterschied gegenüber den nicht behandelten Pflanzen. BOOTHROYD u. LIMA-DE-FARIA kommen zu ähnlichen Resultaten, doch schließen sie die von HAQUE angenommene Möglichkeit eines nachträglichen DNS-Verlustes in den Spezialsegmenten nicht aus [ob nicht sehr kleine Reduktionen auftreten, können auch WOODARD u. SWIFT aus methodischen Gründen nicht entscheiden; vgl. auch DYER (1, 2)]. – Aus der ^{3}H-Thymidin-Markierung während verschiedener Abschnitte der DNS-Synthese-Periode läßt sich bei *Vicia faba* ablesen, daß die Replikation an vielen Stellen des Chromosomensatzes und selbst an mehreren eines einzigen Chromosoms einsetzt und nicht etwa von den Chromosomenenden ausgehend fortschreitet; heterochromatische Teile synthetisieren so wie in anderen Fällen spät (EVANS, s. a. Fortschr. Bot. **26**, 11f.). – Da sich in einer Reihe von Markierungsversuchen ein Schwesterchromatidaustausch gezeigt hatte, ergab sich das Problem, ob dieser durch den radioaktiven Zerfall des Tritiums bzw. die dabei auftretende Strahlung induziert ist. An Gewebekulturen vom Hamster zeigen nun MARIN u. PRESCOTT, daß eine Steigerung der ^{3}H-Thymidin-Dosis und der Inkorporation keine Erhöhung der Austauschrate zur Folge hat: die Austauschvorgänge erfolgen also wahrscheinlich spontan.

DNS, generative Polyploidie und Polynemie. Für das Vorkommen von Agmatoploidie (= Bildung neuer Sippen unter Vermehrung der diffuscentromerischen Chromosomen durch Fragmentation) in der Gattung *Luzula*, welches aufgrund der Größen- und Zahlenverhältnisse sowie des Meioseverhaltens (zuletzt Fortschr. Bot. **25**, 5) von verschiedenen Autoren angenommen wurde, sprechen mikrophotometrische Befunde von HALKKA; zusammen mit denen von MELLO-SAMPAYO (Fortschr. Bot. **25**, 5) belegen sie auch das Auftreten gewöhnlicher Polyploidie. Darüber, ob außerdem noch verschiedene Grade von Polynemie vorhanden sind, lassen sich dagegen nur vage Vermutungen anstellen und die Frage, wieso bei der Agmatopolyploidisierung alle Chromosomen gerade in der Mitte zerbrechen, wurde bisher auch nicht rein hypothetisch befriedigend beantwortet.

Mitosemechanik und Zellplattenbildung. Die Spindel soll auch bei höheren Organismen ebenso oder ähnlich wie bei vielen Protisten nach WADA u. KUSUNOKI (1, 2) intranucleär entstehen und in den mittleren Teilungsstadien von einer aus der Kernmembran hervorgegangenen Spindelmembran umgeben sein. Sowohl diese l.-m. Befunde wie die el.-m. von WADA u. HANAOKA wirken jedoch nicht überzeugend. – Wie sich mit Hilfe der Kinemikrographie des lebenden Endosperms von *Haemanthus* feststellen läßt, verschieben sich im Äquator des Phragmoplasten die Granula, aus denen sich die Zellplatte aufbaut, zusammen mit den ihnen anhaftenden polwärts gerichteten Fasern transversal zuerst dorthin, wo die Zellplatte entsteht, und später zu ihrem Rand. Von diesen Verlagerungen werden auch lange Chromosomenschenkel, Brücken, Fragmente und Mitochondrien ergriffen, soferne sie sich im äquatorialen Bereich befinden (BAJER u. ÖSTERGREN). Aus dem (Streckungs- und Bruch-)Verhalten der Ana- und Telophasebrücken sowie aus der verzögerten bzw. nachher beschleunigten Polwärtsbewegung der Centromeren dizentrischer Chromosomen ergibt sich, daß die Mitosemechanik komplizierter ist, als es in einer einfachen Zugfasertheorie zum Ausdruck kommt (BAJER ebenfalls kinemikrographisch an *Haemanthus*). – Bei *Arundo donax* kann sich in langgestreckten Zellen mit kleinem Querdurchmesser die Metaphaseplatte (infolge der hohen Chromosomenzahl von $2n = 110$) aus Raumgründen nicht senkrecht, sondern nur schräg zur Längsachse der Zelle einstellen; im Zusammenhang damit ist auch die Spindel in bezug auf die Zelle schräg orientiert. Die neue Wand liegt entweder dementsprechend ebenfalls schräg oder infolge nachträglicher Verschiebung der Spindel während der Telophase so wie in den meisten anderen Fällen senkrecht auf die Längsachse der Zelle (PIZZOLONGO).

Meiose, spontane Chromosomenumbauten. Haploide (genauer: diplohaploide) Pflanzen mancher Angiospermen, darunter auch *Beta vulgaris*, zeigen gelegentlich in der Meiose eine Paarung nicht-homologer Chromosomen (zusammenfassend zuletzt KIMBER u. RILEY); in dem FISCHER vorliegenden Material bleibt sie dagegen aus und es spielt sich in den Pollenmutterzellen nur eine einzige Teilung unter unregelmäßiger Verteilung der zuletzt X-förmigen Chromosomen ab. – Ein Stadium der 1. meiotischen Prophase (als Dictyotän bezeichnet) vergleichbar dem auf das Diplotän folgenden diffusen Stadium vieler tierischer Oocyten soll nach DILL auch bei Moosen vorkommen; von einem auffallenden Kern- und Zellwachstum dürfte es – nach den Abbildungen – nicht begleitet sein. MOENS glaubt, daß die klassische Auffassung vom Ablauf der 1. meiotischen Prophase für *Lycopersicon esculentum* und vielleicht auch einige andere Pflanzen nicht zutrifft; es soll vielmehr die Paarung der Homologen in der prämeiotischen Interphase vor sich gehen, auf das Pachytän das sonst als Zygotän aufgefaßte Stadium folgen und in diesem „Schizonema" die partielle Trennung der Homologen einsetzen! Bei *Solanum berhaultii* wird in 13% der PMZ ein Bivalent, dessen Partner sich gelegentlich vorzeitig trennen, in der 1. Metaphase nicht eingeordnet und kommt es infolgedessen zu Störungen in der Verteilung der Chromosomen und vereinzelt zu ihrer Elimination (HAYNES). – Interessante theoretische Erörterungen über das meiotische und somatische crossing over bringt WESTERGAARD[1]. Die Anordnung und Aufteilung der meioti-

[1] Die Annahme WESTERGAARDs, daß die somatische Paarung ein primitives, im allgemeinen auf diploide Sippen von Haplonten beschränktes Merkmal sei, wird sich allerdings wohl nicht halten lassen. Auch die Paarungstendenz, die sich im Zustandekommen der pflanzlichen Riesenchromosomen bzw. im Nichtauseinanderfallen der Endochromosomen (nicht der Homologen!) in den hoch endopolyploiden Kernen im Bereich der Blüte mancher Angiospermen äußert, läßt sich nicht mit einem degenerativen Charakter der betreffenden Zellen in Zusammenhang bringen; diese sind im Gegenteil offensichtlich höchst aktiv; es scheinen vielmehr die besonderen physiologischen Bedingungen in der Blüte ausschlaggebend zu sein.

schen Chromosomenkomplexe bei strukturellen Hybriden mit reziproken Translokationen untersucht RICKARDS an *Allium triquetrum* und behandelt sie von diesem Beispiel ausgehend theoretisch.

Aus dem Meioseverhalten von einem bzw. zwei zusätzlichen Chromosomen bei *Ornithogalum umbellatum*, die bestimmten des normalen Satzes äußerlich gleichen, zieht MESQUITA den allerdings nicht zwingenden Schluß, daß es sich um ein Isochromosom bzw. zwei durch Umbauten gegenüber den normalen veränderte Chromosomen handelt. In einer natürlichen Sippe von *Tradescantia commelinoides*, die statt 14 metazentrischen (wie eine früher beschriebene) nur 12 metazentrische und vier offenbar „echt" telozentrische Chromosomen besitzt, sind die letzteren nach MATTSSON vermutlich durch „misdivision" aus zwei metazentrischen Homologen hervorgegangen; sie verhalten sich im Soma durchgehend, in der Meiose und in der 1. Pollenmitose vorwiegend regulär. VOSA fand in F_1-Sämlingen von *Tradescantia virginiana*-Kreuzungen unter anderen aberranten auch ein telozentrisches Chromosom, wobei die betreffenden Sämlinge nicht von den übrigen abwichen. Es scheint also, daß telozentrische Chromosomen doch eine größere Beständigkeit haben, als man früher annahm. – Einen außerordentlich umbaufähigen Chromosomensatz besitzt – wie schon früher berichtet (zuletzt Fortschr. Bot. **25**, **6**) – *Allium carinatum* (TSCHERMAK-WOESS); dem hochgradigen chromosomalen Polymorphismus dieser Art steht insofern eine gewisse Konstanz gegenüber, als chromosomal einheitliche Riesenklone von weiter Verbreitung auftreten (im vorliegenden Fall in Tirol, Vorarlberg und Liechtenstein).

Ruhekern, Nucleolen, RNS. Die Kerne im Ei und Spermium von *Cycas circinalis* befinden sich nach RAO vor der Befruchtung im Ruhezustand. Nach der Vereinigung soll man das männliche Chromatin an seiner feinfädigen Beschaffenheit vom grobfädigen weiblichen unterscheiden können; es ist aber sehr fraglich, ob es sich überhaupt um Chromatin handelt, da bei anderen Cycadeen in den heranwachsenden Gonenkernen das Chromatin sich kontrahiert und auf einen kleinen feulgenpositiven Fleck beschränkt (die diesbez. Lit. ist dem Autor nicht bekannt, s. Fortschr. Bot. **19**, **15**).

FABBRI lehnt aufgrund licht- und el.-m. Studien die Existenz eines Nucleolonemas ab. Bilder, die man seiner Meinung nach irrtümlich auf fädige Strukturen zurückführen kann, entstehen 1. infolge des Vorhandenseins (oder der Ausfällung ?) kleiner Granula, die licht-m. gerade noch wahrnehmbar, aber nicht richtig auflösbar sind, und 2. infolge der in Wirklichkeit schwammigen bzw. lamellären Beschaffenheit, welche sich im El.-M. an Nucleolen hoher Aktivität zeigt. – Mikronuclei von *Vicia faba* (erzeugt durch Maleinsäurehydrazid-Behandlung) können nur den mitotischen Formwechsel durchlaufen, wenn sie einen Nucleolus an einem echten „nucleolar organizer" enthalten; fehlt ihnen dieser, so werden sie trotz vorangegangener DNS-Synthese pyknotisch (SCOTT u. EVANS). Da während der mittleren Mitosestadien, in denen die Nucleolen abgebaut sind, keine RNS-Synthese (kenntlich am ^{3}H-Cytidin-Einbau) erfolgt und sie erst einsetzt, sobald sich in der späten Telophase wieder an den SAT-Zonen Nucleolen gebildet haben, und da außerdem die Markierung in den Nucleolen viel intensiver ist als die im Chromatin, nimmt DAS an, die Nucleolen wären sehr aktive primäre Zentren der RNS-Produktion; er beachtet jedoch nicht, daß die Nucleolen das Chromatin der SAT-Zone enthalten, die relativ lange unkontrahiert und daher vermutlich physiologisch aktiv bleibt und auch in der Telophase früher und stärker entspiralisiert wird als andere Chromosomenteile. – Während bei *Festuca* die Nucleolen in den Trichocyten größer sind als in den Atrichocyten, zeigen sich bei zwei panicoiden Gramineen erst mit dem Auswachsen der Wurzelhaare entsprechende, jedoch weniger ausgeprägte Unterschiede (BOTHWELL); bei beiden Gruppen bestehen Parallelen zu dem bereits bekannten Muster der Enzymaktivität[1].

In den Kernen der Spermien des Lebermooses *Sphaerocarpus* liegen die 8 Chromosomen hintereinander; an den in Paaren auftretenden Spermatiden (vermutlich Schwesterzellen – Anm. d. Ref.) zeigt sich auch eine paarweise übereinstimmende Reihenfolge (REITBERGER). In den Spermien einer Heuschreckenart ist die Reihenfolge bei gleichfalls linearer Anordnung dagegen beliebig, was von TAYLOR (2) mit Hilfe von Markierungsversuchen anhand des spät synthetisierenden, heterochromatischen X festgestellt wurde.

Verschiedenes. Bei den Zygnemalen wird nach BUER die Schleimhülle vom Protoplasten aus durch die Zellmembran hindurch ausgeschieden, obwohl der Membran Poren fehlen. – Die Siebröhren von *Cucurbita pepo* enthalten lebendes, wenn auch an Organellen verarmtes Plasma (BUVAT). Daß das end. Ret. auch im Lichtmikroskop sichtbar werden kann, glauben DRAWERT u. RÜFFER-BOCK an den lebenden Oberhautzellen der Zwiebelschuppe von *Allium cepa* mit Hilfe von Fluorochromierung gezeigt zu haben; schon früher beobachtete es lichtmikroskopisch HÖLZL am gleichen Objekt und DRAWERT u. MIX an *Micrasterias;* ältere Angaben (s. HÖLZL) beziehen sich wohl auf pathologisch vergröberte Ausbildungen. – Die Eiweißkristalle im Plasma von *Lathraea* liegen nach SCHNEPF (2) in distinkten Eiweißvacuolen, nicht frei im Plasma und nicht in gewöhnlichen Zellsaftvacuolen.

Eine umfassende Übersicht über die intracellulären plasmatischen Membransysteme bringt ein von LOCKE herausgegebenes Symposium; vieles bleibt dabei begreiflicherweise noch problematisch, manches, z. B. die von BELL diskutierte Möglichkeit der Entstehung von Plastiden und Mitochondrien aus der Kernmembran unglaubwürdig bzw. hinsichtlich der Plastiden auch widerlegt. Einen ausgezeichneten kurzen, allgemein verständlichen Überblick über den Feinbau des Protoplasten mit allen seinen Membranen (end. Ret., Mitochondrien, Golgikörper usw.) gibt

[1] Die Trichocyten und Atrichocyten bleiben bei Gramineen — höchstwahrscheinlich ganz allgemein — diploid (TSCHERMAK-WOESS u. HASITSCHKA, Fortschr. Bot. **16**, 9); die Wurzelrinde zeigt dagegen bei *Festuca* und den anderen daraufhin untersuchten Arten praktisch ohne Ausnahme mäßige Grade von Endopolyploidie (HOLZER, TSCHERMAK-WOESS u. DOLEŽAL, Fortschr. Bot. **14**, **7** bzw. **15**, 9), was der Autor bei der Untersuchung der Nucleolen leider nicht berücksichtigt.

RUSKA, wobei besonders auf die enge Verknüpfung von Bau und Funktion hingewiesen und auf die intracellulären Transportwege und -mechanismen näher eingegangen wird.

Literatur

ALONSO, P., and J. PÉREZ-SILVA: Nature (Lond.) **205**, 313—314 (1965). — AMMERMANN, D.: Naturwissenschaften **51**, 249 (1964).

BAJER, A.: Chromosoma **15**, 630—651 (1964). — BAJER, A., and G. ÖSTERGREN: Hereditas **50**, 179—195 (1963). — BISULPATRA, T., and T. E. WEIER: Am. J. Bot. **51**, 881—892 (1964). — BOOTHROYD, E. R., and A. LIMA DE FARIA: Hereditas **52**, 122—126 (1964). — BUER, F.: Flora **154**, 349—375 (1964). — BUTTERFASS, TH.: (1) Ber. dtsch. bot. Ges. **77**, 285—290 (1964); — (2) Z. Bot. **52**, 46—77 (1964). — BUVAT, R.: Port. Acta biol. A. **7**, 249—299 (1963).

CHAMBERS, T. C., and F. V. MERCER: Austral. J. Biol. Sci. **17**, 372—387 (1964). — CHARDARD, R.: Rev. cyt. biol. végét. **27**, 77—93 (1964).

D'AMATO, F.: (1) Caryologia **17**, 41—52 (1964); — (2) Caryologia **17**, 317—325 (1964). — DAS, N. K.: Science **140**, 1231—1233 (1963). — DILL, F. J.: Science **144**, 541—543 (1964). — DODGE, J. D.: Arch. Mikrobiol. **48**, 66—80 (1964). — DRAWERT, H., u. URSULA RÜFFER-BOCK: Ber. dtsch. bot. Ges. **77**, 440—449 (1965). — DRUM, R. W.: J. Cell Biol. **18**, 429—440 (1963). — DRUM, R. W., and H. S. PANKRATZ: Am. J. Bot. **51**, 405—418 (1964). — DYER, A. F.: (1) Cytologia **29**, 155—170 (1964); (2) Cytologia **29**, 171—190 (1964).

ECHLIN, P.: Arch. Mikrobiol. **49**, 267—274 (1964). — ETTL, H. D., u. IRENE MANTON: Nova Hedwigia **8**, 421—451 (1964). — EVANS, H. J.: Exp. Cell Res. **35**, 381—393 (1964).

FABBRI, F.: Caryologia **16**, 715—749 (1963). — FISCHER, H. E.: Biol. Zbl. **83**, 67—69 (1964). — FUHS, G. W.: (1) Arch. Mikrobiol. **49**, 383—404 (1964); (2) Arch. Mikrobiol. **50**, 26—51 (1965).

GIBBS, SARAH, P.: (1) J. Ultrastr. Res. **7**, 247—261, 262—272 (1962). — (2) J. Ultrastr. Res. **7**, 418—435 (1962). GIMÉNEZ-MARTÍN, G., J. F. LÓPEZ-SÁEZ, and A. GONZÁLEZ-FERNÁNDEZ: (1) Cytologia **28**, 381—389 (1963); (2) Experientia (Basel) **19**, 525—526 (1963); (3) Experientia (Basel) **19**, 526—527 (1963). — GRANBOULAN, N., et PH. GRANBOULAN: Exp. Cell Res. **34**, 71—87 (1964).

HAGEDORN, H.: Protoplasma **58**, 250—285 (1964). — HALKKA, OLLI: Hereditas **52**, 81—88 (1964). — HALL, W. T., and G. CLAUS: J. Cell Biol. **19**, 551—563 (1963). — HAQUE, A.: Heredity **18**, 129—133 (1963). — HAYNES, L. F.: J. Heredity **54**, 8—12 (1963). — HÖLZL, J.: Österr. Bot. Z. **111**, 535—553 (1964).

IVANOVSKAYA, E. V., i Z. D. PROKOFIEVA: Doklady Akad. Nauk SSSR **152**, 446—449 (1963), Übersetzung der Nat. Se. Found. 1203—1208 (1964).

JENSEN, W. A.: Brookhaven Symposia Biol. **16**, 179—202 (1964). — JOST, M.: Arch. Mikrobiol. **50**, 211—245 (1965).

KAPOOR, B. M., and S. L. TANDON: (1) Cytologia **28**, 399—408 (1963); — (2) Port. Acta Biol. A **8**, 115—123 (1963/64); — (3) Genetica **35**, 197—204 (1964); — (4) Caryologia **17**, 471—478 (1965); — (5) Phyton (Argent.) **21**, 37—43 (1964). — KIERMAYER, O.: Protoplasma **59**, 76—132 (1964). — KIMBER, G., and R. RILEY: Bot. Rev. (N. Y.) **29**, 480—531 (1963).

LEEDALE, G. F., B. J. MEEUSE u. S. G. PRINGSHEIM: Arch. Mikrobiol. **50**, 68 bis 102 (1965). — LOCKE, M.: Cellular Membranes in Development. The Twenty-second Symposium. Storrs, Conn., June 1963. New York and London; Acad. Press 1964. — LU, B. C.: Chromosoma **15**, 170—184 (1964).

MANTON, IRENE: (1) J. roy. micr. Soc. **82**, 279—285 (1963); — (2) J. exp. Bot. **25**, 399—411 (1963); — (3) J. roy. micr. Soc. **83**, 317—325 (1964); — (4) Arch. Mikrobiol. **49**, 315—330 (1964). — MARIN, G., and D. M. PRESCOTT: J. Cell Biol. **21**, 159—167 (1964). — MATTSON, O.: Bot. Tidsskr. **59**, 195—208 (1963). — MENKE, W.: Ber. dtsch. bot. Ges. **77**, 340—354 (1965). — MESQUITA, J. F.: Bol. Soc. Brot. s. 2a **38**, 119—136 (1964). — MOENS, P. B.: Chromosoma **15**, 231—242 (1964).

NUTI RONCHI, VITTORIA: Atti Ass. Genet. It. **9**, 126—127 (1964).

PANKOW, H., u. BRUNHILDE MARTENS: Arch. Mikrobiol. **48**, 203—212 (1964). — PANKRATZ, H., and C. C. BOWEN: Am. J. Bot. **50**, 387—399 (1963). — PEEBLES, MARIE P., F. V. MERCER, and T. C. CHAMBERS: Austr. J. biol. Sci. **17**, 49—77 (1964). — PIZZOLONGO, P.: Delpinoa **4**, 161—175 (1964).

RAO, L. N.: J. Ind. Bot. Soc. **42**, 319—332 (1963). — REIMANN, B. S.: Exp. Cell Res. **34**, 605—608 (1964). — REITBERGER, A.: Naturwissenschaften **51**, 395—396 (1964). — RESCH, A.: (1) Port. Acta Biol. **8**, s. A 105—114 (1963/64); — (2) Ber. dtsch. bot. Ges. **77**, 134—139 (1964). — RESCH, A., u. ELISABETH PEVELING: (1) Naturwissenschaften **50**, 159—160 (1963); — (2) Z. Naturf. **19**b, 506—513 (1964). — RESENDE, F., and F. M. CATARINO: Port. Acta Biol. A **8**, 1—12 (1963/64). — RESENDE, F., H. F. LINSKENS, and F. M. CATARINO: Rev. Biol. **4**, 101—112 (1964). — RICKARDS, G. K.: Chromosoma **15**, 140—155 (1964). — ROTHWELL, N. V.: Am. J. Bot. **51**, 172—179 (1964). — RUSKA, H.: Mikroskopie **19**, 12—20 (1964).

SCHNEPF, E.: (1) Arch. Mikrobiol. **49**, 112—131 (1964); — (2) Z. Naturf. **19**b, 344—345 (1964). — SCHRANTZ, J.-P.: C. R. Acad. Sci. (Paris) **258**, 3342—3344 (1964). — SCOTT, D., and H. J. EVANS: Exp. Cell Res. **36**, 145—159 (1964). — STEFFEN, K.: Planta **60**, 506—522 (1964). — STEFFEN, K., u. GERTRUD RECK: Planta **60**, 627—648 (1964).

TAYLOR, J. H.: (1) Symposia intern. Soc. Cell Biol. **2**, 161—177 (1963); — (2) J. Cell Biol. **21**, 286—289 (1964). — TRELA, ZOFIA: (1) Acta Biol. Cracov. s. Bot. **6**, 1—14 (1963); — (2) Acta Biol. Crac. s. Bot. **6**, 177—183 (1963). — TSCHERMAK-WOESS, ELISABETH: Österr. Bot. Z. **111**, 159—165 (1964).

VOSA, C. G.: Caryologia **16**, 679—684 (1963).

WADA, B., and A. HANAOKA: Rep. Lib. Arts sc. Fac. Shizuoka Univ. **3**, 235—242 (1964). — WADA, B., and F. KUSUNOKI: (1) Cytologia **29**, 109—117 (1964); (2) Cytologia **29**, 118—124 (1964). — WARTENBERG, A., u. TRUDE DORSCHEID: Arch. Mikrobiol. **49**, 291—304 (1964). — WEHRMAYER, W.: (1) Planta **62**, 272—293 (1964); (2) Planta **63**, 13—30 (1964). — WELLS, K.: Mycologia **56**, 327—341 (1964). — WESTERGAARD, M.: Compt. rend. Cab. Carlsberg **34**, 359—405 (1964). — WOODARD, J., and H. SWIFT: Exp. Cell Res. **34**, 131—137 (1964). — WYGASCH, J.: Z. Naturforsch. **18**b, 827—830 (1963).

2a. Feinbau der Zelle bei höheren Organismen

Von PETER SITTE, Heidelberg

Nach drei Jahren wird heuer erstmals wieder in einem eigenen Abschnitt über die Fortschritte auf dem Gebiete der cytologischen Feinbauforschung berichtet. In diesen Jahren ist die Flut der einschlägigen Publikationen erwartungsgemäß weiterhin stark angeschwollen, so daß hier (und zumal heuer) nur einige besonders bedeutsam erscheinende Fortschritte hervorgehoben werden können. Der Feinbau der Bakterienzelle ist einem eigenen Abschnitt vorbehalten. Die Substruktur von Kern und Chromosomen sowie jene der Zellwand (inkl. Plasmodesmen und Plasmabrücken) kann erst im nächsten Bericht behandelt werden.

Methodik. In der Berichtszeit sind von mehreren Firmen wesentlich verbesserte Elektronenmikroskope[1] auf den Markt gebracht worden (in Deutschland von Zeiss das mit magnetischen Linsen ausgestattete EM 9, von Siemens das gegenüber dem bestens bewährten Elmiskop I noch deutlich verbesserte Elmiskop I a). Über die Möglichkeiten weiterer Auflösungssteigerung referiert RUSKA. Das Ziel ist heute eine Auflösung von 1 ÅE. Wesentlich dafür erscheinen Verbesserungen des Strahlsystems (Spitzenkathode) und der Konstanz der Linsenströme (vgl. BEER). Dabei werden naturgemäß besondere Anforderungen an die Präparate gestellt, die zudem während der Beobachtung tief gekühlt sein müssen, um die thermische Bewegung der Atome zu verringern (FERNÁNDEZ-MORÁN). Diese Bemühungen sind vorerst freilich eher für den Chemiker interessant als für den Biologen. Immerhin besteht dadurch z. B. die Möglichkeit, beliebig lange Nucleotidsequenzen nach spezifischer Kontrastierung bestimmter Basen buchstäblich zu „lesen" (vgl. BEER).

Auch bei den gängigen Methoden der elektronenmikroskopischen Präparation haben sich in den letzten Jahren bedeutende Fortschritte ergeben. Die üblichen Fixantien (OsO_4, $KMnO_4$)[2] sind um verschiedene Aldehyde, voran Glutaraldehyd, bereichert worden (HOLT und HICKS; SABATINI et al.; CHRISPEELS und VATTER; WALKER und SELIGMAN). Die Fixierung mit Aldehyden bietet verschiedene spezielle Vorzüge: bessere Erhaltung bestimmter Strukturen, z. B. der Mikrotubuli, und zahlreicher Enzymaktivitäten. Der zuletzt genannte Umstand ist im Hinblick auf die rasch zunehmenden Möglichkeiten der Histochemie am elektronenmikroskopischen Präparat bedeutungsvoll, die auch Enzymtests einschließen (die zahlreichen Arbeiten, die hierzu erschienen sind und meist entsprechend adaptierte Verfahren der klassischen Histochemie benützen, können hier nicht referiert werden; man vgl. z. B. SABATINI et al.). Auch wirklich spezifische Kontrastierungen sind heute in den Bereich des Möglichen gerückt. Hervorzuheben sind dabei einmal die Bemühungen um die Anwendung kontrastgebender Antikörper (als Ferritinkomplex: SINGER; SINGER und SCHICK; BAXANDALL et al.; EASTON et al.; SRI RAM; HSU et al. Jodhaltige Antikörper: MEKLER et al. Quecksilberhaltige Antikörper: PEPE; PEPE und FINCK). HANKER et al. haben darüber hinaus in einer sehr bedeutsamen Arbeit die Möglichkeit aufgezeigt, durch die Einführung zumal von Thiolgruppen in bestimmte Verbindungen des Objektes und nachheriges Räuchern mit OsO_4 spezifische "osmium black"-Kontrastierungen zu erzielen (mit Erfolg bereits angewendet auf Polysaccharide — entsprechend einer elektronenmikroskopischen PAS-Reaktion —, auf Esterasen, speziell Phosphatasen, und auf Cytochromoxidase). Unter

[1] Zusammenfassende und einführende Darstellungen in die Elektronenmikroskopie geben HAINE, MERCER und BIRBECK, KAY, WISCHNITZER, PEASE (1), SIEGEL.

[2] Speziell die Fixierung von Chloroplasten betreffen Mitteilungen von BERZBORN und MENKE sowie von SUN (1). Mit den chemischen Vorgängen während der Fixierung mit OsO_4 befassen sich HAYES et al., RIEMERSMA, sowie KRAUSE und DEUTSCH.

gewissen Umständen erscheinen bestimmte Kontrastierungen spezifisch für Nucleinsäuren (ZOBEL und BEER; HUXLEY und ZUBAY; WATSON und ALDRIDGE; ALBERSHEIM und KILLIAS), für die sauren Polysaccharide der Zellwandgrundsubstanz [REIMANN (1); ALBERSHEIM und KILLIAS], oder für organisch gebundenes Phosphat (ESCHRICH). Neben solchen mehr oder weniger spezifischen Kontrastierungen ist die „Färbung" der Ultradünnschnitte mit Bleihydroxid heute zur Routinemethode geworden, nachdem es gelungen ist, das Verfahren gegenüber der ursprünglichen, etwas heiklen Methode von WATSON wesentlich zu vereinfachen (KARNOVSKY; MILLONIG; FELDMAN; besonders geeignet: REYNOLDS). Auch Schnittkontrastierungen mit Vanadium (CALLAHAN und HORNER) oder mit Mangan (LAWN) sind erfolgversprechend.

Der Einbau von Radioisotopen weicher Strahlung (vor allem ^{3}H, ^{35}S, ^{14}C und ^{125}J) läßt sich heute ohne weiteres an Autoradiogrammen von Ultradünnschnitten im EM nachweisen (zur Methodik, vgl. vor allem CARO; CARO und TUBERGEN; KÖHLER et al.; SALPETER und BACHMANN; DOHLMAN et al.; FROMME; HAASE und JUNG; YOUNG und KOPRIWA).

Die Entwicklung der Ultramikrotomie ist gekennzeichnet durch die Verbesserung mehrerer Ultramikrotom-Typen, die zunehmende Verwendung von Diamantmessern und vor allem durch die Einführung neuer, während der Polymerisation kaum schrumpfender Einbettungsmittel. Sogenannte „wasserlösliche" Kunstharze (Monomere mit Wasser mischbar) empfehlen STÄUBLI sowie MCLEAN und SINGER. Die heute meist routinemäßig ausgeführten Araldit-, Epon- und Vestopaleinbettungen haben für den Botaniker den schwerwiegenden Nachteil, daß eine ausreichende Durchdringung des Gewebes mit den zähflüssigen Monomeren oft nur schwer zu erreichen ist. Vielleicht kann hier die Maraglaseinbettung (FREEMAN und SPURLOCK) helfen (das Monomer ist dünnflüssig, die Schneidbarkeit der fertigen Blöcke ausgezeichnet), die allerdings noch der weiteren Verbesserung bedarf (SPURLOCK et al.; ERLANDSON).

Bei der Untersuchung von Viruspartikeln und Makromolekülen, aber auch von Homogenisatfraktionen (HORNE und WHITTACKER; PARSONS) hat sich weiterhin das Negativkontrastverfahren hervorragend bewährt; ausführliche Darstellungen findet man bei BRADLEY sowie bei VALENTINE und HORNE.

Die letzten Jahre haben außerdem einen sehr entscheidenden Fortschritt gebracht: die Gefrierätzmethode (MOOR et al.; MOOR und MÜHLETHALER; MOOR). Das Prinzip ist dabei folgendes: Die Objekte werden wie zur Gefriertrocknung eingefroren und in diesem Zustand im Vacuum angeschnitten. Durch Absublimieren von Eis entsteht an der Schnittfläche ein Relief, das die Struktur der eingefrorenen Objekte wiedergibt. Dieses Relief wird nun durch Aufdampfen eines Platin-Kohlefilms nachgeformt und kann so als Abdruck elektronenmikroskopisch untersucht werden. Es hat sich gezeigt, daß geeignet eingefrorene Hefezellen alle notwendigen Prozeduren (naturgemäß mit Ausnahme des Schneidens) überleben, so daß man jetzt die Möglichkeit hat, Abdrucke von latent lebenden Objekten zu beobachten. Das ist tatsächlich einer der bedeutendsten, wenn nicht der bedeutendste Fortschritt der letzten Jahre, denn so lassen sich alle an fixierten Objekten gewonnen Ergebnisse überprüfen. Diese konnten bisher in allen wesentlichen Punkten bestätigt werden (MOOR und MÜHLETHALER; MOOR), haben freilich auch manche Ergänzung oder Veränderung im Detail erfahren, über die noch zu berichten ist. Ein zusätzlicher Vorteil der Methode liegt darin, daß beim Anschneiden oft ein Absplittern des Eises entlang jener Membranen erfolgt, die der Schnittebene ungefähr parallel laufen. Diese können dann in Flächenansicht beobachtet werden, was an Schnittpräparaten keinesfalls in so einfacher Weise möglich ist. Daß damit jetzt „Lebendbeobachtung" im Elektronenmikroskop möglich sei (wie gelegentlich behauptet wird), ist allerdings mit einer Prise Salz zu nehmen: Man beobachtet Abdrucke der Anschnitte von Zellen, die sich gerade im Zustand latenten Lebens befunden haben mögen. Vorgänge in der lebenden Zelle können naturgemäß nach wie vor nicht mit dem Elektronenmikroskop verfolgt werden.

In letzter Zeit bahnen sich auch in der Polarisationsmikroskopie neue Entwicklungen an, und zwar gerade da, wo sie für den Cytologen interessant ist: bei der raschen Messung geringster Gangunterschiede bei stärkster lichtoptischer Vergrößerung. Die störende Lichtdepolarisation durch Objekte hoher Apertur, auf die neuerdings wieder INOUÉ hingewiesen hatte, kann in relativ einfacher Weise vermieden werden (INOUÉ und HYDE; KORNDER). Der Arbeitskreis von ALLEN hat zudem Verfahren und Geräte entwickelt, mit deren Hilfe die Messung und automatische Registrierung von Gangunterschieden möglich ist, die für die Zeit einer Sekunde auftreten und nur $^1/_{10}$ eines Atomdurchmessers betragen (ALLEN und REBHUHN; ALLEN et al.).

Plasmatische Membranen

Zusammenfassende Darstellungen und Übersichten: BELL und GRANT; DANIELLI et al.; LOCKE.

In der Berichtszeit ist die Diskussion um die molekulare Struktur der plasmatischen Membranen durch z. T. überraschende, neue Befunde stark belebt worden. Bisher hatte das Modell von DAVSON und DANIELLI das Feld beherrscht, das ROBERTSON (1, 2, 3) nach Untersuchungen an Myelinscheiden für diese Strukturen akzeptiert und – gestützt auf das ähnliche Aussehen aller plasmatischen Membranen im elektronenoptischen Bild – generalisiert hatte (*unit membrane*-Konzept). Tatsächlich erscheinen alle mit adäquater Technik untersuchten plasmatischen Membranen 3schichtig (zwei kontrastierte Lagen bedecken beidseits eine kontrastärmere), so daß es zumindest nomenklatorisch sinnvoll ist, diese Bildungen zusammenfassend als „Elementarmembranen" zu bezeichnen, wie Referent 1961 vorgeschlagen hat. Es wird sich aber empfehlen, mit diesem Terminus – der sich bereits weitgehend durchgesetzt hat – vorerst keine allzu präzisen Vorstellungen über die nähere Natur bestimmter Membranen zu verbinden; denn hier scheint es doch erhebliche Variationen zu geben: Schon das Aussehen im Elektronenmikroskop ist keineswegs überall dasselbe [vgl. z. B. GRUN, SCHNEPF (1); für Säugergewebe: SJÖSTRAND].

Eingehende Modelluntersuchungen an Lipoid-Wasser-Systemen haben nun in letzter Zeit ergeben, daß der bimolekulare Phosphatfilm nur eine der energie-armen Ordnungsmöglichkeiten repräsentiert. Es kann im polaren Medium auch zu einer „Micellierung" solcher Filme kommen, d. h. zum Zerfall geschlossener Membranen unter Bildung zahlreicher sehr kleiner, stabförmiger Aggregate von Phosphatidmolekülen [LUZZATTI und HUSSON; STOECKENIUS (1); BANGHAM et al.; BANGHAM und HORNE; LUCY und GLAUERT]. Vielfach tritt allerdings diese Micellierung erst nach Zugabe von hämolytischen Substanzen (Saponine, Lysolecithin) auf, welche bekanntlich die Permeabilitätseigenschaften von Membranen drastisch verändern. Auch die Präparation (meist Negativkontrast-Technik) kann Veränderungen dieser sehr labilen Strukturen bedingen: es ist zu bedenken, daß Lipoidfilme nur im polaren Milieu einigermaßen stabil sein können, während die elektronenmikroskopischen Präparate vollkommen trocken sind (vgl. dazu auch HORNE et al.). Handelt es sich hier also zunächst um Modelluntersuchungen, deren Tragfähigkeit und deren Anwendbarkeit auf die Membranstrukturen der lebenden Zelle noch weiter zu prüfen bleibt, so haben sie doch auch für den Cytologen einige Aktualität dadurch erhalten, daß plasmatische Membranen im elektronenoptischen Bild – nach ganz verschiedener Präparation – mitunter ebenfalls das Aussehen micellierter Strukturen zeigen (Mitochondrienmembranen: SJÖSTRAND; SJÖSTRAND und ELFVIN. Andere Plasmamembranen: NILSSON). Es ist also möglich, daß sich die Vorstellungen von der molekularen Membranstruktur in absehbarer Zeit wandeln werden, vielleicht auch zugunsten jener Vorstellungen, die sich auf indirektem Wege aus der Untersuchung des aktiven Transports und der "facilitated diffusion" ergeben haben. –

Der Frage nach der Herkunft der Vacuolen sind vor allem BUVAT und MOUSSEAU und deren Mitarbeiterin POUX (1, 2) nachgegangen. Sie fanden übereinstimmend, daß die Vacuolen durch Aufblähung agranulärer Endomembranen entstehen, so daß DE VRIES' Tonoplastenhypothese fröhliche Urständ feiert. Nach Ansicht des Referenten bleibt allerdings zu prüfen, ob nicht umgekehrt die vermutlichen Endomembranen kollabierten Vacuolen entsprechen. (Vgl. dazu auch den Abschnitt über Dictyosomen.)

Über die zu einer Pellicula verfestigten Plasmamembran der Euglenen berichten KIRK und JUNIPER (1), über die Isolierung der Membranen aus Hefeprotoplasten MENDOZA und VILLANUEVA. Das Vorkommen einer Mikropinocytose (= Rhopheocytose, POLICARD und BESSIS) bei Dermatoblasten ist weiter diskutiert worden; unter den dazu gelieferten Beiträgen erscheint vor allem jener von GIRBARDT (1) erwähnenswert sowie eine kritische Stellungnahme von BRADFUTE et al.

Grundplasma

Zusammenfassende Darstellungen über Struktur und Funktion der Proteine: HAUROWITZ; NEURATH. Eine ausgezeichnete Einführung gibt PERUTZ (1).

Die Berichtszeit ist vor allem gekennzeichnet durch intensive Strukturforschung an definierten Proteinen mit indirekten Methoden. Über ihre bahnbrechenden Untersuchungen, die zur Aufklärung der Tertiärstruktur von Myoglobin und Hämoglobin führten, berichten KENDREW und PERUTZ (2) in ihren Nobelvorträgen. Auch die Erforschung der Primärstruktur (Aminosäuresequenz) konnte neue Erfolge verzeichnen, zuletzt die Etablierung der vollständigen Sequenz des Chymotrypsinogens A (246 Aminosäuren: HARTLEY).

In steigendem Ausmaß wird zur Abklärung der Tertiärstruktur größerer Moleküle und Molekülkomplexe die Elektronenmikroskopie eingesetzt. In diesem Bereich ist besonders die Negativkontrast-Technik von Bedeutung. Einige wenige Hinweise müssen als Beispiele genügen: Mit Myo- und Hämoglobin hat sich LEVIN befaßt; HORNE und GREVILLE berichten über die Struktur der Glutamatdehydrogenase, ein auch in proteinchemischer Hinsicht besonders interessantes Enzym (vgl. FISHER et al.; JAENICKE). Besondere Bedeutung dürfte die Elektronenmikroskopie naturgemäß bei der Strukturaufklärung von Multi-Enzymsystemen erlangen. Eindrucksvolle Ergebnisse lieferten bereits FERNÁNDEZ-MORÁN et al. für die Pyruvatdehydrogenase von Colibakterien sowie VALENTINE an Katalasekristallen. Über die allgemein noch stark unterschätzte Bedeutung solcher Enzymkomplexe vgl. SCHMITT. Die Linearaggregation von Proteinmolekülen (Hämocyanin) wurde elektronenmikroskopisch von CONDIE und LANGER verfolgt.

Neue Einsichten in die Struktur des Grundplasmas haben sich während der Berichtszeit nicht ergeben. Doch sei nochmals auf die brillante elektronenmikroskopische Arbeit von WOHLFARTH-BOTTERMANN (1) über das Amöben-Hyaloplasma besonders hingewiesen. GIRBARDT (2) zeigte in einer kombinierten refraktometrisch-elektronenmikroskopischen Untersuchung an *Polystictus*-Hyphen, die hierfür besonders geeignet erscheinen, daß die optische Dichte des Plasmas vor allem von seinem Gehalt an Ribosomen abhängt.

Mehrfach wurden in jüngster Zeit prächtige elektronenmikroskopische Bilder von Proteinkristallen veröffentlicht, die sich – soweit sie im Cytoplasma liegen – ausnahmslos als von Elementarmembranen umhüllt erweisen (THORNTON und THIMANN; die von diesen Autoren diskutierte mögliche Bedeutung der Kristalle für den Phototropismus wird von CRONSHAW – wohl mit Recht – bestritten). Man vgl. schließlich SCHNEPF (2), der über Eiweißkristalle von *Lathraea* berichtet. Bei diesem Objekt finden sich bekanntlich auch im Kern Kristalle, die aber – im Gegensatz zu den plasmatischen – nicht von Membranen umhüllt, also nicht in besonderen Eiweißvacuolen vorliegen und aus parallelen Lamellen zu bestehen scheinen.

Ribosomen

Zusammenfassende Darstellung: PETERMANN; vgl. auch HARBERS; DOMAGK und MÜLLER.

Seit den jetzt schon klassisch anmutenden Arbeiten von TISSIÈRES und WATSON, sowie von HUXLEY und ZUBAY, durch die der partikuläre Bau der Ribosomen des Colibacteriums abgeklärt wurde, sind sehr viele Arbeiten – zumal von biochemischer Seite – über die Ribosomen anderer Organismen ausgeführt worden (z. B. für *Neurospora*: STORCK; Erdnuß- und Baumwollsamen: PHILLIPS; Maiswurzel: HSIAO; Lauchblätter: EHRING). Überall hat sich ein charakteristischer Aufbau aus Untereinheiten nachweisen lassen, in die das Ribosom bei Magnesiummangel zerfällt. Eine elektronenmikroskopische Arbeit über die Ribosomen der Erbse, die von KESSEN und AMELUNXEN biochemisch untersucht worden sind, liegt von BAYLEY vor; sie unterscheiden sich – wenn die mitgeteilten Deutungen zutreffen – deutlich von jenen der Colibakterien: Zwei scheibenförmige 40 S-Einheiten bedecken beiderseits eine aus zwei stabförmigen 26 S-Partikeln zusammengesetzte Einheit. Eine etwas flüchtige Mitteilung über die Ribosomen von *Acetabularia* machte WERZ; sie sollen bei diesem Objekt polyedrisch-polygranulär sein.

Bei vielen Objekten werden bekanntlich mehrere, in der Proteinsynthese aktive Ribosomen durch den Informationsstrang der m-RNA zu größeren Einheiten, den Polyribosomen, zusammengehalten (= Polysomen; WARNER et al.; auch „Ergosomen" genannt: WETTSTEIN et al., Vgl. dazu auch GIERER, sowie die eindrucksvolle elektronenmikroskopische Studie von SLAYTER et al.). FALK (1) hatte bereits 1961 spiralige Anordnungen von Ribosomen auf Endomembranen der Zwiebelwurzel beschrieben – ohne Zweifel handelt es sich dabei um membranadhärierte Polysomen.

Cytotubuli, Centriolen, Geißeln

Zusammenfassende Darstellungen über Cilien: FAWCETT (1); SLEIGH.

Eine der großen Überraschungen der Berichtszeit war die Beschreibung der sog. Mikro- oder Cytotubuli durch LEDBETTER und PORTER (1) in Zellen verschiedener Pflanzen nach Glutaraldehydfixierung. Es handelt sich dabei um sehr zarte, unverzweigte Röhren mit Durchmessern von 23–27 nm und unbestimmter Länge, die – überwiegend gerade gestreckt – unmittelbar unter dem Plasmalemma im Corticalplasma liegen. Gewöhnlich zeigen sie ausgesprochene Paralleltextur, die übrigens in ihrer Richtung exakt mit jener der Cellulosemikrofibrillen in der anliegenden Wand zusammenfällt. Die ursprüngliche Vermutung, die Außenschicht eines jeden Mikrotubulus sei ihrerseits aus einem im Schnitt ringförmigen Bündel längs verlaufender Elementarfibrillen gebildet, hat sich mittlerweile bestätigt [vgl. dazu die glänzende elektronenmikroskopische Untersuchung von LEDBETTER und PORTER (2)]. Diesen Feinbau haben die Cytotubuli mit den Filamenten der Cilien und Geißeln gemein [PEASE (2); ANDRÉ und THIÉRY], so daß hier vielleicht eine Homologie besteht. Etwas dünnere Mikrotubuli finden sich während der Karyokinese im Spindelbereich wieder und sind wahrscheinlich mit Spindelfasern identisch. Mittlerweile wurden Mikrotubuli auch von anderen Autoren beschrieben, häufig aus tierischen Zellen, aber auch aus Pflanzen (HEPLER und NEWCOMB; WOODING und NORTHCOTE). Über ihre Funktion besteht noch keine Klarheit; sie werden vor allem mit der Plasmaströmung in Zusammenhang gebracht (als mögliche Propulsionsgeißeln), aber auch mit der Ausschleusung intraplasmatisch gebildeter Cellulose-Mikrofibrillen aus der Zelle. Sehr wahrscheinlich entsprechen sie den bei Myxomyceten, Amöben und anderen Organismen beschriebenen kontraktilen Elementen im Plasma [vgl. die Übersicht von WOHLFARTH-BOTTERMANN (2)].

Es fällt auf, daß die Cytotubuli häufig auch in unmittelbarer Nachbarschaft von Centriolen angetroffen werden, ohne freilich unmittelbar aus ihnen zu entspringen (vgl. SZOLLOSI). Centriolen des üblichen Feinbaues wurden für *Albugo* (BERLIN und BOWEN) und für *Allomyces* (RENAUD und SWIFT) beschrieben. DRUM und PANKRATZ (1) teilen Beobachtungen am Centriol der Diatomee *Surirella* mit, das völlig abweichend gebaut ist (kugelige, von dicht-granulärem Material erfüllte Bläschen). Mit der Reduplikation von Blepharoplasten, die sich bekanntlich von Centriolen herleiten, befaßt sich eine wichtige Arbeit aus dem zoologischen Bereich (RANDALL et al.: regenerierende *Stentor*-Zellen); hier – wie bei authentischen Centriolen – scheint die Multiplikation nicht in einer Teilung zu bestehen, sondern in einer Induktion der Neubildung in unmittelbarer Nachbarschaft eines bereits vorhandenen Basalkornes.

Mit der Struktur der Geißeln befassen sich zahlreiche Arbeiten. Besonders hingewiesen sei auf die Untersuchungen von HOFFMANN und MANTON (1, 2) über den Geißelapparat der Zoosporen und Spermatozoiden von *Oedogonium*. Systematische Aspekte berührt eine vergleichende Untersuchung von Geißelbasen verschiedener Algen von MANTON. Eigenartige Muster bandförmiger Strukturen, die sich zwischen den peripheren Doppelfilamenten der Geißeln von *Polytoma* (Basalbereich) ausspannen, beschreibt LANG (1) und bringt sie spekulativ mit der Reizleitung während des Geißelschlages in Zusammenhang. Gewissermaßen im

Nachtrag zu den Beobachtungen von HEITZ über die „Dreierstruktur" des Basalkörpers in Moos-Spermatozoiden, an der sich regelmäßig ein Mitochondrium beteiligt, sei auf eine Arbeit von OLSSON hingewiesen, der bei Seescheiden und beim Lanzettfisch eine enge Verbindung von Mitochondrien mit den Geißelwurzeln fand.

Endoplasmatisches Reticulum (ER)

Zusammenfassende Darstellungen und Übersichten: BUVAT (1); FAWCETT (2): Struktur und Funktion des granulären und des agranulären Reticulums bei Tieren. Kernmembran: vgl. Bd. V/2 der Protoplasmatologia.

Mit der Struktur des ER befaßten sich in den letzten Jahren einige beschreibende Arbeiten. Sein Aussehen im elektronenmikroskopischen Bild in Abhängigkeit vom Hydrationsgrad des Plasmas behandeln Arbeiten von GIRBARDT (2) und SIEVERS (1): Die Zisternen neigen bei hohem Wassergehalt des Plasmas zum vesiculären Zerfall (vgl. auch KOLLMANN und SCHUMACHER). Ähnliches ergab sich bei der Einwirkung quellender Plasmolytika [SITTE (1)]. Mehrfach konnten charakteristische Lagebeziehungen zwischen ER-Zisternen und verschiedenen Organellen festgestellt werden, die sich in einer Umhüllung von Mitochondrien (MOORE und MCLEAR, bei Pilzen), Chloroplasten [GIBBS (2), bei Algen], oder von Kernen, die an sich ja schon von Perinuclearzisternen umschlossen sind, äußern (KOEHLER, bei Hefe). Auch ergastoplasmatische und „Nebenkern"-artige Konzentrationen granulärer ER-Zisternen sind wieder mehrfach beschrieben worden, so von FALK [(2), aus sich differenzierenden Phloemzellen der Zwiebelwurzel], ferner – aus den Megasporocyten von Lilien – von RODKIEWICZ und MIKULSKA. FUSTEC-MATHON fand – wie schon vor ihr MENKE – ein ausgedehntes, auch im Lichtmikroskop nachweisbares Ergastoplasma in den Squamularzellen von *Elodea*.

Über die Struktur der Perinuclearzisterne (Kernhülle) liegen bedeutende Arbeiten aus dem zoologischen Bereich vor. MERRIAM bestätigt im Zuge einer sehr gründlich ausgeführten elektronenmikroskopischen Studie die Angaben früherer Autoren, nach denen die sog. Poren bei adäquater Fixierung fast stets von feinen Häutchen verschlossen erscheinen. Untersuchungen über den Eintritt von Goldsolpartikeln und Ferritin in den Kernraum (FELDHERR) ergaben, daß diese Partikel zwar die Kernhülle zu passieren vermögen, dabei aber nicht einfach durch die Poren hindurchtreten können (was möglich sein sollte, wenn es sich um einfache Löcher handelte).

Kürzlich hat JENSEN erstmals die Veränderungen der Kernhülle genauer beschrieben, welche die Kernverschmelzung begleiten: Zunächst fusionieren im Plasma Fortsätze der Hüllen zweier aufeinander zuwandernder Gametenkerne stellenweise und verkürzen sich, bis sich die Perinuclearzisternen berühren. Dann lösen sich zunächst die unmittelbar aneinanderliegenden äußeren Schichten auf, zuletzt fusionieren die beiden inneren Lagen. Bei diesem Kommunikationsvorgang eingeschlossenes Zwickelplasma wird seitlich extruiert. Während der Kernverschmelzung bleiben also Nucleo- und Cytoplasma durch Endomembranen voneinander ständig geschieden.

Angesichts des unbefriedigenden Standes der Kenntnisse über die Entstehung des ER (LINDEGRENs Mitteilung darüber bringt mehr Vermutungen als Fakten) und über seine Funktion[1] bedeutet es einen entscheidenden Fortschritt, daß es nunmehr auch bei Pflanzen gelungen ist, Zisternen des ER in der lebenden Zelle lichtmikroskopisch zu beobachten [URL (1); GIRBARDT (3); nach Vitalfluorochromierung: DRAWERT und RÜFFER-BOCK].

Dictyosomen

In der Berichtszeit ist es gelungen, die Funktion der Elemente des GOLGI-Apparates, d. h. der als Dictyosomen bezeichneten Zisternenstapel, aufzuklären. Erste Hinweise auf ihre Beteiligung an der Zellwandbildung erbrachten Untersuchungen von DRAWERT und MIX (1). MOLLENHAUER et al. zeigten dann, daß die Verschleimung der Zellwände in den peripher gelegenen Wurzelhaubenzellen von einer massiven Extrusion von GOLGI-Vesikeln durch das Plasmalemm hindurch begleitet ist, und daß dabei Wandsubstanz extruiert wird. Wie bei Tieren (vgl. PETERSON und LEBLOND), so wird auch bei Pflanzen das Gemisch saurer Polysaccharide, das für die Grundsubstanz des Zellwand charakteristisch ist, in den GOLGI-Zisternen kondensiert, in GOLGI-Vesikeln konzentriert und transportiert und schließlich mit ihnen extruiert, wobei die Vesikelmembran im Plasmalemma aufgeht [vgl. dazu auch SIEVERS (2–4): Wurzelhaare; ROSEN et al., sowie SASSEN: Pollenschläuche]. Auf diese Weise entsteht auch die Zellplatte [WHALEY und MOLLENHAUER; FREY-WYSSLING et al. (1)], der Schleim der Laminarien [SCHNEPF (4)], der Fangschleim bei *Drosophyllum* [bei dem es sich um eine verdünnte Lösung saurer Polysaccharide handelt: SCHNEPF (5–6)], und wahrscheinlich auch das ätherische Öl der Minzen (AMELUNXEN), ja vielleicht sogar – wie schon aufgrund lichtoptischer Untersuchungen vermutet worden war – auch die Kieselsäure der Diatomeenfrusteln [REIMANN (2); für das Zahnemail bei Säugern gilt dasselbe: KALLENBACH et al.]. Daß sich auch echte Vacuolen durch die Vermittlung von Dictyosomen bilden könnten (MARINOS), bleibt dagegen zweifelhaft.

Wie sich die Aktivität von Dictyosomen morphologisch äußert, haben erneut kombinierte elektronenmikroskopische und physiologische Untersuchungen eindrücklich gezeigt: FALK (3) beobachtete in anoxisch gehaltenen Wurzeln relativ kleine Zisternen ohne Aufblähungen und Vesikulationen, während bei Belüftung sofort massive Versikelproduktion einsetzt; ähnliches beschrieb SCHNEPF (7), der zusätzlich den Einfluß von Atmungsgiften prüfte (sie haben denselben Effekt wie Anoxie). Während aktive Dictyosomen oft an allen Zisternen Vesikel zu bilden scheinen, gibt es auch Fälle ausgesprochener Polarität, in denen die Reifung der

[1] Für die unmittelbare Beteiligung an wichtigen Stoffwechselprozessen sprechen Ergebnisse, die SCHNEPF (3) an Drüsenzellen erzielte. Im Zusammenhang mit der Reizleitung wird das ER von DOLZMANN und DOLZMANN diskutiert. Schließlich deuten die starken Veränderungen, denen das ER in Siebzellen im Laufe einer Vegetationsperiode unterliegt, auf seine Beteiligung am Transportgeschehen hin (vgl. die Arbeiten von KOLLMANN und SCHUMACHER über das Phloem von *Metasequoia* [Planta], über die im nächsten Jahr zusammenfassend berichtet werden soll).

Vesikel von einer Flachseite (der „Bildungsseite", da hier die Neubildung von Zisternen erfolgen muß) zur anderen, der „Sekretionsseite", fortschreitet. Nur an dieser letzteren erfolgt dann die Abgliederung von Vesikeln oder auch von ganzen, aufgeblähten Zisternen (MOLLENHAUER und WHALEY).

Über die Enzymatik der Dictyosomen, die offensichtlich vor allem Kondensationsreaktionen auszuführen vermögen, wird man bald nähere Angaben machen können, da es nunmehr auch bei Pflanzen gelungen ist, Dictyosomen zu isolieren (MORRÉ und MOLLENHAUER).

Nicht geklärt ist vorerst die Bildungsweise der Dictyosomen. Immerhin ist es jetzt — aufgrund der elektronenmikroskopischen Ergebnisse — möglich, manche aus der Lichtmikroskopie längst bekannten Zellorganellen mit Dictyosomen zu identifizieren, so die schon 1894 von E. PALLA beschriebenen „Karyoide" der Conjugaten [DRAWERT und MIX (1, 2, 3)], die „Doppelplättchen" der Diatomeen [JAROSCH (1)] und manche andere Organellen [JAROSCH (2)]. Da außerdem ihre Vitalfluorochromierung gelungen ist (DRAWERT und RÜFFER-BOCK), erscheint die Abklärung der Dictyosomengenese durch lichtoptische Vitaluntersuchung möglich.

Mikrosomen und Cytosomen

Das „Sphärosomenproblem" ist in der Berichtszeit weiter verfolgt worden. Es handelt sich dabei bekanntlich um die Frage, ob die von PERNER 1953 eingehend studierten „Sphärosomen" mit Lipidtropfen identisch sind oder aber mit jenen sphärischen Cytosomen, die von einer einfachen Elementarmembran umgrenzt und von einer dichten, körnigen Matrix erfüllt sind. Diese Cytosomen wurden unter den verschiedensten Namen [vgl. die Übersicht bei SITTE (2)] beschrieben und oft als Promitochondrien, in neuerer Zeit häufig auch als Lysosomen angesprochen [darunter sind nach DE DUVE membranumschlossene Konzentrate lytischer Enzyme zu verstehen. Das Lysosomenkonzept stammt aus dem zoologisch-medizinischen Bereich; eine Übersicht findet sich bei DE REUCK und CAMERON. Über den enzymhistochemischen Nachweis von Lysosomen bei Pflanzen vgl. WALEK-CZERNECKA (1, 2); OLSZEWSKA et al.; OLSZEWSKA und GABARA].

Elektronenmikroskopische Untersuchungen an dem von PERNER seinerzeit hauptsächlich benutzten Objekt, den Zwiebelschuppenepidermen von *Allium cepa*, haben zunächst widersprüchliche Ergebnisse gezeitigt, indem DRAWERT und MIX (4) lediglich Lipidtropfen als Entsprechung für die Sphärosomen fanden, PEVELING dagegen ausschließlich Cytosomen. Noch unveröffentlichte Untersuchungen von Dr. H. FALK im Labor des Referenten haben aber ergeben, daß in diesen Zellen sowohl Cytosomen als auch Lipidtropfen vorkommen, so daß die Frage, welche Partikel nun den Sphärosomen *sensu* PERNER entsprechen, wiederum offen ist. In diesem Zusammenhang erscheinen Befunde von URL (1, 2) bemerkenswert, der bei phasen- und UV-optischen Untersuchungen solcher Zwiebel-Epidermen zwei durch ihre unterschiedliche Größe klar unterscheidbare Populationen von Mikrosomen fand.

Einen neuen Aspekt hat hier zunächst die Untersuchung von Hefe-Mikrosomen nach Gefrierätzung erbracht: Auch die Lipidtropfen dieser Zellen erwiesen sich als von einer Elementarmembran umgeben, die im normalen Schnittpräparat – wahrscheinlich wegen der besonderen Kontrastverhältnisse – nicht gesehen werden kann (MOOR und MÜHLETHALER). In ihrem Inneren erscheinen sie konzentrisch geschichtet. GRIESHABER [vgl. auch FREY-WYSSLING et al. (2)] hat dann aufgrund seiner Untersuchungen an verschiedenen Objekten folgende Vorstellung zur Sphärosomengenese entwickelt: Aus Abschnürungen des ER bilden sich Prosphärosomen, die etwa den Cytosomen entsprechen [vgl. dazu auch FALK (2)]; diese können, wenn die Zellen verfetten, durch massive Lipidspeicherung zu jenen Gebilden werden, die als „Lipidtropfen" bekannt sind – daß sie von einer Elementarmembran umhüllt sind, erscheint so verständlich. Das Sphärosomenproblem ist nach dieser Vorstellung ein Scheinproblem: Es handelt sich bei Cytosomen und Lipidtropfen um verschiedene Entwicklungsstadien derselben Organelle. Freilich bleibt die weitere Bestätigung dieser Hypothese abzuwarten.

Mitochondrien

Zusammenfassende Darstellungen: LEHNINGER; CHANCE und ESTABROOK.

Feinbau. Einen beachtenswerten Vorschlag zur Nomenklatur machen DRAWERT und MIX (5): Als „Sacculi" sollen hinfort alle Einstülpungen der inneren Mitochondrienmembran bezeichnet werden. Dieser seinerzeit vom Referenten eingeführte Terminus soll also als Oberbegriff fungieren; als Cristae und Tubuli sind besondere Ausbildungsformen der Sacculi zu bezeichnen.

Die Mitochondrien von über 50 Phyco- und Eumycetenarten untersuchten MOORE und MCALEAR. Sie unterscheiden sich erwartungsgemäß nicht wesentlich von jenen der höheren Pflanzen; die Ausbildung der Sacculi als Cristae überwiegt. Der unmittelbar nach der Querwandbildung in vegetativen Hyphen vorübergehend gebildete „Wandkörper" beim Pilz *Polystictus* stellt eine Aggregation von Mitochondrien vor [GIRBARDT (3)]. Die engen Beziehungen, die zwischen dem Zellkern und den Mitochondrien schon früher häufig beobachtet wurden, bestehen auch in den Luftwurzelspitzen von *Chlorophytum capense* (MOTA): Zahlreiche Mitochondrien sammeln sich in den Furchen der gelappten Kerne. Daß sich dabei – wie behauptet – ihre Membranen lokal auflösen, ist unwahrscheinlich und bedarf der Überprüfung.

Eine Reihe von Arbeiten befaßt sich weiterhin mit dem Formwechsel der Mitochondrien unter abnormen, zumal anoxischen Bedingungen (bei Hefe: YOTSUYANAGI; HIRANO und LINDEGREN). Daß Mitochondrien auch in atmungsdefekten, durch Einfluß von Acridinen entstandenen Zellen der „*petite*"-Mutanten bei Hefe vorkommen, ist neuerdings von SCHATZ et al. gezeigt worden. Dadurch erscheint die öfter vertretene Ansicht widerlegt, diese Mutanten seien durch das Fehlen von Mitochondrien schlechthin ausgezeichnet. Bei Schädigung der Mitochondrien treten häufig konzentrische Binnenstrukturen auf, die an jene der sog. „lamellären Cytosomen" bei Tieren erinnern (vgl. WEISSENFELS); das beschreiben jetzt für streptomycingeschädigte Zellen der Gerstenwurzel KIRK und JUNIPER (2). Einen neuen, eindrücklichen Hinweis auf den engen Zusammenhang zwischen der Atmungsintensität und der Ausbildung der Mitochondriensacculi als Träger der Atmungsfermente lieferten SIMON und CHAPMAN, welche die Ausbildung der Mitochondrien-Binnenstrukturen im Vergleich zur Aktivität der Succinatdehydrogenase während verschiedener Entwicklungsstadien des *Arum*-Spadix verfolgten.

Die schon lange bekannten, dichten Granula in der Mitochondrienmatrix haben sich — zumindest bei tierischen Objekten — als Konzentrate zweiwertiger Kationen entpuppt (vor allem Ca, vgl. PEACHEY). Für die von Seiten der Biochemiker (zuletzt von POGLAZOV et al., sowie von NEIFAKH und KAZAKOVA; für Pflanzenmitochondrien: LONGO und ARRIGONI) postulierten kontraktilen Proteine haben sich noch keine strukturellen Entsprechungen ergeben. Gelegentlich bei tierischen Mitochondrien in aufgeblähten Cristae, aber auch in der Matrix gefundene fibrilläre, z. T. schraubige Strukturen [MUGNAINI (1, 2)] haben andere Deutungen gefunden; für Pflanzenmitochondrien ist entsprechendes bisher nicht beschrieben worden.

Die letzten Jahre brachten vor allem eingehende Diskussionen um die mit der Negativ-Kontrasttechnik nachgewiesenen „Partikel", die der Innenfläche der inneren Mitochondrienmembran aufsitzen [bei Mitochondrien aus tierischem Gewebe: FERNÁNDEZ-MORÁN; FERNÁNDEZ-MORÁN et al. (2); PEASE (3); PARSONS. Für Pflanzenmitochondrien: STOECKENIUS (2); NADAKAVUKAREN]. Diese Befunde sind neuerdings mehrfach in Zweifel gezogen worden, am entschiedensten von SJÖSTRAND et al., die in ihnen lediglich artefizielle, aus den Membranlipoiden entstandene Myelinfiguren sehen möchten. Es ist tatsächlich bedenklich, daß diese gelegentlich mit den Greenschen Partikeln [D. E. GREEN (1—3)] identifizierten und dementsprechend als „Oxysomen" bezeichneten Strukturen an fixierten Mitochondrien und im Schnitt noch nie eindeutig dargestellt werden konnten. Die Annahme, daß diese eigenartigen, gestielten Partikel dennoch *intra-vitam*-Strukturen entsprechen, ist neuerdings mit Hilfe der Gefrierätzmethode gestützt worden (MOOR): Die matrixseitigen Flächen der Sacculi erwiesen sich als körnig strukturiert. Endgültige Ergebnisse stehen aber noch aus, und man wird das Ende der andauernden Diskussion abwarten müssen. Dasselbe gilt von der molekularen Struktur der Mitochondrienmembranen selbst, von der bereits kurz die Rede war (S. 17—18).

Ein weiterer Problemkreis, in dessen Abklärung auch die Feinbauforschung involviert ist, betrifft die Genese der Mitochondrien. Nach der ingeniösen biochemisch-autoradiographischen Untersuchung von LUCK über die Mitochondrienvermehrung bei *Neurospora* sowie dem Nachweis von DNS in Mitochondrien [biochemisch: u. a. KROON; WINTERSBERGER; elektronenmikroskopisch: NASS und NASS (1, 2)] besteht kaum mehr ein Zweifel daran, daß die Mitochondrien *sui generis*, also echte Plasten im Sinne von K. BĚLAŘ sind [vgl. dazu auch die Übersicht von GIBOR und GRANICK (1)]. Aufgrund von elektronenmikroskopischen Untersuchungen aufgestellte Einwände gegen diese Annahme (LINNANE et al.; BELL und MÜHLETHALER) haben dagegen wenig für sich. Es ist erstaunlich, daß die bei der Rekonstruktion von Vorgängen im Submikroskopischen bestehenden Schwierigkeiten immer wieder unterschätzt werden. Dem berechtigten Streben nach klareren Vorstellungen von der Dynamik der makromolekularen Zellstrukturen ist nur mit hinreichend fundierten Schlüssen gedient.

Plastiden

Zusammenfassungen und Übersichten: MENKE (1, 2); JÓNSSON; GRANICK.

Mit der Struktur kristalliner Plastidenzentren („Heitz-Leyon-Kristalle") befassen sich zwei schöne Studien von MENKE (3, 4): Bei

Chlorophytum werden sie aus regelmäßig angeordneten, schraubigen Tubuli gebildet, deren Membranen sich in jene der Thylakoide fortsetzen [SCHNEPF (8)]. Die früher mehrfach schon in Proplastiden gefundenen, aus kontrastreichen, kugeligen Elementen gebildeten Kristalle haben sich als Ansammlungen von Phytoferritin erwiesen [HYDE et al.; bei den von PERNER (1, 2) beschriebenen Kristallgitterstrukturen aus Spinatchloroplasten dürfte es sich um entsprechendes handeln]. Das Phytoferritin ist ein dem tierischen Ferritin sehr nahe stehendes, eisenhaltiges Protein. Die Proplastiden können sich außer durch ihre Fähigkeit zur Bildung von Stärke oder von osmiophilen Globuli auch durch den Besitz dieses eigenartigen Proteins von Mitochondrien unterscheiden.

Mit der Morphogenese des Thylakoidsystems in Abhängigkeit von Licht und Temperatur befassen sich mehrere Arbeiten von KLEIN [(1, 2) EILAM und KLEIN; KLEIN et al.; KLEIN und BOGORAD] sowie eine Mitteilung von VIRGIN et al. Diese Arbeiten vermitteln folgendes Bild: Der Umwandlung von Protochlorophyll(id) in Chlorophyll(id) entspricht der Zerfall des aus Tubuli aufgebauten Prolamellarkörpers in Vesikel (*"tube transformation"* n. VIRGIN et al., mit minimalem Energiebedarf, weitgehend temperaturunabhängig). Die Vesikel ordnen sich bei weiterer Belichtung reihenweise in konzentrischen Schalen an; schließlich bildet sich das Thylakoidsystem aus (hoher Energiebedarf, deutliche Temperaturabhängigkeit). Das Plastidenzentrum erweist sich als sehr labiles Gebilde, dessen Auftreten und Schwund sogar dem diurnalen Hell-Dunkel-Rhythmus folgen kann (SIGNOL).

Beschreibungen der normalen Chloroplastenentwicklung geben u. v. a. aus dem Bereich der Algen BEN-SHAUL et al. *(Euglena)* und GIBBS (2), *((Ochromonas)*, für Moose, Gefäßkryptogamen und Gymnospermen SUN (2—6), für *Anthoceros* WILSENACH. Auch die abnorme Entwicklung ist wiederum Gegenstand zahlreicher Arbeiten gewesen, ohne daß freilich grundsätzlich Neues aufgefunden worden wäre. Dabei steht weiterhin die Behandlung mit Antibioticis [z. B. DÖBEL (2); Streptomycin bei Tomate], ferner die Untersuchung von Mangelkulturen (vor allem Mn-Mangel: MERCER et al.; POSSINGHAM et al.; P-Mangel: THOMSON et al.; verschiedene Mangelkrankheiten bei *Phaseolus:* THOMSON und WEIER; Sauerstoffmangel: DEVIDÉ und WRISCHER), neuerdings auch jene von kältegeschädigten Pflanzen (KISLYUK) im Vordergrund. Allgemein werden Störungen im System der Stromamembranen und der Grana-Anordnung, sowie Vermehrung und Vacuolisierung der Matrix gefunden; auch abnorm gestaltete Grana treten auf. Im Prinzip ähnlich ist das Bild bei erblichen Plastidendefekten. Ein umfangreiches Programm zur Untersuchung solcher Störungen bei *Oenothera* ist von SCHÖTZ und seinen Mitarbeitern in Angriff genommen worden (vgl. SCHÖTZ), entsprechend für *Antirrhinum* von DÖBEL (2): die Plastidenentwicklung wird bei derartigen Defekten — wie auch sonst häufig — frühzeitig blockiert, zumal in intensivem Licht; dabei entstehen gelegentlich überdimensionierte „Magnograna"].

In mehreren apochlorotischen (chlorophyllfreien) Organismen konnten mit Hilfe der Elektronenmikroskopie Plastiden nach Art von Proplastiden verläßlich nachgewiesen werden – sie sind also nicht apoplastisch [zur Problematik vgl. PRINGSHEIM (1, 2). Beispiele: bestimmte bleiche *Euglena*-Stämme: GIBOR und GRANICK (2); *Chilomonas paramecium*, eine für apoplastisch gehaltene Cryptomonadine: JOYON; entsprechend *Polytoma*: LANG (2); *Prototheca*: MENKE und FRICKE (1)].

In anderen Fällen fehlen Plastiden vollkommen (bei gewissen Mutanten von *Euglena*: LEFORT, MORIBER et al.). Eine lesenswerte Betrachtung über phylogenetische Spekulationen lieferte WEIER (1).

Intensive Bearbeitung hat wieder der Chloroplasten-Feinbau gefunden. Dabei standen die Beziehungen zwischen Grana- und Stromathylakoiden im Vordergrund. Zunächst hat sich eine Diskussion um das Aussehen der Stromamembranen ergeben. WEIER u. Mitarb. [WEIER (2); WEIER und THOMSON; WEIER et al.) haben – zunächst fast ausschließlich aufgrund der Untersuchung mit Permanganat fixierter Chloroplasten – postuliert, daß diese Thylakoide häufig durchbrochen seien, so daß ein relativ lockeres Gefüge aus Gitterstäben übrigbleibe (*"fretwork"*). FALK und SITTE fanden das fretwork bei *Elodea*-Chloroplasten nur nach normaler Permanganat-Fixierung entsprechend ausgebildet, nicht jedoch nach OsO_4-Fixierung und auch nicht bei sehr kurzer Permanganat-Fixierung. Sie schlossen daraus, daß es sich bei den massiven Durchbrechungen der Stromathylakoide um Fixierungsartefakte handeln könne. Diese Annahme wird durch Beobachtungen von KAWAMATU gestützt und erscheint nach den Erfahrungen von BERZBORN und MENKE über die drastischen Volumensveränderungen permanganatfixierter Plastiden während Entwässerung und Einbettung verständlich. Neuerdings stellten jedoch PAOLILLO und FALK eine Veränderung der Thylakoidstruktur durch länger dauernde Fixierung mit Permanganat in Abrede.

Mit dieser noch ungeklärten Frage hat sich in sehr eingehenden und beispielhaft exakten Untersuchungen WEHRMEYER [(1, 2, 3), WEHRMEYER und PERNER] befaßt, der das bisher bestfundierte Strukturmodell für (Spinat-) Chloroplasten aufstellte und daraus wichtige Einsichten in die Bildungsweise dieser Strukturen gewann (vgl. dazu auch HESLOP-HARRISON). Dabei wurden isolierte Thylakoidsysteme in Aufsicht untersucht und zum Vergleich Elektronenmikrogramme von Schnitten statistisch ausgewertet. Es ergab sich im wesentlichen, daß die Stromamembranen im „Flächenchloroplasten" als weitgespannte Thylakoide durch die Matrix ziehen, gelegentlich lokale Durchbrechungen aufweisen und durch Überschiebung von seitlich stehenden Lappen die Granastapel bilden (an diesen Stellen ergeben sich naturgemäß „Überschiebungslücken", d. s. scheinbare Durchbrechungen der Thylakoide zwischen den übereinandergefalzten Thylakoidlappen). Ein „Netzchloroplast" (mit fretwork) kann sich unter gewissen Umständen durch Vergrößerung der Durchbrechungen und der Überschiebungslücken ergeben.

Über die Ultrastruktur der Granamembranen, der im Hinblick auf die Photosynthese besondere Bedeutung zukommt, hat bereits METZNER (Fortschr. Bot. **25**, S. 251 ff.) berichtet. Kurz zusammengefaßt: Die Suche nach kleinsten Thylakoidbruchstücken, die noch alle Lichtreaktionen auszuführen vermögen, führten PARK und PON [(1, 2), PARK und BIGGINS] auf ellipsoidische Partikel mit Teilchengewichten zwischen 1 und $2 \cdot 10^6$, die als Quantasomen bezeichnet wurden[1]. Sie liegen in den

[1] Daß dabei tatsächlich die "photosynthetic unit" beschrieben wurde, ist mittlerweile verschiedentlich bezweifelt worden (vgl. GROSS et al., PEARLSTEIN).

Thylakoiden von Elementarmembranen umschlossen (über deren Nachweis im Ultradünnschnitt vgl. SITTE (3); HESLOP-HARRISON]. Darüber hinaus hat sich gezeigt, daß ein – offenbar infolge besonderer Bindungsverhältnisse – bei einer Wellenlänge knapp über 700 nm maximal absorbierender Anteil von Chlorophyll a (= „C-705") im Gegensatz zur Chlorophyll-Hauptmenge exakt orientiert ist und Dichroismus und Difluorescenz verursacht [OLSON et al. (1, 2); SAUER und CALVIN; BUTLER und BAKER; BUTLER et al.]. Die Porphyrinplatten des C-705 liegen den Thylakoiden parallel. Es wird angenommen, daß diese Chlorophyllmoleküle zusammen mit anderen Pigmenten und jeweils einem Cytochrom-c-Molekül eine hochgeordnete, kleinere Einheit im Quantasom bilden, das sog. Quantatrop (SAUER und CALVIN).

Mittlerweile haben auch die Untersuchungen der Röntgenbeugung und -streuung im Botanischen Institut zu Köln zu einem Modell der Thylakoidmembran geführt [KREUTZ und MENKE; KREUTZ (1—3); vgl. MENKE (1)]. Diese Membranen werden aufgefaßt als aus Lipoid- und Proteinschichten bestehend, wobei globuläre Proteineinheiten von 34 Å Durchmesser ein quadratisches Flächengitter bilden (auch die Quantasomen, die aus Untereinheiten zusammengesetzt erscheinen, wurden nicht in hexagonaler, sondern in quadratischer Anordnung gefunden: PARK und BIGGINS). Der Lipoidfilm — für den eine molekulare Struktur ähnlich jener angenommen wird, die ROBERTSON für die Elementarmembran postuliert hat — soll nach den Röntgendaten allerdings innerhalb des Proteinfilms liegen, nicht außerhalb, wie es für die Quantasomen angenommen wird. Mehr Wahrscheinlichkeit hat dabei der elektronenmikroskopische Befund für sich, zumal er auch mit Hilfe der Gefrierätztechnik bestätigt werden konnte (MOOR).

Die osmiophilen Globuli der Chloroplasten sind mehrfach isoliert und chemisch untersucht worden (MURAKAMI und TAKAMIYA; GREENWOOD et al.: BAILEY und WHYBORN; LICHTENTHALER). Beim Zentrifugieren rahmen sie auf, was ihren Lipidreichtum bestätigt, fließen aber nicht zusammen, so daß sie auch Protein enthalten dürften. Ihre Zusammensetzung schwankt erwartungsgemäß relativ stark. Über Ribosomen in Chloroplasten liegen nunmehr auch überzeugende elektronenmikroskopische Studien vor (vgl. vor allem JACOBSON et al.; ferner MURAKAMI).

Über die Struktur der Pyrenoide bei Algen berichtet auf relativ breiter Basis GIBBS (3), außerdem für *Haematococcus* WYGASCH, für *Scenedesmus* BISALPUTRA und WEIER, für *Micrasterias* DRAWERT und MIX (6). Überall erweist sich der zentrale Teil, das Pyrenophor, als lokale Verdichtung der Plastidenmatrix, die oft von einzelnen, aufgeblähten Thylakoiden locker durchzogen wird. Sie ist gewöhnlich von der Stärkehülle umgeben, zeigt aber — außer bei Diatomeen [DRUM, DRUM und PANKRATZ (2)] — keine eigene umhüllende Membran.

Auch die Frage nach der Herkunft der Plastiden ist in der Berichtszeit eingehend bearbeitet und einer gewissen Klärung zugeführt worden. Vorweg kann festgestellt werden, daß DNA in Plastiden sicher vorhanden ist – eine reiche Fülle von Arbeiten mit teilweise sehr unterschiedlicher Methodik hat bekanntlich in den letzten Jahren immer wieder zu diesem Ergebnis geführt, wie hier nicht im Detail dargelegt werden kann.

Nun haben 1962 MÜHLETHALER und BELL große (und vielleicht heilsame) Aufregung mit der aus Radioautogrammen und elektronenmikroskopischen Bildern abgeleiteten Behauptung verursacht, die Plastiden und die Mitochondrien degenerierten in den reifenden Eizellen des Adlerfarns und würden aus DNA-haltigen Abschnürungen des Kerns *de novo* gebildet. Auf die genetischen Konsequenzen braucht an dieser Stelle nicht eingegangen werden. Es muß aber betont werden, daß die Grundlage für die sehr weit gehenden Postulate von MÜHLETHALER und BELL von vornherein nicht solide genug war: Das Elektronenmikroskop läßt nun einmal die unmittelbare Verfolgung von Vorgängen in lebenden Zellen nicht zu. Das Aneinanderreihen von Bildern, die Stadien solcher Vorgänge darstellen, ist daher notwendig hypothetisch. Das bliebe auch dann zu bedenken, wenn die Beobachtungen von MÜHLETHALER und BELL als solche bestätigt worden wären. In letzter Zeit hat es sich aber gezeigt, daß schon die elektronenmikroskopischen Bilder nicht zutreffend interpretiert worden waren [MENKE und FRICKE (2); DIERS] – die Lehrmeinung über die Strukturkontinuität der Plastiden erscheint also einmal mehr bestätigt. Zweiflern sei die Lektüre der Übersicht von GIBOR und GRANICK (1) empfohlen.

Daß sich voll differenzierte Chloroplasten zu teilen vermögen, ist auch in der Berichtszeit wieder mehrfach beschrieben worden (vgl. P. B. GREEN, BARTELS). Dieser Vorgang ist jetzt auch elektronenoptisch genauer untersucht worden (GANTT und ARNOTT, SCHÖTZ). Zunächst wächst dabei nur die innere Plastidenmembran zwischen den vorgängig getrennten Thylakoidsystemen hindurch; erst nach der vollständigen Durchtrennung bricht auch die äußere Membran auf. Dieser Vorgang wird von GANTT und ARNOTT als *"concentralization"* bezeichnet.

Der Feinbau spezieller Zelltypen

Zusammenfassende Darstellungen und Übersichten zur Zellstruktur: ESAU; PILET; BUVAT (2). Auch für den Phytologen lesenswerte, gut bebilderte Übersichten über den Feinbau tierischer Zellen geben H. KOMNICK und K. E. WOHLFARTH-BOTTERMANN in den Fortschr. Zool. (**17**, 1—154, 1964), sowie PORTER und BONNEVILLE.

Die Zahl jener Arbeiten, die sich mit dem Feinbau bestimmter protophytischer Organismen oder speziell differenzierter Zelltypen von Metaphyten befassen, hat ein solches Ausmaß erreicht, daß eine Besprechung auf knappem Raum vollkommen unmöglich ist. Andererseits kann dem Leser mit bloßen Literaturlisten keinesfalls gedient sein. In diesem Abschnitt soll daher hinfort jeweils eine bestimmte Zelltype herausgegriffen und die einschlägigen Arbeiten entsprechend referiert werden. Für den nächsten Bericht ist dabei eine Behandlung der Feinstruktur des Phloems[1] und der Drüsen in Aussicht genommen — in beiden Bereichen wurde in den letzten Jahren bedeutendes Material gefördert. In diesem Jahr kann nur noch kurz auf den Feinbau experimentell veränderter Zellen eingegangen werden, sowie auf ein neues Kompartimentierungs-Schema der Eucyte, dem allgemeinere Bedeutung zukommen dürfte.

Über den Feinbau zentrifugierter Wurzelspitzenzellen der Erbse berichtet in prächtigen Arbeiten BOUCK (1, 2). 20000 *g* werden ohne weiteres überlebt, obwohl sich in jeder Zelle eine sehr ausgeprägte Stratifikation einstellt (von „unten" nach „oben", also der Dichte nach geordnet: stärkehaltige Proplastiden, Ergastoplasma, Mitochondrien und stärkefreie Plastiden, ER und Dictyosomen in der Hauptmasse des Grundplasmas, Vacuole – sie bleibt auch während der Zentrifugierung stets von Plasma umschlossen – und schließlich (zuoberst) Lipidtropfen in einem dünnen Plasmafilm. Der Kern wird in Richtung der Zentrifugalbeschleunigung gedehnt und stratifiziert: zuunterst die Nucleolen, auch das Chromatin sondert sich als dichtere Struktur von der Kerngrundsubstanz). Die Verlagerungen sind reversibel und werden nach Beendigung der Zentrifugierung relativ rasch rückgängig gemacht.

Über den Feinbau plasmolysierter Blattzellen von *Elodea* berichtet Ref. [SITTE (1)]. Erwartungsgemäß verdichten sich die plasmatischen

[1] Man vgl. allenfalls die Zusammenfassung von KOLLMANN.

Strukturen infolge des osmotischen Wasserentzuges, außer wenn quellend wirkende Plasmolytica verwendet werden; hier erweisen sich entsprechend den lichtoptischen Befunden die Mitochondrienmenbranen als besonders schwer permeable Barrieren.

Von grundsätzlicher Bedeutung dürfte eine Untersuchung von SCHNEPF (9) über die Feinstruktur einer Endocyanose sein (Pilz: *Geosiphon*, Cyanophyte: *Nostoc*). Die durch einen Phagocytose-ähnlichen Vorgang aufgenommenen, ursprünglich lediglich von ihrem Plasmalemm umhüllten Protocyten erweisen sich im Inneren des Mycobionten (wie sonst Plastiden und Mitochondrien in der Zelle) von einer Doppelmembran umschlossen (die äußere Elementarmembran stammt vom Plasmalemm des Wirtes, das eine Einstülpung gebildet hatte, ab). Zwischen innerer und äußerer Elementarmembran befindet sich hier also nicht Plasma, sondern eine nicht-plasmatische „Phase". Akzeptiert man entsprechende Verhältnisse für die Mitochondrien und die Plastiden der Eucyte (= Eukaryontenzelle), so läßt sich mit SCHNEPF leicht zeigen, daß jede Elementarmenbran jeweils eine plasmatische von einer nicht-plasmatischen Phase scheidet. Nicht-plasmatische Phasen finden sich demnach in den Zisternen des ER und der Dictyosomen und selbstverständlich in jeder Art von Vacuolen. Die Eucyte ist also – wenigstens im Prinzip – zweiphasig. Naturgemäß können plasmatische Phasen nur wieder mit plasmatischen zusammentreten (Karyo- und Cytoplasma während der Kernteilung; Zellverschmelzung bei Syngamie und Syncytienbildung), nicht-plasmatische nur mit nicht-plasmatischen (Extrusion von GOLGI-Vesikeln; Entleerung pulsierender Vacuolen; Bildung von Endocytosebläschen usw.). Virus-Vermehrung erfolgt stets nur in plasmatischen Phasen, nicht aber etwa in den Zisternen des ER. Die durch ihre genetische Selbständigkeit (somit auch durch den Besitz einer eigenen DNA) ausgezeichneten Plasten (Mitochondrien, Plastiden) nehmen in der Eucyte auch durch den Besitz einer doppelten Umhüllung mit Elementarmembranen, also auch bezüglich der Kompartimentierung, eine Sonderstellung ein.

SCHNEPFs Konzeption von der Kompartimentierung der Zelle unterstreicht den fundamentalen Unterschied zwischen Proto- und Eucyte. Sie zeigt darüber hinaus, daß auch aufgrund elektronenmikroskopischer Untersuchung Beiträge zu den Grundproblemen der allgemeinen Cytologie gemacht werden können.

Literatur

ALBERSHEIM, P. A., and U. KILLIAS: Amer. J. Bot. **50**, 732—745 (1963). — ALLEN, R. D., and L. I. REBHUN: Exp. Cell Res. **29**, 583—592 (1963). — ALLEN, R. D., J. BRAULT, and R. D. MOORE: J. Cell Biol. **18**, 223—235 (1963). — AMELUNXEN, F.: Planta med. (Stuttgart) **12**, 121—139 (1964). — ANDRÉ, J., et J. P. THIÉRY: J. Microscopie (Paris) **2**, 71 (1963).

BAILEY, J. L., and A. G. WHYBORN: Biochim. biophys. Acta **78**, 163—174 (1963). — BANGHAM, A. D., and R. W. HORNE: J. Molec. Biol. **8**, 660—668 (1964). — BANGHAM, A. D., R. W. HORNE, A. M. GLAUERT, J. T. DINGLE, and J. A. LUCY: Nature (Lond.) **196**, 952—955 (1962). — BARTELS, F.: Z. Bot. **52**, 572—599 (1964). — BAXANDALL, J., P. PERLMANN, and B. A. AFZELIUS: J. Cell Biol. **14**, 144—151 (1962). — BAYLEY, S. T.: J. Molec. Biol. **8**, 231—238 (1964). — BEER, M.: Science

144, 431—432 (1964). — BELL, D. J., and J. K. GRANT (Eds.): The Structure and Function of the Membranes and Surfaces of Cells. London: Cambridge Univ. Press 1963. — BELL, P. R., and K. MÜHLETHALER: J. Cell Biol. **20**, 235—248 (1964). — BEN-SHAUL, Y., J. A. SCHIFF, and H. T. EPSTEIN: Plant Physiol. **39**, 231—240 (1964). — BERLIN, J. D., and C. C. BOWEN: Amer. J. Bot. **51**, 650—652 (1964). — BERZBORN, R., u. W. MENKE: Z. Naturforsch. **19 b**, 763—765 (1964). — BISALPUTRA, T., and T. E. WEIER: Amer. J. Bot. **51**, 881—892 (1964). — BOUCK, G. B.: (1) Amer. J. Bot. **50**, 1046—1054 (1963); — (2) J. Cell Biol. **18**, 441—457 (1963). — BRADFUTE, D. E., C. CHAPMAN-ANDRESEN, and W. A. JENSEN: Exp. Cell Res. **36**, 207—210 (1964). — BRADLEY, D. E.: J. gen. Microbiol. **29**, 503—516 (1962). — BUTLER, W. L., and J. E. BAKER: Biochim. biophys. Acta **66**, 206—211 (1963). — BUTLER, W. L., R. A. OLSON, and W. H. JENNINGS: Biochim. biophys. Acta **88**, 651—653 (1964). — BUVAT, R.: (1) Ber. dtsch. bot. Ges. **74**, 261—267 (1961); — (2) Internat. Rev. Cytol. **14**, 41—155 (1963). — BUVAT, R., et A. MOUSSEAU: C. R. Acad. Sci. (Paris) **251**, 3051—3053 (1960).

CALLAHAN, W. P., and J. A. HORNER: J. Cell Biol. **20**, 350—356 (1964). — CARO, L. G.: J. Cell Biol. **15**, 189—199 (1962). — CARO, L. G., and R. P. VAN TUBERGEN: J. Cell Biol. **15**, 173—188 (1962). — CHANCE, B., and R. W. ESTABROOK: Science **146**, 957—962 (1964). — CHRISPEELS, M. J., and A. E. VATTER: Nature (Lond.) **200**, 711—712 (1963). — CONDIE, R. M., and R. B. LANGER: Science **144**, 1138—1140 (1964). — CRONSHAW, J.: Protoplasma (Wien) **59**, 318—325 (1964).

DANIELLI, J. F., K. G. A. PANKHURST, and A. C. RIDDIFORD (Eds.): Recent Progress in Surface Science. Bd. **1**. New York and London: Academ. Press 1964. — DE REUCK, A. V. S., and M. P. CAMERON (Eds.): Lysosomes. London: Churchill 1963. — DEVIDÉ, Z., and M. WRISCHER: Proc. 3. Europ. Reg. Conf. EM, S. 151—152. Prag 1964. — DIERS, L.: Ber. dtsch. bot. Ges. **77**, 369—371 (1964). — DÖBEL, P.: (1) Biol. Zbl. **82**, 275—295 (1963); — (2) Z. Vererbungsl. **95**, 226—235 (1964). — DOHLMAN, G. F., A. B. MAUNSBACH, L. HAMMARSTRÖM, and L.-E. APPELGREN: J. Ultrastruct. Res. **10**, 293—303 (1964). — DOLZMANN, R., u. P. DOLZMANN: Planta (Berl.) **61**, 332—345 (1964). — DRAWERT, H., u. M. MIX: (1) S.-B. Ges. Beförd. Naturwiss. Marburg **83/84**, 361—382 (1961/1962); — (2) Portug. Acta Biol. (A) **7**, 17—28 (1963); — (3) Naturwissenschaften **49**, 353—354 (1962); — (4) Ber. dtsch. bot. Ges. **75**, 128—134 (1962); — (5) Flora (Jena) **151**, 487—508 (1961); — (6) Planta (Berl.) **58**, 50—74 (1962). — DRAWERT, H., u. U. RÜFFER-BOCK: Ber. dtsch. bot. Ges. **77**, 440—449 (1964). — DRUM, R. W.: J. Cell Biol. **18**, 429—440 (1963). — DRUM, R. W., and H. S. PANKRATZ: (1) Science **142**, 61—63 (1963); — (2) Amer. J. Bot. **51**, 405—418 (1964).

EASTON, J. M., B. GOLDBERG, and H. GREEN: J. Cell Biol. **12**, 437—443 (1962). — EHRING, R.: Z. Naturforsch. **17 b**, 837—847 (1962). — EILAM, Y., and S. KLEIN: J. Cell Biol. **14**, 169—182 (1962). — ERLANDSON, R. A.: J. Cell Biol. **22**, 704—709 (1964). — ESAU, K.: Amer. J. Bot. **50**, 495—506 (1963). — ESCHRICH, W.: Protoplasma (Wien) **56**, 371—373 (1963).

FALK, H.: (1) Protoplasma (Wien) **54**, 594—597 (1961); (2) **55**, 237—254 (1962); — (3) Z. Naturforsch. **17 b**, 862—863 (1962). — FALK, H., u. P. SITTE: Protoplasma (Wien) **57**, 290—303. — FAWCETT, D. W.: (1) In: The Cell (J. BRACHET und A. E. MIRSKY, Eds.). Bd. **2**, 217—297. New York and London: Academ. Press 1961; — (2) In: Modern Developments in Electron Microscopy (B. M. SIEGEL, Ed.) S. 257 to 333. New York and London: Academ. Press 1964. — FELDHERR, C. M.: J. Cell Biol. **12**, 159—167 (1962); **14**, 65—72 (1962); **20**, 188—192 (1964). — FELDMAN, D. G.: J. Cell Biol. **15**, 592—595 (1962). — FERNÁNDEZ-MORÁN, H.: Res. Publ. Assoc. neur. ment. Dis. **40**, 235—267 (1962). — FERNÁNDEZ-MORÁN, H., L. J. REED, M. KOIKE, and C. R. WILLMS: (1) Science **145**, 930—932 (1964). — FERNÁNDEZ-MORÁN, H., P. V. BLAIR, and D. E. GREEN: (2) J. Cell Biol. **22**, 63—100 (1964). — FISHER, H. F., D. G. GROSS, and L. L. MCGREGOR: Nature (Lond.) **196**, 895—896 (1962). — FREEMAN, J. A., and B. O. SPURLOCK: J. Cell Biol. **13**, 437—443 (1962). — FREY-WYSSLING, A., J. F. LÓPEZ-SÁEZ, and K. MÜHLETHALER: (1) J. Ultrastruct. Res. **10**, 422—432 (1964). — FREY-WYSSLING, A., E. GRIESHABER, and K. MÜHLETHALER: (2) J. Ultrastruct. Res. **8**, 506—516 (1963). — FROMME, H. G.: Z. Naturforsch. **19 b**, 852—854 (1964). — FUSTEC-MATHON, E.: C. R. Soc. Biol. (Paris) **157**, 1288—1291 (1963).

GANTT, E., and H. J. ARNOTT: J. Cell Biol. **19**, 446—448 (1963). — GIBBS, S.: (1) J. Cell Biol. **14**, 433—444 (1962); (2) **15**, 343—361 (1962); — (3) J. Ultrastruct. Res. **7**, 247—272 (1962). — GIBOR, A., and S. GRANICK: (1) Science **145**, 890—897 (1964); — (2) J. Protozool. **9**, 327—334 (1962), sowie J. Cell Biol. **15**, 599—603 (1962). — GIERER, A.: J. Molec. Biol. **6**, 148—157 (1963). — GIRBARDT, M.: (1) Ber. dtsch. bot. Ges. **74**, 245 (1961); — (2) Z. Naturforsch. **17b**, 49 (1962); — (3) Proc. 3. Europ. Reg. Conf. EM, (Prag 1964). — GRANICK, S.: In: Cytodifferential and Macromolecular Synthesis (M. LOCKE, Ed.), S. 144—174. New York and London: Academ. Press 1963. — GREEN, D. E.: (1) Comp. Biochem. Physiol. **4**, 81—122 (1962); — (2) In: Funktionelle und morphologische Organisation der Zelle (P. KARLSON, Hsg.), S. 86—93. Berlin-Göttingen-Heidelberg: Springer 1963; — (3) Sci. Amer. **210**/1, 63—74 (1964). — GREEN, P. B.: Amer. J. Bot. **51**, 334—342 (1964). — GREENWOOD, A. D., R. M. LEECH, and J. P. WILLIAMS: Biochim. biophys. Acta **78**, 148—162 (1963). — GRIESHABER, E.: Vjschr. nf. Ges. Zürich **109**, 1—23 (1964). — GROSS, J. A., M. J. BECKER, and A. M. SHEFNER: Nature (Lond.) **203**, 1263—1265 (1964). — GRUN, P.: J. Ultrastruct. Res. **9**, 198—208 (1963).

HAASE, G., u. G. JUNG: Naturwissenschaften **51**, 404—405 (1964). — HAINE, M. E.: The Electron Microscope — The Present State of the Art. Spon, London 1961. — HANKER, J. S., A. R. SEAMAN, L. P. WEISS, H. UENO, R. A. BERGMAN, and A. M. SELIGMAN: Science **146**, 1039—1043 (1964). — HARBERS, E., G. F. DOMAGK u. W. MÜLLER: Die Nucleinsäuren. Stuttgart: Thieme 1964. — HARTLEY, B. S.: Nature (Lond.) **201**, 1284 (1964). — HAUROWITZ, F.: The Chemistry and Function of Proteins. 2. Aufl., New York and London: Academ. Press 1963. — HAYES, T. L., F. T. LINDGREN, and J. W. GOFMAN: J. Cell Biol. **19**, 251—255 (1963). — HEPLER, P. K., and E. H. NEWCOMB: J. Cell Biol. **20**, 529—533 (1964). — HESLOP-HARRISON, J.: Planta (Berl.) **60**, 243—260 (1963). — HIRANO, T., and C. C. LINDEGREN: J. Ultrastruct. Res. **8**, 322—326 (1963). — HOFFMANN, L., and I. MANTON: (1) J. exp. Bot. **13**, 443—449 (1962); — (2) Amer. J. Bot. **50**, 455—463 (1963). — HOLT, S. J., and R. M. HICKS: J. Biophys. biochem. Cytol. **11**, 31—45 (1961). — HORNE, R. W., A. D. BANGHAM, V. P. WHITTAKER, J. B. FINEAN, and M. G. RUMSBY: Nature (Lond.) **200**, 1340 (1963). — HORNE, R. W., and G. D. GREVILLE: J. Molec. Biol. **6**, 506—509 (1963). — HORNE, R. W., and V. P. WHITTAKER: Z. Zellforsch. **58**, 1—16 (1962). — HSIAO, T.: Biochim. biophys. Acta **91**, 598—605 (1964). — HSU, K. C., R. A. RIFKIND, and J. B. ZABRISKIE: Science **142**, 1471—1473 (1963). — HUXLEY, H. E., and G. ZUBAY: J. Biophys. biochem. Cytol. **11**, 273—296 (1961). — HYDE, B. B., A. J. HODGE, A. KAHN, and M. L. BIRNSTIEL: J. Ultrastruct. Res. **9**, 248—258 (1963).

INOUÉ, S., and W. L. HYDE: J. Biophys. biochem. Cytol. **3**, 831—838 (1957).

JACOBSON, A. B., H. SWIFT, and L. BOGORAD: J. Cell Biol. **17**, 557—570 (1963). — JAENICKE, R.: Biochim. biophys. Acta **85**, 186—201 (1964). — JAROSCH, R.: (1) Protoplasma (Wien) **55**, 552—554 (1962); (2) **55**, 406—410 (1962). — JENSEN, W. A.: J. Cell Biol. **23**, 669—672 (1964). — JÓNSSON, S.: Ann. Biol. (Paris), Sér. 4, **2**, 207—255 (1963). — JOYON, L.: C. R. Acad. Sci. (Paris) **256**, 3502—3503 (1963).

KALLENBACH, E., E. SANDBORN, and H. WARSHAWSKY: J. Cell Biol. **16**, 629—632 (1963). — KARNOVSKY, M. J.: J. Biophys. biochem. Cytol. **11**, 729—732 (1961). — KAWAMATU, S.: Cytologia (Tokyo) **28**, 12—20 (1963). — KAY, D. (Ed.): Techniques for Electron Microscopy. Oxford: Blackwell 1961. — KENDREW, J. C.: Angew. Chem. **75**, 595—603 (1963). — KESSEN, G., u. F. AMELUNXEN: Z. Naturforsch. **19b**, 346—352 (1964). — KIRK, J. T. O., and B. E. JUNIPER: (1) J. roy. micr. Soc. **82**, 205—210 (1964); — (2) Exp. Cell Res. **30**, 621—623 (1963). — KISLYUK, I. M.: Dokl. Akad. Nauk SSSR **157**, 168—184 (1964). — KLEIN, S.: (1) J. Biophys. biochem. Cytol. **8**, 529—538 (1960); — (2) Nature (Lond.) **196**, 992—993 (1962). — KLEIN, S., and L. BOGORAD: J. Cell Biol. **22**, 443—451 (1964). — KLEIN, S., G. BRYAN, and L. BOGORAD: J. Cell Biol. **22**, 433—443 (1964). — KOEHLER, J. K.: J. Ultrastruct. Res. **6**, 432—436 (1962). — KÖHLER, J. K., K. MÜHLETHALER, and A. FREY-WYSSLING: J. Cell Biol. **16**, 73—80 (1963). — KOLLMANN, R.: Phytomorphol. **14**, 247—264 (1964). — KOLLMANN, R., u. W. SCHUMACHER: Planta (Berl.) **59**, 195—221 (1962). — KORNDER, F.: Leitz-Mitt. **1**, 109—112 (1960). — KRAUSE, W., u. K. DEUTSCH: Z. Naturforsch. **19b**, 656—657 (1964). — KREUTZ, W.: (1) Z. Naturforsch. **18b**, 567—571 (1963); (2) **18b**, 1098—1104 (1963); (3) **19b**, 441—446 (1964). — KREUTZ, W., u. W.

MENKE: Z. Naturforsch. **17b**, 675—683 (1962). — KROON, A. M.: Biochim. biophys. Acta **76**, 165—167 (1963).

LANG, N. N.: (1) J. Cell Biol. **19**, 631—634 (1963); — (2) J. Protozool. **10**, 333—339 (1963). — LAWN, A. M.: J. Biophys. biochem. Cytol. **7**, 197—198 (1960). — LEDBETTER, M. C., and K. R. PORTER: (1) J. Cell Biol. **19**, 239—250 (1963); — (2) Science **144**, 872—874 (1964). — LEFORT, M.: C. R. Acad. Sci. (Paris) **256**, 5190—5192 (1963). — LEHNINGER, A. L.: The Mitochondrion. New York and Amsterdam: Benjamin 1964. — LEVIN, Ö.: J. Molec. Biol. **6**, 158—163 (1963). — LICHTENTHALER, H. K.: Ber. dtsch. bot. Ges. **77**, 398—402 (1964). — LINDEGREN, C. C.: Nature (Lond.) **195**, 1225—1227 (1962). — LINNANE, A. W., E. VITOLS, and P. G. NOWLAND: J. Cell Biol. **13**, 345—350 (1962). — LOCKE, M. (Ed.): Cellular Membranes in Development. New York and London: Academ. Press 1964. — LONGO, C., ed O. ARRIGONI: Exp. Cell Res. **35**, 572—579 (1964). — LUCK, D. J. L.: J. Cell Biol. **16**, 483—499 (1963). — LUCY, J. A., and A. M. GLAUERT: J. Molec. Biol. **8**, 727—748 (1964). — LUZZATTI, V., and F. HUSSON: J. Cell Biol. **12**, 207—219 (1962).

MANTON, I.: J. roy. micr. Soc. **82**, 279—285 (1964). — MARINOS, N. G.: J. Ultrastruct. Res. **9**, 177—185 (1963). — MCLEAN, J. D., and S. J. SINGER: J. Cell Biol. **20**, 518—521 (1964). — MEKLER, L. B., S. M. KLIMENKO, G. E. DOBREZOV, V. K. NAUMOVA, Y. P. HOFFMANN, and V. M. ZHDANOV: Nature (Lond.) **203**, 717—719 (1964). — MENDOZA, C. G., and J. R. VILLANUEVA: Canad. J. Microbiol. **9**, 900—902 (1963). — MENKE, W.: (1) Ann. Rev. Plant Physiol. **13**, 27—44 (1962); — (2) Ber. dtsch. bot. Ges. **77**, 340—354 (1964); — (3) Z. Naturforsch. **17b**, 188—190 (1962); (4) **18b**, 821—826 (1963). — MENKE, W., u. B. FRICKE: (1) Portug. Acta Biol. (A) **6**, 243—252 (1962); — (2) Z. Naturforsch. **19b**, 520—524 (1964). — MERCER, E. H., and M. S. C. BIRBECK: Electron Microscopy. A Textbook for Biologists. Oxford: Blackwell 1961. — MERCER, F. V., M. NITTIM, and J. V. POSSINGHAM: J. Cell Biol. **15**, 379—381 (1962). — MERRIAM, R. W.: J. Biophys. biochem. Cytol. **11**, 559—570 (1961). — MILLONIG, G.: J. Biophys. biochem. Cytol. **11**, 736—739 (1961). — MOLLENHAUER, H. H., and W. G. WHALEY: J. Cell Biol. **17**, 222—225 (1963). — MOLLENHAUER, H. H., W. G. WHALEY, and J. H. LEECH: J. Ultrastruct. Res. **5**, 193—200 (1961). — MOOR, H.: Z. Zellforsch. **62**, 546—580 (1964). — MOOR, H., and K. MÜHLETHALER: J. Cell Biol. **17**, 609—628 (1963). — MOOR, H., K. MÜHLETHALER, H. WALDNER, and A. FREY-WYSSLING: J. Biophys. biochem. Cytol. **10**, 1—13 (1961). — MOORE, R. T., and J. H. MCALEAR: J. Ultrastruct. Res. **8**, 144—153 (1963). — MORIBER, L. G., B. HERSHENOV, S. AARONSON, and B. BENSKY: J. Protozool. **10**, 80—86 (1963). — MORRÉ, D. J., and H. H. MOLLENHAUER: J. Cell Biol. **23**, 295—300 (1964). — MOTA, M.: Cytologia (Tokyo) **28**, 409—416 (1963). — MUGNAINI, E.: (1) J. Cell Biol. **23**, 173—182 (1964); — (2) J. Ultrastruct. Res. **11**, 525—544 (1964). — MÜHLETHALER, K., u. P. R. BELL: Naturwissenschaften **49**, 63—64 (1962). — MURAKAMI, S.: Exp. Cell Res. **32**, 398—400 (1963). — MURAKAMI, S., and A. TAKAMIYA: Proc. 5. Internat. Congr. EM, Philadelphia 1962.

NADAKAVUKAREN, M. J.: J. Cell Biol. **23**, 193—195 (1964). — NASS, M. M. K., and S. NASS: (1) J. Cell Biol. **19**, 593—629 (1963); — (2) J. roy. micr. Soc. **81**, 209—213 (1963). — NEIFAKH, S. A., and T. B. KAZAKOVA: Nature (Lond.) **197**, 1106—1107 (1963). — NEURATH, H. (Ed.): The Proteins. 4 Bände, 2. Aufl. New York and London: Academ. Press 1964. — NILSSON, S. E. G.: Nature (Lond.) **202**, 509—510 (1964).

OLSON, R. A., W. L. BUTLER, and W. H. JENNINGS: (1) Biochim. biophys. Acta **58**, 144—146 (1962). — OLSEN, R. A., W. H. JENNINGS, and W. L. BUTLER: (2) Biochim. biophys. Acta **88**, 318—337 (1964). — OLSSON, R.: J. Cell Biol. **15**, 596—599 (1962). — OLSZEWSKA, M. J., u. B. GABARA: Protoplasma (Wien) **59**, 163—179 (1964). — OLSZEWSKA, M. J., B. GABARA et S. OHDE: Acta soc. bot. pol. **32**, 651—654 (1963).

PAOLILLO, D. J., and R. H. FALK: Amer. J. Bot. **51**, 671 (1964). — PARK, R. B., and J. BIGGINS: Science **144**, 1009—1011 (1964). — PARK, R. B., and N. G. PON: (1) J. Molec. Biol. **3**, 1—10 (1961); (2) **6**, 105—114 (1963). — PARSONS, D. P.: J. Cell Biol. **16**, 620—626 (1963). — PEACHEY, L. D.: J. Cell Biol. **20**, 95—108 (1964). — PEARLSTEIN, R. M.: Science **145**, 1336 (1964). — PEASE, D. C.: (1) Histological Techniques for Electron Microscopy. 2. Aufl. New York and London: Academ. Press 1964; — (2) J. Cell Biol. **18**, 313—326 (1963); (3) **15**, 385—389 (1962). —

Pepe, F. A.: J. Biophys. biochem. Cytol. **11**, 515—520 (1961). — Pepe, F. A., and H. Finck: J. Biophys. biochem. Cytol. **11**, 521—531 (1961). — Perner, E.: (1) Naturwissenschaften **50**, 134—135 (1963); — (2) Portug. Acta Biol. (A) **6**, 359—371 (1962). — Perutz, M. F.: (1) Proteins and Nucleic Acids. Amsterdam: Elsevier 1962; — (2) Angew. Chem. **75**, 589—595 (1963). — Petermann, M. L.: The Physical and Chemical Properties of Ribosomes. Amsterdam: Elsevier 1964. — Peterson, M. R., and C. P. Leblond: J. Cell Biol. **21**, 143—148 (1964). — Peveling, E.: Protoplasma (Wien) **55**, 429—435 (1962). — Phillips, M.: Biochim. biophys. Acta **91**, 350—351 (1964). — Pilet, P.-E.: La Cellule. Paris: Masson 1964. — Poglazov, B. F., T. J. Volkova, and A. I. Zotin: Citologija (Moskau) **5**, 338—339 (1963). — Policard, A., and M. Bessis: Nature (Lond.) **194**, 110—111 (1962). — Porter, K. R., and M. A. Bonneville: An Introduction to the Fine Structures of Cells and Tissues. Philadelphia: Lea and Febiger 1963. — Possingham, J. V., M. Vesk, and F. V. Mercer: J. Ultrastruct. Res. **11**, 68—83 (1964). — Poux, N.: (1) C. R. Acad. Sci. (Paris) **253**, 2395—2397 (1961); — (2) J. Microscopie (Paris) **1**, 55—66 (1962). — Pringsheim, E. G.: (1) Farblose Algen. Stuttgart: Fischer 1963; — (2) Naturwissenschaften **51**, 154—157 (1964).

Randall, Sir John, M. R. Watson, N. R. Silvester, J. B. Alexander, and J. M. Hopkins: Proc. Linnean Soc. London **174**, 37—40 (1963). — Reimann, B.: (1) Mikroskopie (Wien) **16**, 224—226 (1961); — (2) Exp. Cell Res. **34**, 605—608 (1964). — Renaud, F. L., and H. Swift: J. Cell Biol. **23**, 339—354 (1964). — Reynolds, E. S.: J. Cell Biol. **17**, 208—212 (1963). — Riemersma, J. C.: J. Histochem. Cytochem. **11**, 436—442 (1963). — Robertson, J. D.: (1) In: Electron Microscopy in Anatomy (J. D. Boyd, F. R. Johnson, and J. D. Lever, Eds.), S. 74—99. Baltimore: Williams 1961; — (2) Sci. Amer., Offprint 151 (1962); — (3) In: Cellular Membranes in Development (M. Locke, Ed.), S. 1—81. New York and London: Academ. Press 1964. — Rodkiewicz, B., and E. Mikulska: Flora (Jena) **154**, 383—387 (1964). — Rosen, W. G., S. R. Gawlik, W. V. Dashek, and K. A. Siegesmund: Amer. J. Bot. **51**, 61—71 (1964). — Ruska, E.: Naturwiss. Rundsch. **17**, 125—135 (1964).

Sabatini, D. D., K. Bensch, and R. J. Barrnett: J. Cell Biol. **17**, 19—58 (1963). — Salpeter, M. M., and L. Bachmann: J. Cell Biol. **22**, 469—477 (1964); — Naturwissenschaften **51**, 237—238 (1964). — Sassen, M. M. A.: Acta bot. néerl. **13**, 175—181 (1964). — Sauer, K., and M. Calvin: J. Molec. Biol. **4**, 451—466 (1962). — Schatz, G., H. Tuppy u. J. Klima: Z. Naturforsch. **18b**, 145—153 (1963). — Schmitt, F. O.: Developm. Biol. **7**, 546—559 (1963). — Schnepf, E.: (1) Naturwissenschaften **51**, 318—319 (1964); — (2) Z. Naturforsch. **19b**, 344—345 (1964); — (3) Protoplasma (Wien) **58**, 137—171 (1963); — (4) Naturwissenschaften **50**, 674 (1963); — (5) Flora (Jena) **153**, 1—22 (1963); (6) **151**, 73—87 (1961); (7) **153**, 23—48 (1963); — (8) Planta (Berl.) **61**, 371—373 (1964); — (9) Arch. Mikrobiol. **49**, 112—131 (1964). — Schötz, F.: Ber. dtsch. bot. Ges. **77**, 372—378 (1964). — Siegel, B. M. (Ed.): Modern Developments in Electron Microscopy. New York and London: Academ. Press 1964. — Sievers, A.: (1) Z. Zellforsch. **64**, 280—289 (1964); — (2) Protoplasma (Wien) **56**, 188—192 (1963); — (3) Z. Naturforsch. **18b**, 830—836 (1963); — (4) Ber. dtsch. bot. Ges. **77**, 388—390 (1964). — Signol, M.: C. R. Acad. Sci. (Paris) **252**, 4177—4179 (1961). — Simon, E. W., and J. A. Chapman: J. exp. Bot. **12**, 414—420 (1961). — Singer, S. J.: Nature (Lond.) **183**, 1523 (1959). — Singer, S. J., and A. F. Schick: J. Biophys. biochem. Cytol. **9**, 519—537 (1961). — Sitte, P.: (1) Protoplasma (Wien) **57**, 304—333 (1963); — (2) Ber. dtsch. bot. Ges. **74**, 177—206 (1961); — (3) Portug. Acta Biol. (A) **6**, 269—277 (1962). — Sjöstrand, F. S.: J. Ultrastruct. Res. **9**, 561—580 (1963). — Sjöstrand, F. S., E. A. Cedergren, and U. Karlsson: Nature (Lond.) **202**, 1075—1078 (1964). — Sjöstrand, F. S., and L.-G. Elfvin: J. Ultrastruct. Res. **10**, 263—292 (1964). — Slayter, H. S., J. R. Warner, A. Rich, and C. E. Hall: J. Molec. Biol. **7**, 652—657 (1963). — Sleigh, M. A.: The Biology of Cilia and Flagella. Oxford: Pergamon Press 1962. — Spurlock, B. O., V. C. Kattine, and J. A. Freeman: J. Cell Biol. **17**, 203—207 (1963). — Sri Ram, J., S. S. Tawde, G. B. Pierce, and A. R. Midgeley: J. Cell Biol. **17**, 673—675 (1963). — Stäubli, W.: J. Cell Biol. **16**, 197—201 (1963). — Stoeckenius, W.: (1) J. Cell Biol. **12**, 221—229 (1962); (2) **17**, 443—454 (1963). — Storck, R.: Biophys. J. (New York) **3**, 1—10 (1963). — Sun, C. N.: (1) Protoplasma (Wien) **56**, 374—376 (1963); — (2) Amer. J. Bot. **48**, 311—315 (1961); — (3) Cytologia (Tokyo) **27**, 333—342 (1962); — (4) Protoplasma (Wien) **56**, 346—354 (1963); (5) **56**, 661—669 (1963); — (6) J. Electronmicroscopy **12**, 254—259 (1963). — SZOLLOSI, D.: J. Cell Biol. **21**, 465—479 (1964).

THOMSON, W. W., and T. E. WEIER: Amer. J. Bot. **49**, 1047—1055 (1962). — THOMSON, W. W., T. E. WEIER, and H. DREVER: Amer. J. Bot. **51**, 933—938 (1964). — THORNTON, R. M., and K. V. THIMANN: J. Cell Biol. **20**, 345—350 (1964).

URL, W.: (1) Protoplasma (Wien) **58**, 294—311 (1964); (2) **59**, 197—200 (1964).

VALENTINE, R. C.: Nature (Lond.) **204**, 1262—1264 (1964). — VALENTINE, R. C., and R. W. HORNE: In: The Interpretation of Ultrastructure (R. J. C. HARRIS, Ed.), S. 263—277. New York and London: Academ. Press 1962. — VIRGIN, H. I., A. KAHN, and D. v. WETTSTEIN: Photochem. Photobiol. **2**, 83—91 (1963).

WALEK-CZERNECKA, A.: (1) Acta soc. bot. pol. **31**, 539—543 (1962); (2) **32**, 405—408 (1963). — WALKER, D. G., and A. M. SELIGMAN: J. Cell Biol. **16**, 455—469 (1963). — WARNER, J. R., A. RICH, and C. E. HALL: Science **138**, 1399—1403 (1962). — WATSON, M. L., and W. G. ALDRIDGE: J. Biophys. biochem. Cytol. **11**, 257—272 (1961). — WEHRMEYER, W.: (1) Planta (Berl.) **59**, 280—295 (1963); (2) **62**, 272—293 (1964); (3) **63**, 13—30 (1964). — WEHRMEYER, W., u. E. PERNER: Protoplasma (Wien) **54**, 573—593 (1962). — WEIER, T. E.: (1) Amer. J. Bot. **50**, 604—611 (1963); (2) **48**, 615—630 (1961). — WEIER, T. E., and W. W. THOMSON: J. Cell Biol. **13**, 89—108 (1962). — WEIER, T. E., C. R. STOCKING, W. W. THOMSON, and H. DREVER: J. Ultrastruct. Res. **8**, 122—143 (1963). — WEISSENFELS, N.: Protoplasma (Wien) **54**, 229—240 (1961). — WERZ, G.: Planta (Berl.) **62**, 191—193 (1964). — WETTSTEIN, F. O., T. STAEHELIN, and H. NOLL: Nature (Lond.) **197**, 430—435 (1963). — WHALEY, W. G., and H. H. MOLLENHAUER: J. Cell Biol. **17**, 216—221 (1963). — WILSENACH, R.: J. Cell Biol. **18**, 419—428 (1963). — WINTERSBERGER, E.: Hoppe-Seylers Z. physiol. Chem. **336**, 285—288 (1964). — WISCHNITZER, S.: Introduction to Electron Microscopy. Oxford: Pergamon Press 1962. — WOHLFARTH-BOTTERMANN, K. E.: (1) Protoplasma (Wien) **53**, 259—290 (1961); — (2) Zellstrukturen und ihre Bedeutung für die amöboide Bewegung. Köln und Opladen: Westdeutscher Verlag 1963 (vgl. auch Internat. Rev. Cytol. **16**, 61—131 (1964). — WOODING, F. B. P., and D. H. NORTHCOTE: J. Cell Biol. **23**, 327—337 (1964). — WYGASCH, J.: Protoplasma (Wien) **59**, 266—276 (1964).

YOTSUYANAGI, Y.: J. Ultrastruct. Res. **7**, 121—140 (1962). — YOUNG, B. A., and B. M. KOPRIWA: J. Histochem. Cytochem. **12**, 438—441 (1964).

ZOBEL, C. R., and M. BEER: J. Biophys. biochem. Cytol. **10**, 335—346 (1961).

2b. Submikroskopische Cytologie der Bakterienzelle

Von Gerhart Drews, Freiburg i. Br.

Die submikroskopische Cytologie der Bakterienzelle wird als eigenes Kapitel zum erstenmal in den Fortschr. Bot. referiert. Einzelne Aspekte wurden bisher vor allem im Abschnitt A, 1 abgehandelt. Wegen der Fülle an Publikationen kann nur eine kleine Anzahl, vor allem zusammenfassender Spezialdarstellungen zitiert werden. Die Probleme der Struktur sind eng mit der Frage nach ihrer chemischen Zusammensetzung und Funktion verknüpft und sollen daher auch gemeinsam besprochen werden.

Die **Zellwand** der Bakterien ist eine 10—20 mμ (im Extrem 8—80 mμ) dicke, relativ starre aber zugleich elastische Hülle, die der Zelle ihre charakteristische Form gibt und für den normalen Ablauf von Wachstum und Zellteilung notwendig ist. Das beweisen zahlreiche Beobachtungen an Sphäroplasten und L-Formen (Martin). Sphäroplasten können keine normale Zellteilung durchführen. Im allgemeinen ist die grampositive Wand dicker als die der gramnegativen Bakterien. Die Zellwand ist aus verschiedenen makromolekularen Komponenten zusammengesetzt, die nach mechanischer oder enzymatischer Bearbeitung der Wand im Elektronenmikroskop als glatte strukturlose Schichten, als Kugelfolie, als fibrilläre Elemente oder anders strukturierte Ablagerungen sichtbar gemacht werden können (Houwink, Salton, Takeya et al., Weidel et al.). Die zuerst von Houwink an einem *Spirillum* entdeckte Schicht aus sphärischen Untereinheiten wurde inzwischen auch bei zahlreichen anderen Bakterien gefunden. Der Durchmesser der Kügelchen betrug bei dem von Houwink gefundenen *Spirillum* 120 Å. Es ist nicht bekannt, ob die Kugelfolien verschiedener Bakterien sich in der chemischen Zusammensetzung gleichen. Bei *E. coli* sind der basalen Mucopolymerschicht, dem Mureinsacculus nach Weidel und Pelzer, Proteinkügelchen aufgelagert. Nach außen folgen dann Schichten von Lipopolysacchariden und Lipoproteinen. Die aus Mucopolymer bestehende Basalschicht scheint allen Bakterien und Cyanophyceen gemeinsam zu sein (Rogers, Salton, Weidel und Pelzer). Der Anteil des Mucopolymers beträgt bei gramnegativen Bakterien meist nur 5%, bei grampositiven bis zu 95% der Wand (Aufbau und Vernetzung mit anderen Makromolekülen s. Fortschr. Bot. **25**, 300). Die Lipoproteine kommen vor allen Dingen bei gramnegativen Bakterien vor. Sie können bei den grampositiven Bakterien durch Polysaccharide und Teichonsäure (Baddiley) und andere hochmolekulare Substanzen ersetzt sein. Die Lipopolysaccharide, die Lipoproteine und die Teichonsäure in der Zellwand sind die typenspezifischen Antigene der verschiedenen Bakteriengruppen (BADDILEY and DAVISON, CUMMINS, KAUFFMANN et al., WESTPHAL und LÜDERITZ). Als Phagen-Rezeptororte können bei dem gramnegativen *Escherichia coli* die Lipoproteinfraktion (WEIDEL, ZARNITZ und WEIDEL) bei anderen Bakterien noch nicht genau definierte Bestandteile der Zellwand fungieren. Im Querschnitt erscheint die Wand drei- bis mehrschichtig. Es ist noch nicht gesichert, ob dem unterschiedlichen Kontrast im Elektronenmikroskop auch eine entsprechende Schichtung entspricht, oder ob er nur durch partielle Lipideinlagerung bedingt ist. Isolierte Lipopolysaccharide erscheinen im Schnitt ebenfalls dreischichtig (FRANK). Das Wachstum der Wand ist zumindeste bei einer Reihe von Kokken und Bacillen sowie den *Cyanophyceen* streng lokalisiert. Die Wachstumszonen liegen dort, wo später die Querwand irisblendenartig eingezogen wird. Hinweise dafür erbrachten Beobachtungen an Bakterien unter Einfluß schwacher Antibioticakonzentrationen [Chloramphenicol-GIESBRECHT (6)], die Markierung der Zellwände mit fluoreszierenden Antikörpern (COLE und HAHN, CHUNG et al.) sowie die erhöhte Fragilität in Querwandnähe bei Cyanophyceen (FRANK et al.). Bei den Cyanophyceen, aber auch zahlreichen Bakterien, ist die Differenzierung zwischen der eigentlichen Zellwand und ihr aufgelagerten Schichten nicht immer eindeutig durchzuführen. So ist bei *Veillonella* die Zelle von einer gefalteten, kontrastreichen Schicht bedeckt, die nicht lysozymempfindlich ist (BLADEN und MERGENHAGEN). Die Zellen von *Lampropedia* werden von einer honigwabenförmigen und einer dornenhaltigen und einer strukturlosen Schicht zu einem tafelförmigen Zellverband verkittet (CHAPMAN et al.). Diese Schichten haben im Querschnitt den gleichen Kontrast wie die Zellwand; sie unterscheiden sich von ihr in der Strukturierung und Dicke.

Die **Kapseln** der Bakterien sind elektronenoptisch nur schwer darzustellen, weil sie sehr wasserhaltig sind und bei der Entwässerung schrumpfen. Sie erscheinen als kontrastarme, feinfibrilläre Strukturen und bestehen aus Polysacchariden, können aber auch Polypeptide enthalten. Sie lassen sich im Lichtmikroskop mit Hilfe von Antikörpern oder kolloidalen Farbstoffen sichtbar machen. Es ist auch gelungen, die Kapseln und das aus ähnlichen Substanzen aufgebaute Exosporium im Elektronenmikroskop sichtbar zu machen [GIESBRECHT (5)]. Wir wissen heute noch nicht genau, wo die im Innern der Zelle gebildeten niedermolekularen Zellwandvorläufer (BURGER und GLASER, NATHENSON und STROMINGER, OSBORN et al., PARK und STROMINGER; Fortschr. Bot. **25**, 300) zur hochmolekularen Struktur zusammengefügt werden. In einer Reihe elektronenmikroskopischer Aufnahmen besonders von plasmolysierten Zellen, sieht man zwischen Zellwand und cytoplasmatischer Membran eine strukturlose Substanz (EDWARDS u. STEVENS, GRUND). Es ist denkbar, daß diese Substanz aus Enzymproteinen besteht. Membran- oder wandgebundene Polymerasen sind mehrfach beschrieben worden (ROGERS). STROMINGER u. Mitarb. haben lipidlösliche Wandvorstufen beschrieben, die wahrscheinlich durch die cytoplasmatische Membran geschleust werden.

Zellen, deren Zellwand vollständig entfernt wurde, werden als **Protoplasten** bezeichnet, wenn noch Teile der Zellwand vorhanden sind, spricht man von Sphäroplasten (MARTIN). Entfernt man durch osmotischen Schock den Inhalt der Protoplasten, so bleibt die leere cytoplasmatische Membran als zartes kontrastarmes und deshalb in der englischen Literatur als "ghost" bezeichnetes Bläschen zurück. Die cytoplasmatische Membran reguliert die Stoffaufnahme (WEIBULL), enthält Cofaktoren der Atmungskette und hat wichtige morphogenetische Funktionen. Im Querschnitt erscheint die 7 bis 10 mμ dicke Membran mehrschichtig: eine kontrastarme Zone (30 Å) wird von zwei kontrastreichen Schichten von je 25 Å Dicke begrenzt. Diese Ähnlichkeit mit der sog. *unit membrane* (ROBERTSON) sollte aber nicht dazu führen, die cytoplasmatische Membran als unit membrane zu bezeichnen. Im Schnitt als "unit membranes" erscheinende Membranen können in ihrer chemischen Zusammensetzung, dem makromolekularen Aufbau und ihrer Funktion sehr stark differieren (GREEN u. HECHTER). Auch die Verwendung der Bezeichnung Plasmalemma anstelle von cytoplasmatischer Membran ist nicht korrekt. Die beiden Membranen sind in Aufbau und Funktion nicht identisch. Die cytoplasmatische Membran ist aus Proteinen und bakterienspezifischen Phospholipiden zusammengesetzt, in die Redoxverbindungen und Transportsysteme sowie Pigmente und wahrscheinlich auch Enzyme eingelagert sind. Besonderes Interesse hat die cytoplasmatische Membran in den letzten Jahren durch ihre Fähigkeit gewonnen, Membranstrukturen durch Invagination in das Zellinnere zu bilden. So werden durch die cytoplasmatische Membran die Querwand und die beiden Vorsporenmembranen angelegt [CHAPMAN, FITZ-JAMES (1)]. Bei der Mehrzahl dieser Membranstrukturen konnte die Entstehung der Organellen aus der cytologischen Membran elektronenoptisch nachgewiesen werden, wie z. B. bei den hochgeordneten Mesosomen. Diese Organellen erinnern in ihrem Bau sehr an die tubulären Mitochondrien. Sie werden aber nur von einer einfachen Membran begrenzt, von der die Tubuli eingestülpt werden. Dieser Typ ist vor allem bei Vertretern der Gattungen *Bacillus, Streptomyces, Mycobacterium, Lactobacillus, Listeria* und *Micrococcus* ausgebildet [Edwards u. STEVENS, GLAUERT u. HOPWOOD, GRUND (1), HAGEDORN, MURRAY, RYTER et al., SHINOHARA et al., SCHÖTZ et al.]. Die Mesosomen von *Bacillus megaterium* bestehen aus dem Tubulikörper und dem Supplementkörper [GIESBRECHT (2)]. Sie können sich teilen. Cytochemisch und an isolierten Membrankörpern wurde Sauerstoffverbrauch und Dehydrogenaseaktivität nachgewiesen (HESS u. DIETRICH, V. ITERSON u. LEENE, PANGBORN et al., VANDERWINKEL u. MURRAY). Zwischen Mesosomen und DNS-Struktur besteht ein enger räumlicher Kontakt [GIESBRECHT (2)]. RYTER und JACOB vermuten, daß die Aufhängung des Chromatinkörpers an der cytoplasmatischen Membran mittels der Mesosomen für die Replication des Bakterien-Chromosoms von Bedeutung ist. Bei der Bildung von Lysozym-Sphäroplasten gehen die Mesosomen verloren und die DNS enthält eine direkte Verbindung zur cytoplasmatischen Membran [FITZ-JAMES (2), RYTER und LANDMANN)]. Beim irisblendenartigen Einfalten der cytoplasmatischen Membran zur Querwand bei *Bacillus* und der Bildung der Vorsporenmembranen treten ebenfalls Mesosomen auf. Neben diesen tubulären Strukturen sind bei vielen Bakterien Membranstrukturen beschrieben worden, die unregelmäßig gebaut und angeordnet sind. So treten bei den *Actinomycetales*, bei *Caulobacter* und Hyphomicrobium lockere Membranknäuel, bei *Azotobacter* bläschenförmige Gebilde auf (DART und MERCER, IMAEDA und OGURA, PANGBORN et al., POINDEXTER). Bei *Nitrosomonas europaea* und *Nitrobacter agilis* sind parallel der Wand kugelschalenförmig Membranbündel angeordnet (MURRAY). Die Zelle von *Nitrosocystis* wird von einem Stapel parallel angeordneter Doppelmembranen durchzogen. Über die Funktion dieser und der unregelmäßig angeordneten Membranstrukturen können trotz der zahlreichen Untersuchungen keine sicheren Aussagen gemacht werden. Man darf jedoch annehmen, daß sie der Lokalisation von Enzymen und damit der Kompartimentierung innerhalb der Zelle dienen.

Wesentlich besser sind wir über die **Membranstrukturen der phototrophen Bakterien** unterrichtet (s. GEITLER, Fortschr. Bot. 26, 4). Sie wurden von ihren Entdeckern SCHACHMAN, PARDEE und STANIER als Chromatophoren bezeichnet. Obwohl sich dieser Name eingebürgert hat, wäre der Begriff Thylakoid treffender (s. auch GEITLER, Fortschr. Bot. 26, 4 sowie DREWS und GIESBRECHT). Die Thylakoiddoppelmembranen entstehen ebenfalls durch Invagination aus der cytoplasmatischen Membran (BOATMAN, COHEN-BAZIRE und KUNISAWA, GIESBRECHT und DREWS, KRAN et al.). Sie bilden artspezifisch entweder bläschenförmige (⌀ 50 bis 80 mμ), netzartig miteinander verbundene (*Chromatium, Rhodopseudomonas, Rhodospirillum rubrum*) oder blattförmige zu granaartigen Stapeln vereinigte Gebilde (*Rhodospirillum molischianum*). Sie enthalten Bacteriochlorophyll, aliphatische Carotinoide, Elektronentransportverbindungen und Enzyme. Die Bacterien-Thylakoide sind nur in phototroph lebenden Zellen vorhanden und fehlen bei Bakterien in aeroben Dunkelkulturen (VATTER und WOLFE). Ihre Synthese beginnt bei einer starken Erniedrigung des Sauerstoffpartialdruckes im Medium und dem Einsatz geeigneter Strahlung (COHEN-BAZIRE et al., DREWS und GIESBRECHT, LASCELLES).

Die **Ribosomen** der Bakterien scheinen prinzipiell den gleichen Aufbau zu haben (PETERMANN, TAYLOR und STORCK). Sie gehören alle zur 70 S-Klasse, während die pilzlichen Ribosomen etwas größer sind und eine Sedimentationskonstante von 80 S besitzen (TAYLOR und STORK). Während der Proteinsynthese treten mehrere Ribosomen, durch m-RNS verbunden zu Polysomen zusammen, die im Dünnschnitt und isoliert aus zellfreien Extrakten elektronenoptisch nachgewiesen werden konnten (PFISTER und LUNDGREEN). Isolierte 70 S-Ribosomen zerfallen in je eine 30 S und eine 50 S Untereinheit, wenn man die Mg^{++}-Konzentration auf 10^{-4} mol verringert. Die RNS (etwa 60%) ist in den 16 S (Mol.-Gew. 10^6) und den 23 S-Einheiten (Mol.-Gew. $6 \cdot 10^5$) enthalten. In Bakterien und Cyanophyceen werden viele Reservestoffe wie Lipide, β-Polyhydroxybuttersäure, Polysaccharide, Proteine, Polysulfid, Kristalle u. a. in Form von Granula gespeichert. Zumeist wird in den Untersuchungen zum Ausdruck gebracht, daß diese Granula durch keine Membran, höchstens eine Grenzschicht abgeschlossen sind. Es konnte aber nachgewiesen werden, daß die Vacuolen von *Rhodopseudomonas sphäroides* aus der cytoplasmatischen Membran gebildet werden (DREWS und GIESBRECHT). Wir wissen auch, daß die Polyhydroxybuttersäure-Granula von einer Membran umgeben sind, die wahrscheinlich am Abbau dieses Reservestoffes beteiligt ist.

Die **Geißel** der Bakterien ist einfacher gebaut als die Geißeln höher organisierter Lebewesen. Sie besteht aus einer wechselnden Anzahl (meist 2—3) umeinander gewundener Subfibrillen (BURGE; SWANBECK und FORSLIND) und hat einen Durchmesser von 100—200 A. In Ausnahmefällen (z. B. *Bdellovibrio*) kann der Durchmesser 600 Å erreichen. Die Subfibrillen bestehen aus sphärischen Untereinheiten (Durchmesser 50 Å) des Proteins Flagellin [WEIBULL (2)]. Durch mechanische oder chemische Methoden können die Geißeln zerlegt werden oder die sphärische Untereinheiten wieder zu Fibrillen reaggregieren (ABRAM and KOFFLER, LOWY and MCDONOUGH). Einige Organismen wie *Vibrio metchnikovii* haben Geißelscheiden, die wahrscheinlich aus Zellwandmaterial bestehen. Die Geißel entspringt im Cytoplasma. Die Struktur der Geißelbasis ist noch nicht aufgeklärt (Basalgranulum?).

Neben Geißeln besitzen zahlreiche Bakterien Pseudogeißeln, die oft als Fimbrien oder pili bezeichnet werden (HEUMANN und MARX). Die Funktion der Fimbrien ist es, Bakterien untereinander oder mit fremden Oberflächen zu verbinden (Hämagglutination). Sie können sich kontrahieren.

Über die **Chromatin-Körper** der Bakterien ist in den Fortschr. Bot. wiederholt berichtet worden (GEITLER, 19, 2; 24, 1; 25, 1; 27, 1). Offensichtlich ist es außerordentlich schwierig, die DNS[1]-haltigen Strukturen durch Fixierung hochgradig zu stabilisieren. Jedoch sind in den letzten Jahren große Fortschritte durch eine geeignete Vorfixierung, Verwendung gut gepufferter, an ein- und zweiwertigen Ionen ausgewogener Gemische für die Hauptfixierung und eine Nachbehandlung mit Uranylsalzen sowie neue Einbettungstechniken erzielt worden [BRIEGER, FUHS, GIESBRECHT (1), GRUND, KELLENBERGER u. RYTER, KRAN, RYTER et al.]. Heute stehen uns neben wesentlich verbesserten Aufnahmen auch gesicherte genetische, physikochemische und biochemische Daten zur Verfügung, an denen wir uns bei der Beurteilung der elektronenmikroskopischen Befunde orientieren können. Demnach enthält ein Chromatinkörper einen etwa 1 mm langen Faden, der aus der schraubig aufgewundenen Doppelhelix der DNS gebildet wird (KLEINSCHMIDT et al.). Der Faden ist in sich geschlossen, also ringförmig und ist genetisch eine Koppelungsgruppe [CAIRNS (1), JACOB und WOLLMAN]. Die Replikation ist semikonservativ und jeder DNS-Faden besitzt nur einen „Verdoppelungspunkt" [BONHOEFER und GIERER, CAIRNS (2), HANAWALT und RAY, MESELSON u. STAHL]. Die DNS-Strukturen der Bakterien und Dinoflagellaten enthalten im Gegensatz zu den Chromosomen höherer Organismen kein Histon (BUTLER und GODSON, DODGE, WILKINS und ZUBAY).

---

[1] Verwendete Abkürzungen: DNS = Desoxyribonucleinsäure; RNS = Ribonucleinsäure.

Jedoch ist wahrscheinlich, daß die sauren Gruppen durch ein Polykation, vielleicht Polyamine abgesättigt sind (HAYES, SPIEGELMAN et al.). Alle neueren elektronenmikroskopischen Befunde zeigen deutlich, daß der DNS-Faden in den Chromatinkörpern eine sekundäre Ordnungsstruktur besitzt und auch nur im geordneten Zustand repliziert werden kann [BRIEGER, FUSH (2), GIESBRECHT (3), HAYES, KELLENBERGER]. Die Fähigkeit zur Kondensation und Expansion ist auch im gewissen Umfange ausgebildet [GIESBRECHT (4)]. Obwohl sich die Bakterienchromosomen und die Chromosomen der Dinoflagellaten von den entsprechenden Strukturen höherer Organismen im Aufbau und im Teilungsmechanismus unterscheiden (DODGE), sollte man zunächst weitere Untersuchungen vor allem an Protisten abwarten, bevor neue Begriffe wie z. B. Genophor eingeführt werden. Es ist durchaus denkbar, daß es mehr als zwei Chromosomentypen gibt. Die Synthese der DNS erfolgt fast kontinuierlich während der gesamten Vermehrungsphase einer Bakterienzelle [CAIRNS (2), SCHAECHTER et al.]. Man hat aber zeigen können, daß Phasen der DNS-Synthese und der RNS- und Proteinsynthese einander ablösen (MAALOE, LARK et al.). In der Phase, in der die DNS-Synthese ruht, erfolgt wahrscheinlich die Trennung der Tochterchromosomen [GIESBRECHT (5)]. Die Schwierigkeit, die einzelnen Phasen der Chromosomenteilung im elektronenmikroskopischen Bild zu erkennen, ist offenbar dadurch bedingt, daß es keine Interphase gibt. Die Chromosomen der grampositiven und der gramnegativen Bakterien liegen sowohl in ruhenden als auch in wachsenden Zellen immer in einem mehr oder weniger kondensierten Zustand vor [GIESBRECHT (3, 4 und 6), GRUND (2)]. GIESBRECHT (6) hat sein Supercoiling-Modell [GIESBRECHT (3)] vom Aufbau der Bakterienchromosomen neuerlich ergänzt und erweitert. Der doppelt schraubig aufgewundene DNS-Faden (Minorsystem) ist in lockeren, großen Schlingen (Majorsystem) mit einem periodischen Wechsel der Windungsrichtungen angeordnet und steht mit Hilfsstrukturen in Verbindung, die vielleicht am Mechanismus der Kondensation und Expansion und der Chromosomentrennung beteiligt sein können.

Zusammenfassende Darstellungen

BRIEGER, E. M.: Structure and Ultrastructure of Microorganisms. New York 1963.

HAYES, W.: In: „Function and Structure in Microorganisms". Sympos. Soc. Gen. Microbiol. **15**, 294 (1965).

MARTIN, H. H.: J. theor. Biol. **5**, 1 (1963).

PETERMAN, M. L.: The physical and chemical properties of ribosomes. Amsterdam, New York: Els. Publ. 1964.

ROBERTSON, J. D.: In: "Cellular membranes in development". New York: Acad. press 1964.

ROGERS, H. J.: In: "Function and Structure in Microorganisms". Sympos. Soc. Gen. Microbiol. **15**, 186 (1965).

SALTON, M. R. J.: The bacterial cell wall. Amsterdam: Els. Publ. 1964

WEIDEL, W., and H. PELZER: Advanc. Enzymol. **26**, 193 (1964).

Literatur

ABRAM, D., and H. KOFFLER: J. molec. Biol. **9**, 168 (1964).

BADDILEY, J., and A. L. DAVISON: J. gen. Microbiol. **14**, 295 (1961); — Fed. Proc. **21**, 108 I, (1962). — BLADEN, H. A., and S. E. MERGENHAGEN: J. Bact. **88**, 1482 (1964). — BOATMAN, E. S.: J. Cell Biol. **20**, 297 (1964). — BONHOEFFER, F., and A. GIERER: J. molec. Biol. **7**, 534 (1963). — BURGE, R. E.: Proc. roy. Soc. B. **154**, 288 (1961). — BURGER, M. M., and L. GLASER: J. biol. Chem. **239**, 3168 (1964).— BUTLER, J. A. V., and G. N. GODSON: Biochem. J. **88**, 176 u. 252 (1963).

CAIRNS, J.: (2) J. molec. Biol. **6**, 208 (1963); (1) **4**, 407 (1962).— COHEN-BAZIRE, G., and R. KUNISAWA: J. Cell Biol. **16**, 401 (1963). — COHEN-BAZIRE, G., W. R. SISTROM, and E. Y. STANIER: J. cell. comp. Physiol. **49**, 25 (1957). – COLE, R. M., and J. J. HAHN: Science **135**, 722 (1962). — CHAPMAN, G. B.: J. biophys. biochem. Cytol. **6**, 221 (1959). — CHAPMAN, J. A., R. G. E. MURRAY, and M. R. J. SALTON: Proc. roy. Soc. B **158**, 498 (1963). — CHUNG, K. L., R. Z. HAWIRKO, and P. K. ISAAK: Canad. J. Microbiol. **10**, 473 (1964). — CUMMINS, C. S.: Brit. J. exp. Path. **35**, 166 (1954).

DART, P. J., and F. V. MERCER: Arch. Mikrobiol. **47**, 1 (1963). — DODGE, J. D.: Arch. Mikrobiol. **48**, 66 (1964). — DREWS, G., and P. GIESBRECHT: Zbl. Bakt. I. Abt. Orig. **190**, 508 (1963).

EDWARDS, M. R., and R. W. STEVENS: J. Bact. **86**, 414 (1963).

FITZ-JAMES, P.: (2) J. Bact. **87**, 1483 (1964). — (1) J. biophys. biochem. Cytol. **8**, 507 (1960). — FRANK, H.: Zbl. Bakt. I. Abt. Orig., Ber. 30. Tagung D. Ges. Hyg. Mikrobiol. (1965). — FRANK, H., M. LEFORT, and H. H. MARTIN: Z. Naturforsch. **17**b, 262 (1962). — FUHS, G. W.: Arch. Mikrobiol. **49**, 383 (1964); — **50**, 25 (1965).

GIESBRECHT, P.: (1) Zbl. Bakt. I. Abt. Orig. **176**, 413 (1959); — (2) Zbl. Bakt. I. Abt. Orig. **179**, 538 (1960); — (3) Zbl. Bakt. I. Abt. Orig. **183**, 1 (1961); — (4) Zbl. Bakt. I. Abt. Orig. **187**, 452 (1962); — (5) Naturwiss. **51** 46 (1964); — (6) Zbl. Bakt. I. Abt. Orig. (1965) im Druck. — GIESBRECHT, P., and G. DREWS: Arch. Mikrobiol. **43**, 152 (1962). — GLAUERT, A. M., and D. A. HOPWOOD: J. biophys. biochem. Cytol. **10**, 505 (1961). — GREEN, D. E., and O. HECHTER: Proc. Nat. Acad. Sci. (Wash.) **53**, 318 (1965). — GRELL, K. G., u. K. F. WOHLFARTH-BOTTERMANN: Z. Zellforsch. **47**, 7 (1957). — GRUND, S.: (2) Naturwissenschaften **52**, 116 (1965); — (1) Zbl. Bakt. I. Abt. Orig. **194**, 462 (1964).

HAGEDORN, H.: Zbl. Bakt. II. Abt. **113**, 234 (1960). — HANAWALT, P. C., and D. S. RAY: Proc. nat. Acad. Sci. (Wash.) **52**, 125 (1964). — HOUWINK, A. L.: Biochim. biophys. Acta **10**, 360 (1953). — HERSON, W., and W. LEENE: J. Cell Biol. **20**, 361 (1964). — HESS, R., u. F. M. DIETRICH: J. biophys. biochem. Cytol. **8**, 546 (1960). — HEUMANN, W., u. R. MARX: Arch. Mikrobiol. **47**, 325 (1964).

IMAEDA, R., and M. OGURA: J. Bact. **85**, 150 (1963). — ITERSON, W. VAN, and W. LEENE: J. Cell Biol. **20**, 361 (1964).

JACOB, F., and E. L. WOLLMAN: Sexuality and the genetics of bacteria. New York 1961.

KAUFFMAN, F., O. LÜDERITZ, H. STIERLEIN u. O. WESTPHAL: Zbl. Bakt. I. Abt. Orig. **178**, 442 (1960). — KELLENBERGER, E., and A. RYTER: Experientia (Basel) **12**, 420 (1956); — Symp. Soc. gen. Microbiol. **10**, 39 (1960). — KLEINSCHMIDT, A., D. LANG u. R. V. ZAHN: Z. Naturforsch. **16**b, 730 (1961). — KRAN, G., F. W. SCHLOTE u. H. G. SCHLEGEL: Naturwissenschaften **50**, 728 (1963). — KRAN, K.: Arch. Mikrobiol. **44**, 1 (1962).

LARK, K. G., F. REPKE u. E. J. HOFFMAN: Biochim. biophys. Acta **76**, 9 (1963).— LASCELLES, J.: Biochem. J. **72**, 508 (1959). — LOWY, J., and M. W. MCDONOUGH: Nature (Lond.) **204**, 125 (1964).

MAALOE, O.: Cold Spr. Harb. Symp. quant. Biol. **26**, 45 (1961). — MESELSON, M., and F. STAHL: Proc. nat. Acad. Sci. (Wash.) **44**, 671 (1958). — MILLER, E., and W. F. GOEBEL: J. exp. Med. **90**, 255 (1949). — MILNER, K. C., R. L. ANACKER, K. JUKUSHI, W. T. HASKINS, M. LANDY, B. MALMGREN, and E. RIBI: Bact. Rev. **27**, 352 (1963). — MURRAY, R. G. E.: In: General physiology of Cell specialization, ed. by MAZIA and TYLER, S. 28 New York 1963.

NATHENSON, S. G., and V. L. STROMINGER: J. biol. Chem. **238**, 3161 (1963).

OSBORN, M. J., S. M. ROSEN, L. ROTHFIELD, L. D. ZELEZNICK, and B. L. HORECKER: Science **145**, 783 (1964).

PANGBORN, J., A. G. MARR, and S. A. ROBRISH: J. Bact. **84**, 669 (1962). — PARK, J. T., and J. L. STROMINGER: Science **125**, 99 (1957). — PFISTER, R. M., and D. G. LUNDGREN: J. Bact. **88**, 1119 (1964). — POINDEXTER, J. S.: Bact. Rev. **28**, 231 (1964).

ROBERTSON, J. D.: J. biophys. biochem. Cytol. **3**, 1043 (1957). — ROBINOW, C. F.: Bact. Rev. **20**, 207 (1956). — RYTER, A., E. KELLENBERGER, A. BIRCH-ANDERSEN, and O. MAALOE: Z. Naturforsch. **13**b, 597 (1958). — RYTER, A., et F. JACOB: Ann. Inst. Pasteur **107**, 384 (1964). — RYTER, A., and O. E. LANDMAN: J. Bact. **88**, 457 (1964).

SHINOHARA, C., K. FUKUSHI, and J. SUZUKI: J. Bact. **74**, 413 (1957). — SCHACHMAN, H. K., A. B. PARDEE u. R. Y. STANIER: Arch. Biochem. **38**, 245 (1952). — SCHAECHTER, M., M. BENTZON, and O. MAALOE: Nature (Lond.) **183**, 1207 (1959). — SCHÖTZ, F., O. KANDLER u. I. G. ABO-ELNAGA: Zbl. Bakt. I. Abt. Orig.; Vortrag 30. Tagung Ges. Hyg. Mikrobiol. (1965). — SPIEGELMAN, S., A. I. ARONSON, and P. C. FITZ-JAMES: J. Bact. **75**, 102 (1958). — SWANBEK, G., and B. FORSLIND: Biochim. biophys. Acta **88**, 422 (1964).

TAKEYA, K., R. MORI, T. TOKUNAGA, M. KOIKE, and K. HISATSUNE: J. Biophys. biochem. Cytol. **9**, 496 (1961). — TAYLOR, M. M., and R. STORCK: Proc. nat. Acad. Sci. (Wash.) **52**, 958 (1964).

VANDERWINKEL, E., et R. G. E. MURRAY: J. Ultrastruct. Res. **7**, 185 (1962). — VATTER, A. E., and R. S. WOLFE: J. Bact. **75**, 480 (1958).

WEIBULL, C.: (1) Exp. Cell Res. **9**, 139 (1955); — (2) Biochim. biophys. Acta (Amst.) **3**, 378 (1949); Acta chem. scand. **7**, 335 (1953). — WEIDEL, W.: Z. Naturforsch. **6**b, 251 (1951). — WEIDEL, W., H. FRANK, and H. H. MARTIN: J. gen. Microbiol. **20**, 158 (1960). — WESTPHAL, O., u. O. LÜDERITZ: Angew. Chemie **66**, 407 (1954). — WILKINS, M. H. F., and G. ZUBAY: J. biophys. biochem. Cytol. **5**, 55 1959).

ZARNITZ, M. C., u. W. WEIDEL: Z. Naturforsch. **18**b, 276 (1963).

3. Morphologie einschließlich Anatomie

Von WILHELM TROLL und HANS WEBER, Mainz

Mit 6 Abbildungen

Vorbemerkung. Der vorliegende Bericht umfaßt zur Hauptsache Arbeiten aus den Jahren 1963 und 1964, die sich auf Sproß und Wurzel beziehen. Die nicht berücksichtigten Gebiete gelangen im folgenden Band zur Darstellung.

I. Sproßbildung und Sproßbau

1. Scheitelmeristeme

In Fortschr. Bot. **25**, **13** wurde von den Kontroversen berichtet, die sich auf die Vorstellungen französischer Botaniker über die Organisation der Scheitelmeristeme von Samenpflanzen beziehen. Die Diskussionen darüber sind nicht verstummt. PLANTEFOL verteidigt temperamentvoll seine Auffassungen, und zahlreiche Schüler suchen durch weitere Beispiele seine Ansichten zu erhärten. Doch haben sich wesentlich neue Argumente kaum ergeben. Im Gegensatz zur französischen Schule betont jetzt auch HAGEMANN (1), daß der Bau des Scheitelmeristems grundsätzlich gleichartig ist, ob es sich nun um Sprosse in der vegetativen oder in der floralen Entwicklungsphase handelt. Jedenfalls ergaben sich bei seinen Objekten *(Oenothera biennis, Digitalis purpurea, Hesperis matronalis, Cheiranthus cheiri)* keine Hinweise auf die Existenz eines „*méristème d'attente*", das erst beim Übergang zur Inflorescenzbildung aktiv würde. Gegen das Vorhandensein eines „ruhenden Meristems" sprechen sich auch SOMA u. BALL *(Lupinus albus)* sowie BOWES *(Glechoma hederacea)* aus.

Das bedeutet freilich nicht, daß der Vegetationskegel beim Übergang in die reproduktive Phase nicht einem gewissen Formwechsel unterworfen wäre, der, wie es heute scheint, eng mit dem allgemeinen Erstarkungswachstum der Pflanze verbunden ist. Auch sind bestimmte Variationen der histologischen Zonierung möglich, wie dies jüngst wieder FAHN, STOLER u. FIRST bei *Musa*, WALTON bei *Arum maculatum* und VASILEVSKAJA bei *Cosmos bipinnatus* beobachtet haben, oder wie es auch für *Coffea canephora* zutrifft. Für die letztere Pflanze berichtet MOENS, daß im Inflorescenzbereich die Entwicklung der Achselknospen schon in den Achseln der jüngsten Primordien einsetzt, im Gegensatz zur vegetativen Sproßphase, in der seitliche Vegetationspunkte erst an älteren Knoten entwickelt werden. Möglicherweise handelt es sich dabei um eine Erscheinung allgemeinerer Art, für die schon SCHÜEPP (1926) Beispiele bekannt waren (u. a. *Lathyrus latifolius*). HAGEMANN (1) berichtet Entsprechendes von Vertretern anderer Verwandtschaftsbereiche (s. o.). Doch gibt es zweifellos Ausnahmen von dieser Regel. So konnte CUTTER (2) für *Hydrocharis morsus-ranae* zeigen, daß vegetative Achselknospen schon im äußersten Spitzenbereich des Scheitelmeristems zur Entwicklung gelangen. Gleiches dürfte für die Cyperacee *Bulbostylis paradoxa* gelten (WEBER, vgl. die Ausführungen auf S. 53).

In gleicher Weise wie die Sproßscheitel der Samenpflanzen sind nach HAGEMANN (3) die Scheitelmeristeme der Farne organisiert. Er möchte den Vegetationspunkt grundsätzlich in eine „apikale Initialzone" und die „Zone der primären Morphogenese" gegliedert wissen, in welch letzterer die Anlegung der Seitenorgane erfolgt. Erst an diese urmeristematischen Bereiche schließt die „Zone der Histogenese" an. In ihr vollziehen sich die für die Bildung der verschiedenen Gewebe charakteristischen Differenzierungen. HAGEMANN (2, 3) betont mit Nachdruck, wie es ähnlich früher u. a. schon SCHÜEPP (1916) getan hat, daß die Differenzierungsprozesse ein von der primären Morphogenese abhängiges Geschehen seien, was sich beispielsweise auf die Anordnung des Leitgewebes auswirkt. Unter sekundärer Morphogenese möchte HAGEMANN alle jene Wachstumsvorgänge verstehen, die sich nach der Anlagenbildung abspielen und die zu der jeweils spezifischen Gestaltung führen. Diese Konzeptionen decken sich freilich nicht in allen Punkten mit den Vorstellungen, die WARDLAW über die Zonierung bzw. Aktivität der Scheitelmeristeme von Farnpflanzen in zahlreichen früheren Arbeiten niedergelegt und über die er jetzt zusammenfassend berichtet hat. Ein Literaturbericht über Arbeiten zur Morphogenese höherer Pflanzen, der allerdings im wesentlichen nur angelsächsische Beiträge bis zum Jahre 1963 berücksichtigt, liegt von ALLSOPP vor.

Was weiterhin die Pteridophyten anlangt, so sei auf neue Untersuchungen zur Histogenese von *Isoëtes* hingewiesen. PAOLILLO, der drei kalifornische Arten studiert hat, kommt dabei zu ähnlichen Ergebnissen, wie sie von RAUH u. FALK (Fortschr. Bot. 22, 13) für *Stylites* schon mitgeteilt worden sind. Unter anderem wird auch hier die Existenz einer echten Scheitelzelle in Frage gestellt. Eine solche fehlt ebenfalls bei anderen *Isoëtes*-Arten, z. B. bei *I. echinospora* (LOISEAU u. BATTUT). Sie ist jedoch zweifellos an den Achsenscheiteln von *Psilotum* vorhanden, worauf neuerdings ROTH (2) und SIEGERT hinweisen, welch letzterer eine sorgfältige Analyse des primären Dickenwachstums der kryptophilen und der photophilen Sprosse dieser Pflanzen gegeben hat. Überraschend ist vor allem das Ergebnis, daß die Verzweigung entgegen dem Anschein seitliches Gepräge trägt. Es gliedern nämlich die jeweils spitzenwärts gelegenen Segmente der Hauptscheitelzelle ihrerseits Scheitelzellen aus, die umgehend Astprimordien aufbauen. Von der Vielzahl dieser Anlagen wachsen an den photophilen Trieben nur die beiden proximalen zu Seitensprossen aus, während die übrigen auf dem Anfangsstadium stehen bleiben. Die über den geförderten Astprimordien gelegene Scheitelregion der Triebe rudimentiert [SIEGERT, zitiert nach TROLL (1)]. Seitliche Verzweigung findet auch ROTH bei *Psilotum*, doch glaubt sie, daß nur ein Seitenast gebildet wird und die Hauptscheitelzelle nach einer vorübergehenden Wachstumshemmung die Entwicklung fortsetzt. Einige

Angaben über den Sproßscheitel von *Lycopodium selago*, namentlich im Hinblick auf die Blattausgliederung, bringen NOUGARÈDE u. LOISEAU.

Neue Beobachtungen über die Scheitelstruktur von Gymnospermen bestätigen weithin Bekanntes. So seien Arbeiten von PILLAI [*Podocarpus graciolor* (1); *Araucaria* (2)] und KUPILA u. GIFFORD (*Pseudolarix amabilis*) genannt. Insbesondere erweist sich die histologische Zonierung der Vegetationspunkte in allen Fällen als gleichartig, von quantitativen Schwankungen abgesehen (Fortschr. Bot. **16**, **17**; **18**, **12**). Das gilt auch für die ruhenden Sproßspitzen von *Pinus ponderosa*, von denen TEPPER darüber hinaus mitteilt, daß ihr Durchmesser im oberen Bereich der Krone größer sei als bei den unteren Zweigen, während die Höhe der Vegetationspunkte kaum variiert. Für *Abies concolor* wurde die Differenzierung des Leitgewebes studiert (PARKE). Jedem Blattprimordium ist ein prokambialer Strang zugeordnet, der sich streng akropetal entwickelt. In diesen Blattspurbündeln erfolgt die weitere Differenzierung des Protophloems gleichfalls akropetal, während die Bildung des Protoxylems von der Primordienbasis ausgeht und von hier akropetal in das junge Blatt und basipetal in den Achsenkörper hinein fortschreitet. Sehr eingehende Studien über das Verhalten des Sproßvegetationspunktes liegen für *Welwitschia mirabilis* vor [MARTENS u. WATERKEYN (1, 2)]. Besondere Beachtung finden dabei jene eigentümlichen, gewöhnlich als „Schuppenkörper" bezeichneten Bildungen, welche die Sproßachse abschließen und die von älteren Autoren für Achselprodukte der Kotyledonen gehalten wurden. Nachdem aber schon GOEBEL (1933) sie klar als „Laubblattanlagen" erkannt hatte, konnte jetzt auch der histogenetische Nachweis erbracht werden, daß es sich tatsächlich um die Rudimente eines dritten Blattpaares handelt, nach dessen Ausgliederung der Vegetationspunkt der Pflanze sein Wachstum einstellt (Abb. 1).

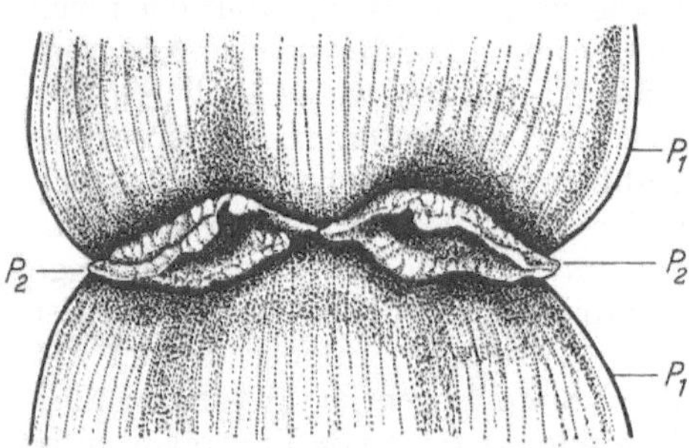

Abb. 1. *Welwitschia mirabilis*. Aufsicht auf den Sproßscheitel einer etwa 2 Jahre alten Pflanze, die „Schuppenkörper" (P_2) zeigend. P_1 erstes Laubblattpaar. Umzeichnung nach MARTENS u. WATERKEYN

Untersuchungen BALLs (Fortschr. Bot. **25**, **13**) an lebenden Sproßspitzen einiger dikotyler Pflanzen machten es wahrscheinlich, daß im Dermatogen des gesamten Scheitels Zellteilungen in annähernd gleicher Häufigkeit erfolgen. BALL sowie SOMA u. BALL haben derartige Studien an *Lupinus albus* fortgesetzt und durch Markierungsversuche feststellen können, daß keine terminale Zelle oder Zellgruppe vorhanden ist, die ihre Lage dauernd beibehält. Es müssen also Teilungsprozesse erfolgen, die eine Verschiebung der markierten Zellen bedingen. Das spricht gegen die in der neueren Literatur gelegentlich vertretene Auffassung von der Existenz einer „Scheitelzelle" auch bei Spermatophyten. Demgegenüber hat LOISEAU in ähnlich gearteten Untersuchungen am Sproßscheitel von *Impatiens roylei* in dessen äußerstem Spitzenbereich nur eine geringe Zahl von Mitosen beobachtet, im Gegensatz zu den Flanken des Vegetationspunktes ("anneau initial" nach PLANTEFOL), wo die Teilungsaktivität viel stärker sein soll.

Von einem „Strukturwechsel" spricht THIELKE (1–3) beim Studium der Scheitelorganisation einiger Gramineen. Sie hatte schon früher (Fortschr. Bot. **25**, 14) dargelegt, daß bei *Saccharum sinense* während der Frühentwicklung des Vegetationspunktes im Dermatogen periklinale Teilungen auftreten, daß aber später im Zusammenhang mit dem Erstarkungswachstum die für Gräser allgemein charakteristische Tunica entsteht. Jetzt bringt sie weitere Beispiele für ein solches Verhalten [*Erianthus*-Arten (1), verschiedene Klone von *Saccharum robustum* (2) und von *Saccharum officinarum* (3)]. Was weitere monokotyle Pflanzen anlangt, so teilt LEVACHER einige Beobachtungen über den Vegetationspunkt des monopodial wachsenden Rhizoms von *Paris quadrifolia* mit, während SCHÖLCH u. LÜCK eine Analyse der Achselknospen-Anlegung am Sproßscheitel von *Tradescantia fluminalis* vermitteln.

2. Embryo und Keimpflanze

"Recent advances in the embryology of Angiosperms", herausgegeben von P. MAHESHWARI, bringen in 14 Beiträgen verschiedener Autoren einen handbuchartigen, vielseitigen Überblick über die wesentlichen Ergebnisse embryologischer Forschung, wobei die Arbeiten der indischen Schule einen breiten Raum einnehmen. In diesen Berichten behandelt CRÉTÉ (1) insbesondere die morphologische Seite der frühen Embryoentwicklung und fußt dabei, ebenso wie in einer späteren Betrachtung (2), weitgehend auf dem von SOUÈGES aufgestellten, sich auf die ersten vier Teilungsschritte gründenden System. Dieses allein soll auch einwandfreie Vergleichsmöglichkeiten bieten, die für phylogenetische Folgerungen von Vorteil wären. Gerade dies aber lehnen SWAMY u. PADMANABHAN mit dem Hinweis ab, daß jenes Klassifikationsgerüst auf Prinzipien beruhe, „die nicht geeignet sind, Probleme der Entwicklungsforschung zu klären". Sie beziehen sich insbesondere darauf, daß die ersten Zellteilungsfolgen nicht immer sichere Aussagen über die prospektive Bedeutung der einzelnen Segmente zulassen. Eine gewisse Rolle bei diesen Erörterungen spielt das Problem der sog. Terminalität des Monocotylen-Keimblattes, auf das wir schon wiederholt hingewiesen haben, zuletzt in Fortschr. Bot. **25**, **19**. Ältere Befunde von HACCIUS, wonach Sproßscheitel und Keimblatt nebeneinander aus den Zellen des Endsegmentes des Proembryos hervorgehen, wurden jetzt von SWAMY für *Ottelia alismoides* und von KUDRIASHOW für weitere Helobiae (*Sagittaria*, *Butomus*, *Alisma* u. a.) bestätigt. Ähnliche Verhältnisse scheinen bei Gramineen vorzuliegen, wie eine sorgfältige Analyse der Embryonalentwicklung von *Stipa*-Arten ergibt (SOLNTZEVA u. YAKOVLEV). Die Problematik des Grasembryos (Fortschr. Bot. **20**, 14; **23**, 20) findet ihren Ausdruck in immer neuen Diskussionen und Deutungsversuchen, über die jetzt auch GUIGNARD berichtet hat. NEGBI u. KOLLER möchten Scutellum, Epiblast und Koleoptile als die ersten drei selbständigen Blattorgane auffassen. In der Koleorrhiza sehen sie, ebenso wie GUIGNARD, die Keimwurzel. Das nach bisherigen Deutungen für die Primärwurzel gehaltene Organ wäre danach eine endogen angelegte Seitenwurzel oder auch eine sproßbürtige Wurzel. Ausgangspunkt für diese Erörterungen war der Keimling von *Oryzopsis miliacea*, an dem im übrigen die starke Behaarung von Koleorrhiza und Epiblast auffällt (Abb. 2). Ähnliches beobachtet man auch an anderen Grasembryonen. FOARD u. HABER (Fortschr. Bot. **25**, 20) sahen darin ein Argument für ihre Auffassung, daß beide Organe eine entwicklungsgeschichtliche Einheit bilden. Für Epiblastenbehaarung zählt neuerdings BIRCH einige weitere Beispiele auf (u. a. *Phleum pratense* und *Lolium perenne*).

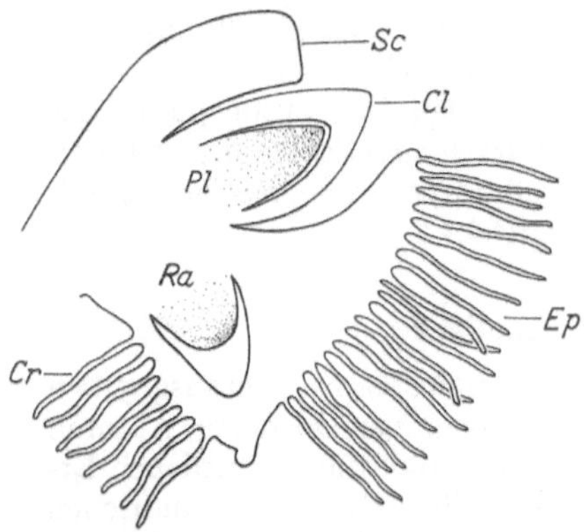

Abb. 2. *Oryzopsis miliacea*. Längsschnitt durch einen Keimling. Cl Coleoptile, Cr Coleorrhiza, Ep Epiblast, Pl Plumula, Ra Radicula, Sc Scutellum. Man beachte die starke Behaarung von Coleorrhiza und Epiblast. Nach NEGBI u. KOLLER

Zahlreiche Studien indischer Autoren bringen mannigfache embryologische Details. Von den nach Anlage und Durchführung gleichartigen Arbeiten, von denen die meisten auch Angaben über den Blütenbau enthalten, seien genannt: AGARWAL [Olacaceen (1,2)], AREKAL *(Chelone glabra)*, BHANDARI *(Pseudowintera colorata)*, JALAN *(Actaea spicata)*, MASAND *(Zygophyllum fabago)*, NAIR u. ABRAHAM *(Micrococca mercurialis)*, KHANNA *(Euryale ferox)*, KONAR u. BANERJEE *(Cupressus funebris)*, RAM u. NATH *(Cannabis sativa)*, SANWAL *(Gnetum gnemon)*, SINGH u. CHATTERJEE *(Cryptomeria japonica)*, VIJAYARAGHAVAN *(Sarcandra irvingbaileyi)*.

Recht interessant sind neue Beobachtungen über die Keimpflanzen-Entwicklung einiger Hemiparasiten. Während WILLIAMS für den Embryo von *Tapinanthus bangwensis* (Loranthaceae) feststellt: "a true radicle is absent", findet COHEN (1, 2) am Keimling verschiedener *Arceuthobium*-Arten eine hochorganisierte Primärwurzelanlage, die zunächst zu einer normal gebauten, allerdings haubenlosen Wurzel auswächst. Sobald aber deren Spitze mit der Rinde eines Wirtsorgans in Berührung kommt, sollen unter gleichzeitiger scheibenartiger Verbreiterung ihrer peripheren Teile „prokambiale Initialen" aktiv werden, mit ihren Descendenten das Protoderm durchbrechen und in das Wirtsgewebe eindringen. Aus diesen Strängen geht das endophytische System hervor, das COHEN nach dem Vorgang verschiedener älterer Autoren als Organ sui generis auffassen möchte (Fortschr. Bot. **16, 40**; **24, 25**). Von allen anderen Loranthaceen scheint das in Costa Rica verbreitete *Gaiadendron punctatum* u. a. darin abzuweichen, daß bereits die Keimpflanze eine ansehnliche Knollenbildung zeigt (Abb. 3). KUIJT (1, 2) hält diese für eine Anschwellung des proximalen Bereiches der Primärwurzel; wahrscheinlicher ist es jedoch, daß eine Hypokotylknolle vorliegt. *Gaiadendron* stellt aber (neben *Atkin-*

sonia und *Nuytsia*) innerhalb der Loranthaceae auch insofern eine Ausnahme dar, als die Haustorien niemals aus der Spitze der Primärwurzel bzw. aus der Keimwurzelanlage hervorgehen, sondern stets als seitliche Organe an jungen Seitenwurzeln entstehen (Abb. 3). Letzteres gilt ebenso für die Santalaceen, für die FINERAN (1–4) am Beispiel von *Exocarpus bidwillii* eine eingehende Schilderung der Haustorien gibt. Das gleiche Phänomen hat kürzlich PIEHL für *Pedicularis canadensis* beschrieben.

Nachdem schon BERTHELOT eine anatomische Studie über die Keimpflanzen von *Impatiens scabrida* vorgelegt hatte, werden jetzt weitere derartige Beobachtungen für *Impatiens balfouri* mitgeteilt (FOURCROY u. BOULANGER). Insbesondere werden hier normal dikotyle, synkotyle und trikotyle Keimlinge miteinander verglichen. Von Interesse ist die Tatsache, daß die trikotylen Formen im Übergangsbereich von Hypokotyl und Primärwurzel nicht wie sonst 4, sondern 6 seitliche Wurzeln (Grenzwurzeln nach WEBER) hervorbringen, was mit der vermehrten Zahl der Leitbündel im Achsenkörper in Einklang steht. Grenzwurzeln sind es auch, die als erste seitliche Ausgliederungen am Wurzelhals von *Annona* – (*A. squamosa;* nach HAYAT) und von Kaffeesämlingen [*Coffea canephora;* nach MOENS (2)] entstehen. Sie gehören bei den letzteren noch dem Hypokotyl an, erst nach ihrer Bildung schreitet die Primärwurzel selber zur Verzweigung. Im übrigen gibt MOENS eine detaillierte Darstellung der Xylemdifferenzierung in den Embryonalorganen, die erst während der Keimung einsetzt. Über die Struktur des Leitsystems von Tomaten-Keimpflanzen, insbesondere in Hypokotyl und Primärwurzel, bringt DANILOVA nähere Mitteilungen.

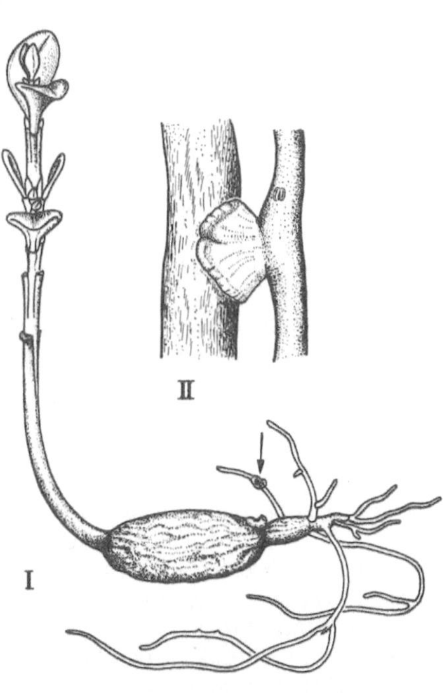

Abb. 3. *Gaiadendron punctatum*. I. Keimpflanze. Der Pfeil zeigt auf ein Haustorium. II. Haustorium an einer Seitenwurzel (rechts). Nach KUIJT

MAHLBERG, der die Embryonalentwicklung von *Nerium oleander* studiert hatte (Fortschr. Bot. **23**, 15), weist jetzt darauf hin, daß die ungegliederten Milchröhren zuerst am Kotyledonarknoten sichtbar werden und von hier aus unter ständiger Verzweigung nach allen Richtungen vordringen. Sie können der Prokambiumbildung vorauseilen und sich bis zur Tunica des Keimlingsscheitels vorschieben. Auch bei *Jatropha*-Arten werden ungegliederte Milchröhren bereits im Embryonalstadium der Pflanze angelegt (RAO u. MALAYA). Frühzeitig beginnt ferner die Differenzierung der Exkretgänge in den Keimblättern von *Petroselinum sativum*, die BONNAUD im einzelnen verfolgt hat.

3. Blattstellung

Seit langem ist bekannt, daß die Art der Blattstellung Beziehungen zur Symmetrie der Sproßachse aufweist. Unter anderen hatte zuletzt TUCKER (Fortschr. Bot. **25**, **17**) dies am Beispiel der Magnoliacee *Michelia fuscata* erörtert. Für die gleiche Pflanze weist sie jetzt nach, daß die „genetische Blattspirale" bei Achselknospen von radiaren Trieben stets im Uhrzeigersinn verläuft, bei Knospen aber, die dorsiventralen Zweigen mit disticher Beblätterung angehören, der Umdrehungssinn von Knospe zu Knospe wechselt. Er ist hier also bei den Achselprodukten jeweils einer Orthostiche gleichgerichtet. Wenn bei *Ceratophyllum* und *Hippuris* im Verlauf der Sproßentwicklung die Blattzahl der einzelnen Wirtel zunächst ansteigt und später wieder abfällt, so ist dies sicher eine Folge des allgemeinen Erstarkungswachstums. Man kommt einer Erklärung dieser Erscheinung wohl kaum näher, wenn man die Variation der Zahlenverhältnisse auf eine Spaltung bzw. Verschmelzung von Blattbildungszentren zurückführt, wie dies LOISEAU u. GRANGEON im Sinne von PLANTEFOL tun.

Mit der Blattstellung von Caryophyllaceen haben sich BOLLE sowie BAILLAUD, TALON u. PERNEY befaßt. Letztere versuchen die Anisokladie, d. h. die ungleiche Triebentwicklung der Achselknospen in den einzelnen Wirteln ebenfalls im Sinne der Plantefolschen Blattstellungstheorie zu deuten. Danach werden, wie allgemein für den Fall der Dekussation, zwei Blattschrauben angenommen, deren eine hier von vornherein mit der Förderung der Achselprodukte ihrer Glieder verbunden wäre. Doch hat CUTTER (1) diese Deutung für *Hydrocharis morsus-ranae* in Frage gestellt. *Hydrocharis* verfügt zwar über disperse Blattstellung, doch erfolgt Verzweigung nur aus der Achsel jedes zweiten Blattes. Nach Kinetinbehandlung wurde diese Regelmäßigkeit aufgehoben, und die Bildung von Seitenknospen konnte auf eine zweite „Blattschraube" übergehen. FUJITA macht auf den Übergang von Distichie zu Dispersion bei Sämlingen von *Cuscuta*-Arten aufmerksam, während CODACCIONI die Blattstellung an Jungpflanzen von *Corylus avellana* und von *Fagus silvatica* erörtert.

4. Knospenbildung und Sproßverzweigung

In Fortschr. Bot. **21**, **15** hatten wir zu neueren Ausführungen von CUTTER kritisch Stellung genommen, denen zufolge bei *Nymphaea* extraaxillare Verzweigung vorliegen soll. Daß davon keine Rede sein kann, hat jetzt ebenfalls CHASSAT betont, der in seine Untersuchungen weitere Nymphaeaceen einbezogen hat und in keinem Falle ein grundsätzliches Abweichen von der axillären Ramifikation findet. Das gleiche gilt für die Hydrocharitaceen *Vallisneria spiralis* [BUGNON u. JOFFRIN (1)] und *Hydrocharis morsus-ranae* [BUGNON u. JOFFRIN (2); LOISEAU u. NOUGARÈDE]. Aufschlußreich in dieser Hinsicht sind auch BUGNONs Befunde an *Zostera marina*. Wenn die Rizomverzweigungen dieser Pflanze im adulten Zustand extraaxillar erscheinen, so werden sie gleichwohl als echte Achseltriebe angelegt. Erst im Verlauf einer interkalaren Internodienstreckung werden sie aus der Achsel des Tragblattes verschoben. Ähnlich wie bei *Linaria*-Arten (Fortschr. Bot. **25**, **16**) trifft man in der Gattung *Linum*, so bei *L. usitatissimun*, *L. flavum* und *L. perenne*, „leere Blattachseln" an. Nach Dekapitation oder bei Stecklingsbehandlung kann jedoch das Achselgewebe wieder meristematisch werden und zur Knospenbildung führen (CHAMPAGNAT, CULEM u. QUIQUEMPOIS).

Eine ausführliche Studie über Bau, Alter und Verhalten der ruhenden Knospen von insbesondere in Rußland verbreiteten Bäumen und Sträuchern liegt von LJASCHENKO vor. Durch den Besitz von ruhenden Knospen sind auch verschiedene Steppenpflanzen, wie *Cytisus ruthenicus*, *Artemisia absynthium*, *Thymus marshallianus*, *Stipa pennata* u. a. ausgezeichnet. Über sie hat PADEREVSKAYA berichtet. Daß bei Holzgewächsen die Vorblätter weitgehend am Knospenschutz beteiligt sind, ist eine bekannte Erscheinung. Gewöhnlich handelt es sich dabei um jeweils zwei seitlich (transversal) inserierte schuppenartige Organe. Wenn bei Salicaceen an deren Stelle nur ein einziges abaxial-median gestelltes Organ angetroffen wird, so dürfte es sich dabei um eine gamophylle Schuppe handeln. Diese alte Auffassung wird jetzt wieder bestätigt, insbesondere durch den Befund, daß an Knospen kräftiger Triebe von *Populus* und *Salix* in der Achsel des Vorblattes zwei Knospenanlagen auftreten können (BUGNON u. ROBERT; BUGNON u. CHASSAT). Ob freilich die floralen Nektarien der Salicaceen irgendwie mit Vorblättern homologisiert werden können, wie die letztgenannten Autoren es meinen, sei dahingestellt (vgl. Fortschr. Bot. **24**, 20).

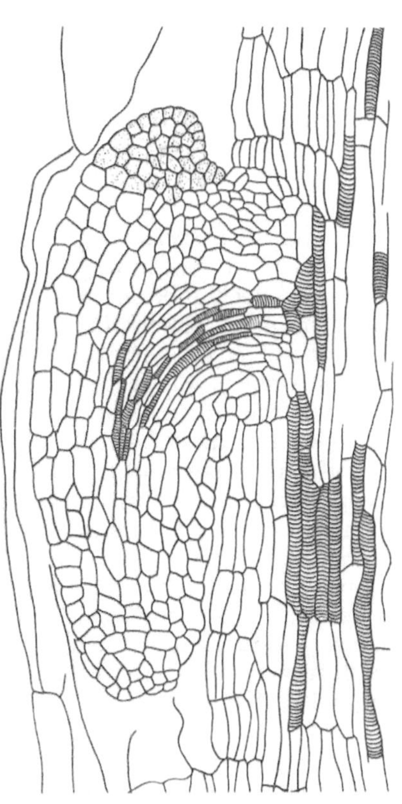

Abb. 4. *Alliaria officinalis*. Junges Stadium eines Hypokotylsprosses, noch von der Rinde des Hypokotyls umschlossen („embryon adventif"). Nach CHAMPAGNAT, MARICHAL u. VINCENT

Die hypokotylbürtigen Knospen von *Euphorbia peplus* und *E. lathyris* werden subepidermal angelegt. Die Epidermis folgt der Entwicklung durch antiklinale Teilungen im Anlagenbereich. Zu periklinalen Teilungen scheinen die dedifferenzierten Epidermiszellen nicht fähig zu sein (CHAMPAGNAT, MARICHAL u. CAILLEUX). Durch den Besitz von Hypokotyl-Sprossen ist u. a. auch *Alliaria officinalis* bekannt. Wie aber jetzt CHAMPAGNAT, MARICHAL u. VINCENT zeigen konnten, werden diese Triebe stets im Zusammenhang mit einem endogenen Wurzelprimordium angelegt, an dem sie exogen entstehen. Die Autoren sprechen hier von einem „Adventivembryo", wozu man Abb. 4 vergleiche. Das erste Blatt, das an subkotyledonaren Sprossen gebildet wird, scheint – zumindest in vielen Fällen – eine abaxiale Stellung zum Mutterorgan einzunehmen. ARNAL möchte darin eine Analogie zur axillären Knospenbildung und damit einen weiteren Ausdruck der Gesamtpolarität des Vegetationskörpers erblicken.

In Fortschr. Bot. **25**, 16 wurde auf die mono- bzw. dichasiale Verzweigung der *Syringa*-Triebe aufmerksam gemacht, die das Absterben des Vegetationspunktes der Hauptachse zur Voraussetzung hat. Diese Erscheinung ist auch bei zahlreichen anderen Holzgewächsen verbreitet, u. a. bei *Ulmus americana*, wo sie MILLINGTON näher studiert hat. Der Vorgang vollzieht sich hier ähnlich wie bei *Syringa*. Die Nekrose des Achsenscheitels setzt frühzeitig ein und erfaßt die letzten 6–8 Knoten. Anders als bei *Syringa* wird eine den Gipfel abschließende Korkschicht erst nach Abort der Spitze gebildet. Kausale Gründe für ein solches Verhalten sind noch unbekannt, auch ein jüngst von DOSTÁL in dieser Richtung gemachter Versuch führt kaum weiter.

Noch immer problematisch ist die morphologische Natur der Curcurbitaceen-Ranken. Sie stellen Achselprodukte dar, deren komplexer Bau schon vielfach erörtert worden ist. Jetzt hat KUMAZAWA einen kritischen Überblick über diesbezügliche neuere Auffassungen gegeben. KENG lenkt die Aufmerksamkeit auf die platycladialen Kurztriebe, welche die Conifeerengattung *Phyllocladus* auszeichnen. Er deutet die rautenförmigen Bildungen von *Ph. hypophyllus* als Verwachsungskomplexe eines flabellat verzweigten Seitensproßsystems. Treffender ist sicher die Auffassung, daß bei ihrer Entstehung der Achsenkörper sich verbreitert und die ihm ansitzenden Knospenprimordien nicht zu selbständiger Entwicklung gelangen. Daß letzteres jedoch möglich ist, zeigt *Ph. trichomanoides*, der über verzweigte Phyllocladien verfügt (vgl. TROLL, Vergleichende Morphol. I, 1, S. 343).

5. Wuchsformen

TROLLs umfassendes Werk über die Inflorescenzen, dessen erster Band jetzt vorliegt, greift weit über die Morphologie der Blütenstände selbst hinaus. Diese werden vielmehr auf den Aufbau des gesamten Vegetationskörpers bezogen und aus ihm heraus beurteilt. So ist es kein Zufall, daß der Band eine Fülle von Einsichten vermittelt, die sich auf die mannigfaltigen Wuchsformen der Blütenpflanzen beziehen und die diese in einem neuen Licht erscheinen lassen. Auf Einzelheiten dieser reichen Darstellung kann hier nicht eingegangen werden.

Die aus den äquatorialen Hochanden bisher bekannten Arten der Valerianaceen-Gattung *Phyllactis* sind perennierende Rosettenpflanzen, deren zeitlebens gestaucht bleibende Sproßachse sich nur äußerst selten verzweigt. In der von RAUH u. WILLER aus Peru beschriebenen *Phyllactis pulvinata* liegt jedoch eine Art vor, deren Triebe wiederholt Auszweigungen bilden, die alle selbst wieder rosettigen Wuchs aufweisen und die so zu einem mächtigen Polster von einem Durchmesser bis 90 cm zusammenschließen. Die Sproßvegetationspunkte dieser Pflanzen sind regelmäßig in Scheitelgruben eingesenkt. Dies gilt auch für die stammbildende Cyperacee *Bulbostylis paradoxa*, deren eigenartige Wuchsform von WEBER geklärt werden konnte. Die in ariden Gebieten des nördlichen Südamerika

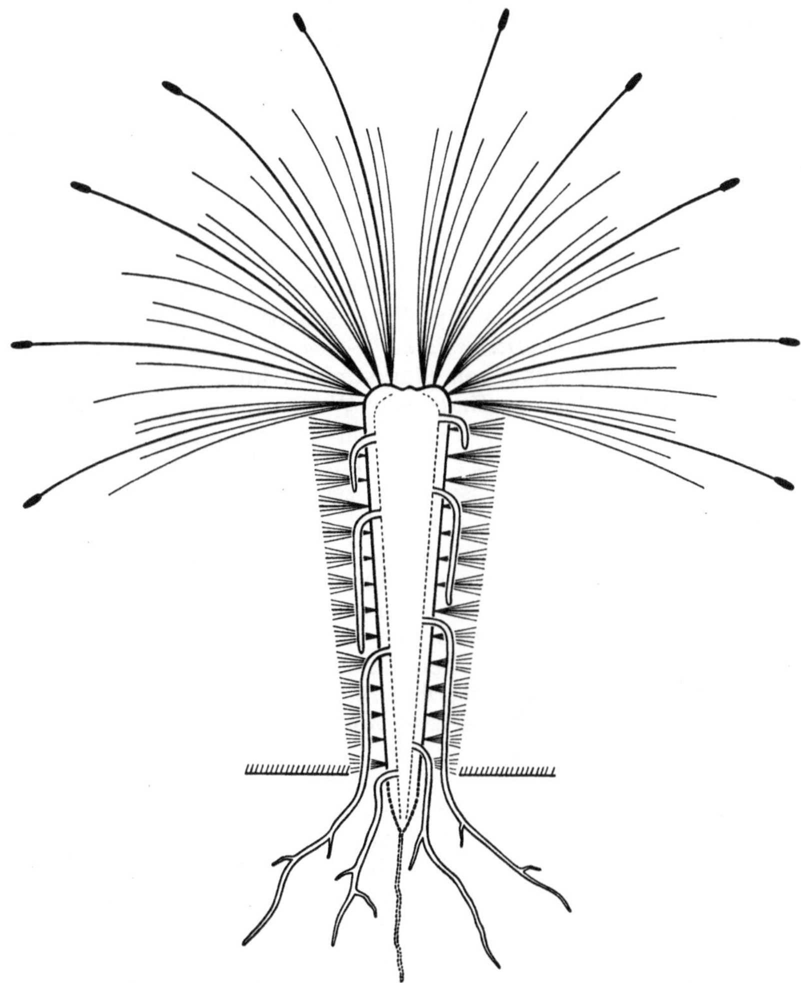

Abb. 5. *Bulbostylis paradoxa*. Wuchsschema. Erläuterung im Text. Nach WEBER

und in Mittelamerika verbreitete Pflanze entwickelt aufrechte, bis 15 cm hoch werdende monopodiale Stämme, die an ihrer Spitze einen dichten Schopf fadenartiger Blätter tragen. Im unteren Bereich sind diese Achsen von einem breiten, aus persistierenden Blattbasen gebildeten Mantel umgeben. Ein großer Teil dieser Blätter gehört Kurztrieben an, die in der Achsel der Stammblätter stehen und die mit einer terminalen Infloreszenz abschließen können (Abb. 5). Sproßbürtige Wurzeln werden stets in unmittelbarer Nähe des Stammscheitels angelegt, sie durchwachsen achsenparallel den Blattbasenmantel, bevor sie das Substrat erreichen. Der dicht verfilzte Blattmantel vermag in hohem Maße Wasser zu speichern und macht die Pflanze äußerst resistent gegen Steppenbrände. Darin sowie in der Gesamtorganisation dieser vom allgemeinen Cyperaceen-Typus stark abweichenden Art manifestieren sich auffallende Parallelen zu den früher ebenfalls von WEBER (Fortschr. Bot. **17**, 22) studierten Velloziaceen. Bemerkenswert ist auch die Wuchsform der von RAUH neu beschriebenen *Ceropegia armandii* (Madagaskar). Ihr Sproßsystem gliedert sich nach dem Muster auch anderer *Ceropegia*-Arten in einen persistierenden succulenten Basalteil und in stark verlängerte blühende Triebe, die dünn bleiben und nach der Fruchtbildung absterben.

Entwicklung und Verzweigungsverhältnisse der strauchigen *Potentilla fruticosa* hat SCHAFRANOVA beschrieben. Die Pflanze soll weit über 100 Jahre alt werden. Verschiedene Sträucher und Halbsträucher von Wüstenstandorten zeigen eigentümliche Aufspaltungen ihres Achsenkörpers (GINZBURG). Bei *Artemisia herba-alba* (Negev-Wüste) sind diese eine Folge der Verkorkung von Markstrahlen im sekundären Xylem. Außerdem kommt es hier am Ende jeder Wachstumsperiode zur Bildung einer intraxylären Korklage, welche den Jahresring nach außen abschließt. Bei anderen Arten *(Peganum, Zygophyllum, Zilla)*, die gleichfalls eine Aufteilung von Achsenteilen zeigen, ist diese auf ungleichmäßige Aktivität des Cambiums zurückzuführen. Weitere anatomische Besonderheiten von Wüstenpflanzen hat FAHN diskutiert. Longitudinale Aufspaltungen der Primärwurzel ausdauernder Pflanzen (Wurzelzerklüftung) sind gleichfalls seit langem bekannt. LUKASIEWICZ bringt in einer umfangreichen Wuchsformenstudie, die insbesondere die unterirdischen Teile perennierender Gewächse berücksichtigt, verschiedene eindrucksvolle Beispiele dafür (u. a. *Cichorium intybus, Rhaponticum cynaroides, Anchusa officinalis*). Die Ontogenese von *Valeriana officinalis* von der Keimung bis zur Fruchtreife haben B.-SZENTPÉTERY u. SÁRKÁNY beschrieben.

Daß die eigentümlichen Knollenbildungen einiger südamerikanischer *Dioscorea*-Arten *(D. floribunda, D. spiculiflora* u. a.*)* im wesentlichen aus dem Hypokotyl hervorgehen, haben KOCH u. BRUHN sowie MARTIN u. ORTIZ bestätigt. Die Wachstumsvorgänge, die zu ihrer Entstehung führen, dürften weitgehend denjenigen entsprechen, die früher schon KAUSSMANN (1955/56) für *Testudinaria* eingehender dargestellt hat. Doch waren diese (und andere) Untersuchungen den Autoren nicht bekannt.

Schon wiederholt sind die Verzweigungsverhältnisse des Adlerfarns *(Pteridium aquilinum)* studiert worden mit dem Ergebnis, daß die Pflanze über blattlose Langtriebe und wedeltragende Kurztriebe verfügt. Erst neuerdings hatte DASANYAKE (Fortschr. Bot. **23**, 20) behauptet, daß auch die Langtriebe Blätter bilden. Dieser Auffassung schließt sich jetzt O'BRIEN an, der das Wachstum der in Australien verbreiteten Varietät *esculentum* verfolgen konnte.

6. Leitgewebe

Die Arbeiten, die über Bau und Anordnung des Leitgewebes in Sproßachsen vorliegen, beziehen sich auf die verschiedensten Gewächse. Ihre an Details reichen Ergebnisse lassen sich nicht in einem kurzen Überblick zusammenfassen. Für eine größere Zahl von Ranunculaceen z. B. wurden insbesondere die Leitbündelverteilung im Knotenbereich, der Verlauf der Blattspurbündel und der Anschluß des Leitsystems der Seitentriebe an das der Mutterachse studiert. EZELRABAT u. DORMER finden dabei eine große Mannigfaltigkeit innerhalb der Familie. Die meisten der untersuchten Arten besitzen multilacunäre Knoten, doch gibt es Ausnahmen, wie z. B. *Paeonia* (trilacunär), was u. a. für die Sonderstellung dieser Gattung spricht. Multilacunär sind auch die Knoten bei *Pulsatilla vulgaris*, deren Leitbündelverlauf ZIMMERMANN u. GRUND gründlich untersucht haben. Ähnliche Studien liegen vor für eine Reihe von Chenopodiaceen (FAHN u. BROIDO; BISALPUTRA), für *Bougainvillea* und *Abronia* (PANT u. MEHRA), für einige Gramineen wie *Paspalum, Panicum, Cenchrus* und *Pennisetum* (DESHPANDE u. SARKAR) und schließlich für *Ephedra foliata* (DESPHANDE u. KESWANI) und *Isoëtes coromandelina* (BHAMBIE). Hingewiesen sei hier auch auf eine Studie von THOMPSON u. HEIMSCH über die Sproßanatomie und Internodienentwicklung der Tomatenpflanze *(Solanum lycopersicum)*.

Einen wertvollen Beitrag zur Pflanzenanatomie stellt die monographische Bearbeitung des Themas von BRAUN (1) dar, die das Ziel verfolgt, „ein neuzeitliches und geschlossenes Bild von der Organisation, d. h. den Strukturen und Funktionen des Stammes der Bäume und Sträucher zu vermitteln". Die Mannigfaltigkeit der Bauelemente und der Gewebekombinationen wird in 14 histologischen Bautypen erfaßt und im einzelnen besprochen. Den Holzstrahlen, die in dieses System nicht einzuordnen waren, gilt eine besondere Studie BRAUNs (2).

Die holzanatomischen Untersuchungen von FAHN (Fortschr. Bot. **22**, 18) an Wüstenpflanzen wurden fortgesetzt. Außer *Thymelaea hirsuta*, deren Triebe keine Jahresringe aufweisen und deren kambiale Aktivität das ganze Jahr über anhält, zeigen alle übrigen untersuchten Sträucher *(Artemisia monosperma, Calligonum comosum, Reaumuria palaestina, Zygophyllum dumosum* u. a.) eine strenge Rhythmik der Holzproduktion (FAHN u. SARNAT). Im übrigen wenden sich FAHN u. LESHEIM gegen die weitverbreitete Auffassung, daß Holzfasern stets tote Elemente darstellen. Vor allem bei Sträuchern arider Standorte sollen sie vielfach mit lebenden Protoplasten ausgestattet sein. Unter anderen trifft dies für *Tamarix aphylla* zu, deren Fasern ebenso lange wie das Holzparenchym und die Markstrahlzellen am Leben bleiben, im allgemeinen 16–21 Jahre (FAHN u. ARNON). Holzanatomische Studien liegen weiter für zwei afrikanische *Alstonia*-Arten (Apocynaceae; ESDORN u. ZOHM) sowie für einige *Astragalus*-Arten (NOVRUZOWA) vor. PARAMESWARAN berichtet kurz über die Fasern im Teakholz *(Tectona grandis)*. Eine starke Streckung erfahren die Holzfasern auf der Außenseite gekrümmter Zweige der „Dreh-Hasel", *Corylus avellana contorta* (KLYNSTRA u. Mitarb.).

Für *Ginkgo biloba* ist wiederholt betont worden, daß der Stammbau stark abgeleitete Züge trägt (u. a. SPRECHER 1907; GREGUSS 1955). Aufgrund elektronenmikroskopischer Befunde wird diese Auffassung jetzt durch EICKE bestätigt. Insbesondere weist sie darauf hin, daß die Textur der Schließhaut in den tracheidalen Hoftüpfeln weitgehend derjenigen gleicht, die sie in früheren Untersuchungen für *Araucaria* feststellen konnte. Genaue Angaben über die Größe der Tracheiden von *Pseudotsuga* bringt BANNAN. Er prüfte verschiedene Herkünfte aus Nordamerika und fand u. a., daß Bäume aus der Küstenzone die längsten Tracheiden aufweisen; die kleinsten Dimensionen fanden sich bei Stämmen aus etwa 2500 m hoch gelegenen Gebieten. Form und Länge der Tracheiden wurden auch bei einer größeren Zahl von Farnen geprüft [WHITE (1, 2)]. Die Länge variiert in den einzelnen Organen und zeigt u. a. deutliche Korrelationen zur Länge der Internodien und zum Polyploidiegrad.

CHEADLE konnte Vertreter von 42 Gattungen der Iridaceae auf ihre Gefäße hin studieren. Während die Wurzeln aller Arten über Tracheen verfügen, finden sich solche im Achsenkörper lediglich bei *Sisyrinchium*. Die Sprosse der übrigen Vertreter dieser Familie sind nur mit Tracheiden ausgestattet. „Offene Tracheiden" bzw. „Gefäßtracheiden" sind schon mehrfach beschrieben worden. Man versteht darunter tracheidale Elemente, die durch mehr oder weniger große Perforationen mit ihresgleichen verbunden sind. Als neue Beispiele werden u. a. *Solanum lycopersicum* (BONNEMAIN) und *Dioscorea alata* (SHAH) genannt. „Gefäßdurchbrechungen" finden sich auch bei Vertretern der Dipterocarpaceae (GOTTWALD u. PARAMESWARAN).

Eingehende Betrachtungen und Literaturnachweise zur Anatomie des sekundären Phloëms liegen für Pinaceen (SRIVASTAVA) und für *Liriodendron tulipifera* (CHEADLE u. ESAU) vor. Wenn EVERT (Fortschr. Bot. **25**, 18) bei früheren Untersuchungen im Phloëm von *Pyrus communis* die Existenz echter, mit Siebplatten versehener Siebröhren nachweisen konnte, so findet er jetzt Entsprechendes bei *Pyrus malus*. Die Siebröhrenglieder sind hier stets mit kürzeren Geleitzellen vergesellschaftet (1). Sie kollabieren in der Regel am Ende der Vegetationsperiode (2). Sehr selten scheint es vorzukommen, daß die Wände von Geleitzellen sklerotisch werden. Eine diesbezügliche Beobachtung von HOLDHEIDE (1951) bei *Tilia cordata* konnte jetzt von EVERT (3) für *Tilia americana* bestätigt werden.

7. Abschlußgewebe

WHITMORE (1, 2) hat die Rindenstruktur einer großen Zahl von Dipterocarpaceen untersucht und dabei eine bemerkenswerte Mannigfaltigkeit gefunden. Im einzelnen beschreibt er 7 verschiedene Bautypen. Die Borkenbeschaffenheit der Stämme ist abhängig vom Verhältnis des sekundären Zuwachses von Holz und Rinde und von der Fähigkeit der peripheren Gewebe zur tangentialen Dilatation. Dies gilt ebenso für europäische Gehölze wie *Fagus*, *Quercus* und *Castanea*, von denen beispielsweise die Buche ihre glatte Rinde einem besonders hohen Dilatationsvermögen bei sehr geringem jährlichem Dickenzuwachs verdankt [WHITMORE (3)]. So vermag die Rindenstruktur der Gehölze auch wertvolle diagnostische Merkmale abzugeben, die gelegentlich weiter führen als das Studium der Bauelemente des Holzes. Darauf weist neuerdings wieder BAMBER hin, der das Abschlußgewebe zahlreicher australischer Myrtaceen aus der Unterfamilie der *Leptospermoideae* beschrieben hat. Einen interessanten Sonderfall stellt das in amerikanischen Trockengebieten vorkommende *Cercidium torreyanum* (Caesalpiniaceae) dar. Die Stämme der zum sekundären Dickenwachstum befähigten Pflanze behalten zeitlebens ihre Epidermis, die mehrschichtig ist und deren Elemente der Vergrößerung des Achsenumfanges durch fortlaufende antiklinale Teilungen folgen. Ein Phellogen wird nicht angelegt [ROTH (1)]. Die flügelartigen Korkleisten an den Trieben von *Evonymus alata*, deren Entstehung BOWEN im Anschluß an frühere Untersuchungen CZAJAs näher studiert hat, zeigen eine regelmäßige Anordnung, die mit der dekussierten Blattstellung des Strauches in Beziehung stehen soll.

8. Weitere Arbeiten zur Sproßanatomie

Eine ganze Reihe von Abhandlungen bringt mannigfache anatomische Details, oftmals im Zusammenhang mit systematischen Fragen. Nur einige können hier genannt werden. So berichtet STANT über verschiedene Alismataceen und findet dabei wenig Übereinstimmung mit den Bauverhältnissen der Ranunculaceae, mit denen sie verschiedentlich in Beziehung gesetzt worden sind. Von monokotylen Pflanzen werden weiter verschiedene Bambuseen (LEE, CHIN u. IAO) sowie *Eleocharis plantaginea* (MEHRA u. SHARMA) behandelt. Für dikotyle Gewächse liegen Angaben über *Oxalis latifolia* (ROBB) und *Artocarpus*-Arten (SHARMA) vor. Pharmakognostische Gesichtspunkte werden bei Studien über *Cissampelos pareira* (PRASAD, GUPTA u. BHATTACHARYA) und *Dioscorea deltoidea* (ABROL, KAPOOR u. CHOPRA) berücksichtigt. KONAR betrachtet vergleichend einige indische *Pinus*-Arten, insbesondere *P. roxburghii*. Verwandtschaftliche Beziehungen einiger Farngruppen erörtern anhand von anatomischen Merkmalen u. a. PAL u. PAL *(Ceratopteris)* und NAYAR [*Cheilanthes* (1); *Microsorium* (2)].

Was die Differenzierung einzelner Zellelemente anlangt, so sei noch auf die von FOSTER so benannten Sklereiden hingewiesen, die als dickwandige Idioblasten nicht selten das Mesophyll von Blättern durchsetzen (Fortschr. Bot. **21**, 20; **24**, 14; **26**, 24). Sie kommen aber auch in Sproßachsen und selbst in Wurzeln vor, so etwa bei verschiedenen *Rauwolfia*-Arten (MIA). Im Stamm befinden sie sich hier im Bereich der Knoten; sie gehen aus Markzellen hervor und werden schon 50–70 μ unterhalb des Sproßscheitels sichtbar. In der Wurzel differenzieren sie sich aus Peridermzellen. Als weitere Beispiele für das Auftreten von Stammsklereiden werden *Avicennia officinalis* (MALAVIYA) und *Cephalotaxus drupacea* (RAO u. MALAVIYA) angegeben. Auch die pharmazeutisch verwertete Rinde der aus Westafrika bekannten Apocynacee *Hunteria eburnea* besitzt derartige Elemente, die hier als diagnostisches Merkmal von Bedeutung sind

(HAUSKNOST, PÖHM u. SCHIESSL). Geometrische Aspekte der Einzelzelle behandelt WHEELER (1–3) in einer Reihe von Arbeiten.

II. Wurzel

1. Wurzelvegetationspunkt

Die Ergebnisse seiner und seiner Schüler Arbeiten über die Scheitelmeristeme der Wurzeln, von denen in diesen Berichten schon wiederholt die Rede war, hat jetzt VON GUTTENBERG unter Berücksichtigung der aus der sonstigen Literatur bekannten Tatsachen zu einem Überblick zusammengefaßt. So ergeben sich für ihn „vier grundlegend verschiedene Wurzeltypen": der Lycopodiinen-Typus, der Typus der Filicinen und Equisetinen, der Gymnospermen-Typus und der Angiospermen-Typus. Letzterer läßt sich in zwei Untertypen gliedern, denen einmal die dikotylen, zum anderen die monokotylen Gewächse angehören. Der durchgehende Unterschied im Verhalten der beiden letztgenannten Gruppen soll darin bestehen, daß bei den Dikotylen die Rhizodermis aus dem Dermatogen hervorgeht, während sie bei den Monokotylen die äußere Rindenschicht darstellt. Diesen Unterschied hält VON GUTTENBERG sogar für das einzige Merkmal, das ein- und zweikeimblättrige Pflanzen ausnahmslos voneinander trennt, vorausgesetzt, daß man bereit ist, die Nymphaeaceen zu den Monokotylen zu stellen (vgl. Fortschr. Bot. **21**, 14). Wesentlich für die von VON GUTTENBERG entwickelte Vorstellung über Bau und Wachstumsweise der Wurzelscheitel aller Pflanzen ist seine Erkenntnis, daß alles Teilungsgeschehen von einer Zelle oder einer kleinen Gruppe zentral gelegener Zellen ausgeht, die er Scheitel- bzw. Zentralzellen oder auch Schlußzellen nennt. Gestützt wird diese Auffassung neuerdings etwa durch KADEJ, der für die Spitzen der sproßbürtigen Wurzeln von *Cyperus alternifolius* eine deutliche Segmentierung des Rindenmeristems gefunden haben will, wie sie sonst nur für Farnwurzeln bekannt ist. Er schließt daraus, daß zumindest die Entwicklung der Wurzelrinde auf die Aktivität einer einzigen oder ganz weniger Zellen zurückgeht. Wie weit der Befund von A. PILLAI (2), demzufolge die Spitzen der Coniferenwurzeln (untersucht wurden 27 Arten aus 14 Gattungen) eine für alle Histogene gemeinsame zentrale Zellgruppe besitzen, in das obige Schema paßt, ist nicht recht ersichtlich. Im übrigen aber dürfte der Nachweis von Zentralzellen im von Guttenbergschen Sinne recht schwierig sein. In neueren Untersuchungen wurden sie weder bei Cycadeen und *Ginkgo* [A. PILLAI (1)], noch bei *Cassia*-Arten (HAYAT) gefunden. Auch für die Wurzel von *Valeriana officinalis* ergeben sich nach HOLZNER-LENDBRADL keine Hinweise darauf. Mit Nachdruck lehnt VON GUTTENBERG die Annahme eines "quiescent centre" in der wachsenden Wurzelspitze ab, wie es insbesondere von CLOWES postuliert und dessen Existenz jüngst wieder für die Wurzeln von *Zea mays* bestätigt worden ist (HAIGH u. GUARD). Auch RIOPEL u. STEEVES sprechen von einer „Zone relativer Ruhe" am Scheitelmeristem von Bananen-Wurzeln. Man vergleiche hierzu Fortschr. Bot. **25**, **23**, wo diese Fragen bereits ausführlicher besprochen sind.

Für den Wurzelscheitel von *Casuarina* wird seit STRASBURGER (1872) wiederholt in der Literatur die Auffassung vertreten, daß er nach dem Gymnospermen-Typ gebaut sei. Eine Nachprüfung ergab jetzt die Richtigkeit der Ansicht von JANCZEWSKI (1874), wonach der Wurzelvegetationspunkt eindeutig nach einem Angiospermenschema gestaltet ist, und zwar des näheren nach dem „offenen Typus" der dikotylen Pflanzen (PANKOW u. VON GUTTENBERG).

Im Bereich der Wurzelhaarzone von *Festuca arundinacea (Festucoideae)* sowie von *Chloris gayana* und *Panicum virgatum (Panicoideae)* hat ROTHWELL die Größe der Kernkörper in den Elementen der Rhizodermis ermittelt. Für *Festuca* findet er, daß die Nucleoli in den Trichoblasten bzw. Haarzellen ganz erheblich größer sind als in den benachbarten nicht haarbildenden Zellen. Bei den Panicoideen sind die Unterschiede weniger markant. Wie weit diese Befunde taxonomische Bedeutung haben und für das Verständnis zellphysiologischer Vorgänge wichtig sind, bleibt noch zu prüfen.

2. Weitere Arbeiten zur Wurzelanatomie

Die Wurzel von *Valeriana officinalis* ist primär diarch, doch können bereits in unmittelbarer Nähe des Vegetationspunktes bis zu 5 weitere Xylem-Strahlen eingefügt werden (HOLZNER-LENDBRADL; SZENTPÉTERY u. SÁRKÁNY). MANI, der *Cyperus*-Wurzeln untersuchte, fand ebenfalls eine Relation zwischen Wurzeldurchmesser und Zahl der Gefäß-Strahlen. Xylem- und Phloëmdifferenzierung erfolgen in den *Valeriana*-Wurzeln in der auch von anderen Pflanzen her bekannten Weise. Die Unterschiede, die im einzelnen auftreten, sind im wesentlichen quantitativer Art, worauf auch HAYAT u. HEIMSCH für die von ihnen studierten *Cassia*-Wurzeln hinweisen.

Besondere Beachtung hat HOLZNER-LENDBRADL der Differenzierung der ölführenden Schichten in der Wurzel von *Valeriana officinalis* gewidmet. Wenn früher allgemein angenommen wurde, daß die ätherischen Öle allein in der Exodermis gebildet werden, so ist dies zu berichtigen. Ölzellen treten auch in den auf die Exodermis folgenden Rindenschichten der Wurzel auf. Das Öl befindet sich hier in besonderen, gestielten Ölbeuteln, die gruppenweise den Antiklinalwänden ansitzen (Abb. 6). Diese Zellen führen zugleich Stärke und sind auch im adulten Zustand noch lebend, im Gegensatz zu den exodermalen Ölzellen, die im Alter tote Elemente darstellen. Die Intercellularräume, die sich in der Rinde von sproßbürtigen Wurzeln der Bananen-Pflanze *(Musa acuminata)* befinden, sollen nach RIOPEL u. STEEVES lysigener Natur sein. Im Zusammenhang mit der Intercellularenbildung ist die Frage interessant, ob es sich dabei um Systeme handelt, die das gesamte Organ durchziehen, bei denen also alle Luftkammern miteinander in Verbindung stehen (homobarer Typ) oder um solche, die in einzelne, voneinander getrennte Räume aufgeteilt sind (heterobarer Typ). NEGER (1918) hatte diese beiden Typen erstmals in Blättern unterschieden. Durch Prüfung der Gaswegsamkeit konnte nun REDIES nachweisen, daß auch für Sprosse und insbesondere für Wurzeln solche Unterschiede festzustellen sind. Homobar sind danach die Wurzeln u. a. von *Juglans*, *Salix*, *Populus* und *Spartium*. Heterobare Durchlüftungssysteme finden sich in den Wurzeln von *Pinus*, *Picea*, *Thuja* u. a. Die bei der tropischen Hypericacee *Symphonia* auftretenden Pneumatophoren haben MÄGDEFRAU u. WUTZ auf ihren anatomischen Bau hin untersucht.

Schließlich sei noch auf eine Beobachtung von ESCHRICH hingewiesen. Im proximalen Bereich der rübenartig verdickten Primärwurzel von

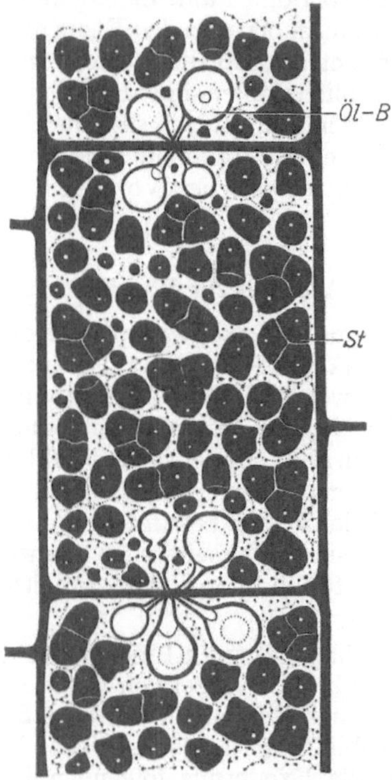

Abb. 6. *Valeriana officinalis*. Zellen der äußeren Wurzelrinde, mit Stärkekörnern (St) und Ölbeuteln (Öl-B). Nach HOLZNER-LENDBRADL

Angelica archangelica fand er sog. Masern, die an entsprechende Bildungen von *Rheum* erinnern. Es handelt sich dabei um invers gebaute Leitbündelsysteme, die sekundär im Holzkörper der Wurzel entstehen.

3. Radikation und Wurzelsysteme

Verschiedene, in Wüstengebieten des südlichen Nordamerika wachsende Cucurbitaceen (*Cucurbita foetidissima*, *C. digitata* u. a.) entwickeln mächtige rübenartige, als Wasserspeicher fungierende Primärwurzeln, die aber nur wenig in die Tiefe wachsen. Sie entwickeln in der Regel kräftige, in oberen Bodenschichten streichende Seitenwurzeln (DITTMER

u. TALLEY). Bei der Verzweigung der Primärwurzel von *Euphorbia esula* entstehen nach RAJU, STEEVES u. COUPLAND neben 1–2 cm langen kurzlebigen dünnen Seitenwurzeln erster Ordnung auch kräftigere Auszweigungen, die wie die Mutterwurzel in größere Tiefe vordringen. Allein solche, mit sekundärem Dickenwachstum begabten Langwurzeln vermögen Wurzelsprosse hervorzubringen.

Stecklinge von einjährigen Oliven-Zweigen *(Olea europaea)*, die für die Vermehrung der Bäume benutzt werden, zeigen im allgemeinen nur ein geringes Bewurzelungsvermögen. Zwar werden genügend endogene Wurzelanlagen gebildet, doch wird deren Austreiben durch die Existenz eines Sklerenchymzylinders in der Sproßachse vielfach mechanisch behindert (CIAMPI u. GELLINI).

WEBSTER u. STEEVES kommen auf das Problem der Wurzelträger bei *Selaginella* zu sprechen. Bekanntlich entstehen diese als exogene Bildungen im Bereich der Achsengabelungen, um ihrerseits, in der Nähe der Spitze, endogene Wurzeln zu entsenden. In der xerophytischen, isophyll beblätterten *Selaginella densa* wurde nun eine Art gefunden, bei der dieses Verhalten nicht vorliegen soll. An einem exogenen, anfangs haubenlosen Primordium wird frühzeitig eine Scheitelzelle differenziert, deren weitere Aktivität auch zur Bildung einer Kalyptra führt. Die Autoren möchten deshalb für diesen Fall den Begriff „Wurzelträger" fallen lassen. Offenbar aber handelt es sich hier um einen Entwicklungsvorgang, den schon BRUCHMANN (1897) bei der Entstehung der ersten Wurzel am Keimwurzelträger von *Selaginella spinulosa* beobachtet hat. Ob man freilich, wie VON GUTTENBERG es tut, von der Umwandlung eines Sproßvegetationspunktes in den einer Wurzel sprechen kann, mag dahingestellt bleiben. Haubenlos sind auch kurze, etwa 1 mm dicke Auszweigungen, die sich an Seitenwurzeln von *Podocarpus*-Arten finden. Sie bieten sich als Knöllchen dar, deren Rindengewebe von Pilzhyphen durchzogen ist. Aufgrund ihres Baues sind sie als Wurzeläste aufzufassen und mit den bekannten mykorrhizen Kurzwurzeln von *Pinus* vergleichbar (BAYLIS, McNABB u. MORRISON).

Über die Radikation von Keimpflanzen aus dem Bereich der Loranthaceen und der Balsaminaceen vergleiche man S. 48. Auch die Bewurzelungsweise der Cyperacee *Bulbostylis paradoxa* wurde schon an anderer Stelle (S. 53) vermerkt.

Literatur

ABROL, B. K., L. D. KAPOOR, and I. C. CHOPRA: Planta med. (Stuttg.) **10**, 335—340 (1962). — AGARWAL, S.: (1) Phytomorphology **13**, 185—196 (1963); — (2) Phytomorphology **13**, 348—356 (1963). — ALLSOP, A.: Ann. Rev. Plant Physiology **15**, 225—254 (1964). — AREKAL, G. D.: Phytomorphology **13**, 376—387 (1963). — ARNAL, C.: Bull. Soc. bot. Fr., Mém. **1963**, 67—76.

BAILLAUD, L., C. TALON u. J.-P. PERNEY: Ber. dtsch. bot. Ges. **77**, 198—203 (1964). — BALL, E.: Symp. Amer. Soc. Plant Physiologists. New York **1963**, 47—77. — BAMBER, R. K.: Aust. J. Bot. **10**, 25—54 (1962). — BANNAN, M. W.: Canad. J. Bot. **42**, 603—631 (1964). — BAYLIS, G. T. S., R. F. R. McNABB, and T. M. MORRISON: Trans. Brit. mycol. Soc. **46**, 378—384 (1963). — BERTHELOT, J.: Bull. Soc. bot. Fr. **108**, 217—237 (1961). — BHAMBIE, S.: Proc. Indian Acad. Sci., B. **56**, 56—76 (1962). — BHANDARI, N. N.: Phytomorphology **13**, 303—316 (1963). —

BIRCH, W. R.: Nature (Lond.) **198**, 304 (1963). — BISALPUTRA, T.: Aust. J. Bot. **10**, 13—24 (1962). — BOLLE, F.: Ber. dtsch. bot. Ges. **76**, 211—228 (1963). — BONNAUD, CL.: Bull. Soc. bot. Fr. **109**, 159—169 (1962). — BONNEMAIN, J.-L.: C. R. Acad. Sci. (Paris) **256**, 4072—4074 (1963). — BOWEN, W. R.: Bot. Gaz. **124** 256—261 (1963). — BOWES B. G.: Ann. Bot. (Lond.), N. S. **27**, 357—364 (1963). — BRAUN, H. J.: (1) Die Organisation des Stammes von Bäumen und Sträuchern. Stuttgart 1963; — (2) Ber. dtsch. bot. Ges. **77**, 355—367 (1964). — B.-SZENTPÉTERY, G., u. S. SÁRKÁNY: Ann. Univ. sci. budapestinensis, Sect. biol. **6**, 13—41 (1963). — BUGNON, F.: Bull. Soc. bot. Fr., Mém. **1963**, 92—101. — BUGNON, F., et J. F. CHASSAT: Bull. sci. Bourgogne **21**, 17—32 (1961—1962). — BUGNON, F., et G. JOFFRIN: (1) Bull. Soc. bot. Fr., Mém. **1962**, 61—72; — (2) Bull. Soc. bot. Fr. **110**, 34—42 (1963). — BUGNON, F., et C. ROBERT: Bull. Soc. bot. Fr., Mém. **1961**, 101—105.

CHAMPAGNAT, M., C. CULEM et J. QUIQUEMPOIS: Bull. Soc. bot. Fr., Mém. **1963**, 122—138. — CHAMPAGNAT, M., J. MARICHAL et Y. CAILLEUX: Bull. Soc. bot. Fr., Mém. **1962**, 23—31. — CHAMPAGNAT, M., J. MARICHAL et C. VINCENT: Bull. Soc. bot. Fr., Mém. **1962**, 32—44. — CHASSAT, J. F.: Bull. Soc. bot. Fr., Mém. **1962**, 72—95. — CHEADLE, V. I.: Phytomorphology **13**, 245—248 (1963). — CHEADLE, V. I., and K. ESAU: Univ. Calif. Publ. Bot. **36**, 143—252 (1964). — CIAMPI, CL. e R. GELLINI: G. bot. ital. **70**, 62—74 (1963). — CLOWES, F. A. L.: Ann. Bot., N. S. **27**, 343—352 (1963). — CODACCIONI, M.: Bull. Soc. bot. Fr. **109**, 75—85 (1962). — COHEN, L. I.: (1) Amer. J. Bot. **50**, 400—407 (1963); — (2) Amer. J. Bot. **50**, 409—417 (1963). — CRÉTÉ, P.: (1) Recent advances in the embryology of Angiosperms. New Delhi **1963**, 171—220; — (2) Phytomorphology **14**, 70—78 (1964). — CUTTER, E. G.: (1) Nature (Lond.) **198**, 504—505 (1963); — (2) Amer. J. Bot. **51**, 318—324 (1964).

DANILOVA, M. F.: Bot. Z. **48**, 1249—1270 (1963). Russisch. — DESHPANDE, B. D., and C. L. KESWANI: Bot. Gaz. **124**, 253—256 (1963). — DESHPANDE, B. D., and S. SARKAR: Proc. Nat. Inst. Sci. India **28**, 1—12 (1962). — DITTMER, H. J., and B. P. TALLEY: Bot. Gaz. **125**, 121—126 (1964). — DOSTÁL, R.: Flora (Jena) **154**, 507—510 (1964).

EICKE, R.: Ber. dtsch. bot. Ges. **77**, 379—384 (1964). — ESCHRICH, W.: Öst. bot. Z. **100**, 428—443 (1963). — ESDORN, I., u. G. ZOHM: Flora (Jena) **150**, 318—331 (1961). — EVERT, R. F.: (1) Amer. J. Bot. **50**, 8—37 (1963); — (2) Amer. J. Bot. **50**, 149—158 (1963); — (3) Bot. Gaz. **124**, 262—264 (1963). — EZELARAB, G. E., and K. J. DORMER: Ann. Bot., N. S. **27**, 23—38 (1963).

FAHN, A.: Phytomorphology **14**, 93—102 (1964). — FAHN, A., and N. ARNON: New Phytol. **62**, 99—104 (1963). — FAHN, A., and S. BROIDO: Phytomorphology **13**, 156—165 (1963). — FAHN, A., and B. LESHEIM: New Phytol. **62**, 91—98 (1963). — FAHN, A., and C. SARNAT: Bull. Res. Council Israel **11**, 198—209 (1963). — FAHN, A., S. STOLER, and T. FIRST: Bot. Gaz. **124**, 246—250 (1963). — FINERAN, B. A.: (1) Phytomorphology **12**, 339—355 (1962); — (2) Phytomorphology **13**, 30—41 (1963); — (3) Phytomorphology **13**, 42—54 (1963); — (4) Phytomorphology **13**, 249—267 (1963). — FOURCROY, M., et J. BOULANGER: Bull. Soc. bot. Fr., Mém. **1963**, 154—186. — FUJITA, T.: Bot. Mag. Tokyo **77**, 73—76 (1964).

GINZBURG, C.: Phytomorphology **13**, 92—97 (1963). — GOTTWALD, H., u. N. PARAMESWARAN: Z. Bot. (Stuttg.) **52**, 331—334 (1964). — GUIGNARD, J. L.: Ann. Sci. Natur., Bot., Sér. 12, **2**, 491—607 (1962). — GUTTENBERG, H. VON: Phytomorphology **14**, 265—287 (1964).

HAGEMANN, W.: (1) Bot. Jb. Systematik **82**, 273—315 (1963); — (2) Ber. dtsch. bot. Ges. **76**, (113)—(120) 1963; — (3) Beitr. Biol. Pflanzen **40**, 27—64 (1964). — HAIGH, W. G., and A. T. GUARD: Bot. Gaz. **124**, 421—423 (1963). — HAUSKNOST, M., M. PÖHM u. G. SCHIESSL: Planta med. (Stuttg.) **12**, 6—12 (1964). — HAYAT, M. A.: (1) Bot. Gaz. **124**, 360—362 (1963); — (2) Bull. Torrey bot. Club **90**, 123—136 (1963). — HAYAT, M. A., and CH. HEIMSCH: Amer. J. Bot. **50**, 965—971 (1963). — HOLZNER-LENDBRADL, I.: Beitr. Biol. Pflanzen **39**, 323—366 (1963).

JALAN, S.: Phytomorphology **13**, 338—347 (1963).

KADEJ, F.: Acta Soc. bot. pol. **32**, 295—301 (1963). — KENG, H.: Ann. Bot. (Lond.), N. S. **27**, 69—78 (1963). — KHANNA, P.: Proc. Indian Acad. Sci., B. **59**, 237—243 (1964). — KLYNSTRA, F. B., J. C. LYCKLAMA, A. M. SIEBERS, and P. D. BURGGRAAT: Acta bot. neerl. **13**, 189—208 (1964). — KOCH, W., u. CH. BRUHN:

Flora (Jena) **152**, 670—678 (1962). — KONAR, R. N.: Phytomorphology **13**, 388—402 (1963). — KONAR, R. N., and S. K. BANERJEE: Phytomorphology **13**, 321—337 (1963). — KUDRIASHOV, L. V.: Bot. Z. **49**, 473—486 (1964). — KUIJT, J.: (1) Canad. J. Bot. **41**, 927—938 (1963); — (2) Canad. J. Bot. **42**, 1243—1278 (1964). — KUMAZAWA, M.: Phytomorphology **14**, 287—298 (1964). — KUPILA, S., and E. M. GIFFORD: Bot. Gaz. **124**, 241—246 (1963).

LEE, C. L., T. C. CHIN, and X. S. IAO: Acta bot. sinica **10**, 15—28 (1962). — Chinesisch. — LEVACHER, PH.: C. l. Acad. Sci. (Paris) **258**, 308—311 (1964). — LJASCHENKO. N. I.: Biologie der ruhenden Knospen. Akademie Hayk SSSR, Moskau-Leningrad 1964. (Russisch). — LOISEAU, J. E.: Bull. Soc. bot. Fr. **109**, 14—23 (1962). — LOISEAU, J. E., et D. BATTUT: 88. Congrès des Sociétés savantes, **1963**, 539—544. — LOISEAU, J. E., et D. GRANGEON: Bull. Soc. bot. Fr., Mém. **1963**, 76—91. — LOISEAU, J. E., et A. NOUGARÈDE: C. R. Acad. Sci. (Paris) **256**, 3340—3343 (1963). — LUKASIEWICZ, A.: Poznan Soc. Friends of Sci. Publ. Sect. Biol. **27**, 1—399 (1962). Polnisch.

MÄGDEFRAU, K., u. A. WUTZ: Veröff. Geobot. Inst. Rübel **37**, 183—187 (1962). — MAHLBERG, P. G.: Bot. Gaz. **124**, 224—231 (1963). — MALAVIYA, M.: Proc. Indian Acad. Sci., B. **58**, 45—50 (1963). — MANI, A. P.: Sci. and Culture **29**, 357—358 (1963). — MARTENS, P., and L. WATERKEYN: (1) Phytomorphology **13**, 359—363 (1963); — (2) Cellule **65**, 7—68 (1964). — MARTIN, F. W., and S. ORTIZ: Bot. Gaz. **124**, 416—421 (1963). — MASAND, P.: Phytomorphology **13**, 293—302 (1963). — MEHRA, P. N., and O. P. SHARMA: Res. Bull. Panjab Univ., N. S. **14**, 289—305 (1963). — MIA, A. J.: Amer. J. Bot. **51**, 78—87 (1964). — MILLINGTON, W. F.: Amer. J. Bot. **50**, 371—378 (1963). — MOENS, P.: (1) Cellule **63**, 163—244 (1963); — (2) Cellule **64**, 71—126 (1963).

NAIR, N. C., and V. ABRAHAM: J. Indian bot. Soc. **42**, 583—593 (1963). — NAYAR, B. K.: (1) J. Linnean Soc. Lond., Bot. **58**, 449—460 (1963); — (2) Ann. Bot. (Lond.), N. S. **27**, 89—100 (1963). — NEGBI, M., and D. KOLLER: Phytomorphology **12**, 289—295 (1962). — NOUGARÈDE, A., et J. E. LOISEAU: C. R. Acad. Sci. (Paris) **257**, 2698—2701 (1963). — NOVRUZOWA, Z. A.: Bot. Z. **48**, 108—112 (1963). Russisch.

O'BRIEN, T. P.: Ann. Bot. (Lond.), N. S. **27**, 253—267 (1963).

PADEREVSKAYA, M. T.: Bot. Z. **48**, 192—198 (1963). Russisch. — PAL, N., and S. PAL: Bot. Gaz. **124**, 132—143 (1963). — PANKOW, H., u. H. VON GUTTENBERG: Öst. bot. Z. **110**, 132—136 (1963). — PANT, D. D., and B. MEHRA: Proc. Indian Acad. Sci., B. **29**, 434—466 (1963). — PAOLILLO, D. J. JR.: The developmental anatomy of Isoetes. Illinois Biol. Monogr., Nr. 31. Urbana 1963. — PARAMESWARAN, N.: Naturwissenschaften **51**, 317—318 (1964). — PARKE, R. V.: Amer. J. Bot. **50**, 464—469 (1963). — PIEHL, M. A.: Amer. J. Bot. **50**, 978—985 (1963). — PILLAI, A.: (1) Proc. Indian Acad. Sci., B. **57**, 211—222 (1963); — (2) Bull. Torrey bot. Club **91**, 1—13 (1964). — PILLAI, S. K.: (1) Proc. Indian Acad. Sci., B. **57**, 58—67 (1963); — (2) Öst. bot. Z. **111**, 273—284 (1964). — PLANTEFOL, L.: Bull. Soc. bot. Fr., Mém. **1962**, 3—14. — PRASAD, S., C. GUPTA, and I. C. BHATTACHARYA: J. sci. industr. Res. C **21**, 150—154 (1962).

RAJU, M. V. S., T. A. STEEVES, and R. T. COUPLAND: Canad. J. Bot. **41**, 579 to 589 (1963). — RAM, H. Y. M., and R. NATH: Phytomorphology **14**, 414—428 (1964). — RAO, A. R., and M. MALAVIYA: (1) Proc. Indian Acad. Sci., B. **59**, 228—236 (1964); — (2) Proc. Indian Acad, Sci., B. **60**, 95—106 (1964). — RAUH, W.: Adansonia (Paris) **4**, 419—425 (1964). — RAUH, W., u. K. H. WILLER: Bot. Jb. Systematik **82**, 262—272 (1963). — *Recent advances* in the embryology of Angiosperms. Hsg. von P. MAHESHWARI. New Delhi 1963. — REDIES, H.: Beitr. Biol. Pflanzen **37**, 411—445 (1962). — RIOPEL, J. L., and T. A. STEEVES: Ann. Bot. (Lond.), N. S. **28**, 475—489 (1964). — ROBB, S. M.: New Phytol. **62**, 75—79 (1963). — ROTH, I.: (1) Öst. bot. Z. **110**, 1—19 (1963); — (2) Advanc. frontiers of Plant Sciences (New Delhi) **7**, 157—180 (1963). — ROTHWELL, N. V.: Amer. J. Bot. **51**, 172—179 (1964).

SANWAL, M.: Phytomorphology **12**, 243—263 (1962). — SCHAFRANOVA, L. M.: Bjull. Mosk. obsc. Ispyz. Prir., Otd. Biol. **69**, 101—110 (1964). Russisch. — SCHÖLCH, H.-F., et H. B. LÜCK: Naturalia Monspeliensia. Sér. Bot. **14**, 111—120 (1962). — SHAH, J. J.: Nature (Lond.) **197**, 1125 (1963). — SHARMA, M. R.: Proc. Indian

Acad. Sci., B. **56**, 243—258 (1962). — SIEGERT, A.: Beitr. Biol. Pflanzen **40**, 121—157 (1964). — SINGH, H., and J. CHATTERJEE: Phytomorphology **13**, 429—444 (1963). — SOLNTZEVA, M. P., and M. S. YAKOVLEV: Bot. Z. **49**, 625—633 (1964). — SOMA, K., and E. BALL: Brookhaven Symposia in Biology. Nr. **16**, 13—45 (1963). — SRIVASTAVA, L. M.: Univ. Calif. Publ. Bot. **36**, 1—142 (1963). — STANT, M. Y.: J. Linnean Soc. Lond., Bot. **59**, 1—42 (1964). — SWAMY, B. G. L.: Beitr. Biol. Pflanzen **39**, 1—16 (1963). — SWAMY, B. G. L., and D. PADMANABHAN: J. Indian bot. Soc. **41**, 422—439 (1963). — SZENTPÉTERY, G., and S. SÁRKÁNY: Ann. Univ. Sci. Budapestinensis **7**, 213—228 (1964).

TEPPER, H. B.: Amer. J. Bot. **50**, 589—596 (1963). — THIELKE, CH.: (1) Planta (Berlin) **59**, 587—599 (1963); — (2) Ber. dtsch. bot. Ges. **76**, 265—275 (1963); — (3) Planta (Berlin) **62**, 332—349 (1964). — THOMPSON, N. P., and CH. HEIMSCH: Amer. J. Bot. **51**, 7—18 (1964). — TROLL, W.: (1) Jahrb. Akad. Wissensch. u. Lit., Mainz. **1963**, 113—134; — (2) Die Infloreszenzen. Typologie und Stellung im Aufbau des Vegetationskörpers. Bd. 1. Jena u. Stuttgart 1964. — TUCKER, SH.: Amer. J. Bot. **50**, 661—668 (1963).

VASILEVSKAJA, V. K.: Bot. Z. **47**, 1553—1566 (1962). Russisch. — VIJAYARAGHAVAN, M. R.: Phytomorphology **14**, 429—441 (1964).

WALTON, A.: Ann. Bot. (Lond.), N. S. **28**, 271—282 (1964). — WARDLAW, C. W.: J. Linnean Soc. Lond., Bot. **58**, 385—400 (1963). — WEBER, H.: Abh. Akad. Wiss. u. Lit. Mainz. Math.-naturw. Kl. **1963**, 267—284. — WEBSTER, T. R., and T. A. STEEVES: Phytomorphology **13**, 367—375 (1963). — WHEELER, G. E.: (1) Amer. J. Bot. **49**, 246—252 (1962); — (2) Amer. J. Bot. **49**, 355—362 (1962); — (3) Amer. J. Bot. **50**, 747—753 (1963). — WHITE, R. A.: (1) Amer. J. Bot. **50**, 447—455 (1963); — (2) Amer. J. Bot. **50**, 514—522 (1963). — WHITMORE, T. C.: (1) New Phytol. **61**, 191—207 (1962); — (2) New Phytol. **61**, 208—220 (1962); — (3) New Phytol. **62**, 161—169 (1963). — WILLIAMS, C. N.: Ann. Bot. (Lond.), N. S. **27**, 641—646 (1963).

ZIMMERMANN, W., u. D. GRUND: Beitr. Biol. Pflanzen **38**, 1—29 (1963).

4. Entwicklungsgeschichte und Fortpflanzung

Von KURT STEFFEN, Braunschweig

Der Beitrag entfällt in diesem Band

B. Physiologie

1. Zellphysiologie

Von HANS JOACHIM BOGEN, Braunschweig

Der Beitrag entfällt in diesem Band

2. Wasserumsatz und Stoffbewegungen

Von HUBERT ZIEGLER, Darmstadt

I. Der Wasserhaushalt der Pflanze

1. Der Wasserhaushalt der Zelle, osmotische Zustandsgrößen

In der Berichtszeit standen die Bemühungen um eine Verbesserung der Methoden zur Beurteilung des Wasserzustandes der Zelle bzw. der Gewebe und Organe im Vordergrund. Als Laborverfahren für die Bestimmung des „Wasserpotentials" ist die Messung der relativen Feuchtigkeit eines Luftraumes geeignet, der sich (bei konstanter Temperatur) mit der zu messenden Probe im Wasserdampfdruck-Gleichgewicht befindet. Beim Einsatz der hierfür vorgeschlagenen Miniatur-Thermoelement-Psychrometer muß nach BARRS (1, 2) beachtet werden, daß einmal die Temperatur der Kammer nicht durch die Atmung der eingeschlossenen Organe über die der Umgebung erhöht wird und zum anderen keine anaeroben Bedingungen eintreten, die das Wasserpotential sofort stark verändern.

Als Routine- oder Freilandmethoden zur Charakterisierung der Hydratur werden derzeit meist die Bestimmung des relativen Wassergehaltes ("relative turgidity") oder des osmotischen Wertes gebraucht (Fortschr. Bot. **26**, 168/169). Die erste wurde von CLAUSEN u. KOZLOWSKI auf ihre Brauchbarkeit für die Bestimmung des Wasserzustandes von Koniferennadeln geprüft. Bei der zweiten interessierte wieder die Frage, ob die (besonders bequeme) Refraktometermethode verläßliche (Relativ-) Daten liefert. Es muß dies nach den vorliegenden Erfahrungen (vgl. zuletzt ÖNAL; KOZINKA u. NIZNÁNSKY) für jede einzelne Art und auch für die einzelnen Phasen der Vegetationsperiode getrennt festgestellt werden.

Bei Weinblättern wurden nach dem Abschneiden negative Turgorwerte gefunden (ÖNAL), und zwar nur bei den Sonnenblättern, die unter den Versuchsbedingungen mehr Wasser verloren als die Schattenblätter.

Es ist bemerkenswert, daß die für den Wasserhaushalt der Zelle fundamentale Frage nach der Wasserpermeabilität der pflanzlichen

Plasmamembranen und ihren Änderungen noch keineswegs abgeklärt ist. Einmal wurde ein Großteil der vorliegenden Resultate in Plasmolyse/Deplasmolyse-Versuchen gewonnen; eine plasmolysierte Zelle aber hat ganz andere Permeabilitätseigenschaften als eine unplasmolysierte (MYERS; FALK u. Mitarb.; vgl. auch GLINKA u. REINHOLD). Zum andern wurden von den drei Parametern, welche die Permeabilität einer Membran für Wasser oder Lösungen von Nichtelektrolyten bestimmen (hydraulische Leitfähigkeit, Lösungspermeabilität und Reflexionskoeffizient) bisher nur die beiden ersten berücksichtigt, während der Reflexionskoeffizient (σ) unbeachtet blieb. Dies ist aber nur statthaft, wenn eine Membran ideal semipermeabel ist (was für die Plasmamembranen nicht zutrifft), oder wenn zwischen dem Lösungsmittel und dem Gelösten während der Passage durch die Membran keine Wechselwirkungen auftreten (vgl. DAINTY); nur in diesen Fällen ist der Koeffizient gleich 1, d. h. der tatsächliche osmotische Druck stimmt mit dem bei idealer Semipermeabilität der Membran zu erwartenden überein. Denkbar wäre dies in den Fällen, in denen Lösungsmittel und Gelöstes durch verschiedene Membranabschnitte eindringen. Treten aber Wechselbeziehungen zwischen Lösungsmittel und Gelöstem auf, wie das etwa beim gemeinsamen Passieren einer wassergefüllten Membranpore zu erwarten ist, oder ist die Membran nicht nur für Wasser, sondern auch für gelöste Stoffe permeabel, so wird die Bewegung des Wassers nicht mehr allein vom Gradienten seines chemischen Potentials bestimmt: Der Reflexionskoeffizient muß berücksichtigt werden. Andererseits kann eine Abweichung des Koeffizienten vom Wert für ideal semipermeable Membranen als Indiz für die Stoffwanderung durch wassergefüllte Membranporen gewertet werden.

GLINKA u. REINHOLD halten in diesem Falle folgende Formel für zutreffend:

$$\mathrm{Jv} = \mathrm{Lp}\,(\Delta \mathrm{P} - \sigma\, \mathrm{RT}\, \Delta \mathrm{Cs}),$$

wobei Jv = Volumen des Wasserflusses, Lp = Koeffizient der hydraulischen Permeabilität, ΔP = Differenz im hydrostatischen Druck zu beiden Seiten der Membran, σ = Reflexionskoeffizient, R = Gaskonstante, T = absolute Temperatur, ΔCs = Konzentrationsdifferenz gelöster Stoffe zu beiden Seiten der Membran.

Die Autoren kommen zu dem Schluß, daß unter den üblichen Bedingungen der Plasmolyseexperimente durchaus Änderungen des Reflexionskoeffizienten vorliegen können, die bisher als Änderungen der hydraulischen Permeabilität verstanden wurden. Es werden auch Möglichkeiten für die Unterscheidung der beiden Größen angegeben. Dies ist nicht nur theoretisch interessant: Eine Erniedrigung von Lp bedeutet eine geringere Wasserpermeabilität, während eine Verringerung von σ eine Steigerung der Permeabilität für gelöste Stoffe anzeigen würde. CO_2 und Azid schwächten, destilliertes Wasser erhöhte die Wasserpermeabilität durch Beeinflussung von Lp; all diese Effekte waren reversibel (GLINKA u. REINHOLD).

Alkenylbernsteinsäuren steigern die Wasserpermeabilität der Zelle vermutlich dadurch, daß sie in die Lipoidbezirke der Grenzschichten eingelagert werden (KUIPER).

Sowenig wie in anderen Versuchsanstellungen (vgl. Fortschr. Bot. **25**, 214) konnte durch Analyse der Austrocknungskurven von Kürbiswurzeln (unter kontrollierten Bedingungen) ein Hinweis dafür gefunden werden, daß zwei verschieden stark gebundene Wasserfraktionen in der Zelle vorhanden sind (SANDEROVÁ).

Zur schnellen Wassergehaltbestimmung bei Getreide erwies sich ein Leitfähigkeits-Meßverfahren („Hydrorekord") als geeignet (SACHS u. HECHT).

2. Das Wasser im Boden und die Wasseraufnahme

Bei der Bestimmung der Bodenfeuchtigkeit mittels Neutronensonden (Fortschr. Bot. **25**, 215) müssen Grenzflächeneffekte berücksichtigt werden (LAWLESS u. Mitarb.). — Eine einfache Zentrifugenmethode zur Gewinnung kleiner Bodenmengen geben DAVIES u. DAVIES an: In dem Zentrifugenglas befinden sich zwei Kunststoffbecher, deren oberer einen durchbohrten Grund hat und die Erdprobe aufnimmt, während der untere das Zentrifugat auffängt.

Die Wasseraufnahme durch die Wurzel aus dem Boden läßt sich durch ein Gerät verfolgen, bei dem der Potetometerzylinder durch ein Glasfilter mit einem Gefäß verbunden ist, das die im Boden wurzelnde Pflanze enthält. Das von ihr aufgenommene Wasser wird durch das Glasfilter aus dem Potetometer nachgesaugt (LEBEDYEV u. SOLOVYOV). — Das Volumen kleiner Wurzelsysteme kann durch die Wasserverdrängung in kalibrierten Überlaufsystemen einfach bestimmt werden (PINKAS u. Mitarb.).

Die stärkste Wasserabsorption in der Zwiebelwurzel erfolgte in den Versuchen von HODGES u. VAADIA in der Zone 6–9 cm hinter der Wurzelspitze; der Transport in angrenzende Wurzelzonen war gegenüber dem in das Xylem ganz unbedeutend.

Die Wasseraufnahme durch lufttrockene Samen erfolgt bekanntlich in der Regel in zwei Phasen: Die erste ist eine reine Quellung, also ein physikalischer Vorgang, der schnell verläuft; die zweite wird metabolisch kontrolliert. Bei langsam keimenden Samen kann sich zwischen beiden Stadien eine Periode geringer Wasseraufnahme abzeichnen. Für die erste, physikalische Phase fanden FAN u. Mitarb. bei Weizenkörnern eine Aktivierungsenergie von 10,2–11,2 kcal/mol, BECKER von 12,3 kcal; DEWEZ bei Baumwollsamen von 8,2 kcal/mol (für die metabolische Phase 7,1 kcal/mol); KÜHNE u. KAUSCH bei Erbsen von 6 kcal/mol. Diese Werte entsprechen etwa den Aktivierungsenergien der Diffusion in Festkörpern und auch derjenigen für den Wassertransport in intakten Tomaten- (8, 3) und Sonnenblumenpflanzen (9,4) (JENSEN u. TAYLOR, vgl. Fortschr. Bot. **24**, 162).

Der Ort der Wasseraufnahme durch die Samen wird maßgeblich vom Typus der Samenanlage bestimmt (BERGGREN): Bei Samen, die aus kampylotropen Anlagen entstanden sind, tritt das Wasser hauptsächlich durch das Hilum ein, bei solchen aus anatropen in der Chalazaregion, während Samen aus atropen Anlagen vorwiegend durch die Mikropylarregion resorbieren. Bei Erbsen, die das Wasser vor allem durch die Chalazaregion aufnehmen, bleibt diese von der Suberineinlagerung verschont, die in den Makrosklereiden der übrigen Samenschale eintritt (SPURNÝ).

Ein interessantes, wenig untersuchtes Problem ist die Entwässerung der Samen in der reifenden Frucht. Bei Tomaten kann es sich nicht einfach um eine osmotisch gesteuerte Wasserbewegung von den Samen in das

Fruchtfleisch handeln (McIlrath u. Mitarb.); der Mechanismus ist noch ungeklärt.

Auch Blätter vermögen bekanntlich in gewissem Umfang Wasser aufzunehmen (Fortschr. Bot. **25**, 215/16). Es wurde dies für den xeromorphen Baum Prosopis spicigera bestätigt (Bhatt u. Lahiri). — Spezialorgane für die Wasseraufnahme sind die Saugschuppen der Bromeliaceen; Dolzmann setzte seine Untersuchungen über ihre Feinstruktur mit einer Betrachtung der Plasmodesmen fort. — Außer dem Regen spielt der Tau eine wichtige Rolle bei der Zufuhr flüssigen Wassers zu den oberirdischen Pflanzenteilen. Ein Sammelreferat über seine ökologische Bedeutung gibt Stone.

3. Die Wasserabgabe

a) Spaltöffnungsverhalten. Die im letzten Bericht (Fortschr. Bot. **26**, 172) erwähnten Befunde und Überlegungen von Ting u. Loomis über die Gesetze der Diffusion durch kleine Poren wurden von Lee u. Gates einer Kritik unterzogen. Sie weisen darauf hin, daß das Stefansche Durchmessergesetz für die Evaporation nur gültig ist, wenn die Achsenlänge der Pore $\cong 0$, oder wenn das Verhältnis Porendurchmesser:Porenlänge konstant ist. Blattstomata aber erfüllen die Voraussetzungen für eine Porendurchmesserabhängigkeit der Wasserdampfdiffusion nicht. – Die Autoren versuchen, mathematisch den Diffusionswiderstand des Spaltöffnungsapparates (Atemhöhle, Stoma, Oberflächengrenzschicht) für eine hygrophytische (*Zebrina pendula*), eine mesophytische (*Medicago sativa*) und eine xerophytische Pflanze (*Pinus resinosa*) abzuleiten. Sie kommen bei Bewindung auf relative Werte des Widerstandes für maximal geöffnete Stomata von 1,0 (*Zebrina*), 0,75 (*Medicago*) und 2,14 (*Pinus*). – Wie viele mathematische Behandlungen biologischer Fakten, leidet auch dieser – an sich interessante – Versuch an der geringen Präzision der in die Formeln eingehenden Ausgangsgrößen (hier die Geometrie der Spaltöffnungsapparate).

Meidner u. Mansfield fanden bei *Xanthium pennsylvanicum*, daß die Länge einer vorausgehenden Dunkelperiode sich zwar auf die Öffnungsgeschwindigkeit der Stomata, nicht aber auf den Zeitpunkt des Öffnungsbeginns oder auf das Ausmaß der Öffnung auswirkte. Dabei verhielten sich Blätter in situ und abgeschnittene Organe gleich. Wurden zwei Blätter derselben Pflanzen verschieden langen Dunkelperioden ausgesetzt, so reagierten sie unabhängig voneinander. – Offenbar verhalten sich die einzelnen Arten in ihrer Spaltöffnungsreaktion auf die Länge der Dunkelperiode verschieden; bei Bananenblättern wurde nicht die Öffnungsgeschwindigkeit und die Endweite der Stomata, sondern der Zeitpunkt des Öffnungsbeginns beeinflußt (Brun, vgl. Fortschr. Bot. **25**, 216/17), während bei Sojabohnen sowohl die Öffnungsgeschwindigkeit als auch die Öffnungsweite verändert wurden (Mansfield, vgl. Fortschr. Bot. **26**, 173).

Ein Gerät zur Messung der Porenweite (bzw. des Widerstandes eines Blattes gegen Luftdurchfluß), das sowohl im Labor als auch in Feldversuchen einsatzfähig ist, beschreiben Bierhuizen u. Mitarb. Es ist im Prinzip eine Weiterentwicklung der von Alvim angegebenen Methode (Fortschr. Bot. **25**, 216).

b) Transpiration. Einen Differential-Psychrometer (ähnlich dem auf S. 65 erwähnten) für kontinuierliche Transpirationsmessungen entwickelten Slatyer u.

BIERHUIZEN (1). Da er in einem Wasserbad thermostatisiert werden muß, ist er nur im Labor einsetzbar.

Eine elegante Methode ist der Nachweis tritiumhaltigen Transpirationswassers durch mikroautoradiographische Analyse. Der strahlungsempfindliche Film wird dabei auf die Oberfläche des transpirierenden Objektes gebracht (MAERCKER). Da der Versuch im Dunkeln ablaufen muß, muß eine Stomataöffnung durch CO_2-Entzug erzwungen werden. An den untersuchten Blättern verschiedener Arten schwärzte sich der Film stets intensiv über den Cuticularleisten der Stomata, oft auch über der Schließzellenoberfläche.

Eine Reihe von beachtenswerten Arbeiten behandelt die Physik der Transpiration. In Versuchen, in denen Blattemperaturen und Transpiration vor allem bei *Xanthium* unter kontrollierten, variierenden Außenbedingungen gemessen wurden, ließen sich die Reaktionen des Versuchsblattes fast durchwegs aufgrund rein physikalischer Gesetzmäßigkeiten verstehen (MELLOR u. Mitarb.). Dies gilt für die Erwärmungs- und Abkühlungsgeschwindigkeiten, die Beziehung zwischen Erwärmungsgeschwindigkeit und Blattmasse sowie für die Abhängigkeit der Transpiration von der Differenz zwischen Blatt- und Lufttemperatur. Wurde bei Berechnungen des Wärmehaushaltes die gesamte zu- und abgestrahlte Energie berücksichtigt, so war die Energieabstrahlung größer als der Energieverlust durch Transpiration und Konvektion; wurde die langwellige Wärmestrahlung vernachlässigt, dann war der Wärmeverbrauch durch Transpiration größer als die Wärmeabfuhr durch Ausstrahlung. Die Konvektion tritt in beiden Fällen relativ zurück. Sie spielt für den Wärmehaushalt des Blattes aber doch eine nicht unwesentliche Rolle: GATES berechnete, daß ein durchschnittliches Blatt bei einer Lufttemperatur von 30° C und einer absorbierten eingestrahlten Energie von 1 cal/$cm^2 \cdot$ min ohne Konvektion und Transpiration eine Temperatur von 62° C aufweisen würde. Die Konvektion in stehender Luft erniedrigt die Blattemperatur auf 48° C und selbst bei Windgeschwindigkeiten von 223 cm/sec beträgt sie noch 37° C. Die Transpirationskühlung ist deshalb von besonderer Bedeutung. Dies gilt nach TIBBALS u. Mitarb. vor allem für die Laubblätter, die bei gleicher Energiezufuhr mehr Energie pro Flächeneinheit absorbieren als ein Nadelzweig.

Die strenge Abhängigkeit der Transpiration von den physikalischen Außenbedingungen gilt natürlich nur, solange keine physiologische Reaktion (Spaltenweitenveränderung) beteiligt ist, d. h. bei ganz offenen und bei geschlossenen Spalten. Der cuticuläre Transpirationswiderstand ist unabhängig von den äußeren Faktoren, während der stomatäre z. B. bei niedrigen Lichtintensitäten (Spaltenverengung) zur transpirationsbestimmenden Größe wird [SLATYER u. BIERHUIZEN (2), RUFELT u. Mitarb.]. Die klare Abhängigkeit der Transpiration von den physikalischen Außenbedingungen wird auch gestört, wenn sich der Widerstand der Wurzel gegen die Wasseraufnahme ändert (vgl. SKIDMORE u. STONE).

Auch die Bodentemperatur wirkt sich stark auf die Transpiration aus (TEW u. Mitarb.). Ihre Erhöhung von 10° auf 40° verursacht bei allen gemessenen Lufttemperaturen (22°, 27°, 32°) etwa eine Verdoppelung der Transpirationsrate. Bei einer Temperatur des Bodens von 40° und der Luft von 24° sind übrigens die Stengel und Blätter wärmer als die umgebende Luft, wobei die Blätter etwas kühler sind als die Stengel (Transpirationskühlung?).

Eine Überflutung des Wurzelbereiches kann wegen des Sauerstoffmangels ebenfalls die Transpiration herabsetzen (VERETENNIKOV), während eine Wuchsstoffzufuhr (allerdings in der hohen Konzentration von 10^{-3} Mol) bei Gerstenkeimlingen einen vorübergehenden Transpirationsanstieg herbeiführt (ALLERUP).

Für den cuticulären Transpirationswiderstand spielen die Cuticularwachse eine entscheidende Rolle. Bei isolierten Cuticeln von Äpfeln (Golden Delicious) führte eine Extraktion dieser Fraktion zu einer Steigerung der Wasserdampfdurchlässigkeit von 3,2 auf 98 mg/cm² · Tag (HORROCKS).

Die Temperatur wie die Intensität der Transpiration und des Co_2-Austausches wird zum Leidwesen der Ökologen bekanntlich beim Einschluß der Organe in Cuvetten oft stark verändert. TRANQUILLINI zeigte, daß diese Abweichungen praktisch verschwinden, wenn man die Durchströmung auf 50 cm/sec steigert. Der CO_2-Umsatz muß dann allerdings mit einem Spezialuras (50fache Empfindlichkeit gegenüber den Normalgeräten) gemessen werden.

Ständig steigendem Interesse begegnet das Problem einer Transpirationsunterdrückung möglichst ohne gleichzeitige Hemmung der Photosynthese. Eine Reihe von Substanzen verringert die Wasserdampfabgabe durch Induktion von Spaltenschluß. Dazu gehören z. B. 2,4-Dichlorphenoxyessigsäure (SMITH u. BUCHHOLZ) und Alkenylbernsteinsäuren (ZELITCH), die wahrscheinlich die Permeabilität der Schließzellen ändern (vgl. S. 66), ferner Na-Dimethyldithiocarbamat (THORN u. MINSHALL) und vielleicht auch 2,4-Dinitrophenol (BARBER u. KOONTZ, vgl. aber SMITH u. BUCHHOLTZ). Praktisch sind diese Stoffe wenig interessant. Ein idealer Transpirationsunterdrücker müßte zwar die Wasserdampfabgabe verringern, aber den CO_2- (und O_2-)Austausch unbehelligt lassen. Bei Baumwolle erfüllte Phenylmercuriacetat in Konzentrationen von 10^{-4} und 10^{-5} mol diese Anforderungen [SLATYER u. BIERHUIZEN (3)], während sich im Feldversuch in Israel an Reben und Bananen eine Besprühung mit einem Vinylacetatacrylat-Ester oder mit einem auf Polyäthylenbasis hergestellten Mittel, versetzt mit Tween 80, bewährte (GALE u. Mitarb.). Cetylalkohol, der auf freien Wasseroberflächen die gewünschten Eigenschaften zeigt, wirkt dagegen auf Pflanzen toxisch (KRIEDEMAN u. NEALES).

Von Natur aus einen besonders ökonomischen Wasserhaushalt haben die Frühjahrsgeophyten. Ihr „Transpirationskoeffizient" (Transpiration: Trockengewichtszunahme während der Vegetationsperiode) liegt bei 87 (*Leucojum vernum*), 103 (*Allium ursinum*) und 110 (*Galanthus nivalis*), während der von Kulturpflanzen der gemäßigten Zone 400–600 und der von ephemeren Pflanzen der ägyptisch-arabischen Wüste 1400 beträgt (KOJIC).

Zu keiner Transpirationseinschränkung scheinen nach den Erfahrungen von SAN ANTONIO u. FLEGG die Fruchtkörper von *Agaricus bisporus* fähig zu sein. Ihre Transpiration pro Flächeneinheit (bis zu 3 mg/cm² · Std.)

entsprach unter verschiedenen Temperatur- und Luftfeuchtebedingungen stets der Evaporation (vgl. auch Fortschr. Bot. **25**, 218).

c) Guttation. Die Guttation läßt sich wie die Blutung durch 2,4-Dinitrophenoleinwirkung auf die Wurzel oder durch höhere Konzentration von osmotisch wirksamen Substanzen im Medium irreversibel hemmen (GRAČANIN). Ihre Ergiebigkeit wird durch die Entnahme der Guttationsflüssigkeit im Experiment beeinflußt (PERRIN). Die Guttationsflüssigkeit kann die Sporenkeimung von *Helminthosporium* fördern (ENDO u. AMACHER).

4. Physiologische und ökologische Auswirkungen oder Hydraturverhältnisse

Allgemeine Übersichten finden sich bei HENCKEL und in einem Sammelband «L'eau et la production végétale».

Eine zunehmende Zahl von Arbeiten befaßt sich erfreulicherweise mit physiologischen und biochemischen Auswirkungen des Wassermangels. Bei Keimpflanzen von *Trifolium subterraneum* verringerte ein Wassermangel reversibel die Konzentration einer Reihe von organischen Phosphorverbindungen, während der Spiegel des anorganischen Phosphats unbeeinflußt blieb (WILSON u. HUFFAKER). Werden Weizenblätter abgeschnitten und z. T. austrocknen gelassen, z. T. turgeszent gehalten, so ändert sich in beiden Fällen eine Reihe von Enzymaktivitäten gegenüber intakten Blättern (TODD u. YOO); der Proteingehalt nahm bei beiden Behandlungsweisen stark ab. Auch bei intakten Weizenpflanzen wird unter dem Einfluß von Dürre der Proteingehalt der Wurzel verringert, dagegen die Konzentration der freien Aminosäuren erhöht (KUMAKHOVA u. MATUKHIN). Es wird vermutet, daß eine Störung im Energiestoffwechsel den Einbau dieser Bausteine in die Eiweiße verhindert. Bei Citrussämlingen stellten sich die Verhältnisse komplizierter dar (CHEN u. Mitarb.): Der Proteingehalt nahm bei beginnender Dürrebelastung zunächst zu, bei mittlerem Wassermangel ab und bei extremem wieder leicht zu, während sich die einzelnen Aminosäuren verschieden verhielten.

Bei reichlich mit Stickstoff ernährten Sonnenblumen erniedrigte ein Wassermangel den Einbau von C^{14} in die Zellwände der Blätter (PLAUT u. ORDIN).

Bemerkenswert ist, daß sich die Wasserversorgung bei Zuckerrüben auf den Endopolyploidiegrad der Blätter auswirkt; er wird durch Trokkenheit herabgesetzt (BUTTERFASS).

Außerordentlich trockenresistent sind gewisse Moose. Bei *Physcomitrium pyriforme* keimten bei 55 Jahre im Herbar befindlichen Pflanzen nicht nur Sporen, sondern es ließ sich auch aus den Blättern Protonema regenerieren, das schließlich normale Pflänzchen hervorbrachte (PASCHKE).

In schwerem Wasser (D_2O) war bei *Agrostemma*-Hypokotylstücken und *Avena*-Koleoptilzylindern das IES-geförderte Streckungswachstum gehemmt, während der IES-unabhängige Zuwachs nicht beeinträchtigt wurde (GALONSKA u. HÜBNER). Auch die Kernteilung in den Wurzelspitzen von *Vicia faba* werden durch D_2O sistiert (WERSUHN u. HÜBNER).

II. Der Stofftransport

Ein Übersichtsreferat über "Sap movement in trees" gab ZIMMERMANN (1).

1. Cytologische und histologische Grundlagen

a) Xylem. Die Ausmaße der Holzelemente erweisen sich als recht variabel. Bei *Pseudotsuga* waren die Tracheiden in ihren Dimensionen je nach ihrer geographischen Herkunft und der Höhenlage des Standortes sehr verschieden. Bei 35–70 Jahre alten Bäumen war die Tracheidenlänge bei einer Jahrringbreite von 1 mm am größten und nahm sowohl bei schmäleren als auch bei breiteren Jahrringen ab (BANNAN). Der radiale Gefäßdurchmesser bei Stiel- und Traubeneichen steigt dagegen mit der Jahrringbreite und dem Alter (COURTOIS u. Mitarb.). Während die Wanddicke der Nadelholztracheiden vom Früh- zum Spätholz im Verhältnis zum Lumen relativ zunimmt, bleibt die absolute Wandfläche praktisch konstant (BETHEL).

Eine Trockenperiode während der Vegetationszeit führt bei *Pinus resinosa* zu einer Verringerung des Durchmessers neugebildeter Tracheiden und damit zur Bildung eines falschen Jahrringes. Bei Wiederbewässerung werden wieder weitlumige Elemente geformt, aber nur, wenn die Nadeln nicht entfernt werden (LARSON). Es wird geschlossen, daß die Dürre direkt nur das apikale Meristem und das Längenwachstum der Nadeln, indirekt – durch Verminderung der Auxinsynthese – die Tracheidendurchmesser beeinflußt.

In der Familie der *Dipterocarpaceae* kommen neben den bisher beschriebenen einfachen Gefäßdurchbrechungen auch vielfache vor (GOTTWALD u. PARAMESWARAN). – Interessanterweise kann die Auflösung der Querwände bei Tracheen in pathologischen Fällen ganz unterbleiben: Bei den leicht welkenden "wilty dwarf"-Mutanten der Tomate werden nicht nur – wie normal – an den Längswänden Celluloselamellen der Sekundärwand abgelagert, sondern auch an den Querwänden; diese können infolgedessen nicht mehr aufgelöst werden (ALLDRIDGE).

Die Schließhaut der Hoftüpfel im Holz von *Gingko biloba* zeigt radiale Fibrillen, die im Mittelteil verbändert und versteift sind, aber keinen eigentlichen Torus ausbilden (keine konzentrischen Mikrofibrillen). Sie ähneln damit mehr den Schließhäuten der Araucarien als denen der Cycadeen (EICKE, vgl. Fortschr. Bot., **26**, **178**). Die Wegsamkeit der Hoftüpfel ist erwartungsgemäß eng mit dem Feinbau verknüpft. Wurden durch Splintholz von *Abies nordmanniana* (Margo mit mäßig dichter Radialtextur und deutlichem Torus), *Thuja occidentalis* (Mikrofibrillen dicht beieinander, Torus nur schwach) und *Thuja plicata* (dichte Radialtextur, kein Torus) Suspensionen von Titandioxyd verschiedener Teilchengröße filtriert, so war in der angegebenen Reihenfolge eine zunehmend stärkere Filterung der größeren Teilchen festzustellen (LIESE u. BAUCH).

Bei der Entwicklung von Xylemelementen mit Spiralverdickung bei *Acer pseudoplatanus* aus den Kambiuminitialen ließ sich im Elektronenmikroskop im Gegensatz zu den bekannten lichtmikroskopischen Befunden kein Muster in der Verteilung der Organellen im Plasma nachweisen, das die Orte der späteren Verdickungen widergespiegelt hätte. Der Beginn der Anlage von Verdickungsleisten ist gekennzeichnet durch das gehäufte Auftreten von Golgi-Körpern und -Vesikeln. Vermutlich dient der Inhalt dieser Vesikel als Material für das Wachstum der Verstärkungen, das durch Apposition erfolgen dürfte [WOODING u. NORTHCOTE (1)].

Die Förderung der Verholzung durch Gibberellinsäure wurde weiter bestätigt (KALISHEVICH u. POROKHNEVICH). Die Anlegung der ersten Xylemelemente erfolgte in Gibberellin-behandelten Wurzeln näher der Spitze als bei den Kontrollen (ODHNOFF). Fluorenol-9-Carbonsäure, die in mancher Hinsicht Eigenschaften eines Antigibberellins hat (SCHNEIDER), hat dementsprechend eine Hemmung der Xylemdifferenzierung und der Verholzung zur Folge (VOGT). Eine starke Wirkung auf die Xylementwicklung übt auch Kinetin aus (vgl. Fortschr. Bot. **25**, 220); die Aufhebung der IES-induzierten Entwicklungshemmung von Achselknospen bei *Pisum* durch Kinetin geht wahrscheinlich darauf zurück, daß das Knospenleitbündel mit dem Achsenleitbündel verbunden wird (SOROKIN u. THIMANN).

Den Verlauf der Leitbündel im Stamm der Palme *Rhapis excelsa* verfolgten ZIMMERMANN u. TOMLINSON mit einer eleganten Methode: Sie fotografierten Serienquerschnitte durch den Stamm und verbanden die aufeinanderfolgenden Aufnahmen zu einem Film, d. h. sie ersetzten die dritte räumliche Dimension durch die Zeit. Der Film (auf dem Botanikerkongreß in Edinburgh vorgeführt) vermittelt ein eindrucksvolles Bild von der Anordnung der Leitbündel im Stamm, ihrer Verzweigung usw. Mit Hilfe elektronischer Rechenmaschinen konnte der Film noch im einzelnen ausgewertet werden.

b) Phloem. Die eingehenden licht- und elektronenmikroskopischen Untersuchungen der Phloemelemente, vor allem der Siebzellen bzw. Siebröhrenglieder, wurden fortgeführt. Man kann wohl ohne Übertreibung sagen, daß diese Zellen zu den am häufigsten elektronenoptisch studierten Pflanzenzellen überhaupt gehören (vgl. Übersicht bei KOLLMANN). Es ist aber keineswegs so, daß alle die Feinstruktur des Phloems betreffenden Fragen geklärt wären, zumal sich die Siebzellen in mancher Hinsicht von den Siebröhrengliedern unterscheiden und auch die letzteren keineswegs einheitlich gebaut sind; so weichen z. B. die so häufig untersuchten *Cucurbita*-Siebröhren schon durch den Chemismus ihres Inhaltes ganz wesentlich von den „normalen“ Angiospermen-Siebröhren ab. Eine weitere Schwierigkeit besteht darin, daß nicht ohne weiteres gesagt werden kann, in welchem der untersuchten, strukturell sehr verschiedenen Zustände das Siebelement tatsächlich zur Leitung befähigt ist.

KOLLMANN u. SCHUMACHER vermuten, daß die Siebzellen von *Metasequoia* bereits in einem sehr frühen Entwicklungsstadium funktionsfähig sind. Da zu dieser Zeit das Endoplasma-Reticulum eine auffallend starke Ausbildung erfährt, könnte das Plasma irgendwie in den Transportvorgang eingreifen, eine Vorstellung, die bekanntlich von den Autoren seit langem verfochten wird.

Auch BUVAT scheint nach seinen Erfahrungen mit den Siebröhren von *Cucurbita* dieser Anschauung nahe zu stehen. Er nimmt an, daß die reifen Siebröhrenglieder keine Vacuole, sondern auch im Innern Cytoplasma, wenn auch an Organellen verarmtes, enthalten. Wie schon früher erwähnt (vgl. Fortschr. Bot. **25**, 221), ist es sehr schwer, wenn nicht unmöglich, organellenarmes Plasma von „Schleim" strukturell zu unterscheiden. ENGLEMAN (1), (2) nimmt denn auch an, daß die inneren Bezirke reifer Siebröhrenglieder der von ihm eingehend untersuchten *Impatiens sultani* von einem Gemisch aus membranfreiem Cytoplasma, Schleim und Vacuoleninhalt gefüllt sind, und schlägt vor, diese Struktur „Mictoplasma" zu nennen. Er betrachtet auch die Siebporenfüllungen (innerhalb der Plasmalemmaumhüllung) als Teile dieses Mictoplasmas. Gelegentlich sind im Lichtmikroskop sichtbare Stränge ausdifferenziert, die auch die Poren durchsetzen. EVERT u. DERR (1) fanden derartige Strukturen im sekundären Phloem von verschiedenen dikotylen Bäumen, bemerkenswerterweise aber nicht im Blattstiel von *Primula obconica*, wo "transcellular strands" in den Siebröhren nach THAINE eine wichtige Rolle beim Stofftransport spielen sollen (vgl. Fortschr. Bot. **25**, 226, und unten). Die Autoren betonen auch, daß die von ihnen beschriebenen Stränge nicht identisch sind mit den von THAINE angegebenen. Dagegen hält PARKER (1), (2) Stränge im Phloem verschiedener Baumrinden und Blattstiele für identisch mit den Thaineschen und schreibt ihnen ähnliche Funktionen zu, wie sie THAINE vermutet.

Verschiedenen Autoren [ENGLEMAN (2), EVERT u. MURMANIS, BUVAT] fielen in den Siebröhrengliedern Bläschen auf, die seitlich mit dem Plasmalemma in Verbindung stehen. BUVAT denkt an die Möglichkeit von Pinocytosevorgängen beim Stoffeintritt in die Siebröhren.

Die zahlreichen Plasmodesmen zwischen den Siebröhrengliedern und den Geleitzellen sind offenbar meist nach einem ähnlichen Prinzip gebaut: Von der Geleitzelle her führen etliche (bei *Acer pseudoplatanus* 8–15) Plasmodesmenstränge zu einer Zentralhöhlung in der Mitte der Zellwand; diese ist mit der Siebröhre durch einen einzigen Plasmodesmos von wesentlich größerem Durchmesser und oft trichterförmiger Gestalt verbunden [WOODING u. NORTHCOTE (2), ENGLEMAN (1)].

Auch die Callose fand wieder besondere Beachtung. EVERT u. DERR (2) erhielten im sekundären Phloem verschiedener Bäume bei sehr schnellem Abtöten stets einige Siebröhren ohne jede Calloseentwicklung. Sie nehmen daher an, daß die Callose erst bei Insulten entsteht und kein obligatorischer Bestandteil der aktiven Siebröhren ist (vgl. Fortschr. Bot. **25**, 221). Diese Callosebildung müßte allerdings außerordentlich rasch ablaufen, bei *Impatiens* innerhalb 5 sec [ENGLEMAN (1)]. Durch Ultraschall kann die Callosesynthese in situ (bei Baumwollkeimlingen) stark und z. T. reversibel gesteigert werden (CURRIER u. WEBSTER). Auch Lösungen von H_3BO_3 und $CaCl_2$ lösen nach Injektion in die Blattstielhöhle von *Cucurbita maxima* lokal eine starke Bildung von Siebröhrencallose aus (ESCHRICH, CURRIER u. YAMAGUCHI). Es ist die bemerkenswert, weil gerade Bor und Calcium normalerweise in der Pflanze von den Siebröhren ferngehalten werden.

Die Wundcallose nimmt in Pflanzen, die mit Calcium^{45} versorgt waren, bei ihrer Ablagerung das Isotop auf (ESCHRICH, ESCHRICH u.

CURRIER); es wird vermutet, daß organische Phosphatverbindungen, die bei der Callosebildung frei werden, mit Calcium schwerlösliche Salze bilden.

Auffallend ist die fördernde Wirkung von Ca^{++}-Ionen auf die Wasserdurchlässigkeit von Säulen isolierter Callose (aus Pollenmutterzellen von *Cucurbita maxima*). ESCHRICH u. ESCHRICH nehmen an, daß die Callose Wasser als Hydrathülle bindet und die Ca^{++}-Ionen diese Hülle zerstören.

Besonders interessant sind die biochemischen Fähigkeiten des Plasmas in den reifen, kernlosen Siebröhrengliedern. Während in jungen, mit Zellkern versehenen Siebröhren von *Vicia faba* Tritium-markiertes Uridin zuerst in die Kern-RNS und dann in die cytoplasmatische RNS eingebaut wird, können reife, kernlose Siebröhren diese Synthese nicht mehr durchführen. Sie können aber noch Tritium-markiertes Phenylalanin in das Protein einbauen (NEUMANN u. WOLLGIEHN). – Aus histochemischen Untersuchungen schließt KUO auf die Aktivität von Cytochromoxydase, Polyphenoloxydase, Peroxydase, saurer Phosphatase und Adenosintriphosphatase in Kürbissiebröhren und ihren Geleitzellen.

c) Markstrahlen. BRAUN wendet sich nach der erfolgreichen Typisierung des Holzbaues nunmehr der Analyse der Holzstrahlen zu. Er nennt Strahlenzellen, die mit den Wasserleitungselementen in Tüpfelverbindung stehen, Kontaktzellen, solche, denen diese Verbindungen fehlen, Isolationszellen. Es gibt Strahlen, die nur den ersten Zelltyp umfassen (z. B. bei den Gymnospermen), und solche, die im Frühstadium nur Kontaktzellen, später aber beide Typen besitzen (z. B. Populus).

2. Der Wasser- und Stofftransport im Xylem

a) Wurzeldruck und Blutungssaft. Auffallend viele Arbeiten wurden in der Berichtszeit der Untersuchung des Blutungssaftes gewidmet. Eine grundsätzlich wichtige Frage ist dabei, ob der Blutungssaft seiner chemischen Zusammensetzung nach mit dem Transpirationsstrom übereinstimmt. Während man eine quantitative Übereinstimmung von vornherein nicht für wahrscheinlich halten möchte, wurde bisher doch meist angenommen, daß eine qualitative vorläge. MORRISON verglich nun Gefäßsaft von *Salix* mit Blutungssaft derselben Pflanze nach Fütterung der Wurzeln mit P^{32} und kommt zu dem Schluß, daß ganz wesentliche Unterschiede in der Art der Phosphorverbindungen vorlägen: Während der Gefäßsaft nur Orthophosphat enthielt, traten im Blutungssaft noch weitere (nicht identifizierte) markierte Verbindungen auf.

Im Blutungssaft von *Betula papyrifera* läßt sich ein merkwürdiges Polysaccharid nachweisen (URBAS u. Mitarb.). Es besteht aus einer Grundkette von $1 \rightarrow 3$ gebundenen α-D-Manno- und α-D-Galaktopyranose-Einheiten. An Mannofuranose-Resten finden sich Verzweigungen des Moleküls. Einige der Ketten des Moleküls haben am nichtreduzierenden Ende einen D-Glucuronsäurerest, der über Galaktose an Mannose gebunden ist. Alle anderen nichtreduzierenden Molekülenden bestehen aus D-Glucose-Resten. Bisher wurden in natürlichen pflanzlichen Polysacchariden weder D-Mannofuranose noch $1 \rightarrow 3$ gebundene α-D-Mannopyranose-Reste gefunden, auch nicht in den Geweben der Birke. Das

Polysaccharid des Blutungssaftes muß also vor seiner Verwendung in den Empfängergeweben zerlegt werden, falls es sich auch im Transpirationsstrom finden sollte.

Im Chloroformextrakt des Blutungssaftes des Zuckerahorns ließen sich gaschromatographisch Cumarin, Vanillin, Syringaaldehyd, Coniferylaldehyd und 2,6-Dimethoxychinon in Konzentrationen <1 ppm nachweisen. Cumarin und Vanillin (evtl. auch Coniferylaldehyd nach Übergang in Vanillin) dürften die entscheidenden Geschmackskomponenten des Ahornsirups sein (FILIPIC u. UNDERWOOD). In dem Chloroformauszug wurde außerdem überraschenderweise Lignin gefunden.

Sauerstoffmangel im Boden, wie er durch längeres Überfluten erzielt werden kann, setzt bei Tomaten den Ertrag an Frucht- und Blattmasse herab. Da unter diesen Bedingungen Äthanol in größeren Konzentrationen im Blutungssaft nachweisbar ist, könnten die Schäden darauf zurückgehen (FULTON u. ERICKSON).

Die meisten Arbeiten beschäftigen sich mit der Stickstofffraktion im Blutungssaft, die infolge der besonderen Syntheseleistungen der Wurzel auf diesem Gebiet interessant ist. Es ergaben sich dabei vor allem große und charakteristische Unterschiede in der Fähigkeit der Wurzeln zur Nitratreduktion und in der Toleranz gegenüber höheren NH_4^+-Konzentrationen (vgl. z. B. DELMAS u. ROUTSCHENKO; WEISSMAN). Während z. B. *Xanthium pennsylvanicum* im Blutungssaft keinen organisch gebundenen Stickstoff aufweist, sind die Wurzeln von *Impatiens glandulifera* und *Lycopersicum esculentum* zur beschränkten Nitratreduktion fähig. Eine Sonderstellung nehmen die Leguminosen ein, die in den Wurzelknöllchen große Mengen von im Phloem herangeführten Assimilaten zur Synthese der Stickstoffverbindungen benutzen, die dann teilweise in das Xylem übertreten (PATE u. Mitarb.). Ganz ähnlich verhalten sich die knöllchentragenden Nichtleguminosen (*Casuarina*; BOND).

Durch Abfangen des Blutungssaftes aus den Blattstielen in verschiedener Höhe der Pflanze läßt sich das Schicksal der einzelnen Stickstoffsubstanzen während der Wanderung im Transpirationsstrom verfolgen, sofern die Inhaltsstoffe von Blutungssaft und Transpirationsstrom übereinstimmen (s. o.). Bei Erbsen z. B. fand sich zu jeder Tageszeit und über die ganze Vegetationsperiode eine Abnahme in der Konzentration des Amino-Stickstoffs spitzenwärts, die wahrscheinlich auf die Entnahme dieser Stoffe durch die durchströmten Gewebe zurückgeht (PATE u. Mitarb., BRENNAN u. Mitarb.). Diese Stoffaufnahme kann spezifisch sein: Bei den Erbsen wird Asparagin bevorzugt verwertet. Hinsichtlich der Stickstoffversorgung durch den Transpirationsstrom sind demnach die älteren Blätter gegenüber den jüngeren im Vorteil; sie geben aber größere Mengen des Stickstoffs via Phloem an die jüngeren wieder ab.

Die Fähigkeit zur Synthese von Stickstoffverbindungen schwankt bei *Pisum sativum* und *Lupinus angustifolius* rhythmisch. Nach Entfernen des Sprosses behält die Wurzel für eine begrenzte Periodenzahl noch die 24 Std.-Rhythmik bei (PATE u. GREIG). Die Rhythmik im Volumen und Nicotingehalt des Tabakblutungssaftes wird reversibel durch Actinomycin D, einen Inhibitor der DNS-abhängigen RNS-Synthese, gestört

(MACDOWALL). Chloramphenicol, ein Hemmstoff der Proteinsynthese, hemmt dagegen die Blutung selbst (bei Maispflänzchen; POSKUTA). Vermutlich greifen beide Wirkstoffe in Vorgänge ein (Enzymsynthese?), die mit der aktiven Salzabscheidung in die Gefäße verknüpft sind.

Während Substanzen mit Kinetin-Aktivität bereits früher im Blutungssaft nachgewiesen worden waren (Fortschr. Bot. **25**, 222), ließen sich jetzt auch solche mit Gibberellin-Wirksamkeit erfassen. Im Blutungssaft einer *Helianthus*-Pflanze fand sich pro Tag eine Aktivität entsprechend etwa 0,05 μg Gibberellinsäure (PHILLIPS u. JONES). Bei *Lupinus albus, Pisum sativum* und *Impatiens glandulifera* genügt nach den Analysen von CARR u. Mitarb. die tägliche Gibberellinbelieferung des Sprosses durch die Wurzel völlig zur Deckung seines Bedarfes. Es ergaben sich hier übrigens auch Andeutungen für das Vorliegen von (spezifischen?) Gibberellin-Inhibitoren im Blutungssaft.

Auch das Calluswachstum von Karotten wird durch (noch nicht identifizierte) Stoffe aus Maisblutungssaft z. T. fördernd, z. T. hemmend beeinflußt (ANDREENKO u. Mitarb.).

Während vollständige Wurzelsysteme von *Pinus taeda*- und *Picea glauca*-Sämlingen nach Entfernen des Sprosses keinen Saftaustritt aus der Schnittfläche erkennen ließen, bluteten einige Zentimeter lange Wurzelstücke merklich, sogar solche, die schon verkorkt waren (O'LEARY u. KRAMER).

b) Der Transpirationsstrom. Der extrafasciculäre Weg des Transpirationsstromes läßt sich bei bestimmten Objekten nach Markierung mit kolloidalen Schwermetallösungen im Elektronenmikroskop feststellen (Fortschr. Bot. **24**, 162). Bei *Pinus*-Wurzeln treten Silber- und Platinteilchen in den interfibrillären Zwischenräumen der Zellwände auf (SALIAEV), während in *Helxine*-Blättern die Mesophyllzellwände frei von den applizierten Gold- und Silberteilchen waren; diese häuften sich nur an der Grenze zu den Intercellularräumen und in den Epidermisaußenwänden (unmittelbar unter der Cuticula) an (GAFF u. Mitarb.). Für die Strömung in den Epidermisantiklinen errechnen die Autoren eine Geschwindigkeit von etwa 4 mm/Std. Bei einer Reihe anderer Pflanzenarten führte die Methode aber zu keinem Ergebnis.

Wird einer einzelnen Wurzel eines Apfelbaumes unter Feldbedingungen $P^{32}O_4^{\cdots}$ zugeführt, so werden bestimmte Teile der Krone stärker mit dem Isotop versorgt als die anderen (RUBIN u. MOISEICHENKO); mit der Zeit verwischen sich die Unterschiede (vermutlich durch Verschiebungen im Phloem). Von den Wurzeln von Weiden aufgenommenes Tritiumwasser läßt sich vor allem in der Rinde, weniger in den äußeren Teilen des Holzes und noch weniger in den inneren Bezirken nachweisen (WRAY u. RICHARDSON). Offensichtlich ist der radiale Austausch zwischen Splint und Rinde sehr intensiv.

Die Durchlässigkeit von Kiefernsplintholz für Lösungen gleicher Viscosität sinkt mit steigender Molekülgröße der gelösten Anelektrolyte stark ab. Es wird dies auf eine stärkere Blockierung der interfibrillären Räume der Hoftüpfel-Schließhäute zurückgeführt [BAUCH (1)]. Kationen werden im Kiefernsplintholz stärker absorbiert als Anionen; die letzteren wandern daher vor Eintritt der Sättigung rascher durch das Holz [BAUCH (2)].

PEEL (1) prüfte, inwieweit Stammstücke von *Fraxinus excelsior, Acer pseudoplatanus* und *Salix atrocinerea* in ihrer Wasserdurchlässigkeit dem Hagen-Poiseuilleschen Gesetz gehorchen. Am ehesten war dies noch für die Beziehung zwischen Durchflußrate und Druckdifferenz zwischen den Zylinderenden bei der ringporigen Esche der Fall. Bei den zerstreutporigen Arten zeigte sich bei höheren Druckdifferenzen eine starke Verringerung in der spezifischen Leitfähigkeit, die auf die zunehmende Turbulenz im Strom infolge der zahlreicheren Querwände zurückgehen könnte. Bemerkenswert ist, daß eine geringe Erhöhung der Viscosität ein stärkeres Nachlassen der spezifischen Leitfähigkeit zur Folge hatte als theoretisch erwartet werden konnte; von einem bestimmten Betrag der Viscosität an blieb die Leitfähigkeit dann wieder konstant. Es wird daran gedacht, daß neben dem Lumen der Gefäße auch die Mikrocapillarsysteme der Zellwände an der Wasserleitung beteiligt sein könnten und diese in zunehmender Zahl und schließlich vollständig ausfielen, wenn die Viscosität steigt. Ein weiterer interessanter Effekt ist die Verringerung der Leitfähigkeit nach einem Wechsel von hohen und niedrigeren Drucken. Er kommt wahrscheinlich dadurch zustande, daß bei hohem Druck größere Gasmengen in das Holz gepreßt werden, die bei Druckerniedrigung einzelne Gefäße durch Embolie außer Funktion setzen.

Die Geschwindigkeit des Transpirationsstromes läßt sich nicht nur thermoelektrisch [Fortschr. Bot. **22**, 165; ZIMMERMANN (2)], sondern auch mit Isotopen (KLEMM u. KLEMM) kontinuierlich messen. Als Indicator für die Transpirationsintensität ist die Saftstromgeschwindigkeit nur unter bestimmten Voraussetzungen zu verwenden (GALE u. POLJAKOFF-MAYBER).

Das Gefäßwasser kann in situ offenbar mehr oder weniger unterkühlt werden, bevor es gefriert. Während bei einer Sommerlinde der Gefrierpunkt bei 0,1 °C lag (KÜBLER u. TRABER), konnte eine Reihe von Baumarten mehrere Tage bei Temperaturen zwischen 0° und –1° C gehalten werden, ohne zu gefrieren [ZIMMERMANN (2)]; erst zwischen –1 und –2° C trat Eisbildung ein.

Mangrovepflanzen haben in ihren Zellen Salzkonzentrationen (30 bis 60 atm osmotischer Wert), welche die des Seewassers übersteigen, während ihr Xylem Süßwasser (1–2 atm) enthält. Es besteht somit eine osmotische Potentialdifferenz von 20–30 atm zwischen dem Seewasser und dem Xylemsaft (SCHOLANDER u. Mitarb.). Bei der tropischen Liane *Bauhinia splendens* dagegen lag der Elektrolytgehalt des Gefäßinhaltes 20–100fach höher als der des Bodenwassers (GESSNER). Beide Befunde zusammen ergeben ein eindrucksvolles Bild von der Leistung der Wurzel bei der Salzaufnahme. – Der Gefäßsaft von Lianen erwies sich übrigens bezüglich seines Sauerstoffgehaltes als stark untersättigt.

Ein Übersichtsreferat über die Beziehungen zwischen Parasit und Wirt bei Pilzblockierungen der Leitbahnen (Tracheomykosen) gibt BERG.

3. Der Parenchymtransport

a) Auxintransport. Das lebhafteste Interesse fand wieder der IES-Transport in parenchymatischen Geweben. Horizontal gelegte Stengelstücke von *Coleus* nehmen auf der Unterseite rascher dem Apikalende gebotenen Wuchsstoff auf als auf der Oberseite (ANKER u. MARBEL). Bei den *Coleus*-Stengeln beträgt im vegetativen Zustand das Verhältnis basipetale: akropetale IES-Transportrate 3:1, nach der Induktion der Blütenbildung nur noch 1,3:1 (NAQVI u. GORDON). Die geotropische Krümmung dieser Stengel geht wie die der bisher untersuchten Keimpflanzen auf eine Verlagerung des Wuchsstoffes auf die physikalische Unterseite zurück (LYON).

Bei Maiskoleoptilstücken lassen sich bei aysmmetrischer C^{14}-IES-Zufuhr (bei Vertikalstellung) etwa 10% der aufgenommenen Radioaktivität in der Hälfte nachweisen, die der versorgten Flanke gegenüberliegt. Bei horizontalen Stücken wandern 25% in die Unterseite (bei Zufuhr über die Oberseite), aber nur 4% in die Oberseite (bei Zufuhr in die Unterseite). Dieser Lateraltransport erfolgt nicht durch einfache Diffusion; vermutlich folgt er den gleichen Gesetzen wie der polare Längstransport (GOLDSMITH u. WILKINS). Die Ergebnisse zeigen, daß der geotropische Reiz den lateralen Wuchsstofftransport polarisiert: Die Wuchsstoffbewegung von der oberen zur unteren Flanke ist größer, die von der unteren zur oberen geringer als die von einer Längshälfte eines vertikal stehenden Stückes zur anderen.

In der Wurzel überwiegt bei Zufuhr von IES der akropetale Transport den basipetalen, und zwar sowohl bei *Lens culinaris* (PILET) als auch bei *Vicia faba* (YEOMANS u. AUDUS]. Bei *Vicia* unterscheidet sich die Wuchsstoffwanderung in Wurzelstücken von der in Agarzylindern gleicher Dimension nur durch die aktive Aufnahme des Wuchsstoffes in die Zellen. Da diese Akkumulation spitzenwärts zunimmt, könnte dieser Gradient Ursache für die Förderung des akropetalen Transportes sein.

Auch das Kinin Benzyladenin zeigt eine bevorzugte Wanderrichtung: Im Blattstiel von *Phaseolus* wird es basipetal wieder etwa 3mal leichter verschoben als akropetal. Dabei kann der basipetale Transport durch IES noch verdoppelt werden (OSBORNE u. BLACK).

In den Fruchtstielen von wachsenden Tomatenfrüchten wandert IES – im Gegensatz zu 2,4-Dichlorphenoxyessigsäure oder Indolbuttersäure – nur sehr spärlich akropetal; sie wird durch die Trenngewebszone zurückgehalten (HOMAN; SASTRY u. MUIR).

b) Transport von Zuckern und anderen Stoffen. Der parenchymatische Transport von Zuckern in den Blättern zu den Leitgeweben wird unabhängig von der CO_2-Assimilation durch das Licht gefördert (BIANCHETTI), bzw. bei Hemmung der Photophosphorylierung (HARTT u. KORTSCHAK) behindert; er ist demnach wahrscheinlich ATP-abhängig. Beim Zuckerrohr kann die Saccharose offenbar ohne Umbau im Blatt zu den Transportbahnen wandern. Im Stengelparenchym wird aber die Wandersaccharose nach Abbau in die Komponenten wieder neu synthetisiert (HATCH u. GLASZIOU), wobei die Synthese wahrscheinlich durch die Uridindiphosphatglucose-fructose-6-phosphat-Transferase erfolgt und über Saccharosephosphat führt (HATCH). Die Spaltung dieses Saccharosephosphats ist vermutlich der letzte Schritt bei der Saccharoseakkumulation im Speichergewebe (an der Grenze zur Vacuole?).

Bull u. Glasziou sind übrigens der Ansicht, daß die ausgeprägte Zuckerspeicherung bei *Saccharum officinarum* nicht notwendigerweise auf die Selektion durch den Menschen zurückgeführt werden muß; unter bestimmten ökologischen Bedingungen könnte der Reichtum an schnell verschiebbaren Zuckern eine beschleunigte Entwicklung der Ableger herbeiführen, die dann rascher die für eine ausreichende Eigenassimilation erforderliche Höhe von etwa 2 m erreichen könnten. Die nahe verwandten Gattungen *Erianthus* und *Miscanthus* investieren die Assimilate dagegen mehr im Fasergehalt, der bei ihnen wie bei *Saccharum* in enger negativer Korrelation zum Gesamtzuckergehalt steht.

Im Kürbisparenchym wandert der aus den Leitbahnen austretende Zucker (hauptsächlich Saccharose) mit unterschiedlicher Geschwindigkeit je nach dem Entwicklungszustand; in alten Geweben beträgt sie etwa 1 cm/Std, in jungen etwa 6 cm/Std [Webb u. Gorham (1)].

Ein interessantes Objekt für das Studium der aktiven, polaren Wanderung von Stoffen ist offenbar die Zwiebelschuppenepidermis. Sie sezerniert zentrifugal aktiv Glucose, während gleichzeitig Natrium und Kalium in umgekehrter Richtung wandern. Da eine Reihe von Stoffwechselinhibitoren diese Transportvorgänge beeinflußt, werden sie vermutlich metabolisch unterhalten (Brown u. Mitarb.). Da der Ionentransport ausführlich im Kapitel „Mineralstoffwechsel" behandelt wird, sollen hier die einschlägigen Arbeiten nicht besprochen werden.

c) Transport in den Markstrahlen. Erfreulicherweise nimmt das Interesse an dem bislang äußerst dürftig bearbeiteten Markstrahltransport zu. Yushkov berichtet von einem relativ schnellen Radialtransport markierter Assimilate im Holzkörper von *Pinus sylvestris*. Sauter und Marquardt untersuchten die Aktivität der sauren Phosphatase in den Holzstrahlen von *Populus*stämmen, die aus „Kontakt"- und „Isolationszellen" aufgebaut sind (vgl. S. 75). Die ersteren zeigen nur im Frühjahr im Bereich der großen Tüpfel eine hohe Enzymaktivität, die mit dem Übertritt der mobilisierten Kohlenhydrate in das Xylem in Zusammenhang gebracht wird. Die zweite Art von Holzstrahlzellen, die vermutlich dem Radialtransport dienen, wiesen hohe Enzymaktivitäten an den Tangentialwänden auf, und zwar während der Stärkemobilisierung im Frühjahr und während der Zeit der Stärkeablagerung im Sommer. Auch diese Aktivität wird mit dem Zuckertransport in Beziehung gebracht.

Mikroautoradiographische Analysen der Radialwanderung von $S^{35}O_4^{--}$ in den Achsen von *Fagus sylvatica* und *Prunus avium* ergaben die Hauptaktivität im Phloem, in den Holzstrahlen und in der Markkrone, die offenbar ein Speichergewebe darstellt [Ziegler (1)].

4. Der Transport im Phloem

a) Die transportierten Stoffe. Die Natur der Transportsubstanzen im Phloem wird derzeit entweder durch Analyse des „Siebröhrensaftes" oder durch die Identifizierung der markierten Substanzen in den Leitgeweben nach Applikation von Isotopen (etwa von $C^{14}O_2$ unter Photosynthesebedingungen) ermittelt. Im zweiten Falle ist nur eine indirekte Aussage möglich, die sich auf das Mengenverhältnis der einzelnen markierten Stoffe in verschiedener Entfernung vom Fütterungsort stützt. Es ist nun wesentlich, daß ein Vergleich beider Methoden die Übereinstimmung der Resultate ergab (Webb u. Burley): Bei *Acer negundo* war in beiden

Fällen Saccharose der Hauptwanderstoff, bei *Fraxinus americana* Stachyose, Raffinose, Verbascose, Saccharose und Mannit, beim Kürbis Stachyose, Saccharose und Raffinose [vgl. auch WEBB u. GORHAM (2)], bei *Verbascum thapsus* Stachyose, Raffinose und Serin. Bei der Bohne wurde aus älteren Blättern vorwiegend Saccharose abtransportiert, aus jüngeren außerdem 2 Substanzen, die wahrscheinlich Steroide sind (BIDULPH u. CORY). TRIP u. Mitarb. wiesen darauf hin, daß bei Eschen und Flieder wohl eine ganze Reihe von nichtreduzierenden Zuckern im Phloem wanderte, nicht dagegen die reduzierenden Zucker Melibiose, Galaktose, Glucose und Fructose, auch wenn sie (als markierte Substanzen) über eine Blattzunge gefüttert wurden. Die Autoren betonen, daß es nicht nur eine selektive Auswahl der Wanderzucker, sondern auch eine verschieden schnelle Fortbewegung der wanderfähigen Stoffe gibt, die sie "preferential translocation" nennen.

Auf die Blätter von Kartoffeln aufgebrachter Harnstoff wird z. T. als solcher – vermutlich im Phloem – in der Pflanze transportiert, z. T. nach Hydrolyse in andere, wanderfähige Stoffe (z. B. Malat, Aspartat) eingebaut (MIKRONOSOV u. IL'INYKH).

Ob die Verteilung von H_2O^{18} in *Vicia faba* nach Zufuhr über die Blätter (VASILIEVA u. BURKINA) im Phloem oder Xylem oder in beiden Systemen verläuft, ist unklar.

Mehrere Arbeiten sind wieder dem Wirkstofftransport gewidmet. Bei *Lolium temulentum* ergaben sich einige Anhaltspunkte dafür, daß in den unteren Blättern unter Kurztagsbedingungen ein transportfähiger Hemmstoff der Blütenbildung entsteht, der zum Vegetationspunkt verfrachtet wird (EVANS u. WARLAW). Als wanderfähig (auch im Phloem) erwiesen sich 3-Amino-1,2,4-triazol in der Bohne (SHIMABUKURO u. LINCK) und einige gegen *Corynebacterium michiganense* wirksame Antibiotica in der Tomatenpflanze (SǍVULESKU u. Mitarb.). Dipterex (ein Insecticid) wurde dagegen bei der Baumwolle nur über die Wurzeln, nicht über die Blätter, aufgenommen (MOSTAFA u. Mitarb.).

Unter den anorganischen Ionen wird das Zink für mäßig phloemmobil angesehen (vgl. Fortschr. Bot. **24**, **163**), während Eisen als weitgehend, Strontium und Bor (wie Calcium) als praktisch völlig phloemimmobil gelten. Bei *Pisum sativum* wanderte $Zink^{65}$ aus einem gefütterten Blatt vorwiegend zu der Frucht in der Blattachsel ab, während schon die nächstobere Frucht (in der Blattachsel darüber) nur noch unbedeutende Mengen des Isotops erhielt (SUDIA u. LINCK). $Strontium^{85}$ verließ Kürbisblätter gar nicht (MOSTAFA u. HASSAN), Bohnen- und Maisblätter nur in ganz geringem Maße (höchstens zu 0,6% der applizierten Menge; AMBLER). Da der Abtransport durch periodisches Wiederanfeuchten der behandelten Blätter gefördert wurde, könnte er auch im Xylem stattgefunden haben.

Die Analyse des Bortransportes ist erschwert durch das Fehlen eines stabilen Borisotops mit brauchbarer Halbwertszeit. Aus Bestimmungen der Gesamtmenge des dialysierbaren Bors in älteren Blättern und deren Änderung bei Bormangel bei einer Reihe von Dikotylen schließt MCILRATH, daß nur in der Baumwolle und in *Brassica rapa* das Element leicht verschiebbar sei. Zwingend ist diese Folgerung nicht. – Der verschiedentlich festgestellte fördernde Einfluß des Bors auf die Wanderung des Zuckers in der Pflanze soll übrigens auf einer Wirkung auf die Aufnahme des von außen gebotenen Zuckers durch das Blatt beruhen (WEISER u. Mitarb.); das Element wirkt nicht auf den Abtransport von Assimilaten, die nach Photosynthese in $C^{14}O_2$ im Blatt entstanden waren (vgl. aber SHKOLNIK u. SAAKOV).

Das Eisen scheint unter gewissen Bedingungen nicht nur im Xylem, sondern auch im Phloem wandern zu können (BROWN u. Mitarb.).

b) Die Richtung und die Bahnen des Transports. Die wichtigste Arbeit in der Berichtszeit auf diesem Gebiet ist wohl die von BIDDULPH u. CORY. Sie prüften durch eine Kombination von Autoradiographie und Färbung des Phloems mit Fluorescenzfarbstoffen die Verteilung von markierten Assimilaten in der Bohne. Die unteren Blätter versorgten vor allem die Wurzeln, die oberen die Sproßspitze, während die mittleren nach beiden Richtungen exportierten (vgl. ähnliche Erfahrungen von WILLIAMS bei *Phleum pratense*, BELIKOV u. KOSTECKIJ sowie JOY bei der Zuckerrübe, AHLGREN u. SUDIA bei *Glycine max*, DOODSON u. Mitarb. bei *Triticum*). Aufschlußreich ist der Befund von BIDDULPH u. CORY, daß dieser Transport in entgegengesetzten Richtungen in einem Internodium in verschiedenen Phloemsträngen verlief (vgl. auch Fortschr. Bot. **23**, 202). Die Verteilung auf diese Bündel von den Blattsträngen her erfolgte im nächstunteren Knoten, wo die Bündel anastomosieren.

Interessant ist auch, daß in den Kürbisstengeln radioaktive Assimilate, die durch $C^{14}O_2$-Photosynthese entstanden waren, in beiden Phloemteilen der bikollateralen Bündel und auch in den die Leitbündel verbindenden Phloemeinzelsträngen wanderten [WEBB u. GORHAM (2)]. Ähnliche Ergebnisse erhielten BONNEMAIN u. BERNARD bei *Datura stramonium*, die ja auch bikollaterale Bündel besitzt.

Auffallend ist immer wieder die geringe Leistung des Tangentialtransportes. Bei der Zuckerrübe fand sich die Radioaktivität nach Photosynthese eines Blattes in $C^{14}O_2$ überwiegend in Blättern derselben Sproßseite und in den entsprechenden Wurzelsektoren (JOY; BELIKOV u. KOSTECKIJ). Verstärkt kann die tangentiale Wanderung der Assimilate werden durch Entfernen der normalen Empfängergewebe. Aber auch unter diesen Bedingungen betrug bei Weiden die Geschwindigkeit dieses Transportes nur 10,6 mm/Std [PEEL (2)].

Mit dem Stofftransport in Gräsern, vor allem im Zusammenhang mit der Kornentwicklung, befassen sich mehrere Arbeiten. Bei der Sommergerste wandern C^{14}-markierte Assimilate aus den Blattflächen in den Stengel und die Früchte, von den Grannen und Spelzen nur in diese (BIRECKA u. SKUPINSKA). Die Grannen haben einen beträchtlichen Anteil an der Photosyntheseleistung der Ähre (BIRECKA u. DAKIĆ-WLODKOWSKA). – Bei *Phleum pratense* importieren die Ähren (die auch selber assimilieren) von ihrem Tragblatt, während die Assimilate der anderen Blätter blühender Sprosse nach abwärts wandern (WILLIAMS). Auch bei *Lolium temulentum* versorgen die unteren Blätter hauptsächlich die Wurzeln (EVANS u. WARLAW).

Die alten Nadeln erwiesen sich bei *Pinus resinosa* als Hauptreservoire der Reservestoffe zum Aufbau des Sproßzuwachses (KOZLOWSKI u. WINGET).

Vielfach bestätigt wurde wieder das solide begründete Konzept der Steuerung der Transportrichtung der Assimilate durch das Gefälle von Erzeugungs- zu Verbrauchsort, von "source" zu "sink" [vgl. z. B. THROWER; BIRECKA u. Mitarb.; CZEN; HAMPTON; VOGL (1); NAKAMURA]. Eingehend setzte sich mit diesen Problemen PENOT auseinander. Er bestätigte, daß eine Entfernung oder Unterdrückung der jeweiligen Attraktionsorte (Knospen, Callusgewebe, Wurzeln, Reserveorgane) den Transport von Zucker und Phosphat vermindert. Kinetinzufuhr zu den Empfängergeweben steigert deren Anziehungskraft und fördert den Phloemtransport; in den Spenderorganen hält es lokal die Transportstoffe zurück. Die Kinetinanziehung wirkt sich auf Zucker, Phosphor, Natrium- und Rubidiumionen ähnlich aus, ist aber bei Chlorid und Molybdän nicht festzustellen. PENOT hält diese spezifische Anziehung für ein Indiz zugunsten einer Moleculardiffusion im Phloem und gegen eine Massenströmung; diese Ansicht ist nur schwach begründet.

c) Die Geschwindigkeit des Transportes. Die meisten Angaben über die Geschwindigkeit des Stofftransportes in den Siebröhren liegen wieder in dem „normalen" Bereich von einigen Dezimetern bis zu maximal wenigen Metern pro Stunde. Es gilt dies für den Transport von Zucker in Zuckerrüben-Blattstielen (50–135 cm/Std; MORTIMER), von Phosphat bei *Populus* (13–40 cm/Std; VOGL (2)], von 2,4-Dichlorphenoxyessigsäure und 2,4,5-Trichlorphenoxyessigsäure (10–12 cm/Std) sowie von IES (20–24 cm) in den Leitbündeln von *Phaseolus* (LITTLE u. BLACKMAN). Auch die Geschwindigkeit der Assimilatwanderung im Kürbisphloem von 250–300 cm/Std [WEBB u. GORHAM (1), (2)] liegt noch in derselben Größenordnung und unterscheidet sich grundlegend von dem „Blitztransport" von etwa 72 m/Std, von dem früher aus dem gleichen Arbeitskreis (für Sojabohnen) berichtet worden war (vgl. Fortschr. Bot. **22**, 174) und den jetzt VOGL (1) für den Phosphattransport bei der Forndorf-Pappel angibt. Man wird gerne glauben, daß die Wanderung beim Kürbis nicht durch eine Fixierung von gasförmig transportiertem C^{14} vorgetäuscht wurde. Dagegen ist dies für den „Blitztransport" immer noch die einleuchtendste Erklärung.

Die Geschwindigkeit, die EVANS u. WARLAW für den Transport des Blühreizes vom Blatt in die Sproßspitze bei *Lolium* angeben (2 cm/h), spricht für eine Wanderung im Parenchym; allerdings ist dieser Wert sehr unsicher.

Sehr überraschend ist der Befund von ESCHRICH, CURRIER u. YAMAGUCHI, daß durch H_3BO_3 induzierte, vermehrte Callosebildung (s. o.) in den Siebröhren von *Cucurbita* die Assimilatwanderung nach Photosynthese von applizierter $KHC^{14}O_3$ durch die Blätter nicht nur nicht behindert, sondern sogar fördert. Es wäre daran zu denken, daß das Bor die Aufnahme des $HC^{14}O_3$ durch die Blattoberfläche fördert (s. S. 82), oder daß vielleicht nur ein Teil der Siebröhren durch die Callose blockiert worden war.

d) Der Mechanismus des Stofftransportes. Die meisten Autoren, die sich mit diesem Gebiet beschäftigen, stehen derzeit unter dem Eindruck der Hypothesen von THAINE, die er auch auf dem Botanikerkongreß in

Edinburgh überaus ausführlich dargelegt hat. THAINE nimmt bekanntlich eine „Fließbandverfrachtung" durch Protoplasmastränge an, die über viele Siebröhrenglieder hinweg (wohl über die ganze Länge des Phloems) hin und zurück strömen sollen. Die Vorstellung ist so kurios und so wenig fundiert, daß es erstaunt, wie stark ihr Echo ist. Die einzige experimentelle Grundlage für diese Vorstellungen, das Auftreten von Plasmaströmungen über mehrere Siebröhrenglieder hinweg, ist zumindest stark umstritten (vgl. Fortschr. Bot. **25**, 226). Auch die Anhäufung von C^{14}-markierten Assimilaten über den Siebfeldern der Siebplatten auf Mikroautoradiographien von *Dioscorea*phloem (LAWTON u. BIDDULPH) ist kein Beleg, wenn sie auch nach Meinung der Autoren sich gut mit der Thaineschen Hypothese vereinbaren ließe.

Der hydrostatische Druck in den Milchröhren der Hevearinde ist stets am Stammgrund höher (BUTTERY u. BOATMAN). Dies ist kein Einwand gegen eine Massenströmung im Phloem, die bei einer basipetalen Stoffwanderung ein inverses Druckgefälle in den Siebröhren verlangt. Die Siebröhren und die Milchröhren sind zweifellos in ihrem Turgor voneinander weitgehend unabhängige Systeme.

Ein Modell für die Massenströmung des Vacuoleninhaltes, unabhängig von einer Plasmaströmung, fand BENDA in den einzelligen Haaren der Kronblätter von *Stapelia grandiflora*, denen die Spitzenregion abgeschnitten und deren Basis mit Wasser versorgt war.

e) Die Abhängigkeit des Transportes von Außenfaktoren. Zwei Arbeiten, die sich eingehend mit der Temperaturabhängigkeit des Phloemtransportes beschäftigen, kommen zu recht abweichenden Schlüssen. WEBB u. GORHAM (3) variierten die Temperatur des Nodiums des Primärblattes von *Cucurbita* und prüften deren Einfluß auf den Abtransport C^{14}-markierter Assimilate aus dem Blatt. Bei 0°C war die Auswanderung völlig (reversibel) gehemmt, bei 25° zeigte sie ein Maximum, bei 55° war sie wieder total (hier irreversibel) blockiert. Es wird gefolgert, daß der Stofftransport durch die basale Region des Blattstieles und das Nodium direkt vom Stoffwechsel kontrolliert wird, wobei keine enge Beziehung zur Plasmaströmung angenommen wird. — HARTT veränderte unabhängig von einander die Temperaturen der oberirdischen und unterirdischen Teile des Zuckerrohres und studierte ebenfalls deren Einfluß auf die Wanderung C^{14}-markierter Assimilate. Die Lufttemperatur beeinflußt direkt den Prozentsatz der aus dem Blatt weggeführten Assimilate sowie die Menge der auf- und abwärts wandernden Stoffe. Der Temperaturkoeffizient war 1,1–1,5 für die Auswanderung aus dem Blatt, 1,05–1,7 für den Transport im Stengel abwärts, aber 3,9–16,2 für die Aufwärtswanderung. Es wird geschlossen, daß die ersten beiden Prozesse physikalischer oder physiko-chemischer, der letzte dagegen biochemischer (metabolischer) Natur seien.

Auf eine Temperaturwirkung gehen wohl auch die Andeutungen einer Verringerung der P^{32}-Wanderung während der Nacht (von etwa 19–5 Uhr wurde gar nicht gemessen) in Pappeln zurück, die VOGL (2) merkwürdigerweise so interpretiert, als erfolge während der Nacht überhaupt kein Abtransport aus den Blättern.

Durch eine Verringerung des Sogs der Verbrauchsgewebe kommt vermutlich die Depression des Assimilattransportes bei Stickstoff- oder Phosphormangel (ANISIMOV u. Mitarb.) zustande.

Bemerkenswert ist schließlich noch der Befund, daß Gibberellinsäure den Assimilatabfluß aus den Blättern verstärkt (HALEVY u. Mitarb.). Es wird angenommen, daß auch Steigungen der Photosyntheseaktivität durch den Wirkstoff auf diese gesteigerte Ableitung zurückzuführen sind.

5. Sonderfälle des Stofftransportes

Nachdem bereits früher ein Sauerstofftransport aus assimilierenden oberirdischen Organen durch die Intercellularen in die Wurzeln und das umgebende Medium beim Reis, bei Weiden und bei *Menyanthes* (neuerdings COULT) gefunden worden war, wurde Sauerstoffdiffusion jetzt auch für den Mais – allerdings nur innerhalb der Wurzeln – (JENSEN u. Mitarb.) sowie für *Eriophorum* und *Molinia* (ARMSTRONG) nachgewiesen. Bei *Eriophorum* wurden Sauerstoffabgaben von 10^{-7} g/cm² Wurzeloberfläche · min ermittelt (Maximum nahe der Wurzelspitze).

Für die Messung des Intercellularenvolumens gibt CZERSKI ein gasometrisches Verfahren an, während BARBER u. Mitarb. hierfür das kurzlebige O_2^{15} einsetzen. Mit seiner Hilfe fanden sie in den Wurzeln verschiedener Reisvarietäten einen Intercellularenanteil am Gesamtvolumen von 5,4—37,1%.

Aufschlußreiche Ergebnisse brachten Untersuchungen über den Stoffhaushalt von amerikanischen Misteln. Assimilierten die Blätter der Wirtspflanzen in $C^{14}O_2$, so fand sich das Isotop bei *Arceuthobium* immer in ansehnlichen Mengen in den Trieben und Haustorien, während *Phoradendron*-Arten stets frei davon blieben; es handelt sich bei den letzteren also um reine Transpirationsstromsparasiten. Befall durch *Arceuthobium* verstärkt die Attraktionskraft des befallenen Zweiges für Assimilate. Die Schädigung durch den Parasiten ist vor allem durch den beträchtlichen Stoffraub zu erklären [HULL u. LEONARD (1)]. Assimilierten nicht die Wirtszweige, sondern die Misteln in $C^{14}O_2$, so wanderten die markierten Assimilate nur bei *Phoradendron* in das endophytische System (das ja nicht vom Wirt ernährt wird), nicht aber bei *Arceuthobium*, bei dem der Stofftransport im Phloem offensichtlich immer akropetal gerichtet ist [HULL u. LEONARD (2)]. Die Aminosäurezusammensetzung von *Phoradendron-*, *Arceuthobium-* und *Amyema*-Arten unterscheidet sich zwar nicht stark, aber doch in einigen Punkten von der ihrer Wirte (GREENHAM u. LEONARD); z. B. enthielten bei den untersuchten Parasit/Wirt-Kombinationen nur die Schmarotzer Oxyprolin. Es ist dies von Interesse, weil sich auf dieser Grundlage evtl. eine selektive Therapie der in den USA äußerst schädlichen Mistelerkrankungen durch Aminosäureanaloge entwickeln könnte.

Die Verbreitung von Ionen im Myzel eines Bodenpilzes *(Rhizoctonia solani)* erfolgt sehr rasch (MONOSN u. SUDIA). Bei *Saprolegnia* verzweigt sich das Mycel auf günstigem Nährboden stark, auf armen spärlich; wächst es von hoch auf niedrig konzentrierte Medien, so verzweigen sich auch die Hyphen auf letzterem, nicht dagegen im umgekehrten Falle (LARPENT). Der Stofftransport ist hier also nur von den älteren in die jüngeren Myzelteile möglich.

III. Die Stoffabscheidung

Durch die Verfeinerung der Nachweismethoden, vor allem durch die Verwendung von Isotopen, werden immer mehr Substanzen identifiziert, die von den Wurzeln in das Substrat gelangen. Bei *Tagetes erecta* treten sekundäre Pflanzenstoffe und Aminosäuren bzw. Amide, bei *Albizzia lophantha* u. a. Djenkolsäure und Albizziin auf (CLAYTON u. LAMBERTON). Bei *Pinus strobus*-Sämlingen wurden gar **35** organische Verbindungen in den Wurzelabscheidungen festgestellt (SLANKIS u. Mitarb.), unter denen einige Zucker, organische Säuren und Amide identifiziert wurden. Es muß sich hierbei keineswegs immer um einen Austritt der Stoffe aus lebenden Zellen handeln; sie könnten vielmehr auch aus toten oder geschädigten Zellen freigesetzt werden. Dafür spricht die Förderung der Scopoletinabgabe durch Haferwurzeln unter der Wirkung von Azid (MARTIN). Für die Beeinflussung der Mikroflora durch diese Stoffe (vgl. VRANY) spielt diese Frage keine wesentliche Rolle.

Bestimmungen der wasserlöslichen Vitamine in verschiedenen Nektarsorten (ZIEGLER u. Mitarb.) ergaben Werte, die wesentlich niedriger lagen als im Siebröhrensaft oder im Pollen, dagegen in der gleichen Größenordnung wie im Honig (Ausnahme Pantothensäure, die im Nektar konzentrierter ist).

Eine größere Zahl von Arbeiten befaßte sich mit der Durchlässigkeit der Cuticula in beiden Richtungen für Salze (JYUNG u. WITTWER; MORGAN u. TUKEY; TUKEY u. MECKLENBURG; WITHERSPOON; YAMADA u. Mitarb.). Da diese Probleme im Kapitel ,,Mineralstoffwechsel" abgehandelt werden, soll hier nicht weiter auf sie eingegangen werden.

IV. Verschiedenes

WIEGERT bestätigt frühere Erfahrungen [ZIEGLER (2)], wonach die Schaumzikade *Philaenus spumarius* das Xylem der Wirte ansticht. — MITTLER u. DADD verbesserten ihre Methode für die Ernährung von Aphiden auf künstlichen Nährböden (Fortschr. Bot. **25**, 229). — Ein Vergleich des Zuckergehaltes der Teerinde und des Honigtaues einer darauf parasitierenden Schildlaus führte TAMAKI zu der Annahme, daß die Tiere vor allem die Fructose und Saccharose ihrer Nahrung verwerten, während der Ribit die Insekten ohne Veränderung passieren soll.

Literatur

AHLGREN, G. E., and T. W. SUDIA: Bot. Gaz. **125**, 204—207 (1964). — ALLDRIDGE, N. A.: Bot. Gaz. **125**, 138—142 (1964). — ALLERUP, S.: Physiol. Plantarum **17**, 899—908 (1964). — AMBLER, J. E.: Radiat. Bot. **4**, 259—265 (1964). — ANDREENKO, S. S., N. G. POTAPOV i L. G. KOSULINA: Dokl. Akad. Nauk SSSR **155**, 964—966 (1964) (russ.). — ANISIMOV, A. A., J. S. DUBOVSKAYA i L. A. DOBRYAKOVA: Fiziol. Rastenij **11**, 793—799 (1964) (russ. m. engl. Zus.fass.). — ANKER, L., and H. G. VAN DER MAREL: Proc. kon. ned. Akad. Wet., C, **67**, 7—9 (1964). — ARMSTRONG, W.: Nature **204**, 801—802 (1964).

BANNAN, M. W.: Canad. J. Bot. **42**, 603—631 (1964). — BARBER, D. A., M. EBERT, and N. T. S. EVANS: J. exp. Bot. **13**, 397—403 (1962). — BARBER, D. A., and H. V. KOONTZ: Plant Physiol. **38**, 60—65 (1963). — BARRS, H. D.: (1) Nature **203**, 1136—1137 (1964); — (2) Aust. J. Biol. Sci. **18**, 36—52 (1965). — BAUCH, J.: (1) Planta **61**, 196—208 (1964); (2) **61**, 309—331 (1964). — BECKER, H.: Cereal Chemistry **37**, 309—323 (1960). — BELIKOV, I. F., i E. J. KOSTECKIJ: Fiziol. Rastenij **11**, 594—598 (1964) (russ. m. engl. Zus.fass.). — BENDA, G. T. A.: Amer. J. Bot. **51**, 778—779 (1964). — BERG, W.: Beitr. Biol. Pflanzen **40**, 389—499 (1964). — BERGGREN, G.: Svensk bot. T. **57**, 377—395 (1963). — BETHEL, J. S.: Forest Sci. **10**, 89—91 (1964). — BHATT, P. N., and A. N. LAHIRI: Naturwiss. **51**, 341—342 (1964). — BIANCHETTI, R.: G. bot. ital. **70**, 329—337 (1963). — BIDDULPH, O., and R. CORY: Plant Physiol. **40**, 119—129 (1965). — BIERHUIZEN, J. F., R. O. SLATYER, and C. W. Rose: J. exp. Bot. **16**, 182—191 (1965). — Birecka, H., and L. Dakic-Wlodkowska: Acta Soc. bot. pol. **32**, 631—650 (1963). — Birecka, H., and J. Skupinska: Acta Soc. bot. pol. **32**, 531—552 (1963). — Birecka, H., J. Skupinska, and I. Bernstein: Acta Soc. bot. pol. **33**, 601—618 (1964). — Bond, G.: Nature **204**, 600—601 (1964). — Bonnemain, J. L., et M. Bernard: C. R. Soc. Biol. (Paris) **158**, 351—355 (1964). — Braun, H. J.: Ber. Dtsch. Bot. Ges. **77**, 355—367 (1964). — Brennan, H., J. S. Pate, and W. Wallace: Ann. Bot. (Lond.), N. S., **28**, 527—540 (1964). — Brown, A. L., Sh. Yamaguchi, and J. Leal-Diaz: Plant Physiol. **40**, 35—38 (1965). — Brown, H. D., R. T. Jackson, and H. J. Dupuy: Nature **202**, 722—723 (1964). — Bull, T. A., and K. T. Glasziou: Aust. J. Biol. Sci. **16**, 737—742 (1963). — Butterfass, Th.: Ber. Dtsch. Bot. Ges. **77**, 285—290 (1964). — Buttery, B. R., and S. G. Boatman: Science **145**, 285—286 (1964). — Buvat, R.: Port. Acta biol., A, **7**, 249—299 (1963).

Carr, D. J., D. M. Reid, and K. G. M. Skene: Planta **63**, 382—392 (1964). — Chen, D., B. Kessler, and S. P. Monselise: Plant Physiol. **39**, 379—386 (1964). — Clausen, J. J., and T. T. Kozlowski: Canad. J. Bot. **43**, 305—316 (1965). — Clayton, M. F., and J. A. Lamberton: Aust. J. Biol. Sci. **17**, 855—866 (1964). — Coult, D. A.: J. exp. Bot. **15**, 205—218 (1964). — Courtois, H., W. Elling u. A. Busch: Forstwiss. Cbl. **83**, 181—191 (1964). — Currier, H. B., and D. H. Webster: Plant Physiol. **39**, 843—847 (1964). — Czen, C.: Acta bot. sinica **11**, 167—177 (1963) (chines. m. russ. Zus.fass.). — Czerski, J.: Acta Soc. bot. pol. **33**, 247—262 (1964).

Dainty, J.: Water Relations in Plant Cells. In: Adv. Bot. Res. **1**, 279—326 (1963). — Davies, B. E., and R. I. Davies: Nature **198**, 216—217 (1963). — Delmas, J., et W. Routchenko: Ann. agron. (Paris) **13**, 575—586 (1962). — Dewez, J.: Plant Physiol. **39**, 240—244 (1964). — Dolzmann, P.: Planta **64**, 76—80 (1965). — Doodson, J. K., J. G. Manners, and A. Myers: J. exp. Bot. **15**, 96—103 (1964).

Eicke, R.: Ber. Dtsch. Bot. Ges. **77**, 379—384 (1964). — Endo, R. M., and R. H. Amacer: Phytopathology **54**, 1327—1334 (1964). — Engleman, E. M.: (1) Ann. Bot. (Lond.), N. S., **29**, 83—102 (1965); (2) **29**, 103—118 (1965). — Eschrich, W., H. B. Currier, Sh. Yamaguchi u. R. B. McNairn: Planta (im Druck). — Eschrich, W., u. B. Eschrich: Ber. Dtsch. Bot. Ges. **77**, 329—331 (1964). — Eschrich, W., B. Eschrich u. H. B. Currier: Planta **63**, 146—154 (1964). — Evans, L. T., and I. F. Warlaw: Aust. J. Biol. Sci. **17**, 1—9 (1964). — Evert, R. F., and W. F. Derr: (1) Amer. J. Bot. **51**, 875—880 (1964); (2) **51**, 552—559 (1964). — Evert, R. F., and L. Murmanis: Amer. J. Bot. **52**, 95—106 (1965).

Falk, H., U. Lüttge u. J. Weigl: Z. Pflanzenphysiol. (im Druck). — Fan, L. T., D. S. Chung, and J. A. Shellenberger: Cereal Chemistry **38**, 540—548 (1961). — Filipic, V. J., and J. C. Underwood: J. Food Sci. **29**, 464—468 (1964). — Fulton, J. M., and A. E. Erickson: Soil Sci. **28**, 610—614 (1964).

Gaff, D. F., T. C. Chambers, and K. Markus: Aust. J. Biol. Sci. **17**, 583—586 (1964). — Gale, J., and A. Poljakoff-Mayber: Plant and Cell Physiol. **5**, 447—456 (1964). — Gale, J., A. Poljakoff-Mayber, I. Nir, and I. Kahane: Aust. J. agric. Res. **15**, 929—936 (1964). — Galonska, H., u. G. Hübner: Flora (Jena) **154**, 388—392 (1964). — Gates, D. M.: Agron. J. **56**, 273—277 (1964). — Gessner, F.: Planta **64**, 186—190 (1965). — Glinka, Z., and L. Reinhold: Plant Physiol. **39**, 1043—1050 (1964). — Goldsmith, M. H. M., and M. B. Wilkins: Plant Physiol. **39**, 151—162 (1964). — Gottwald, H., u. N. Parameswaran: Z. Bot. **52**, 321—334 (1964). — Gračanin, M.: Flora (Jena) **154**, 21—35 (1964). — Greenham, C. G., and O. A. Leonard: Am. J. Bot. **52**, 41—47 (1965).

Halevy, A. H., S. P. Monselise, and Z. Plaut: Physiol. Plantarum **17**, 49—62 (1964). — Hampton, R. O.: Phytopathology **53**, 998—1002 (1963). — Hartt, C.: Plant Physiol. **40**, 74—81 (1965). — Hartt, C., and H. P. Kortschak: Plant Physiol. **39**, 460—474 (1964). — Hatch, M. D.: Biochem. J. **93**, 521—526 (1964). — Hatch, M. D., and K. T. Glasziou: Plant Physiol. **39**, 180—184 (1964). — Henckel, P. A.: Physiology of Plants under Drought. Ann. Rev. Plant Physiol. **15**, 363—386 (1964). — Hodges, T. K., and J. Vaadia: Plant Physiol. **39**, 104—108 (1964). — Homan, D. N.: Plant Physiol. **39**, 982—986 (1964). — Horrocks, R. L.: Nature **203**, 547 (1964). — Hull, R. J., and O. A. Leonard: (1) Plant Physiol. **39**, 996—1007 (1964); (2) **39**, 1008—1017 (1964).

JENSEN, C. R., J. LETEY, and L. H. STOLZY: Science **144**, 550—552 (1964). — JENSEN, R. D., and S. A. TAYLOR: Plant Physiol. **36**, 639—642 (1961). — JOY, K. W.: J. exp. Bot. **15**, 485—494 (1964). — JYUNG, W. H., and S. H. WITTWER: Amer. J. Bot. **51**, 437—444 (1964).

KALISHEVICH, S. V., i N. V. POROKHNEVICH: Fiziol. Rastenij **11**, 206—209 (1964) (russ. m. engl. Zus.fass.). — KLEMM, M., u. W. KLEMM: Flora (Jena) **154**, 89—93 (1964). — KOJIC, M.: Flora (Jena) **154**, 212—214 (1964). — KOLLMANN, R.: Phytomorphology **14**, 247—264 (1964). — KOLLMANN, R., u. W. SCHUMACHER: Planta **63**, 155—190 (1964). — KOZINKA, V., and A. NIZNÁNSKY: Biol. plant. (Praha) **5**, 77—84 (1963). — KOZLOWSKI, T. T., and C. H. WINGET: Amer. J. Bot. **51**, 522—529 (1964). — KRIEDEMAN, P. E., and T. F. NEALES: Aust. J. Biol. Sci. **16**, 743—750 (1963). — KÜBLER, K., u. H. TRABER: Forstwiss. Cbl. **83**, 88—96 (1964). — KÜHNE, L., u. W. KAUSCH: Naturwiss. **51**, 641 (1964). — KUIPER, P. J. C.: Science **143**, 690—691 (1964). — KUMAKHOVA, T. A., i G. R. MATUKHIN: Uch zap kabardino-Balkarsk Univ. **15**, 43—46 (1962) (russ.). — KUO, C.: Acta bot. sinica **12**, 100—106 (1964) (chines. m. engl. Zus.fass.).

LARPENT, J. P.: C. R. Acad. Sci. (Paris) **257**, 4006—4008 (1963). — LARSON, P. R.: Forest Sci. **9**, 52—62 (1963). — LAWLESS, G. P., N. A. MACGILLIVRAY, and P. R. NIXON: Soil Sci. **27**, 502—507 (1963). — LAWTON, J. R. S., and O. BIDDULPH: J. exp. Bot. **15**, 201—204 (1964). — L'eau et la production végétale. Paris: Inst. Nat. de la Rech. Agronom. 1964. — LEBEDYEV, G. V., i A. K. SOLOVYOV: Fiziol. Rastenij **11**, 752—756 (1964) (russ. m. engl. Zus.fass.). — LEE, R., and D. M. GATES: Am. J. Bot. **51**, 963—975 (1964). — LIESE, W., u. J. BAUCH: Naturwiss. **51**, 516 (1964). — LITTLE, E. C. S., and G. E. BLACKMAN: New Phytol. **62**, 173—197 (1963). — LYON, CH. J.: Plant Physiol. **40**, 18—24 (1965).

MACDOWALL, F. D. H.: Canad. J. Bot. **42**, 115—122 (1964). — MAERCKER, U.: Naturwiss. **52**, 15/16 (1965). — MARTIN, P.: Z. Bot. **51**, 300—307 (1963). — MCILRATH, W. J.: Bot. Gaz. **126**, 27—30 (1965). — MCILRATH, W. J., Y. P. ABROL, and F. HEILIGMAN: Science **42**, 1681—1682 (1963). — MEIDNER, H., and T. A. MANSFIELD: J. exp. Bot. **16**, 145—150 (1965). — MELLOR, R. S., F. S. SALISBURY, and K. RASCHKE: Planta **61**, 56—72 (1964). — MIKRONOSOV, A. T., i Z. G. IL'INYKH: Dokl. Akad. Nauk SSSR **154**, 1454—1457 (1964) (russ.). — MITTLER, T. E., and R. H. DADD: Ann. ent. Soc. Amer. **57**, 139—140 (1964). — MONOSN, A. M., and T. W. SUDIA: Bot. Gaz. **124**, 440—443 (1963). — MORGAN, J. V., and H. B. TUKEY, JR.: Plant Physiol. **39**, 590—593 (1964). — MORRISON, T. M.: Nature **205**, 1027 (1965). — MORTIMER, D. C.: Canad. J. Bot. **43**, 269—280 (1965). — MOSTAFA, I. Y., and A. HASSAN: Naturwiss. **51**, 483 (1964). — MOSTAFA, I. Y., A. HASSAN, and S. M. A. D. ZAYED: Z. Naturforsch. **20b**, 67—70 (1965). — MYERS, G. M. P.: J. exp. Bot. **2**, 129—144 (1951).

NAKAMURA, E.: Plant and Cell Physiol. **5**, 521—523 (1964). — NAQVI, S. M., and S. A. GORDON: Plant Physiol. **40**, 116—118 (1965). — NEUMANN, ST., u. R. WOLLGIEHN: Z. Naturforsch. **19b**, 1066—1071 (1964).

ODHNOFF, C.: Physiol. Plantarum **16**, 474—483 (1963). — ÖNAL, M.: Ber. Dtsch. Bot. Ges. **77**, 243—255 (1964). — O'LEARY, J. W., and P. J. KRAMER: Science **145**, 284—285 (1964). — OSBORNE, D. J., and M. K. BLACK: Nature **201**, 97 (1964).

PARKER, J.: (1) Naturwiss. **51**, 273/74 (1964); — (2) Nature **202**, 926—927 (1964). — PASCHKE, M.: Naturwiss. **52**, 16 (1965). — PATE, J. S., and J. M. GREIG: Plant and Soil **21**, 163—184 (1964). — PATE, J. S., W. WALLACE, and J. VAN DIE: Nature **204**, 1073—1074 (1964). — PEEL, A. J.: (1) Ann. Bot. (Lond.), N. S. **29**, 119—130 (1965); — (2) J. exp. Bot. **15**, 104—113 (1964). — PENOT, M.: Physiol. Végét. **3**, 41—89 (1965). — PERRIN, A.: C. R. Acad. Sci. (Paris) **258**, 3085—3087 (1964). — PHILLIPS, I. D. J., and R. L. JONES: Planta **63**, 269—278 (1964). — PILET, P. E.: Nature **204**, 561—562 (1964). — PINKAS, L. L. H., M. R. TEEL, and D. SWARTZENDRUBER: Agron. J. **56**, 90—91 (1964). — PLAUT, Z., and L. ORDIN: Physiol. Plantarum **17**, 279—286 (1964). — POSKUTA, J.: Bull. pol. Acad. Sci., Sér. Sci. biol. **12**, 95—99 (1964).

RUBIN, S. S., and V. F. MOISEICHENKO: Gossel'khodizdat USSR: Kiev 168—183 (1963). — RUFELT, H., P. G. JARVIS, and M. S. JARVIS: Physiol. Plantarum **16**, 177—185 (1963).

SACHS, E., u. H. HECHT: Bayer. landw. Jb. **41**, 155—164 (1964). — SALIAEV, R. K.: Dokl. Akad. Nauk SSSR **158**, 737—738 (1964) (russ.). — SAN ANTONIO, J. P., and P. B. FLEGG: Am. J. Bot. **51**, 1129—1132 (1964). — SANDEROVÁ, J.: Biol. Plant. (Praha) **6**, 22—27 (1964). — SASTRY, K. S. K., and R. M. MUIR: Bot. Gaz. **126**, 13—19 (1965). — SAUTER, J. J., u. H. MARQUARDT: Naturwiss. **52**, 67/68 (1965). — SAVULESCU, A., N. STAŇESCU, and O. CONSTANTINESCU: Rev. Biol. (Bucarest) **8**, 409—417 (1964). — SCHNEIDER, G.: Naturwiss. **51**, 416 (1964). — SCHOLANDER, P. F., H. T. HAMMEL, E. A. HEMMINGSEN, and E. D. BRADSTREET: Proc. Nat. Acad. Sci. (Wash.) **52**, 119—125 (1964). — SHIMABUKURO, R. H., and A. J. LINCK: Physiol. Plantarum **17**, 100—106 (1964). — SHKOLNIK, M. Y., i V. S. SAAKOV: Fiziol. Rastenij **11**, 783—792 (1964) (russ. m. engl. Zus.fass.). — SKIDMORE, E. L., and J. F. STONE: Agron. J. **56**, 405—410 (1964). — SLANKIS, V., V. C. RUNECKLES, and G. KROTKOV: Physiol. Plantarum **17**, 301—313 (1964). — SLATYER, R. O., and J. F. BIERHUIZEN: (1) Plant Physiol. **39**, 1051—1056 (1964); — (2) Aust. J. Biol. Sci. **17**, 115—130 (1964); (3) **17**, 131—146 (1964). — SMITH, D., and K. P. BUCHHOLTZ: Plant Physiol. **39**, 572—578 (1964). — SOROKIN, H. P., and K. V. THIMANN: Protoplasma **59**, 326—350 (1964). — SPURNÝ, M.: Flora (Jena) **154**, 547—567 (1964). — STONE, E. C.: Quart. Rev. Biol. **38**, 328—341 (1963). — SUDIA, T. W., and A. J. LINCK: Plant and Soil **19**, 249—254 (1963).

TAMAKI, Y.: Jap. J. appl. Entomol. and Zool. **8**, 227—234 (1964). — TEW, R. K., S. A. TAYLOR, and G. L. ASHCROFT: Agron. J. **55**, 558—560 (1963). — THAINE, R.: J. exp. Bot. **15**, 470—484 (1964). — THORN, G. D., and W. H. MINSHALL: Canad. J. Bot. **42**, 1405—1410 (1964). — THROWER, S. L.: Aust. J. Biol. Sci. **17**, 412—426 (1964). — TIBBALS, E. C., E. K. CARR, D. M. GATES, and F. KREITH: Amer. J. Bot. **51**, 529—538 (1964). — TODD, G. W., and B. Y. YOO: Phyton (B.Aires) **21**, 61—68 (1964). — TRANQUILLINI, W.: Ber. Dtsch. Bot. Ges. **77**, 204—218 (1964). — TRIP, P., C. D. NELSON, and G. KROTKOV: Plant Physiol. (im Druck). — TUKEY, H. B., and R. A. MECKLENBURG: Amer. J. Bot. **51**, 737—742 (1964).

URBAS, B., G. A. ADAMS, and C. T. BISHOP: Canad. J. Chem. **42**, 2093—2100 (1964).

VASILIEVA, N. G., i Z. S. BURKINA: Fiziol. Rastenij **11**, 139—141 (1964) (russ.). — VERETENNIKOV, A. V.: Fiziol. Rastenij **11**, 274—278 (1964) (russ. m. engl. Zus.fass.). — VOGL, M.: (1) Flora (Jena) **155**, 294—304 (1964); (2) **154**, 94—98 (1964). — VOGT, I.: Staatsexamensarbeit, Darmstadt 1965. — VRANÝ, J.: Folia biol. (Praha) **8**, 351—355 (1963).

WEBB, J. A., and P. R. GORHAM: (1) Canad. J. Bot. **43**, 97—103 (1965); — (2) Plant Physiol. **39**, 663—672 (1964); — (3) Canad. J. Bot. (im Druck). — WEBB, K. L., and J. W. A. BURLEY: Plant Physiol. **39**, 973—977 (1964). — WEISER, C. J., L. T. BLANEY, and P. LI: Physiol. Plantarum **17**, 589—599 (1964). — WEISSMAN, G. S.: Plant Physiol. **39**, 947—952 (1964). — WERSUHN, G., u. G. HÜBNER: Flora (Jena) **154**, 393—399 (1964). — WIEGERT, R. G.: Amer. Midland Natural **71**, 422—428 (1964). — WILLIAMS, R. D.: Ann. Bot. (Lond.), N. S., **28**, 419—426 (1964). — WILSON, A. M., and R. C. HUFFAKER: Plant Physiol. **39**, 555—560 (1964). — WITHERSPOON, J. P., JR.: Ecol. Monogr. **34**, 403—420 (1964). — WOODING, F. B. P., and D. H. NORTHCOTE: (1) J. Cell Biol. **23**, 327—337 (1964); (2) **24**, 117—128 (1965). — WRAY, F. J., and J. A. RICHARDSON: Nature **202**, 415—416 (1964).

YAMADA, Y., S. H. WITTWER, and M. J. BUKOVAC: Plant Physiol. **40**, 170—175 (1965). — YEOMANS, L. M., and L. J. AUDUS: Nature **204**, 559—561 (1964). — YUSHKOV, P. I.: Tr. Inst. Biol. Ural Filial Akad. Nauk SSSR **35**, 77—84 (1963).

ZELITCH, I.: Science **143**, 692—693 (1964). — ZIEGLER, H.: (1) Symp. on the Use of Isotopes and Radiation in Soil-Plant Nutrition Studies, Ankara 1965; — (2) Naturwiss. **50**, 177—186 (1963). — ZIEGLER, H., U. LÜTTGE u. U. LÜTTGE: Flora (Jena) **154**, 215—229 (1964). — ZIMMERMANN, M. H.: (1) Biorheology **2**, 15—25 (1964); — (2) Plant Physiol. **39**, 568—572 (1964). — ZIMMERMANN, M. H., and P. B. TOMLINSON: J. Arnold Arboretum **46**, 160—177 (1965).

3. Mineralstoffwechsel

Von Horst Marschner, Stuttgart-Hohenheim

Mechanismus der Salzaufnahme

1. Allgemeines

Die Arbeiten über den Mechanismus der Salzaufnahme konzentrieren sich auf Untersuchungen der als Grenzflächen wirkenden Membranen wie Plasmalemma und Tonoplast und die Beeinflussung der Permeabilität dieser Membranen durch Außenfaktoren. Die hierzu angewandten Methoden gehen von Messungen der Nettoaufnahme an Ionen, über Bestimmung von Influx und Efflux bis zur Bestimmung der elektrochemischen Potentialdifferenz zwischen Zellsaft und Außenlösung. Es setzt sich immer stärker die Auffassung durch, daß die Bestimmung der Nettoaufnahme an Ionen allein unzureichend ist, da neben Influx ein mehr oder weniger starker Efflux besteht. So fand Mengel bei Gerstenwurzeln mit zunehmender K-Innenkonzentration einen Anstieg des K-Efflux, bei „Salzsättigung" wären demnach Influx = Efflux. Slayman and Tatum kamen bei *Neurospora* zu gleichen Ergebnissen. Die bei frischen Gewebescheiben bekanntlich fehlende Ionenaufnahme aus KCl hängt nach Steveninck bei Cl mit fehlendem Influx, bei K dagegen mit gleichen Größen von Influx und Efflux zusammen. Bei Gewebealterung nimmt der Cl-Influx zu und der K-Efflux ab, das Ergebnis ist Nettoaufnahme an K und Cl; bei „Salzsättigung" ist Influx = Efflux.

Bedingt durch diesen Flux kommt es auch zu einer bestimmten Ionenabgabe an Wasser. Hierbei handelt es sich um eine Gleichgewichtseinstellung, an ein großes Außenvolumen werden viel mehr Ionen abgegeben als an ein kleines (Mengel). Befinden sich noch konkurrierende Ionen in der Außenlösung, die den Influx der abgegebenen Ionen hemmen oder verhindern, so steigt die Gesamtabgabe stark an. Dies zeigt sich bei der ^{42}K-Abgabe an eine K-Lösung (Mengel), der ^{86}Rb-Abgabe an eine Rb- oder K-Lösung [Oertli (1)] oder der K-Abgabe an eine Na-Lösung [Oertli (1); Marschner (1); Slayman and Tatum]. Auf die Höhe der durch den Efflux bedingten Gleichgewichtskonzentrationen hat offensichtlich Ca einen besonderen Einfluß, indem es den K-Efflux deutlich einschränkt [Oertli (1); Marschner (1)]. Die Bedeutung von Ca für Fluxvorgänge kommt auch bei der Bestimmung der elektrochemischen Potentialdifferenz zwischen Außenlösung und Zellsaft zum Ausdruck. So setzen steigende Außenkonzentrationen an K oder NH_4 die PtD (Potentialdifferenz) bei Haferzellen stark herab, umgekehrt wirkt Ca [Higinbotham u. Mitarb. (1)]. Die Deutung dieser Ca-Wirkung ist unterschiedlich. Die Erhöhung der PtD durch Ca soll entweder durch verstärktes Herauspumpen von Kationen (Na, H oder Ca selbst) aus der Zelle [HIGINBOTHAM u. Mitarb. (2)] oder durch Verminderung der Permeabilität der Grenzflächen für K [passiver Influx — vgl. HIGINBOTHAM u. Mitarb. (1)] zustandekommen. Die Hemmwirkung von Ca auf die Na-Aufnahme (HOOYMANS) und den K-Efflux [MARSCHNER (1)] wird ebenfalls über Verminderung der Permeabilität der Grenzflächen erklärt. – Auch an synthetischen, mit Phosphatiden imprägnierten Membranen läßt sich eine durch Ca bedingte geringere Permeabilität für K und Na (MIKULECKY and TOBIAS) und Wasser (LEITCH and TOBIAS) feststellen. Die Ca-Bindung in diesen Membranen (vgl. auch den hohen Ca-Gehalt biologischer Membranen) ist gegenüber K und Na extrem hoch (ABRAMSON u. Mitarb.); als Modellsubstanz spiegelte Phosphatidserin das Verhalten natürlicher Membranen am besten wider (NASH and TOBIAS). – Eine Übersicht über den Salztransport durch Zellmembranen stammt von HENDRICKS.

Die in letzter Zeit stärkere Betonung der elektrochemischen Betrachtungsweise bringt es mit sich, daß der Ladung der Grenzflächen und der PtD für den Gesamtprozeß wieder große Bedeutung beigemessen werden. So erklärt PITMAN die fördernde Wirkung von Ca auf die Cl-Aufnahme mit der Erniedrigung des Donnanpotentials der Grenzflächen durch Ca, in der Annahme, daß die Diffusion durch die geladene Membran die Cl-Aufnahme begrenzt. Auch LATIES u. Mitarb. schließen aus der Konzentrationsabhängigkeit der Cl-Aufnahme aus KCl bei 0° C, daß hier die Cl-Diffusion durch die stark negativ geladenen Plasmagrenzflächen die Aufnahme begrenzt, und steigende KCl-Konzentrationen über die entladende K-Wirkung die Cl-Diffusion begünstigen (vgl. auch LATIES and BUDD).

Influx und Efflux und damit zusammenhängende Abgabe- und Umtauschvorgänge werden allgemein als Zeichen für gewisse Ionenpermeabilität der äußeren Zellgrenzflächen angesehen. Damit wird auch die Frage der Lokalisation des aktiven Aufnahmemechanismus berührt. Potentialmessungen an großzelligen Algen lassen dabei einige Rückschlüsse zu (WILLIAMS u. Mitarb.), vor allem aber, wenn gleichzeitig getrennte Konzentrationsbestimmungen für Ionen in Cytoplasma und Zellsaft vorgenommen werden. Dabei fand MACROBBIE bei *Nitella* überraschend hohe Cl-Konzentrationen im Cytoplasma (240 mM gegenüber 170 mM in Vacuolen und 1,3 mM in Außenlösung), auch der Cl-Pumpmechanismus soll sich daher am Plasmalemma befinden (vgl. auch SPANSWICK and WILLIAMS), ebenso wie der für K und Na (K nach innen, Na nach außen). Das Wirksamwerden dieser Na-Pumpe scheint einige Zeit zu erfordern [KYLIN (1)]. Dem Tonoplasten soll nach diesen Untersuchungen (vgl. auch TAZAWA and KISHIMOTO) kein großer Widerstand gegen Ionendiffusionen zukommen (MACROBBIE), die Verteilung von K und Cl zwischen Cytoplasma und Vacuole etwa passivem Gleichgewicht entsprechen und nur Na am Tonoplasten in die Vacuole gepumpt werden (SPANSWICK and WILLIAM). Gegen eine hohe Ionenpermeabilität des Tonoplasten sprechen aber die Ergebnisse von ARISZ (1); BOWLING and WEATHERLEY; HELDER; LATIES and BUDD.

Die hohe Cl-Konzentration im Cytoplasma kann aber noch nicht als Beweis dafür dienen, daß das Plasmalemma ionenimpermeabel und der Pumpmechanismus an dieser Stelle lokalisiert ist (MACROBBIE), weil es sicher keine allgemeine Cl-Konzentration im Cytoplasma gibt, denn eine hohe Cl-Anreicherung in einzelnen Zellorganellen, z. B. den Mitochondrien, würde einer niedrigen im übrigen Plasma gegenüberstehen, womit die Notwendigkeit der Cl-Pumpe am Plasmalemma entfiele. Für die Kationen gilt sicher ähnliches. Deshalb sollte der bei *Neurospora* nach Zusatz von Antibiotica (die speziell Membranen schädigen) gefundene völlige Verlust von K (SLAYMAN and TATUM) auch nicht als Beweis für die Lokalisation des K-Pumpmechanismus am Plasmalemma angesehen werden. Auch werden Rückschlüsse aus der Ionenverteilung zwischen Cytoplasma und Vacuole auf den Widerstand des Tonoplasten problematisch. — Auf die Möglichkeit der Anreicherung von Salzen (z. B. Mg-Phosphaten) durch Ausfällung in den Mitochondrien wird hingewiesen (MILLARD u. Mitarb.), der Ca-Gehalt der Mitochondrien kann sogar höher sein als im Zellsaft [BUŠUEVA u. Mitarb. (1)], und elektronenmikroskopisch läßt sich auch eine starke Anreicherung zweiwertiger Kationen als Granulate in den Mitochondrien nachweisen (PEACHEY). Bei dieser Kationenakkumulation in den Mitochondrien wird dem anorganischen Phosphat entscheidende Bedeutung beigemessen (MILLARD u. Mitarb.).

Die Frage der Priorität von Anionen- oder Kationenaufnahme stellt sich vor allem aufgrund der Potentialmessungen erneut. Die hohen negativen Potentiale zwischen Zellsaft und Außenlösung erfordern praktisch immer eine aktive Anionenaufnahme (MACROBBIE; SPANSWICK and WILLIAMS), während man für Kationen meist mit passiver Gleichgewichtseinstellung auskommt [HIGINBOTHAM u. Mitarb. (2)], sie zumindest in der Hauptsache als Folge der aktiven Anionenaufnahme ansieht (PITMAN; MILLARD u. Mitarb.). Dagegen spricht zwar, daß bei kurzfristigen Versuchen allgemein die Art des Begleitanions keinen Einfluß auf die Kationenaufnahme hat (SMITH and EPSTEIN). Da aber die Ausgleichsmöglichkeit durch Transport zelleigener Anionen besteht, ist diese Frage nach wie vor offen.

Die Vorstellung einer gewissen Ionenpermeabilität der Zellmembranen wird von OERTLI (1, 2) völlig abgelehnt. Jeglicher Transport durch die Membranen soll eine Ionenbindung an Träger erfordern; Ionenabgabe an die Außenlösung, bzw. Umtauschvorgänge kämen ausschließlich durch einen Rücktransport der Ionen in Trägerbindung zustande. Auch ARISZ (1) sieht aufgrund seiner Versuche mit Cl bei *Vallisneria* das Plasmalemma als ionenimpermeabel an, Austauschvorgänge zwischen dem Cl in den Zellen und dem der umgebenden Lösung (vgl. auch HELDER) konnten nicht nachgewiesen werden, die Vorstellung von passivem Influx und Efflux wird daher abgelehnt. Die Ionenimpermeabilität des Plasmalemmas soll Primärzustand sein, der durch ungünstige Umweltbedingungen (Ionenmilieu, plötzliche Temperatur- oder Konzentrationsänderungen) in den Sekundärzustand einer gewissen Permeabilität übergeht. – Die starke Abhängigkeit von Ionenabgabe und PtD je nach Art der Außenlösung, vor allem Ca-Gegenwart, lassen zumindest erkennen, daß die Permeabilität stark beeinflußbar ist. So kommt die scheinbar fehlende Hemmwirkung von N_2 oder 2,4 DNP auf die Ca-Aufnahme nur durch verstärkte Umtauschvorgänge mit abgegebenen Ionen (vor allem K) zustande (JOHNSON and JACKSON), ähnliches gilt auch für die Na-Aufnahme bei N_2-Behandlung [MARSCHNER (1)]. Auch plötzliche Temperaturerniedrigung führt zu starker Permeabilitätserhöhung (STRANGE). Vor allem ist dieser Gesichtspunkt bei Verwendung von chelatbildenden Substanzen (EDTA usw., auch Huminsäuren, vgl. HEINRICH) zu beachten, die durch Ca-Entzug aus den Membranen die Permeabilität stark erhöhen können (FOOTE and HANSON; HERRMANN). Auch bei der Verwendung von grenzflächenaktiven Stoffen allgemein (PARR and NORMAN) oder Trispuffern [HIGINBOTHAM u. Mitarb. (2)] scheint deshalb Vorsicht geboten. Mit einer durch Lichteinfluß veränderten Permeabilität ist ebenfalls zu rechnen (BARR and BROYER), und UV-Licht wirkt, ebenso wie Ribonuclease, erhöhend auf die Permeabilität (FOOTE and HANSON). Veränderungen der Permeabilität und Atmungsänderungen sind dabei sehr eng miteinander verbunden (HENNEMAN and UMBREIT; BAUR and WORKMAN). Die Möglichkeit der Veränderung der Permeabilität, insbesondere Permeabilitätserhöhung bei plötzlicher Veränderung der Außenfaktoren, sollte auf jeden Fall stärker beachtet werden. Vielleicht spielt dieser Gesichtspunkt bei der stark unterschiedlichen Ionenaufnahme frischer und gealterter Gewebescheiben (STEVENINCK; LATIES u. Mitarb.), Stengelsegmenten (PALMER and LOUGHMAN) und frischer und gealterter Zentralzylinder aus Maiswurzeln (LATIES and BUDD) eine Rolle, wo die Ionenpermeabilität im frisch isolierten Zustand extrem hoch ist und erst bei der Alterung abnimmt, verbunden mit der beginnenden Fähigkeit zur Ionenakkumulation.

Trotz unterschiedlicher theoretischer Deutung wird der Innenkonzentration an Ionen für die Aufnahme große Bedeutung beigemessen und auch die Anwendbarkeit der Michaelis-Menten-Enzymkinetik bezweifelt [OERTLI (2); vgl. auch ULRICH u. OBERLÄNDER]. Auch könnte bei Ionenaufnahmeuntersuchungen über weite Konzentrationsbereiche aus dem Hyperbelverlauf im Hofstee-Diagramm nicht unbedingt auf verschiedene Trägersysteme geschlossen werden, da z. B. bei niedrigen Konzentrationen Diffusionsprozesse begrenzend wirken könnten (TANADA). Zwar gehorcht nach ELZAM u. Mitarb. die Cl-Aufnahme bis 0,2 mM KCl der Michaelis-Menten-Gleichung, bei höheren Konzentrationen wird der Verlauf jedoch sehr heterogen, was als Beteiligung verschiedener Transportsysteme angesehen wird.

Überblickt man die im Berichtsjahr zu diesem Problem erschienenen Arbeiten, so steht die eigentliche Trägertheorie (Bildung spezifischer Substanzen im Stoffwechsel, die für den selektiven Ionentransport durch Membranen sorgen) als Erklärungsmöglichkeit nicht mehr im Mittelpunkt, es wird vielmehr nach anderen Wegen gesucht. Dabei wird in starkem Maße auf alte Vorstellungen (LUNDEGÅRDH, ROBERTSON), z. B. hinsichtlich der Bedeutung der Ladung der Grenzflächen und des aktiven Anionentransportes zurückgegriffen. Dies gilt in noch stärkerem Maße auch für die Erkenntnis von Bedeutung und Beeinflußbarkeit der Permeabilität von Membranen durch Außenfaktoren, insbesondere Zusammensetzung der Außenlösung. Wenn auch hier die klassische Vorstellung von quellender und entquellender Wirkung sicher zu einfach ist, so werden doch durch Ionenbindung in den Membranen Ladung und Struktur – und damit auch der Aufnahmeweg selbst – verändert, und dieser Gesichtspunkt kommt zweifellos bei der Trägertheorie zu kurz. Zur Erklärung des Gesamtvorganges (insbesondere der Selektivität) wird man aber andererseits nicht ohne „Träger“ auskommen; „stationäre Träger“ in den

Membranen, die eine Ionenwanderung in Form von Austauschdiffusion ermöglichen, wären denkbar; die Affinität dieser „Träger“ zu einzelnen Ionen würde sich dann über Strukturänderungen der Membranen ebenfalls verändern (vgl. Erhöhung der Selektivität der K-Aufnahme in Ca-Gegenwart).

2. Stoffwechselunabhängige Phase

Kieselsäure eignet sich gut zur Bestimmung des AFS, dessen Größe bei Gerstenwurzeln stark temperaturabhängig ist: 17,4% bei 20°, bzw. 13,3% bei 0,2° C (SHONE). Bei Hefezellen sind in Abwesenheit von Glucose 80% des Gesamtzellvolumens der freien Diffusion für Phosphat, Sulfat und Bromid zugänglich, nach Glucosezusatz erfolgt zusätzlich bei Phosphat und Sulfat Akkumulation, während eine aktive Bromidaufnahme auch dann nicht stattfindet (LEGGETT and OLSEN). Bei Haferwurzeln ist die Mn-Aufnahme auch bei 3stündiger Versuchsdauer stoffwechselunabhängig, der Aufnahmeverlauf zweiphasig, nach steilem Anfangsanstieg (austauschbare Fraktion I) folgt langsame Aufnahmephase (nichtaustauschbare Fraktion II); bei längerem Liegenlassen der Wurzeln in feuchtem Zustand erfolgt Übergang von I nach II. Fraktion I soll sich in den Makroporen, Fraktion II in den Mikroporen der Zellwände befinden (PAGE and DAINTY). Auch auf die Zn-Anreicherung während 15stündiger Versuchsdauer bei *Chlorella* [BRODA u. Mitarb. (1)] hatten Stoffwechselgifte keinen Einfluß, dagegen wirkten 2wertige Kationen stark hemmend. Bei Weizenwurzeln ist die Austauschadsorption von Ca erst nach etwa einer Stunde beendet, und auch bei mehrstündiger Versuchsdauer macht der adsorbierte Anteil noch den größten Teil der Gesamtaufnahme aus (JOHNSON and JACKSON); fehlende Hemmwirkung von Stoffwechselgiften auf die Ca-Aufnahme kann durch verstärkte Umtauschvorgänge mit abgegebenen Kationen zustande kommen. — Bei den Kationen scheint eine klare Trennung in stoffwechselunabhängige (Austauschadsorption) und stoffwechselabhängige Phase (aktive Aufnahme) doch auf größere Schwierigkeiten zu stoßen, und die Verwendung von Stoffwechselgiften kann leicht zu Trugschlüssen führen. Auch kommt es offenbar bei längerem Waschen von Gewebescheiben mit Wasser zu einer Cl-Abgabe von Bindungsstellen aus dem Cytoplasma (STEVENINCK).

Eine unterschiedliche Ernährung der Pflanze hat auf die Kationenauskapazität (KAK) der Wurzeln keinen Einfluß, wenn diese an gemahlenem Material bestimmt wird (PALIWAL and SUBRAMANIAN); erfolgt dagegen die Bestimmung an frischen Wurzeln, dann zeigt sich ein deutlicher Einfluß (ZVARA). Die Beeinflussung scheint dabei in erster Linie eine Folge unterschiedlichen Wurzelwachstums (Anteil von groben zu feinen Wurzeln) zu sein. Bei der Bestimmung der KAK an lebenden Wurzeln erscheint Vorsicht geboten, da bereits kurze Vorbehandlung mit HCl ($<$pH 3) zu starker Abgabe von organ. Säuren und Aminosäuren, verbunden mit deutlicher Erhöhung der KAK, führen kann (BARLETT).

3. Stoffwechselabhängige Phase

Wechselwirkungen der Ionen. a) Kationen. Die typischen Konkurrenzen zwischen den Alkaliionen werden immer wieder gefunden; Cs, Na und Li üben nur geringe Konkurrenz auf die K-Aufnahme der Hefezellen aus (ARMSTRONG and ROTHSTEIN). Bei Blattgewebe zeigen sich die gleichen Verhältnisse wie in den Wurzeln (SMITH and EPSTEIN). Im Gegensatz zu den Ergebnissen bei höheren Pflanzen ist bei Hefezellen die Affinität zu Rb nur halb so groß wie zu K (ARMSTRONG and ROTHSTEIN), bei *Neurospora* beträgt die Austauschrate zwischen Zell-K und Rb in der Außenlösung nur $^1/_5$ der von K/K. NH_4 zeigt gegenüber K eine deutliche Konkurrenz (BRODA u. Mitarb.; UDOVENKO u. Mitarb.), die über der von Na oder Li liegt (SMITH and EPSTEIN). Die Aufnahme von Cs wird durch K, Rb und NH_4 stark gehemmt, Li und Na verhalten sich indifferent, Ca in nicht zu hohen Konzentrationen wirkt fördernd (SADDIK). Steigende K-Konzentrationen können aber die Cs-Aufnahme nicht völlig unterdrücken, was an einer zunehmenden Bevorzugung von Cs gegenüber K liegen soll (FERRON).

Die bei höheren H^+-Konzentrationen in Erscheinung tretende starke Hemmung der K-Aufnahme bei Hefezellen soll sich aus 2 Effekten zusammensetzen, einer kompetitiven Hemmung durch Konkurrenz am Träger und einer nicht-kompetitiven um andere (evtl. stationäre) Bindungsstellen (ARMSTRONG and ROTHSTEIN). Ein doppelter Effekt höherer H^+-Konzentrationen auf die Rb-Aufnahme wird auch von RAINS u. Mitarb. bei Gerstenwurzeln angenommen, eine Konkurrenz um die Trägerbindung und eine schädigende Wirkung auf den selektiven Aufnahmemechanismus, für die das rasche Absinken der Rb-Aufnahmerate bei niedrigen pH-Werten verantwortlich gemacht wird; Ca wirkt diesem H^+-Effekt entgegen und bewirkt auch bei niedrigen pH-Werten konstante Aufnahmeraten. Auch die Aufnahmerate von Na bleibt (selbst bei pH 5,8) nur in Ca-Gegenwart konstant [MARSCHNER (1)], ein „Viets"-Effekt tritt also auch hier auf. Diese Ca-Wirkung könnte über die Erhaltung der Membranstabilität erklärt werden. Von OERTLI (1, 2) wird der Versuch unternommen, auch diese Ca-Wirkung über Ionenkonkurrenz um Trägerbindungsstellen zu erklären. Der bei längerer Versuchsdauer und höheren Innenkonzentrationen verstärkte Rücktransport von Ionen, z. B. K, würde durch eine Konkurrenz zwischen Ca und K um die Trägerbindung an der Innenseite der Membranen herabgesetzt, womit der „Viets"-Effekt durch eine Ionenkonkurrenz beim Rücktransport zustande käme. Damit ließe sich auch die nach Na-Vorbehandlung geförderte K-Aufnahme erklären [OERTLI (2)]. Die verstärkte K-Abgabe durch Hefezellen bei niedrigen pH-Werten wird ebenfalls über den Trägerrücktransport erklärt (ARMSTRONG and ROTHSTEIN). – Dagegen soll sich nach PITMAN Ca nur über die erhöhte Anionenaufnahme fördernd auf die K-Aufnahme auswirken.

NOGGLE u. Mitarb. finden bei Gerstenwurzeln die übliche Förderung der Rb-Aufnahme durch Ca und fehlenden Rb-Einfluß auf die Ca-Aufnahme; dagegen hemmen bei Wegerich Ca-Zusätze auch bei 3stündiger Versuchsdauer die Rb-Aufnahme sehr stark, selbst bei einem Ca/Rb-Verhältnis von 1:100. Allerdings erscheint die zur Entfernung der durch Austauschadsorption gebundenen Kationen angewandte Methode unzureichend. Steigende Zusätze an Mg, K oder Al wirken sich bei Weizen auch bei mehrstündiger Versuchsdauer hemmend auf die Ca-Aufnahme aus, dem Al wird dabei eine spezifische Wirkung auf die Ca-Aufnahme zugeschrieben, da sie weder durch steigende Ca-Konzentrationen aufgehoben, noch durch Erhöhung der Al-Konzentration verstärkt werden konnte (JOHNSON and JACKSON); Al-EDTA wurde weder aufgenommen noch hatte es eine Wirkung auf die Ca-Aufnahme.

b) Anionen. Bei Weizenwurzeln treten je nach Konzentration und Versuchsdauer recht unterschiedliche Wechselbeziehungen zwischen Halogen-, Halogenat- und Nitrat-Ionen auf; Nitrat fördert z. B. die Aufnahme von Jodat und Chlorat und hemmt die von Cl, Br und besonders Bromat [CSEH and BÖSZÖMENYI (1, 2)]. Bei mehrstündiger Versuchsdauer mit isolierten Wurzeln sollten allerdings mögliche Fehler durch Exsudation beachtet werden. – Nach HELDER ist die Aufnahme von Cl und Br bei Gerstenpflanzen etwa 2:1 (1:1 in der Außenlösung), die Verteilung innerhalb der Pflanzen aber deutlich unterschiedlich. Gegenüber dem Sproß ($>2:1$) ist in der Wurzel ($<2:1$) das Br relativ angereichert; von den in das Symplasma im Verhältnis 2:1 eingedrungenen Ionen soll Br bevorzugt in den Vacuolen der Wurzelzellen gespeichert werden und somit relativ mehr Cl für den Sproßtransport zur Verfügung stehen.

Bei P-Mangelkulturen von *Scenedesmus* wirkt Phosphatzusatz stark hemmend auf die Sulfataufnahme, und auch bei längerer Versuchsdauer bleibt die Hemmung, insbesondere auf die Akkumulation von anorganischem Sulfat, bestehen [KYLIN (2, 3)].

c) Kationen/Anionen-Wechselbeziehungen. Über diese Wechselbeziehungen bei der Aufnahme besteht nach wie vor keine einheitliche Ansicht (vgl. auch oben). Übereinstimmend wird allerdings bestätigt, daß überschüssige Kationenaufnahme im Gewebe durch verstärkte Bildung organ. Säuren ausgeglichen wird. In Speichergeweben kommt es in K_2HPO_4-Lösungen gegenüber $CaBr_2$-Lösung zu 10—20facher Erhöhung der Äpfelsäurekonzentration (SPLITTSTOESSER u. BEEVERS) oder in K- gegenüber Ca-Salzlösungen zu stark erhöhter CO_2-Fixierung (MACDONALD and LATIES). Zwischen dem Gehalt an K und an organ. Säuren bestehen sowohl im Exsudationssaft von Tomatenpflanzen (MINSHALL) als auch in Tomatenfrüchten enge positive Korrelationen (BRADLEY; DAVIES). Ein Mißverhältnis zwischen den Gesamtkationen und den organ. Säuren steht möglicherweise in Beziehung mit dem sog. "Jonathan-spot" im Apfelgewebe (RICHMOND u. Mitarb.). Welche organ. Säuren den Kationenüberschuß kompensieren, hängt weniger von der Art des Kations, als vielmehr von der Pflanzenart ab; meist sind es Äpfelsäure oder Citronensäure (DAVIES; RICHMOND and Mitarb.) bei den sog. Oxalattypen (vgl. KINZEL) allerdings vorwiegend Oxalsäure, z. B. bei Zuckerrüben (JOY) oder Spinat [EHRENDORFER (1, 2); KITCHEN u. Mitarb.)]. Insbesondere steigende Zusätze an Calciumnitrat führen in diesen Oxalattypen zu starkem Anstieg im Ca-Oxalatgehalt, während KNO_3-Zusatz ihn vermindert (JOY); jedoch erhöht sich dann der Gehalt an löslicher („ernährungsphysiologisch aktiver") Oxalsäure [EHRENDORFER (2)]. — Besonders groß ist der Einfluß der Art der N-Ernährung (NO_3 oder NH_4) auf den Gehalt an organ. Säuren; bei NO_3-Ernährung erfordert die Erhaltung eines gewissen Kationen/Anionen-Verhältnisses nach der NO_3-Reduktion die verstärkte Bildung organ. Säuren, bei NH_4-Ernährung ist demgegenüber der Gehalt an organ. Säuren viel niedriger [JOY; EHRENDORFER (1); MINSHALL]. Von CUNNINGHAM (1—3) werden dem Kationen/Anionen-Verhältnis allgemein und in diesem Zusammenhangder Art der N-Ernährung große Bedeutung und ein regulierender Einfluß auf die Ionenaufnahme zugesprochen.

4. Verbindung mit dem Stoffwechsel

Diese ist nach wie vor unklar. Von MILLARD u. Mitarb. wird aufgrund von Versuchen an isolierten Mitochondrien die direkte Verknüpfung zwischen e^--Übertragung in der Atmungskette und der Ionenakkumulation angenommen. In Abwesenheit von anorgan. Phosphat (P_a) soll die Kationenaufnahme nur durch Umtauschreaktion mit H^+ zustande kommen und erst der durch e^--Fluß vermittelte P_a-Transport für eine Salzakkumulation in den Mitochondrien sorgen. Als wichtiges Argument gegen die direkte Verknüpfung mit dem e^--Transport und für die direkte Beteiligung energiereicher Phosphate bei der Ionenaufnahme dient meist die Hemmwirkung von Entkoppelungsgiften der oxydativen Phosphorylierung (z. B. 2,4-DNP). Oligomycin, welches ebenfalls die ATP-Bildung hemmt (MILLARD u. Mitarb.), hat aber im Gegensatz zu 2,4-DNP keinen Einfluß auf die Mg-Akkumulation in den Mitochondrien (vgl. auch BRIERLEY u. Mitarb.). In den meisten anderen Arbeiten zu diesem Problem wird eine direkte Verbindung mit den energiereichen Phosphaten (ATP oder dessen energiereichen Vorstufen) angenommen, so z. B. wegen der Hemmung von Arsenat auf die nachfolgende Aufnahme von Phosphat, Sulfat und Cl bei Maiswurzeln [WEIGL (1)], der durch 2,4-DNP oder Chloramphenicol (CAP) gehemmten Ca-Aufnahme isolierter Mitochondrien (STONER u. Mitarb.) oder der lichtinduzierten Ca-Aufnahme isolierter Chloroplasten, die durch Hemmung der Photophosphorylierung (NH_4-Zusatz) aufgehoben wird (NOBEL and PACKER). Nach WEIGL (2) soll auch das bei der zyklischen Phosphorylierung in Licht in den Chloroplasten gebildete ATP für die aktive Ionenaufnahme verwendet werden können. Bei Mitochondrien und intakten Geweben läßt sich unter anaeroben Bedingungen durch Zusatz von Fe-Cyanid als e^--Acceptor die Cl-Aufnahme erhöhen, Arsenat oder 2,4-DNP verhindern diesen Effekt weitgehend (BUDD and LATIES). Fe-Cyanid dient dabei vermutlich als e^--Acceptor vom Flavoproteid und erlaubt somit den ersten Schritt der e^--Übertragung in der Atmungskette und damit einen Teil der oxydativen Phosphorylierung. – Eine direkte Beteiligung von Phosphatiden beim Kationentransport durch Membranen [WEIGL (3)] oder Phosphorserin bei der Ionenaufnahme allgemein (RAFTER) wird bezweifelt.

Verschiedene Arbeiten beschäftigen sich mit der Beziehung zwischen Proteinsynthese bzw. Proteinumsatz [WEIGL (4)] und der Ionenaufnahme. So wird der bei längerer Vorbehandlung isolierter Stengelsegmente mit Wasser oder Maleat-Puffer gefundene starke Anstieg der Ionenakkumulation mit der Erhöhung der Proteinsynthese in Verbindung gebracht (PALMER and BLACKMAN; PALMER and LOUGHMAN); Zusatz höherer Konzentration von 2,4-D oder Streptomycin (PALMER) verhindern diesen Anstieg der Ionenaufnahme. Auch könnte nach DERBYSHIRE and STREET die bei isolierten Weizenwurzeln bei Lichteinwirkung gefundene verstärkte Aufnahme und Akkumulation von Nitrat mit der unter diesen Bedingungen erhöhten Proteinsynthese in Verbindung gebracht werden. – Unterschiedliche Empfindlichkeit der Ionenaufnahme in schnell- und langsamwachsenden Geweben gegenüber 2,4-DNP lassen sich primär auf Beeinflussung des Wachstums durch 2,4-DNP zurückführen (SMITHERS and SUTCLIFFE).

D-Serin, in schwächerem Maße D-Alanin und D-Threonin (nicht aber die L-Formen) hemmen die Sulfataufnahme. Voraussetzung für die

Hemmwirkung ist die D-Serinaufnahme ins Gewebe; die Hemmung soll nicht durch verstärkten Efflux zustande kommen (ELLIS u. Mitarb.). Die Wirkung von CAP und D-Serin auf die Ionenaufnahme ist ähnlich, in beiden Fällen werden die Atmung nicht beeinflußt, der Einbau von L-Serin ins Protein gehemmt, nicht aber die Proteinsynthese allgemein. Beide Substanzen sollen an irgend einer Stelle zwischen der Freisetzung der Atmungsenergie und deren Ausnutzung für die Ionenakkumulation eingreifen (ELLIS u. Mitarb.). Die gleiche Auffassung vertreten STONER u. Mitarb. wegen der ähnlichen Wirkung von CAP und Entkoppelungsgiften bei der Ca-Akkumulation in Mitochondrien. Die Hemmwirkung von CAP auf die Ionenaufnahme kann somit nicht als Beweis für direkte Zusammenhänge mit der Proteinsynthese dienen. Die Hemmwirkung von CAP auf die Ionenaufnahme könnte nach ELLIS auch direkt mit dem L-Serinstoffwechsel zusammenhängen und DAMADIAN and SOLOMON vermuten enge Verbindung zwischen der Biosynthese von Methionin und der K-Akkumulation bei *Escherichia coli*. Gegen allgemeine Verknüpfung zwischen Proteinsynthese und Ionenakkumulation spricht auch die Hemmung der Proteinsynthese durch Colchicin bei Pilzen bei ungehemmter NO_3-Akkumulation (NAGUIB and SALAMA). – Die Verschiedenartigkeit der Ansichten über die Verknüpfung mit dem Stoffwechsel kommt unter anderem dadurch zustande, daß man oft aus Hemmstoffwirkung auf Verknüpfung schließt, ohne genau den Angriffspunkt des Hemmstoffes zu kennen (vgl. CAP).

CAP hemmt nicht nur Ionenaufnahme, sondern führt bei Speichergeweben zu starker Abscheidung von Phosphat und Saccharose (ENGELBRECHT u. NOGAI); Zusatz von Kinetin hat bei Speichergeweben weder fördernden Einfluß auf die Phosphataufnahme noch kann es den CAP-Effekt schwächen. In grünen Blattgeweben wirken Kinetin (ENGELBRECHT u. NOGAI), aber auch IES und Gibberellin (SZEPES) fördernd auf die Phosphat-Aufnahme.

5. Mineralstoffumsatz

Bei der NO_3-Reduktion im Chloroplasten scheint eine direkte e^--Übertragung von den Grana über Flavinnucleotide auf die Nitratreduktase möglich zu sein (RAMINEZ u. Mitarb.). Die Bildung der Nitratreduktase in Blättern setzt nach AFRIDI and HEWITT NO_3-Angebot voraus (vgl. dagegen SANDERSON and COCKING), erfolgt dann aber innerhalb weniger Stunden; bei Orchideenkeimlingen erfordert ihre Bildung auch bei NO_3-Angebot mehrere Wochen und hängt offenbar mit der Entwicklung der ersten Blätter zusammen (RASHAVAN and TORREY). Bei *Neurospora* sind nach NICHOLAS and WILSON assimilatorische und dissimilatorische Nitratreduktase identische Mo-Proteide, der Fe-Gehalt letzterer soll nur durch das vorgeschaltete e^--Transportsystem (Cytochrom) zustande kommen. Die Nitritreduktase bei *Pseudomonas* ist ein Cytochrom mit 2 Häminen und bildet sich nur bei Nitratangebot (YAMANAKA).

Die Sulfatreduktion und der Einbau in die organische Bindung werden in grünen Blättern durch Licht stark erhöht [WEIGL (2)], die Blätter übernehmen vermutlich diesen Prozeß weitgehend für die gesamte Pflanze, die lichtabhängige ATP-Bildung liefert dabei offenbar den

Hauptanteil für die Bildung des „aktiven Sulfates", PAPS (WILLENBRINK). Die Reduktion zu Sulfit in den Chloroplasten dürfte über eine hier in Licht reduzierte Disulfidfraktion verlaufen (ASAHI). Die weiteren Schritte von Sulfit zum organ. gebundenen S sollen dann eng mit dem Eiweißstoffwechsel verknüpft sein (LOUGHMAN). – Eingehende Untersuchungen über die Beziehungen zwischen Phosphat- und Schwefelstoffwechsel stammen von KYLIN (2 u. 3). Nach Phosphatzusatz zu P-Mangelkulturen von *Scenedesmus* steigt der Einbau von Sulfat-S in die Proteinfraktion nur sehr langsam an (2), eine Hemmung der Bildung von „aktivem Sulfat" nach Phosphatzusatz wird dabei für möglich gehalten (3). Gegenüber Sulfat-S wird Methionin-S viel rascher in Wurzelspitzenmeristeme eingebaut (SCHEUERMANN). – Verschiedene Mikroorganismen sind zu einer gewissen Fraktionierung der Schwefelisotope ($^{32}S/^{34}S$) in der Lage (KAPLAN u. RITTENBERG). In vielen Pflanzenarten werden – vermutlich über APSe – die verschiedensten reduzierten organischen Selenverbindungen gebildet, dagegen weder Selenolipide noch Selenatester (NISSEN and BENSON). Dies soll an der Unfähigkeit zur Bildung von „aktivem Selenat" (PAPSe) liegen.

Nach HEBER u. Mitarb. kann ATP im Gegensatz zu anorgan. Phosphat durch die Chloroplastenmembran leicht permeieren und das bei der Photophosphorylierung gebildete ATP auch im Cytoplasma zur Verfügung stehen (vgl. auch WEIGL, 2; WILLENBRINK). – Die Bedeutung der anorgan. Polyphosphate bei Mikroorganismen wird unterschiedlich beurteilt. Nach BAKER and SMITH (1, 2) haben sie bei *Chlorella* reine Reservefunktionen, während MIYACHI u. Mitarb. ebenfalls bei *Chlorella* 4 verschiedene (vermutlich in der Zelle unterschiedlich lokalisierte) Polyphosphatfraktionen finden, von denen nur zwei Reservestoffe, die anderen beiden aber notwendige Zwischenstufen beim Aufbau von DNS und Phosphorproteinen sein sollen. STEVENINCK and BOOIG schreiben den an äußeren Membranen lokalisierten Polyphosphaten eine entscheidende Rolle bei der Glucoseaufnahme von Hefezellen zu. Der nach Phosphat-Zusatz zu P-Mangelkulturen von *Scenedesmus* nur langsam ansteigende Sulfat-S-Einbau in die Proteinfraktion könnte nach KYLIN (2) mit der zunächst bevorzugten Polyphosphatbildung zusammenhängen.

Verlagerung und Verteilung der Mineralstoffe

1. Verlagerung durch die Wurzel

In sehr kurzfristigen Versuchen finden TSAO u. Mitarb. bei Weizenwurzeln bei der ^{32}P-Aufnahme je ein Maximum unmittelbar hinter der meristematischen Zone und am Beginn der Wurzelhaarzone. Bei längerer Versuchsdauer ist bei Maiswurzeln die ^{32}P-Aufnahme in die Spitzenzone geringer als in die Zonen 2—8 mm hinter der Spitze, dafür überwiegt in der Spitzenzone der Einbau des ^{32}P in organ. Bindung [WEIGL (5)]. Bei Vorhandensein von *Mycorrhiza* komplizieren sich die Verhältnisse: je niedriger die Phosphataußenkonzentration ist, um so höher ist der Phosphatanteil, der schon im Pilzgewebe in organ. Bindung eingebaut wird und in dieser Form in die Wurzel eintritt (JENNINGS). Die stärkste Speicherung und Verlagerung von Chlorid findet bei Zwiebelwurzeln in der Zone 0—3 cm, die stärkste Wasserverlagerung 6—9 cm hinter der Spitze statt [HODGES and VAADIA (1)].

Aus dem bei mikroautoradiographischen Untersuchungen gefundenen hohen Markierungsgrad der Epidermis mit ^{35}S wird auf eine besondere Bedeutung der Epidermis bei der Ionenaufnahme geschlossen [WEIGL (4)]. Allerdings zeigen andere Versuche mit der gleichen Methode eine gute Durchlässigkeit der Epidermis für Sulfat-Ionen und eine starke ^{35}S-Markierung der Epidermis auch bei Zusatz von Azid (LÜTTGE; LÜTTGE u. WEIGL), Adsorptionsvorgänge dürften weitgehend dafür verantwortlich sein (LÜTTGE). Eine Revision der Vorstellung über die Bedeutung des AFS für die Ionenaufnahme erscheint daher nicht erforderlich. Die entscheidende Barriere gegen Ionendiffusion kommt zweifellos der Endodermis zu (LÜTTGE u. WEIGL); frisch isolierte Zentralzylinder von Maiswurzeln zeigen eine sehr hohe Aufnahme von Sulfat. Bei Cl finden BUDD and LATIES analoge Ergebnisse, wobei die Ionenpermeabilität extrem hoch und die Aufnahme in die Zellen des Zentralzylinders praktisch stoffwechselunabhängig ist. Diese hohe Ionenpermeabilität würde dann den gerichteten Transport nach den Gefäßen gut erklären. Die Vorstellung einer passiven Abgabe der vom Wurzelgewebe akkumulierten Ionen an die Gefäße wird auch von HELDER vertreten, und die nach Zusatz von Stoffwechselgiften bzw. O_2-Entzug kurzfristig auftretende Erhöhung der Menge des Exsudationssaftes dekapitierter Wurzeln ebenfalls als Hinweis dafür angesehen (MACDOWALL).

Bei der Verlagerung von Zelle zu Zelle in die Gefäße spielt der symplasmatische Weg die entscheidende Rolle. Hier erfolgt eine Vermischung der neu aufgenommenen Ionen mit dem schon vorhandenen "pool" [ARISZ (2)]. Je höher die Innenkonzentration an Cl ist, desto stärker erfolgt nach VAADIA and HODGES (2) die Rückdiffusion von Cl aus der Vacuole und Besetzung der Transportstellen im Symplasma durch „inneres" Cl, die Aufnahme von außen sinkt deshalb [vgl. auch CSEH and BÖSZÖRMENYI (2)] ab – und nicht wegen des erhöhten Cl-Efflux aus den Zellen [HODGES and VAADIA (2); ARISZ (1, 2); vgl. dagegen STEVENINCK]. Es soll nur ein einheitliches Cl-Transportsystem existieren, das Cl entweder in Vacuolen oder zu den Gefäßen verlagert; bei hohen Cl-Außenkonzentrationen könnte noch eine passive Komponente eine Rolle bei der Verlagerung zu den Gefäßen spielen [HODGES and VAADIA (3)]. – Der Transport von Kieselsäure durch die Wurzel in die Gefäße erfolgt nach SHONE aktiv, und auch bei Ca findet LOPUSHINSKY (1) höhere Ca-Konzentration in den Gefäßen gegenüber der Außenkonzentration und schließt daraus auf aktiven Ca-Transport. Aufgrund von Potentialmessungen zwischen Exsudationssaft und Außenlösung und Konzentrationsmessungen schließen BOWLING and SPANSWICK, daß nur der Cl-Transport in die Gefäße aktiv erfolgt, der Transport von K dagegen rein passiv. Es tritt also hier die gleiche Problematik auf wie bei der Aufnahme in die Einzelzelle, eine gegenüber der Außenlösung höhere Innenkonzentration ist noch kein Beweis, daß diese Ionen (bes. Kationen) aktiv transportiert worden sind.

Wurzeldruck und Guttation sind das Ergebnis eines aktiven Salztransportes durch die Wurzel in die Gefäße; bei Erhöhung des osmotischen Druckes der Außenlösung durch Saccharose oder Carbowax sinkt die Guttation ab, ein weiterer Zusatz von leicht aufnehmbaren Salzen erhöht dann (trotz weiterer Erhöhung des osmotischen Wertes der Außenlösung) aber die Guttation [GRAČANIN; OERTLI (3)]. – Auch in der Dunkelheit zeigen sich starke tagesperiodische Schwankungen des Wurzeldruckes (MACDOWALL).

Erhöhung des hydrostatischen Druckes auf die Nährlösung bzw. Anlegen eines Vakuums am Wurzelstumpf fördern die Wasserverlagerung durch die Wurzel stärker als die der Ionen, deren Konzentration im Exsudat dann absinkt, bei den einzelnen Ionen aber unterschiedlich [JENSEN; LOPUSHINSKY (2)]. Bei intakten Pflanzen sinkt mit zunehmendem Wassertransport (Transpiration) die Bevorzugung von Ca gegenüber Sr beim Transport in den Sproß deutlich ab (EMMERT), bzw. werden Aufnahme von Na und Mg gefördert, während die K-Aufnahme davon kaum beeinflußt wird; die Pflanzenart spielt dabei auch eine Rolle [MARSCHNER (2)].

2. Verteilung in der Pflanze

In Maiswurzelsegmenten beträgt der basipetale Ca-Transport in den Xylemgefäßen ein Vielfaches des akropetalen; diese Polarität des Transportes geht allerdings nach vorherigem Durchsaugen von Wasser verloren (EVANS). Die weitere Verteilung von Ca innerhalb der Pflanze ist zweifellos ein stark transpirationsabhängiger Xylemtransport (ESCHRICH u. Mitarb.), der zur bekannten Ca-Anreicherung in den älteren Blättern führt (LEHMANN u. GARZ). Für die B-Verteilung trifft sicher Ähnliches zu, es reichert sich bei guter B-Versorgung in den älteren Blättern, und hier vorwiegend am Blattrand und in den Blattspitzen an [MACILRATH and SKOK (1); SHORROCKS] und führt dort leicht zu Nekrosen (BERGMANN u. Mitarb.; KRETSCHMER). Im Stengelgewebe zeigt sich eine deutliche Zunahme der B-Konzentration von den Gefäßen zu den (chlorophyllführenden) Außenzonen [MACILRATH and SKOK (1)]. – Zwar findet nach dem Auskeimen von Kartoffeln normalerweise eine Ca-Einlagerung in die Mutterknolle statt, bei fehlendem Außenangebot läßt sich aber auch eine Ca-Auswanderung nachweisen (HAGEMANN).

Verschiedene Empfindlichkeit gegenüber Fe- und Zn-Mangel je nach Unterlage bei Citrusbäumen (KHADR and WALLACE) bzw. gegenüber hohen Phosphatkonzentrationen bei bestimmten Sojabohnensorten (FOOTE and HANSON) hängen mit unterschiedlicher Translokation von der Wurzel in den Sproß zusammen. Die im Verhältnis zu Reis größere Empfindlichkeit von Gerste gegenüber höherem Mn-Angebot ist aber nicht die Folge verstärkter Mn-Translokation bei Gerste, vielmehr enthält Reis bei gleichem Mn-Angebot viel mehr Mn im Sproß als Gerste, bei der Mn verstärkt in der Wurzel zurückbleibt (VLAMIS and WILLIAMS). *Pinus radiata* zeigt hohe Al-Aufnahme und bei Vorhandensein von genügend Phosphat auch hohe Al-Toleranz; dabei spielt offenbar die „Inaktivierung" von Al im Sproß eine große Rolle (HUMPHREYS and TRUMAN). Nach FOY and BROWN soll die Al-Toleranz der Pflanzen ganz allgemein davon abhängen, inwieweit diese bei Al-Überschuß noch in der Lage sind, Phosphat aufzunehmen und zu verwerten. EDDHA-Zusatz erhöht zwar die Al-Löslichkeit, führt aber zu verstärkter Phosphat-Aufnahme – ein Hinweis auf die hohe Stabilität der Al-Chelate in der Pflanze. Auch Fe-EDDHA begünstigt nicht nur die Fe-Aufnahme durch die Wurzel, sondern wandert offenbar zum größten Teil als Fe-EDDHA in den Sproß (HALE and WALLACE). — JACOBY glaubt, daß die geringe Na-Verlagerung in die Sprosse von Bohnenpflanzen nicht an einer besonderen Barriere in der Wurzel gegen die Na-Verlagerung, sondern an selektiver Na-Bindung in der Wurzel bzw. in den unteren Stengelteilen liegt. – Entfernung der Sproßspitze bei Erbsenpflanzen führt zu einer starken Anreicherung des aufgenommenen Phosphates in den unteren Stengelteilen, eine Behandlung der Schnittstellen mit IES begünstigt deutlich die Verlagerung in die oberen Stengelteile (NAKAMURA).

Zwischen verschiedenen Sorten oder Stämmen einer Pflanzenart treten Unterschiede hinsichtlich Aufnahme, Verlagerung und Verwertung der Nährstoffe auf (VOSE and BREESE; KADMAN; BAKER u. Mitarb.; FOOTE and HOWELL); diese Unterschiede müssen aber nicht unbedingt auf verschiedene Aufnahmemechanismen zurückgeführt werden, unterschiedliches Wurzelwachstum kann als Erklärung dafür ausreichend sein, wie von LAMBERT and LINCK beim Vergleich zweier Pflanzenarten gezeigt werden konnte.

3. Aufnahme über das Blatt

Die Nährstoffaufnahme über das Blatt läßt sich als aktiver, stoffwechselabhängiger Prozeß demonstrieren (YOUNG and WITTWER), bei dem auch gleiche Gesetzmäßigkeiten, z. B. Wechselbeziehungen zwischen den Ionen, herrschen wie in den Wurzeln (SMITH and EPSTEIN) und bei dem den Ekdodesmen zweifellos große Bedeutung zukommt (FRANKE). Die meist vorhandene Cuticula erschwert zwar den Durchtritt der Ionen, er ist aber auch hier gut möglich [YAMADA u. Mitarb. (1, 2)].

Aufnahme und Translokation sind bekanntlich je nach Blattalter verschieden, dabei bestehen aber offensichtlich noch Unterschiede zwischen Keim-, Primär- und Fiederblättern; Keim- und Primärblätter von Bohnenpflanzen verlagern z. B. auch im Jugendzustand einen großen Teil des aufgenommenen ^{32}P, Fiederblätter dagegen erst im älteren Zustand (AHLGREN and SUDIA). Die Abwanderung von ^{32}P aus dem Blatt zeigt einen deutlichen Tagesrhythmus (VOGL). Aufnahme und Translokation aus den Blättern sind bei Hg sehr gering, eine Verlagerung selbst in die Kartoffelknolle kann aber bei Verwendung Hg-haltiger Spritzmittel nachgewiesen werden (ROSS and STEWART).

Durch Besprühen mit aqua dest. lassen sich innerhalb weniger Tage 30–40% des aufgenommenen Ca wieder aus den Blättern auswaschen, der Verlust wird allerdings durch Mehraufnahme über die Wurzeln wieder ausgeglichen (MECKLENBURG and TUKEY). Bei Reis kann nach TANAKA and NAVASERO während der Regenzeit die Auswaschung an N-Verbindungen von der Blüte bis zur Reife 30% des Gesamt-N betragen; die Auswaschungsverluste (auch an K) sind besonders bei älteren Blättern und dunkel gehaltenen Pflanzen hoch. Dieser Auswaschung aus Blättern wird von TUKEY and MECKLENBURG große ökologische Bedeutung beigemessen, z. B. bei der Redistribution basipetal unbeweglicher Nährstoffe auf dem Umweg über den Boden in die jungen Organe. Von

TUKEY wird sogar der unterschiedliche Mineralstoffgehalt von Freiland- und Gewächshauspflanzen auf diese Auswaschung zurückgeführt.

Rolle der Mineralstoffe

Verschiedenes. Das optimale Verhältnis von N/P/K in der Nährlösung ist auch für eine bestimmte Pflanzenart nicht konstant, sondern verschiebt sich im Laufe der Ontogenese deutlich, vor allem in Richtung Verkleinerung des N/P-Quotienten bei der Fruchtbildung (VAKHMISTROV and ZHURBITSKII). Bei Nadelbäumen läßt sich bei Mineralstoffmangel Frühfruktifikation erzeugen; die stärkste Wirkung hat relativer Mangel an N (LYR u. HOFFMANN). Der Gehalt an Cyanid-Glucosiden bei *Sorghum* wird durch steigende N-Gaben erhöht (KRIEDEMAN), der Ölgehalt und die Jodzahl sinken dagegen bei Flachs und Safflor ab (YERMANOS u. Mitarb.). Zwar führen steigende N- und K-Gaben zu leichtem Absinken des Ascorbinsäuregehaltes der Kartoffel, die Unterschiede zwischen den einzelnen Jahren sind aber um ein Vielfaches höher als zwischen den einzelnen Düngungsstufen (TEICH and MENZIES). Erhöhte N-Zufuhr verschiebt bekanntlich das Wurzel/Sproß-Verhältnis zugunsten des Sprosses; je niedriger die Lichtintensität ist, desto stärker wirkt N in dieser Richtung (LEBEDEV). Diese N-Wirkung soll nach WILKINSON and OHLROGGE mit einer, bei erhöhter N-Zufuhr verstärkten Bildung von Substanzen mit Wuchsstoffcharakter in der Wurzel zusammenhängen, die direkt hemmend auf das Wurzelwachstum wirken.

Eingehende Untersuchungen bei *Chlorella* über die Beziehungen zwischen Chlorophyll und dem Strukturproteid der Plastiden bei Mangel an verschiedenen Nährstoffen führte BÖGER durch. Bei N- und Mg-Mangel liegt nur voll mit Chlorophyll belegtes Strukturproteid vor, ungenügende Chlorophyllbildung hat hier ihre Ursache in gehemmter Proteinsynthese. Bei K-Mangel tritt dagegen mit Chlorophyll unterbelegtes Strukturproteid auf; K-Zusatz führt dann selbst in Dunkelheit zur Auffüllung des Pigmentgehaltes im vorhandenen Strukturproteid. Bei Fe-Mangel treten beide Typen des Strukturproteids auf (vollbelegt und unterbelegt). – Bei *Rhodospirillum* führt S-Mangel zu gehemmter Chlorophyllbildung und Abscheidung von Porphyrinen (LESSIE and SISTROM) und Cs-Ernährung bei Gerstenkeimpflanzen zu gehemmter Chlorophyllbildung und starker Protochlorophyllidanreicherung, die im Licht starke Schädigung der Sprosse auslöst [MARSCHNER (3)].

Sameneinquellung in Spurenelementlösungen soll über erhöhte ATP-Bildung, bzw. verzögerten ATP-Abbau die Dürreresistenz der Pflanzen erhöhen (ŠKOLNIK; BOZHENKO u. Mitarb.). Durch Zn-Behandlung wird die Widerstandsfähigkeit der Pflanzen gegen Entkoppelungsgifte erhöht — bei Co trifft das gleiche zu (LOERCHER and LIVERMAN) — und damit gleichzeitig die Hitzeresistenz (PETINOV u. Mitarb.). Mn oder Mo verschieben bei NO_3-Ernährung der Pflanzen das Verhältnis Ascorbinsäure/Dehydroascorbinsäure zugunsten der reduzierten Form, Fe wirkt umgekehrt (AMBERGER u. EL-FOULY).

Alkaliionen. Von besonderem Interesse erscheinen die Ergebnisse über die Rolle von K bei der Proteinsynthese. In zellfreien Systemen (SPYRIDES; CONWAY; SCHLESINGER) oder bei K-Mangel-Mutanten von *Escherichia coli* (LUBIN and ENNIS) erfordert die Bindung der Aminoacyl-sRNS an die komplementäre Matrix der Ribosomen (und damit die Aminosäurepolymerisation) die Gegenwart von NH_4 oder K. NH_4 erweist sich dabei wirksamer als K, ein Ersatz durch Na ist nicht möglich. Bei Mutanten von *Escherichia coli*, die an K verarmt sind, geht die

RNS-Synthese weiter, die Proteinsynthese hört aber auf; bei niedriger K-Konzentration wird die Rate der Proteinsynthese durch die Übertragung der Aminosäuren von Aminoacyl-sRNS auf die Polypeptidkette begrenzt (LUBIN and ENNIS). – Daneben kommen dem K aber zweifellos noch andere wichtige Funktionen im Stoffwechsel zu (vgl. auch BÖGER). So treten bei K-Mangel Veränderungen im Gehalt an organischen Säuren insgesamt, wie auch der einzelnen Säuren zueinander (PATTEE u. Mitarb.; PANDEY and RANJAN) oder Anreicherung bestimmter Aminosäuren (Asparaginsäure, Serin, Alanin) ein, was mit Veränderungen im Krebscyclus in Zusammenhang gebracht wird (VYSKREBENTSÉVA).

Bei guter K-Versorgung der Pflanzen erhöht sich der Gehalt der Blätter an gebundenem Wasser deutlich, und die Wasserabgabe (Welketranspiration) ist deutlich vermindert (SHCHUKINA). Der K-Gehalt der Blätter von Flachsstämmen, die gegen *Fusarium*-Welke resistent sind, ist immer deutlich höher als bei den empfindlichen Stämmen; Unterschiede in der K-Aufnahme könnten somit ein Faktor bei dieser Resistenz sein (DASTUR u. BHATT).

Erdalkaliionen. Hier stehen die Untersuchungen über die Rolle der Ca-Ionen in Zellmembranen und Grenzflächen im Mittelpunkt. Dabei wird entweder den Veränderungen der elektrischen oder der mechanischen Eigenschaften größere Bedeutung beigemessen, wahrscheinlich sind beide aber gar nicht voneinander zu trennen. Die fördernde Wirkung von Ca auf die Aufnahme von Cl (PITMAN; LATIES and BUDD; LATIES and MACDONALD; FINDLAY and HOPE) oder Br (HOOYMANS) wird in erster Linie mit der entladenden Wirkung auf die negativ geladenen äußeren Grenzflächen erklärt. Die elektrischen Eigenschaften des Plasmalemmas ändern sich bei Ca-Zusatz zur Außenlösung stark (FINDLAY), vor allem erhöht sich – im Gegensatz zur Wirkung einwertiger Kationen – die PtD zwischen Innen- und Außenlösung stark, was u. a. seine Ursache in verminderter K-Permeabilität haben könnte (HIGINBOTHAM u. Mitarb. (1, 2); LATIES and BUDD]. Auch die Wasserpermeabilität wird höchstwahrscheinlich durch Ca vermindert (GLINKA and REINHOLD). Die Wirkung von Ca auf verminderte K-Permeabilität läßt sich sowohl an Einzellern als auch bei Pflanzenwurzeln demonstrieren: Zur Aufrechterhaltung hoher K- und niedriger Na-Innenkonzentrationen in einer Na-Lösung ist Ca Gegenwart erforderlich, in Ca-freien EDTA-Medien nehmen alle Zellen Na auf und geben K dafür ab (MORILL u. Mitarb.). Bei hohem K-Innengehalt erfolgt in einer Na-Lösung die Na-Aufnahme in erster Linie durch Austausch für abgegebenes K, ein Ca-Zusatz schränkt die K-Abgabe stark ein, die Hemmwirkung von Ca auf die Na-Aufnahme läßt sich dann – neben einer direkten Wirkung auf die Na-Permeabilität (HOOYMANS) – über Einschränkung dieser Umtauschvorgänge erklären (MARSCHNER (1); vgl. auch LABRIQUE). Ca-Zusatz verhindert auch die Erhöhung der Zellpermeabilität bei γ-Bestrahlung (SKOU). Ein Ca-Entzug durch EDTA oder Oxalat erhöht die Labilität der äußeren Plasmagrenzschichten und zeigt die Wichtigkeit von Ca für diese Strukturen; Ca ist hier durch andere mehrwertige Kationen zu ersetzen (HERRMANN). Ein Ca-Entzug durch EDTA führt aber auch zu Sekundäreffekten, z. B. Verfestigung des Plasmas, aus der EDTA-Wirkung sollten daher nur mit Vorsicht Rückschlüsse auf die Ca-Wirkung in den Zellen (FOOTE and HANSON) gezogen werden.

Die Bedeutung von Ca für die Erhaltung der Membranstabilität läßt sich auch experimentell demonstrieren; bei fehlendem Außenangebot an Ca kommt es in Wurzelzellen zur Auflösung des Tonoplasten und Vermischung von Zellsaft und Cytoplasma, nachträglicher Ca-Zusatz führt wieder zur Ausbildung des Tonoplasten (MARSCHNER u. GÜNTHER). Zweifellos werden aber auch noch andere Membranstrukturen bei Ca-Mangel verändert [vgl. Fortschr. Bot. **25** (1963)]. Mitochondrien aus Ca-Mangelpflanzen enthalten mehr wasserlösliche Substanzen und weniger Eiweiß und zeigen geringere Effektivität der Atmung (verestertes Phosphat/aufgenommenem O_2) was über Veränderung der Membranstruktur bei Ca-Mangel erklärt wird [BUŠUEVA u. Mitarb. (1, 2); vgl. auch HENNEMAN and UMBREIT].

Während das Streckenwachstum von Ca-Mangelwurzeln unter geeigneten Bedingungen (Wachstum in feuchter Atmosphäre) nicht gehemmt ist (MARSCHNER u. GÜNTHER), läßt sich diese Hemmung bei Ca-Mangel in Sprossen nachweisen; Ca-Injektionen in die Stengel wirken normalisierend (BURSTRÖM). — Das Pollenschlauchwachstum von *Antirrhinum* erfolgt chemotrop zur Ca-Quelle hin, B verstärkt zwar den Ca-Effekt, ist aber allein unwirksam. Da die Samenanlagen innerhalb des Blütengewebes den höchsten Ca-Gehalt haben, könnte dieser Ca-Effekt auch für das zur Samenanlage gerichtete Wachstum der Pollenschläuche verantwortlich sein (MASCARENHAS and MACHLIS). – Bei einem Ersatz von Ca durch Sr wird bei *Crococcum echinozypotum* vor allem die Freisetzung der Aplanosporen aus den vegetativen Zellen gehemmt (GILBERT and O'KELLEY).

Bei Erdnußsamen treten 2 verschiedene physiologische Schädigungen (Verbraunungen) auf, die auf Mangel an Ca und B zurückgeführt werden können. Bei Ca-Mangel kommt es vor allem zur Schädigung des Keimlings (COX and REID).

Mg ist für die Bildung der verschiedenen Ribosomeneinheiten (50s und auch 70s) aus den Untereinheiten (2 × 30s und 50s + 30s) verantwortlich (RODGERS).

Eisen. Wichtige Erkenntnisse über die Rolle von Fe wurden vor allem im Zusammenhang mit Ferredoxin (Fd) erzielt. Fd ist das stärkste, aus biologischem Material bisher isolierte Reduktionsmittel und spielt bei den verschiedensten e^--Übertragungen eine entscheidende Rolle. Es enthält 7 Fe-Atome in nicht-häminartiger Bindung und 6 oder 7 Atome Sulfid-S; die Verbindung der 5 „mittelständigen" Fe-Atome untereinander erfolgt über S-Brücken von Sulfid und Cystein (BLOMSTROM u. Mitarb.). In zellfreien Extrakten von *Clostridium past.* ist die N_2-Fixierung an das Vorhandensein von reduziertem Fd gebunden [MORTENSON (1, 2); D'EUSTACHIO and HARDY]. Aber auch in dem photosynthetisierenden *Bacterium chromatium* ist Fd sowohl an N_2-Fixierung als auch an H_2-Entwicklung beteiligt (BENNETT u. Mitarb.), und sowohl bei *Clostridium* (BACHOFEN u. Mitarb.) als auch bei *Chromatium* ist es mit Hilfe von reduziertem Fd möglich, aus Acetylphosphat und CO_2 Pyruvat aufzubauen (BUCHANAN u. Mitarb.). Und schließlich konnten ARNON u. Mitarb. nachweisen, daß in Chloroplasten als erstes photochemisches

Produkt reduziertes Fd auftritt, alle anderen Reaktionsschritte sind lichtunabhängig.

Neben seiner Rolle im Fd spielt Fe im Zusammenhang mit der Photosynthese noch andere wichtige Rollen, z. B. im Cytochrom c und b, die funktionell in den Chloroplasten lokalisiert sind und vermutlich auch in konstantem Verhältnis zum Chlorophyll vorliegen (PERINI u. Mitarb.). Daneben hat Fe bei der Chlorophyllsynthese selbst eine wichtige Funktion, gehemmte Chlorophyllbildung bei Fe-Mangel kommt nicht nur durch gehemmte Proteinsynthese zustande (BÖGER; PRICE and CARELL). Stärkere Veränderungen in der Lipidfraktion der Chloroplasten lassen sich vor dem Auftreten von stärkeren Fe-Mangelsymptomen nicht feststellen (NEWMAN). – Obwohl in Fe-Mangelpflanzen die Aconitaseaktivität stark abnimmt, scheint dieses Enzym weder Fe als wirksame Metallkomponente zu enthalten noch zu seiner Aktivierung zu benötigen (PALMER).

Mangan. Mn spielt vermutlich bei der Biosynthese von IES aus Tryptophan eine Rolle (RIDDLE and MAZELIS). Die wachstumssteigernde Wirkung von Tomatensaft auf verschiedene Arten von Mikroorganismen ließ sich in den meisten Fällen auf dessen Mn-Gehalt zurückführen (STAMER u. Mitarb.). – In Blättern wird durch Infiltration von Chelatoren die Hillreaktion gehemmt, nach Auswaschen des Chelators und Mn-Zusatz erhöht sich die Hillreaktion wieder (SAPOZHNIKOV and SAKHAROVA).

Kupfer. Bei Cu-Mangel wird die Hillreaktion kaum beeinflußt, dagegen sinkt die Photoreduktion stark ab (BISHOP). Cu hat offenbar auch einen Einfluß auf die Verteilung von neu aufgenommenem Ca in der Pflanze (BROWN and FOY). Bei *Trifolium repens* führt Cu-Mangel zu verminderter Knöllchengröße und Cu-Überschuß zu verminderter Knöllchenzahl; in beiden Fällen treten Mindererträge auf. Hohe Gaben an mineralischem N machen die Pflanzen unempfindlicher gegenüber unterschiedlicher Cu-Versorgung (HALLSWORTH u. Mitarb.).

Cobalt. 15 ppm Co fördern das Wachstum von Bäckerhefe (VILIKY and STEFANEK), bei *Propionibacterium* haben Wachstum und B_{12}-Synthese bei 3 ppm Co ihr Optimum (RAO and WASHINGTON), bei *Azotobacter* wirken bereits 0,1 ppm Co fördernd auf die N_2-Fixierung (ISWARAN and RAO). Auch *Clostridium past.* benötigt für die N_2-Fixierung Co- oder B_{12}-Zusatz, der geringe Bedarf läßt aber eher eine Rolle bei der Synthese der Hydrogenase oder der N_2-fixierenden Enzyme vermuten als eine direkte Funktion als Cofaktor bei der H- oder N_2-Aktivierung (NICHOLAS u. Mitarb.). Die bei Co-Mangel ungenügende Synthese von B_{12} führt bei *Rhizobium* (analog zu tierischen Zellen) zur Unfähigkeit, Propionate zu Bernsteinsäure zu oxydieren (DE HERTOGH u. Mitarb.). – Bei Luzerne führt Co-Anwendung über Vergrößerung der Knöllchen und Erhöhung der Fixierungskapazität/Einheit Knöllchengewicht zu Mehrerträgen (POWRIE).

Zink. MCCONN u. Mitarb. konnten aus *Bacillus subtilis* eine Protease isolieren, deren Aktivität direkt proportional zum Zn-Gehalt ist. In *Rhodopseudomonas* läßt sich ein Enzym nachweisen, welches den Einbau von Zn in Protoporphyrin katalysiert (NEUBERGER and TAIT). Zn spielt möglicherweise bei der Nicotinsäuresynthese von *Mycobacterium tub.* eine Rolle (MOTHES), bei Zn-Mangel reichern sich in höheren Pflanzen besonders Amide (VRACHNOU u. Mitarb.), NO_3-N und Phosphat an (ROSELL and ULRICH). Das Auftreten von Zn-Mangel bei steigendem Phosphatangebot hängt weniger mit verminderter Zn-Aufnahme als einem zu weiten P/Zn-Verhältnis (Grenzwert etwa 400:1) in der Pflanze zusammen (BOAWN and LEGGETT).

Bor. Die primären Angriffspunkte von B im Stoffwechsel sind nach wie vor unklar. Als erste Veränderung finden SLACK and WHITTINGTON bei B-Mangelwurzeln und ^{14}C-Glucoseangebot einen verstärkten ^{14}C-Einbau in die Pektinfraktion, ansonsten kommen aber Unterschiede im Pektin- und Cellulosegehalt des Gewebes bei verschiedener B-Versorgung in erster Linie durch das größere Alter des entsprechenden B-Mangelgewebes zustande. Dieser Gesichtspunkt spielt sicher auch bei Unterschieden im Ligningehalt [DUTTA and MCILRATH; MCILRATH and SKOK (2)] von Normal- und B-Mangelgewebe eine Rolle. Im B-Mangelgewebe finden FULLER and THOMAS – bei unbeeinflußter RNS-Synthese – gehemmte DNS-Synthese, ŠKOLNIK u. Mitarb. Senkung des Gehaltes an freien Auxinen und MAEVSKAJA and ALEXEEVA Erhöhung der ATPase-Aktivität. Bei den im B-Mangelgewebe mikroskopisch feststellbaren Anhäufungen von dunklen Farbstoffen (BUSSLER) dürfte es sich um Polyphenole handeln; bei Sonnenblumen finden WATANABE u. Mitarb. vor allem Skopolin und ein Glucosederivat der Gentisinsäure. Sonstige Mikrosymptome sind vor allem gehemmte Zellstreckung bei abnormer Verbreiterung der Zellen (SLACK and WHITTINGTON), bzw. Zell- und Gewebewucherungen, verbunden mit dem Auftreten abnorm vergrößerter Einzelzellen; diese Symptome sind bei den verschiedensten Pflanzenarten gleich (BUSSLER).

Phosphor. Während die lichtmikroskopisch feststellbaren Unterschiede im Gewebe zwischen Normal- und P-Mangelpflanzen im wesentlichen auf den unterschiedlichen Entwicklungszustand (langsameres Wachstum der P-Mangelpflanzen) zurückzuführen sind (BUCHHOLZ), lassen sich elektronenmikroskopisch schon vor dem Auftreten von makroskopisch sichtbaren P-Mangelsymptomen Veränderungen der Chloroplastenstruktur nachweisen, wobei die Granastruktur zunächst in Richtung verstärkter Lamellenausbildung verändert wird und es schließlich bei starkem P-Mangel zur Auflösung dieser Lamellen kommt, verbunden mit dem Auftreten großer osmiophiler Körper (vermutlich lipophile Substanzen vom Membranabbau; THOMPSON u. Mitarb.). Bei P-Mangelpflanzen nimmt nicht nur der Gehalt an freien Nucleotiden stark ab, sondern ihre Zusammensetzung verschiebt sich ebenfalls (ROUX).

Ökologische Probleme

Im Boden soll bei der Aufnahme einwertiger Kationen der Diffusionsgeschwindigkeit entscheidende Bedeutung (EVANS and BARBER; PLACE and BARBER), der festen Phase nur die Rolle als Reservoir für die Nachlieferung in die Bodenlösung zukommen (FREERE and AXLEY; MOSS). Aus (allerdings problematischen) Berechnungen des aktiven Wurzelvolumens im Boden wird von AL-ABBAS and BARBER auf die Anteile von Wurzelwachstum, Diffusion und Massenfluß bei der Ca- und Mg-Aufnahme von Sojabohnen geschlossen. Nach EATON and BERNARDIN kann der Massenfluß bei höherer Transpiration der Pflanzen vor allem in Böden mit höherem Salzgehalt zu starker Salzanhäufung in Wurzelnähe und damit erhöhter Salzaufnahme führen; bei Vergleichsversuchen in Nährlösungen ergab sich keine Förderung der Aufnahme durch erhöhte Transpiration. Bei der Übertragung der Ergebnisse von Wasserkulturversuchen auf Verhältnisse im Boden bezüglich Salztoleranz der Pflanzen erscheint daher Vorsicht geboten.

Von JENNY and GROSSENBACHER konnte gezeigt werden, daß Gerstenwurzeln an ihrer Oberfläche mit einer Schleimhülle („Mucigel") umgeben sind, die wiederum in engem Kontakt mit den Bodenteilchen steht; in dieser Schleimhülle befinden sich auch z. T. Bakterienkolonien. Wenn dies auch kein Beweis für die Bedeutung des Kontaktaustausches bei der Ionenaufnahme ist, so zeigt dieses Phänomen doch erneut die Notwendigkeit der stärkeren Beachtung der Grenzfläche Wurzel/Boden, der Rhizosphäre, deren Mikroorganismen auf die höhere Pflanze entweder über evtl. Produktion von Wuchsstoffen (JACKSON u. Mitarb.; WELTE u. TROLLDENIER), bzw. allgemeine Förderung des Gesundheitszustandes (BROWN and Mitarb.), über nichtsymbiontische N_2-Fixierung durch Rhizosphärenbakterien (HASSOUNA and WAREING), Rhizosphärenpilze (RICHARDS and VOIGT) oder über direkte Förderung der Nährstoffaufnahme, z. B. bei Mais auf phosphatarmen Standorten (GERDEMANN), einen günstigen Einfluß ausüben können.

Bis zur Erhöhung des O_2-Gehaltes der Bodenluft auf 10% steigen Wachstum und Aufnahme von N, P und K — nicht aber von Na — (LETEY u. Mitarb.), bei hohen Bodenwassergehalten soll die niedrige O_2-Spannung der Bodenluft begrenzend auf Nährstoffaufnahme und Wachstum wirken (MOSS). Ein gewisser O_2-Transport innerhalb der Wurzel von der Basalzone zur Spitze läßt sich nachweisen (JENSEN u. Mitarb.). Die CO_2-Konzentration in den Intercellularen von Weizenwurzeln erreicht in der Streckungszone Werte bis zu 7,5 Vol.-% (FADEEL). In Wasserkulturversuchen konnte von BERGQUIST bei verschiedenen Pflanzenarten durch Erhöhung der CO_2-Konzentration der Lösung eine Wachstumsverbesserung, besonders der Wurzeln, erzielt werden. Ähnlich fördernde Wirkung durch Erhöhung der Bicarbonatkonzentration der Lösung fand GUPTA bei Tabakblättern.

Die Gehalte der Pflanzen an Zn, Cu und Mn werden durch Kalkung nur dann vermindert, wenn diese mit stärkerer pH-Verschiebung verbunden ist (YOUNTS and PATTERSON; BROWN and JURINAK), ähnlich kann auch die Art der N-Düngung auf die Zn-Aufnahme wirken (MILLER and Mitarb.). Höhere Zusätze an organischer Substanz können die Menge an pflanzenverfügbarem Zn vorübergehend herabsetzen (DE REMER and SMITH), hohe Phosphatgaben den Zn-Gehalt der Pflanzen vermindern (ROSCOE and Mitarb.; vgl. aber BOAWN and LEGGETT), den Mn-Gehalt (im Falle von Superphosphat) aber erhöhen (LARSEN). Mn-Düngung wirkt der durch Kalkung erhöhten Schorfanfälligkeit der Kartoffel entgegen (MCGREGOR and WILSON).

Das schlechte Wurzelwachstum von Baumwollpflanzen im Unterboden kann durch Kalkzusatz nicht verbessert werden und soll durch Al (nicht Mn) verursacht werden (RIOS and PEARSON). — Nach PHARIS u. Mitarb. ist der Ca-Bedarf von *Pinus taeda* im Jugendstadium extrem niedrig, in den ersten Monaten zeigt eine Ca-Zufuhr keine Wirkung. *Atriplex hastata* ist zwar als nitrophile Pflanze bekannt, wächst aber auch auf extrem N-armen Standorten (WESTON). Für die ökologische Verbreitung von *Chara globularis* dürfte die große Empfindlichkeit gegenüber höheren P-Konzentrationen maßgebend sein, schon über 6 μg P/l treten deutliche Wachstumshemmungen ein (FORSBERG).

Höhere NaCl-Zusätze hemmen die Wasseraufnahme stärker als das Längenwachstum von Tomatenwurzeln (LEO); eine Erhöhung des osmotischen Wertes der Lösung bis zu 4,5 atm durch Dextrinzusatz verträgt Mais ohne Beeinflussung des Wachstums (STROGONOV and LAPINA). Die Salztoleranz der Pflanzen steigt mit zunehmendem Alter und ist vor allem bei Kombination verschiedener Salze höher (KADDAH and GHOWAIL), neben dem absoluten Na-Gehalt des Bodens ist daher auch vor allem das Verhältnis zu Ca + Mg wichtig (LUNIN u. Mitarb.). Safflor eignet sich offenbar als Ölpflanze auf Salzböden gut (FRANCOIS and BERNSTEIN), erst bei sehr hohem Salzgehalt sinken 1000-Korngewicht und Ölgehalt, die Jodzahl bleibt unbeeinflußt (YERMANOS u. Mitarb.). Beim Vergleich verschiedener Pflanzenarten zeigen sich enge Parallelen zwischen der Toleranz der Pflanzen gegenüber höheren Li- und Na-Konzentrationen (BINGHAM u. Mitarb.).

Eine Erhöhung der Salztoleranz der Pflanzen läßt sich offenbar erreichen durch Wachstumsretardentien wie B 995 (OTA) oder CCC, wobei durch letzteres auch der osmotische Druck des Zellsaftes und die Widerstandsfähigkeit der Pflanzen gegenüber Bodentrockenheit erhöht werden (EL-DAMATY u. Mitarb.). Eine andere Möglichkeit der Erhöhung der Salztoleranz, insbes. im Jugendstadium, besteht in der Einquellung der Samen in Salzlösungen (PANG u. Mitarb.), wobei offensichtlich dem Ca eine besondere Bedeutung zukommt; Einquellen in $CaCl_2$-Lösung verhindert nämlich bei anschließender Keimung in NaCl-Lösung die Na-Aufnahme der Keimpflanzen stark und ruft wohl auf diesem Wege die erhöhte Toleranz hervor (CHAUDHURI and WIEBE).

Literatur

ABRAMSON, M. B., R. KATZMAN, C. E. WILSON, and H. P. GREGOR: J. Biol. Chem. **239**, 4066—4072 (1964). — AFRIDI, M. M. R. K., and E. J. HEWITT: J. exper. Bot. **15**, 251—271 (1964). — AHLGREN, G. E., and TH. W. SUDIA: Bot. Gaz. **125**, 204—207 (1964). — AL-ABBAS, H., and S. A. BARBER: Soil Sci. **97**, 103—107 (1964). — AMBERGER, A., u. M. M. EL-FOULY: Z. Pflanzenernähr., Düng., Bodenkde. **105**, 37—49 (1964). — ARISZ, W. H.: (1) Acta bot. Neerl. **13**, 1—58 (1964); — (2) Proc. Kon. Nederl. Akad. Werensch. **67**, 128—137 (1964). — ARMSTRONG, W. McD., and A. ROTHSTEIN: J. Gen. Physiol. **48**, 61—71 (1964). — ARNON, D. I., H. Y. TSUJIMOTO, and B. D. McSWAIN: Proc. Nat. Acad. Sci. (USA) **51**, 1274—1282 (1964). — ASAHI, T.: Biochem. biophys. Acta **82**, 58—66 (1964).

BACHOFEN, R., B. B. BUCHANAN, and D. I. ARNON: Proc. Nat. Acad. Sci. (USA) **51**, 690—694 (1964). — BAKER, A. L., and R. R. SCHMIDT: (1) Biochim. biophys. Acta **93**, 180—182 (1964); (2) **82**, 624—626 (1964). — BAKER, D. E., W. I. THOMAS, and G. W. GOSLINE: Agron. J. **56**, 352—355 (1964). — BARLETT, R. J.: Soil Sci. **98**, 351—357 (1964). — BARR, C. E., and T. C. BROYER: Plant Physiol. **39**, 48—52 (1964). — BAUR, J. R., and M. WORKMAN: Plant Physiol. **39**, 540—543 (1964). — BENNETT, R., N. RIGOPOULUS, and R. C. FULLER: Proc. Nat. Acad. Sci. (USA) **52**, 762—768 (1964). — BERGMANN, W.,L. BÜCHEL u. W. WRAZIDLO: Arch. Gartenbau **13**, 65—76 (1964). — BERGQUIST, N. O.: Bot. Not. (Lund.) **117**, 249—261 (1964). — BINGHAM, F. T., A. L. PAGE, and G. R. BRADFORD: Soil Sci. **98**, 4—8 (1964). — BISHOP, N. I.: Nature **204**, 401—402 (1964). — BLOMSTROM, C. C., E. KNIGHT, W. D. PHILLIPS, and J. F. WEIHER: Proc. Nat. Acad. Sci. (USA) **51**, 1085—1092 (1964). — BOAWN, L. C., and G. E. LEGGETT: Soil Sci. Soc. Amer. Proc. **28**, 229—232 (1964). — BÖGER, P.: Flora **154**, 174—211 (1964). — BOWLING, D. J. F., and R. M. SPANSWICK: J. exper. Bot. **15**, 422—427 (1964). — BOWLING, D. J. F., and P. E. WEATHERLEY: J. exper. Bot. **15**, 413—421 (1964). — BOZHENKO, V. P., M. YA. ŠKOL'NICK, and T. S. MOMOT: Dokl. Akad. Nauk SSSR **153**, 1447—1449 (1963). — BRADLEY, D. B.: J. Agric. Food Chem. **12**, 213—216 (1964). — BRIERLEY, G. P.,

E. Murer, and R. L. O'Brien: Biochim. biophys. Acta **88**, 645—647 (1964). — Broda, E., H. Desser u. G. Findenegg: (1) Naturwiss. **51**, 361—362 (1964). — Broda, E., G. Findenegg u. H. Desser: (2) Naturwiss. **51**, 436—437 (1964). — Brown, A. L., and J. J. Jurinak: Soil Sci. **98**, 170—173 (1964). — Brown, J. C., and C. D. Foy: Soil Sci. **98**, 362—370 (1964). — Brown, M. E., S. K. Burlingham, and R. M. Jackson: Plant and Soil **20**, 194—214 (1964). — Buchanan, B. B., R. Bachofen, and D. I. Arnon: Proc. Nat. Acad. Sci. (USA) **52**, 839—847 (1964). — Buchholz, Ch.: Z. Pflanzenernähr., Düng., Bodenkde. **105**, 202—212 (1964). — Budd, K., and G. G. Laties: Plant Physiol. **39**, 648—654 (1964). — Burström, H.: Physiol. Plantarum **17**, 207—219 (1964). — Bussler, W.: Z. Pflanzenernähr., Düng., Bodenkde. **105**, 113—136 (1964). — Bušueva, T. M., E. P. Bers, and L. F. Soloveva: (1) Vest. Leningradsk. univers. **19**, 117—126 (1964). — Bušueva, T. M., O. A. Semichatova, and E. P. Bers: (2) Botaniceskij zurnal (Moskau) **48**, 1667—1670 (1963). —

Chaudhuri, J. I., and H. H. Wiebe: Naturwiss. **51**, 563—564 (1964). — Conway, T. W.: Proc. Nat. Acad. Sci. (USA) **51**, 1261—1220 (1964). — Cox, F. R., and P. H. Reid: Agron. J. **56**, 173—176 (1964). — Cseh, E., and Z. Böszörményi: (1) Plant and Soil **20**, 371—382 (1964). — (2) Acta bot. Acad. Sci. hung. **10**, 87—93 (1964). — Cunningham, R. K.: (1) J. Agric. Sci. **63**, 97—101 (1964); (2) **63**, 103—108 (1964); (3) **63**, 109—111 (1964).

Damadian, R., and A. K. Solomon: Science **145**, 1327—1328 (1964). — Dastur, R. H., and J. G. Bhatt: Nature **201**, 1243—1244 (1964). — Davies, J. N.: J. Sci. Food Agric. **15**, 665—673 (1964). — D'Eustachio, A. J., and R. W. F. Hardy: Biochem. biophys. Res. Commun. **15**, 319—323 (1964). — De Hertogh, A. A., P. A. Mayeux, and H. J. Evans: J. biol. Chem. **239**, 2446—2453 (1964). — Derbyshire, E., and H. E. Street: Physiol. Plantarum **17**, 107—118 (1964). — De Remer, E. D., and R. L. Smith: Agron. J. **56**, 67—70 (1964). — Dutta, T. R., and W. J. McIlrath: Bot. Gaz. **125**, 89—96 (1964).

Eaton, F. M., and J. E. Bernardin: Soil Sci. **97**, 411—416 (1964). — Ehrendorfer, K.: (1) Bodenkultur **15**, 1—13 (1964); (2) **15**, 105—118 (1964). — El Damaty, H., H. Kühn, and H. Linser: Agrochimica **8**, 129—138 (1964). — Ellis, R. J.: Phytochemistry **3**, 221—228 (1964). — Ellis, R. J., K. W. Joy, and J. F. Sutcliffe: Phytochemistry **3**, 213—219 (1964). — Elzam, O. E., D. W. Rains, and E. Epstein: Biochem. biophys. Res. Commun. **15**, 273—276 (1964). — Emmert, F. H.: Physiol. Plantarum **17**, 746—750 (1964). — Engelbrecht, L., u. K. Nogai: Flora **154**, 267—278 (1964). — Eschrich, W., B. Eschrich u. H. B. Currier: Planta **63**, 146—154 (1964). — Evans, E. C.: Science **144**, 174—177 (1964). — Evans, S. D., and S. A. Barber: Proc. Soil. Sci. Soc. Amer. **28**, 56—67 (1964).

Fadeel, A. A.: Physiol. Plantarum **17**, 1—13 (1964). — Ferron, F.: Ann. Physiol. Vég. **6**, 91—117 (1964). — Findlay, G. P.: Austr. J. Biol. Sci. **17**, 388—399 (1964). — Findlay, G. P., and A. B. Hope: Austr. J. Biol. Sci. **17**, 400—411 (1964)— Foote, B. D., and J. B. Hanson: Plant Physiol. **39**, 450—460 (1964). — Foote, B. D., and R. W. Howell: Plant Physiol. **39**, 610—613 (1964). — Forsberg, C.: Nature **201**, 517—518 (1964). — Foy, C. D., and J. C. Brown: Proc. Soil Sci. Soc. Amer. **28**, 27—32 (1964). — Francois, L. E., and L. Bernstein: Agron. J. **56**, 38—40 (1964). — Franke, W.: Planta **63**, 270—300 (1964). — Frere, M. H., and J. H. Axley: Soil Sci. **97**, 209—213 (1964). — Fuller, K. W., u. H. G. Thomas: Boron in Agric. **1964** Nr. 44, S. 2—8.

Gerdemann, J. W.: Mycologia (N. Y.) **56**, 342—349 (1964). — Gilbert, W. A., and J. C. O'Kelley: Amer. J. Bot. **51**, 866—869 (1964). — Glinka, Z., and L. Reinhold: Plant Physiol. **39**, 1043—1050 (1964). — Gračanin, M.: Flora **154**, 21—35 (1964). — Gupta, U. S.: Sci. and Culture **30**, 98—99 (1964).

Hagemann, O.: Kühn-Archiv **78**, 225—258 (1964). — Hale, V. Q., and A. Wallace: Crop Science **4**, 489—491 (1964). — Hallsworth, E. G., E. A. N. Greenwood, and M. G. Yates: Plant and Soil **20**, 17—33 (1964). — Hassouna, M. G., and P. F. Wareing: Nature **202**, 467—469 (1964). — Heber, U., K. A. Santarius, W. Urbach u. W. Ullrich: Z. Naturforsch. **19**b, 576—587 (1964). — Heinrich, G.: Protoplasma **58**, 402—425 (1964). — Helder, R. J.: Acta bot. Neerl. **13**, 488—506 (1964). — Hendricks, S. B.: Amer. Scientist **52**, 306—333 (1964). — Henneman,

D. H., and W. W. UMBREIT: J. Bact. **87**, 1274—1280 (1964). — HERRMANN, R.: Protoplasma **58**, 172—189 (1964). — HIGINBOTHAM, N., B. ETHERTON, and R. J. FORSTER: (2) Plant Physiol. **39**, 196—203 (1964). — HIGINBOTHAM, N., A. B. HOPE, and G. P. FINDLAY: (1) Science **143**, 1448—1449 (1964). — HODGES, TH. K., and Y. VAADIA: (1) Plant Physiol. **39**, 104—108 (1964); (2) **39**, 109—114 (1964); (3) **39**, 490—494 (1964). — HOOYMANS, J. J. M.: Acta bot. Neerl. **13**, 507—540 (1964). — HUMPHREYS, FR., and R. TRUMAN: Plant and Soil **20**, 131—134 (1964).

ISWARAN, V., and S. RAO: Nature **203**, 549 (1964).

JACKSON, R. M., M. E. BROWN, and S. K. BURLINGHAM: Nature **203**, 851—852 (1964). — JACOBY, G.: Plant Physiol. **39**, 445—449 (1964). — JENNINGS, D. New Phytol. **63**, 181—193 (1964). — JENNY, H., and K. GROSSENBACHER: Proc. Soil Sci. Soc. Amer. **27**, 273—277 (1963). — JENSEN, C. R., J. LETEY, and L. H. STOLZY: Science **144**, 550—552 (1964). — JENSEN, G.: Physiol. Plantarum **17**, 779—788 (1964). — JOHNSON, R. E., and W. A. JACKSON: Proc. Soil Sci. Soc. Amer. **28**, 381—386 (1964). — JOY, K. W.: Ann. Bot. N. S. **28**, 689—701 (1964). — JYUNG, W. H., and S. H. WITTWER: Amer. J. Bot. **51**, 436—444 (1964).

KADDAH, M. T., and S. I. GHOWAIL: Agron. J. **56**, 214—217 (1964). — KADMAN, A.: Proc. Amer. Soc. horticult. Sci. **85**, 179—182 (1964). — KAPLAN, I. R., and S. C. RITTENBERG: J. Gen. Microbiol. **34**, 195—212 (1964). — KHADR, A., and A. WALLACE: Proc. Amer. Soc. horticult. Sci. **85**, 189—200 (1964). — KINZEL, H.: Ber. Dtsch. Bot. Ges. **77**, 14—21 (1964). — KITCHEN, J. W., E. E. BURNS, and R. LANGSTON: Proc. Amer. Soc. horticult. Sci. **85**, 465—470 (1964). — KRETSCHMER, H.: Thaer-Archiv **8**, 337—352 (1964). — KRIEDEMAN, P. E.: Austr. J. Exp. Agric. Anim. Husbandry **4**, 15—16 (1964). — KYLIN, A.: (1) Biochem. biophys. Res. Commun. **16**, 497—500 (1964); — (2) Physiol. Plantarum **17**, 384—402 (1964); (3) **17**, 422—433 (1964).

LABRIQUE, J.-P.: C. R. Acad. Sci. **257**, 3652—3655 (1963). — LAMBERT, R. G., and A. J. LINCK: Plant Physiol. **30**, 920—924 (1964). — LARSEN, S.: Plant and Soil **21**, 37—42 (1964). — LATIES, G. G., and K. BUDD: Proc. Nat. Acad. Sci. USA **52**, 462—469 (1964). — LATIES, G. G., I. R. MACDONALD, and J. DAINTY: Plant Physiol. **39**, 254—262 (1964). — LEBEDEV, P. V.: Fiziol. Rast. **10**, 358—365 (1963). — LEGGETT, J. E., and R. A. OLSEN: Plant Physiol. **39**, 387—390 (1964). — LEHMANN, K., u. J. GARZ: Z. Pflanzenernähr., Düng., Bodenkde. **104**, 1—11 (1964). — LEITCH, G. J., and J. M. TOBIAS: J. Cell Comp. Physiol. **63**, 225—232 (1964). — LEO, M. W. M.: Irish J. agric. Res. **3**, 129—131 (1964). — LESSIE, T. G., and W. R. SISTROM: Biochem. biophys. Acta **86**, 250—259 (1964). — LETEY, J., L. H. STOLZY, O. R. LUNT, and V. V. YOUNGNER: Plant and Soil **20**, 143—148 (1964). — LOERCHER, L., and J. L. LIVERMAN: Plant Physiol. **39**, 720—725 (1964). — LOPUSHINSKY, W.: (1) Nature **201**, 518—519 (1964); — (2) Plant Physiol. **39**, 494—501 (1964). — LOUGHMAN, B. G.: Agrochimica **8**, 189—209 (1964). — LUBIN, M., and H. L. ENNIS: Biochim. biophys. Acta **82**, 614—631 (1964). — LÜTTGE, U.: Naturwissensch. **51**, 296—297 (1964). — LÜTTGE, U., u. J. WEIGL: Ber. Dtsch. bot. Ges. **77**, 63—70 (1964). — LUNIN, J., M. H. GALLATIN, and A. R. BATCHELDER: Soil Sci. **97**, 25—33 (1964). — LYR, H., u. G. HOFFMANN: Flora **155**, 189—208 (1964).

MACDONALD, I. R., and G. G. LATIES: J. exp. Bot. **15**, 530—537 (1964). — MACDOWALL, F. D. H.: Canad. J. Bot. **42**, 115—122 (1964). — MACROBBIE, E. A. C.: J. Gen. Physiol. **47**, 859—879 (1964). — MAEVSKAIA, A. N., and KH. A. ALEXEEVA: Dokl. Akad. Nauk SSSR **156**, 212—213 (1964). — MARSCHNER, H.: (1) Z. Pflanzenernähr., Düng., Bodenkde. **107**, 19—32 (1964); — (2) Landwirtsch. Forsch. 18. Sdh. 91—99 (1964); — (3) Flora **155**, 30—51 (1964). — MARSCHNER, H., u. I. GÜNTHER: Z. Pflanzenernähr., Düng., Bodenkde. **107**, 118—136 (1964). — MASCARENHAS, J. P., and L. MACHLIS: Plant Physiol. **39**, 70—77 (1964). — MCCONN, J. D., D. TSURU, and K. T. YASUNOBU: J. Biol. Chem. **239**, 3706—3715 (1964). — MCGREGOR, A. J., and G. C. S. WILSON: Plant and Soil **20**, 59—64 (1964). — MCILRATH, W. J., and J. SKOK: (1) Physiol. Plantarum **17**, 839—845 (1964); — (2) Botan. Gaz. **125**, Botan. Gaz. **125**, 268—271 (1964). — MECKLENBURG, R. A., and H. B. TUKEY JR.: Plant Physiol. **39**, 533—536 (1964). — MENGEL, K.: Z. Pflanzenernähr., Düng., Bodenkde. **106**, 193—206 (1964). — MIKULECKY, D. C., and J. M. TOBIAS: J. Cell. Comp. Physiol. **64**, 151—164 (1964). — MILBORROW, B. V.: J. exper. Bot. **15**, 515—524 (1964). — MILLARD, D. L., J. T. WISKICH, and R. N. ROBERTSON: Proc.

Nat. Acad. Sci. (USA) **52**, 996—1004 (1964). — MILLER, W. J., W. E. ADAMS, R. NUSSBAUMER, R. A. MCCREERY, and H. F. PERKINS: Agron. J. **56**, 198—201 (1964). — MINSHALL, WM. H.: Nature **202**, 925—926 (1964). — MIYACHI, S., R. NANAI, S. MIHARA, S. MIYACHI, and S. AOKI: Biochim. biophys. Acta **93**, 625—634 (1964). — MOORLEY, J.: J. exper. Bot. **15**, 457—469 (1964). — MORILL, G. A., H. R. KABACK, and E. ROBBINS: Nature **204**, 641—642 (1964). — MORTENSON, L. E.: (1) Biochim. biophys. Acta **81**, 473—478 (1964); — (2) Proc. nat. Acad. Sci. (USA) **52**, 272—279 (1964). — MOSS, P.: Plant and Soil **20**, 271—286 (1964). — MOTHES, W.: Z. allg. Mikrobiol. **4**, 42—58 (1964).

NAGUIB, J. I., and A. M. SALAMA: Arch. Mikrobiol. **48**, 222—238 (1964). — NAKAMURA, E.: Plant Cell Physiol. **5**, 521—524 (1964). — NASH, H. A., and J. M. TOBIAS: Proc. Nat. Acad. Sci. (USA) **51**, 476—480 (1964). — NEUBERGER, A., and G. H. TAIT: Biochem. J. **90**, 607—616 (1964). — NEWMAN, D. W.: J. exper. Bot. **15**, 525—529 (1964). — NICHOLAS, D. J. D., D. J. FISCHER, W. J. REDMOND, and M. OSBORNE: Nature **201**, 793—795 (1964). — NICHOLAS, D. J. D., and P. J. WILSON: Biochim. biophys. Acta **86**, 466—476 (1964). — NISSEN, P., and A. A. BENSON: Biochim. biophys. Acta **82**, 400—402 (1964). — NOBEL, P. S., and L. PACKER: Biochim. biophys. Acta **88**, 453—455 (1964). — NOGGLE, J. C., C. T. DE WIT, and A. FLEMING: Proc. Soil. Soc. Amer. **28**, 97—100 (1964).

OERTLI, J. J.: (1) Z. Pflanzenernähr., Düng., Bodenkde. **107**, 193—205 (1964); — (2) **104**, 25—38 (1964); — (3) Agrochimica **8**, 101—115 (1964). — OTA, T.: Plant Cell Physiol. **5**, 255—258 (1964).

PAGE, E. R., and J. DAINTY: J. exper. Bot. **15**, 428—443 (1964). — PALIWAL, K. V., and T. R. SUBRAMANIAN: Curr. Sci. **33**, 463—464 (1964). — PALMER, J. M.: Biochim. biophys. Acta **90**, 186—189 (1964). — PALMER, J. M., and G. E. BLACKMAN: Nature **203**, 526—527 (1964). — PALMER, J. M., and B. C. LOUGHNAN: New Phytol. **63**, 217—231 (1964). — PALMER, M. J.: Biochem. J. **92**, 404—410 (1964). — PARR, J. F., and A. G. NORMAN: Plant Physiol. **39**, 502—507 (1964). — PANDEY, R. M., and S. RANJAN: Flora **155**, 52—63 (1964). — PANG, S. CH., S. T. CHANG, and CH. F. WU: Acta bot. Sinica **12**, 64—74 (1964). — PATTEE, H. E., L. M. SHANNON, and J. Y. LEW: Nature **201**, 1328 (1964). — PEACHEY, L. D.: J. Cell Biol. **20**, 95—109 (1964). — PERINI, F., J. A. SCHIFF, and M. D. KAMEN: Biochim. biophys. Acta **88**, 91—98 (1964). — PETINOV, N. S., YU. G. MOLOTKOVSKII, and P. S. FEDOROV: Dokl. Akad. Nauk SSSR **153**, 1210—1212 (1963). — PHARIS, R. P., R. L. BARNES, and A. W. NAYLOR: Physiol. Plantarum **17**, 560—572 (1964).— PITMAN, M. G.: J. exper. Bot. **15**, 444—456 (1964). — PLACE, G. A., and ST. A. BARBER: Proc. Soil Sci. Soc. Amer. **28**, 239—243 (1964). — POWRIE, J. K.: Plant and Soil **21**, 81—93 (1964). — PRICE, C. A., and E. F. CARELL: Plant Physiol. **39**, 862—868 (1964).

RAFTER, G. W.: J. Biol. Chem. **239**, 1044—1047 (1964). — RAGHAVAN, V., and J. G. TORREY: Amer. J. Bot. **51**, 264—274 (1964). — RAINS, D. W., W. E. SCHMID, and E. EPSTEIN: Plant Physiol. **39**, 274—278 (1964). — RAMIREZ, J. M., F. F. DEL CAMPO, A. PANEPUE, and M. LOSADA: Biochem. biophys. Res. Commun. **15**, 297—302 (1964). — RAO, S. S., and D. R. WASHINGTON: Nature **202**, 212—213 (1964). — RICHARDS, B. N., and G. K. VOIGT: Nature **201**, 310—311 (1964). — RICHMOND, A. E., D. R. DILLEY, and D. H. DEWEY: Plant Physiol. **39**, 1056—1060 (1964). — RIDDLE, V. M., and M. MAZELIS: Nature **202**, 391—392 (1964). — RIOS, M. A., and R. W. PEARSON: Proc. Soil Sci. Soc. Amer. **28**, 232—235 (1964). — RODGERS, A.: Biochem. J. **90**, 548—555 (1964). — ROSCOE JR., E., J. F. DAVIS, and D. L. THURLOW: Proc. Soil Sci. Soc. Amer. **28**, 83—86 (1964). — ROSS, R. G., and D. K. R. STEWART: Cand. J. Plant Sci. **44**, 123—125 (1964). — ROSSELL, R. A., and A. ULRICH: Soil. Sci. **97**, 152—167 (1964). — ROUX, L.: Ann. Physiol. Vég. **6**, 141—147 1(964).

SADDIK, K.: Lantbrukshögsk. Ann. **29**, 247—257 (1963). — SANDERSON, G. W., and COCKING, E. C.: Plant Physiol. **39**, 416—422 (1964). — SAPOZHNIKOV, D. I., and O. V. SAKHAROVA: Dokl. Akad. Nauk SSSR **157**, 1480—1482 (1964). — SCHEUERMANN, W.: Z. Naturforsch. **19**b, 434—438 (1964). — SCHLESINGER, D.: Biochim. biophys. Acta **80**, 473—477 (1964). — SHCHUKINA, A. I.: Fiziol. Rast. **10**, 313—318 (1963). — SHONE, M. G. T.: Nature **202**, 314—314 (1964). — SHORROCKS, V. M.: Nature **204**, 599—600 (1964). — SKOLNIK, J. JA.: Vestn. Akad. Nauk SSSR **34**,

63—66 (1964). — Skolnik, J. Ja., T. A. Krupnikova, and N. N. Dmitrieva: Fiziol. Rast. 11, 188—194 (1964). — Skou, J. P.: Physiol. Plantarum 16, 423—441 (1963). — Slack, C. R., and W. J. Whittington: J. exper. Bot. 15, 495—514 (1964). — Slayman, C. W., and E. L. Tatum: Biochim. biophys. Acta 88, 578—592 (1964). — Smith, R. C., and E. Epstein: Plant Physiol. 39, 992—996 (1964). — Smithers, A. G., and J. F. Sutcliffe: Nature 204, 1330—1331 (1964). — Spanswick, R. M., and E. J. Williams: J. exper. Bot. 15, 193—200 (1964). — Splittstoesser, W. E., and H. Beevers: Plant Physiol. 39, 163—169 (1964). — Spyrides, G. L.: Proc. Nat. Acad. Sci. (USA) 51, 1220—1226 (1964). — Stamer, J. R., M. N. Albury, and C. S. Pederson: Appl. Microbiol. 12, 165—168 (1964). — Steveninck, J. van, and H. J. Booij: J. Gen. Physiol. 48, 43—60 (1964). — Steveninck, R. F. M., van: Physiol. Plantarum 17, 757—770 (1964). — Stoner, C., D., T. K. Hodges, and J. B. Hanson: Nature 203, 258—261 (1964). — Strange, R. E.: Nature 203, 1304—1305 (1964). — Strogonov, B. P., and L. P. Lapina: Fiziol. Rast. 11 674—680 (1964). — Szepes, J.: Naturwiss. 51, 563 (1964).

Tanada, T.: Plant Physiol. 39, 593—597 (1964). — Tanaka, A., and S. A. Navasero: Soil Sci. Plant Nutrit. 10, 36—39 (1964). — Tazawa, M., and U. Kishimoto: Plant Cell Physiol. 5, 45—59 (1964). — Teich, A. H., and J. A. Menzies: Amer. Potato J. 41, 169—173 (1964). — Thomson, W. W., T. E. Weier, and H. Drever: Amer. J. Bot. 51, 933—938 (1964). — Tsao, T. H., H. T. Liu, and C. H. Yang: Acta Bot. Sinica 12, 190—200 (1964). — Tukey, H. B.: Amer. Rose Ann. 1964, 102—111. — Tukey, H. B., and R. A. Mecklenburg: Amer. J. Bot. 51, 734—742 (1964).

Udovenko, G. V., N. P. Ivanov, N. N. Lozhkina, and T. Y. Urbanovich: Fiziol. Rast. 11, 638—648 (1964). — Ulrich, B., and H. E. Oberländer: Plant and Soil 21, 26—36 (1964).

Vakhmistrov, D. V., and Z. I. Zhurbitskii: Dokl. Akad. Nauk SSSR 151, 1228—1231 (1963). — Velikÿ, I., u. J. Štefanec: Naturwiss. 51, 518—519 (1964)— Vlamis, J., and D. E. Williams: Plant and Soil 20, 221—231 (1964). — Vogl, M.: Flora 154, 94—98 (1964). — Vose, P. B., and E. L. Breese: Ann. Bot. N. S. 28, 251—270 (1964). — Vrachnou, E., C. Dassiou, and A. Pomoni: Naturwiss. 51, 468 (1964). — Vyskrebentséva, E. I.: Fiziol. Rast. 10, 307—312 (1963).

Watanabe, R., W. Chorney, J. Skok, and S. H. Wender: Phytochemistry 3, 391—393 (1964). — Weigl, J.: (1) Z. Naturforsch. 19b, 646—648 (1964); (2) 19b, 845—851 (1964); (3) 19b, 516—519 (1964); — (4) Planta 61, 153—166 1(964); — (5) Naturwiss. 51, 516—517 (1964). — Welte, E., u. G. Trolldenier: Arch. Mikrobiol. 47, 42—56 (1963/64). — Weston, R. L.: Plant and Soil 20, 251—259 (1964). — Wilkinson, S. R., and A. J. Ohlrogge: Nature 204, 902—904 (1964). — Willenbrink, J.: Z. Naturforsch. 19b, 356—357 (1964). — Williams, E. J., R. J. Johnston, and J. Dainty: J. exper. Bot. 15, 1—14 (1964).

Yamada, Y., S. H. Wittwer, and M. J. Bukovac: (1) Plant Physiol. 39, 28—32 (1964); (2) 39, 978—982 (1964). — Yamanaka, T.: Nature 204, 253—254 (1964). — Yermanos, D. M., L. E. Francois, and L. Bernstein: Agron. J. 56, 35—37 (1964). — Yermanos, D. M., B. J. Hall, and W. Burge: Agron. J. 56, 582—585 (1964). — Younts, S. E., and R. P. Patterson: Agron. J. 56, 229—232 (1964).

Zvara, J.: Biológia 19, 309—318 (1964).

4. Photosynthese

Teilbericht über die Jahre 1962–1964

Von HELMUT METZNER, Tübingen

Mit 1 Abbildung

Vorbemerkungen

Die Fortschritte der Photosyntheseforschung auch demjenigen verständlich darzustellen, der diesem Arbeitsgebiet ferner steht, wird von Jahr zu Jahr schwieriger. Immer komplizierter werden die Methoden, deren sich Physiker und Biochemiker bedienen, um weitere Einblicke in die komplizierten Mechanismen der Kohlensäure-Assimilation zu gewinnen. Teilgebiete, die bisher allein ihrer Fragestellung nach noch einigermaßen voneinander getrennt waren, treten in immer engere Verflechtung miteinander. Mehr und mehr sieht sich daher der einzelne Forscher gezwungen, die Ergebnisse anderer Arbeitsgruppen eingehend zu studieren. Dabei nimmt die Flut der Veröffentlichungen in einem so erschreckenden Ausmaß zu, daß wir kaum noch eine Möglichkeit sehen, die einzelnen Publikationen zu archivieren. Ihre Ergebnisse in allen Konsequenzen zu durchdenken und auszuwerten, fehlen dem Einzelnen Zeit und Überblick. So vergehen oft Jahre, bevor die Bedeutung mancher Beobachtungen voll gewürdigt wird.

Die Vielfalt der Fragestellungen läßt es nicht zu, das Gesamtgebiet der Photosyntheseforschung alljährlich zu referieren. Diesmal sollen alle Aspekte der Synthese, Lokalisation und Photochemie der Chromatophorenpigmente ebenso außer Betracht bleiben wie Fragen der Meßmethodik, der Anzucht geeigneter Versuchsobjekte sowie schließlich alle ökologischen Probleme. Somit konzentriert sich das vorliegende Referat auf die Darstellung des lichtbedingten Elektronentransports und die durch die "assimilatory power" bewirkte Reduktion des CO_2 bis zur Stufe der Kohlenhydrate. Auf eine Behandlung all jener Fragen, welche mit dem Stoffwechsel der photosynthetisch tätigen Bakterien zusammenhängen, soll auch in diesem Jahre verzichtet werden. Der Bericht muß es bei gelegentlichen Hinweisen auf Gemeinsamkeiten bzw. Unterschiede zwischen den Photoreaktionen bei höheren Pflanzen und Bakterien bewenden lassen. Wer weitere Einzelheiten zu erfahren wünscht, findet diese – außer in dem von GEST, SAN PIETRO und VERNON herausgegebenen Kongreßbericht ("Bacterial Photosynthesis", The Antioch Press, Yellow Springs/Ohio 1963) – in den Sammelreferaten, die sich speziell mit den Besonderheiten befassen, welche diese für Biochemiker und Physiker gleich interessanten Organismen erkennen lassen (vgl. z. B. VAN NIEL; VERNON).

Sieht man von der wertvollen Zusammenfassung ab, welche DUYSENS (3) gegeben hat, so berücksichtigen alle im Berichtszeitraum erschienenen Sammelreferate [BASSHAM (1), KASPRZYK, METZNER] nur Teilgebiete; soweit sich diese mit den hier behandelten Kapiteln decken, wird im Text auf sie verwiesen. Wertvolle Informationen wird der Fachmann auch den zahlreichen Vorträgen entnehmen können, die in den verschiedenen Kongreßberichten abgedruckt wurden, von denen hier allein die der Tagungen in Gif-sur-Yvette und Saclay («La Photosynthese», Édit. Centr. Nat. Rech. Sci., Paris 1963) und in Warrenton/Virginia ("Photosynthetic Mechanisms of green Plants", Nat. Acad. Sci. – Nat. Res. Counc., Washington 1963) genannt seien. Einen großartigen Überblick über zahlreiche der heute bearbeiteten Fragen vermittelt zudem der Sonderband der Zeitschrift "Plant and Cell Physiology" ("Studies on Microalgae and photosynthetic Bacteria", The Univ. of Tokyo Press, Tokyo 1963), welcher Professor TAMIYA anläßlich seines 60. Geburtstages gewidmet wurde.

I. Die Elektronentransport-Kette

A. Emerson-Effekt

Bekanntlich transportiert 1 Mol Quanten roten Lichts eine Energiemenge von etwa 43 kcal. Nehmen wir an, dieser in den angeregten Chlorophyllmolekülen vorübergehend gespeicherte Betrag stünde für die nachfolgenden Umsetzungen voll zur Verfügung, so müßten wir doch feststellen, daß die unmittelbare Reduktion eines Pyridinnucleotids bei gleichzeitiger Freisetzung molekularen Sauerstoffs energetisch unmöglich ist: Der für eine Elektronenverschiebung erforderliche Minimalbetrag ergibt sich aus dem Abstand der Redoxpotentiale für den Elektronendonator und den Acceptor unter Berücksichtigung der Zahl der transportierten Ladungsträger. Postulieren wir, daß das bei der photochemischen Primärreaktion freigesetzte Elektron einem Wassermolekül entstammt (s. u.), so müssen wir allen energetischen Berechnungen das Potential der Sauerstoffelektrode ($E_0' = +0{,}81$ V) zugrunde legen. Vergleichen wir dieses mit dem Redoxpotential des Systems $NADP^+/NADPH$ ($E_0' = -0{,}32$ V) und bedenken wir, daß bei der Pyridinnucleotid-Reduktion zwei Elektronen übertragen werden müssen, so resultiert für die Reduktion eines Mols $NADP^+$ zur Stufe des NADPH ein Mindestbedarf von ~ 52 kcal. Würde das Chlorophyll nicht aus seinem 1. angeregten Singulett- sondern aus dem energieärmeren Triplettzustand (Anregungsenergie ~ 26 kcal/mol) reagieren, so würde die Differenz zwischen Angebot und Bedarf noch größer. Ohne hier auf die Frage der möglichen Beteiligung energetisch ungünstigerer, dafür aber längerlebiger metastabiler Anregungszustände des Chlorophylls näher einzugehen (vgl. Fortschr. Bot. **25**, 261), bleibt doch festzustellen, daß ein einzelnes Lichtquant keinesfalls ausreicht, ein $NADP^+$-Molekül zu reduzieren. Nun müssen aber – wie bereits gesagt – zwei Elektronen transportiert werden. Wäre es möglich, daß für die Weitergabe jedes dieser beiden Ladungsträger doch ein einziges Photon ausreicht? Wir wissen seit langem, daß den Pyridinnucleotiden offenbar ein Acceptor mit stärker negativem Redoxpotential vorgeschaltet ist (s. u.). Würde diesem ein E_0'-Wert von $-0{,}432$ V (entsprechend dem des Ferredoxins, s. u.) zukommen und nehmen wir an, daß es sich bei dessen Reduktion um einen Einelektronen-Prozeß handelt, so würde die Übertragung eines Elektrons vom H_2O auf diese Verbindung ~ 29 kcal/mol erfordern. Rein theoretisch wäre demnach die Energie eines zum 1. Singulettzustand angeregten Chlorophyllmoleküls voll ausreichend, diesen primären Acceptor zu reduzieren, selbst dann, wenn man annehmen wollte, daß die Anregungsenergie nur zu ~ 70% in chemische Energie verwandelt werden kann (vgl. Fortschr. Bot. **24**, 208). Die tatsächlichen Messungen des Quantenbedarfs haben nahezu übereinstimmend ergeben, daß für die Reduktion eines Pyridinnucleotids minimal vier Quanten erforderlich sind. Dieses Resultat zwingt uns zu der Annahme, daß die Übertragung eines Elektrons auf den primären Acceptor mindestens zwei Elektronen erfordert; wir haben demnach in der photophysikalischen Primärreaktion einen Zweiquanten-Prozeß vor uns. Dabei wäre durchaus denkbar, daß die Zelle zwei identische Lichtreaktionen energetisch miteinander koppelt. Dies mag bei den photosynthetisch tätigen Bakterien auch tatsächlich der Fall sein; für die grünen Pflanzen trifft es jedenfalls nicht zu. Hier scheinen zwei chemisch unterschiedliche, durch zwei verschiedene Pigmente sensibilisierte Reaktionen verknüpft zu werden. Dabei könnte man sowohl an eine „Parallelschaltung" (Kok) als auch an eine „Serienschaltung" [Amesz (2) u. a.] denken. Wenn auch der eindeutige Beweis noch aussteht, daß der Emerson-Effekt heute schon die einzig richtige Erklärung gefunden hat [vgl. Duysens (3), Hoch und Martin], so sprechen doch die meisten Befunde für die zweite Alternative.

Auch weiterhin ist über den Emerson-Effekt intensiv und mit sehr verschiedenartigen Versuchsanstellungen gearbeitet worden. Methodisch sind teils einfache manometrische Messungen, teils sehr aufwendige Verfahren – einschließlich der Massenspektroskopie (Govindjee, Owens und Hoch) – eingesetzt worden. Dennoch bleibt es umstritten, ob der Effekt auch bei isolierten Chloroplasten vorkommt. Hier mag die Differenz der Redoxpotentiale zwischen dem Donator (H_2O) und dem zugesetzten Hill-Reagens eine entscheidende Rolle spielen. Ist diese groß genug, so scheint tatsächlich ein klarer Emerson-Effekt meßbar zu sein. Govindjee, Govindjee und Hoch beschreiben dies jedenfalls für das p-Benzochinon, nicht aber – in Übereinstimmung mit den Befunden von Nishimura, Sakurai und Takamiya – für das Kaliumferricyanid. Dagegen haben Bishop und Whittingham auch bei Verwendung von $K_3[Fe(CN)_6]$ als Elektronenacceptor positive Ergebnisse erhalten. Um die widersprüchlichen Befunde zu erklären, müßte man wissen, wie die Autoren ihre Plastiden-Präparate gewonnen haben. Ganz zweifellos hängen die photochemischen Fähigkeiten der verwendeten Organellen sehr stark von deren Erhaltungszustand ab (s. u.).

Noch immer müssen wir die Frage offen lassen, ob es auch bei den photosynthetisch tätigen Bakterien zum Zusammenwirken zweier Lichtreaktionen kommt. In vivo zeigt belichtetes Bacteriochlorophyll zwei Extinktionsänderungen.

Eine von beiden — wahrscheinlich verursacht durch die Verschiebung eines Elektrons von einem Cytochrom auf das Pigment — soll nach CLAYTON mit der Photosynthese in Zusammenhang stehen; die Bedeutung der zweiten Lichtreaktion — die Übertragung eines Elektrons von der bei 870 mμ absorbierenden Form des Bacteriochlorophylls auf das Ubichinon — bleibt unklar. Ungeachtet dieser beiden Reaktionsmöglichkeiten des Sensibilisators konnte AMESZ (1) für Purpurbakterien nur eine einzige Lichtreaktion nachweisen (vgl. auch BLINKS und VAN NIEL). Das heißt natürlich nicht, daß diese Organismen nicht zwei identische Photoprozesse miteinander koppeln (CLAYTON), eine Auffassung, die durch den Quantenbedarf der Reaktion sogar nahe gelegt wird. Vielleicht hängt das Fehlen des Emerson-Effekts damit zusammen, daß Bakterien keinen Sauerstoff entwickeln und für ihre Pyridinnucleotid-Reduktion — hier dient das NAD^+ als Elektronenacceptor — nur einen Teil der Elektronentransport-Kette benötigen, welche wir bei den höheren Pflanzen finden.

B. Glieder der Elektronentransport-Kette

Wir neigen heute der Auffassung zu, daß es bei den höheren Pflanzen zwei qualitativ voneinander verschiedene Lichtreaktionen gibt. Ob es sich bei den beteiligten Sensibilisatoren um zwei Formen des

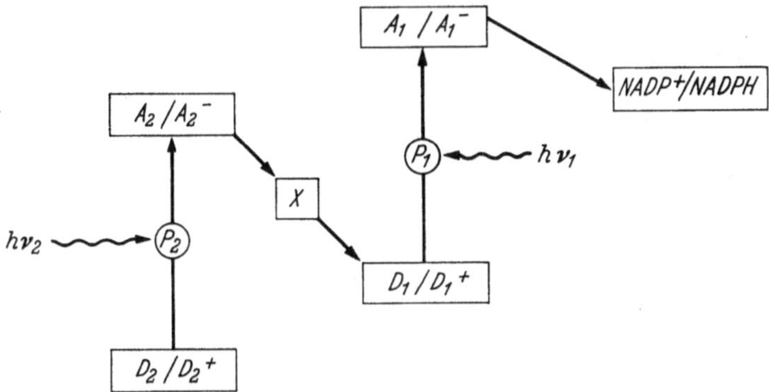

Abb. 1. Einfachstes Schema eines lichtbedingten Zweiquanten-Prozesses zur Erklärung des Emerson-Effektes (Erläuterungen siehe im Text)

Chlorophyll a handelt oder ob – wie dies in einigen Schemata (z. B. ARNON, TSUJIMOTO und MCSWAIN) postuliert wird – Begleitpigmente eingreifen, soll hier nicht diskutiert werden. Jedenfalls dürfte erwiesen sein, daß nur ein Teil des Chlorophylls – bzw. des Bacteriochlorophylls (CLAYTON und SISTROM) – an der eigentlichen Lichtreaktion teilhat, während die Hauptmasse des Pigments vermutlich allein die Funktion des Energieeinfangs und -transports übernimmt.

Unterteilen wir den Sprung, welchen das Elektron vom Donator bis zum Pyridinnucleotid zu machen hat, in Teilschritte, so hätten wir eine „1. Lichtreaktion", durch welche das $NADP^+$ reduziert wird, und eine „2. Lichtreaktion", welche das Elektron aus dem primären Donator abspaltet (vgl. Abb. 1). Wenn man ein Zusammenwirken der beiden Reaktionen auf chemischem Wege annehmen will, so müßten diese Teilprozesse durch ein Überträgersystem – d. h. durch eine Verbindung „X" (oder mehrere Verbindungen) mit einem zwischen den E_0'-Werten von A_2/A_2^- und D_1/D_1^+ liegenden Redoxpotential – miteinander gekoppelt sein.

Zur Aufklärung des Transportweges hat man sehr verschiedene Methoden eingesetzt. Wertvolle Aufschlüsse verdanken wir physikalisch-chemischen Untersuchungen, insbesondere den spektroskopischen Messungen kurzzeitiger Extinktionsänderungen, wie sie im Gefolge von Lichtblitzen auftreten (vgl. Fortschr. Bot. **25**, 259ff.). Die Biochemiker und Pflanzenphysiologen hingegen haben sich mehr des Einsatzes von Mutanten (LEVINE) und der Anwendung geeigneter Hemmstoffe (s. u.) bedient. Es ist verhältnismäßig einfach, Mutanten einzelliger Algen zu gewinnen und zu züchten. Besonders aufschlußreich versprechen die Versuche an jenen Formen zu werden, welche die Fähigkeit zur Photosynthese eingebüßt haben, jedoch weiterhin eine Photoreduktion – d. h. eine CO_2-Reduktion mittels molekularen Wasserstoffs — zeigen [BISHOP (1)]. Naturgemäß lassen sich derartige Mutanten allein von solchen Algen gewinnen, die Hydrogenase enthalten [z. B. *Scenedesmus* und *Ankistrodesmus*, vgl. BISHOP (2)]. Für *Chlamydomonas* konnten LEVINE und SMILLIE Mutanten mit abweichendem Plastocyaningehalt (s. u.) isolieren, doch haben leider diese Arbeiten noch keine klaren Ergebnisse über die Anordnung der „Kettenglieder" geliefert. – Die große Gruppe der Unkrautvertilgungsmittel (Zusammenfassende Darstellungen: HILTON, JANSEN und HULL, VAN OVERBECK) bildet ein Reservoir, aus dem immer neue Vertreter in die experimentelle Technik eingeführt werden. Natürlich muß, bevor man Aussagen über den Verlauf komplizierter Reaktionsketten erwarten kann, zuvor der genaue Wirkungsmechanismus des betreffenden Inhibitors aufgeklärt werden. Dies ist nur in wenigen Fällen zweifelsfrei gelungen. Mancherlei Hemmstoffe scheinen kein spezifisches Enzym zu hemmen, sondern in den Ladungstransport einzugreifen. So könnte z. B. das CMU (= 3-(4-chlorphenyl)-1,1-dimethylharnstoff) vielleicht als „Endstation" des lichtbedingten Elektronentransports wirken (GINGRAS, LEMASSON und FORK). Jedenfalls erfolgt bei Zusatz dieses Hemmstoffs eine maximale Hemmung durch Bestrahlung mit Rotlicht von etwa 650 mμ, eine minimale Wirkung dagegen durch längerwellige Strahlung von $\sim$685 mμ (NISHIMURA, SAKURAI und TAKAMIYA). Hier liegt also offenbar eine Schädigung über ein mit den Chromatophorenpigmenten nicht identisches Sensibilisatorsystem vor. Durch andere Gifte ist es möglich, die beiden Lichtreaktionen voneinander zu trennen: Setzt man Plastidenaufschwemmungen Digitonin zu, so sind die entstehenden Bruchstücke zwar noch zur Reduktion der Pyridinnucleotide, nicht aber mehr zur Sauerstoffentwicklung befähigt [WESSELS (1)]. Als wirksame Inhibitoren der Hill-Reaktion erwiesen sich z. B. substituierte Uracile (Isocil = 5-Brom-3-isopropyl-6-methyl-uracil, Bromacil = 5-Brom-3-sec.-butyl-6-methyl-uracil, vgl. HOFFMANN, MCGAHEN und SWEETSER). Andere Substanzen, wie etwa das Salicylaldoxim, scheinen die Kopplung zwischen den beiden Lichtreaktionen aufzuheben [TREBST (2)]. – Unerläßlich für das Funktionieren der Elektronentransport-Kette ist auch der Zusatz von Anionen. Insbesondere durch den Mangel an Chlorid-Ionen entstehen Hemmungen bei all jenen Prozessen, die mit der O_2-Freisetzung in Verbindung stehen (BOVÉ, BOVÉ, WHATLEY und ARNON).

Trotz der Unvollständigkeit unserer Informationen findet man heute bereits in etlichen Arbeiten einen kompletten Gang des Elektronentransports gezeichnet [s. z. B. DUYSENS (3), KOK, COOPER und YANG, TAGAWA, TSUJIMOTO und ARNON (1), TREBST, ECK und WAGNER, WITT, MÜLLER und RUMBERG]. So wertvoll diese Bilder als Arbeitshypothese auch sein mögen, so müssen doch alle diese Schemata, in denen die spektroskopischen Befunde mit den Ergebnissen von Hemmstoffversuchen vereinigt sind, als vorläufig betrachtet werden. Vermutlich werden uns die Arbeiten der kommenden Jahre noch mit weiteren Gliedern der Transportkette bekannt machen. Wir wollen daher hier auch nicht so sehr die „Kette" als solche, sondern vielmehr deren Glieder betrachten. Wenden wir uns zunächst dem 1. Lichtprozeß zu:

a) Ferredoxin. Wie bereits erwähnt, kann das $NADP^+$ unmöglich der erste Acceptor sein. Da die Reduktion des $NADP^+$ zum NADPH auch nach Abschalten der Lichtquelle noch für Sekundenbruchteile weiterläuft, muß den Pyridinnucleotiden ein weiterer Stoff mit stärker negativem Redoxpotential vorgeschaltet sein. Die Forschungen der letzten Jahre haben gezeigt, daß es sich bei dieser Substanz offenbar um einen Vertreter der sog. Ferredoxine, d. h. um ein eisenhaltiges Polypeptid [KATOH und TAKAMIYA (1)] handelt, das einen Valenzwechsel seiner Eisen-Ionen zeigt. Über diesen Acceptor, der identisch ist mit dem methaemoglobin-reduzierenden Faktor und der sog. photosynthetischen Pyridinnucleotid-Reduktase, liegen zahlreiche neuere Arbeiten vor, die eindeutig zeigen, daß reduziertes Ferredoxin eines seiner Elektronen an andere Redoxsysteme weitergeben und dadurch als Hill-Reagens fungieren kann [HORIO und YAMASHITA (1)]. In seiner Gegenwart können isolierte Chloroplasten z. B. mit Ferricyanid das Cytochrom c reduzieren (KEISTER und SAN PIETRO). Ferredoxin kann seine Ladung aber auch an oxydierte Glieder der Übertragungskette zurückgeben und damit zu einem Cofaktor für die Photophosphorylierung werden [HORIO und YAMASHITA (2), TAGAWA, TSUJIMOTO und ARNON (2, 3)]. Ganz offensichtlich handelt es sich bei dieser Verbindung um einen wichtigen „Verteiler" für die im Licht angelieferten Elektronen (vgl. WHATLEY, TAGAWA und ARNON). Sie können – außer an das primäre CO_2-Fixierungsprodukt (s. u.) – an etliche Acceptoren, so an SO_4^{--}, NO_3^- und NO_2^- weitergegeben werden (VOSKRESENSKAIA und GRISHINA). Damit dürfte dem Ferredoxin eine wichtige Rolle auch für den Einbau molekularen Stickstoffs zukommen (BENNETT und FULLER). Über die Steuerungsmechanismen, die über den weiteren Elektronentransport bestimmen, sind wir noch völlig im unklaren. – Nachdem sich die Isolierung als nicht sonderlich schwierig erwies (BENDALL, GREGORY und HILL), liegen über dieses farbige Polypeptid zahlreiche Beschreibungen vor. Es zeigte sich, daß das gesamte Eisen in Nichthaem-Bindung (BLOMSTROM, KNIGHT, PHILLIPS und WEIHER), und zwar ausschließlich in der Ferri-Form [FRY, LAZZARINI und SAN PIETRO, KATOH und TAKAMIYA (2)] vorliegt. Es ist durch SH-Gruppen an das Molekül gebunden [KATOH und TAKAMIYA (2)]. Untersuchungen über den Mössbauer-Effekt der Substanz zeigten, daß die Eisen-Ionen – 7 pro Molekül – in zwei verschiedenen Bindungsformen vorliegen (BLOMSTROM u. Mitarb.), jedoch verdienen die zahlreichen Versuche zur Strukturaufklärung (z. B. FRY und SAN PIETRO) heute, nachdem sowohl die chromophore Gruppe als auch die Aminosäuresequenz bekannt sind, nur mehr historisches Interesse[1].

Wir haben keine Anhaltspunkte dafür, daß dem Ferredoxin ein Redoxsystem mit noch stärker negativem Potential vorgeschaltet ist. Für alle energetischen Betrachtungen dürfen wir dieses Polypeptid mithin zunächst als primären Acceptor betrachten. Da es in einen Einelektronen-Transport eingeschaltet ist (FRY, LAZZARINI und SAN PIETRO), ändern sich die anfangs angestellten Berechnungen erheblich: Wenn bei jedem Absorptionsvorgang nur ein einziges Elektron vom Potential der Sauerstoffelektrode zu dem des Ferredoxins transportiert wird, so ist dafür allein ein Betrag von ~ 29 kcal/mol erforderlich. Bei einer hohen Energieausbeute spräche demnach – selbst wenn die Anregungsenergie des Chlorophylls nur unvollständig umgewandelt werden könnte (s. o.) – theoretisch nichts gegen eine Einquanten-Reaktion. Die Meßresultate zeigen jedoch, daß der tatsächliche Wirkungsgrad schlechter ist.

b) NADP$^+$-Photoreduktase. Das aus dem primären Donator freigesetzte Elektron wird erst sekundär – in einer Dunkelreaktion! – auf das Pyridinnucleotid übertragen. Diesen Übergang katalysiert ein spezifisches Flavinenzym, die als Hydrogenase wirkende (HILL und SAN PIETRO) NADP$^+$-Photoreduktase (SHIN, TAGAWA und ARNON). Vielleicht erfordert allerdings nur die Weitergabe der Elektronen an gelöstes NADP$^+$ das Enzym, während die Übertragung an das gebundene NADP$^+$ ein direkter Prozeß ist (KEISTER, SAN PIETRO und STOLZENBACH).

Wie die übrigen Bestandteile der Elektronentransport-Kette, so sind auch das Ferredoxin und die eben beschriebene Photoreduktase in den Chloroplasten lokalisiert (HEBER und WILLENBRINK). Durch die leichte Wasserlöslichkeit des Polypeptids geht allerdings ein Teil des Ferredoxins in das Extraktionsmedium über (KEISTER und SAN PIETRO). JACOBI und PERNER verdanken wir wertvolle elektronenmikroskopische Aufnahmen über die Veränderungen, welche Chloroplasten auch bei schonender Aufarbeitung erfahren. Demnach bleiben die Granabereiche lange intakt, während das Stroma stark angegriffen wird. Dennoch darf man natürlich nicht folgern, daß diejenigen Substanzen, die bei Homogenisierung oder Fraktionierung verloren gehen, im Stroma lokalisiert sein müßten. Die Verteilung der Redoxsysteme auf die beiden Untereinheiten der Plastiden erscheint uns heute noch unmöglich.

c) Cytochrome. Schwierig ist die Frage zu beantworten, welche Substanz als Donator der 1. Lichtreaktion (D_1/D_1^+ der Abb. 1) fungiert. Viele Autoren möchten diese Rolle dem Cytochrom f ($E_0' = +0{,}36$ V) zuschreiben, das im Zusammenhang mit kurzen Lichtblitzen Absorptionsänderungen erfährt, die seine Beteiligung an dem ersten Lichtprozeß nahelegen (CHANCE und BONNER, VREDENBERG, WITT, MÜLLER und RUMBERG). So wahrscheinlich seine Einschaltung in den lichtbedingten Elektronentransport aber auch ist, so umstritten ist noch immer seine Einordnung in die „Kette" (vgl. KEISTER und SAN PIETRO). ARNON,

[1] Über diese im Laufe des Jahres 1965 durchgeführten Untersuchungen kann erst im nächsten Referat berichtet werden.

TSUJIMOTO und MCSWAIN sehen im Cytochrom f ein Bindeglied zwischen den beiden Lichtreaktionen (X der Abb. 1). Vielleicht kann das Ferredoxin auch mit mehreren Redoxsystemen – so etwa zusätzlich mit dem Plastochinon (s. u.) – in einen Elektronenaustausch eintreten [vgl. AMESZ (2)].

Welche Rolle das gleichfalls in den Chloroplasten vorhandene Cytochrom b_6 ($E'_0 \sim 0,0$ V) spielt, bleibt offen. Unklar ist auch, welche Substanz durch CO-Vergiftung ausgeschaltet wird. GEWITZ und VÖLKER konnten nur feststellen, daß der entsprechende Komplex durch Bestrahlung mit kurzwelligem Licht wieder gespalten werden kann.

d) Chinone. Schon seit Jahren ist bekannt, daß mit organischen Lösungsmitteln extrahierte Chloroplasten die Fähigkeit zur Hill-Reaktion vermissen lassen. Setzt man den Aufschwemmungen dieser Plastiden nachträglich verschiedene Chinone zu, so gewinnen sie die Fähigkeit zur lichtbedingten Elektronenübertragung zurück [HENNINGER und CRANE (2), HENNINGER, DILLEY und CRANE). Diese Beobachtung hat zahlreiche analytische Arbeiten ausgelöst, die bald zur Entdeckung etlicher Vertreter der Plastochinone [ECK und TREBST, HENNINGER und CRANE (1) u. a.] aber auch mehrerer Naphthochinone (MCKENNA, HENNINGER und CRANE) führten. Dabei erwiesen sich die einzelnen Verbindungen als unterschiedlich fest gebunden; so wird z. B. das Vitamin K_1 von den Plastiden sehr viel fester gebunden als die Plastochinone (KEGEL und CRANE). Die Menge einzelner Vertreter – so die der Tokopherylchinone der *Spinacia*- und *Syringa*-Chloroplasten – ist deutlich lichtabhängig (DILLEY und CRANE). Plastochinonreiche Plastidentrümmer zeigen eine besonders gute Hill-Reaktion (BECKER, GROSS und SHEFNER); ob allerdings die verminderte Aktivität kleinerer Bruchstücke (BECKER, SHEFNER und GROSS) nur auf den Verlust an Chinonen zurückgeht, erscheint doch fraglich. Die Beobachtung, daß Chloroplasten in Gegenwart von Dichlorphenolindophenol und Ascorbinsäure kein Plastochinon benötigen (ARNON und HORTON), unterstreicht dessen Bedeutung für den normalen Elektronentransport, doch bleibt vorerst die genaue Rolle der Plastochinone bei der Photosynthese offen [Zusammenfassender Bericht s. TREBST (1)]. Jedenfalls wird man nur mit großer Zurückhaltung einzelnen Chinonen eine spezifische Funktion zuschreiben, dies um so mehr, als eine ganze Reihe unnatürlicher Chinone die photochemische Aktivität extrahierter Plastiden besser zu regenerieren vermag als die Plastochinone und Tokopherylchinone selbst (REDFEARN und FRIEND, vgl. auch WHATLEY und HORTON). So ist es vielleicht auch noch voreilig, Plastochinone als Acceptoren der 2. Lichtreaktion zu betrachten (WEIKARD, MÜLLER und WITT). Vielleicht gibt es für sie mehrere Funktionsstellen (vgl. TREBST und ECK).

DUYSENS (2) glaubt, als Elektronenacceptor der 2. Lichtreaktion einen besonderen „Quencher" annehmen (vgl. auch DUYSENS und SWEERS) und dem Plastochinon die Funktion eines Verbindungsgliedes zwischen den beiden Photoprozessen zuschreiben zu müssen (vgl. auch DE KOUCHKOVSKY und FORK, RUMBERG, SCHMIDT-MENDE und WITT). Dabei muß die Frage nach der chemischen Natur des „Quenchers" noch unbeantwortet bleiben; es erscheint nicht ausgeschlossen, daß es sich bei dieser Verbindung um ein besonderes Chinon handelt [vgl. DUYSENS (1)].

e) „Wasserspaltung“. Heute stimmen nahezu alle Autoren in der Annahme überein, daß das unter dem Einfluß der Belichtung transportierte Elektron letztlich dem Wasser entstammt. Diese Auffassung resultiert im wesentlichen aus der Deutung der Hill-Reaktion als Teilprozeß der Elektronenübertragung. An dieser Interpretation hat bekanntlich WARBURG Zweifel geäußert. Für seine Theorie, wonach der Assimilations-Sauerstoff aus einem lichtaktivierten CO_2-Komplex abgespalten wird (vgl. WARBURG, KRIPPAHL, JETSCHMANN und LEHMANN), führt er u. a. die Beobachtung an, daß die Hill-Reaktion nur in Gegenwart von Kohlendioxid abläuft. Dieser Effekt hat in den vergangenen Jahren viel Beachtung gefunden. Nachdem er an sehr verschiedenen Objekten erhalten wurde, ist an seiner Realität nicht mehr zu zweifeln. So erhielten ihn STILLER und VENNESLAND bei *Spinacia*-Chloroplasten; ABELES wies ihn an *Chlorella*-Homogenaten nach. Sulfonamide, welche die Carboanhydrase hemmen, setzen auch die Hill-Reaktion isolierter Chloroplasten herab [STERN (1)]. Wenn auch noch nicht zu entscheiden ist, ob die Förderung auf das CO_2-Molekül oder das HCO_3^--Ion zurückgeht (PUNNETT und IYER), so spricht doch die pH-Abhängigkeit der Hill-Reaktion für die Beteiligung des Bicarbonat-Ions. Wenn dafür sehr verschiedene Werte angegeben wurden, so hängt dies sicherlich nicht zuletzt mit der unterschiedlichen Permeabilität der Plastidenmembran für CO_2 und HCO_3^- zusammen. ELBERTZHAGEN und KANDLER fanden, daß das pH-Optimum für intakte Chloroplasten bei pH 7,3, für Plastidentrümmer bei 8,1 liegt. Ihre Beobachtungen stimmen damit im wesentlichen mit den Befunden früherer Arbeiten überein (vgl. aber CALO), in denen pH-Optima bis zu 8,6 beschrieben wurden (STILLER und VENNESLAND).

Angesichts der komplizierten Anioneneffekte auf den Verlauf der Hill-Reaktion [GOOD (1)] ist die Deutung des CO_2-Effektes noch sehr problematisch. Jedenfalls ist die Sauerstoff-Entwicklung um so deutlicher vom CO_2-Partialdruck abhängig, je intensiver die Suspensionen bestrahlt werden [GOOD (2)]. Allein dieser Befund spricht dafür, daß der CO_2-abhängige Teilprozeß eine Dunkelreaktion darstellt. Auch die Beobachtungen über den Ablauf der Hill-Reaktion in Schwerem Wasser sprechen eher dafür, daß das H_2O an einer Dunkelreaktion teilnimmt als daß es Substrat des primären Lichtprozesses ist (RIESKE, LUMRY und SPIKES). Sicherlich wird theoretisch wie experimentell noch viel Arbeit zu leisten sein, bevor wir diese Ergebnisse widerspruchsfrei deuten können, doch spricht bis heute nichts für eine direkte Photospaltung eines aktivierten CO_2-Komplexes. Zwar liefern die massenspektroskopischen Untersuchungen infolge des raschen Sauerstoff-Umtausches zwischen dem Kohlendioxid und dem Wasser keinen klaren Beweis für die Herkunft des Assimilations-Sauerstoffs [vgl. z. B. BLADERGROEN; STERN (2); VINOGRADOV, KUTYURIN, ULUBEKOVA, ZAKHAROVA und ZADOROZHNYI), doch stützen sie ebenso wenig die WARBURGsche Theorie.

f) Plastocyanin. Mit diesen Elektronenüberträgern ist die Liste der beteiligten Redoxsysteme noch nicht erschöpft. Besonders eingehend studiert wurde das erst vor wenigen Jahren aufgefundene – als natürliches Hill-Reagens geeignete [KATOH und TAKAMIYA (3)] – kupferhaltige Plastocyanin, von dem offenbar auf je 300 Chlorophyllmoleküle nur ein einziges Molekül kommt (DE KOUCHKOVSKY und FORK). Belichtet man das Plastocyanin mit langwelliger Strahlung (713 mμ), so wird es oxydiert. Die Absorptionsänderungen um 600 mμ dürften auf dieses Pigment zurückgehen, das in Gegenwart von Viologen und katalytischen Mengen von Cytochrom f – selbst bei Temperaturen unterhalb des Gefrierpunktes – das Cytochrom c zu oxydieren vermag (KOK, RURAINSKI und HARMON). Nicht ausgeschlossen ist, daß das Plastocyanin, das bei Bakterien nicht gefunden werden konnte, an der energetischen Kopplung der beiden Lichtreaktionen beteiligt ist [vgl. KATOH und TAKAMIYA (4)].

II. Photophosphorylierungen[1]

In den Studien zur Hill-Reaktion werden isolierten Chloroplasten bzw. Plastidentrümmern in der Regel künstliche Elektronenacceptoren, seltener Donatoren, angeboten. Wo immer man jedoch geeignete Reduktionsmittel zugegeben hat, griffen auch diese modifizierend in den Ablauf der Übertragungskette ein. Dies ist z. B. der Fall, wenn wir dem Suspensionsmedium eine Mischung von Dichlorphenolindophenol und Ascorbinsäure zusetzen [TAGAWA, TSUJIMOTO und ARNON (1, 4)]. Interessant sind vor allem diejenigen Systeme, die – wie etwa das Vitamin K_3 und das Phenazin-methosulfat – zugleich als Donatoren und Acceptoren wirken, bei denen also das in der Lichtreaktion abgespaltene Elektron über mehr oder weniger viele „Zwischenstationen" an seinen Ursprungsort zurückkehrt. Dabei reicht die beim Rücktransport freigesetzte Energiemenge aus, ein ADP-Molekül mit anorganischem Phosphat zum ATP zu verknüpfen. Diese Art von lichtabhängiger Phosphorylierung, bei der es nicht zur Bereitstellung eines Reduktors kommt, nennen wir bekanntlich die cyclische Photophosphorylierung. Sie wird u. a. durch reduzierte Indophenolfarbstoffe katalysiert (GROMET-ELHANAN und AVRON). Eine ferredoxin-abhängige Lichtphosphorylierung des cyclischen Typs wird durch Einstrahlung langwelligen Rotlichts (708 mμ) sensibilisiert [TAGAWA, TSUJIMOTO und ARNON (4)]. Verhindert man – etwa durch Zusatz von Methanol – das Gefrieren der Suspension, so läßt sich die cyclische Phosphorylierung mit sehr verschiedenen Cofaktoren auch bei Temperaturen unter 0° C erzielen (HALL und ARNON). Damit drängt sich die Spekulation auf, ob die Pflanzen bei sehr tiefen Temperaturen die Möglichkeit haben könnten, ATP zu gewinnen. Vorläufig ist aber noch nicht einmal die Frage zu beantworten, ob die cyclische Phosphorylierung ein allein aus der Abtrennung der Plastiden aus dem Zellverband resultierendes Artefakt (vgl. SCHWARTZ) ist oder ob sie auch unter physiologischen Bedingungen erfolgt. Die Tatsache, daß Laubblätter, deren O_2-Entwicklung und CO_2-Fixierung durch DCMU (Dichlormethylharnstoff) völlig gehemmt sind, weiterhin ATP anreichern können (FORTI und PARISI), spricht dafür, daß es auch im lebenden Gewebe eine derartige Phosphorylierung gibt.

[1] Zusammenfassende Darstellungen: ARNON, DAVENPORT.

Unbestritten ist, daß in assimilierenden Zellen eine nicht-cyclische Photophosphorylierung abläuft, d. h. zugleich mit der Bereitstellung reduzierter Pyridinnucleotide auch ATP gebildet wird. Auch hier ist wieder die Eignung verschiedener künstlicher Cofaktoren erprobt worden (vgl. z. B. KROGMANN und OLIVERO). Besonderes Interesse verdienen jedoch die natürlichen Cofaktoren. Ein Teil von ihnen ist sicherlich sehr fest gebunden, zeigen doch Chloroplasten, die bei der Aufarbeitung Membran und Stroma nahezu vollständig eingebüßt haben, nach wie vor eine deutliche Photophosphorylierung (LEECH). AVRON fand im Überstand mit EDTA behandelter Chloroplasten eine thermolabile, nicht dialysierbare Verbindung, die bei der Aufbewahrung rasch zerfiel. Sie ist nicht identisch mit dem sog. Phosphodoxin, einem hitzestabilen Faktor, der aus einer ganzen Reihe von Objekten isoliert werden konnte. Dieser besitzt eine durch Einstrahlung in die Absorptionsbande bei 358 mμ anregbare Blaufluorescenz (Emissionsmaximum bei 440 mμ) und ist sicherlich verschieden sowohl von den Vitaminen K_3 und K_5 wie von Flavinen (BLACK, SAN PIETRO, LIMBACH und NORRIS). Die Auswertung seines IR-Spektrums hat leider nur dürftige Informationen geliefert; sie spricht allein für das Vorliegen von Hydroxyl- sowie von CH_2- oder CH_3-Gruppen (BLACK, SAN PIETRO, NORRIS und LIMBACH). Offenbar fördern aber auch andere zelleigene Substanzen die Photophosphorylierung, so etwa eine noch unbekannte purpurfarben fluorescierende Verbindung mit Absorptionsbanden bei 270 und 350 mμ (KROGMANN und STILLER), schließlich die Ascorbinsäure (JACOBI) und zwei Formen des Vitamin B_6, nämlich das Pyridoxal-5-phosphat und das Pyridoxalhydrochlorid (BLACK und SAN PIETRO).

Normalerweise läuft die Photophosphorylierung mit einer gewissen Verzögerung (Lag-Phase) an, die sich jedoch durch Vorbelichtung ausschalten läßt (KAHN). Einen besonders interessanten Ansatzpunkt für weitere Experimente bietet eine Entdeckung von HIND und JAGENDORF. Demnach reichern belichtete Chloroplasten bei pH 6 einen in seiner Struktur noch unbekannten Faktor „X_e" an, der bei anschließender pH-Änderung auf pH 8 im Dunkeln ADP phosphoryliert. Die Bildung einer optimalen Menge dieser Verbindung erfordert i. a. etwa 4 min, läßt sich jedoch durch Zugabe von Cofaktoren der cyclischen Photophosphorylierung auf weniger als $^1/_{10}$ verkürzen.

Leider ist noch immer nicht bekannt, welche Übertragungsschritte innerhalb der Elektronentransport-Kette die Photophosphorylierung bedingen [vgl. WESSELS (2)]. Der Beantwortung dieser Frage versucht man auch weiterhin, vor allem durch den Einsatz von Hemmstoffen, näher zu kommen. Dabei erwies es sich als möglich, die Photophosphorylierung durch eine große Zahl sehr verschiedenartiger Störungen von der Bereitstellung des Reduktors zu entkoppeln. Dies ist etwa durch die Zugabe von EDTA (s. o.), aber auch schon durch den Entzug von Kationen möglich (HILL und SAN PIETRO, JAGENDORF und SMITH), wobei der Verlust von ein- und zweiwertigen Ionen sich quantitativ sehr unterschiedlich auswirkt. Einige der eingesetzten Hemmstoffe – so etwa das 3-Amino-1,2,4-triazin – zeigen in geringen Konzentrationen eine deutliche Förderung der ATP-Bildung (PHUNG-NHU-HUNG). Bei anderen hängt die Wirkung vom Oxydationszustand ab; so katalysieren Indophenolfarbstoffe in reduzierter Form die cyclische Photophosphorylierung (GROMET-ELHANAN und AVRON, vgl. auch SHEN, YANG, SHEN und YING), während sie in oxydierter Form entkoppelnd wirken (KEISTER). Von besonderem Interesse sind diejenigen Substanzen, die – wie etwa Atebrin oder Chlorpromazin – zwischen den verschiedenen Typen der Photophosphorylierung zu unterscheiden vermögen. Wenn es überhaupt derartige Verbindungen gibt, so liegt die beste Erklärung dafür wohl in der Annahme, daß die ATP-Bildung an verschiedenen Stellen erfolgen kann (AVRON und SHAVIT, SHAVIT und AVRON). Möglicherweise gibt es innerhalb der normalen Elektronentransport-Kette auch mehr als nur eine Phosphorylierungsstelle (BALTSCHEFFSKY und DE KIEWIET).

Der Photophosphorylierung scheinen sehr interessante strukturelle Veränderungen parallel zu laufen: ITOH, IZAWA und SHIBATA, wie auch OHNISHI beschreiben eine Kontraktion belichteter Chloroplasten. Mit dieser Größenabnahme hängen Veränderungen der optischen Eigenschaften, insbesondere der Streuung, von Plastidensuspensionen zusammen (DILLEY und VERNON, PACKER). Dabei sehen DILLEY und VERNON die für diese Kontraktion verantwortliche Substanz nicht im ATP sondern im „X_e" (s. o.).

Schwer zu deuten bleibt vorerst ein weiterer Effekt: NEUMANN und JAGENDORF erhielten bei einer Belichtung ungepufferter Chloroplasten-Aufschwemmungen einen mit der Photophosphorylierung gekoppelten pH-Anstieg.

Streng zu unterscheiden von den Vorgängen der Photophosphorylierung ist die lichtgeförderte Phosphataufnahme, die nach den Befunden von SIMONIS und URBACH (1) durch Vorbelichtung gesteigert werden kann. Durch Zugabe von Natrium-Ionen wird dieser Einbau erheblich gefördert, ohne daß die — bei 0° C ausbleibende — Wirkung des Ions dabei über eine „Natriumpumpe" erklärt werden könnte [SIMONIS und URBACH (2)].

Die Vorgänge des Phosphatumtausches zwischen ADP und ATP sollen hier nicht behandelt werden, nachdem sich zeigen ließ, daß sie nichts mit der eigentlichen Photophosphorylierung zu tun haben (vgl. BEN-YEHOSHUA und AVRON).

III. Einbau des Kohlenstoffs

Wenn auch die eigentliche Photosynthese ausschließlich in der Bereitstellung von NADPH und ATP ("assimilatory power") zu bestehen scheint, so soll hier auch jene Kette von Dunkelprozessen diskutiert werden, durch die das CO_2 eingelagert und bis zur Stufe der Kohlenhydrate reduziert wird. Dieser Weg scheint von der Elektronentransport-Kette weitgehend unabhängig zu sein; jedenfalls zeigt *Scenedesmus* bei Photoreduktion das gleiche Einbaumuster wie bei normaler Photosynthese (GINGRAS, GOLDSBY und CALVIN). — Außer Betracht bleiben sollen alle Folgereaktionen, durch die aus den primären Assimilationsprodukten die ganze Fülle der weiteren Inhaltsstoffe aufgebaut wird. Auf die lichtbedingte Proteinsynthese (HEBER) kann daher nur ebenso hingewiesen werden wie auf die RNS-Synthese in isolierten Chloroplasten (KIRK).

Kernstück der lichtabhängigen Kohlenhydratsynthese ist der sog. Calvin-Cyclus. Ihn in Einzelheiten zu besprechen, erübrigt sich allein schon deshalb, weil über diese Reaktionskette besonders kompetente

Sammelreferate erschienen sind [BASSHAM (2), BASSHAM und CALVIN, CALVIN (1, 2)]. Was uns heute mehr beschäftigt, ist die Frage nach dem primären Einbau des CO_2, nach dem Mechanismus der Carboxydismutase-Reaktion und den Schritten, welche zur Phosphoglycerinsäure führen. Weiter bleibt zu diskutieren, ob der Weg über das Ribulosediphosphat wirklich der einzig mögliche ist bzw. in welchem Ausmaß sich andere Reaktionen am C-Einbau beteiligen können.

Zahlreiche Versuche sind unternommen worden, entweder durch den Einsatz von Mutanten oder aber durch Verwendung geeigneter Hemmstoffe weitere Aufschlüsse zu gewinnen. Mehrere Untersuchungen beschäftigen sich mit der Wirkungsweise der Carboxydismutase. Die SH-Gruppen am aktiven Zentrum dieses Enzyms erwiesen sich – zum Unterschied von vergleichbaren SH-Enzymen – als sauer (pK-Wert = 8,82; vgl. RABIN und TROWN (1)]. Offenbar katalysiert dieses Ferment zwei Schritte: Zuerst wird – unabhängig vom ATP – ein Enzym-Mg^{++}-Bicarbonat-Komplex gebildet (PON, RABIN und CALVIN), der sich bei 0° C als verhältnismäßig stabil erwies (AKOYUNOGLOU und CALVIN). An jedes Enzym-Molekül sollen dabei fünf CO_2-Moleküle gebunden werden. In diesen Prozeß greift das Biotin nicht ein; jedenfalls konnten AKOYUNOGLOU und CALVIN zeigen, daß sich die Bildung des Enzym-Substrat-Komplexes durch Zugabe von Avidin nicht hemmen läßt (vgl. auch POZNANSKAYA und GORKIN). Diese Befunde stehen im Einklang mit Untersuchungen, die KAUSS und KANDLER (2) an der vitaminheterotrophen Alge *Ochromonas malhamensis* ausführten. Auch bei diesem Organismus erwies sich der C-Einbau als biotin-unabhängig. Der zunächst entstehende Komplex soll das CO_2 dann an das Ribulosediphosphat weitergeben (Reaktionsmechanismus s. bei TROWN und RABIN). Wenn man die bei der Anlagerung entstehende β-Ketosäure trotz intensivster Bemühungen nicht hat nachweisen können, so könnte dies nach Ansicht von RABIN und TROWN (2) darauf hindeuten, daß diese Verbindung gar nicht in freier Form sondern lediglich – als Thioäther gebunden – an der Enzymoberfläche vorliegt [RABIN und TROWN (1)][1].

Ungeklärt bleibt weiterhin, ob die Kohlensäure vor ihrer Anheftung an den beschriebenen Enzymkomplex in instabile oder flüchtige Intermediärprodukte eingebaut wird [vgl. BASSHAM und KIRK (1)]. Neuere Versuche zum Verlauf der sog. Induktionserscheinungen (DÖHLER und EGLE) würden sich leicht in diesem Sinne deuten lassen.

Der weitere Einbauweg läßt sich auf mancherlei Weise beeinflussen. Auch hier gibt die große Zahl der Unkrautvertilgungsmittel dem Experimentator immer neue Hemmstoffe in die Hand, die auf unterschiedliche Teilreaktionen wirken. Aus der Fülle der Mitteilungen lassen sich nur wenige Arbeiten herausgreifen, die erkennen lassen, welche Möglichkeiten eine weitere Analyse eröffnet: Einige Gifte greifen bereits in die frühesten Reaktionen ein. Sie ändern damit nicht so sehr das Einbaumuster als vielmehr die Einbaurate. Hierher gehört z. B. das Atrazin,

[1] Die früher (Fortschr. Bot. **24**, **217**) als Intermediärprodukt beschriebene γ-Ketosäure hat sich bei Nachuntersuchungen als das Diphosphat der 2-Keto-L-Gulonsäure herausgestellt, die sicherlich kein frühes Fixierungsprodukt darstellt (MOSES, FERRIER und CALVIN).

bei dessen Anwendung der C-Einbau dem bei Dunkelfixierung ähnelt (ZWEIG und ASHTON). Auch das Peroxyacetylnitrat scheint einen sehr frühen Teilprozeß zu beeinflussen; es hemmt den Stoffwechsel nur im Licht; dabei erhält man ein Wirkungsspektrum, dessen Maxima bei 370, 420, 480 und (schwächer) bei 640 mμ liegen. Demnach geht die Lichtwirkung hier nicht über das Chlorophyll (DUGGER, TAYLOR, KLEIN und SHROPSHIRE). Ascorbinsäure übt hier offenbar eine gewisse Schutzfunktion aus (DUGGER, KOUKOL, REED und PALMER). Eine ganze Anzahl chemisch verschiedenartig gebauter Inhibitoren führt zur vermehrten Produktion, eventuell sogar zur Ausscheidung von Glykolsäure. Offenbar kommt der Glykolsäure-Oxydase einige Bedeutung für den C-Einbau zu: Normalerweise dürfte Glykolat als frühes Intermediärprodukt rasch in Glyoxylat umgewandelt werden. Dieser Prozeß kann aber z. B. durch α-Hydroxysulfonate gehemmt werden (ASADA und KASAI). Offenbar konkurriert die Synthese der Glykol- und der Phosphoglykolsäure mit der Bildung von Ribulosediphosphat, vielleicht dadurch, daß Sauerstoff die Oxydation des Glykolaldehydrestes am Enzym verursacht und auf diese Weise die Photosynthese hemmt [BASSHAM und KIRK (2)], ist doch eine negative Beeinflussung der Einbaurate durch O_2 schon seit langem bekannt (vgl. TURNER und BRITTAIN). Die Glykolsäure-Menge scheint ganz allgemein bei geringem CO_2- und hohem O_2-Partialdruck anzusteigen [BASSHAM und KIRK (3), vgl. NALEWAJKO, CHOWDHURI und FOGG]; bei guter CO_2-Versorgung von Algensuspensionen beobachtet man praktisch keine Glykolsäure-Ausscheidung (BLAKE, KAGANOVE und KATZ). Setzt man assimilierenden Zellen 8-Methyl-Liponsäure zu, so nimmt die Menge des Ribulosediphosphats ab; dafür erhält man einen Anstieg der Glykolsäure-Konzentration (BASSHAM, EGETER, EDMONSTON und KIRK). Auch die α-Pyridylhydroxymethan-sulfonsäure führt zur Glykolsäure-Anreicherung sowie – bedingt durch die Hemmung der Succinodehydrase – zum gleichzeitigen Aufstau von Bernsteinsäure. Auch tritt unter dem Einfluß dieses Hemmstoffs Brenztraubensäure nicht mehr in den Krebs-Cyclus ein; sie reagiert unter Bildung von α-Alanin weiter [ULLRICH (2)]. Die Ausscheidung von Glykolsäure wird weiterhin durch das Isonicotinsäurehydrazid erhöht; auch hier muß man das Ribulosediphosphat als Vorläufer ansehen (PRITCHARD, GRIFFIN und WHITTINGHAM). – Andere Hemmstoffe blockieren den Stoffwechsel an gänzlich anderen Stellen oder aber wirken auf mehrere Teilprozesse. So hemmt das Isonicotinsäurehydrazid zusätzlich die Umwandlung von Glycin in Serin (PRITCHARD, WHITTINGHAM und GRIFFIN).

Um die Bedeutung einzelner Vitamine zu studieren, bieten sich naturgemäß wirkstoffbedürftige Algen in ganz besonderem Maße an. KAUSS und KANDLER (1) verwendeten *Ochromonas malhamensis;* sie konnten hier z. B. zeigen, daß thiaminarme Zellen eine Hemmung des Calvin-Cyclus aufweisen, was angesichts der Coenzym-Funktion dieses Vitamins für die Transketolase nicht verwunderlich ist. Weniger selbstverständlich sind die Störungen, die bei einem Mangel an Vitamin B_{12} auftreten. Hier zeigte sich ein vermehrter Kohlenstoff-Einbau in Aminosäuren [KAUSS und KANDLER (2)]. – Durch den Verlust leicht wasserlöslicher Inhaltsstoffe kann es auch bei isolierten Plastiden zu Mangelerscheinungen kommen, die sich in einer Störung der Photosynthese auswirken. So zeigen in isotonischem Medium sorgfältig isolierte Chloroplasten, nicht aber Plastidentrümmer (HAVIR und GIBBS, vgl. auch PARK und PON) einen normalen – wenn auch quantitativ verringerten (HAVIR) – C-Einbau.

Ein weiterer Einbauweg geht sicherlich von der Phosphoenolbrenztraubensäure aus, deren Carboxylierung – zusammen mit der der Brenztraubensäure – bei *Ochromonas malhamensis* zu 15–25% an der gesamten C-Fixierung beteiligt sein soll [KAUSS und KANDLER (2)]. Der Reaktionsmechanismus dieses Prozesses ist uns allerdings noch unbekannt (SIU). Dieser Weg wurde insbesondere für chlorophyllfreie Mutanten von *Chlorella pyrenoidosa*, darüber hinaus aber auch für zellfreie Extrakte von *Prototheca zopfii* beschrieben (CIFERRI und SALA). Auch bei dem extrem chlorophyllarmen Parasiten *Cuscuta epithymum* findet man kaum den üblichen Einbauweg sondern statt dessen die rasche Markierung von organischen Säuren und Aminodicarbonsäuren (CIFERRI und POMA). Dagegen scheint, entgegen den Ansichten von STILLER, kein Anlaß zu bestehen, eine besondere Carboxylierungsreaktion für Glykolsäure zu fordern (WHITTINGHAM, BERMINGHAM und HILLER).

Sicherlich erschöpfen sich die Möglichkeiten der C-Einlagerung nicht mit diesen seit längerer Zeit bekannten und studierten Reaktionen. Schon in früheren Berichten (vgl. Fortschr. Bot. **24**, **215**ff.) wurde über die abweichenden Ergebnisse berichtet, die russische Biochemiker beim Studium des Kohlenstoffeinbaus in Laubblätter erhielten. Hier wurde wiederholt über die frühe Markierung stark ungesättigter Intermediärprodukte berichtet [BOICHENKO und UDELNOVA (1)]. BOICHENKO und SAENKO fanden bei Blättern von *Primula obconica* und von *Trifolium repens* eine rasche Markierung von Phosphatidyl-aethanolamin (vgl. auch ZAKHAROVA); von dort scheint der eingebaute Kohlenstoff auf eine Substanz übertragen zu werden, die in ihren Eigenschaften der Ascorbinsäure ähneln soll [BOICHENKO und UDELNOVA (2)]. BOICHENKO steht mit ihren Ergebnissen nicht mehr allein: TRIP, NELSON und KROTKOV fanden bei Sellerie *(Apium graveolens)*, daß auch hier der C-Einbau – ganz anders als bei *Chlorella!* – zunächst in eine äthanolunlösliche Substanz erfolgt.

Auf die mögliche Verwertung von C_1-Körpern (Formaldehyd, Ameisensäure u. a.) im Stoffwechsel photosynthetisch tätiger Organismen soll nur hingewiesen werden (vgl. DOMAN und ROMANOVA, KINDEL).

Die unsymmetrische Markierung der photosynthetisch gebildeten Kohlenhydrate konnte inzwischen für Organismen aus sehr verschiedenen systematischen Gruppen (z. B. *Anacystis* und *Chlorella*) demonstriert werden, wobei das Fehlen oder Vorhandensein von Aldolase offensichtlich keinen besonderen Einfluß auf das Verteilungsmuster ausübt (KINDEL und GIBBS). Dieser zunächst überraschende Befund braucht nicht gegen die Richtigkeit des Calvin-Cyclus zu sprechen (vgl. TREBST und FIEDLER). Offensichtlich existiert neben dem Phosphoglycerinsäure-Vorrat der Chloroplasten im Cytoplasma noch ein weit größerer Pool an dieser Substanz (KANDLER und LIESENKÖTTER). Vielleicht wird auch ein Teil der gebildeten Phosphoglycerinsäure – chromatographisch ließ sich nur das am C (3) phosphorylierte Isomere nachweisen (METZNER und THIES) – nie vom Enzym abgelöst [BASSHAM und KIRK (3, 4)]. Besondere Vorsicht ist bei der Aufarbeitung der Phosphatester-Fraktion geboten: Mehrfach stellte sich heraus, daß die zelleigenen Phosphatasen durch Eingießen der Algen in heißes Methanol nicht völlig inaktiviert werden. In den Extrakten läuft mithin die Dephosphorylierung weiter, wovon vor allem die Phosphoenolbrenztraubensäure, weit weniger die Phosphoglycerinsäure, betroffen ist [ULLRICH (1, 3)]. – Bei dem vor allem für *Phaeophyceen* als Produkt des C-Einbaus beschriebenen Mannit handelt es sich offensichtlich nicht um ein Intermediär- sondern um ein Speicherprodukt (BIDWELL und GHOSH).

Eine ganze Reihe innerer wie äußerer Faktoren kann den „Weg des Kohlenstoffs" nachhaltig beeinflussen. Dabei scheint der Spektralzusammensetzung des Lichts besondere Bedeutung zuzukommen. Suspensionen von *Chlorella vulgaris* wurden einmal reinem Rotlicht, zum zweiten reinem Blaulicht, schließlich Mischlicht (Rotlicht mit einem 4%igen Blaulicht-Anteil) ausgesetzt. Dabei wurden die Energiemengen so bemessen, daß die Parallelproben einen quantitativ gleichen C-Einbau zeigten. Nach 5minütiger Bestrahlung im Mischlicht war die Menge der Asparaginsäure größer als im reinen Rotlicht; dafür war der prozentuale Anteil sowohl an Glycin-Serin als auch an Glykolsäure niedriger [HAUSCHILD, NELSON und KROTKOV (1)]. Bei länger dauernden Experimenten erwies sich die Dauer der Dunkelvorbehandlung der Zellen als wichtig für den Anteil, der anschließend in die Aminodicarbonsäuren eingebaut wurde. Ein prinzipiell ähnliches Ergebnis erhielten die Autoren auch für andere Arten; überall steigt in kürzerwelligem Licht der relative Einbau in die Aminosäuren. Dabei ist das entscheidende Pigment sicherlich nicht mit dem Phytochromsystem identisch. Stundenlange Dunkelvorbehandlung beeinflußt auch die Höhe der Gesamtfixierung [HAUSCHILD, NELSON und KROTKOV (3)]; demnach scheint Blaulicht die „Quantenausbeute" zu steigern. Dagegen ließ sich bei dem photosynthetisch tätigen Bakterium *Chromatium* keine Spektralabhängigkeit demonstrieren [HAUSCHILD, NELSON und KROTKOV (2)]. An Tabakblättern (TREGUNNA, NELSON und KROTKOV) und am Reis (NISHIDA) konnten tagesperiodische Schwankungen des Einbaus beobachtet werden. Reis ließ zudem einen Alterseinfluß und die Abhängigkeit von der Beleuchtungsintensität erkennen (NISHIDA). Dagegen ergaben Untersuchungen an den Nadeln von *Pinus strobus* für Werte zwischen 2500 und 25000 Lux keinen Einfluß der Beleuchtungsintensität auf den Einbauweg des Kohlenstoffs (SHIROYA, SLANKIS, KROTKOV und NELSON).

Mehrere Autoren berichten auch über eine photosynthetische Acylierung. Belichtete Chloroplasten besitzen demnach die Fähigkeit, Essigsäure zu aktivieren [OHMANN (1)] und in Fettsäuren einzubauen, deren Kettenlänge eine Funktion der eingestrahlten Beleuchtungsintensität zu sein scheint. Da diese Einlagerung außer Mg^{++}- oder Mn^{++}-Ionen noch Coenzym A und die "assimilatory power" erfordert, ist es verständlich, daß der Acetateinbau im Licht erheblich gefördert erscheint

(STUMPF und JAMES). Daneben wird die aktive Essigsäure — offenbar gefördert durch Oxalessigsäure — auch in eine Reihe wasserlöslicher Verbindungen eingebaut, unter denen MUDD und MCMANUS Citronen- und Glutaminsäure identifizieren konnten. Beim Übergang zur Heterotrophie scheint die Aktivität der Acetat-Thiokinase zuzunehmen [OHMANN (2)]. — Acetat verändert bei *Rhodospirillum* — ähnlich auch bei isolierten Chloroplasten (HOARE) — die Fixierung gleichzeitig angebotener Kohlensäure; dabei treten auf Kosten der Phosphatester Malat und Glutamat auf. Diese veränderte C-Einlagerung deutet auf einen neuen, vom Krebscyclus verschiedenen Syntheseweg. Ähnliche Prozesse scheinen auch der Proteinbildung in isolierten Chloroplasten zugrunde zu liegen (SMIRNOV), durch die ein erheblicher Teil der in den Blättern vorhandenen Proteine bereitet wird (HEBER). — In der *Volvocale Chlamydobotrys* haben wir einen Organismus vor uns, der im Licht Acetat, nicht jedoch Glucose oder CO_2 als Kohlenstoffquelle zu nutzen vermag. Hierbei wird das Methyl-C der Essigsäure in die Kohlenstoffkette der Intermediärprodukte eingebaut (WIESSNER).

Der vorliegende Bericht läßt hervorragende Entdeckungen vermissen. Tatsächlich haben die Forschungen der letzten Jahre auch mehr dazu beigetragen, die Verläßlichkeit unserer Vorstellungen zu überprüfen, als daß sie neue Perspektiven eröffnet hätten. Dabei mußte mancher Weg verlassen und manche Arbeitshypothese revidiert werden. Wir stehen noch immer vor der Notwendigkeit, große Lücken auszufüllen, die der allzu rasche Fortschritt der vergangenen Jahre gelassen hat.

Literatur

ABELES, F. B.: Thesis, Univ. of Minnesota 1963. — AKOYUNOGLOU, G., and M. CALVIN: Biochem. Z. **338**, 20—30 (1963). — AMESZ, J.: (1) Biochem. biophys. Acta (Amst.) **66**, 22—36 (1963); — (2) In «La Photosynthèse». Édit. Centr. Nat. Rech. Sci., pp. 473—483. Paris 1963. — ARNON, D. I.: Proc. V. Internat. Congr. of Biochem., pp. 201—232. Moscow 1963. — ARNON, D. I., and A. A. HORTON: Acta chem. scand. **17**, Suppl. **1**, S. 135—139 (1963). — ARNON, D. I., H. Y. TSUJIMOTO, and B. D. MCSWAIN: Proc. nat. Acad. Sci. (Wash.) **51**, 1274—1282 (1964). — ASADA, K., and Z. KASAI: Plant and Cell Physiol. **3**, 125—136 (1962). — AVRON, M.: Biochem. biophys. Acta (Amst.) **77**, 699—702 (1963). — AVRON, M., and N. SHAVIT: In "Photosynthetic Mechanisms of green Plants". Nat. Acad. Sci. — Nat. Res. Counc., pp. 611—618. Washington 1963.

BALTSCHEFFSKY, H., and D. Y. DE KIEWIET: Acta chem. scand. **18**, 2406—2408 (1964). — BASSHAM, J. A.: (1) J. theor. Biol. **4**, 52—72 (1963); — (2) Ann. Rev. Plant Physiol. **15**, 101—120 (1964). — BASSHAM, J. A., and M. CALVIN: Comp. Biochem. and Physiol. **4**, 187—204 (1962). — BASSHAM, J. A., H. EGETER, F. EDMONSTON, and M. KIRK: Biochem. biophys. Res. Commun. **13**, 144—149 (1963). — BASSHAM, J. A., and M. KIRK: (1) Bio-Organic Chemistry Quarterly Rep. UCRL-10479, 1—10 (1962); — (2) Bio-Organic Chemistry Quarterly Rep. UCRL-10479, 11—13 (1962); — (3) Biochem. biophys. Res. Commun. **9**, 376—380 (1962); — (4) In "Studies on Microalgae and photosynthetic Bacteria", pp. 493—503. Tokyo: The Univ. of Tokyo Press 1963. — BECKER, M. J., J. A. GROSS, and A. M. SHEFNER: Biochem. biophys. Acta (Amst.) **64**, 579—581 (1962). — BECKER, M. J., A. M. SHEFNER, and J. A. GROSS: Nature (Lond.) **193**, 92—93 (1962). — BENDALL, D. S., R. P. F. GREGORY, and R. HILL: Biochem. J. **88**, 29P—30P (1963). — BENNETT, R., and R. C. FULLER: Biochem. biophys. Res. Commun. **16**, 300—307 (1964). — BEN-YEHOSHUA, S., and M. AVRON: Biochem. biophys. Acta (Amst.) **82**, 67—73 (1964). — BIDWELL, R. G. S., and N. R. GHOSH: Canad. J. Bot. **40**, 803—807 (1962). — BISHOP, N.: (1) Nature (Lond.) **195**, 55—57 (1962); — (2) J. gen. Physiol. **45**, 592 A (1962). — BISHOP, P. M., and C. P. WHITTINGHAM: Nature (Lond.) **197**, 1225—1226 (1963). — BLACK, C. C., and A. SAN PIETRO: Arch. Biochem. **103**, 453—458 (1963). — BLACK, C. C., A. SAN PIETRO, D. LIMBACH, and G. NORRIS: Proc. nat. Acad. Sci. (Wash.) **50**, 37—43 (1963). — BLACK, C. C., A. SAN PIETRO,

G. Norris, and D. Limbach: Plant Physiol. **39**, 279—283 (1964). — Bladergroen, W.: Pharm. Acta Helv. **39**, 197—202 (1964). — Blake, M. I., S. A. Kaganove, and J. J. Katz: J. pharm. Sci. **51**, 375—379 (1962). — Blinks, L. R., and C. B. van Niel: In "Studies on Microalgae and photosynthetic Bacteria", pp. 297—307. Tokyo: The Univ. of Tokyo Press 1963. —, Blomstrom, D. C., E. Knight jr., W. D. Phillips, and J. F. Weiher: Proc. nat. Acad. Sci. (Wash.) **51**, 1085—1092 (1964). — Boichenko, E. A., i G. N. Saenko: Dokl. Akad. Nauk SSSR **141**, 737—739 (1961). — Boichenko, E. A., i T. M. Udelnova: (1) Dokl. Akad. Nauk SSSR **147**, 1484—1486 (1962); — (2) Dokl. Akad. Nauk SSSR **151**, 959—960 (1963). — Bové, J. M., C. Bové, F. R. Whatley, and D. I. Arnon: Z. Naturforsch. **18** b, 683—688 (1963).

Calo, N. L.: Thesis, Cornell Univ., 1961. — Calvin, M.: (1) Angew. Chem. **74**, 165—175 (1962); — (2) Science **135**, 879—889 (1962). — Chance, B., and W. D. Bonner jr.: In "Photosynthetic Mechanisms of green Plants". Nat. Acad. Sci. — Nat. Res. Counc. pp. 66—81, Washington 1963. — Ciferri, O., and G. Poma: Life Sciences **3**, 158—162 (1963). — Ciferri, O., and F. Sala: Enzymologia **24**, 298—308 (1962). — Clayton, R. K.: Proc. nat. Acad. Sci. (Wash.) **50**, 583—587 (1963). — Clayton, R. K., and W. R. Sistrom: Proc. nat. Acad. Sci. (Wash.) **52**, 67—68 (1964).

Davenport, H. E.: Proc. roy. Soc. B, **157**, 332—345 (1963). — Dilley, R. A., and F. L. Crane: Biochem. biophys. Acta (Amst.) **75**, 142—143 (1963). — Dilley, R. A., and L. P. Vernon: Biochemistry **3**, 817—824 (1964). — Döhler, G., u. K. Egle: Z. Naturforsch. **19** b, 137—142 (1964). — Doman, N. G., and A. K. Romanova: Plant Physiol. **37**, 833—840 (1962). — Dugger jr., W. M., J. Koukol, W. D. Reed, and R. L. Palmer: Plant Physiol. **38**, 468—472 (1963). — Dugger jr., W. M., O. C. Taylor, W. H. Klein, and W. Shropshire jr.: Nature (Lond.) **198**, 75—76 (1963). — Duysens, L. N. M.: (1) Proc. roy. Soc. B, **157**, 301—313 (1963); — (2) In "Photosynthetic Mechanisms of green Plants". Nat. Acad. Sci. — Nat. Res. Counc., pp. 1—17. Washington 1963; — (3) Progr. Biophys. **14**, 1—104 (1964). — Duysens, L. N. M., and H. E. Sweers: In "Studies on Microalgae and photosynthetic Bacteria", pp. 353—372. Tokyo: The Univ. of Tokyo Press 1963. —

Eck, H., u. A. Trebst: Z. Naturforsch. **18** b, 446—451 (1963). — Elbertzhagen, H., and O. Kandler: Nature (Lond.) **194**, 312—313 (1962).

Forti, G., and B. Parisi: Biochem. biophys. Acta (Amst.) **71**, 1—6 (1963). — Fry, K. T., R. A. Lazzarini, and A. san Pietro: Proc. nat. Acad. Sci. (Wash.) **50**, 652—657 (1963). — Fry, K. T., and A. san Pietro: Biochem. biophys. Res. Commun. **9**, 218—221 (1962).

Gest, H., A. san Pietro, and L. P. Vernon (Edit.): Bacterial Photosynthesis. Yellow Springs/Ohio: The Antioch Press 1963. — Gewitz, H. S., u. W. Völker: Z. Naturforsch. **18** b, 649—653 (1963). — Gingras, G., R. A. Goldsby, and M. Calvin: Arch. Biochem. **100**, 178—184 (1963). — Gingras, G., C. Lemasson, and D. C. Fork: Biochem. biophys. Acta (Amst.) **69**, 438—440 (1963). — Good, N. E.: (1) Arch. Biochem. **96**, 653—661 (1962); — (2) Plant Physiol. **38**, 298—304 (1963). — Govindjee, R., Govindjee, and G. Hoch: Biochem. biophys. Res. Commun. **9**, 222—225 (1962). — Govindjee, O. H. Owens, and G. Hoch: Biochem. biophys. Acta (Amst.) **75**, 281—284 (1963). — Gromet-Elhanan, Z., and M. Avron: Biochemistry **3**, 365—373 (1964).

Hall, D. O., and D. I. Arnon: Proc. nat. Acad. Sci. (Wash.) **48**, 833—839 (1962). — Hauschild, A. H. W., C. D. Nelson, and G. Krotkov: (1) Canad. J. Bot. **40**, 179—189 (1962); — (2) Canad. J. Bot. **40**, 1619—1630 (1962); — (3) Naturwissenschaften **51**, 274 (1964). — Havir, E. A.: Thesis, Cornell Univ., 1962. — Havir, E. A., and M. Gibbs: J. biol. Chem. **238**, 3183—3187 (1963). — Heber, U.: Nature (Lond.) **195**, 91—92 (1962). — Heber, U., u. J. Willenbrink: Naturwissenschaften **50**, 506 (1963). — Henninger, M. D., and F. L. Crane: (1) Biochemistry **2**, 1168—1171 (1963); — (2) Biochem. biophys. Acta (Amst.) **75**, 144—145 (1963). — Henninger, M. D., R. A. Dilley, and F. L. Crane: Biochem. biophys. Res. Commun. **10**, 237—242 (1963). — Hill, R., and A. san Pietro: Z. Naturforsch. **18** b, 677—682 (1963). — Hilton, J. L., L. L. Jansen, and H. M. Hull: Ann. Rev. Plant Physiol. **14**, 353—384 (1963). — Hind, G., and A. T. Jagendorf: Z. Naturforsch. **18** b, 689—694 (1963). — Hoare, D. S.: Biochem. J. **87**, 284—301

(1963). — HOCH, G., and I. MARTIN: Arch. Biochem. **102**, **430—438** (1963). —HOFFMANN, C. E., J. W. MCGAHEN, and P. B. SWEETSER: Nature (Lond.) **202**, **577—578** (1964). — HORIO, T., and T. YAMASHITA: (1) Biochem. biophys. Res. Commun. **9**, **142—145** (1962); — (2) Biochem. Z. **338**, **526—536** (1963).

ITOH, M., S. IZAWA, and K. SHIBATA: Biochem. biophys. Acta (Amst.) **66**, **319—327** (1963).

JACOBI, G.: Z. Naturforsch. **19** b, 470—480 (1964). — JACOBI, G., u. E. PERNER: Biochem. biophys. Acta (Amst.) **58**, **155—170** (1962). — JAGENDORF, A. T., and M. SMITH: Plant Physiol. **37**, **135—141** (1962).

KAHN, J. S.: Arch. Biochem. **98**, 100—103 (1962). — KANDLER, O., u. I. LIESENKÖTTER: In "Studies on Microalgae and photosynthetic Bacteria", pp. 513—528. Tokyo: The Univ. of Tokyo Press 1963. — KASPRZYK, Z.: Postepy Biochem. **8**, **53—71** (1962). — KATOH, S., and A. TAKAMIYA: (1) Biochem. biophys. Res. Commun. **8**, 310—313 (1962); — (2) Arch. Biochem. **102**, 189—200 (1963); — (3) Plant and Cell Physiol. **4**, **335—347** (1963); — (4) In "Photosynthetic Mechanisms of green Plants". Nat. Acad. Sci. — Nat. Res. Counc., pp. 262—272. Washington 1963. — KAUSS, H., u. O. KANDLER: (1) Arch. Mikrobiol. **42**, 204—218 (1962); — (2) Arch. Mikrobiol. **44**, 406—420 (1963). — KEGEL, L. P., and F. L. CRANE: Nature (Lond.) **194**, 1282 (1962). — KEISTER, D. L.: J. biol. Chem. **238**, PC 2590—PC 2592 (1963). — KEISTER, D. L., and A. SAN PIETRO: Arch. Biochem. **103**, **45—53** (1963). — KEISTER, D. L., A. SAN PIETRO, and F. E. STOLZENBACH: Arch. Biochem. **98**, **235—244** (1962). — KINDEL, P. K.: Thesis, Cornell Univ., 1962. — KINDEL, P., and M. GIBBS: Nature (Lond.) **200**, 260—261 (1963). — KIRK, J. T. O.: Biochem. biophys. Res. Commun. **16**, 233—238 (1964). — KOK, B.: In "Photosynthetic Mechanisms of green Plants". Nat. Acad. Sci. — Nat. Res. Counc., pp. 35—44. Washington 1963. — KOK, B., B. COOPER, and L. YANG: In "Studies on Microalgae and photosynthetic Bacteria", pp. 373—396. Tokyo: The Univ. of Tokyo Press 1963. — KOK, B., H. J. RURAINSKI, and E. A. HARMON: Plant Physiol. **39**, **513—520** (1964). — KOUCHKOVSKY, Y. DE, and D. C. FORK: Proc. nat. Acad. Sci. (Wash.) **52**, 232—239 (1964). — KROGMANN, D. W., and E. OLIVERO: J. biol. Chem. **237**, 3292—3295 (1962). — KROGMANN, D. W., and M. L. STILLER: Biochem. biophys. Res. Commun. **7**, **46—49** (1962).

LEECH, R. M.: Biochem. biophys. Acta (Amst.) **71**, 253—265 (1963). — LEVINE, R. P.: In "Photosynthetic Mechanisms of green Plants". Nat. Acad. Sci. — Nat. Res. Counc., pp. 158—173. Washington 1963. — LEVINE, R. P., and R. M. SMILLIE: Proc. nat. Acad. Sci. (Wash.) **48**, **417—421** (1962).

MCKENNA, M., M. D. HENNINGER, and F. L. CRANE: Nature (Lond.) **203**, **524—525** (1964). — METZNER, H.: Z. math.-naturwiss. Unterr. **15**, 433—440 (1963). — METZNER, H., u. W. THIES: Naturwissenschaften **49**, 285 (1962). — MOSES, V., R. J. FERRIER, and M. CALVIN: Proc. nat. Acad. Sci. (Wash.) **48**, **1644—1650** (1962). — MUDD, J. B., and T. T. MCMANUS: J. biol. Chem. **237**, 2057—2063 (1962).

NALEWAJKO, C., N. CHOWDHURI, and G. E. FOGG: In "Studies on Microalgae and photosynthetic Bacteria", pp. 171—183. Tokyo: The Univ. of Tokyo Press 1963. — NEUMANN, J., and A. T. JAGENDORF: Arch. Biochem. **107**, 109—119 (1964). — NIEL, C. B. VAN: Ann. Rev. Plant Physiol. **13**, 1—26 (1962). — NISHIDA, K.: Physiol. Plant. **15**, 47—58 (1962). — NISHIMURA, M., H. SAKURAI, and A. TAKAMIYA: Biochem. biophys. Acta (Amst.) **79**, 241—248 (1964).

OHMANN, E.: (1) Naturwissenschaften **50**, 578 (1963); — (2) Biochem. biophys. Acta (Amst.) **82**, 325—335 (1964). — OHNISHI, T.: J. Biochem. (Tokyo) **55**, 494—503 (1964). — OVERBECK, J. VAN: In L. J. AUDUS: The Physiology and Biochemistry of Herbicides, pp. 387—400. New York: Academic Press 1964.

PACKER, L.: Biochem. biophys. Acta (Amst.) **75**, 12—22 (1963). — PARK, R. B., and N. G. PON: Biochem. biophys. Acta (Amst.) **57**, 520—524 (1962) — PHUNG-NHU-HUNG, S.: C. R. Acad. Sci. (Paris) **258**, 3541—3543 (1964). — PON, N. G., B. R. RABIN, and M. CALVIN: Biochem. Z. **338**, 7—19 (1963). — POZNANSKAYA, A. A., i V. Z. GORKIN: Vop. med. Khim. **8**, 115—131 (1962). — PRITCHARD, G. G., W. J. GRIFFIN, and C. P. WHITTINGHAM: J. exp. Bot. **13**, 176—184 (1962). — PRITCHARD, G. G., C. P. WHITTINGHAM, and W. J. GRIFFIN: J. exp. Bot. **14**, 281—289 (1963). — PUNNETT, T., and R. V. IYER: J. biol. Chem. **239**, 2335—2339 (1964).

RABIN, B. R., and P. W. TROWN: (1) Proc. nat. Acad. Sci. (Wash.) **51**, 497—501 (1964); — (2) Nature (Lond.) **202**, 1290—1293 (1964). — REDFEARN, E. R., and J. FRIEND: Biochem. J. **84**, 34 P—35 P (1962). — RIESKE, J. S., R. LUMRY, and J. D. SPIKES: Arch. Biochem. **97**, 100—106 (1962). — RUMBERG, B., P. SCHMIDT-MENDE, and H. T. WITT: Nature (Lond.) **201**, 466—468 (1964).

SCHWARTZ, M.: Biochem. biophys. Acta (Amst.) **66**, 292—307 (1963). — SHAVIT, N., and M. AVRON: Israel J. Chem. **1**, 218—219 (1963). — SHEN, G. M., S. Y. YANG, Y. K. SHEN, and H. C. YING: Scientia Sinica **12**, 1406—1408 (1963). — SHIN, M., K. TAGAWA, and D. I. ARNON: Biochem. Z. **338**, 84—96 (1963). — SHIROYA, T., V. SLANKIS, G. KROTKOV, and C. D. NELSON: Canad. J. Bot. **40**, 669—676 (1962). — SIMONIS, W., u. W. URBACH: (1) In "Studies on Microalgae and photosynthetic Bacteria", pp. **597**—**611**. Tokyo: The Univ. of Tokyo Press 1963; — (2) Arch. Mikrobiol. **46**, 265—286 (1963). — SIU, P. M. L.: Biochem. biophys. Acta (Amst.) **63**, 520—522 (1962). — SMIRNOV, B. P.: Biochimija **27**, 154—160 (1962). — STERN, B. K.: (1) Biochem. biophys. Acta (Amst.) **71**, 727—729 (1963); — (2) Biochem. biophys. Acta (Amst.) **75**, 340—348 (1963). — STILLER, M.: Ann. Rev. Plant Physiol. **13**, 151—170 (1963). — STILLER, M., and B. VENNESLAND: Biochem. biophys. Acta (Amst.) **60**, 562—579 (1962). — STUMPF, P. K., and A. T. JAMES: Biochem. J. **82**, 28 P (1962).

TAGAWA, K., H. Y. TSUJIMOTO, and D. I. ARNON: (1) Nature (Lond.) **199**, 1247—1252 (1963); — (2) Proc. nat. Acad. Sci. (Wash.) **49**, 567—572 (1963); — (3) Proc. nat. Acad. Sci. (Wash.) **49**, **755** (1963); — (4) Proc. nat. Acad. Sci. (Wash.) **50**, 544—549 (1963). — TREBST, A. V.: (1) Proc. roy. Soc. B, **157**, 355—366 (1963); — (2) Z. Naturforsch. **18** b, 817—821 (1963). — TREBST, A., u. H. ECK: Z. Naturforsch. **18** b, 694—700 (1963). — TREBST, A., H. ECK, and S. WAGNER: In "Photosynthetic Mechanisms of green Plants". Nat. Acad. Sci. — Nat. Res. Counc., pp. 174—194. Washington 1963. — TREBST, A., u. F. FIEDLER: Z. Naturforsch. **17** b, 553—558 (1962). — TREGUNNA, E. B., G. KROTKOV, and C. D. NELSON: Canad. J. Bot. **40**, 317—326 (1962). — TRIP, P., C. D. NELSON, and G. KROTKOV: Arch. Biochem. **108**, 359—361 (1964). — TROWN, P. W., and B. R. RABIN: Proc. nat. Acad. Sci. (Wash.) **52**, 88—93 (1964). — TURNER, J. S., and E. G. BRITTAIN: Biol. Rev. **37**, 130—170 (1962).

ULLRICH, J.: (1) Bio-Organic Chemistry Quarterly Rep. UCRL-10479, 14—20 (1962); — (2) Bio-Organic Chemistry Quarterly Rep. UCRL-10634, 42—48 (1962); — (3) Biochem. biophys. Acta (Amst.) **71**, 589—594 (1963).

VERNON, L. P.: Ann. Rev. Plant Physiol. **15**, 73—100 (1964). — VINOGRADOV, A. P., V. M. KUTYURIN, M. V. ULUBEKOVA, N. I. ZAKHAROVA, i I. K. ZADOROZHNYI: Dokl. Akad. Nauk SSSR **150**, 411—413 (1963). — VOSKRESENSKAIA, N. P., i G. S. GRISHINA: Dokl. Akad. Nauk SSSR **144**, 922—925 (1962). — VREDENBERG, W. J.: In «La Photosynthèse». Édit. Centr. Nat. Rech. Sci., pp. 485—489. Paris 1963.

WARBURG, O., G. KRIPPAHL, K. JETSCHMANN u. A. LEHMANN: Z. Naturforsch. **18** b, 837—844 (1963). — WEIKARD, J., A. MÜLLER u. H. T. WITT: Z. Naturforsch. **18** b, 139—141 (1963). — WESSELS, J. S. C.: (1) Proc. roy. Soc. B, **157**, 345—355 (1963); — (2) Biochem. biophys. Acta (Amst.) **79**, 640—642 (1964). — WHATLEY, F. R., and A. A. HORTON: Acta chem. scand. **17**, Suppl. 1, S. 140—143 (1963). — WHATLEY, F. R., K. TAGAWA, and D. I. ARNON: Proc. nat. Acad. Sci. (Wash.) **49**, 266—270 (1963). — WHITTINGHAM, C. P., M. BERMINGHAM, and R. G. HILLER: Z. Naturforsch. **18** b, 701—706 (1963). — WIESSNER, W.: Arch. Mikrobiol. **43**, 402—411 (1962). — WITT, H. T., A. MÜLLER, and B. RUMBERG: Nature (Lond.) **197**, 987—991 (1963).

ZAKHAROVA, N. I.: Dokl. Akad. Nauk SSSR **149**, 202—204 (1963). — ZWEIG, G., and F. M. ASHTON: J. exp. Bot. **13**, 5—11 (1962).

5. Kohlenhydrat- und Säurestoffwechsel

Von HANS REZNIK, Münster/Westfalen

Der Beitrag entfällt in diesem Band

6. N-Stoffwechsel*

I. Anorganischer N-Stoffwechsel

Bericht über die Jahre 1962–1964

Von ERICH KESSLER, Erlangen

Zusammenfassende Darstellungen über das Gesamtgebiet des anorganischen N-Stoffwechsels erschienen von NICHOLAS (1963b) und TAKAHASHI u. Mitarb. Auch in dem umfangreichen Buch von McKEE wird der Stoffwechsel der anorganischen N-Verbindungen ausführlich und mit zahlreichen Literaturangaben gebracht.

1. N_2-Bindung

Die biologische Stickstoffbindung, seit einigen Jahren im Vordergrund des Interesses stehend, ist in einer Anzahl von Sammelreferaten dargestellt worden (MORTENSON 1962, 1963; CARNAHAN u. CASTLE; VIRTANEN u. MIETTINEN). Der Aspekt der Evolution der N_2-Bindung wird besonders von BURRIS und IMSHENETSKII berücksichtigt.

Symbiontische N_2-Bindung. RAGGIO u. RAGGIO berichten über Wurzelknöllchen allgemein und BOND (1963) speziell über diejenigen der Nichtleguminosen. Ein Aufsatz von JORDAN befaßt sich mit den Bakteroiden der Gattung *Rhizobium*, während MANIL einen Überblick über die Taxonomie dieser Bakterien sowie die Biochemie der symbiontischen N_2-Bindung gibt.

Mit $^{15}N_2$ konnte nachgewiesen werden, daß auch die Wurzelknöllchen der Myricacee *Comptonia peregrina* zur Bindung von molekularem Stickstoff befähigt sind (ZIEGLER u. HÜSER). Die Conifere *Podocarpus lawrencei* besitzt gleichfalls Wurzelknöllchen, die offenbar N_2 binden (BERGERSEN u. COSTIN).

TURCHIN u. Mitarb. gelang es, ein Enzympräparat aus Leguminosen-Wurzelknöllchen zu gewinnen, welches in vitro $^{15}N_2$ bindet und zu NH_3 bzw. Aminogruppen reduziert. Interessant, aber wohl noch einer Bestätigung bedürftig, ist die Angabe der gleichen Autoren, daß in Bakterien-freien Wurzeln und Blättern höherer Pflanzen (Leguminosen, Getreide, Tabak, *Begonia*) ebenso wie in *Rhizobium*-Bakterien inaktive Vorläufer des N_2 bindenden Enzymsystems vorkommen, die gegebenenfalls aktiviert werden können. In die gleiche Richtung weist vielleicht der Befund von MÜLLER, daß bei Zusatz von Vitamin B_{12} nicht nur die symbiontische N_2-Bindung von Erbsen-Pflanzen gesteigert wird, sondern auch Bakterien-freie Erbsen- und Mais-Pflanzen N_2 binden. Auch hier wird man im Hinblick auf manche ältere und nicht reproduzierbare Angaben zunächst etwas skeptisch sein.

Die Stickstoffbindung isolierter Soja-Wurzelknöllchen steigt bei Erhöhung des O_2-Druckes bis zu etwa 50% O_2 an, um dann abzufallen; bei 80% O_2 hemmt der Sauerstoff die N_2-Bindung kompetitiv (BERGER-

* II. Organischer N-Stoffwechsel, von HORST KATING, Marburg a. d. Lahn, folgt im nächsten Bericht.

SEN 1962a). Die fördernde Wirkung erhöhter O_2-Konzentrationen beruht wohl auf einer Steigerung der Atmung der Wirtspflanze. Wenn dagegen in sehr hoher Konzentration gegebener Sauerstoff bis zu den Knöllchenbakterien vordringt, dann konkurrieren N_2 und O_2 um die Reduktionskraft der Bakterien. In die gleiche Richtung weisen die Ergebnisse von BOND (1964) mit *Casuarina*, wo 35–50% O_2 in Gegenwart von 10% N_2 stärker hemmend wirken als in Kombination mit 30% N_2. Umgekehrt unterdrückt N_2 kompetitiv die Hydrogenase-abhängige H_2-Entwicklung isolierter Wurzelknöllchen der Sojabohne (BERGERSEN 1963).

Obwohl das Legoglobin eine sehr hohe Affinität zum Sauerstoff besitzt (APPLEBY), nimmt das Pigment aktiver Wurzelknöllchen bei einem O_2-Gehalt der Atmosphäre bis zu 50% keinen Sauerstoff auf (BERGERSEN 1962b). Aufgrund des Befundes, daß Fe-II-Legoglobin mit N_2 eine Komplexverbindung eingeht (ABEL u. Mitarb.), entwickelt ABEL eine Hypothese, nach welcher die N_2-Bindung am Legoglobin erfolgt. Dabei soll der N_2 zunächst unter Oxydation von 2 Fe-II-Legoglobin zur Fe-III-Stufe in $^-NN^-$ übergehen, während die weitere Reduktion mit Hilfe von molekularem Wasserstoff über Diimid (HNNH, instabil) und Hydrazin (H_2NNH_2) verlaufen soll. Da MOORE bei *Alnus*, *Elaeagnus*, *Shepherdia* und *Hippophaë* kein Hämoglobin und bei *Alnus* und *Elaeagnus* keine Hydrogenase in den Wurzelknöllchen nachweisen konnte, bestehen möglicherweise recht wesentliche Unterschiede im biochemischen Mechanismus der N_2-Bindung zwischen Leguminosen und Nichtleguminosen.

Auch bei *Alnus* und *Casuarina* ist Cobalt für die N_2-Bindung nötig (BOND u. HEWITT). In Soja-Wurzelknöllchen gehen Legoglobin-Gehalt und Konzentration an B_{12}-Coenzymen parallel. Ebenso verfügen wirksame *Rhizobium*-Stämme über mehr B_{12}-Coenzym als unwirksame Stämme (KLIEWER u. EVANS) (vgl. auch MÜLLER). DE HERTOGH u. Mitarb. konnten zeigen, daß ein an der Oxydation von Propionsäure beteiligtes Enzym von *Rhizobium* Co enthält.

CENTIFANTO u. SILVER isolierten den Symbionten aus den Blattknötchen der Rubiacee *Psychotria bacteriophila*. Die Bakterien, als *Klebsiella rubiacearum* nom. nov. bezeichnet, wachsen als Reinkultur auf N-freiem Agar und zeigen eine kräftige anaerobe $^{15}N_2$-Bindung, die ebenso wie bei den freilebenden Stickstoffbindern eng mit dem Pyruvat- und H_2-Stoffwechsel verknüpft ist (SILVER u. Mitarb.; CENTIFANTO u. SILVER).

N_2-Bindung freilebender Organismen. Stickstoffbindung wurde nachgewiesen bei Bakterien der Gattungen *Mycobacterium* (FEDOROV u. KALININSKAJA) und *Arthrobacter* (SMYK u. ETTLINGER) sowie bei der neu beschriebenen, Methan oxydierenden Art *Pseudomonas methanitrificans* (DAVIS u. Mitarb.). Auch einige Blaualgen sind wieder als Stickstoffbinder erkannt worden: *Hapalosiphon fontinalis* (TAHA 1963, 1964), *Scytonema hofmanni* (LALORAYA u. MITRA) und *Fischerella*-Arten (PANKOW; LALORAYA u. MITRA). Auch marine Vertreter der Gattungen *Nostoc* und *Calothrix* besitzen die Fähigkeit zur Bindung von N_2 (STEWART 1962, 1964). Bei der ursprünglich als *Chlorogloea fritschii* bezeichneten, Stickstoff bindenden Blaualge handelt es sich nach neueren Befunden doch um eine fädige Form, die offenbar zu *Nostoc* gehört (FAY u. Mitarb.). Eine zusammenfassende Darstellung der N_2-Bindung der Blaualgen gibt FOGG.

COBB u. MYERS untersuchten N_2-Bindung und Photosynthese von *Anabaena cylindrica* mit einer empfindlichen manometrischen Methode und mit Hilfe von $^{15}N_2$. Vorhergehender N-Mangel der Algen steigert die N_2-Bindung (vgl. auch COX u. Mitarb.). Durch Beleuchtungsstärken oberhalb der Lichtsättigung der Photosynthese wird der Vorgang gehemmt. N_2-Bindung und Photosynthese konkurrieren offenbar um die photochemisch gebildeten H-Donatoren. In zellfreien Extrakten der gleichen Alge ist die Fähigkeit zur Photosynthese und zur N_2-Bindung in einer Partikel-Fraktion lokalisiert, die bei $5000-35000 \times g$ sedimentiert (COX u. Mitarb.).

Fast alle zur N_2-Bindung befähigten Organismen enthalten auch das Wasserstoff aktivierende Enzym Hydrogenase. Lediglich die Blaualgen schienen bisher eine Ausnahme zu machen. Es ist deshalb bedeutsam, daß nunmehr HATTORI (1963) bei *Anabaena cylindrica* Hydrogenase nachweisen konnte (vgl. auch FUJITA u. Mitarb.).

Bei *Chromatium* stimuliert Pyruvat die lichtabhängige N_2-Bindung. Der Effekt beruht auf einer starken Förderung der phosphoroklastischen Spaltung der Brenztraubensäure (in Acetylphosphat + CO_2 + H_2) durch das Licht, wahrscheinlich auf dem Wege über Photosynthese-Phosphorylierung. Die Bindung von N_2 erfolgt dabei mit Hilfe des aus dem Pyruvat entwickelten H_2 (BENNETT u. Mitarb.).

Eine größere Zahl von Arbeiten befaßt sich wieder mit der Untersuchung der Biochemie der N_2-Bindung in zellfreien Extrakten (vgl. die Berichte von MORTENSON u. Mitarb. 1962a und NICHOLAS 1963a). NIMECK u. Mitarb. gelang es, auch durch Lyse von *Azotobacter vinelandii* mit Hilfe des Bakteriophagen A_{22} zellfreie, zur Bindung von N_2 befähigte Partikel zu erhalten. MORTENSON (1961) beschreibt eine einfache und empfindliche Mikro-CONWAY-Methode zur Messung der N_2-Bindung mit $^{15}N_2$. Das N_2 bindende System von *Clostridium pasteurianum* ist kälteempfindlich und wird am besten bei etwa 20° C unter H_2 aufbewahrt (DUA u. BURRIS).

Immer wieder bestätigt sich, daß die N_2-Bindung eng verknüpft ist mit dem Brenztraubensäure-Stoffwechsel bzw. der phosphoroklastischen Spaltung des Pyruvats, an der wiederum Ferredoxin als Elektronenüberträger beteiligt ist (MORTENSON u. Mitarb. 1963; MORTENSON 1964b). Neben Hydrogenase und Ferredoxin ist auch ATP für die Reduktion des N_2 erforderlich, die demgemäß durch Arsenat gehemmt werden kann (MCNARY u. BURRIS; GRAU u. WILSON 1962, 1963; MORTENSON 1964a; HARDY u. D'EUSTACHIO; D'EUSTACHIO u. HARDY; BULEN u. Mitarb. 1964). Das Pyruvat dient somit offenbar sowohl als Wasserstoffdonator (über Ferredoxin) als auch als Energiedonator (über Acetylphosphat und ATP) für die N_2-Reduktion, während molekularer Wasserstoff, durch Hydrogenase aktiviert, über das Ferredoxin in den Vorgang einbezogen werden kann. Diese Zusammenhänge werden von D'EUSTACHIO u. HARDY in folgendem Schema dargestellt:

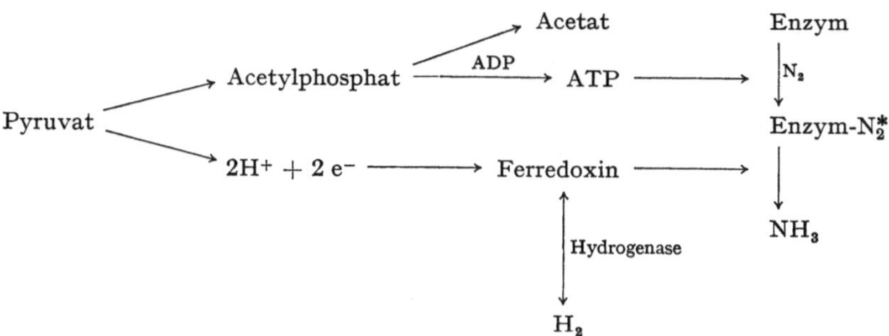

Möglicherweise sind auch NADH (D'EUSTACHIO u. HARDY) und Flavin (NIMECK u. Mitarb.) am Wasserstofftransport beteiligt. Das aktive Enzymsystem ist an Partikel gebunden (GRAU u. WILSON 1963; NIMECK u. Mitarb.; BULEN u. Mitarb. 1964); zumindest in einem Fall handelt es sich dabei um diejenige Fraktion, welche die Zellwände und Membranen enthält (HAMILTON u. Mitarb.). Die Zwischenprodukte der N_2-Bindung bleiben dagegen nach wie vor unbekannt. PRATT nimmt sogar an, daß keine anorganischen Intermediärprodukte auftreten (auch nicht NH_3!), der N_2 vielmehr sogleich mit einem organischen Molekül reagiert und dann in organischer Bindung reduziert wird.

Die Notwendigkeit von Molybdän für die N_2-Bindung wird wohl allgemein anerkannt (z. B. NIMECK u. Mitarb.; DAVIS u. Mitarb.; PANKOW; ISWARAN u. RAO). BECKING untersuchte die Frage der Ersetzbarkeit des Mo durch Vanadium an 50 Stämmen verschiedener *Azotobacter*-Arten. In 23 Fällen war allein Mo wirksam, während bei 27 Stämmen ein Ersatz des Mo durch V möglich war. 30 Stämme von *Beijerinckia* konnten dagegen nur Mo verwenden. Auch an der Notwendigkeit von Eisen (GRAU u. WILSON 1962; NIMECK u. Mitarb.) bestehen angesichts der Funktion des Ferredoxins bei der N_2-Bindung kaum mehr Zweifel. Neuerdings rückt nun das Cobalt (bzw. das Vitamin B_{12}) in den Vordergrund des Interesses. Ebenso wie bei der symbiontischen Stickstoffbindung zeigte sich auch bei *Azotobacter, Clostridium* und Blaualgen ein fördernder Einfluß dieses Spurenelementes (NICHOLAS u. Mitarb. 1962a, 1964a; KLIEWER u. EVANS; ISWARAN u. RAO; PANKOW). Nach NICHOLAS u. Mitarb. (1964a) dient das Co jedoch nicht als Cofaktor, sondern spielt offenbar eine Rolle bei der Biosynthese eines an der N_2-Bindung beteiligten Enzyms.

Über einen Einfluß weiterer mineralischer Faktoren auf die N_2-Bindung liegen teils nur vereinzelte, teils auch sich widersprechende Befunde vor. Nach GRAU u. WILSON (1962) ist Mangan bei *Bacillus polymyxa* notwendig, während es nach VOETS bei *Azotobacter* nicht erforderlich ist. Bei *Azotobacter* ergab sich eine Steigerung der N_2-Bindung durch Zink (BANFI). Calcium erwies sich bei *Azotobacter* und *Beijerinckia* als nicht nötig (BECKING; HILGER). Ein mehrfach beobachteter fördernder Einfluß von Magnesium (z. B. VOETS) betrifft offenbar nicht spezifisch die N_2-Bindung (BULEN u. Mitarb. 1963; YOCH u. PENGRA). Auch ein Zusatz von Natrium erwies sich bei *Azotobacter* als sehr wirksam (BULEN u. Mitarb. 1963).

2. Nitratreduktion

Zusammenfassende Darstellungen über Enzyme und biochemischen Mechanismus der Nitratreduktion wurden von NASON (1962, 1963) und HEWITT u. NICHOLAS veröffentlicht. OMURA u. Mitarb. geben Methoden für die quantitative Bestimmung von anorganischen N-Verbindungen und Oximen an.

Assimilatorische Nitratreduktion. Ein Sammelreferat über die Physiologie und Biochemie der Nitratreduktion erschien von KESSLER, während SYRETT die Nitratassimilation der Algen behandelt. – Noch vor wenigen Jahren hatte es den Anschein, daß durch die Arbeiten von EVANS, NASON und NICHOLAS die biochemisch-enzymologischen Probleme der Nitratreduktion weitgehend geklärt seien. Während die primäre Reduktion des Nitrats zum Nitrit durch das Molybdän-haltige Flavoproteid-Enzym Nitratreduktase immer wieder an den verschiedensten Objekten bestätigt werden konnte, erscheint die weitere Reduktion des Nitrits hinsichtlich der beteiligten Enzyme und Zwischenprodukte jetzt wieder völlig unklar. Neben dem „klassischen" Weg über Hyponitrit und Hydroxylamin zum NH_3 wird als weitere Möglichkeit die Reduktion über Stickstoffoxyd (NO), das in freier Form unbekannte Nitroxyl (NOH) und Hydroxylamin diskutiert. Schließlich mehren sich Befunde, die für eine weitere Reduktion des Nitrits in organischer Bindung ohne freie anorganische Zwischenprodukte sprechen, eine Möglichkeit, die auch früher schon gelegentlich in Erwägung gezogen wurde.

Die Nitratreduktase erwies sich bei weiteren höheren Pflanzen (CHAMPIGNY; AFRIDI u. HEWITT; SANDERSON u. COCKING 1964a) und Algen (HATTORI 1962b; CZYGAN; MORRIS u. SYRETT 1963a) als adaptives Enzym, dessen Bildung und Aktivität durch Ammonium-Ionen bzw. ein Produkt der NH_4-Assimilation gehemmt wird (SYRETT u. MORRIS; MORRIS u. SYRETT 1963a, b; LYCKLAMA). Bei *Photobacterium sepia* dagegen hat Ammonsalz keinen Einfluß auf die hier konstitutive Nitratreduktase (NICHOLAS u. Mitarb. 1964b). Die Synthese des Enzyms wird bei Pilzen von mehreren Genen kontrolliert (COVE u. PATEMAN; SORGER 1963; PATEMAN u. Mitarb.). Vanadium und Wolfram können das Molybdän der Nitratreduktase nicht ersetzen (BECKING; AFRIDI u. HEWITT). Cobalt bzw. Vitamin B_{12} ist offenbar für die Synthese des Enzyms bei verschiedenen Bakterien erforderlich und beeinflußt damit indirekt die Reduktion des Nitrats (NICHOLAS u. Mitarb. 1962b; KLIEWER u. EVANS). Bei *Agrobacterium* erwies sich wiederum Menadion als notwendig für die Aktivität der Nitratreduktase (KURUP u. VAIDYANATHAN). CZYGAN konnte zeigen, daß neben den Nitrat reduzierenden Enzymen auch nichtenzymatische Systeme (Ascorbinsäure?) an der Nitratreduktion intakter Algenzellen beteiligt sind.

Während sich bei den ersten, vorwiegend an *Neurospora* und Soja durchgeführten Untersuchungen NADPH als wirksamster H-Donator für die Nitratreduktase erwiesen hatte, ergab eine vergleichende Untersuchung zahlreicher höherer Pflanzen durch BEEVERS u. Mitarb., daß in fast allen Fällen NADH der alleinige oder zumindest der günstigere H-Donator ist (vgl. auch FUKUZUMI u. TAMAKI; SANDERSON u. COCKING 1964a). Zu dem gleichen Resultat kamen KESSLER u. CZYGAN, CZYGAN und Syrett u. Morris bei Grünalgen sowie Hedgecock u. Costello, Katoh (1963a) und Taniguchi u. Kamen bei Bakterien.

Der Arbeitsgruppe um Losada (DelCampo u. Mitarb.; Ramirez u. Mitarb.) gelang es, eine Reduktion von Nitrat zu Nitrit durch isolierte Chloroplasten im Licht zu erhalten, an der neben Nitratreduktase nur Flavinnucleotide (FMN oder FAD) als Elektronenüberträger beteiligt sind, während NADH bzw. NADPH keine Rolle spielen. Nach Ansicht dieser Autoren handelt es sich bei der klassischen NAD(P)H-abhängigen Nitratreduktase von Evans, Nason und Nicholas um ein Gemisch von NAD(P)-Reduktase und der eigentlichen Nitratreduktase (vgl. auch Sorger 1964).

Die Notwendigkeit von ATP für die Reduktion von Nitrit und die Empfindlichkeit dieser Reaktion gegen Dinitrophenol wurde an intakten Zellen und zellfreien Extrakten verschiedener Pflanzen mehrfach bestätigt (Voskresenskaya u. Grishina; Shia; Hattori 1962a; Czygan; Fujita u. Mitarb.). Auch die besonders starke Wirkung des Lichtes auf die Nitritreduktion zeigte sich erneut bei Untersuchungen an höheren Pflanzen (Voskresenskaya u. Grishina; Sanderson u. Cocking 1964b), Blaualgen (Hattori 1962a; Fujita u. Hattori) und photosynthetischen Bakterien (Katoh 1963b; Taniguchi u. Kamen). Sie beruht offenbar auf der photosynthetischen Bildung der für die Nitritreduktion notwendigen reduzierten Coenzyme sowie von ATP. Eine Reduktion von Nitrit mit molekularem Wasserstoff kann bei *Anabaena* nicht im Dunkeln, sondern nur im Licht erfolgen, wenn der ATP-Bedarf dieser Reaktion durch Photosynthese-Phosphorylierung gedeckt wird (Hattori 1963).

Bei früheren Untersuchungen hatte sich die Nitritreduktase im allgemeinen als NADPH-abhängig erwiesen. Aus den Ergebnissen neuerer Arbeiten an höheren Pflanzen und Bakterien geht jedoch in zunehmendem Maße hervor, daß der eigentliche, letzte Wasserstoffdonator bei der Reduktion von Nitrit das Eisen-Proteid Ferredoxin ist (Mortenson u. Mitarb. 1962b; Whiteley u. Woolfolk; Valentine u. Mitarb. 1963a, b; Valentine u. Wolfe; Losada u. Mitarb.; Paneque u. Mitarb. 1963, 1964; Hewitt u. Betts; Huzisige u. Mitarb.; Sanderson u. Cocking 1964b). Das Ferredoxin kann dabei je nach den Versuchsbedingungen die erforderlichen Elektronen auf verschiedene Weise erhalten: Im Licht vom angeregten Chlorophyll, bei Vorhandensein aktiver Hydrogenase vom molekularen Wasserstoff, oder mit Hilfe von NADP-Reduktase vom NADPH. Diese Beziehungen seien anhand eines Schemas verdeutlicht (Paneque u. Mitarb. 1964):

NO_2^-
↑ Nitritreduktase
H_2 —Hydrogenase→ Ferredoxin ←NADP-Reduktase— NADPH
↑ e^-
Chloroplast
↑
Licht

Bei der lichtabhängigen Reduktion von Nitrit zu NH_3 durch Spinat-Chloroplasten findet nach PANEQUE u. Mitarb. (1964) eine Bildung von ATP im Zuge einer nichtzyklischen Lichtphosphorylierung statt.

VAKLINOVA u. Mitarb. (1960, 1962) untersuchten an höheren Pflanzen die Endprodukte der Nitrat- und der Ammon-Assimilation. Während der Stickstoff des Nitrats nach seiner Reduktion vorwiegend zur Aminierung von α-Ketoglutarsäure, Oxalessigsäure und Brenztraubensäure verwendet wird, gelangt als Ammonsalz gegebener Stickstoff hauptsächlich in die Amidgruppe von Glutamin und Asparagin. Die Autoren ziehen daraus den Schluß, daß die Reduktion des Nitrats nicht bis zum NH_3 über anorganische Zwischenprodukte verläuft, der Stickstoff vielmehr bereits vorher in organische Bindung übergeführt wird. In die gleiche Richtung weisen die Ergebnisse der Arbeiten von VAKLINOVA u. TOMOVA (1963, 1964) über die Reduktion von Nitrit und Hydroxylamin durch höhere Pflanzen; hier ist vor allem bemerkenswert, daß Nitrit und NH_2OH schneller als NH_3 assimiliert werden. Im Zusammenhang mit der Möglichkeit einer Reduktion des Stickstoffs in organischer Bindung verdienen auch die Untersuchungen von VILLANUEVA (1963, 1964a, b) über ein Enzym aus *Nocardia,* welches organische Nitroverbindungen zu den entsprechenden Aminoverbindungen reduziert, ein gewisses Interesse.

OSAJIMA u. YAMAFUJI (1964) konnten demgegenüber nunmehr auch in zellfreien Extrakten von Grünalgen Enzyme nachweisen, die im Sinne des klassischen Reduktionsweges Nitrat, Nitrit, Hyponitrit und Hydroxylamin reduzieren und als H-Donator NADH benötigen. Das Vorkommen entsprechender Enzyme auch in tierischen Geweben (OSAJIMA u. YAMAFUJI 1962) sowie die Tatsache, daß bakterielle Sulfitreduktase in vitro auch Nitrit und Hydroxylamin zu reduzieren vermag (KEMP u. Mitarb.; SIEGEL u. MONTY), mahnen jedoch zur Vorsicht bei der Interpretation enzymologischer Befunde hinsichtlich des Mechanismus der Nitratreduktion in vivo.

Ähnlich wie Nitrit kann in vielen Fällen auch Hydroxylamin durch intakte Zellen und zellfreie Systeme im Licht, mit Hilfe von H_2 und Hydrogenase, oder im Dunkeln unter aeroben Bedingungen zu NH_3 reduziert werden. Auch in diesem Fall fungiert Ferredoxin als Elektronenüberträger (WHITELEY u. WOOLFOLK; HATTORI 1962a, b; VALENTINE u. Mitarb. 1963a, b; VALENTINE u. WOLFE; LOSADA u. Mitarb.; KATOH 1963b; HEWITT u. BETTS). — Wird Weizenpflanzen über die Wurzeln oder über die Blätter mit ^{15}N markiertes Hydroxylamin oder Ketoglutarsäure-Oxim zugeführt, so gelangt der Stickstoff in die Proteine (BUNDEL u. Mitarb.). EHRENFELD u. Mitarb. konnten die Synthese von L-γ-Glutamylhydroxamsäure aus Glutaminsäure + NH_2OH durch ein Enzym aus *Azotobacter* nachweisen.

In synchronen *Chlorella*-Kulturen zeigt die Intensität der Nitratassimilation starke Unterschiede in Abhängigkeit vom Entwicklungszustand (Alter) der Zellen (SOEDER u. Mitarb.). KESSLER u. CZYGAN und CZYGAN fanden unter konstanten Kultur- und Versuchsbedingungen außerdem erhebliche jahresperiodische Schwankungen der Nitrat- und Nitritreduktion von *Ankistrodesmus.*

Rhodospirillum kann sowohl aerob Nitrat assimilieren als auch anaerob mit Nitrat atmen. Bei der assimilatorischen und der dissimilatorischen Nitratreduktase dieses Organismus handelt es sich offenbar um das gleiche, Partikel-gebundene Enzym (KATOH 1963a; MURRAY u. SANWAL). CZYGAN konnte demgegenüber die Nitritreduktase von *Ankistrodesmus* in eine kleinpartikuläre und ATP-abhängige assimilatorische sowie eine grobpartikuläre und ATP-unabhängige dissimilatorische Fraktion auftrennen.

Dissimilatorische Nitratreduktion. Im Gegensatz zu der meist löslichen assimilatorischen Nitratreduktase wurde das Enzymsystem der dissimilatorischen Nitratreduktion bisher gewöhnlich nur in Partikel-gebundener Form gewonnen. ITAGAKI u. Mitarb. gelang es nun, die dissimilatorische Nitratreduktase von *Escherichia coli* aus den Partikeln herauszulösen. Ähnliche Ergebnisse wurden auch mit Präparaten aus *Achromobacter* (SADANA u. Mitarb.), *Micrococcus* (HORI) und *Rhizobium* (LOWE u. EVANS) erzielt. Derartige gereinigte Nitratreduktasen enthalten kein Cytochrom mehr, welches für den Elektronentransport des intakten Systems notwendig ist. NICHOLAS u. WILSON konnten auch aus dem klassischen Objekt für die Gewinnung des assimilatorischen Enzyms, *Neurospora crassa*, nach submerser Kultur eine dissimilatorische Nitratreduktase isolieren. Das Enzym benötigt Fe und Mo. Auch hier gelang es, die eigentliche Nitratreduktase als Mo-haltiges Protein von dem übrigen Elektronen-Transportsystem abzutrennen. Assimilatorische und dissimilatorische Nitratreduktase erwiesen sich als offenbar identisch (vgl. auch KATOH 1963a und MURRAY u. SANWAL); der Unterschied zwischen beiden Reaktionen liegt nur im Verlauf der vorhergehenden Elektronenübertragung. PICHINOTY untersuchte eingehend das System der dissimilatorischen Nitratreduktion von *Aerobacter*. Es besteht aus einer Dehydrogenase, NADH-FMN-Reduktase und der eigentlichen Nitratreduktase. Außer Nitrat wird auch Chlorat reduziert (vgl. auch ITAGAKI u. Mitarb.). Verschiedene Staphylokokken können anaerob nur dann Nitrat reduzieren, wenn dem Kulturmedium Hämin zugesetzt wird. Diese Stämme sind nämlich unter anaeroben Bedingungen nicht in der Lage, die Hämin-Komponente des als Elektronenüberträger für die Nitratreduktion benötigten Cytochroms zu synthetisieren (JACOBS u. Mitarb. 1963, 1964; CHANG u. LASCELLES).

Auch bei der dissimilatorischen Reduktion von Nitrit besteht Unklarheit hinsichtlich der auftretenden Zwischenprodukte. IWASAKI u. Mitarb. erhielten aus *Pseudomonas* ein in der Ultrazentrifuge homogen erscheinendes Enzym, welches Nitrit zu NH_2OH reduziert und wahrscheinlich Cu enthält. Eine NADH-spezifische Nitritreduktase aus *Escherichia coli* reduziert dagegen Nitrit zu gasförmigen Verbindungen (ZAROWNY u. SANWAL). Die Cytochromoxydase von *Pseudomonas aeruginosa* reagiert nicht nur mit O_2, sondern fungiert auch anaerob als Nitritreduktase. Das Enzym, das kristallin gewonnen werden konnte, reduziert Nitrit zu NO und enthält kein Kupfer; für seine Biosynthese ist jedoch Cu erforderlich (YAMANAKA u. OKUNUKI; YAMANAKA 1963, 1964). Ein Enzym, das in ähnlicher Weise unter anaeroben Bedingungen Nitrit zu NO zu reduzieren vermag, wurde auch in tierischen Muskeln nachgewiesen (WALTERS u. TAYLOR). SUZUKI u. MORI und SUZUKI u.

Iwasaki reinigten und kristallisierten ein denitrifizierendes, Cu-haltiges Enzym, das an der Gasbildung aus Nitrit und Hydroxylamin beteiligt ist. Distickstoffoxyd (N_2O) ist zwar als H-Acceptor für anaerobes Wachstum von *Micrococcus denitrificans* geeignet und wird dabei zu N_2 reduziert, fungiert aber nicht als Zwischenprodukt der normalen Denitrifikation (Pichinoty u. d'Ornano).

Das Vorkommen von oxydativer Phosphorylierung in Verbindung mit der dissimilatorischen Nitratreduktion wurde wieder in mehreren Fällen festgestellt (Yamanaka u. Mitarb.; Ohnishi u. Mori; Ohnishi). Sie führt bei einem *Micrococcus*-Stamm zur Bildung von Polyphosphat (Kaltwasser u. Mitarb.) und verläuft etwa ebenso schnell wie bei der Sauerstoff-Atmung der gleichen Bakterien.

3. Nitrifikation

Die physiologischen und biochemischen Probleme der Nitrifikation wurden von Engel (1962b) und Nason (1962) zusammenfassend dargestellt.

An der Oxydation von NH_3 durch *Nitrosomonas* ist nicht nur Cytochrom (Losinov u. Ermachenko), sondern möglicherweise auch Peroxydase beteiligt (Pokallus u. Pramer). Ähnlich wie bei der Nitratreduktion sind auch bei der Nitrifikation die zwischen Ammoniak und Nitrit liegenden Zwischenprodukte noch recht problematisch. Falcone u. Mitarb. (1962, 1963) untersuchten die Partikel-gebundene Hydroxylaminoxydase von *Nitrosomonas*. Die Oxydation von NH_2OH durch das Cu-haltige Enzym ist verbunden mit einer Reduktion von Flavin und Cytochromen. Der Elektronentransport verläuft offenbar von Hydroxylamin über ein Flavoproteid, Cytochrom b und c zum Cytochrom a. Die Autoren rechnen mit dem Auftreten von Nitroxyl (NOH) als Zwischenprodukt, aus dem nichtenzymatisch N_2O entstehen kann. Nach Anderson verläuft die Oxydation von NH_2OH in zwei Stufen. Zunächst wird über das hypothetische Nitroxyl unter Beteiligung von Cytochromen NO gebildet, das dann wiederum mit Hilfe von Cytochrom durch O_2 zu Nitrit oxydiert werden soll. Auch unter anaeroben Bedingungen kann eine Oxydation von Hydroxylamin zu NO (bzw. in einer Nebenreaktion zu N_2O) erfolgen. Aleem u. Mitarb. (1962) und Aleem u. Lees fanden, daß Nitrohydroxylamin ($NO_2 \cdot NHOH$) von *Nitrosomonas* ebenso schnell oxydiert wird wie NH_3 oder NH_2OH. Sie erwägen die Möglichkeit, daß diese Verbindung als Zwischenprodukt der Nitrifikation fungieren könnte.

Die Oxydation von Hydroxylamin durch zellfreie Extrakte von *Nitrosomonas* ist mit einer Bildung von ATP verknüpft (Burge u. Mitarb.; Delwiche u. Mitarb.; Ramaiah u. Nicholas). Aleem u. Mitarb. (1963) fanden in zellfreien Präparaten aus nitrifizierenden Bakterien eine Reduktion von NAD durch Fe-II-Cytochrom c in Gegenwart von ATP (vgl. auch Delwiche u. Mitarb.). Bei dieser Reaktion, an der wohl ein Flavin beteiligt ist, wird Phosphat aus dem ATP freigesetzt und damit eine Umkehrung der normalen Richtung des Elektronentransportes ermöglicht. Die von der Oxydation von NH_3 oder NH_2OH abhängige chemosynthetische CO_2-Reduktion von *Nitrosomonas* verläuft nach NICHOLAS u. RAO offenbar entsprechend dem CALVIN-Cyclus.

REWARI u. RAO fanden, daß ein Zusatz von Vitamin B_{12} die Geschwindigkeit der NH_3-Oxydation von *Nitrosomonas* verdoppelt. Nach SCHÖBERL u. ENGEL ist diese Reaktion bis zu einer Konzentration von 0,9 mg O_2/l herab unabhängig vom Sauerstoffdruck, während der Grenzwert für ungehemmte Nitritoxydation von *Nitrobacter* bei 2 mg O_2/l liegt. Ebenso wie die Oxydation von Nitrit wird auch die NH_3-Oxydation von *Nitrosomonas* durch Licht gehemmt. Wirksam ist dabei vor allem der Wellenlängen-Bereich um 400 nm, wo die Cytochrome stark absorbieren, während Rotlicht unwirksam ist (SCHÖN u. ENGEL). – SORIANO gelang es, das von WINOGRADSKY beschriebene, NH_3 zu Nitrit oxydierende chemosynthetische Bakterium *Nitrosococcus* neu zu isolieren.

Die Oxydation von Nitrit durch Homogenate von *Nitrobacter* ist mit einer Reduktion von NAD gekoppelt (KIESOW 1963b). ALEEM u. Mitarb. (1963) fanden, daß zellfreie Extrakte dieses Bakteriums in Gegenwart von Nitrit, ADP und NAD zur Bindung von CO_2 befähigt sind. Die Oxydation von Nitrit erzeugt also die für die CO_2-Reduktion notwendigen H-Donatoren (NADH) sowie Energie (ATP). Theoretische Betrachtungen über die energetisch schwierige Kopplung der Nitritoxydation mit einer Reduktion von NAD(P), die nur bei Zufuhr von viel Energie möglich ist, stellt LEES an. BOON u. LAUDELOUT untersuchten die Kinetik der Nitritoxydation in Abhängigkeit von Nitrat- und Nitrit-Konzentration, O_2-Druck, Temperatur und pH-Wert, während JANISCH eine mathematische Analyse der Wirkung der Temperatur auf den zeitlichen Verlauf der Nitritoxydation von *Nitrobacter* vorlegt.

Die den bisherigen Erfahrungen weitgehend widersprechenden Ergebnisse von KIESOW (1961a, b; 1962a, b; 1963a) über den Stoffwechsel von *Nitrobacter* wurden von ENGEL (1962a) und ENGEL u. SCHÖN auf methodische Mängel zurückgeführt und widerlegt.

Das heterotrophe Boden-Bakterium *Arthrobacter globiformis* ist nach GUNNER zur Oxydation von NH_3 zu Hydroxylamin, Nitrit und Nitrat befähigt. Auch die heterotrophe Nitrifikation von *Aspergillus*-Arten ist wieder Gegenstand mehrerer Untersuchungen gewesen. Pepton, Aminosäuren und NH_3 werden zu Hydroxylamin, Nitrit und Nitrat oxydiert (MARSHALL u. ALEXANDER; ALEEM u. Mitarb. 1964). Auch aus β-Nitropropionsäure wird Nitrit und Nitrat gebildet (MARSHALL u. ALEXANDER; BECKER u. SCHMIDT). – YAMAFUJI u. OSAJIMA isolierten jetzt auch aus Grünalgen Enzyme, die Ammoniak, Hydroxylamin, Hyponitrit und Nitrit zu oxydieren vermögen. Bei Versorgung von Maispflanzen mit hohen Konzentrationen von Ammonsalzen unter sterilen Bedingungen konnten ROUTCHENKO u. DELMAS im Saft der Pflanzen Nitrat nachweisen. Nach VAKLINOVA und VAKLINOVA u. Mitarb. (1964) oxydieren auch Chloroplasten höherer Pflanzen im Licht Hydroxylamin zu Nitrit. Diese Ergebnisse zeigen wieder, daß die Fähigkeit zur Oxydation anorganischer Stickstoffverbindungen im Bereich nicht nur der heterotrophen, sondern auch der photoautotrophen Pflanzen weiter verbreitet ist, als man bisher annahm.

Literatur

ABEL, K.: Phytochemistry 2, 429—435 (1963). — ABEL, K., N. BAUER, and J. T. SPENCE: Arch. Biochem. 100, 339—340 (1963). — AFRIDI, M. M. R. K., and E. J. HEWITT: J. exp. Bot. 15, 251—271 (1964). — ALEEM, M. I. H., and H. LEES: Canad. J. Biochem. 41, 763—778 (1963). — ALEEM, M. I. H., H. LEES, and R. LYRIC: Canad. J. Biochem. 42, 989—998 (1964). — ALEEM, M. I. H., H. LEES, R. LYRIC, and D. WEISS: Biochem. biophys. Res. Comm. 7, 126—127 (1962). — ALEEM, M. I. H., H. LEES, and D. J. D. NICHOLAS: Nature (Lond.) 200, 759—761 (1963). — ANDERSON, J. H.: Biochem. J. 91, 8—17 (1964). — APPLEBY, C. A.: Biochim. biophys. Acta (Amst.) 60, 226—235 (1962).

BANFI, G.: Ann. Microbiol. 13, 19—25 (1963). — BECKER, G. E., and E. L. SCHMIDT: Arch. Mikrobiol. 49, 167—175 (1964). — BECKING, J. H.: Plant and Soil 16, 171—201 (1962). — BEEVERS, L., D. FLESHER, and R. H. HAGEMAN: Biochim. biophys. Acta (Amst.) 89, 453—464 (1964). — BENNETT, R., N. RIGOPOULOS, and R. C. FULLER: Proc. nat. Acad. Sci. (Wash.) 52, 762—768 (1964). — BERGERSEN, F. J.: J. gen. Microbiol. 29, 113—125 (1962a); — Nature (Lond.) 194, 1059—1061 (1962b); — Aust. J. biol. Sci. 16, 669—680 (1963). — BERGERSEN, F. J., and A. B. COSTIN: Aust. J. biol. Sci. 17, 44—48 (1964). — BOND, G.: Symp. Soc. gen. Microbiol. 13, 72—91 (1963); — Nature (Lond.) 204, 600—601 (1964). — BOND, G., and E. J. HEWITT: Nature (Lond.) 195, 94—95 (1962). — BOON, B., and H. LAUDELOUT: Biochem. J. 85, 440—447 (1962). — BULEN, W. A., R. C. BURNS, and J. R. LECOMTE: Biochem. biophys. Res. Comm. 17, 265—271 (1964). — BULEN, W. A., J. R. LECOMTE, and H. E. BALES: J. Bact. 85, 666—670 (1963). — BUNDEL, A. A., V. L. KRETOVICH, and N. V. BOROVIKOVA: Fiziol. Rastenij 11, 31—37 (1964). — BURGE, W. D., E. MALAVOLTA, and C. C. DELWICHE: J. Bact. 85, 106—110 (1963). — BURRIS, R. H.: Proc. 5th Int. Congr. Biochem. 3, 173—177 (1963).

CARNAHAN, J. E., and J. E. CASTLE: Ann. Rev. Plant Physiol. 14, 125—136 (1963). — CENTIFANTO, Y. M., and W. S. SILVER: J. Bact. 88, 776—781 (1964). — CHAMPIGNY, M. L.: Physiol. végét. (Paris) 1, 139—169 (1963). — CHANG, J. P., and J. LASCELLES: Biochem. J. 89, 503—510 (1963). — COBB, H. D., and J. MYERS: Amer. J. Bot. 51, 753—762 (1964). — COVE, D. J., and J. A. PATEMAN: Nature (Lond.) 198, 262—263 (1963). — COX, R. M., P. FAY, and G. E. FOGG: Biochim. biophys. Acta (Amst.) 88, 208—210 (1964). — CZYGAN, F. C.: Planta 60, 225—242 (1963).

DAVIS, J. B., V. F. COTY, and J. P. STANLEY: J. Bact. 88, 468—472 (1964). — DE HERTOGH, A. A., P. A. MAYEUX, and H. J. EVANS: J. biol. Chem. 239, 2446—2453 (1964). — DELCAMPO, F. F., A. PANEQUE, J. M. RAMIREZ, and M. LOSADA: Biochim. biophys. Acta (Amst.) 66, 450—452 (1963). — DELWICHE, C. C., W. G. BURGE, and E. MALAVOLTA: Arch. Biochem. 103, 500—505 (1963). — D'EUSTACHIO, A. J., and R. W. F. HARDY: Biochem. biophys. Res. Comm. 15, 319—323 (1964). — DUA, R. D., and R. H. BURRIS: Proc. nat. Acad. Sci. (Wash.) 50, 169—175 (1963).

EHRENFELD, E., S. J. MARBLE, and A. MEISTER: J. biol. Chem. 238, 3711—3716 (1963). — ENGEL, H.: Z. Naturforsch. 17b, 91—92 (1962a); — Ber. dtsch. bot. Ges. 75, (7)-(18) (1962b). — ENGEL, H., u. G. SCHÖN: Z. Naturforsch. 19b, 52—54 (1964).

FALCONE, A. B., A. L. SHUG, and D. J. D. NICHOLAS: Biochem. biophys. Res. Comm. 9, 126—131 (1962); — Biochim. biophys. Acta (Amst.) 77, 199—208 (1963). — FAY, P., H. D. KUMAR, and G. E. FOGG: J. gen. Microbiol. 35, 351—360 (1964). — FEDOROV, M. V., and T. A. KALININSKAJA: Mikrobiologija 30, 9—14 (1961). — FOGG, G. E.: p. 161—170. In: R. A. LEWIN (Ed.), Physiology and Biochemistry of Algae. New York and London: Academic Press 1962. — FUJITA, Y., and A. HATTORI: J. gen. appl. Microbiol. 9, 257—265 (1963). — FUJITA, Y., H. OHAMA, and A. HATTORI: Plant Cell Physiol. 5, 305—314 (1964). — FUKUZUMI, T., and E. TAMAKI: Agric. biol. Chem. (Tokyo) 26, 809—815 (1962).

GRAU, F. H., and P. W. WILSON: J. Bact. 83, 490—496 (1962); 85, 446—450 (1963). — GUNNER, H. B.: Nature (Lond.) 197, 1127—1128 (1963).

HAMILTON, I. R., R. H. BURRIS, and P. W. WILSON: Proc. nat. Acad. Sci. (Wash.) 52, 637—641 (1964). — HARDY, R. W. F., and A. J. D'EUSTACHIO: Biochem. biophys. Res. Comm. 15, 314—318 (1964). — HATTORI, A.: Plant Cell Physiol. 3, 355—369 (1962a); 3, 371—377 (1962b); — Studies on Microalgae and Photosynthetic Bacteria, p. 485—492 (1963). — HEDGECOCK, L. W., and R. L. COSTELLO: J. Bact. **84**, 195—205 (1962). — HEWITT, E. J., and G. F. BETTS: Biochem. J. **89**, 20 P (1963). — HEWITT, E. J., and D. J. D. NICHOLAS: p. 67—172. In: K. PAECH u. M. V. TRACEY (Eds.), Moderne Methoden der Pflanzenanalyse, Bd. **7**. Berlin-Göttingen-Heidelberg: Springer-Verlag 1964. — HILGER, F.: Ann. Inst. Pasteur **106**, 279—291 (1964). — HORI, K.: J. Biochem. (Tokyo) **53**, 354—363 (1963). — HUZISIGE, H., K. SATOH, K. TANAKA, and T. HAYASIDA: Plant Cell Physiol. **4**, 307—322 (1963).

IMSHENETSKII, A. A.: Proc. 5th Int. Congr. Biochem. **3**, 139—148 (1963). — ISWARAN, V., and W. V. B. S. RAO: Nature (Lond.) **203**, 549 (1964). — ITAGAKI, E., T. FUJITA, and R. SATO: J. Biochem. (Tokyo) **53**, 389—397 (1963). — IWASAKI, H., S. SHIDARA, H. SUZUKI, and T. MORI: J. Biochem. (Tokyo) **53**, 299—303 (1963).

JACOBS, N. J., R. E. HEADY, J. M. JACOBS, K. CHAN, and R. H. DEIBEL: J. Bact. **87**, 1406—1411 (1964). — JACOBS, N. J., J. JOHANTGES, and R. H. DEIBEL: J. Bact. **85**, 782—787 (1963). — JANISCH, E.: Zbl. Bakt., II. Abt. **115**, 748—765 (1962). — JORDAN, D. C.: Bact. Rev. **26**, 119—141 (1962).

KALTWASSER, H., G. VOGT u. H. G. SCHLEGEL: Arch. Mikrobiol. **44**, 259—265 (1962). — KATOH, T.: Plant Cell Physiol. **4**, 13—28 (1963a); **4**, 199—215 (1963b). — KEMP, J. D., D. E. ATKINSON, A. EHRET, and R. A. LAZZARINI: J. biol. Chem. **238**, 3466—3471 (1963). — KESSLER, E.: Ann. Rev. Plant Physiol. **15**, 57—72 (1964). — KESSLER, E., and F. C. CZYGAN: Experientia (Basel) **19**, 89—90 (1963). — KIESOW, L.: Z. Naturforsch. **16b**, 374—383 (1961a); **16b**, 408—409 (1961b); **17b**, 92—93 (1962a); **17b**, 455—465 (1962b); **18b**, 394—396 (1963a); — Biochem. Z. **338**, 400—406 (1963b). — KLIEWER, M., and H. J. EVANS: Plant Physiol. **38**, 99—104 (1963). — KURUP, C. K. R., and C. S. VAIDYANATHAN: Biochem. J. **88**, 239—242 (1963).

LALORAYA, V. K., and A. K. MITRA: Curr. Sci. **33**, 619—620 (1964). — LEES, H.: Bact. Rev. **26**, 165—167 (1962). — LOSADA, M., A. PANEQUE, J. M. RAMIREZ, and F. F. DELCAMPO: Biochem. biophys. Res. Comm. **10**, 298—303 (1963). — LOSINOV, A. B., and V. A. ERMACHENKO: Mikrobiologija **31**, 972—979 (1962). — LOWE, R. H., and H. J. EVANS: Biochim. biophys. Acta (Amst.) **85**, 377—389 (1964). — LYCKLAMA, J. C.: Acta bot. Neerl. **12**, 361—423 (1963).

MANIL, P.: Ann. Inst. Pasteur **105**, 19—45 (1963). — MARSHALL, K. C., and M. ALEXANDER: J. Bact. **83**, 572—578 (1962). — MCKEE, H. S.: Nitrogen Metabolism in Plants. Oxford: Clarendon Press 1962. — MCNARY, J. E., and R. H. BURRIS: J. Bact. **84**, 598—599 (1962). — MOORE, A. W.: Canad. J. Bot. **42**, 952—955 (1964).— MORRIS, I., and P. J. SYRETT: Arch. Mikrobiol. **47**, 32—41 (1963a); — Biochim. biophys. Acta (Amst.) **77**, 649—650 (1963b). — MORTENSON, L. E.: Anal. Biochem. **2**, 216—220 (1961); — p. 119—166. In: I. C. GUNSALUS and R. Y. STANIER (Eds.), The Bacteria, Vol. III. New York and London: Academic Press 1962; — Ann. Rev. Microbiol. **17**, 115—138 (1963); — Proc. nat. Acad. Sci. (Wash.) **52**, 272—279 (1964a); — Biochim. biophys. Acta (Amst.) **81**, 473—478 (1964b). — MORTENSON, L. E., H. F. MOWER, and J. E. CARNAHAN: Bact. Rev. **26**, 42—50 (1962a). — MORTENSON, L. E., R. C. VALENTINE, and J. E. CARNAHAN: Biochem. biophys. Res. Comm. **7**, 448—452 (1962b); — J. biol. Chem. **238**, 794—800 (1963). — MÜLLER, E. P.: Ber. schweiz. bot. Ges. **73**, 347—380 (1963). — MURRAY, E. D., and B. D. SANWAL: Canad. J. Microbiol. **9**, 781—790 (1963).

NASON, A.: Bact. Rev. **26**, 16—41 (1962); — p. 587—607. In: The Enzymes, 2. Ed., P. D. BOYER, H. LARDY, K. MYRBÄCK (Eds.), Vol. **7**. New York and London: Academic Press 1963. — NICHOLAS, D. J. D.: Symp. Soc. gen. Microbiol. **13**, 92 (1963a); — Biol. Rev. **38**, 530—568 (1963b). — NICHOLAS, D. J. D., D. J. FISHER, W. J. REDMOND, and M. OSBORNE: Nature (Lond.) **201**, 793—795 (1964a). — NICHOLAS, D. J. D., M. KOBAYASHI, and P. W. WILSON: Proc. nat. Acad. Sci. (Wash.) **48**, 1537—1542 (1962a). — NICHOLAS, D. J. D., Y. MARUYAMA, and D. J. FISHER: Biochim. biophys. Acta (Amst.) **56**, 623—626 (1962b). — NICHOLAS, D. J. D., and P. S. RAO: Biochim. biophys. Acta (Amst.) **82**, 394—397 (1964). — NICHOLAS, D. J. D., W. J. REDMOND, and M. A. WRIGHT: J. gen. Microbiol. **35**, 401—410 (1964b). — NICHOLAS, D. J. D., and P. J. WILSON: Biochim. biophys. Acta (Amst.) **86**, 466—476 (1964). — NIMECK, M. W., P. W. WILSON, and D. J. D. NICHOLAS: Nature (Lond.) **200**, 709 (1963).

Ohnishi, T.: J. Biochem. (Tokyo) **53**, 71—79 (1963). — Ohnishi, T., and T. Mori: Nature (Lond.) **193**, 482—483 (1962). — Omura, H., Y. Osajima, S. Hatano, F. Yoshihara, K. Watanabe, and K. Yamafuji: Sci. Bull. Fac. Agric. Kyushu Univ. **20**, 179—198 (1963). — Osajima, Y., and K. Yamafuji: Enzymologia **24**, 57—60 (1962); **27**, 129—140 (1964).

Paneque, A., F. F. delCampo, and M. Losada: Nature (Lond.) **198**, 90—91 (1963). — Paneque, A., J. M. Ramirez, F. F. delCampo, and M. Losada: J. biol. Chem. **239**, 1737—1741 (1964). — Pankow, H.: Naturwissenschaften **51**, 274—275 (1964). — Pateman. J. A., D. J. Cove, B. M. Rever, and D. B. Roberts: Nature (Lond.) **201**, 58—60 (1964). — Pichinoty, F.: Ann. Inst. Pasteur **104**, 394—418 (1963). — Pichinoty, F., et L. d'Ornano: Ann. Inst. Pasteur **101**, 418—426 (1961). — Pokallus, R. S., and D. Pramer: Arch. Biochem. **105**, 208—209 (1964).— Pratt, J. M.: J. theoret. Biol. **2**, 251—258 (1962).

Raggio, M., and N. Raggio: Ann. Rev. Plant Physiol. **13**, 109—128 (1962). — Ramaiah, A., and D. J. D. Nicholas: Biochim. biophys. Acta (Amst.) **86**, 459—465 (1964). — Ramirez, J. M., F. F. delCampo, A. Paneque, and M. Losada: Biochem. biophys. Res. Comm. **15**, 297—302 (1964). — Rewari, R. B., and W. V. B. S. Rao: Indian J. Microbiol. **2**, 75—78 (1962). — Routchenko, W., et J. Delmas: C. R. Acad. Sci. (Paris) **256**, 2910—2913 (1963).

Sadana, J. C., R. R. Rao, and M. D. Joshi: Biochim. biophys. Acta (Amst.) **67**, 340—342 (1963). — Sanderson, G. W., and E. C. Cocking: Plant Physiol. **39**, 416—422 (1964a); **39**, 423—431 (1964b). — Schöberl, P., u. H. Engel: Arch. Mikrobiol. **48**, 393—400 (1964). — Schön, G. H., u. H. Engel: Arch. Mikrobiol. **42**, 415—428 (1962). — Shia, S. F.: Acta biochim. sinica **2**, 131—133 (1962). — Siegel, L. M., and K. J. Monty: Biochem. biophys. Res. Comm. **17**, 201—205 (1964). — Silver, W. S., Y. M. Centifanto, and D. J. D. Nicholas: Nature (Lond.) **199**, 396—397 (1963). — Smyk, B., et L. Ettlinger: Ann. Inst. Pasteur **105**, 341—348 (1963). — Soeder, C. J., I. Müller u. A. Ried: Vortr. Gesamtgeb. Bot., N. F. **1**, 195—200 (1962). — Sorger, G. J.: Biochem. biophys. Res. Comm. **12**, 395—401 (1963); — Nature (Lond.) **204**, 575—576 (1964). — Soriano, S.: Ann. Inst. Pasteur **105**, 349—352 (1963). — Stewart, W. D. P.: Ann. Bot. **26**, 439—445 (1962); — J. gen. Microbiol. **36**, 415—422 (1964). — Suzuki, H., and H. Iwasaki: J. Biochem. (Tokyo) **52**, 193—199 (1962). — Suzuki, H., and T. Mori: J. Biochem. (Tokyo) **52**, 190—192 (1962). — Syrett, P. J.: p. 171—188. In: R. A. Lewin (Ed.), Physiology and Biochemistry of Algae. New York and London: Academic Press 1962. — Syrett, P. J., and I. Morris: Biochim. biophys. Acta (Amst.) **67**, 566—575 (1963).

Taha, M. S.: Mikrobiologija **32**, 492—497 (1963); **33**, 397—403 (1964). — Takahashi, H., S. Taniguchi, and F. Egami: p. 91—202. In: Comparative Biochemistry, M. Florkin and H. S. Mason (Eds.), Vol. **5**. New York and London: Academic Press 1963. — Taniguchi, S., and M. D. Kamen: Studies on Microalgae and Photosynthetic Bacteria, p. 465—484 (1963). — Turchin, F. V., Z. N. Berseneva, and G. G. Zhidkikh: Dokl. Akad. Nauk SSSR **149**, 731—734 (1963).

Vaklinova, S.: Dokl. bolgar. Akad. Nauk **17**, 283—285 (1964). — Vaklinova, S., E. Shtarbanova, and N. Tomova: Dokl. bolgar. Akad. Nauk **15**, 293—296 (1962); **13**, 339—342 (1960). — Vaklinova, S., and N. Tomova: Dokl. bolgar. Akad. Nauk **16**, 409—412 (1963); — Bull. Popoff Inst. Plant Physiol. **14**, 89—98 (1964). — Vaklinova, S., N. Tomova, E. Nikolova, and G. Dechev: Dokl. bolgar. Akad. Nauk **17**, 1051—1054 (1964). — Valentine, R. C., W. I. Brill, R. S. Wolfe, and A. San Pietro: Biochem. biophys. Res. Comm. **10**, 73—78 (1963a). — Valentine, R. C., L. E. Mortenson, H. F. Mower, R. L. Jackson, and R. S. Wolfe: J. biol. Chem. **238**, PC 857—PC 858 (1963b). — Valentine, R. C., and R. S. Wolfe: J. Bact. **85**, 1114—1120 (1963). — Villanueva, J. R.: Canad. J. Biochem. **41**, 1837—1840 (1963); — Antonie v. Leeuwenhoek, J. Microbiol. Serol. **30**, 17—32 (1964a); — J. biol. Chem. **239**, 773—776 (1964b). — Virtanen, A. I., and J. K. Miettinen: p. 539—668. In: F. C. Steward (Ed.), Plant Physiology, Vol. III. New York and London: Academic Press 1963. — Voets, J. P.: Meded. Landbouwhogeschool Gent **27**, 1441—1454 (1962). — Voskresenskaya, N. P., and G. S. Grishina: Fiziol. Rastenij **9**, 7—15 (1962).

WALTERS, C. L., and A. M. TAYLOR: Biochim. biophys. Acta (Amst.) **86**, 448—458 (1964). — WHITELEY, H. R., and C. A. WOOLFOLK: Biochem. biophys. Res. Comm. **9**, 517—522 (1962).

YAMAFUJI, K., and Y. OSAJIMA: Enzymologia **26**, 75—86 (1963). — YAMANAKA, T.: Ann. Rep. Scient. Works, Fac. Sci. Osaka Univ. **11**, 77—115 (1963); — Nature (Lond.) **204**, 253—255 (1964). — YAMANAKA, T., and K. OKUNUKI: Biochim. biophys. Acta (Amst.) **67**, 379—393 (1963). — YAMANAKA, T., A. OTA, and K. OKUNUKI: J. Biochem. (Tokyo) **51**, 253—258 (1962). — Yoch, D. C., and R. M. PENGRA: J. Bact. **88**, 808—809 (1964).

ZAROWNY, D. P., and B. D. SANWAL: Canad. J. Microbiol. **9**, 531—539 (1963). — ZIEGLER, H., and R. HÜSER: Nature (Lond.) **199**, 508 (1963).

7. Sekundäre Pflanzenstoffe

Von HANS-BOTHO SCHRÖTER, Halle/Saale

Der Beitrag entfällt in diesem Band

8. Wachstum

Bericht über das Jahr 1964

Von Meinhart Zenk, München

Mit 3 Abbildungen

Vorbemerkung

Trotz langjähriger Untersuchung sowohl des Zellstoffwechsels unter Auxineinfluß, als auch des Auxinstoffwechsels in der sich streckenden Zelle hat sich bis heute kein klarer Anhaltspunkt für den Wirkungsmechanismus dieser Hormongruppe ergeben. Anders steht es mit den Gibberellinen. In Zusammenhang mit den neu gewonnenen Kenntnissen auf dem Gebiet der Proteinbiosynthese scheint die Aufklärung einiger Phasen der Gibberellinwirkung in erreichbare Nähe gerückt. Auch die über die Phytokininwirkungen gewonnenen biochemischen Daten geben Anhaltspunkte für die weitere Verfolgung dieses Hormonmechanismus. So hat sich eine Interessenverlagerung zugunsten von Gibberellin und Kinetin ergeben, die auf der 5. Konferenz für Wachstumsregulatoren in Gif-sur-Yvette, Frankreich, 1963, deutlich zum Ausdruck kam.

I. Auxine

1. Vorkommen

Endlich hat sich eine Forschergruppe (Isogai, Okamoto u. Koizumi) nicht allein mit dem chromatographischen Nachweis von Wachstumsregulatoren in pflanzlichen Extrakten begnügt, sondern ist darangegangen, die Wuchsstoffe von *Phaseolus mungo* in kristalliner Form zu gewinnen. Dazu wurden Extrakte von 900 kg (!) etiolierter Keimlinge einer Reihe von Reinigungsschritten unterworfen. Jede Fraktion wurde mit dem Avena-Streckungswachstumstest untersucht. Als Ergebnis konnten 600 mg Indolacetamid als das hauptsächlichste wachstumsfördernde Prinzip in kristalliner Form erhalten werden. Daneben wurden noch Phenylacetamid und Bernsteinsäure als streckungsaktive Substanzen kristallin gewonnen. Alle Substanzen wurden durch Schmelzpunkt, Analyse, UV- und IR-Spektrum charakterisiert. Allerdings wurde in einem frühen Reinigungsschritt Ammoniak angewendet, so daß damit zu rechnen ist, daß die Amide durch Spaltung aus Estern hervorgegangen sind (vgl. Fortschr. Bot. **26**, 246), was aber die Leistung der Isolierung nicht schmälern kann.

Das Vorkommen und die Struktur von Indolauxinen in Maiskörnern hat auch in diesem Berichtsjahr wieder manches Interesse gefunden. Während Winter eine Substanz isolierte, die nach Absorptionsspektren, papierchromatographischem und elektrophoretischem Verhalten sowie in biologischen Testen ganz der Indolbrenztraubensäure entsprach, fand Srivastava (1) kein Indolpyruvat in diesem Material. Nach Srivastava

(2) handelt es sich bei den aus Mais gewonnenen Auxinen hauptsächlich um wuchsstoffaktive Konjugate zwischen IES und Glucose oder Arabinose, die somit den „Zeaninen" (vgl. Fortschr. Bot. **26**, **244**) zugehören würden.

Erholsam mutet der chromatographisch ermittelte Befund von JAHNKE u. LIBBERT an, daß das einzige Auxin der sauren Ätherfraktion von *Chara* wirklich nur IES ist; keine anderen Wachstumsstimulatoren konnten nachgewiesen werden. Dagegen zeigten papierchromatographische Untersuchungen (in neutralen Lösungsmitteln) von Auxin-Diffusaten aus *Avena*-Koleoptilen, Erbsen, *Centaurea* und im Licht gewachsenen *Helianthus*-Sprossen, daß es sich wohl bei keinem der festgestellten Auxine um IES handelt (KURAISHI u. MUIR).

Zur analytischen Erfassung kleinster Mengen von Indol-Auxinen in Pflanzenextrakten brachte das Berichtsjahr entscheidende Fortschritte gegenüber den bisher angewendeten Methoden. STOWE u. SCHILKE, POWELL sowie BURNETT u. AUDUS geben Verfahren an, die es erlauben, durch Kombination von Säulenchromatographie mit Gaschromatographie und Spektrofluorometrie, Nanogramm-Mengen von Indolen aus biologischen Extrakten quantitativ zu erfassen und zu identifizieren. Die Methode ist ebenso empfindlich wie die bisher angewendeten biologischen Tests in Verbindung mit Papierchromatographie, die Genauigkeit aber wesentlich höher (1–2%).

Auch die Dünnschichtchromatographie von Wachstumsregulatoren hat sich vorteilhaft auf die Identifizierung von Indol-Auxinen ausgewirkt (KALDEWEY u. STAHL, KALDEWEY). Besondere Beachtung verdient die Dünnschichtchromatographie mit neutralen Fließmitteln (BALLIN; OBREITER u. STOWE), die die Zerstörung der Indole durch Säuren oder Spaltung von Indolkonjugaten und Artefaktbildung in alkalischen Lösungsmitteln vermeiden.

Über die Vereinfachung des *Avena*-Krümmungstestes (KURAISHI u. YAMAKI) und über einen einfachen Koleoptilstreckungswachstumstest (HANCOCK, BARLOW u. LACEY) wurde berichtet. Eine sorgfältige Untersuchung hat ergeben, daß der Streckungswachstumstest durch sichtbares Licht (und auch durch das Rot-Dunkelrot-System) nicht beeinflußt wird (GENTILE u. KLEIN). Auf die Tatsache, daß tierische Parasiten den Auxinspiegel in Blättern erhöhen können, wurde von HAUPT hingewiesen.

2. Auxinstoffwechsel

a) Biogenese von IES

Während das Vorkommen von IES als natives Auxin allmählich sichergestellt ist, bleibt immer noch die Biogenese dieses Wuchsstoffs *in vivo* unklar. Es darf als sicher gelten, daß L-Tryptophan die Vorstufe von IES ist. Wie aber der oxydative Abbau des Tryptophans in der höheren Pflanzenzelle erfolgt, dafür stehen nach biochemischen Gesichtspunkten mehrere Möglichkeiten offen.

WIGHTMAN fand nach Fütterung von markiertem DL-Tryptophan-(β^{14}C) an Tomaten-Pflanzen, daß daraus eindeutig identifizierte IES gebildet wurde. Weiterhin wird aus dem Tryptophan Indol-Milchsäure gebildet, die in Tomaten-Pflanzen auch natürlich vorkommend nachgewiesen wurde. Diese Säure wird leicht zu IES abgebaut und muß als ein wichtiges Zwischenprodukt im Tryptophanstoffwechsel angesehen werden; ob sie auf dem direkten Weg zur IES liegt, bleibt offen. Weiterhin konnte Tryptamin als ein Produkt des Tryptophanabbaus festgestellt werden. PILET bestätigte den Befund, daß L-Tryptophan der Vorläufer für IES ist, auch in Linsenwurzeln.

Die pyridoxylabhängige oxydative Dekarboxylierung von Aminosäuren durch Meerrettichperoxydase läuft auch mit Tryptophan als Substrat ab (RIDDLE u. MAZELIS); als Reaktionsprodukte treten Indolacetamid und IES auf. Zu dem gleichen Ergebnis, mit demselben System, gelangte auch KLÄMBT (1).

Der biochemisch plausibelste Weg für die Biogenese der IES ist jedoch der, daß Tryptophan durch Transaminierung (LIBBERT u. BRUNN), oder durch das Phenolase-System (vgl. Fortschr. Bot. **26**, **245**) in Indolpyruvat übergeführt, zu Indolacetaldehyd dekarboxyliert und dann weiter zu IES oxydiert wird (LIBBERT). Der oben zitierte Befund von WINTER über das natürliche Vorkommen von Indolpyruvat scheint diese Ansicht zu stützen.

Auch Indolacetonitril (IAN) wurde bisher als natürliche Vorstufe von IES betrachtet. Die im Vorjahr (Fortschr. Bot. **26**, **246**) noch offen gebliebene Frage nach dem natürlichen Vorkommen von IAN ist entschieden. IAN ist ein während der Extraktion anfallendes Artefakt (GMELIN); Glucobrassicin wird durch Myrosinase bei pH 4 zu IAN abgebaut, während bei pH 7 das Glucosid über 3-Indolmethylisothiocyanat in 3-Hydroxymethylindol zerfällt, das seinerseits spontan unter Bildung von Ascorbigen reagieren kann (Abb. 1).

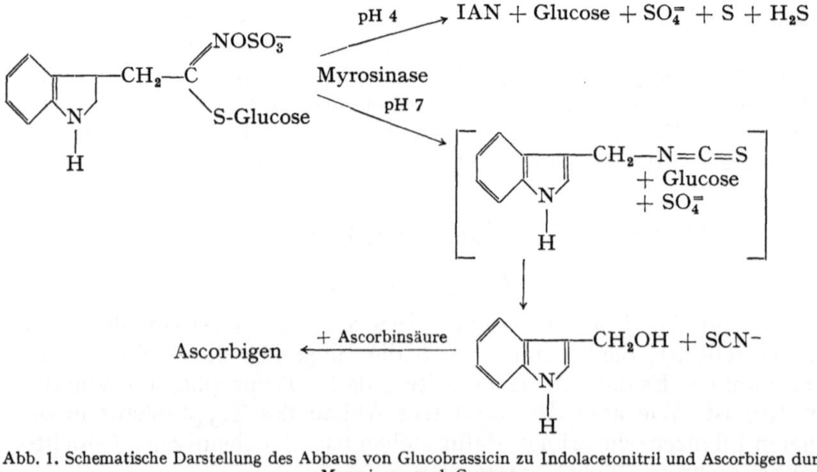

Abb. 1. Schematische Darstellung des Abbaus von Glucobrassicin zu Indolacetonitril und Ascorbigen durch Myrosinase nach GMELIN

Diese Befunde wurden inzwischen von KUTACEK u. PROCHAZKA voll bestätigt.

Trotz des wahrscheinlichen Fehlens von IAN findet sich in höheren Pflanzen eine Nitrilase, die von THIMANN u. MAHADEVAN aus Gerstenblättern 29fach angereichert werden konnte. Das Enzym wurde von 21 untersuchten Pflanzenfamilien lediglich in *Gramineen*, *Cruciferen* und *Musaceen* festgestellt. Es hydrolysiert Nitrile zu freien Säuren und NH_3; im Gegensatz zur chemischen Hydrolyse treten hierbei keine Säureamide als Zwischenprodukte auf. Das Enzym besitzt keine Spezifität gegenüber IAN, sondern setzt die entsprechenden Säuren aus einer Vielzahl von Nitrilen frei (MAHADEVAN u. THIMANN).

b) Anabolischer Auxinstoffwechsel

Dem Stoffwechsel des Wuchsstoffmoleküls sowohl in niederen als auch in höheren Pflanzen wurden zahlreiche Untersuchungen gewidmet. Während Phenoxyessigsäure durch *Aspergillus niger* hauptsächlich *ortho-*, aber auch *meta-* und *para-*hydroxyliert wird (BOCKS u. Mitarb.; CLIFFORD u. WOODCOCK), wird 2,4 Dichlorphenoxyessigsäure (2,4-D) in diesem Organismus in 2,4-Dichlor-5-Hydroxyphenoxyessigsäure umgewandelt. Daneben entsteht aber interessanterweise auch noch 2,5-Dichlor-4-Hydroxyphenoxyessigsäure. Dies stellt einen völlig neuen Reaktionstyp dar, bei dem gleichzeitig das Chloratom durch eine Hydroxygruppe ersetzt und in die Nachbarstellung verschoben wird (FAULKNER u. WOODCOCK). Die gleiche Reaktion konnte auch von THOMAS, LONGHAM u. POWELL (1) nach Verfütterung von 2,4-D an *Phaseolus vulgaris* festgestellt werden; nach 2,4-D-Applizierung wurde ein Gemisch von 2,5-Dichlor-4-Hydroxy-phenoxyessigsäure und 2,3-Dichlor-4-Hydroxyphenoxyessigsäure isoliert. Die Säuren liegen als O-Glucoside gebunden vor. Die Reaktion hängt aber vom pflanzlichen Material ab. So wird in *Avena* 2,4-D in das 4-O-βd-Glucosid übergeführt, während Phenoxyessigsäuren, in denen die 4-Stellung mit einem Chloratom besetzt ist, die entsprechenden neutralen Glucoseester ergaben; die Produkte konnten meist kristallin rein erhalten werden [THOMAS, LOUGHAM u. POWELL (2)].

KLÄMBT (2) hat seine Untersuchungen über die Hydroxylierung von Auxin auf Zimtsäure ausgedehnt und vertritt weiterhin den Standpunkt, daß die ortho-Hydroxylierung ein Indiz für die „Zweipunkte-Theorie“ von MUIR und HANSCH (vgl. Fortschr. Bot. **17**, **708**) sei.

Die Möglichkeit zur Konjugierung von Auxinen mit Asparaginsäure kann von entscheidender Bedeutung für die Pflanze sein. Nach ANDREAE kann die spezifische Herbizidwirkung von 2,4-D darauf zurückgeführt werden, daß 2,4-D, selbst wenn es in geringer Konzentration Erbsenwurzeln zugeführt wird, toxisch wirkt, weil es in einem aktiven, mobilen Status in der Zelle bleibt und nicht konjugiert werden kann. Dagegen wird IES, die ja bekanntlich nicht herbizid wirkt, schnell zu inaktiven Stoffwechselprodukten umgebaut. Dieses ständige Festlegen der IES in Form von inaktiven Produkten führt auch dazu, daß IES wesentlich schneller von der Zelle aufgenommen wird als 2,4-D. Die Konjugierung der IES mit Asparaginsäure ist adaptiv [ZENK (1, 2)]; werden Erbsenepikotyle in ein Wuchsstoffbad eingebracht, so hat sich nach einer „lag phase" von etwa 2 Std das System, das die Konjugierung durchführt, gebildet. Die Konzentration an freier IES im Gewebe nimmt dann rapid ab, die IES-Asparaginsäure entsprechend zu. Diese „lag phase" läßt sich durch Vorinkubation der Epikotyle in einer anderen Säurelösung [z. B. von Naphthylessigsäure (NES) oder aber auch 2,4-D, das selbst nicht konjugiert wird] überwinden; solche Epikotyle sind induziert. Diese Induktion der Bildung von Asparaginsäureverbindungen von IES und NES durch andere Carboxylsäuren wurde von SÜDI bestätigt und darüber hinaus die interessante Feststellung gemacht, daß die Induktion dieses Systems *nur* durch aktive Auxine hervorgerufen werden kann. Die Nichtauxine 2,4-Dichlorphenoxyisobuttersäure und 3,5-Dichlorphenoxyessigsäure können die Konjugation nicht induzieren. Dagegen ist das Auxin 3-Carboxymethyl-N-N'-dimethylthiocarbamat, das nicht einmal ein aromatisches Ringsystem besitzt, zur Induktion befähigt.

Daß diese Induktion der enzymatischen Aktivität wirklich von der Synthese von spezifischer Ribonucleinsäure (RNS) abhängt, konnte von VENIS durch Hemmung des Systems mit Actinomycin D (Hemmstoff der DNS-abhängigen RNS-Synthese) und Puromycin (Hemmstoff der Aminosäureübertragung) gezeigt werden. Dies ist der erste Hinweis, daß durch Auxine die Bildung eines spezifischen Enzymsystems induziert wird.

c) *Katabolischer Auxinstoffwechsel*

Eine der meist diskutierten Reaktionen des Auxinstoffwechsels ist die oxydative Dekarboxylierung der IES durch die sog. IES-Oxydase. Die leichte Nachweisbarkeit der enzymatischen IES-Oxydation hat dazu geführt, daß in den letzten 15 Jahren eine nahezu unüberschaubare Anzahl von Arbeiten über dies in seiner Funktion an sich fragwürdige Enzym vorliegen.

Einen wesentlichen Fortschritt auf diesem Gebiet hat die Untersuchung der IES-Oxydase in etiolierten Erbsenepikotylen durch MACNICOL u. REINERT erbracht. Sie konnten bei der Reinigung der „IES-Oxydase" feststellen, daß sich dieses System in drei verschiedene Peroxydasen auftrennen läßt, die jede mehrhundertfach angereichert wurde. Diese multiplen Peroxydasen benötigten zur IES-Oxydation nur die Gegenwart eines phenolischen Cofaktors, nicht aber Manganionen, die allerdings zwei der Peroxydasen stimulierten, während die dritte dadurch gehemmt wurde. Nach diesem Befund sollte der Begriff „IES-Oxydase" zugunsten der Bezeichnung IES-Peroxydasen fallen gelassen werden. Im Gegensatz zu der Ansicht von GALSTON u. Mitarb. handelt es sich bei ihnen nicht um Flavoproteine.

Der Reaktionsmechanismus der Oxydation von IES durch *Omphalia*-Peroxydase scheint nach sorgfältigen kinetischen Untersuchungen von RAY auf folgende Weise abzulaufen: Auf eine Ein-Elektronenoxydation von IES durch die Peroxydase, die zur Bildung eines freien Radikals führt, folgt eine spontane Reaktion des Radikals mit Sauerstoff; so wird ein peroxydischer Oxydant erhalten, der die Peroxydase wieder zu einem Peroxydkomplex zurückoxydieren kann.

Das Produkt der Oxydation von IES durch Peroxydase, nach dem schon seit langer Zeit (vgl. Fortschr. Bot. **22**, **351**) gefahndet wurde, ist nach den Untersuchungen von HINMAN, BAUMAN u. LANG 3-Methylenoxindol. Dieses Produkt entsteht auch bei der nicht enzymatischen Riboflavin-katalysierten Photooxydation von IES (FUKUYAMA u. MOYED, wahrscheinlich neben 3-Hydroxymethyl-oxindol. Beide Produkte wirken stark wachstumshemmend auf Bakterien und Tomatenwurzeln sowie auf die Keimung von Erbsensamen.

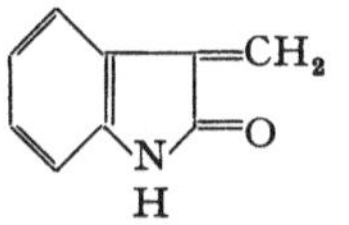

=CH$_2$

=O

N

H

Abb. 2. 3-Methylenoxindol

Wenn die IES-Peroxydasen in vivo wirksam sein sollen, so hängt ihre Aktivität von der Gegenwart und der Lokalisierung der als Cofaktoren benötigten Phenole in der Zelle ab. Daß von den pflanzeneigenen Phenolen, besonders Zimtsäuren und ihren Derivaten, die Monophenole die IES-Oxydase in vitro aktivieren, während die Diphenole hemmen, ist lange bekannt (vgl. Fortschr. Bot. **22**, **351**). FUKUYA, GALSTON u. STOWE isolierten aus Erbsenepikotylen mehrere Substanzen, die als die hochaktiven natürlichen Cofaktoren bzw. Hemmstoffe der IES-Peroxydase in Erbsen angesehen werden müssen. Die Struktur der Substanzen konnte partiell aufgeklärt werden; es handelt sich im Falle des Cofaktors um Kaempferol-3-(triglucosyl-p-cumarat), ein Monophenol, im Falle des Hemmstoffes um ein entsprechendes Quercetinderivat (Diphenol). Interessant ist weiterhin der Befund, daß in etiolierten Geweben nur das Kaempferolglucosid gebildet wird, während das Quercetinglucosid nur in im Licht gewachsenen Erbsen gefunden wurde. Das Phänomen des lichtinduzierten Wechsels der phenolischen Hemmstoffe wurde von KONISH und GALSTON weiter verfolgt. Als ein weiterer natürlicher Cofaktor der IES-Peroxydasen wurde 4-Hydroxybenzylalkohol aufgefunden, eine Substanz, die bisher noch nicht in Pflanzen festgestellt worden war (MUMFORD, STARK u. SMITH).

Bei der Oxydation der IES durch Peroxydase in Gegenwart von Hydroxyzimtsäuren als Cofaktoren oder Inhibitoren in vitro werden diese Phenylpropanderivate wahrscheinlich durch das entstehende H_2O_2 zerstört (ENGELSMA).

Es ist aber stets unklar geblieben, ob die IES-Peroxydasen wirklich auch in vivo funktionsfähig sind. Diese Frage konnte mit carboxyl-^{14}C-markierter IES von hoher spezifischer Aktivität, die nach einer neuen Synthese (STOWE) hergestellt werden kann, bearbeitet werden. Nachdem bei der enzymatischen Oxydation der IES die Carboxylgruppe der Verbindung als CO_2 frei wird. ergibt sich so ein Maß der IES-Peroxydasen in vivo TOMASZEWSKI; ZENK u. MÜLLER (1). Auf diese Weise ließ sich die Oxydation der IES auch im intakten Organ eindeutig feststellen; außerdem konnte der wachstumssynergistische Effekt von Diphenolen auf eine Hemmung der IES-Oxydase *in vivo* zurückgeführt und im entgegengesetzten Fall die Hemmung des Wachstums durch Monophenole mit der Stimulierung der Dekarboxylierung erklärt werden. Die Richtigkeit dieser Annahme wird durch eine Arbeit von PILET (2) bestätigt, der unter Einfluß von Chlorogensäure (Diphenol) in Linsenwurzeln ein Ansteigen des endogenen Spiegels von Wuchsstoffen (vom IES-Typ) beobachten konnte.

Mit Hilfe dieser Methode gelang es auch, den Einfluß der Wundfläche auf die Zerstörung der IES in vivo an *Helianthus*-Hypokotylen zu untersuchen [ZENK u. MÜLLER (2)]. Dabei zeigte sich, daß zwischen Größe der Wundfläche und IES-Oxydation bei gleichem Gewebevolumen eine lineare Beziehung besteht. Allerdings dekarboxyliert auch völlig intaktes Gewebe, dessen Wundfläche mit einem Kollodiumfilm verschlossen ist, IES zu einem beträchtlichen Maß. Eine Abgabe von Peroxydase durch das intakte Gewebe in das Inkubationsmedium, wie sie bei Erbsenepikotylen von WICHNER und LIBBERT gefunden wurde, konnte unter diesen Bedingungen nicht festgestellt werden. Aus all diesen Befunden kann geschlossen werden, daß den IES-Peroxydasen in der intakten, unverletzten Pflanze eine Rolle bei der Kontrolle des Auxinspiegels zukommt.

3. Auxinwirkungsweise

Obwohl die Zellwand in den letzten Jahren immer mehr als der wahrscheinliche Ort von Prozessen gilt, die unmittelbar verantwortlich für das Wachstum der Pflanzenzelle sind, ist kaum etwas über die chemische Zusammensetzung und die Biosynthese der Polysaccharide der primären Zellwand der höheren Pflanze und besonders ihrer wachsenden Gewebe bekannt.

Deshalb kommt den Arbeiten von RAY und RAY u. ROTTENBERG, die sich um die Aufklärung der Zucker- und Uronsäurebestandteile der Haferkoleoptilzellwand bemüht haben, besondere Bedeutung zu. Es stellte sich dabei unter anderem heraus, daß der Uronanhydridgehalt der Koleoptilzellwand etwa 5% beträgt, von denen etwa $^2/_3$ auf Galacturonsäure und $^1/_3$ auf Glucuron- und 4-O-Methylglucuronsäure entfallen. Die Pektinfraktion verdient deshalb besonderes Interesse, weil sie bei Monokotylen die einzige Fraktion zu sein scheint, die unter IES-Einfluß stärker methyliert wird (vgl. Fortschr. Bot. **26**, 248) und auch einen stärkeren Einbau von Myoinositol (ALBERSHEIM) zeigt. In dieselbe Richtung deuten auch Versuche von ORDIN u. SKOE, die die Hemmung des Pflanzenwachstums durch Ozon mit der Hemmung des Glucan- und Zellulose-Stoffwechsels der behandelten Pflanzen in Beziehung bringen. Dem von LOEWUS vorgeschlagenen Stoffwechselweg für die Biosynthese von Pectin wird wahrscheinlich noch Bedeutung bei der Analyse des IES-induzierten Streckungswachstums zukommen. Besondere Beachtung verdient eine Arbeit von WAIN u. Mitarb., die den starken Effekt von Wuchsstoffen auf die Wasseraufnahme und das Wachstum von Inulin speichernden Geweben untersuchten. Da durch 2,4-D (nicht aber durch den Nichtwuchsstoff 3,5-D) eine dramatische Steigerung der Hydrolyse von Fructoseoligosacchariden zu freier Fructose hervorgerufen wird, liegt der Schluß nahe, daß die Wasseraufnahme und das damit verbundene Wachstum auf die starke Erhöhung des osmotischen Wertes der Zellen durch freigesetzte Zucker zurückzuführen ist.

Im Jahre 1963 wurden Anhaltspunkte dafür gewonnen, daß die „Master"-Reaktion des Auxins über die Nucleinsäure- und Proteinsynthese der Zelle läuft (vgl. Fortschr. Bot. 26, 249–250). KEY u. Mitarb. ist es nun gelungen, Aufschlüsse über die Wirkung des Auxins auf Nucleinsäure- und Proteinstoffwechsel zu bekommen. Nach KEY u. SHANNON steigern IES und 2,4-D in Konzentrationen, die die Zellverlängerung fördern den Einbau von C^{14}-Nucleotiden in die RNS von isoliertem Soyabohnen-Hypokotylgewebe; wachstumshemmende Auxinkonzentrationen hemmen auch den Einbau. In ausgewachsenen Zellen induziert Auxin eine 25–30%ige Steigerung der ribosomalen RNS.

KEY untersuchte weiterhin RNS- und Proteinsynthese während des Wachstums der Hypokotyle in Gegenwart von Actinomycin-D, 8-Azaguanin und Puromycin, die in höheren Pflanzen allem Anschein nach ebenso wirken wie in Bakterien. Es konnte mit Hilfe dieser Hemmstoffe und der Verfolgung des Einbaus verschiedener ^{14}C-markierter Vorstufen gezeigt werden, daß die Wachstumsstimulierung durch 2,4-D an die Gegenwart einer aktiven RNS gebunden ist und dabei Proteinsynthesen stattfinden. Daß es sich aber dabei nicht um eine Vermehrung der gesamten RNS handelt, wurde von KEY u. INGLE in einer interessanten Arbeit mitgeteilt. Es zeigte sich, daß das Wachstum sowohl von isolierten Soyabohnen-Hypokotylen, Mais-Mesokotylen und Rettich-Kotyledonen einer ganz speziellen RNS-Spezies bedarf. 5-Fluoruracil, das keinen Hemmeffekt auf das Wachstum besitzt, hemmt zwar stark die Synthese der ribosomalen und löslichen RNS, ohne aber die Synthese dieser besonderen RNS-Fraktion zu unterdrücken. Die Hemmung der Synthese dieser RNS-Fraktion durch Actinomycin-D führte dagegen zu einer Wachstumshemmung. Diese RNS-Fraktion wurde isoliert und eingehend untersucht, wobei sie die Eigenschaften der „DNS-ähnlichen" RNS zeigte, ähnlich oder identisch mit der „Boten"-RNS (messenger-RNS = = m-RNS) der Bakteriensysteme. KEY u. INGLE folgern daraus, daß das Zellwachstum durch die Synthese von messenger-RNS-Molekülen vom Genom kontrolliert wird. Diese m-RNS würde dann spezifisch die Synthese der zum Wachstum nötigen Enzyme oder Enzymsysteme erhöhen.

Es wird von größtem Interesse sein, zu erfahren, um welche Enzyme es sich dabei handeln und auf welche Weise das Auxin die m-RNS-Synthese beeinflussen mag.

II. Gibberelline

1. Vorkommen und Biosynthese

Das Auffinden und die Identifizierung bzw. Einordnung unbekannter Gibberelline hält an. SEMBDNER, SCHNEIDER u. WEILAND berichten über erste Ergebnisse, die bei der Aufarbeitung von 770 kg grüner Hülsen von

Phaseolus coccineus gewonnen wurden. Es ließen sich die Gibberelline A_1, A_3, A_5, A_6, A_8, und daneben noch 5 neue gibberellin-wirksame Substanzen nachweisen. Das Gibberellin A_3 (= Gibberellinsäure) wurde damit zum ersten Mal sicher in Pflanzen nachgewiesen. Eines der unbekannten Gibberelline, das die Laborbezeichnung Phaseolus ε besitzt, ist ein gebundenes Gibberellin mit eindeutig gesicherter biologischer Wirksamkeit. Es verteilt sich polar und ergibt bei Hydrolyse normales Gibberellin sowie Glucose, ein weiteres Kohlenhydrat und 3 ninhidrinpositive Substanzen. Dieselbe oder eine sehr ähnliche Verbindung fand auch Jones in *Phaseolus multiflorus* neben den oben aufgeführten Gibberellinen. Daneben liegen noch Untersuchungen über Gibberelline aus Weizen (Fleming u. Johnson; Krekule u. Teltscherová), Zuckerrohr (Most u. Vlitos), Bambus (Kato) und *Pharbitis nil* (Ogawa) vor.

Die Kombination von Säulen- und Dünnschicht-Chromatographie mit Fluorescenz-Spektroskopie und Biotest ermöglicht es, Mikrogramm-Mengen von Gibberellinen zu erfassen und exakt zu identifizieren (Elson, Jones, Macmillan u. Radley); ein in dieser Hinsicht besonders günstiges Verfahren zur Trennung der Gibberelline in Pflanzenextrakten wurde von Reinhard, Konopka u. Sacher mitgeteilt. Um auch die Produktion von Gibberellin in einem Pflanzenorgan messen zu können, ist eine Agrardiffusionsmethode entwickelt worden (Jones u. Philips).

Nachdem bereits 1959 durch Birch u. Mitarb. (1, 2) gezeigt werden konnte, daß Gibberellinsäure aus 4 Molekülen Mevalonsäure aufgebaut wird, konnten nun Cross, Galt u. Hanson (—)-Kauren als Kondensationsprodukt der Mevalonsäure und Vorläufer von Gibberellinsäure feststellen. Weiterhin wurde die biosynthetische Darstellung von ^{14}C-markierter Gibberellinsäure, gewonnen durch Inkubation von *Gibberella fujikuroi* mit ^{14}C-Acetat, beschrieben (McComb). Auch bei einem keine Gibberellinstruktur aufweisenden Wirkstoff wurden gibberellinähnliche Wirkungen entdeckt (Kato, Shiotaki, Tamura u. Sakurai; Tamura u. Sakurai). Es handelt sich dabei um Helminthosporol (Abb. 3), eine Substanz, die aus dem Kulturfiltrat von *Helminthosporium sativum* isoliert wurde. Der Stoff verdient insofern besonderes Interesse, als er sippenspezifisch wirkt. Er stimuliert beim Reis das Sproßwachstum sowohl von normalen als auch von Zwergpflanzen, während Maiszwerge im Wachstum nicht stimuliert werden.

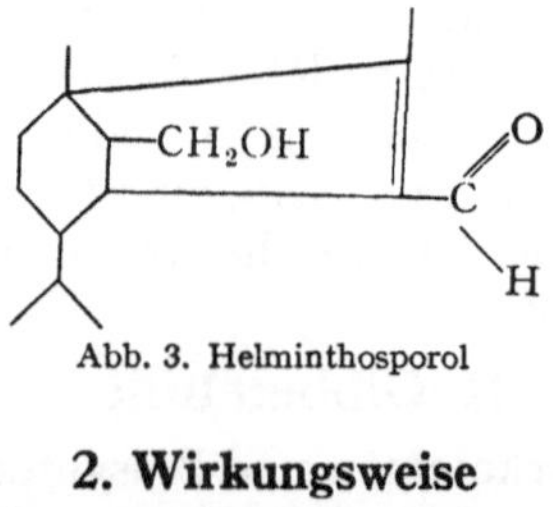

Abb. 3. Helminthosporol

2. Wirkungsweise

Der Ausdruck „Wirkungsweise eines Hormons" kann verschieden interpretiert werden. Entweder werden darunter physiologische Abläufe verstanden, die auf die Applizierung des Hormons folgen und durch sichtbare und meßbare Effekte gekennzeichnet sind, oder aber es sind die anfänglichen biophysikalischen oder biochemischen Eigenschaften eines Systems gemeint, die durch das Hormon verändert werden [PALEG (4)]. Von diesem zweiten Aspekt, der Induktion biophysikalischer und biochemischer Veränderungen durch das Hormon Gibberellinsäure, soll im folgenden Abschnitt die Rede sein.

Als einer der ersten Effekte von Gibberellin auf Pflanzen wurde die Beschleunigung des Keimens von Gerste und Reis vor nunmehr 25 Jahren durch HAYASHI beschrieben. Diese Beschleunigung des Keimvorganges muß notwendigerweise Hand in Hand mit dem Abbau der Reservestärke im Korn vor sich gehen. PALEG (1, 2) konnte 1960 erstmals zeigen, daß Gibberellinsäure (GA_3) in physiologischen Konzentrationen (etwa 2×10^{-6}M) die amylolytische Aktivität des Endosperms steigert. Körner, deren Embryo entfernt und die mit GA_3 behandelt wurden, zeigten erhöhte α-Amylase-Aktivität im Endosperm und produzierten reduzierende Zucker. Daß das Anwachsen der α-Amylase-Aktivität von der Anwesenheit von GA_3 abhängt, konnte später voll bestätigt werden [PALEG (3); YOMO u. IINUMA (1); MACLEOD u. MILLER; BRIGGS (1)]. Der Effekt scheint sich bei den meisten Samen mit Reservestärke zu finden, nicht aber bei solchen ohne diesen Speicherstoff (LO u. WANG). Diese Induktion der α-Amylase-Aktivität ist nicht auf GA_3 allein beschränkt, sondern wird von nahezu allen Gibberellinen gezeigt (GRIFFITH, MACWILLIAM u. REYNOLDS), wobei GA_1, A_3, A_4 und A_7 etwa gleichwertig sind, während A_9 die schwächste Reaktion hervorruft und Gibberin- und Epiallogibberin-Säure inaktiv sind. Gleichzeitig gelang es VARNER sowie PALEG (4) und auch BRIGGS (2) zu zeigen, daß die α-Amylase in der Aleuronschicht der Gerstenkorns gebildet wird, während das Stärkeendosperm dazu nicht in der Lage ist. BRIGGS (2) fand, daß 7% der α-Amylase im Embryo und 93% im Endosperm enthalten waren. Von der α-Amylase im Endosperm fanden sich 6,5% in den Stärkezellen, während 86,5% in der Aleuronschicht vorlagen. Elektronenmikroskopische Untersuchungen der mit GA_3 behandelten Aleuronschicht zeigten in den Zellen starke Vacuolisierung der Körner, Abbau der Globoide in den Aleuronkörnern und nahezu völliges Verschwinden der Sphaerosomen sowie ausgedehnte Erosion der Zellwände (PALEG u. HYDE).

Nun erhebt sich die Frage nach dem Mechanismus der GA_3-Wirkung: Wie kommt es zu einer Steigerung der Enzymaktivität?

Wird gebundene α-Amylase freigesetzt oder wird sie in der Aleuronschicht neu synthetisiert?

Diese Frage wurde zunächst unter Verwendung von Hemmstoffen angegangen. 2,4-Dinitrophenol, Cyanid, aber auch Sauerstoffentzug verhinderten eine GA_3-induzierte Steigerung der α-Amylase-Aktivität; die Induktion ist also an den Energiehaushalt der Zellen geknüpft. Weitaus wichtiger aber war die Feststellung, daß auch typische Gifte des Protein- und Nucleinsäurestoffwechsels die α-Amylase-Induktion stark hemmten, ebenso wie auch Aminosäureanaloge wie etwa Äthionin und Norleucin [BRIGGS (2); PALEG (4); VARNER; YOMO u. IINUMA (2)]. Diese Befunde lassen vermuten, daß unter Gibberellinsäure-Einfluß eine *de novo*-Biosynthese von α-Amylase-Protein erfolgt. Den Beweis, daß diese Hypothese richtig ist, trat VARNER an. Durch Inkubation von deembryonierten Gerstenhalbkörnern mit ^{14}C-markiertem Phenylalanin bei gleichzeitiger Anwesenheit von GA_3 fand er, daß die entstandene α-Amylase Radioaktivität enthielt und außerdem einen Hauptteil (etwa 12%) des radioaktiven Proteins ausmachte. Ob nun die Amylase *de novo* entstanden war oder die Markierung mit ^{14}C lediglich auf die Addition von Phenylalanin oder die Modifizierung eines Proteinvorläufers zurückzuführen war, zeigten anschließende Versuche von VARNER und RAM CHANDRA. Nach proteolytischer Verdauung von hochgereinigter ^{14}C-markierter α-Amylase (aus Inkubationen mit markiertem Alanin, Leucin, Prolin und Threonin) ergab die anschließende Untersuchung der chromatographisch getrennten Peptide, daß im Fall der Inkubation mit Leucin von den 31 Spaltstückchen 30 Radioaktivität enthielten. Damit ist die *de novo*-Synthese der α-Amylase unter GA_3-Einfluß bewiesen. Weiterhin zeigten diese Autoren, daß zwar durch Actinomycin-D die Bildung von Amylase durch isolierte Aleuronschichten gehemmt werden kann, aber nur, während der ersten Stunden nach Zugabe von Gibberellinsäure. Nach 7 Std GA_3-Einwirkung hat Actinomycin nur noch einen geringen Effekt; jedoch ist zu diesem Zeitpunkt gegebenes p-Fluorphenylalanin noch als Hemmstoff wirksam. Diese Ergebnisse stimmen mit der Vorstellung überein, daß Gibberellinsäure die Bildung einer spezifischen Boten-RNS auslöst, die die *de novo*-Synthese der α-Amylase übernimmt. Wenige Stunden nach Zugabe von GA_3 ist die Menge der gebildeten Boten-RNS nicht mehr für die α-Amylase-Synthese geschwindigkeitsbestimmend. Von diesem Zeitpunkt an ist die Amylasebildung dann nicht mehr gegen Actinomycin-D empfindlich, wohl aber noch gegen Proteinsynthesehemmstoffe wie Fluorphenylalanin.

Der Wirkungsmechanismus des Hormons Gibberellinsäure muß also im Gerstenkorn auf folgende Weise verstanden werden: Gibberellinsäure wird vom Embryo, der die Samenruhe beendet hat, durch das Scutellum in das Endosperm abgegeben und diffundiert zur Aleuronschicht. Dort wird durch das Hormon die Auslösung der Synthese von DNS-abhängiger „Boten-RNS" veranlaßt. Diese m-RNS induziert dann die Synthese von α-Amylase (und wahrscheinlich anderer hydrolytischer Enzyme) aus freien Aminosäuren, die durch Abbau des Reserve-Eiweißes in den Aleuronkörnern gebildet werden. Die neu synthetisierte α-Amylase wird von den Aleuronzellen in das Endosperm entlassen und hydrolysiert dort die Stärke. Die so gebildeten löslichen Zucker werden vom Embryo resorbiert. Offensichtlich ist es die einzige Aufgabe der Aleuronzellen, hydrolytische Enzyme für die Verdauung der toten Stärke-Endospermzellen zu produzieren und zu sezernieren; der Schlüssel zu dieser Vorratskammer wird jedoch in Form der Gibberellinsäure von den allein wachstumsfähigen Embryozellen verwahrt (VARNER u. RAM CHANDRA).

Die Erforschung der Reaktionen, die zur Auslösung der m-RNS-Synthese durch Gibberellinsäure am Chromatin führen, dürfte die erste Aufklärung des Wirkungsmechanismus eines Wachstumshormones bringen.

III. Phytokinine*

1. Vorkommen

Über den Nachweis von endogenen Substanzen mit Kininaktivität liegen zahlreiche Arbeiten vor. Es ist aber bisher nur LETHAM gelungen, einen Faktor mit Kininaktivität so stark anzureichern, daß er in Form seines Pikrates kristallisiert werden konnte. Die Substanz wurde aus unreifen Maiskörnern isoliert, ist im Zellteilungstest mit Karottengewebe aktiver als Kinetin selbst und in einer Konzentration von 0,1 μg/l wirksam. Aufgrund von Abbaustudien, spektroskopischen Untersuchungen und den pK-Werten ist es sehr wahrscheinlich, daß es sich bei diesem Faktor um ein N_6-substituiertes Adenin handelt. Zu ähnlichen Ergebnissen über den Kinin-wirksamen Faktor aus unreifen Maiskörnern kommen BEAUCHESUE, LEBOEUF u. GOUTAREL. Auch ihre Daten sprechen für ein nur in N_6-Stellung substituiertes Adenin; als Substituenten vermuten sie eine Aminosäure. Die zur Anreicherung der Kinin-wirksamen Faktoren verwendete Methode der Kationenaustauscher-Chromatographie oder Sublimation kann aber zu Artefakten führen (ZWAR u. Mitarb.).

Weitere Untersuchungen haben zum Nachweis einer Kininaktivität in den Extrakten folgender Pflanzen geführt: Cocosnußmilch (LOEFFER u. VAN OVERBECK), Erbsenkeimlinge (BISWAS), Pfirsichsamen (POWELL u. PRATT), Salatsamen (BARZILAI u. MAYER), *Vinca rosea* „Crown gall" tumore (WOOD); im letzteren Fall konnte wahrscheinlich gemacht werden, daß es sich bei den kininwirksamen Substanzen um Nicotinamidhexose-Verbindungen handelt, die Schwefel und eine Methylgruppe enthalten.

Aus Gründen der Strukturähnlichkeit mit Kinetin wurde das Alkaloid Triacanthin 3-(γ,γ-dimethylallyl)-Adenin auf Kininwirksamkeit hin untersucht, zeigte jedoch keine Aktivität (ROGOZINSKY, HELGESON u. SKOOG); Lösungen von Triacanthin, die im Autoklaven sterilisiert worden waren, hatten dagegen eine starke Kinetin-ähnliche Wirkung. Die chromatographische Analyse ergab, daß während des Erhitzungsprozesses Triacanthin in sein Isomer 6-(γ,γ-dimethylallylamino)-purin übergegangen war; diese Substanz war etwa 10mal stärker wirksam als Kinetin selbst. Das gleiche Verhalten zeigen auch biologisch unwirksame 1-substituierte Adenine, die sich durch Erhitzen in die aktiven 6-substituierten Adenine umlagern (HAMZI u. SKOOG).

2. Wirkungsweise

Der celluläre Wirkungsmechanismus des Kinetins ist immer noch unbekannt, obwohl unser Wissen über den Einfluß dieses Hormons auf den Zellstoffwechsel besonders durch Arbeiten von MOTHES u. Mitarb. beträchtlich erweitert wurde. Die primäre Wirkung des Kinetins scheint nach Befunden dieses Arbeitskreises in der Fähigkeit zur Akkumulation und Retention der verschiedensten Stoffe zu liegen, wodurch der Stoffwechsel in Richtung der Synthese beeinflußt und die Abwanderung von

* Nach einem Vorschlag von MOTHES.

Stoffen aus den Zellen verhindert wird (ENGELBRECHT). Neben der Proteinsynthese wird durch Kinetin auch die RNS-, Lipid- und Stärkesynthese in Gegenwart der entsprechenden Vorläufer gefördert (MOTHES). Die Attraktion von Bausteinen ist aber nicht allein die Folge eines erhöhten Verbrauchs der Vorstufen, sondern auch metabolisch inerte Substanzen, wie z. B. DL-α-Aminoisobuttersäure, werden vom Kinetin-behandelten Organort angezogen und dort festgehalten (MOTHES, ENGELBRECHT u. SCHÜTTE). Das Problem der Attraktion der Zellbausteine durch das Zellteilungshormon ist also auch ein Problem des aktiven Stofftransportes.

Werden Blätter künstlich durch Aufsprühen von Chloramphenicol, einem Hemmstoff der Proteinsynthese, gealtert, so kann dieser Effekt durch Kinetin aufgehoben werden (ENGELBRECHT u. NOGAI; WOLLGIEHN u. PARTHIER; PARTHIER, MALAVIYA u. MOTHES); Kinetin kann demnach als absoluter Antagonist von Chloramphenicol betrachtet werden. Auf ähnliche Weise wirkt Kinetin auch der RNS-Synthese-Hemmung durch Thiouracil entgegen (WOLLGIEHN u. PARTHIER). Auch die Alterung durch Hitzeschwächung, hervorgerufen durch Eintauchen von Blätter in warmes Wasser (49–50° C), läßt sich durch Kinetinbehandlung überwinden (ENGELBRECHT u. MOTHES).

Neben der Ausbildung von Attraktionszentren in Blättern sind aber noch weitere Kinetin-Effekte beschrieben worden. So wird die Ligninbildung in Gewebekulturen durch Kinetin stark gefördert und führt zu einer allgemeinen Aktivierung des Phenylpropanstoffwechsels; gleichzeitig wird die Synthese von Polysacchariden und die Atmung gehemmt (BERGMANN; KOBLITZ). BERGMANN nimmt weiterhin eine Hemmung des Embden-Meyerhof-Abbaues auf der Höhe des Pyruvates durch Kinetin an, was dann zu einer gesteigerten Bildung von Shikimisäure führen soll.

Einige Untersuchungen beschäftigen sich mit Änderungen von Enzymaktivitäten nach Kinetinbehandlung. Bei Tabakgewebe fanden SCOTT, BALY u. SMITH eine Abnahme der Aktivität des Hexosemonophosphat-shunts trotz der durch Kinetin gesteigerten Wachstumsrate. Kinetin scheint auch recht spezifisch die Aktivität von Tyramin-methyltransferase in Gerstenwurzeln zu erhöhen, ein Effekt, den Gibberellinsäure und Auxin nicht im gleichen Maße hervorrufen (STEINHART, MANN u. MUDD).

Die Hemmung von Atmungskinasen der oxydativen Phosphorylierung durch Kinetin (TULI, DILLEY u. WITTWER) sollte als Erklärungsmöglichkeit für die häufig beobachtete Kinetin-induzierte Atmungshemmung Beachtung verdienen.

Literatur

ALBERSHEIM, P.: J. biol. Chem. **238**, 1608—1610 (1963). — ANDREAE, W. A.: Régulateurs naturels de la croissance végétale. p. 559—573. Paris: Nitsch 1964.

BALLIN, G.: J. Chromatog. **16**, 152—156 (1964). — BARZILAI, E., and A. M. MAYER: Austr. J. Biol. Sci. **17**, 798—800 (1964). — BEAUCHESNE, G., M. LEBOEUF et R. GOUTAREL: Régulateurs naturels de la croissance végétale. p. 119—122. Paris: Nitsch 1964. — BERMANN, L.: Planta **62**, 221—254 (1964). — BIRCH, A. J., R. W. RICHARDS, and H. SMITH: Proc. Chem. Soc. (Lond.) **1958**, 192—193. —

BIRCH, A. J., R. W. RICKARDS, H. SMITH. A. HARRIS, and W. B. WHALLEY: Tetrahedron 7, 241—251 (1959). — BISWAS, P. K.: Nature (Lond.) **204**, 297—298 (1964). — BOCKS, S., J. R. L. SMITH, and R. O. C. NORMAN: Nature (Lond.) **201**, 398 (1964). — BRIGGS, D. E.: (1) J. Inst. Brewing **69**, 13—19 (1963); — (2) J. Inst. Brewing **70** (1), 14—24 (1964). — BURNETT, D., and L. J. AUDUS: Phytochem. **3**, 395—415 (1964).

CLIFFORD, R., and D. WOODCOCK: Nature (Lond.) **203**, 763 (1964). — CROSS, B. E., R. H. GALT, and J. R. HANSON: J. Chem. Soc. (Lond.) **1964**, 295—300.

ELSON, G. W., D. F. JONES, J. MACMILLAN, and M. RADLEY: Régulateurs naturels de la croissance végétale. p. 273—274. Paris: Nitsch 1964. — ENGELBRECHT, L.: Flora **154**, 57—69 (1964). — ENGELBRECHT, L., u. K. NOGAI: Flora **154**, 267—278 (1964). ENGELBRECHT, L., u. K. MOTHES: Flora **154**, 279—298 (1964). — ENGELSMA, G.: Nature (Lond.) **202**, 88—89 (1964).

FAULKNER, J. K., and D. WOODCOCK: Nature (Lond.) **203**, 865 (1964). — FLEMING, J. R., and J. A. JOHNSON: Science **144**, 1021—1022 (1964). — FUKUYAMA, R. R., and H. S. MOYED: J. biol. Chem. **239**, 2392—2397 (1964).

GALSTON, A. W., J. BONNER, and R. S. BAKER: Arch. Biochem. Biophys. **42**, 456—470 (1953). — GENTILE, A. C., and R. M. KLEIN: Physiol. Plantarum **17**, 299—300 (1964). — GMELIN, R.: Régulateurs naturels de la croissance végétale. p. 159—167. Paris: Nitsch 1964. — GRIFFITHS, C. M., I. C. MACWILLIAM, and T. REYNOLDS: Nature (Lond.) **202**, 1026—1027 (1964).

HAMZI, H. Q., and F. SKOOG: Proc. Nat. Acad. Sci. **51**, 76—83 (1964). — HANCOCK, C. R., H. W. B. BARLOW, and H. J. LACEY: J. exp. Bot. **15**, 166—176 (1964). — HAUPT, W.: Naturwiss. **51**, 200 (1964). — HAYASHI, T.: Bull. Agr. Chem. Soc. (Japan) **16**, 531—538 (1940). — HINMAN, R. L., C. BAUMAN, and J. LANG: Biochem. biophys. Res. Commun. **5**, 250—254 (1961).

ISOGAI, Y., T. OKAMOTO, and T. KOIZUMI: Régulateurs naturels de la croissance végétale. p. 143—158. Paris: Nitsch 1964. — JAHNKE, E., u. E. LIBBERT: Z. Bot. **52**, 283—290 (1964). — JONES, D. F.: Nature (Lond.) **202**, 1309—1310 (1964). — JONES, R. L., and I. D. J. PHILLIPS: Nature (Lond.) **204**, 497—499 (1964).

KALDEWEY, H.: Régulateurs naturels de la croissance végétale. p. 421—443. Paris: Nitsch 1964. — KALDEWEY, H., u. E. STAHL: Planta **62**, 22—38 (1964). — KATO, J.: Régulateurs naturels de la croissance végétale. p. 273—286. Paris: Nitsch 1964. — KATO, J., Y. SHIOTAKI, S. TAMURA, and A. SAKURAI: Naturwiss. **51**, 341 (1964). — KEY, J. L., and J. INGLE: Proc. Nat. Acad. Sci. **52**, 1382—1388 (1964). — KEY, J. L., and J. C. SHANNON: Plant Physiol. **39**, 360—364 (1964). — KEY, J. L.: Plant Physiol. **39**, 365—370 (1964). — KLÄMBT, H. D.: (1) Z. Naturforsch. **19**b, 449—450 (1964); — (2) Régulateurs naturels de la croissance végétale. p. 235—239. Paris: Nitsch 1964. — KOBLITZ, H.: Flora **154**, 511—546 (1964). — KONISHI, M., and A. W. GALSTON: Phytochem. **3**, 559—568 (1964). — KREKULE, J., u. L. TELTSCHEROVA: Naturwiss. **51**, 67 (1964). — KURAISHI, S., and R. M. MUIR: Plant Physiol. **39**, 23—28 (1964). — KURAISHI, S., and T. YAMAKI: Bot. Mag. (Tokyo) **77**, 199—205 (1964). — KUTACEK, M., et Z. PROCHAZKA: Régulateurs naturels de la croissance végétale. p. 445—456. Paris: Nitsch 1964.

LIBBERT, E.: Régulateurs naturels de la croissance végétale. p. 387—405. Paris: Nitsch 1964. — LIBBERT, E., u. K. BRUNN: Naturwiss. **48**, 741 (1961). — LETHAM, D. S.: Régulateurs naturels de la croissance végétale. p. 109—117. Paris: Nitsch 1964. — LO, S. W., and H. WANG: Shih Yen Wu Hsueh Pao **8**, 876—885 (1963). — LOEFFLER, J. E., and J. VAN OVERBEEK: Régulateurs naturels de la croissance végétale. p. 77—82. Paris: Nitsch 1964. — LOEWUS, F. A.: Nature (Lond.) **203**, 1175—1176 (1964).

MACLEOD, A. M., and A. S. MILLAR: J. Inst. Brewing **68**, 322—333 (1962). — MCCOMB, A. J.: J. Gen. Microbiol. **34**, 401—411 (1964). — MACNICOL, P. K., u. J. REINERT: Z. Naturforsch. **18**b, 572—579 (1963). — MAHADEVAN, S., and K. V. THIMANN: Arch. Biochem. Biophys. **107**, 62—68 (1964). — MOST, B. H., and A. J. VLITOS: Régulateurs naturels de la croissance végétale. p. 287—302. Paris: Nitsch 1964. — MOTHES, K.: Régulateurs naturels de la croissance végétale. p. 131—140. Paris: Nitsch 1964. — MOTHES, K., L. ENGELBRECHT u. H. R. SCHÜTTE: Physiol. Plantarum **14**, 72—75 (1961). — MUMFORD, F. E., H. M. STARK and D. H. SMITH: Phytochem. **2**, 215—220 (1963).

OBREITER, J. B., and B. B. STOWE: J. Chromatog. **16**, 226—228 (1964). — OGAWA, Y.: Plant Cell Physiol. **5**, 11—20 (1964). — ORDIN, L., and B. P. SKOE: Plant Physiol. **39**, 751—755 (1964).

PALEG, L. G.: (1) Plant Physiol. **35**, 293—299 (1960); — (2) Plant Physiol. **35**, 902—906 (1960); — (3) Plant Physiol. **36**, 829—837 (1961); — (4) Régulateurs naturels de la croissance végétale. p. 303—317. Paris: Nitsch 1964. — PALEG, L., and B. HYDE: Plant Physiol. **39**, 673—680 (1964). — PARTHIER, G., B. MALAVIYA, and K. MOTHES: Plant Cell Physiol. **5**, 401—411 (1964). — PILET, P. E.: (1) Régulateurs naturels de la croissance végétale. p. 543—558. Paris: Nitsch 1964; — (2) Phytochem. **3**, 617—621 (1964). — POWELL, L. E., and CH. PRATT: Nature (Lond.) **204**, 602—603 (1964). — POWELL, L. E.: Plant Physiol. **39**, 836—842 (1964).

RAY, P. M.: (1) Arch. Biochem. Biophys. **96**, 199—209 (1962); — (2) Biochem. J. **89**, 144—150 (1963). — RAY, P. M., and D. A. ROTTENBERG: Biochem. J. **90**, 646—655 (1964). — REINHARD, E., W. KONOPKA u. R. SACHER: J. Chromatog. **16**, 99—105 (1964). — RIDDLE, V. M., and M. MAZELIS: Nature (Lond.) **202**, 391—392 (1964). — ROGOZINSKA, J. H., J. P. HELGESON, and F. SKOOG: Physiol. Plantarum **17**, 165—176 (1964).

SAHAI SRIVASTAVA, B. I.: (1) Plant Physiol. **39**, 781—785 (1964); — (2) Régulateurs naturels de la croissance végétale. p. 179—190. Paris: Nitsch 1964. — SCOTT, K. J., J. DALY, and H. H. SMITH: Plant Physiol. **39**, 709—711 (1964). — SEMBDNER, G., G. SCHNEIDER, J. WEILAND, and K. SCHREIBER: Experientia **15**, 89—90 (1964). SÜDI, J.: Nature (Lond.) **201**, 1009—1010 (1964). — STEINHART, C. E., J. D. MANN, and S. H. MUDD: Plant Physiol. **39**, 1030—1038 (1964). — STOWE, B. B., and J. F. SCHILKE: Régulateurs naturels de la croissance végétale. p. 409—419. Paris: Nitsch 1964. — STOWE, B. B.: Anal. Biochem. **5**, 107—115 (1963).

TAMURA, S., and A. SAKURAI: Agr. biol. Chem. (Tokyo) **28**, 337—338 (1964). — THIMANN, K. V., and S. MAHADEVAN: Arch. Biochem. Biophys. **105**, 133—141 (1964). — THOMAS, E. W., B. C. LOUGHAM, and R. C. POWELL: (1) Nature (Lond.) **204**, 884—885 (1964); — (2) Nature (Lond.) **204**, 286 (1964). — TOMASZEWSKI, M.: Régulateurs naturels de la croissance végétale. p. 335—351. Paris: Nitsch 1964. — TULI, V., D. R. DILLEY, and S. H. WITTWER: Science **146**, 1477—1478 (1964).

VARNER, J. E.: Plant Physiol. **39**, 413—415 (1964). — VARNER, J. E., and G. RAM CHANDRA: Proc. Nat .Acad. Sci. **52**, 100—106 (1964). — VENIS, M. A.: Nature (Lond.) **202**, 900—901 (1964).

WAIN, R. L., P. P. RUTHERFORD, E. W. WESTON, and C. M. GRIFFITH: Nature (Lond.) **203**, 504—506 (1964). — WICHNER, S., u. E. LIBBERT: Naturwiss. **51**, 268 (1964). — WIGHTMAN, F.: Régulateurs naturels de la croissance végétale. p. 191—212. Paris: Nitsch 1964. — WINTER, A.: Arch. Biochem. Biophys. **106**, 131—137 (1964). — WOLLGIEHN, R., and B. PARTHIER: Phytochem. **3**, 241—248 (1964). — WOOD, H. N.: Régulateurs naturels de la croissance végétale. p. 97—102. Paris: Nitsch 1964.

YOMO, H., and H. IINUMA: (1) Agr. biol. Chem. (Tokyo) **26**, 201 (1962); — (2) Agr. biol. Chem. (Tokyo) **28**, 273—278 (1964).

ZENK, M. H., u. G. MÜLLER: (1) Nature (Lond.) **200**, 761—763 (1963); — (2) Planta **61**, 346—351 (1964). — ZENK, M. H.: (1) Régulateurs naturels de la croissance végétale. p. 241—249. Paris: Nitsch 1964; — (2) Planta **58**, 75—94 (1962). — ZWAR, J. A., M. I. BRUCE, W. BOTTOMLEY, and N. P. KEFFORD: Régulateurs naturels de la croissance végétale. p. 123—130. Paris: Nitsch 1964.

9. Entwicklungsphysiologie

Bericht über die Jahre 1961–1964

Von MARTIN BOPP, Hannover

Vorbemerkungen

Der vorige Bericht umfaßte den Zeitraum von 1957—1960. Da seither bereits 4 Jahre vergangen sind, ist es nicht möglich, alle in der Zwischenzeit erschienene Literatur, die das Gesamtgebiet der Entwicklungsphysiologie betrifft, zu berücksichtigen. Um gleichzeitig den Anschluß an frühere Berichte und die Beziehung zum gegenwärtigen Stand der Forschung herzustellen, wurden darum in erster Linie Arbeiten des letzten Jahres herangezogen, frühere nur soweit es notwendig war, Zusammenhänge klarzumachen. Im großen und ganzen wird dabei die Richtung der Entwicklung ohne weiteres erkenntlich. Die bereits im vorigen Bericht aufgezeigte Tendenz, das Schwergewicht auf die Erforschung der chemischen Entwicklungssteuerung zu legen, hat sich weiterhin fortgesetzt, wobei wiederum Kinetin und Gibberellin sowie eine größere Anzahl inzwischen gefundener Substanzen, die antagonistisch zu Gibberellin wirken, im Vordergrund stehen.

Einen sehr viel breiteren Raum als im vorigen Bericht nehmen die Untersuchungen zur Bedeutung des Nucleinsäure- und Proteinstoffwechsels bei der Entwicklungssteuerung ein. Das scheint nicht nur — wie gelegentlich festgestellt — eine Modeangelegenheit zu sein [wer sich nicht mit DNS und RNS beschäftigt, gilt als hoffnungslos veraltert (!)], sondern tatsächlich den Weg zu den zentralen Vorgängen, der Entwicklung, dem Uhrwerk gewissermaßen, zu öffnen. Wie im einzelnen darzustellen ist, führen auch die Untersuchungen über die Wirkungsweise verschiedener chemischer Faktoren immer mehr zu diesem Problemkreis hin. Ohne dessen Berücksichtigung sind darum entwicklungsphysiologische Fragen wohl kaum mehr zu lösen.

Da bei der Lösung entwicklungsphysiologischer Probleme mehr und mehr in vitro-Kulturen einen breiten Raum einnehmen dürften, zumal nachdem es möglich ist, von Einzelzellen auszugehen, wurden derartige Versuche ebenfalls ausführlich berücksichtigt.

Einige Kapitel der Entwicklungsphysiologie, deren Bearbeitung in letzter Zeit gleichfalls wesentliche Fortschritte machte, müssen wegen der Fülle des Stoffes zurückgestellt werden.

Zur weiteren Orientierung seien einige Bücher, Symposiumberichte und zusammenfassende Darstellungen der letzten Jahre genannt.

An der Spitze ist der umfangreiche Band **15** „Differenzierung und Entwicklung" des Handbuchs der Pflanzenphysiologie, redigiert von A. LANG, zu nennen, der als Basis für alle weiteren Fortschritte der Entwicklungsphysiologie dienen kann.

Weitere Zusammenfassungen:

a) Nucleinsäuren und Entwicklung von Zellen und Pflanzen: BRACHET 1964, BONNER und T'so ed. 1964, BONNER, D. Y. ed. 1961, HÄMMERLING 1963, LOCKE ed. 1964, OOTA 1964, RUDNICK ed. 1961, STEBBINS 1964.

b) Gewebekulturen, Zellwachstum und Differenzierung: Brookhaven Symp. Nr. 16, 1964, HARRIS ed. 1963, MAHESHWARI und RANGA SWAMI ed. 1963, PARTANEN 1963, RUDNICK ed. 1962, STEWARD u. Mitarb. 1964.

c) Außenfaktoren, Blütenbildung und Ruhezustände: CHAILAKHIAN 1961, 1963, EVANS ed. 1963, HILLMAN 1962, MOHR 1964, SALISBURY 1961, 1963, VEGIS 1964.

d) Wuchsstoffe, Wachstumsregulatoren: CATHEY 1964, GIERTYCH 1964, KNAPP ed. 1962, LEH 1964, LEOPOLD 1962, NITSCH ed. 1964, SIRONVAL 1961.

e) Samenkeimung: MAYER und POLJAKOFF-MAYBER 1963, KOLLER, MAYER, POLJAKOFF-MAYBER und KLEIN 1962.

Molekulare Grundlagen der Entwicklung

Bereits im letzten Bericht hat sich abgezeichnet, daß die bei Bakterien, Viren und Phagen gewonnenen Erkenntnisse über Informationsübertragungen und Realisierung dieser Informationen durch DNS, RNS und Protein auch für das Verständnis der Entwicklung von höheren Organismen von großer Bedeutung sein werden. Inzwischen hat sich das Bild über diese Mechanismen einigermaßen abgerundet, und es ist mit dem Modell von JACOB und MONOD (1961) auch eine Vorstellung gewonnen worden, die es erlaubt, eines der Hauptprobleme bei höheren Organismen, nämlich die Regulierung der Gen-Aktivität während der Entwicklung, mit Hilfe von Induktoren und Repressoren zu deuten (BECKER 1964, STERN 1964, UMBARGER 1964, STEBBINS 1964). Mc. CLINTOCK (1961) stellte dazu die Parallelen zwischen dem Jacob- und Monodschen Operatorsystem und den genetischen Befunden bei Mais fest. Auch Befunde plasmatischer Vererbung lassen sich unter diesen Gesichtspunkten interpretieren (MARQUARDT 1964, OEHLKERS 1964). Trotzdem bereitet die Übertragung der bei Mikroorganismen entwickelten Vorstellungen noch viele Schwierigkeiten. Es ist darum eine wichtige Aufgabe der Entwicklungsphysiologie, die Anwendbarkeit derartiger Schemata auf die Entwicklung und Differenzierung vielzelliger Organismen nachzuweisen (STRAUB 1964, STEBBINS 1964). Eine Schwierigkeit liegt allein schon in der räumlichen Verteilung der DNS in den höheren Zellen, da sich in den letzten Jahren die Angaben über DNS in den Chloroplasten, die auf die verschiedenste Weise nachgewiesen wurde, so häufen, daß man vor allen Dingen nach den Befunden an *Acetabularia* kaum mehr daran zweifeln kann (RISS und PLAUT 1962, BIGGINS und PARK 1964, WOLGIEHN und MOTHES 1964, GIBOR und IZAWA 1963). Bei *Euglena* ist die mit den Chloroplasten assoziierte „Satelliten-DNS" der Basenzusammensetzung nach, im 5-Methylcytosin-Gehalt und im Molekulargewicht deutlich von der normalen Kern-DNS verschieden (RAY, HANEWALT und BRIGGS 1964). Eine verschiedene Basenzusammensetzung in Kern- und Chloroplasten-DNS wiesen IWAMURA und MUTO (1964) auch bei *Chlorella* durch verschieden starken Bromuracileinbau nach.

a) Wirkung von Histonen

Einen ersten Schritt zur Aufklärung der differentiellen Gen-Aktivität unternahmen HUANG und BONNER (1962, 1964) und BONNER und HUANG (1963, 1964), die durch in vitro-Versuche zeigen konnten, daß die Aktivität der DNS zur Produktion von RNS und Eiweiß in Erbsenkotelydonen wesentlich von der Gegenwart von Histonen abhängt. Nucleohistone produzieren mit Hilfe von RNS-Polymerase aus *Escherichia coli* nur ungefähr 1% von der RNS, die unter dem Einfluß einer deproteinisierten DNS entsteht.

Isoliertes „Chromatin" in verschiedenen Geweben weist offenbar aufgrund verschiedener Aktivität eine unterschiedliche RNS-Syntheserate auf (HUANG und BONNER 1964). Man kann daher annehmen, daß die Histone eine Bedeutung bei der DNS-abhängigen RNS-Synthese haben, die aber nicht nur auf ihrem basischen Charakter beruhen soll (BRACHET 1964). Trotzdem scheint es unwahrscheinlich, daß Experimente mit rekonstruierten Nucleohistonen ein Licht darauf werfen können, welche Teile der Chromosomen im nativen Status von bestimmten Histonen bedeckt sind, denn obwohl es durch Dialyse eines in starke Salzlösung gegebenen DNS-Histon-Gemischs möglich ist, die Stelle der Maximalstabilität der DNS-Histon-Bindung zu finden (HUANG, BONNER und MURRAY 1964), besteht in vitro keine Spezifität der DNS-Histonreaktion (JOHNS und BUTLER 1964). Sowohl Erbsen-DNS mit Thymushiston als Thymus-DNS mit Erbsenhiston rekonstruieren Nucleohistone.

Die Versuche von HUANG und BONNER erhalten jedoch von anderer Seite eine Stütze: Bei *Chenopodium*-Pflanzen, die durch Kurztag zur Blütenbildung induziert wurden, findet man in den Zellen des Vegetationskegels vom 5. Tag an eine Abnahme der Histonfärbung, ohne daß die DNS-Feulgen-Färbung sich entsprechend ändert. Dies spricht für eine entscheidende Änderung des DNS-Histon-Verhältnisses während der Induktion (= Aktivierung der DNS) (GIFFORD und TEPPER 1962).

b) Vorkommen von messenger-RNS

Nach Untersuchungen von DOI und JGNASHI (1964) tritt in verschiedenen Entwicklungsstadien von *Bacillus subtilis* eine unterschiedliche RNS-Zusammensetzung auf. Man bedient sich dabei der sog. Hybridisierungsmethode, wobei in vitro ein RNS-Strang mit einem DNS-Strang gepaart wird. Aus diesen Versuchen geht hervor, daß während der Morphogenese von Bakterien unterschiedliche Transkriptionen stattfinden und unterschiedliche RNS gebildet wird.

Bei der Übertragung der Schlußfolgerung aus solchen Resultaten auf höhere Pflanzen steht deshalb weit im Vordergrund die Frage, ob sich auch bei höheren Pflanzen messenger-RNS nachweisen läßt, da diese zweifellos der Angelpunkt des ganzen Systems darstellt. Tatsächlich sprechen auch schon eine ganze Reihe von Resultaten für deren Existenz. Isoliertes Sojabohnengewebe synthetisiert innerhalb einer Stunde eine RNS, die sehr heterogen ist und sich deutlich von Ribosomen- und löslicher RNS unterscheidet. Sie kann mit DNS Hybriden bilden und besitzt sehr große Ähnlichkeit mit Bakterien-messenger-RNS (INGLE, HOLM und KEY 1964). Einen DNS-RNS-Komplex aus Erdnußkotelydonen konnte CHERRY isolieren und auch BENDANA, GALSTON, KAUR-SAWHNEY und PENNY (1964) konnten durch ^{14}C-Carboxyl markiertes Auxin in kurzer Zeit eine messenger-ähnliche markierte RNS erhalten.

Bei der Imbibition von Erdnußsamen entsteht ebenfalls funktionsfähige messenger-RNS, die sich in vitro in Extrakten aus 0 und 4 Tage gequollenen Kotelydonen nachweisen ließ (MARCUS und FEELEY 1964).

Einer der wichtigsten Punkte zur Charakterisierung der messenger-RNS in Bakterien ist ihre kurze Lebensdauer. Dies scheint aber für die messenger-ähnliche RNS bei höheren Pflanzen nach allen einschlägigen Experimenten nicht zu gelten.

NEUMANN und WOLLGIEHN (1964) wiesen in einer sehr interessanten Untersuchung nach, daß in jungen Siebzellen von *Vicia faba* markiertes Uridin zunächst im Zellkern und danach im Plasma erscheint. In allen Zellen, deren Kern degeneriert ist, wird dagegen kein Uridin mehr eingebaut, wohl aber markiertes Phenylalanin. Das heißt, die Proteinsynthese setzt sich auch ohne Neue-Synthese von RNS noch längere Zeit fort, woraus auf eine sehr lange Lebensdauer einer messenger-ähnlichen RNS geschlossen werden muß. Zu ähnlichen Schlüssen führten auch Untersuchungen an *Acetabularia*.

c) Messenger-RNS und Morphogenese

Will man allerdings den Zusammenhang zwischen einem bestimmten Entwicklungsvorgang und dem Auftreten einer spezifischen RNS feststellen, so ist anhand einfacher Bestimmung des RNS-Gehaltes in der Regel keine Aussage über die Kausalkette möglich. Aufschlußreicher sind Versuche mit Inhibitoren der DNS-, RNS- und Proteinsynthese (BOPP 1962), wobei vor allen Dingen Actinomycin D (= C 1 nach BROCKMANN) eine Rolle spielt, ein Antibioticum, das die Bildung kernabhängiger RNS (= m RNS) blockiert, wie NAKATA, SEKIGUCHI und KAWAMATA (1961) mit Hilfe von T_2-Phagen und REICH, FRANKLIN, SHATKIN und TATUM (1961) an tierischen Gewebekulturen nachwiesen. HURWITZ, FURTH, MALAMY und ALEXANDER (1962) zeigen außerdem, daß die Hemmung kompetitiv ist und bei *Escherichia coli* durch eine Erhöhung der DNS aufgehoben werden kann. Actinomycin hemmt auch in isoliertem Hypokotylgewebe von Sojabohnen und Erbsen den Auxin-induzierten RNS-Anstieg (KEY 1964a, b, KEY und SHANON 1964, GALSTON und PENNY 1964, NOODÉN und THIMANN 1963) (vgl. S. 167). In Wurzelspitzenmeristemen werden neben der Synthese von RNS allerdings auch die Mitosen gehemmt. Die Keimung von *Lactuca* wird dagegen nicht gehemmt, wohl aber das Wachstum der Wurzeln in den ersten 72 Std, wobei vor allem RNS- und Proteinsynthese betroffen ist. Im Sproß laufen die synthetischen Prozesse zunächst weiter, was darauf beruht, daß hier nur verhältnismäßig wenig Actinomycin aufgenommen wird (NEUMANN 1964). Diese Versuche lassen die Schwierigkeiten deutlich werden, die zu berücksichtigen sind, will man aus der Außenkonzentration einer Substanz auf die im Gewebe wirksame Konzentration schließen.

Die Hemmung mit Actinomycin hat sich besonders bei der Analyse von 2 Prozessen bedeutsam erwiesen, nämlich der Morphogenese von *Acetabularia* und der Auxin-induzierten Streckung verschiedener Gewebe.

1. Wirkung bei Acetabularia

Bei *Acetabularia mediterranea* wird die Hut- und Stielbildung kernhaltiger Hinterstücke, d. h., der abgeschnittenen basalen Enden der Alge, bis über 90% gehemmt. Im Zellkern tritt nach Actinomycin-Behandlung eine RNS-Verarmung ein. In Vorderstücken ohne Kern wird durch 0,1 bis

10 γ/ml Actinomycin die Morphogenese nicht gehemmt, da diese Teile stets einen genügenden Anteil „Morphogenetischer Substanzen" enthalten. Dasselbe ist in vorverdunkelten kernlosen Hinterstücken der Fall. Es läßt sich daraus der Schluß ziehen, daß eine Beziehung zwischen der kernabhängigen RNS und der Morphogenese besteht (ZETSCHE 1964a). Zu qualitativ vergleichbaren Resultaten kamen auch SCHWEIGER und SCHWEIGER (1963) mit einem weniger spezifisch wirksamen Actinomycin sowie BRACHET und DENIS (1963), die fanden, daß das Wachstum kernhaltiger Teile stärker gehemmt wird als das kernloser. Auch das Stielwachstum von Acetabularia ist ein morphogenetischer Vorgang. Es wird nicht ganz so stark gehemmt wie die Hutbildung. Ungewiß ist trotzdem noch, ob die RNS mit den kernabhängigen morphogenetischen Substanzen identisch ist. Für eine Idendität sprechen die Resultate aus Pfropfexperimenten. Die durch Actinomycin zu hemmenden Substanzen verhielten sich dabei genauso, wie es von den kernabhängigen morphogenetischen bekannt ist (ZETSCHE 1964b).

Zweikernige Pflanzen haben nach Verdunklung und Abschnürung des Rhizoids einen größeren Stielzuwachs und größere Hüte als einkernige, was auf quantitative Beziehungen zwischen der vom Kern produzierten Substanz und der Morphogenese hindeutet (ZETSCHE 1964c).

Auch die Resultate mit *Acetabularia* sind nur interpretierbar, wenn man annimmt, daß die kernabhängige (messenger-ähnliche) RNS eine sehr lange Lebensdauer besitzt, was z. B. dadurch gezeigt werden kann, daß die Kerne zur Zeit der Hutbildung nicht mehr wirksam sind (ZETSCHE 1964c).

2. *Streckungswachstum und RNS*

Recht aufschlußreich sind die Befunde, die einen engen Zusammenhang zwischen RNS-Stoffwechsel und Auxin-induziertem Streckungswachstum nachweisen, wie er schon früher von SKOOG (1954, 1955) aufgrund quantitativer Nucleinsäurebestimmung angenommen wurde.

Die Proteinhemmstoffe Chloramphenicol, Puromycin und p-Fluorphenylalanin hemmen das Auxin-induzierte Wachstum, was die Synthese bestimmter, wenn nicht aller, Proteine für dieses Streckungswachstum notwendig erscheinen läßt (NOODÉN und THIMANN 1963). Eine entsprechende Wirkung hat das Actinomycin. Das Wachstum hängt damit nicht nur von der Proteinsynthese, sondern auch von der RNS-Synthese ab. Mit der erhöhten Proteinsynthese dürfte zusammenhängen, daß eine gewisse Korrelation zwischen löslicher RNS (= s-RNS) und Wachstumsrate bei *Albizzia* gefunden wurde (BROWN 1964). Weitere Resultate, die für einen Zusammenhang zwischen Wachstum und RNS-Synthese sprechen, sind folgende: Konzentrationen von 2,4-D und IES, die das Wachstum fördern, fördern auch die RNS-Synthese und den Einbau radioaktiver Bausteine in diese. Dabei sind nach 1,5 Std vor allen Dingen die Kerne, nach 9 Std die Ribosomen markiert. Auch in voll gestreckten Zellen kann Auxin noch einen RNS-Anstieg induzieren (KEY und SHANNON 1964). Durch Actinomycin, Azaguanin und den Hemmstoff der Proteinsynthese Puromycin wird bei Sojabohnen nicht nur das 2,4-D-abhängige, sondern auch das 2,4-D-unabhängige Längenwachstum gestoppt, so daß also wohl jedes Wachstum RNS- und Proteinsynthese benötigt. Es könnte sich dabei um die Vermehrung spezifischer RNS durch Auxin handeln, was dann zum Anstieg einiger das Wachstum begrenzender Enzyme führt (KEY 1964a). Bei Erbsen soll das endogen bedingte Wachstum allerdings kaum betroffen werden (GALSTON und PENNY 1964).

Bei Mais fördert 2,4-D gleichzeitig die RNS-Synthese und die RN-ase-Aktivität (SHANNON, HANSON und WILSON 1964). In Soja-Hypokotylen steigt nach der Behandlung mit 2,4-D der RNS-Gehalt in der Mikrosomenfraktion sogar auf 175% an (CHRISPEELS und HANSON 1962), und zwar wird die RNS-Synthese immer dann günstig beeinflußt, wenn auch das Wachstum durch 2,4-D gefördert wird (BASLER und HANSEN 1964). Weiterhin wird in Baumwoll-Kotelydonen unter Gewebekulturbedingungen der normalerweise auftretende RNS-Verlust gehemmt (BASLER und NAKAZAWA). Schließlich kann aus verschiedenen Pflanzen ein Phenolextrakt gewonnen werden, der in Verbindung mit 2,4-D das Streckungswachstum fördert, nach RN-ase-Behandlung aber diese Wirkung verliert (MASUDA und YANAGISHINA 1964). Alle diese Resultate sprechen dafür, daß die wachstumsfördernde Wirkung von 2,4-D mit RNS verknüpft ist.

Da 5-Fluoruracil die Menge der Ribosomen und löslichen RNS auf 50% herabsetzt, jedoch das Wachstum kaum beeinflußt, scheint dieses von einer RNS-Fraktion abhängig zu sein, die messenger-Eigenschaften besitzt (D-RNS), z. B. unterschiedliche Molekülgröße und erhöhtes Turnover. Aus dem Einsatz der Hemmung nach Actinomycinbehandlung wird auf eine Lebensdauer dieser RNS von ungefähr 2 Std geschlossen (KEY 1964b, KEY und INGLE 1964, GALSTON und PENNY 1964).

Daß nur ein Teil der Gesamt-RNS bei den Wachstumsvorgängen beteiligt ist, geht auch aus dem Vergleich des Wurzelwachstums zweier reiner Linien von Mais und eines heterotischen Bastardes zwischen beiden hervor, bei dem der gesamte RNS-Gehalt nicht der begrenzende Faktor für das Wachstum früher Wurzelstadien sein kann, obwohl in den reinen Linien Wachstumsrate und RNS-Gehalt korreliert sind (INGLE und HAGEMANN 1964) und nach WOODSTOCK und SKOOG (1962) die Größe der RNS-Synthese in den Zellen des Wurzelmeristems die folgende Rate des Streckungswachstums bestimmt.

Über die Art des Zusammenhangs von Auxin und messenger-RNS sind noch keine sicheren Aussagen möglich; zwar haben BENDANA u. Mitarb. (1964) angegeben, daß bereits kurze Zeit nach der Applikation ^{14}C-markierten Auxins messengerähnliche RNS markiert sei, eine Markierung, die sich durch Actinomycin hemmen läßt — aber es ist wohl kaum angängig, daraus auf einen Einbau des Auxins in die RNS zu schließen, da beim Einbau z. B. Decarboxylierungsvorgänge eine Rolle spielen könnten.

Alle diese Befunde über den Zusammenhang zwischen messenger-RNS und Streckungswachstum sind von großer Bedeutung, da sie zeigen, daß auch ein so elementarer morphogenetischer Vorgang wie die Zellstreckung offensichtlich über den Kern und die Bildung kernabhängiger RNS gesteuert wird.

Über recht stichhaltige Experimente zum Nachweis einer RNS mit messenger-Funktion berichtet auch HESS (1964), der mit Thiouracil, das an Stelle von Uracil in die RNS eingebaut wird und diese damit funktionsunfähig macht, die Synthese der Anthocyane in Blütenknospen von *Petunia* hemmen konnte, deren Synthese zum Zeitpunkt der Behandlung noch nicht vom Gen her induziert war, während die übrigen Anthocyane ungestört weiter gebildet wurden. Die Wirkung ist dabei zwar relativ schwach, aber sie läßt sich nur mit der Annahme einer RNS mit messenger-Funktion interpretieren. Diese messenger-Ähnlichkeit wird auch hier durch eine gleiche Wirkung von Actinomycin unterstrichen (HESS 1965). Auch ARNOLD und ALBERT (1964) sowie THIMANN und RADNER (1963) konnten durch RNS-Antagonisten die Anthocyansynthese verschiedener Organe z. T. hemmen.

3. Blütenbildung und Nucleinsäurestoffwechsel

Die schon im letzten Bericht kurz behandelte Hemmung von Differenzierungsvorgängen durch selektive Blockierung der Nucleinsäuresynthese wurde in der Berichtszeit weiter ausgebaut und führte zu bemerkenswerten Resultaten: Durch Applikation von 5-Fluoruracil konnten SALISBURY und BONNER (1960) die Blütenbildung von *Xanthium* in Abhängigkeit von der Konzentration und der Behandlungszeit während der Induktion hemmen. Dasselbe gelang COLLINS, SALISBURY und ROSS (1963) mit 2-Thiouracil und 6-Azauracil. Durch 2-Thiouracil verzögerte MOORE und BONDE (1962) die Blütenbildung bei *Pisum*. Die Hemmung ist durch natürliche RNS-Bausteine, insbesondere durch Orotsäure, aufzuheben, wobei der größte Effekt dann erzielt wird, wenn die Applikation des natürlichen Bausteins bereits zu Beginn der Induktionszeit erfolgt. Am Ende derselben ist er wirkungslos. Die Blütenbildung kann dabei sowohl bei einer Applikation des FU auf die Blätter als auch auf den Vegetationskegel gehemmt werden. Allerdings hemmte auf die Blätter aufgegebenes Thiouracil stärker als auf den Vegetationskegel appliziertes (COLLINS, SALISBURY und ROSS). Da aber kein Transport der hemmenden Substanz vom Vegetationskegel zu den Blättern stattfindet, kommt es wohl in erster Linie auf die Produktion einer spezifischen RNS im Vegetationskegel an (BONNER und ZEEVAART 1962). Diese RNS ist sicher nicht mit dem Blühstimulus identisch. Ob jedoch bei der Bildung des Blühstimulus in den Blättern keine RNS beteiligt ist, muß bis jetzt noch offen bleiben. Bei *Streptocarpus* hat HESS (1961b) jedenfalls sehr wahrscheinlich gemacht, daß der Metabolismus der nicht für die Blütenbildung verantwortlichen RNS während der Induktionszeit im ganzen Blatt stärker eingeschränkt ist. Man muß dabei allerdings berücksichtigen, daß sich der Ort der Morphogenese (Vegetationskegel) und der Induktion (Blattspreite) bei *Streptocarpus* nicht ohne weiteres trennen lassen.

Eine deutliche Hemmung der Blütenbildung ist auch möglich durch die organismusfremde Aminosäure Äthionin, die, wie mit markierter Aminosäure nachgewiesen, an Stelle von Methionin in die Proteine eingebaut wird und dadurch deren Funktionstüchtigkeit unterbindet (HESS 1961a, MARUSHIGE und MARUSHIGE 1962). Außer bei *Streptocarpus* wird die Blühinduktion auch bei *Xanthium* durch Äthionin blockiert, und auch hier sind die natürlichen Bausteine in der Lage, die Hemmung aufzuheben (Ross und Starr 1964, Collins, Salisbury und Ross 1963). Die Applikation der Substanzen auf induzierte und nicht induzierte Blätter ergab dabei, daß nur über die induzierten eine Hemmung erfolgt – wobei ein Transport kaum stattfindet –, so daß also auch ein fraudulentes Protein im Blatt die Blütenbildung unterdrückt. Bei der Betrachtung der Spezifität dieser Hemmversuche kann man allerdings nicht außer acht lassen, daß die Blütenbildung von *Lemna gibba* auch durch normale Aminosäure (z. B. D,L-Serin, L-Arginin usw.) bei gleichzeitiger Wachstumsförderung zu hemmen ist. L-Lysin hebt die L-Argininhemmung ziemlich weitgehend auf, wobei es jedoch fraglich ist, ob dies auf einer einfachen Balance zwischen diesen Aminosäuren beruht (Nakashima 1964). Ganz ähnliche antagonistische Effekte zwischen D,L-Methionin und D,L-Norleucin beeinflussen auch die Entwicklung von *Chrysanthemum* (Wolz 1963).

Die Versuche legen nahe, daß während der Induktion Eiweiß und Nucleinsäuresynthese nötig sind, und es ist nicht von der Hand zu weisen, daß sowohl bei der Bildung des Blühstimulus im Blatt als auch bei dessen Wirkung im Vegetationskegel spezifische RNS und Proteine beteiligt sind.

Sicher ist, daß der morphogenetische Schritt am Vegetationskegel dann nicht stattfindet, wenn dort die RNS-Synthese zum Zeitpunkt der Ankunft des Blühstimulus[1] gehemmt wird. Darüber hinaus hat Zeevaart (1962) aber gezeigt, daß bei *Pharbitis nil* auch dann keine Blüten angelegt werden, wenn zu dieser Zeit keine DNS-Synthese stattfindet. Die DNS-Synthese wurde in diesem Falle durch das Antagonistenpaar Fluordesoxyuridin Thymidin gesteuert, und es fand sich eine deutlich zeitlich begrenzte und damit selektive Hemmung. Zeevaart (1964b) schließt daraus, daß die Gene für die Blütenbildung nur aktiv werden können, wenn sie sich im Stadium der Reduplikation befinden.

Hiermit steht eine neues von Wellensiek entwickeltes Konzept der Vernalisation in gutem Einklang: Aus Versuchen mit zur Vernalisation geeigneten isolierten Blättern von *Lunaria biennis* ergab sich, daß nur solche Blätter vernalisierbar sind, in denen während der Kältebehandlung Zellteilungen ablaufen, d. h. auch in diesem Falle ist Zellteilung zur Zeit der Induktion Voraussetzung für deren Wirksamkeit (Wellensiek 1961, 1962a, 1964), was auch damit, daß normalerweise die Kälte die Vegetationskegel treffen muß, z. B. neuerdings bei Oliven beschrieben (Hackett und Hartmann 1964), nicht in Widerspruch steht.

4. Blockierung anderer Vorgänge durch RNS- und DNS-Antagonisten

Unter demselben Gesichtspunkt sind auch Versuche von Bopp (1961b, 1964a und 1965) zu verstehen, der mit 5-FUDR (das kompetitiv die Thymidylsäuresynthetase und damit die Synthese von Thymidylsäure blockiert) sehr spezifisch die durch *Agrobacterium tumefaciens* ausgelösten

[1] Der Blühstimulus selbst scheint nicht RNS zu sein (vgl. S. 169).

crown-gall-Tumoren hemmen konnte. Die Umstimmung zum Tumor ist dann vollständig unterdrückt, wenn die Zellteilung etwa zu 30% gehemmt wird. Die Hemmung beschränkt sich auf die Zeit von 72–104 Std nach Verwundung und Infektion. Frühere und spätere Applikationen gleicher Konzentrationen von FUDR, die gleich lange Zeit einwirken, sind ohne Einfluß auf die folgende Tumorentwicklung.

Eine weitere selektive Wirkung von Nucleinsäure-Antagonisten ist schon seit einiger Zeit bekannt: es ist die Hemmung des zweidimensionalen Wachstums von Farngametophyten. Dieses wurde neuerdings durch RAGHAVAN (1964) mit einer Reihe von RNS-Antagonisten (8-Aza-adenin, 8-Aza-guanin, 2-Thio-cytosin, 5-Fluor-uracil, 2-Thiouracil und 6-Aza-uracil) wieder bestätigt. Substanzen, die als DNS-Inhibitoren bekannt sind, wie 5-Fluor-desoxyuridin, 5-Bromuracil und 6-Azathymin zeigen hingegen nur eine schwache Hemmung, die das zweidimensionale Wachstum nicht unterdrückt.

Neben solchen selektiven Wirkungen der Nucleinsäuresynthese-Antagonisten gibt es, wie zu erwarten ist, auch noch weniger selektive Einflüsse auf die Entwicklung und Morphogenese der Zellen: HOFSTEN (1964) hat bei dem Pilz *Ophiostoma* durch FUDR reversibel das Wachstum und die Konidienbildung hemmen können, wenn der DNS-Gehalt ungefähr auf 70% reduziert war. 2-Thiouracil blockiert Wachstum und Organogenese sowie Chloroplastenentwicklung junger Pflanzen, während später schwere morphologische Schäden und offensichtlich als Langzeit-Effekt Chloroplastenmutationen auftreten (HESLOP-HARRISON 1962a, b, 1964). In den Wurzeln von *Pisum sativum* wird durch 8-Azaguanin die Zellteilung stark gehemmt und die Streckung sogar etwas gefördert. Da das 8-Azaguanin die Nucleinsäure-Synthese nur relativ schwach beeinflußt, ist an eine andere spezifische Blockierung der synthetischen Voraussetzungen für die Zellteilungen zu denken (HEYES 1963).

Bei *Chlorella* hemmt 8-Azaguanin die Teilung, aber nur schwach das Wachstum, 2-Thiouracil verzögert Wachstum und Zellteilung und Chloramphenicol unterdrückt das Wachstum vollständig, während Zellteilungen stattfinden (TAMIYA 1964).

Der Mechanismus der Wirkungsweise der Antagonisten scheint bei dieser Alge und bei höheren Pflanzen daher im Prinzip derselbe zu sein wie bei Bakterien und Viren. Von 5-Bromdesoxyuridin und 5-Joddesoxyurdin wurde der Einbau in die DNS nachgewiesen (FUČIK und KARÁ 1964, SMITH, KUGELMANN, COMMERFORT, SZYBALSKI 1963) 8-Azaguanin und Thiouracil werden in die RNS eingebaut (HEYES 1963, HESS 1961a). 5-Fluordesoxyuridin blockiert auch bei höheren Pflanzen wahrscheinlich die Thymidilat-Synthetase (HOFSTEN 1964, BOPP und LOBSIEN unveröffentlicht).

Es war in diesem Abschnitt nur möglich, einen Teil der zahlreichen neuen Resultate zusammenzufassen. Sie können uns aber bereits eine ziemlich gute Vorstellung davon geben, daß bei Differenzierungs- und Morphogenesevorgängen DNS- bzw. Gen-Aktivität notwendig ist und davon abhängige RNS-Synthese dafür verantwortlich ist, daß solche Vorgänge ablaufen. Nach der Vorstellung von MOHR u. Mitarb. (MOHR und HOHL 1964, HOCK und MOHR 1964) bewirken auch die verschiedenen Photorezeptorsysteme bei der Photomorphogenese durch Vermittlung einer „Signalkette“ eine differenzielle „Gen-Aktivierung“, die dann erst die Morphogenese in Gang setzte. Eine ähnliche Vorstellung ist früher von BOPP bereits entwickelt worden (1962), wonach jede Morphogenese das Einsetzen der „inneren Steuerung“ voraussetzt (Aktivität der DNS, Synthese von RNS), wobei diese von Außenfaktoren mit Hilfe von Acceptoren und über „vermittelnde Faktoren“ angeregt wird.

Keimung

In engem Zusammenhang mit der Entfaltung der molekularen Grundlagen der Entwicklung stehen die Vorgänge bei der Keimung.

In ruhenden Samen von *Avena* ist zunächst nur β-Amylase nachzuweisen, nach 2 Tagen der Quellung steigt die α-Amylase an, was aber von der jahreszeitlich bedingten Ruhe abhängig ist. Die Amylase-Aktivität ist also nicht nur durch die Quellung verursacht. Einen wesentlichen Anteil scheint dem Embryo zuzukommen, da in isolierten Halbkörnern ohne Embryonen die Aktivität nicht ansteigt (Drennan und Berrie 1962). Der durch die Zerstörung des Embryos bedingte Ausfall der Enzym-Aktivität im Endosperm kann mit Gibberellin in Gang gesetzt werden. Ebenso kann ein durch Protein- und Nucleinsäure-Inhibitoren verursachte Synthesehemmung der α-Amylase durch Gibberellinsäure aufgehoben werden (Smith 1964). Das Endosperm ist aber nicht nur ein Nährboden, denn auf Zucker- oder Stärke-Agar isolierte Embryonen vergrößern sich nicht. Sie können auch durch Gibberellin nicht aktiviert werden. Die verschiedenen Versuche scheinen daher anzuzeigen, daß das Gibberellin nicht über den Embryo wirkt (Curtis und Cantlon 1964). Im übrigen erhöht Gibberellinsäure bei der Keimung der Gerste die für den Keimungsvorgang wesentliche α-Amylaseproduktion, nicht aber β-Amylase, Ascorbinsäure und Gluthation (Srivastava und Meredith 1964).

Beim Hafer ändert sich die Stärkemenge erst nach der Veränderung des Fettgehaltes, weshalb der Ruhezustand nicht durch die Kapazität der α-Amylase bedingt sein kann (Drennan 1962).

Gibberelline können durchaus auch nativ bei der Samenkeimung beteiligt sein, denn während der Vernalisation steigt die Gibberellin-Aktivität in den Extrakten ruhender Haselnußsamen an (Frankland und Wareing 1962), und allgemein ist der Gehalt an Gibberellinen in reifen und unreifen Samen hoch (Baldev und Lang 1965).

Bei Samen von *Datura ferox*, die zur Keimung Rotlicht benötigen, vermag Gibberellin den Bedarf an Rotlicht „zu ersetzen" (Soriano, Sanchez und de Eilberg 1964). Ebenso kann Gibberellin bei lichtempfindlichem Tabaksamen eine Keimung induzieren, wobei bei geeigneten Temperaturen eine lineare Abhängigkeit zur Gibberellinkonzentration besteht (Ogawara und Ono 1961). Bei höheren Temperaturen nimmt die Wirkung des Gibberellins beim Tabak ab, während es bei *Nasturtium* nur in Verbindung mit Licht „die Kälte zu ersetzen" scheint, denn es fördert nur, wenn es während der Lichtzeit appliziert wird (Fujii und Isikawa 1961). Im übrigen vermag auch Kinetin in Verbindung mit schwacher Lichtintensität – besonders wenn es vor der Belichtung gegeben wird – die Keimung von *Lactuca* zu stimulieren (Leff 1964).

Es ist bekannt, daß zur Keimung Oxydationsvorgänge ablaufen müssen. Nach Roberts (1964b) sind es verschiedene Oxydationsreaktionen, die zur Keimung notwendig sind. Die Samenschale ist dabei eine Barriere für den Sauerstoff, so daß die Verhältnisse im Samen relativ anaerob sind. Eine Reihe von Inhibitoren der Endoxydation können daher die Keimung von Reis fördern, weil die Atmung als „Competitor" für den verfügbaren Sauerstoff wirkt und damit die Keimung hemmt (Roberts 1964a).

Da durch Actinomycin, das in den Wurzeln keimender Samen von *Lactuca* RNS und Proteinsynthese hemmt, nicht die Samenkeimung selbst blockiert wird, ist diese offenbar zunächst von messenger-RNS unabhängig. Schon 2 Std nach der Keimung kann man aber mit genügend exakten Methoden den Einbau von radioaktivem Thymin, Uracil und Leucin in die entsprechenden Moleküle messen (Neumann 1964, Evans und Axelrod 1961). In ähnlicher Weise konnten Mayer nnd Poljakoff-Mayber (1962) keine klare Korrelation zwischen der Veränderung im Gesamt-DNS- und -RNS-Gehalt und der Keimung beobachten — allenfalls die Nuclearfraktion der Nucleinsäure zeigte eine einigermaßen gute Parallelität zur Keimung.

LEDOUX, GALLAND und HUART (1962) haben die Veränderung des RNS-Gehaltes unter verschiedenen Keimungsbedingungen bestimmt und in jedem Fall eine Zunahme der RNS gefunden, der eine Zunahme der RN-ase-Aktivität parallel geht. Diese Zunahme ist nicht auf eine gleichlaufende Produktion von Nucleinsäure-Vorstufen angewiesen, denn Chlorophyllgehalt und Licht haben zwar einen starken Effekt auf den Gehalt an solchen Vorstufen, nicht aber auf die RNS-Synthese selbst.

Tatsächlich dürften während der Keimung doch sehr nachhaltige Veränderungen des Proteingehaltes vor sich gehen. In Kotelydonen und extrakotylodenaren Teilen von *Vicia faba* finden sich 5 immun-chemisch bestimmte Proteinfraktionen, die bei der Keimung in den extrakotylodenaren Teilen abnehmen, bis sie schließlich ganz verschwinden, in den Kotyledonen aber kaum verändert werden (GHETIE und BUSILL 1964).

Die Lichtabhängigkeit der Keimung und die Bedeutung verschiedener Photoreceptorsysteme für diesen Vorgang soll im kommenden Jahr behandelt werden.

Im Zeitalter der Raumfahrt ist es nicht verwunderlich, wenn auch das Keimungsverhalten unter extraterrestrischen Bedingungen geprüft wird. Winterroggensamen keimen z. B. in 100% Argon-, CH_4-, N_2O-, CO- und CO_2-Atmosphäre, ebenso in einer „Mars-Atmosphäre". Ebenso verhalten sich Reis und Hirse. Das Wachstum ist jedoch unter diesen Bedingungen stark gehemmt. Bei geringen Drucken wird die Keimung herabgesetzt, ist aber immer noch möglich, während unter normalem Druck nach einem Tag 83% der Samen gekeimt sind, sind es bei 0,03 Atmosphären nach 6 Tagen nur 20%. Leben auf dem Mars ist nach diesem Experiment nicht ausgeschlossen (SIEGEL, ROSEN und GIURMANO 1962, SIEGEL, GIURMANO und LATHERELL 1964).

Wirkung verschiedener Substanzen

In den folgenden Abschnitten werden die hauptsächlichen Effekte von außen applizierter Substanzen auf Entwicklungsvorgänge besprochen, wobei vor allem auch die Verankerung der Wirkung im Stoffwechselgefüge der Zellen berücksichtigt werden soll — wofür allerdings bis jetzt noch sehr wenig experimentell fundierte Anhaltspunkte vorliegen.

Kinetin

Die verschiedenen durch Kinetin induzierbaren Entwicklungsveränderungen sind wohl alle als Sekundäreffekte eines primären Vorganges anzusehen. Dieser primäre Vorgang scheint im Bereich des RNS-Stoffwechsels zu liegen. Wie WOLLGIEHN (1961) in Markierungsversuchen gezeigt hat, führt eine Kinetin-Behandlung bei isolierten Blättern nicht zu einem Anstieg der DNS, wohl aber zu erhöhtem Einbau von Aminosäuren in Protein und ^{32}P in Nucleinsäuren. Dabei werden Prozesse gefördert, die der Synthese der Proteine vorausgehen, da z. B. auch D-Leucin in Abhängigkeit von der Kinetinkonzentration verstärkt aufgenommen wird (PARTHIER 1961). Der Nucleinsäurespiegel verändert sich unter dem Einfluß von Kinetin parallel mit dem Proteinspiegel und ist abhängig von einer gleichzeitigen Zuckergabe, so daß der Anstieg des Proteins vermutlich eine Folge des Nucleinsäureanstiegs ist (SUGIURA, UMEMURA u. OOTA 1962). MCCALHA, MOORE und OSBORNE (1962) berichten sogar von einem geringen Einbau ^{14}C markierten Benzyladenins in die RNS, was aber wohl kaum die Ursache einer Steigerung der RNS-Produktion sein dürfte.

In abgeschnittenen Blättern vermindert das Kinetin die Abnahme der RNS (OSBORNE 1962). Ebenso kann die durch *Pseudomonas tabaci* induzierte Abnahme des RNS-Gehaltes in Tabakblättern durch dreimalige Behandlung mit 10^{-4} m Kinetin vollständig aufgehoben werden (LOVREKOWICH, KLEMENT und FARKAS 1964).

Im Bohnenendocarp wird durch Kinetin und Naphthyl-Essigsäure primär die RNS-Abnahme aufgehalten. Kinetin allein hat dabei nur einen leichten Effekt, was vielleicht dem geringen nativen Auxingehalt dieser Gewebe zuzuschreiben ist (SACHER 1964). Die Verhinderung der Abnahme eines einzigen spezifischen Fermentes von 5 geprüften fanden STEINHARDT, MANN und MUDD (1964), die den Stoffwechsel der Tyraminmethylpherase untersuchten. Dieses Ferment entsteht in der Wurzel von Weizen unmittelbar nach der Keimung und verschwindet nach einiger Zeit wieder, während es bei Kinetin-Behandlung weiterhin neu synthetisiert wird.

In unmittelbarem Zusammenhang mit der Wirkung des Kinetins auf RNS- und Protein-Stoffwechsel steht die Wanderung von Aminosäuren an den Ort der Kinetinapplikation, d. h. die Stelle, an der Kinetin vorhanden ist, wirkt als Attraktionsort für Aminosäuren usw. An diesen Ort wird auch α-Amino-iso-buttersäure aus der einen Blatthälfte eines isolierten Blattes in die andere transportiert (ENGELBRECHT und MOTHES 1961, MOTHES, ENGELBRECHT und SCHÜTTE 1961). Ob dabei Proteinsynthese oder Attraktion der primäre Vorgang ist, ist noch nicht eindeutig klar, nach PARTHIER, MALAVIYA und MOTHES (1964) sind jedoch Akkumalation oder Retention eine Voraussetzung für die kinetinstimulierte Proteinsynthese im isolierten Blattgewebe.

Das Kinetin verhindert weiterhin das Auswandern von Aminosäuren aus alternden Blättern. Es steuert damit die Korrelationen innerhalb der Pflanze (MOTHES 1961) und verhindert Vergilbung und Senescenz behandelter Blätter.

Auch durch Benzyladenin als Kinin lassen sich die Korrelationen innerhalb einer Pflanze beeinflussen: Während ihrer Entwicklung behandelte Blätter wachsen stärker als die Kontrollen; die jungen Blätter bleiben im Wachstum zurück, wenn statt ihrer nicht mehr wachsende Blätter behandelt werden. Ebenso altern an einer Pflanze unbehandelte Blätter schneller, wenn andere mit Kinin besprüht werden (LEOPOLD und KAWASE 1964).

Auch eine durch Erhitzung bedingte Schwächung der Blätter, die man einer Beschleunigung des Alterns gleichsetzen kann, wird durch Kinetin unterbunden, wenn die Temperatur nicht so hoch ist, daß die Letaltemperatur erreicht wird, die sich durch Kinin nicht erhöhen läßt (ENGELBRECHT und MOTHES 1964). Diese Wirkungen des Kinetins sind lichtabhängig. Je schwächer die Blätter an intakten Pflanzen von Tabak belichtet werden, desto mehr wird hinterher mit Kinetin die Vergilbung (der Abbau der Proteine) gehemmt (ENGELBRECHT 1964), wie schon mehrfach im Dunkeln eine stärkere Kinetinwirkung als im Licht gefunden wurde (PARTHIER 1961).

Der Einfluß des Kinetins auf die Senescenz wird auch aus folgendem Versuch deutlich: Bei Erbsen mit zwei ungleich langen Kotyledonarsprossen stirbt der kürzere nach 17 Tagen ab, er bleibt aber am Leben, wenn er mit Kinetin behandelt wird, da dieses die durch die Apikaldominanz des längeren bedingten Senescenz aufhält (SACHS und THIMANN 1964).

Wie eben schon erwähnt, zeigen auch andere Substanzen kinetinähnliche Wirkungen. Es wird vorgeschlagen, diese als Phytokinine zu bezeichnen, um Verwechslungen mit Kininen bei Tieren zu vermeiden. Ein solches Phytokinin ist N^6-Benzyladenin, das wesentlich effektiver ist als das gebräuchlichere 6-Furfuryl-Aminopurin (Kinetin) (MacLean und Dedolph 1964).

Die schon erwähnte Verminderung der Blattvergilbung und der Senescenz mit N^6-Benzyl-Adenin wird mit dem Einfluß dieser Substanz auf die Atmung in Zusammenhang gebracht. Durch N^6-Benzyl-Adenin wird in vitro die Hexokinase und Pyruvat-Kinase gehemmt, dabei wird eine kompetitive Hemmung dieser Fermente auf Grund der Ähnlichkeit des Moleküls mit ATP vermutet. Diese Hemmung der Atmung könnte eine Verhinderung der Senescenz bewirken (Tuli, Dilley und Wittwer 1964). Zu einem ähnlichen Schluß kamen MacLean und Dedolph (1964), die feststellten, daß durch N^6-Benzyl-Adenin die oxydative Decarboxylierung in den behandelten Geweben in den ersten beiden Tagen der Behandlung herabgesetzt wird. Die den Abbau verhindernde Wirkung des Phytokinins soll deshalb auf einer Konservierung des ATP in den behandelten Geweben beruhen.

In den Knospen der Apfelbäume steigt die Aufnahme radioaktiven Phosphats nach Kinetinbehandlung an (Chwoika, Veres und Kosel 1961). Ebenso wird in grünen succulenten Geweben Phosphat- und Aminosäureaufnahme gefördert. In farblosen Speichergeweben indessen hemmt das Kinetin diese Vorgänge und wirkt aus diesem Grunde additiv zu Chloramphenicol, das denselben Effekt hat (Engelbrecht und Nogai 1964).

Nach diesen Befunden ist es zumindest noch sehr hypothetisch, ob der Einfluß der Phytokinine in jedem Fall primär über den ATP-Stoffwechsel geht, zumal bei langdauernden Versuchen mit dem den Stoffwechsel hemmenden Chloramphenicol das Kinetin den Gehalt der alternden Blätter an Chlorophyll, Protein und RNS sowie den Einbau von Aminosäuren und Purin zu erhalten vermag (Wollgiehn und Parthier 1964). In Kurzzeitversuchen kann Kinetin die chloramphenicolbedingte Hemmung jedoch nicht aufheben (Parthier, Malaviya und Mothes 1964).

Effekte der Phytokinine auf die Entwicklung

Über die Beendigung der Knospenruhe durch Kinetin liegen mehrere Angaben vor: Wurzelknöllchen von *Ficaria verna* treiben nach Kinetinbehandlung aus (Engelbrecht und Mothes 1962). Kurztriebendknospen von *Pinus radiata* verwandeln sich nach Kinetinapplikation in aktiv wachsende Langtriebe (Kummerov und Hoffmann de C. 1963) und bei ruhenden Achselknospen fruchtender Apfelzweige wird durch Kinetin und 6-Benzyl-Aminopurin die Knospenruhe unterbrochen. Die ruhenden Knospen werden damit zu selbständigen Attraktionsorten (Chwoika, Veres und Kosel 1961), ebenso wird durch 6-Benzyl-adenin der Übergang von der Ruhe zum aktiven Treiben bei *Vitis vinifera* gefördert (Weaver 1963). Dasselbe ist bei ruhenden, unvernalisierten Embryonen verschiedener Holzgewächse der Fall (Frankland 1962). Die Hemmung des Seitenknospenaustriebes bei *Pisum sativum* wird durch Kinetin aufgehoben (Sachs und Thimann 1964), wobei die Wirkung über die Beeinflussung der Xylemdifferenzierung gehen soll (Sorokin und Thimann 1964). In geringen und hohen Konzentrationen hemmt Kinetin den Blattfall, in mittleren fördert es diesen jedoch (Chatterjee und Leopold 1964). Die Wurzelbildung von Blattstecklingen des Tabaks wird gehemmt (Engelbrecht und Mothes 1961); dasselbe ist der Fall, wenn regenerierende Blätter von *Begonia rex* mit Benzyl-Adenin behandelt werden

(HARRIS und HART 1964). – Bei *Peperomia* hingegen wird auch die Sproßbildung als Folge der Wurzelhemmung unterdrückt, was aber auf dem anderen Reaktionsmechanismus dieser Pflanzen beruht. Alle diese Effekte sind leicht als Veränderung der Korrelationen innerhalb der Pflanze durch Kinetin zu verstehen.

Am Protonema des Laubmooses *Ceratodon purpureus* wurden durch Behandlung mit Kinetin wohl zum ersten Mal mit Sicherheit im Dunkeln Knospen erzeugt (SZWEYKOWSKA 1963). Im Licht werden die Knospen spezifisch und ohne Förderung des Protonemas vermehrt (JAHN 1964a, SZWEYKOWSKA 1962, SZWEYKOWSKA und MACKOWIAK 1962); denn jede Caulonemazelle kommt durch die Kinetinbehandlung in die Lage, eine Knospe zu bilden. Die durch Blaulicht bedingte Hemmung der Knospenbildung kann durch Kinetin z. T. unterbunden werden (JAHN 1964b). Gleichzeitige Zuckerfütterung hat keinen direkten Effekt auf die Knospenbildung. Da jedoch die Protonemen mit Zucker schneller wachsen, treten hier auch früher als bei fehlender Zuckerfütterung Zellen auf, die auf Kinetinzugabe mit Knospenbildung reagieren (BOPP und BRANDES 1964). Durch lokale Behandlung der Moosprotonemen treten nur an den behandelten Stellen vermehrte Knospen auf, was darauf zurückzuführen ist, daß das Kinetin im Moosprotonema genau so wenig transportiert wird (JAHN 1964a, BOPP und BRANDES 1964) wie in den Blättern von Blütenpflanzen (MOTHES 1961, LEOPOLD und KAVASE 1964).

Auch auf die Blütenbildung ist Kinetin nicht ohne Einfluß, so kommt *Cichorium intybus* unter nicht induktiven Temperaturbedingungen durch Behandlung mit Kinetin (neben Gibberellin und Vitamin E) etwa zu 60% zur Blüte (MICHNIEWICZ und KAMIENSKA 1964). Bei *Pharbitis nil* fördert Kinetin die Blütenbildung, wenn es vor der induktiven Dunkelperiode auf die Kotelydonen aufgetragen wird, während es nach der Dunkelperiode ohne Effekt ist (OGAVA 1961).

Kinetin fördert (vgl. S. 194) die Ligninbildung in Gewebekulturen (BERGMANN 1964, KOBLITZ 1962, 1964), was auch mit Befunden an intakten Pflanzen übereinstimmt. In abgeschnittenen Erbsenepikotylen werden bei Zusatz von Kinetin vermehrt Schichten sekundären Xylems gebildet (SOROKIN, MATHUR und THIMANN 1962) und mit dem Phytokinin Benzyl-Aminopurin läßt sich bei Radieschen ein kräftigeres Dickenwachstum erreichen, wenn es den isolierten Wurzeln von oben her zugeführt wird und gleichzeitig Myoinosit vorhanden ist (LOOMIS und TORREY 1964a, b). Da das Phytokinin nur von einem Ende her zugeführt wird, muß es in diesem Fall mindestens über 15 mm transportiert werden.

Überblickt man die verschiedenen Effekte, die durch Kinetin hervorgerufen werden und von denen einige der wesentlichsten hier behandelt wurden, so ist es noch schwer, daraus einigermaßen gesicherte Anhaltspunkte über die primären Angriffsstellen der Phytokinine zu gewinnen. Möglicherweise nehmen diese (vgl. Kapitel über Nucleinsäure), wie die Stimulierung des Protein- und NS-Stoffwechels zeigt, an der Aktivierung von genetischen Informationen teil, so daß es vielleicht nicht verwunderlich ist, daß aktive Kinine in der Natur bisher nicht gefunden wurden. Aus *Gleditschia triacanthos* isolierten ROGOSINSKA, HELGESON und SKOOG (1964) eine zunächst unwirksame Substanz, die durch Erhitzen in das sehr wirksame Kinin 6-Amino-3-(γ, γ-dimethylallyl)-purin (Triacanthin) überführt wird.

Gibberelline

Die Wirkung von Gibberellinen wurde im letzten Bericht sehr ausführlich behandelt. Eine Zusammenfassung wichtiger Ergebnisse bis 1960 findet sich außerdem bei KNAPP (1962). Seither sind zahlreiche weitere Arbeiten erschienen, die über den Haupteffekt der Streckung hinaus die verschiedenen Aspekte des Gibberellineinflusses, insbesondere im Zusammenhang mit der Blütenbildung, behandeln. Die bisherigen Untersuchungen haben jedoch noch nicht dazu geführt, allgemein anerkannte Vorstellungen von der Wirkung der Gibberelline zu liefern.

Nach KURAISHI und MUIR (1963) ist im Rosettenstadium von *Centaurea* weniger diffusibles Auxin vorhanden als in Gibberellin-behandelten gestreckten Pflanzen, woraus auf eine Erhöhung des Auxins im Apikalpunkt durch Gibberellin geschlossen wird. Auf den Zusammenhang zwischen Auxinspiegel und Gibberellinbehandlung scheinen noch mehrere Resultate hinzuweisen.

So fanden KURAISHI und MUIR (1964a) einen Anstieg diffusiblen Auxins in Zwerg-Erbsen nach Gibberellinbehandlung 24–48 Std vor Beginn der Streckung, was nicht auf einer Hemmung der IES-Oxydase beruht, sondern auf einer direkten Zunahme der wasserlöslichen Wuchsstoffe (KURAISHI und MUIR 1964b).

Auch eine allerdings sehr unbestimmte Veränderung der Makromolekülzusammensetzung (SRIVASTAVA 1964a) und der Ribonucleaseaktivität nach Gibberellinapplikation wurden gemessen, was für eine Erhöhung des RNS-Turnover sprechen könnte (SRIVASTAVA 1964b). Es ist also durchaus möglich, daß die Wirkung des Gibberellins an einer primären Stelle im Stoffwechsel verankert ist. So wird auch angenommen, daß die Wirkung auf die Atmungsketten den Schlüssel zum Verständnis des Wirkungsmechanismus darstelle (FLAIG u. SCHMIDT 1962). Die bisher dafür erbrachten Beweise scheinen dem Ref. allerdings kaum ausreichend. Trotz dieser wenigen den Wirkungsmechanismus etwas eingehender beleuchtenden Befunde handelt es sich im allgemeinen noch immer darum, die bei den verschiedenen Pflanzenarten gefundenen Einzelbeobachtungen zu interpretieren. In unserem Zusammenhang sind die Effekte der Gibberelline bei der Blütenbildung von Interesse, vor allem nachdem sich auch gezeigt hat, daß das einzige bisher extrahierte „Florigen“ (HARADA 1962a) wohl ziemlich eindeutig als Gibberellin anzusprechen ist (HARADA 1962b) oder wenigstens wie ein Gibberellin wirkt (HARADA und NITSCH 1964).

a) Unterschiedliche Reaktion auf Gibberelline

Die Reaktion der Pflanzen auf Gibberellinbehandlung hängt sehr von äußeren und inneren Faktoren ab. Das geht zunächst daraus hervor, daß durch unterschiedliche Stickstoffernährung die Reaktion von Gurken- (WITTWER und BUKOVAC 1962b) und Tomatenpflanzen zumindest quantitativ beeinflußt werden kann (JANSEN 1964a, b). Besonders wichtige Hinweise ergeben sich aber daraus, daß ein und dasselbe Gibberellin bei verschiedenen Pflanzen und bei Anwendung verschiedener Testmethoden unterschiedlich wirkt. Umgekehrt wirken die verschiedenen Gibberelline (GA_1–GA_9) bei einer Pflanze oder bei einer Testmethode ebenfalls verschieden, GA_2, A_6 und A_8 wenig oder nicht (NITSCH und NITSCH 1962, WITTWER und BUKOVAC 1962a). Es läßt sich jedoch keine bestimmte Gesetzmäßigkeit erkennen, wie Untersuchungen von MICHNEWICZ und LANG (1962a, b) klar demonstrieren: Bei *Myosotis* und *Silene* wird die Blütenbildung am stärksten durch GA_7, bei *Centaurium* durch GA_3, bei *Crepis* durch GA_4 und GA_7 gefördert usw. Auch zwischen Blütenbildung und Streckungswachstum besteht keine klare Korrelation: GA_3 verursacht eine größere (bei *Myosotis*) oder gleiche (*Silene*) Streckung wie GA_7, hat aber in beiden Fällen keine Blütenbildung zur Folge. Entsprechende Beispiele über die Unabhängigkeit von Blütenbildung und Streckung finden sich auch bei WELLENSIEK (1962); und CHOUARD (1962) weist darauf hin, daß bei verschiedenen Arten oder selbst Rassen und Varietäten die beiden Prozesse der Streckung und Blütenbildung vom Gibberellin völlig verschieden beeinflußt werden, was vielleicht besser verstanden werden könnte, wenn man mehr über das natürliche Vorkommen der Gibberelline, vor allem deren Konzentration in den Pflanzen, wüßte. Die endogenen Gibberelline stellen außerdem sicher stets eine Mischung dar, die für verschiedene Pflanzen unterschiedlich sein kann und auch vom Entwicklungsstadium abhängt (vgl. OGAWA 1962, 1963, 1964, KREKULE und TELTSCHEROVA 1964).

Aus diesem Grunde versuchte NAPP-ZINN (1963) mit zahlreichen genetisch bekannten Rassen von *Arabidopsis thaliana* den verschiedenen Vernalisationsgenen bestimmte Gibberelline zuzuordnen, was aber nicht gelang, wenn auch bei verschiedenen Rassen die Gibberelline A_1— A_9 unterschiedlich starke Wirkung zeigten. Auch Rassen, die durch Kältebehandlung nicht zur früheren Blütenbildung zu bringen sind, also nicht vernalisiert werden müssen, können mit Gibberellin beschleunigt blühen.

b) Blütenbildung und Gibberelline

Einen wesentlichen Schritt weiter zur Aufklärung der Bedeutung der Gibberelline für die Blütenbildung führten Pfropfversuche von ZEEVAART und LANG (1962) mit der Lang-Kurztagspflanze *Bryophyllum (Kalanchoë) daigremontianum*. Mit Hilfe solcher Lang-Kurztagspflanzen läßt sich nämlich die Wirkung von Gibberellin und Blühstimulus trennen. Das Gibberellin wirkt nur zusätzlich zum Kurztag, dagegen nicht im Langtag. Es hat bei Applikation im Kurztag denselben Effekt wie die Übertragung der Lang-Kurztagspflanze vom Langtag in den Kurztag. Wenn kurztag- und gibberellinbehandelte Pflanzen als Unterlage für Pflanzen im Langtag dienten, kamen diese zum Blühen. Da das Gibberellin auf diese aber keinen Effekt hat, können Blühstimulus und Gibberellin nicht identisch sein. Die Konzentration des Gibberellin ist für die Produktion des Blühstimulus unter Kurztagsbedingungen ein begrenzender Faktor (vgl. S. 181). Zu ganz entsprechenden Ergebnissen kam HARADA (1962a) bei der Untersuchung zweier *Chrysanthemum*-Varietäten. Bei der Varietät Shuokan ruft Gibberellin Blütenbildung hervor, bei der Varietät Honeysweet jedoch nicht. Pfropft man aber Honeysweet auf Gibberellinbehandelte Shuokan, so kommen sie zum Blühen. Dafür, daß Gibberellin und Blühstimulus nicht identisch sind, sprechen auch die Befunde von OGAWA (1961), der bei der durch eine Langnacht induzierbaren *Pharbitis nil* das Gibberellin vor allem dann wirksam fand, wenn es vor oder am Anfang der Induktionszeit gegeben wird. Gibberellin ist hierbei nur in Verbindung mit der induktiven Langnacht, die den Blühstimulus erzeugt, wirksam.

Wenn man annimmt, daß auch für die Blütenbildung der endogene Gibberellinspiegel eine maßgebliche Rolle spielt, (wobei vielleicht auch die Gibberellinproduktion in der Wurzel beteiligt ist [BUTCHER 1963, CARR, REID und SKENE 1964]), daß dieser Gibberellinspiegel bei verschiedenen Pflanzen sehr unterschiedlich sein kann (BÜNSOW 1961) und daß er in der Regel auch sehr niedrig ist (BALDEV und LANG 1965), so wird verständlich, daß Gibberellin nicht nur Blüteninduktion, sondern auch Verzögerung und Hemmung der Blütenbildung neben anderen Effekten hervorrufen kann, wie sie WITTWER und BUKOVAC (1962b) in einer Tabelle zusammenstellen.

Einige neuere Beispiele mögen die Vielfalt der Reaktion beleuchten: 2 Kurztagsrassen von *Chrysanthemum* blühen bei Gibberellinapplikation von 20 mg/l zwischen 50 und 75%, während die Kontrolle überhaupt keine Blüten bildet. Dies scheint der erste Fall zu sein, bei denen Kurztagspflanzen durch Gibberellin im Dauerlicht zum Blühen gebracht werden konnten (BĂRBAT und OCHEŞANU 1964), eine Förderung findet man auch bei den Kurztagspflanzen *Impatiens* und *Xanthium* (LONA 1964). Bei dem Tagneutralen *Gossypium* fördert Gibberellin die Blütenbildung (MATHUS und MITTEL 1964). Sowohl bei Winter- als auch bei Sommerroggen wird die Anlage von Blütenprimordien gefördert. Das wird auf eine Stimulation des Meristems zurückgeführt und scheint nicht in Beziehung zum Vernalisationsbedürfnis zu stehen (HURD und PURVIS 1964). Bei Petkuser Winterroggen läßt sich die Kältebehandlung durch Gibberellin ersetzen (BRUINSMA und PATIL 1963). Bei *Geum urbanum* wirkt Gibberellin dagegen nur in Verbindung mit einer Kältebehandlung (CHOUARD und TRAN THANK VAN 1962). Bei Sojabohnen wird der Unterschied zwischen Pflanzen im Langtag, in dem nur Achselblüten entstehen, und im Kurztag, bei dem der Spitzenvegetationskegel in die Blüte übergeht, durch Gibberellin nicht beeinflußt (BOSTRACK und STRUCKMEYER 1964). In Tomaten beschleunigt über die Wurzel appliziertes Gibberellin die Blütenbildung. Ein ähnlicher Effekt läßt sich mit *Acetobacter*-Nährlösung erzielen, woraus — wohl nicht ganz begründet — auf die Produktion eines Wuchsregulators durch *Acetobacter* in der Rhizosphäre geschlossen wird (JACKSON, BROWN und BURLINGHAM 1964). Bei Fuchsiahybriden, die Langtagspflanzen sind, hemmt Gibberellinsäure bis zum 5. Tag nach der Induktion die Blütenbildung, d. h. bis zu dem Zeitpunkt, an dem die Langtagsinduktion in den Blättern komplett ist (SACHS und KOFRANEK 1964). Bei *Poinsettia* (GUTTRIDGE 1963) und einige tagneutralen sowie Kurztagserdbeersorten wird die Blütenbildung ebenfalls gehemmt, die Ausläuferbildung hingegen angeregt (GUTTRIDGE und THOMPSON 1964).

Außerdem soll hier erwähnt werden, daß Gibberellinapplikation bei *Xanthium* in geringen Konzentrationen die Blütenbildung fördert (LONA 1964), aber unwirksam bleibt, wenn die Pflanzen gleichzeitig auf dem Klinostaten gedreht werden (HOSHISAKI, CARPENTER und HAMNER 1964). Da auch normalerweise die auf dem Klinostaten gedrehten Pflanzen weniger blühen (HOSHISAKI und HAMNER 1962), sprechen diese Versuche, wie die meisten der vorgenannten dafür, daß die Gibberelline eher die Reaktionsfähigkeit der Meristeme (Achselknospen, subapikales Meristem, Meristem des Vegetationskegels) auf den Blühstimulus als dessen Bildung beeinflussen. BERNIER, BRONCHART und JACQMARD (1964) berichten dazu, daß je nach der Zone des Vegetationskegels, die auf Gibberellinbehandlung stärker reagiert, entweder die Blütenbildung (wie bei *Rudbeckia*) oder die vegetative Blattproduktion (bei *Perilla*) mehr gefördert wird. Aus Versuchen mit Gewebekulturen von *Acer pseudoplatanus*, bei denen mit steigendem Gibberellingehalt die Zellzahl zunimmt, wird erneut geschlossen, daß Gibberellin überhaupt für die Aktivität der Meristeme notwendig ist (DIGBY, THOMAS und WAREING 1964).

Man muß aus den verschiedenen hier mitgeteilten Ergebnissen schließen, daß die Gibberelline an mehreren Stellen in den Blütenbildungsvorgang einzugreifen vermögen. Das Bild ist jedoch sicher nicht ganz so einheitlich, wie es nach dem vorigen Bericht scheinen mochte.

c) Einige weitere Gibberellineffekte

Schon im vorigen Bericht wurde die Entstehung parthenocarper Früchte behandelt. Dazu liegt weiteres Material vor: Bei einer sterilen *Ribes*kreuzung haben nach GA-Behandlung 87% der Pflanzen parthenocarpe Früchte (ZATYKÓ 1963). Der Blütenboden von Erdbeeren soll sich unter dem Einfluß von Gibberellin dann entwickeln, wenn die Carpelle entfernt werden, während unbefruchtete Carpelle oder Extrakte aus diesen die Entwicklung verhindern (CREASY und SOMMER 1964). Dagegen berichtet THOMPSON (1964), daß die Früchte notwendig sind, damit der Blütenboden auswachsen könne, und Gibberellin hat nur bei einigen Rassen eine Wirkung auf die Streckung des ,,Fruchthalses''. Diese Unterschiede dürfen wohl auf einer unterschiedlichen Reaktion verschiedener Rassen beruhen, wie sich auch aus den Darstellungen von THOMPSON ergibt. Bei *Ficaria verna* können mit Gibberellin behandelte Samen innerhalb der Früchte zum Austreiben veranlaßt werden (DOSTÁL 1963). Lichtbedürftige Sporen von *Aneimia* keimen im Dunkeln nach Behandlung mit $5 \cdot 10^{-5}$ bis $5 \cdot 10^{-7}$ g/ml Gibberellin (SCHRAUDOLF 1962). Bemerkenswert ist auch die Veränderung der Blätter des Wasserfarns *Marsilea*, bei dem nach Gibberellinbehandlung die 4-geteilten Altersblätter früher erscheinen als normalerweise und in 4%iger Glucoselösung statt der Landform die Wasserform dieses Farnes entsteht, auch dann wenn die Pflanzen vor der Gibberellinbehandlung bereits Landblätter ausgebildet hatten (ALLSOPP 1962, 1963). Andererseits kann aber die Fiederteilung bei Tomaten durch Gibberellinbehandlung unterdrückt werden (LEH 1961).

Gibberellinapplikation kann schließlich über die morphogenetischen Effekte hinaus auch den sekundären Stoffwechsel beeinflussen (vgl. HEFENDEHL 1964). So hemmt z. B. Gibberellin in Orangenschalen die gesamte Carotinoidsynthese während der Fruchtreife (LEWIS und COGGINS 1964), in Karottenwurzeln jedoch nur diejenige von β-Carotin (MICHEL-WALWERTS und SIRONVAL 1963). Weiter kann es die Samenfarbe von *Vaccinium angustifolium* verändern (BARKER und COLLINS 1964). Wieweit es sich bei diesen Veränderungen um eine direkte Wirkung des Gibberellins oder nur um durch Zellstreckung und Teilung bedingte sekundäre Effekte handelt, ist von Fall zu Fall verschieden und nicht immer eindeutig zu bestimmen.

Wirkung weiterer Substanzen auf Entwicklung und Morphogenese

a) Growth retardants

Im Zusammenhang mit der Wirkung der Gibberelline hat sich eine Anzahl von Substanzen als bedeutungsvoll erwiesen, die als sog. "growth retardants" vor allem das Sproßwachstum reduzieren, also einen Prozeß, der gewöhnlich durch Gibberellin gefördert wird. Hierher gehören CCC (=2-Chlor-methyl-trimethyl-ammonium-chlorid), Amo 1618 (2-Isopropyl-4-dimethyl-amino-5-methylphenyl-1-piperidin-carboxylat-methylchlorid) und Phosfon D (= Tributyl-2,4-dichlorbenzylphosphoniumchlorid) (CATHEY 1964, TOLBERT 1961), die trotz gewisser chemischer Unterschiede in ähnlicher Weise als Antagonisten zu Gibberellin wirken. Ihr Einfluß auf das normale Wachstum weist allerdings quantitative Unterschiede auf (CATHEY und STUART 1961). Durch einen Vergleich der Konzentrationsabhängigkeitskurven verschiedener "growth retardants" in ihrer Wirkung auf Gibberellin beim Wachstum von Bohnenkeimlingen mit theoretischen Kurven kommt LOCKHART (1962) zu dem Schluß, daß Phosfon-D und C C C kompetitiv zu Gibberellin wirken, wobei das System, das für die Wirkung der Gibberelline verantwortlich ist, partiell blockiert werden soll. Eine antagonistische Wirkung findet man auch im Hinblick auf die Peroxydase-Aktivität (MONSELISE und HALEVY 1962). NINNEMANN, ZEEVAART, KENDE und LANG (1963) wiesen bei *Gibberella (Fusarium)* durch C C C eine Hemmung der Gibberellinsäureproduktion nach, und zwar bei Konzentrationen, die das Wachstum kaum beeinflussen, woraus geschlossen wird, daß die Gibberellinsäure-Synthese durch diese Substanz gehemmt wird. Eine ähnliche Wirkung soll auch N,N-Dimethyl-amino-maleaminsäure (DMAN) haben (BUCOVAC 1964).

Diese Vorstellung, die zwar viele Reaktionen auch bei höheren Pflanzen erklärt, wird in dieser Form jedoch nicht allgemein akzeptiert. Bei verschiedenen Gewebekulturen, in denen durch die genannten 3 Hemmstoffe Zellteilung und -streckung verhindert wird, läßt sich die Wirkung durch Gibberellin nicht aufheben (SACHS und WOHLERS 1964) und in Haferkoleoptilen nur durch Auxin (KURAISHI und MUIR 1963b). Letztere Autoren bringen dies mit der Vorstellung in Zusammenhang, daß Gibberellin über den Auxin-Spiegel wirkt. Die verschiedenen Ansichten faßt CATHEY (1964) in einem Schema zusammen, nachdem die "growth retardants" als Antimetaboliten den Stoffwechsel so beeinflussen, daß weniger Gibberellin synthetisiert wird, das Gibberellin selbst aber eine Änderung des diffusiblen Auxins bewirkt.

Für die Frage der Morphogenese ist es von Bedeutung, daß die genannten Substanzen als Antagonisten des Gibberellins auch die Blütenbildung beeinflussen. Sie müssen dabei über die Wurzeln appliziert werden. Mit C C C kann die durch induktive Bedingungen induzierte Blütenbildung bei *Bryophyllum daigremontianum* unterdrückt werden. Gibberellin hebt diese Hemmung wieder auf und es kommt zu normalen Blütenbildungen (ZEEVAART und LANG 1963). Das Entsprechende wurde auch bei der Langtagsrosettenpflanze *Samolus parviflorus* gefunden (BALDEV und LANG (1965). Bei *Pharbitis nil* wird die Blütenbildung durch C C C dann streng gehemmt, wenn es vor der induktiven Langnacht appliziert wird. Nach der Langnacht ist es ohne Wirkung. – Die Resultate lassen sich alle unter der Voraussetzung einer Wirkung des C C C auf die Gibberellin-Synthese verstehen, wobei im letztgenannten Fall die Blütenbildung dadurch gehemmt werden soll, daß während der Ankunft des Blühstimulus die Zellteilung blockiert ist (ZEEVAART 1964, vgl. S. 170).

Die Versuche mit "growth retardants" fügen sich demnach zwanglos in die in anderem Zusammenhang von ZEEVAART über die Blütenbildung entwickelten Vorstellungen ein, nämlich daß Zellteilung ein essentieller Vorgang für das Wirksamwerden des Blühstimulus ist.

In manchen Fällen kann C C C auch einen fördernden Effekt haben. In Prothallien von *Pteridium* erhöht es die Teilungsrate und beschleunigt den Übergang zu zweidimensionalem Wachstum (KELLEY und POSTLETHWAIT 1962). An Stecklingen von *Convolvulus sepium*, die sich sehr schlecht bewurzeln, wird die Bewurzelung signifikant erhöht. Offensichtlich beruht die schlechte Bewurzelungsfähigkeit auf einem Zuviel an endogenen Gibberellinen (LIBBERT und URBAN 1964).

Ein anderes "growth retardant" ist n-Dimethylaminobernsteinsäure (RIDDELL, HAGEMAN, I'ANTHONY und HUBBARD 1962). Es fördert die Bildung der Blüten an Holzpflanzen durch Unterdrückung der apikalen Dominanz (BROOKS 1964). Umgekehrt läßt sich eine Hemmung der Seitensprosse und damit gestörte Ährenbildung bei Gerste mit 2-Methyl-4-chlorphenoxyessigsäure (MCPA) erzielen (LUXOVA und LUX 1964, LUXOVA 1964). Antagonistisch zu Gibberellin wirkt auch eine neue Gruppe von Substanzen, die Fluoren-9-carbonsäure und ihre Derivate, die unter anderem parthenocarpe Früchte hervorrufen können und mit dem unnötigen Namen „Morphaktine" belegt wurden (SCHNEIDER 1964).

Wir müssen uns hier versagen, weitere teils pflanzeneigene, teils synthetische Substanzen zu besprechen, die die Morphogenese höherer Pflanzen beeinflussen, da ihre genaue Wirkung meist recht wenig bekannt ist, selbst wenn sie so „typische Namen" führen wie Asymmetrin! (ZAAROGIAN und CURTIS 1964).

b) Phenylborsäure und einige andere Substanzen (Phasenspezifität der Wirkung)

In einigen Untersuchungen hat sich die Phenylborsäure als eine sehr spezifisch die Morphogenese beeinflussende Substanz erwiesen. Sie wirkt phasenspezifisch: es werden stets nur die ersten Differenzierungsprozesse in den Blattprimordien gehemmt (HACCIUS und MASSFELDER 1961a, LEH 1961). Bei gegen- oder quirlständigen Blättern wird in der Regel nur ein Blatt betroffen, was wohl die Folge einer geringen zeitlichen Verschiebung der Blattentstehung ist (HACCIUS und MASSFELDER 1961b). Bei Tomaten lassen sich – ebenfalls auf Grund der zeitlich kurzen Wirkung – lanceolate Blätter erhalten (HACCIUS und GARRECHT 1963). Sehr interessant ist nun, daß man bei genotypisch bedingten (homozygoten und heterozygoten) lanceolaten Tomatenpflanzen eine erhöhte Aktivität von Tyrosinase, Laccase, Peroxydase und Katalase findet und dasselbe auch der Fall ist, wenn lanceolate Blätter durch Phenylborsäure erzeugt werden, so daß möglicherweise ein kausaler Zusammenhang zwischen der Steigerung der Fermentaktivität und der Veränderung der Blattform besteht (MATHAN 1964). Die relative Fermentverschiebung existiert auf allen Entwicklungsstadien. Die Entwicklung läßt sich durch Zugabe von Tyrosin etwas normalisieren (MATHAN und COLL 1964). Diese Vorstellung der Phenylborsäurewirkung ist jedenfalls wahrscheinlicher als die Annahme einer Elastizitätsveränderung der Zellwände (ODHNOFF 1961).

Andere Substanzen, deren Wirkung auf die Morphogenese von Blättern in vegetativem und generativem Bereich schon länger bekannt ist, wie z. B. 2,4-D (HACCIUS und TROMPETER 1960, DUPUY 1961, ASTIÉ 1962,

LECOCG 1963, SCHWANITZ 1962, FELLENBERG 1964 u. a.), TIBA usw. wirken ebenfalls derart, daß jeweils nur bestimmte Entwicklungsstadien getroffen werden. Bei *Vicia faba* ist der Entwicklungszustand der Blattanlagen zum Zeitpunkt der Behandlung mit 2,4-D für die abweichende Blattgestalt verantwortlich (GERANMAYEH 1964). TIBA wirkt nur während der Differenzierungsprozesse von Primordien, so daß *Solanum*-Pflanzen, die zu einem Zeitpunkt behandelt werden, zu dem die Staubblätter noch nicht stereomikroskopisch sichtbar sind, diese bis zum völligen Schwund reduziert werden können (KIERMAYER 1961).

Korrelationen

Die korrelative Entwicklungssteuerung wird ebenfalls vorwiegend unter dem Gesichtspunkt der stofflichen Grundlagen betrachtet. Dazu liegen auch im Berichtszeitraum einige Arbeiten vor. Bei *Chara* wird die Apikaldominanz wie bei höheren Pflanzen und Moosen durch IES gesteuert (LIBBERT u. JAHNKE 1964, JAHNKE und LIBBERT 1964). Bei allen diesen IES-Versuchen war stets der Einwand möglich, auf den auch oft hingewiesen wird (THIMANN 1963), daß sie auf unphysiologischen Konzentrationen beruhe. Es ist daher besonders wertvoll, daß es bei *Pisum sativum* gelang, mit der von der Sproßspitze abgegebenen IES-Menge die Achselknospe in der gleichen Weise zu hemmen wie am intakten Sproß. Wenigstens für diese Pflanze kann daher das native Auxin die Kontrollsubstanz für die Apikaldominanz sein (LIBBERT 1964).

Der Blattstielabfall an Sproßstücken von *Coleus* wird u. a. durch den Gehalt an IES und die potentielle Wachstumskapazität bestimmt (GORTER 1964). Die IES hemmt dabei nach den Vorstellungen von JACOBS den Blattfall dadurch, daß sie Wachstum induziert; für diese Vorstellung werden eine Reihe von Indizien aufgeführt, z. B. daß mit Wuchsstoff der Abfall in derselben Reihenfolge stattfindet wie bei intakten Blättern, daß das durch IES induzierte Wachstum bei den verschiedenen Blättern unterschiedlich ist und daß die Blätter bis unmittelbar vor den Abfall wachsen (JAKOBS, KANSHIK und ROCHINS 1964).

Physiologische (nicht stofflich identifizierte) Gradienten in der Längsrichtung der Sproßachse (Zyklophysis) lassen sich aus dem Verhalten der verschiedenen Knoten und ihrer Seitensprosse im Regenerationsexperiment erschließen (LYR und SEELIGER 1964).

Neuerdings wird auch wieder die Bedeutung des N-Gehaltes für Korrelationen in Betracht gezogen. Da durch hohe Stickstoffgaben die Apikaldominanz bei *Agropyron* gestört wird, glaubt MCINTYRE (1964a), daß diese im wesentlichen auf einer schwächeren Ernährung der Seitensprosse, schwächerer Wuchsstoffproduktion und damit einer schwächeren Differenzierung der Leitungsbahnen zu diesen hin beruht. Weitere korrelative Beeinflussung durch den N-Gehalt zeigen folgende Versuche: Die Knospen von *Agropyron* entwickeln sich bei höheren Stickstoffgaben bevorzugt zu Sprossen, bei niederen zu Rhizomen (MCINTYRE 1964b). Wenn der N-Gehalt steigt, steigt ebenso das Verhältnis Sproß/Wurzel. Da das verschobene Sproß/Wurzelverhältnis eine positive Korrelation zu einem nicht näher identifizierten Wuchsstoff hat, können zwischen beiden kausale Zusammenhänge bestehen (WILKINSON und OHLROGGE 1964). Wie JANSEN (1964b) gefunden hat, ist eine von außen zugegebene

Gibberellingabe bei extremen (hohen oder niederen) Stickstoffverhältnissen im Nährsubstrat wirksamer als bei mittleren, was auf eine Abhängigkeit nativer Gibberellin-ähnlicher Stoffe vom N-Stoffhaushalt hinweist.

Interessante Beiträge zu den hormonalen Beziehungen zwischen Sproß und Wurzel stammen von PHILLIPS (1964a). Werden bei Sonnenblumen die Wurzeln geflutet, dann verdicken sich die Sproßachsen und die Blätter zeigen Epinastie. Die Epinastie verschwindet, wenn die Sproßachse dekapitiert wird und erscheint wieder nach Applikation von IES-Paste.

Das Fluten der Wurzel beeinflußt also den IES-Haushalt der Sproßachse. Nach 14 Tagen findet man in gefluteten Pflanzen tatsächlich auch einen dreimal höheren Auxingehalt, der aber im wesentlichen auf einer Hemmung der Abnahme zu beruhen scheint (PHILLIPS 1964b).

Ganz allgemein läßt sich an vielen Experimenten ein Antagonismus zwischen Sproß- und Wurzelwachstum konstatieren (vgl. bei Kinetin). Besonders deutlich war dies bei der Regeneration von Blattstecklingen, wo stets die Bedingungen, die für die Sproßbildung günstig sind, die Wurzelentstehung und deren Wachstum hemmen (RÜNGER 1959).

Bei Begonien-Blattstecklingen hemmt eine Kurztags-Behandlung der Mutterpflanze oder der Stecklinge bei der Regeneration die Wurzelbildung und fördert die Anlage adventiver Sproßknospen (HEIDE 1964).

Nachdem man schon lange die Notwendigkeit wurzelbildender Substanzen diskutiert hat, geht auch aus neueren Versuchen eine Existenz solcher Substanzen hervor. Durch basipetale Zentrifugierung (~640 g, 90 min) von Weidenzweigen wird die Wurzelbildung gefördert, während eine Zentrifugierung in umgekehrter Richtung keinen Effekt hat, vor allem auch keine Förderung der Sprosse auslöst. Schwache Bewurzelung tritt dagegen dann auf, wenn das basipetale Ende nach Zentrifugieren abgeschnitten wird. Diese Phänomene weisen auf ein „Rhizokalin" hin, das sich durch Diffusion abfangen und in 4 aktive Fraktionen zerlegen läßt, die zu Auxin synergistisch wirken (KAVASE 1964). In genau dieselbe Richtung weisen folgende Experimente: Stecklinge von *Camelia*-Rassen, die keine Wurzeln zu bilden vermögen, können dies, wenn ihnen wurzelbildende Rassen aufgepfropft werden, während eine Pfropfung in umgekehrter Richtung zu keiner Hemmung führt (RICHARDS 1964). Aus Jugendtrieben von *Hedera helix* ist ein für die Wurzelbildung günstiger Kofaktor in höherer Konzentration zu gewinnen als aus Alterstrieben, die sich normalerweise schlecht bewurzeln (C. E. HESS 1964).

Die seitliche Verzweigung von Luftwurzeln wird, wie man schon immer weiß, durch Einwachsen in Wasser ausgelöst. Dabei hat das Wasser zwei Effekte: nämlich die Induktion von Seitenwurzelanlagen und die Anregung zum Auswachsen dieser Anlagen. Das letztere findet nur statt, wenn der Wasserstrom von der Wurzelspitze zur Basis verläuft (BOPP, JÄPPEL und HANKE 1963).

Die korrelativ bedingte Verzweigung sympodialer Sproßachsen, verursacht durch das Absterben des Hauptvegetationskegels, kann nur bei schwach wachsenden *Tilia*-Sprossen mit Gibberellinsäure zu monopodialem Wachstum geändert werden (DOSTAL 1964a). Dagegen ist durch Entfernung der Knospenschuppen, die auch eine Differenzierung der folgenden Blattanlagen beeinflussen (DOSTAL 1961) eine mehr oder weniger starke Umstimmung des monopodialen Wachstums möglich (DOSTAL 1964b)!

Induktion der Knospenruhe

Eine wichtige Rolle in der Diskussion der Steuerung der Korrelationen, vor allem bei Holzpflanzen – bei Kartoffeln scheinen andere Verhältnisse vorzuliegen (BRUINSMA 1962) –, spielt schon seit längerer Zeit der „β-Inhibitor". Dieser besteht aus mehreren Fraktionen, wobei eine Fraktion mit Säurecharakter besonders wirksam ist (ROBINSON und WAREING 1964). Die Bildung des Wachstums-Inhibitors bei *Acer pseudoplatanus* ist photoperiodisch bedingt und geht parallel zur Knospenruhe. (ROBINSON, WAREING und THOMAS 1963). LANE und BAILEY isolierten aus ruhenden Knospen des Zuckerahorns 2 Inhibitoren, deren Wirkung auf die Samenkeimung von *Plantago* getestet wurde! Die Bildung wasserlöslicher Inhibitoren der Lärche, die abhängig von der Photoperiode im Kurztag gebildet werden, beeinflußt auch die Dicke der Tracheidenzellwände (WODZICKI 1964).

Aufschlußreicher sind Versuche, bei denen der Einfluß isolierter Substanzen auf das Austreiben der Knospen selbst getestet wurde. Eine Substanz, die sich papierchromatographisch als β-Inhibitor identifizieren ließ, im Laufe des Jahres ihre Konzentration ändert und das Austreiben von Achselknospen bei *Acer*- und *Pisum*sämlingen hemmt, hat DÖRFFLING (1964a, b) isoliert. Aus Kurztagsknospen und reifen Blättern von *Betula pubescens* gewannen EAGLES und WAREING 1964 einen ebenfalls photoperiodisch bedingten Hemmstoff, der aktiv wachsende Keimlinge derselben Pflanze hemmt und die Ruheentwicklung nicht ruhender Knospen verursacht, wenn er unter photoperiodischen Bedingungen, die das Auswachsen der Knospen veranlassen, auf reife Blätter appliziert wird. Die Autoren nennen diese Substanz „Dormin" (EAGLES und WAREING 1963). Die Knospenruhe soll auf einer Balance zwischen fördernden (Gibberellin) und hemmenden (Dormin) Faktoren beruhen. So können Ruheknospen von Pappeln und Erlen Anfang September durch Gibberellinsäure zum Austreiben gebracht werden (MELCHIOR 1961). In einem Sammelreferat heben SMITH und KEFFORD hervor, daß nur eine solche 2-Stofftheorie das Phänomen adäquat beschreiben kann (DÖRFFLING 1964a). Sie weisen darauf hin, daß viele frühere Angaben deshalb unbrauchbar sind, weil die Aufhebung der Ruhe (= Änderung der Funktion der Knospen) und das Austreiben (= Wachstum bzw. irreversible Volumenzunahme) nicht auseinandergehalten wurden.

Photoperiodische und verwandte Prozesse

Nachdem wir bereits dargestellt haben, welche Rolle Nucleinsäurestoffwechsel und Gibberelline bei der Blütenbildung spielen, sollen hier einige Resultate zur photoperiodischen Beeinflussung der Blütenbildung und damit verwandter Vorgänge zusammengefaßt werden.

Die Anzahl der photoperiodischen Reaktionstypen nimmt mit der Zahl der analysierten Pflanzen weiter zu. Neben den bisher bekannten Typen existieren in der Familie der Convolvulaceen auch solche, die nur im Kurztag oder im extremen Langtag blühen, dazwischen nicht, und in der Gattung *Bidens* gibt es viele Arten, die sich gerade umgekehrt verhalten, d. h. nur in mittleren Tageslängen blühen (MATHON 1963, LUCIANI, GAILLOCHET und MATHON 1963), wobei die letzteren wohl eine besondere Form von Kurztagspflanzen sind.

Sinapis alba ist eine Langtagspflanze, die mit zunehmendem Alter zur Blühinduktion immer weniger Langtagszyklen benötigt. Nach 90 Tagen genügt ein Zyklus um 100% der Pflanzen zu induzieren (BERNIER 1963). Dieser Langtag läßt sich in 3 Phasen unterteilen, wobei nur der Abschnitt von 12–14 Std einen starken Effekt auf die Blühinduktion hat (BERNIER und BRONCHART 1964). Lang- und Kurztagspflanzen können bei Kultur unter sterilen Bedingungen und Zuckerzusatz auch in Dauerdunkel Blüten bilden, was an einer Winterweizensorte erneut bestätigt wurde. Dabei blühen unter optimalen Verhältnissen im Dauerlicht und Dauerdunkel gleicherweise etwa 90% der Pflanzen (INOUYE, TASHIWA und KATAYANA 1964). Da in der Natur die Abend- und Morgendämmerung bei photoperiodischen Induktionen eine Rolle spielen könnten, prüften TAKIMOTO und IKUDA (1961) diese Bedingungen bei 4 verschiedenen Kurztagspflanzen im Experiment. Sie fanden hinsichtlich der Bedeutung der Dämmerungszeiten 3 verschiedene Reaktionstypen, abhängig von der zeitlichen Lage besonders lichtempfindlicher Zustände bei der Induktion.

Aus neuerer Zeit liegen auch eine Reihe von Untersuchungen darüber vor, daß verschiedene Entwicklungsschritte von Moosen photoperiodisch gesteuert werden. So wird das Verhältnis von Seta-Länge zur Kapselgröße bei *Polytrichum* im Langtag zugunsten der Seta verschoben, was auf einer recht komplizierten Wachstumsregulation zwischen vegetativem und reproduktivem Anteil der Sporogone beruht (HUGHES 1962). Bei *Bartramia* und anderen Laubmoosen entwickeln sich die Sporophyten im Kurztag besser und schneller (PATTERSON und BARBER). Bei dem Lebermoos *Conocephalum* ist die Länge der Archegoniophorenstiele photoperiodisch bedingt (OCHI, YAMAMOTO und TECHINA). Bei *Lunalaria* induziert Langtag eine Ruheperiode, die durch Kurztag gebrochen wird, wobei die Tageslänge von allen Teilen des Thallus und auch von jungen Brutkörpern aufgenommen werden kann (SCHWABE und NACHMONY-BASKOMB 1963). Da die Kurztagsbehandlung durch kurze Lichtunterbrechung aufgehoben werden kann, handelt es sich um ein echtes photoperiodisches Phänomen (WILSON und SCHWABE 1964).

Für eine größere Anzahl von Lebermoosen gibt BENSON-EVANS (1964) photoperiodische Reaktionen bei der Gametangienbildung an. (Ausgesprochene Kurztagspflanzen: *Riccia glauca, Anthoceros laevis,*: Ausgesprochene Langtagspflanzen: u. a. *Preissia quadrata, Conocephalum, Pellia, Riccardia, Lophocolea.*)

Photoperiodische Einflüsse in Zusammenhang mit korrelativen Steuerungsvorgängen spielen auch bei der Ausbildung von Knollen eine Rolle. Bei *Begonia evansiana* entstehen Luftknollen in den Achseln der Blätter im Kurztag. Durch

Langtagbehandlung anderer Blätter wird diese Induktion unterbrochen, wobei jüngere Blätter stärker hemmen als ältere, im Kurztag die Knollenbildung aber schwächer fördern (ESASHI 1961). Durch IES, die zu Beginn der Kurztagsbehandlung auf die Blätter aufgetragen wird, werden die Knollen ebenfalls gehemmt (ESASHI, EGUCHI und NAGAO 1964).

Die Kurztagsinduktion kann durch niedere Temperaturen von 9—13 Grad ersetzt werden (ESASHI 1964). Besonders der Anfang der Kulturperiode ist temperaturempfindlich (ESASHI und OGATA, NAGAO 1964). Bei Topinambur hängt es vor allen Dingen von der Temperatur ab, ob ausgelegte Knollen weiter mit Knollen oder mit Rosetten wachsen. Bei 15 Grad gibt es Knollen, bei 6 und 23 Grad hingegen Rosetten. Das ist aber nur bei Knollen in der Ruheperiode der Fall, davor oder danach ausgelegte Topinambur-Knollen können nur unvollständig auswachsen (COURDUROUX 1963). Die Fähigkeit zur Knollenbildung läßt sich durch Pfropfung übertragen.

Bei zwei Rassen, bei denen die eine hinsichtlich der Knollenbildung photoperiodisch, die andere aber thermoperiodisch reagiert, kann der Stimulus gegenseitig übertragen werden, woraus auf eine Identität der verantwortlichen Substanzen in beiden Fällen geschlossen wird (COURDUROUX 1962).

Die Temperaturabhängigkeit photoperiodischer Reaktionen wurde schon verschiedentlich nachgewiesen, sie konnte in weiteren Experimenten bestätigt werden: TAKIMOTO und HAMNER (1964) fanden, daß bei *Pharbitis nil* die zur Induktion notwendige Dunkelperiode um so länger dauert, je tiefer die Dunkeltemperatur ist. *Bougainvillien* sind bei 21° Kurztagspflanzen, während sie bei 10° in Kurz- und Langtag gleich schnell blühen (HACKETT und SACHS 1964), und Erdbeeren, die ebenfalls normalerweise Kurztagspflanzen sind, kommen bei Kältebehandlung auch im Langtag zur Blüte (COLLINS und BARKER 1964).

Nach den interessanten Untersuchungen von TAKIMOTO und HAMNER (1964) mit über 24 Std hinaus verlängerten Dunkelperioden nach verschiedenem Vorbelichtungsprogramm an der extrem sensitiven Kurztagspflanze *Pharbitis nil* existieren hier 3 Zeitmessungsmechanismen, die für die photoperiodische Reaktion verantwortlich sind. Der erste stark temperaturabhängige Mechanismus ergibt einen linearen Anstieg der Blütenbildung mit der Dauer der Dunkelperiode. Der zweite, festgestellt durch unterschiedliche Reaktion nach verschieden langer Vorbelichtung (vgl. auch FREDERICQ 1964), beruht auf einem endogenen Rhythmus, der mit Beginn der Lichtperiode einsetzt. Es handelt sich hier um die schon lange bekannten diurnalen Schwankungen der Lichtempfindlichkeit (BÜNNING 1963), jedoch ist deren Nachweis für *Pharbitis nil* deshalb bemerkenswert, weil bisher bei der nur eine Langnacht benötigenden Pflanze die Bedeutung einer solchen endogenen Rhythmik nicht ohne weiteres anzunehmen war. Die dritte Temperatur-unabhängige Komponente, die sich in der verschiedenen Empfindlichkeit gegen Rotbestrahlung (5 min Rotlicht, Cellophanfilter) äußert, beginnt zu Anfang der Dunkelperiode und hat ein Maximum der Lichtempfindlichkeit 8 Std nach deren Beginn. KOFRANEK und SACHS (1964) erhielten mit Dunkelrotbestrahlung während der Induktion keine Reduktion der Blütenbildung, was aber vielleicht auf einer ungenügenden Versuchsanstellung beruht.

Eine größere Anzahl von Untersuchungen beschäftigt sich mit der Bedeutung des Phytochromsystems für die photoperiodisch bedingte Blüteninduktion. Diese

Arbeiten sollen im kommenden Jahr in Zusammenhang mit anderen durch Phytochrom gesteuerte morphogenetische Prozesse behandelt werden.

LANGER und BUSSEL (1964) glauben, daß die Stimulierung der Blattanlagen durch induktive Bedingungen ein essentieller Schritt der Blühinduktion sei, weil die Rate der Blattbildung unter den jeweils induktiven Verhältnissen größer ist als unter den nicht induktiven. Dabei dürfte es sich aber wohl eher um einen Parallelismus zwischen beiden Prozessen handeln, so wie schon THOMAS (1961) angenommen hat, daß die Förderung des Blattspreitenwachstums (bei Spinat und Klee) und die Blüteninduktion auf einen „Basiseffekt" der Induktion zurückgehen.

Diese Beobachtungen werden dadurch ergänzt, daß die Ausbildung der Jugend- und Altersformen vielfach ebenfalls photoperiodisch bedingt sind wie z. B. bei *Cyamopsis tetragonoloba* (SPARKS und POSTLETHWAIT 1964). Bei *Ulex europaeus* erscheint die Altersform der Blätter im Langtag (8 Std Stark- und 8 Std Schwachlicht) an einem früheren Knoten der Pflanzen (MILLENER 1961). Für die Ausbildung der Blattform sind dabei nur die Bedingungen zum Zeitpunkt der Blattentstehung verantwortlich. Die bei *Cyaneus segetum* im Kurztag entstehenden Blätter sind gefiedert, die im Langtag schwach lanzettlich (SEIDLOVÁ 1964).

Recht aufschlußreiche Resultate zur Blütenbildung wurden bei verschiedenen *Lemna*-Arten insbesondere der Kurztagsform *Lemna perpusilla* Stamm 6746 und der Langtagsform *Lemna gibba* G1 erzielt. Bei *Lemna gibba* G1 wird im Kurztag durch KH_2CO_3 die Bildung von Blütenanlagen gefördert, ebenso durch Begasung mit CO_2 und gleichzeitig 10 min Dunkelrot-Zugabe, da ohne Dunkelrot Pflanzen mit häufigem Nährlösungswechsel nicht blühen (KANDELER 1962a). Jedesmal wird im Langtag die Blütenbildung gehemmt; es scheint daher die Dunkelfixierung von CO_2 ein Glied in der Kausalkette der photoperiodischen Blütenbildung zu sein (KANDELER 1964a, b), da auch bei *Salvinia* die photoperiodische Induktion durch CO_2-Entzug gehemmt werden kann (SHIBATA 1961). (HOCK und MOHR (1964) nehmen an, daß die O_2-Aufnahme ein Teil der Signalkette bei Photomorphosen sei). Die photoperiodische Empfindlichkeit kann aber auch durch andere Faktoren beeinflußt werden, z. B. bedingt eine Erhöhung der Ca-Ionen eine Verminderung der Blütenbildung im Langtag (HILLMAN 1962); Cu-Ionen verändern ebenfalls die photoperiodische Abhängigkeit insbesondere in Verbindung mit EDTA (Äthylen-Diamin-Tetraessigsäure). Wird *Lemna perpusilla* Stamm 6746 aseptisch ohne EDTA-Zugabe kultiviert, blühen die Pflanzen unabhängig von der Tageslänge, während sie mit EDTA nur unter Kurztagsbedingungen blühen (HILLMAN 1961a). Da EDTA ein Chelatbildner ist, wird daraus geschlossen, daß vor allem Fe- und Cu-Ionen hemmend auf die photoperiodische Reaktion wirken und durch EDTA aus der Nährlösung entfernt werden (HILLMAN 1962). Werden Pflanzen immer in derselben Nährlösung gehalten, so blühen sie mit und ohne EDTA, bei häufiger Übertragung in neues Substrat jedoch nur mit EDTA, was mit der vorigen Vorstellung in Einklang steht (HILLMAN 1961b). Die bisherigen Resultate gelten allerdings nur für höhere Lichtintensität, während bei schwacher Intensität (1400 Lux) *Lemna perpusilla* auch ohne EDTA nur im Kurztag blüht (ODA 1962, ESASHI und ODA 1964).

In Abwesenheit von EDTA wird die Blütenbildung durch Zucker nicht wesentlich beeinflußt, während in Gegenwart von EDTA die Pflanzen nur bei höherer Zuckergabe zur Blüte kamen. EDTA soll die Blütenbildung durch Beschleunigung eines Langtagsreaktionssystems hemmen (ESASHI und ODA 1964). Die EDTA-Wirkung geht nach der Vorstellung von KANDELER wohl nicht über das Phytochromsystem, da dessen Wirkung auf das vegetative Wachstum der Sprosse und Wurzeln bei *Lemna gibba* auch ohne EDTA nachzuweisen ist (KANDELER 1962b, 1963).

Der unter induktiven Bedingungen entstehende Blühstimulus ist durch Pfropfung zu übertragen (CURTIS 1964), was wohl kaum mehr einer Bestätigung bedurfte. Über seinen Charakter, der mit der Aktivierung genetischer Informationen am Vegetationskegel in Zusammenhang zu bringen ist (vgl. S. 170), versuchten die folgenden Untersuchungen Aufklärung zu geben: Während durch einmalige Applikation der RNS- und Proteinhemmstoffe Thiouracil, Fluoruracil und Chloramphenicol die Blütenbildung bei Tomaten nicht zu hemmen war, haben Hemmstoffe der Steroidsynthese die Blütenbildung spezifischer blokkiert, ohne das Wachstum zu beeinflussen (PHATAK und WITTWER 1964). Bei *Xanthium* und *Pharbitis* ist das besonders mit der Substanz der Firma Smith, Kline and French 77 32—A_3 (tris-(2-dimethylaminoäthyl)-phosphattrihydrochlorid) möglich, das in tierischen Zellen spezifisch die Steroidsynthese hemmt. Da die Blockierung über die Blätter geht, könnte der Blühstimulus, der dort entsteht, ein Steroid sein (BONNER, HEFTMANN und ZEEVAART 1963), welches eine Aktivierung der Blütengene im Vegetationskegel veranlassen könnte (ZEEVAART 1964b).

Gewebekulturen

a) Physiologische und cytologische Veränderung

Die Kultur von Geweben in vitro gewinnt für die Entwicklungsphysiologie mit der Verbesserung der Technik mehr und mehr an Bedeutung. Dabei stehen, abgesehen von Stoffwechselproblemen, bei denen die Gewebekulturen meistens als Testobjekt dienen, zwei Probleme im Vordergrund:

1. die Kultur einzelner isolierter Zellen,
2. die Differenzierung zu Embryonen, Organen und ganzen Pflanzen.

Die in vitro gezogenen Gewebe oder Suspensionen isolierter Zellen werden dabei vielfach als Modellsysteme betrachtet, deren Reaktionen auf zugesetzte Substanzen und deren Nährstoffbedürfnis die Vorgänge in intakten Geweben erkennen lassen (BRAUN 1962, BERGMANN 1964b). Dies ist jedoch nicht ohne weiteres der Fall, denn wie WEINSTEIN u. Mitarb. (1962) und TULECKE u. Mitarb. (1962) gezeigt haben, unterscheiden sich alle darauf hin untersuchten Gewebe in vitro cytologisch, physiologisch und biochemisch von dem Ausgangsgewebe (z. B. Gewebe von *Agave toumeyana*, von Tumoren aus Paul's Scarlet Rose, von *Gingko*-Pollen). Die Kulturen von *Gingko*-Pollengewebe weisen die meiste Ähnlichkeit hinsichtlich der freien Aminosäuren, der Proteinaminosäuren, der Nucleinsäure, des Nucleinsäurephosphor und des Zuckergehalts mit keimenden Pollenkörnern auf (TULECKE u. Mitarb. 1962). Obwohl zwischen den Ausgangsgeweben und den Gewebekulturen gewisse Ähnlichkeiten gefunden werden, repräsentieren sie das Ausgangsgewebe nur in begrenztem Maße, vor allem weil die Veränderung nicht nach einem vorherzusehenden Muster vor sich geht. So war zunächst angenommen worden, daß die seltene Aminosäure Lysopin nur in Tumoren vorkommt, da man nur Gewebekulturen prüfte. Nun wurde sie aber auch in intakten Tomatenpflanzen gefunden (SEITZ und HOCHSTER 1964).

Diese Komplikationen beziehen sich auch auf cytologische Veränderungen. DE TOROCK und WHITE (1960) stellten an frisch isolierten Geweben von *Picea glauca* eine große Variabilität der Chromosomenzahlen fest — eine Beobachtung, die bei vielen Objekten wiederholt wurde, während RISSER (1964) ebenfalls bei *Picea glauca* einen Stamm beschreibt, bei dem der 2 n-Zustand stabilisiert ist. Bei *Medicago sativa* kommt eine 2 n-Kultur dadurch zustande, daß sich auf Caseinhydrolysat nur die kleinen Zellen mit $2n = 32$ Chromosomen teilen, größere ebenfalls vorhandene Zellen aber ungeteilt bleiben (CLEMENT 1964a, b). Eine eigenartige Beobachtung an Gewebescheibchen aus Wurzeln machte TORREY (1961). Nach Behandlung mit Kinetin findet man vor allem tetraploide Zellen geteilt, ohne Kinetin dagegen diploide, so daß also das Teilungsmuster eines Gewebes durch Kinetin beeinflußt wird. In Zellsuspensionen von *Haplopappus*, *Convolvulus* und Karotten, die sich innerhalb der ersten 14 Tage stark teilten, treten kaum Chromosomenaberrationen auf (TORREY, REINERT und MECKEL 1962). MITRA und STEWARD (1960) beobachteten dagegen unter dem Einfluß von Kokosnußmilch somatische Reduktionen in Gewebekulturen (STEWARD 1963). Einen wesentlichen Einfluß auf den Ploidiegrad einer Gewebekultur besitzt ganz offensichtlich das Kulturmedium (FOX 1963, PARTANEN 1963).

In diesem Zusammenhang ist ein eigentümlicher Regulationsmechanismus interessant, den NEMEČ (1964) an intakten Wurzelspitzen von *Vicia faba* beobachtete. Nachdem diese mehrfach mit Chloralhydrat behandelt worden waren, gliederten sie einzelne polyploide Stränge aus dem übrigen Gewebeverband aus. Der Zusammenhang mit dem Meristem wurde dadurch unterbrochen und rein diploide Gewebe regenerierten die gesamte Spitze.

b) Kultur von Einzelzellen

Die Kultur von Einzelzellen hat in den letzten Jahren wesentliche Fortschritte gemacht. Offenbar ist die Fähigkeit einzelner Zellen, völlig isoliert zu einem Gewebe heranzuwachsen begrenzt, weshalb die ersten Erfolge mit sog. Ammengewebe erzielt wurden (MUIR, HILDEBRANDT und RIKER 1954). Völlig isolierte Zellen sind zur Weiterentwicklung wohl nur in Ausnahmefällen in der Lage. VIMLA, HILDEBRANDT und RIKER (1964) fanden z. B. nach 10 Tagen 30% der Einzelzellen einer Tabakcalluskultur geteilt. In Schüttelkulturen von Einzelzellen bilden nach GIBBS und DOUGALL sogar bis zu 100% der Zellen Kolonien. CHEN und GALSTON (1964), BLAKELY und STEWARD (1964a), MOHAN RAM und STEWARD (1964) konnten dagegen in völlig isolierten Einzelzellen (*Pelargonium*, Karotten, Bananenfruchtfleisch) keine Teilungen finden. In einer quantitativen Untersuchung haben REINERT und v. ARDENNE (1964) und REINERT (1963a) den Nachweis geführt, daß die Fähigkeit der Einzelzellen sich zu teilen von der Nachbarschaft eines Gewebestückes abhängt, das als Ammengewebe dient. Es wurden dazu Gewebekulturen von *Vitis vinifera* verwendet, die auf rein synthetischem Substrat gut wachsen. Bei Ausbreitung der Kultur auf Agarplatten teilen sich nur solche Einzelzellen, die zufällig neben größeren Gewebemassen liegen und nur diese bilden sichtbare Kolonien. Das Gewicht des auf die Agarplatte gebrachten Inokulums ist direkt mit der Anzahl der sich zu Kolonien entwickelten Einzelzellen korreliert. Zu demselben Ergebnis kommen BLAKELY und STEWARD (1964a), die Karottengewebe von großen Zellgruppen frei filtrierten. Von den verbliebenen Zellen wachsen bis zu 10% zu sichtbaren Gruppen heran, während sich etwa 30% zu teilen vermögen. Dabei steigt die Zahl der sichtbaren Kolonien mit der Dichte an, mit der die Platte zu Anfang beschickt wurde. In großen Zellaggregaten teilen sich die Zellen außerdem schneller als in einer Zellsuspension (STEWARD 1963). Die von den Gewebekomplexen abgegebenen Substanzen (Kinine ?) sind noch unbekannt.

Eine Voraussetzung für die Kulturen von Einzelzellen ist, daß sich solche aus dem Gewebe abtrennen, was sowohl von der Art als auch vom Alter der Kultur und von Bor- und IES-Gehalt des Substrats abhängt (GAMAPATHY, HILDEBRANDT und RIKER 1964). Schließlich zerfallen schnell wachsende Kulturen leichter in Einzelzellen als langsam wachsende (LAMPORT 1964).

Die Entwicklung der Einzelzelle wird weitgehend von ihrem Ausgangszustand innerhalb der Kultur bestimmt. Eine Karottenzelle bildet um so eher eine Kolonie, je kürzer sie zu Beginn ist. Langgestreckte Zellen teilen sich zunächst mehrfach quer, so daß Reihen kurzer Zellen entstehen und gehen dann in zwei- bzw. dreidimensionales Wachstum über (BLAKELY 1964a, VIMLA, HILDEBRANDT und RIKER 1964). Allerdings ist eine Voraussage, wie sich eine bestimmte Zelle im Einzelfall verhalten wird, bei dem kleinen Prozentsatz der überhaupt sich teilenden Zellen nicht zu machen. Vielfach strecken sich die Zellen nur.

Bedeutungsvoll ist die Beobachtung, daß aus Einzelzellkulturen gleicher Herkunft völlig verschiedene Tochterkulturen entstehen können. LUTZ (1963b) bekam von Einzelzellen, die mit Hilfe von Ammengewebe kultiviert wurden (LUTZ 1963a), einen Gewebestamm, der stark verholzte und einen zweiten, der vorwiegend aus parenchymatischem Gewebe bestand. – MURASHIGE und NAKANO (1964) fanden zwei verschiedene Gewebe, von denen das eine gut wuchs und sich in Sproß und Wurzel differenzierte, während das andere nur langsam wuchs und keine Fähigkeit zu Sproß- und Wurzelbildung besaß. Entsprechende Beobachtungen über verschiedene Wachstumsraten, Formbildung und Zuckerbedürfnis machten ARYA, HILDEBRANDT und RIKER (1962a, b) über Gesamtstickstoffgehalt und induzierte Acriflavin-Resistenz BLAKELY und STEWARD (1964b). Alles dies sind Formen irreversibler Gewebedifferenzierung, so daß man von einem Verlust der Totipotenz sprechen kann, die frisch isolierte Zellen noch besitzen (BLAKELY und STEWARD 1964b). So weit der Verlust der Totipotenz dabei steuerbar ist, wie z. B. die Acriflavin-Resistenz, eröffnet sich damit eine Möglichkeit, die Grundvorgänge bei der

Differenzierung zu studieren. Von diesen irreversiblen Veränderungen sind diejenigen zu unterscheiden, die durch das Kulturmedium bedingt und reversibel sind (Blakely und Steward 1961).

c) Embryonen in Gewebekulturen

In Geweben von Karotten treten sowohl spontan als unter verschiedenen Bedingungen, z. B. nach Entzug von Auxin (Reinert 1963b), Differenzierungen auf, die völlig normalen Embryonen verschiedener Entwicklungsstadien gleichen (Reinert 1959, Steward 1963). Diese Beobachtung wurde im Prinzip inzwischen in verschiedenen Laboratorien bestätigt (Steward, Shantz, Pollard, Mapes und Mitra 1961). Halperin und Wetherell (1964) konnten Embryonen in Gewebekultur der Wildkarotte bis zu einem vierzelligen fädigen Stadium herunter verfolgen. Solche Embryonen entwickeln sich zu normalen Keimpflanzen, die jedoch selten keimen, manchmal sich auch wieder in einen Callus zurückverwandeln, vor allem wenn sie auf neues Substrat übertragen werden (Vasil, Hildebrandt und Riker 1964a).

Wenn Einzelzellen zu Embryonen werden, so müssen offenbar Bedingungen vorliegen, die denen entsprechen, denen die Zygote im Embryosack ausgesetzt ist. Steward (1963) nimmt an, daß die entscheidenden Momente für die Entstehung der Embryonen folgende sind: Das Fehlen eines organischen Kontaktes und das Untertauchen der Zellen in ein Substrat, das einem flüssigen Endosperm entspricht und schnelle Entwicklung und Wachstum auslöst (Steward, Mapes, Kent und Holsten 1964). In der Kultur sind diese Bedingungen allerdings sehr variabel, so daß auch auf Agar ausgeplattete Zellen sich zu Embryonen differenzieren können (Halperin und Wetherell 1964).

Die Herkunft des Gewebes innerhalb der Pflanze hat auf die Entstehung der Embryonen in der in vitro-Kultur anscheinend nur einen quantitativen Einfluß (Halperin, Abendroth und Wetherell 1964), denn Embryonen bzw. kugelförmige Embryoide bilden sich aus Callus von Karottenscheiben (Kato und Takeuchy 1963), aus Blattgeweben (Wetherell und Halperin 1964) und aus isolierten, sich entwickelnden Embryonen verschiedener Pflanzen (Steward, Mapes und Kent 1963, Vasil, Hildebrandt und Riker 1964a), wobei vielfach callusartige Zwischenzustände durchschritten werden (Johri und Sing Bajaj 1963). Die Fähigkeit isolierter Zellen, Embryonen zu bilden, variiert bei Karotten von Stamm zu Stamm (Steward, Mapes, Kent und Holsten 1964); bei anderen Umbelliferen außer Karotten traten bisher keine Embryonen auf (Halperin und Wetherell 1964), dagegen wurden solche bei Zichorien (Vasil, Hildebrandt und Riker 1964a, b), *Cuscuta* (Maheshewari und Baldev 1962) und der halbparasitischen *Denthrophthoe* (Johry und Sing Bajaj 1963) u. a. gefunden. Die Resultate zur Differenzierung von Embryonen in Gewebekulturen werden ergänzt durch Versuche von Haccius und Reichert (1963, 1964): Werden Embryonen von *Eranthis hiemalis* in den Samenanlagen durch Röntgenbestrahlung zerstört, so entwickeln sich aus den verbliebenen lebenden

Zellen neue vollständige Adventivembryonen. Diese Zellen verhalten sich also genauso wie die Zellen junger isolierter Kotyledonen.

Die weitere Entwicklung der Embryonen in Gewebekulturen wird entscheidend von der Zusammensetzung des Nährsubstrats beeinflußt. Mit Embryonen aus Karottenkulturen, die durch Sieben ausgewählt und damit „partiell synchronisiert" worden waren, d. h. sich in gleichem Entwicklungsstadium befanden, stellte HALPERIN (1964) fest, daß sich ein globulärer Pro-Embryo zu einem linearen Embryo entwickelt, wenn die Konzentration von 2,4 D stark vermindert, dafür Kinetin und IES zugeführt wird. Höhere Konzentrationen von 2,4 D ergeben ein undifferenziertes Wachstum der globulären Proembryonen. Nach REINERT (1963b) wachsen Embryonen in Gewebekulturen nur unter Zufügung von Kokosmilch oder im Licht zu Pflanzen weiter. Ähnliche Verhältnisse liegen auch bei normalen Embryonen vor.

d) Differenzierung von Gewebekulturen

Der Einfluß verschiedener Faktoren in synthetischen Medien, z. B. der Entzug von Wuchsstoff (REINERT 1963b) auf die Entstehung von Sprossen und Wurzeln in undifferenzierten Gewebekulturen, ist schon lange bekannt. Es genügt daher, einige ergänzende Beispiele aus neuerer Zeit zu nennen: Bei isoliertem Kartoffelgewebe muß Wuchsstoff zunächst den Differenzierungsschritt anregen, die Bildung der Organe selbst tritt dann aber erst nach Wuchsstoffverarmung ein (FELLENBERG 1963).

WETMORE und RIER (1963) setzten auf einen undifferenzierten Gewebeblock von *Syringa* einen Agartropfen mit Auxin und Zucker. In Abhängigkeit von der Konzentration der beiden Substanzen differenziert sich dann innerhalb 4–5 Wochen im Gewebe ein Ring von streng orientierten Leitbündeln aus Holz- und Siebteil aus. Die Konzentration bestimmt Ringdurchmesser, Verhältnis von Sieb- zu Holzteil und Differenzierungsgrad (WETMORE, DE MAGGIO und RIER 1964). Derselbe Faktor kann bei Geweben verschiedener Pflanzen aber zu ganz entgegengesetzten Reaktionen führen. So wird in Tabakcallus-Kulturen die Sproßbildung durch Kinetin gefördert, in Meerrettichgewebe dagegen unterdrückt, was offenbar auf einen verschiedenen endogenen Kiningehalt hinweist (SASTRI 1963). Alle Gibberelline außer GA_2 und GA_6 unterdrücken bei *Nicotiana tabacum* die Sproßdifferenzierung, obwohl das Wachstum bei gleicher Konzentration gefördert ist (MURASHIGE 1964). Ebenso bleibt die Differenzierung in Gefäße ungehemmt. KOBLITZ (1964) wies sogar bei Abwesenheit von γ-Aminobuttersäure in Karottengewebe eine Steigerung der Ligninsynthese durch Gibberellin nach. Daraus geht hervor, daß Ligninsynthese und Gefäßdifferenzierung offenbar nicht der primäre Schritt der Organentwicklung sind, wie z. B. von LEE (1962) angenommen wird aufgrund der Tatsache, daß eine Reihe von substituierten Phenolen, die für die Ligninsynthese in Frage kommen, die Sproßbildung fördern.

Auch L-Tyrosin, das einen positiven Einfluß auf die Sproßbildung hat und von dem man zunächst annahm, daß es in Lignin eingebaut wird, dient in erster Linie als Baustein der Proteine (DOUGAL 1962). Daher ist wohl auch in diesem Fall die Synthese eines bestimmten Proteins und nicht die Lignifikation der entscheidende Schritt bei der Sproßbildung.

Die Ligninbildung und damit die Entstehung von Tracheiden in Gewebekulturen ist von verschiedenen Faktoren abhängig: Nach LIPETZ (1962) nimmt die Lignifikation in crown-gall-Gewebe bei Ca-Mangel zu. Umgekehrt wird bei Brom-Mangel die Ligninbildung sowohl in Gewebekulturen als auch in isolierten Wurzeln und in dekapitierten ganzen Pflanzen herabgesetzt (DUTTA und MCILRATH 1964, MCILRATH und SKOK 1964).

Interessant ist schließlich, daß durch Kinetin die Ligninsynthese auf Kosten von Pektin und Cellulose außerordentlich stark gefördert werden kann (KOBLITZ 1962). Diese Anregung ist unabhängig vom Einfluß des Kinetins auf das Wachstum der Gewebekulturen und beruht wohl auf einer Änderung des Kohlenhydratabbaus. In *Nicotiana tabacum*-(Samsun)-Gewebe steigt der Ligningehalt durch Kinetin-Zugabe von 3–5% auf 22% des Trockengewichts an, wobei Lignin sogar in amorphen Krusten auf dem als Substrat dienenden Filtrierpapier entsteht (BERGMANN 1964a). Eine aus dem festen Endosperm der Cocosnuß gewonnene Fraktion (G1) hebt im Karottengewebe die Ligninbildung durch Kinetin auf (KOBLITZ 1964). Nach VENTRETESWARAN und CHEN (1964) besteht bei *Lactuca-* und *Euphorbia*-Gewebe eine umgekehrte Korrelation zwischen Wachstum und Ligninmenge pro mg Trockengewicht, woraus geschlossen wird, daß die Ligninbildung um so stärker ist, je weniger das Gewebe wächst. Dabei ist aber zu berücksichtigen, daß auch Einzelzellen aus Schüttelkulturen von *Portulacca grandiflora* ohne Kontakt mit anderen Zellen Lignin ablagern (JOSHI und BALL 1964) und sich Einzelzellen von *Macleaya* zu Tracheiden ausdifferenzieren können (KOHLENBACH 1962).

Offenbar können alle Faktoren, die normalerweise auf die Pflanzen einwirken, auch in Gewebekulturen Reaktionen hervorrufen, wofür nur wenige Beispiele genannt seien. SPANJERSBERG und GAUTHERET (1963) konnten in Kulturen von Topinambur durch eine einstündige Belichtung mit 600 Lux Wurzelbildung induzieren, wobei ein Faktor entsteht, der sich durch Pfropfung auf andere Gewebe übertragen läßt. Photoperiodisch empfindliche Rebsorten zeigen in vitro eine Abhängigkeit der Wurzelbildung von der Tageslänge (ALLEWELDT und RADLER 1961) und die Reaktion von Efeugeweben ist davon abhängig, ob es aus der Jugend- oder Altersform von Efeupflanzen isoliert wurde (HACKETT, STOUTEMYER und BRITT 1964).

e) Organkulturen

Von großer Bedeutung für die Kenntnis der Vorgänge bei der Differenzierung ist die Möglichkeit, einzelne Pflanzenteile (Meristeme usw.) in vitro zu kultivieren, so daß sie ihre normale Differenzierung unabhängig von korrelativen Prozessen unter kontrollierten Bedingungen fortsetzen. Darüber berichten MAHESHWARI und RANGA SWAMI (1963) im Zusammenhang.

Proembryonen von Weizen entwickeln sich ohne geotropische Reaktionen, d. h. wie in situ, wenn sie bei der Isolierung 200 μ groß sind; sind sie erst 100 μ groß, entstehen zunächst unregelmäßige „Protocorms", die viele Vegetationskegel haben (NORSTOG 1964). Ähnlich bilden sich bei in vitro kultivierten Fruchtknoten von *Anethum* in allen Samenanlagen Polyembryonen, die mit vielen Sprossen auswachsen (Johri und Sehgal 1963), während isolierte Samen von *Vanda*hybriden ebenfalls zunächst einen Callus von 1–2 cm Durchmesser bilden an dem dann mehrere Sproßapices erscheinen (Rao 1963) eine Methode, die bereits in die Vermehrungskultur verschiedener Orchideen Eingang gefunden hat.

Globuläre Embryonen ($< 80\ \mu$) von *Capsella* entwickeln sich bei Zugabe von bestimmten Mengen IES, Kinetin, Adenin und 2,4 D zu reifen Embryonen ($> 700\ \mu$) (Raghavan und Torrey 1964), wobei die Entwicklung nur bei einem Gleichgewicht der genannten Substanzen normal verläuft. Bemerkenswert ist dabei, daß das durch Gibberelline erzeugte Wachstum der primären Wurzel durch Kinetin nicht beeinflußt wird, während dies bei dem durch IES bedingten der Fall ist. Beide Substanzen regen also das Wurzelwachstum auf verschiedenem Wege an (Raghavan 1964).

Ich glaube aber, man muß diesen Versuchen auch entnehmen, daß es kaum möglich sein wird, durch Kombinationen exogener Stoffe die komplizierten endogenen Regulationsmechanismen, wie sie bei der Embryoentwicklung oder Organdifferenzierung zusammenwirken, voll zu erfassen; vor allem deshalb, weil in solchen Versuchen die endogenen Substanzen meist unberücksichtigt bleiben müssen.

Die Kultur von isolierten Samenanlagen zu fertigen Samen in vitro ist auch in neuerer Zeit wieder mehrfach gelungen (Nitsch 1951, Sabharwal 1963), wobei es jedoch leicht zur Bildung von callusartigen Geweben und anderen Abweichungen kommt.

Besonders interessant sind Versuche von Melnick, Holm und Struckmeyer (1964). Sie konnten jeweils 1–2 Samenanlagen verschiedener Herkunft auf die Placenta von *Capsicum frutescens* übertragen und dort zur Entwicklung bringen. Embryonen von Tomaten wuchsen dabei von 0,0025 auf 0,2 mm heran, wobei sowohl parenchymatöse Verwachsungen als auch Leitungsbahnen ausgebildet wurden. Die Placenta der Unterlage muß demnach Substanzen liefern, die die Entwicklung der Samen auch anderer Pflanzen ermöglicht.

In den letzten Jahren wurde wiederholt darüber berichtet, daß die Vegetationskegel verschiedener Pflanzen wie *Picea*, Weizen und Nelken nach Isolierung von einem Stadium ohne Primordien bis zur Bildung neuer Primordien in vitro weiterwuchsen und sich entwickelten. (Romberger 1964, Seidlová und Petru 1964, Phillips und Matthews 1964). Bei Weizenpflanzen ist die Entwicklung nur mit Gibberellinsäure möglich. Darüber hinaus konnten aber zum erstenmal auch Blütenvegetationskegel vor der Anlage von Primordien isoliert und bis zur Ausbildung fertiger Organe (z. B. Staubblätter und Fruchtblätter) kultiviert werden (Galun, Jung und Lang 1963, Tepfer, Greyson und Hindman 1962, Tepfer, Greyson, Craig und Hindman 1963).

Ebenso ist es möglich, einzelne Staubblätter zu kultivieren. Diese führen jedoch keine Meiosis durch (Vasil 1963). Antheren von *Datura* wachsen auf Cocosnußmilch nicht, sie bilden aber zahlreiche unregelmäßige Embryonen, die sich zu normalen Pflanzen entwickeln können

(GUHA und MAHESHWARI). Daß Früchte in vitro bis zur Reife gebracht werden können, wurde erneut bestätigt (NITSCH 1963). Über die Kultur von Farnblättern, die, auf einem frühen Stadium isoliert, sich bis zur völligen Reife entwickeln, berichtet STEEVES (1963).

Calluskultur und Differenzierung bei Moosen und Farnen

Calluskulturen von Moosen und Farnen, die für Außenfaktoren empfindlicher zu sein scheinen als Kulturen von Blütenpflanzengewebe (BAUER 1963), erbrachten ganz neue Gesichtspunkte zum Problem des Gestaltswechsels in der gametophytischen und sporophytischen Generation. Spontane und künstlich erzeugte Callusbildung an Moos- und Farngametophyten und -sporophyten sind schon seit längerer Zeit bekannt (vgl. BOPP 1961a). Sie treten u. a. spontan auf (DE MAGGIO 1964), werden durch Dunkelkultur auf einem komplexen Medium mit Zucker, Hefeextrakt und Agar induziert (KATO 1964) oder sind das Regenerationsprodukt noch undifferenzierter Sporogonspitzen von Bastarden zwischen *Physcomitrium piriforme* und *Funaria hygrometrica* (BAUER 1961a, 1963). Derartige Calluskulturen können nach Übertragung unbegrenzt in derselben Form weiterwachsen (BAUER 1961a, KATO 1964). Sie können sich aber auch ausdifferenzieren: Entweder nimmt die Tendenz zur Differenzierung mit zunehmendem Alter zu, wobei die Mooscalli unabhängig von ihrer Herkunft direkt Sporogone differenzieren (LAL 1961, BAUER 1961a), oder die Differenzierung kann durch Zusatz von Cocosnußmilch oder Zucker in geeigneter Konzentration induziert werden wie an einem 7 Jahre alten Callus aus dem Gametophyten von *Lycopodium obscurum*. Dabei entstehen Wurzeln und Sprosse. Zucker und Cocosnußmilch sind nicht als direkte Auslöser dieser Differenzierung anzusehen, sondern erlauben offenbar nur die Aktivität der „Sporophytengene“ (DE MAGGIO 1964).

In Cocosnußmilch und Tageslicht können haploide Mooscalli sowohl Gametophyten als auch Sporophyten produzieren (LAL 1963).

Dasselbe ist bei soliden Calluskulturen von *Pteris cretica* und *Pteris vittata* der Fall, die sich sowohl zu Gametophyten- als auch zu Sporophytengewebe differenzieren (KATO 1963). Ein sporophytischer Callus geht dann in Gametophytenwachstum über, wenn ihm exogene Zuckerquellen entzogen werden (BRISTOW 1962). Einzelne Zellen von *Pteris vittata* entwickeln sich auf einem komplexen Medium mit Zucker und Hefe weiterhin zu Callus, sie differenzieren sich aber zu völlig normalen Gametophyten, wenn das Medium frei von organischer Substanz ist (KATO 1964).

In dieselbe Richtung weisen Versuche zur Induktion von Apogamie bei den normalerweise sexuellen Gametophyten von *Pteridium*. Von vielen untersuchten Faktoren hat nur der Zuckergehalt des Mediums einen Einfluß auf die Apogamie. Entwicklung von Prothallien und Induktion der Apogamie sind optimal bei 4% Zucker im Medium, Wachstum der gebildeten Sporophyten aber bei 0,1% Zucker (WHITTIER 1964a, b). Im Gametophyten des Farns *Todea* differenzieren sich Tracheiden (als Zeichen sporophytischer Struktur) aus, wenn das Substrat Zucker und NES enthält, wobei Zucker ebenfalls die kritische Variable ist (DE MAGGIO,

WETMORE und MOREL 1963). Man kann daher wohl ganz allgemein sagen, daß ein erhöhter Zuckergehalt die Entstehung sporophytischer Struktur fördert, die von Gametophyten aber hemmt.

Außerdem spielen wohl auch Wuchsstoffe eine Rolle. Aus Einzelzellen hervorgegangene diploide Calluskulturen von *Polytrichum* produzieren nach Zusatz von Naphthylessigsäure gametophytische pflänzchenartige Strukturen, aber keine Sporophyten. Der Wuchsstoff ist nicht nur zur Entstehung, sondern auch zur Erhaltung dieser Strukturen notwendig (WARD 1964).

Weitere bemerkenswerte Aufschlüsse ergeben sich aus Regenerationsexperimenten. Haploide und diploide Regenerationsprotonemen verschiedener Moose können direkt Sporogone hervorbringen. Diese stehen in der Regel anstelle von Gametophyten. Sie können auch, wie schon länger bekannt, an den Blättern der Pflänzchen entstehen (LAZARENKO 1963, LAL 1961, BAUER 1961b, 1963). Bestimmte Protonemen scheinen demnach „Faktoren" für die Sporogonbildung zu enthalten. Diese bleiben bei Überimpfen der Protonemen erhalten; wenn sie jedoch erst einmal verlorengegangen sind, treten sie auch bei weiteren Subkulturen nie mehr in Erscheinung (BAUER 1961b).

Läßt man einzelne Abschnitte der Sporogonvorderenden von bestimmten *Physcomitrium*-Bastarden jeweils für sich regenerieren, so ist das Regenerationsprodukt von der regenerierenden Zone abhängig. Folgende Regenerationstypen treten auf: In der vordersten Zone undifferenzierter Callus, in der nächsten unmittelbar Sporogone, dann Protonema, in dem sich nach einiger Zeit Sporogone entwickeln, und schließlich in der letzten Zone und aus der Basis der Sporogone normale Protonemen, die normale Pflänzchen bilden (BAUER 1963). Man könnte sich denken, daß dies durch die in der jeweiligen regenerierenden Zelle gerade aktiven Gene bedingt ist, die dann im Regenerat auch weiterhin aktiv bleiben. Ohne die exakten Bedingungen angeben zu können, fand WARD (1963) an den Sporophyten von *Phlebodium* sowohl gametophytische als auch sporophytische Regenerate. Weiterhin verdient ein Befund von MOREL (1963) Beachtung, nach dem jugendliche Blätter von *Adiantum pedatum* Gametophyten regenerieren, während ausgewachsene Blätter Sporophyten hervorbringen.

Zum Schluß wären noch die sehr schönen Untersuchungen von DE MAGGIO zu nennen, dem es gelang, Eizellen von Farnen vor der ersten Zellteilung zu isolieren und in einem flüssigen Nährmedium zur Entwicklung zu bringen. Dabei treten zunächst undifferenzierte callusartige Stadien auf, die nach einiger Zeit in Gametophyten-ähnliche Strukturen übergehen, welche sogar Formen produzieren, die als Antheridien bezeichnet werden können, so daß also auch hier — veranlaßt durch das Fehlen der Umhüllung durch die Archegonien – die erwartete Sporophytendifferenzierung unterbleibt! (DE MAGGIO 1963).

Nach alledem ist zwar noch keineswegs eine Entscheidung möglich, welche Faktoren im normalen Generationswechsel für die gametophytische und sporophytische Ausbildung verantwortlich sind – vermutlich eher eine Faktorenkombination als ein einzelner Faktor –, aber die leicht reagierenden Callus- und Eizellen-Kulturen eröffnen zahlreiche weitere experimentelle Möglichkeiten.

Parasitismus und Symbiose

In Zusammenhang mit den Organkulturen sind auch aseptische Kulturen von Parasiten- und Insektivoren-Blütenpflanzen zu nennen, die uns Aufschluß über die Entwicklungsphysiologie derartiger Pflanzen geben. Die Kultur von obligaten Wurzelparasiten (OKONKWO 1964) und Insektivoren *(Drosera pigmea)* (HARDER 1964) ist auch auf anorganischen Nährmedien möglich, bei beiden jedoch nur unter Zusatz von Zucker. Während *Drosera pigmea* im Reagenzglas unter diesen Bedingungen sogar zur Blüte kommt, benötigen *Utricularia*-Arten außerdem zur vollständigen Entwicklung und Blütenbildung Pepton-Fleischextrakt (HARDER 1963a, PRINGSHEIM, E, und O. 1962) oder einen Extrakt aus kleinen Wassertieren (HARDER 1963b).

Embryonen einiger parasitischer Loranthaceen, die ohne Endosperm isoliert werden, wachsen gut und bilden mehrere Blätter, mit Endosperm keimen sie schlecht oder gar nicht. Mit Kokosnußmilch bildet die Loranthacee *Amyema* an Kotelydonen und Basalende große Callusmassen (JOHRI und SINGH BAJAJ 1964). Isolierte Samen von Orobanchen können ohne Wirt in Whites-Medium Sproßdifferenzierungen durchführen (RANGA SWAMI 1963).

Keimung und Wachstum der Orchidee *Cattleya* stellt sehr differenzierte Ansprüche an das Substrat. Im wesentlichen können nur Substanzen, die mit dem Ornithin-Zyklus zusammenhängen, als organische Stickstoffquellen dienen (RAGHAVAN 1964). Allein mit NH_4NO_3 dagegen keimen die Samen gut und bilden kleine Pflanzen. Die Verwertung von NO_3-Salzen ist dabei vom Anstieg der Nitratreduktase in den Pflanzen abhängig (RAGHAVAN und TORREY 1964).

Die Keimung der Samen des Parasiten *Striga asiatica* wird durch eine aus jungen Maispflanzen gewonnene Substanz stimuliert, die offenbar Cumarincharakter hat. Sie wird vor allem in dunkel gehaltenen Wurzeln nicht jedoch in Sprossen gebildet (WORSHAM, MORELAND und KLINGMANN 1964).

Auch über die Beziehung von Leguminosen und Knöllchenbakterien liegen neue Angaben vor: Isolierte Wurzeln, die unter Zusatz von *Rhizobium* in steriler Kultur gehalten werden, bilden nur dann Knöllchen, wenn sie mit einem Stück Hypokotyl isoliert werden (BURTING. und HORBROCKS 1964), und an dem nicht knöllchenbildenden *Trifolium ambiguum* entstehen Knöllchen, wenn *Trifolium hybridum* darauf gepfropft wird (EVANS und JONES 1964). Anscheinend sind also Substanzen aus dem Sproß für die Knöllchenbildung in den Wurzeln notwendig.

Literatur

a) Zusammenfassende Bücher und Referate

BONNER, D. M.: Control mechanisms in cellular processes. New York 1961. — BONNER, J., and PAUL TS'O: The nucleohistones. San Francisco, London, Amsterdam 1964. — BRACHET, J.: The role of nucleic acids and sulphydril groups in morphogenesis. Advanc. Morphogenes. **3**, 247—300 (1964). — BROOKHAVEN Symposion in Biology Nr. 16. Meristem and Differentiation. Brookhaven. Nat. Lab. 1964.

CATHEY, H. M.: Physiology of growth retarding chemicals. Ann. Rev. Plant Phys. **15**, 271—302 (1964). — CHAILAKHIAN, M.: Principles of anthogenesis and physiology of flowering in higher plants. Canad. J. Bot. **39**, 1817—1841 (1961).

EVANS, L. T.: Enviromental control of plant growth. New York and London 1963.

GIERTYCH, M. M.: Endogenous growth regulators in trees. Bot Rev. **30**, 292 to 311 (1964).

HÄMMERLING, J.: Nucleo-cytoplasmic interactions in Acetabularia and other cells. Ann. Rev. Plant Physiol. **14**, 65—92 (1963). — HILLMAN, W. S.: The Physiology of flowering. New York 1962.

KNAPP, E.: Eigenschaften und Wirkungen der Gibberelline. Berlin-Göttingen-Heidelberg: Springer-Verlag 1962. — KOLLER, D., A. M. MAYER, A. POLJAKOFF-

Mayber, and S. Klein: Seed germinanation. Ann. Rev. Plant Phys. **13**, 437—464 (1962).

Leh, H. O.: Die Wirkung einiger quarternärer Ammonium- und Phosphonium-Verbindungen auf Wachstum und Entwicklung der Pflanzen. Angew. Bot. **37**, 312—334 (1964). — Leopold, A. C.: The roles of growth substances in flowers and fruits. Canad. J. Bot. **40**, 745—755 (1962). — Loche, M.: The role of chromosomes in development. Amherst Mass. 1964.

Maheswari, P., and N. S. Ranga Swami: Plant tissue and organ culture. Delhi, India 1963. — Mayer, A. M., and A. Poljakoff-Mayber: The germination of seeds. New York 1963. — Mohr, H.: The control of plant growth and development by light. Biol. Rev. **39**, 87—112 (1964).

Nitsch, J. P.: Regulateur naturels de la croissance végétale. Colloqu. Internat. Centr. Nat. Recherche Scientifique 1964.

Oota, Y.: RNA in developing plant cells. Ann. Rev. Plant Phys. **15**, 17—36 (1964).

Partanen, C. R.: Plant tissue culture in relation to developmental cytology. Int. Rev. Cytol. **15**, 215—243 (1963).

Rudnick, O.: Synthesis of molecular and cellular structure. New York 1961; — Regeneration. New York 1963. — Ruhland, W.: Handbuch der Pflanzenphysiologie XV. Berlin-Göttingen-Heidelberg: Springer-Verlag 1964.

Salisbury, F. B.: Photoperiodism in the flowering process. Ann. Rev. Plant Phys. **12**, 293—326 (1961); — The flowering process. Oxford-London-New York-Paris 1963. — Sironval, O.: Gibberellins cell division and plant flowering in ,,Plant growth regulation", p. 521—530. Ames, Jowa, USA (1961). — Stebbins, G. L.: Four basic questions of plant biology. Amer. J. Bot. **51**, 220—230 (1964). — Steward, F. C., M. O. Mapes, A. E. Kent, and R. D. Holsten: Growth and Development of cultured cells. Science **143**, 20—27 (1964).

Vegis, A.: Dormancy in higher plants. Ann. Rev. Plant Phys. **15**, 185—224 (1964).

b) Originalarbeiten:

Alleweldt, G., u. F. Radler:Naturwissenschaften **48**, 109 (1961). — Allsopp, A.: Phytomorphology **12**, 1—10 (1962); — J. Linn. Soc. (Bot.) **58**, 373, 417—427 (1963). — Arnold, A. W., and L. S. Albert: Plant Physiol. **39**, 307—312 (1964). — Arya, H. C., A. C. Hildebrandt, and A. J. Riker: Amer. J. Bot. **49**, 368—372 (1962a); — Plant Physiol. **37**, 387—392 (1962b). — Astié, M.: Bull. Soc. Bot. France **109**, 115—121 (1962).

Baldev, B., and A. Lang: Amer. J. Bot. **52**, 408—417 (1965). — Baltus, E., and J. Brachet: Biochim. biophys. Acta (Amst.) **76**, 490—492 (1963). — Barbat, J., and C. Ocheşanu: Naturwissenschaften **51**, 316—317 (1964). — Barker, W. G., and W. B. Collins: Canad. J. Bot. **42**, 1102—1103 (1964). — Basler, E., and Th. L. Hansen: Bot. Gaz. **125**, 50—55 (1964). — Basler, E., and K. Nakazawa: Bot. Gaz. **122**, 228—232 (1961). — Bauer, L.: Naturwissenschaften **48**, 507—508 (1961a); — Biol. Zbl. **80**, 354—362 (1961b); — J. Linn. Soc. (Bot.) **58**, 343—353 (1963). — Becker, H. J.: Naturwissenschaften **51**, 205—211, 230—235 (1964). — Bendana, F., A. W. Galston, R. Kaur-Sawhney, and P. J. Penny: Plant Physiol. **39**, Suppl. 31 (1964). — Benson-Evans, K.: Bryologist **67**, 431—445 (1964). — Bergmann, L.: Planta **62**, 221—254 (1964a); — Naturwissenschaften **51**, 325—332 (1964b). — Bernier, G.: Naturwissenschaften **50**, 101 (1963). — Bernier, G., and R. Bronchart: Naturwissenschaften **51**, 469 (1964). — Bernier, G., R. Bronchart, and A. Jacqmard: Planta **61**, 236—244 (1964). — Biggins, J., and R. B. Park: Nature (Lond.) **203**, 425—426 (1964). — Blakley, L. M.: Amer. J. Bot. **51**, 792—807 (1964). — Blakley, L. M., and F. C. Steward: Amer. J. Bot. **48**, 351—358 (1961); **51**, 780—791 (1964a); **51**, 809—820 (1964b). — Bonner, J., E. Heftmann, and J. A. D. Zeevaart: Plant Physiol. **38**, 81—88 (1963). — Bonner, J., and R. C. Huang: In: Bonner and T'so. "The nucleohistones" 251—261 (1964); — J. molec. Biol. **6**, 169—174 (1963). — Bonner, J., and J. A. D. Zeevaart: Plant Physiol. **37**, 43—49 (1962). — Bopp, M.: Biol. Rev. **36**, 237—280 (1961a); — Z. Naturforsch. **16b**, 336—347 (1961b); — Ber. dtsch. bot. Ges. **75**, (64)—(77) (1962); — Z. Naturforsch. **19b**, 64—71 (1964a); — Bull. Soc. Françe

Physiol. végét. **10**, 18—31 (1964b); — Nature (Lond.) **207**, 83 (1965). — Bopp, M., u. H. Brandes: Planta **62**, 116—136 (1964). — Bopp, M., W. Jäppelt u. J. Hanke: Naturwissenschaften **50**, 48—49 (1963). — Bostrack, J. M., and B. E. Struckmeyer: Amer. J. Bot. **51**, 611—617 (1964). — Brachet, J.: Nature (Lond.) **204**, 1218—1219 (1964). — Brachet, J., and H. Denis: Nature (Lond.) **198**, 205—206 (1963). — Braun, A.: Ann. Rev. Plant Physiol. **13**, 533—558 (1962). — Bristow, J.: Develop. Biol. **4**, 361—375 (1962). — Brockmann, H.: Angew. Chemie **72**, 939—947 (1960). — Brooks, H. J.: Nature (Lond.) **203**, 1303 (1964). — Brown, G. N.: Plant Physiol. **39**, Suppl. 30 (1964). — Bruinsma, J.: European Potato J. **5**, 195—203 (1962). — Bruinsma, J., and S. S. Patil: Naturwissenschaften **50**, 505 (1963). — Bucovac, M. J.: Amer. J. Bot. **51**, 480—485 (1964). — Bünning, E.: Die Physiologische Uhr. Berlin-Göttingen-Heidelberg: Springer Verlag 1963. — Bünsow, R.: Naturwissenschaften **48**, 308—309 (1961). — Burting, A. H., and J. Horbrocks: Ann. Bot. N. S. **28**, 229—237 (1964). — Butcher, D. N.: J. exp. Bot. **14**, 272—280 (1963).

Calder, D. M.: Ann. Bot. N. S. **28**, 187—206 (1964). — Carr, D. J., D. M. Reid, and K. G. M. Skene: Planta **63**, 382—392 (1964). — Cathey, H. M.: Phys. Ann. Rev. Plant **15**, 271—302 (1964). — Cathey, H. M., and N. W. Stuart: Bot. Gaz. **23**, 51—57 (1961). — Chatterjee, S. K., and A. C. Leopold: Plant Physiol. **39**, 334—337 (1964). — Chen, H. R., and A. W. Galston: Amer. J. Bot. **51**, 670 (1964). — Chouard, P.: In: R. Knapp: Eigenschaften und Wirkungen der Gibberelline, S. 50—60. Berlin-Göttingen-Heidelberg: Springer-Verlag 1962. — Chouard, P., et M. Tran Thank Van: Bull. Soc. bot. France **109**, 145—147 (1962). — Chrispeels, M. J., and J. B. Hanson: Weeds **10**, 123—125 (1962). — Chwoika, L., K. Veres, and J. Kosel: Biol. Plantarum (Prag) **3**, 140—147 (1961). — Clement, W. M.: Amer. J. Bot. **51**, 670 (1964a); — Plant Physiol. **39**, Suppl. 63 (1964b). — Collins, W. B., and W. G. Barker: Canad. J. Bot. **42**, 1309—1311 (1964). — Collins, W. T., F. B. Salisbury, and C. W. Ross: Planta **60**, 131—144 (1963). — Courduroux, J. C.: Bull. Soc. bot. France **109**, 59—63 (1962); **110**, 17—26 (1963). — Creasy, M. T., and N. F. Sommer: Physiol. Plantarum **17**, 710—717 (1964). — Curtis, E. J. C., and J. E. Cantlon: Plant Physiol. **39**, Suppl. 27 (1964). — Curtis, G. J.: Nature (Lond.) **203**, 201—202 (1964).

Dedolph, R. R., S. H. Wittwer, V. Tuli, and D. Gilbart: Plant Physiol. **37**, 509—512 (1962). — De Maggio, A. E.: J. Linn. Soc. (Bot.) **58**, 361—376 (1963); — Proc. nat. Acad. Sci. (Wash.) **52**, 854—859 (1964). — De Maggio, A. E., R. H. Wetmore, and G. Morel: C. R. Acad. Sci. (Paris) **256**, 5196—5199 (1963). — De Torok, D., and P. R. White: Science **131**, 730—732 (1960). — Digby, J., T. H. Thomas, and P. F. Wareing: Nature (Lond.) **203**, 547—548 (1964). — Dörffling, K.: Planta **60**, 390—412 (1964a); **60**, 413—433 (1964b). — Doi, R. H., and R. T. Ignashi: Proc. nat. Acad. Sci. (Wash.) **52**, 755—762 (1964). — Dostál, R.: Naturwissenschaften **48**, 139—140 (1961); **50**, 310 (1963); — Biol. Plantarum **6**, 236—237 (1964a); — Flora (Jena) **154**, 507—510 (1964b). — Dougall, D. K.: Aust. J. biol. Sci. **15**, 619 (1962). — Drennan, D. S.: Phytologist **61**, 261—265 (1962). — Drennan, D. S., and A. M. Berrie: Phytologist **61**, 1—4 (1962). — Dupuy, P.: Bull. Soc. bot. France **108**, 375—387 (1961). — Dutta, T. R., and W. J. McIlrath: Bot. Gaz. **125**, 89—96 (1964).

Eagles, C. F., and P. F. Wareing: Nature (Lond.) **199**, 874—875 (1963); — Physiol. Plant **17**, 697—709 (1964). — Engelbrecht, L.: Flora (Jena) **154**, 57—69 (1964). — Engelbrecht, L., and K. Mothes: Plant and Cell physiol. **2**, 271—276 (1961); — Naturwissenschaften **49**, 427 (1962); — Flora (Jena) **154**, 279—298 (1964). — Engelbrecht, L., u. K. Nogas: Flora (Jena) **154**, 267—278 (1964). — Esashi, Y.: Plant and Cell physiol. **2**, 117—129 (1961); **5**, 101—118 (1964). — Esashi, Y., T. Eguchi, and M. Nagao: Plant and Cell physiol. **5**, 413—427 (1964). — Esashi, Y., and Y. Oda: Plant and Cell physiol. **5**, 513—516 (1964). — Esashi, Y., K. Ogata, and M. Nagao: Plant and Cell physiol. **5**, 1—10 (1964). — Evans, A. M., and D. J. Jones: Ann. Bot. N. S. **28**, 221—228 (1964). — Evans, W. R., and B. Axelrod: Plant Physiol. **36**, 9—13 (1961).

Fellenberg, G.: Z. Bot. **51**, 113—141 (1963); — Flora (Jena) **154**, 117—122 (1964). — Flaig, W., u. G. Schmidt: In: „Eigenschaften und Wirkungen der

Gibberelline", S. 25—37. Berlin-Göttingen-Heidelberg: Springer-Verlag 1962. — Fox, J.E.: Physiol. Plant 16, 793—803 (1963). — FRANKLAND, B.: Nature (Lond.) 192, 678—679 (1962). — FRANKLAND, B., and P. F. WAREING: Nature (Lond.) 194, 313—314 (1962). — FREDERICQ, H.: Plant Physiol. 39, 812—816 (1964). — FUČIK, V., and J. KÁRA: Biol. Plantarum 6, 232—235 (1964). — FUJII, T., and S. ISIKAWA: Plant and Cell physiol. 2, 77—86 (1961).

GALSTON, A. W., and P. J. PENNY: Plant Physiol. 39, Suppl. 30 (1964). — GALUN, E., Y. JUNG, and A. LANG: Develop. Biol. 6, 370—376 (1963). — GANAPATHY, P. S., A. C. HILDEBRANDT, and A. J. RIKER: Amer. J. Bot. 51, 669 (1964). — GERANMAYEH, R.: Planta 62, 66—87 (1964). — GHETIE, V., and L. BUSILL: Biol. Plantarum 6, 202—208 (1964). — GIBBS, J. L., and D. K. DOUGALL: Science 141, 1059 (1963). — GIBOR, A., and M. IZAWA: Proc. nat. Acad. Sci. (Wash.) 50, 1164 to 1169 (1963). — GIFFORD, E. M., and H. B. TEPPER: Amer. J. Bot. 49, 706—714 (1962). — GORTER, CHR. J.: Physiol. Plantarum 17, 331—345 (1964). — GUHA SIPRA, and S. C. MAHESHWARI: Nature (Lond.) 204, 497 (1964). — GUTTRIDGE, C. G.: Nature (Lond.) 196, 920 (1963). — GUTTRIDGE, C. G., and P. A. THOMPSON: J. exp. Bot. 15, 631—646 (1964).

HACCIUS, B., u. M. GARRECHT: Naturwissenschaften 50, 133—134 (1963). — HACCIUS, B., u. D. MASSFELDER: Planta 56, 174—188 (1961a); — Naturwissenschaften 48, 577—578 (1961b). — HACCIUS, B., u. H. REICHERT: Planta 60, 289—306 (1963); 62, 355—372 (1964). — HACCIUS, B., u. G. TROMPETER: Planta 54, 466—481 (1960). — HACKETT, W. P., and H. T. HARTMANN: Bot. Gaz. 125, 65—72 (1964). — HACKETT, W. P., and R. M. SACHS: Amer. J. Bot. 51, 663 (1964). — HACKETT, W. P., V. T. STOUTEMYER, and O. K. BRITT: Plant Physiol. 39, Suppl. 64 (1964). — HALPERIN, W.: Science 146, 408—410 (1964). — HALPERIN, W., E. A. ABENDROTH, and D. F. WETHERELL: Amer. J. Bot. 51, 669 (1964). — HALPERIN, W., and D. F. WETHERELL: Amer. J. Bot. 51, 274—283 (1964). — HARADA, H.: Rev. gén. Bot. 69, 201—297 (1962a); — in „Eigenschaften und Wirkungen der Gibberelline", 45—50. Berlin-Göttingen-Heidelberg: Springer-Verlag (1962b). — HARADA, H., et J. P. NITSCH: In: "Regulateurs naturels de la croissance végétale" 597—609 (1964). — HARDER, R.: Naturwissenschaften 50, 600—601 (1963a); — Planta 59, 459—471 (1963b); 63, 316—325 (1964). — HARRIS, G. P., and M. H. HART: Ann. Bot. N. S. 28, 509—526 (1964). — HEFENDEHL, F. W.:Flora (Jena) 154, 64—79 (1964). — HEIDE, O. M.: Physiol. Plant. 17, 789—804 (1964). — HESLOP-HARRISON, J.: Ann. Bot. N. S. 26, 373—386 (1962a); — Planta 58, 237—256 (1962)b; — Portug. Acta Biol. A. 8, 13—40 (1964). — HESS, C. F.: In: "Regulateurs naturels de la croissance végétale" 517—527 (1964). — HESS, D.: Planta 57, 13—28 (1961a); 57, 29—43 (1961b); 61, 73—89 (1964); — Umschau Wiss. u. Tech. 65, 139—143 (1965). — HEYES, J. K.: Proc. roy. Soc. B. 158, 208—221 (1963). — HILLMAN, W. S.: Amer. J. Bot. 48, 413—419 (1961a); — Bull. Torrey Bot. Club 88, 327—336 (1961b); — Amer. J. Bot. 49, 892—897 (1962). — HOCK, B., u. H. MOHR: Planta 61, 209—228 (1964). — HOFSTEN, A. v.: Physiol. Plant. 17, 177—185 (1964). — HOSHIZAKI, T., B. H. CARPENTER, and K. C. HAMNER: Planta 61, 178—186 (1964). — HOSHIZAKI, T., and K. C. HAMNER: Science 137, 535—536 (1962a); — Plant Physiol. 37, 453—459 (1962b). — HUANG, R. C., and J. BONNER: Proc. nat. Acad. Sci. (Wash.) 48, 1216—1222 (1962); In: BONNER and T'so: "The Nucleohistones" 262—266 (1964). — HUANG, R. C., J. BONNER, and K. MURRAY: J. molec. Biol. 8, 54—64 (1964). — HUGHES, J. G.: Phytologist 61, 266—273 (1962). — HURD, R. G., and O. N. PURVIS: Ann. Bot. N. S. 28, 138—151 (1964). — HURWITZ, J., J. J. FURTH, M. MALAMY, and M. ALEXANDER: Proc. nat. Acad. Sci. (Wash.) 48, 1222—1230 (1962).

INGLE, J., and R. H. HAGEMAN: Plant Physiol. 39, 730—734 (1964). — INGLE, J., R. E. HOLM, and J. L. KEY: Plant Physiol. 39, Suppl. 30 (1964). — INOUYE, J., Y. TASHIWA, and T. KATAYANA: Plant and Cell physiol. 5, 355—358 (1964).

JWAMURA, T., and N. MUTO: Plant and Cell physiol. 5, 359—360 (1964). — JACKSON, R. M., E. BROWN, and S. K. BURLINGHAM: Nature (Lond.) 203, 851—852 (1964). — JACOB, F., and J. MONOD: J. molec. Biol. 2, 318—356 (1961). — JACOBS, W. P., M. P. KANSHIK, and P. G. ROCHINS: Amer. J. Bot. 51, 893—897 (1964). — JACOBY, B., and J. F. SUTCLIFFE: J. exp. Bot. 13, 335—347 (1962). — JAHN, H.: Flora (Jena) 154, 568—588 (1964a); 155, 10—29 (1964b). — JAHNKE, E., u. E.

Libbert: Z. Bot. **52**, 283—290 (1964). — Jansen, H.: Naturwissenschaften **51**, 295 (1964a); — Z. Pflanzenernähr. **105**, 27—37 (1964b). — Johns, E. W., and J. A. V. Butler: Nature (Lond.) **204**, 853—855 (1964). — Johri, B. M., and C. B. Sehgal: in: Plant tissue and organ culture (Delhi) 245—256 (1963). — Johri, B. M., and Y. P. Singh Bajaj: in: Plant tissue and organ culture (Delhi) 292—301 (1963); — Nature (Lond.) **204**, 1220—1221 (1964). — Joshi, P. C., and E. A. Ball: Amer. J. Bot. **51**, 676 (1964).

Kandeler, R.: Umschau Wiss. u. Tech. **62**, 780 (1962a); — Ber. dtsch. bot. Ges. **75**, 431—442 (1962b); — Naturwissenschaften **50**, 551—552 (1963); — Ber. dtsch. bot. Ges. **77**, 140—142 (1964a); — Naturwissenschaften **51**, 561—562 (1964b). — Kato, H., and M. Takeuchi: Plant and Cell physiol. Tokyo **4**, 243 to 245 (1963). — Kato, Y.: Bot. Gaz. **124**, 413—416 (1963); — Cytologia **29**, 79—85 (1964). — Kawase, M.: Physiol. Plant. **17**, 855—865 (1964). — Kelley, A. G., and S. N. Postlethwait: Amer. J. Bot. **49**, 778—786 (1962). — Key, J. L.: Plant Physiol. **39**, Suppl. 30 (1964a); **39**, 365—370 (1964b). — Key, J. L., and J. Ingle: Proc. nat. Acad. Sci. (Wash.) **52**, 1382—1388 (1964). — Key, J. L., and J. C. Shannon: Plant Physiol. **39**, 360—364 (1964). — Kiermayer, O.: Österr. bot. Z. **108**, 101—156 (1961). — Kirk, J. T. O.: J. Bioch. Biophys. Res. Commun. **14**, 393—397 (1964). — Koblitz, H.: Faserforsch. u. Textiltech. **13**, 231—234 (1962); — Flora (Jena) **154**, 511—546 (1964). — Kofranek, A. M., and R. M. Sachs: Amer. J. Bot. **51**, 520—521 (1964). — Kohlenbach, H. W.: Ber. dtsch. bot. Ges. **75**, (96)—(97) (1962). — Krekule, J., u. L. Teltscherová: Naturwissenschaften **51**, 67 (1964), — Kummerov, J., and A. Hoffmann de C.: Ber. dtsch. bot. Ges. **76**, 189—195 (1963). — Kuraishi, S., u. R. M. Muir: Naturwissenschaften **50**, 337—338 (1963a); — Plant Physiol. **38**, 19—24 (1963b); — Plant and Cell physiol. **5**, 61—69 (1964a); **5**, 259—271 (1964b).

Lal, M.: Phytomorphology **11**, 263—269 (1961); — In: Plant tissue and organ culture (Delhi) 1963, 363—381. — Lamport, D. T. A.: Exp. Cell Res. **33**, 195—206 (1964). — Lane, F. E., and L. F. Bailey: Physiol. Plantarum **17**, 91—99 (1964). — Langer, R. H. M., and W. T. Bussel: Ann. Bot. N. S. **28**, 163—167 (1964). — Lazarenko, A. S.: C. R. Acad. Sci. L'USSR d'Ukraine **11**, 1524—1526 (1963). — Lecocg, M.: Bull. Soc. Bot. France 1963, Memoires 27—30. — Ledoux, L., P. Galand, and R. Huart: Biochim. biophys. Acta (Amst.) **55**, 97—104 (1962). — Lee, T. T.: Ph. D. Thesis Univers. of Wisconsin 1962. — Leff, J.: Plant Phys. **39**, 299—303 (1964). — Leh, H. O.: Naturwissenschaften **48**, 138—139 (1961); **48**, 460 (1961). — Leopold, A. C., and M. Kawase: Amer. J. Bot. **51**, 294—298 (1964). — Lewis, L. N., and C. W. Coggins: Plant and Cell physiol. **5**, 457—463 (1964). — Libbert, E.: Physiol. Plantarum **17**, 371—378 (1964). — Libbert, E., u. E. Jahnke: Biol. Zbl. **83**, 775—776 (1964). — Libbert, E., u. J. Urban: Naturwissenschaften **51**, 92—93 (1964). — Lipetz, J.: Amer. J. Bot. **49**, 460—464 (1962). — Lockhart, J. A.: Plant Physiol. **37**, 759—764 (1962). — Lona, F.: Vortragsmanuskript. Intern. Bot. Congr. Edinburgh 1964, 1.—7. — Loomis, R. S., and J. G. Torrey: Proc. nat. Acad. Sci. **53**, 3—10 (1964a); — Amer. J. Bot. **51**, 665 (1964b). — Lovrekovich, L., Z. Klement, and G. L. Farkas: Science **145**, 165 (1964). — Luciani, F., G. Gaillochet, et C. Mathon: Bull. Soc. Bot. France **110**, 268—273 (1963). — Lutz, A.: C. R. Acad. Sci. (Paris) **256**, 2676—2678 (1963a); — Bull. Soc. Bot. France 1963 Memoires 102—103 (b). — Luxova, M.: Biol. Plantarum **6**, 158—159 (1964). — Luxova, M., and A. Lux: Biol. Plantarum **6**, 258—264 (1964). — Lyr, H., u. J. Seeliger: Flora **154**, 70—80 (1964).

MacLean, D. C., and R. R. Dedolph: Amer. J. Bot. **51**, 618—621 (1964). — Maheshwari, P., and B. Baldev: In „Plant Embryology"-New Delhi 1962, 129 to 138. — Maheshwari, P., and N. S. Rangaswami: In: Plant tissue and organ culture (Delhi) 1963, 390—420. — Marcus, A., and J. Feeley: Proc. nat. Acad. Sci. (Wash.) **51**, 1075—1079 (1964). — Marquardt, H.: Biol. Zbl. **83**, 1—18 (1964). — Marushige, K., and Y. Marushige: Bot. Mag. (Tokyo) **75**, 270—272 (1962). — Masuda, Y., and N. Yanagishina: Plant and Cell physiol. **5**, 365—368 (1964). — Mathan, C.: Bull. Soc. Bot. France **110**, 262—268 (1963). — Mathan, D. S.: Amer. J. Bot. **51**, 666 (1964). — Mathan, D. S., and R. D. Coll: Amer. J. Bot. **51**, 560 to 566 (1964). — Mathus, S. N., and S. P. Mittel: Physiol. Plantarum **17**, 275—278 (1964). — Mayer, A. M., and A. Poljakoff-Mayber: Physiol. Plantarum **15**,

283—293 (1962). — McCalla, D. M., D. J. Moore, and D. J. Osborne: Biochim. biophys. Acta (Amst.) **55**, 522—528 (1962). — McClintock, B.: Amer. Nat. **95**, 265—277 (1961). — McIlrath, W. J., and J. Skok: Bot. Gaz. **125**, 268—271 (1964). — McIntyre, G. J.: Nature (Lond.) **203**, 1190—1191 (1964a); **203**, 1084 to 1085 (1964b). — Melchior, G. H.: Naturwissenschaften **48**, 384 (1961). — Melnick, V. L. M., Le Roy Holm, and B. E. Struckmeyer: Science **145**, 609—611 (1964). — Michel-Walwertz, M. R., and C. Sironval: Phytochemistry **2**, 183 to 187 (1963). — Michniewicz, M., and A. Kamieńska: Naturwissenschaften **51**, 295—296 (1964). — Michniewicz, M., and A. Lang: Naturwissenschaften **49**, 211—212 (1962a); — Planta **58**, 549—563 (1962b). — Millener, L. H.: Phytologist **60**, 339—354 (1961). — Mitra, J., M. O. Mapes, and F. C. Steward: Amer. J. Bot. **47**, 357—368 (1960). — Mohan Ram, H. Y., and F. C. Steward: Canad. J. Bot. **42**, 1559—1579 (1964). — Mohr, H,. and G. Holl: Z. Bot. **52**, 209—221 (1964). — Monselise, S. P., and A. H. Halevy: Amer. J. Bot. **49**, 405—413 (1962). — Moore, T. C., and E. K. Bonde: Plant Physiol. **37**, 149—159 (1962). — Morel, G.: J. Linn. Soc. (Bot.) **58**, 373, 381—383 (1963). — Mothes, K.: Ber. dtsch. bot. Ges. **74**, 24—41 (1961). — Mothes, K., L. Engelbrecht, u. H. R. Schütte: Physiol. Plantarum **14**, 72—75 (1961). — Muir, W. H., A. C. Hildebrandt, and A. J. Riker: Science **119**, 877—878 (1954). — Murashige, T.: Physiol. Plantarum **17**, 636—643 (1964). — Murashige, T., and R. T. Nakano: Amer. J. Bot. **51**, 670 (1964).

Nakashima, H.: Plant and Cell physiol. **5**, 217—225 (1964). — Nakata, A., M. Sekiguchi, and J. Kawamata: Nature (Lond.) **189**, 246—247 (1961). — Napp-Zinn, Kl.: Ber. dtsch. bot. Ges. **76**, 77—89 (1963). — Nemeč, B.: Biol. Plantarum **6**, 161—164 (1964). — Neumann, J.: Physiol. Plantarum **17**, 363—370 (1964). — Neumann, St., u. R. Wollgiehn: Z. Naturforsch. **19b**, 1066—1071 (1964). — Ninnemann, H., J. A. D. Zeevaart, H. Kende, and A. Lang: Planta **61**, 229—235 (1964). — Nitsch, J. P.: Amer. J. Bot. **38**, 566—577 (1951); — Plant tissue and organ culture (Delhi) 1963, 198—214. — Nitsch, J. P., et C. Nitsch: Ann. physiol. végét. **4**, 85—97 (1962). — Noodén, L. D., and K. V. Thimann: Proc. nat. Acad. Sci. (Wash.) **50**, 194—200 (1963). — Norstog, Knut: Amer. J. Bot. **51**, 664 (1964).

Ochi, H., M. Yamamoto, and Y. Teshima: Liberal Arts J. **13**, 161—173 (1962). — Oda, Y.: Plant and Cell physiol. **3**, 415—417 (1962). — Odhnoff, C.: Physiol. Plantarum **14**, 187—220 (1961). — Oehlkers, F.: Advanc. Genet. **12**, 329—370 (1964). — Ogawa, Y.: Plant and Cell physiol. **2**, 311—329 (1961a); **2**, 343—359 (1961b); **3**, 5—21 (1962); **4**, 217—225 (1963); **5**, 11—20 (1964). — Ogawana, K., and K. Ono: Plant and Cell physiol. **2**, 87—98 (1961). — Okonkwo, S. N. C.: Nature (Lond.) **204**, 1108—1109 (1964). — Osborne, D. J.: Plant Physiol. **37**, 595—602 (1962).

Partanen, C. R.: Intern. Rev. Cytology **15**, 215—243 (1963). — Parthier, B.: Flora (Jena) **151**, 518—534 (1961). — Parthier, B., B. Malaviya, and K. Mothes: Plant and Cell physiol. **5**, 401—411 (1964). — Patterson, P. A., and J. S. Barber: Bryologist **64**, 336—338 (1961). — Phatak, S. C., and S. H. Wittwer: Plant Physiol. **39**, Suppl. 37 (1964). — Phillips, I. D. J.: Ann. Bot. N. S. **28**, 17—35 (1964a); **28**, 37—45 (1964b). — Phillips, I. D. J., and G. J. Matthews: Bot. Gaz. **125**, 7—12 (1964). — Pringsheim, E. u. O.: Amer. J. Bot. **49**, 898—901 (1962).

Raghavan, V.: Science **146**, 1690—1691 (1964a); — Plant Physiol. **39**, 816 to 821 (1964b); — Bot. Gaz. **125**, 260—267 (1964c). — Raghavan, V., and J. T. Torrey: Amer. J. Bot. **51**, 264—274 (1964a); — Plant Physiol. **39**, 691—699 (1964b). — Ranga Swami, N. S.: In: Plant tissue and organ culture (Delhi) 1963, 345—354. — Rao, A. N.: In: Plant tissue and organ culture (Delhi) 1963, 332—344. Ray, D. S., P. C. Hanewalt, and W. R. Briggs: Plant Physiol. **39**, Suppl. 34 (1964). — Reich, E., R. M. Franklin, A. J. Shatkin, and E. L. Tatum: Science **134**, 556—557 (1961). — Reinert, J.: Planta **53**, 318—333 (1959); — Nature (Lond.) **200**, 90—91 (1963a). — In: "Plant Tissue and organ culture Delhi (1963b) 168—177. — Reinert, J., u. R. von Ardenne: Z. Naturforsch. **19b**, 1150—1156 (1964). — Richards, M.: Nature (Lond.) **204**, 601—602 (1964). — Riddell, J. A., H. A. Hageman, C. M. I'Anthony, and W. L. Hubbard: Science **136**, 391 (1962). — Ris, H., and W. Plaut: J. Cell Biol. **13**, 311—383 (1962); — Risser, P. G.: Science **143**, 591—592 (1964). — Roberts, E. H.: Physiol. Plantarum **17**, 14—29 (1964a);

17, 30—43 (1964b). — ROBINSON, P. M., and P. F. WAREING: Physiol. Plantarum 17, 314—323 (1964). — ROBINSON, P. M., P. F. WAREING, and T. H. THOMAS: Nature (Lond.) **199**, 875—876 (1963). — ROGOZINSKA, J. H., J. P. HELGESON, and F. SKOOG: Physiol. Plantarum **17**, 165—176 (1964). — ROMBERGER, J. A.: Amer. J. Bot. **51**, 668 (1964). — ROSS, C. W., and R. STARR: Plant Physiol. **39**, Suppl. 38 (1964). — RÜNGER, W.: Gartenbauwissensch. **24**, 472—487 (1959).

SABHARWAL, P. S.: in: Plant tissue and organ culture (Delhi) 1963, 265—274. — SACHER, J. A.: Plant Physiol. **39**, Suppl. 54 (1964). — SACHS, R. M., and A. M. KOFRANEK: Amer. J. Bot. **51**, 663 (1964). — SACHS, R. M., and M. A. WOHLERS: Amer. J. Bot. **51**, 44—48 (1964). — SACHS, T., and K. V. THIMANN: Plant Physiol. **39**, Suppl. 31 (1964). — SALISBURY, F. B., and J. BONNER: Plant Physiol. **35**, 173—177 (1960). — SASTRI, R. L. N.: in: Plant tissue and organ culture (Delhi) 1963, 105—107. — SCHNEIDER, G.: Naturwissenschaften **51**, 416—417 (1964). — SCHRAUDOLF, H.: Biol. Zbl. **81**, 731—739 (1962). — SCHWABE, W. N., and B. NACHMONY-BASCOMB: J. exp. Bot. **14**, 353—378 (1963). — SCHWANITZ, F.: Biol. Zbl. **81**, 145—160 (1962). — SCHWEIGER, H. G., u. E. SCHWEIGER: Naturwissenschaften **50**, 620 (1963). — SEIDLOVÁ, E.: Biol. Plantarum **6**, 273—278 (1964). — SEIDLOVÁ, F., and E. PETRU: Naturwissenschaften **51**, 146 (1964). — SEITZ, E. W., and R. M. HOCHSTER: Canad. J. Botany **42**, 999—1004 (1964). — SHANNON, J. C., J. B. HANSON, and C. M. WILSON: Plant Physiol. **39**, 805—809 (1964). — SHIBATA, O.: J. Fac. Lit. Alts. Sci. Shirshu Univers. **11**, 43—48 (1961). — SIEGEL, S. M., C. GIURMANO, and R. LATHERELL: Proc. nat. Acad. Sci. (Wash.) **52**, 11—13 (1964). — SIEGEL, S. M., L. A. ROSEN, and C. GIURMANO: Proc. nat. Acad. Sci. (Wash.) **48**, 725—728 (1962). — SKOOG, F.: Biochem. Symp. Biol. **6**, 1—22 (1954); — Ann. Biol. **31**, 201—213 (1955). — SMITH, H.: Amer. J. Bot. **51**, 1002—1012 (1964). — SMITH, H. H., B. H. KUGELMAN, S. L. SOMMERFOOD, and W. SYBALSKI: Proc. nat. Acad. Sci. (Wash.) **49**, 451—457 (1963). — SMITH, L. F.: Plant Physiol. **39**, Suppl. 27 (1964). — SORIANA, A., R. A. SÁNCHEZ, and B. A. DE EILBERG: Canad. J. Bot. **42**, 1189—1203 (1964). — SOROKIN, H. P., S. N. MATHUR, and K. V. THIMANN: Amer. J. Bot. **49**, 444—454 (1962). — SOROKIN, H. P., and K. V. THIMANN: Protoplasma **59**, 326—350 (1964). — SPANJERSBERG, G., et R. J. GAUTHERET: Bull. Soc. bot. France 1963, Memoires 47—66. — SPARKS, PH. D., and S. N. POSTLETHWAIT: Amer. J. Bot. **51**, 665 (1964). — SRIVASTAVA, B. J. S.: Canad. J. Bot. **42**, 965—968 (1964a); **42**, 1303—1305 (1964b). — SRIVASTAVA, B. J. S., and W. O. S. MEREDITH: Canad. J. Bot. **42**, 507—513 (1964). — STEBBINS, G. L.: Amer. J. Bot. **51**, 220—230 (1964). — STEEVES, T. A.: J. Linn. Soc. (Bot.) **58**, 373, 401 to 415 (1963). — STEINHARDT, C. E., J. D. MANN, and S. H. BUDD: Plant Physiol. **39**, 1030—1038 (1964). — STERN, H.: In: "Regulateurs naturels de la croissance végétales", 19—31, 1964. — STEWARD, F. C.: In: "Plant tissue and organ culture" (Delhi) 1963, 1—25. — STEWARD, F. C., M. O. MAPES, and A. E. KENT: Amer. J. Bot. **46**, 618 (1963). — STEWARD, F. C., M. O. MAPES, A. E. KENT, and R. D. HOLSTEN: Science **143**, 20—27 (1964). — STEWARD, F. C., E. M. SHANTZ, J. K. POLLARD, M. O. MAPES, and J. MITRA: In: "Synthesis of Molecular and cellular Structure". D. RUDNIK ed. New York: Ronald-Press 1961. — STRAUB, J.: Ber. dtsch. bot. Ges. **77**, 178—185 (1964). — SUGIURA, M., K. UMEMURA, and Y. OOTA: Physiol. Plantarum **15**, 457—464 (1962). — SZWEYKOWSKA, A.: Acta Soc. bot. pol. **31**, 553—557 (1962); — J. exp. Bot. **14**, 137—141 (1963). — SZWEYKOWSKA, A., and T. MÁCKOWIAK: Acta soc. bot. pol. **31**, 269—274 (1962).

TAKIMOTO, A., and K. C. HAMNER: Plant Physiol. **39**, 1024—1030 (1964). — TAKIMOTO, A., and K. IKEDA: Plant and Cell physiol. **2**, 213—229 (1961). — TAMIYA, H.: In: "Synchrony in cell division and growth", 247—305. New York-London-Sydney: Interscience publishers 1964. — TEPFER, S. S., R. J. GREYSON, and J. L. HINDMAN: Amer. J. Bot. **49**, 657 (1962); **50**, 1035—1054 (1963). — THIMANN, K. V.: Ann. Rev. Plant Physiol. **14**, 1—18 (1963). — THIMANN, K. V., and B. RADNER: Arch. Biochem. **59**, 511—525 (1963). — THOMAS, R. G.: Naturwissenschaften **48**, 108 (1961). — THOMPSON, P. A.: J. exp. Bot. **15**, 347—358 (1964). — TOLBERT, N. E.: Plant Physiol. **35**, 380—358 (1960); — Advanc. in Chem. **28**, 145—151 (1961). — TORREY, J. G.: Exp. Cell Res. **23**, 281—299 (1961). — TORREY, J. G., J. REINERT, and N. MECKEL: Amer. J. Bot. **49**, 420—425 (1962). — TULECKE, W., L. H. WEINSTEIN, A. RUTNER, and J. H. LAURENCOT: Contrib.

Boyce Thompson Inst. **21**, 291—301 (1962). — TULI, V., D. R. DILLEY, and S. H. WITTWER: Science **146**, 1477—1478 (1964).

UMBARGER, H. E.: Science **145**, 674—679 (1964).

VASIL, J. K.: In: "Plant tissue and organ culture" (Delhi) 1963, 230—238. — VASIL, J. K., A. C. HILDEBRANDT, and A. J. RIKER: Science **146**, 76—77 (1964a). — Plant Physiol. **39** (Suppl.) 63 (1964b). — VENKETESWARAN, S., and P. K. CHEN: Canad. J. Bot. **42**, 1279—1286 (1964). — VIMLA, VASIL, A. C. HILDEBRANDT, and A. J. RIKER: Amer. J. Bot. **51**, 669—670 (1964).

WARD, M.: J. Linn. Soc. (Bot.) **58**, 377—380 (1963). — Nature (Lond.) **204**, 400 (1964). — WEAVER, R. J.: Nature (Lond.) **198**, 207—208 (1963). — WEINSTEIN, L. H., W. TULECKE, L. G. NICKELL, and H. J. LAURENCOT: Contrib. Boyce Thompson Inst. **21**, 371—391 (1962). — WELLENSIEK, S. J.: Nature (Lond.) **192**, 1097 to 1098 (1961); **195**, 307—308 (1962a); — In: „Eigenschaften und Wirkungen der Gibberelline", S. 60—68. Berlin-Göttingen-Heidelberg: Springer-Verlag 1962b; — Plant Physiol. **39**, 832—835 (1964). — WETMORE, R. H., A. E. DEMAGGIO, and J. P. RIER: Phytomorphology **14**, 203—217 (1964). — WETMORE, R. H., and J. P. RIER: Amer. J. Bot. **50**, 418—429 (1963). — WILKINSON, S. R., and A. J. OHLROGGE: Nature (Lond.) **204**, 902—904 (1964). — WILSON, J. R., and W. W. SCHWABE: J. exp. Bot. **15**, 368—380 (1964).— WITTHIER, D. P.: Amer. J. Bot. **51**, 730 to 736 (1964a); **51**, 663 (1964b). — WITTWER, S. H., and M. J. BUKOVÁC: Amer. J. Bot. **49**, 524—529 (1962a); — In: „Eigenschaften und Wirkungen der Gibberelline", 68—73. Berlin-Göttingen-Heidelberg: Springer-Verlag 1962b. — WODZICKI, TOMASZ: J. exp. Bot. **15**, 584—599 (1964). — WOLLGIEHN, R.: Flora (Jena) **151**, 411—437 (1961). — WOLLGIEHN, R., and K. MOTHES: Exp. Cell Res. **35**, 52—57 (1964). — WOLLGIEHN, R., and B. PARTHIER: Phytochemistry **3**, 241—248 (1964). — WOLTZ, S. S.: Plant Physiol. **38**, 93—99 (1963). — WOODSTOCK, L. W., and F. SKOOG: Amer. J. Bot. **49**, 623—633 (1962). — WORSHAM, A. D., D. E. MORELAND, and G. C. KLINGMAN: J. exp. Bot. **15**, 556—567 (1964).

ZAAROGIAN, G. E., and R. W. CURTIS: Plant and Cell physiol. **5**, 291—296 (1964). — ZATYKÓ, J. H.: Naturwissenschaften **50**, 230—231 (1963). — ZEEVAART, J. A. D.: Plant Physiol. **37**, 196—304 (1962); **39**, 402—408 (1964a); — In: J. BONNER, and PAUL TS'O: "The Nucleohistones", 343—347. San Francisco-London-Amsterdam 1964b. — ZEEVAART, J. A. D., and A. LANG: Planta **58**, 531—542 (1962); **59**, 509—517 (1963). — ZETSCHE, K.: Naturwissenschaften **51**, 18—19 (1964a); — Z. Naturforsch. **19b**, 751—759 (1964b); — Planta **61**, 142—152 (1964c).

10. Physiologie der Fortpflanzung und Sexualität

Von MARIANNE KROH, Nijmegen (Holland)

Allgemeines

Mit der Frage nach Sinn, Wesen und Ursprung der Geschlechtsvorgänge und der sexuellen Differenzierung befaßt sich PRINGSHEIM. Er weist u. a. darauf hin, daß die auch für niedere Organismen gebräuchlichen Bezeichnungen „männlich“ und „weiblich“ anthropomorphen Ursprungs sind; die Übertragung dieser beiden Begriffe rückwärts, entgegen der Richtung der stammesgeschichtlichen Evolution, ist daher theoretisch bedenklich. GREGUSS gibt eine Darstellung der triphyletischen Entwicklung des Pflanzenreichs, die von ihm bereits 1918 konzipiert wurde. In seinem System werden die 3 Faktoren der Sexualität (monöcisch, homomorph-diöcisch, heteromorph-diöcisch) mit den bis heute vorhandenen systematischen Kategorien sowie den 3 Verzweigungstypen (monopodial, dichotom, verticillat) in Zusammenhang gebracht. Im Laufe der Entwicklung sollen die individuellen phylogenetischen Stadien stets in den 3 Verzweigungstypen und der monöcischen oder diöcischen Form aufgetreten sein.

Meiose

Die Chromosomenverdoppelung in den Sporenmutterzellen von *Sphaerocarpus donnelli* erfolgt während der mittleren prämeiotischen Interphase (ABEL). In dieser Phase sollte daher auch die DNS-Synthese stattfinden. Bei *Allium cepa* sind Hinweise hierfür vorhanden. Bei diesem Objekt wird die DNS hauptsächlich in der Interphase oder frühen Prophase synthetisiert. Gleichzeitig setzt Protein-Synthese ein, die sich auch auf die weiteren Stadien der Zellteilung erstreckt und von intensiver Nucleinsäure- und Proteinsynthese des Tapetums begleitet wird (Lf PAODEN). Die Proteinsynthese ist sowohl für die fortlaufende Entwicklung der Pollenmutterzellen als auch für die Beibehaltung des kondensierten Stadiums der Chromosomen während der Prophase und die beginnende Spindeltrennung notwendig, jedoch nicht für die Paarung der homologen Chromosomen. Die Synapsis ist daher entweder unabhängig von der Proteinsynthese oder sie findet früher, d. h. während oder ungefähr zum Zeitpunkt der DNS-Synthese statt (KEMP); das würde bedeuten, daß die Chromosomen bereits gepaart in die meiotische Prophase eintreten. Bisher wird diese Auffassung allein von MOENS vertreten, der die meiotische Prophase der PMZ von *Lycopersicon esculentum* als folgt interpretiert: Interkinese-Pachytän-Schizotän (= Zygotän)-Diffus-Stadium, Diplotän, Diakinese. Es bleibt abzuwarten, ob die vorgeschlagene Reihenfolge der Prophasestadien durch weitere cytologische Befunde bestätigt werden kann.

Die Hefe ist einer der einfachsten Organismen mit einem meiotischen Prozeß und bietet daher Vorteile als Versuchsobjekt beim Studium dieses Prozesses (MILLER u. HOFFMANN-OSTERHOF). MILLER (1) führt die Untersuchungen weiter, die die chemischen Veränderungen der Hefezellen während der Sporogenese zum Gegenstand haben. Nach der Übertragung von *Saccharomyces*-Zellen in Sporulationsmedium nimmt der Gehalt an freien und gebundenen Aminosäuren auf $^1/_3$ des Gehaltes von vegetativen Zellen ab, während der Prolingehalt stark ansteigt. Die biologische Bedeutung der Prolinzunahme ist noch nicht bekannt. Diese Stoffwechselveränderungen waren bei 3 *Saccharomyces*-Arten, jedoch nicht bei *Schizosaccharomyces pombe* und *Torulops famata* zu beobachten (RAMIREZ u. MILLER). Gegenüber Stoffwechselprodukten und -hemmstoffen erweist sich die Meiose viel sensibler als die Mitose [MILLER (2)]. Das bisher nur für Oocyten zahlreicher Tiere aufgefundene, nach dem Diplotän einsetzende Dictyotän-Stadium der 1. meiotischen Prophase konnte auch in drei Moosfamilien nachgewiesen werden. Während bis zu diesem Stadium die Meiose in den Sporenmutterzellen einer Kapsel synchron verläuft, geht von diesem Zeitpunkt ab die Synchronität verloren (DILL).

Sexualphysiologie der Algen

Calcium ist für die Bildung und Fusion von *Chlorococcus echinozygotum*-Gameten unentbehrlich (GILBERT u. O'KELLEY). Wie bei *Chlamydomonas* und *Pandorina* wird die Conjugation von *Netrium digitus* durch N-Mangel im Medium und geeignete Temperatur- (20° C) und Lichtbedingungen (etwa 18 Std/Tag) induziert (BIEBEL). Zur Differenzierung von Gameten müssen *Chlamydomonas*-Zellen ein kritisches Stadium ihres Lebenscyclus erreicht haben. Dieses liegt für *C. reinhardti* und *C. moewusii* bei 9—12 Std nach der Entlassung von Tochterzellen, die dann nahezu ihre maximale Größe erreicht haben (KATES u. JONES). Die Gametangien-Bildung bei *Closterium acerosum* steigt mit zunehmendem Alter der Kultur an. Die Umwandlung der Progameten in Gameten ist lichtabhängig, die Kopulation selbst lichtunabhängig (KIES). Der Sporophyt *Derbesia neglecta*, der mit dem Gametophyten *Bryopsis halymeniae* im Generationswechsel steht, liefert bei 1200 Lux ausschließlich Brutknospen, bei 2500 Lux dagegen Sporangien. β-Indol-Carbonsäure fördert die Gametangien- und Sporangienbildung und unterdrückt die Bildung von Brutknospen. Den gleichen Effekt übt Tryptophan aus, sofern die Versuchsnährlösung nicht gewechselt wird. Wird diese täglich erneuert, so erfolgt eine Hemmung der Sporangium- und Gametangiumbildung, jedoch eine Förderung der Brutknospenbildung (HUSTEDE). Die Ausbildung uni- und plurilokulärer Sporangien bei *Ectocarpus silicosus* ist von der Temperatur und vom Standort abhängig (MÜLLER). Der Lipoidgehalt im vegetativen Thallus von *Rhodymenia, Gelidium* und *Lemanea* steigt an, sobald Karposporen gebildet werden (LAUR).

Apomixis. In der Gattung *Acrosyphonia* wurde erstmals für Algen pseudogame Parthenogenese nachgewiesen. Bei *A. incurva* ist nach der Kopulation der Zellen die Karyogamie unterdrückt. Aus dem Fusionsprodukt entwickelt sich eine fädige, haploide Generation mit mehrkernigen Zellen (JONSSON).

Physiologie der geschlechtlichen und ungeschlechtlichen Fortpflanzung der Pilze

Konjugationsprozeß. In Abhängigkeit von den verwendeten Hefestämmen wird die Paarungsreaktion (Agglutination) durch Behandlung mit Proteinase oder Disulfidbindungen spaltende Agenzien gehemmt. Als agglutinative Verbindungen scheinen daher Proteinkomponenten zu dienen. Diese sollen sich als komplementäre Elemente im Überschuß auf der Zelloberfläche von 2 Paarungstypen befinden und bei Kontakt zwischen Zellen des oppositionellen Typs miteinander kombinieren [TAYLOR (1)]. Bei *Hansenula wingei*-Stämmen scheinen Sterole an der Paarungsreaktion mitbeteiligt zu sein, da die Agglutination durch Waschen mit Chloroform-Äthanol sowie durch Nystitinbehandlung gehemmt wird. Die Agglutination verläuft normal, wenn nur bei einem der beiden Sexualpartner die Sterolkomponente entfernt resp. komplex gebunden wird (HUNT u. CARPENTER). Durch Behandlung eines *Hansenula wingei*-Stammes mit Schneckenenzym geht ein Faktor in Lösung, der bei dem komplementären Paarungstyp Agglutination bewirkt. Über die chemische Natur dieses Faktors liegen noch keine Angaben vor [TAYLOR (2)].

Sexuelle Differenzierung. In Mischkulturen von weiblichen und männlichen *Achlya*-Stämmen läßt sich die gleiche Menge des Antheridienbildung auslösenden Hormons A nachweisen wie in Alleinkulturen männlicher Stämme, während die Produktion durch den weiblichen Stamm allein etwa 1000mal so hoch ist. Vermutlich beruht diese Erscheinung auf einer Aufnahme des Hormons durch die Antheridien-bildenden Stämme; jedoch kann die Möglichkeit einer Inaktivierung des Hormons an der Hyphenoberfläche nicht ausgeschlossen werden (BARKSDALE). In Gegenwart von reifem a-Mycel von *Ascobolus sterocarius* erfahren ungekeimte A-Oidien und wachsende Hyphenfragmente eine Keimungshemmung resp. morphologische Veränderung (Dilatation), die als Indicator für eine sexuelle Aktivierung dienen können (BISTIS u. RAPER). Die Bildung von Antheridien und Oogonien ist bei *Phytophtora* und *Phythium-Arten* an die Gegenwart von Steroiden im Medium gebunden (LEAL, FRIEND u. HOLLIDAY; HASKINS, TULLOCH u. MICETICH). Diploide und dicaryotische Probasidien von *Exidia nucleata* unterscheiden sich in ihrer cytoplasmatischen Struktur. Während der zu einem gewissen Grad aktiv verlaufenden Wanderung der haploiden Kerne in die Basidiosporen nehmen diese eine langgestreckte, unregelmäßige Form an (WELLS).

Fruchtkörperbildung. GREGG behandelt ausführlich die physiologischen Prozesse, die sich während der morphogenetischen Entwicklung der *Acrasiales* abspielen. Die Differenzierung der Fruchtkörper ist begleitet von einer gesteigerten Aktivität der Cellulose synthetisierenden Enzyme. Das Kohlenhydratniveau sinkt jedoch nicht ab. Es wird möglicherweise durch den aktiven Proteinstoffwechsel der den Fruchtkörperstiel bildenden Zellen auf gleicher Höhe gehalten. Bei *Physarum nudum* wird die Fruchtkörperbildung durch Licht von der Wellenlänge 330 bis

560 mμ induziert (Rakoczy). Kurzwelliges Dauerlicht wirkt fördernd auf die Perithezienbildung von *Hypomyces solani* (Curtis). Die Fruchtkörperauslösung beim Kulturchampignon ist Gegenstand intensiver Untersuchungen. Ein CO_2-Gehalt > 0,10 Vol.-% in der das Mycel umgebenden Luft verursacht eine Verzögerung der Fruktifikation und eine Reduktion der Fruchtkörperzahl (Tschierpe u. Sinden). Die Oxalatausscheidung von alten Mycelteilen sowie junger Fruchtkörperanlagen zeigt keine Beziehung zur Fruchtkörperbildung (Eger u. Sücker). Mit steigendem pH der Deckschicht nimmt das Mycelwachstum ab, während die Zahl der Fruchtkörperanlagen zunimmt. Ein $CaCO_3$-Zusatz zur Deckerde aus Torf ist daher von Vorteil [Eger (1)]. Obwohl das Mycel von *Macrolepiota rhacodes* (Rötender Schirmling) unter Kulturbedingungen merklich langsamer als das des Kulturchampignons wächst, erscheinen Kultivierungsversuche in größerem Ausmaß lohnend [Eger (2)]. Bei *Nectria galligena* kann die Induktion und das Wachstum von Perithecien mit lebensfähigen Ascosporen nur mit jungen Isolaten auf einem 1%igen Getreide- oder Rinden-Agar-Medium unter feuchten Bedingungen und Lichtgabe erzielt werden (Lortie).

Sporenbildung. Die Reihe der Untersuchungen zur Photo-Induktion asexueller Vermehrung wurde fortgesetzt. Diese fiel bei *Pilobolus, Alternaria chrysanthemis, Verticillium albo-atrum* positiv aus [Page (1); Kaiser; Leach]. Bei *Thamnidium elegans* ist die Sporangienbildung im Verhältnis zur Sporangiolenbildung unterhalb von 14° C bevorzugt, oberhalb von 14° C benachteiligt. Bei 18,5° C kann sie durch Lichtgabe ausgelöst werden (Lythgoe). Einen Tag alte Conidienträger von *Alternaria solani* brauchen in Hungerkultur eine 12 Std-Dunkelperiode zur Conidienbildung. Während dieser Zeit führt Belichtung zur Hemmung der Conidienbildung. Das den Hemmeffekt bewirkende Licht entspricht in seinem Wirkungsspektrum etwa dem Absorptionsspektrum des Riboflavin-5-phosphat-mononucleotids (I) und dem des β-Carotins (II). Der die Sporenbildung hemmende Lichteffekt kann durch I, aber nicht durch II kompensiert werden (Lukens). Die Sporenbildung von *Penicillium griseofulvum* (wahrscheinlich auch anderer P.-Arten) wird in einer frühen, exponentiellen Wachstumsphase durch Roh-Glucose stimuliert. Als Stimulantien werden Glucoseanhydrid und Calciumspuren angesehen. Bei *Blastocladiella emersonii* wird die Sporenbildung durch eine Abnahme des L-Arginasegehaltes und einem exponentiellen Anstieg der L-Carbonyl-Transferase eingeleitet. Gleichzeitig steigt der Argininpool, der vorher stark reduziert war, durch Argininaufnahme aus dem Medium wieder an. Das L-Arginin wird zur Proteinsynthese verwandt und erscheint in mehreren Fraktionen des löslichen Proteins (Domnas). Durch UV-Bestrahlung konnten aus einem *Aspergillus-ungulosus*-Isolat, das keine Conidien bildete, verschiedene conidienbildende Stämme isoliert werden, die wahrscheinlich auf Mutation eines die Conidienbildung kontrollierenden Locus zurückzuführen sind (Coy u. Tuveson).

Sporenabschleuderung. Engel u. Friederichsen korrigieren ihre Ansicht, daß der Abschußrhythmus der Fruchtkörper von *Sphaerobolus stellatus* exogener Natur ist (vgl. Fortschr. Bot. **26**, 259). Die Fruchtkörper schleudern ihre Sporangiolen nicht nur im Licht-Dunkelrhythmus, sondern auch in kontinuierlicher Dunkelheit auf einen vorausgegangenen, endogen fixierten Licht- oder Dunkelreiz hin ± periodisch fort. Sporenabschleuderung bei *Sordaria fimicola* wird durch kleine Konzentrationen von CO_2 (0,2–2,5%) gefördert (INGOLD u. MARSHALL). Die Freisetzung der Sporen bei *Basidiomyceten* soll nach OLIVE nicht durch den von BULLER (1) eingehend untersuchten „Tropfen-Mechanismus" bewirkt werden, sondern durch Explosion eines Gasbläschens, das sich in der Apiculus-Region unter dem Druck des sich zwischen Außen- und Innenwand der Spore befindlichen Gases (wahrscheinlich CO_2) entwickelt. Die Außenwand wird erst nach Benetzung für das Gas permeabel. Wie bereits MÜLLER für *Sporobolomyces* (vgl. Fortschr. Bot. **18**, 336), so konnte jetzt PAGE (2) durch eine photographische Studie die Schlußfolgerung BULLERS (2) bestätigen, daß das Sporangium von *Pilobolus* durch einen Strahl von Zellsaft, der von der Spitze des Sporangiophors oder der subsporangialen Anschwellung ausgeht, fortgeschleudert wird.

Reproduktion der Moose

Bei konstanter Temperatur ist die Länge der Photoperiode nicht ausschlaggebend für die Induktion von *Sexualorganen* von *Marchantia polymorpha*. Dagegen führt eine 5monatige Temperaturbehandlung mit 5–10° C zur Sexualisierung. Diese ist im Augenblick der Induktion ausschließlich in den vorhandenen meristematischen Zonen lokalisiert (SCHUMACKER). Männliche Pflanzen von *Marchantia berteroana* liefern im allgemeinen mehr Brutbecher als weibliche. Die Brutbecherbildung wird in einer mit Feuchtigkeit gesättigten Atmosphäre unterdrückt (SCOTT).

Reproduktive Phase der Farne

Das Einsetzen der reproduktiven Phase beim Farnsporophyten wird determiniert durch die Wirkung eines Komplexes von Faktoren (genetischen Faktoren, Alter, Wedelentwicklung, Jahreszeit, Außenbedingungen) und ist nicht von der speziellen Wirkung eines bestimmten Faktors abhängig (WARDLAW u. SHARMA). Mitochondrien und Proplastiden der Eizelle von *Pteridium aquilinum* sind besonders reich an DNS. Die schnelle Vermehrung dieser Elemente während der frühen Embryonalentwicklung soll dadurch erleichtert werden und unabhängig von der DNS-Synthese ablaufen können (BELL u. MÜHLETHALER). MENKE u. FRICKE können sich aufgrund ihrer elektronenoptischen Untersuchung der Archegoniumentwicklung von *Dryopteris filix mas* nicht der von MÜHLETHALER u. BELL (vgl. Fortschr. Bot. **25**, 421) geäußerten Auffassung anschließen, daß Plastiden und Mitochondrien in der jungen Eizelle abgebaut werden und später *de novo* entstehen.

Apomixis. Ein neuer Typ der Aposporie wurde bei Farnen des *Asplenium aethiopicum*-Komplexes gefunden. Hier zeigen die Sporenmutterzellen bei der Diakinese vollständige Asynapsis. Nach der 1. meiotischen Teilung wird ein Restitutionskern gebildet, der sich normal teilt und Dyaden von Diplosporen liefert (BRAITHWAITE). Die Induktion der

Apogamie ist bei *Pteridium*-Gametophyten lichtabhängig, die Entwicklung des apogamen Sporophyten an Licht oder die Gegenwart von Bernsteinsäure oder Zucker gebunden [WHITTIER (1)]. Bei einer bestimmten Zuckerkonzentration (4%) fördert Naphtylessigsäure und Gibberellinsäure, wenn sie während der Induktionsphase des Gametophyten gegeben werden, die apogame Sporophytenbildung. Durch Behandlung mit Kinetin wird sie dagegen reduziert oder unterdrückt [WHITTIER (2)].

Geschlechtsausprägung bei Blütenpflanzen

Allgemeines. Die Geschlechtsausprägung wird von drei verschiedenartigen Faktoren kontrolliert: genetischen, Umwelt- und chemischen Faktoren (GALUN). In einem Symposiumbeitrag über "Sex Expression in Flowering Plants" geht HESLOP-HARRISON (1) auf diese Faktoren näher ein und schlägt einige Modelle von geschlechtskontrollierenden Mechanismen vor. Diese basieren auf einer *Regulatorgen-Operon*-Vorstellung, nach welcher auf einen auslösenden Reizfaktor hin eine Folge von Genkomplexen in irreversibler Reihenfolge aktiviert wird. KOSSWIG diskutiert hauptsächlich anhand zoologischer Objekte die verschiedenen Möglichkeiten einer polygenen Geschlechtsbestimmung. Pflanzliche Beispiele geno- und phänotypischer Geschlechtsdetermination bringt KÖHLER (1) in Band 27 der „Ergebnisse der Biologie". Er entwickelt eine allgemeine Vorstellung über den Mechanismus der Geschlechtsbestimmung, der die folgenden beiden Annahmen zugrunde liegen: 1. Die Reaktionsketten zur Ausbildung der Antheren und Karpelle können unterschiedliche Optima gegenüber einer einzigen geschlechts„realisierenden" Substanz A haben. 2. Die Konzentration von A kann in den determinationsbereiten Meristemen durch Außenbedingungen und genetische Faktoren verändert werden – entweder direkt oder durch Entfernung der Blütenanlagen von den den Stoff A bildenden Orten. GALÁN wünscht seine auf experimentellen Befunden von Kreuzungen zwischen 1- und 2häusigen Varietäten von *Ecballium elaterium* beruhende Theorie, daß eine multiple Serie von 3 Mendelfaktoren (a^D, a^+, a^d) für die Ausprägung des Phänotyps verantwortlich ist (vgl. Fortschr. Bot. **19**, 390—391), zu verallgemeinern. Die zu der genetischen Sexualitätstheorie herangezogenen M- und F-Realisatoren hätten ein Pseudoproblem geschaffen. Ebensowenig wie man die Faktoren, die andere Phänotypen kontrollieren, sollte man auch nicht die für die Geschlechtsausprägung verantwortlichen Mendelfaktoren mit Eigenschaften (F- und M-Qualitäten) versehen, durch die Individuen (Pflanze, Tier) gekennzeichnet sind; Mendelfaktoren seien im Gegensatz zu Pflanze und Tier keine der Beobachtung zugänglichen Dinge. Es ist zweifelhaft, ob man durch derartige Überlegungen einer Lösung des Problems der Geschlechtsdetermination näher kommt.

Genetische Faktoren. Allotetraploide Hybriden aus *Bryonia alba* ♀ × *B. dioica* ♂-Kreuzungen mit 1 oder 2 überzähligen *B. alba*-Chromosomen sind diöcisch, solche mit 8 überzähligen *B. alba*-Chromosomen monöcisch. 18 *B. alba*-Chromosomen stehen demnach im Gleichgewicht mit den weiblichen Geschlechtsdeterminanten eines *B. dioica* Genoms

(BRABEC). Die männlichen Pflanzen von *Rumex acetosa* enthalten in den Zellkernen ein Chromatinkorn (oder -Körner), das dem Geschlechtschromatin weiblicher Tiere analog ist (PAZOURKOVÁ).

Umweltfaktoren. Jahreszeitliche Schwankungen (SINGH, MAJUMDER u. SHARMA) sowie der Licht-Dunkel-Rhythmus (ARNOUX, VLAYAC u. GAILLARD) können bei bestimmten Species (*Carica papaya*, monöcischem Hanf) einen Einfluß auf das Geschlechtsverhältnis ausüben. Der Prozentsatz weiblicher *Melandrium album*-Pflanzen ist in der Nachkommenschaft 2 Tage alter bestäubter weiblicher Blüten nachweisbar erhöht; er sinkt bei älteren Blüten wieder ab. Das Alter der männlichen Blüten scheint keinen Einfluß auf das Geschlechtsverhältnis auszuüben (PROKOPOVÁ). Bei *Cucumis sativus* ist die Ausprägung des Geschlechts von der Insertion der Blütenknospen abhängig. In der Nachbarschaft junger Blätter ist die weibliche Tendenz ausgeprägt; das umgekehrte gilt für Pflanzen mit einer stärker männlichen Tendenz. Die Beziehung Blattalter-Blütenknospe ist nur bei Pflanzen gegeben, deren Geschlechtstendenz von Außenbedingungen abhängig ist. Diese Faktoren stehen mit dem hormonalen Gleichgewicht in Beziehung (ATSMON u. GALUN). Pfropfung eines gynomonöcischen *Cucumis Melo*-Reises auf eine andromonöcische Unterlage induziert die Bildung von männlichen Blüten an dem gynomonöcischen Reis. Die Induktion soll durch Diffusion einer makromolekularen Substanz oder eines Hormons mit kleinem Molek.-Gew. zustandekommen (MOCKAITIS u. KIVILAAN).

Chemische Faktoren. Allyltrimethylammoniumbromid ruft bei einer monöcischen *Cucumis*-Varietät eine frühzeitige Anlage der weiblichen Blüten hervor, während Gibberellinsäure bei einer gynözischen Varietät die Ausbildung von männlichen Blüten an den ersten Knoten bewirkt. Die in beiden Fällen mit steigender Konzentration des Regulators zunehmenden Wirkungen sind also einander entgegengesetzt (MITCHELL u. WITTWER). Von den 9 bekannten Gibberellinen, deren Wirkung auf dem zuerst gebildeten Blatt einer gynoezischen *Cucumis*-Pflanze getestet wurde, war A_7 in der Produktion von Antheren am erfolgreichsten; danach folgten A_4, A_2 und A_9. Diese 4 Gibberelline sind durch die Abwesenheit der C/D-Hydroxylgruppen gekennzeichnet. Die anderen Gibberelline mit einem C/D-Hydroxal waren bedeutend weniger aktiv. Der Befund läßt auf eine mögliche Beziehung zwischen chemischer Struktur und Wirkung schließen (WITTWER u. BUKOVAC). Bei *in vitro*-Kulturen von potentiell männlichen, weiblichen und zwittrigen Blütenknospen von *Cucumis sativus* förderte die Zugabe von Auxin die Entwicklung von Fruchtknoten in potentiell männlichen Knospen; Gibberellinsäure hebt diesen Effekt auf und zeigt sich auch allein konstruktiv unwirksam. Sehr junge potentiell männliche Knospen zeigen allerdings auch ohne Auxingabe eine Tendenz zur Bildung von Fruchtknoten (GALUN, JUNG u. LANG). Auf Ricinus wirkt Gibberellin-Behandlung verweiblichend (PIQUEMAL). Bei normalerweise diöcischem Hanf mit Heterozygotie der Männchen tritt nach Gibberellingabe eine Vermännlichung auf. Die gleiche Behandlung führt bei invers diöcischen Pflanzen (Heterozygotie der

Weibchen) nicht nur zu einer Verlängerung der Inflorescenzen, sondern auch zur Bildung von Antheren anstelle von Fruchtblättern [KÖHLER (2)].

Pollenphysiologie

Band 15 des "Annual Review of Plant Physiology" enthält ein Übersichtsreferat von LINSKENS (1) über Pollenphysiologie, in dem rezentere Versuchsergebnisse (bis August 1963) kritisch behandelt werden. Von STANLEY liegt eine zusammenfassende Darstellung der zwischen Pollen und Griffel bestehenden physiologischen Beziehungen vor.

Pollenentwicklung. GRAY u. DOUGLAS haben den Sauerstoffverbrauch von *Tradescantia paludosa*-Antheren bestimmt. Er ist am höchsten in Antheren, deren PMZ sich in früher Interphase befinden. Gegen Ende der Interphase fällt der O_2-Verbrauch ab und ist während der Pollenmitose am geringsten. Am Beispiel von *Cannabis sativa* gibt HESLOP-HARRISON (2) eine Übersicht über den Cyclus von Veränderungen, der sich an den Zellwänden während der Pollenentwicklung abspielt. Die von den PMZ zu Beginn der meiotischen Prophase synthetisierte Callosewand wird als Molekularsieb interpretiert, das den Eintritt größerer Moleküle aus dem umgebenden Cytoplasma ausschließt. Dadurch soll verhindert werden, daß die Fähigkeit des haploiden Pollenkerns, sich in seinem Cytoplasma autonom zu manifestieren, geschwächt wird. Bei einem elektronenmikroskopischen Vergleich der Entwicklungsstadien von PMZ und Pollentetraden von *Cucurbita ficifolia* ließen sich cytologische Veränderungen mit dem Callose-Auf- und -Abbau korrelieren. ESCHRICH (1) gibt hiervon eine schematische Darstellung. Die Feulgen-Reaktion in gerade ausgebildeten Pollenkörnern von *Brassica juncea* ist relativ schwach. Nach der Teilung des Pollenkerns in einen vegetativen und einen generativen Kern kann die DNS anfänglich überhaupt nicht nachgewiesen werden. Erst nach einer Ruheperiode beginnt sie sich im generativen Kern anzureichern (ILYINA). Den verschiedenen Typen des Tapetums (cellulär-1-kernig, cellulär-mehrkernig, plasmodial mit vermehrter Kernzahl) ist eine Eigenschaft gemeinsam, die mit der Funktion des Tapetums zusammenhängt: die starke Vermehrung der chromatischen Substanz. Sie erfolgt auf verschiedene Weise, durch Restitutionskernbildung während der Pro-, Meta-, Ana- oder Telophase, durch Endomitosen oder durch Vermehrung der Kernzahl (CARNIEL).

Die **Feinstruktur** von Pollenkorn und Pollenschlauch ist Gegenstand der Untersuchungen von ROSEN; ROSEN, GAWLIK, DASHEK u. SIEGESMUND; SASSEN und LARSON. Wie DIERS für *Oenothera* (vgl. Fortschr. Bot. **26**, 262) konnte SASSEN für *Petunia* eine die generative Zelle umgebende zellwandähnliche Struktur nachweisen. Die Häufigkeit, mit der Golgiapparat und Vesikelstrukturen in der Pollenschlauch-Spitze vorhanden sind, lassen ROSEN, SASSEN und LARSON annehmen, daß die Vesikel vom Golgiapparat abgeschnürt werden und an der Bildung von Plasmalemma und Zellwand beteiligt sind.

Pollenkeimung. Bereits vor dem Sichtbarwerden der Pollenschläuche von *Petunia* im Keimmedium setzt eine Diffusion von (Enzym?)-

Proteinen aus dem Pollen sowie ein starker Saccharosestoffwechsel ein [STANLEY u. LINSKENS (1), (2)]. TUPY (1) fand nach 15stündiger in vitro-Kultur von *Nicotiana alata*-Pollenschläuchen eine neue Proteinfraktion. TANO u. TAKAHASHI konnten nachweisen, daß *Nicotiana*-Pollenschläuche *in vitro* eine RNS synthetisieren, deren Basenzusammensetzung keine Ähnlichkeit mit der im Pollenkorn vorhandenen RNS, sondern mit der in der Pflanze vorkommenden DNS hat. Die Frage, ob die synthetisierte RNS im Pollenschlauch Informationsfunktion hat, ist noch nicht geklärt. Im Pollen von *Papaver* und *Lilium* beginnt nach der Meiose eine Anhäufung von freiem Prolin. Es wird bei der Keimung sowohl in den Stoffwechsel der Pollenschläuche als auch des Stempels einbezogen. *In vitro* wird Prolin viel intensiver von bestäubten als von unbestäubten Griffeln inkorporiert und unter Bildung von Glutaminsäure in CO_2 umgesetzt [BRITIKOV, MUSATOVA, VLADIMIRTSEVA u. PROTSENKO; TUPÝ (2)]. Zwischen Prolingehalt und Selbstfertilität, Selbststerilität, Monöcie, Diöcie oder Bisexualität besteht keine direkte Beziehung (BRITIKOV et al.). In keimendem Pollen soll Bor eine definierte Rolle bei der Pektinsynthese spielen; möglicherweise setzt sie bei der Synthese von D-Galakturonosyl-Einheiten des Pektins ein (STANLEY u. LOEWUS). Die Wirkung des Bors auf Pollenkeimung und -schlauchwachstum läßt sich nicht durch andere 3wertige Metallionen ersetzen (FÄHNRICH u. ULLRICH). Pollenkeimung und -Schlauchwachstum von *Orchideen* wird durch eine aus *Oncidium*-Columnae isolierte Substanz beträchtlich gefördert. Ihre Wirkung ist unspezifisch. Das Stimulans erwies sich als neutral, wasserlöslich und hitzestabil und ist möglicherweise mit Calcium identisch (SANFORD, BONANOS u. XANTHAKIS).

Chemotropismus. MASCARENHAS u. MACHLIS weisen erneut auf Calcium als chemotropisch wirksamen Faktor hin. Es kann jedoch nicht als universales chemotropisches Agens angesehen werden (ROSEN). Narbe und Griffel von *Lilium* sind 2–3 Tage vor, Samenanlagen 2–3 Tage nach der Anthese chemotropisch aktiv. Samenanlagen nicht bestäubter Stempel bleiben länger aktiv als unbefruchtete Samenanlagen (WELK u. MILLINGTON). Die sexuelle Affinität (= chemotropische Anziehung der Pollenschläuche durch Stoffe in den Samenanlagen) ist von der genetischen Konstitution sowie vom Reifezustand der Sexualpartner abhängig (GLENK).

Physiologie des weiblichen Gametophyten bei Blütenpflanzen

Während der 1. meiotischen Prophase der Embryosackmutterzelle von *Lilium candidum* findet eine intensive Synthese von plasmatischem Material statt. Die Struktur von Mitochondrien und endoplasmatischem Reticulum (ER) ist fortlaufenden Veränderungen unterworfen. So bilden parallel angeordnete Stränge des ER konzentrische, vielschichtige Körper, deren außen gelegenen Stränge häufig unter Bläschenbildung zerfallen, während die Kernstücke im Cytoplasma verbleiben (RODKIEWICZ u. MIKULSKA, MIKULSKA u. RODKIEWICZ). Der ausgebildete Embryosack ist Objekt der elektronenmikroskopischen Untersuchungen DIBOLLs, JENSENs und v. D. PLUIJMs. Von den vorhandenen Zellelementen zeichnet sich die Eizelle durch eine einfache Organisation aus (JENSEN). Ihr Plasma ist nur schwach polarisiert und ER und Golgistrukturen wenig vertreten. Demgegenüber zeigt das Plasma der Zentralzelle eine starke Polarisierung des Plasmas, dessen Organellen in der apikalen Plasmatasche, die den Eiapparat umgibt, gehäuft auftreten. Das Cytoplasma der Antipoden ist vesiculär und enthält zahlreiche Mitochondrien und Golgistrukturen (DIBOLL). Die Synergiden sind die am höchsten organisierten Zellen des Embryosackes. Sie enthalten den Fadenapparat, der eine Verdickung des oberen Teils der zwischen den beiden Zellen gelegenen Wand darstellt (v. D. PLUIJM). Das Cytoplasma, das den zentral gelegenen Kern umgibt, ist wenig strukturiert im Gegensatz zu dem an den Fadenapparat grenzenden, das ein ausgeprägtes ER und zahlreiche Plastiden einschließt (DIBOLL, JENSEN). Der Fadenapparat kann als eine spezialisierte Struktur angesehen werden, die für eine schnelle und exakte Vereinigung der Pollenschläuche mit einer der Synergiden sorgt, und damit den Pollenschlauch in die Nähe der Eizelle bringt (v. D. PLUIJM).

Embryosackmutterzelle, Embryosack sowie die Zellen des Gefäßbündels zeigen einen aktiven Stoffwechsel. Die Epidermis des Embryosackes, Integument, Funiculus und Fruchtknotenwand enthalten im Gegensatz zum Embryosack Stärkekörner und Öltropfen, die als Energiespeicher dienen sollen (MIKI-HIROSIGE).

SCHWEMMLE setzt seine Untersuchungen zur Physiologie der Befruchtung bei *Oenothera* fort. Er konnte konstatieren, daß bei *Oenothera berteriana* (B · l) die fertilen Samenanlagen im oberen Drittel des Fruchtknotens häufiger vorkommen als im mittleren und unteren Abschnitt. Die B- und l-Samenanlagen reifen, unten im Fruchtknoten beginnend, nach oben hin fortschreitend und so altern sie auch. B-Samenanlagen altern rascher als l-Samenanlagen. Diese Befunde werden von LECHNER bestätigt.

Befruchtungsphysiologie der Blütenpflanzen

Durch Selbstbestäubung von *Gossypium* wird das Cytoplasma der Nucellus-Zellen aktiviert. 24 Std nach Bestäubung verschiebt sich der pH-Wert des isoelektrischen Punktes zum alkalischen Bereich hin. Nach 48 Std erreicht das Plasma einen pH von 2,6. Die Veränderungen sollen durch den Austausch von Substanzen zwischen Elternpflanze und Pollenschläuchen zustandekommen (GUREVICH). Zur Zeit der Anthese wird in dem Integumenttapetum von unbefruchteten *Petunia*-Samenanlagen Callose gebildet. Die Callosesynthese kann in reifen Knospen durch eine Bestäubung gefördert resp. durch Knospenbestäubung vorzeitig ausgelöst werden. Nach der Befruchtung und während der Embryonalentwicklung wird die Callose wieder abgebaut; die aus den Samenanlagen extrahierte Callase zeigt zu diesem Zeitpunkt ihre maximale Aktivität. Möglicherweise spielt die Callose im Sinne ESCHRICHs (2) die Rolle eines periodisch in Aktion tretenden Verschlußmittels. Sie hätte also die Aufgabe, den Stoffaustausch zwischen Embryosack und umgebendem Gewebe regulierend zu beeinflussen (ESSER). RYCZKOWSKI (1, 2) untersucht die physiko-chemischen Eigenschaften der Zentralvacuole in den Samenanlagen von *Aesculus*-Arten von der Befruchtung ab bis zum Zeitpunkt, in dem Endosperm resp. Embryo die Zentralvacuole ersetzen. Der osmotische Wert, und die Konzentration an Zuckern und Aminostickstoff nehmen in jungen Samenanlagen bis zu einem bestimmten Maximum zu (– das Maximum des Aminostickstoffs wird etwas später erreicht –) und fallen in älteren Samenanlagen beträchtlich ab. Der Zentralvacuole kommt demnach eine Speicherfunktion für Nährstoffe zu, deren Gehalt in Abhängigkeit vom Entwicklungsstadium der befruchteten Samenanlage zu- oder abnimmt.

Bei *Papaver somniferum, Argemone mexicana, Escholtzia californica, Nicotiana rustica* und *N. tabacum* kann eine Befruchtung *in vitro* erzielt werden (KANTA u. MAHESHWARI). Sofern die Samenanlagen kurz nach der Anthese (24–72 Std) isoliert werden, verläuft bei diesen Arten neben der Pollenkeimung auch die doppelte Befruchtung, sowie die Endosperm- und Embryobildung völlig normal. POLYAKOW gliedert den Befruchtungsprozeß in 3 Phasen: a) progame Phase (Wechselwirkung zwischen Pollen und Stempelgewebe bis zum Zeitpunkt des Eindringens der Pollenschläuche in die Samenanlage), b) gamogene Phase (doppelte Befruchtung und Einfluß von zusätzlichem Pollen auf die Embryosäcke), c) postgame Phase (Einfluß von zusätzlichem Pollen auf Embryo- und Samenentwicklung). Daß zusätzlich auf die Narbe gebrachter arteigener oder artfremder Pollen einen Einfluß auf Frucht und Samen ausüben kann, wird anhand von Doppelbestäubungen deutlich gemacht, wobei die zweite Bestäubung mit markiertem Pollen vorgenommen wird. Bei gleichzeitiger Bestäubung mit arteigenem „kaltem“ und artfremdem „heißem“ Pollen ist die im Fruchtknoten nachzuweisende Aktivität gegenüber einer Bestäubung allein mit artfremdem, markiertem Pollen um das etwa 600fache gesteigert. Auch dieses Resultat wird als Folge von Stoffwechselbeziehungen zwischen arteigenem und artfremdem Pollen angesehen. Der stoffwechselphysiologische Einfluß von zusätzlichem Pollen wird in den meisten Fällen nur in der 1. Generation beobachtet; in einigen Fällen soll er jedoch über mehrere (5–7) Generationen andauern. Die Beantwortung der Frage nach dem Mechanismus, der diesem Einfluß zugrunde liegt, ob vielleicht stoffwechselaktive Ribosomen den zu beobachtenden Effekt auslösen, bleibt abzuwarten. Mit Interesse wird man weiteren Resultaten der russischen Forschungsgruppe entgegensehen.

Physiologie der Fruchtentwicklung

Von CRANE werden in Band 15 des "Annual Review of Plant Physiology" die bis Juni 1963 zu dem Thema "Growth substances in fruit setting and development" veröffentlichten Arbeiten zusammenfassend dargestellt.

Bei *Capsicum annuum*-Blüten übt das Alter des Pollens und der Samenanlagen z. Z. der Bestäubung einen Einfluß auf die Fruchtentwicklung aus. Samenertrag und Frühreifegrad nehmen ab, wenn Pollen und Samenanlagen bei der Bestäubung älter als 4 Tage sind (POPOVA). Diffusate und Extrakte des Fruchtstiels von *Frittilaria meleagris* enthalten Indolyl-3-Essigsäure, 2 oder 3 Wuchsstoffvorstufen und 2 oder 3 Hemmstoffe. Die nach der Bestäubung in der heranreifenden Frucht gebildeten und in den Fruchtstiel geleiteten Wuchsstoffe steuern dessen postflorale Streckung (KALDEWEY). In einem Sammelreferat gehen TURNER u. ROBERTSON auf die Biochemie der reifenden Früchte in Verbindung mit ihrer Lagerung ein. Die Banane dient ihnen hierbei als Beispiel. Während des Reifeprozesses von Tomatenfrüchten steigt die Polygalakturonaseaktivität zunächst exponentiell (bis zum orangegefärbten Stadium), dann weiter bis zum Stadium der Überreife auf das 200fache an (HOBSON). Der Reifungsprozeß bei Birnen wird begleitet von einer Desorganisation des Protoplasten. In der reifen Frucht sind die Plastiden fast ganz zerstört, das Plasma durch zahlreiche Vacuolen zerteilt. Die Mitochondrien zeigen dagegen bis zur postklimakterischen Phase keinen Abbau. Aus der Zunahme der cytoplasmatischen Membranen durch die Vacuolenbildung läßt sich eine kontrollierende Funktion dieser Systeme auf den Stoffwechsel ableiten (BAIN u. MERCER). Aus den Früchten von *Angelica silvestris* wurden 7 Verbindungen, die zu den Cumarin-Derivaten und Glycosiden gehören, isoliert und größtenteils strukturell aufgeklärt (HÖRHAMMER, WAGNER u. EYRICH).

Parthenokarpie. Untersuchungen über das natürliche Ausmaß der Parthenokarpie bei Kernobstsorten ergaben, daß parthenokarpe Äpfel der Konkurrenz von Früchten aus fremdbestäubten Blüten weniger gewachsen sind als Birnen. Die erhöhte Samenlosigkeit nach Spätfrösten ist nicht durch einen fördernden Einfluß des Frostes auf die Parthenokarpie zu erklären, sondern damit, daß von den Blütenorganen zuerst die Samenanlagen erfrieren. Die Entwicklung samenhaltiger Früchte, die die Parthenokarpie weitgehend unterdrückt, fällt dadurch fort. Zwischen Pollenschlauchbildung und Parthenokarpie werden keine Beziehungen gefunden (KARNATZ). Bei der Kulturerdbeere hört bei nicht bestäubten Blüten die Entwicklung des Fruchtgewebes z. Z. der Anthese auf, wahrscheinlich als Folge der Entwicklung eines Hemmfaktors von seiten der Karpelle. Eine der Funktionen der Bestäubung oder Befruchtung besteht demnach in einer Entfernung dieses Hemmfaktors, wodurch die Gewebe für eine Stimulierung durch Wuchsstoffe der Pflanze oder der befruchteten Karpelle empfänglich werden. Ist eine Bestäubung auf ein einzelnes Karpell beschränkt, so schwillt das Receptaculum nur in der Umgebung der Insertionsstelle dieses Karpells an. Parthenokarpe Früchte können daher bei der Erdbeere allein nach einer Unterdrückung der Karpellbildung erzielt werden (THOMSON). Bei zahlreichen Obstarten (Birne, Apfel, Aprikose, Pfirsich, *Ribes*) sowie *Pereskia*, dagegen nicht bei Kirsche und Pflaume, wird durch Gibberellinsäure-Behandlung parthenokarper Fruchtansatz ausgelöst [CRANE, PRIMER u. CAMPBELL; VARGA (1, 2); ZATYKO; SACHAR]. Das Wachstum der durch Gibberellinsäure induzierten parthenokarpen Früchte verläuft ähnlich dem aus natürlicher Bestäubung. Die Fruchtentwicklung wird also nicht durch Auxine des Samens kontrolliert (CRANE, REBEIZ u. CAMPBELL).

Physiologie der Inkompatibilität bei Blütenpflanzen

In den "Proceedings of the XI International Congress of Genetics" gibt LINSKENS (2) eine Übersicht über die Physiologie und Biochemie der Inkompatibilität; LUNDQUIST und LEWIS diskutieren die Struktur des Inkompatibilitätslocus und seinen Wirkungsmechanismus. Nach der von LEWIS aufgestellten *Dimer*-Hypothese der gametophytischen Inkompatibilitätsreaktion liefert der S-Gen-Komplex ein für jedes S-Allel spezifisches Polypeptid, dessen Molekül in Pollen und Griffel identisch gebaut ist. Die Polypeptide polymerisieren in Pollen und Griffel zu einem *Dimer*. Die Inkompatibilitätsreaktion wird eingeleitet durch die Kombination identischer *Dimere* zu einem *Tetramer*. Dieses wirkt als Regulator, der entweder die Synthese eines Inhibitors für das Schlauchwachstum induziert oder die Synthese eines Auxins für das Schlauchwachstum unterdrückt. Molekulargewichtsbestimmungen der S-Proteine von Pollen, Griffel und des Inkompatibilitäts-Komplexes müssen die Richtigkeit dieser Hypothese erweisen.

Die physiologische Barriere, die eine Selbstkompatibilität verhindert, wird während des Griffelwachstums aufgebaut. Man kann sie durch eine Störung der normalen Stoffwechselbeziehungen zwischen männlichen und weiblichen Blütenteilen, z. B. durch frühzeitige Kastration, schädigen [LINSKENS (3)]. Bei *Narcissus tazetta* ist die Selbstinkompatibilität verursacht durch einen Zusammenbruch der Samenanlagenentwicklung nach der Befruchtung resp. nach dem Eindringen der Pollenschläuche in den Embryosack. Die vorliegende Distylie ist genetisch nicht mit der Inkompatibilität gekoppelt, d. h. illegitime Kreuzungen sind selbstkompatibel (DULBERGER). Auch bei *Liquidambar styraciflua* abortieren selbstbefruchtete Samenanlagen, bevor die Entwicklung eines cellulären Endosperms einsetzt (SCHMITT u. PERRY). Durch Narben-Griffelpfropfungen von selbstinkompatiblen *Oenotheren* und anschließende kompatible resp. inkompatible Bestäubung konnte gezeigt werden, daß die Narbenregion auf inkompatiblen Pollen einen stärkeren Hemmeffekt ausübt als der Griffel (HECHT).

Aufhebung der Selbstinkompatibilität. Eine Beeinflussung der Selbstinkompatibilität kann durch Chimärenbildung erreicht werden. Bei einer Monektochimäre, die aus *Lycopersicon peruvianum* (= SI)-Gewebe und einer *L. esculentum* (= SK)-Außenschicht besteht, wird nach Selbstbestäubung eine Erhöhung des Samenansatzes beobachtet (GÜNTHER). 5minütiges Eintauchen von selbstinkompatiblen *Oenothera*-Griffeln in Wasser von 50° C vor der Selbstbestäubung führt zum Einwachsen inkompatibler Schläuche in den Griffel. Durch die Temperaturbehandlung soll die Konzentration der für die Hemmung verantwortlichen Substanzen aus Narbe und Griffel herabgesetzt werden (HECHT).

Ungeschlechtliche Fortpflanzung der Blütenpflanzen

Apomixis. Erstmalig wurde bei einer Malvaceenart Apomixis beobachtet. Die Adventivembryonen von *Pachira oleagina*, die sich aus einer der Mikropyle benachbarten Nucelluszelle entwickeln, wachsen schneller als die auf sexuellem Weg gebildeten Embryonen, wodurch es häufig zu apomiktischer Vermehrung kommt (BAKER). Bei einer autotetraploiden *Oenothera hookeri* entwickelten sich verschiedene Eizellen nach Bestäubung mit röntgenbestrahltem Pollen ohne echte Befruchtung zu Embryonen und Samen. Voraussetzung für eine solche parthenogenetische Entwicklung der Eizelle ist das Zusammenwirken von mütterlichen und väterlichen Komponenten, wobei letztere von den in den Fruchtknoten vordringenden Pollenschläuchen geliefert werden. Zugleich hängt es von der genetischen Konstitution der Mutterpflanze ab, wie häufig eine parthenogenetische Embryoentwicklung induziert wird (LINNERT).

Vegetative Vermehrung. Die Knollenbildung bei der Kartoffel ist von Außenbedingungen abhängig. Sie wird durch Kurztag, hohe Lichtintensitäten und niedrige Temperaturen gefördert [BODLAENDER (1, 2)]. Der Effekt von niedrigen Temperaturen bleibt auch noch in den beiden folgenden Generationen erhalten (WENT). Durch eine 7tägige Temperaturbehandlung (32° C) der ganzen Pflanze, des Krautes oder ihrer unterirdischen Teile, durch eine kürzere Taglänge oder eine geringe Stickstoffgabe werden Zwiewuchserscheinungen bei der Knolle ausgelöst. Nach Einsetzen des Wachstums der sekundären Knolle stoppt das Wachstum der primären Knolle (BODLAENDER, LUGT u. MARINUS; LUGT, BODLAENDER u. GOODIJK). Werden primäre und sekundäre Knollen gemeinsam im Dunkeln bei 15° C gehalten, so entwickeln sie nach 5 Wochen die gleiche Anzahl von Sproßknospen. Die gleiche Behandlung führt bei voneinander losgelösten Knollen zu einer Förderung der Sproßbildung und des Sproßwachstums an der primären Knolle. Die sekundären Knollen hemmen demnach in einem gewissen Ausmaß die Bildung und das Wachstum der Sproßknospen an der primären Knolle. In bezug auf das Sproßwachstum ist die sekundäre Knolle zu Beginn der Speicherungsperiode auf die primäre Knolle angewiesen, jedoch nicht für die Sproß-Induktion (BODLAENDER u. LUGT). Die Bildung von oberirdischen Knollen von *Begonia Evansiana* ist an Kurztag gebunden (Dauer: 17 Tage), die der unterirdischen Knollen von der Photoperiode unabhängig (ESASHI u. NAGAO). Unter Kurztagbedingungen gebildete, isolierte *B. Evansiana*-Knollen durchlaufen verschiedene Stadien in bezug auf ihre Fähigkeit zur Sproßbildung. In einem frühen Stadium benötigen sie zur Sproßbildung kein Licht (Nycto-Phase). Mit dem Einsetzen des Dickenwachstums ist für die Sproßbildung Licht, jedoch keine kritische Tageslänge erforderlich (Photo-Phase). Nach Abschluß des Dickenwachstums reagieren die Knollen nicht mehr auf Licht mit Sproßbildung. Die Sensitivität der Knollen gegenüber Licht ist daher von der meristematischen Aktivität des Organs abhängig. In diesem Entwicklungsstadium können die Knollen erst wieder durch Behandlung mit niedrigen Temperaturen zur Sproßbildung angeregt werden (Thermo-Phase) (ESASHI). Für die Bildung von Brutknospen von *Pinguicula grandiflora* ist nach der Blüte eine 2monatige Periode vegetativen Wachstums erforderlich. Während dieser Zeit nehmen die Achselknospen an Größe zu und speichern Stärke; ohne diese Wachstumsperiode sind sie anscheinend nicht fähig, zu perennieren (HESLOP-HARRISON).

Literatur

ABEL, W. O.: Z. Vererbungsl. **94**, 442—455 (1963). — ARNOUX, M., H. VLAYAC et J. C. GAILLARD: Ann. Améliorat. Plantes **13**, 27—49 (1963). — ATSMON, D., and E. GALUN: Ann. Botany **26**, 137—146 (1962).

BAIN, J. M., and F. V. MERCER: J. Biol. Sci. **17**, 78—85 (1964). — BAKER, H. G.: Am. J. Botany **47**, 296—302 (1960). — BARKSDALE, A. W.: Mycologia (N. Y.) **55**, 164—171 (1963). — BELL, P. R., and K. MÜHLETHALER: J. Mol. Biol. **8**, 853—862 (1964). — BIEBEL, P.: Am. J. Botany **51**, 697—704 (1964). — BISTIS, R. N., and J. R. RAPER: Am. J. Botany **50**, 880—891 (1963). — BODLAENDER, K. B. A.: (1) Jaarb. Inst. Biol. Scheik. Onderz., 69—82 (1960); — (2) The Growth of the Potatoe. Proc. 10th Easter School Agric. Sci. 199—210 (1963). — BODLAENDER, K. B. A., C. LUGT en J. MARINUS: Eur. Pot. J. **7**, 57—71 (1964). — BODLAENDER, K. B. A., en C. LUGT: Jaarb. Inst. Biol. Scheik. Onderz., 59—67 (1962). — BRABEC, F.: Abstr. 10th Int. Bot. Congr. (Edinburgh), 337—338 (1964). — BRAITHWAITE, A. F.: New Phytologist **63**, 293—305 (1964). — BRITIKOV, E. A., N. A. MUSATOVA, S. V. VLADIMIRTSEVA, and M. A. PROTSENKO: In: LINSKENS, H. F. (Hrsg.): Pollen Physiology and Fertilization, 77—85. Amsterdam: North Holland Publ. Comp. 1964. — BULLER, A. H. R.: (1) Researches on Fungi London: (Longmans Green 1909—1924, vols. 1—3); — (2) (New York: Longmans, Green 1934; New York: Hafner 1958, vol. 6).

CARNIEL, K.: Abstr. 10th Int. Bot. Congr. (Edinburgh), 296 (1964). — COY, D. O., and R. W. TUVESON: Am. J. Botany **51**, 290—293 (1964). — CRANE, J. C.: Ann. Rev. Plant Phys. **15**, 303—326 (1964). — CRANE, J. C., P. E. PRIMER, and R. C. CAMPBELL: Proc. Amer. Soc. Horticult. Sci. **75**, 129—137 (1960). — CRANE, J. C., C. A. REBEIZ, and R. C. CAMPBELL: Proc. Amer. Soc. Horticult. Sci. **78**, 111—118 (1961). — CURTIS, C. R.: Phytopathology **54**, 1141—1145 (1964).

DIBOLL, A. G.: Am. J. Botany **51**, 664 (1964). — DILL, F. J.: Science **144**, 541—543 (1964). — DOMNAS, A.: Abstr. 10th Int. Bot. Congr. (Edinburgh), 36 (1964). — DULBERGER, R.: Evolution **18**, 361—363 (1964).

EGER, G.: (1) Dtsch. Gartenbauwirtsch. **11**, 85—86 (1963); — (2) Naturwissenschaften **51**, 562 (1964). — EGER, G., u. I. SÜCKER: Arch. Mikrobiol. **49**, 275—282 (1964). — ENGEL, H., u. I. FRIEDERICHSEN: Planta **61**, 361—370 (1964). — ESASHI, Y.: Plant Cell Physiol. **3**, 67—82 (1962). — ESASHI, Y., and M. NAGAO: Science Reports of the Toholku Univ. **24**, 81—88 (1958). — ESCHRICH, W.: (1) In: LINSKENS, H. F. (Hrsg.): Pollen Physiology and Fertilization, 48—51. Amsterdam: North Holland Publ. Comp. 1964; — (2) Protoplasma **47**, 487—530 (1956). — ESSER, K.: Z. Botan. **51**, 32—51 (1963).

FÄHNRICH, P., u. H. ULLRICH: Planta **62**, 39—50 (1964).

GALÁN, F.: Rev. Biol. (Lisboa) **4**, 187—220 (1964). — GALUN, E.: Phiton **16**, 57—62 (1961). — GALUN, E., Y. JUNG, and A. LANG: Develop. Biol. **6**, 370—387 (1963). — GILBERT, W. A., and J. C. O'KELLEY: Am. J. Botany **51**, 680 (1964). — GLENK, H. O.: In: LINSKENS, H. F. (Hrsg.): Pollen Physiology and Fertilization, 170—181. Amsterdam: North Holland Publ. Comp. 1964. — GRAY, L. H., and G. M. DOUGLAS: Radiation Botany **4**, 233—245 (1964). — GREGG, J. H.: Physiol. Rev. **44**, 631—656 (1964). — GREGUSS, P.: Acta Biol. (Szeged) **10**, 3—51 (1964). — GÜNTHER, E.: Naturwissenschaften **51**, 443—444 (1964). — GUREVICH, L. L.: Uzbekskii Biol. Zh. **8**, 68—71 (1964).

HASKINS, R. H., A. P. TULLOCH, and R. G. MICETICH: Can. J. Microbiol. **10**, 187—195 (1964). — HECHT, A.: In: LINSKENS, H. F. (Hrsg.): Pollen Physiology and Fertilization, 237—243 Amsterdam: North Holland Publ. Comp. 1964. —HESLOP-HARRISON, J.: (1) Brookhaven Symposia in Biology **16**, 109—125 (1963); — (2) In: LINSKENS, H. F. (Hrsg.): Pollen Physiology and Fertilization, 39—47. Amsterdam: North Holland Publ. Comp. 1964. — HESLOP-HARRISON, Y.: Proc. Roy. Irish Acad. Sect. B. **62**, 23—30 (1962). — HOBSON, G. E.: Biochem. J. **92**, 324—332 (1964). — HÖRHAMMER, L., H. WAGNER u. W. EYRICH: Z. Naturforsch.-Sect. B **18**, 639—641 (1963). — HUNT, D. E., and P. L. CARPENTER: J. Bacteriol. **86**, 845—847 (1963). — HUSTEDE, H.: Bot. Mar. **6**, 133—142 (1964).

ILYINA, G. M.: Vestn. Mosk. Univ. **1**, 34—45 (1962). — INGOLD, C. T., and B. MARSHALL: Ann. Botany **28**, 325—329 (1964).

JENSEN, W. A.: Abstr. 10th Int. Bot. Congr. (Edinburgh), 298 (1964). — JONSSON, M. S.: Compt. Rend. Acad. Sci. (Paris) **258**, 2145—2148 (1964).

KAISER, W. J.: Phytopathology **54**, 765—770 (1964). — KALDEWEY, H.: Colloques Int. de C N.R.S. Régulateurs naturels de la croissance végétale No. 123, 421—443 (1964). — KANTA, K., and P. MAHESHWARI: Phytomorphology **13**, 230—237 (1963). — KARNATZ, A.: Züchter **33**, 249—259 (1963). — KATES, J. R., and R. F. JONES: J. cell. comp. Physiol. **63**, 157—164 (1964). — KEMP, C. L.: Chromosoma **15**, 652—665 (1964). — KIES, L.: Arch. Protistenk. **107**, 331—350 (1964). — KÖHLER, D.: (1) Ergebn. Biol. **27**, 98—115 (1964); — (2) Ber. dtsch. Bot. Ges. **77**, 275—278 (1964). — KOSSWIG, C.: Experientia (Basel) **20**, 190—199 (1964).

LARSON, D. A.: Abstr. 10th Int. Bot. Congr. (Edinburgh), 297 (1964). — LAUR, M. H.: Compt. Rend. Acad. Sci. (Paris) **257**, 1501—1502 (1963). — LEACH, C. M.: Trans. Brit. Mycol Soc. **47**, 153—158 (1964). — LEAL, J. A., J. FRIEND, and P. HOLLIDAY: Nature **203**, 545—546 (1964). — LECHNER, K.: Biol. Zbl. **83**, 541—560 (1964). — LEWIS, D.: In: GEERTS, S. J. (Hrsg.): Genetics Today **3**, 657—663 (1965) London: Pergamon Press. — Lí, PAO-DEN: Acta Bot. Sinica **11**, 109—166 (1963). — LINNERT, G.: Züchter **34**, 297—301 (1964). — LINSKENS, H. F.: (1) Ann. Rev. Plant Physiol. **15**, 255—270 (1964); — (2) In: GEERTS, S. J. (Hrsg.): Genetics Today **3**, 629—635 (1965) London: Pergamon Press; — (3) In: LINSKENS (Hrsg.): Pollen Physiology and Fertilization, 230—236. Amsterdam: North Holland Publ. Comp. 1964. — LORTIE, M.: Can. J. Botany **42**, 123—124 (1964). — LUGT, C., K. B. A. BODLAENDER en G GOODIJK: Eur. Pot. J. **7**, 219—227 (1964). — LUKENS, R. J.: Am. J. Botany **50**, 720—724 (1963). — LUNDQUIST, A.: In: GEERTS, S. J. (Hrsg.): Genetics Today **3**, 637—647 (1965) London: Pergamon Press. — LYTHGOE, J. N.: Trans. Brit. Mycol. Soc. **45**, 141—168 (1962).

MASCARENHAS, J. P., and L. MACHLIS: Plant Physiol. **39**, 70—77 (1964). — MENKE, W., u. B. FRICKE: Z. Naturforsch.-Sect. B **19**, 520—524 (1964). — MIKI-HIROSIGE, H.: In: LINSKENS, H. F. (Hrsg.): Pollen Physiology and Fertilization 26—33. Amsterdam: North Holland Publ. Comp. 1964. — MIKULSKA, E., and B. RODKIEWICZ: Acta Soc. Bot. Poloniae **33**, 619—630 (1964). — MILLER, J. J.: (1) Abstr. 10th Int. Bot. Congr. (Edinburgh), 38 (1964); — (2) Exptl. Cell Res. **33**, 46—49 (1964). — MILLER, J. J., and O. HOFFMANN-OSTENHOF: Z. Allgem. Mikrobiol. **4**, 273—294 (1964). — MITCHELL, D., and A. KIVILAAN: Nature **202**, 216 (1964). — MOCKAITIS, J. M., and A. KIVILAAN: Nature **202**, 216 (1964). — MOENS, P. B.: Chromosoma **15**, 231—242 (1964). — MÜLLER, D. G.: Pubbl. Staz. Zool. Napoli **33**, 310—314 (1963).

OLIVE, L. S.: Science **146**, 542—543 (1964).

PAGE, R. M.: (1) Science **138**, 1238—1245 (1962); — (2) **146**, 925—927 (1964). — PAZOURKOVÁ, Z.: Preslia (Praga) **36**, 422—424 (1964). — PIQUEMAL, G.: Ann. Améliorat. Plantes **12**, 297—310 (1962). — PLUIJM VAN DER, J. E.: In: LINSKENS, H. F. (Hrsg.): Pollen Physiology and Fertilization, 8—16. Amsterdam: North Holland Publ. Comp. 1964. — POLYAKOV, M.: In: LINSKENS, H. F. (Hrsg.): Pollen Physiology and Fertilization, 194—199. Amsterdam: North Holland Publ. Comp., 1964. — POPOVA, D.: Dokl. Bolgar. Akad. Nauk **16**, 317—320 (1963). — PRINGSHEIM, E. G.: Biol. Zbl. **83**, 739—756 (1964). — PROKOPOVÁ, A.: Biol. Plant. **6**, 99—103 (1964).

RACOCZY, L.: Bull. Acad. Polon. Sci. Biol. **11**, 559—562 (1963). — RAMIREZ, C., and J. J. MILLER: Can. J. Microbiol. **10**, 623—633 (1964). — RYCZKOWSKI, M.: (1) Acta Soc. Bot. Poloniae **33**, 397—406 (1964); — (2) Bull. Acad. Polonaise des Sciences **12**, 269—275 (1964). — RODKIEWICZ, B., and E. MIKULSKA: Naturwissenschaften **21**, 1—2 (1964). — ROSEN, W. G.: In: LINSKENS, H. F. (Hrsg.): Pollen Physiology and Fertilization, 159—166. Amsterdam: North Holland Publ. Comp. 1964. — ROSEN, W. G., S. R. GAWLIK, W. V. DASHEK, and K. A. SIEGESMUND: Am. J. Botany **51**, 61—71 (1964).

SACHAR, R. G.: Am. J. Botany **49**, 913—917 (1962). — SANFORD, W. W., S. BONANOS, and A. XANTHAKIS: Phytochemistry **3**, 671—676 (1964). — SASSEN, M. M. A.: Acta Bot. Neerl. **13**, 175—181 (1964). — SCHMITT, D., and T. O. PERRY: Forest Sci. **10**, 302—305 (1964). — SCHUMACKER, R.: Bull. Roy. Soc. Sci. Liège **33**,

115—130 (1964). — SCHWEMMLE, J.: Biol. Zbl. **83**, 409—425 (1964). — SCOTT, G. A. M.: Nature **200**, 1123 (1963). — SING, R. N., P. K. MAJUMDER, and D. K. SHARMA: J. Agr. Sci. **33**, 261—267 (1963). — STANLEY, R. G.: Science Progress **52**, 122—132 (1964). — STANLEY, R. G., and H. F. LINSKENS: (1) Nature **203**, 542—544 (1964); — (2) Physiol. Plantarum **18**, 47—53 (1965). — STANLEY, R. G., and F. A. LOEWUS: In: LINSKENS, H. F. (Hrsg.): Pollen Physiology and Fertilization, 128 to 136. Amsterdam: North Holland Publ. Comp. 1964.

TANO, S., and H. TAKAHASHI: J. Biochem. (Tokyo) **56**, 578—580 (1964). — TAYLOR, N. W.: (1) J. Bact. **87**, 929—936 (1964); — (2) **87**, 863—866 (1964). — THOMSON, P. A.: J. Exptl. Botany **12**, 199—206 (1961). — TSCHIERPE, H. J., u. W. SINDEN: Arch. Mikrobiol. **49**, 405—425 (1964). — TUPÝ, J.: (1) In: GEERTS, S. J. (Hrsg.): Genetics Today **1**, 212—213 (1965) London: Pergamon Press; — (2) In: LINSKENS, H. F. (Hrsg.): Pollen Physiology and Fertilization, 86—94. Amsterdam: North Holland Publ. Comp. 1964. — TURNER, J. F., and R. N. ROBERTSON: Proc. 5th Intern. Congr. Biochem. **8**, 154—160 (1963).

VARGA, A.: (1) 16. Intern. Hort. Congr. (Brüssel), 488—493 (1962); — (2) Meded. Dir. Tuinb. **27**, 332—337 (1964).

WARDLAW, C. W., and D. N. SHARMA: Ann. Botany **27**, 101—121 (1963). — WELK, M., and W. F. MILLINGTON: Am. J. Botany **51**, 663 (1964). — WELLS, K.: Am. J. Botany **51**, 360—370 (1964). — WENT, F. W.: Am. J. Botany **46**, 277—282 (1959). — WHITTIER, D. P.: (1) Am. J. Botany **51**, 730—736 (1964); — (2) **51**, 663—664 (1964). — WITTWER, S. H., and M. J. BUKOVAC: Naturwissenschaften **13**, 305—306 (1962).

ZATYKO, J. M.: Naturwissenschaften **50**, 230—231 (1963).

11. Strahlenwirkungen*

b) Ultraviolette Strahlen

Bericht über die Jahre 1961–1964

Von WALTER FÜCHTBAUER, Würzburg

Vorbemerkung. Im vorliegenden Bericht sollen nur Ultraviolett (UV)-Inaktivierung und Erholungsvorgänge bei Bakterien und ihre wesentlichen molekularen Grundlagen behandelt werden, weil auf diesem Gebiet in der Berichtszeit ein besonders großer Fortschritt erzielt worden ist. Ausgelassen werden deshalb z. B. UV-Strahlenwirkungen auf Enzyme, auf Ribonucleinsäure und auf Zellorganelle, ferner genetische UV-Strahlenwirkungen und Untersuchungen mit Mikrostrahlenbündeln. UV-Effekte auf Bakteriophagen sind von HARM (Fortschr. Bot. **25**, 329) behandelt worden. Es sei auf folgende eingehendere Übersichtsarbeiten hingewiesen: In dem 2bändigen Werk „Photophysiology" befassen sich McLAREN mit der photochemischen Wirkung von Licht auf Makromoleküle, ZETTERBERG mit mutagenen Effekten von ultraviolettem und sichtbarem Licht, RUPERT (2) mit Photoreaktivierung von UV-Schäden, und SMITH (3) mit der Photochemie der Nucleinsäuren. Ferner sei der Artikel von WACKER (2) über molekulare Mechanismen von Strahleneffekten erwähnt, sowie die Bücher von McLAREN und SHUGAR und von R. SETLOW und POLLARD, die Grundlagen der UV-Strahlenbiologie behandeln. Originalarbeiten auf diesem Gebiet kommen in zunehmendem Maße in der seit 1962 erscheinenden Zeitschrift "Photochemistry and Photobiology" (Pergamon Press) heraus.

1. Die Thymin-Dimerisierung in vitro und in vivo

Friert man eine wäßrige Lösung von Thymin ein, bestrahlt sie mit UV-Licht (2537 A) und taut sie wieder auf, so findet man schon nach geringen Dosen einen erheblichen Abfall der für das Thymin charakteristischen Absorption (λ_{max} bei 2645 A) in der bestrahlten Lösung [BEUKERS, IJLSTRA und BERENDS (1)]; dieser Absorptions-Abfall kann rückgängig gemacht werden durch Bestrahlen der getauten Lösung mit der gleichen Wellenlänge [BEUKERS, IJLSTRA und BERENDS (2)]. Diese beiden Entdeckungen haben ein neues Kapitel der UV-Strahlenbiologie eröffnet. Schon im letzten Bericht (SIMONIS, Fortschr. Bot. **23**, 162) standen die UV-Wirkungen auf Nucleinsäuren – in vitro und in vivo – im Vordergrund, jedoch war die Natur der Primärschäden noch ganz unbekannt.

---

* Die Beiträge a) Energiereiche Strahlen und c) Sichtbare Strahlung und Infrarot folgen im nächsten Bericht.

Dem Experiment, gefrorene Thyminlösung zu bestrahlen, lag die Arbeitshypothese zugrunde, daß gelöste Nucleinsäuren von gitterähnlich geordneten Wassermolekülen umgeben sind, und daß ein ähnlicher Zustand in gefrorener Thyminlösung vorliegt. Obgleich die Grundlagen dieser Arbeitshypothese durchaus anfechtbar sind, hat sie zur Entdeckung der nach heutiger Kenntnis für die biologische UV-Strahlenwirkung wichtigsten Verbindung geführt, des Thymin-Dimeren [BEUKERS und BERENDS (1, 2), WULFF und FRAENKEL]. Durch Bestrahlung in gefrorener Lösung lagern sich je 2 Thyminmoleküle zu einem Dimeren zusammen, in dem die 5,6-Doppelbindung des Thymins abgesättigt ist, weshalb die Absorption verschwindet. UV-Bestrahlung der getauten Lösung spaltet die Dimeren, wodurch die Thymin-Absorption wieder erscheint. Die Dimer-Bildung in gefrorener Lösung hat eine relativ hohe Quantenausbeute (mindestens 0,1, s. WANG sowie SZTUMPF und SHUGAR), ihr Mechanismus ist bis heute ungeklärt. Thymin dimerisiert auch, wenn es in trockenem Zustand bestrahlt wird (WANG, ISHIHARA), jedoch mit wesentlich geringerer Ausbeute [SMITH (2)].

Ob die Dimerisierung von Thymin in gefrorener Lösung eine biologische Bedeutung hat, ist nach den vorhandenen Befunden (LEVINE und COX, HAINZ und KAPLAN) sehr zweifelhaft. Thymin selbst dimerisiert nur in gefrorener Lösung; eingebaut in Di- oder Polynucleotide oder in Nucleinsäuren dimerisieren benachbarte Thyminreste jedoch auch ungefroren relativ leicht. Darin liegt die biologische Bedeutung dieser Reaktion, wie es erstmals gezeigt wurde von BEUKERS, IJLSTRA und BERENDS (3), die das Thymindimere aus bestrahlter Desoxyribonucleinsäure (DNA) isolierten (bestätigt von WACKER, DELLWEG und LODEMANN) sowie von WACKER, DELLWEG und WEINBLUM, die es aus DNA von bestrahlten Bakterien gewannen. Damit war gezeigt, daß die Thymin-Dimerisierung ein UV-Strahlenschaden sein kann.

Alle diese Befunde haben eine intensive Erforschung der Thymin-Dimerisierung in Nucleinsäuren und deren Bestandteilen zur Folge gehabt. Es soll hier nur erwähnt werden, daß bei Dinucleotiden die Quantenausbeute der Thymin-Dimerisierung um 0,01 ist, bei Polynucleotiden 0,02; die Quantenausbeute der Dimer-Spaltung ist etwa 1 (JOHNS, RAPAPORT und DELBRÜCK; DEERING und R. SETLOW). In allen Fällen entsteht bei Bestrahlung ein Wellenlängen-abhängiges Gleichgewicht, das der Absorption der Reaktionspartner entspricht: Bei niedrigen Wellenlängen liegt es auf der Seite des Monomeren, bei hohen auf der Seite des Dimeren (WULFF).

Zur gleichen Zeit konnten R. SETLOW und J. SETLOW nachweisen, daß die UV-Inaktivierung transformierender DNA großenteils auf die Thymin-Dimerisierung zurückzuführen ist (s. unten). SMITH (1); WACKER, DELLWEG und JACHERTS sowie R. SETLOW, SWENSON und CARRIER bestimmten in DNA von bestrahlten Bakterien die Thymindimeren quantitativ. Auch in vivo ist, wie sich hieraus ergab, das Thymindimere ein hauptsächlicher UV-Schaden. Eine weitere Bestätigung hierfür liegt in den Befunden von GALLANT und SUSKIND sowie von RASMUSSEN und PAINTER:

Die Ursache des Thyminmangel-Todes (thymineless death) und der UV-Schaden haben die gleichen Reaktionsorte. — Die kleine Zahl der UV-induzierten Querverbindungen (cross-links) zwischen den beiden Komplementärsträngen der DNA, verglichen mit der Gesamtzahl der Dimeren, zeigt, daß die meisten Dimeren zwischen benachbarten Thyminresten in einem Strang entstehen [R. SETLOW (2)]. Das wird auch durch folgendes Ergebnis von WACKER (2) nahegelegt: In wachsenden Bakterien ist bei gleicher UV-Dosis die UV-Empfindlichkeit größer in der Phase, wo die DNA nicht doppelstrangig ist, und dann werden auch mehr Thymindimere gebildet; im Doppelstrang hemmen die Wasserstoffbrücken die Dimerisierung.

2. Grundlagen der Reaktivierungsvorgänge

Die Entdeckung der Thymindimer-Spaltung im UV-Licht hat natürlich gleich die Frage angeregt, ob dieser Vorgang die Grundlage für die Photoreaktivierung (PR) ist. Das schien zunächst nicht der Fall zu sein, denn das Aktionsspektrum der Dimer-Spaltung entspricht dem Absorptionsspektrum des Dimeren: Absorption und Empfindlichkeit des Dimeren fallen steil ab von 2300 bis 2800 A [R. SETLOW (1)], und gerade die Wellenlängen > 2800 A sind am wirksamsten bei der PR. Jedoch fanden R. SETLOW und J. SETLOW, daß die durch Bestrahlung mit großen Dosen von 2800 A-UV-Licht zerstörte Fähigkeit von Bakterien-DNA zu transformieren wiederhergestellt wird durch nachfolgende Bestrahlung mit 2390 A. Diese Reaktivierung in vitro entsprach in Kinetik und Wellenlängen-Abhängigkeit ganz den Absorptionsänderungen in bestrahlter DNA, und diese wurden durch Thymindimer-Bildung und -Spaltung bewirkt. Damit war bewiesen, daß ein großer Teil der Inaktivierung transformierender DNA auf der Dimer-Bildung, und die durch Bestrahlung mit kleiner Wellenlänge erfolgende Reaktivierung vollständig auf der Dimer-Spaltung beruht. Das gleiche fanden BOLLUM und R. SETLOW für die Fähigkeit denaturierter DNA, als Primer für enzymatische DNA-Synthese zu wirken.

Wie ist nun die PR bei höheren Wellenlängen (3400—4100 A)[1] zu erklären? Daß hier auch die Thymindimer-Spaltung wirksam ist, konnten WULFF und RUPERT mit ihrem teilweise gereinigten photoreaktivierenden Enzym nachweisen: Bestrahlte DNA enthielt 1% des in ihr enthaltenen Thymins als Dimeres, auch wenn sie nach der Bestrahlung mit dem Enzym im Dunkeln oder mit erhitztem Enzym in PR-Licht inkubiert war; wurde sie aber mit intaktem PR-Enzym inkubiert und mit PR-Licht bestrahlt, so enthielt sie nur noch 0,1% Dimere. Das Enzym katalysiert also die Dimer-Spaltung im PR-Licht. Ähnliche Ergebnisse hatte schon WACKER (1) mit einem Hefeextrakt erzielt. J. SETLOW und R. SETLOW haben dann die beiden Möglichkeiten der Reaktivierung an transformierender DNA untersucht: Wurde 2800 A-inaktivierte DNA

[1] Unter „Photoreaktivierung" (PR) soll im folgenden nur die Erholung durch Licht mit Wellenlängen > 3400 A verstanden werden, nicht die Erholung nach Bestrahlung mit kleinen Wellenlängen (< 2600 A).

mit Hefeextrakt mit PR-Licht photoreaktiviert, so war sie nicht weiter reaktivierbar bei 2390 A; es ergab sich im Gegenteil eine leichte Schädigung durch 2390 A-Licht. Hingegen, wenn die DNA nicht photoreaktiviert war, steigerte das 2390 A-Licht ihre Aktivität erheblich. Wurde 2800 A-inaktivierte DNA mit 2390 A behandelt und danach mit Hefeextrakt photoreaktiviert, so ergab sich eine etwas niedrigere Aktivität als nach PR allein. Hieraus folgern J. SETLOW und R. SETLOW, daß der einzige photoreaktivierbare UV-Schaden in transformierender DNA das Thymindimere ist, das durch die PR gespalten wird; bei hohen UV-Dosen können in diesem System 70% des Strahlenschadens auf die Thymin-Dimerisierung zurückgeführt werden.

Wie funktioniert diese enzymatische Dimer-Spaltung in PR-Licht? Darüber ist erst wenig bekannt. RUPERT (1) fand einen Enzym-Substrat-Komplex, der aus PR-Enzym und UV-bestrahlter DNA besteht. Dieser Komplex wird zerstört durch Bestrahlung mit PR-Licht, und das intakte Enzym sowie reaktivierte DNA werden frei. Auffälligerweise ist oft für die PR etwa 100mal mehr Licht erforderlich als für die Inaktivierung. Aus quantitativen Messungen hierüber schließt JAGGER, daß vielleicht 2 Formen des Enzym-Substrat-Komplexes existieren, wovon nur die eine photoreaktivieren kann und nach Verbrauch aus der anderen nachgeliefert wird.

Kann die Anwesenheit des PR-Enzyms auch der Grund für UV-Resistenz sein? R. SETLOW, SWENSON und CARRIER verglichen den UV-empfindlichen Stamm *Escherichia coli* B_{s-1} mit dem UV-resistenten Stamm *E. coli* B/r, indem sie deren DNA-Synthese-Fähigkeit sowie den Gehalt an Thymindimeren nach Bestrahlung mit 2650 A und z. T. anschließender Belichtung mit 4000 A bestimmten. Die Dimer-Bildung war abhängig von der Dosis und in beiden Fällen gleich stark. Bei Stamm B_{s-1} hörte die DNA-Synthese infolge der Bestrahlung nach kurzer Zeit auf, und PR-Licht bewirkte Spaltung der gebildeten Dimeren; die quantitative Analyse dieses Ergebnisses paßt in das Bild, daß die Polymerisation der DNA entlang einem Primer stattfand, bis sie blockiert wurde durch ein Thymindimeres; an diesem Punkt kam sie zum Stillstand. Bei Stamm B/r stoppte die Bestrahlung die DNA-Synthese zunächst vollständig; jedoch nach 20—40 min setzte diese auch ohne PR-Licht in unverminderter Geschwindigkeit wieder ein, ohne daß die Zahl der Dimeren kleiner wurde! Hier wurden also keine Dimeren gespalten, sondern die Bakterien konnten den Dimer-Block auf andere Weise im Dunkeln reparieren. R. SETLOW und CARRIER zeigten, daß in den UV-resistenten Zellen (B/r) die Dimeren während der Erholung im Dunkeln aus der Säure-unlöslichen Fraktion verschwinden und in der Säure-löslichen Fraktion erscheinen. Die Dimeren werden also aus der DNA entfernt, und zwar in etwa derselben Zeitspanne, die die Zellen benötigen, um wieder mit der DNA-Synthese beginnen zu können. Jedoch verschwinden die Dimeren aus der Säure-unlöslichen Fraktion des weniger resistenten Stammes *E. coli* B genauso schnell, obgleich in diesem Stamm die Koloniebildungsfähigkeit nach Bestrahlung geringer ist als bei *E. coli* B/r. Das Ausschneiden der Dimeren scheint also nur e i n e r der zur Erholung notwendigen Schritte zu sein. Auch

BOYCE und HOWARD-FLANDERS fanden Entfernung von Thymindimeren aus der DNA im Dunkeln bei einem UV-resistenten Stamm von *E. coli*, keine Entfernung bei einem UV-empfindlichen Stamm, und die Ergebnisse von PETTIJOHN und HANAWALT deuten darauf hin, daß die resistenten Bakterien die geschädigten Stellen in einem DNA-Strang nach Ausschneiden ersetzen können gemäß dem Muster des ungeschädigten Komplementärstranges. Der sehr UV-resistente *Micrococcus radiodurans* hat einen besonders wirksamen Erholungsmechanismus: Nach J. SETLOW und DUGGAN werden in diesem Bakterium zwar 3mal weniger Dimere gebildet als in *E. coli* B/r; das erklärt aber nicht annähernd die viel größere Resistenz; die Dimeren werden hier nicht nur im Dunkeln aus der DNA ausgeschnitten, sondern sogar ins Medium ausgestoßen [J. SETLOW (2)].

Diese Erholung im Dunkeln wirkt also ebenso wie die enzymatische PR am Thymindimeren, aber auf verschiedene Weise: Die erste durch Ausschneiden, die zweite durch Spalten der Dimeren. Dementsprechend überschneiden sich die Dunkel-Erholung in der stationären Phase (liquid holding recovery) und die PR: Zellen, die optimal photoreaktiviert sind, zeigen keine weitere Dunkel-Erholung, und umgekehrt (CASTELLANI, JAGGER und R. SETLOW). Ebenso überschneiden sich Wirtszell-Reaktivierung und PR (METZGER), womit gezeigt wird, daß in beiden Fällen das gleiche Photoprodukt in der Bakterien-DNA reaktiviert wird.

Eine andere Art der PR beobachtete JAGGER in einer von HARM und HILLEBRANDT isolierten Mutante (*E. coli* B phr$^-$), die nicht zur enzymatischen PR fähig ist. Diese im PR-Licht von 3341 Å vorkommende PR unterscheidet sich von der enzymatischen PR dadurch, daß sie keine Abhängigkeit von der Intensität des PR-Lichts sowie von der Temperatur besitzt und insofern ähnlich der Photoprotektion ist, der Verminderung des UV-Schadens durch Lichtgabe v o r der inaktivierenden Bestrahlung. Diese sog. „indirekte PR" soll, wie JAGGER vermutet, ähnlich wie die Photoprotektion, auf Chinone wirken, die für die Atmung notwendig sind und nach KASHKET und BRODIE von langwelligem UV-Licht zerstört werden. Dadurch wird die Atmung gehemmt, das Wachstum verzögert und den Zellen mehr Zeit für die Dunkel-Erholung gegeben. Jedenfalls wirkt die Photoprotektion, indem sie eine Wachstums- und Zellteilungs-Verzögerung induziert (JAGGER, WISE und STAFFORD).

3. Andere Schäden durch UV-Strahlung

Neben der Thymin-Dimerisierung können je nach Organismus auch andere UV-Schäden eine wichtige Rolle spielen, wovon nur einige Beispiele angeführt seien. Es gibt außer dem Dimeren noch andere Photoprodukte des Thymins [SZTUMPF und SHUGAR; SMITH (2); DELLWEG und WACKER], die aber alle nicht die biologische Bedeutung des Dimeren haben. Wichtig ist das Thymin-Analoge 5-Brom-Uracil, das man in DNA von Bakterien einbauen kann, womit deren Strahlenempfindlichkeit wesentlich gesteigert wird (KAPLAN, SMITH und TOMLIN). Dies kommt daher, daß das Bromuracil photochemisch doppelt so reaktionsfähig ist wie das Thymin [SMITH (4)]. Querverbindungen (cross-links) zwischen

Protein und DNA stellen ferner einen ganz anderen UV-Schaden von biologischer Bedeutung dar [SMITH (5)]. Für den nicht reaktivierbaren UV-Schaden in transformierender DNA nimmt J. SETLOW (1) aufgrund des Aktionsspektrums eine Änderung im Desoxyribosid an. Auch wurde bei transformierender DNA ein UV-Schaden festgestellt, der zwar die Aktivität der DNA nicht herabsetzt und auch nichts mit Thymin-Dimerisierung zu tun hat, der aber im PR-Licht in Konkurrenz mit den Dimeren um das PR-Enzym tritt (vgl. SIMONIS, Fortschr. Bot. **23**, p. 172) und sogar eine größere Affinität zu dem Enzym hat als die Dimeren [J. SETLOW (2)]; deshalb kommt bei niedriger Intensität des PR-Lichts die PR (d. i. die Dimer-Spaltung) erst nach einer gewissen Zeitspanne (lag) wieder in Gang (J. SETLOW und BOLING). Dieser andere UV-Schaden, dessen Natur noch unbekannt ist, wird auch sichtbar bei hohen Dosen der inaktivierenden UV-Strahlung, die ein Gleichgewicht zwischen Dimer-Bildung und -Spaltung herbeiführen: Obgleich dann also keine zusätzlichen Dimeren gebildet werden, steigt die Hemmung der Dimer-Spaltung weiter [J. SETLOW (2)].

Literatur

BEUKERS, R., and W. BERENDS: (1) Biochim. biophys. Acta (Amst.) **41**, 550—551 (1960); (2) **49**, 181—189 (1961). — BEUKERS, R., J. IJLSTRA, and W. BERENDS: (1) Rec. Trav. chim. Pays-Bas **77**, 729—732 (1958); (2) **78**, 883—887 (1959); (3) **79**, 101—104 (1960). — BOLLUM, F. J., and R. B. SETLOW: Biochim. biophys. Acta (Amst.) **68**, 599—607 (1963). — BOYCE, R. P., and P. HOWARD-FLANDERS: Proc. nat. Acad. Sci. (Wash.) **51**, 293—300 (1964).

CASTELLANI, A., J. JAGGER, and R. B. SETLOW: Science **143**, 1170—1171 (1964).

DEERING, R. A., and R. B. SETLOW: Biochim. biophys. Acta (Amst.) **68**, 526—534 (1963). — DELLWEG, H., u. A. WACKER: Z. Naturforsch. **17** b, 827—834 (1962).

GALLANT, J., and S. R. SUSKIND: J. Bact. **82**, 187 (1961).

HAINZ, H., u. R. W. KAPLAN: Z. allg. Mikrobiol. **3**, 113—125 (1963). — HARM, W., and B. HILLEBRANDT: Photochem. Photobiol. **1**, 271—272 (1962).

ISHIHARA, H.: Photochem. Photobiol. **2**, 455—460 (1963).

JAGGER, J.: Photochem. Photobiol. **3**, 451—461 (1964). — JAGGER, J., W. C. WISE, and R. S. STAFFORD: Photochem. Photobiol. **3**, 11—24 (1964). — JOHNS, H. E., S. A. RAPAPORT, and M. DELBRÜCK: J. molec. Biol. **4**, 104—114 (1962).

KAPLAN, H. S., K. C. SMITH, and P. A. TOMLIN: Radiat. Res. **16**, 98—113 (1962). — KASHKET, E. R., and A. F. BRODIE: J. biol. Chem. **238**, 2564—2570 (1963).

LEVINE, M., and E. COX: Radiat. Res. **18**, 213—222 (1963).

MCLAREN, A. D.: In: Photophysiology, Vol. 1, 65—82. A. C. GIESE ed. New York and London: Academic Press 1964. — MCLAREN, A. D., and D. SHUGAR: Photochemistry of Proteins and Nucleic Acids. 449 S. Oxford: Pergamon Press 1964. — METZGER, K.: Photochem. Photobiol. **2**, 435—442 (1963).

PETTIJOHN, D., and P. HANAWALT: J. molec. Biol. **9**, 395—410 (1964).

RASMUSSEN, R. E., and R. B. PAINTER: Biochim. biophys. Acta (Amst.) **76**, 157—159 (1963). — RUPERT, C. S.: (1) J. gen. Physiol. **45**, 725—741 (1962); — (2) In: Photophysiology, Vol. 2, 283—327. A. C. GIESE ed. New York and London: Academic Press 1964.

SETLOW, J. K.: (1) Photochem. Photobiol. **2**, 393—399 (1963); (2) **3**, 405—413 (1964). — SETLOW, J. K., and M. E. BOLING: Photochem. Photobiol. **2**, 471—477 (1963). — SETLOW, J. K., and D. E. DUGGAN: Biochim. biophys. Acta (Amst.) **87**, 664—668 (1964). — SETLOW, J. K., and R. B. SETLOW: Nature (Lond.) **197**, 560—562 (1963). — SETLOW, R. B.: (1) Biochim. biophys. Acta (Amst.) **49**, 237—238 (1961); — (2) Selected Topics in Radiobiology, 291 S. Oxford: Pergamon Press 1964. —

SETLOW, R. B., and W. L. CARRIER: Photochem. Photobiol. **2**, 49—57 (1963). — SETLOW, R. B., and E. C. POLLARD: Molecular Biophysics, **545** S. London: Addison-Wesley Publ. Comp. 1962. — SETLOW, R. B., and J. K. SETLOW: Proc. nat. Acad. Sci. (Wash.) **48**, 1250—1257 (1962). — SETLOW, R. B., P. A. SWENSON, and W. L. CARRIER: Science **142**, 1464—1466 (1963). — SMITH, K. C.: (1) Biochem. biophys. Res. Comm. **6**, 458—463 (1962); — (2) Photochem. Photobiol. **2**, 503—517 (1963); — (3) In: Photophysiology, Vol. 2, 329—388. A. C. GIESE ed. New York and London: Academic Press 1964; — (4) Photochem. Photobiol. **3**, 1—10 (1964); (5) **3**, 415—427 (1964). — SZTUMPF, E., and D. SHUGAR: Biochim. biophys. Acta (Amst.) **61**, 555—566 (1962).

WACKER, A.: (1) J. chimie phys. **58**, 1041—1045 (1961); — (2) In: Progress in Nucleic Acid Research, Vol. 1, 369—399. J. N. DAVIDSON and W. E. COHN ed. New York and London: Academic Press 1963. — WACKER, A., H. DELLWEG, and D. JACHERTS: J. molec. Biol. **4**, 410—412 (1962). — WACKER, A., H. DELLWEG u. E. LODEMANN: Angew. Chemie **73**, 64—65 (1961). — WACKER, A., H. DELLWEG u. D. WEINBLUM: Naturwissenschaften **47**, 477 (1960). — WANG, S. Y.: Nature (Lond.) **190**, 690—694 (1961). — WULFF, D. L.: Biophys. J. **3**, 355—362 (1963). — WULFF, D. L., and G. FRAENKEL: Biochim. biophys. Acta (Amst.) **51**, 332—339 (1961). — WULFF, D. L., and C. S. RUPERT: Biochem. biophys. Res. Comm. **7**, 237—240 (1962).

ZETTERBERG, G.: In: Photophysiology, Vol. 2, 247—281. A. C. GIESE ed. New York and London: Academic Press 1964.

12. Bewegungen

Von Wolfgang Haupt, Erlangen

Mit 1 Abbildung

I. Phototropismus

Die überwiegende Mehrzahl der bisherigen Untersuchungen über den Phototropismus höherer Pflanzen wurde an Monocotylen, speziell an den Coleoptilen der Gramineen durchgeführt. Die dabei zutage getretene merkwürdige Dosis-Abhängigkeit, die sich im Auftreten von mindestens 2 Maxima (erste und zweite positive Krümmung) äußert, wurde allgemein als Besonderheit der Gramineen-Koleoptile aufgefaßt. Steyer und Libbert (1964) konnten nun für eine Reihe von etiolierten Dicotylen-Keimlingen zeigen, daß bei diesen ebenfalls eine erste (1+) und zweite positive Krümmung (2 +) auftritt *(Agrostemma, Brassica, Convolvulus, Lens, Lepidium, Raphanus, Sinapis, Vicia)*. Die Übereinstimmung geht dabei so weit, daß auch hier das Reizmengengesetz nur für 1 +, nicht für 2 + gilt und daß der Dosisbereich für 1 + bei allen untersuchten Pflanzen in der gleichen Größenordnung wie bei *Avena* liegt. Dekapitierte *Lens*-Keimlinge reagieren im Bereich 1 + wesentlich schwächer als intakte, doch liegen die Kardinalpunkte der Dosis-Effekt-Kurve bei den gleichen Lichtenergien. 2 + ist nach Dekapitation nicht möglich. Die Untersuchungen an den „klassischen Objekten" gewinnen damit an allgemeinerer Bedeutung.

Die Bedeutung des Auxin-Quertransportes für den Phototropismus wird mit größter Präzision an Koleoptilen von *Avena* und *Zea* untersucht (Gillespie und Thimann). Die Verteilung von außen applizierter markierter IES kann in diesen Versuchen beispielhaft für die Verteilung des nativen Auxins stehen; es konnte nämlich mit so niedrigen Konzentrationen gearbeitet werden, daß der Gesamt-Auxin-Spiegel nicht wesentlich erhöht wurde. Eindeutig konnte im Bereich 2+ die Photolyse der IES als Ursache für die Wachstumskrümmung ausgeschlossen werden, ebenso in beiden Bereichen (1+ und 2+) ein Einfluß des Lichts auf den Längstransport des Auxins. Vielmehr können alle Befunde nur mit einem lichtinduzierten Auxin-Quertransport erklärt werden, der sich bei 1+ auf die äußerste Spitze beschränkt, bei 2+ aber auch noch auf tiefere Regionen übergreift. Im Gegensatz zu früheren Angaben (Fortschr. Bot. **26**, **279**) ist bei Verwendung verschiedener Auxin-Konzentrationen jedoch nicht die absolut verschobene Menge in allen Fällen gleich, sondern die relative; es unterliegt unter bestimmten Belichtungsbedingungen (2+) also stets der gleiche Bruchteil des Auxins der Querverschiebung in einem Bereich von 2–3 Zehnerpotenzen der Auxin-Konzentration. Der Quertransport dürfte damit eindeutig bewiesen sein. Ob damit allerdings die alleinige oder wesentliche Bedeutung dieser Querverschiebung für den Krümmungsvorgang feststeht, wurde bereits im vorigen Bericht bezweifelt (Fortschr. Bot. **26**, 280) und kann auch durch die vorliegenden Ergebnisse noch nicht zwingend bewiesen werden. Zwar geht dem Unterschied im Krümmungsausmaß intakter und dekapitierter Koleoptilen (2+) ein ebensolcher Unterschied im Ausmaß der Auxin-Querverschiebung parallel – in beiden Fällen beträgt das Verhältnis zwischen intakten und dekapitierten etwa 4 : 1 –, aber es fehlt immer noch der Nachweis, daß den Dosis-Effekt-Kurven der Krümmung entsprechende Änderungen im Auxin-Gradienten parallel laufen. Es erscheint somit vorläufig noch sehr sinnvoll, nach weiteren lichtabhängigen Prozessen zu suchen, die in die Reaktionskette eingreifen können.

Verschiedene Beobachtungen deuten darauf hin, daß möglicherweise den Gibberellinen eine Rolle beim Phototropismus zukommen könnte. LIBBERT und GERDES gehen deshalb dieser Frage nach. Gibberellin (GA) fördert die phototropische Krümmung dekapitierter *Avena*-Koleoptilen, die durch symmetrische Auxin-Zufuhr wieder reaktionsfähig gemacht werden. Die Wirkung ist multiplikativ, nicht additiv. Mit der Induktion und Orientierung der Krümmung kann jedoch GA nichts zu tun haben, da GA nicht polar wandert, sondern sich in kürzester Zeit über den ganzen Querschnitt verteilt. GA käme somit höchstens als Cofaktor für die phototropischen Krümmungen in Frage in der Art, daß ohne endogenes GA eine optimale tropistische Krümmung nicht möglich ist; da jedoch die GA-Wirkung über 5 Zehnerpotenzen praktisch unabhängig von der GA-Konzentration ist, erscheint auch eine nur modifizierende Rolle des GA beim normalen Phototropismus sehr fraglich.

Das Photoreceptor-Problem ist nach wie vor ungeklärt. BRIGGS stellt sicher, daß die beiden Wirkungsbereiche der 1+, Blau und UV, dem gleichen Photoreceptor zuzuordnen sind. GILLESPIE und THIMANN weisen darauf hin, daß mit der Photolyse der IES auch die Notwendigkeit entfällt, Riboflavin als Photoreceptor anzunehmen; CURRY möchte den Photoreceptor wenigstens *eines* Krümmungstyps in den Plastiden lokalisiert wissen. THORNTON und THIMANN entdeckten eigenartige Zelleinschlüsse in den Rindenzellen der Koleoptilspitzen von *Avena* und *Zea*, ebenso in der lichtempfindlichen Zone des Sporangienträgers von *Phycomyces*. Diese Zellbestandteile von etwa 1 μ Durchmesser enthalten einen Kristall *(Avena, Phycomyces)* oder einen nicht-kristallinen Einschluß *(Zea)*. Dagegen fehlen diese Körper den Koleoptilen von *Hordeum*, die zu einer ersten positiven phototropischen Krümmung nicht befähigt sind; das läßt es denkbar erscheinen, daß wir es mit einem Photoreceptor des Phototropismus (1+) zu tun haben. Die gefundenen Strukturen haben nichts mit Plastiden zu tun und können auch nicht mit dem Augenfleck der Flagellaten verglichen werden; die Natur der Einschlüsse ist noch völlig unbekannt.

Nach LIBBERT und STEYER wirkt α-Naphthyl-Phthalamidsäure (NP) selektiv auf die *Perzeption* des phototropen Reizes (1+ und 2+). Da das gleiche auch für die geotrope Reizaufnahme gefunden wurde, liegt der Schluß nahe (der von den Autoren jedoch vermieden wurde), daß die Kausalketten der geotropen und der phototropen Krümmungsreaktionen weitgehend identisch sind und nur die allerersten Teilreaktionen verschieden sind. Für eine so radikale Vereinfachung unserer Vorstellungen reichen wohl die Versuche mit nur einer Substanz noch nicht aus, zumal NP offenbar daneben auch noch an anderer Stelle ins Reaktionsgeschehen eingreift, wenngleich weniger selektiv.

II. Geotropismus

Daß die tropistische Wirkung einer Zentrifugalbeschleunigung auf dem gleichen Prinzip beruht wie diejenige der Erdbeschleunigung, wird seit langer Zeit als selbstverständlich angesehen und wurde in vielen Versuchen qualitativ oder halb quantitativ gezeigt; einen exakt quantitativen Nachweis des Resultantengesetzes für den Geotropismus erbrachte WESTING für einen Bereich des 0,4 bis 1,8fachen der Erdbeschleunigung.

a) Das Statolithenproblem

Verschiedene Arbeiten befassen sich mit der Statolithentheorie. NĚMEC weist auf Fälle hin, in denen die Statolithenfunktion nicht an Stärke gebunden ist: In gewissen Reis-Varietäten werden Eiweißkristalle in den Gelenken wie Statolithen verlagert, und für *Jungermannia barbata* nimmt der Autor eine Statolithenfunktion der im Schwerfeld *aufsteigenden* Elaioplasten an. Auch in den klassischen Beispielen für Statolithenstärke (Wurzelhaube) kann unter geeigneten Bedingungen außer der Stärkeverlagerung eine einseitige Ansammlung von Cytoplasma beobachtet werden; dies ist insbesondere der Fall, wenn die Statolithenstärke ihre normale Lage verläßt – sei es, daß die Wurzel geotropisch gereizt wird, sei es, daß die Druckwirkung der Stärke durch Plasmolyse oder andere Eingriffe auf die Viscosität des Plasmas verringert wird. Es ist noch nicht klar, ob diese „cytoplasmatische Georeaktion" ein Teil des Perzeptionsvorgangs ist oder ob sie als eine Folgereaktion zu betrachten ist, die als Indicator für die physiologische Wirkung der Statolithenverschiebung gewertet werden kann.

Eine Überschlagsrechnung von HERTZ zeigt, daß Einschlüsse des Cytoplasmas auf jeden Fall größer als 0,2 μ im Durchmesser sein müssen, damit die Verlagerung durch die Schwerkraft über den Rahmen der Brownschen Molekularbewegung hinausgeht. Um die „tonische Wirkung" der Längskraft zu erklären, schlug LARSEN ein Pendelmodell der Statolithen vor (Fortschr. Bot. **25**, 444ff.). AUDUS erhebt gegen diese Hypothese aus theoretischen Gründen schwere Bedenken; insbesondere könnte ein „Pendel" der in Frage kommenden Größenordnung nicht schnell genug „schwingen", um die beobachteten kurzen Präsentationszeiten zu erklären. Statt dessen weist der Autor darauf hin, daß auch die klassische Statolithentheorie die Beobachtungen deuten kann, sofern man berücksichtigt, daß die einzelnen Statolithen sich nicht völlig unabhängig voneinander bewegen, sondern stets in Gruppen beisammen bleiben und im Cytoplasmaschlauch eingeschlossen sind. Ein mechanisches Modell zeigt unter plausiblen Annahmen eine verblüffende Übereinstimmung mit der Winkelabhängigkeit der Wirkung geotropischer Reize – die Übereinstimmung ist mindestens so gut wie mit dem rein formal aufgestellten „erweiterten Sinusgesetz" von METZNER oder wie mit LARSENs Pendelmodell. Entgegenstehende Resultate, die seinerzeit v. UBISCH (**1928**) gefunden hatte, lassen sich ebenfalls in die einfache Modellvorstellung von AUDUS einfügen, wenn die Form der Zellen in der reizaufnehmenden Spitzenzone der Koleoptile berücksichtigt wird (GRAHM und HERTZ).

Rotation auf der waagerechten Klinostatenachse erhöht die Reaktionsfähigkeit gegenüber einem nachfolgenden geotropischen Reiz (DEDOLPH und GORDON); die Autoren vermuten einen Einfluß auf die Verteilung der Statolithen.

b) Der geoelektrische Effekt

Die Vorstellung, daß der geoelektrische Effekt den Primärprozeß der Schwerkraftperzeption darstellen könnte, hat durch die Untersuchungen der letzten Jahre an Bedeutung verloren, zumal dieser wenigstens teilweise auf Artefakten zu beruhen scheint, die durch das Anlegen der Meßelektroden erzeugt werden. Es erscheint deshalb bedeutungsvoll, daß BRAUNER u. Mitarb. noch einen weiteren geoelektrischen Effekt finden konnten, der im folgenden als „sekundärer GEE" bezeichnet werden soll: Sprosse, die nach geotropischer Reizung wieder vertikal gestellt werden, zeigen eine Positivierung der ehemaligen Unterflanke, die sich erst in der reizfreien Lage entwickelt. Der Maximalwert ist in gewissen Grenzen proportional dem Logarithmus der Induktionsdauer; die Reizschwelle stimmt mit derjenigen für die geotropische Krümmung und die Geosaugkraftreaktion überein; der stärkste Effekt tritt ebenso wie beim Geotropismus nicht in einer Reizlage von 90°, sondern in einer solchen von 135° auf (GRAHM und HERTZ); Gewebe, die nicht geotropisch reagieren können, zeigen auch nicht den sekundären GEE (z. B. Kartoffelparenchym; BRAUNER u. Mitarb.). Ungeklärt muß vorerst bleiben, warum bei BRAUNER u. Mitarb. sich dieser sekundäre GEE sofort entwickelt, während GRAHM und HERTZ für den ganz entsprechenden Effekt eine Latenzzeit von etwa **15** min finden. Aber auch unabhängig davon, ob eine solche Latenzzeit vorhanden ist oder nicht: die Tatsache, daß der Effekt sich erst nachträglich in der Vertikalstellung entwickelt, zeigt wohl eindeutig, daß wir in diesem nicht den eigentlichen physikalischen *Primär*effekt der Schwerkraftwirkung vor uns haben; denn diese Entstehung eines elektrischen Potentials nach Aufhören der einseitigen Schwerkraftwirkung ist ja nur verständlich, wenn zuvor in der Pflanze ein lateraler Gradient anderer Art erzeugt wurde. Hierauf wird noch zurückzukommen sein.

Ein weiterer Einwand gegen den geoelektrischen Effekt als frühes Glied der geotropischen Reizkette wird von ANKER und BIESSELS geltend gemacht. Ausfüllen des Hohlraumes im Innern der Koleoptile mit einer Elektrolytlösung sollte das Potential gewissermaßen kurzschließen und damit die geotropische Krümmung unterbinden. Frühere Versuche von SCHRANK, die in der Tat dieses Ergebnis hatten, werden ihrer Beweiskraft dadurch entkleidet, daß es sich nicht um eine Wirkung beliebiger Ladungsträger spezifisch auf die Krümmung handelt, sondern daß die verwendeten Ionen Li, Na und Ca Wachstum und Krümmung gleichsinnig hemmen, oder, in bestimmten Konzentrationen, auch fördern. Die Krümmungshemmung ist hier also nur eine Folge der Wachstumshemmung. Die Versuchsdaten sind allerdings mit erheblichen Streuungen belastet. GRAHM und HERTZ schließlich finden bei bestimmten Kombinationen von quer und längs (aufrecht oder invers) einwirkender Schwerkraft auf *Avena*-Koleoptilen keine generelle Übereinstimmung zwischen geotropischer Krümmung und sekundärem GEE.

Sehr aufschlußreich sind Untersuchungen, die sich mit der Bedeutung des Auxins für den GEE befassen. So kann durch Auxinverarmung infolge Dekapitation der sekundäre GEE stark herabgesetzt (BRAUNER u. Mitarb.) bzw. sogar ganz ausgeschaltet werden (GRAHM). Viele Befunde deuten in diesem Zusammenhang darauf hin, daß nicht – wie früher angenommen – der GEE eine Auxin-Querverschiebung verursacht, sondern daß umgekehrt der GEE eine Folge (oder mindestens ein Indikator) der Auxin-Querverschiebung ist. So hat NEWMAN seine Ergebnisse (Fortschr. Bot. **22**, 381) auf breitere Basis gestellt, nach denen eine Potentialwelle mit der gleichen Geschwindigkeit in einer Koleoptile basalwärts läuft wie das Auxin. Die früher geäußerten Bedenken wegen zu hoher Auxinkonzentration sind inzwischen hinfällig geworden, da der Effekt auch noch bei $2 \cdot 10^{-8}$ g/ml beobachtet wird. GRAHM fand nach Dekapitation in dem (nunmehr auxinfreien) Apikalende des Koleoptilstumpfes keinen sekundären GEE mehr, wohl aber in basaleren Teilen, sofern der Versuch gleich nach der Dekapitation durchgeführt wurde. Einige Stunden später war in basalen Regionen kein GEE mehr auszulösen (das Auxin dürfte hier jetzt auch abgewandert sein), während im apikalen Bereich wieder ein GEE gemessen werden konnte – ganz entsprechend der „Regeneration der physiologischen Spitze". Schließlich konnte GRAHM eine Potentialdifferenz erzeugen, die in allen Einzelheiten dem GEE entsprach, indem auf einen vertikal stehenden Koleoptilstumpf einseitig Auxin aufgesetzt wurde oder indem in einer intakten Koleoptile der Auxintransport einseitig mechanisch unterbrochen wurde durch Zwischenschalten eines Glimmerplättchens. Sichergestellt wurde schließlich noch, daß der GEE nicht erst eine Folge der Krümmung ist. So dürfen wir wohl mit GRAHM folgern, daß der GEE in irgendeiner Weise verbunden ist mit einer Zwischenreaktion der geotropischen Reizkette. Interessant wäre nun die Frage, ob der sekundäre GEE in Wurzeln gleichsinnig oder gegensinnig wie in Sprossen ist, also der mutmaßlichen Auxin-Querverschiebung parallel läuft oder dem Krümmungssinn (GRAHM).

Die Verhältnisse werden dadurch noch komplizierter, daß der als nicht-metabolisch erkannte primäre GEE ebenfalls durch Auxinverarmung ausgeschaltet werden kann, nach erneuter Auxinzufuhr jedoch nicht im gleichen Maße reversibel ist wie der sekundäre (BRAUNER u. Mitarb.).

c) Auxin-Querverschiebung

Wenngleich schon kaum mehr Zweifel daran bestehen konnten, daß durch die Einwirkung der Schwerkraft eine Auxin-Querverschiebung induziert werden kann, so wird diese Tatsache doch noch einmal nach allen Richtungen überprüft und bestätigt (GOLDSMITH und WILKINS). Schon der normale basipetale Auxintransport ist von einem geringfügigen seitlichen Abwandern des Auxins begleitet[1]; einseitig gebotenes Auxin findet sich nach Durchwandern eines vertikal stehenden 15 mm langen Mais-Koleoptilzylinders zu etwa 25% in der entgegengesetzten Hälfte. Dieser Quertransport wird nun in waagerechter Lage gefördert bzw. ge-

[1] Zu ganz entsprechenden Ergebnissen führen auch die indirekten Hinweise, die GRAHM aus seinen Untersuchungen des GEE für den Auxintransport erhielt.

hemmt, je nachdem, ob das Auxin der oberen oder unteren Flanke zugeführt wird. Im ersten Fall hat sich über die Länge von **15** mm der Konzentrationsunterschied völlig ausgeglichen oder sogar schon umgekehrt; entsprechend krümmen sich solche Koleoptilstümpfe evtl. S-förmig, im Apikalteil abwärts, im basalen Teil aufwärts (eine quantitative Auswertung dieser Versuche führte zu der Folgerung, daß der basale Bereich empfindlicher auf Auxindifferenzen reagiert als der apikale; hierauf soll in diesem Zusammenhang nicht näher eingegangen werden). Wesentlich ist, daß der Quertransport über die ganze Länge erfolgt, also nicht auf die äußerste Spitze bzw. auf einen nur wenige Millimeter großen Spitzenbereich beschränkt ist wie bei der **1.** bzw. **2.** positiv phototropischen Krümmung. Das könnte wichtige Rückschlüsse auf die Lokalisierung der reizaufnehmenden Systeme zulassen.

Der Quertransport unterscheidet sich physiologisch nicht vom Längstransport: er erfolgt aktiv gegen einen Gradienten und ist im Parenchym lokalisiert. Die beobachteten Größenordnungen lassen sich bereits erklären, wenn jede einzelne Zelle nur **1–3**% des von ihr transportierten Auxins nach der Seite abgibt. Damit wird aber auch verständlich, daß die Autoren keinen meßbaren Einfluß der quer einwirkenden Schwerkraft auf den Auxin-Längstransport finden konnten.

Dem stehen allerdings Befunde von ANKER und V. D. MAREL entgegen, die an *Coleus*-Sproßstücken in waagerechter Lage eine beschleunigte Auxinaufnahme (und beschleunigten Auxin-Längstransport?) in der Unterflanke feststellten. Invers gestellte Mais-Coleoptilen zeigen nach längerer Zeit eine geringfügige Herabsetzung des Auxin-Längstransportes (NAQVI und GORDON); es ist jedoch fraglich, ob wir es dabei noch mit vergleichbaren Bedingungen zu tun haben.

Es ist bemerkenswert, daß GOLDSMITH und WILKINS ihre ergebnisreichen Untersuchungen mit der Frage beschließen, ob die von ihnen nachgewiesenen Auxinverschiebungen die geotropischen Krümmungen wirklich kausal erklären können (vgl. hierzu die entsprechenden Zweifel bezüglich des Phototropismus, S. **230** und Fortschr. Bot. **26**, **280**). Das wird unterstrichen durch den Befund, daß in Wurzeln das Auxin mindestens gleich gut in beiden Längsrichtungen transportiert wird, vielfach jedoch bevorzugt akropetal, also von der Reaktionszone zur Reizaufnahmezone (BONNET und TORREY; YEOMANS et al.).

Die Verhältnisse können dadurch noch komplizierter werden, daß der Auxin-Quertransport zusätzlich von einer radialen Polarität beeinflußt wird. HÄRTLING kommt bei Untersuchungen der Geo-Wachstumsreaktion an *Helianthus* zu dem Schluß, daß die Wachstumsbeschleunigung bei Rotation an der waagrechten Klinostatenachse durch allseitige Verschiebung des Auxins nach der Peripherie zustandekommt. In gleiche Richtung weisen die Befunde von ROBERTS und FOSKET über die Regeneration des Xylems in verwundeten *Coleus*-Stecklingen. Nach Rotation an der waagrechten Klinostatenachse finden sich die regenerierenden Zellen mehr nach der Peripherie zu als in unbehandelten Kontrollen; die Regeneration dieser Gewebe ist bekanntlich auxinabhängig. SMITH und WAREING diskutieren die Möglichkeit radialer Auxinverschiebungen im Bast- und Rindengewebe unter dem Einfluß der Schwerkraft im Zusammenhang mit

Gravimorphosen an Weidenstecklingen. Möglicherweise unterliegt aber noch ein anderer Faktor der radialen Verschiebung beim Klinostatieren, wie HOSHIZAKI, CARPENTER und HAMNER aus ihren Versuchen mit *Xanthium* vermuten; um Gibberellin handelt es sich dabei nicht.

d) Die modifizierende Wirkung zusätzlicher Faktoren

Der Geotropismus des Sporangienträgers von *Phycomyces* (Fortschr. Bot. **26**, **283**) wird durch symmetrisch eingestrahltes Blaulicht in verschiedener Weise beeinflußt (DENNISON): die Übergangsreaktion (l.c.) wird stark gehemmt, die kontinuierliche Reaktion dagegen in niederen Intensitäten gefördert, in hohen gehemmt. Intensitätsschwelle dieser Lichtwirkung sowie Umschlagpunkt haben keine Beziehung zur phototropischen Intensitätsschwelle oder dem phototropischen Indifferenzbereich. Auch Beziehungen zur Licht-Wachstums-Reaktion oder zum Adaptationssystem können nicht gefunden werden. Die kinetischen Studien lassen vermuten, daß die Wirkung zwar nicht direkt auf das Geoperzeptionssystem, wohl aber auf sehr frühe Sekundärreaktionen ausgeübt wird.

Die schon früher referierte Lichtwirkung auf den Geotropismus von Graskoleoptilen (Fortschr. Bot. **24**, **388**) läßt sich nun etwas präziser fassen (WILKINS; WILKINS und GOLDSMITH), wobei sich einige der ursprünglichen Angaben nicht bestätigen lassen. Hellrot setzt bei *Avena* und *Zea* die geotropische Reaktion stark herab, wenn es etwa 12–24 Std vor der Reizung eingestrahlt wird; erfolgt dagegen die Bestrahlung unmittelbar vor der Reizung, so kann bei *Avena* die Reaktion verstärkt werden. Die zuerst genannte Wirkung – Hemmung der Reaktion – erweist sich als typischer Phytochrom-Effekt mit allen Konsequenzen der Intensitäts-, Wellenlängen- und Zeitabhängigkeit. Blaulicht wirkt qualitativ wie Hellrot. Eine entsprechende Wirkung auf die *phototropische* Reaktionsfähigkeit wurde nicht gefunden. Die Autoren rechnen mit einem Einfluß des Lichts auf das Geoperzeptionssystem oder den Mechanismus der Auxin-Querverschiebung, während eine lichtinduzierte Änderung der Wachstumsgeschwindigkeit die beobachteten Erscheinungen nicht erklären kann.

Schwerer noch als die Wirkung kurzer Belichtungen läßt sich die Wirkung hemmender Substanzen innerhalb der gesamten Reaktionskette lokalisieren; RUFELT weist auf die grundsätzlichen Schwierigkeiten einer solchen Interpretation hin. Immerhin macht SCHRANK auf die interessante Tatsache aufmerksam, daß bei *Avena* 2,6-Dichlorbenzoesäure und 2,3,6-Trichlorbenzoesäure in bestimmten Konzentrationen das Wachstum fördern, die erste positiv phototropische Reaktion unbeeinflußt lassen, die geotropische Reaktion jedoch hemmen; Verf. schließt daraus, daß diese Substanzen das Geoperzeptionssystem spezifisch hemmen, und zu ähnlichen Schlußfolgerungen kommen LIBBERT und STEYER für α-Naphthylphthalamidsäure. Eine Kausalanalyse ist hier wohl noch nicht möglich.

III. Epinastie und Plagiotropismus

Die Phytochrom-induzierte Epinastie etiolierter Weizenblätter (vgl. Fortschr. Bot. **25**, 447) wird von WAGNÉ im Hinblick auf die longitudinale Autonomie untersucht mit dem Ergebnis, daß zwar die Reizaufnahme streng lokalisiert ist, daß aber ein Produkt der durch Phytochromumwandlung ausgelösten Reaktion sehr rasch über die ganze Länge der 2 cm langen Blattstücke verteilt wird, so daß diese als ganzes reagieren, auch wenn nur ein Viertel bestrahlt wird; dieses transportable Produkt zeigt dabei den zu erwartenden Verdünnungseffekt, so daß die Sättigungsreaktion in ihrer Höhe von der Größe des bestrahlten Blatt-Teiles abhängt, jedoch stets etwa bei der gleichen Quantenstromdichte erreicht wird.

Die Ausbildung und Öffnung des Plumulahakens, die bei vielen Keimlingen vom Licht gesteuert wird, ist bei *Carthamus tinctorius* lichtunabhängig, hängt dagegen stark von der Orientierung im Raum ab (KARVE): Keimlinge aus Samen, deren Mikropyle nach unten gerichtet ist, bilden keinen Plumulahaken aus, wohl aber Keimlinge aus invers orientierten Samen. Waagerecht liegende Samen verhalten sich intermediär. Wir hätten hier von einer Geo-Epinastie zu sprechen (oder auch einfach Geo-Nastie), während bei der Blattentfaltung von *Triticum* eine Photo-Epinastie (oder auch Photonastie) vorläge.

Die gut begründete Vorstellung, daß der Plagiotropismus aus dem Zusammenspiel von negativem Geotropismus und Epinastie resultiert, wird von BÜNNING et al. in origineller Weise bestätigt. Die bei der Kompensation von 2 orientierenden Faktoren zu erwartenden Regelschwingungen können bei den Blättern von *Phaseolus* und *Mimosa* als solche nachgewiesen werden: sie fehlen beim Übergang von einem Sollwert zum anderen und verschwinden auf dem Klinostaten. Andererseits kann die „Regelgüte" durch verschiedene Eingriffe herabgesetzt, die Amplitude der Schwingungen also vergrößert werden (bei gleichbleibender Periodenlänge). Die gleichen Regelschwingungen werden bei einer Anzahl weiterer Pflanzen gefunden, gleichgültig, ob die Blätter sich mit oder ohne Blattgelenke bewegen, also mittels Turgor- oder Wachstumsmechanismus. Doch treten diese Regelschwingungen stets nur dort auf, wo die Epinastie mit einer geotropischen Komponente zusammenwirkt, nicht aber bei rein epi- und hyponastischen Blütenblättern. Daß es sich um harmonische Schwingungen handelt, ist ein weiterer Hinweis auf ihre Natur als Regelschwingungen, ganz im Gegensatz zu kurzperiodischen Erregungsschwingungen (z. B. Gyration) oder endogen-tagesperiodischen Bewegungen (vgl. auch Fortschr. Bot. **25**, 452). Da die Perioden der Regelschwingungen in der Größenordnung von einer bis wenigen Stunden liegen, könnten die von TRONCHET (Fortschr. Bot. **23**, 373) beschriebenen kurzperiodisch-autonomen Blattbewegungen von *Phaseolus* auch hierher gehören.

Als wesentlichste *Teilprobleme des Plagiotropismus* erscheinen die folgenden:

1. Entwicklung der Dorsiventralität als wesentliche Voraussetzung für die Epinastie.
2. Die Perzeption der Lage im Raum.
3. Das Zustandekommen der Wachstumsunterschiede zwischen den antagonistischen Flanken.

Induktion der Dorsiventralität. Sofern es sich um Blätter handelt (z. B. LYON, 1963b), ist die Dorsiventralität entwicklungsgeschichtlich gegeben.

Im Falle von Sprossen dagegen muß ein Außenfaktor eingreifen. Die Induktion durch die Schwerkraft wurde bereits besprochen (Fortschr. Bot. **25**, 448); hier soll auf einige Möglichkeiten hingewiesen werden, die Entwicklung einer solchen Dorsiventralität zu verhindern. Die Ausläufer von *Trifolium repens* werden durch Gibberellinbehandlung zum aufrechten Wuchs veranlaßt; sie verlieren nicht nur die physiologische, sondern auch die anatomisch-morphologische Dorsiventralität (MANGE). Bei *Proserpinaca* hat Langtag die gleiche Wirkung wie Gibberellin, wird jedoch in niederer Temperatur unwirksam. Auch hier entspricht dem Verlust der physiologischen Dorsiventralität ein solcher der morphologischen (WALLENSTEIN und ALBERT). Das deutet darauf hin, daß die in letzter Zeit häufig berichteten „Umstimmungen des Geotropismus" durch Gibberellin oder Licht (Fortschr. Bot. **22**, **387**; **24**, **388**; **25**, **447**) gar nicht den Geotropismus selbst betreffen, also nicht eigentlich als „tonische Einflüsse auf den Geotropismus" angesehen werden dürfen, sondern daß sie der Epinastie als modifizierendem Faktor ihre Wirkungsmöglichkeit entziehen.

Über den Wirkungsmechanismus dieser umstimmenden Faktoren ist jedoch noch gar nichts bekannt, ebenso wenig über das oben an zweiter Stelle genannte Teilproblem, die Perzeption der Lage im Raum, die im Falle des Plagiotropismus noch schwerer verständlich sein dürfte als im Falle des Orthogeotropismus.

Das Zustandekommen der Wachstumsunterschiede zwischen den antagonistischen Flanken. Für diese Fragestellung wird meist die geotropische Komponente durch Rotation an der waagerechten Klinostatenachse ausgeschaltet, so daß die reine Epinastie untersucht werden kann. LEIKE und v. GUTTENBERG waren zu der Auffassung gekommen, daß die Epinastie bei *Coleus* nicht auf einer ungleichen Auxinverteilung beruht (Fortschr. Bot. **25**, 448; vgl. ferner Fortschr. Bot. **22**, 391). LYON (1963a) kann jedoch einen Auxin-Quertransport von der Unterflanke nach der Oberflankein epinastischen Seitenzweigen von *Coleus* nachweisen. Das Verhältnis der Auxinkonzentration zwischen Ober- und Unterflanke beträgt etwa 9:5, während für orthogeotropische Organe in Reizlage gerade das umgekehrte Verhältnis (35 : 65 bei Koleoptilen) gefunden wurde. Verfasser schließt daraus, daß sich in reizfreier plagiotroper Lage die geotropische und die epinastische Auxin-Querverschiebung exakt kompensieren müssen; leider fehlen entsprechende Auxinbestimmungen in nicht-rotierten Sprossen, die dann diese Kompensation zeigen müßten, also keine Differenzen zwischen Ober- und Unterflanke zeigen dürften. Den gleichen Auxin-Quertransport von unten nach oben fand LYON (1963b) auch an Blattstielen von *Coleus, Euphorbia pulcherrima* und *Solanum lycopersicum*.

Aufgrund gewisser Unterschiede nimmt der Verfasser an, daß der Auxin-Quertransport und damit die Epinastie der Blätter nicht ganz vergleichbar ist mit den Verhältnissen bei Sprossen; insbesondere ist die nach kurzer Zeit erreichte epinastische Endlage am Klinostaten zwar bei Blättern, nicht aber bei Sprossen stabil. Doch bietet sich hierfür eine einleuchtende Erklärung an: die Dorsiventralität der Sprosse ist im Gegensatz zu derjenigen der Blätter nicht stabil (s. o.).

Noch komplizierter scheint nach PALMER und PHILLIPS sowie PALMER die Orientierung der Blätter von *Helianthus annuus* zu verlaufen, zumal hier zwei Bewegungsmechanismen zusammenarbeiten: eine epinastische

Krümmung des Blattstieles sowie eine Vergrößerung des Winkels zwischen Blattstiel und Sproßachse. Beide werden durch verschiedene Eingriffe nicht immer gleichsinnig beeinflußt. In der normalen Entwicklung vergrößert sich der Winkel zwischen Blatt und Sproß mit zunehmendem Alter infolge zunehmender epinastischer Tendenz. Eine echte geotropische Komponente wurde hier nicht gefunden. Doch läßt sich die Epinastie der Blätter erheblich verstärken, wenn der Sproßgipfel in geotropische Reizlage gekrümmt wird; dabei ist es ohne Bedeutung, ob die blättertragende Region in Normallage bleibt oder ebenfalls geotropisch gereizt wird. Da durch diese Behandlung zugleich das Wachstum der Internodien stark gehemmt wird und da ein mindestens ähnlicher Effekt auch in Vertikallage durch apikale Auxinzufuhr hervorgerufen werden kann, nehmen Verfasser an, daß die Epinastie hier durch die Apikaldominanz kontrolliert wird, ohne daß jedoch konkrete Vorstellungen über diesen Mechanismus bestehen.

Allzu eng können allerdings diese Beziehungen zwischen Apikaldominanz und Epinastie nicht sein, da bei näherer Analyse der Wirkung verschiedener Eingriffe doch auch beachtliche Unterschiede auftreten. Da auch Gibberellin auf beiderlei Reaktionen noch modifizierend einwirken kann, nehmen Verfasser einen komplexen Mechanismus an, an dem Auxine, Gibberelline und Antigibberelline beteiligt sind. Einer echten Kausalerklärung dürften wir damit noch nicht sehr nahe sein. Jedenfalls entfällt hier die einfache Erklärung mittels Querverschiebung von Auxin.

Auch im Falle der Entfaltungsbewegung von Farnblättern dürften Auxindifferenzen zwischen antagonistischen Flanken keine Rolle spielen, wie aus einer Untersuchung von STEEVES und BRIGGS an *Osmunda* hervorgeht. Hier kommt das ungleiche Wachstum so zustande, daß die Zellen der Konkavseite sich zusätzlich teilen und dann das gleiche Streckungswachstum mitmachen wie die weniger zahlreichen Zellen der Konvexseite. Auxin ist notwendig für das Streckungswachstum und damit für die *Realisierung* der Entwicklungspotenz, es ist aber nicht der determinierende Faktor. Für die Öffnung und ebenso die Schließung des Plumulahakens von *Lactuca* ist dagegen nicht eine unterschiedliche Zell*teilung*, sondern ausschließlich unterschiedliche Zell*streckung* auf beiden Flanken verantwortlich (MOHR und HAUG 1962); es wäre also nicht verwunderlich, wenn sich hier wieder ein Auxin-Quertransport wie bei *Coleus* als Determinator herausstellen würde.

IV. Chemotropismus

Die von den Wurzeln der Wirtspflanzen abgegebene Substanz, die zu positiv chemotropischer Krümmung der *Striga*-Wurzel führt, wirkt auf diese Wurzel wachstumshemmend, sofern sie allseitig homogen geboten wird (WILLIAMS). Dies entspricht der Erwartung und bietet keinerlei Erklärungsschwierigkeit. Dagegen wurden in einem früheren Bericht (Fortschr. Bot. **24**, 389) Bedenken geäußert, daß in anderen Fällen wachstums*fördernde* Substanzen positiven Chemotropismus auslösen können, wenn sie einseitig geboten werden. Diese Bedenken erwiesen sich jedoch insgesamt als gegenstandslos, da sie auf einer unerlaubten Verallgemeinerung vom Krümmungsmechanismus von Sprossen, Wurzeln oder älteren Sporangienträgern beruhten. Entgegen diesen Fällen mit subapikalem oder interkalarem Wachstum müssen Objekte mit ausgeprägtem Spitzenwachstum sich stets nach der Seite hin krümmen, auf der das Wachstum gefördert wird; dies wurde für den Phototropismus von jungen Sporangienträgern von *Pilobolus* erläutert (Fortschr. Bot. **26**, 276f.) und trifft für den

Chemotropismus von Pollenschläuchen und den „Zygotropismus" der Mucoraceen zu. PLEMPEL (1962) weist auf das extreme Spitzenwachstum der letztgenannten Objekte hin, während das gleiche für die Pollenschläuche noch einmal von ROSEN ausdrücklich bestätigt wird; ROSEN zeigt außerdem, daß der chemotropische Wirkstoff, allseitig dargeboten, ganz speziell das Wachstum der Pollenschlauchspitze fördert, wobei unter diesen Bedingungen sogar Auswüchse oder Verzweigungen der Spitzenregion entstehen können.

Der räumliche Gradient einer chemotropisch wirksamen Substanz läßt sich in flüssigen Medien wegen der relativ langsamen Diffusion leicht verwirklichen; für den Chemotropismus der Pollenschläuche können daher recht einfache Testverfahren ausgearbeitet werden (MASCARENHAS und MACHLIS; ROSEN; SCHILDKNECHT und BENONI). Im Falle des Zygotropismus von Mucoraceen dagegen handelt es sich um einen gasförmigen Wirkstoff, in dem nur durch das Zusammenwirken von Luftbewegung und sehr schnellem oxydativem Abbau der nötige Gradient aufrechterhalten werden kann (PLEMPEL).

Der äußere Gradient einer wachstumsaktiven Substanz ist aber allein noch keine hinreichende Bedingung für chemotropische Krümmung. Vielmehr muß der räumliche Gradient auch nach Aufnahme dieses Stoffes in die Zelle noch aufrechterhalten bleiben. Das zeigen besonders schön vergleichende Versuche von MASCARENHAS und MACHLIS: Unter bestimmten Bedingungen wirkt Zusatz von Zucker oder Hefeextrakt auf das Pollenschlauchwachstum in der gleichen Größenordnung fördernd wie der chemotropische Wirkstoff. Im Gegensatz zu letzterem führt ein räumlicher Gradient von Zucker oder Hefeextrakt jedoch nicht zu chemotropischer Krümmung; die Wirkung dieser Substanzen verteilt sich offenbar sehr schnell über den ganzen Wachstumsbereich, während die Reaktion auf den chemotropischen Wirkstoff streng lokalisiert bleibt. Auch ROSEN gibt eine Reihe von Substanzen an, die das Wachstum fördern, aber keine tropistische Krümmung hervorrufen können (Mn, Co, Auxin, Gibberellin).

Die Orientierung kann weiterhin noch durch ein zeitliches Muster unterstützt werden: Bei *Lilium* sind die verschiedenen Bereiche des Gynoeceums zu verschiedenen Zeiten chemotropisch aktiv, d. h. die Region stärkster Wirkstoffproduktion läuft gewissermaßen dem Wachstum der Pollenschläuche voraus (WELK und MILLINGTON); damit würde der Chemotropismus auf größere Entfernungen viel von seiner Problematik verlieren.

Die Natur chemotropischer Wirkstoffe ist nach wie vor umstritten. Während verschiedene Hinweise für Zucker, Aminosäuren und verwandte Substanzen sprechen (SCHILDKNECHT und BENONI, WELK und MILLINGTON), schließen MASCARENHAS und MACHLIS auch aus neuen Versuchen wieder, daß dem Calcium eine entscheidende Rolle beizumessen ist. Dafür spricht u. a. die Beobachtung, daß der Chemotropismus der Pollenschläuche gegenüber Samenanlagen aufgehoben wird, wenn dem Medium eine optimale Ca-Konzentration zugesetzt wird — Ca stumpft also die Pollenschläuche gegen den chemotropischen Wirkstoff ab. Außerdem ist das Ca im Gewebe des Gynoeceums so verteilt, wie es von der wirksamen Substanz erwartet werden muß. Schließlich würde sich die oben postulierte unmittelbare Festlegung am Ort der Aufnahme mit einer Ca-Wirkung auf die wachsende Zellwand vertragen (vgl. auch Brewbaker und Kwack). Trotzdem muß vor Verallgemeinerungen dieser an *Antirrhinum* gewonnenen Ergebnisse dringend gewarnt werden (vgl. auch Fortschr. Bot. **25**, 426). — Der von der Wirtswurzel ausgehende Wirkstoff, der zu chemotropischer Krümmung der *Striga*-Wurzel führt, ist möglicherweise ein Cumarin-Derivat (Worsham et al.).

V. Mechanisch ausgelöste Bewegungen

Daß bei der Seismonastie von *Mimosa* das Austreten von Zellsaft aus der Zelle in die Vacuole eine wesentliche Rolle spielt, wird lange vermutet. Toriyama (1955, 1962) zeigt mit einer neuen Methode, daß tatsächlich nicht nur Wasser, sondern auch gelöste Substanzen nach Reizung in den Intercellularen auftreten, indem er die Verteilung von Aschensubstanz und speziell von Kalium im ungereizten und gereizten Zustand vergleicht.

Ein interessanter neuer Fall von Seismonastie wird von Pramer beschrieben. Unter den nematodenfangenden Pilzen gibt es solche, die als Fangvorrichtung kontrahierbare Ringe bilden. Es handelt sich um eine Struktur aus 3 Zellen, die bei Berührung innerhalb von 0,1 sec sich sehr stark vergrößern und dadurch die lichte Weite des Ringes verkleinern. In der Natur wird eine solche Berührung hauptsächlich durch Nematoden erfolgen, die zufällig in die Ringstruktur hineinkriechen und dann dort festgehalten werden. Die Ursache der plötzlichen Zellvergrößerung ist noch nicht bekannt; möglich wäre eine Permeabilitätserhöhung oder eine Vergrößerung der Wanddehnbarkeit. Erwähnenswert ist noch, daß die Fangeinrichtung nur ausgebildet wird, wenn sich Nematoden in der Umgebung befinden; offensichtlich ist also eine Chemomorphose im Spiel.

Einem anderen Typ gehören die durch mechanische Einwirkung ausgelösten Bewegungen der Filamente von *Portulaca*-Arten an (Iwanami, 1962a—d). Bewegungsanlaß ist nicht Erschütterung oder Berührung, sondern stärkere Verbiegung (Phase 1). Die sog. „Fühlpapillen" spielen dabei allerdings – im Gegensatz zu früheren Auffassungen – keine Rolle. Das Filament kehrt anschließend nicht nur (quasi-elastisch) in die Ruhelage zurück (Phase 2), sondern führt anschließend eine Krümmungsbewegung in der entgegengesetzten Richtung zu Phase 1 durch (Phase 3), die schließlich durch eine Rückkrümmung in die Ausgangslage abgeschlossen wird (Phase 4). Die Bewegung ist nicht auf die Medianebene beschränkt, sondern kann in jeder beliebigen Richtung induziert werden; auch an isolierten Filamenten läßt sich noch die gleiche Reaktion beobachten. Interessant sind nur die aktiven Bewegungsphasen 3 und 4. Diese Bewegung ist grundsätzlich auf der ganzen Länge des Filamentes möglich, aber streng beschränkt auf den Bereich, der in Phase 1 verbogen wurde. Daß es sich bei Phase 3 und 4 um einen aktiven Vorgang und nicht einfach um Überkrümmungserscheinungen handelt, geht u. a. daraus hervor, daß nach abgeschlossener Bewegungsreaktion (die insgesamt einige Minuten dauert) eine neue Bewegung nur nach einem Refraktärstadium ausgelöst werden kann. Wird schon während dieses Refraktärstadiums erneut „gereizt", so laufen nur die Phasen 1 und 2 ab, ohne jedoch einen Einfluß auf den Ablauf des Refraktärstadiums zu haben. Durch Narkose können ebenfalls die aktiven Phasen (3 und 4) ausgeschaltet werden. Am interessantesten sind wohl die Versuche, in denen die Bewegung während der Phase 3 oder 4 zeitweilig mechanisch gestoppt wird: Die Bewegung wird nach Freigabe des Systems in der Phase wieder

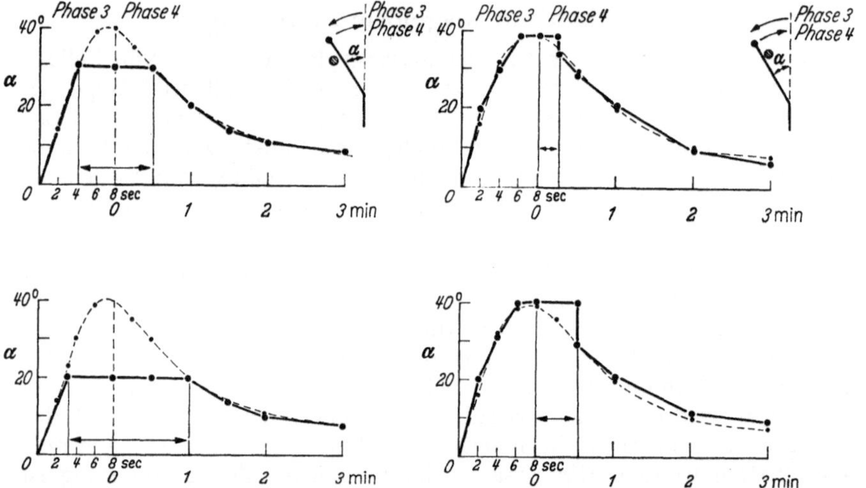

Abb. 1. Staubfadenbewegung von *Portulaca*. Mechanische Reizung durch Abbiegen nach rechts; Reaktion: Überkrümmung nach links (Phase 3) und Rückkehr in Ruhelage (Phase 4). Zeit (Abszisse) für beide Phasen in verschiedenem Maßstab. Ordinate = Krümmungswinkel (s. Skizzen rechts oben). Gestrichelte Kurven: ungestörte Bewegung; ausgezogene Kurven: Bewegung, die in Phase 3 (links) oder Phase 4 (rechts) für die angegebene Zeit mechanisch gehemmt wurde (Doppelpfeil). Die Skizzen rechts oben geben die Lage des zur Hemmung verwendeten Glasstabes an. Nach Iwanami (1962c)

aufgenommen, die im entsprechenden Zeitpunkt von den Kontrollen erreicht ist (Abb. 1). Das beweist, daß im Innern der Zellen ein Vorgang abläuft, der für Richtung und Ausmaß der Krümmung verantwortlich ist, der aber durch die tatsächliche Krümmungslage nicht beeinflußt wird.

Über diesen Mechanismus ist noch nichts bekannt. Da die Filamente nur aus Epidermis, Parenchym und Leitbündel bestehen, läßt sich kein spezielles Bewegungsgewebe benennen; jedoch wird beobachtet, daß die papillentragenden Epidermiszellen sich bei Wasserverlust sehr stark kontrahieren. Wechselwirkungen zwischen der Hydratur der Zellen und derjenigen des Außenmediums entfallen allerdings als unmittelbare Erklärung, da die Bewegung in Luft, 1-molarer Saccharoselösung und reinem Wasser gleichartig verläuft.

VI. Endogen-rhythmische Bewegungen

Primärblätter von *Phaseolus vulgaris*, die mit dem Blattstiel von der Mutterpflanze abgetrennt und in Nährlösung gestellt werden, behalten in Dauerlicht über 2 Wochen lang ihre endogen-tagesrhythmischen Bewegungen mit 28stündiger Periode bei. Die Periode wird verlängert, wenn die Blattspreite entfernt und nur die Bewegung der Mittelrippe gemessen wird (Hoshizaki, Yokoyama und Jones). Für die tagesperiodischen Bewegungen der Soja-Blätter bestreitet Holdsworth den endogenen Charakter; es soll sich ausschließlich um exogen-nastische Bewegungen handeln. Endogene Zustandsänderungen lassen sich jedoch daran erkennen, daß die Blätter auch im Dauerdunkel jeweils in der ehemaligen „Nachtperiode" stärkere kurzfristige Schwingungen zeigen, die der Autor allerdings als „Adaptation an den vorhergehenden Licht-Dunkel-Zyklus" deutet.

Nebenbei muß bemerkt werden, daß die aus den Versuchen erhobenen Einwände gegen Kausalzusammenhänge zwischen endogener Tagesrhythmik und Photoperiodismus nur sinnvoll wären, wenn die beobachteten Blattbewegungen endogen gesteuert und keine Photonastien wären.

Ein interessantes Modellobjekt für die tagesrhythmischen Bewegungen führen Karvé und Salanki (1964a, b, c) mit *Carthamus tinctorius* ein. Werden Keimlinge durch geo- oder phototropische Reizung aus der Ruhelage gebracht, so pendeln sie anschließend einige Male um die Ruhelage, bevor sie diese wieder erreichen. Es handelt sich um typische "feedback"-Oscillationen mit einer Periodendauer von etwa 3–4 Std. Diese Schwingungen gleichen (mit Ausnahme der Periodenlänge) in vieler Hinsicht vollständig den circadianen Blattbewegungen: sie sind praktisch temperaturunabhängig (Q_{10}= 1,14 im Bereich 20–30°), stark gedämpft und durch periodisch wirkende Reize regulierbar. Weiterhin gehorcht die Beeinflussung des Bewegungsverlaufs durch einmalige „Störungen" genau den gleichen Gesetzmäßigkeiten wie bei den circadianen Bewegungen: je nach Phasenlage der Störung treten die folgenden Maxima verfrüht oder verspätet auf, an einem kritischen Punkt tritt nebeneinander maximale Verzögerung und maximale Beschleunigung auf (vgl. die entsprechenden Untersuchungen von Zimmer an den Blütenblättern von *Kalanchoë*, Fortschr. Bot. **25**, 452). Schließlich wirkt Äthylalkohol verlängernd auf die Perioden, ebenfalls wieder in Übereinstimmung mit tagesrhythmischen Bewegungen (vgl. hierzu z. B. Bünning und Baltes). Verfasser ziehen daraus den Schluß, daß auch die endogen-tagesperiodischen Bewegungen als feedback-Oscillationen aufzufassen sind. Rein begrifflich ist die Abgrenzung gegen die oben besprochenen Regelschwingungen nicht ganz einfach, obwohl sich in der Analyse wesentliche Unterschiede ergeben haben (s. S. 237); es wäre zu erwarten, daß die Bewegungen von *Carthamus* durch Klinostatieren nicht verhindert werden.

Bünning u. Mitarb. haben die den circadianen Bewegungen zugrundeliegenden Gesetzmäßigkeiten in verschiedenen Richtungen weiter analysiert (z. B. Bünning, Bünning und Baltes, Bünning und Blume, Wagner). Eine eingehende Besprechung würde sich jedoch zu weit von den eigentlichen bewegungsphysiologischen Fragen entfernen.

VII. Spaltöffnungsbewegungen

Daß die photoaktive Spaltenöffnung mindestens teilweise mit der Photosynthese verknüpft ist, ist wohl unbestritten (vgl. die vorherigen

Berichte in Fortschr. Bot.); doch ist das auf zwei Wegen denkbar: die photosynthetische Substanzproduktion („Produktionseffekt") oder die Verarmung der Intercellularen an CO_2 infolge Photosynthese („negativer CO_2-Effekt"; Erhöhung der CO_2-Konzentration führt bekanntlich zu Spaltenschluß). STÅLFELT sucht auf folgendem einfachen Weg eine Entscheidung zu fällen: Ausschnitte aus hypostomatischen Blättern werden auf Wasser schwimmend belichtet. Liegt dabei die Blattunterseite dem Wasser auf, so wird bei einsetzender Photosynthese sofort das in den Intercellularen vorhandene CO_2 aufgebraucht, ein nennenswerter Nachschub aus dem Wasser ist nicht möglich; die beobachteten Bewegungen sind allein auf den negativen CO_2-Effekt zurückzuführen. Bei umgekehrter Lage der Blattstücke ist dagegen ungehinderte Photosynthese möglich, die Spaltenöffnung repräsentiert die Summe von Produktions- und negativem CO_2-Effekt. Für 3 verschiedene Pflanzenarten ermittelt STÅLFELT daraus, daß ein Drittel bis die Hälfte der Öffnungsbewegung auf den negativen CO_2-Effekt, der Rest auf den Produktionseffekt zurückzuführen ist. In amphistomatischen Blättern, die als Kontrollen untersucht werden, findet sich kein Unterschied im Öffnungszustand der Spalten beider Seiten. Die Ergebnisse dürften ein Ansatzpunkt zu weiteren Untersuchungen in dieser Richtung mit kritisch erweiterter Methode sein. Daß die Folgerungen jedoch vermutlich noch zu einfach sind, geht aus Versuchen anderer Autoren hervor, in denen die maßgebliche Beteiligung von Teilreaktionen der Photosynthese wahrscheinlich gemacht wird.

Zunächst ist hier ein neues Wirkungsspektrum zu erwähnen, das an isolierten Epidermisstreifen von *Senecio odoris* ermittelt wurde (KUIPER). Bei dieser Methode entfällt die Komplikation, die bei Verwendung intakter Blätter durch die Photosynthese im Mesophyll entsteht; die Schließzellen sind während des Versuches stets konstanten CO_2-Konzentrationen ausgesetzt. Ausgangspunkt ist hier allerdings nicht die geschlossene Spalte, die durch Licht zur Öffnung veranlaßt wird, sondern die weit geöffnete Spalte, die durch Licht am Schließen gehindert wird. Das Wirkungsspektrum stimmt in wesentlichen Merkmalen mit dem Absorptionsspektrum einer Chloroplastensuspension überein, insbesondere bezüglich der Lage der Maxima (432 und 675 nm), der Wirkungsgrenze im Langwelligen sowie dem Wirkungsverhältnis zwischen Rot und Blau. Dagegen fehlt im Wirkungsspektrum die Carotinoid-Schulter des Absorptionsspektrums zwischen 470 und 500 nm als Hinweis darauf, daß nur die Absorption im Chlorophyll für die Spaltenöffnung von Bedeutung ist. Ferner ist die Wirkung im grünen und gelben Bereich viel geringer, als nach der Absorptionskurve zu vermuten wäre; da jedoch das Wirkungsspektrum der Photophosphorylierung (aufgenommen an Spinat-Chloroplasten) die gleiche Depression in diesem Bereich zeigt, wird vermutet, daß die Photophosphorylierung ein wichtiges Glied in der Reaktionskette der photoaktiven Spaltenöffnung darstellt. Folgerichtig schließen sich die Spalten in Licht, wenn die Photophosphorylierung durch DCMU vergiftet wird.

Auf der gleichen Basis können ganz andersartige Versuche interpretiert werden, die auf Eingriffen in den Stoffwechsel beruhen (ZELITCH und WALKER). Die photoaktive Spaltenöffnung wird stets unterbunden, wenn die Oxydation der Glykolsäure zur Glyoxylsäure gehemmt wird, sei es durch kompetitive Hemmung der Glykolsäure-Oxydase, sei es durch Mangel an Substrat infolge Hemmung der Glykolsäure-Synthese. In jedem Falle geht die Hemmung der Glykolsäure-Oxydation genau parallel der Hemmung der Spaltenöffnung und scheint außerdem höchst spezifisch zu sein. Da der Glykolsäurecyclus über das NADP-System an die Photophosphorylierung gekoppelt ist[1], ergeben sich hier wichtige Ansatzpunkte zum Verständnis der Reaktionskette. Da durch Erhöhung der CO_2-Konzentration die Glykolsäuresynthese blockiert wird, könnte auch die CO_2-induzierte Schließbewegung auf der gleichen Basis verstanden werden, zumal der CO_2-Effekt auf die Schließzellen durch Zufuhr von Glykolat aufgehoben werden kann.

Allerdings wird an dieser zunächst recht einleuchtenden Vorstellung auch Kritik geübt. MANSFIELD (1965) weist darauf hin, daß ZELITCH mit CO_2-Konzentrationen von 0,03% an aufwärts gearbeitet hat, während für den „negativen CO_2-Effekt" der Spaltenöffnung (s. o.) ja gerade die Konzentrationen unter 0,03% interessant sind. Außerdem soll die Förderung der Glykolatbildung mit abnehmender CO_2-Konzentration nur bis zu einem optimalen CO_2-Wert erfolgen, darunter wird die Glykolatbildung wieder gehemmt, während die Spaltenöffnung weiter gefördert wird. Schließlich kann durch CO_2-freie Atmosphäre Spaltenöffnung auch in völliger Dunkelheit induziert werden, so daß die Verknüpfung mit der Photophosphorylierung nicht der wesentliche Faktor sein kann. Daß das Glykolsäuresystem irgendwie kausal an den Stomatabewegungen beteiligt sein könnte, ist damit nach MANSFIELD natürlich nicht widerlegt.

In diesem Zusammenhang sei noch einmal auf die Auffassung von MOURAVIEFF hingewiesen (Fortschr. Bot. **21**, 359), daß für die Öffnungsbewegung die Aufnahme von Substanzen aus dem benachbarten Mesophyll eine Rolle spielen kann.

Es erscheint verlockend, auch die Wirkung anderer Faktoren nach den neuen Vorstellungen zu verstehen; so wirken beispielsweise Dimethyldithiocarbaminsäure und einige Dimethylharnstoff-Derivate hemmend auf die Photosynthese und verhindern gleichzeitig die Öffnung der Stomata (THORN und MINSHALL). Jedoch ist eine Kausalverknüpfung bei diesen Effekten noch nicht möglich, und so seien einige weitere Wirkungen auf die Stomata ohne den Versuch einer Analyse erwähnt: Verunreinigung der Luft durch Industrieabgase hemmt die Geschwindigkeit der Spaltenöffnung und verringert die maximale Öffnungsweite (MANSFIELD und HEATH); möglicherweise ist der SO_2-Gehalt hierfür verantwortlich. Kurzwelliges UV (254 nm) veranlaßt geöffnete Spalten zum sofortigen Schließen; bereits eine einminütige Bestrahlung genügt und wirkt über mehr als eine halbe Stunde nach (HERČIK, 1964a). Eine Photoreversibilität dieser UV-Wirkung konnte noch nicht gefunden werden. Ähnlich wirken α-Strahlen, und zwar schon bei einer Dosis, bei der die beiden Schließzellen während zwei Minuten von insgesamt 17 α-Teilchen getroffen werden (HERČIK, 1964b); bemerkenswerterweise tritt dieser Effekt kaum mehr in Erscheinung, wenn die Bestrahlungsdauer auf eine Stunde ausgedehnt, die Dosis also verdreißigfacht wird.

Die Hemmung der morgendlichen Spaltenöffnung durch schwaches Licht während der Nacht bei *Xanthium pennsylvanicum* (Fortschr. Bot. **24**, 391) unterliegt nach MANSFIELD anderen Gesetzmäßigkeiten als die photo-

[1] Ein Druckfehler auf S. 860 rechts unten erschwert das Verständnis der Zusammenhänge; in Gleichung I sind die Bezeichnungen „Glyoxylate" und „Glycolate" vertauscht, die Formeln stimmen.

periodische Störlichtwirkung, die bei dieser Kurztagpflanze an der Blütenbildung untersucht wird. Kurze Lichtblitze wirken nur, wenn sie während der ganzen Dunkelperiode in Abständen von 15–30 min wiederholt werden (Blütenbildung: ein einziger Lichtblitz genügt), das Wirkungsmaximum liegt bei etwa 700 nm, nicht bei 660 oder 730 nm, und ein Hellrot-Dunkelrot-Antagonismus konnte nicht gefunden werden (Blütenbildung: maximale Störlichtwirkung bei 660 nm, reversibel durch 730 nm). Ob die hemmende Wirkung auf die Öffnungsbereitschaft der Spalten trotzdem über eine Regulierung der endogenen Rhythmik verstanden werden kann, läßt sich noch nicht entscheiden.

Ein methodischer Hinweis verdient Beachtung: Bei Porometerversuchen und ähnlichen Versuchsanordnungen ist stets darauf zu achten, daß der innerhalb der Apparatur befindliche Teil des Blattes nicht wesentlich anderen Luftfeuchtigkeiten ausgesetzt ist als der freie Teil des Blattes; andernfalls können die Feuchtigkeitsdifferenzen zu erheblichen Wasserdampfverschiebungen in den Intercellularen führen (WALLIHAN).

Die im vorigen Bericht Fortschr. Bot. **26**, 286 referierten theoretischen Vorstellungen über die Wegsamkeit der Stomata bedürfen noch erheblicher Erweiterung und Ergänzung. Die dort vertretene Auffassung über die Bedeutung der Spaltöffnungsweite gilt nur unter ganz speziellen Voraussetzungen, die im allgemeinen in der Natur nicht verwirklicht sind (LEE und GATES).

VIII. Ballistische Bewegungen

Die Bedeutung des Wechsels zwischen Perioden feuchter und trockener Luft für die Sporenabschleuderung vieler Pilze geht aus Freilandbeobachtungen von MEREDITH (1961, 1962a, b) hervor. Während Ascosporen und Basidiosporen bevorzugt durch Feuchtigkeit zum Abschuß veranlaßt werden, ist hierfür bei der Mehrzahl der Conidien das Austrocknen der auslösende Faktor; zwischenzeitliche Feuchtigkeit ist dann notwendig, um die Entwicklung weiterer Conidien zu ermöglichen. Der bereits früher dargestellte Kohäsionsmechanismus (Fortschr. Bot. **25**, 456) scheint bei Pilzen recht weit verbreitet zu sein (MEREDITH 1963): Erzeugung einer negativen Wandspannung infolge Wasserverlustes, bis die Kohäsion des Wassers überwunden wird und eine Wasserdampfblase in der Zelle auftritt, die dann naturgemäß einen außerordentlich schnellen Ausgleich der Wandspannung ermöglicht. Beachtenswert ist dabei, daß der Vorgang reversibel ist, die Zelle also mehrmals reagieren kann, und daß eine „Explosion" in ganz verschiedener Weise schließlich zum Abschuß der Spore führt. So kann die Explosion eines Conidienträgers zu plötzlicher Krümmung oder plötzlicher Streckung führen und damit die Conidie abschleudern, oder eine Zelle der Conidie selbst übernimmt die Explosions-Funktion. Ferner kann in Conidienketten die Explosion einer einzelnen Conidie zum Abstoßen ganzer Kettenstücke führen, oder die Ketten vollführen Drehungen im größeren Ausmaß, bei denen leicht Teilstücke abbrechen. Da weiterhin nicht jede Explosion notwendig zum Abschuß führen muß, wird durch die Reversibilität gewährleistet, daß doch schließlich jede Spore gesetzmäßig abgelöst und zudem die Sporenabgabe über einen größeren Zeitraum verteilt wird. In manchen Fällen reicht die Wandspannung nicht dazu aus, die Kohäsion zu überwinden *(Helmin-*

thosporium, Bipolaris); hier führt der Feuchtigkeitswechsel zu starken Krümmungsbewegungen der Conidienträger, wodurch diese sich umeinander schlingen und aneinander die Conidien abstreifen können (KENNETH).

Einen etwas abweichenden Mechanismus beschreibt OLIVE für die sog. Ballistosporen von *Sporobolomyces* sowie die Basidiosporen mancher Agaricales. Bei dem von früheren Autoren beobachteten unmittelbar vor dem Abschuß austretenden „Wassertropfen" soll es sich nach OLIVE gar nicht um Flüssigkeit, sondern um eine Gasblase handeln, möglicherweise um CO_2 aus dem Stoffwechsel. Diese Gasblase soll zwischen zwei Membranschichten entstehen und durch ihr schnelles Wachstum und schließliches Platzen den Zellverband sehr plötzlich lockern. Allerdings läßt sich damit nur das Auslösen des Schusses, nicht aber die Schußrichtung erklären, die immer in Verlängerung des Sterigmas liegt; hier müßte noch eine treibende Kraft angenommen werden, vielleicht der Ausgleich von Zellwanddeformationen (SAVILE).

Der Abschuß der Ascosporen von *Sordaria* wird offenbar schon durch geringfügiges Austrocknen induziert; denn es genügt, wenn die obersten Millimeter-Bruchteile des Peritheciums von trockener Luft umgeben sind, während der ganze restliche Fruchtkörper im feuchten Substrat steckt (INGOLD und MARSHALL 1962). Der Mechanismus des Abschießens ist im speziellen Fall nicht bekannt, doch ist bemerkenswert, daß eine Erhöhung des CO_2-Gehaltes der Luft wie Austrocknung wirkt; INGOLD und MARSHALL (1964) setzen das in Parallele zu der durch CO_2 wie durch herabgesetzte Hydratur hervorgerufenen Schließbewegung der Stomata grüner Pflanzen. Im Gegensatz zu den Stomata wirkt Licht beim Sporenabschuß von *Sordaria* jedoch gleichsinnig mit CO_2 und Trockenheit; kurze Belichtung führt zu einer Licht-Abschuß-Reaktion, die in ihrem Verlauf einer Licht-Wachstums-Reaktion vergleichbar ist. Die Latenzzeit allerdings ist erheblich größer und zudem bei verschiedenen Arten sehr verschieden: *S. fimicola* 2–3 Std, *S. verruculosa* 10 Std (INGOLD und MARSHALL 1963).

Im Gegensatz hierzu ist der eigentliche Abschußmechanismus bei *Sphaerobolus* unabhängig vom Licht; Belichtung wirkt nur indirekt, indem die Entwicklung bis wenige Tage vor der Sporenreife durch Dunkelheit blockiert wird (ALASOADURA). Es handelt sich hierbei, entgegen früheren Interpretationen, um ein Zusammenwirken exogener und endogener Rhythmik (ENGEL und FRIEDERICHSEN).

Neben dem Abschuß der Spore aus dem Ascus oder vom Conidienträger kann noch ein weiterer Bewegungsvorgang an der Sporenverbreitung beteiligt sein: eine Öffnungsbewegung des Peritheciums. Diese erfolgt bei *Hysterium discolor* durch osmotische Wasseraufnahme in die Paraphysen; dabei wird eine Gewebepartie unterhalb des Hymenium elastisch gedehnt, so daß in niederer Hydratur das Perithecium sich wieder schließt. Die Öffnungs- und Schließbewegung ist somit reversibel (WILLIAMS und LUCAS).

Mit Hilfe kinematographischer Methoden wird der Turgor-Spritzmechanismus an einigen Objekten im Detail dargestellt. Dabei treten bemerkenswerte Übereinstimmungen auf zwischen dem Sporangium von *Pilobolus kleinii* (PAGE), dem einzelnen Samen von *Arceuthobium* (HINDS et al.) und den etwa 16–32 Samen von *Ecballium* (WOLTERS). Trotz der sehr verschiedenen Dimensionen ist die Anfangsgeschwindigkeit in allen Fällen gleich und liegt bei 14–16 m/sec. In jedem Fall wird außer den „Geschossen" auch eine größere Menge zähflüssigen Zell- bzw. Fruchtinhalts mit abgeschossen, die erst allmählich hinter dem Geschoß zurückbleibt. Diese Substanz dient offensichtlich als „Treibstoff", nicht aber als Ruder zur Stabilisierung der Geschoßbahn. Bei der Spritzgurke zeigt der Film, daß die Kombination des Raketenantriebs mit dem Schrotflintenprinzip biologisch sehr sinnvoll ist: der Raketenantrieb ermöglicht eine große Schußweite, während das Schrotflintenprinzip für die räumliche Streuung sorgt, zumal regelmäßig die letzten Samen erheblich abgelenkt werden durch den Fruchtstiel, der nach dem Rückstoß elastisch in seine Ausgangslage (und damit in die Schußbahn) zurückkehrt.

Literatur

ALASOADURA, S. O.: Ann. Bot. **27**, 123—145 (1963). — ANKER, L., and H. W. A. BIESSELS: Proc. Ned. Akad. Wetensch. C **67**, 320—324 (1964). — ANKER, L., and H. G. V. D. MAREL: Proc. Ned. Akad. Wetensch. C **67**, 7—9 (1964). — AUDUS, L. J.: Physiol. Plantarum **17**, 737—745 (1964).

BONNET, H. T., and J. G. TORREY: Plant Physiol. **39**, suppl. LXVI (1964). — BRAUNER, L., M. v. DELLINGHAUSEN u. A. BÖCK: Planta **62**, 195—220 (1964). — BREWBAKER, J. L., and B. H. KWACK: Amer. J. Bot. **50**, 859—865 (1963). — BRIGGS, W. R.: Tenth Internat. Bot.. Congress 1964, Abstracts p. **195**. — BÜNNING, E.: Z. Bot. **51**, 174—177 (1963). — BÜNNING, E., u. J. BALTES: Naturwiss. **49**, 19 (1962). — BÜNNING, E., u. J. BLUME: Z. Bot. **51**, 52—60 (1963). — BÜNNING, E., I. MOSER u. G. WOLF: Z. Bot. **52**, 86—97 (1964).

CURRY, G. M.: Tenth Internat. Bot. Congress 1964, Abstracts p. 196.

DEDOLPH, R. R., and S. A. GORDON: Plant Physiol. **39**, suppl. LXVI (1964). — DENNISON, D. S.: J. Gen. Physiol. **47**, 651—665 (1964).

ENGEL, H., u. J. FRIEDERICHSEN: Planta **61**, 361—370 (1964).

GILLESPIE PICKARD, B., and K. V. THIMANN: Plant Physiol. **39**, 341—350 (1964). — GOLDSMITH, M. H. M., and M. B. WILKINS: Plant Physiol. **39**, 151—162 (1964). — GRAHM, L.: Physiol. Plantarum **17**, 231—261 (1964). — GRAHM, L., and C. H. HERTZ: Physiol. Plantarum **17**, 186—201 (1964).

HÄRTLING, C.: Planta **63**, 43—64 (1964). — HERČÍK, F.: Biologia Plantarum **6**, 70—72 (1964a); **6**, 315—317 (1964b). — HERTZ, C. H.: Vortrag auf dem 10. Internat. Botan. Congress, Edinburgh 1964. — HINDS, T. E., F. G. HAWKSWORTH, and W. J. MCGINNIES: Science **140**, 1236—1238 (1963). — HOLDSWORTH, M.: J. exp. Bot. **15**, 391—398 (1964). — HOSHIZAKI, T., B. H. CARPENTER, and K. C. HAMNER: Planta **61**, 178—186 (1964). — HOSHIZAKI, T., K. YOKOYAMA, and W. H. JONES: Plant Physiol. **39**, suppl. XXXVIII (1964).

INGOLD, C. T., and B. MARSHALL: Ann. Bot. **26**, 563—568 (1962); **27**, 481—491 (1963); **28**, 325—329 (1964). — IWANAMI, Y.: Bot. Mag. Tokyo **75**, 133—139 (1962a); 289—295 (1962b); 331—335 (1962c); 371—376 (1962d).

KARVÉ, A. D.: Naturwiss. **51**, 441—442 (1964). — KARVÉ, A. D., and A. S. SALANKI: Z. Bot. **52**, 98—102 (1964a); **52**, 113—117 (1964b); **52**, 186—192 (1964c). — KENNETH, R.: Nature (Lond.) **202**, 1025—1026 (1964). — KUIPER, P. J. C.: Plant Physiol. **39**, 952—955 (1964).

LEE, R., and D. M. GATES: Amer. J. Bot. **51**, 963—975 (1964). — LIBBERT, E., u. J. GERDES: Planta **61**, 245—258 (1964). — LIBBERT, E., u. B. STEYER: Naturwiss. **50**, 576 (1963). — LYON, C. J.: Plant Physiol. **38**, 145—152 (1963a); **38**, 567—574 (1963b).

MANGE, M.: Ann. Sci. Univ. Besançon, 2e Sér., Bot. **19**, 43—53 (1963). — MANSFIELD, T. A.: Nature(Lond.) **201**, 470—472 (1964); **205**, 617—618 (1965). — MANSFIELD, T. A., and O. V. S. HEATH: Nature (Lond.) **200**, 596 (1963). — MASCARENHAS,

J. P., and L. MACHLIS: Amer. J. Bot. **49**, 482—489 (1962); — Nature (Lond.) **196**, 292—293 (1962); — Plant Physiol. **39**, 70—77 (1964). — MEREDITH, D. S.: J. Gen. Microbiol. **26**, 343—349 (1961); — J. Appl. Biol. **50**, 263—267 (1962a); **50**, 577—594 (1962b); — Ann. Bot. **27**, 39—47 (1963). — MOHR, H., u. A. HAUG: Planta **59**, 151—164 (1962).

NAQVI, S. M., and S. A. GORDON: Plant Physiol. **39**, suppl. LXVI (1964). — NĚMEC, B.: Biologia Plantarum **6**, 243—249 (1964). — NEWMAN, J. A.: Austr. J. Biol. Sci. **16**, 629—646 (1963).

OLIVE, L. S.: Science **146**, 542—543 (1964).

PAGE, R. M.: Science **146**, 925—927 (1964). — PALMER, J. H.: Planta **61**, 283—297 (1964). — PALMER, J. H., and I. D. J. PHILLIPS: Physiol. Plantarum **16**, 572—584 (1963). — PLEMPEL, M.: Planta **58**, 509—520 (1962). — PRAMER, D.: Science **144**, 382—388 (1964).

ROBERTS, L. W., and D. E. FOSKET: Science **138**, 1264—1265 (1962). — ROSEN, W. R.: Amer. J. Bot. **48**, 889—895 (1961). — RUFELT, H.: Tenth Internat. Bot. Congress, Edinburgh 1964, Abstracts p. 194.

SAVILE, D. B. O.: Science **147**, 165—166 (1965). — SCHILDKNECHT, H., u. H. BENONI: Z. Naturforsch. **18b**, 45—54 (1963); **18b**, 656—661 (1963). — SCHRANK, A. R.: Physiol. Plantarum **17**, 346—351 (1965). — SMITH, H., and P. F. WAREING: Ann. Bot. **28**, 283—295 (1964); **28**, 297—309 (1964). — STÅLFELT, M. G.: Physiol. Plantarum **17**, 828—838 (1964). — STEEVES, T. A., and W. R. BRIGGS: J. exp. Bot. **11**, 45—67 (1960). — STEYER, B., u. E. LIBBERT: Planta **61**, 374—376 (1964).

THORN, G. D., and W. H. MINSHALL: Canad. J. Bot. **42**, 1405—1410 (1964). — THORNTON, R. M., and K. V. THIMANN: J. Cell. Biol. **20**, 345—350 (1964). — TORIYAMA, H.: Cytologia **20**, 367—377 (1955); **27**, 431—442 (1962).

WAGNÉ, C.: Physiol. Plantarum **17**, 751—756 (1964). — WAGNER, R.: Z. Bot. **51**, 179—204 (1963). — WALLENSTEIN, A., and L. S. ALBERT: Science **140**, 998—1000 (1963). — WALLIHAN, E. F.: Plant Physiol. **39**, 86—90 (1964). — WELK, S. M., and W. F. MILLINGTON: Amer. J. Bot. **51**, 663 (1964). — WESTING, A. H.: Science **144**, 1342—1344 (1964). — WILKINS, M. B.: Plant Physiol. **38**, suppl. XXIV (1963). — WILKINS, M. B., and M. H. M. GOLDSMITH: J. exp. Bot. **15**, 600—615 (1964). — WILLIAMS, C. N.: Ann. Bot. **25**, 407—415 (1961). — WILLIAMS, C. N., and M. T. LUCAS: Trans. Brit. Mycol. Soc. **45**, (2) 200—204 (1962). — WOLTERS, B.: Planta **60**, 344—348 (1963). — WORSHAM, A. D., D. E. MORELAND, and Q. C. KLINGMAN: J. exp. Bot. **15**, 556—567 (1964).

YEOMANS, L. M., L. J. AUDUS, and P. E. PILET: Nature (Lond.) **204**, 559—562 (1964).

ZELITCH, A. I., and D. A. WALKER: Plant Physiol. **39**, 856—862 (1964).

C. Genetik

1. Phytopathogene Viren

Von Heinz-Günter Wittmann, Tübingen,
und Heinz L. Sänger, Gießen

I. Virusstruktur[1]

1. Stäbchenförmige Viren

Tabakmosaikvirus

Gemessen an anderen phytopathogenen Viren ist die Zahl der Untersuchungen am Tabakmosaikvirus (TMV) nach wie vor sehr groß. TMV ist das vor allem durch die Arbeiten der Gruppen in Tübingen und Berkeley in seiner Struktur bei weitem am besten bekannte Virus. Bei einer großen Zahl von Mutanten und Stämmen sind die Aminosäurensequenzen genau untersucht. Es liegt durchaus im Bereich des Möglichen, daß in absehbarer Zeit auch die genaue räumliche Feinstruktur ermittelt werden kann.

a) Nucleinsäure. Frühere Untersuchungen hatten gezeigt, daß sowohl das 5'- als auch das 3'-Ende der TMV-RNS keine freien Phosphatgruppen, sondern Adenosin besitzt. Abspaltung der Nucleotide mit der Schlangengift-Phosphodiesterase, einer Exonuclease, die vom 5'-Ende her spaltet, ergibt die Nucleotidsequenz A U C A U G . . . (Singer und Fraenkel-Conrat). Kettenbrüche, die in der TMV-RNS durch Erwärmung auf 70°C bzw. 37°C induziert werden, erfolgen durch Aufspaltung der 5'-Phosphatbindung bevorzugt zwischen CpA und UpA. Ultraschall-Behandlung wirkt nicht so spezifisch, doch wird auch hier nach Schlangengift-Diesterase-Behandlung vor allem Adenosin freigesetzt. – TMV-RNS bindet 0,5 Mol Ca^{++} oder etwa 1 Mol Ag^{+} oder 1 Mol Hg^{++} pro Mol Nucleotid. Al^{+++} und Fe^{+++} verdrängen Hg^{++} und insbesondere Ag^{+} von deren Bindungsstellen. Alle Metallionen mit Ausnahme von Ca^{++} werden wahrscheinlich an die Basen gebunden (Singer). – Kleinwinkelstreuung von isolierter TMV-RNS ergab Kurven, die mit denen der Ribosomen-RNS identisch sind. Sie lassen auf leicht flexible Moleküle mit stäbchenförmigen Segmenten schließen. Die TMV-RNS unterscheidet sich danach in Lösung nicht von anderen RNS-Molekülen (Witz, Hirth und Luzzatti). – Die Bedingungen für eine maximale Rekonstitution (etwa 50%) zwischen RNS und Protein des TMV werden weiter verbessert (Fraenkel-Conrat und Singer). Nicht nur TMV-RNS kann zusammen mit Virus-Protein zu Stäbchen rekonstituiert werden, sondern auch Poly-A, Poly-I sowie adeninreiche Copolymere (allerdings nicht: Poly-C, Poly-U, Poly-G, Poly-X, RNS aus tierischen und pflanzlichen Geweben).

[1] Von H. G. Wittmann

Da die Behandlung von TMV-RNS mit halogenierenden Agentien zu Mutationen führt, wurden die Nucleotidveränderungen durch Halogene untersucht (BRAMMER). Behandlung von TMV-RNS mit Brom führt bei pH 7 zur Bromierung von Cytosin in 5-Stellung, bei pH 9 von Guanin in 8-Stellung. Mit Bromsuccinimid reagieren (bei pH 7 und 9) vor allem Cytidyl- und Guanylsäure, langsamer Uridylsäure und gar nicht Adenylsäure. In der TMV-RNS wird mit Jodsuccinimid bei pH 7 nur Cytosin jodiert. Schon 4 Jodatome pro TMV-RNS bewirken einen Infektionsverlust auf 37%. – Das wirkungsvollste Agens zur Erzeugung von TMV-Mutanten ist salpetrige Säure. Frühere Untersuchungen von SCHUSTER haben gezeigt, daß Cytosin, Adenin und Guanin desaminiert werden können. In Fortsetzung dieser Arbeiten stellen SCHUSTER und WILHELM fest, daß bei Nitriteinwirkung auf intaktes TMV (bei pH 4,2) Cytosin 1,8mal schneller desaminiert wird als Adenin, und daß Guanin in diesem Fall gar nicht reagiert. Wird statt intaktem Virus isolierte TMV-RNS (bei pH 5) behandelt, so reagiert neben Adenin und Cytosin auch Guanin. Die Reaktionsgeschwindigkeit ist bei beiden Purinbasen etwa gleich groß und 1,4mal größer als bei Cytosin. Dabei wird Guanin nur zu etwa 35% in Xanthin umgewandelt. SHAPIRO fand, daß aus Guanin bei der Behandlung mit salpetriger Säure u. a. ein gelbes Nebenprodukt, nämlich 2-Nitroinosin, entsteht, allerdings nicht in genügender Menge, um zusammen mit Xanthin den Verlust an Guanin zu erklären.

SEHGAL und SIEGEL versuchten, mit der aus Tabakdiastase gewonnenen Adenosinaminohydrolase spezifisch Adenin in der TMV-RNS und in Poly-A zu desaminieren, allerdings ohne Erfolg. Selbst nach sehr langer Einwirkung war keine Desaminierung festzustellen. – Nach UV-Inaktivierungsversuchen von KLECZKOWSKI scheint der Infektionsverlust der TMV-RNS durch UV-Bestrahlung eine von der Wellenlänge unabhängige Funktion der absorbierten Menge an Strahlungsenergie zu sein. Wenn in der TMV-RNS überhaupt Dimerisierung von Uracil durch UV vorkommt, dann ist diese entweder ohne Einfluß auf die Infektiosität, oder sie ist nicht im gleichen Ausmaß photoreversibel wie die Thymin-Dimerisierung bei der DNS. Die UV-Inaktivierung eines Viruspräparats, bei dem 50% des Uracils durch 5-Fluoruracil ersetzt sind, ist etwa fünfmal schneller als in der Kontrolle ohne 5-Fluoruracil (BECAREVIC, DJORDJEVIC und SUTIC), die antigenen Eigenschaften beider Präparate sind dagegen nicht zu unterscheiden (SUTIC und DJORDJEVIC). – Die Geschwindigkeit der Inaktivierung der TMV-RNS durch schnelle Elektronen (5 MeV) ist etwa doppelt so hoch wie die für intaktes Virus (CHESSIN, SOLBERG und JAKOBSON). Bei dem Vergleich der Geschwindigkeiten, mit denen die RNS aus den beiden TMV-Stämmen U 1 und U 2 durch Erhitzen inaktiviert wird, fanden FASSELL und WILDMAN, daß bei kurzem Erhitzen die Infektiosität zunächst deutlich ansteigt, wahrscheinlich dadurch, daß die RNS-Fäden entknäult werden, und dann bei U 1 und U 2 mit derselben Geschwindigkeit exponentiell abnimmt. Im Gegensatz dazu sind die Inaktivierungsgeschwindigkeiten, wenn die Viruspartikel von U 1 bzw. U 2 erhitzt werden, sehr stark verschieden: U 2 wird bedeutend schneller (0,69 min^{-1}) inaktiviert als U 1 (0,043 min^{-1}). Aus den U 2-Stäbchen wird im Gegensatz zu U 1 beim Erhitzen sehr leicht RNS freigesetzt.

b) Protein. Bereits 1960 wurde von den Arbeitsgruppen in Tübingen und Berkeley über die gesamte Aminosäuresequenz von TMV *vulgare* in vorläufiger Form berichtet. Die ausführliche Publikation der Sequenzen der einzelnen Peptide erstreckte sich über mehrere Jahre und wurde nun durch den Bericht aus Berkeley über die drei letzten tryptischen Peptide (FUNATSU, TSUGITA und FRAENKEL-CONRAT; TSUNG, FUNATSU und YOUNG)und aus Tübingen (ANDERER, WITTMANN-LIEBOLD und WITTMANN) über einzelne Aminosäuresequenzen, die in Tübingen und Berkeley nicht übereinstimmten, abgeschlossen. Die gesamten Aminosäuresequenzen von zwei TMV-Stämmen, die sich darin stark vom TMV *vulgare* unterscheiden, wurden ermittelt (WITTMANN-LIEBOLD und WITTMANN; RENTSCHLER; WITTMANN). Nur 70% der 158 Aminosäurepositionen sind bei diesen drei TMV-Stämmen identisch.

Die Untersuchungen an TMV-Mutanten, die durch spezifisch wirkende mutagene Agentien induziert sind, wurden vor allem wegen der Bedeutung der Resultate für den genetischen Code fortgesetzt. WITTMANN analysierte die Aminosäurezusammensetzung der tryptischen Peptide von insgesamt 187 TMV-Mutanten. Davon waren 154 durch Behandlung mit salpetriger Säure, 11 mit 5-Fluoruracil, 6 mit Hydroxylamin und 16 spontan entstanden. DAHL und KNIGHT analysierten 12 Nitritmutanten des Tomatenmosaikvirus. Die durch die TMV-Mutanten erhaltenen Informationen über den genetischen Code wurden bereits im vorigen Bericht besprochen. FUNATSU und FRAENKEL-CONRAT lokalisierten die Aminosäureaustausche bei 19 TMV-Mutanten, WITTMANN-LIEBOLD und WITTMANN sowie WITTMANN, JAUREGUI-ADELL und WITTMANN-LIEBOLD bei 37 chemisch-induzierten und spontanen Mutanten. Die Zahl der Aminosäureaustausche pro Mutante ist maximal drei. Es ist auffallend, daß in einem bestimmten Stück der Proteinkette (Position 108–122) in keiner der zahlreichen untersuchten Mutanten ein Aminosäureaustausch gefunden wurde. Es besteht Grund zu der Annahme, daß dies das Stück ist, das im TMV-Stäbchen mit der RNS in Kontakt steht.

Serologische und physikochemische Versuche an Mutanten mit demselben Aminosäureaustausch (Prolin zu Leucin) an verschiedenen Positionen der Proteinkette lassen Rückschlüsse auf die Bedeutung bestimmter Aminosäuren für den Aggregationsprozeß, die elektrophoretische Beweglichkeit und die antigenen Determinanten zu. Das Carboxyl-terminale, mehrere Aminosäuren umfassende Stück der Proteinkette ragt aus der Untereinheit heraus und ist für die Aggregation der Untereinheiten zum Stäbchen nicht nötig (VON SENGBUSCH und WITTMANN). Der Austausch von einer Aminosäure pro Untereinheit kann (aber braucht nicht) zu Unterschieden in den antigenen und elektrophoretischen Eigenschaften zwischen Ausgangsstamm und Mutante führen. Aus physikochemischen und serologischen Untersuchungen von Mutanten mit bekannter Proteinstruktur lassen sich auf indirektem Wege Informationen über die räumliche Struktur des Virus ziehen (VON SENGBUSCH).

Im Gegensatz zum Wildstamm und vielen Mutanten ist die Aggregation der Untereinheiten zum Stäbchen bei einem Teil der von WITTMANN analysierten Mutanten temperatursensitiv. Der Grund dafür liegt darin, daß durch den Austausch von 1–2 Aminosäuren der Aggregationsprozeß nur noch bei relativ niedrigen Temperaturen normal ablaufen kann, wie in vitro-Versuche gezeigt haben (JOCKUSCH). Bei anderen Mutanten ist durch den Aminosäureaustausch die Fähigkeit zur Aggregation zu Stäbchen auch bei niedrigen Temperaturen verlorengegangen. Es entstehen lange, linksgewundene Proteinhelices, in die die TMV-RNS nicht eingepackt werden kann (ZAITLIN und FERRIS).

ANDERER, KRATKY und LO untersuchten das in verschiedenen Lösungsmitteln gelöste TMV-Protein durch Röntgenkleinwinkelstreuung und fanden, daß in Essigsäure partiell denaturierte Untereinheiten vorliegen. In 0,01-normaler Natronlauge aggregieren die Untereinheiten zu stäbchenförmigen Aggregaten. In 36%igem Harnstoff sind die Untereinheiten völlig denaturiert. Monomere Fadenknäuel sind allerdings nur in sehr starker Verdünnung vorhanden. Sie lagern sich bei zunehmender Konzentration zu Aggregaten zusammen (bei 2% Protein im Mittel etwa 5). – Die Kinetik der Polymerisation und Depolymerisation von Untereinheiten bzw. Stäbchen unterhalb des isoelektrischen Punktes untersuchten ANSEVIN und LAUFFER. Die Beobachtungen sprechen gegen die Hypothese von Wasserstoffbrücken-Carbonyl-Bindungen und für elektrostatische Kräfte als Bindungskräfte zwischen den Untereinheiten. – WARNER geht von der Diskrepanz zwischen Befunden der Röntgenstrukturanalyse und Elektronenmikroskopie aus und entwirft ein neues Modell für den Aufbau der Proteinuntereinheit und des Stäbchens. Die Untereinheit soll danach eine bienenwabenförmige Struktur haben, bei der die Proteinkette in Form einer Uhrfederspirale von innen (Position 1) nach außen verläuft.

Mit der Frage der serologisch determinanten Gruppen beim TMV beschäftigte sich intensiv ANDERER. Er stellte im Präcipitationshemmungstest (Hemmung der Präcipitation von TMV und homologem Antiserum durch TMV-Peptide) fest, daß mindestens Teile von 4 Peptiden (Position 18–23, 62–68, 123–134 und 142–158) an der serologisch determinanten Struktur des Stäbchens beteiligt sind. In ähnlichen Versuchen, doch mit anderen serologischen Methoden (Anaphylaxis bzw. Schulz-Dale-Technik) fanden YOUNG et al., daß mindestens eines der tryptischen Peptide immunologische Eigenschaften hat, die mit denen des TMV-Proteins verwandt sind. – ANDERER und HANDSCHUH substituierten bestimmte Seitengruppen (Lysin und Cystein) in der TMV-Proteinkette und untersuchten serologisch und elektronenmikroskopisch die Rückbildung der entfalteten Proteinketten zum Stäbchen. Die Reaktion mit dem Anti-TMV-Serum ist nicht abhängig von der korrekten Quaternärstruktur, sondern von der Tertiärstruktur der Untereinheiten. Die Antikörper sind nicht gegen isolierte Aminosäuresequenzen gerichtet, sondern gegen räumliche Muster, die von mehreren Sequenzen gebildet werden (ANDERER und HANDSCHUH). Durch alkalische Spaltung des TMV erhaltenes A-Protein aggregiert bei pH 7 in Abhängigkeit von der Temperatur zu definierten Aggregationsstufen. RAPPAPORT, SIEGEL und HASELKORN untersuchten auf Agarplatten die serologische Reaktion dieser Aggregatstufen mit Antiserum gegen TMV-Stäbchen bzw. A-Protein. Alle Stufen zeigten antigene Verwandtschaft mit mindestens einem der beiden Antiseren. Im Unterschied zum TMV hatten die Untereinheiten des *turnip yellow mosaic virus* keine serologische Verwandtschaft zu den intakten polyedrischen Viruspartikeln. Untersuchungen von KLECZKOWSKI über die Präcipitation zwischen TMV und TMV-Antiserum in salzreichen und -armen Medien sprechen gegen die Vernetzungshypothese und für die Ansicht, daß die Antigen-Antikörper-Komplexe hydrophob sind und ausfallen, wenn sie entweder durch Salz oder durch einen entsprechenden pH-Wert genügend entladen sind. – Eine Methode zur Immunosmophorese, die bedeutend schneller und empfindlicher ist als die Agargel-Diffusion, entwickelten RAGETLI und WEINTRAUB. Sie erhielten innerhalb etwa einer Stunde charakteristische Antigen-Antikörper-Wechselwirkungen in Agar mit γ-Mengen einer Reihe von Pflanzenviren. Beim TMV ist diese Methode etwa 100mal empfindlicher und 20mal schneller als die Agargel-Diffusion.

c) Intaktes Virus. STEERE arbeitete ein spezielles Verfahren aus, mit dem es möglich ist, eine einheitliche Population von TMV-Stäbchen mit der Normallänge zu isolieren. Molekulargewichtsbestimmung mit Hilfe der Gleichgewichtssedimentation ergab für diese einheitlichen Stäbchen ein Molekulargewicht von 41,6 ($\pm$ 0,1) $\cdot 10^6$ (WEBER et al.). Zu fast demselben Wert, nämlich 41,3 $\cdot 10^6$, kommt auch MÖLLER durch Ermittlung der Sedimentations- und Diffusionskoeffizienten ($s_{20}^{w} = 189$ S, $D_{20}^{w} = 0{,}425$ F). Diese Werte sind in guter Übereinstimmung mit früher ermittelten. Elektronenmikroskopische Aufnahmen mit sehr starker Vergrößerung zeigen beim TMV eine regelmäßige Querstruktur mit 23 Å Abstand, nämlich der durch die Röntgenstrukturanalyse ermittelten Ganghöhe der Proteinspirale. Jeder Querstreifen scheint aus kleinen globulären Einheiten (Proteinuntereinheiten mit einem Molekulargewicht von 17500?) zusammengesetzt zu sein (HART). Auch die elektronenmikroskopischen Aufnahmen von FINCH lassen die 23 Å-Ganghöhe erkennen. Die Stäbchen sind 3000 Å lang und 180–200 Å dick. Die Zahl der Proteinspiralen beträgt 130. Die Aufnahmen von Stäbchen nach teilweiser Entfernung der Proteinhülle durch Phenol zeigen, daß die Proteinuntereinheiten von beiden Enden und auch unregelmäßig aus der Mitte der Stäbchen entfernt werden (CORBETT). Bemerkenswert ist der Befund, daß der Durchmesser der RNS-Helix nicht 80 Å, wie durch die Röntgenstrukturanalyse ermittelt, sondern nur 66 Å betragen soll.

Mit neuen elektronenmikroskopischen Methoden, nämlich einem photographisch arbeitenden Linear-Integrationsinstrument in Verbindung mit dem 11,94 Å-Kristallgitter des Platinphthalocyan als Eichmaß, untersuchten MARKHAM et al. die Feinstruktur des TMV. Nach diesen Messungen sind die bisherigen Werte für das Virus ungenau und durch folgende zu ersetzen: Länge des Stäbchens: 2890 Å (bisher 3000 Å) Breite: 174 Å (175 Å), Molekulargewicht des Virus: 49,8 $\cdot 10^6$ (41 $\times 10^6$), Ganghöhe der Proteinspiralen 18 Å (23 Å), Zahl der Proteinspiralen 162 (130), Zahl der Proteinuntereinheiten 2650 $\pm$ 50 (2130 $\pm$ 40), Molekulargewicht der RNS: 2,5 $\cdot 10^6$ (2,0 $\cdot 10^6$), Zahl der Nucleotide: 7900 (6400).

Die Ungenauigkeit der Messungen wird von den Autoren mit $\pm 2\%$ angegeben. Diese Angaben weichen so sehr von den älteren Standardwerten für das TMV ab, die von zahlreichen Arbeitsgruppen übereinstimmend gefunden wurden, daß sie unbedingt einer kritischen Überprüfung bedürfen, bevor sie als richtig akzeptiert werden können.

Die Ermittlung der räumlichen Struktur des Virusstäbchens wird u. a. dadurch erschwert, daß das TMV sehr arm an solchen Aminosäuren (Cystein, Histidin) ist, an die Schwermetalle angelagert werden können. Auf der Suche nach geeigneten Schwermetallionen fanden HOLMES und LEBERMAN, daß Uranylfluorid an drei Stellen in jeder Proteinuntereinheit gebunden wird, und zwar im radialen Abstand von 26 Å, 56 Å und 68 Å. Aus früheren Versuchen mit Methylmercurinitrat ist bekannt, daß das einzige im TMV vulgare enthaltene Cystein sich im radialen Abstand von 56 Å befindet. An welche anderen Gruppen das Uranylfluorid außerdem gebunden wird, ist bisher unbekannt. Es ist bei 26 Å im Gegensatz zu 68 Å sehr fest gebunden und kann nicht mit Imidazolpuffern ausgewaschen werden.

TMV-Protein kristallisiert unter bestimmten Bedingungen zu echten dreidimensionalen Kristallen (MACLEOD, HILLS und MARKHAM). Allerdings sind diese zu klein, um bei der Röntgenstrukturanalyse benutzt zu werden.

Weitere stäbchenförmige Viren

Die Zahl der Viren, deren Reinigung gelungen ist, ist während der Berichtszeit beträchtlich gestiegen; bei anderen, bereits früher isolierten Viren wurden erhebliche Fortschritte in der Strukturaufklärung gemacht. In einer Serie von Publikationen berichten VENEKAMP und MOSCH über ein chromatographisches Verfahren, mit dem sie eine Reihe von stäbchenförmigen Pflanzenviren (Kartoffel-X-Virus, Kartoffel-Y-Virus, Tabakmosaikvirus, Tabak-Rattle-Virus) weitgehend reinigen konnten. Die Methode besteht im wesentlichen darin, daß das Virus und die Verunreinigungen in Gegenwart von Polyäthylenglykol und Natriumchlorid an einer Cellulosesäule adsorbiert werden. Bei Gradientenelution mit sinkender Konzentration an Polyäthylenglykol und Natriumchlorid werden die Begleitstoffe relativ früh, die Viren jedoch erst wesentlich später eluiert, so daß bei zweimaliger Chromatographie eine gute Reinigung erreicht wird. DUNN und HITCHBORN machen sich für die Reinigung von Viren (Tabakmosaikvirus, Gelbmosaikvirus der Kohlrübe und *carnation mottle virus*) die Eigenschaft von Bentonit zunutze, Ribosomen, Ribonuclease, die 18 S-Pflanzenproteine und die grünen Pigmente zu adsorbieren, ohne daß die Viruspartikel unter geeigneten Bedingungen, wobei die Mg^{++}-Konzentration sehr wichtig ist, gebunden werden. Durch einen neuen, sehr empfindlichen Test auf Ribonuclease konnten WHITFELD und WILLIAMS praktisch in allen gereinigten Viruspräparaten Spuren an Ribonucleaseaktivität nachweisen, die z. B. die Gewinnung von hochinfektiösen Nucleinsäuren erschwert. Durch ein spezielles Reinigungsverfahren mit EDTA-Zusatz ist es möglich, Viruspräparate herzustellen, die keine nachweisbare Nuclease-Aktivität mehr aufweisen. Eine weitere wirkungsvolle Methode zur Virus-Reinigung ist die Dichtegradienten-Zonenelektrophorese (VAN REGENMORTEL). So gelang mit dieser Methode in einem Arbeitsgang neben der Endstufenreinigung von neun verschiedenen Pflanzenviren für serologische Untersuchungen die Auftrennung der drei Viren, deren gemeinschaftliches Vorkommen die sog. Caligo-Krankheit verursacht: Kartoffel-X-Virus, Luzernemosaikvirus und Tabakmosaikvirus (VAN REGENMORTEL, NEL und HAHN).

Elektronenmikroskopische Aufnahmen des Rübenvergilbungsvirus zeigen, daß bei diesem fadenförmigen Virus mit einer Dicke von 100 Å und einem Zentralkanal von 30–40 Å die Proteinuntereinheiten in Spiralenform angeordnet sind. In jeweils drei Windungen der Spirale befinden sich 19 kugelförmige Proteinuntereinheiten, jede mit einem Durchmesser von 30 Å. – KATAJIMA et al. halten die von ihnen aus tristezakranken Citruspflanzen isolierten und nie in gesunden Kontrollen beobachteten sehr langen fadenförmigen Partikel (2000mal 10–20 mμ) für das Virus der Tristeza-Krankheit und für verwandt mit dem Rübenvergilbungsvirus. Auch das Tristeza-Virus besitzt einen Zentralkanal.

Weitere faden- bzw. stäbchenförmige Viren, über deren Reinigung und Dimensionen berichtet wurde, sind: Zwiebelgelbstreifenvirus (772mal 16 mμ, SCHMIDT und SCHMELZER), Zuckerrohrmosaikvirus (760 $\pm$ 10 mμ mal 12–13 mμ mit einem Zentralkanal von 3–4 mμ, HEROLD und WEIBEL), Tulpenmosaikvirus (750–775mal 14–16 mμ, YAMAGUCHI, KIKUMOTO und MATSUI), Salatmosaikvirus (746mal 13 mμ, TOMLINSON), Sojabohnenmosaikvirus (650–725 mμ mal 15–18 mμ, GALVEZ), Pappelvirus (670mal 15 mμ, BRANDES), Spargelvirus β (300 mμ FACCIOLI). Das Molekulargewicht des latenten Nelkenvirus (*carnation latent virus*) wurde aus der Bestimmung des Sedimentationskoeffizienten (167 $\pm$ 2 S) und Diffusionskoeffizienten (D = 0,24 $\cdot$ 10^{-7} cm^2/sec) zu 60–61 $\cdot$ 10^6 und aus elektronenmikroskopischen Daten zu 62—72 $\cdot$ 10^6 ermittelt. Dieses Virus hat 6% RNS (PAUL und WETTER). Die meisten Viruspartikel des bodenbürtigen Weizenmosaiks haben eine Länge von 160 mμ (die übrigen von 300 mμ), einen Durchmesser von 20 mμ, einen Zentralkanal von 5 mμ und in Spiralen angeordnete Untereinheiten. Sie ähneln morphologisch sehr dem Tabak-Rattle-Virus. Ein von Agropyron repens isoliertes Virus und das Weizenstrichelmosaikvirus haben denselben Sedimentationskoeffizienten, dieselbe Stabilität und Dimension (700–760 mμ Länge), einen ähnlichen Wirtspflanzenkreis und sind nahe miteinander verwandt (STAPLES und BRAKKE). Serologische und morphologische Verwandtschaften bestehen auch zwischen folgenden Viren: a) Kartoffel-S-Virus, Kartoffel-M-Virus, latentem Nelkenvirus, latentem Passiflora-Virus, Kakteenvirus-2 (alle mit einer Normallänge von 650 mμ) und dem 690 mμ langen Chrysanthemumvirus B (BRANDES und WETTER), b) zwischen Kartoffel-Y-Virus, Kartoffel-A-Virus, *tobacco etch virus* und *henbane mosaic virus* (alle mit einer Länge von 730–760 mμ; BARTELS), c) nach den Untersuchungen von GIBBS et al. zwischen dem Gerstenstreifenmosaikvirus und dem Lychnis-Ringfleckenvirus (125mal 18–19 mμ mit einem Zentralkanal von 2,5 mμ) und d) Kartoffelmosaikvirus, Hortensienringfleckenvirus, Kakteenvirus, Kleegelbmosaikvirus und Weißkleemosaikvirus (Normallängen zwischen 480–540 mμ, BERCKS und BRANDES).

Die Gestalt des Luzernemosaikvirus unterscheidet sich nach einem auf Grund von elektronenmikroskopischen Beobachtungen aufgestellten Modell von GIBBS, NIXON und WOODS von allen übrigen bisher bekannten phytopathogenen Viren und ähnelt manchen tierpathogenen Viren. Das Virus ist bacillenförmig. Der an seinen beiden Endflächen abgerundete Zylinder hat auf seiner Oberfläche regelmäßig angeordnete knopfartige Ausstülpungen. Es werden im allgemeinen Partikel mit drei verschiedenen Längen (36, 38 und 58 mμ) gefunden. Der Teilchendurchmesser ist bei allen drei Partikeln gleich (18 mμ). In alten Präparaten treten noch Teilchen mit 20–30 mμ Länge auf, die jedoch nicht infektiös sind. Über die Infektiosität der drei anderen Partikelarten, die sich auf Grund ihrer verschiedenen Sedimentationskoeffizienten (73, 89 und 99 S) trennen lassen, besteht keine Einigkeit. Während BANCROFT bereits früher fand, daß nur die längsten Teilchen infektiös sind, sind nach GIBBS, NIXON und WOODS die drei Teilchenarten gleich infektiös. Der RNS-Gehalt ist bei allen Partikeln 17%. Die früher von FRISCH-NIGGEMEYER und STEERE bestimmte Basenzusammensetzung konnte von zwei Arbeitsgruppen (BANCROFT sowie RAUWS, JASPARS und VELDSTRA), die untereinander ähnliche Werte fanden, nicht bestätigt werden. Bemerkenswert ist, daß sich die Basenzusammensetzung der kleinen bzw. großen Teilchen deutlich unterscheidet, ein Ergebnis, das auch bei anderen Viren (z. B. *bean pod mottle virus*) gefunden wurde.

2. Polyedrische Viren

Die Bestimmungen des Molekulargewichts des Gelbmosaikvirus der Kohlrübe (*turnip yellow mosaic virus*) stimmen nicht völlig überein. Nach Lichtstreuungsmessungen von HORN, HIRTH und CANALS beträgt das Molekulargewicht $5{,}8 \cdot 10^6 \pm 2{,}5\%$, während SYMONDS, REES, SHORT und MARKHAM einen Wert von $5{,}1-5{,}3 \cdot 10^6$ angeben. Im Elektronenmikroskop sind 32 strukturelle Einheiten zu sehen, deren jede aus fünf Proteinketten besteht (MARKHAM, FREY und HILLS). Zusatz von Bis (3-aminopropyl)amin zur isolierten RNS dieses Virus bringt sie in eine kompakte Kugelform, wie Untersuchungen im Elektronenmikroskop und in der analytischen Ultrazentrifuge ergeben haben (JOHNSON und HILLS; MITRA und KAESBERG). Da dieses Amin auch in infizierten Pflanzen vorkommt, könnte es bei dem Einpacken der RNS in die Proteinhülle beteiligt sein. Die Bindung einer Reihe von Kationen (Li^+, Na^+, K^+, Mg^{++}, Sr^{++} und UO_2^{++}) an das Virus und seine RNS wurde von JOHNSON untersucht. Es wurden vor allem Sr^{++} und UO_2^{++} gebunden, letzteres in solchen Mengen, daß der Sedimentationskoeffizient um etwa 20% zunahm.

Das Bromus-Mosaikvirus (*brome grass mosaic virus*) ist in seiner Struktur vor allem durch die Arbeitsgruppe um KAESBERG untersucht worden. Frühere Arbeiten ergaben ein Molekulargewicht von $4{,}6 \cdot 10^6$, einen Durchmesser von 260 Å, einen Proteingehalt von 79% und einen RNS-Gehalt von 21%. Das Virus besteht aus drei schalenförmigen Regionen: außen die Proteinhülle, darunter die RNS und im Innern eine Hohlkugel von 80–90 Å Durchmesser (ANDEREGG, WRIGHT und KAESBERG). Das Protein und die RNS, die nur ein Molekulargewicht von $1 \cdot 10^6$

hat, können durch Behandlung mit Calciumchlorid getrennt werden. Das auf diese Weise erhaltene Protein ist bis zu Einheiten von $(40 \pm 2) \cdot 10^3$ abgebaut (2,8 S) und besteht sehr wahrscheinlich aus einem stabilen Dimeren, denn aus der Peptid- und Aminosäurezusammensetzung ergibt sich ein Molekulargewicht von etwa 21000 mit 190 Aminosäuren pro Untereinheit (YAMAZAKI und KAESBERG, STUBBS und KAESBERG). Das intakte Viruspartikelchen macht eine pH-induzierte reversible Strukturänderung durch: bei pH 7 ist es, wie aus Bestimmungen der Sedimentations- und Diffusionskoeffizienten hervorgeht, stärker geschwollen als bei pH 6 (INCARDONA und KAESBERG). – CHIU und SILL reinigten gleichfalls das Bromusmosaikvirus. In Übereinstimmung mit früheren Werten von BOCKSTAHLER und KAESBERG ergaben diese Messungen für die Hauptkomponente des Virus 86 S. Auch der Durchmesser stimmte überein. Allerdings wird der RNS-Gehalt auf Grund von spektrophotometrischen Messungen bedeutend höher (34% gegenüber 21%) angegeben. Diese Diskrepanz dürfte wohl darauf zurückzuführen sein, daß die Voraussetzungen für die spektrophotometrische Methode nicht beachtet wurden. Eine Methode zur Bestimmung des Nucleinsäuregehalts aus Sedimentationsstudien mit nucleinsäurefreien und -haltigen polyedrischen Viren gibt REICHMANN an.

Das Satelliten-Tabaknekrosevirus ist eines der interessantesten phytopathogenen Viren. Seine Vermehrung findet nur in Gegenwart des Tabaknekrosevirus und niemals ohne dieses statt, während das Tabaknekrosevirus sich auch ohne das Satellitenvirus vermehrt. Zwischen diesen beiden Viren besteht keine serologische Verwandtschaft. Das Satellitenvirus hat einen Sedimentationskoeffizienten von 50 S, einen Diffusionskoeffizienten von $D = 2{,}04 \cdot 10^{-7}\,cm^2/sec$ und ein Molekulargewicht von $1{,}97 \cdot 10^6$. Die Partikel enthalten die kleinste bisher bekannte Virus-RNS mit einem Molekulargewicht von 397000 und 1200 Nucleotiden. Die Proteinuntereinheit hat nach den Angaben von REICHMANN ein Molekulargewicht von 39000 mit etwa 380 Aminosäuren. Legt man einen Triplett-Code zugrunde, so sind zur Codierung dieser Aminosäuren etwa 1200 Nucleotide notwendig, d. h. genau die Zahl der Nucleotide in dem Satellitenvirus. Da auf Grund von serologischen Untersuchungen im Gewebe, das nur von Tabaknekrosevirus infiziert ist, kein gegen das Satellitenvirus gerichtetes Antigen gebildet wird, kann man annehmen, daß die RNS des Satellitenvirus nur die Information für das Virushüllenprotein besitzt. Die für die Synthese der Viruskomponenten notwendigen Enzyme würden demnach von der RNS des begleitenden Tabaknekrosevirus codiert werden (REICHMANN).

Das echte Ackerbohnenmosaikvirus ist wie manche anderen der sphärischen Viren inhomogen: Es kommt regelmäßig in zwei Teilchenformen vor (98 S mit einem Molekulargewicht von $6{,}1 \cdot 10^6$ und 26% RNS bzw. 119 S mit $7{,}5 \cdot 10^6$ und 35% RNS). Davon ist nur die schwere Komponente infektiös. Das Mengenverhältnis zwischen den beiden Komponenten ist von den Kulturbedingungen, von den Stämmen und von den Wirtspflanzen abhängig (PAUL). – Ein anderes mit mehr als einer Komponente vorkommende Virus ist das *bean pod mottle virus*. Bei ihm unterscheiden sich zwei vorkommende Komponenten (112 bzw. 91 S) wie bei dem Luzernemosaikvirus in der Basenzusammensetzung. Es wird vermutet, daß bei manchen RNS-Fäden ein Teil der RNS vor dem Einpacken in die Proteinhülle durch Nucleasen abgespalten wird (SEMANCIK und BANCROFT). Ein mit dem *bean pod mottle virus* morphologisch und serologisch verwandtes Virus wurde von Cruciferen isoliert (CAMPBELL). Dieses Virus, *radish mosaic virus*, hat einen Durchmesser von 28–30 mμ und zeigt außerdem eine weitläufige serologische Verwandtschaft mit dem *squash mosaic* und dem Kundebohnenmosaikvirus (*cowpea mosaic*). Die serologische Verwandtschaft mit dem *bean pod mottle virus* und bestimmten Stämmen des Kundebohnenmosaikvirus wurde auch von SHEPHERD nachgewiesen. Nach Untersuchungen von GROGAN und KIMBLE gehören das Schwere Bohnenmosaikvirus (*severe bean mosaic*), das Südliche Bohnenmosaikvirus (*southern bean mosaic*) und sein Kundebohnenmosaikvirus-Stamm serologisch und morphologisch (alle haben einen Durchmesser von etwa 26 mμ) in dieselbe Virusgruppe. AGRAWAL und MAAT weisen auf die Bedeutung von hochtitrigen Antiseren als Voraussetzung für die Möglichkeit des Verwandtschaftsnachweises bei Pflanzenviren hin. Mit hochtitrigen Seren, die nach einer speziellen Methode gewonnen wurden, zeigen sie die Verwandtschaft zwischen verschiedenen Stämmen des Kundebohnenmosaikvirus sowie zwischen diesen und dem *red clover mottle virus* bzw. dem *bean pod mottle virus*. Ein neues Virus hat KÜHN von der Kundebohne isoliert und serologisch mit den anderen auf diesem Wirt vorkommenden Viren verglichen. Es ist mit keinem der geprüften Viren verwandt und wird als *cowpea chlorotic mottle virus* bezeichnet, es hat einen Durchmesser von etwa 32 mμ und 22% RNS. Das *broad bean mottle virus* (Molekulargewicht $5{,}2 \cdot 10^6$) wird durch Behandlung mit Calciumchlorid ähnlich wie das Bromusmosaikvirus in RNS und die Proteinuntereinheiten mit einem Molekulargewicht von 20500 gespalten (YAMAZAKI und KAESBERG). Nach Behandlung mit Carboxypeptidase werden vor allem Alanin und kleinere Mengen Phenylalanin und Serin abgespalten (MIKI und KNIGHT). Die nach der Phenolmethode isolierte RNS hat einen Sedimentationskoeffizienten von 17 S (das Virus: 83 S) und ein Molekulargewicht von $1{,}1 \cdot 10^6$. Virus, das aus lange Zeit infizierten Pflanzen isoliert wurde, enthält RNS mit nur 7 S. Diese ist im Gegensatz zu der hochinfektiösen RNS (mit 17 S) nicht infektiös. Durch Isotopenversuche konnte gezeigt werden, daß die RNS mit 7 S kein Präparationsartefakt, sondern in den Viruspartikeln enthalten ist.

SCOTT sowie BETTO et al. verbesserten das Verfahren zur Reinigung des Gurkenmosaikvirus (*cucumber mosaic virus*), und beide Gruppen erhielten im Gegensatz zu Literaturangaben, deren Werte zwischen 30–48 mμ für die Partikelgröße schwankten, übereinstimmend Partikel von 28 (bis 30) mμ. Auch dieses Virus ist inhomogen und tritt in zwei Komponenten auf, die sich durch Zuckergradientenzentrifugation trennen lassen. Nur die schweren Partikel sind infektiös. Wird aus der nicht aufgetrennten Viruspopulation die Nucleinsäure isoliert und zentrifugiert, so treten mehrere Komponenten (21, 19 und 12 S) auf, wovon nur die schnellste infektiös ist. Bemerkenswert ist die hohe Infektiosität der isolierten RNS. Bezogen auf dieselbe RNS-Menge im Virus beträgt sie 50% (DIENER, SCOTT und KAPER). Das dem Gurkenmosaikvirus in vielen Eigenschaften (Übertragung durch Aphiden, Wirtsbereich, physikalische Eigenschaften) ähnliche *tomato aspermy virus* ist nach serologischen Untersuchungen von GROGAN, UYEMOTO und KIMBLE nicht mit dem Gurkenmosaikvirus verwandt. Zwei Stämme des *tomato bushy stunt virus* unterscheiden sich nach elektronenmikroskopischen Untersuchungen von BETTO und GIUSSANT in ihrem Durchmesser. Er beträgt bei dem einen Stamm je nach der Präparationsmethode 31,8 bzw. 39,8 mμ und für den anderen 33,8 bzw. 42,9 mμ. – Das Gelbverzwergungsvirus der Gerste (*barley yellow dwarf*) hat einen Sedimentationskoeffizienten von 115–118 S und eine Polyedergestalt mit 30 mμ Durchmesser (ROCHOW und BRAKKE).

Nachdem die alte Regel, wonach DNS zwei- und RNS einsträngig ist, bereits vor mehreren Jahren durch den Nachweis von einsträngigen DNS-Bakteriophagen, z. B. ΦX 174, durchbrochen war, wurde nun auch doppelsträngige RNS in Viren gefunden, und zwar bei den in Mensch und Vertebraten vorkommenden Viren der Reovirus-Gruppe und bei dem pflanzenpathogenen Wundtumorvirus. Die Doppelsträngigkeit des Wundtumorvirus lag einmal auf Grund von Schmelzkurven und Basenanalysen (BLACK und MARKHAM, GAMATOS und TAMM) nahe, wonach die Menge an Adenin gleich der von Uracil ist bzw. an Guanin gleich der an Cytosin, was sich aus der Basenpaarung erklärt, und zum anderen aus elektronenmikroskopischen Aufnahmen, die mit der Spreitungsmethode gewonnen wurden und die im Gegensatz zu einsträngiger RNS relativ steife RNS-Moleküle zeigten (KLEINSCHMIDT et al.). Röntgenstrukturanalysen bestätigten die Doppelsträngigkeit der Wundtumorvirus-RNS (TOMITA und RICH). Reoviren und Wundtumorvirus haben eine Reihe von Eigenschaften gemeinsam. Sie sind polyedrisch mit einem Durchmesser von 700 Å, ihre Proteinhülle setzt sich aus 92 Kapsomeren zusammen, und beide Viren erzeugen cytoplasmatische Einschlußkörper. Das Wundtumorvirus kommt nicht nur in Dutzenden von Pflanzenarten vor, sondern auch in zahlreichen Insekten, in denen es sich vermehrt und serologisch (SINHA und BLACK) bzw. elektronenmikroskopisch (SHIKATA et al.) nachweisbar ist. Ein weiteres Virus, das in diese Gruppe gehört, ist das Reisverzwergungsvirus (*rice dwarf virus*). Es ist ebenfalls polyedrisch mit einem Durchmesser von etwa 700 Å (FUKUSHI und SHIKATA). Die Zahl der Kapsomeren ist zwar noch nicht genau bestimmt, dürfte jedoch auch 92 sein. Es wird gleichfalls durch Insekten übertragen und verursacht Einschlußkörper im Cytoplasma der Wirtspflanzen.

Zwei durch Nematoden übertragene Viren konnten gereinigt und in ihrer Gestalt und Größe charakterisiert werden, und zwar das latente Ringfleckenvirus der Erdbeere (*strawberry latent ringspot*) mit einem Durchmesser von 26 mμ und das Weidelgrasmosaik-Virus (*rye grass streak virus*) mit 28 mμ (PROLL und SCHMIDT). Die Oberfläche des Weidelgrasmosaikvirus läßt Strukturen wie beim Gelbmosaikvirus der Kohlrübe erkennen. Zwei Stämme des Weidelgrasmosaikvirus konnten serologisch nicht voneinander unterschieden werden (PROLL und RICHTER). Das *carnation mottle virus* hat einen Durchmesser von 33 mμ, einen Sedimentationskoeffizienten von 104 S (THOMSON und REYNOLDS), ein Molekulargewicht von $9 \cdot 10^6$, einen Nucleinsäuregehalt von 17% und eine icosaedrische Gestalt mit 92 Strukturuntereinheiten auf der Oberfläche. Die Nucleinsäure befindet sich zwischen der äußeren Proteinhülle und einem "core" im Inneren. Dieses "core" besteht aus einem Hohlkörper mit 12 Untereinheiten an den Ecken eines Icosaeders (MARKHAM, FREY und HILLS). Das Gladiolus-Virus mit einem Durchmesser von 29 mμ hat 42 in Icosaeder-Form angeordnete Kapsomeren (CHAMBERS, FRANCKI und KANDLES).

Folgende Obstbaumviren wurden während der Berichtszeit gereinigt: Das Virus der Stecklenberger Krankheit der Sauerkirsche (22 mμ) und das chlorotisch-nekrotische Ringfleckenvirus der Süßkirsche (19 mμ, OPEL, SCHMIDT und KEGLER), ferner ein latentes Apfelvirus (37–40 mμ, 111 S, KIRKPATRICK, MINK und LINDNER) und das Tulare-Apfelmosaikvirus (35 mμ, zwei Komponenten mit 85 bzw. 91 S, wovon nur die schnelle Komponente infektiös ist. MINK, BANCROFT und NADAKARUKAREN). Ein von infizierten Weinreben (*grape yellow vein disease*) isoliertes und auf Bohnen vermehrtes Virus wurde von GOODING gereinigt. Es hat einen Durchmesser von 28 ± 2 mμ.

Die Reinigung des Bronzefleckenvirus der Tomate (*tomato spotted wilt*) wurde von mehreren Arbeitsgruppen (BLACK, BRAKKE und VATTER; MARTIN; BEST und PALK) in der Berichtszeit erheblich verbessert. Allerdings ergaben die elektronenmikroskopischen Aufnahmen wegen der Unstabilität des Virus und des Abflachens durch die Präparation für die Elektronenmikroskopie sehr schwankende Werte für den Virusdurchmesser. BEST und PALK entwickeln auf Grund ihrer elektronenmikroskopischen Untersuchungen folgendes Modell für den Aufbau der Viruspartikel: Mehrere (vier bis acht) „Elementarkörper", die infektiös sind und ihrerseits aus kleineren Einheiten mit einem Durchmesser von 27 mμ bestehen, sind von einer Hülle umgeben und bilden so Partikel mit etwa 90 mμ Durchmesser. Neben RNS und Protein, dessen Zusammensetzung von JENNINGS und BEST untersucht wurde, enthalten die Viruspräparate etwa 20% Lipoide, und es ist nach den Untersuchungen von BEST und KATEBAR wahrscheinlich, daß diese in der Hülle lokalisiert sind. Zusammen mit dem *potato yellow dwarf virus* (AHMED et al.) sind dies die ersten Fälle, in denen Lipoide, die bisher nur bei manchen tier- und humanpathogenen Viren nachgewiesen sind, auch in pflanzenpathogenen Viren gefunden wurden. Die geschilderte Struktur des Bronzefleckenvirus erinnert sehr stark an den Aufbau einiger tier- und humanpathogener Viren.

Über das Vorkommen von Viren auf Pilzen (*Agaricus bisporus*), über ihre experimentelle Übertragung und Isolierung berichtet HOLLINGS. Im Elektronenmikroskop werden polyedrische Teilchen mit einem Durchmesser von 25 bzw. 29 mμ sowie bazillenförmige Partikel mit 50 mμ Länge und 19 mμ Durchmesser gefunden.

Zum Schluß sei auf die Isolierung und Reinigung eines Virus hingewiesen, das bei den Algengattungen Lyngyba, Plectonema und Phormidium vorkommt (SAFFERMAN und MORRIS). Es macht Plaques auf einem Algenrasen und ist sehr hitzestabil. Seine Morphologie erinnert sehr an Bakteriophagen: ein polyedrischer Kopf mit einem mittleren Durchmesser von 56 mμ und ein kurzer Schwanz. Es hat einen Sedimentationskoeffizienten von 548 S und enthält etwa 20% DNS. Allerdings sind die Viruspräparate noch nicht ganz frei von RNS (SCHNEIDER, DIENER und SAFFERMAN).

II. Virus in der Pflanze[1]

Über die Beziehungen und Wechselwirkungen zwischen Virus und Pflanze sind mehrere Darstellungen erschienen, die unter bestimmtem Blickwinkel Kenntnisse und Spekulationen zusammenfassend diskutieren. Das gesamte Gebiet wird in der 4. Auflage von BAWDENs Buch "Plant viruses and virus diseases" eingehend behandelt. Eine Sammlung von Einzelvorträgen verschiedener Autoren über die „klassischen", biologischen, und modernen „molekularen" Aspekte phytopathogener Viren haben CORBETT u. SISLER herausgegeben. Eine „allgemeine Viruspathologie der Pflanzen" wurde von KÖHLER verfaßt, und von BRANDES liegt eine Arbeit über die Identifizierung von gestreckten pflanzenpathogenen Viren auf Grund ihrer Morphologie vor. Die gegenwärtigen Kenntnisse und Vorstellungen über die Biosynthese von Proteinen und Nucleinsäuren wurden von WITTMANN zusammenfassend dargestellt. Über folgende Themen sind Übersichts-Artikel erschienen:

Physiologie virusinfizierter Pflanzen (DIENER),
Beziehungen zwischen Virus und Wirtszelle (MUNDRY),
Infektionsvorgang (SIEGEL u. ZAITLIN),
Wechselbeziehungen von Viren in Pflanzen (KASSANIS),
Inaktivierung und Denaturierung von Pflanzenviren (PRICE),
Nucleinsäuren der Pflanzenviren (MARKHAM).

1. Infektion

Über die einzelnen Phasen des Infektionsvorganges sind die Kenntnisse noch immer lückenhaft, so daß wir in Einzelfragen noch weitgehend auf Vermutungen und Spekulationen angewiesen sind, was auch in den kritischen Zusammenfassungen von MUNDRY und SIEGEL u. ZAITLIN zum Ausdruck kommt. Die Zusammenhänge sind in beiden Artikeln klar dargestellt und die entwickelten Gedankengänge sollen hier als Rahmen dienen. Die Grundvorstellungen über den Infektionsvorgang seien kurz skizziert:

Bei mechanisch übertragbaren Viren kann eine Infektion nur dann eintreten, wenn die Zellen der Wirtspflanze verwundet werden. Normalerweise geschieht das durch die Inoculation der Blätter mit Abrasiven (z. B. Carborund) in Gegenwart der infektiösen Viruspartikel. Außerdem können Infektionen auch dann auftreten, wenn die Blätter kurz nach der Verwundung in die Viruslösung eingetaucht werden. Man kann daher annehmen, daß durch die Verletzung „infizierbare Stellen" ("infectible sites") auf dem Blatt geschaffen werden, die sich unter dem Einfluß von infektiösen Viruspartikeln zu „infektiösen Zentren" ("infective centers") entwickeln können. Mit der Ausbildung von „infektiösen Zentren" haften

[1] Von H. L. SÄNGER.

die Infektionen, und es kommt dann üblicherweise zur Ausbildung nekrotischer, chlorotischer oder stärkehaltiger Lokalläsionen. Unsere tatsächlichen Kenntnisse beruhen nun weitgehend darauf, daß sich die einzelnen Phasen des Infektionsvorganges auf verschiedene Weise beeinflussen lassen und daß dadurch Rückschlüsse über den normalen Ablauf möglich sind.

Die infizierbaren Stellen eines Blattes scheinen in ihren Eigenschaften variabel zu sein, zugleich aber jedoch spezifisch für jedes Virus. JEDLINSKI findet durch Eintauchen der Blätter in Viruslösung zu verschiedenen Zeiten nach leichter Verwundung, daß die Anfälligkeit von *Nicotiana sylvestris* und *Phaseolus vulgaris* für das TMV und das Tabaknekrose-Virus spezifisch im Hinblick auf Virus und Wirtspflanze ist. Die Anfälligkeit für eine Infektion kann in den ersten Minuten nach der Verwundung je nach Versuchsbedingung und Virus-Wirt-Kombination sowohl stark zunehmen als auch abnehmen. Dies deutet darauf hin, daß mehr als nur das bloße Eintreten eines Viruspartikels in eine leicht verwundete Zelle für eine erfolgreiche Infektion notwendig ist und daß die Anfälligkeit des Wirtes dynamischer und komplexer Natur ist. Aus Bestrahlungsversuchen mit UV lassen sich Hinweise ableiten, daß für das TMV die ersten Schritte bei der Virusinfektion noch vor der Virusvermehrung in Pinto-Bohnen schneller ablaufen als in *Nicotiana glutinosa* (SEMAL a, b).

HELMS u. McINTRYRE untersuchten eingehend die Wirkung der Temperatur auf die Infektion und fanden, daß eine Wärmebehandlung von Bohnenblättern (für 30 sec bei 49–50° C) 4–6 Std vor der Inoculation mit TMV die Zahl der auftretenden Läsionen erhöht. Mit abnehmendem Zeitintervall zwischen Wärmebehandlung und Inoculation von 6 Std bis zu 5 min nimmt die Zahl der Läsionen ab. Wird die Inoculation innerhalb von 20 sec nach dem Wärmeschock durchgeführt, dann entwickeln sich mehr Läsionen als nach einer Inoculation nach 5 min. Die Zahl der Läsionen nach einer Wärmebehandlung 20 sec nach der Inoculation ist jedoch niedriger als die der unbehandelten Kontrolle. Mit zunehmendem Zeitabstand zwischen Inoculation und nachträglicher Wärmebehandlung steigt die Zahl der Lokalläsionen an und erreicht die Werte der Kontrolle oder übertrifft sie sogar. Die Läsionen sind in wärmebehandelten Blättern außerdem stets größer als in der unbehandelten Kontrolle. Diese temperaturinduzierten Unterschiede beim Auftreten von Einzelläsionen werden so erklärt, daß nach der Wärmebehandlung die Zellen verschiedene physiologische Zustände durchlaufen und daß sich dabei ihre Eignung ändert, eine Infektion angehen und sich weiterentwickeln zu lassen. Die Wärmewirkung kurz vor und nach der Infektion scheint sich primär auf den Viruseintritt zu beschränken.

Die Temperatur hat auch auf das Verhalten einzelner Stämme des Tabak-Nekrose-Virus während der Kultur auf Bohne einen unterschiedlichen Einfluß, der sich z. B. in der Zunahme der Viruskonzentration bei 20° C zeigt. Außerdem vermehren sich die meisten Stämme bei 30° C kaum, mit Ausnahme eines Stammes, dessen anfängliche Konzentrationszunahme zwar der bei 20° C entspricht, der aber dann doch nur 25% der Endkonzentration bei 20° C erreicht. Alle Stämme infizieren bei 30° C sehr viel schlechter als bei 20° C; der Grad der Hemmung ist jedoch bei den einzelnen Stämmen verschieden (BOBOS u. KASSANIS).

Die Anfälligkeit von *Nicotiana glutinosa* gegenüber dem *cabbage virus A* wird durch eine Wärmebehandlung (28° C) der Blätter vor der Inoculation erhöht (GONZALES u. POUND). Auch durch schnelles Trocknen der Blätter mit Luft oder Filterpapier wenige Sekunden nach der Infektion kann die Anzahl der Läsionen im Vergleich mit normal trocknenden Blättern um das 100fache ansteigen, ein Effekt, der offenbar auf der Entfernung von Wasser beruht, welches die Infektion zu hemmen scheint (YARWOOD). In den meisten Fällen ist es nicht ganz leicht zu entscheiden, ob die Behandlungsmethoden nur die Bildung infizierbarer Stellen beeinflussen und ob sie nicht doch auch eine Wirkung auf ihre Umwandlung in infektiöse Zentren haben.

Die physikalische Natur der infizierbaren Stellen auf den Blättern ist noch weitgehend unaufgeklärt. Wahrscheinlich gibt es mehrere mögliche Eintrittspforten, die nach der Verwundung entweder eine Virusvermehrung ermöglichen oder das Virus an andere lebende Zellen weitergeben, die dann ihrerseits zu infektiösen Zentren werden. Die Bedeutung der Ektodesmen als Eintrittspforten für infektiöse Partikel wurde erneut diskutiert (BRANTS). Es konnte eine direkte Beziehung zwischen der Zahl der nach Fixierung sichtbaren Ektodesmen und der Anfälligkeit für Virusinfektionen aufgezeigt werden. Da sich die Ektodesmen vom Zell-Lumen bis zur Cuticula erstrecken, ist es denkbar, daß durch die leichten Verletzungen der Cuticula Viruspartikel bis zu den Ektodesmen gelangen und dann in die Zelle aufgenommen werden. Einzelheiten dieses Vorganges sind noch ungeklärt. Bei Tierzellen und Bakterien-Protoplasten geschieht die Aufnahme von größeren Molekülen durch Pinocytose, ein Vorgang, bei dem das Plasmalemma durch Einstülpung feinste Taschen bildet und diese innerhalb etwa einer Minute nach innen abschnürt. Flüssigkeitstropfen aus dem umgebenden Medium können in diese Taschen eingeschlossen und so in die Zelle einverleibt werden (HOLTER; WITTEKIND). Die Befunde von FURUMOTO u. WILDMAN mit dem TMV bei *Nicotiana glutinosa* lassen ähnliche Vorgänge bei der Virusaufnahme durch Eintauchen kurz vorher verwundeter Blätter in Viruslösung vermuten. Für eine maximale Infektion müssen die Blätter sofort nach der Verwundung für wenigstens 1–2 min eingetaucht werden. Andererseits sind bereits 90 sec nach der Verwundung 70% aller infizierbaren Stellen verschwunden. Die Umwandlung infizierbarer Stellen in infektiöse Zentren ist konzentrationsabhängig, und der Kinetik dieses Vorgangs entspricht am besten der Mechanismus einer passiven, irreversiblen Absorption von Viruspartikeln an infizierbare Stellen.

Die spezifische Infektiosität des TMV wurde erneut bestimmt, und zwar durch Infektionsteste mit TMV-Antiserum-Aggregaten, bei denen das TMV spezifisch inaktiviert wurde (FURUMOTO u. WILDMAN, b). Die Autoren finden, daß in ihren Reinpräparaten wenigstens 1 Partikel von 10 infektiös sein muß. Auf Grund der geringen Wahrscheinlichkeit des Zusammentreffens von infektiösen Partikeln mit der begrenzten Zahl der infizierbaren Stellen auf einem Blatt müssen jedoch noch immer 10^6–10^7

Partikel pro ml Inoculum aufgewendet werden, um eine einzige Infektion hervorzurufen. Es sei darauf hingewiesen, daß dieser Wert (plating efficiency) bei Phagen im Bereich von etwa 1–5 Partikeln und bei Tierviren bei etwa 5–100 Partikeln liegt. Zur Sättigung aller potentiell infizierbarer Stellen auf einem Blatt ist beim TMV unter optimalen Bedingungen 1 mg Virus pro ml oder 1 mg Virus-RNS pro ml Inoculum nötig; berücksichtigt man die um den Faktor 20 reduzierte plating efficiency der RNS, dann entspricht das in beiden Fällen etwa $1{,}5 \cdot 10^{13}$ infektiösen Partikeln pro ml.

Die Ausbreitung der Infektion von der ursprünglich infizierten in benachbarte Zellen soll durch die Plasmodesmen erfolgen (BENNET); für diese Annahme gibt es jedoch keine experimentellen Hinweise aus jüngster Zeit.

Aufschluß über die Natur des Materials, welches die Infektion ausbreitet, geben die Versuche von FRY u. MATTHEWS. Mit dem Verfahren der Epidermisablösung vom inoculierten Blatt ist es ihnen möglich, die Anfangsphasen der Infektion zu analysieren. Bereits 4 Std p.i. wandert infektiöses Material aus den Epidermiszellen in das Mesophyll, aber erst nach 7 Std ist komplettes Virus in der abgelösten Epidermis und nach 11 Std im Mesophyll nachweisbar. Das deutet darauf hin, daß für die Ausbreitung von Zelle zu Zelle labile, infektiöse Einheiten, wahrscheinlich Virus-RNS, und nicht etwa vollständige Viruspartikel verantwortlich sind.

Den Transport von ^{14}C-markierten TMV-Partikeln im inoculierten Blatt über längere Strecken untersuchte BRANTS. Wird nur ein Querstreifen auf dem Blatt inoculiert, so läßt sich beobachten, daß das Virus in den ersten 24 Std in der Mittelrippe sowohl in basaler als auch in akropetaler Richtung transportiert wird. Außerdem wandert es in die Blattadern und das angrenzende Mesophyllgewebe ein.

2. Biosynthese

Mikrobielle Infektionen bleiben im wesentlichen auf die Bereiche des Stoffwechselgeschehens beschränkt. Sie sind gekennzeichnet durch den Entzug von Stoffwechselprodukten des Wirtes durch den Parasiten oder durch die Abgabe von Stoffwechselprodukten des Parasiten, die für den Wirtsorganismus toxisch sind. Bei einer Virusinfektion hingegen reagieren zwei verschiedene Genome miteinander. Da mit der Virus-RNS neue und zusätzliche genetische Informationen in die Wirtszelle gelangen und dort die Synthese von Virus-Protein und Virus-RNS induzieren, sind alle Vorgänge, die sich bei einer Virusinfektion und im Verlauf der Virusvermehrung abspielen, in erster Linie genetische Phänomene. Alle virusinduzierten Biosynthese-Prozesse sind somit primär an die Mechanismen gebunden, die für die Übertragung und Realisation genetischer Informationen verantwortlich sind. In den letzten Jahren sind nun auch bei den phytopathogenen Viren eine ganze Reihe neuer Einsichten in diese Biosynthesevorgänge gelungen.

Angesichts der sehr viel größeren Fortschritte, die in dieser Hinsicht bei Bakteriophagen- und Tiervirus-Systemen erzielt werden konnten, empfiehlt es sich, einige Ursachen kurz zu skizzieren, die beim System Pflanze—Virus den Fortschritt bisher verzögerten. Es fehlen geeignete Zell-Suspensionen oder Gewebekulturen, und die Versuche müssen daher meist mit intakten Pflanzen, Blättern oder Blattstücken durchgeführt werden, bei denen die zur Infektion zur Verfügung stehenden Zellen weitgehend ausdifferenziert sind. Deshalb können z. B. die Vorteile synchronisierten Wachstums, bei dem sich eine ganze Kultur wie eine Einzelzelle verhält, nicht genutzt werden, und die Untersuchung eines einzelnen Infektionscyclus ist damit nicht möglich. Im Abschnitt „Infektion" wurde bereits auf die Verwundung als Voraussetzung für eine Infektion, auf die niedrige "plating efficiency" und die geringe spezifische Infektiosität der Pflanzenviren hingewiesen; daraus ergeben sich dann auch nur verhältnismäßig grobe Testmethoden. Dies alles trägt dazu bei, daß das System Pflanze—Virus für das Studium von Biosynthesevorgängen naturgemäß nicht besonders geeignet ist.

Nach dem Eintritt von Viruspartikeln in die Zelle dürfte einer der ersten Vorgänge die Entfernung des Virus-Hüllproteins und das Freisetzen der Virus-RNS sein, welche dann den weiteren Verlauf der Infektion dirigiert. Über diesen Mechanismus der Trennung von Protein und RNS ist nichts bekannt, und alle bisherigen Vorstellungen beruhen im wesentlichen auf Analogieschlüssen aus *in vitro*-Versuchen mit Virus-Reinpräparaten. Es wurde schon mehrfach versucht, die Wirts-Spezifität von Viren teilweise damit zu erklären, daß in ungeeigneten Wirtspflanzen das Abstreifen des Virusproteins und die Freisetzung der Virus-RNS erschwert seien und daß im extremen Fall ein funktionsfähiger Mechanismus ganz fehle. Weitere Hinweise für eine solche Erklärung erbringen SANDER u. SCHRAMM mit dem TMV und dem *turnip yellow-mosaic-virus* (TYMV). Durch reziproke Infektionen des natürlichen Wirtes und des Wirtes des anderen Virus konnten sie zeigen, daß das intakte TMV 40mal mehr Läsionen als seine RNS auf seinem natürlichen Wirt erzeugt, während auf dem fremden Wirt beide gleich infektiös sind. Das gleiche gilt weniger ausgeprägt auch für das TYMV. Sie vermuten, daß die Proteinhülle eines Virus für das Eindringen nur dann von Vorteil ist, wenn es dem jeweiligen Wirt angepaßt ist. In einer fremden Wirtszelle soll der Vorteil der Schutzwirkung durch den Nachteil der mangelnden Anpassung übertroffen werden, so daß die Virus-RNS auf fremden Wirten dem intakten Virus überlegen ist. Eine weitere Stütze für die Bedeutung der Proteinhülle für die Wirts-Spezifität der Viren ergibt sich auch aus später noch zu besprechenden Versuchen (s. S. 278), wonach nur die DNS von zwei Tierviren und einem Phagen, jedoch nicht die kompletten Viruspartikel, eine Virusvermehrung in nicht adaptierten Wirten induzieren können.

Nach der heute vorherrschenden Ansicht über die Virusvermehrung findet eine unabhängige Synthese von Virus-RNS und Virus-Protein-Untereinheiten in der Zelle statt, und anschließend erfolgt dann das Zusammensetzen beider Komponenten zu vollständigen Viruspartikeln. Die abweichende Auffassung von COMMONER wird auf Seite 277 besprochen.

Beachtliche Fortschritte wurden bei den Untersuchungen über den Mechanismus der RNS-Biosynthese phytopathogener Viren erzielt.

Zwei mögliche Wege der Virus-RNS-Synthese werden heute allgemein diskutiert: Die DNS-abhängige RNS-Synthese und die DNS-unabhängige

RNS-Synthese über komplementäre RNS-Doppelstränge. Bei den untersuchten Pflanzenviren sprechen augenblicklich die meisten Argumente für den letzteren Weg. Die für diesen Syntheseablauf geforderte „replikative" Doppelstrang-RNS besteht im Sinne der Watson-Crick-DNS-Doppel-Helix aus einem Strang Virus-RNS und einem zweiten RNS-Strang, der zum Virus-Strang komplementär ist. Sie wurde zuerst beim Encephalomyokarditis-Virus (EMC-Virus) (MONTAGNIER u. SANDERS), dann beim Polio-Virus (BALTIMORE, BECKER u. DARNELL) und anschließend bei den *E. coli*-Phagen MS_2 (KELLY u. SINSHEIMER; WEISSMANN, BORST, BURDON, BILLETER u. OCHOA, a, b), fr (KAERNER u. HOFFMANN-BERLING, a, b), R 17 (FENWICK, ERIKSON u. FRANKLIN) und M 12 (AMMAN, DELIUS u. HOFSCHNEIDER) gefunden. Über das Vorkommen replikativer Doppelstrang-RNS auch bei Pflanzenviren berichteten als erste SHIPP u. HASELKORN beim TMV. Sie fanden in Nucleinsäure-Extrakten infizierter Pflanzen Elemente, welche ^{32}P-markierter TMV-RNS RNase-Resistenz verleihen. Auf eine spezifische Doppelstrang-Natur deutet auch ihre Resistenz gegenüber DNase und RNase, ihre Empfindlichkeit bei alkalischer Hydrolyse, schließlich die Eigenschaft aufzuschmelzen und mit markierter TMV-RNS wieder zusammenzutreten, und vor allem der scharfe thermale Übergang zur RNase-Empfindlichkeit der eingeschmolzenen TMV-RNS hin. Der eine „Plus"-Strang dieser replikativen Form besteht demnach aus TMV-RNS, zu dem der andere „Minus"-Strang komplementär ist. Die Anzahl der Doppelstrang-Moleküle soll am 10. und 16. Tag nach der Infektion 10^2 bzw. 10^3 pro infizierte Zelle betragen. Da solche Zellen etwa 10^5 bzw. 10^6 reife Viruspartikel enthalten, würde das bedeuten, daß auf je 10^3 Viruspartikel nur eine replikative Form kommt.

Diese Ergebnisse wurden von BURDON, BILLETER, WEISSMANN, WARNER, OCHOA u. KNIGHT bestätigt und erweitert. Die doppelsträngige, TMV-spezifische RNS konnte teilweise gereinigt und identifiziert werden, und es ergab sich, daß ihre Eigenschaften denen der replikativen Form der MS 2-Phagen-RNS sehr ähnlich sind. Die ermittelte Basenzusammensetzung ($C = 22{,}3$, $A = 27{,}8$, $G = 21{,}8$, $U = 28{,}0$) entspricht etwa den errechneten Werten für eine Doppelstrang-RNS, welche aus einem Virus-(„Plus")-Strang und dem dazu komplementären „Minus"-Strang besteht, und entsprechend der Basenpaarung ist die Menge Adenin etwa gleich der von Uracil und die Menge Guanin etwa gleich der von Cytosin (WEISSMANN, BILLETER, SCHNEIDER, KNIGHT u. OCHOA).

Doppelstrang-RNS konnte weiterhin auch aus Pflanzen isoliert werden, die mit dem polyedrischen *turnip yellow-mosaic-virus* (TYMV) infiziert sind (MANDEL, MATTHEWS, MATUS u. RALPH; RALPH, MATTHEWS, MATUS u. MANDEL). Diese Autoren bestätigen außerdem auch ihr Auftreten bei TMV. Die replikative Form des TYMV war 6 Tage nach der Infektion zum ersten Mal auffindbar, zu einer Zeit, zu der auch das erste intakte Virus nachweisbar ist. Der ungewöhnlich hohe Cytosin-Gehalt der TYMV-RNS ermöglicht besonders kinetische Untersuchungen zur RNS-Synthese. Die ersten Ergebnisse deuten darauf hin, daß die Virus-RNS sich sehr viel schneller vermehrt als der Komplementär-Strang, was dadurch erklärt werden könnte, daß jeder neue sich bildende Virus-RNS-Strang den vorher gebildeten vom Doppelstrang entfernt. Damit wird wahrscheinlich, daß die RNS von TYMV und TMV ebenso wie z. B. die RNS des Phagen MS_2 (WEISSMANN, BORST, BURDON, BILLETER u. OCHOA) durch einen asymmetrischen, semikonservativen Mechanismus vermehrt wird. Das Vorkommen freier einsträngiger „Minus"-TMV-RNS-Stränge ist auf Grund der gegenwärtigen Vorstellungen bei einer normalen Vermehrung nicht zu erwarten.

Die replikative Form des EMC-Virus ist infektiös, und beim Phagen M_{12} kann durch Freisetzen der Virus-RNS nach dem Aufschmelzen und sofortigen Abkühlen der Doppelstränge eine 10000fache Erhöhung der Infektiosität erreicht werden. Für die replikativen Formen der beiden untersuchten Pflanzenviren konnte bisher jedoch noch keine Infektiosität nachgewiesen werden.

Obwohl die zentrale Rolle einer Doppelstrang-RNS als Zwischenprodukt bei der Synthese der Virus-RNS außer Zweifel steht, sollten die durchaus berechtigten Einschränkungen einiger Autoren nicht übersehen werden. Die bisher isolierten und hier besprochenen Doppelstrang-RNS-Moleküle könnten sehr wohl auch ein Nebenprodukt der Virus-Infektion, eine isolierbare Form eines Intermediärproduktes oder zumindest eine inaktive Form sein, die sich in späteren Stadien der Infektion ansammelt. Als Hinweis in diese Richtung können u. a. die Ergebnisse von FENWICK, ERIKSON u. FRANKLIN beim Phagen R_{17} dienen, wonach dessen wirklich „aktive" replikative Form wahrscheinlich aus einem Doppelstrang besteht, an dem Einzelstrang-„Schwänze" von Virus-RNS hängen.

Die Vermehrung der parentalen Virus-RNS scheint auf Grund aller dieser Ergebnisse in zwei Stadien zu erfolgen: 1. Synthese von komplementären Minus-Strängen, die mit einzelnen parentalen Plus-Strängen als Matrize die doppelsträngige replikative Form ergeben. 2. Synthese von neuen Plus-Strängen, wobei wahrscheinlich der Minus-Strang als Matrize dient. Sehr wahrscheinlich ist für jede der beiden Synthesestadien ein spezifisches Enzym notwendig, so daß in diesem Fall für den vollständigen Ablauf der Virus-RNS-Synthese wenigstens zwei virusspezifische Enzyme in infizierten Zellen induziert werden müßten. Die Information für ihre Neusynthese wird von der Virus-RNS codiert. Hinweise für ein solches Enzym, welches als RNS-Synthetase, RNS-Replikase oder RNS-abhängige RNS-Polymerase bezeichnet wird, konnten zuerst in Tiervirus-Systemen gefunden werden (BALTIMORE u. FRANKLIN, a, b; BALTIMORE; BALTIMORE, EGGERS, FRANKLIN u. TAMM; EASON, CLINE u. SMELLIE). Seine Isolation gelang dann aus E. coli-Zellen, die mit dem Phagen MS_2 infiziert sind (WEISSMANN, SIMON u. OCHOA). Die erste Charakterisierung ergab, daß es die vorausgesagten Eigenschaften hat: Es katalysiert eine RNS-Synthese, und die Katalyse ist abhängig vom Zusatz einer exogenen RNS als Starter (Primer) und Matrize. Es erwies sich außerdem, daß die MS_2-RNS, die ja für die Bildung des Enzyms verantwortlich ist, die höchste Primer-Spezifität besitzt, während zugesetzte TYMV-RNS nur eine sehr geringe und TMV-RNS gar keine Aktivität zeigten (HURANA, NOZU, OHTAKA u. SPIEGELMAN).

Es gelang weiterhin, eine RNS-Synthetase, assoziiert mit der zugehörigen natürlichen Matrize, der doppelsträngigen replikativen MS_2-RNS, zu isolieren und in vitro nachzuweisen, daß diese auch in Abwesenheit eines exogenen Primers MS_2-RNS synthetisiert (WEISSMANN u. BORST; WEISSMANN, BORST, BILLETER u. OCHOA, b). Hinweise für das Auftreten von zwei Enzymen ergeben sich u. a. aus Effekten, die die Hemmung der Proteinsynthese auf die Vermehrung der RNS des Phagen M_{12} hat (DELIUS u. HOFSCHNEIDER).

Über eine Synthetase für eine Pflanzenvirus-RNS berichten ASTIER-MANIFACIER u. CORNUET (b, c). Aus TYMV-infiziertem Chinakohl glauben sie ein Enzym isoliert zu haben, das *in vitro* freie Einstrang-Polynucleotide synthetisiert, welche mit der TYMV-RNS identisch sein sollen. Zur endgültigen Klärung erscheinen jedoch gründlichere Experimente nötig, da die beobachteten Effekte entschieden zu gering sind, um eindeutige Schlüsse ziehen zu können.

Die 1962 von vier Arbeitsgruppen publizierten Ergebnisse zur Synthese von infektiöser TMV-RNS in *in vitro*-Systemen wurden im vorausgegangenen Bericht bereits diskutiert. Es wurde darauf hingewiesen, daß in keinem Fall der beobachtete geringe Anstieg der Infektiosität mit Sicherheit auf eine Neu-Synthese von TMV-RNS *in vitro* zurückzuführen sei und daß unter Umständen auch andere, bisher nicht untersuchte oder beobachtete Faktoren dafür verantwortlich gemacht werden könnten. Die Versuche in dieser Richtung wurden fortgesetzt, ohne daß bisher zusätzliche und überzeugendere Beweise für eine tatsächliche Neusynthese von TMV-RNS *in vitro* erbracht werden konnten. Die angeblich TMV-RNS synthetisierenden, zellfreien Systeme von KIM u. WILDMAN; HUDSON, KIM, SMITH u. WILDMAN sind aus Tabakblättern kurz nach der Virusinfektion hergestellt und bestehen im wesentlichen aus Zellkernen. Die Systeme enthalten größere Mengen DNS, und der normalerweise zu beobachtende, durch RNase ausschaltbare geringe Anstieg der Infektiosität konnte durch vorherige Inkubation mit DNase verhindert werden. Die Autoren folgern daraus, daß die Synthese der TMV-RNS DNS-abhängig ist. Nach den Ergebnissen von KUEHL sind in der Tat hochgereinigte Zellkerne aus gesunden Tabakblättern für kurze Zeit imstande, den Einbau von ^{14}C-Adenylsäure (als Nucleosid-Triphosphat appliziert) in RNS zu katalysieren, wenn neben Mg^{++} die anderen drei Triphosphate im Reaktionsgemisch vorhanden sind. Dieses System ist ebenfalls DNS-abhängig. Das relativ schnelle Nachlassen der Syntheseaktivität wird auf eine zunehmende Blockierung der DNS-Matrize, offenbar durch die neusynthetisierte RNS, zurückgeführt. Über das Verhalten von TMV-RNS in diesem System ist allerdings noch nichts bekannt. RALPH u. MATTHEWS versuchten die Ergebnisse der Wildmann-Gruppe zu reproduzieren. Sie stellen auf Grund ihrer eigenen Befunde jedoch eine Neusynthese von TMV-RNS in diesem System in Frage und führen die auftretende geringe Infektionserhöhung auf eine Aktivierung bereits vorher vorhandener Infektiosität zurück. Dieselbe Arbeitsgruppe um WILDMAN hat sich inzwischen intensiv damit beschäftigt, die verschiedenen Eigenschaften ihrer zellfreien Systeme präziser zu charakterisieren. So wurde ein neues DNS-abhängiges RNS-synthetisierendes System aus gesunden Blättern beschrieben, welches hauptsächlich aus Chloroplasten und Zellkernen besteht. Seine Synthese-Aktivität konnte durch vorherige Inkubation mit DNase oder Actinomycin D, jedoch nicht durch RNase, zerstört werden (SEMAL, SPENCER, KIM u. WILDMAN; MOYER, SMITH, SEMAL u. KIM). Weiterhin konnte festgestellt werden, daß sich die zellfreien Systeme aus gesunden und TMV-infizierten Tabakblättern in keiner wesentlichen Eigenschaft voneinander unterscheiden und daß offenbar kein zusätzliches RNS-abhängiges RNS-synthetisierendes System in TMV-infizierten Blättern auftritt. Auf Grund dieser Resultate werden drei Möglichkeiten der TMV-RNS-Synthese diskutiert: 1. Sie verläuft über das DNS-abhängige System, ähnlich dem der gesunden Pflanzen. 2. Der Weg geht über ein sehr labiles RNS-abhängiges System, welches unter den gegenwärtigen Versuchsbedingungen nicht nachweisbar ist. 3. Nur ein relativ kleiner und daher nicht auffindbarer Anteil der gesamten RNS-synthetisierenden Kapazität ist in infizierten Blättern an der TMV-RNS-Synthese beteiligt (SEMAL, SPENCER, KIM, MOYER, SMITH u. WILDMAN).

Mit berechtigter Skepsis wurden die neuesten Ergebnisse von COCHRAN aufgenommen, nach denen isolierte Zellkerne und vor allem Chloroplasten von Tabak und Bohnen nach Ultraschallbehandlungen unter den verschiedensten Bedingungen zu einer beachtlichen Neusynthese von TMV-RNS fähig sein sollen. Es gelang bisher nicht, diese Befunde zu reproduzieren (VAN KAMMEN u. TAKAHASHI). Mit Vorbehalt sollte auch das eigenartige, von COCHRAN et al. beschriebene dichte und stabile Intermediärprodukt betrachtet werden, welches bei der Synthese des TMV auftreten soll, 15×48 mμ mißt und zudem infektiös ist[1].

Direkte Hinweise dafür, daß die RNS-Synthese von Pflanzenviren DNS-unabhängig ist, lieferten SÄNGER u. KNIGHT für das TMV und BANCROFT u. KEY für das *bean pod mottle virus*. Es konnte in diesen Untersuchungen gezeigt werden, daß durch die Anwendung von Actinomycin D die DNS-abhängige RNS-Synthese der Pflanzenzellen blockiert werden kann und daß, entsprechend den Erfahrungen bei Tier- und Bakterien-Zellen, die Virus-Synthese trotzdem abläuft. Außerdem fanden REDDI u. ANJANEYALU und ASTIER-MANIFACIER u. CORNUET (a) auch auf mehr indirekte Weise, daß an der Synthese der TMV-RNS weder neu gebildete noch bereits vorhandene Zell-DNS beteiligt sein kann.

Da die Vermehrung der TMV-RNS keine normale Funktion der Wirtszelle ist, erhebt sich die Frage, ob die für ihre Synthese notwendigen Purin- und Pyrimidin-Komponenten durch Neusynthese über die Stoffwechselbahnen der Wirtszelle bereitgestellt werden oder durch den Abbau bereits vorhandener Wirtszellen-RNS. REDDI (a, b) glaubt nachgewiesen zu haben, daß in Tabakblättern die cytoplasmatischen Ribosomen und

---

[1] Die letzte Gesamtdarstellung der Ergebnisse aus seiner Arbeitsgruppe hat COCHRAN während der Internationalen Konferenz über Pflanzenviren in Wageningen/Holland vom 5.—9. Juli 1965 vorgetragen. Leider wurde dabei der Eindruck vertieft, daß sowohl die Experimente als auch die Interpretation der Ergebnisse rigorosen Kriterien kaum standhalten können.

ihre RNS nach einer TMV-Infektion sehr schnell abgebaut werden und daß dann die Ribonucleoside dieser ribosomalen RNS zur Neu-Synthese der TMV-RNS verwendet werden. Die ribosomale RNS, die 55–60% der gesamten Blatt-RNS beträgt, ist durch einen hohen Guanylsäure-Gehalt ausgezeichnet und gehört zum GC-Typ, während die TMV-RNS zum AU-Typ gehört. Für den enzymatischen Abbau *in vivo* wird folgendes Schema vorgeschlagen:

Ribosomen-RNS	$\xrightarrow[\text{Blatt RNase II}]{\text{Blatt RNase I}}$	Ribonucleosid-3′-Phosphat
Ribonucleosid-3′-Phosphat	$\xrightarrow{\text{Phosphatase}}$	Ribonucleosid + Orthophosphat
Ribonucleosid + ATP	$\xrightarrow[\text{phosphokinase}]{\text{Nucleosid-}}$	Ribonucleosid-5′-Phosphat + ADP

Diese Reaktionen könnten einen Teil des Biosyntheseweges für die TMV-RNS darstellen, wobei die von der ribosomalen RNS stammenden Ribonucleoside als Zwischenprodukte dienen (REDDI u. MAUSER).

Für das Auftreten freier infektiöser RNS in frühen Stadien der TMV-Infektion liefern FRY u. MATTHEWS weitere Hinweise. Der RNS-Gehalt infizierter Blätter ist z. Z. des Auftretens der ersten Viruspartikel vorübergehend höher, als man für die RNS in diesen Partikeln veranschlagen kann. In inoculiertem Epidermisgewebe ist ein solcher Überschuß an RNS bereits 3–5 Std vor dem Auftreten von Viruspartikeln feststellbar. Es wird vermutet, daß diese Überschuß-RNS eine Virusvorstufe ist, die auf eine Umhüllung mit Protein wartet.

Auf Grund der verschiedenartigsten Untersuchungen kann man annehmen, daß der Ort der Virus-RNS-Synthese der Zellkern ist. Die mikrospektralphotometrischen Beweise von ZECH sind bei MUNDRY eingehend diskutiert. Neu hinzugekommen sind die cytologischen Beobachtungen von BALD (a, b). Mit Hilfe der Phasenkontrast-Mikroskopie konnten cyclische Veränderungen in den Nucleoli der Zellkerne TMV-infizierter Zellen beobachtet werden. In den Nucleoli sammelt sich dabei Material an, das optisch weniger dicht ist als das Nucleoplasma, und anschließend erfolgt ein Ausstoßen dieses Materials ins Cytoplasma. Durch Anfärben und RNase-Verdauung konnte festgestellt werden, daß es sich dabei um RNS handelt. Der RNS-Ausstoß variiert je nach dem Virusisolat geringfügig, und nach der Infektion mit den Defektmutanten des TMV zeigen sich Abweichungen, die auf Störungen im Ablauf der Virussynthese schließen lassen.

Weitere Hinweise für die Rolle des Zellkerns bei der Synthese der Virus-RNS ergeben sich aus autoradiographischen Untersuchungen. Nach dem Einbau von Uridin-H_3 in TMV-infizierte und gesunde Blätter ist die Markierung auf die Zellkerne und die cytoplasmatische Grundsubstanz beschränkt; die Uridin-Aufnahme ist in virusinfizierten Blättern jedoch höher als in gesunden (HIBINO u. MATSUI). Uridin-H_3 wird in TMV-infiziertem Gewebe auch dann in Kerne und Nucleoli selektiv eingebaut, wenn durch Actinomycin D die DNS-abhängige RNS-Synthese blockiert ist. Sie ist in Actinomycin-behandelten, nichtinfizierten Zellen erwartungsgemäß sehr gering, während sie bei unbehandelten gesunden und virusinfizierten Zellen wesentlich höher liegt. Die Markierung läßt sich interessanterweise nicht durch RNase entfernen, was auf den Einbau in eine RNase-resistente, replikative Form hindeuten könnte (SMITH u. SCHLEGEL b, c). Wenig überzeugend erscheinen allerdings die Ergebnisse direkter Untersuchungen von Zellkern- und Chloroplasten-Fraktionen, nach denen nur die Zellkerne vollständige Viruspartikel enthalten und daß, im Gegensatz zu früheren Ergebnissen, die Chloroplasten offenbar frei von Virus sind (REDDI, d).

In der Aufklärung der **Biosynthese des Proteins** phytopathogener Viren werden nur geringe Fortschritte erzielt. Das ist besonders auffallend im Vergleich zu den detaillierten Kenntnissen, die wir bereits über die Struktur des Proteins, z. B. beim TMV, besitzen und dürfte im wesentlichen auch in der Natur pflanzlicher Systeme und den damit verbundenen experimentellen Schwierigkeiten begründet sein.

Nach der gegenwärtigen Vorstellung erfolgt die normale Proteinsynthese der Zellen nach folgendem Mechanismus an den Ribosomen: Die Information für die Synthese spezifischer Proteine ist im genetischen Material des Zellkerns in der Basenfrequenz der chromosomalen DNS enthalten. Diese Information wird dem proteinsynthetisierenden ribosomalen System im Cytoplasma durch die Boten-RNS, welche die Basensequenz der DNS kopiert, übermittelt und aufgeprägt. An den Ribosomen erfolgt dann, entsprechend zur Basensequenz der Boten-RNS, mit Hilfe einer Serie von Transfer-Ribonucleinsäuren, die mit je einer spezifischen Aminosäure beladen sind, die spezifische Anordnung dieser Aminosäuren zum Polypeptid. (Zusammenfassende Darstellung bei WATSON.) Mit einer Virusinfektion gelangt die Virus-RNS als neues und zusätzliches genetisches Material in die Zelle. Sie enthält genetisch fixiert, neben den Informationen für ihre eigene Vermehrung, auch die Informationen für die Proteinsynthese bzw. die Aminosäuresequenz des Virus-Hüllproteins und wahrscheinlich auch noch anderer virusspezifischer Proteine. Da die Virus-RNS im Anschluß an die Infektion dem proteinsynthetisierenden System der Zelle die Informationen für die Synthese virusspezifischer Proteine aufprägt, kann man sie als eine besondere Art von Boten-RNS betrachten.

Auf Grund dieser Doppelfunktion, gleichzeitig genetisches Material und Boten-RNS zu sein, bietet sich die TMV-RNS als eine geradezu ideale Substanz an, um in den im vorigen Bericht bereits beschriebenen zellfreien, proteinsynthetisierenden Systemen, wie z. B. dem aus *Escherichia coli* von NIRENBERG und MATTHAEI, als Boten-RNS für den in vitro-Einbau von ^{14}C-Aminosäuren in virusspezifische Proteine zu dienen. Vielversprechende positive Ergebnisse einer solchen Versuchsanordnung wurden dann auch von TSUGITA, FRAENKEL-CONRAT, NIRENBERG u. MATTHAEI veröffentlicht. Den Autoren schien auf Grund mehrerer Kriterien der Schluß gerechtfertigt, daß die TMV-RNS im *E. coli*-System die Synthese eines Proteins dirigiert, welches dem TMV-Hüllprotein ähnlich ist. Diese Ergebnisse wurden inzwischen von der gleichen Arbeitsgruppe widerrufen (AACH, FUNATSU, NIRENBERG u. FRAENKEL-CONRAT). Zur genaueren Charakterisierung möglicher Ähnlichkeiten des durch die TMV-RNS katalysierten Syntheseproduktes mit dem TMV-Hüllprotein wurden die Trägerpeptide gründlicher gereinigt, die chromatographischen Auftrennungen der Proteine und tryptischen Peptide verbessert und empfindlichere serologische Methoden angewendet. TMV-RNS stimuliert zwar den ^{14}C-Aminosäure-Einbau stärker als Hefe-RNS, es gibt jedoch keine Hinweise dafür, daß ein signifikanter Teil dieser Aminosäuren in lösliche Proteine oder Peptide eingebaut wird, die mit jenen des TMV-Hüllproteins identifiziert werden können. Das bedeutet, daß zwar die Synthese offenbar charakteristischer Produkte stimuliert wird, daß aber keinerlei Anzeichen mehr für eine *in vitro*-Synthese von TMV-Hüllprotein unter dem Einfluß von TMV-RNS im *E. coli-System* bestehen.

Über nur eine Stimulierung des Aminosäure-Einbaues in einem ähnlichen System durch die RNS des TYMV berichteten auch OFENGAND u. HASELKORN. Es konnte dann weiterhin gezeigt werden, daß die aktive protein-synthetisierende Einheit in diesem zellfreien System aus einem Molekül TYMV-RNS oder TMV-RNS und einem 70 S-Ribosom (Monosom) besteht, während mit anderen Arten von Boten-RNS (z. B. Poly-Uridylsäure) aktive Komplexe mit mehreren Ribosomen (Polysome) gebildet werden. Die Fähigkeit, Monosome oder Polysome zu bilden, soll von der Sekundärstruktur der Polynucleotide abhängen (HASELKORN u. FRIED; HASELKORN, FRIED u. DAHLBERG).

Die Erfahrungen, daß Pflanzenvirus-RNS in zellfreien *E. coli*-Systemen zwar eine Stimulation der Proteinsynthese bewirkt, daß aber dabei keine identifizierbaren virusspezifischen Produkte auftreten, ergaben sich auch aus den Versuchen von NATHANS, NOTANI, SCHWARTZ u. ZINDER. Allerdings machten sie gleichzeitig die interessante Entdeckung, daß die RNS des *E. coli*-Phagen f_2 jedoch sehr wohl imstande ist, im gleichen System die Synthese phagenspezifischer Produkte zu induzieren. Eines der katalysierten Proteine ist histidinfrei, und es ließ sich so und auch auf Grund seines Peptidmusters nachweisen, daß es dem Phagen-Hüllprotein sehr ähnlich ist. Von dem zweiten, histidinhaltigen Protein wird angenommen, daß es sich dabei möglicherweise um ein phagenspezifisches Frühprotein, eine RNS-abhängige RNS-Polymerase handelt (COOPER u. ZINDER).

Ergebnisse von weittragender Bedeutung wurden schließlich in zellfreien Extrakten der Grünalge *Euglena gracilis* erzielt (SCHWARTZ, EISENSTADT, BRAWERMAN u. ZINDER). Selbst hier, in einem Organismus, der phylogenetisch vom Phagenwirt sehr weit entfernt ist, führt die RNS des Phagen f_2 zur Synthese von Phagen-Hüllprotein, während TMV-RNS ein nicht identifizierbares Produkt induziert, bei dem keinerlei Übereinstimmung mit dem TMV-Hüllprotein feststellbar ist.

Angesichts aller dieser Ergebnisse ist es eigenartig, daß die RNS des TMV selbst in einem zellfreien System aus Tabakblättern keine rechte Aktivität entfaltet. Es konnte jedenfalls bisher keinerlei Einfluß auf den Aminosäure-Einbau festgestellt werden, während Poly-Uridylsäure den

Einbau von ^{14}C-Phenylalanin, aber nicht von ^{14}C-Valin stimuliert (SPENCER u. WILDMAN). Es ist zu erwarten, daß in nächster Zeit die Zusammenhänge und Ursachen aufgeklärt werden, die dazu führen, daß die TMV-RNS und TYMV-RNS in allen bisher untersuchten zellfreien Systemen nur einen offenbar unspezifischen und so geringen Aminosäure-Einbau katalysieren.

Über den Ort der Virusprotein-Synthese in der Pflanzenzelle besteht noch keine einheitliche Auffassung. In Analogie zu den Ergebnissen, die im wesentlichen bei den heterotrophen Bakterien- und Tierzellen gewonnen wurden, stellte man sich bisher vor, daß auch in der Pflanzenzelle die Biosynthese des Virusproteins ebenso wie die des normalen Zellproteins an den cytoplasmatischen Ribosomen stattfindet. Eine wesentliche Stütze dafür ist der Befund, daß man durch vorsichtige Isolierung der Ribosomen und anschließende Phenol-Extraktion die an den Ribosomen befindliche und offenbar dort die Proteinsynthese dirigierende TMV-RNS frühestens 20 Std nach der Infektion nachweisen kann (VAN KAMMEN). Im Gegensatz dazu stehen die Ergebnisse von REDDI (a, b, c, d) und REDDI u. MAUSER. Nach dieser Auffassung werden, wie bereits besprochen, die cytoplasmatischen Ribosomen der Tabakblätter nach der TMV-Infektion enzymatisch abgebaut und ihre RNS-Bausteine zur Synthese der TMV-RNS benutzt. In der Ribosomen-Fraktion konnte außerdem keine RNS nachgewiesen werden, die in der Basenzusammensetzung der TMV-RNS entspricht. Daraus wird gefolgert, daß in TMV-infizierten Pflanzenzellen die Ribosomen nicht der Ort für die Synthese des Virus-Hüllproteins sein können. Dieses soll vielmehr, ebenso wie die Virus-RNS, im Zellkern gebildet werden, von dem aus ein Teil später ins Cytoplasma diffundiert. Das Zusammensetzen der TMV-Partikel soll allerdings in den Zellkernen erfolgen, in denen sie dann auch nachgewiesen werden konnten.

Es gibt nun seit kurzem Hinweise dafür, daß die Protein-Biosynthese der autotrophen Pflanzenzelle nicht nur im cytoplasmatischen Ribosomen-System erfolgt, sondern daß zusätzlich auch noch die Chloroplasten mit ihren Ribosomen zur Proteinsynthese befähigt sind. Da Aminosäuren und ATP als Photosyntheseprodukte bekannt sind und auch RNS, DNS und Ribosomen in den Chloroplasten nachgewiesen werden konnten, erfüllen sie in der Tat alle Voraussetzungen zur Proteinsynthese. Diesen Nachweis konnten APP u. JAGENDORF an isolierten Spinat-Chloroplasten führen. Sie fanden, daß die Proteinsynthese mit Hilfe eines Systems stattfindet, welches dem cytoplasmatischen ribosomalen System sehr ähnlich ist. Für den Einbau von ^{14}C-Aminosäuren ist kein Co-Faktor nötig; der Einbau wird durch Licht erhöht und durch Chloramphenicol gehemmt. Aus der Chloroplasten-Fraktion konnten Ribosomen isoliert werden, die unter bestimmten Voraussetzungen ebenfalls in der Lage sind, Aminosäuren einzubauen. Ähnliche Ergebnisse liegen auch für Chloroplasten und Chloroplasten-Ribosomen aus der Grünalge *Euglena viridis* vor (EISENSTADT u. BRAWERMAN).

Auch SPENCER u. WILDMAN finden in einem zellfreien proteinsynthetisierenden Extrakt aus gesunden Tabakblättern, daß der Haupteinbau von ^{14}C-Aminosäuren in einer 1000 g-Fraktion erfolgt, die im wesentlichen aus Chloroplasten und Kernen besteht. Da nachgewiesen werden konnte, daß die Kerne *in vitro* nicht zum Einbau beitragen, wird gefolgert, daß die Chloroplasten der Hauptort der Proteinsynthese offenbar auch im intakten Blatt sind. Der weitere Befund dieser Arbeitsgruppe, daß die TMV-RNS die Proteinsynthese in diesem System bisher nicht stimulierte, und das Ergebnis, daß dieselbe 1000 g-Fraktion auch das einzige RNS-synthetisierende System von Bedeutung im Blatt sei, wurde bereits diskutiert (s. S. 269 u. 270).

Hinweise dafür, daß auch in virusinfizierten Blättern die Chloroplasten zur Proteinsynthese beitragen und möglicherweise Virusprotein synthetisieren, liefern die Beobachtungen von HAYASHI. Durch den Einbau von ^{14}C-Aminosäuren in Zellfraktionen TMV-infizierter Blattscheibchen zu verschiedenen Zeiten nach der Infektion ergibt sich, daß 6 Std nach der Infektion die cytoplasmatischen Proteine den höchsten Einbau zeigen. In dieser Zeit ist zwar noch kein Virus nachzuweisen, aber sehr wahrscheinlich findet als Folge der Virusinfektion zuerst im Cytoplasma eine erhöhte Protein- bzw. Enzym-Synthese statt. Späterhin nimmt der Einbau in der Kern- und Chloroplasten-Fraktion sehr stark zu, was auf eine mögliche Virus-Protein-Synthese in diesem Bereich zurückgeführt werden könnte.

Auch die nur geringe Abnahme freier Aminosäuren während der aktiven TMV-Vermehrung deutet darauf hin, daß in der autotrophen Pflanzenzelle ein Syntheseweg besteht, der vom normalen Aminosäure-Pool unabhängig ist (KARASEK). Man kann annehmen, daß dieser zweite Weg über das Chloroplastensystem führt.

Schließlich lassen sich noch cytologische Beobachtungen zur Unterstützung anführen. Sowohl in gesunden als auch in virusinfizierten Zellen konnte von BALD (a) im Zusammenhang mit dem bereits besprochenen cyclischen Ausstoßen von RNS-Material aus den Zellkernen beobachtet werden, daß in deren Nähe sehr häufig Plastiden auftreten. Sie zeigen meist Ausstülpungen zum RNS-synthetisierenden Kern hin, und es wird vermutet, daß dies mit einer möglichen Teilnahme der Plastiden an der Virus-Proteinsynthese zusammenhängt.

Auch mit einer verbesserten Immunofluorescenz-Technik konnte gezeigt werden, daß das Virus-Antigen in infizierten Mesophyllzellen anfangs fein verteilt auftritt und dann einen Ring um die Chloroplasten bildet. Innerhalb der Chloroplasten und Kerne wurde jedoch kein Antigen gefunden, was u. U. darauf beruht, daß die Antikörper nicht in diese Partikel eindringen können (NAGARAJ).

Sollte sich schließlich herausstellen, daß die in regelmäßigem Muster strukturierten Einschlußkörper, die in den Chloroplasten vergilbungskranker Rüben auftreten (ENGELBRECHT u. ESAU), tatsächlich aus einer dichten Packung von Viruspartikeln bestehen, dann wäre ein zusätzlicher Hinweis für eine mögliche Beteiligung der Chloroplasten bei der Virussynthese gegeben. Eine endgültige Klärung der angeschnittenen Fragen muß weiteren Untersuchungen vorbehalten bleiben.

Kinetische Untersuchungen zur Virus-Proteinsynthese wurden bisher nur wenige durchgeführt, was offensichtlich mit den Unzulänglichkeiten des Pflanzensystems für gerade solche Experimente zusammenhängt. In TMV-infizierten Blättern werden nach REDDI (c) Protein und RNS kontinuierlich synthetisiert. Der Protein-Anteil wird im Überschuß zu der Menge produziert, die für die Virus-Synthese benötigt wird, was sich auch im Auftreten des sog. X-Proteins zeigt; es wird vermutet, daß auch noch andere virusspezifische Proteine in geringerer Menge auftreten.

Kinetische Untersuchungen zur Markierung des TYMV mit ^{32}P und ^{35}S lassen den Schluß zu, daß in diesem System das Virusprotein in reversibler Weise gebildet und wieder abgebaut wird. Das Virus-Nucleoprotein hingegen wird irreversibel aus dem Pool der Virusprotein-Untereinheiten gebildet. Die Experimente ergeben außerdem, daß die verschiedenen kleineren Nucleoprotein-Komponenten, die bei der TYMV-Vermehrung auftreten, offenbar doch keine Zwischenstufen zwischen den leeren Hüllen und dem kompletten Virus sind, wie es früher einmal angenommen wurde (MATTHEWS, BOLTON u. THOMPSON).

Über das Auftreten mehrerer chromatographisch trennbarer Typen von Viruspartikeln in TMV-infizierten Tabakpflanzen berichtet TANIGUCHI. Chemisch gereinigte TMV-Präparate lassen sich durch stufenweise Elution aus Kationen-Austauscher-Säulen in 5 Fraktionen und aus ECTEOLA-Cellulose-Säulen in 6 Fraktionen auftrennen. Es bestehen geringe Unterschiede in der spezifischen Infektiosität dieser Komponenten, und ihre Konzentration ändert sich mit dem Alter der Infektion. Es wird vermutet, daß die Struktur des TMV in der Wirtspflanze nicht stabil ist und daß möglicherweise die Proteinhülle des Virus Veränderungen unterworfen ist, die sich im chromatographischen Verhalten der einzelnen Komponenten zeigt.

Bei mehreren Pflanzenviren ist mit zunehmendem Alter der Infektion eine Abnahme der spezifischen Infektiosität zu beobachten, ohne daß auffällige Unterschiede in den biophysikalischen oder serologischen Eigenschaften gefunden werden konnten. Die anfangs hohe spezifische Infektiosität in neuen, systematisch infizierten Blättern deutet darauf hin, daß eine genetische Veränderung des Virus nicht dafür verantwortlich gemacht werden kann. Aus Versuchen mit dem *cowpea chlorotic mottle virus* wird geschlossen, daß die Änderung der spezifischen Infektiosität damit zusammenhängt, daß mit zunehmendem Alter der Viruspartikel im Blatt Brüche in der in den Partikeln enthaltenen RNS auftreten (KUHN).

Frühere Befunde, daß bestimmte Viren nur als freie infektiöse Nucleinsäure vorliegen, wurden von KASSANIS u. WELKIE erneut für das Tabak-Nekrose-Virus bestätigt. Hochinfektiöse Präparationen labiler Varianten dieses Virus wurden durch Homogenisation infizierten Gewebes in Gegenwart von Bentonit erhalten. Ihre Eigenschaften entsprechen Nucleinsäure-Präparaten, welche aus stabilem Virus mit Hilfe von Phenol extrahiert werden; d. h. im Saccharose-Dichtegradienten sedimentieren die infektiösen Partikel der labilen Varianten als Nucleinsäure und nicht als intaktes Virus.

Im Gegensatz zu der heute vorherrschenden Auffassung, daß beim TMV die Synthese von Virus-Nucleinsäure und Virus-Protein-Untereinheiten getrennt erfolgt und daß anschließend beide Komponenten zu vollständigen Viruspartikeln zusammentreten, steht die bereits im vorigen Bericht diskutierte Hypothese der Arbeitsgruppe um Commoner. Nach ihrem Modell der koordinierten, linearen Verlängerung wächst das TMV-Stäbchen stückweise, indem Nucleotide und Proteinuntereinheiten gleichzeitig angefügt werden. In einer neuen Arbeit dieser Gruppe wird Gewebebrei aus infizierten Blättern für den Einbau von ^{14}C-Aminosäuren in die Viruspartikel benutzt, wobei kinetische Untersuchungen im Zeitbereich von wenigen Minuten möglich werden. Mit dieser neuen Methode werden die früheren Ergebnisse bestätigt, wonach die kurzen Virusstäbchen zwei- bis dreimal mehr ^{14}C pro Gewichtseinheit enthalten als die normalen Partikel von 300 mμ Länge und daß die Bildung eines Viruspartikels etwa 15—20 min dauert (Bryan, Shearer u. Commoner). Die Interpretation dieser Befunde ruht allerdings auf der recht unsicheren Annahme, daß die kurzen Partikel Zwischenprodukte der Virussynthese sind.

Siegel u. Zaitlin führen in ihrem Übersichtsartikel zwei zusätzliche Argumente gegen die lineare Biosynthese an: Das Auftreten von Defektmutanten bei zwei stäbchenförmigen Pflanzenviren (Tabak-Rattle-Virus und TMV), welche nur als Nucleinsäure und nicht als Nucleoproteinpartikel existieren, zeigt, daß die Synthese von infektiöser RNS nicht notwendigerweise an die Synthese von Nucleoproteinpartikeln gebunden sein muß. Außerdem scheint ihnen sowohl das Auftreten freier infektiöser RNS in frühen Phasen der Infektion als auch das Vorkommen von nicht an Viruspartikel gebundenem Virusprotein bei normalem, nicht defektem TMV für eine unabhängige Synthese von RNS und Virus-Protein zu sprechen.

Bei den Tierviren und Bakteriophagen sind sowohl RNS-haltige als auch DNS-haltige Viren bekannt; die bisher untersuchten Pflanzenviren jedoch sind ausschließlich RNS-Viren. Eine befriedigende Erklärung für diese Eigenartigkeit gibt es nicht, und man konnte bisher einfach annehmen, daß bei Pflanzensystemen grundsätzlich keine DNS-Virus-Infektion möglich sei. Um so überraschender sind die Ergebnisse von Sander, wonach in Tabakblättern komplette DNS-Phagen gebildet werden können, wenn diese mit der einsträngigen DNS des stäbchenförmigen E. coli-Phagen fd inoculiert werden. Zur Inoculation benutzte komplette Phagenpartikel werden hingegen sehr schnell im Blatt inaktiviert und sind nicht imstande, eine Phagenbildung zu induzieren, ein Befund, der die bereits besprochene Bedeutung der Proteinhülle für die Wirtsspezifität unterstreicht. Nach der Inoculation mit Phagen-DNS steigt, je nach der Jahreszeit verschieden, die Konzentration kompletter Phagenpartikel im Blatt steil an, erreicht ein Maximum und nimmt dann schnell wieder ab. Während im Hochsommer gar keine Phagenpartikel gebildet werden, kann es in den Wintermonaten sogar zu einer systemischen Ausbreitung in der Pflanze kommen. Die Ursachen dieser jahreszeitlichen Abhängigkeit der Phagenbildung sind noch nicht geklärt. Es ist außerdem nicht sicher, ob das Auftreten kompletter Phagen auf einer echten Phagen-Synthese beruht oder ob die inoculierte DNS im Blatt etwa nur mit Phagen-Protein umhüllt wird. Für den Fall, daß die beobachtete Phagenbildung im Blatt in der gleichen Weise wie bei *E. coli* abläuft, kann man bei beiden Bildungswegen jedoch bereits schon jetzt annehmen, daß zum eintretenden DNS-Einzelstrang ein komplementärer Strang gebildet wird, denn möglicherweise erlaubt nur ein replikativer DNS-Doppelstrang die Bildung eines funktionsfähigen Hüll-Proteins. Jedenfalls scheinen Pflanzensysteme keine Barriere gegen eine Infektion mit DNS-Viren zu besitzen.

In diesem Zusammenhang ist erwähnenswert, daß auch zwei Tier-Viren experimentell auf nicht adaptierte Organismen übertragen werden können, die ebenfalls mit den adaptierten Virus-Wirten in keinerlei direkter phylogenetischer Beziehung stehen. Sowohl die DNS des Vaccinia-Virus (ABEL u. TRAUTNER) als auch die des Polyoma-Virus (BAYREUTHER u. ROMIG) sind imstande, in besonders vorbehandelten, „kompetenten" Zellen von *Bacillus subtilis* eine vollständige Virussynthese zu induzieren, während die kompletten Viren in diesem System ohne Wirkung sind.

Die bis jetzt einzigen Hinweise für ein DNS-Pflanzenvirus glaubte BRANDENBURG beim mechanisch bisher nicht übertragbaren Kartoffel-Blattroll-Virus gefunden zu haben. Seine Annahme stützte sich im wesentlichen auf eine positive Reaktion des Dische-Diphenylamin-Testes für DNS im Rohsaft blattrollkranker Kartoffelblätter. Außerdem waren angeblich positive Ergebnisse bei der mechanischen Übertragung von Phenolextrakten mit und ohne RNase erzielt worden, während DNase die Infektiosität zerstörte. Versuche an mehreren Orten, diese überraschenden Befunde zu reproduzieren, ergaben, daß die positive Reaktion (Blaufärbung) beim Dische-Test nicht auf dem erhöhten Gehalt an DNS beruht, sondern daß sie, im Vergleich zu gesunden Pflanzen, auf die hohe Konzentration von Fructose und Saccharose im Saft blattrollkranker Kartoffeln zurückgeführt werden kann (GOVIER; PETERS u. DIELEMAN; KOENIG u. MUELLER). Auch die Übertragungsversuche ließen sich bisher nicht eindeutig reproduzieren, vor allem dann nicht, wenn kritische Übertragungsteste mit Blattläusen in die Versuche einbezogen wurden. Solche Teste sind aber Voraussetzung für eine gesicherte Aussage, da selbst bei gesunden Pflanzen durch physiologische Störungen typische Symptome von Blattrollvirus-Infektionen vorgetäuscht werden können (GOVIER; SARKAR; KOENIG u. MUELLER).

3. Stoffwechsel

Die jüngste zusammenfassende Darstellung aller wesentlichen bisher beobachteten physiologischen Veränderungen in virusinfizierten Pflanzen wurde 1963 von DIENER vorgelegt. Im folgenden werden daher nur die inzwischen neu erschienenen Arbeiten referiert.

Niedermolekulare Verbindungen: In virusinfiziertem Apfelgewebe ist, im Vergleich mit gesunden Kontrollen, der Gehalt an Zink um 40 % erniedrigt; gleichzeitig ist auch der Gesamt-RNS-Gehalt infizierten Gewebes wesentlich geringer (MILLIKAN u. PICKETT). Untersuchungen über den Einfluß des Bor-Mangels auf die Vermehrung des Kartoffel-X-Virus in Tabak ergaben, daß in Mangel-Blättern eine höhere Viruskonzentration als in normal ernährten auftritt. Die Ausbreitung der systemischen Infektion bleibt unbeeinflußt. Bor scheint die Virus-Vermehrung, wenn überhaupt, dann nur indirekt über die Wuchskraft der Wirtspflanzen zu beeinflussen (FORD u. BATEMAN). Das Hüllprotein des Kartoffel-S-Virus ist durch einen hohen Gehalt an Cystein ausgezeichnet. Die Konzentration der SH-Gruppen in infizierten Tabakblättern entspricht daher auch den Schwankungen des Virus-Protein-Gehaltes während der ersten 15 Tage p.i., wobei vom 5. bis 7. Tag p.i. Maxima in der Protein- und SH-Gruppen-Konzentration feststellbar sind. Bei steigender Cystein-Konzentration bleibt der Cystin-Gehalt gleich, während die Serin-Konzentration abnimmt. Es wird daher vermutet, daß das Cystein für das Virusprotein vom Serin her aufgebaut wird (KOZLOWSKA).

Eingehende Untersuchungen über die Konzentrations-Veränderungen freier Aminosäuren und Amide in Tabakpflanzen nach der Infektion mit den Kartoffelviren X und Y liegen von BOZARTH u. DIENER vor. In X-Virus-inoculierten Blättern ist, im Gegensatz zu der vorher referierten Arbeit, eine geringe Zunahme von Serin zu beobachten. Nach der Inoculation mit Y-Virus und auch nach einer Doppelinfektion mit beiden Viren konnten Konzentrations-Erhöhungen für Glutaminsäure, Glutamin, Serin, Asparagin, γ-Aminobuttersäure und Prolin festgestellt werden. In systemisch infizierten Blättern sind die Verhältnisse komplizierter, da je nach dem

Alter der Infektion sowohl eine Akkumulation von Aminosäure als auch eine Abnahme ihrer Konzentration gefunden werden kann. Eine Woche nach der Infektion mit X-Virus nahmen die Konzentrationen von Alanin, Glutamin und Prolin ab, während nach zwei Wochen nur eine Anreicherung von Asparagin gefunden wurde. Beim Y-Virus trat nach einer Woche eine Akkumulation von Asparagin und Prolin und nach zwei Wochen eine Akkumulation von Asparagin und Glutamin auf. Eine Woche nach einer Doppelinfektion wurde mit dem Auftreten starker Blattsymptome ein relativer Mangel in der Konzentration von Alanin, Serin und Glutamin und eine Konzentrationserhöhung bei Asparagin festgestellt. Eine Prolin-Anhäufung trat nur in Y-Virus-infizierten und nie in doppelinfizierten Blättern auf. Zwei Wochen nach einer Doppelinfektion wurden Zunahmen in der Konzentration von γ-Aminobuttersäure und Asparagin gefunden. Pipecolinsäure trat gelegentlich in doppelinfizierten Blättern auf, jedoch nie in gesunden oder einfach infizierten. Eine Korrelation zwischen den Konzentrationsveränderungen freier Aminosäuren und Amide und der Symptomausprägung ließ sich allerdings nicht aufstellen.

Untersuchungen des Stickstoffhaushalts der Mutterknollen gesunder und blattrollkranker Kartoffelpflanzen ergaben, daß die Knollen systemisch kranker Stauden eine geringere Trockensubstanz und einen größeren Gehalt an Gesamt-Stickstoff besitzen (Döring u. Wartenberg).

Auf die stark erhöhte Konzentration von Fructose und Saccharose in blattrollinfizierten Kartoffelblättern wurde in anderem Zusammenhang bereits hingewiesen (Govier; Koenig u. Mueller; Peters u. Dieleman).

Der Lipidgehalt von β-Rüben, Zuckerrüben und *Tetragonia expansa*-Pflanzen wird durch die Infektion mit dem Rüben-Vergilbungs-Virus erniedrigt, während das Rübenmosaik-Virus auf den Lipidgehalt der Zuckerrübe keinen Einfluß hat. In viruskranken Pflanzen konnten zwei Phosphatide gefunden werden, welche in den Kontrollpflanzen gar nicht oder nur in Spuren nachweisbar waren (Beiss). Auf einen möglichen Zusammenhang zwischen Lipidstoffwechsel und Virusvermehrung deuten die Ergebnisse von Shimomura u. Hirai hin. Die Phospholipide sollen in den Aminosäurestoffwechsel eingreifen, indem sie mit den Aminosäuren Komplexe bilden. C_{14}-Glycin wird sowohl in die Lipide als auch in die Proteine von Tabakblättern inkorporiert. Der Einbau ist in infizierten Blättern vom zweiten Tag p.i. an höher als in gesunden Blättern. Die Fraktionierung der Lipide zeigt, daß infolge der Infektion der Einbau in Aceton- und Äther-unlösliche Substanzen zunimmt.

Bei hypersensitivem Tabak wurde nach der Infektion mit TMV die Akkumulation von zwei Substanzen in einer Zone um die sich entwickelnden Lokalläsionen beobachtet. Beide Stoffe fluorescieren im UV-Licht; sie reagieren nicht mit Reagentien für Phenolkörper und sind auch nicht mit Scopoletin identisch, über deren Anreicherung in sich entwickelnden Läsionen schon mehrfach berichtet wurde. Die Akkumulation beider Substanzen geht mit der Nekrose des Gewebes einher und sie tritt auch bei lokalen bakteriellen oder pilzlichen Infektionen auf. In systemisch infiziertem und gesundem Tabak wurden die Substanzen nicht gefunden (Hampton et al.). Über das Auftreten einer Reihe weiterer fluorescierender Stoffwechselprodukte in Virus- oder Rost-infizierten Bohnenblättern berichtet Gill.

Enzyme: Die Stimulation oxydativer Prozesse in virusinfizierten Pflanzen ist seit langem bekannt und die Erhöhung der Polyphenoloxydase-Aktivität bei Pflanzen, welche auf eine Virusinfektion mit Lokalläsionen reagieren, ist dabei die wohl auffälligste Erscheinung. Die Zunahme der Polyphenoloxydase-Aktivität verläuft parallel zur Bildung der nekrotischen Einzelherde. Es wird angenommen, daß sie zu einer Erhöhung der Konzentration von Chinonen führt, welche auf Grund ihrer Toxicität eine Nekrotisierung des Blattgewebes bewirken. Damit wäre die Pflanze im Besitz eines Abwehrmechanismus, der die Ausbreitung des Virus im Gewebe verhindern kann (Farkas et al.). Für hypersensitiven Tabak finden v. Kammen u. Brouwer, daß bereits sieben Stunden p.i. die Induktion der Polyphenoloxydase-Aktivität beginnt und daß sie nach vier Tagen mit dem Auftreten der nekrotischen Einzelherde ein Maximum erreicht. Die Aktivitätserhöhung ist aber nicht nur auf jene Blätter beschränkt, bei denen Virus-Infektion und -Vermehrung stattfinden, sondern auch in geringerem Maße in den nicht-inoculierten Blättern der gleichen Pflanze nachweisbar. Da die Michaelis-Konstanten für die Enzyme aus inoculierten und nicht-inoculierten Blättern gleich sind, darf angenommen werden, daß die beobachteten Unterschiede nicht qualitativer, sondern nur quantitativer Natur sind.

Hinweise dafür, daß sich die Aktivität von fünf Enzymen je nach der Virus-Wirt-Kombination unterschiedlich verhält, liefert LI. Decarboxylase, RNase, Peroxydase und Polyphenoloxydase zeigen in infiziertem Gewebe eine allgemein höhere Aktivität, während keine Veränderung der Phosphatase-Aktivität zu beobachten ist.

Den Stoffwechsel toleranter und anfälliger, mit dem Gurkenmosaik-Virus 1 infizierter Gurkensorten untersuchten MENKE u. WALKER. Bei toleranten Sorten ist die Atmungsrate trotz der stattfindenden Virusvermehrung nicht verändert und die Peroxydase-Aktivität nur gering erhöht. Anfällige Sorten hingegen zeigen mit dem Erscheinen der Symptome eine sehr stark erhöhte Peroxydase-Aktivität und auch eine starke Erhöhung der Respirationsrate. Ein Polyphenoloxydase-System konnte bei Gurken-Blättern nicht festgestellt werden.

Analoge Ergebnisse für den Atmungsstoffwechsel von virusinfizierten Bohnen findet BELL. Mit dem Anstieg des Virustiters und mit zunehmender Symptomausprägung erhöht sich auch die Aktivität des Atmungsstoffwechsels. Die größte Stimulation ist in Lokalläsionen-Wirten zu beobachten, die geringste in systemisch infizierbaren Pflanzen. Bei TMV-infizierten Tabakblättern wird die Atmung des Epidermisgewebes zwei Tage nach der Inoculation stimuliert; die Respirationsrate nimmt jedoch dann ab und erreicht mit dem höchsten Virustiter im Gewebe ein Minimum (TAKAHASHI u. HIRAI).

Der Wachstumsrhythmus TMV-infizierter Tabakblätter wurde mit Hilfe kinematographischer Zeitraffermethoden analysiert. Die Bahnen der wachsenden Blätter (Wachstumsspiralen) infizierter Pflanzen zeigten einen sehr unregelmäßigen Verlauf, vor allem der jüngsten und mittleren Blätter. Die Wachstumsgeschwindigkeit wird bereits 2—3 Tage p.i. gehemmt, während Virussymptome erst nach 10 bis 12 Tagen auftreten (NOVAK).

4. Histologie

Das Interesse in der Histologie und Cytologie gilt nach wie vor dem Nachweis von Viruspartikeln in der Pflanzenzelle und den Viruseinschlußkörpern. Der bisher eindeutigste elektronenmikroskopische Nachweis von Viruspartikeln in der Zelle gelang mehrfach beim Tomaten-Bronzeflecken-Virus (*tomato spotted wilt virus*). In infizierten Tomaten-Wurzelzellen wurden ovale bis sphärische Partikel mit einem Durchmesser von 50—80 mμ im Cytoplasma gefunden, wobei Aggregate mehrerer Partikel von einer Hüllmembran umgeben sind. Form und Größe entsprechen den Partikeln in Virusreinpräparaten (MARTIN). Gleichsinnige Ergebnisse wurden auch bei einer Reihe anderer Pflanzenarten erhalten, und die in den Zellen auffindbaren 70 mμ großen sphärischen Partikel gleichen ebenfalls denen, die man in Sedimenten von teilweise gereinigten Viruspräparaten findet (IE). Auch die Untersuchungen von BEST u. PALK unterstützen diese Ergebnisse.

Der elektronenoptische Nachweis von Viruspartikeln im Cytoplasma von Pflanzenzellen gelang weiterhin beim stäbchenförmigen (750 $\times$ 12 mμ) Zuckerrohr-Mosaik-Virus (HEROLD u. WEIBEL) und beim polyedrischen Arabis-Mosaik-Virus (GEROLA, BASSI u. BETTO).

Das polyedrische Wund-Tumor-Virus (25—45 mμ) konnte sowohl im Cytoplasma der Stengeltumorzellen von *Melilotus albus* nachgewiesen werden als auch in den Fettkörpern seines Überträgers, der Zwergzikade *Agallia constricta* (SHIKATA et al.). In den Zellen Streifen-Mosaik-infizierter Weizenpflanzen findet LEE Ansammlungen von kurzen, abgerundeten, stäbchenförmigen Partikeln, welche von einer doppelten Membran umgeben sind und eine Größe von 270 $\times$ 65 mμ haben. Das Weizenstreifen-Mosaik-Virus wird von der Zwergzikade *Endria inimica* übertragen und über seine Morphologie ist bisher nichts bekannt geworden. Da die Partikel nicht in gesunden Pflanzen zu finden sind, und da sie außerdem eine große Ähnlichkeit mit den Partikeln des Zwergzikaden-übertragbaren Mais-Mosaik-Virus haben, wird angenommen, daß sie die Partikel des Weizen-Streifen-Mosaik-Virus darstellen.

Fädige Strukturen von 300 mμ Länge, die in dichter Packung in den Zellen nekrotischer TMV-Läsionen von *Nicotiana glutinosa* auftreten, wurden von HAYASHI

u. MATSUI als TMV-Partikel angesehen, eine Interpretation, die nach WEINTRAUB u. RAGETLI nicht aufrecht zu erhalten ist. Diese Autoren finden in den Zellen solcher nekrotischer Läsionen häufig die Membran der Chloroplasten zerstört, so daß Lamellen des Stromas und der Grana in ursprünglicher Schichtung in der Zelle zurückbleiben. Sie sind zwischen 300 und 500 mμ lang und entsprechen den von HAYASHI u. MATSUI beobachteten Partikeln, die man daher als Chloroplastenfragmente ansehen muß. Die gleichen Einwände lassen sich auch für die Ergebnisse von MATSUI u. YAMAGUCHI (a, b) beim Tabak-Ätz-Virus in *Datura stramonium* machen. Hier sind im Cytoplasma infizierter Zellen fibrilläre Massen und dichte Bänder parallel gelagerter Partikel zu beobachten, die in gleicher Weise auch bei der Infektion mit drei verschiedenen anderen Viren auftreten. HRŠEL u. BRČÁK fanden verschiedene strukturelle Veränderungen im Cytoplasma und in den Chloroplasten der Blattzellen von Lokalläsionen des TMV und des Gurken-Mosaik-Virus 4, die weder in den Zellen systemisch infizierter anderer Wirte noch in denen gesunder Pflanzen auftraten. Besonders auffallend ist die Bildung von „Vesicular-Körpern", die offenbar durch Ein- oder Ausstülpung der Chloroplastenmembran entstehen und auch im Cytoplasma zu finden sind. Viruspartikel und Einschlußkörper konnten nicht beobachtet werden.

Bei vielen Pflanzen treten als Folge einer Virusinfektion Einschlußkörper auf, die meist in Form von Kristallen vorliegen. Folgende Fälle sind in der Berichtsperiode untersucht worden: Bei Reis (HIRAI et al.), in Tabak-Gewebe-Kulturen (CHANDRA u. HILDEBRANDT), bei Baumwolle (TSAO), Kakteen (CHESSIN et al.) und Dahlien (ROBB, a, b).

Die Anwendung von Fluorescin-konjugierter Antiseren zur „Anfärbung" von Dünnschnitten oder isolierten Einzelzellen virusinfizierten Pflanzengewebes ist bisher nur beim TMV und Wund-Tumor-Virus erfolgt. Inzwischen wurde diese Technik auch für die Lokalisation von Virus-Antigen in Gelbstreifen-Virus-infiziertem Narzissen-Blattgewebe benutzt (CREMER u. VAN DER VEKEN). Im Cytoplasma epidermaler und parenchymaler Zellen konnten lokale Aggregationen von antigenem Material gefunden werden. Vergleiche mit Licht- und elektronenmikroskopischen Bildern ergaben, daß es sich dabei sehr wahrscheinlich um Aggregate von Virusteilchen handelt. NAGARAJ findet bei TMV-infiziertem Tabak mit einer verbesserten Technik nach einer Latenzzeit von 18—24 Std das Antigen in den Mesophyllzellen zuerst fein verteilt im Cytoplasma und dann in einem Ring um die Chloroplasten. Zu dieser Zeit ist auch die erste Infektiosität im Gewebe nachweisbar. In den Stengelspitzen systemisch infizierter Pflanzen ist das Antigen ungleich verteilt. Mit Ausnahme der primären Xylemelemente scheinen alle Zellen etwa gleich anfällig für eine Virusinfektion zu sein. Die bisher als „proteinlos" angesehene Defektmutante PM_1 des TMV scheint auf Grund dieser Untersuchung doch eine Bildung von Virusantigen (Protein) zu induzieren.

Durch cytochemische Anfärbe-Technik konnten beim Vergleich mit gesunden Zellen in frühen Stadien einer TMV-Infektion bei Tabak keine Unterschiede in der Enzymaktivität gefunden werden. Erst 4 Tage p.i. wurde mit dem ersten Auftreten von Einschlußkörpern eine Aktivitätsabnahme einiger Enzyme beobachtet, die aber offenbar mit der Zunahme katabolischer Prozesse in solchen Zellen zusammenhängt (TAKAHASHI u. HIRAI).

In der Diskussion über den Ort der Virus-RNS-Synthese wurden bereits die phasenkontrastmikroskopischen Untersuchungen von BALD (a, b) besprochen. Daneben sind die cytochemischen Untersuchungen an Tomaten-Haarzellen während früher Stadien der TMV-Infektion von

Hirai u. Wildman erwähnenswert. Es konnte dabei beobachtet werden, daß die Zellkerne offenbar zur Virus-Eintrittsstelle wandern. Anschließend läßt sich, in Analogie zu Balds Ergebnissen, eine Akkumulation von RNS im Zellkern nachweisen, wobei ein granuläres RNS-haltiges Körperchen mit dem Kern assoziiert bleibt; es wird angenommen, daß die Virus-RNS über diese Körperchen ins Cytoplasma abgegeben wird.

Es ist seit langem bekannt, daß die apikalen Meristeme virusinfizierter Pflanzen meist virusfrei sind. Durch die Weiterkultur isolierter Sproßspitzen lassen sich daher z. B. aus den total virusverseuchten Beständen der vegetativ vermehrten Nelken virusfreie Pflanzen heranziehen, die dann zum Aufbau eines virusfreien Bestandes benutzt werden können (van Os; Vermeulen u. Haen; Hakkaart u. Quak). Nach den Untersuchungen von Smith u. Schlegel (a) erwiesen sich auch die Wurzelmeristeme von *Vicia faba*-Pflanzen, welche mit dem *clover yellow mosaic virus* infiziert waren, als virusfrei. In der Wurzelhaube und im Meristem auf einem Abschnitt von 0–400 μ von der Wurzelspitze aus konnte keine Infektiosität nachgewiesen werden. In den Schnitten aus dem Bereich von 400–600 μ erfolgt ein Anstieg der Infektiosität und dann eine Abnahme im Bereich von 600–800 μ, was offenbar mit einer „Virusverdünnung" in dieser Zone infolge der Zellstreckung zusammenhängt. Im vorigen Bericht wurde bereits darauf hingewiesen, daß u. a. die Konkurrenz um das ATP und andere energiereiche Phosphatverbindungen der Grund für die Virusfreiheit der sehr stoffwechselaktiven Meristeme und embryonalen Gewebe sein soll.

Durch Virusinfektionen können formative Reize ausgelöst werden, die z. B. beim Erbsen-Enationen-Mosaik-Virus zur Ausbildung von großen Stengel-Enationen führen (Ruppel u. Hagedorn). Das gleiche Virus verursacht bei *Vicia faba* u. Erbse durchscheinende Blattflecke, welche auf dem Fortfall des Pallisadenparenchyms und der fehlenden Differenzierung des Mesophylls beruhen. Das Luzernemosaik induziert auf Tabakblättern durch lokale Zellvermehrung Auswüchse (Hyperplasien), die deutlich im Schwamm- und Pallisadenparenchym differenziert und daher echte Enationen sind (Ullrich u. Quantz).

5. Interferenz

Seit Jahren werden die vor allem bei verwandten Viren oder bei Stämmen eines Virus auftretenden und sehr ausgeprägten und spezifischen Interferenz-Erscheinungen untersucht, ohne daß bisher eine befriedigende Erklärung dieses Phänomens erarbeitet werden konnte. Man führt sie u. a. auf die Konkurrenz um die gleichen Infektionsstellen zurück und vermutet, daß sie sich im cellulären Bereich primär auf der Ebene der Virus-RNS abspielen.

Bisher sind zwei antagonistische Interferenz-Effekte bei Pflanzenviren bekannt geworden: 1. Ein bereits in der Pflanze vorhandener Stamm eines Virus schließt die Infektion eines anderen Stammes des gleichen Virus aus. Diese Erscheinung der „Prämunität" wird zur Bestimmung verwandtschaftlicher Beziehungen herangezogen. 2. Ein in der Pflanze bereits vorhandenes Virus wird nach der Infektion mit einem anderen nicht verwandten Virus von diesem unterdrückt und ersetzt. Ein dritter antagonistischer Effekt wurde neuerdings von Freitag für bestimmte Stämme des Astern-Vergilbungs-Virus beschrieben. Werden Pflanzen, die bereits mit einem Stamm infiziert sind, zusätzlich mit einem zweiten Stamm dieses Virus inokuliert, dann ist eine gegenseitige Unterdrückung beider Stämme in der gleichen Wirtspflanze zu beobachten.

Die beobachteten synergistischen Effekte bestehen darin, daß die Vermehrung eines Virus durch die Gegenwart eines anderen Virus gefördert wird (z. B. die Förderung der Vermehrung des Kartoffel-X-Virus durch das Kartoffel-Y-Virus in Tabak). Außerdem konnte man auch eine Förderung der Ausbreitung des X-Virus u. a. durch TMV und Gurken-Mosaik-Virus beobachten. Die Konzentration des Kartoffel-Y-Virus wird durch das X-Virus jedoch nicht erhöht (Close).

Das Fehlen einer Interferenz zwischen den nicht miteinander verwandten Viren TMV und Tabak-Nekrose-Virus wird damit begründet, daß diese Viren nicht die gleichen Stellen für eine Infektion benötigen (Wu u. Hudson).

Das TMV und die Gurken-Mosaik-Viren 3 und 4 (GMV 3 u. 4) werden auf Grund der Unterschiede im Wirtspflanzenkreis, in der Zusammensetzung des Virusproteins und in der Morphologie als verschiedene Viren angesehen. Serologische Teste und Prämunitäts-Versuche deuten jedoch darauf hin, daß es sich um Stämme des gleichen Virus handelt. Eine erneute Überprüfung ihrer Interferenz ergab, daß bei einer Erstinfektion mit dem GMV 3 oder GMV 4 vom 1. bis 6. Tag p.i. keine Interferenz mit dem zweitinfizierten TMV zu beobachten ist. Erst vom 6. Tag p.i. an tritt eine zunehmende Prämunität gegen das TMV auf. Werden gemischte Inocula benutzt, ist ebenfalls keine Interferenz zu beobachten. Es wird daher angenommen, daß die mit zunehmendem Alter der Erstinfektion auftretende Interferenz keine echte Prämunität ist, sondern daß die GMV-Infektion in den Zellen primär Alterungsvorgänge und damit auch Resistenz gegen das TMV induziert (Wu u. Wildman). Diese Ergebnisse lassen sich jedoch ebensogut so interpretieren, daß die beobachtete Prämunität echt ist, aber naturgemäß erst dann auftreten kann, wenn das erstverimpfte Virus das Wirtsgewebe vollständig durchdrungen hat, was erst nach frühestens 6 Tagen p.i. der Fall ist. Jedenfalls sind die Ergebnisse von Interferenzversuchen nur mit größter Vorsicht bei der Beurteilung von Fragen der Verwandtschaft von Viren zu verwerten. Eine echte Prämunität liegt nur dann vor, wenn bei einer vollständigen Durchdringung des Gewebes durch das erstverimpfte Virus die Infektion des zweitverimpften Virus-Stammes abgewehrt wird. Eine echte Prämunität kann andererseits jedoch auch durch eine Symptommarkierung des zweitverimpften Virus vorgetäuscht werden. Daneben sind Durchbrechungen und Abweichungen von einer zu erwartenden Prämunität sehr oft beobachtet worden. Nach den Ergebnissen von Köhler (a, b) bei Stämmen des Kartoffel-X-Virus dürften sie zum Teil auf eine unvollständige Durchdringung des Wirtsgewebes zurückzuführen sein.

Das Auftreten einer spezifischen virusinduzierten „Schutzsubstanz“ in der Pflanze in Analogie zu dem bei der Infektion mit tierpathogenen Viren auftretenden Interferon wurde aus folgenden Beobachtungen abgeleitet: Wird die untere Hälfte von Datura-Blättern mit TMV oder Tabak-Nekrose-Virus infiziert, welche beide nekrotische Läsionen hervorrufen, dann entwickelt sich in der oberen Blatthälfte eine Resistenz gegenüber einer TMV-Infektion. Aus dieser resistenten Blatthälfte läßt sich eine proteinartige Substanz isolieren, welche die Infektion von TMV stark hemmt, wenn sie kurz vor der Inoculation dem Inoculum zugesetzt wird. In Kontrollblättern, deren basale Hälfte nur mit Wasser inoculiert wurde, ist nur wenig Hemmstoff vorhanden (Loebenstein; Loebenstein u. Ross).

Weiterhin konnte aus TMV-infizierten, mit nekrotischen Läsionen reagierenden *Nicotiana glutinosa*-Pflanzen zwei Tage p.i. ein „Anti-Virus-Faktor“ isoliert und säulenchromatographisch gereinigt werden, der in gesundem Gewebe nicht zu finden ist. Diese Substanz scheint ein Nuleoprotein zu sein, und sie erwies sich *in vitro* als ein aktiver Virus-Hemmstoff. Da der Gehalt an infektiösem Virus auch in systemisch infizierten Blättern reduziert wird, wenn diese für 24—48 Std in eine Lösung des gereinigten Hemmstoffes gegeben werden, wird angenommen, daß es auch *in vivo* wirkt (Sela et al. a, b).

Von beiden Arbeitsgruppen wird darauf hingewiesen, daß der Hemmstoff zwar, ebenso wie das Interferon, Anti-Virus-Eigenschaften hat, nur in virusinfiziertem Gewebe gebildet wird, und auch von infiziertem in nicht-infiziertes Gewebe wandert, daß er aber, im Gegensatz zum Interferon, nicht wirtsspezifisch sei. Die Problematik eines solchen Vergleichs verschiedener Virus-Hemmstoffe aus Pflanzen mit dem Interferon wird auch durch die Untersuchung von FANTES u. O'NEILL sehr deutlich. Es zeigt sich nämlich, daß gerade der „Anti-Virus-Faktor" der Arbeitsgruppe SELA u. a. auch auf Grund seines Nucleoproteincharakters die geringste Ähnlichkeit mit dem Interferon aufweist. Der Hemmstoff von LOEBENSTEIN zeigt zwar einige Ähnlichkeiten mehr, er ist aber für einen eindeutigen Vergleich noch zu wenig charakterisiert. So bleibt lediglich der im vorigen Bericht bereits besprochene Nelken-Hemmstoff von RAGETLI u. WEINTRAUB mit einer ganzen Reihe eindeutiger Interferon-Eigenschaften; allerdings tritt er in gesundem Gewebe auf und kann daher nicht als virusinduziert angesehen werden.

Eine Reihe neuer Gesichtspunkte für die Diskussion ergeben sich aus der interessanten Beobachtung, daß auch pilzliche Infektionen einen lokalen und systemischen Schutz gegen eine Infektion mit dem TMV und Tabak-Nekrose-Virus induzieren können, wenn sie, wie *Thielaviopsis basicola*, auf Tabakblättern scharf begrenzte und Virus-Einzelherden sehr ähnliche Nekrosen hervorrufen. Das bedeutet, daß primär offenbar die lokalen Nekrosen die Voraussetzung für eine induzierte Reistenz sind und daß keine direkte Erreger-Spezifität in diesem System zu bestehen scheint (HECHT u. BATEMAN). Zusätzlich Hinweise in dieser Richtung liefern auch folgende Beobachtungen: Nekrotische Läsionen des TMV auf den 3—4 unteren Blättern einer Tabak-Pflanze sind imstande, eine ausgeprägte Resistenz bis zum 16. nichtinoculierten Blatt zu induzieren, welche sich in der Ausbildung von weniger und kleineren Läsionen zeigt. Diese Resistenz kann aber auch durch die Infektion mit anderen Viren und durch den Pilz *Thielaviopsis basicola* induziert werden. Die Resistenz bleibt bis zu 42 Tagen erhalten, und sie ist dann am ausgeprägtesten, wenn die Nekrosen nur einige Tage wachsen und dann ihr Wachstum einstellen. *Pseudomonas tabaci* und chemische oder physikalische Beschädigungen, welche keine oder keine scharf begrenzten Nekrosen hervorrufen, induzieren auch keine oder nur eine geringe Abwehr (BOZARTH u. ROSS). Der Mechanismus dieser induzierten systemischen Resistenz scheint nach alledem eine Aktivierung oder Intensivierung der normalen Abwehrreaktion des Wirtes durch eine transportierbare Substanz zu sein. Beide Arbeitsgruppen weisen daher auch darauf hin, daß es sehr unwahrscheinlich ist, daß eine Analogie zum Interferon besteht. Die virus-induzierte „Schutzsubstanz" dürfte auf Grund aller bisher beobachteten Eigenschaften eher mit den Phytoalexinen vergleichbar sein, obwohl diese keine systemische, sondern nur eine lokale Wirkung zeigen. Als Phytoalexine werden im weitesten Sinne alle jenen Substanzen bezeichnet, die auf Grund von Wechselwirkungen zwischen den Stoffwechselsystemen des Wirtes und des Parasiten vom Wirt gebildet werden und die imstande sind, das Wachstum pflanzenpathogener Mikroorganismen zu hemmen (MÜLLER a, b; CRUICKSHANK). Einige dieser Phytoalexine (z. B. Orchinol, Ipomeamaron, Isocumarin, Pisatin u. Trifolirhizin) konnten bereits aus Pflanzen nach pilzlichen Infektionen isoliert und außerdem auch genauer charakterisiert werden. Es ist daher zu erwarten, daß in nächster Zeit auch über die Natur der virusinduzierten „Schutzsubstanzen" der Pflanzen mehr bekannt wird.

Die Wirkung eines durch Wärmeschock (70° C, 70 sec) induzierten transportierbaren Wundstimulus auf die Virusinfektion wurde von NIENHAUS u. YARWOOD genauer untersucht. Wird eines der beiden Primärblätter von Bohnen dem Wärmeschock ausgesetzt, dann ist die Zahl der sichtbaren Läsionen auf dem anderen Blatt bis zu 100fach höher als bei unbehandelten Kontrollpflanzen. Ein maximaler Effekt wird erreicht, wenn die Wärmebehandlung 1 Std p.i. erfolgt. Für die Erhöhung der sichtbaren Läsionen kann eine Substanz verantwortlich gemacht werden, die etwa 4 mm pro Minute wandert. Es zeigt sich jedoch, daß der Effekt wenig ausgeprägt ist, wenn man neben den sichtbaren Nekrosen auch noch die Stärkeläsionen als ein Kriterium für eine erfolgte Infektion heranzieht. Die Wirkung des Stimulus scheint daher primär an der nekrotischen Abwehrreaktion des Wirtes anzusetzen und nur geringen Einfluß auf das Haften der Infektion zu haben.

Der Mechanismus der "recovery", der Erholung einer Pflanze von den Symptomen einer Viruserkrankung, trotz Anwesenheit von infektiösen Viruspartikeln, ist noch immer nicht vollständig aufgeklärt. Beim Tabak-Ringflecken-Virus tritt recovery nur dann ein, wenn das Gewebe zu einer Zeit infiziert wird, zu der es noch nicht reif für die Entwicklung von Symptomen ist. Auffällig ist dabei, daß die virulentesten Virus-Stämme eine recovery offenbar am leichtesten zu induzieren vermögen. Auch das *curly top virus* zeigt auf *Nicotiana tabacum* trotz Anwesenheit von Virus keine Symptome, wenn zur Infektion ganz junge Sämlinge benutzt werden (Benda u. Bennett). Es bestehen dabei Parallelen zu der Symptomfreiheit von virushaltigen Pflanzen, welche aus Samen angezogen werden, die z. B. mit dem samenübertragbaren Tomaten-Schwarzringflecken-Virus infiziert sind (Cadman). Die Verzögerung in der Symptomausbildung kann allerdings auch zum Teil durch die Beschränkung des Virus auf Wurzel und Hypokotyl und eine spätere Ausbreitung in der entwickelten Pflanze erklärt werden.

Nachdem Nyland bereits die Möglichkeit einer virusinduzierten genetischen Abnormität in Obstgehölzen erwogen hat, berichten Spargue et al. über einen möglichen mutagenen Effekt des Gersten-Streifen-Mosaik-Virus auf Mais. Die Häufigkeit, mit der Marker-Gene im F_1-Samen fehlen, war im Vergleich zu gesunden Kontrollen signifikant erhöht, wenn mit Pollen von virusinfizierten Pflanzen bestäubt wurde.

6. Hemmstoffe

Es ist bekannt, daß 2-Thiouracil (TU) die Synthese des TMV und TYMV deutlich hemmt. Es lag daher nahe, die Wirkung von TU auf das Vergilbungs-Virus der Zuckerrübe unter Freilandbedingungen zu untersuchen. Eine einmalige Blattspritzung mit 0,1 % TU in 1 % KOH (1000 l/ha) vor und zu verschiedenen Zeiten nach der Infektion kann eine Virus-Infektion und -Vermehrung nicht verhindern. Die Stärke der Symptome und die Höhe der Ertragsverluste werden nur unter bestimmten Voraussetzungen vermindert (Heiling et al.).

Die Vermehrung des Gurken-Mosaik-Virus 1 wird durch den Proteinsynthese-Hemmstoff Chloramphenicol gehemmt, wobei gleichzeitig die Konzentration aller freien Aminosäuren erhöht wird (Sehgal).

Kinetin (6-Furfurylaminopurin) hemmt die Vermehrung des TMV, wenn infizierte Blattscheibchen sofort nach der Infektion damit behandelt werden (Kiraly u. Szirmai). Es bewirkt außerdem eine Reduktion der Einzelläsionenzahlen des Tomaten-Bronzeflecken-Virus bei Petunia, wenn es auf der Blattunterseite der oberseits inoculierten Blätter appliziert wird. Kinetin zeigt jedoch keinen direkten Einfluß auf das Virus im Inoculum. Es wird vermutet, daß der Hemmeffekt mit einer vom Kinetin induzierten Erhöhung der RNase-Aktivität im Blatt zusammenhängt (Selman). Beim Tomaten-Aucuba-Mosaik-Virus wird die Anzahl der Einzelherde jedoch erhöht, wenn die Blätter vor oder nach der Inoculation mit Kinetin-Lösung behandelt werden. Es wird in diesem Fall angenommen, daß die Stimulation über die verzögerte Alterung der Blätter wirkt (Daft).

Die Entwicklung von Läsionen des Tabakringflecken-Virus auf *Vigna sinensis* wird durch den Wachstumsregulator N-dimethyl-amino-Bernsteinsäure gehemmt, wobei allerdings der Wirkungsmechanismus noch ungeklärt ist (Karas et al.). Der photosensitivierende Farbstoff Neutralrot hemmt die Anzahl der Läsionen beim TMV, Luzerne-Mosaik-Virus und Gurken-Mosaik-Virus. Die Hemmung der TMV-Infektion ist maximal zwischen 4 und 16 Std p.i.

Ein Virus-Hemmstoff aus Tabak, der eine TMV-Infektion bei verschiedenen Wirtspflanzen hemmt, wurde als ein hitzestabiles Protein identifiziert (Zaitlin u. Siegel) und der aus *Phytolacca acinosa* seit langem bekannte starke Virus-Hemmstoff scheint ein Glycoprotein zu sein (Gupta). Die geringe Infektiosität von Gurken-Mosaik-Virus-haltigen Blatthomogenisaten wird auf einen Hemmstoff zurückgeführt, der das Virus aggregieren läßt und so die testbare Infektiosität erniedrigt (Francki). Bei der für das Gurken-Mosaik-Virus entwickelten Reinigungsmethode wird diese unerwünschte Aggregation vermieden (Scott).

Weiterhin wurde die Wirkung folgender Hemmstoffe untersucht: Aus Flechten (Follmann u. Villagran), aus 75 verschiedenen Succulenten (Simons et al.), Tanninsäure und Geranien-Tannin (Cheo u. Lindner).

Die Infektiosität des TMV wird durch den Zusatz geringer Mengen TMV-Protein erhöht und durch hohe Konzentrationen vermindert. Die Reduktion der Infektiosität wird auf eine unspezifische, reversible Adsorption des Proteins an die Viruspartikel-Oberfläche zurückgeführt, wodurch die „Haftfähigkeit" der Partikel an den infizierbaren Stellen vermindert wird. Die Erhöhung der Infektiosität scheint darauf zu beruhen, daß an den infizierbaren Stellen günstigere Bedingungen für eine TMV-Infektion geschaffen werden. Dieser Effekt ist spezifisch für das TMV-Protein und wird offenbar durch kein anderes Protein hervorgerufen (HOLUBECK).

Über eine Inaktivierung von TMV-RNS durch Tomatenplastiden berichteten RYZKOV u. LOIDINA. Sie finden andererseits, daß die Plastiden von Löwenzahn und Flieder und auch käufliche RNS und DNS die TMV-RNS stabilisieren und ihren Infektionstiter erhalten. Die stabilisierende Wirkung der Plastiden wird selbst nach fünfminütigem Erhitzen auf 100° C nicht zerstört.

Literatur

Zusammenfassende Darstellungen

ANDERER, F. A.: Advanc. Protein Chem. **18**, 1 (1963).

BAWDEN, F. C.: 4th. Edition. 361 S. New York: The Ronald Press Co. 1964. — BRANDES, J.: Mitt. Biol. Bundesanst. f. Land- u. Forstw. Berlin-Dahlem, H. 110, 130 S. (Jan. 1964).

CASPAR, D. L. D.: Advanc. Protein Chem. **18**, 37 (1963). — CORBETT, M. K., and H. D. SISLER: Plant Virology. 527 S. Gainesville: Eds. University of Florida Press 1964.

DIENER, T. O.: Ann. Rev. Phytopath. **1**, 197 (1963).

KASSANIS, B.: Advanc. Virus. Res. **10**, 219 (1963). — KNIGHT, C. A.: Chemistry of Viruses, Protoplasmatologie IV, 177 S. Wien: Springer-Verlag 1963. — KÖHLER, E.: Allgemeine Viruspathologie der Pflanzen. 178 S. Berlin/Hamburg: Paul Parey 1964.

MARKHAM, R.: Progr. Nucleic Acid Res. **2**, 61 (1963). — MUNDRY, K. W.: Ann. Rev. Phytopath. **1**, 173 (1963).

PRICE, W. C.: Advanc. Virus Res. **10**, 171 (1963).

SOMMEREYNS, G.: Les virus des végétaux. 245 S. Gembloux/Belgien: J. Duculot 1964. — SYMONS, R. H.: Rev. pure appl. Chem. **13**, 211 (1963).

WATSON, J. D.: Science **140**, 17 (1963). — WITTMANN, H. G.: Naturwissenschaften **50**, 76 (1963).

Originalarbeiten

AACH, H. G., G. FUNATSU, M. W. NIRENBERG, and H. FRAENKEL-CONRAT: Biochemistry **3**, 1362 (1964). — ABEL, PAMELA, and T. A. TRAUTNER: Z. Vererbungsl. **95**, 66 (1964). — AGRAWAL, H., and D. Z. MAAT: Nature (Lond.) **202**, 674 (1964). — AHMED, M. E., L. M. BLACK, E. G. PERKINS, B. L. WALKER, and F. A. KUMMEROW: Biochem. biophys. Res. Commun. **17**, 103 (1964). — AMMAN, J., H. DELIUS, and P. H. HOFSCHNEIDER: J. molec. Biol. **10**, 557 (1964). —ANDEREGG, J. W., M. WRIGHT, and P. KAESBERG: Biophys. J. **3**, 175 (1963). — ANDERER, F. A.: Z. Naturforsch. **18** b, 1010 (1963); — Biochim. Biophys. Acta **71**, 246 (1963). — ANDERER, F. A., u. D. HANDSCHUH: Z. Naturforsch. **18** b, 1015 (1963). — ANDERER, F. A., O. KRATKY u. R. LO: Z. Naturforsch. **19** b, 906 (1964). — ANDERER, F. A., B. WITTMANN-LIEBOLD u. H. G. WITTMANN: In Vorbereitung. — ANSEVIN, A. T., and M. A. LAUFFER: Biophys. J. **3**, 239 (1963). — APP, A. A., and A. T. JAGENDORF: Biochim. Biophys. Acta **76**, 286 (1963). — ASTIER-MANIFACIER, S., et P. CORNUET: a) C. R. Acad. Sci (Paris) **258**, 2231 (1964); b) **259**, 4401 (1964); — c) Biochem. biophys. Res. Commun. **18**, 283 (1965).

BABOS, P., and B. KASSANIS: Virology **20**, 498 (1963). — BALD, J. G.: a) Virology **22**, 377 (1964); b) **22**, 388 (1964). — BALTIMORE, D.: Proc. Natl. Acad. Sci. U.S. **51**, 450 (1964). — BALTIMORE, D., Y. BECKER, and J. E. DARNELL: Science **143**, 1034 (1964). — BALTIMORE, D., and R. M. FRANKLIN: a) Biochem. biophys. Res. Commun. **9**, 388 (1962); — b) J. biol. Chem. **238**, 3395 (1963). — BALTIMORE, D., H. J. EGGERS, R. M. FRANKLIN, and I. TAMM: Proc. nat. Acad. Sci. (Wash.) **49**, 843 (1963). — BANCROFT, J. B.: Virology **22**, 641 (1964). — BANCROFT, J. B., and J. L. KEY: Nature (Lond.) 202, 729 (1964). — BANDURSKI, R. S., and S. C. MEHESHAWARI: Plant Physiol. 37, 556 (1962). — BARTELS, R.: Phytopath. Z. 49, 257 (1964). — BAYREUTHER, K. E., and W. R. ROMIG: Science 146, 778 (1964). — BECAREVIC, A., B. DJORDJEVIC, and D. SUTIC: Nature (Lond.) 198, 612 (1963). — BEISS, U.: Phytopath. Z. 49, 29 (1963/64). — BELL, A. A.: Phytopathology 54, 914 (1964). — BENDA, G. T. A., and C. W. BENNETT: Virology 24, 97 (1964). — BERCKS, R., u. J. BRANDES: Phytopath. Z. 47, 381 (1963). — BEST, R. J., and G. F. KATEKAR: Nature (Lond.) 203, 671 (1964). — BEST, R. J., and B. A. PALK: Virology 23, 445 (1964). — BETTO, E., G. BELLI, G. G. CONTI, G. GIUSSANI et G. VEGETTI: Riv. Pat. veg. 4, 269 (1964). — BETTO, E., et G. GIUSSANI: Phytopath. Z. 51, 90 (1964). — BLACK, L. M., M. K. BRAKKE, and A. E. VATTER: Virology 20, 120 (1963). — BLACK, L. M., and R. MARKHAM: Netherl. J. Plant Path. 69, 215 (1963). — BOZARTH, R. F., and T. O. DIENER: Virology 21, 188 (1963). — BOZARTH, R. F., and A. F. ROSS: Virology 24, 446 (1964). — BRAMMER, K. W.: Biochim. biophys. Acta 72, 217 (1963). — BRANDES, J.: Phytopath. Z. 47, 84 (1963). — BRANDES, J., M. R. PHILLIPPE u. H. H. THORNBERRY: Phytopath. Z. 50, 181 (1964). — BRANDES, J., u. C. WETTER: Phytopath. Z. 49, 61 (1963). — BRANTS, D. H.: a) Virology 20, 388 (1963); b) 23, 588 (1964). — BRYAN, J. K., G. B. SHEARER, and B. COMMONER: Virology 22, 67 (1964).

CADMAN, C. H.: Ann. Rev. Phytopath. 47, 207 (1963). — CAMPBELL, R. N.: Phytopathology 54, 1418 (1964). — CHAMBERS, T. C., R. I. B. FRANCKI, and J. W. RANDLES: Virology 25, 15 (1965). — CHANDRA, N., and A. C. HILDEBRANDT: Nature (Lond.) 206, 325 (1965). — CHEO, P. C., and R. C. LINDNER: Virology 24, 414 (1964). — CHESSIN, M., R. A. SOLBERG, and P. C. FISCHER: Phytopathology 53, 988 (1963). — CHESSIN, M., R. A. SOLBERG, and M. JAKOBSON: Nature (Lond.) 202, 8301 (1964). — CHIU, R., and W. H. SILL: Phytopathology 53, 1285 (1963). — CLOSE, R.: Ann. appl. Biol. 53, 151 (1964). — COCHRAN, G. W.: Abstr. of a paper presented at 7th Ann. Symp. Fund. Cancer. Res. Houston, Texas. Febr. 20.—22., 1963. — COCHRAN, G. W., AMRIK SINGH DHALIWAL, J. H. VENEKAMP, J. L. CHIDESTER, and HELEN LU-SHENG WANG: Phytopathology 54, 890 (1964). — COOPER, S., and N. D. ZINDER: Virology 20, 605 (1963). — CORBETT, M. K.: Virology 22, 539 (1964). — CREMER, M. C., and J. A. VAN DER VEKEN: Netherl. J. Plant Path. 70, 105 (1964). — CRUICKSHANK, I. A. M.: Ann. Rev. Phytopath. 1, 351 (1963).

DAFT, M. J.: Ann. appl. Biol. 52, 393 (1963). — DAHL, D., and C. A. KNIGHT: Virology 21, 580 (1963). — DELIUS, H., and P. H. HOFSCHNEIDER: J. molec. Biol. 10, 554 (1964). — DIENER, T. O., H. A. SCOTT, and J. M. KAPER: Virology 22, 171 (1965). — DÖRING, B., u. H. WARTENBERG: Phytopath. Z. 47, 371 (1963). — DUNN, D. B., and J. H. HITCHBORN: Virology 25, 171 (1965).

EASON, R., M. S. CLINE, and R. M. S. SMELLIE: Nature (Lond.) 198, 479 (1963). — EISENSTADT, J., and G. BRAWERMAN: Biochim. biophys. Acta 76, 319 (1963). — ENGELBRECHT, A. H. P., and K. ESAU: Virology 21, 43 (1963).

FACCIOLI, G.: Ric. sci. Ser. 2, Parte II B, 4, 657 (1964). — FANTES, K. H., and C. F. O'NEILL: Nature (Lond.) 203, 1048 (1964). — FARKAS, G. L., Z. KIRALY, and F. SOLYMOSY: Virology 12, 408 (1960). — FASSELL, G. N., and S. G. WILDMAN: Biochim. biophys. Acta 72, 230 (1963). — FENWICK, M. L., R. L. ERIKSON, and R. M. FRANKLIN: Science 146, 527 (1964). — FINCH, J. T.: J. molec. Biol. 8, 872 (1964). — FOLLMANN, G., u. V. VILLAGRÁN: Naturwissenschaften 51, 543 (1964). — FORD, R. E., and D. F. BATEMAN: Phytopathology 54, 1405 (1964). —FRAENKEL-CONRAT, H., and B. SINGER: Virology 23, 354 (1964). — FRANCKI, R. I. B.: Virology 24, 193 (1964). — FREITAG, J. H.: Virology 24, 401 (1964). — FRY, P. R., and R. E. F. MATTHEWS: Virology 19, 461 (1963). — FUKUSHI, T., and E. SHIKATA: Virology 21, 500 (1963). — FUNATSU, G., and H. FRAENKEL-CONRAT: Biochemistry 3, 1356 (1964). — FUNATSU, G., A. TSUGITA, and H. FRAENKEL-CONRAT: Arch. Biochem. 105, 25 (1964). — FURUMOTO, W. A., and S. G. WILDMAN: a) Virology 20, 45 (1963); b) 20, 53 (1963).

GALVEZ, G. E.: Phytopathology 53, 388 (1963). — GAMATOS, P. J., and I. TAMM: Proc. nat. Acad. Sci. (Wash.) 50, 878 (1963). — GEROLA, F. M., M. BASSI, and E. BETTO: Phytopath. Z. 51, 192 (1964). — GIBBS, A. J., B. KASSANIS, H. L. NIXON, and R. D. WOODS: Virology 20, 194 (1963). — GIBBS, A. J., H. L. NIXON, and R. D. WOODS: Virology 19, 441 (1963). — GILL, C. C.: Canad. J. Bot. 43, 201

(1965). — GONZALES, L. C., and G. S. POUND: Phytopathology 53, 1041 (1963). — GOODING, G. V.: Phytopathology 53, 475 (1963). — GOVIER, D. A.: Virology 19, 561 (1963). — GROGAN, R. G., and K. A. KIMBLE: Phytopathology 54, 75 (1964). — GROGAN, R. G., J. K. UYEMOTO, and K. A. KIMBLE: Virology 21, 36 (1963). — GUPTA, D. R.: Naturwissenschaften 51, 111 (1964).

HAKKAART, F. A., and F. QUAK: Netherl. J. Plant Path. 70, 154 (1964). — HAMPTON, R. E., R. SUSENO, and D. M. BRUMAGEN: Phytopathology 54, 1062 (1964). — HART, R. G.: Virology 20, 636 (1963). — HARUNA, I., K. NOZU, Y. OHTAKA, and S. SPIEGELMAN: Proc. nat. Acad. Sci. (Wash.) 50, 905 (1963). — HASELKORN, R., and V. A. FRIED: Proc. nat. Acad. Sci. (Wash.) 51, 308 (1964). — HASELKORN, R., V. A. FRIED, and J. E. DAHLBERG: Proc. nat. Acad. Sci. (Wash.) 49, 511 (1963). — HAYASHI, T., and C. MATSUI: Virology 21, 525 (1963). — HAYASHI, Y.: Virology 21, 226 (1963). — HECHT, E. I., and D. F. BATEMAN: Phytopathology 54, 523 (1964). — HEILING, A., W. STEUDEL u. R. THIELEMANN: Phytopath. Z. 49, 374 (1963/64). — HELMS, K., and G. A. MCINTRYRE: Virology 23, 565 (1964). — HEROLD, F., and J. WEIBEL: Phytopathology 53, 469 (1963). — HIBINO, H., and C. MATSUI: Virology 24, 102 (1964). — HIRAI, T., and S. G. WILDMAN: Plant Cell Physiol. 4, 265 (1963). — HIRAI, T., N. SUZUKI, I. KIMURA, M. NAKAZAWA, and Y. KASHIWAGI: Phytopathology 54, 367 (1964). — HOLLINGS, M.: Nature 196, 962 (1962). — HOLMES, K. C., and R. LEBERMAN: J. molec. Biol. 6, 439 (1963). — HOLOUBEK, V.: Nature (Lond.) 203, 499 (1964). — HORN, P., L. HIRTH et P. CANALS: Ann. Inst. Pasteur 105, 99 (1963). — HRŠEL, I., and J. BRCAK: Virology 23, 252 (1964). — HUDSON, W., Y. T. KIM, R. SMITH, and S. G. WILDMAN: Biochim. biophys. Acta 76, 257 (1963).

IE, T. S.: Netherl. J. Plant Path. 70, 114 (1964). — INCARDONA, N. L., and P. KAESBERG: Biophys. J. 4, 11 (1964).

JEDLINSKI, H.: Virology 22, 331 (1964). — JENNINGS, A. C., and R. J. BEST: Virology 24, 205 (1964). — JIA-HSI, WU, and W. HUDSON: Virology 20, 158 (1963).— JOCKUSCH, H.: Z. Vererbungslehre 95, 379 (1964). — JOHNSON, M. W.: Virology 24, 26 (1964). — JOHNSON, M. W., and G. J. HILLS: Virology 21, 517 (1963).

KAERNER, H. C., and H. HOFFMANN-BERLING: a) Nature 202, 1012 (1964); — b) Z. Naturforsch. 19 b, 593 (1964). — KAMMEN, A. VAN, and D. BROUWER: Virology 22, 9 (1964). — KAMMEN, A. VAN, and W. N. TAKAHASHI: Phytopathology 54, 1437 (1964). — KARAS, J. G., C. L. HAMNER, D. J. DE ZEEUW, and H. M. SELL: Nature (Lond.) 203, 1197 (1964). — KARASEK, M.: Biochim. biophys. Acta 78, 644 (1963). — KASSANIS, B., and G. W. WELKIE: Virology 21, 540 (1963). — KELLY, R. B., and R. SINSHEIMER: J. molec. Biol. 8, 602 (1964). — KIM, Y. T., and S. G. WILDMAN: Biochem. biophys. Res. Commun. 8, 394 (1962). — KIRALY, Z., and J. SZIRMAI: Virology 23, 286 (1964). — KIRKPATRICK, H. C., G. I. MINK, and R. C. LINDNER: Phytopathology 55, 286 (1965). — KITAJIMA, E. W., D. M. SILVA, A. R. OLIVEIRA, G. M. MÜLLER, and A. S. COSTA: Nature (Lond.) 201, 1011 (1964). — KLECZKOWSKI, A.: Photochem. Photobiol. 2, 497 (1963); — Immunology 8, 170 (1965). — KLEINSCHMIDT, A. K., T. H. DUNNEBACKE, R. S. SPENDLOVE, F. L. SCHAFFER, and R. F. WHITCOMB: J. molec. Biol. 10, 282 (1964). — KODAMA, T., and J. B. BANCROFT: Virology 22, 23 (1964). — KÖHLER, E.: a) Phytopath. Z. 50, 86 (1964); b) 51, 195 (1964). — KOENIG, R., and W. C. MUELLER: Phytopathology 54, 1223 (1964). — KOZLOWSKA, A.: Phytopath. Z. 49, 73 (1963/64). — KUEHL, L. R.: Z. Vererbungsl. 96, 93 (1965). — KUHN, C. W.: Phytopathology 54, 853 (1964); — Virology 25, 9 (1965).

LEE, P. E.: Virology 23, 145 (1964). — LI, Y.-Y.: Phytopath. Z. 49, 303 (1963/64). — LISTER, R. M.: Ann. appl. Biol. 54, 167 (1964). — LOEBENSTEIN, G.: Phytopathology 53, 306 (1963). — LOEBENSTEIN, G., and A. F. ROSS: Virology 20, 507 (1963).

MACLEOD, R., G. J. HILLS, and R. MARKHAM: Nature (Lond.) 200, 932 (1963). — MARKHAM, R., J. H. HITCHBORN, G. J. HILLS, and S. FREY: Virology 22, 342 (1964). — MARTIN, M. M.: Virology 22, 645 (1964). — MATSUI, C., and A. YAMAGUCHI: a) Virology 22, 40 (1964); b) 23, 346 (1964). — MATTHEWS, R. E. F., E. T. BOLTON, and H. R. THOMPSON: Virology 19, 179 (1963). — MENKE, G. H., and J. C. WALKER: Phytopathology 53, 1349 (1963). — MIKI, T., and C. A. KNIGHT: Virology 25, 480 (1965). — MILLIKAN, D. F., and E. E. PICKETT: Phytopath. Z.

50, 89 (1964). — MINK, G. I., H. B. BANCROFT, and M. J. NADAKAVUKAREN: Phytopathology **53**, 973 (1963). — MITRA, S., and P. KAESBERG: Biochem. biophys. Res. Commun. **11**, 146 (1963). — MONTAGNIER, L., and F. K. SANDERS: Nature (Lond.) **199**, 664 (1963). — MOYER, R. H., R. A. SMITH, J. SEMAL, and Y. T. KIM: Biochim. biophys. Acta **91**, 217 (1964). — MÜLLER, K. O.: a) Phytopath. Z. **27**, 237 (1956); b) Recent Advances in Botany I, 396. Toronto: Univ. of Toronto Press 1961. — MÜLLER, W. J.: Proc. nat. Acad. Sci. (Wash.) **51**, 501 (1964).

NAGARAJ, A. N.: Virology **25**, 133 (1965). — NATHANS, D., G. NOTAIN, I. SCHWARTZ, and N. ZINDER: Proc. nat. Acad. Sci. (Wash.) **48**, 1424 (1962). — NIENHAUS, F., and C. E. YARWOOD: Virology **20**, 477 (1963). — NIRENBERG, M. W., and J. H. MATTHAEI: Proc. nat. Acad. Sci. (Wash.) **47**, 1588 (1961). — NOVAK, J.: Phytopath. Z. **51**, 41 (1964). — NYLAND, G.: Science **137**, 598 (1962).

OFENGAND, J., and R. HASELKORN: Biochem. biophys. Res. Commun. **6**, 469 (1962). — OPEL, H., H. B. SCHMIDT u. H. KEGLER: Phytopath. Z. **49**, 105 (1963). — ORLOB, G. B.: Virology **21**, 291 (1963). — OS, H. VAN: Netherl. J. Plant Path. **70**, 18 (1964).

PAUL, H. L.: Phytopath. Z. **49**, 161 (1963). — PAUL, H. L., u. C. WETTER: Phytopath. Z. **49**, 401 (1964). — PETERS, D., and F. L. DIELEMAN: Netherl. J. Plant Path. **69**, 279 (1963). — PROLL, E., u. J. RICHTER: Zbl. Bakt. II. Abt. **118**, 397 (1964). — PROLL, E., and H. B. SCHMIDT: Virology **23**, 103 (1964).

RAGETLI, H. W. J., and M. WEINTRAUB: Virology **18**, 241 (1962); — Science **144**, 1023 (1964). — RALPH, R. K., and R. E. F. MATTHEWS: Biochem. biophys. Res. Commun. **12**, 287 (1963). — RAPPAPORT, I., A. SIEGEL, and R. HASELKORN: Virology **25**, 325 (1964). — RAUWS, A. G., E. M. J. JASPARS, and H. VELDSTRA: Virology **23**, 283 (1964). — REDDY, K. K.: a) Proc. nat. Acad. Sci. (Wash.) **50**, 75 (1963); b) **50**, 419 (1963); c) **51**, 619 (1964); d) **52**, 397 (1964). — REDDY, K. K., and Y. V. ANJANEYALU: Biochim. biophys. Acta **72**, 33 (1963). — REDDY, K. K., and L. J. MAUSER: Proc. nat. Acad. Sci. (Wash.) **53**, 607 (1965). — REGENMORTEL, M. H. V. VAN: Virology **23**, 495 (1964). — REGENMORTEL, M. H. V. VAN, A. C. NEL, and J. S. HAHN: S. Afr. J. Agr. Sci. **7**, 817 (1964). — REICHMANN, M. E.: Proc. nat. Acad. Sci. (Wash.) **52**, 1009 (1964); — Virology **25**, 168 (1965). — RENTSCHLER, L.: In Vorbereitung. — ROBB, S. M.: a) Ann. appl. Biol. **52**, 145 (1963); — b) Virology **23**, 141 (1964). — ROCHOW, W. F., and M. K. BRAKKE: Virology **24**, 310 (1964). — RUPPEL, E. G., and D. J. HAGEDORN: Phytopathology **53**, 245 (1963). — RUSSELL, G. E., and J. BELL: Virology **21**, 283 (1963). — RYZKOV, V. L., u. G. I. LOIDINA: Phytopath. Z. **49**, 101 (1963/64).

SÄNGER, H. L., and C. A. KNIGHT: Biochem. biophys. Res. Commun. **13**, 455 (1963). — SAFFERMAN, R. S., and M. E. MORRIS: Science **140**, 679 (1963). — SANDER, E.: Virology **24**, 545 (1964). — SANDER, E., u. G. SCHRAMM: Z. Naturforsch. **18 b**, 199 (1963). — SARKAR, S.: Virology **21**, 510 (1963). — SCHMIDT, H. B., u. K. SCHMELZER: Phytopath. Z. **50**, 191 (1964). — SCHNEIDER, I. R., T. O. DIENER, and R. S. SAFFERMAN: Science **144**, 1127 (1964). — SCHUSTER, H., and R. WILHELM: Biochim. biophys. Acta **68**, 554 (1963). — SCHWARTZ, J. J., J. M. EISENSTADT, G. BRAWERMAN, and N. D. ZINDER: Proc. nat. Acad. Sci. (Wash.) **53**, 195 (1965). — SCOTT, H.: Virology **20**, 103 (1963). — SEHGAL, O. P.: Phytopathology **54**, 907 (1964). — SEHGAL, O. P., and A. SIEGEL: Nature (Lond.) **202**, 472 (1964). — SELA, I., I. HARPAZ, and Y. BIRK: a) Virology **22**, 446 (1964); b) **25**, 80 (1965). — SELMAN, I. W.: Ann. appl. Biol. **53**, 67 (1964). — SEMAL, J.: a) Virology **20**, 378 (1963); — b) Netherl. J. Plant Path. **70**, 180 (1964). — SEMAL, J., D. SPENCER, Y. T. KIM, R. H. MOYER, R. A. SMITH, and S. G. WILDMAN: Virology **24**, 155 (1964). — SEMAL, J., D. SPENCER, Y. T. KIM, and S. G. WILDMAN: Biochim. biophys. Acta **91**, 205 (1964). — SEMANCIK, J. S., and J. B. BANCROFT: Virology **22**, 33 (1964). — SENGBUSCH, P. VON: Im Druck. — SENGBUSCH, P. VON, and H. G. WITTMANN: Biochem. biophys. Res. Commun. **18**, 780 (1965). — SHAPIRO, R.: J. Amer. chem. Soc. **46**, 2948 (1964). — SHEPHERD, R. J.: Phytopathology **53**, 865 (1963). — SHIKATA, E., S. W. ORENSKI, H. HIRUMI, J. MITSUHASHI, and K. MARAMOROSCH: Virology **23**, 441 (1964). — SHIMOMURA, T., and T. HIRAI: Phytopath. Z. **49**, 421 (1963/64). — SHIPP, W., and R. HASELKORN: Biochemistry **52**, 401 (1964). — SIMONS, J. N., R. SWIDLER, and L. M. MOSS: Phytopathology **53**, 677 (1963). —

SINHA, R. C., and L. M. BLACK: Virology **21**, 183 (1963). — SMITH, S. H., and D. E. SCHLEGEL: a) Phytopathology **54**, 1273 (1964); b) **54**, 1437 (1964); c) Science **145**, 1058 (1964). — SPENCER, D., and S. G. WILDMAN: Biochemistry 3, 954 (1964). — SPRAGUE, G. F., H. H. MCKINNEY, and L. GREELEY: Science **141**, 1052 (1963). — STAPLES, R., and M. BRAKKE: Phytopathology **53**, 969 (1963). — STEERE, R. L.: Science **140**, 1089 (1963). — STUBBS, J. D., and P. KAESBERG: J. molec. Biol. **8**, 314 (1964). — SUTIC, D., and B. DJORDJEVIC: Nature (Lond.) **203**, 434 (1964). — SYMONS, R. H., M. H. REES, M. N. SHORT, and R. MARKHAM: J. molec. Biol. **6**, 1 (1963).

TAKAHASHI, T., and T. HIRAI: a) Virology **19**, 431 (1963). — b) Physiol. Plantarum **17**, 63 (1964). — TANIGUCHI, T.: Virology **22**, 245 (1964). — THOMSON, A. D., and M. K. REYNOLDS: N. Z. J. Agr. Res. **6**, 394 (1963). — TOMITA, K. I., and A. RICH: Nature (Lond.) **201**, 1160 (1964). — TOMLINSON, J. A.: Ann. appl. Biol. **53**, 95 (1964). — TSAO, P. W.: Phytopathology **53**, 243 (1963). — TSUGITA, A., H. FRAENKEL-CONRAT, N. W. NIRENBERG, and J. H. MATTHAEI: Proc. nat. Acad. Sci. (Wash.) **48**, 846 (1962). — TSUNG, C. M., G. FUNATSU, and J. D. YOUNG: Arch. Biochem. **105**, 42 (1964).

ULLRICH, J., u. L. QUANTZ: Phytopath. Z. **51**, 1 (1964).

VENEKAMP, J. H., and W. H. W. MOSCH: Virology **19**, 316 (1963); **22**, 503 (1964); **23**, 394 (1964); — Phytopathology **54**, 608 (1964). — VERMEULEN, H., and W. M. HAEN: Netherl. J. Plant Path. **70**, 185 (1964).

WARNER, D. T.: J. theor. Biol. **6**, 118 (1964). — WEBER, F. N., R. M. ELTON, H. G. KIM, R. D. ROSE, R. L. STEERE, and D. W. KUPKE: Science **140**, 1090 (1963). — WEINTRAUB, M., and H. W. J. RAGETLI: Phytopathology **54**, 870 (1964). — WEISSMANN, C., and P. BORST: Science **142**, 1188 (1963). — WEISSMANN, C., P. BORST, R. H. BURDON, M. A. BILLETER, and S. OCHOA: a) Proc. nat. Acad. Sci. (Wash.) **51**, 682 (1964); b) **51**, 890 (1964). — WEISSMANN, C., L. SIMON, and S. OCHOA: Proc. nat. Acad. Sci. (Wash.) **49**, 407 (1963). — WHITFELD, P. R., and S. WILLIAMS: Virology **21**, 156 (1963). — WITTEKIND, D.: Naturwissenschaften **50**, 270 (1963). — WITTMANN, H. G.: Z. Vererbungsl. **95**, 333 (1964); — Im Druck. — WITTMANN, H. G., J. JAUREGUI-ADELL u. B. WITTMANN-LIEBOLD: Im Druck. — WITTMANN-LIEBOLD, B., u. H. G. WITTMANN: Z. Naturforsch. **18** b, 1032 (1963); — Z. Vererbungsl. **94**, 427 (1963) im Druck. — WITZ, J., L. HIRTH, and V. LUZZATTI: J. molec. Biol. **11**, 613 (1965). — WU, J.-H., and S. G. WILDMAN: Nature (Lond.) **199**, 1015 (1963).

YAMAGUCHI, A., T. KIKUMOTO, and C. MATSUI: Virology **20**, 143 (1963). — YAMAZAKI, H., and P. KAESBERG: J. molec. Biol. **6**, 465 (1963); **7**, 760 (1963). — YARWOOD, C. E.: Virology **20**, 621 (1963). — YOUNG, J. D., E. BENJAMIN, M. SHIMIZU, C. Y. LEUNG, and B. F. FEINGOLD: Nature (Lond.) **199**, 831 (1963).

ZAITLIN, M., and W. R. FERRIS: Science **143**, 1451 (1964). — ZAITLIN, M., and A. SIEGEL: Phytopathology **53**, 224 (1963).

2. Cytogenetik

Von GERHARD RÖBBELEN, Göttingen

Da der vorjährige Bericht die Genomanalyse und Polyploidie besonders berücksichtigte, behandelt die folgende Darstellung die wichtigsten Fortschritte auf dem Gebiet der chromosomalen Strukturumbauten. Eine allgemeine Einführung in den derzeitigen Stand der Cytogenetik bietet — keineswegs auf die enge Umgrenzung des Titels „Chromosome Marker" beschränkt — das anregende, unkonventionelle Lehrbuch von LEWIS u. JOHN. Hingewiesen sei auch auf zusammenfassende Darstellungen über die Cytogenetik von B-Chromosomen (BATTAGLIA), das Gebiet der chromosomalen Mutagenese [RIEGER (2)] und die cytogenetischen Wirkungen von Alkylalkansulfonaten (MOUTSCHEN). Mehrere lesenswerte Referate zur speziellen Cytogenetik von Gerste und Reis sind in den Proceedings des 1st Intern. Barley Genetics Symposium (Wageningen 1963) und des Symposium on Rice Genetics and Cytogenetics (Los Baños, Philippinen, 1963) enthalten. Zu einer wertvollen Monographie stellte NILAN die Literatur der letzten 10 Jahre (1951 bis 1962) über die Cytologie und Genetik der Gerste zusammen.

Chromosomenpaarung, Chiasmabildung und Crossing-over

Seit der Formulierung der *Chiasma-Theorie des genetischen Crossing-overs* durch DARLINGTON im Jahre 1930 ist die Fülle der experimentellen Befunde, die in dieser Vorstellung eine einfache Deutung fanden, nahezu unübersehbar geworden. Das hat vielfach dazu verleitet, diese Hypothese, deren heuristischer Wert für die Cytogenetik zwar kaum überschätzt werden kann, auch in ihren cytologischen Details für ein beobachtetes Faktum zu halten. In den letzten Jahren (vgl. Fortschr. Bot. **24**, 345; **26**, 226f) mehrten sich jedoch die Stimmen, die die bisherigen Vorstellungen von der Entstehung der Chiasmen im Pachytän und ihrer genetischen Relevanz in Frage ziehen.

Schon 1949 erbrachte COOPER erstmals den Nachweis, daß chiasmaähnliche Strukturen in den Neuroblasten und Spermatocyten von *Drosophila melanogaster* gebildet werden, ohne daß gleichzeitig auch ein genetischer Austausch auftritt. Dieser Befund wurde erneut [COOPER (2)] erhärtet und dahingehend erweitert, daß die Orte solcher „nicht-chiasmatischen" Verbindungen nicht zufällig, sondern in kartierbaren, linearen Abständen über das Heterochromatin der Geschlechtschromosomen verteilt liegen. Wie jedoch die Längsdifferenzierung eines Chromosoms beschaffen ist, die sich bei der Paarung als „Homologie" äußert, ist auch im „Normalfall" noch völlig unklar. Für gewöhnlich postuliert man für die Homologie die gleiche physikochemische Grundlage wie für die genetische Spezifität, was aber weder bewiesen noch widerspruchsfrei ist (vgl. MENZEL). Denn wenn beide Phänomene auf die DNS zurückgehen, durch Veränderungen am DNS-Molekül aber Mutationen entstehen können, sollte eine zunehmende Heterozygotie, die ja auf solchen „Punktmutationen" beruht, einen geringeren Grad an

Homologie zur Folge haben. Es wird aber allgemein stillschweigend vorausgesetzt, daß die Homologie zweier Chromosomen nicht durch eine erhöhte Heterozygotie beeinträchtigt wird, solange die letztere keine Aberrationen in der Längsgliederung des Chromosoms einschließt.

Ohne Zweifel ist für cytogenetische Arbeiten der Begriff der Homologie nach wie vor nützlich, ja bislang unentbehrlich. Die Frage aber, auf welche Weise und in welchem Maße die Homologie von zwei Paarungspartnern in ihrer strukturellen Übereinstimmung begründet ist, wird heute wohl kaum so überzeugend wie noch vor einigen Jahren zu beantworten sein. Diese zunehmende Unsicherheit beruht zunächst auf der Beobachtung, daß zahlreiche andersartige Faktoren für die Paarung und Chiasmabildung mitverantwortlich sind. So ermittelten GOTTSCHALK u. JAHN bei *Pisum*-Mutanten erneut Gene für Desynapsis. Beim hexaploiden Saathafer (2n = 42, AABBCC) trägt der lange Schenkel des Chromosoms c Gene, deren Funktion Voraussetzung für eine reguläre Paarung sind, so daß in *c* nullisome Pflanzen als „asynaptisch" beschrieben wurden. NISHIYAMA u. TABATA kreuzten solche Nullisomen mit *A. barbata* (2n = 28, AAB'B') und beobachteten in der Meiose der pentaploiden Bastarde die gleiche Paarungshäufigkeit in Pflanzen mit 34 (ohne c) wie in denen mit 35 Chromosomen. Das Genom von *A. barbata* besitzt demnach entsprechende „Paarungs"faktoren, die den Ausfall der Wirkungen des Chromosoms c von *A. sativa* kompensieren können.

Neue Beiträge zum Verständnis der genetischen Regulation der Paarung beim hexaploiden Kulturweizen (vgl. Fortschr. Bot. **26**, 224) veröffentlichten RILEY u. Mitarb. Durch Bestäubung 42 chromosomiger Pflanzen (AABBDD), die ein vollständiges und ein nur aus dem kurzen Schenkel bestehendes telocentrisches Chromosom 5B enthielten, mit Pollen von Formen, die zwei telocentrische 5B aus dem langen Schenkel besaßen, stellten RILEY u. CHAPMAN (1) F_1-Pflanzen (2n = 42) mit 2 telocentrischen Chromosomen aus einem langen bzw. einem kurzen Schenkel von 5B her. In deren Nachkommenschaft entstanden durch eine ungeregelte meiotische Verteilung der telocentrischen Univalente erstmalig auch Individuen, die für das kurze telocentrische Chromosom aus 5B mono- oder disom und für das lange defizient waren. Diese Formen, die die Autoren aus Pflanzen mit einem vollständigen und einem kurzen telocentrischen Chromosom 5B, vermutlich wegen Certation, niemals erhalten hatten, hatten nicht nur die gleiche Multivalentfrequenz wie Nullisome 5B (der kurze Schenkel von 5B trägt also tatsächlich nichts zur Unterdrückung der homoeologen Paarungen bei; vgl. Fortschr. Bot. **22**, 317). Sie besaßen gegenüber der vollkommenen Sterilität der Nullisomen 5B eine deutlich höhere Fertilität und ermöglichten damit, die im Rahmen theoretischer oder züchterischer Fragestellungen interessierenden homoeologen Rekombinationen im genetischen Versuch zu verfolgen. Daß die zunächst nur cytologisch beobachteten Rekombinationsvorgänge auch eine genetische Umkombination zur Folge haben, konnte LAW in den Nachkommenschaften von Pflanzen ohne Chromosom 5B und mit vier Chromosomen 5D (einer sog. nulli-5B tetra-5D Kompensationslinie) anhand der Unterschiede in der Pflanzenhöhe, Ährenzahl und Kornzahl je Ähre wahrscheinlich machen. Entsprechendes fanden RILEY, KIMBER u. LAW in Rückkreuzungsnachkommenschaften von *Triticum-Aegilops*-Bastarden.

Individuell sind die 21 Chromosomen des Weizens normalerweise nicht unterscheidbar. Die Möglichkeit jedoch, sie nach Verlust eines Schenkels im Mikroskop als telocentrische Einheiten zu erkennen, nutzten RILEY u. CHAPMAN (2), um die Homologiebeziehungen auch zwischen einzelnen Chromosomen der drei Weizengenome zu bestimmen. Da die cytogenetischen Wirkungen des Chromosoms 5B durch Anwesenheit eines Genoms von *Aegilops speltoides* (2n = 14) aufgehoben werden (Fortschr. Bot. **22**, 317), wurde ein Bastard (2n = 28) zwischen *T. aestivum* ♀ und *A. speltoides* hergestellt, in dem je zwei der 21 Weizen-Chromosomen telocentrisch waren. Waren die so markierten Chromosomen nicht homolog, so waren sie in der Meiose niemals in der gleichen Paarungsfigur vereint. Gehörten sie hingegen zur gleichen homoeologen Gruppe (z. B. jeweils die drei Chromosomen Nr. 3 oder 5 der Genome A, B und D), so fanden sie sich in charakteristischer Häufigkeit in Bivalenten, Trivalenten oder Quadrivalenten zusammen. Mit der gleichen cytologischen Markierungstechnik (42 chromosomige Weizenpflanzen mit 2 verschiedenen telocentrischen Chromosomen) bestätigten und erweiterten KEMPANNA u. RILEY ihren früheren Befund (Fortschr. Bot. **24**, 346f), daß in der Meiose nicht nur die differentielle Affinität bei der Primärpaarung, sondern auch das umstrittene Phänomen der Sekundärpaarung durch die Homologie der Chromosomen bestimmt wird. Die Sicherheit und Genauigkeit, mit der auf diese Weise beim Weizen die Homologiebeziehungen zwischen einzelnen Chromosomen nachweisbar sind, dürfte vorerst im Pflanzen- und Tierreich ohne Parallele sein.

Als kennzeichnend für die Bemühungen, in immer neuen Ansätzen das Wesen der Homologie näher zu definieren, sei ein Vergleich der meiotischen Chromosomenpaarung in diploiden und colchicin-induzierten allotetraploiden Bastarden zwischen *Lycopersicum esculentum* und *Solanum lycopersicoides* angeführt (MENZEL). In beiden Fällen waren im Pachytän nahezu sämtliche Chromosomen gepaart. In den Tetraploiden enthielten jedoch von 771 analysierten Bivalenten nur 13 Paare Chromosomen aus den beiden verschiedenen Elterngenomen (heteromorphe Bivalente). Diese ausgeprägte Vorzugspaarung innerhalb der elterlichen Genome war mit Hilfe des hohen „Auflösungsvermögens" der Pachytänanalyse (vgl. Fortschr. Bot. **24**, 335f) unmittelbar sichtbar und die spezifische Affinität augenscheinlich nicht durch differentielle Heterochromatinstrukturen oder erkennbare lineare Struktureigentümlichkeiten bedingt, sondern gleichförmig über die ganze Chromosomenlänge hin verteilt. Von besonderem Interesse war die hohe „Chiasma"frequenz je Bivalent in der Metaphase I: Während die entsprechenden Werte für die Ausgangsformen *S. lycopersicoides* 0,88 und für *L. esculentum* 0,61 betrugen, lagen sie im diploiden F_1-Bastard bei 0,55, im allotetraploiden aber mit 0,86 ebenso hoch wie in dem „dominanten" Elter. Demnach bildeten auch die Tomaten-Chromosomen in den allotetraploiden Pflanzen mehr Chiasmen als in ihrer diploiden Elternform. Die mikroskopisch sichtbare Pachytänpaarung der Chromosomen ist also keineswegs die einzige Voraussetzung für eine normale Chiasmabildung.

Es hat deshalb auch in den vergangenen Jahren nicht an Versuchen gefehlt, für die Vorgänge bei Chiasmaentstehung und Crossing-over weitere Bedingungen aufzuweisen. Von den äußeren Faktoren wurden erneut das Ionenmilieu (Ca^{++}, Mg^{++} bei Gerste: ONDREJ; EDTA bei *Neurospora*: PRAKASH) oder die Temperatur [*Sphaerocarpus*: ABEL (2), ABEL u. ROTHE; *Neurospora*: TOWE u. STADLER] geprüft. Da sich jedoch beispielsweise bei *Sphaerocarpus* die Temperaturänderung auf den Austausch in 4-Faktorkreuzungen bei centromernahen Chromosomenabschnitten wesentlich stärker als bei centromerfernen auswirkte [ABEL (2)], scheint der Rekombinationsvorgang hier nur mittelbar über andere temperaturabhängige physiologische Prozesse betroffen zu sein. Von besonderem Interesse sind in diesem Zusammenhang wiederum Beobachtungen am Weizen, die auf ein genetisches System hinweisen, das die meiotische Paarung gegenüber der Wirkung niederer Temperaturen stabilisiert (RILEY, KIMBER u. LAW). Während die Chiasmafrequenzen euploider Pflanzen bei Kultur in 15°, 20° oder 25° C keine signifikanten Differenzen erkennen ließen, waren die Werte für nullisome-5D-tetrasome-5B Pflanzen nur bei 25° C vergleichbar hoch und fielen bei 15° C auf eine fast vollständige Desynapsis ab. Da tetrasome-5B Individuen keine derartige Temperaturabhängigkeit zeigten, scheint das Chromosom 5D für den Effekt verantwortlich zu sein. Sieht man Veränderungen der Chiasmahäufigkeit als Ausdruck für eine nicht sichtbare Beeinflussung der Paarungsbedingungen an, so liegt die Verwandtschaft der Wirkungen dieser auf Chromosom 5D lokalisierten Faktoren mit dem oben genannten genetischen System auf dem homoeologen Chromosom 5B (s. S. 292) auf der Hand.

Seit langen bekannt sind Temperaturwirkungen auf die Chromosomenstruktur bei *Trillium*-Arten. Entgegen der Hypothese von einer labilen DNS (Fortschr. Bot. **24**, 340) stellten WOODARD u. SWIFT fest, daß weder nach Kältebehandlung die mikrophotometrisch bestimmbare DNS-Menge abnimmt, noch auch bei Verschwinden der Differentialsegmente in Zimmertemperatur autoradiographisch mit ^{3}H-Thymidin eine DNS-Neusynthese nachzuweisen ist. Die „Kältesegmente" entstehen bei *Trillium* also vermutlich durch eine lokalisierte Entspiralisation. Diese Allozyklie des Heterochromatins, die TAKEHISA auch als Ursache für eine differentielle Chromosomenkondensation in *Petunia*-Hybriden anführt, vermittelt bei *Trillium*, wie DYER (1, 2) aus dem Vergleich verschiedener Arten schließt, offenbar spezifische ökologische Vorteile. Generell kommen derartige „H-" (Heterochromatin-) Segmente vornehmlich bei Pflanzen und Tieren mit großen Chromosomen vor, die zudem auch bei niederen Temperaturen durch eine besondere mitotische und meiotische Aktivität ausgezeichnet sind. Dementsprechend läuft der Heterochromatingehalt bei *Trillium* nicht nur dem evolutionistischen Alter der Art (spezialisierte Arten werden für älter als solche mit einem ausgeprägten Parallelpolymorphismus angesehen), sondern auch einem Nord-Süd-Gradienten ihrer Verbreitung parallel. Insbesondere für die Frühjahrsblüher ist die Temperatur gewöhnlich niedrig genug, um eine Differentialkondensation zu induzieren. Nimmt man an, daß die Mitose bei rel. großen Chromosomen besondere Schwierigkeiten zu bewältigen hat und kontrahierte Chromosomensegmente metabolisch nicht oder weniger aktiv sind (vgl. Fortschr. Bot. **26**, 230), könnten Loci, die am Mitosegeschehen beteiligt sind, unter allocyclischer Kontrolle nicht nur in der frühen, sondern bis in die späte Prophase hinein oder länger wirksam bleiben. — Offenbar können heterochromatische Chromosomensegmente auf Grund ihrer häufig beobachteten Fusion in der prämeiotischen Interphase auch zu einer Erhöhung der Chiasma- bzw. Multivalentfrequenz beitragen [DYER (1, 3); KOUL; BÖCHER].

Damit wäre bereits einer der inneren Faktoren erwähnt, die Paarung und Chiasmabildung beeinflussen. Auch MOENS (1) deutete seinen Befund, daß in autotetraploiden Tomaten vom duplex-Typ (AAaa) die Spaltungsverhältnisse für alle 5 geprüften Gene auf dem Nucleolenchromosom 2 [38 (*wv*) bis 74 Austauscheinheiten (*dv*) vom Centromer entfernt] gleich (30:1), d. h. unabhängig von ihrem Abstand zum Centromer waren, als Folge spezifischer Struktureigentümlichkeiten dieses Chromosoms. Intra- und interchromosomale Wechselbeziehungen spielen ebenso bei Änderungen der Chiasmaverteilung durch Inversionen (Mais: TING; SINGLETON) oder Translokationen [*Delphinium*: BASAK u. JAIN; Mais: MAGUIRE (1, 2)] eine Rolle. Aber über die schon vor mehr als 20 Jahren entwickelten Vorstellungen, daß 1. solche Aberrationen die Chromosomen„paarung“ nach der letzten prämeiotischen Mitose beeinträchtigen (MORGAN, BRIDGES u. SCHULTZ), 2. nur eine fixe Anzahl von Chiasmen je Zellkern möglich ist (MATHER) oder 3. „Positionseffekte“ beteiligt sind (STEINBERG u. FRASER), sind die Deutungsversuche trotz vieler Bemühungen kaum hinausgekommen.

Die Schwierigkeiten, die einem wirklichen Verständnis der cytologischen Vorgänge beim genetischen Crossing-over entgegenstehen, ergeben sich vor allem aus der Tatsache, daß man zwar weiß, daß sich die Chromosomen homolog paaren müssen, damit Crossing-over stattfinden kann, es aber weder bekannt ist, ob die Paarung dazu ihr Maximum (im Pachytän?) erreicht haben muß oder der Austausch auch schon unmittelbar nach einer Berührung von kurzen homologen Segmenten erfolgen kann (PRITCHARD; HOLLIDAY), noch ob das Crossing-over während oder nach der chromosomalen Replikation vor sich geht, bzw. beides aufgrund verschiedener Mechanismen möglich ist (vgl. WIMBER u. PRENSKY; Fortschr. Bot. **26**, 226).

Nach Meinung der einschlägigen Lehrbücher beginnt die Chromosomenpaarung in der frühen meiotischen Prophase damit, daß sich die noch langen, entspiralisierten Chromosomen zufällig berühren. Es wurde jedoch schon verschiedentlich auf die mannigfaltigen Schwierigkeiten hingewiesen, die sich aus einer solchen Vorstellung ergeben [Lit. vgl. bei MAGUIRE (2)]. Zunächst ist es fraglich, ob derart ausgedehnte Chromosomen überhaupt eine wesentliche Beweglichkeit im Zellkern besitzen können. Bei *Neurospora* beispielsweise wird die Paarung zwischen extrem kondensierten Chromosomen eingeleitet. Auch andere wichtige Chromosomenbewegungen scheinen nur im spiralisierten Zustand möglich zu sein, während der Kerninhalt zur Zeit der Interphase und frühesten Prophase kaum umgewälzt wird. Selbst während des Pachytäns sollen die Chromosomen ihre Lagebeziehungen zueinander nur wenig verändern. Ebenso wenig hilft die Annahme von einer persistierenden Anaphase-Orientierung weiter, da beim Mais die Chromosomenpaarung sicherlich nicht an der Centromerregion beginnt und sich auch die spezifischen Paarungskonfigurationen mancher chromosomaler Aberrationen nicht aus einer solchen Orientierung deuten lassen. Weiterhin vermag die herkömmliche Vorstellung kaum zu erklären, weshalb nur so selten "interlocking" vorkommt, wenn die Paarung an weit voneinander entfernten Punkten des Chromosoms unabhängig beginnen kann. Überdies sind Beispiele für Zygotän-Stadien ebenso schwer zu finden wie zu beurteilen.

Von außerordentlichem Interesse sind daher Untersuchungen von MOENS (2), der die Abfolge der meiotischen Stadien in Längsschnitten durch Tomaten-Antheren verfolgte, indem er sich deren natürliche Seriierung durch den Reifegradienten der Pollenmutterzellen innerhalb einer Anthere (vgl. NEUMANN) zunutze machte. Nach seiner Darstellung sind die Chromosomen bereits in der Interphase gepaart. Dem klassischen Pachytän geht eine lange Zeit voraus, in der die Kerne nur dicht verknäulte Chromosomen(-paare) erkennen lassen. Nach dem Pachytän trennen sich die homologen Stränge zum Zustand des bisherigen Zygotäns, das MOENS (2) Schizotän (shizonema) nennt und dem ein diffuses Stadium, das Diplotän und schließlich die Diakinese folgen. Schon früher wurde mehrfach eine Chromosomenpaarung in der prämeiotischen Ana- oder Telophase postuliert. Cytologische Belege für eine Paarung („heterochromatischer" Abschnitte) von Chromosomen in der meiotischen Interphase veröffentlichte erstmalig SCHERZ. Die Autorin fand bei der Composite *Tragopogon* in drei aufeinander folgenden Stadien (vgl. ihre Abb. 1–3) zunächst einzeln liegende homologe Segmente, die sich später paarten und gemeinsam aufspiralisierten; sie beobachtete anschließend ein Wachstum der diese Segmente charakterisierenden Chromomeren (infolge Reduplikation?), ehe mit der Herausbildung typischer Chromosomen das bekannte meiotische Prophasegeschehen einsetzte. Diesem Befund entspricht eine Hypothese, die GRELL für *Drosophila* entwickelte, nach der auf ein "exchange pairing" (= Chiasmabildung?) als zweiter Vorgang ein "distributive pairing" (= Pachytän-Paarung?) folgt. Die Beziehungen zwischen einer solchen „Austausch-Paarung" und der DNS-Synthese in der prämeiotischen Interphase sind die Grundlage für ein neues Crossing-over-Modell von UHL [vgl. auch TAYLOR (1)]. Danach paaren sich die Stränge zwar nach der DNS-Replikation, jedoch sind vorher die vermutlich aus Protein bestehenden Verbindungen zwischen die einzelnen DNS-Fäden eingefügt, so daß der BELLING-Hypothese entsprechend homologe Chromatiden nachträglich reziprok miteinander verknüpft werden können.

Insgesamt muß man wohl RHOADES beipflichten, daß "the BELLING and DARLINGTON hypotheses and all others postulating crossing over at zygonema or later appear to be no longer tenable, but no satisfactory alternative has been offered. Much of the difficulty stems from the fact that we seek to explain recombination between chromosomes when we know little of their structure".

Strahleninduzierte Aberrationen

Wegen der geringen Anzahl großer Chromosomen, der rel. langen Dauer oder des synchronen Ablaufs ihrer meiotischen und anschließenden mitotischen Kernteilungen sowie der einfachen Handhabung und Kontrolle im Versuch wurden bestimmte pflanzliche Objekte auch in den vergangenen Jahren immer wieder bevorzugt zu Untersuchungen über die Entstehung chromosomaler Aberrationen durch physikalische und chemische Mutagene herangezogen (so die Wurzelspitzen von *Vicia faba* und *Allium sativum* oder *Tradescantia*-Mikrosporen; im folgenden u. a. kurz durch „*Vicia*-Test" usw. gekennzeichnet). Dennoch beschränken sich seit dem letzten Bericht (Fortschr. Bot. **25**, 395ff.) die Fortschritte auf diesem Gebiet vornehmlich auf Einzelphänomene, da auch hier die unzureichenden Kenntnisse über den molekularen Aufbau und die submikroskopische Struktur der Chromosomen bisher eine endgültige Einsicht in die beteiligten Vorgänge (entsprechend der Bruch-Reunion-Hypothese, der REVELLschen Vorstellung von einem primären Austausch (Fortschr. Bot. **22**, 321 f.) oder anderen möglichen Theorien) verhinderten.

In mehreren Arbeiten wurde erneut die Abhängigkeit der Strahlenempfindlichkeit einzelner Objekte vom Genotyp bestimmt (Translokationshäufigkeit bei Bastarden und Inzuchtlinien vom Roggen: LAWRENCE; Fragmentationsfrequenz bei 3 verschiedenen Leguminosen-Arten mit gleicher Chromosomenzahl und Chromatinmenge: SHARMA u. CHATTERJI, u. a.). Die hohe relative Strahlenresistenz kleinerer Chromosomen bestätigten WAKONIG-VAARTAJA und NIRULA. Das Kernvolumen hingegen, dessen Zunahme SPARROW et al., ihrer bekannten Arbeitshypothese folgend, auch zur Deutung der größeren Strahlenwirkungen in wachsenden gegenüber ruhenden Embryonen von *Pinus strobus* herangezogen, war bei *Sorghum*-Arten kein zuverlässiges Maß für die Strahlenempfindlichkeit (NIRULA). Mit zunehmendem Alter erhöhte sich bei Zwiebelsamen die Häufigkeit von spontanen [vgl. auch MÄKINEN (1)] sowie röntgenstrahleninduzierten Aberrationen (SAX u. SAX). Wie aus einer aufschlußreichen Literaturzusammenstellung von EVANS (1) hervorgeht, sind zumindest 3 Faktoren für die Veränderungen der Strahlenempfindlichkeit im Verlauf des Zellteilungscyclus verantwortlich: 1. der Reduplikationszustand der Chromosomen zur Zeit der Bestrahlung, 2. der intracelluläre Sauerstoffspiegel (der Eintritt in die Mitose ist durch einen steilen Abfall der Sauerstoffaufnahme gekennzeichnet) und 3. Strahlenschutzsubstanzen (Glutathion und andere Thiol-Verbindungen; vgl. DAHLEN u. OFTEBRO), deren Gehalt in der Zelle sich zum Zeitpunkt der Spindelbildung drastisch vermindert.

In der verschiedensten Weise beeinflußt der Ablauf des Zellteilungsgeschehens das Ergebnis von Mutationsversuchen. Bei chronischer Bestrahlung von Erbsen-Sämlingen war die chromosomale Aberrationsrate bei der kürzesten Mitosedauer [vgl. VAN'T HOF u. SPARROW (1)] am niedrigsten und unterhalb 450 r linear von der Strahlendosis je Teilungscyclus abhängig [VAN'T HOF u. SPARROW (2)]. Die Mitosehemmung nach akuter Bestrahlung von *Tradescantia*-Blüten, die am Wachstum der Staubfadenhaare (durch Teilung der einzigen Terminalzelle) leicht ausgezählt werden kann, fand DAVIES jedoch nicht eindeutig mit der Aberrationshäufigkeit korreliert. In Wurzelspitzen sistiert die Zellteilung nach Bestrahlung durch eine Entwicklungshemmung der Kerne kurz nach der S-Phase[1], wie mit Hilfe von ^{3}H-Thymidin-Markierung zu erkennen war (Erbsen: VANT' HOF). Im Extrem führt das als wichtigste Ursache der strahleninduzierten Wachstumsstörungen zu vorzeitiger Differenzierung oder Tod der betroffenen Zellen [*Vicia faba*: EVANS (3)]. Die Mitoseverzögerung betrifft jedoch nur die aktiv sich teilenden (1mal je 30 Std) meristematischen Zellen. Die Zellen an der Spitze des Wurzelvegetationskegels (*Vicia*) im sog. „ruhenden Zentrum", die sich

[1] Von den Stadien der Interphase bezeichnet S die (mittlere) Zeitspanne der DNS-Synthese, G_1 und G_2 („gap") den vorhergehenden bzw. folgenden Abschnitt.

normalerweise nur selten (alle 200–300 Std) verdoppeln, erhöhen gleichzeitig ihre Teilungsfrequenz (auf 65–38 Std je Cyclus; CLOWES u. HALL), wodurch sich nach starker Schädigung ein neues Meristem reorganisieren kann (Mais: CLOWES (1), vgl. auch HAIGH u. GUARD; ähnliches nach Chemikalienbehandlung bei *Allium*: BENBADIS). Überdies erwiesen sich diese Zellen, die sich überwiegend in G_1 befinden, aufgrund einer rel. geringen Anzahl von Mikronuclei als besonders strahlenresistent [CLOWES (2)]. Beim Übergang von der S- zur G_2-Phase stieg im *Vicia*-Wurzelspitzenmeristem die Anzahl der strahleninduzierten Metaphase-Aberrationen um mehr als das Doppelte an. Diese Zunahme beruhte überwiegend auf einer Vermehrung der Zwei-Bruch-Aberrationen (Chromatiden-Translokationen; Faktor >4), während die Häufigkeit der Ein-Bruch-Aberrationen (terminale und Isochromatiden-Deletionen) von S bis G_2 praktisch konstant blieb. Demnach scheint die erhöhte Aberrationsrate in G_2 auf die Vermehrung der Chromosomenorte, in denen Reunion möglich ist, und nicht auf eine Steigerung der Strahlenempfindlichkeit der Chromosomen selbst zurückzugehen [BREWEN (1, 2)]. Eine wesentliche methodische Verbesserung bei diesen Versuchen war die vorherige Synchronisation der Zellteilungen durch 5-Aminouracil (SMITH, FUSSELL u. KUGELMAN), das alle Zellen in der S-Phase akkumuliert, so daß 15 Std nach der Behandlung 80% aller Meristemzellen in mitotischen Teilungsstadien angetroffen wurden (PRENSKY u. SMITH).

Vielfach unentbehrlich wurde inzwischen die TAYLORsche Markierungstechnik mit ^{3}H-Thymidin (Fortschr. Bot. 22, 323f), wenngleich entgegen der ursprünglichen Vorstellung der häufig auftretende Schwesterstrangaustausch offenbar durch die Strahlung des inkorporierten Isotops induziert (vgl. MCQUADE) und nicht einem spontanen Crossing-over vergleichbar ist (MARIN u. PRESCOTT; WOLFF). Als Beispiel für solche Versuche sei eine Studie von WOLFF u. LUIPPOLD an *Vicia faba*-Wurzeln erwähnt, in der mit dieser Methode in Kombination mit Röntgenbestrahlung erneut die Frage nach dem Zeitpunkt der Chromosomenverdopplung verfolgt wurde (Fortschr. Bot. 25, 401). Wurde unmittelbar nach einer Bestrahlung bzw. 1 oder 2 Std nach dieser mit ^{3}H-Thymidin markiert, so traten in allen Fällen chromatidale, jedoch erst in der zuletzt genannten Serie auch die erwarteten chromosomalen Aberrationen auf. Die Chromosomen reagierten also bereits bis zu 2 Std vor Beginn der DNS-Synthese wie doppelt (sofern der Effekt nicht nur durch eine Mitoseverzögerung vorgetäuscht wurde, die die ermittelte Stadienfolge veränderte). Als Deutung wird auf die Möglichkeit hingewiesen, daß der Proteinanteil des Chromosoms vor der DNS redupliziert wird, was nach früheren spektrophotometrischen Analysen von MCLEISH über die Histonvermehrung nicht ausgeschlossen erscheint. Entsprechende Versuche von EVANS u. SAVAGE brachten völlig übereinstimmende Ergebnisse; bei ^{3}H-Thymidin-Anwendung unmittelbar vor der S-Phase blieb ein wesentlicher Anteil an Chromosomen mit chromatidalen Aberrationen unmarkiert. Das gleiche Problem läßt sich, wie ABEL (1) bei *Sphaerocarpus* zeigte, auch mit genetischen Methoden angehen. Denn nach Röntgenbestrahlung von Sporenmutterzellen vor der Chromosomenverdoppelung spalten die induzierten Mutationen bei der späteren Tetradenanalyse 2:2, bei Bestrahlung nach der Reduplikation hingegen 3:1.

Seit den frühen Untersuchungen von CATCHESIDE u. LEA im Jahre 1943 wird immer wieder einmal versucht, die für einen Chromosomenbruch notwendige Energiemenge bzw. Quantenanzahl zu bestimmen. Während die genannten Autoren (vgl. auch MATSUMURA, KONDO u. MABUCHI) mindestens 17 Ionisationen für den Bruch eines Chromatids von 0,2 μ Durchmesser forderten, fanden NEARY, SAVAGE u. EVANS an *Tradescantia*-Pollenschläuchen nach Bestrahlung mit sehr weichen monochromatischen Röntgenstrahlen Aberrationen bereits bei einer Quantenenergie von 1,5 keV und bei 3 keV-Strahlen eine lineare Dosisproportionalität. Im Zusammenhang mit der gemessenen hohen Sauerstoffabhängigkeit folgerten sie daraus, daß eine einzelne „Energieabgabe" innerhalb der Mikrostruktur eines Chromatids ($<0,05\,\mu$; DNS?) als Ursache für einen Bruch ausreicht. Der „Treffbereichs-Theorie" wird damit eine weitere Stütze entzogen, die bisher den Bezug der physikalischen Daten auf den molekularen Aufbau des Chromosoms erschwerte.

Kaum wesentlich neue Ansatzpunkte für ein erweitertes Verständnis des Aberrationsgeschehens lieferten im Berichtszeitraum die Untersuchungen über exogene Begleitfaktoren der Bestrahlung, wie u. a. Sauerstoff- oder Wassergehalt des bestrahlten Gewebes. Ebenso vorläufig erscheinen viele Deutungen endogener Faktoren, beispielsweise der präferentiellen Verteilung röntgenstrahleninduzierter Brüche, wie sie GLÄSS bei *Bellevalia* eingehend bearbeitete. Ähnlich wie in den Spermien von *Drosophila* hatte bei Bestrahlung von Maispollen eine Aufteilung der Dosis (Intervall 1–2 Std) keine Abnahme der „Zwei-Treffer"- Ereignisse zur Folge, was auf eine verhinderte Reunion in den extrem kondensierten generativen Kernen zurückgeführt wurde (BIANCHI u. GIACCHETTA).

Auch über die Stoffwechselvorgänge bei der chromosomalen Reunion wurden nur wenige grundlegend neue Daten bekannt. Die Hemmung der Reunion strahleninduzierter Brüche durch 2,4-Dinitrophenol wurde bestätigt (NISHIYAMA u. OHTA). Nach Röntgenbestrahlung von *Tradescantia*-Pollen bewirkte eine Behandlung mit Inhibitoren der Proteinsynthese (Chloramphenicol, Puromycin oder Dihydrostreptomycin) ebenso wie eine exogene Applikation eines Gemisches verschiedener Aminosäuren eine vermehrte Heilung der Brüche; dieses Ergebnis folgt nach BEATTY u. BEATTY aus einer vermehrten ATP-„Freisetzung". Während also nach diesen Versuchen eine Proteinsynthese nicht zur Restitution nötig ist (vgl. Fortschr. Bot. **25**, 399), erhielten BAILEY u. WOLFF bei demselben Objekt eine Erhöhung der chromatidalen Aberrationsrate durch Chloramphenicol. Die gleiche Hemmstoffbehandlung war allerdings bei UV-Bestrahlung unwirksam, vermutlich weil der Restitutionsvorgang bereits durch die bis zu 10000fach höhere Dosis (in erg/g) an UV inaktiviert war. In weiteren Versuchen mit 5-Fluordesoxyuridin (FUdR) erhärtete TAYLOR (2) seine These, daß eine stabile Restitution und Rekombination DNS-Synthese voraussetzt (Fortschr. Bot. **25**, 400). Zwar können temporäre Restitutionen auch mit Hilfe von

Wasserstoffbrücken zustande kommen. Bringt man aber nach Röntgenbestrahlung FUdR-behandelte *Vicia*-Wurzeln für 5 min in dest. Wasser von 37° C, ehe man die Hemmung der Reunion durch Thymidin-Zugabe wieder beseitigt, so erhöht sich die Translokationshäufigkeit durch Öffnen von solchen nicht stabilisierten Restitutionsorten auf etwa das Doppelte.

Den Verbleib strahleninduzierter Metaphase-Aberrationen verfolgte CONGER in einer interessanten Studie an *Tradescantia*-Mikrosporen. Er fand in Übereinstimmung mit der älteren Literatur, daß die Anzahl chromosomaler Aberrationen in der Metaphase etwa mit dem Quadrat, die aus ihnen hervorgehenden Anaphasebrücken jedoch nur linear mit der Dosis zunehmen. Während sich 47% der Translokationsfiguren in der frühesten Anaphase („Separationsstadium") ungehindert lösen, entstehen unabhängig von der verabreichten Dosis in 53% aller Fälle Brücken. Von diesen zerreißt ein mit steigender Dosis exponentiell zunehmender Anteil, so etwa 19% nach 100 r und 72% nach 400 r. In einem Modell wird daher angenommen, daß dieses frühzeitige Zerreißen der Brücken auf der dosisabhängigen Anzahl restituierter (oder potentieller bzw. partieller) Brüche in einer Brücke beruht. Dementsprechend steigt die Brückenfrequenz in der (späten) Anaphase anfänglich mit der Dosis, durchläuft ein Maximum und müßte bei höheren Dosen wieder auf Null abfallen. Zumindest erfaßt die Auswertung von Mutationsversuchen anhand der Häufigkeit „anomaler Anaphasen" stets nur einen wechselnden Anteil des tatsächlichen Schadens.

Chemisch induzierte Aberrationen

Eine große Anzahl aufschlußreicher Einzeluntersuchungen war auch in den vergangenen Jahren den Wirkungen mutagener Chemikalien gewidmet, so daß die folgende Darstellung von den vielseitigen Ergebnissen im Anschluß an den letzten Bericht (Fortschr. Bot. **25**, 401) nur einzelne herausgreifen kann.

Eine große Gruppe chemischer Mutagene löst im Gegensatz zu ionisierenden Strahlen nur Chromatidenaberrationen aus, und auch diese erscheinen nicht früher als etwa 10 Std nach der Behandlung. Eine solche „verzögerte Wirkung" sieht man zumeist als Ausdruck für eine Unwirksamkeit in der G_2-Phase an, ohne zu berücksichtigen, daß viele dieser Substanzen als Cytostatica bekannt sind. So wiesen BUIATTI u. NUTI RONCHI bei *Vicia*-Wurzeln (mit der Colchicin-Methode: vgl. Fortschr. Bot. **22**, 325) eine Mitoseverzögerung von etwa 12 Std nach Triäthylenmelamin-Behandlung nach. Mit ^{3}H-Thymidin-Markierung konnten EVANS u. SCOTT die Verlängerung der Interphase durch Maleinsäurehydrazid (MH) einer Ausdehnung der S-Phase von 7,5 auf 20 Std zuschreiben. Sie fanden in der zweitfolgenden Mitose chromatidale Aberrationen auch in den Zellen, die sich zur Zeit der Behandlung in G_2 befanden, so daß MH trotz „verzögerter Wirkung" die Chromosomen offenbar auch in G_2 angreift. Gleichermaßen entstanden Aberrationen in G_1-Zellen, allerdings stets nur chromatidale Typen. Im Zusammenhang mit der Tatsache, daß die höchste Aberrationsrate in den Zellen auftrat, die während der Behandlung die frühe S-Phase durchliefen, könnte man folgern, daß MH in allen Interphasestadien wirksam ist, die induzierten Aberrationen jedoch nur während der DNS-Synthese manifest werden. Ein zweites Maximum der Aberrationshäufigkeit wurde in der späten S-Phase beobachtet, in der vornehmlich die heterochromatischen Chromosomenabschnitte redupliziert werden [EVANS (2)]. Dementsprechend lag ein weit größerer Prozentsatz der zu dieser Zeit induzierten Aberrationen im Heterochromatin, was ebenfalls auf eine Beziehung der Aberrationsentstehung zur DNS-Synthese hinweist. Nimmt man mit TAYLOR (Fortschr. Bot. **22**, **323**f) an, daß in der Mitose jedes Chromatid aus zwei Einheiten besteht, so sprechen gleichermaßen das Fehlen von Chromosomen-Aberrationen in G_1 wie die völlige Abwesenheit von Aberrationen in der ersten Mitose nach Behandlung von G_2-Zellen dafür, daß entweder 1. MH in G_1 und G_2 lediglich einen der beiden Stränge brechen kann oder 2. der Bruch beider Stränge nur in der S-Phase möglich ist. Im ersteren Falle hätten nach G_2-Behandlung subchromatidale Brüche auftreten müssen, wie sie z. B. nach 8-Äthoxycoffein beobachtet wurden (SCOTT u. EVANS). Für die zweite Möglichkeit spricht auch die genannte Proportionalität zwischen Aberrationsfrequenz und DNS-Syntheserate. Die letzte Frage nach dem Wirkungsmechanismus des MH, ob die Aberrationen durch Einbau dieses Uracil-Isomers (anstelle von Thymin in die DNS oder von Uracil in die RNS), durch unspezifische Bindung an Kernproteine oder antimetabolische Wirkung entstehen, kann aber noch nicht beantwortet werden. Weiterhin war in diesen Versuchen gegenüber einer vergleichbaren Dosis von Röntgenstrahlen die relative Häufigkeit der "interchanges" (Translokationen) zu den "intrachanges" (insbesondere Isochromatiden-Aberrationen) von 1:1 auf 1:4 herabgesetzt. Nimmt man an, daß sich die durch MH induzierten potentiellen Läsionen jeweils während der Verdoppelung des betreffenden Chromosomensegments öffnen und auf diese Weise nur gleichzeitig replizierte Abschnitte miteinander rekombinieren können, so würde das nicht nur die relativ verminderte Translokationsrate, sondern auch eine präferentielle Verteilung der Aberrationen innerhalb sowie zwischen verschiedenen Chromosomen [vgl. RIEGER u. MICHAELIS (3)] erklären.

Dieser ausführlicher dargestellte Fall kann als Beispiel für die Art, Erfolge und Grenzen vieler ähnlicher Untersuchungen mit zahlreichen anderen mutagenen Chemikalien dienen. Bevorzugt bearbeitet wurde wiederum die große Gruppe der alkylierenden Agenzien, wohl nicht nur, weil hierzu die Substanzen mit der bisher höchsten Mutagenität gehören, sondern auch weil ihre Wirkung zwar von der Temperatur, aber in der Regel weder von der Sauerstoffspannung im Gewebe noch durch Stoffwechselblockaden zur Zeit der Behandlung modifiziert wird. Im Rahmen von Mutationsversuchen mit praktisch züchterischer Fragestellung erfuhr zweifellos das Äthylmethansulfonat (EMS) das weitaus größte Interesse. In mehreren Arbeiten wiesen FROESE-GERTZEN, KONZAK, NILAN u. HEINER auf die Bedeutung der Behandlungsbedingungen hin (Pufferung der Mutagenlösung zur Neutralisation der entstehenden Hydrolyseprodukte oder sorgfältiges Auswaschen nach der Behandlung u. a.). Gegenüber einer hohen „Gen"-Mutationsfrequenz waren die Angaben über chromosomale Effekte des EMS zunächst widersprechend [vgl. RIEGER u. MICHAELIS (3); SWAMINATHAN, CHOPRA u. BHASKARAN; GHATNEKAR], bis J. u. M. MOUTSCHEN-DAHMEN (1, 2, 3) an *Vicia*-Wurzelspitzen nachwiesen, daß EMS nur in Kombination mit Cu^{++} oder in geringerem Maße auch mit Zn^{++} Aberrationen auslösen kann (vgl. auch MOUTSCHEN, MOES u. GILOT). Diesen Ioneneffekt deutete BARI bei Weizen als Folge einer an den behandelten Keimlingen sichtbaren Wachstumsstimulation und damit verbundenen Steigerung der Mitosefrequenz; doch sind vorläufig auch andere Erklärungen [MOUTSCHEN-DAHMEN (2)] denkbar. Unter den alkylierenden Cytostatica prüften MICHAELIS, RIEGER u. SIEBER als neuen Verbindungstyp vier Halogenbutyläther und fanden im *Vicia*-Test gegenüber den geprüften monofunktionellen Derivaten insbesondere den difunktionellen 4-4'-Dibrom-dibutyläther hoch reaktiv. Interessanterweise induziert das l(+) Isomer von Diepoxybutan gegenüber der d(−) Form sowohl mehr Fragmentationen als auch Translokationen (MOUTSCHEN, MOUTSCHEN-DAHMEN u. LOPPES). Als primärer Ort der biologisch entscheidenden Alkylierungen wird heute im allgemeinen die DNS angesehen (z. B. NATARAJAN u. UPADHYA, u. a.), wenngleich nach autoradiographischen Untersuchungen von M. u. J. MOUTSCHEN-DAHMEN (4) tritiiertes Myleran je nach Objekt offenbar auch in verschiedenen anderen Zellkomponenten (RNS, Protein?) akkumuliert wird.

Die Fähigkeit, mit „verzögerter Wirkung" ausschließlich Chromatidenaberrationen und zwar vorzugsweise in heterochromatischen Chromosomensegmenten [letzteres vgl. auch bei RIEGER u. MICHAELIS (1); NATARAJAN u. UPADHYA] auszulösen, kennzeichnet auch alle bisher geprüften Nitroso-Verbindungen, so den N-Nitroso-N-methylharnstoff (MICHAELIS, SCHÖNEICH u. RIEGER) oder das 1-Methyl-3-nitro-1-nitrosoguanidin (GICHNER, MICHAELIS u. RIEGER). Anders als N-Nitroso-N-methylurethan, dessen Wirkung KIHLMAN (1) als Folge einer enzymatischen oder hydrolytischen Bildung von Diazoalkan und Entstehung methylierender Carbenium-Ionen deutete, erzeugen die beiden genannten Substanzen offenbar keine alkylierenden Abbauprodukte, sondern wahrscheinlich ähnlich wie Cupferron (Fortschr. Bot. **25**, 405) Peroxyde und/oder freie Radikale; denn bei ihnen ist die Aberrationsentstehung sauerstoffabhängig und durch Natriumazid, hingegen nicht durch 2,4-Dinitrophenol hemmbar.

Zu dieser zweiten Gruppe nicht alkylierender, zumeist relativ schwach reaktiver Verbindungen, deren Wirksamkeit an die Gegenwart von Sauerstoff zur Zeit der Einwirkung gebunden und stark vom stoffwechselphysiologischen Zustand der Zelle abhängig ist, gehört (wie gleichfalls das S. 300f. erwähnte Maleinsäurehydrazid) auch das Cancerogen 2-Acetylaminofluoren (AAF), das Gegenstand einer subtilen Arbeit von KELLER war. Diese Substanz blockiert bei *Vicia faba* in typischer Weise zunächst den Mitoseablauf in der Prophase. Sie entfaltet ihre maximale Wirkung zur Zeit der DNS-Reduplikation, läßt aber 10 Std nach der Behandlung auch Pseudochiasmata und (im zweiten Teilungscyclus) Subchromatidenbrüche erkennen. Die induzierten Brüche finden sich bevorzugt in den kleinen Chromosomen sowie in heterochromatischen Segmenten. Reunionen erfolgen nur vereinzelt und nur auf chromatidaler Basis. Modifikationen der Behandlungsbedingungen zur Analyse des Wirkungsmechanismus ergaben: Bei pH 6 ist die Bruchhäufigkeit am höchsten, pH 4 führt verstärkt zu "stickiness". N_2-Atmosphäre erniedrigt die induzierte Bruchrate, die nach Peroxyd-Zugabe wieder auf den ursprünglichen Wert ansteigt. Nach Vorbehandlung mit $MnCl_2$-Lösung treten bei verminderter Bruchrate vermehrt chromatidale Reunionen auf, die sich durch eine gesteigerte Produktion energiereicher Phosphate erklären lassen. Vorbehandlung mit 2,4-Dinitrophenol (DNP) setzt die induzierte Bruchrate herab; die Entstehung von Aberrationen scheint also von der oxydativen Phosphorylierung abhängig zu sein. Wird bei der folgenden AAF-Behandlung ATP zugesetzt, so wird nicht nur der DNP-Effekt kompensiert, sondern wie nach $MnCl_2$ auch häufiger Reunion festgestellt. Eine Hemmung der Atmung durch Natriumazid bedingt einen vorübergehenden, starken Abfall der Bruchhäufigkeit, während nach Kaliumcyanid-Behandlung gleichbleibend viele Brüche und Reunionen auftreten, was durch eine Katalase-Hemmung und folgende Peroxydanhäufung gedeutet werden kann. Wenngleich somit eine indirekte Wirkung des AAF über Fermentsysteme naheliegt, sind endgültige Schlüsse auf den zugrunde liegenden Mechanismus vorerst noch nicht möglich.

In der gleichen Richtung wie diese Studie bewegten sich u. a. Untersuchungen über die mutagene Wirkung der Alkaloide Lasiocarpin und Monocrotalin (MARIANI; AVANZI u. MARIANI; AVANZI). Vornehmlich der Frage nach der spontanen Entstehung chromosomaler Aberrationen dienten Versuche mit wäßrigen Pflanzenextrakten (TAMURA), natürlich vorkommenden Fettsäuren [WITTMER; MÄKINEN (2)] Nucleinsäuren (VENKETESWARAN u. SPIESS) oder Metallionen (VON ROSEN). Erneut wurde beschrieben, daß chromosomale Aberrationen auch durch bestrahlte Substanzen, wie Fruchtsäfte (CHOPRA, NATARAJAN u. SWAMINATHAN) oder Glucose (MOUTSCHEN u. MATAGNE), im *Vicia*-Test ausgelöst werden können.

Eine dritte Gruppe chemischer Mutagene ist durch eine „unverzögerte Wirkung" gekennzeichnet. So fand KIHLMAN (4) bei *Vicia* nach Anwendung des Antibioticums Streptonigrin zahlreiche chromatidale Brüche (aus G_2) bereits 4 Std nach der Behandlung sowie chromosomale Translokationen (aus G_1) nach 15–25 Std. Dieser Effekt wurde weder durch DNP noch durch N_2-Atmosphäre gehemmt und war durch Temperatur- und pH-Änderungen während der Behandlung kaum zu beeinflussen. Entsprechend Erfahrungen an Bakterien kommt es vermutlich durch Streptonigrin, ebenso wie durch 8-Äthoxycoffein (SCOTT u. EVANS), zu einer Denaturierung der DNS, zumal die unvermindert auftretenden Rekombinationen eine intakte DNS-Synthese wahrscheinlich machen. In gleicher Weise ähnlich wie ionisierende Strahlen wirkten Inhibitoren der Desoxyribonucleotid-Synthese, z. B. 5-Fluordesoxyuridin [FUdR; COHN (2); KIHLMAN (2)]. Desoxyadenosin [KIHLMAN (3)] oder Cytosinarabinosid (KIHLMAN, NICHOLS u. LEVAN). Diese Substanzen unterscheiden sich jedoch von den vorgenannten dadurch, daß nach Behandlung in G_1 Rekombinationen (Translokationen oder Isochromatidenbrüche mit Schwesterstrangreunion) fehlen und weder in der frühen

Prophase subchromatidale Aberrationen noch in G_1 Chromosomen-Aberrationen auftreten. Die cytologischen Defekte wurden darum zunächst dem induzierten Mangel an DNS-Bausteinen in denjenigen Zellen zugeschrieben, die ihre DNS-Synthese beinahe, jedoch noch nicht vollständig abgeschlossen haben. Als anschauliches Zeichen dafür galten die häufig beobachteten achromatischen Läsionen (KIHLMAN (3)]. BELL u. WOLFF jedoch sehen in diesen "gaps" keine potentiellen Brüche, sondern Orte einer lokalisierten Entspiralisation; sie halten die FUdR-Wirkung für unabhängig von der DNS-Synthese, da auch noch in G_2 Brüche ausgelöst werden können, die sich durch Thymidin-Zugabe heilen lassen. – Sicherlich andersartig wirkt Hydroxylamin (HA), das die Basenzusammensetzung der DNS beeinflussen und zu Transitionen im Basenpaar Cytosin-Guanin führen soll. Demnach wäre die beobachtete präferentielle Bruchverteilung die Folge eines hohen relativen Gehalts an diesen Basen in den bevorzugten Chromosomenabschnitten [COHN (2)]. Da eine gleichzeitige Röntgenbestrahlung mit HA jedoch mehr als additive Effekte ergab, ist eine Reaktion über Abbauprodukte (Dimerisation eines intermediären Nitroxylradikals zu untersalpetriger Säure) und ein primärer Bruch in Peptidesterbindungen der DNS ebensogut denkbar [COHN (1)].

Auch in anderen Fällen können Kombinationsversuche näheren Aufschluß über einzelne Wirkungsmechanismen geben. So erhöhen 5-Chlor-, Brom- oder Jod-desoxyuridine, wenn sie in die DNS eingebaut wurden, die Empfindlichkeit der Zellen gegenüber Röntgen- oder γ-Strahlen [KIHLMAN (2)]. Diese ausgeprägt synergistische Wirkung läßt sich aber nicht ausschließlich als Interaktion zwischen den durch beide Agenzien separat induzierten Brüchen erklären (vgl. Fortschr. Bot. **25**, 407), da nicht nur die Zwei-Bruch-Aberrationen, sondern auch die acentrischen Fragmente nach der kombinierten Behandlung etwa doppelt so häufig wie in beiden Einzelversuchen zusammen waren (KOO). Da das entsprechende Fluorderivat, FUdR, nicht in die DNS eingebaut wird, vielmehr als spezifischer Hemmstoff der Thymidylatsynthetase die DNS-Synthese blockiert (Fortschr. Bot. **25**, 400), bewirkt es im Bestrahlungsversuch keine allgemeine Steigerung der Aberrationsrate, sondern nur durch Verhinderung von Reunionen eine Vermehrung der Fragmente [KIHLMAN (2)]. 5-Bromdesoxyuridin erhöht die Aberrationsrate bei Triäthylenmelamin (TEM), jedoch nicht bei Maleinsäurehydrazid (MH) (FUCIK, MICHAELIS u. RIEGER). Da überdies die durch TEM einerseits und MH andererseits induzierten Chromatidenbrüche nicht miteinander rekombinieren [MICHAELIS u. RIEGER (1)] und zudem eine verschiedene Zeitlang offen bleiben [RIEGER u. MICHAELIS (2)], dürften durch diese Untersuchungen für beide Verbindungen verschiedene Wirkungsweisen sichergestellt sein. Demgegenüber zeigten Äthylmethansulfonat, Myleran und Äthylalkohol Additivität der Isolocusbrüche und volle Interaktion für chromatidale Translokationen. Bei Kombination von TEM und Stickstoff-Lost waren selbst noch bei einem Intervall von 8 Std die durch die erste Behandlung induzierten Brüche voll rekombinationsfähig [RIEGER (1)], vielleicht also kovalenten Bindungen zugehörig (vgl. Fortschr.

Bot. **22**, 326). Eine Sensibilisierung der TEM-Wirkung durch EDTA wird durch Mg^{++} (und in bestimmtem Maße auch durch andere mehrwertige Kationen) wieder gelöscht, was eine Beeinflussung des chromosomen-gebundenen Magnesiums durch den Chelatbildner nahelegen könnte (RIEGER, NICOLOFF u. MICHAELIS). Acridinorange und Trypaflavin (nicht jedoch Acridingelb oder Methylenblau), die allein nur im Licht Aberrationen bei *Vicia* auslösen, erhöhen auch im Dunkeln die radiomimetische Wirkung von Stickstoff-Lost (aber nicht die von TEM oder Äthanol) [MICHAELIS u. RIEGER (2)]. Durch eine vorhergehende oder gleichzeitige Behandlung mit Streptomycin wird die Anzahl der durch Äthanol induzierten Aberrationen vermindert (GICHNER u. VELEMÍNSKÝ). Die Deutungsversuche derartiger Interaktionen sind in den meisten Fällen weitgehend spekulativ, so daß im allgemeinen auch auf diesem Wege zunächst mehr Lücken unseres Wissens über die Vorgänge bei der Entstehung chromosomaler Aberrationen aufgezeigt als geschlossen werden.

Die Bedeutung chromosomaler Aberrationen

Abschließend sei auf einige Beispiele für die Bedeutung chromosomaler Aberrationen im Rahmen evolutionistischer und genetischer Fragestellungen hingewiesen.

Reziproke Translokationen können sich, ähnlich wie für *Oenothera* bekannt ist, auch in natürlichen Populationen von *Chrysanthemum*-Arten mit Vorteil erhalten (RANA u. JAIN). Um die Faktoren zu analysieren, die die Bildung solcher Translokationskomplexe begünstigen, entwickelte RANA (1, 2) bei *Chrysanthemum carinatum*, ausgehend von Formen mit 9 Bivalenten, durch wiederholte Bestrahlung und Kreuzungen Linien mit Metaphaseringen aus maximal 12 Chromosomen. Er beobachtete als Ursache für die relativ wenig verminderte Fertilität (70—85 %) eine weitgehend regelmäßige Wechseltrennung der Ringe, die auf der Symmetrie des Karyotyps, der gleichen Länge der reziprok translozierten Segmente und genetischen Faktoren zu beruhen scheint. Auch die Anzahl und Lage der Chiasmen spielt nach Untersuchungen an Translokationsheterozygoten von *Allium triquetum* (RICKARDS) und Roggen (REES u. SUN) eine Rolle, da offenbar eine mechanische Steifheit der miteinander verbundenen Chromosomen ihre Zickzackanordnung in der Metaphase I erschwert. Nicht-„homologe" Centromeren hingegen können, wenn sie durch Chiasmen adaequat verbunden sind, ebensogut wie „homologe" (bei Bivalenten) eine reguläre Coorientierung der im Ring nebeneinanderliegenden Chromosomen bedingen (vgl. auch RAMAGE u. HUMPHREY). Neue reziproke Translokationen entstanden in haploiden Mais-Pflanzen wahrscheinlich durch Crossing-over zwischen duplizierten Segmenten in nicht-homologen Chromosomen (ALEXANDER). Hingewiesen sei auch auf eine Untersuchung von LINNERT (2), die durch Reizbestäubung einer (durch Haploidenpassage und Colchicinierung) experimentell hergestellten homozygoten tetraploiden Form von *Oenothera hookeri* 454 polyhaploide (d. h. diploide) Individuen herstellte [LINNERT (1)], und neben zahlreichen andersartigen Mutationen in etwa $^1/_3$ aller cytologisch untersuchten Pflanzen reziproke Translokationen nachwies, die sich im Verlauf der etwa 20 Jahre dauernden tetraploiden Phase angesammelt hatten. — Bei *Luzula*-Arten waren chronische (EVANS u. POND) und akute [NORDENSKIÖLD (1, 2)] Bestrahlungen wegen des diffusen Centromers dieser Gattung in verschiedener Hinsicht aufschlußreich. Obgleich die strahleninduzierten Wirkungen nicht durch chromosomale Faktoren wie Umbau, Umordnung oder Verlust einzelner Chromosomensegmente beeinträchtigt werden, da bei der Zellteilung praktisch alle Fragmente und Rekombinationsprodukte erhalten bleiben [NORDENSKIÖLD (1)], stellten EVANS u. POND fest, daß Zellen mit einer relativ hohen Anzahl von Fragmenten doch selektiv aus der meristematischen Zellpopulation eliminiert werden. In der Meiose verursachten zu viele Fragmente offenbar gleichfalls Schwierigkeiten durch Fehlverteilungen, die sich in einer mit der Dosis relativ schnell zunehmenden Sterilität und in irregulären Spaltungsverhältnissen rezessiver Mutanten ausprägten [NORDENSKIÖLD (2)].

Die 17 Chromosomenmutationen, die bisher bei *Pisum* auf genetischem Wege nachgewiesen wurden, analysierte LAMPRECHT anhand eines reichen Zahlenmaterials in bezug auf die Sterilität der Heterozygoten. In cytogenetischen Untersuchungen wurden zwei instruktive Beispiele von Blattmusterungen bei der Tomate geklärt: im einen Falle verursachte die ungeregelte mitotische Verteilung eines heteromorphen Bivalents und kleinen Fragments somatische Spaltung (inkl. deutlicher Zwillingsflecke) (GRÖBER), im anderen war die wahre Ursache für ein „mutables Allel" gleichfalls das Vorhandensein oder Fehlen eines Fragments, das im Zusammenhang mit dem mutierten Locus die Ausbildung des normalen Phänotyps ermöglichte. In weiteren vorbildlichen Arbeiten wurden telocentrische Chromosomen zur Lokalisation eines translozierten Roggen-Segments mit dem Gen für "hairy neck" im Weizen-Genom (DRISCOLL u. SEARS) oder im Satellitensegment heteromorphe Chromosomen zur Lagebestimmung des Centromers in der genetischen Karte des Tomaten-Chromosoms Nr. 2 (MOENS u. BUTLER) verwendet. Auch mit Hilfe von Defizienzen (KHUSH u. RICK; KHUSH, RICK u. ROBINSON) oder Translokationen (SNOAD) konnten neue Gene der Tomate lokalisiert werden.

Literatur

ABEL, W. O.: (1) Z. Vererbungsl. **94**, 442—455 (1963); (2) **95**, 306—317 (1964). — ABEL, W. O., u. H. ROTHE: Ber. dtsch. bot. Ges. **77**, 95—100 (1964). — ALEXANDER, D. E.: Nature (Lond.) **201**, 737—738 (1964). — AVANZI, S.: Caryologia **16**, 493—500 (1963). — AVANZI, S., e. A. MARIANI: Caryologia **16**, 479—488 (1963).

BAILEY, P. C., and S. WOLFF: Radiat. Bot. **4**, 121—125 (1964). — BARI, G.: Caryologia **16**, 619—624 (1963). — BASAK, S. L., and H. K. JAIN: Heredity **19**, 53—61 (1964). — BATTAGLIA, E.: Caryologia **17**, 245—299 (1964). — BEATTY, A. V., and J. W. BEATTY: Proc. nat. Acad. Sci. (Wash.) **49**, 434—439 (1963). — BELL, S., and S. WOLFF: Proc. nat. Acad. Sci. (Wash.) **51**, 195—202 (1964). — BENBADIS, M. C.: C. R. Acad. Sci. (Paris) **256**, 4075—4077 (1963). — BIANCHI, A., and F. GIACCHETTA: Canad. J. Genet. Cytol. **6**, 304—323 (1964). — BÖCHER, T. W.: Svensk bot. T. **58**, 1—17 (1964). — BREWEN, J. G.: (1) Mutat. Res. **1**, 400—408 (1964); — (2) Genetics **50**, 101—107 (1964). — BUIATTI, M., and V. NUTI RONCHI: Caryologia **16**, 397—403 (1963).

CHOPRA, V. L., T. T. NATARAJAN, and M. S. SWAMINATHAN: Radiat. Bot. **3**, 1—6 (1963). — CLOWES, F. A. L.: (1) Ann. Bot. (Lond.), N. S., **27**, 343—352 (1963); (2) **28**, 345—350 (1964). — CLOWES, F. A. L., and E. J. HALL: Radiat. Bot. **3**, 45—53 (1963). — COHN, N. S.: (1) Mutat. Res. **1**, 409—413 (1964); — (2) Experientia ((Basel) **20**, 1—12 (1964). — CONGER, A. D.: Radiat. Bot. **5**, 81—96 (1965). — COOPER, K. W.: (1) J. Morphol. **84**, 81—121 (1949); — (2) Proc. nat. Acad. Sci. (Wash.) **52**, 1248—1255 (1964).

DALEN, H., and R. OFTEBRO: Radiat. Bot. **3**, 59—65 (1963). — DAVIES, D. R.: Radiat. Res. **20**, 726—740 (1963). — DRISCOLL, C. J., and E. R. SEARS: Genetics **51**, 439—443 (1965). — DYER, A. F.: (1) Cytologia **29**, 155—170 (1964); (2) 171—190 (1964); (3) 263—279 (1964).

EVANS, H. J.: (1) In: Repair from genetic damage. Hrsg. F. H. SOBELS. S. 31—49. Oxford: Pergamon Press 1963; — (2) Exp. Cell Res. **35**, 381—393 (1964); — (3) Radiat. Bot. **5**, 171—182 (1965). — EVANS, H. J., and V. POND: Portug. Acta biol., A, **8**, 125—146 (1964). — EVANS, H. J., and J. R. K. SAVAGE: J. Cell Biol. **18**, 525—540 (1963). — EVANS, H. J., and D. SCOTT: Genetics **49**, 17—38 (1964).

FROESE-GERTZEN, E. E., C. F. KONZAK, R. A. NILAN, and R. E. HEINER: Radiat. Bot. **4**, 61—69 (1964). — FUCIK, V., A. MICHAELIS, and R. RIEGER: Biochem. biophys. Res. Commun. **13**, 366—371 (1963).

GHATNEKAR, M. V.: Caryologia **17**, 219—244 (1964). — GICHNER, T., A. MICHAELIS, and R. RIEGER: Biochem. biophys. Res. Commun. **11**, 120—124 (1963). —

GICHNER, T., and J. VELEMÍNSKÝ: Biol. Plantarum (Praha) **5**, 271—278 (1963). — GLÄSS, E.: Portug. Acta biol. A, **8**, 153—176 (1964). — GOTTSCHALK, W., u. A. JAHN: Z. Vererbungsl. **95**, 150—166 (1964). — GRELL, R. F.: Proc. nat. Acad. Sci. (Wash.) **48**, 165—172 (1962). — GRÖBER, K.: Kulturpflanze **11**, 583—602 (1963).

HAGEMANN, R.: Züchter **33**, 282—284 (1963). — HAIGH, W. G., and A. T. GUARD: Bot. Gaz. **124**, 421—423 (1963). — HOLLIDAY, R.: Genet. Res. **5**, 282—304 (1964).

KELLER, R.: Ber. schweiz. bot. Ges. **73**, 93—152 (1963). — KEMPANNA, C., and R. RILEY: Heredity **19**, 289—299 (1964). — KHUSH, G. S., and C. M. RICK: Proc. XI. Int. Congr. Genet., The Hague 1963. Vol. I, S. 117. — KHUSH, G. S., C. M. RICK, and R. W. ROBINSON: Science **145**, 1432—1434 (1964). — KIHLMAN, B. A.: (1) Exp. Cell Res. **20**, 657—659 (1960); — (2) Hereditas **49**, 353—370 (1963); — (3) J. cell. comp. Physiol. **62**, 267—272 (1963); — (4) Mutat. Res. **1**, 54—62 (1964).— KIHLMAN, B. A., W. W. NICHOLS, and A. LEVAN: Hereditas **50**, 139—143 (1963). — KOO, F. K. S.: Science **141**, 261—262 (1963). — KOUL, A. K.: Chromosoma **15**, 243—245 (1964).

LAMPRECHT H.: Agri hort. Genet. **22**, 56—148 (1964). — LAW, C. N.: Wheat Inform. Serv. **17/18**, 10—12 (1964). — LAWRENCE, C. W.: Radiat. Bot. **3**, 89—94 (1963). — LEWIS, K. R., and B. JOHN: Chromosome marker. London: Churchill Ltd 1963. — LINNERT, G.: (1) Züchter **34**, 297—301 (1964); — (2) Z. Vererbungsl. **96**, 190—212 (1965).

MAGUIRE, M. P.: (1) Genetics **49**, 69—80 (1964); (2) **51**, 23—40 (1965). — MÄKINEN, Y.: (1) Ann. Bot. Soc. Vanamo **34** (6), 1—61 (1963); (2) **34** (7), 1—39 (1963). — MARIANI, A.: Caryologia **16**, 489—492 (1963). — MARIN, G., and D. M. PRESCOTT: J. Cell Biol. **21**, 159—167 (1964). — MATHER, K.: Proc. roy. Soc. London, B, **120**, 208—227 (1936). — MATSUMURA, S., S. KONDO, and T. MABUCHI: Radiat. Bot. **3**, 29—40 (1963). — McLEISH, J.: Chromosoma **10**, 686—710 (1959). — McQUADE, H. A.: Radiat. Res. **20**, 451—465 (1963). — MENZEL, M. Y.: Genetics **50**, 855—862 (1964). — MICHAELIS, A., u. R. RIEGER: (1) Nature (Lond.) **199**, 1014—1015 (1963); — (2) Kulturpflanze **11**, 403—415 (1963). — MICHAELIS, A., R. RIEGER u. G. SIEBER: Biol. Zbl. **83**, 173—187 (1964). — MICHAELIS, A., J. SCHÖNEICH u. R. RIEGER: Chromosoma **16**, 101—123 (1965). — MOENS, P. B.: (1) Genetics **49**, 123—133 (1964); — (2) Chromosoma **15**, 231—242 (1964). — MOENS, P., and L. BUTLER: Canad. J. Genet. Cytol. **5**, 364—370 (1963). — MORGAN, T. H., C. B. BRIDGES, and J. SCHULTZ: Yearb. Carnegie Inst. Wash. **34**, 284—291 (1935). — MOUTSCHEN, J.: Les effets cytogénétiques des composés alkane sulfonates d'alkyl. Univ. Liege, Fac. Sci. 1964, S. 1—296. — MOUTSCHEN, J., and R. MATAGNE: Radiat. Bot. **5**, 23—28 (1965). — MOUTSCHEN, J., A. MOES, and J. GILOT: Experientia (Basel) **20**, 494 (1964). — MOUTSCHEN, J., M. MOUTSCHEN-DAHMEN, and R. LOPPES: Nature (Lond.) **199**, 406—407 (1963). — MOUTSCHEN-DAHMEN, J., and M.: (1)Proc. XI. Int. Congr. Genet., The Hague 1963. Vol. I, S. 87; — (2) Experientia (Basel) **19**, 144 (1963); — (3) Radiat. Bot. **3**, 297—310 (1963); — (4 Radiobiol. Latina **6**, 1—16 (1963).

NATARAJAN, A. T., and M. D. UPADHYA: Chromosoma **15**, 156—169 (1964). — NEARY, G. J., J. R. K. SAVAGE, and H. J. EVANS: Int. J. Radiat. Biol. **8**, 1—19 (1964). — NEUMANN, K.: Biol. Zbl. **82**, 665—719 (1963). — NILAN, R. A.: The cytology and genetics of barley. 1951—1962. Monogr. Suppl. No. 3, Res. Studies Wash. State Univ. **31**, 1—278 (1964). — NIRULA, S.: Radiat. Bot. **3**, 351—361 (1963). — NISHIYAMA, I., and N. OHTA: Japan. J. Breeding **14**, 47—53 (1964). — NISHIYAMA, I., and M. TABATA: Japan. J. Genet. **38**, 356—359 (1964). — NORDENSKIÖLD, H.: (1) Hereditas **49**, 33—47 (1963); (2) **51**, 344—374 (1964).

ONDREJ, M.: Biol. Plantarum (Praha) **6**, 171—174 (1964).

PRAKASH, V.: Genetics **50**, 297—321 (1964). — PRENSKY, W., and H. H. SMITH: J. Cell Biol. **24**, 401—414 (1965). — PRITCHARD, R. H.: Genet. Res. **1**, 1—24 (1960). — Proc. 1st Int. Barley Genetics Symp., Wageningen 1963. Agric. Publ. Centre: Wageningen 1964. — Proc. Symp. Rice Genet. and Cytogenet., Los Baños, Philippines 1963. Amsterdam: Elsevier Publ. Co. 1964.

RAMAGE, R. T., and D. F. HUMPHREY: Crop Sci. **4**, 539—540 (1964). — RANA, R. S.: (1) Experientia (Basel) **20**, 617 (1964); (2) Chromosoma **16**, 477—485 (1965). — RANA, R. S., and H. H. JAIN: Naturwissenschaften **51**, 44—45 (1964). —

REES, H., and S. SUN: Chromosoma **16**, 500—510 (1965). — RHOADES, M. M.: In: The Cell, Hrsg. J. BRACHET, and A. E. MIRSKY. Vol. III, S. 1—75. New York: Academic Press 1961. — RICKARDS, G. K.: Chromosoma **15**, 140—155 (1964). — RIEGER, R.: (1) Proc. XI. Int. Congr. Genet., The Hague 1963. Vol. I, S. 88; — (2) Proc. Symp. "Induction of mutations and the mutation process", Prague 1963. S. 85—100. Publ. House Czechosl. Acad. Sci: Prague 1965. — RIEGER, R., u. A. MICHAELIS: (1) Ber. u. Mitt. dtsch. Akad. Wiss. Berlin **8**, 230—243 (1960); — (2) Exp. Cell Res. **31**, 202—205 (1963); — (3) Mutat. Res. **1**, 109—112 (1964). — RIEGER, R., H. NICOLOFF, u. A. MICHAELIS: Biol. Zbl. **82**, 393—412 (1963). — RILEY, R., and V. CHAPMAN: (1) Wheat Inform. Serv. **17**, 12—15 (1964); — (2) Nature (Lond.) **203**, 156—158 (1964). — RILEY, R., G. KIMBER, and C. N. LAW: Cytogenetics. In: Ann. Rep. Plant Breed. Inst. Cambridge 1963/64. S. 89—95. — ROSEN, G. VON: Hereditas **51**, 89—134 (1964).

SAX, K., and H. J. SAX: Radiat. Bot. **4**, 37—41 (1964). — SCHERZ, C.: Chromosoma **8**, 447—457 (1957). — SCOTT, D., and H. J. EVANS: Mutat. Res. **1**, 146—156 (1964). — SHARMA, A. K., and A. K. CHATTERJI: Proc. nat. Inst. Sci. India **28**, 478—484 (1963). — SHARMA, A. K., M. CHAUDHURI, and D. P. CHAKRABORTI: Acta biol. med. germ. **11**, 433—441 (1963). — SINGLETON, J. R.: Genetics **49**, 541—560 (1964). — SMITH, H. H., C. P. FUSSELL, and B. H. KUGELMAN: Science **142**, 595—596 (1963). — SNOAD, B.: Proc. XI. Int. Congr. Genet., The Hague 1963. Vol. I, S. 117. — SPARROW, A. H., L. A. SCHAIRER, R. C. SPARROW, and W. F. CAMPBELL: Radiat. Bot. **3**, 169—173 (1963). — STEINBERG, A. G., and F. C. FRASER: Genetics **29**, 83—103 (1944). — SWAMINATHAN, M. S., V. L. CHOPRA, and S. BHASKARAN: Indian J. Genet. Plant Breeding **22**, 192—207 (1962).

TAKEHISA, S.: Japan. J. Genet. **38**, 237—243 (1964). — TAMURA, K.: La Kromosomo **55—56**, 1818—1822 (1963). — TAYLOR, J. H.: (1) In: Molecular genetics, Hrsg. J. H. TAYLOR. S. 65—111. New York: Academic Press 1963; — (2) J. cell. comp. Physiol. **62**, Suppl. 3, 73—86 (1963). — TING, Y. C.: Chromosomes of maize-teosinte hybrids. The Bussey Inst. Harvard Univ. 1964. S. 1—45. — TOWE, A. M., and D. R. STADLER: Genetics **49**, 577—583 (1964).

UHL, C. H.: Genetics **51**, 191—207 (1965).

VAN'T HOF, J.: Radiat. Bot. **3**, 311—314 (1963). — VAN'T HOF, J., and A. H. SPARROW: (1) Proc. nat. Acad. Sci. (Wash.) **49**, 897—902 (1963); (2) **50**, 855—860 (1963). — VENKETESWARAN, S., and E. B. SPIESS: Cytologia **28**, 201—212 (1963).

WAKONIG-VAARTAJA, R.: Nature (Lond.) **198**, 1105—1106 (1963). — WIMBER, D. E., and W. PRENSKY: Genetics **48**, 1731—1738 (1963). — WITTMER, G.: Atti A.G.I. **7**, 250—256 (1962). — WOLFF, S.: Mutat. Res. **1**, 337—343 (1964). — WOLFF, S., and H. E. LUIPPOLD: Exp. Cell Res. **34**, 548—556 (1964). — WOODARD, J., and H. SWIFT: Exp. Cell Res. **34**, 131—137 (1964).

D. Systematik

1. Systematik und Phylogenie der Algen

Von BRUNO SCHUSSNIG, Jena

Allgemeines. Die Systematik der niederen Pflanzen (Thallophyten) von VIGNOLI ist als Lehrbuch für italienische Hochschulen kompiliert und daher nicht frei von didaktisch gebotenen Kompromissen. Die Grundeinteilung ist zunächst folgende:

Cyanophyta, Bacteriophyta, Glaucophyta, Chlorophyta, Pyrrophyta, Euglenophyta, Chrysophyta, Phaeophyta, Rhodophyta, Myxophyta, Mycophyta, Lichenes.

Davon interessieren uns hier nur jene Gruppen, welche in biologischem Sinne als „Algen" bezeichnet werden.

Bei der Schilderung der Cyanophyceen-Zelle vermissen wir zwar die elektronenoptisch ermittelten Befunde über die Feinstruktur des „Chromatoplasmas", dagegen entspricht die Charakterisierung der verschiedenen Pigmente durchaus dem heutigen Stand unserer Kenntnisse. Verf. interpretiert die Cyanophyten als eine geologisch sehr alte und in sich geschlossene Organismengruppe, trotzdem meint er, daß es nicht ganz unbegründet sei, im Hinblick auf die ähnlichen Phycobiline, das Vorkommen einzelliger und fadenförmiger Formen sowie von „Alpanosporen", an Beziehungen zu den Rhodophyten zu denken. Diese in der Literatur nicht auszumerzende „phylogenetische" Anschauung sollte in einem Lehrbuch lieber gemieden werden.

Es war kein glücklicher Gedanke von SKUJA, die Syncyanosen zum Rang einer taxonomischen Einheit zu erheben. Syncyanosen sind übrigens nicht nur von farblosen Chlorophyceen bekannt, so daß dadurch schon die Einheitlichkeit der „*Glaucocystales*" gestört ist. Es ist möglich, daß die Cyanellen mit keiner Art freilebender Canophyceen zu identifizieren sind, elektronenoptisch weisen sie jedoch die gleiche Feinstruktur auf. Wir können uns daher der Meinung des Verf. nicht anschließen, daß die *Glaucophyta* archaischen Charakter habe, phylogenetisch selbständig sei und den Ausgangspunkt in Richtung zu den Chlorophyten wie auch zu den primitiveren Rhodophyten bilden könnte. Im Hinblick auf die heterogene Zusammensetzung und die symbiontische Entstehungsweise der „*Glaucophyta*" entbehren derartige Überlegungen jeder Grundlage.

Die Chlorophyten werden in die drei Klassen *Chlorophyceae, Conjugatophyceae* und *Charophyceae* unterteilt. Zu den Pyrrophyten werden die Klassen der *Cryptophyceae, Chloromonadophyceae (Chloromonadales), Desmokontae* und *Dinophyceae (Dinoflagellatae)* gezählt. Losgelöst vom Flagellatenreich, wozu sie zweifellos auch gehören, folgen dann die *Euglenophyta*, mit der Klasse der *Euglenophyceae* und der Ordnung der *Euglenales*.

Hier sei die Zwischenbemerkung erlaubt — die nicht nur für das in Rede stehende Werk gilt —, daß mit dem Anhängen der Endsilbe — *phyceae* aus einem Flagellaten noch lange keine „Alge“ gemacht ist.

Die *Chrysophyta* umfassen die *Heterokontae (Xanthophyceae)*, die *Chrysophyceae* und die *Bacillariophyceae*. Den Abschluß des Algenteiles bilden die *Phaeophyta* und *Rhodophyta* in der üblichen, namentlich von KYLIN geprägten Grundeinteilung.

Zwei Bemerkungen sind nicht zu umgehen. Bei den Grünalgen äußert sich Verf. dahin, daß gemäß der Natur der Pigmente, der Assimilationsprodukte, dem Typus der Geißeln und anderen Eigenschaften, die auch den höheren Pflanzen gemein sind, in den Chlorophyceen, als Modell genommen, der Ursprung aller anderen grünen Pflanzen zu suchen sei. Wie weiter unten noch gezeigt werden wird, stimmt die Begeißelung der Chlorophyceen nicht mit jener der Cormophyten überein. Auch gibt es unter den rezenten Grünalgen keinen einzigen Typus — die zu diesem Zweck mit Vorliebe strapazierte *Fritschiella* inbegriffen — der für einen phyletischen Übergang zu den Cormophyten in Anspruch genommen werden könnte.

Dagegen ist es begrüßenswert, daß Verf. bei den Charophyten hervorhebt, daß diese von den übrigen Grünalgen stark differieren, dafür aber bemerkenswerte Analogien zu den niederen Cormophyten (Bryophyten) aufweisen, von denen sie sich jedoch durch das Fehlen eines Generationswechsels unterscheiden. Der Aufstellung eines unabhängigen Taxons für die Characeen steht freilich die „Tradition“ im Wege, mit der namentlich in einem Lehrbuch nicht so leicht gebrochen werden kann.

Mit einer kritischen und sachlich wohlfundierten Studie setzt sich RIETH mit der Unzulänglichkeit der Algensystematik auseinander. Es wird ihm jeder beipflichten, daß unsere Kenntnis von den Arten rückständig ist, denn oft stehen dem Bestimmer mehr oder weniger unvollständige Diagnosen zur Verfügung, die mit der Variabilität des gesammelten Materials nicht immer in Einklang zu bringen sind. Die Forderung RIETHs, die Speciesdiagnostik mit dem Kulturexperiment unter gleichzeitiger Berücksichtigung der ökologischen Bedingtheiten zu untermauern, ist für die Zukunft eine conditio sine qua non. Damit könnte eine neue Ära der Artensystematik eingeleitet werden, die zu einer objektiven Erfassung der Arttypen führen sollte, unter Weglassung eines Ballastes fraglicher Beschreibungen, unbrauchbarer Exsiccaten und sinnloser Nomenklaturregeln. Freilich würde das einen apparativen und personellen Aufwand, der in den wenigsten Instituten zur Verfügung steht, fordern.

Cyanophyceae. Für die „Algen“ kann die indirekte Definition gegeben werden, daß sie sich, wie die Thallophyten überhaupt, von den höheren Pflanzen durch das Fehlen einer Differenzierung in echte Wurzel, Stamm und Blatt unterscheiden. So hat sie kürzlich auch PRINGSHEIM gekennzeichnet, doch ist diese Definition nicht neu. Diese niedere Gestaltung ist nicht nur phylogenetisch, sondern auch biologisch-ökologisch bedingt und hat seit jeher zur Folge gehabt, daß man in den Pflanzensystemen den Algen eine entsprechende Stellung „am Anfang“ zugeordnet hat. Physiologisch allen Algenstämmen gemeinsam ist ihre von bestimmten Pigmenten gesteuerte photo-autotrophe Stoffsynthese. So betrachtet müssen auch die Cyanophyceen als Algen interpretiert werden, obwohl sie schon wegen ihrer akaryotischen Zellorganisation einen scharf umschriebenen und mit keiner anderen Algengruppe phylogenetische Beziehungen aufweisenden Stamm (Phylum) darstellen. Fügt man noch die geringe morphologische Differenzierung der Einzelzellen und Zellverbände hinzu – wobei trotz Fehlens eines meiotischen Austauschprozesses die Formkonstanz weitgehend gewahrt bleibt –, so ergeben sich daraus für die systematische Gliederung innerhalb dieses Stammes erhebliche Schwierigkeiten.

Unter Berücksichtigung der ökologischen Faktoren analysiert SCHWABE eine Reihe von Merkmalen, um sie besonders für die Abgrenzung der wichtigsten Familien auszuwerten. In Kurven, auf deren Abszisse die Zelldurchmesser-Klassen logarithmisch aufgetragen sind und auf deren Ordinate die Prozente der Häufigkeit abgelesen werden können, ergeben sich Vergleichswerte, die gestatten, statistische Unterschiede zwischen Dermocarpaceen und Pleurocapsaceen einerseits, und zwischen Entophysalidaceen und Chamaesiphonaceen andererseits, oder zwischen Chroococcaceen und Stigonemataceen, zwischen Rivulariaceen und Scytonemataceen, oder zwischen Nostocaceen und Oscillatoriaceen zu erfassen. Bei einem Vergleich der Kurven von *Oscillatoria*, *Lyngbya* und *Plectonema* läßt sich aus der Zweigipfligkeit dieser Kurven erschließen, daß diese Gattungen wahrscheinlich nicht homogener Zusammensetzung sind.

Ausführlich beschäftigt sich dann Verf. mit der Morphologie der Zellen- und Trichomverbände, wobei die nicht ganz widerspruchsfreien Begriffe wie Coenobien, Trichome, Fäden, Kolonien noch im bisher üblichen Sinne beibehalten werden. Größeres Gewicht wird hingegen der Populations- und Lagerdichte (bzw. Koloniedichte) in den entsprechenden Biotopen, sowie auf die Strukturen höherer Aggregationsformen gelegt. Danach unterscheidet er vorläufig folgende Aggregationstypen:

1. der Beschlag, 2. das Netz, 3. die Kruste, 4. die Haut, 5. der Rasen, 6. der Schwamm, 7. der Teppich, 8. der Polster, 9. die nostocoide Einbettung, 10. der Strang, 11. der Verhau und 12. das Bündel. Wegen der Charakterisierung dieser Aggregate muß aus Platzmangel auf das Original verwiesen werden. Die letzten Kapitel behandeln noch die Beweglichkeit, die physiologischen Leistungen und die ökologische Charakteristik der Cyanophyceen. Aus allem ergibt sich, daß die Blaualgen „als systematische Einheit deutlich gekennzeichnet und von anderen Photoautotrophen abgegrenzt sind“. Die innere Gliederung der Cyanophyten, d. h. das System, ist jedoch im Hinblick auf diese Sonderstellung von der taxonomischen Methodik nicht hinreichend berücksichtigt worden.

Coccolithophoridae. Eine wichtige Arbeit aus dem Jahre 1963 muß hier nachgetragen werden, in welcher MANTON und LEEDALE eine Form licht- und elektronenmikroskopisch untersucht haben, welche 1956 GAARDER u. MARKALI wegen der charakteristischen Anordnung der Calcitkristalle als *Crystallolithus hyalinus* beschrieben haben. Diese Hololithen oder „Crystallolithen“ stellen elliptische Aggregate von Calcitrhomboëdern dar. PARKER u. ADAMS wiesen später (1960) nach, daß *Crystallolithus* *hyalinus* die bewegliche Phase von *Coccolithus pelagicus* (Wallich) Schiller vorstellt, der sich auch durch den Besitz großer Heterococcolithen (Placolithen) unterscheidet. Diese Feststellung ist für die auf die Formtypen der Coccolithen basierende Systematik der Coccolithophoriden von revolutionierender Bedeutung, müßte doch im konkreten Falle die unbewegliche und die bewegliche Phase ein und derselben Art in zwei weit entfernte Taxa eingereiht werden!

Phylogenetisch bedeutsam ist es ferner, daß *Crystallolithus hyalinus* neben zwei fast gleichlangen Geißeln ein Haptonema besitzt, welches von 5–6 Mikrofibrillen durchzogen ist. Weiter konnten im peripheren Plasma 2–3 Lagen von nichtmineralisierten ovalen Schuppen nachgewiesen werden, die mit einer charakteristischen Strukturzeichnung, unterschiedlich an der Innen- und an der Außenseite, versehen sind. Die Schuppen entstehen in relativ großen Lacunen des peripheren Plasmas, wobei eine Beziehung zum Golgi-Apparat zwar wahrscheinlich ist, aber nicht augenfällig ermittelt werden konnte.

Was die Entstehung der Crystallolithen anbelangt, wird eine Beziehung zum Golgi-Apparat von den Verff. ausgeschlossen. Dagegen wird eine periphere Entstehung für wahrscheinlicher gehalten, wobei mit größter Zurückhaltung an die Möglichkeit gedacht wird, daß die eigenartigen, in Randlacunen elektronenoptisch erstmalig nachgewiesenen Tubuli mit der Ausscheidung von Calcitlösung im Zusammenhang stehen könnten.

Die Begeißelung von *Crystallolithus hyalinus*, der Besitz eines Haptonemas und von periplasmatischen Schuppen zeigen eine weitgehende Übereinstimmung mit den bereits an *Chrysochromulina* und *Prymnesium* (s. d. Ztschr. 1963, S. 53) ermittelten Befunden, was Christensen (1962) veranlaßte, für diese und ähnliche Formen die Klasse der *Haptophycease*, losgelöst von den übrigen Chrysomonaden, aufzustellen. Dazu könnte man nach den obigen Befunden auch *Crystallolithus*, als Vertreter der Coccolithophoriden, rechnen, womit die Stellung dieser Organismengruppe im Gestaltungsbereich der *Chrysomonadinae* präziser als bisher festgelegt werden könnte. Die Vorstellungen von Christensen, denen sich auch die Verff. anschließen, sind beachtenswert und es ist nur zu hoffen, daß noch mehr Unterlagen zur Stützung dieser These geliefert werden.

Prasinomonadinae. Kürzlich hat Manton bei *Pyramimonas* und bei den Schwärmern von *Halosphaera* die bemerkenswerte Feststellung gemacht, daß sowohl an der Zellperipherie als auch an der Oberfläche der Geißeln nichtmineralisierte Schüppchen von charakteristischer Form und Feinstruktur vorhanden sind (vgl. d. Zts. 1963, S. 55). Von großem Interesse ist es nun, daß Parke u. Rayns ganz analoge Strukturen auch bei einer neuen Art der systematisch umstrittenen Gattung *Nephroselmis* (*N. gilva* n. sp.) und bei *Micromonas squamata* Manton et Parke mit dem Elektronenmikroskop nachweisen konnten. Die Schuppen der Zelle von *Nephroselmis*, deren Entstehung in den Zisternen des Golgiapparates und den daran angrenzenden Lacunen einwandfrei festgestellt werden konnte, haben einen polygonalen Umriß und eine konzentrische Skulpturierung. Die Geißelschuppen, in einfacher Schicht vorhanden, sind ebenfalls polygonal und leicht asymmetrisch, was mit der imbricaten Anordnung an der schmalen Geißeloberfläche zusammenhängt. Diese Geißelschuppen sind in neun Reihen angeordnet, wohl als Korrelat zu den 9 peripheren Primärfibrillen der Geißel. Zum Unterschied von den Zellschuppen, tragen die Geißelschuppen einen umbilicalen auswärts gerichteten Dornfortsatz. Außer den Schuppen ragen aus der Oberfläche der Geißeln relativ kurze und dicke Mastigonemen hervor, die jedoch nicht dem Typus der Chrysomonaden-Geißeln entsprechen. Dies ist wichtig hervorzuheben, weil *N. gilva* goldgelbe, aber schalenförmige Chromatophoren mit einem von Stärke umgebenen Pyrenoid besitzt.

Eine Verwandtschaft mit den braungefärbten Flagellaten (Chryso- oder Cryptomonaden), die für die Gattung *Nephroselmis* lange Zeit vermutet wurde, erscheint somit hinfällig. Die goldgelbe Plastidenfärbung könnte m. E. an einem Überschuß von Carotinoiden liegen.

Eine Nachprüfung der Originalkulturen von *Thalassomonas* (Butcher, 1959) haben ergeben, daß sie mit einem farblosen Flagellaten des Chrysomonadinen-Typus verunreinigt waren. Die elektronenmikroskopischen Aufnahmen der Geißeln, die Butcher zur Verfügung standen, zeigen daher die für die Chrysomonadinen charakteristische Bewimperung, die jedoch für Organismen, welche Chlorophyll b führen, auszuschließen ist.

Der pigmentierte Organismus in den Kulturen Butchers wurde als *Micromonas squamata* erkannt. Die Übereinstimmungen mit dieser Form liegen in der Form und Zeichnung (Spinnwebemuster) der Schuppen, in der Geißelbewimperung, im Pyrenoid mit Stärkeschale und im Augenfleck. Auch hier konnte die Entstehung der Schuppen in den Zisternen des Golgiapparates nachgewiesen werden. Die Geißel ist von einer Lage imbricater Schuppen bedeckt und hat ähnliche Mastigonemen, wie die oben angeführten Formen.

Es ist offenkundig, daß Butcher eine Verwechslung unterlaufen ist und daß die Gattung „*Thalassomonas*", als nomen confusum, auszumerzen ist. Die Verff. kommen weiter zu dem Schluß, daß *Pyramimonas*, die Schwärmer von *Halosphaera*, *Nephroselmis* und *Micromonas* Glieder einer distinkten natürlichen Gruppe sind, wobei es allerdings noch unbekannt ist, wieviele Gattungen noch dazugehören mögen. Die Anregung Christensens (1962), diese Formen in eine neue Klasse der „Prasinophyceae" zu vereinigen, ist zwar etwas verfrüht, kann aber zur Diskussion gestellt werden. Ref. möchte für die monadoiden Vertreter lieber die Bezeichnung *Prasinomonadina* vorschlagen. *Halosphaera* dagegen wäre dann eine Prasinophycee (vgl. d. Ztschr. 1963, S. 55).

Protochlorinae. Unter diesem Namen hat Korschikoff 1923 eine kleine Gruppe grüngefärbter Flagellaten aufgestellt, in die er vorerst die Gattungen *Pedinomonas* Korsch. (als Typus) (= *Chlorochytridium* Vischer 1945) und *Heteromastix* Korsch. (= *Nephroselmis* Stein) reihte. Die Frage blieb lange offen, ob diese Organismen in den Verwandtschaftskreis der Phytomonaden (Volvocalen), wie es Korschikoff tat, oder, nach Pascher, in den der Chrysomonaden gehörten. In einer Gemeinschaftsarbeit von Ettl, der die lichtmikroskopischen Beobachtungen anstellte, mit Manton, die die elektronenmikroskopische Analyse vornahm, wurde eine provisorische Lösung gefunden. Ettl hat nicht nur die

Zellmorphologie, sondern auch die Zell- und Kernteilung verfolgt, woraus hervorgeht, daß der Bauplan von *Pedinomonas* nicht, wie bei den Phytomonadinen, radial-, sondern bilateral-symmetrisch ist. Die Zellen sind membranlos und mitunter leicht metabolisch. Die vegetative Vermehrung geschieht durch Schizotomie, welche sonderbarerweise am dorsal gelegenen Augenfleck ansetzt. ETTL spricht hier von einer Querteilung. Die doppelt körperlange Geißel, welche dicht am tropfenförmigen, an der Ventralseite gelegenen Zellkern, in einer flachen Grube etwas unterhalb des apikalen Zellendes entspringt, beschreibt einen Bogen um dieses und wirkt als Pulsellum, so daß die Zelle mit dem antapikaen Ende voran schwimmt. Das hatte ursprünglich eine opisthokonte Begeißelung vorgetäuscht und zu Spekulationen Anlaß gegeben, wonach *Pedinomonas* phylogenetische Beziehungen zu den Archimyceten haben sollte. VISCHER stellte die Flagellatengruppe der *Opisthokontae* auf. HARDER u. KOCH wiesen nach, daß *Pedinomonas* Chlorophyll a und b führt, was für eine Verwandtschaft mit den Volvocalen zu sprechen schien – obwohl beide Chlorophylle auch bei den Euglenomonadinen vorkommen –, und die Anhänger der Herkunft der Pilze von apochlorotischen Grünalgen ließen sich erst recht nicht von ihren abwegigen Spekulationen abhalten.

Freilich muß zugegeben werden, daß *Pedinomonas* für Phylogeniebeflissene etwas doppelzüngig ist. Sie besitzt einen dorsal angeschmiegten, etwa schalenförmigen Chromatophor, mit einem, von einer Stärkehülle umgebenen Pyrenoid, wie man ihn bei Volcocalen und Chlorophyceen nicht besser vorfinden könnte. Allerdings, die Farbe des Chromatophors ist gelbgrün und die Stärke gibt bei Jodzusatz keine tiefblaue Farbreaktion. Ferner besitzt die in eine kurze verschmälerte Spitze auslaufende Geißel einige äußerst zarte, kurze Mastigonemen von 50 Å Durchmesser, die somit dünner als Bakteriengeißeln sind und nur mit dem Elektronenmikroskop sichtbar gemacht werden können. Die Geißeln der Phytomonaden sind hingegen unbewimpert. Dagegen stimmt die Feinstruktur der intracellulären Geißelbasis und der Übergangsregion (Sternmuster, Anordnung der Geißelfibrillen in Doublets und Triplets, s. weiter unten, S. 318) mit den entsprechenden Befunden an Chlorophyceen merklich überein. Es sind auch vier, in zwei alternierenden Paaren angeordnete Geißelwurzel („roots", vgl. S. 317) vorhanden, die aus zwei bzw. drei Mikrotubulis zusammengesetzt sind. Sie erstrecken sich von ihrem Ursprungsort dicht unter dem Plasmalemma bis zum antapikalen Zellende. Eine der drei Tubuli führenden Wurzel ist mit Fibrillen eines anderen Typus vereinigt, die längs des Zellkerns verlaufen und diesen mit der Geißelbasis verbinden. Das hat ETTL auch lichtmikroskopisch feststellen können. Dieses fibrilläre Band, das etwa einem „Rhizoplast" entsprechen könnte, zeigt eine deutliche Querstreifung und erstreckt sich nicht über die Kernoberfläche hinweg.

Der Chromatophor weist eine sehr einfache Lamellierung auf, Grana sind nicht vorhanden. Ein langgestrecktes, zwischen der vorderen Innenfläche des Chromatophors und dem Kern gelegenes Mitochondrion und ein nahe der Geißelbasis gelegener Golgiapparat ergänzen noch das Bild der inneren Zelldifferenzierung. Es ist nur eine pulsierende Vacuole vorhanden.

Aus dem Ganzen wird der Schluß gezogen, daß *Pedinomonas minor* nicht in die Verwandtschaft der Volvocalen gehört. Eine andere noch offene Frage ist die, wo man sie im System der Flagellaten placieren soll. Ref. würde schon aus Prioritätsgründen vorschlagen, dafür die von KORSCHIKOFF geprägte Klassenbezeichnung der *Protochlorinae* beizubehalten. Dieser Vorschlag hat allerdings im Augenblick nicht mehr Wert, als den einer „Platzanweisung", so lange, bis die übrigen Gattungen

(*Cardiomonas* KORSCH., *Mesostigma* LAUTERB., *Trichloris* SCHERFFEL et PASCHER und *Bipedinomonas* N. CARTER) einer gleich sorgfältigen Untersuchung unterzogen werden. Und selbst dann dürfte es sich mit großer Wahrscheinlichkeit herausstellen, daß man es hier mit einer recht heterogenen Gesellschaft zu tun hat. So scheidet z. B. nach dem oben Gesagten (s. S. 312) schon die Gattung *Nephroselmis* aus. ETTL u. MANTON schlagen vor, für *Pedinomonas* eine eigene Ordnung der *Pedinomonadales* aufzustellen. Auch das ist natürlich nur ein Provisorium, schon deswegen, weil eine Ordnung schließlich nicht in der Luft hängen kann.

Euglenomonadina. In der Arbeit von LEEDALE über *Euglena spirogyra* wird deren Morphologie und Feinstruktur meisterhaft behandelt, was hier nicht in extenso wiedergegeben werden kann. Nur auf zwei Details sei hingewiesen: die aktive Geißel ist eindeutig pleuro-mastigonematisch, die Mastigonemen sind in einer Reihe seitlich angeordnet und werden nur passiv bewegt. Die Chromosomenzahl wurde mit 86 festgelegt und angenommen, daß es sich hier um eine hochpolyploide Art handelt. Im Wege einer amitotischen Durchschnürung können Halbkerne mit 40 bis 45 Chromosomen entstehen.

Die Arbeit wird mit einer artsystematischen Betrachtung von PRINGSHEIM eingeleitet, der die vorwiegend phototrophische, eisenliebende *E. spirogyra* als eine Sammelart aus der Untergattung *Rigidae* auffaßt und sich der alten Meinung von KLEBS anschließt, wonach *E. fusca* bloß eine Varietät davon vorstellt. Ebenso dürften die Arten *E. spiroides* LEMMERMANN, *E. allorgii* DEFLANDRE, *E. ignobilis* JOHNSON u. a. dazugehören. Die großen, klonenmäßig ermittelten Volumsunterschiede bei Organismen von grundsätzlich ähnlicher Struktur dürften auf Unterschiede in den Chromosomenzahlen zurückzuführen sein. PRINGSHEIM denkt an Fälle von Polyploidie, wie sie LEEDALE (1958) für zwei *Eutreptia*-Arten (*E. viridis* mit 44 und *E. pertyi* mit 90) nachweisen konnte. Aber wie erklärt sich eine Polyploidie bei Organismen, bei denen angeblich weder ein Sexualakt noch eine Meiosis bekannt sein soll? Oder sollten da endomitotische Prozesse im Spiele sein?

Polyblepharidinae. Es ist im Augenblick schwer zu sagen, wo die von KORSCHIKOFF (1913) beschriebene Flagellatenform *Spermatozopsis exultans* zu stellen ist. Die Zelle ist nackt, bogig gekrümmt, in der Krümmungsebene bilateral-symmetrisch abgeflacht und besitzt 4 akronematische Geißeln (Peitschentypus). Vegetative Vermehrung durch Zweiteilung (sagittale Schizotomie), sexuelle Vorgänge derzeit unbekannt. KORSCHIKOFF zählte diese Form zu den Polyblepharidineen, die sich allerdings in der Zwischenzeit als eine recht heterogene Gruppe erwiesen hat. BELCHER, der sich kürzlich mit *Spermatozopsis* beschäftigt hat, meint, daß die Polyblepharidineen in zwei Sektionen geteilt werden müßten, u. zw. in eine, mit *Dunaliella* als Repräsentant, mit näheren Beziehungen zu den Chlamydominadinen, und in eine, die durch *Pyramimonas* vertreten sein sollte. Verf. ist es aber entgangen, daß *Pyramimonas* durch die Untersuchungen von MANTON (s. d. Ztschr. 1963, S. 55) ganz wo andershin gehört. Was *Spermatozopsis* anbelangt, meint Verf., daß sie zu der ersteren Sektion gehören dürfte, weil sie, ausgenommen die Membranlosigkeit, gemeinsame Merkmale mit den Chlamydomonaden haben soll, so z. B. die Peitschengeißeln. Wichtiger als dieses Merkmal – Peitschengeißeln kommen auch bei weit entfernten farblosen Flagellaten vor – scheinen mir aber die Nacktheit und die abweichende Zellsymmetrie zu sein. Eine Chlamydomonadine ist *Spermatozopsis* m. E. sicher nicht. Die Zuteilung zu den Polyblepharidinen ist freilich im Augenblick bloß eine Verlegenheitslösung, weil diese Gruppe sicherlich nicht – oder zumindest im üblichen Umfange nicht – existenzberechtigt sein dürfte.

Chlamydomonadinae. Als *Carteria geminata* nov. spec. beschreibt Ettl eine Form, in deren Zellen, mit Ausnahme des Kerns und des Chromatophors, alle Organellen in doppelter Anzahl vorhanden sind. Ohne auf die Genese dieses zweiwertigen Organismus eingehen zu können, wäre nach Verf. die Vorstellung denkbar, daß es sich um eine Übergangsform zwischen *Chlamydomonas* und *Carteria* handelte. Allerdings ist hier Vorsicht geboten, nachdem wir von Behlau (1939) her wissen, daß die Planozygoten von *Chlamydomonas variabilis* unter dem Aspekte von *Carteria ovata* erscheinen.

Eine besondere Form von *Asterococcus superbus* beschreibt Ettl, ohne sie besonders zu benennen. Wie bei der Typus-Art ist der Chromatophor „sternförmig", d. h. vom pyrenoidführenden topfförmigen Grund desselben gehen zahlreiche dünne, unregelmäßig konturierte, z. T. auch verzweigte Streifen aus. Ähnliche Chromatophoren trifft man auch bei Volvocalen, Tetrasporalen und Chlorococcalen an. Vor dem apikalwärts gelegenen Kern befinden sich zwei alternierend pulsierende Vacuolen. Die ovalen bis rundlichen Zellen weisen somit eine konstitutionelle Polarität auf, wie bei den Zellen einer *Chlamydomonas*. Die mächtigen, konzentrisch geschichteten Gallerthüllen führten dazu, *Asterococcus* zu den Tetrasporalen, und speziell zu den Palmellaceen, zuzurechnen. Heute ist diese Frage etwas verwickelter, nachdem *Palmella* als eine Chlorococcale erkannt ist und somit die Familie der Palmellaceen aus den Tetrasporalen herausgenommen wurde. Ettl hält es für notwendig, für alle Tetrasporalen, deren Zellen eine *Chlamydomonas*-artige Polarität aufweisen, in mächtige Gallerten eingehüllt sind und keine Pseudocilien besitzen, in eine gesonderte Familie zu vereinigen, zu der außer *Asterococcus* Scherffel noch *Gloeococcus* A. Braun, *Gloeodendron* Korschikoff, *Palmellopsis* Korsch. und *Gloeophyllum* Korsch. gehören dürften. Die drei letzteren Gattungen sind zwar noch nicht ausreichend untersucht, doch die Notwendigkeit, den Namen *Palmellaceae* zu ersetzen besteht. Da *Gloeococcus* die älteste und typischste Gattung dieser Formengruppe ist, wählt er die Bezeichnung *Gloeococcaceae* nom. nov. (Syn. *Palmellaceae* p. p. sensu auct. Typus familiae *Gloeococcus* A. Braun).

Als sicher zur Gattung Asterococcus gehörig führt Ettl die Arten *A. superbus* (Cienk.) Scherffel als Typusart, sowie *A. limneticus* G. M. Smith und *A. korschikoffii* nov. sp. (Syn. A. superbus sensu Korschikoff) an. Ausgeschieden werden *A. terrestris* Vischer, der eine Chlorococcale, der Gattung *Macrochloris* Korsch. nahestehend, ist, *A. spongiosus* Vischer, der von Starr (1955) als selbständige Gattung *Spongiochloris* der Chlorococcalen erkannt wurde, und *A. spinosus* Prescott, der an *Golenkinia* oder *Trochiscia* erinnert und keine tetrasporale Organisation besitzt.

Von Nováková liegt eine vergleichende Studie über *Asterococcus* Scherffel und *Sphaerellocystis* Ettl vor (vgl. d. Ztschr. 1963, S. 54). Letztere unterscheidet sich im wesentlichen nur in einem Merkmal, nämlich in dem Chromatophor, der nicht sternförmig, sondern schalenförmig, parietal ist, nach dem *Chlamydomonas*-Typus. Im Hinblick darauf, daß sternförmige Chromatophoren auch von *Chlamydomonas*-Arten bekannt sind, könnte *Sphaerellocystis* auch zu *Asterococcus* hinzugezogen werden. Eine enge Beziehung zwischen beiden Gattungen besteht, doch werden sie von der Verfin. noch getrennt gehalten.

Chlorococcales. Auf die elektronenmikroskopische Untersuchung von SOEDER über *Chlorella fusca* SHIIRA et KRAUSS kann in diesem Abschnitt nicht näher eingegangen werden, doch möge sie hier wenigstens erwähnt sein, wegen der feinstrukturellen Übereinstimmungen mit den Zellen der Chlorophyceen. Ein Detail soll bloß herausgegriffen werden. Der urnenförmige Chromatophor, der im Lichtmikroskop einheitlich erscheint, zeigt im Elektronenmikroskop mehrere Einschnitte, so daß der Eindruck erweckt wird, daß er aus mehreren Teilflächen zusammengesetzt ist. Die Feinstruktur ist ähnlich wie beim Chromatophor von *Chlamydomonas*. Das Pyrenoid wird nicht von einem Thylakoid durchzogen.

Ulotrichales. Eine sorgfältige Untersuchung über die Kernteilung von *Ulothrix zonata* und *U. subtilissima,* bei der auch die Morphologie der Chromosomen (subterminale Centromeren bei *U. zonata!*) beschrieben wird, stammt von SARMA. Artsystematisch wichtig sind die Chromosomenzahlen, 10 für *U. zonata,* 14 für *U. subtilissima.* Vom gleichen Autor sind auch die Chromosomenzahlen von *Uronema* LAGERHEIM und *Hormidium* KLEBS ermittelt worden. Sie betragen für *U. gigas* und *U. barlowi* 18, für *U. confervicolum* und *U. terrestre* 16. *Hormidium crenulatum* hat 44 bis 48, *H. barlowi* 22–24 und *H. spec.* cca 22. Die Gattung *Hormidiopsis* HEERING ist zu streichen.

Die Mitosen bei *Cylindrocapsa involuta* sind nach demselben Autor denen der Ulotricheen ähnlich. Die Chromosomenzahl wird mit 16 geschätzt. Amitosen, wie sie IYENGAR für *C. geminella* angegeben hatte, konnten nicht beobachtet werden.

Chaetophorales. Von der elektronenmikroskopischen Untersuchung von MANTON über Schwärmer und junge Keimlinge einer *Stigeoclonium*-Art sei hier nur der für den phylogenetischen Vergleich wichtige Geißelapparat herausgegriffen. Vor 10 Jahren schon wurden die 4-geißligen Schwärmer von *Ulothrix* und *Draparnaldia* untersucht und gefunden, daß die Geißeln alternierend inseriert sind und daß eine gleiche Anzahl von "roots" in diagnonaler Stellung zu den Geißeln sichtbar gemacht wurden. Diese alternierenden Paare von Geißelwurzeln unterscheiden sich in ihrer Feinstruktur dadurch voneinander, daß das eine Paar aus 5, das andere aus 2 Primärfibrillen aufgebaut ist. Mit verfeinerter Technik und anhand von Ultraschnitten wurden die alten Befunde an den Schwärmern von *Stigeoclonium* im wesentlichen bestätigt und ergänzt.

Die Geißeln sind n i c h t in einem Ring angeordnet, mit radial verlaufenden Wurzeln, sondern es sind auch hier 2 Geißelpaare vorhanden, die mit ihren L-förmig gewinkelten Basalteilen spiegelbildlich zueinander gestellt sind. Die Wurzeln verlaufen nach verschiedenen Richtungen, je nachdem sie 2 oder 5 Fibrillen führen. Aus dem Ganzen ergibt sich das Bild einer radial-symmetrischen Anordnung.

Zwischen Geißelinsertion und Zellkern liegen 2 pulsierende Vacuolen. Die 5fibrillige Geißelwurzel legt sich der einen Vacuole an, während der 2fibrillige Strang zwischen den Vacuolen in das Cytoplasma vordringt. Die von einer dichten Substanz bekleideten 2fibrilligen Wurzeln zeigen im Längsschnitt eine Querstreifensequenz, mit einem Abstand von 333 Å für die breiteren, und von 65 Å für die dünneren Querstreifen. Die 5fibrilligen Wurzeln nehmen ihren Ursprung am Grund der Papille und liegen symmetrisch zwischen zwei Geißeln, ohne jedoch mit diesen in direkter Verbindung zu stehen. Die 5 Wurzelfibrillen sind gewöhnlich in zwei Lagen zu 4+1, gelegentlich auch zu 2+3 oder vielleicht auch zu 2+2+1. Eine Querstreifung ist bei diesen Wurzelfasern nicht vorhanden.

Die zentralen Fibrillen der Geißel sind in der Längsachse der Zelle orientiert, während die Wurzeln in einem stumpfen Winkel dazu verlaufen. Im Basalteil („Basalkörper") der Geißeln sind die peripheren Fibrillen in Triplets angeordnet, die im freien Abschnitt der Geißel von Doublets abgelöst werden. Im unteren Ende der Basalzone wird das Zentrum derselben von einer Wagenrad-artigen Zeichnung eingenommen. Im distalen Ende des Basalkörpers wird der Raum zwischen den Doublets-Fibrillen von einer sternartigen Zeichnung eingenommen. In diesem Geißelniveau enden die zwei Zentralfibrillen, in einem Abstand von etwa $^1/_{12}\,\mu$ vom Diaphragma, welches den Basalkörper von der übrigen freien Geißel abgrenzt. Das Sternmuster geht von einem inneren Ring von 9 dichten Körnchen aus, von welchen jedes mittels weit divergierender Linien mit zwei nicht benachbarten peripheren Doublets verbunden ist. Das sternförmige Muster im Querschnitt der Geißelbasis entsteht durch die Schnittpunkte dieser Linien, welche zusammen einen Ring von etwa dreieckigen Figuren zu ergeben scheinen. Jeder Eckpunkt dieses Ringes schließt an eine Fibrille eines Doublets an, welche im Umriß kreisrunder als ihre Partnerin ist. Eine diffuse dunkle Substanz verbindet die Doublets mit der Geißeloberfläche.

Basalkörper wie auch Reste des Augenfleckes sind noch im zweizelligen Stadium des Keimlings elektronenoptisch nachweisbar, was analoge Beobachtungen mit dem Lichtmikroskop von früher her bestätigt. Dem Basalkörper in der vegetativen Zelle dürfte nach vorsichtiger Äußerung der Verfn. die Funktion eines Kernspindelzentrums zukommen.

In einer gesonderten Abhandlung zieht MANTON die gleichartigen Befunde an der Geißelbasis von *Draparnaldia* und *Chloromonas rosae* ETTL zum Vergleich heran, so daß die eben geschilderten Feinstrukturen für die Chlorophyll b führenden Phytomonaden und Chloropyceen charakteristisch zu sein scheinen. Die geringe Anzahl sorgfältig untersuchter Objekte schließt natürlich eine absolute Verallgemeinerung noch aus.

Bei den Chrysomonaden *Prymnesium parvum* und *Heteromastix rotunda* sind die Geißelbasen wesentlich länger und auch die Übergangszone muß im Längsschnitt anders aufgefaßt werden. Ein Septum, an welchem die 9+2 Fibrillenstränge enden, ist gleichwohl vorhanden, doch viel weiter nach vorn verlegt. An dieser Stelle gibt es auch keine Sternstrukturen. Außerdem wird das Septum von einem Strang dichten Materials durchzogen, welcher die vereinigten Enden der Zentralfibrillen mittels einer tiefer gelegenen, dichter strukturierten Masse verbindet. Dies sieht vorerst anders als bei den Grünalgen aus, doch bei sorgfältig geführten Serienschnitten durch die fragliche Geißelzone zeigt es sich, daß ein Homologon des Sternmusters auch hier, wenn auch auf einer kürzeren Strecke, vorhanden ist. Die Grenzen dieses im Cytoplasma verankerten Geißelabschnittes wird vom oberen Diaphragma einerseits, und der Stelle andererseits begrenzt, an welcher die Geißelfibrillen durch ein diffuses Material zu einem Ring mit der Geißelmembran vereinigt sind. Zwischen beiden Marken erscheint die Geißel verbreitert und diesen Abschnitt stellt MANTON der Übergangszone bei den Grünalgengeißeln gleich, in welcher die Sternmuster lokalisiert sind. Das untere Ende dieser Zone wird durch ein kuppenförmiges Septum begrenzt, homolog dem unteren Septum bei den Grünalgen. Das Sternmuster stimmt weitgehend mit dem der Grünalgen-Geißelbasen überein, nur mit dem Unterschied, daß die Linien, welche die Verbindung mit alternierenden Doublets herstellen, gerade und nicht stumpfwinklig sind.

Wenigstens für zwei Querschnittniveaus der Geißelbasis sind die strukturellen Ähnlichkeiten bei *Prymnesium* mit denen der bisher untersuchten Grünalgen unverkennbar. In anderen Niveaus jedoch sind die Unterschiede so augenfällig, daß man auf den ersten Blick den Organismus wahrscheinlich als einen Angehörigen der Chrysophyten erkennen kann. Im Augenblick beruhen diese Vergleiche nur auf den Befunden an *Prymnesium* und *Chrysochromulina*, so daß noch nicht gesagt werden kann, ob diese beiden Gattungen als typische Repräsentanten aller Chrysophyten angesprochen werden können. Doch sind die bisherigen Ergebnisse zweifellos richtungweisend.

Zwei 1962 und 1963 erschienene Publikationen müssen in diesem Zusammenhang nachgeholt werden, in denen MANTON und HOFFMAN die Schwärmer und die Gameten von *Oedogonium cardiacum* elektronenmikroskopisch untersucht haben. Die beiden Schwärmerarten stimmen, abgesehen vom Größenunterschied und von der Geißelzahl (rund 120 bei den ersteren, etwa 30 bei den letzteren) u. a., in der Feinstruktur ihres komplexen Geißelapparates weitgehend überein. Dieser weicht in seiner Konstruktion von den bisher besprochenen Grünalgen wesentlich ab. Die Geißeln selbst sind glatt und laufen in eine verschmälerte kurze Spitze aus; ein scharf abgesetztes Akronema ist nicht vorhanden. Die Basalkörper sind fest in einem Ring von zwei verschiedenen Typen mechanischen Materials befestigt. An der Basis der kuppenförmigen Papille, nahe der Zelloberfläche, verläuft ein fibrilläres Band, welches die Geißelbasen verbindet. Es zeigt eine periodische Querstreifung, bestehend aus breiteren und schmälerern Querstreifen u. zw. so, daß an der Berührungsstelle mit der Geißelbasis sich ein breites Querband befindet und dazwischen 5 schmälere, in der Anordnung $2+1+2$. Unterhalb dieses Ringes befindet sich ein zweiter aus dichter homogener Substanz, in der die Geißelbasen in ganz bestimmter Weise eingebettet sind.

Zwischen den Geißelbasen finden sich die Geißelwurzeln ("roots"), die aus zwei Elementen aufgebaut sind. Die eine Wurzelkomponente, verhältnismäßig kurz, baut sich aus 3 Fibrillen zusammen. Sie dringt in die

Papillenkuppe vor, hört aber nach hinten bald und blind im Cytoplasma auf. Die andere Wurzelkomponente erscheint bei schwacher Vergrößerung kompakt, bei stärkerer jedoch als quergestreifte Faser, mit alternierenden breiteren und schmäleren Querstreifen in Abständen von 140 Å voneinander. Diese Sequenz ist aber von jener des Ringbandes ganz verschieden. Diese Wurzeln dürften sich bis zum Hinterende der Zelle ausstrecken.

Die Geißelwurzeln alternieren bei *Oedogonium* mit den Geißelbasen. Eine alternierende Anordnung von Wurzeln und Geißeln ist auch für die 2- bis 4geißligen Schwärmer von *Draparnaldia, Stigeoclonium, Chaetomorpha* u. a. nachgewiesen, niemals stehen sie jedoch in einem Ring oder in einem Vorläufer eines Ringes. Dadurch ist klargelegt, daß der Typus der Oedogonialen eine gesonderte Stellung, losgelöst von den Ulotrichalen, einnimmt. Der Geißelapparat des polyciliaten Filicinen unterscheidet sich grundsätzlich von dem der Chlorophyceen.

Cladophorales. In einer zusammenfassenden Übersicht über die wesentlichen Merkmale der *Cladophora*-Arten aus Japan und benachbarten Meeresgebieten wird von SAKAI eine schärfere Scheidung zwischen den Gattungen *Cladophora* und *Spongomorpha* vorgenommen. Während der *Cladophora*-Thallus aus gleichartigen Achsen besteht, setzt sich der Thallus von *Spongomorpha* aus verschiedenartigen Astkategorien zusammen. Bei der überwiegenden Mehrzahl der Arten treten in den mittleren und unteren Partien des Thallus basalwärts gebogene Äste auf. Im distalen Bereich sind die Segmente größer und länger, mit dünner Membran und helleren Chromatophoren versehen, wobei die endständigen Segmente stumpfe Spitzen besitzen. Die Quersepten sind in diesem Bereich normal, während sie im übrigen Teil des Thallus einen wulstförmigen Ring aufweisen. Ein weiteres Unterscheidungsmerkmal ist die Öffnung der Sporangien, die sich bei *Cladophora* durch unregelmäßiges Aufreißen der Membran öffnen, während bei *Spongomorpha* die Öffnung scharf kreisförmig umschrieben ist, manchmal sogar mit einem kleinen Deckel versehen. Auch die Röntgenspektren der Membranen sind bei den beiden Gattungen verschieden. Schließlich enthalten die Segmente von *Spongomorpha* einen bis wenige Kerne, während sie bei *Cladophora* in großer Anzahl vorhanden sind. Somit muß *Spongomorpha* von *Cladophora* generisch getrennt bleiben. Für letztere gibt Verf. folgende Gliederung:

Genus *Cladophora* KUETZING (1843), Subgenus *Cladophora*, Sect. *Japonicae* SAKAI, Sect. *Opacae* SAKAI, Sect. *Rugulosae* SAKAI, Subgenus *Aegagropila*.

Erwähnt sei noch, daß in den Membranen von *Cl. fuliginosa* KUETZ. regelmäßig der endophytische Pilz *Blodgettia borneti* WRIGHT vorgefunden wird.

Sphaeropleales. SARMA hat die Mitosen und die Morphologie der Chromosomen bei *Sphaeroplea annulina* (ROTH) AG. und *Sph. annulina* var. *crassisepta* HEINRICHER untersucht, was bei der Kleinheit der Kerne anerkennenswert ist. Die Chromosomenzahl beträgt 16. Die Ähnlichkeit der Kernteilungsbilder mit denen von Ulotricheen (s. o. S. 317) verleitet Verf. zu der Auffassung, daß *Sphaeroplea* wenig Gemeinsames mit den Cladophoraceen hat, sondern engere Beziehungen zu den Ulotrichales aufweist. Hätte Verf. die morphogenetische Ableitung der sexuellen Fortpflanzung von *Sphaeroplea* in meinem Handbuch aufmerksam gelesen, so hätte er in seinen Schlußfolgerungen zumindest etwas unsicher werden müssen. Zweifellos gehört *Sphaeroplea* in den Gestaltungskreis der Siphonocladalen und man wird dem Beispiel von PRESCOTT (1951) und PAPENFUSS (1955) gerne folgen, die dafür die Ordnung der *Sphaeropleales* aufgestellt haben.

Phaeophyceae. Schon vor etwa 10 Jahren hat MANTON mit damaliger Technik die Schwärmer und Spermien verschiedener Braunalgen untersucht. Am bemerkenswertesten war damals der Nachweis eines eigenartigen Organells an den Spermien von *Fucus*, das Verfin. als „proboscis" („Rüssel") bezeichnete. Mit vervollkommneter Fixierungs- und Ultramikrotomtechnik setzt sie nun ihre Beobachtungen fort und unterzieht die Spermien von *Cystosira*, *Halydris*, *Bifurcaria* und, zu Vergleichszwecken, auch die Zoosporen von *Scytosiphon* einer Untersuchung. Die erhobenen Befunde sind über die Mikroanatomie hinaus von phylogenetischer Bedeutung.

Die Spermienfeinstrukturen der *Cystosirae-Sargasseae* zeigen unter sich eine weitgehende Übereinstimmung. Die vordere Geißel ist apikal zugespitzt und bewimpert, die hintere ist eine Peitschengeißel. Sie sind nahe dem Augenfleck inseriert und schließen miteinander einen stumpfen Winkel ein. Bemerkenswert ist, daß sie nicht von einem gemeinsamen Punkt entspringen, sondern daß die hintere Geißel ungefähr in der Mitte der Hauptgeißelbasis ansetzt, ohne mit dieser verbunden zu sein. Die Geißelwurzel ("root"), als fibrilläres Band ausgebildet, geht von der Basis der Hauptgeißel aus, erstreckt sich von da zum vorderen Zellpol, wo sie in sich zurückbiegt, um sich, am Kern vorüberziehend, nach hinten fortzusetzen. Als „Rhizoplast" kann somit dieses Band nicht angesprochen werden. Noch deutlicher sind diese Verhältnisse an den relativ größeren Schwärmern von *Scytosiphon* zu verfolgen, wo auch die Zusammensetzung der Wurzel aus 7–9 Fibrillen, sowie ihre Orientierung im Plasma deutlicher sichtbar sind. MANTON meint nun, daß diese Verhältnisse eine Erklärung für das Zustandekommen der „proposcis" an den Spermien von *Fucus* abgeben könnten. Sie erblickt in den Wurzelbändern gewissermaßen die endocelluläre Vorstufe der proboscis. Somit erscheinen die *Fucus*-Spermien als am weitesten differenziert.

Daraus ergibt sich ein eigenartiger Tatbestand: die vegetativen Schwärmer von *Scytosiphon* sind höher differenziert als die Spermien der Cystosiren, weshalb sie an sich als primitiv und auch als primitiver im Vergleich mit *Fucus* angesprochen werden. Andererseits bilden die Ooangien von *Fucus* 8 Eizellen, während bei den übrigen Fucalen die Eizellenzahl einer allmählichen Reduktion, bis auf 1, unterworfen ist, was zweifellos als ein abgeleitetes Verhalten gilt. Die Achtzahl der Eizellen bei *Fucus* könnte in einem kausalen Verhältnis zur halbemersen Lebensweise stehen. Dies alles ist bemerkenswert, aber nicht verwunderlich. Ich habe, zuletzt in meinem Handbuch, darauf hingewiesen, daß der heute erreichte Entfaltungszustand in der reproduktiven Sphäre weder mit dem des somatischen Anteils übereinzustimmen braucht, noch daß in der Ausprägung der

Sexualorgane unter sich eine vollkommene Parallelität zu herrschen braucht. Das liegt in der autonomen Funktion der Fortpflanzungsorgane begründet.

Was die "roots", und als höchste Entfaltungsstufe davon, die „proboscis" anbelangt, gelangt MANTON zu der Anschauung, daß diesen Strukturen keine mechanische, sondern eher eine metabolische oder leitende Funktion, in Verbindung mit der Atmung bzw., bei *Fucus*, mit der Perception der von den Eizellen ausgeschiedenen Sexualstoffe, zukommen dürfte. Dafür scheint in gewissem Sinne die Anhäufung von Mitochondrien längs den Wurzelbändern zu sprechen.

Hinzugefügt sei noch, daß in der Morphologie und Feinstruktur des Geißelapparates der Phaeophyceen kaum Analogien zu denen der Chrysomonaden zu erkennen sind.

Literatur

BELCHER, J. H.: Nova Hedwigia **8**, 127—133 (1964).

ETTL, H.: Österr. Bot. Z. **111**, 354—365; 366—371 (1964). — ETTL, H., u. I. MANTON: Nova Hedwigia **8**, 421—451 (1964).

HOFFMAN, L., u. I. MANTON: J. exp. Bot. **13** (1962); — Amer. J. Bot. **50**, 455—463 (1963).

LEEDALE, G. F., B. J. D. MEEUSE u. E. G. PRINGSHEIM: Arch. Mikrobiol. **50**, 68—102 (1965).

MANTON, I.: New Phytol. **63**, 244—252 (1964); — J. exp. Bot. **15**, 399—411 (1964); — J. R. Microscop. Soc. **82**, 279—285 (1963); — MANTON, I., u. G. F. LEEDALE: Arch. Mikrobiol. **47**, 115—136 (1963).

NOVAKOVA, M.: Acta Univ. Carolinae, Biol. Vol. 155—166 (1964).

PARKE, M., and D. G. RAYNS: J. mar. biol. Ass. U. K. **44**, 209—217 (1964).

RIETH, A.: Limnologica (Berlin) **2**, 267—278 (1964).

SAKAI, Y.: Sci. Papers Inst. Algolo. Res. **5**, 1—104 (1964). — SARMA, Y. S. R. K.: Phycologia **2**, 173—183; — Nucleus **6**, 49—62 (1963); — Caryologia **16**, 513—519 (1963); — Cytologia **27**, 72—78 (1962); — Hydrobiologia **20**, 373—376 (1962). — SCHWABE, G. H.: Gewässer u. Abwässer **36**, 7—39 (1964); — Vorträge a. d. Gesamtgebiet d. Bot., N. F. Nr. **1**, 53—60 (1962). — SOEDER, C. J.: Arch. Mikrobiol. **47**, 311—324 (1964).

2. Systematik und Stammesgeschichte der Pilze

Von Heinz Kern, Zürich

Mit 1 Abbildung

I. Allgemeines

Ernst Gäumanns Darstellung der Entwicklungsgeschichte, Morphologie und Stammesgeschichte der Pilze aus dem Jahre 1949 (Fortschr. Bot. **13**, 89) liegt in zweiter Auflage vor. Die kurz vor dem Tode des Verfassers vollendete Neubearbeitung behält trotz beträchtlichen Erweiterungen die Prägnanz und didaktische Klarheit der ersten Auflage; die Anordnung der Reihen (Abb. 1) trägt wesentlichen Ergebnissen neuer Forschungen Rechnung.

Die Gruppe der Archimyceten wird beibehalten; ihre Heterogenität kommt jedoch deutlicher zum Ausdruck. Die Herkunft der Olpidiaceen und Synchytriaceen wird im Bereich der Flagellaten, diejenige der Plasmodiophoraceen auf Grund der Begeißelung (Fortschr. Bot. **13**, 91) und Plasmodienbildung bei den Myxomyceten gesucht. Andere Formen von ähnlicher Entwicklungshöhe (mit wenigstens zeitweise nacktem Vegetationskörper; *Anisolpidium, Olpidiopsis*) werden (als Rückbildungsformen?) entsprechend ihrer Begeißelung bei den Hyphochytriales bzw. Oomyceten eingereiht.

Unter den Phycomyceten werden die Formen mit apikal begeißelten Zoosporen in der Reihe der Hyphochytriales den Chytridiales mit nachgeschleppter Geißel an die Seite gestellt. Waterhouse (1) erwägt demgegenüber auf Grund der Zoosporenstruktur (zweiter, funktionsloser Blepharoblast bei eingeißeligen Zoosporen u. a.; Fortschr. Bot. **21**, 74 und **24**, 62) die Ableitung eingeißeliger Phycomyceten durch Rückbildung aus zweigeißeligen. Hier stellt sich immer wieder die Frage nach der Bedeutung des Zellwandchemismus, der Schritt um Schritt besser bekannt wird. Die Zellwände verschiedener Saprolegniaceen enthalten neben geringen Mengen von Cellulose rund 85% andere Polysaccharide (mit Glucose, Mannose, Spuren von Glucosamin u. a. als Bausteinen). *Vaucheria* als Vertreter der Heterosiphonales (wo der stammesgeschichtliche Anschluß der Oomyceten gesucht werden kann) enthält in den Zellwänden rund 90% Cellulose (Parker, Preston u. Fogg). Dies erinnert an die Verhältnisse bei Hefen, die im Vergleich zu ihren stammesgeschichtlichen Vorfahren nur Spuren von Chitin, aber beträchtliche Mengen verschiedener Polysaccharide enthalten (Fortschr. Bot. **26**, 67).

Chitin und Cellulose (bisher nur in der Reihe der Hyphochytriales nachgewiesen) wurden neuerdings in Zellwänden von *Ceratocystis ulmi*

(Buism.) C. Mor., dem Erreger des Ulmensterbens (Microascales; ROSINSKI u. CAMPANA) nebeneinander gefunden. Die Untersuchung weiterer Pilze aus dieser und anderen Gruppen wird zu einem immer differenzierteren Bild führen.

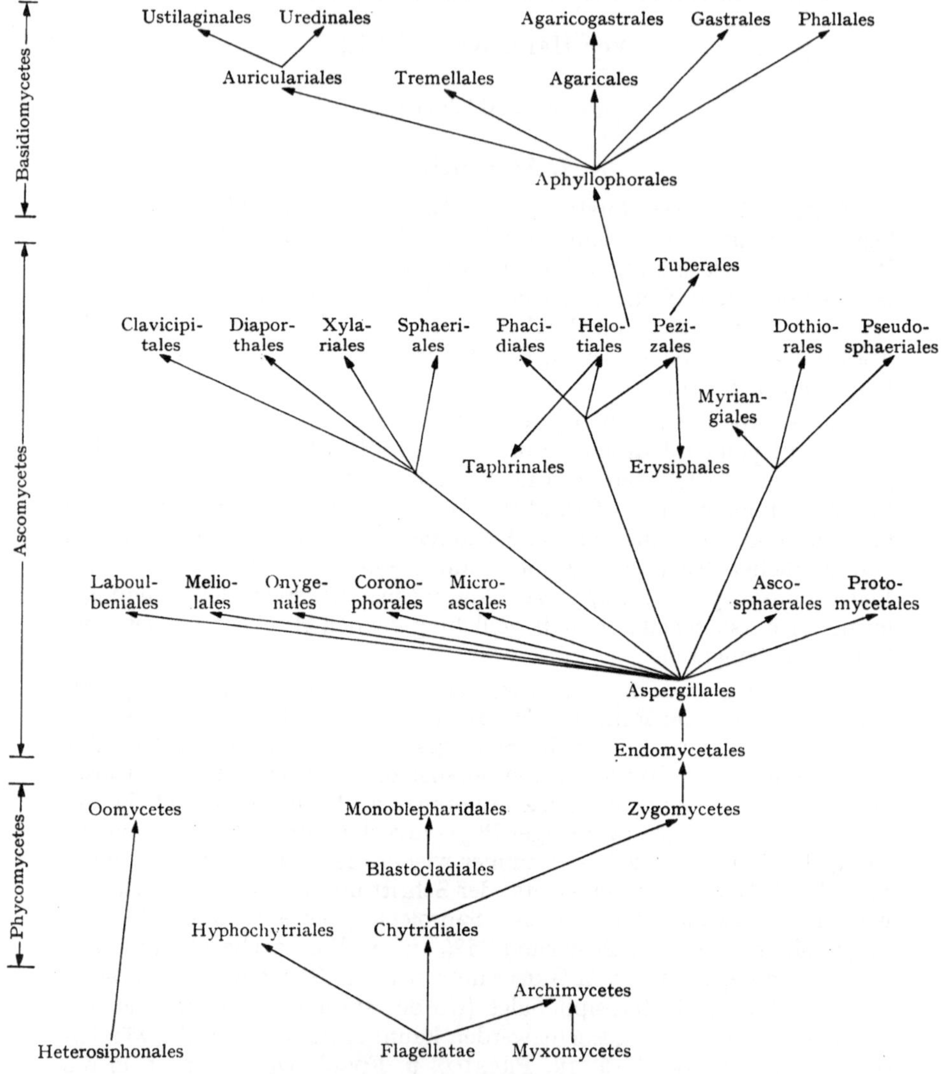

Abb. 1. Übersicht über das Pilzsystem (nach GÄUMANN)

Als erstes Kriterium zur Gliederung der Ascomyceten verwendet GÄUMANN die Feinstruktur der Asci. Er faßt die Pilze mit undifferenzierter, bei der Sporenreife zerfallender oder verschleimender Ascuswand als Prototunicatae (im Sinne einer Gliederung nach der Entwicklungshöhe) zusammen. Es sind dies zunächst die Endomycetales und die Aspergillales (Plectascales p.p.), die mit den Melanosporaceen *(Melanospora, Chaetomium)* das ascohymeniale Niveau im Fruchtkörperbau erreichen; dazu kommen als Reihen mit ausgesprochener morphologischer und biologischer Spezialisierung die Microascales *(Ceratocystis* u. a.*)*, Coronophorales, Onygenales, Meliolales und Laboulbeniales, ferner als Reihen unsicherer Stellung die Ascosphaerales *(Ascosphaera = Pericystis)* und Protomycetales. Die entwicklungsgeschichtliche Vielfalt der Plectascales ist ja in den letzten Jahren an zahlreichen Beispielen gezeigt worden (z. B. Fortschr. Bot. **19**, 66).

Auf der höheren Stufe der Eutunicatae ist die Ascuswand in mannigfacher Weise differenziert, und die Sporen werden bei der Reife ausgeschleudert. Die Anordnung der Reihen in Abb. 1 bringt die in den letzten Jahren herausgearbeitete Gliederung in die Hauptgruppen der bitunicaten Pyrenomyceten, der unitunicaten Pyrenomyceten und der (ebenfalls unitunicaten) Discomyceten, aber auch die Aufspaltung innerhalb dieser Gruppen nach Ascusbau, Fruchtkörperentwicklung u. a. zum Ausdruck. In den einzelnen Reihen finden sich immer wieder Formen von nicht eindeutiger Stellung, welche die zunächst scharf erscheinenden Grenzen verwischen und neue Zusammenhänge ahnen lassen.

Die Erysiphales (zur Hauptsache den früheren Perisporiales entsprechend) erinnern in ihrer Ascusstruktur an einfache Pezizales (morphologisch differenzierter, aber noch nicht zum Schleudermechanismus ausgebildeter Ascusscheitel) und werden als Seitenlinie eigener Prägung dieser Reihe angeschlossen. Eine Zwischenstellung nimmt der koprophile *Thelebolus stercoreus* Tode ex Fr. ein; er erinnert durch seine geschlossen bleibenden Fruchtkörper (ohne Anhängsel) und die Struktur des einen Ascus schon weitgehend an Erysiphaceen (Cooke u. Barr).

Aus ähnlichen Erwägungen lassen sich die Taphrinales (Ascusscheitel mit einfachem, abfallendem Deckel in der Außenwand und aufreißender Innenwand; Sporen ausgeschleudert) als Seitenlinie mit ausgeprägter, fruchtkörperloser Dikaryophase und eigentümlicher biologischer Spezialisierung bei einfachen Helotiales (oder Pezizales?) anschließen.

Innerhalb der Basidiomyceten deutet die Reihe der Agaricogastrales Umgruppierungen an, deren Ende noch nicht abzusehen ist. Diese Reihe umfaßt Pilzgruppen, in denen Zusammenhänge zwischen Gattungen mit Hymenomyceten-Fruchtkörpern und solchen mit Gastromyceten-Fruchtkörpern deutlich zu verfolgen sind [z. B. Fortschr. Bot. **23**, **47** und **26**, **68**; s. a. Singer (1) und Horak (1)]. Gäumann nimmt eine Entwicklung zum angiokarpen Typus hin an, in der Familie der Asterogastraceen von *Lactarius* und *Russula*, in der Familie der Boletogastraceen von *Boletus* aus.

Eine sehr eingehende und reich illustrierte Darstellung erfahren die Pilze in dem Thallophyten-Buch von Vignoli. — Ein Schlüssel für Nematoden befallende Pilze (v. a. Zoopagaceen, Hyphomyceten) von Cooke u. Godfrey zeigt die Vielfalt dieser Organismen und ihrer spezialisierten Fanghyphen. — Abbildungswerke: marine Ascomyceten und Imperfekten (J. u. E. Kohlmeyer); „Iconographia mycologica" (Verona u. Benedek, Fortsetzung); mitteleuropäische Hutpilze, Porlinge, Gastromyceten, größere Discomyceten u. a. (Poelt, Jahn u. Caspari). — Zur Artdifferenzierung in verschiedenen Pilzgruppen werden vermehrt serologische

Methoden herangezogen [SUNDSTRÖM, *Exobasidium*; MADOSINGH (1), *Fusarium;* MADOSINGH (2), *Fomes*].

II. Phycomyceten (inkl. Archimyceten)

In einer umfassenden Monographie behandelt KARLING die artenreiche, vor allem Blütenpflanzen besiedelnde Gattung *Synchytrium* (einschließlich der Algen befallenden *Micromyces*-Arten). Die Gliederung in Untergattungen erfolgt auf Grund der sexuellen und asexuellen Cyclen (Sorusbildung u. a.); Arten und Reaktionstypen der Wirtspflanzen werden eingehend beschrieben.

Gattungsbearbeitungen usw.: *Phytophthora* [Schlüssel; WATERHOUSE (2)]. — *Sclerospora* (ANANTHA NARAYANAN). — *Blakeslea, Choanephora* (MEHROTRA u. MEHROTRA). — Zygomyceten mit differenzierten Sporangiolen (Fortschr. Bot. **22**, 61; BENJAMIN).

III. Ascomyceten

Fruchtkörperentwicklung. Typisch ascolocular und bitunicat sind *Trichometasphaeria turcica* Luttr. (Nebenfruchtform *Helminthosporium turcicum* Pass.; LUTTRELL) und *Sporormia leporina* Niessl (MORISSET). – Dem *Nectria*-Typus mit vom Scheitel herunterwachsenden Apikalparaphysen folgen *Hypomyces trichothecoides* Tub. (HANLIN) und *Gibberella pulicaris* (Fr.) Sacc. (PARGUEY-LEDUC). – Ähnlich wie *Phaeotrichum* (Aspergillales; Fortschr. Bot. **19**, 66) entwickelt sich *Pycnidiophora dispersa* Clum (KOWALSKI).

Manche Vertreter der Protomycetales und der Taphrinales sind einander sehr ähnlich; sie können sich (unter anderem) im Farbstoffgehalt unterscheiden. VALADON fand im Mycelextrakt von zwei *Protomyces*-Arten β-Carotin, γ-Carotin und Lycopin; zwei *Taphrina*-Arten enthielten ebenfalls gelbe Farbstoffe, aber keine Carotinoide. *Verona* u. *Rambelli* beschreiben die Eigenschaften von *Taphrina*-Arten in Reinkultur (C-Quellen u. a.; Fortschr. Bot. **17, 217**); sie schaffen für saprophytische Stadien von *Taphrina*-Arten und für imperfekte, *Taphrina*-ähnliche Pilze die Gattung *Saprotaphrina*.

Gattungsbearbeitungen usw.: *Pichia* (BOIDIN et al.). — *Hansenula* (WICKERHAM). — Gymnoascaceen (APINIS). — *Amauroascus* (ORR, KUEHN u. VARSAVSKY). — Leptopeltaceen (Dothiorales; VON ARX). — *Hypocrea* (mit *Trichoderma*-Nebenfruchtformen; WEBSTER). — *Hymenoscyphus* und andere Helotiaceen (DENNIS).

IV. Basidiomyceten

DONK bespricht die Familien und Gattungen der Aphyllophorales und die für die Gliederung wesentlichen Merkmale (Hymenium, Basidienstruktur u. a.). – Die neue Gattung *Pseudotulasnella* (ähnlich *Tulasnella;* Basidien unvollständig übers Kreuz septiert) dürfte zwischen Tremellaceen und Tulasnellaceen eine Zwischenstellung einnehmen (LOWY).

Gattungsbearbeitungen usw.: *Exobasidium* (SUNDSTRÖM). — *Aleurodiscus, Aleurocorticium* (Thelephoraceen; LEMKE). — *Hydnum* (HARRISON; MAAS GEESTERANUS). — *Echinodontium* (konsolenförmig-resupinate Stachelpilze; GROSS). — *Pluteus* [HORAK (2)]. — *Boletinus, Suillus, Xerocomus* u. a. [SINGER (2)].

Literatur

ANANTHA NARAYANAN, S.: Mycopath. **20**, 315—327 (1963). — APINIS, A. E.: Mycol. Papers (Kew) Nr. **96**, 1—56 (1964). — ARX, J. A. v.: Acta bot. Neerl. **13**, 182—188 (1964).

BENJAMIN, R. K.: Aliso **5**, 273—288 (1963); **6** 1—10 (1965). — BOIDIN, J., M. C. PIGNAL, Y. LEHODEY, A. VEY et F. ABADIE: Bull. Soc. myc. France **80**, 396—438 (1964).

COOKE, J. C., and M. E. BARR: Mycologia (N. Y.) **56**, 763—769 (1965). — COOKE, R. C., and B. E. S. GODFREY: Trans. Brit. myc. Soc. **47**, 61—74 (1964).

DENNIS, R. W. G.: Persoonia **3**, 29—80 (1964). — DONK, M. A.: Persoonia **3**, 199—324 (1964).

GÄUMANN, E.: Die Pilze. 2. Aufl. **541** S. Basel: Birkhäuser 1964. — GROSS, H. L.: Mycopath. **24**, 1—26 (1964).

HANLIN, R. T.: Amer. J. Bot. **51**, 201—208 (1964). — HARRISON, K. A.: Canad. J. Bot. **42**, 1205—1233 (1964). — HORAK, E. (1): Sydowia **17**, 297—301 (1964); — (2) Nova Hedwigia **8**, 163—199 (1964).

KARLING, J. S.: *Synchytrium*. 470 S. New York und London: Academic Press 1964. — KOHLMEYER, J., u. E.: Icones Fungorum Maris. 1. Lieferung. 30 Taf. Weinheim: J. Cramer 1964. — KOWALSKI, D. T.: Amer. J. Bot. **51**, 1076—1082 (1964).

LEMKE, P. A.: Canad. J. Bot. **42**, 723—768 (1964). — LOWY, B.: Mycologia (N. Y.) **56**, 696—700 (1964). — LUTTRELL, E. S.: Amer. J. Bot. **51**, 213—219 (1964).

MAAS GEESTERANUS, R. A.: Persoonia **3**, 155—192 (1964). — MADHOSINGH, C.: (1) Canad. J. Bot. **42**, 1143—1146 (1964); — (2) Canad. J. Bot. **42**, 1677—1683 (1964). — MEHROTRA, B. S., and M. D. MEHROTRA: Mycopath. **22**, 21—39 (1964). — MORISSET, E.: Rev. gén. Bot. **70**, 69—106 (1963).

ORR, G. F., H. H. KUEHN, and E. VARSAVSKY: Mycopath. **25**, 100—108 (1965).

PARGUEY-LEDUC, A.: C. R. Acad. Sci. (Paris) **258**, 2141—2144 (1964). — PARKER, B. C., R. D. PRESTON, and G. E. FOGG: Proc. Roy. Soc. B. **158**, 435—445 (1963). — POELT, J., H. JAHN u. C. CASPARI: Mitteleuropäische Pilze. 46 S., 180 Taf. Hamburg: E. Cramer 1963—1965.

ROSINSKI, M. A., and R. J. CAMPANA: Mycologia (N. Y.) **56**, 738—744 (1964).

SINGER, R.: (1) Bol. Soc. Argent. Bot. **10**, 52—67 (1962); — (2) Die Röhrlinge, Teil I. Pilze Mitteleuropas **5**, 131 S., 21 Taf. Bad Heilbrunn Obb.: J. Klinkhardt 1965. — SUNDSTRÖM, K.-R.: Symb. Bot. Upsal. **18**, 3, 1—89 (1964).

VALADON, L. R. G.: J. exper. Bot. **15**, 219—224 (1964). — VERONA, O., and T. BENEDEK: Iconographia mycologica. 1 (1959) — 12 (1965). Suppl. zu Mycopath. **11—22**. — VERONA, O., e A. RAMBELLI: Ann. Fac. Agraria 23, 1—36 (1962). — VIGNOLI, L.: Sistematica delle Piante inferiori (Tallofite). 825 S. Bologna: E. Calderini 1964.

WATERHOUSE, G. M.: (1) Trans. Brit. myc. Soc. **45**, 1—20 (1962); — (2) Myc. Papers (Kew) Nr. **92**, 1—22 (1963). — WEBSTER, J.: Trans. Brit. myc. Soc. **47**, 75—96 (1964). — WICKERHAM, L. J.: Mycologia (N. Y.) **56**, 398—414.

3. Systematik der Flechten

Bericht über die Jahre 1963 und 1964 mit einigen Nachträgen

Von JOSEF POELT, Berlin

Mit 2 Abbildungen

Grundlagen der Systematik

1. Morphologie und Anatomie

Eine leider etwas unvollständige, aber reich illustrierte Zusammenfassung unseres Wissensstandes auf diesem Gebiet ist OZENDA zu verdanken.

Die in zahlreichen Einzelarbeiten verstreuten Untersuchungen über den Bau und insbesondere die Öffnungsstrukturen der Schläuche wurden von CHADEFAUD, LETROUIT-GALINOU u. FAVRE vergleichend dargestellt. Eine leichter greifbare, etwas ergänzte Übersicht ist bei JANEX-FAVRE zu finden. Demzufolge ist der Ascus der Lecanorales, zu denen die übergroße Mehrzahl der Discolichenen zu rechnen ist, im Prinzip bitunicat aufgebaut; im Gegensatz zu den klassischen Bitunicaten tritt hier der Endoascus bei der Reife allerdings nicht aus, und der Exoascus bricht zweischalig auf. Ihren Scheitelstrukturen zufolge gehören die Schläuche zu dem als ursprünglich betrachteten und nur hier vertretenen „archäasken" Typus, d. h. sie enthalten, zumindest bei den ursprünglichen Gruppen, die Anlagen zu 2 Differenzierungsrichtungen (vgl. Abb. 1): Der Endoascus ist im oberen Teil von einem „Futter" ausgekleidet, welches die sog. Okularkammer umgibt, die von einer aus 4 Spangen zusammengesetzten Reuse umspannt wird. Diese Reuse entwickelt sich bei den „nassasken" Schlauchtypen (so bei *Pseudosphaeriales*, aber auch verschiedenen *Lecanorales*) zur alleinigen Apikalstruktur. Aus dem beim „präarchäasken" Typus (*Caloplaca*) amyloiden, beim euarchäasken Typ (*Pertusaria*) nicht mehr jodophilen Futter heraus differenzieren sich bei verschiedenen Gruppen stärker amyloide Lamellen. Mit der stärkeren Betonung der Ringstrukturen beim „postarchäasken" (*Parmelia, Cladonia*) und „anellasken" Typ, die in mannigfacher Weise variiert und durch Übergänge verbunden sind, verschwindet die Reuse. Verbreitet sind Formen mit Doppelringen, die teilweise an „Hängern" weit gegen die Apikalkammer hinunter gezogen sein können. Diese Typen von Ascus-Öffnungsmechanismen, Apikalstrukturen oder, wie man vielleicht deutsch kurz sagen könnte, Schlauch-Pforten, dürften für die Systematik noch recht bedeutsam werden; sie sind aber oft sehr schwierig auszumachen und dazu in der Ontogenie starken Veränderungen unterworfen, so daß man für eine durchgehende systematische Verwertung Untersuchungen an einem breiteren Material abwarten sollte.

Der Grundtypus des Apotheciums der *Lecanorales* wurde nach einer Reihe von Vorarbeiten von LETROUIT-GALINOU (1) kurz umrissen und in einigen Abwandlungen dargestellt, was sich wieder bei JANEX-FAVRE kurz wiederholt findet. Die Entwicklung verläuft einheitlich von einem stromatischen Hyphenknäuel aus, dessen oberer Teil sich zunächst zu

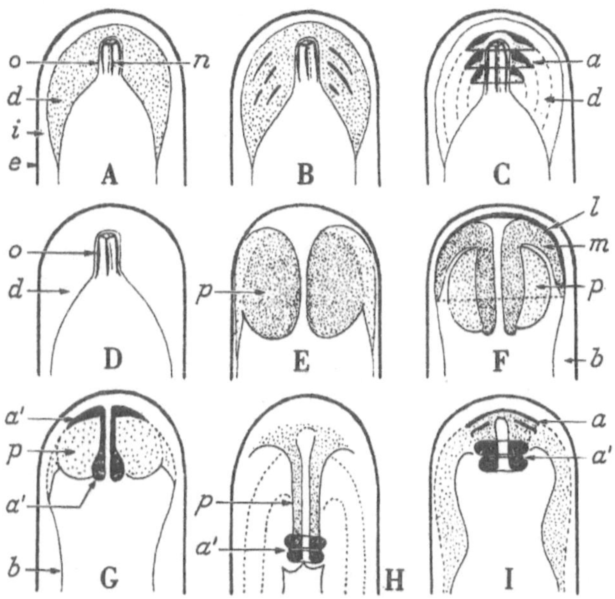

Abb. 1. (Nach CHADEFAUD, LETROUIT-GALINOU u. FAVRE aus JANEX-FAVRE): Ascus-Typen der *Lecanorales*. *A* Präarchäasker Typus (*Caloplaca*). — *B* Präarchäasker Typus (*Usnea florida*). — *C* Euarchäasker Typus (*Pertusaria*). — *D* Nassasker Typus (*Patellaria*). — *E* Postarchäsker Typus (*Parmelia*). — *F* Weiterentwickelter postarchäasker Typus (*Cladonia*). — *G Cladonia macilenta*. — *H Peltigera venosa*. — *I Collema* pulposum. *e* = Exo-, *i* = Endoascus, *b* = subapikale Einschnürung des Endoascus, *d* = Kuppel des Ascus, *o* = Okulus, *n* = Reuse, *p* = Hänger, *m* = Meniscus des Hängers, überzogen von der lichtbrechenden Lamelle *l*, *a* = oberer Ring, *a'* = Ring des Hängers

einem „Dach" entwickelt, während der basale Teil einen „Boden" und die Flanken eine Zone des Breitenwachstums abgeben und das Innere sich zu einem „paraphysoiden" Netzwerk gestaltet, in das der Ascogonapparat eingeschlossen ist. Im Laufe des Wachstums reißt das paraphysoide Gewebe unter dem Dach ab, sein basaler Teil wird zu einem „paraphysogenen" Netzwerk, das nun beginnt, echte Paraphysen aufsteigend zu entwickeln. Die genannte dem Wachstum dienende Zone bildet sich zum Proparathecium um, das von seinem Innenrand aus sekundäre Paraphysen abgibt. Nach dem Verschwinden des Daches bildet es aus verleimten, paraphysenähnlichen Hyphen das Parathecium, das nach innen sekundäre Paraphysen, nach außen – wenigstens bei vielen Typen – die strahligen Hyphen des Amphitheciums entsendet. Die Paraphysenbasen ergeben das Subhymenium, in dem sich die ascogenen Hypen entwickeln. Die Asci können simultan – in einem oder mehreren Schüben – oder sukzedan heranwachsen. An näher studierten Einzelfällen mögen folgende kurz geschildert werden:

Die Apothecien von *Lecidea elaeochroma* differenzieren sich ganz nach dem Schema, wobei die Asci erst sehr spät, nach längerem vegetativem Wachstum der Frucht, heranreifen. Das Amphithecium entsteht hier auf dieselbe Weise wie bei Flechten mit lecanorinen Apothecien, was wiederum beweist, daß der Lagerrand vieler Flechtenfrüchte keine

Abb. 2. (Nach JANEX-FAVRE): Längsschnitt durch einen Fruchtkörper von *Graphis scripta* (L.) Ach. Die Wachstumszone ganz rechts wird nicht vom Dach *t* bedeckt und enthält im Inneren ein paraphysoides Netz *r*, das auch unter dem Dach weiter links noch in Resten erkennbar ist; darunter die aufsteigend entstandenen Paraphysen *p*. *Sh* = Subhemynium, *ha* = ascogene Hyphe

sekundäre Bildung des Lagers, sondern ein modifizierter Eigenrand, also ein modifiziertes Parathecium ist: LETROUIT-GALINOU (2).

Die systematisch immer mit Zweifeln zu den Lecanoraceen gestellte *Phlyctis agelaea* enthält zwar aufsteigende Paraphysen in ihren Ascocarpen, aber kein Amphithecium, sondern nur ein dünnes Parathecium; mit den Lecanoraceen, bei denen sie üblicherweise steht, scheint die Gattung demnach nichts zu tun zu haben: LETROUIT-GALINOU (3).

Auch die Früchte der Schriftflechten der Gattung *Graphis* folgen dem *Lecanorales*-Schema: FAVRE u. LETROUIT-GALINOU bzw. JANEX-FAVRE. Bei ihnen dauert aber die stromatische Hülle aus und ersetzt das Parathecium. Die Enden der verlängerten Fruchtkörper stellen gewissermaßen Vegetationspunkte dar, die das Wachstum über längere Zeit fortführen und die ontogenetischen Differenzierungen in einem Längsschnitt sehr gut erkennen lassen (Abb. 2). Die Lirellen von *Graphis* stellen also endostromatische Apothecien dar, was als primitiv zu werten ist. Hinsichtlich der Schlauch-Pforten sind sie allerdings abgeleitet. Auch die Gattung *Opegrapha* dürfte nach LETROUIT-GALINOU u. AMBOISE den *Lecanorales* zuzurechnen sein. Ihre Ascocarpe werden aber in einer Art von Neotenie in einem frühen Entwicklungsstadium – dem des paraphysoiden Netzes – reif. Echte Paraphysen, Para- und Amphithecium fehlen. Die Hülle (Excipulum) entsteht durch Erweiterungen des Daches. Die Asci gehören dem Reusentypus an. Die Entwicklung erinnert an die der *Hysteriales* unter den Pilzen.

Um die verworrene Systematik der sog. *Cyanophili*, d. h. der Flechten mit Blaualgen als Symbionten, zu klären, studierte HENSSEN (1, 2) die Entwicklung der Ascocarpien eingehend, wobei sie mehrere Typen herausarbeiten konnte, auf die sich ein natürliches System gründen ließ. Die Fruchtkörper der Peltigeraceen (mit Einschluß der Stictaceen und Gattungen anderer Familien) sind durch hemiangiokarpe Entwicklung ausgezeichnet und enthalten mehrere Ascogone, die der Collemataceen nehmen ihren Ausgang von einem einzigen gewundenen Ascogon und dessen Nährhyphen. Die Pannariaceen sind durch mehrere spiralige Ascogone ausgezeichnet, die Coccocarpiaceen durch eine Anhäufung kleiner Zellen, aus denen sich gerade Ascogonien bzw. Paraphysen und das Excipulum differenzieren. Bei der umfangreichen Familie der Lichinaceen, die in der neuen Umgrenzung auch zahlreiche Genera der Ephebaceen und Pyrenopsidaceen vereinigt, sind die Differenzierungsvorgänge sehr vielfältig; sie beginnen mit einem Hyphenknäuel, in dem sich mehrere spiralige Ascogone herausbilden. Bei den meisten Typen können vom Lager her zusätzliche Schutzgewebe für das Apothecium abgegliedert werden. Vielfältig sind auch die sonstigen Differenzierungsmodi, etwa hinsichtlich der primären und sekundären Paraphysen. Ein besonderer Typus ist der der Pycnoascocarpien: in den Pykniden entstehen Ascogone und schließlich Asci, wobei die Produktion von Pykno- und Ascosporen noch gleichzeitig verlaufen kann. Die Wuchsformen der Lichinaceen können (HENSSEN 1) auf 3 Zellformen und mehrere Anordnungsprinzipien der Hyphen – parallel, rechtwinklig, zickzack, fächerig und springbrunnenartig – zurückgeführt werden, die in mannigfacher Weise kombiniert sein können. Der Lichenisierungsgrad läßt sich in 3 Stufen gliedern: bei primitiven Gruppen durchziehen Hyphen ungeordnet die Gallerte der Algen, mit denen sie durch Haustorien in Verbindung treten. Das Umspinnen der Algen durch einen geschlossenen Hyphenmantel mag als fortgeschrittenes Stadium betrachtet werden, während am Ende die völlige Eingliederung der Algen in den Thallus und ein sehr regelmäßiger Aufbau stehen.

Die schon früher nach einer Kurzfassung referierte Arbeit von PLESSL über die Beziehungen von Haustorientypus und Organisationshöhe der Flechten ist ungekürzt erschienen. Es sei als Ergebnis nochmal zitiert: Alle (untersuchten) primitiven Krusten sind mit intracellulären Haustorien ausgestattet, die abgeleiteten mit intramembranösen. Bei *Lecanora* finden sich in systematisch sauberer Verteilung alle Übergänge. – Normalerweise pflegt die Form der Hyphen-Algenverbindung konstant zu sein. GEITLER fand nun bei *Psora globifera* in manchen Lagerabschnitten intracelluläre Haustorien, in anderen, wohl durchwegs jüngeren, rasch wachsenden dagegen keine (Alge ist hier wieder *Myrmecia biatorellae*, die bisher in 10 verschiedenen Flechten nachgewiesen werden konnte).

Poelt u. Baumgärtner stellten bei placodialen, erd- und spaltenbewohnenden, berindeten Krustenflechten mehrere Typen charakteristisch gestalteter und systematisch verwertbarer Rhizinenstränge fest, deren teilweise absonderliche Wuchsformen auf unbegrenztes Spitzen- und Interkalarwachstum, Verzweigung und Zerteilung vom Lager her und schließlich interkalare Aufspaltungen zurückzuführen sind.

2. Biologie und Ökologie

Mit der experimentellen Prüfung des Symbioseverhaltens beschäftigte sich weiterhin Ahmadjian (1, 2): *Phaeographina fulgurata* realisierte in vitro ihre Fähigkeit, die in vivo unbekannten Konidien zu bilden, und vermochte auf einer fremden *Trentepohlia* Appressorien und intermembranöse Haustorien zu bilden. An 700 Einsporkulturen von *Cladonia cristatella* konnte er eine auffällig hohe Variabilität der gewonnenen Mycelien in Form, Größe und Pigmentierung feststellen, auch von Sporen aus dem gleichen Apothecium, was auf Fusionen von Kernen mit verschiedener Struktur schließen läßt. Hinsichtlich der Symbiose der beiden Flechtenpartner kommt Ahmadjian (2) zu der Meinung, daß der Pilz offenbar direkten Einfluß auf die Stoffwechseltätigkeit der Alge nehme.

Die bemerkenswerten Ergebnisse von Lange können hier nicht übergangen werden, da sie auch systematische Ausblicke eröffnen. Den Flechten kalter Lebensräume ist eine hohe Kälteresistenz zu eigen. Ihre Fähigkeit zu leben wird aber entscheidend von der Möglichkeit bestimmt, Photosynthese noch bei sehr tiefen Temperaturen (bei *Stereocaulon alpinum* bis $-24°$) zu betreiben und sich nach Frostperioden sehr rasch wieder zum Syntheseoptimum zu erholen (das hier zwischen 0 und $+10°$ liegt). – Moissejeva vermag in Flechten hohe Fermentgehalte festzustellen, wobei die extracelluläre Fraktion vor allem auf der Lagerunterseite konzentriert ist und auf das Substrat einwirkend mit dem Nährstoffaufschluß zu tun haben dürfte.

Mit dem Vorkommen und der – mittelbar auch systematischen – Bedeutung der Schwermetalle, besonders von Cu und Fe, in Flechten beschäftigten sich Lange u. Ziegler. Sie fanden in einer Reihe typischer „Schwermetallflechten" des Acarosporetum sinopicae hohe Konzentrationen beider Stoffe, allerdings in sehr verschiedener Form. Bei der – offenbar modifikativ – „verrosteten" *Lecidea macrocarpa* ist Eisen in leicht löslicher 2- und 3wertiger Form vor allem in Thallusfalten gelagert, bei den obligat rostroten Arten *Rhicocarpon oederi* und *Acarospora sinopica* in schwächer löslichem Zustand auf der ganzen Oberfläche, bei dem *Rhizocarpon* zusätzlich auch noch im Mark. Bei *Acarospora montana* und *Lecanora epanora* liegt Fe maskiert vor und ist deshalb weder in der Lagerfärbung noch in einfachen Reaktionen nachweisbar; physiologisch dürfte diese Form als Entgiftung durch Binden der Metallionen an Komplexe zu betrachten sein. Systematisch scheinen uns diese Ergebnisse allen Betrachtungen der „Rostflechten" als einheitliche Gruppe von Modifikanten den Boden zu entziehen. – Lambinon (1) findet das arktisch-alpine *Stereocaulon nanodes* im westlichen Mitteleuropa als „espèce calaminaire" in inselartigen Vorkommen an Zinkhalden gebunden.

Seine lebenslangen Beobachtungen über Altern, Fraßschädigungen und Regenerationserscheinungen bei Flechten erläutert SCHADE (1, 2) an neuen Beispielen; er will nicht zuletzt den Systematiker anregen, diese Erscheinungen bei seinen Arbeiten kritisch zu berücksichtigen (was Ref. aus eigenen Erfahrungen dick unterstreichen möchte).

Das Verschwinden von Flechten aus stark menschlich beeinflußten Bereichen ist bekannt und oft belegt. Um so verwunderlicher erscheint CULBERSONs Beobachtung (1) einer *Lepraria*-Form in einem Pariser Gewächshaus, die sich als Versuchsobjekt eignen dürfte. – Daß HENDRICKSON u. WEBER die Flechte *Physcia picta* auf den Panzern lebender Riesenschildkröten der Galapagos-Inseln beobachten konnten, mag als amüsante Ergänzung festgehalten sein.

3. Flechtenchemie

Dieses Gebiet wird rege gepflegt; statische Analysen von Flechtenstoffgehalten, Versuche, die Biosynthesewege zu rekonstruieren, und schließlich die systematische Auswertung erfreuen sich lebhaften Interesses. Eine Einführung in die Methoden schrieb SHIBATA, über die Dünnschichtchromatographie für die Trennung von Flechtensäuren der Orcin-Gruppe berichtete BACHMANN. Daß auch hier die Methoden verfeinert werden müssen, bewies der Streit um den Flechtenstoffgehalt der bekannten *Evernia prunastri*, für die Ch. CULBERSON (1) mit einem verfeinerten Test (2) Usninsäure in geringer Menge nun definitiv nachweisen konnte, was auch von RAMAUT (1) bestätigt wurde. Der gleichen Autorin (3) gelang es übrigens auch, in einem Stamm von *Cetraria ciliaris* nebeneinander ein Depsidon, Physodes-Säure, neben seinem vermutlichen Vorläufer, dem Depsid Olivetor-Säure, aufzufinden, was vordem bei keiner Flechte gelungen war. – In Kulturen des Pilzes von *Acarospora fuscata* fanden DINER, AHMADJIAN u. ROSENKRANZ 5 bis 7 rote Pigmente, die je reiner, desto photolabiler sind und in der Natur durch Zersetzung die charakteristische Braunfärbung der Art ergeben. – PUEYO konnte im Gehalt von Zuckern (1) und Polyalkoholen (2) zwischen verschiedenen Flechtenarten bedeutende qualitative Unterschiede feststellen.

Aus der Menge der Einzelergebnisse mögen, ohne an Vollständigkeit denken zu wollen, folgende herausgegriffen sein: NEELAKONTAN, SESHADRI u. SUBRAMANIAN klärten die Konstitution von Vicanicin (in *Teloschistes flavicans*) auf. AGROMURTHY, SARMA u. SESHADRI isolierten aus *Alectoria virens* mit der Virens-Säure ein neues Depsidon. HUNECK berichtete über die oft mit Salazinsäure —α— Methyläther verwechselte Norstictsäure in *Lecidea pantherina* (1), *Lecarora radiosa v. subcircinata* (2) und — mit SIEGEL — in *Buellia sororioides*; er analysierte (3) Divaricatsäure in *Lecidea kochiana*, zusammen mit FOLLMANN (1) Usninsäure in *Lecanora melanophthalma* und *Ramalina terebrata*. Die gleichen Autoren beschäftigten sich auch mit Psoromsäure in der Roccellacee *Ingaderia pulcherrima* (2) bzw. in *Chiodecton stalactinum* (3) sowie mit Rocellsäure in *Dirina lutosa*. Weitere Beiträge lieferte z. B. ÅKERMARK.

Die taxonomische Behandlung der „Chemospecies" konsolidiert sich mehr und mehr; sind mit chemischen Unterschieden geringe morphologische Differenzen verbunden, spricht man von Arten, was jüngst wieder THOMSON (1) forderte; sind die chemisch verschiedenen Formen morphologisch völlig identisch, bleibt man vorderhand beim Begriff Stamm oder

„strain“. Hale (1) zeigte an *Cetraria ciliaris*, daß die 3 amerikanischen Chemotaxa deutlich verschiedene Verbreitungsschwerpunkte besitzen. Daß die chemischen Unterschiede etwa als direkte Reaktionen auf Einflüsse von Substrat oder Klima zurückgehen könnten (wie manchmal angenommen), konnte er ausschließen.

4. Geographie

Aus diesem absichtlich kurz gehaltenen Kapitel mögen zunächst mit Punktkarten ausgestattete Beiträge zitiert werden: Die Genera *Anaptychia*, *Lobaria*, *Thamnolia* sowie einige Arten von *Cetraria* behandelte für Ostfennoskandien Hakulinen (1, 2, 3, 4); es ergaben sich recht verständliche Teilareale mit bemerkenswerten Reliktvorkommen arktisch-subarktischer Sippen etwa im Bereich des Ladogasees. Černohorsky berichtete über das arktische *Rhizocarpon ferax* in der Tatra, Culberson (2) über die tropische Basidiolichene *Herpothallon sanguineum* in den südöstlichen USA.

Otto konnte die sonderbare, bisher für in Fennoskandien endemisch gehaltene monotypische *Tholurna dissimilis* nun im westlichen Canada auffinden. Ahti (1) stellte *Cladonia pseudorangiformis* als deutlichen amerikanisch-amphipazifischen Vikariisten für die europäisch-mediterrane *Cl. rangiformis* heraus. Eine kurze Schilderung der ozeanischen Elemente in der Flechtenwelt Niedersachsens trug Klement bei; Saxen zeigte sehr schön die Begrenzung der Lungenflechte auf das Gebiet höchster sommerlicher Niederschläge in Schleswig. Umfangreiche Analysen der Flechtenflora der ukrainischen Karpaten arbeitete Makarewitsch (1, 2) aus. Ahti (2) analysierte die zonale Verteilung der Großflechten im nördlichen Ontario. Poelt (1) vertrat in einer Studie über den Einfluß der Eiszeit auf die Flechtenflora u. a. die Meinung, daß die Wiedereroberung der postglazial eisfrei gewordenen Räume offenbar zur Hauptsache nur abgeleiteten, mit vegetativen Vermehrungsmöglichkeiten versehenen Großflechten möglich war, während die nur generativ vermehrungsfähigen Sippen weitgehend in Erhaltungsgebieten zurückgeblieben seien. Er sieht in diesen Arten Parallelen zu den in Europa völlig oder weitgehend ausgestorbenen tertiären Gehölzen.

Almborn (1) schätzt die Artenzahl der Flechten Südafrikas auf etwa 1000, unter denen sich relativ wenige Endemiten befinden. — Mit der Epiphyten- vor allem Flechtenvegetation der Esche beschäftigt sich eine eingehende Studie von Degelius.

Systematik

B = Beitrag *L* = Liste *S* = Schlüssel

In seiner Taxonomie der sterilen, meist sorediösen Krustenflechten der Britischen Inseln behandelte Laundon diesmal die rinden- und holzbewohnenden Formen; er kam dabei zu relativ vielen Änderungen von Namen und Arten.

Staurotheleaceae. Revision der britischen *Staurothele*-Arten, S: Swinscow (1).

Dermatocarpaceae. Die normalerweise leicht kenntliche Blattflechte *Normandina pulchella* kann gelegentlich völlig sorediös aufgelöst sein, wurde äußerst selten, am ehesten noch in solchen sorediösen Stadien, fruchtend gefunden und dann zweimal als neue Krustenflechte beschrieben: Swinsow (2).

Pyrenulaceae. Riedl (1) trennt *Lejophloea* mit 2zelligen Sporen von *Arthopyrenia* ab, zieht aber die wegen fehlender oder anderer Algen abgetrennten Genera *Mycarthopyrenia* und *Pseudarthopyrenia* wieder ein.

Dermatinaceae. Revision verschiedener europäischer *Dermatina*-Arten, S: Riedl (a). Revision von *Mycoporellum* mit Veränderungen von *Arthopyrenia* und *Mycoporaceen*: Riedl (3).

Caliciaceae. Einen recht bemerkenswerter Aspekt zu dieser noch ungenügend untersuchten Familie steuert Funk bei: die Pilzgattung *Caliciopsis* enthält eine Reihe von cancerogenen Arten auf Nadelhölzern. In Aufbau und Entwicklung gleichen diese den lichenisierten Caliciaceen (bei beiden Empfängniszellen an den Spitzen der jungen Ascocarpien; die Fruchtkörper brechen aus einem Stroma hervor). Auf *Caliciopsis* konnte die sonst nur als Flechtenparasit bekannte *Hendersonia lichenicola* gefunden werden, was als zusätzlicher Beweis für die ursprüngliche Flechtennatur der Gattung zu betrachten ist. Die Stromata des Thallus mögen vielleicht Rest eines Flechtenlagers sein.

Graphidaceae. Revision der Familie für Mexico, S 57 Arten: WIRTH u. HALE. Mehrere Arten variieren in verschiedenen Merkmalen außerordentlich stark, so daß sie jeweils in verschiedene der traditionellen Genera gestellt werden könnten (Sporenfarbe und -teilung, Karbonisierung des Excipulums).

Roccellaceae. *Gorgadesia* nov. gen. besitzt lirelliforme Apothecien; S gegen die verwandten Genera: TAVARES.

Lichinaceae. Wie oben kurz angedeutet, wurde die Familie von HENSSEN (1) neu definiert: Sie enthält jetzt die von HENSSEN großenteils revidierten und geschlüsselten Genera *Lichina, Ephebe, Calotrichopsis, Porocyphus, Lichinella, Pterygiopsis, Zahlbrucknerella, Thermutis, Lichinodium.* Andere Gattungen wurden eingezogen oder ausgeschieden. Die Genera sind durch Kombinationen aus Merkmalen des Frucht- und des Lagerbaus gekennzeichnet. Wahrscheinlich sind auch sämtliche Pyrenopsidaceen sowie *Lempholemma* hierherzustellen. – B *Phylliscum*: HENSSEN (3). — Bemerkenswert erscheint das auf dünnen Fichtenzweigen im ozeanischen Westnorwegen gesammelte zwergstrauchige *Lichinodium ahlneri,* dessen Apothecien gehäuselos sind: HENSSEN (1) – B *Physma* in Ostasien: ASAHINA (1). – *Pyrenothrix nigra* ist zusammengesetzt aus einer sterilen als *Lichenothrix* neu beschriebenen Flechte und einem Flechtenparasiten: HENSSEN (8).

Peltigeraceae. Die Familie erhält wegen der sehr abweichenden Definition durch HENSSEN jetzt ein stark verändertes Gesicht. Es sind hierher folgende, meist von HENSSEN revidierte Gattungen zu rechnen: *Polychidium* [HENSSEN (1)], *Koerberia* [HENSSEN (4)] mit 2 mediterran-kalifornischen Arten, *Massalongia* [HENSSEN (5)], *Vestergrenopsis* [HENSSEN (6)] und *Placynthium,* in das *Pterygium* und *Anziella* einbezogen werden: HENSSEN (7). *Placynthium* enthält neben Arten mit lecideinischen Apothecien eine Species mit lecanorinischer Berandung. Nachweis von *Vestergrenopsis elaeina* in Nordamerika: McCULLOUGH. — „Stictaceen" von Shikoku: YOSHIMURA.

Collemataceae. Monographie von *Leptogium* in Nordamerika, S, 43 Arten, davon 7 neu: SIERK.

Gyalectaceae. Revision von *Coenogonium* in den USA mit S nach mykologischen Merkmalen: UYENCO.

Lecideaceae. *Mycoblastus* in Mitteleuropa: SCHAUER (1).

Cladoniaceae. In Flora Polska: Motyka (1). S der Cladonien von Estland: TRASS (1), B zu *Cladonia* in der Oberlausitz: SCHADE (3), der Slowakei: PIŠUT. Revision der *Unciales* in Sachsen: SCHADE (4). Die zahlreichen beschriebenen Formen von *Cladonia furcata* sind Ökomorphosen und keine Sippen: SCHADE (5).

Stereocaulaceae. *Stereocaulon tomentosum* enthält nebeneinander Lobar- und Stictasäure, die bisher nur in verschiedenen Arten gefunden worden sind: RAMAUT (2).

Umbilicariaceae. S von *Umbilicaria* in Island: KRISTINSSON. — Verbreitung und Ökologie der *U.* in Shikoku: YAMANAKA u. YOSHIMURA. — Formenkreis von *U. decussata* in der Antarktis: GOLUBKOVA u. SAVICZ.

Acarosporaceae. Die Algen von *Maronella laricina* gehören zu *Trebouxia*, nicht zu *Myrmecia*: TSCHERMAK-WOESS.

Lecanoraceae. Die Schwermetallflechte *Lecanora epanora* der mitteleuropäischen Literatur zerfällt in 4 morphologisch bzw. chemisch unterschiedene Arten, von denen eine ein in der Verwandtschaft unklarer Parasit auf den drei anderen Arten ist: POELT u. ULLRICH. — B *Lecanora-radiosa*-Gruppe: POELT (2). — Eine neue Wanderflechte aus Innerasien *Placodium sphaeroideum*: OKSNER.— CULBERSON (3) revidierte *Haematomma* in Nordamerika. Das rote Pigment der Scheiben ist bei den verschiedenen Arten nicht identisch und ließ sich zur Sektionsgliederung verwenden. *H. ventosum* fehlt in Nordamerika und wird hier durch die chemische Parallelsippe *H. lapponicum* ersetzt. — B zu *Haematomma* in Japan: ASAHINA (2). Das weltweit verbreitete *H. puniceum* läßt sich nach seinem Flechtenstoffgehalt in 3 wenigstens in den Schwerpunkten geographisch deutlich definierte Subspecies aufgliedern, wovon eine auf das Feuerland beschränkt ist: ASAHINA (3).

Parmeliaceae. Einen umfangreichen Beitrag zur Gattung *Parmelia* mit zahlreichen neuen Arten, dabei vielen Chemospecies, sowie S für die großen Sektionen *Imbricaria, Cyclocheila* und *Hypotrachyna* geben HALE u. KUROKAWA. Für die Großgliederung erweist sich die Rhizinenstruktur als sehr brauchbares Merkmal. — B *Parmelia galbinea*: ASAHINA (4). — Die *Parmelia conspersa*-Gruppe wird von HALE (2) nach dem Flechtenstoffgehalt sowie der Färbung der Unterrinde in eine Anzahl von neu umschriebenen Arten zerlegt. — Gelbmarkige *Parmelia*-Arten in der UdSSR: RASSADINA (1). — Die fast strauchige *Parmelia almquistii* ist westarktisch verbreitet: KROG. — Alle Arten von *Hypogymnia* besitzen Atranorin, ausgenommen zwei Usninsäure-haltige, deshalb gelbgrüne Arten: einige enthalten verschiedene chemische Stämme: NUNO. — Menegazzia in der UdSSR: RASSADINA (2) — *Cetraria* muß in 3 Gattungen aufgespalten werden, darunter ein Genus, das zu *Parmelia* sect. *Amphigymnia* nähere Beziehungen zeigt als zu *Cetraria* sens. str.: CULBERSON (4). — Auf das stark abweichende System der *Parmeliales* sens. ampl. (mit *Collematecaae*) von CHOISY sei kurz hingewiesen.

Usneaceae. *Everniopsis pseudoreticulata* enthält neben Urinsäure und Atranorin einen nicht identifizierten Stoff: SCHUMACKER. — *Alectoria* in Nordamerika, Revision, S, 30 sp.: MOTYKA (2) — Die südasiatische *Usnea orientalis* enthält 3 chemische Stämme: NAIR u. SUBRAMANIAN.

Teloschistaceae (sens. ampl.): B *Caloplaca*: RONDON — Die Sporen von *Bombyliospora* sind nicht mehr-, sondern einzellig. Die „Zellen" sind in Wirklichkeit Loculi, die von ringförmigen bis spiraligen Endosporverdickungen abgeteilt werden. Die Gattung dürfte in der Familie richtigstehen: BURGESS. — B *Xanthoria* mit Diskussion der Familie: ALMBORN (2). — *T.* sens. str. in Aserbaidschan: BARCHALOW — B zu *Xanthopeltis* mit Verbreit. karte: FOLLMANN (1).

Buelliaceae. Die Familie wird zusammen mit den Physciaceen von KLEMENT (in GRUMMANN S. 17) als neue Ordnung *Buelliales* vorgestellt. — *Buellia* auf den britischen Inseln, Monographie, S, 18 Arten: SHEARD. — WEBER beschreibt von einer mexikanischen Insel die sehr merkwürdige Popcorn-artige *Rinodina calculiformis* neu.

Physciaceae. Monographie der Familie für die Schweiz, S, 4 bzw. 37 sp.: FREY (1). — Monographie von *Physcia* für Nordamerika, sehr konservative, weite Artauffassung, S, 47 sp.: THOMSON — B. *Dirinaria*: AWASTHI.

Lichenes imperfecti. LINDBERG u. MEIER beschreiben den neuen Polyalkohol Siphulitol von *Siphula ceratites*. — Revision von *Thamnolia* CULBERSON (5).

Basidiolichenes. Die Flechten *Botrydina* (z. T.) und *Coriscium* sind konstant mit Fruchtkörpern der Blätterpilzgattung *Omphalina* kombiniert, als dessen Lichenisierungen sie betrachtet werden müssen: GAMS (1, 2). POELT u. OBERWINKLER konnten zeigen daß die beiden Flechten von verschiedenen Arten der genannten Gattung gebildet werden.

Flechtenparasiten. In der Tschechoslowakei: VĚZDA. — Parasitische Pilze auf *Ephebe*, die zur Trennung von *Ephebe* und *Ephebeia* Anlaß gegeben hatten: HENSSEN (1).

Floristik

Bestimmungsschlüssel häufigerer arktischer Großflechten: SMIRNOVA.

Europa. L Värmland: SUNDELL — B West-Erzgebirge: FLÖSSNER — Flechtenflora von SW-Deutschland; 2. Aufl., 1285 sp. BERTSCH — B Mitteleuropa: POELT (2) B Bayerische Alpen: SCHAUER (2) — B Tirol: SZATALA — B Fimbertal (Tirol/Graubünden): KLEMENT (2) — L Fair Isle (zwischen Shetland und Orkney-Inseln): DUNCAN (1): — B Irland: MITCHELL. — B Vogesen: WERNER (1, 2); geogr. Analyse der Flora des Hohneck-Gebietes: WERNER (3). — B Landes und Basses Pyren.: JOSIEN — B S-Frankreich CLAUZADE — B Slowakei: PISUT — B Zempléngebirge, Ungarn, Großflechten: VERSEGHY (1) — Kalkflechten in Rumänien B: CODOREANU bzw. CODOREANU u. CIURCHEA. — B Krim: KOPACHESVKA.

Asien. B Kamtschatka: TRASS. — B Negev/Israel: GALUN u. REICHERT — B Georgien: INASCHVILI — Flechten von Indien: SINGH. — B Assam: AWASTHI — B Vietnam: ABBAYES — Katalog der Flechten Japans, *Nephroma-Parmeliella*: SATO. — B. Flora von Shikoku, S für *Sphaerophorus*, *Anzia*, *Baeomyces*: YOSHIMURA (2). — B Amami-Inseln: KUROKAWA — B. Flechten von Hiroshima: NAKANISHI u. OSHIO.

Afrika. Flora von Südmarokko: WERNER (4) — Flora von tropisch Afrika, *Dermatocarpaceae* — *Pertusariaceae*: DODGE. — B Zentralafrika: ABBAYES (2) B Südafrika: VERSEGHY.

Amerika. B Zentral-Alaska: HOWARD, B Alaska: KROG — Großflechten von Tennessee: PHILLIPS — B Alabama: MC CULLOUGH (2) — B Arizona: WEBER (2) — B El Salvador und Honduras: REZNIK u. WEBERLING — Katalog der Flechten Chiles: *Pyrenocarpeae*: FOLLMANN (2), *Coniocarpidae* u. *Graphidiidae*: FOLLMANN (3). — B Flechten von Chile: RIEDL u. SCHIMAN-CZEIKA. — Flechtengesellschaften der Osterinsel: FOLLMANN (4).

Australien. Katalog der Flechten von Tasmanien: WETMORE.

Antarktis. Flechten der Cape Hallett Area: MURRAY.

Bibliographische und ähnliche Arbeiten

Zwei umfangreiche Kataloge mögen aus der Literatur der Berichtszeit besonders hervorgehoben werden: der „Index nominum lichenum" von I. M. LAMB, der alle seit 1932 aufgestellten Flechtennamen gewissenhaft verzeichnet und mit ZAHLBRUCKNERs Catalogus zusammen einen vollständigen Überblick über die bisher beschriebenen Lichenen ergibt, weiter GRUMMANNs „Catalogus lichenum Germaniae", der nicht nur alles zusammenträgt, was über die deutsche Flechtenflora bisher publiziert wurde, sondern auch wertvolle Hinweise über die Autoren und ein umfangreiches Schriftenverzeichnis publiziert. SAYRE, BONNER u. CULBERSON stellen die Autoren von Moosen und Flechten zusammen und schlagen einheitliche Abkürzungen vor. FREY (2) berichtet über ALBRECHT VON HALLER als Lichenologen, VERSEGHY (3) über die Flechtenforscher Ungarns und fügt (4) einen Katalog der von Ö. SZATALA beschriebenen Flechtensippen bei. – Von den schwer greifbaren lichenologischen Arbeiten von TUCKERMAN wurde von CULBERSON ein erster Band neu herausgegeben. — VERSEGHY (5) stellte die Typen in der Sammlung der Bot. Abteilung des Ungarischen Naturwissenschaftlichen Museums zusammen.

Die schwierige Kunst der Illustration von Flechten mit Zeichnungen, von der CULBERSON (6) hervorragende alte Beispiele reproduziert hat, wurde von DUNCAN (2) versucht.

Literatur

ABBAYES, H. DES: (1) Rev. bryolog. **32**, 216—222 (1963); — (2) Rev. bryolog. **31**, 239—250 (1962). — AGROMURTHY, K., K. SARMA, and T. SESHADRI: Tetrahedron **12**, 173—177 (1961). — AHMADJIAN, V.: (1) Bryologist **67**, 87—98 (1964); — (2) Abstr. 10. int. bot. Congr. 233, 101—102 (1964). — AHTI, T.: (1) Arch. Soc. Vanamo **17**, 38—41 (1962); — (2) Ann. bot. fenn. **1**, 1—35 (1964). — ALMBORN, O.: (1) Abstr. 10. int. bot. Congr. 239, 104 (1964); — (2) Botan. Notiser **116**, 161—171 (1963). — ASAHINA, Y.: (1) J. jap. Bot. **38**, 65—69 (1963); — (2) J. jap. Bot. **39**, 165—171 (1964); — (3) J. jap. Bot. **39**, 209—215 (1964); — (4) J. jap. Bot. **38**, 225—228 (1963). — AWASTHI, D.: (1) Bryologist **67**, 369—372 (1964); — (2) Proc. Indian. Acad. Sci. **54**, 24—44 (1961).

BACHMANN, O.: Öst. bot. Z. **110**, 103—107 (1963). — BARCHALOV, O.: Bot. Mat. (Moskwa) **16**, 5—8 (1963). — BERTSCH, K.: Flechtenflora von Südwestdeutschland. 2. Aufl. Stuttgart 1964. — BURGESS, J.: Bryologist **66**, 238 (1963).

ČERNOHORSKY, Z.: Preslia **36**, 256—259 (1964). — CHADEFAUD, M., LETROUIT-GALINOU, M. et M. FAVRE: C. r. Acad. Sci. (Paris) **257**, 4003—4005 (1963). — CHOISY, M.: Bull. mens. linn. Lyon **31**, 253—262, 287 —326(1962). — CLAUZADE, G.: Bull. Soc. linn. Provence **23**, 35—44 (1963). — CODOREANU, V.: Stud. ši Cerc. Biol. (Cluj) **13**, 221—228 (1962). — CODOREANU, V., i M. CIURCHEA: Contr. bot. (Cluj) 1962, 113—120 (1962). — CULBERSON, Ch.: (1) Phytochemistry **2**, 335—340 (1963); — (2) Microchem. J. **7**, 153—159 (1963); — (3) Science **143**, 255—256 (1964). — CULBERSON, W.: (1) Science **139**, 40—41 (1963); — (2) Bryologist **67**, 224—226 (1964); — (3) Bryologist **66**, 224—236 (1963); — (4) Abstr. 10. int. bot. Congr. 237, 103 (1964); — (5) Brittonia **15**, 140—144 (1963); — (6) Garden J. 1964.

DEGELIUS, G.: Acta horti gotob. **27**, 11—55 (1964). — DINER, B., V. AHMADJIAN, and H. ROSENKRANTZ: Bryologist **67**, 363—368 (1964). — DODGE, C.: Beih. Nova Hedwigia **12** (1964). — DUNCAN, U.: (1) Lichenologist **2**, 171—178 (1963); — (2) Lichen Illustrations. Arbroath 1963.

FAVRE, M., et M. LETROUIT-GALINOU: C. r. Acad. Sci. (Paris) **258**, 1013—1016 (1964). — FLÖSSNER, W.: Veröff. Mus. Naturk. Karl-Marx-Stadt H. 2,1 — 143 (1963). — FOLLMANN, G.: (1) Revista universit. **47**, 33—37 (1962); — (2) Revista universit. **46**, 173—203 (1961); — (3) Revista universit. **47**, 63—97 (1962); — (4) Ber. dtsch. bot. Ges. **75**, 245—260 (1962). — FREY, E.: (1) Ber. schweiz. bot. Ges. **73**, 389 —503(1963); — (2) Mitt. naturf. Ges. Bern N. F. **21**, 1—65 (1964); — FUNK, A.: Canad. J. Bot. **41**, 503—543 (1963).

GALUN, M., and J. REICHERT: BULL. Res. Counc. Israel **9** D, 127—148 (1960). — GAMS, H.: (1) Öst. bot. Z. **109**, 376—380 (1962); — (2) Abstr. 10. int. bot. Congr. 235, 102 (1964). — GEITLER, L.: Öst. bot. Z. **110**, 270—280 (1963). — GOLUBKOVA, N., et V. SAVICZ: Now. Sistem. nis. rasten. **1964**, 225—235 (1964). — GRUMMANN, V.: Catalogus lichenum Germaniae. Stuttgart 1963.

HAKULINEN, R.: (1) Arch. Soc. Vanamo **17**, 121—133 (1962); — (2) Ann. bot. Fenn. **1**, 202—213 (1964); — (3) Arch. Soc. Vanamo **17**, 134—138 (1962); — (4) Arch. Soc. Vanamo **17**, 138—149 (1962). — HALE, M.: (1) Brittonia **15**, 126—133 (1963); — (2) Bryologist **67**, 462—473 (1964). — HALE, M., and S. KUROKAWA: Contr. U. S. Nat. Herb. **36**, 121—191 (1964). — HENDRICKSON, J., and W. WEBER: Science **144**, 1463 (1964). — HENSSEN, A.: (1) Symb. bot. Upsal. **18**, **1** (1963); (2) Abstr. 10. int. bot. Congr. 236, 102—103 (1964); (3) Svensk Botan. Tidskr. **57**, 145—160 (1963); — (4) Canad. J. Bot. **41**, 1347—1354 (1963); — (5) Canad. J. Bot. **41**, 1331—1346 (1963); — (6) Canad. J. Bot. **41**, 1359—1384 (1963); — (7) Canad. J. Bot. **41**, 1687—1724 (1963); — (8) Ber. dtsch. bot. Ges. **67**, 317—322 (1964). — HOWARD, G.: Bryologist **66**, 145—153 (1963). — HUNECK, S.: (1) Naturwiss. **51**, 536 (1964); — (2) Naturwiss. **50**, 646—647 (1963); — (3) Naturwiss. **50**, 645—646 (1963). — HUNECK, S., u. G. FOLLMANN: (1) Naturwiss. **51**, 291—292 (1964); — (2) Z. Naturforsch. **18** b, 991—992 (1963); — Z. Naturforsch. **19** b, 658—659 (1964). — HUNECK, S., u. M. SIEGEL: Naturwiss. **50**, 154—155 (1963).

INASCHVILI, Tz.: Bot. Mat. (Moskwa) **16**, 20—22 (1963).

JANEX-FAVRE, M.: Rev. bryolog. **33**, 244—282 (1964). — JOSIEN, M.: Rev. bryolog. **86**, 240—243 (1964).

KLEMENT, O.: (1) Ber. naturhist. Ges. Hannover **108**, 31—39 (1964); — (2) Decheniana **117**, 175—186 (1964). — KOPACHEVSKA, I.: Ukrain. bot. Žurn. **18**, 96—101 (1961). — KRISTINSSON, H.: Flóra (Akureyi) **1**, 151—161 (1963). — KROG, H.: (1) Bryologist **66**, 28—31 (1963); — (2) Ark. Bot. **4**, 489—513 (1963). — KUROKAWA, S.: Ann. Rep. Noto. mar. Lab. **4**, 73—78 (1964).

LAMB, I. M.: Index nominum lichenum inter annos 1932 et 1960 divulgatorum. New York 1963. — LAMBINON, J.: Lejeunea N. S. **27**, 1—8 (1964). — LANGE, O.: Ber. dtsch. bot. Ges. **75**, 351—352 (1963). — LANGE, O., u. H. ZIEGLER: Mitt. flor. soz. Arb. gemeinsch. N. F. **10**, 156—183 (1963). — LAUNDON, J.: Lichenologist **2**, 101—151 (1963). — LETROUIT-GALINOU, M.: (1) C. r. Acad. Sci. **255**, 3456—3458 (1962); — (2) C. r. Acad. Sci. (Paris) **258**, 2379—2382 (1964); — (3) C. r. Acad. Sci. (Paris) **254**, 4496—4498 (1962). — LETROUIT-GALINOU, M., et D. AMBOISE: C. r. Acad. Sci. (Paris) **256**, 1576—1578 (1963). — LINDBERG, B., and H. MEIER: Acta chem. scand. **16**, 543—547 (1962).

MAKAREWITSCH, M.: (1) Flora y Fauna Karpat **16** — 33; — (2) Analis licheno-flori ukrainskich Karpat (1964). — MCCULLOUGH, H.: (1) Bryologist **67**, 372—374 (1964); — (2) Bryologist **67**, 226—233 (1964). — MITCHELL, M.: Bull. Soc. sc. Bretagne **37**, 119—126 (1962). — MOISSEJEVA, E.: Biochemical properties of lichens and their practical importance. Moskwa 1961. — MOTYKA, J.: (1) Porosty, **3**: 2, In: Flora Polska. Warszawa 1964; — (2) Bryologist **67**, 1—44 (1964). — MURRAY, J.: Trans. r. Soc. New Zealand Bot. **2**, 59—72 (1963).

NAIR, A., and S. SUBRAMANIAN: Curr. Sci. **31**, 60 (1962). — NAKANISHI, M., and M. OSHIO: Hikobia **3**, 203—209, 300—306 (1963). — NEELAKONTAN, S., T. SESHADRI, and S. SUBRAMANIAN: Tetrahedron **18**, 597—604 (1962). — NUNO, M.: J. jap. Bot. **39**, 97—103 (1964).

OKSNER, A.: Ukrain. bot. Žurn. **18**, 92—95 (1961). — OTTO, G.: Bryologist **67**, 73—75 (1964). — OZENDA, P.: LICHENS: In: Handbuch der Pflanzenanatomie **6**, 9 (1963).

PHILLIPS, H.: Bryologist **66**, 77—79 (1963). — PIŠUT, I.: (1) Acta rer. nat· Comen. **6**, 513—531 (1961); — (2) Acta rer. nat. Slov. **8**, 95—100 (1962). — PLESSL, A.: Öst. bot. Z. **110**, 194—269 (1963). — POELT, J.: (1) Phyton (Graz) **10**, 206—215 (1963); — (2) Mitt. bot. München **5**, 247—266 (1964). — POELT, J., u. H. BAUMGÄRTNER: Öst. bot. Z. **111**, 1—18 (1964). — POELT, J., u. F. OBERWINKLER: Öst. bot. Z. **111**, 393—400 (1964). — POELT, J., u. H. ULLRICH: Öst. bot. Z. **111**, 257—268 (1964). — PUEYO, G.: (1) Rev. bryolog. **32**, 279—284 (1963); — (2) Rev. bryolog. **32**, 285—289 (1963).

RAMAUT, J.: (1) Phytochemistry **4**, 199—202 (1965); — (2) Rev. bryolog. **31**, 251—255 (1962). — RASSADINA, K.: (1) Scripta bot. **2**, 249—255 (1962); — (2) Now. sistemat. nis. rasten. 1964, 235—250 (1964). — REZNIK, H., u. F. WEBERLING: Nova Hedwigia **6** 219—231 (1963). — RIEDL H.: (1) Sydowia **16**, 263—274 (1963); — (2) Sydowia **17**, 102—113 (1964); — (3) Sydowia **16**, 215—234 (1963). — RIEDL, H., u. H. SCHIMAN-CZEIKA: Sydowia **17**, 82—92 (1964). — RONDON, Y.: Rev. bryolog. **32**, 265—269 (1963).

SATO, M.: Misc. bryol. lichen. **3**, 27—30, 43—44 (1963). — SAXEN, W.: Schr. naturw. Ver. Schleswig-Holst. **34**, 84—88 (1963). — SAYRE, G., C. BONNER, and W. CULBERSON: Bryologist **67**, 113—136 (1964). — SCHADE, A.: (1) Nova Hedwigia **5**, 304—334 (1963); — (2) Nova Hedwigia **5**, 283—303 (1963); — (3) Abh. u. Ber. Naturk. mus. Görlitz **38**: 12, 1—35 (1963); — (4) Abh. u. Ber. Naturk. mus. Görlitz **38**: 17, 1—27 (1963); — (5) Abh. u. Ber. Naturk. mus. Görlitz **39**: 14, 1—39 (1964).— SCHAUER, TH.: (1) Nova Hedwigia **8**, 301—310 (1964); — (2) Ber. bayer. bot. Ges. **36**, 57—59 (1963). — SCHUMACKER, R.: Bull. Soc. roy. Sci. Liege **30**, 452—457 (1961). — SHEARD, J.: Lichenologist **2**, 225—262 (1964). — SHIBATA, S.: „Lichen substances", In: Modern Methods of Plant analysis **6**, 155—193 (1963). — SIERK, H.: Bryologist **67**, 245—317 (1964). — SINGH, A.: Lichens of India. Bull. nat. bot. Gard. Lucknow **93** (1964). — SMIRNOVA, S.: Kormovije lischainiki krainego sewera SSSR. Leningrad 1962. — SUNDELL, S.: Svensk. botan. Tidskr. **57**, 193—237 (1963). — SWINSCOW, D.: (1) Lichenologist **2**, 152—166 (1963); — (2) Lichenologist **2**, 167—171 (1963). — SZATALA, Ö.: Sydowia **16**, 85—100 (1963).

Tavares, C. das Neves: Revista Biolog. **4**, 131—144 (1964). — Thomson, J.: (1) Bryologist **66**, 94—100 (1963); — (2) Beih. Nova Hedwigia **7** (1963). — Tschermak-Woess, E.: Öst. bot. Z. **111**, 323—325 (1964). — Tuckermann, E.: Collected lichenological papers. Herausgegeben von W. Culberson, **1** (1964). — Trass, H.: (1) Bestimmungstabellen der Cladonien der estnisch. SSR. Tartu 1958; — (2) Invest. nat. Or. extrem. (Tallinn), 170—220 (1963).

Uyenco, F.: Bryologist **66**, 217—224 (1963).

Verseghy, K.: (1) Fragmenta bot. (Budapest) **3**, 41—75 (1964); — (2) Nova Hedwigia **4**, 579—482 (1963); — (2) Feddes Rep. **68**, 107—129 (1963); — (4) Lichenologist **2**, 178—189 (1963); — (5) Typenverzeichnis der Flechtensamml. i. d. bot. Abt. Ung. naturw. Mus. Budapest 1964. — Vězda, A.: Česka Mykol. **17**, 149—159 (1963).

Weber, W.: (1) Bryologist **67**, 473—476 (1964); — (2) Univ. Colorado Stud. Ser. in Biol. **10**, 1—27 (1963). — Werner, R.: (1) Bull. Soc. Fr. 1961 sess. extraord., 115—127; — (2) Acad. Soc. lorr. Sc. 66—72 (1963); — (3) Bull. Soc. lorr. Sc. 1962, 37—74 (1962); — (4) Rev. bryolog. 32, 270—278 (1963). — Wetmore, C.: Rev. bryolog. **32**, 223—264 (1963). — Wirth, M., and M. Hale: Contr. U.S. nat. Mus. **36**, 63—119 (1963).

Yamanaka, T., and I. Yoshimura: Bull. Fac. Educ. Kochi Un. **14**, 57—65 (1962); **15**, 53—58 (1963). — Yoshimura, I.: (1) Acta phytotax. geobot. **19**, 92—96 (1962); — (2) Ann. Rep. Kochi Gakugei High Scholl No. 3, 1—2 (1962).

Åkermark, B.: Acta chem. scand. **15**, 1695—1700 (1961); **16**, 599—606 (1962).

4. Systematik der Moose

Von Josef Poelt, Berlin

Der Beitrag entfällt in diesem Band

5. Systematik der Farnpflanzen

Von DIETER MEYER, Berlin

Eine Würdigung der Leistungen von E. B. COPELAND (1873—1964) für die Systematik der Farnpflanzen gab WAGNER (4). Das Herbarium von COPELAND mit 25000 Bögen, darunter befinden sich 35 neue Gattungen und 600 neue Arten, besitzt die Universität Michigan in Ann Arbor. – A. TRYON gelang eine bemerkenswerte Entdeckung bei *Platyzoma microphyllum (Polypodiaceae)* vom nördlichen Australien. Die Gattung besitzt nur diese Art. Es war schon bekannt, daß sie Sporen in zweierlei Größe ausbildet. Aus diesen Sporen gehen auch verschiedenartige Prothallien hervor! Die Prothallien von *Platyzoma* sind entweder männlich oder weiblich. Allerdings zeigt sich die Trennung nicht ganz scharf. Bisher war Heterosporie und Diöcie innerhalb der *Filicopsida* nur bei den Wasserfarnen bekannt *(Marsileaceae* und *Salviniaceae)*. In kleinen Sporangien bildet *Platyzoma* 32 Sporen. Größere Sporangien enthalten nur 16 Sporen. Das Größenverhältnis der Sporen beträgt für den Durchmesser 1: 2, für das Volumen 1: 7,5. Aus den kleinen Sporen bilden sich fadenförmige Prothallien (ohne Rhizoiden), die nur Antheridien tragen. Aus den großen Sporen entstehen flächige Prothallien mit Rhizoiden und Archegonien, die eine merkwürdige Stellung am Grunde der Prothallien einnehmen. Ganz seltsam sehen die jungen Sporophyten aus. Sie sind fadenförmig wie *Pilularia*. – An Felsen von Georgia bis Kentucky (USA) wächst ein vegetativ, auch mit Brutknospen sich vermehrender Thallus, dem Sexualorgane fehlen. Diese einem Moose ähnelnde, schon seit 1741 bekannte Pflanze konnte erstmals identifiziert werden. Sie gehört zum Farn *Vittaria*. Die im normalen Lebenszyklus vorhandene sporophytische Phase ist gänzlich ausgefallen. Der Farn existiert nur als vegetativ sich vermehrendes Prothallium. Er hält bei weitem den Rekord aller reduzierten Gefäßpflanzen der Vereinigten Staaten, und es wäre interessant zu untersuchen, ob es auch in anderen Gegenden Farnpflanzen gibt, die keinen Sporophyten besitzen [WAGNER (1)].

Chemotaxonomische Untersuchungen an *Dryopteris cristata* und *D. villarii* führten FIKENSCHER u. HEGNAUER (1) aus. Einige Bastarde wurden ebenfalls berücksichtigt. Auch die Artengruppe um *D. filix-mas* (mit *D. abbreviata* und *D. paleacea*) wurde chemisch untersucht. Die Ergebnisse sind in Tabellen dargestellt. *D. filix-mas* unterscheidet sich durch beträchtlichen Aspidinolgehalt scharf von *D. paleacea* und *D. abbreviata* (2). – Die sehr charakteristischen Paraphysen der Farne bildete WAGNER (3) in zahlreichen Beispielen ab. Mitunter bieten sie ein gutes Bestimmungsmerkmal, erfordern aber eine sorgfältige Präparation geeigneter Sori.

Iwatsuki (1) widmete ausführliche Studien der Umgrenzung, den Merkmalen und der verwandtschaftlichen Zuordnung der *Thelypteridaceae*. In einer weiteren Arbeit (2) erfolgte eine Gliederung der Gattung *Thelypteris*. *Phegopteris* ist darin eine Untergattung. Sodann behandelte Iwatsuki (5) mit ausführlichen Beschreibungen und Literaturzitaten die Klassifizierung dieser Farngruppe und prüfte zahlreiche Gattungen, ob sie vielleicht zur *Thelypteris*-Verwandtschaft gehörten (4). – Die Gattungen der Familie der *Thelypteridaceae* des asiatischen Festlandes charakterisierte Ching (1).

Die Sporen von 35 nordeuropäischen Farnen wurden von Sorsa sehr genau beschrieben und abgebildet. Eine Aufgliederung der Arten in 10 Gruppen von Sporentypen stimmt nur teilweise mit der systematischen Gliederung überein. – In der Sporenmorphologie steht *Loxogramma* zwischen den *Grammitidaceae* und den *Polypodiaceae* [Nayar (1)]. Sporen europäischer Arten aus der *Pteris*-Verwandtschaft beschrieb Lugardon mit Abbildungen und Bestimmungsschlüssel. Die gleiche Farngruppe bearbeitete für Madagaskar Tardieu-Blot (1). Die Sporenmorphologie von 100 Vertretern der *Aspidiaceae* studierten Nayar u. Devi (1) sowie auch von 45 Farnen aus der *Dryopteris*-Verwandtschaft (2). Die Sporen von *Athyrium multifidum* sind unregelmäßig (Shimura).

Die Entwicklungsgeschichte des Sporangiums und des Gametophyten von *Ceratopteris thalictroides* zeigt Übereinstimmung mit den höheren Farnen. Auch der Bau der Chromosomen wird von Pal u. Pal genau beschrieben. Die Prothallien von *Ceratopteris*-Arten untersuchte Momose (1). Die Morphologie der Sporen, Prothallien und jungen Sporophyten von *Pellaea* und *Notholaena* stellten Nayar u. Bajpai dar sowie von *Cyclosorus* Nayar u. Chandra (1). Die Prothallien von *Cryptogramma*, *Onychium* und *Llavea* beschrieb Momose (2).

Der neuen Isoëtaceen-Gattung *Stylites* schien *Isoëtes triquetra* in mehreren Merkmalen verwandt zu sein. Zufällig stand jetzt die bisher nur wenig gefundene *Isoëtes*-Art für vergleichende Untersuchungen zur Verfügung (Kubitzki u. Borchert). – Die Gefäßbündel der Gattungen *Bolbitis* und *Egenolfia* studierte Kaur. Die Entwicklungsgeschichte der Wurzeln von *Selaginella* untersuchten Webster u. Steeves. Anatomische Merkmale für zahlreiche Farne finden sich in einer ökologischen Studie von Singh. Auch das kriechende Rhizom von *Microlepia* ist mit Haaren besetzt [Nayar u. Kaur (4)]. Eine ausführliche systematische Darstellung der *Athyriaceae* gab Ching (4). Zwischen *Athyrium* und *Diplazium* steht die Gattung *Cornopteris*, der ein Indusium fehlt (Kurita). – Eine weitere Aufteilung der Gattung *Lycopodium* nahm Holub vor. *Lycopodium selago* als Medizinalpflanze behandelten Chopik u. Nikitin.

Cytologie, Bastardierung

Dryopteris. Die nordamerikanischen *Dryopteris*-Arten und -Bastarde untersuchten Scora u. Wagner chromatographisch. Die klaren Aussagen, die in der Gattung *Asplenium* durch chromatographische Untersuchungen gewonnen werden konnten, ließen sich bei *Dryopteris* nicht wiederholen. Es konnten sogar Fälle festgestellt werden, in denen der Bastard Substanzen zeigte, die den Elternarten fehlen, oder Substanzen der Elternarten ließen sich beim Bastard nicht nachweisen. Immerhin sind die *Dryopteris*-Arten viel näher miteinander verwandt und auch morphologisch und cytologisch nicht so bearbeitet wie die Asplenien, bei denen manche Bastarde nur Univalente bilden. – Der bisher nur selten gefundene Bastard *Dryopteris goldiana* × *D. intermedia* zeigt nur wenig die Merkmale von *D. goldiana* (EVANS u. WAGNER). – Diploide *D. dilatata* trägt den Namen *D. assimilis* und kreuzt sich leicht mit der tetraploiden Form, doch ist der Bastard nur schwer zu erkennen, fast nur an den fehlgeschlagenen Sporen. Er wurde bei Engelberg in der Schweiz durch cytologische Kontrolle nachgewiesen (DÖPP u. GÄTZI). Auf Abbildungen der diploiden Form von *D. dilatata* von WALKER u. JERMY fällt auf, daß die tetraploide *D. dilatata* weit entfernt stehende Fiedern besitzt, während bei der diploiden *D. assimilis* die Fiedern dicht aneinander schließen. Für Deutschland hatte DÖPP (1958) *D. assimilis* nachgewiesen.

Asplenium. Die Chromosomenrassen von *Asplenium trichomanes* beschrieb ausführlich LOVIS (1). Doch können Angaben über die Sporengröße nur vorsichtig zur Bestimmung Verwendung finden. Auch wurde im südöstlichen Europa diploides *A. trichomanes* auf Kalk nachgewiesen. Die Vorkommen von diploidem und tetraploidem *A. trichomanes* sowie von *A. germanicum* in Bayern untersuchte DAMBOLDT. Diploides und tetraploides *A. trichomanes* gibt es auch in Nordamerika (LÖVE u. SOLBRIG). Der Bastard *A. adulterinum* × *A. viride* kann örtlich recht individuenreich auftreten. Die Zählung an einer 2 m² großen Stelle in der Steiermark ergab 16 Stöcke *A. viride*, 11 *A. adulterinum* und 8 Bastarde. Auch von dem Bastard *A. adulterinum* × *A. trichomanes* sind jetzt zahlreiche Stöcke bekannt und sogar auch mehrere der Kreuzung *A. cuneifolium* × *A. viride* (MELZER). Die Reduktionsteilung des Bastards *Asplenium ruta-muraria* × *A. septentrionale* gab Anlaß zu vermuten, daß es ein diploides *A. septentrionale* gibt, neben dem bisher nur bekannten tetraploiden. Diploides *A. septentrionale* konnte in der Tat für den westlichen Kaukasus nachgewiesen werden [LOVIS (2)]. Nahe Trient wurde in den Dolomiten eine diploide Form der bisher nur als tetraploid bekannten Mauerraute *(A. ruta-muraria)* entdeckt. Sie wächst dort nicht selten an natürlichen Felsen (LOVIS u. REICHSTEIN). Die wenig bekannte Besonderheit der Insel Mallorca, *A. majoricum*, ist tetraploid (JERMY u. LOVIS). *Pleurosorus pozoi* in Südspanien besitzt $2\,n = 72$ Chromosomen. Das bestätigt die Zugehörigkeit zu den Asplenien. In Südspanien konnte eine diploide Rasse von *A. glandulosum* neu festgestellt werden. Für Griechenland wurde *Ceterach* als diploid nachgewiesen. *A. seelosii* in Bayern ist diploid wie an Standorten südlich der Alpen. Auch in Bayern wächst *A. seelosii* auf Dolomitgestein [MEYER (1)].

„Polypodium vulgare" in Nordamerika besteht aus 5 Arten und cytologischen Rassen, die ähnlich variabel und wohl auch durch Bastardierung miteinander verknüpft sind wie die 3 europäischen Arten (LLOYD u. LANG). Auch bei *Botrychium* gibt es hexaploide Arten (NISHIDA, KURITA u. NIZEKI). Die erste Zählung bei *Mohria caffrorum* zeigte $2\,n = 152$

Chromosomen (LOVIS u. ROY). Die Chromosomen von *Ceratopteris thalictroides* untersuchten NISHIDA u. KURITA: $2n = 78$. Japanische *Osmunda*-Arten zeigten alle $n = 22$ Chromosomen (HIRABAYASHI). Einen Überblick der Auswirkung cytologischer Untersuchungen auf die Systematik der Farnpflanzen gab MEYER (2).

Floristik

Die Farnflora von Peru gehört zu den interessantesten der Erde. Von R. TRYON (2) ist eine allen modernen Ansprüchen gerecht werdende Bearbeitung von 33 Gattungen der Polypodiaceen erschienen, und doch stellt das erst ein Drittel der Gattungen und ein Viertel des Gesamtbestandes an Arten dar. Dieses Werk basiert auf einer seltenen wissenschaftlichen Grundlage: Etwa 80% der Typus-Exemplare zu den Farnarten von Peru wurden in den Herbarien der Welt eingesehen. Die wichtigsten Sammlungen der Farne von Peru befinden sich im Chicago Natural History Museum, im United States National Herbarium der Smithsonian Institution in Washington und im Gray Herbarium der Harvard Universität. Zahlreiche wissenschaftlich und künstlerisch mit hoher Qualität ausgeführte Abbildungen vermitteln einen guten Eindruck auch von Farnen, die unserer Vorstellung eines Farns ferner stehen wie *Hecistopteris pumila*, *Pterozomium reniforme* und *Eriosorus*. Mit charakteristischen Arten folgen die Farne den scharf getrennten Vegetationsgebieten von Peru.

Nachdem schon lange vergeblich danach gesucht worden war, konnte endlich *Hymenophyllum tunbrigense* im westlichen Deutschland bei Bollendorf in Felsspalten des Sandsteins entdeckt werden (NIESCHALK).

Europa. Nomenklatur von Farnpflanzen: JANCHEN. *Polypodium* im westlichen Mitteldeutschland: LENSKI; in Rußland: BOBROV. Verbreitungskarten von Farnen in Sachsen: STRICKER. *Lycopodium* im Isergebirge: JEHLIK. *Matteuccia struthiopteris* in der Tschechoslowakei: VULTERIN. Die Standorte folgen überschwemmten Ufern. Höhenangaben von Farnstandorten im Tatra-Nationalpark: PACLOVÁ. Von *Notholaena* sind jetzt 4 Fundstellen in Österreich bekannt; *Woodsia ilvensis* in der Steiermark: MELZER. Farne in der Schweiz: BECHERER. *Woodsia pulchella, Ceterach* und *Athyrium alpestre* in den Julischen Alpen: WRABER. *Dryopteris borreri* in Belgien: LAWALRÉE (1); *D.* ×*tavelii* (2), im nördlichen Belgien wächst dieser Farn in jungen Kiefernpflanzungen (VANNEROM). *Lycopodium annotinum* in Holland: BARKMAN. *Botrychium matricariifolium* in Rumänien: NIEDERMAIER. *Pilularia* in Finnland: MÄKIRINTA. Farnpflanzen in Nordkarelien: SONCK. *Notholaena* in Italien, mit Karten, Klimatabellen und Abbildungen: PICHI-SERMOLLI u. CHIARINO-MASPES. *Osmunda* in Italien, mit zahlreichen Abbildungen und Karten: BIZARRI. *Botrychium simplex* in den Pyrenäen: BOUBY. *Dryopteris abbreviata* und *D.* ×*tavelii* in Spanien und Portugal: REICHLING. Wasserfarne in Portugal: REED. *Isoëtes*-Standorte auf Korsika: MALCUIT. An der Nordspitze von Korsika wurde *Woodwardia* entdeckt (SCHULZE). *Pteris vittata* in England: LOUSLEY.

Asien. Der Malaiische Archipel zählt etwa 200 Arten Baumfarne, aber das asiatische Festland besitzt nur 25, während im Gebiet des Pazifischen Ozeans bis Australien etwa 60 Arten vorkommen. HOLTTUM (2) arbeitete für die Gattung *Cyathea* eine Unterteilung heraus. *Arthropteris* in Malaya: ALLEN; *Cyatheaceae* und *Gleicheniaceae:* HOLTTUM (1). Farne in Thailand und Laos: TAGAWA (1). *Cyathea* in der pazifischen Region: HOLTTUM (3). Revision der pazifischen *Ophioglossum*-Arten: WIEFFERING. In der Zeitschrift der „National Botanic Gardens" in Lucknow in Indien erscheinen monographische Bearbeitungen für indische Farngattungen; NAYAR (2): *Lemmaphyllum;* NAYAR u. KAUR: *Bolbitis* (1), *Egenolfia* (2, 3). *Bolbitis* in Indien: NAYAR u. CHANDRA (2). Farne von Hainan: CHING u. WANG. *Chieniopteris* (nahe *Woodwardia*): CHING (3). *Phymatopsis (Polypodium)* in China: CHING (5). *Diplazium wichurae* in Japan: KURATA; *Selaginella:* TAGAWA (2). Farnflora des mittleren Japan: SETO. Die Gattung *Hypodematium* im östlichen Asien gehört in die Nähe von *Athyrium* und vermittelt etwas zur Gattung *Woodsia* [IWATSUKI (3)]. *Diplaziopsis javanica:* CHING (2). *Arachniodes:* CHING (6).

Afrika. *Cheilanthes marantae (Notholaena)* und *Adiantum* auf den Kanarischen Inseln: BENL (2). Farnflora von Mosambik: SCHELPE. Ausführliche Farnflora von Gabun: TARDIEU-BLOT (2). *Onychium* und *Actiniopteris* in Abessinien: PICHI-SERMOLLI (1, 2). Farne in Ostafrika: PICHI-SERMOLLI (3). Liberia: KUNKEL (1, 2).

Amerika. *Asplenium septentrionale* in Nordamerika: DARLING. Farne im Staat Washington der USA: SLATER. Auch hier tragen Serpentinberge charakteristische Arten (KRUCKEBERG). Genaue Untersuchung von 72 Farnen eines begrenzten Gebietes in Virginia: WAGNER (2). *Pteris vittata* bürgert sich seit 1943 in Kalifornien ein (HUTT u. LLOYD). *Adenophorus* auf Hawaii: WILSON. — Taxonomie von *Polytaenium* und *Vittaria* in Südamerika: R. TRYON (1). Farnflora von Paraná in Brasilien: ANGELY. *Asplenium* in Santa Catarina und Rio Grande do Sul: SEHNEM; *Lindsaea* in den gleichen Staaten: KRAMER. *Microgramma megalophylla:* DE LA SOTA. *Gleicheniaceae* in Chile: LOOSER (1); *Hypolepis* (2).

Farnpflanzen von Südgeorgien in der Antarktis: GREENE.

Kultivierte Farne

Eine Übersicht der heute in Kultur sehr beliebten Gattung *Platycerium* (Geweihfarn, englisch Elkhorn fern) gab JOE (5). Zuerst gelangte 1842 *P. grande* in den botanischen Garten Kew. Heute werden 13 Arten in Gärten gehalten, aber in vielen Kulturformen. Die ganze Gattung zählt 17 Arten, für die ein Bestimmungsschlüssel ausgearbeitet wurde. Fast alle Arten sind abgebildet. Übersichten zeigen, daß manche Arten bis zur Unkenntlichkeit variieren. Nomenklatorische Fragen der von Madagaskar kommenden *Platycerium*-Arten bearbeitete MORTON (2). JOE hat sich in weiteren Mitteilungen der in Kalifornien kultivierten Farne angenommen, die aber auch zum Bestand europäischer Gärten gehören: *Thelypteris* (1), *Dryopteris* (2), *Asplenium* (3), *Tectaria* (4). Von der Baumfarngattung *Cibotium* werden 6 Arten in Kultur gehalten [JOE (6)]. In Gärten trifft man häufig Abänderungen von Arten der Gattung *Polystichum*, für die DYCE eine Übersicht gab. Das im tropischen Asien mitunter amphibisch wachsende *Microsorium pteropus* (früher *Polypodium*) ist in Europa zu einer beliebten Aquarienpflanze geworden, deren richtige Bestimmung wegen der mangelnden Sori Schwierigkeiten bereitete [BENL (1)]. Zwei häufig kultivierte *Asplenium*-Arten, die auf älteren Wedeln kleine Tochterpflänzchen hervorbringen, hat MORTON (1) nomenklatorisch-systematisch bearbeitet. Prinzipien für das Benennen kultivierter Farne hat CRABBE (Britisches Museum) erläutert. Gesellschaften für Freunde der Farnkultur in Gärten besitzen England, Nordamerika und Japan.

Literatur

ALLEN, B.: Gardens' Bull. Singapore **20**, 381—386 (1964). — ANGELY, J.: Inst. Paran. Bot. No. 23 (1963).

BARKMAN, J.: Belmontia, II. Ec. **9**, 4—9 (1964). — BECHERER, A.: Ber. schweiz. bot. Ges. **74**, 164—214 (1964). — BENL, G.: Aquar. u.Terrar. Z. **14**, 210—212(1961); — (2) Mitt. Bot. Staatss. München **5**, 267—277 (1964). — BIZARRI, M.: Webbia **17**, 367—407 (1963). — BOBROV, A.: Bot. J. Moskau **49**, 534—545 (1964). — BOUBY, H.: Bull. Mus. Hist. Nat., 2e. sér. **35**, 654—661 (1963).

CHING, R.: (1) Acta Phytotax. Sin. **8**, 289—335 (1963); — (2) **9**, 31—36 (1964); — (3) **9**, 37—40 (1964); — (4) **9**, 41—84 (1964); — (5) **9**, 179—197 (1964); — (6) **9**, 383—385 (1964). — CHING, R., and H. WANG: Acta Phytotax. Sin. **9**, 345—373 (1964). — CHOPIK, V., u. U. NIKITIN: Bot. J. Moskau **49**, 113—117 (1964). — CRABBE, J.: Brit. Fern Gaz. **9**, 178—182 (1964).

DAMBOLDT, J.: Ber. bayer. bot. Ges. **37**, 5—9 (1964). — DARLING, TH.: Am. Fern J. **54**, 197—205 (1964). — DE LA SOTA, E.: Bol. Soc. Arg. Bot. **10**, 158—165 (1963). — DÖPP, W., u. W. GÄTZI: Ber. schweiz. bot. Ges. **74**, 45—53 (1964). — DYCE, J.: Brit. Fern Gaz. **9**, 97—109 (1963).

EVANS, A., u. W. WAGNER: Rhodora **66**, 255—266 (1964).

FICKENSCHER, L., u. R. HEGNAUER: (1) Planta Med. **11**, 348—354 (1963); — (2) **11**, 355—361 (1963).

GREENE, S.: Brit. Antarct. Surv. Sci. Rep. No. 45 (1964).

HIRABAYASHI, H.: J. Jap. Bot. **38**, 332—333 (1963). — HOLTTUM, R.: (1) Ident. Lists Mal. Spec. **19—20**, 270—303 (1963—1964); — (2) Am. Fern J. **54**, 1—9 (1964); — (3) Blumea **12**, 241—274 (1964). — HOLUB, J.: Preslia **36**, 16—22 (1964). — HUTT, D., u. R. LLOYD: Leafl. West. Bot. **10**, 105—106 (1964).

IWATSUKI, K.: (1) Mem. Coll. Sci. Univ. Kyoto **30**, 21—51 (1963); — (2) Acta Phytotax. Geobot. **21**, 35—42 (1964); — (3) **21**, 43—54 (1964); — (4) Mem. Coll. Sci. Univ. Kyoto **31**, 1—10 (1964); — (5) **31**, 11—40 (1964).

JANCHEN, E.: FEDDES Repert. **69**, 62—67 (1964). — JEHLIK, V.: Acta Mus. Hort. bot. Boh. bor. **2**, 131—139 (1962). — JERMY, A., u. J. LOVIS: Brit. Fern Gaz. **9**, 163—167 (1964). — JOE, B.: (1) Baileya **11**, 99—110 (1963); — (2) **11**, 117—130 (1963); — (3) **12**, 19—27 (1964); — (4) **12**, 47—51 (1964); — (5) **12**, 69—126 (1964); — (6) **12**, 137—146 (1964).

KAUR, S.: Am. Fern J. **54**, 57—62 (1964). — KRAMER, K.: Sellowia **15**, 115—121 (1963). — KRUCKEBERG, A.: Am. Fern J. **54**, 113—126 (1964). — KUBITZKI, K., u. R. BORCHERT: Ber. dtsch. bot. Ges. **77**, 227—233 (1964). — KUNKEL, G.: (1) Ber. schweiz. bot. Ges. **73**, 179—195 (1963); — (2) Vegetatio **12**, 96—102 (1964). — KURATA, S.: Sci. Rep. Tôh. Univ., 4. ser. **29**, 261—266 (1963). — KURITA, S.: Bot. Mag. Tokyo **77**, 131—138 (1964).

LAWALRÉE, A.: (1) Bull. Jard. Bot. Brux. **32**, 477—480 (1962); — (2) **33**, 503—510 (1963). — LENSKI, I.: Flora **154**, 245—266 (1964). — LLOYD, R., and F. LANG: Brit. Fern Gaz. **9**, 168—177 (1964). — LÖVE, A., and T. SOLBRIG: Taxon **13**, 99—110 (1964). — LOOSER, G.: (1) Revista Univ. No. 25, 17—31 (1962); — (2) No. 26, 3—7 (1963). — LOUSLEY, J.: Proc. Bot. Soc. Brit. Isles **5**, 336—337 (1964). — LOVIS, J.: (1) Brit. Fern Gaz. **9**, 147—160 (1964); — (2) Nature **203**, 324—325 (1965). — LOVIS, J., and T. REICHSTEIN: Brit. Fern Gaz. **9**, 141—146 (1964). — LOVIS, J., and S. ROY: Nature **201**, 1348 (1964). — LUGARDON, B.: Pollen et Spor. **5**, 325—336 (1963).

MÄKIRINTA, U.: Arch. Soc. Vanamo **18**, 149—159 (1964). — MALCUIT, G.: Ann. Fac. Sci. Marseille 33, 87—102 (1962). — MELZER, H.: (1) Mitt. Naturw. Ver. Steierm. **93**, 274—290 (1963); — (2) **94**, 108—125 (1964). — MEYER, D.: (1) Ber. dtsch. bot. Ges. **77**, 3—13 (1964); — (2) Bot. Jb. **83**, 107—114 (1964). — MOMOSE, S.: (1) J. Jap. Bot. **39**, 225—235 (1964); — (2) **39**, 305—312 (1964). — MORTON, C.: (1) Am. Fern J. **53**, 81—84 (1963); — (2) Baileya **12**, 36—38 (1964).

NAYAR, B.: (1) Grana Palyn. **4**, 388—392 (1963); — (2) Bull. Nat. Gard. No. 106 (1964). — NAYAR, B., and N. BAJBAI: J. Linn. Soc. London, Bot. **59**, 63—76 (1964). — NAYAR, B., and P. CHANDRA: (1) J. Ind. Bot. Soc. **42**, 392—400 (1963); — (2) Am. Fern J. **54**, 9—19 (1964). — NAYAR, B., and S. DEVY: (1) Grana Palyn. **5**, 80—120 (1964); — (2) Pollen et Spor. **5**, 355—372 (1963). — NAYAR, B., and S. KAUR: (1) Bull. Nat. Bot. Gard. No. 88 (1964); — (2) No. 94 (1964); — (3) No. 100 (1964); — (4) J. Ind. Bot. Soc. **42**, 225—232 (1963). — NIEDERMAIER, K.: Comunic. Bot. (Bucur.) **2**, 129—133 (1963). — NIESCHALK, A., u. CH. NIESCHALK: Decheniana **117**, 151—152 (1964). — NISHIDA, M., and S. KURITA: J. Jap. Bot. **38**, 369—372 (1963). — NISHIDA, M., S. KURITA, and S. NIZEKI: J. Jap. Bot. **39**, 140—144 (1964).

PACLOVÁ, L.: Biológia **4**, 292—293 (1964). — PAL, N., and S. PAL: Bot. Gaz. **124**, 405—412 (1963). — PICHI-SERMOLLI, R.: (1) Webbia **17**, 299—315 (1963); — (2) **17**, 317—328 (1963); — (3) Bot. Not. **117**, 10—14 (1964). — PICHI-SERMOLLI, R., e V. CHIARINO-MASPES: Webbia **17**, 407—451 (1963).

Reed, C.: Bol. Soc. Brot. **36**, 2. sér. 73—94 (1962). — Reichling, L.: Bol. Soc. Brot. **37**, 2. sér. 35—43 (1963).

Schelpe, E.: J. South Afr. Bot. **30**, 177—200 (1964). — Schulze, G.: Bull. Soc. Sci. Corse **4**, 3—8 (1963). — Scora, R., and W. Wagner: Am. Fern J. **54**, 105—113 (1964). — Seto, K.: Bull. Osaka Mus. Nat. Hist. **17**, 33—86 (1964). — Sehnem, A.: Sellowia Nr. **15**, 9—37 (1963). — Shimura, Y.: J. Jap. Bot. **39**, 299—304 (1964). — Singh, T.: J. Ind. Bot. Soc. **42**, 475—544 (1963). — Slater, J.: Am. Fern J. **54**, 242—257 (1964). — Sonck, E.: Acta Bot. Fenn. **67**, 1—311 (1964). — Sorsa, P.: Ann. Bot. Fenn. **1**, 179—201 (1964). — Stricker, W.: Drudea **1**, 43—91 (1961).

Tagawa, M.: (1) J. Jap. Bot. **38**, 325—331 (1963); — (2) Sci. Rep. Tôh. Univ. **29**, 309—315 (1963). — Tardieu-Blot, M.: (1) Pollen et Spor. **5**, 337—353 (1963); — (2) Ptéridophytes. Flore du Gabon **8**, 1—228 (1964). — Tryon, A.: Am. J. Bot. **51**, 939—942 (1964). — Tryon, R.: (1) Rhodora **66**, 110—117 (1964); — (2) Contrib. Gray Herb. Harv. Univ. **194**, 1—253 (1964).

Vannerom, H.: Gorteria **2**, 48 (1964). — Vulterin, Z.: Drudea **2**, 5—10 (1962).

Wagner, W.: (1) Science **142**, 1483—1484 (1963); — (2) Castanea **28**, 113—150 (1963); — (3) Taxon **13**, 56—64 (1964); — (4) Am. Fern J. **54**, 177—188 (1964). — Walker, S., and A. Jermy: Brit. Fern Gaz. **9**, 137—140 (1964). — Webster, T., and T. Steeves: Phytomorph. **13**, 367—376 (1963). — Wieffering, J.: Blumea **12**, 321—337 (1964). — Wilson, K.: Am. Fern J. **54**, 68—70 (1964). — Wraber, T.: Biol. Vestnik (Ljublj.) **12**, 97—108 (1964).

6. Systematik und Evolution der Spermatophyta

Bericht über die Jahre 1963 und 1964

Von FRIEDRICH EHRENDORFER, Graz

1. Übersicht und Allgemeines

Wenn man die Literatur der Berichtsjahre überblickt und dabei vor allem auch die Ergebnisse des Internationalen Botanischen Kongresses in Edinburgh 1964 [BURTT (2)] und anderer Tagungen (z. B. Meeting Bot. Soc. America 1964, Boulder: Amer. J. Bot. **51**, 684–689), das große Lehr- und Handbuch der Angiospermen-Taxonomie von P. H. DAVIS u. HEYWOOD (S. 351) sowie Sammelwerke [etwa TURRILL (2); MAHESHWARI-Vol., J. Ind. Bot. Soc. **42** A, 1963] und Übersichtsreferate [z. B. von CONSTANCE (3); HEYWOOD (3); W. ROBYNS (2)] berücksichtigt, dann lassen sich recht bemerkenswerte neue Entwicklungen und Schwerpunktverschiebungen in der Systematik der Samenpflanzen erkennen: 1. Über die Grundlagen der Systematik, besonders über das Verhältnis zwischen phylogenetischer und phänetischer Klassifikation, ist eine heftige Diskussion in Gang gekommen (S. 349ff.). 2. Die vergleichende Phytochemie („Chemotaxonomy") und auch die Palynologie (u. a. mit elektronenmikroskopischen Methoden) gewinnen fortwährend an Bedeutung für die Systematik (S. 357 u. S. 373ff.). 3. Die Anwendung mathematisch-statistischer Methoden und elektronischer Rechenmaschinen zur Messung von Affinitätsbeziehungen („Numerical Taxonomy") und die Möglichkeiten der automatischen Datenverarbeitung rücken immer mehr in Griffweite des praktischen Systematikers (S. 376 u. S. 352). 4. Die kritische Berücksichtigung funktioneller und ökologischer Aspekte führt zu einem wesentlich vertieften Verständnis der stammesgeschichtlichen Formveränderungen (S. 369ff.). 5. Die experimentelle Evolutionsforschung treibt die Klärung einer immer größeren Zahl von Formenkreisen von verschiedenen Seiten her voran; eine darauf aufbauende vergleichende Betrachtung läßt charakteristische „Differenzierungsmuster" erkennen (S. 379). 6. Zahlreiche wichtige Florenwerke beginnen ihr Erscheinen, werden fortgesetzt oder abgeschlossen (S. 393ff.). – Der damit angedeutete, sehr erfreuliche Aufschwung der Systematik und Evolutionsforschung widerlegt die Ansicht BONNERs und anderer, wonach die wissenschaftliche Zukunft nur dem (von STEBBINS heiter karikierten) „molecular botanist" gehören könne [vgl. dazu SHETLER (2); C. E. SMITH; ZUCK].

Grundlagen der Systematik. Zu der früher allgemein verbreiteten Ansicht, daß nur das körperliche Band der Keimbahnen und damit die natürlichen Verwandtschaftszusammenhänge sowie die früher oder später divergierenden Stammbaumäste (insgesamt also die „cladistischen" Beziehungen) die Grundlage für ein natürliches, hierarchisches System der Organismen bilden können, haben sich in letzter Zeit fast nur mehr Zoologen ganz rückhaltlos bekannt [etwa SIMPSON (1); MAYR; vgl. dazu auch LUBISCHEW]. Von botanischer Seite wird nun vielfach auf Schwierigkeiten hingewiesen, die sich bei einer konsequenten Durchführung dieses Prinzips einer phylogenetischen Klassifikation sowohl im Bereich der höheren als auch der niedrigeren Kategorien ergeben. Aufgrund „patristischer", also auf gemeinsame Vorfahren zurückgehender Merkmale, ist die Schlußfolgerung „größere Merkmalsübereinstimmung → nähere Verwandtschaft" möglich. Es mehren sich aber die Hinweise auf unterschiedliche Evolutionsgeschwindigkeiten (bei verschiedenen Verwandtschaftsgruppen ebenso wie bei verschiedenen Merkmalen innerhalb einer Gruppe) und auf parallele oder konvergente Entwicklungslinien bzw. Entwicklungstendenzen, wodurch sich „homoplastische" Merkmalsübereinstimmungen ergeben. Dadurch erscheint die angeführte Schlußfolgerung auf Verwandtschaftsbeziehungen gestört [THORNE; WAGENITZ (2); CRONQUIST; SOKAL u. SNEATH] und auch die Definition von Monophylie und Polyphylie bzw. Homologie, Homoiologie und Analogie kann problematisch werden [ECKARDT (2); BOCK]. Das Mißtrauen gegen eine phylogenetische Systematik der höheren Kategorien wird weiter genährt durch die Vielzahl der sehr unterschiedlichen vorgeschlagenen Systeme (vgl. Fortschr. **25**, 81–84), durch die Veröffentlichung undiskutabler Stammbaumkonstruktionen [z. B. GREGUSS (2)] und durch den Nachweis subjektiver Arbeitsmethoden (so wurden z. B. unterschiedliche Blütenmerkmale eher bei Gruppen mit großen als bei solchen mit kleinen Blüten taxonomisch berücksichtigt: TUTIN).

Schwierigkeiten gibt es aber auch im Bereich der unteren taxonomischen Kategorien. Zwar versuchen etwa LÖVE [„biological concept" für Gattungen (2) und Arten (3, 4)] und LAMPRECHT [„interspezifische" Gene als Kennzeichen für „echte" Arten (2, 5)] noch immer, auf der Basis der Kreuzbarkeit allgemein gültige Kriterien für diese Taxa zu finden. Immer häufiger werden aber die Hinweise darauf, daß in der Natur völlig klar getrennte Arten im Experiment voll fertil miteinander kreuzbar sind und daß zwischen morphologisch nicht oder kaum unterscheidbaren und bisher unter einer Art zusammengefaßten Sippen Kreuzungsbarrieren bestehen (vgl. z. B. *Mimulus*: R. K. VICKERY; ROBERTS).

Auch die weit verbreiteten Fälle retikulater Evolution lassen verschiedene Gruppierungen zu. So gehört etwa nach GAJEWSKI (1) das in höheren Lagen der Tatra endemische *Delphinium oxysepalum* wegen seiner Kreuzbarkeit zu *D. elatum* tieferer Lagen, während der Monograph PAWŁOWSKI (2) aufgrund morphologischer Übereinstimmungen der Ansicht ist, es bilde zusammen mit alpinen und pyrenäischen Sippen eine Verwandtschaftsgruppe. *Brassica juncea* ($n = 18$) ist nach VAUGHAN, HEMINGWAY u. SCHOFIELD polyphyletisch aus *B. nigra* ($n = 8$) und verschiedenen Sippen der *B. campestris*-Gruppe ($n = 10$) entstanden.

Diese Schwierigkeiten phylogenetischer Klassifikationsversuche haben nun eine lautstarke Gruppe von Kritikern auf den Plan gerufen, die das Prinzip der „empirischen" bzw. „phänetischen" und „numerischen" Klassifikation propagieren [vgl. dazu besonders SOKAL u. SNEATH; SOKAL; SATTLER; GILMOUR u. WALTERS und die Beiträge in einem anregenden Symposium über dieses Thema: HEYWOOD u. MCNEILL (1, 2)].

Danach sollen aufgrund der gleichmäßigen ("unweighted") Bewertung möglichst vieler Differentialmerkmale (also "polythetic") mit mathematischen Methoden (vgl. S. **376**ff.) Ähnlichkeitskoeffizienten erstellt werden. Nach Ansicht der angeführten Autoren würde sich mit solchen klar definierten, wiederholbaren und objektiven Mitteln ein stabiles und „natürlicheres" System erreichen lassen. Diesen, im Bereich der Samenpflanzensystematik noch immer kaum praktisch erprobten Thesen begegnen nun ZIMMERMANN (1), MACKERRAS, SIMPSON (2), MEEUSE in HEYWOOD u. MCNEILL (2); ROLLINS (2) u. a. etwa durch folgende Zweifel und Hinweise: 1. Problematik einer „gleichmäßigen Merkmalsbewertung". (Sollte z. B. innerhalb der *Centrospermae* nicht das Merkmal „Betacyan" höher bewertet werden als etwa irgendeine bestimmte Blütenfarbe? Wären bei ± kontinuierlichen Formenreihen zwischen zwei Diploiden und ihrer Allotetraploiden nicht mit der Ploidiegrenze parallele Merkmale höher zu werten als darüber hinweggreifende?) 2. Fehlende Berücksichtigung von Merkmalstendenzen. 3. Fragliche „Stabilität" des angestrebten Systems. [Müßte z. B. nicht auch ein numerisches System der Erkenntnis Rechnung tragen, daß nicht alle Fälle von Polyandrie homolog sind, sondern daß sie teils primär, teils durch zentrifugale oder zentripetale Vermehrung entstanden sind (S. **355**)?] 4. Angebliche „Objektivität". [Auch bei einer phänetischen Klassifikation ist die Umschreibung der Taxa und die Klassifizierung ihrer Merkmale (vielfach ohne Möglichkeit einer Berücksichtigung von Koppelungserscheinungen!) subjektiv.] 5. Keine Berücksichtigung der inhärenten Unterschiede zwischen der Klassifikation lebender und unbelebter Materie. (Die vorgegebene Hierarchie der Stammbaumzusammenhänge läßt neben dem darauf aufbauenden „natürlichen" System keine anderen gleichwertigen Systeme der Organismen zu.)

Der Ref. möchte sich in dieser Auseinandersetzung einer Gruppe von vermittelnden und realistischen Stimmen anschließen [CONSTANCE (3); DAVIS u. HEYWOOD; PURI (2); D. J. ROGERS (2); Beiträge von BURTT u. a. sowie Diskussionen in HEYWOOD u. MCNEILL (2)], die etwa folgendes ausführen: Die Gegensätze zwischen den Methoden (qualifizierter) phylogenetischer und phänetisch-numerischer Taxonomie wurden vielfach aufgebauscht und die Möglichkeiten für eine mit numerischen Methoden mögliche Lösung aller systematischen Probleme stark überschätzt (vgl. dazu auch den „Blick in die Zukunft" bei SOKAL u. SNEATH, 279–280). Eine Klassifikation wird nicht nur dadurch besser, daß viel gemessen und womöglich mit elektronischen Computer-Maschinen gerechnet wird. Die Methoden einer realistisch-phylogenetischen Systematik wären allerdings kritisch zu überprüfen. Ausgangspunkt und Grundlage dafür müßten möglichst breite und, soweit der Aufwand dies rechtfertigt, auch statistisch-mathematische Merkmalsanalysen sein. Bei Vorliegen gewichtiger praktischer Argumente wäre ein Abrücken der Klassifikation von phylogenetischen Erkenntnissen durchaus möglich. Die Stabilität des Systems ist wichtiger als das Bestreben, jede phylogenetische Spekulation sofort in Form eines neuen Systems zu präsentieren. Auch bei der Gattungs- und Artsystematik kommen immer mehr Autoren zur Ansicht, daß die

Ergebnisse der experimentellen Evolutionsforschung für unser Wissen um die Stammesgeschichte zwar oft grundlegend sind, daß aber bei der Gruppierung und Benennung im Zweifelsfall praktische taxonomische Erwägungen Vorrang haben müssen [MANSFELD; MERXMÜLLER (1); EHRENDORFER (1); HEYWOOD (2); HEISER (2); H. LEWIS; PACKER (2); BENNETT]. Diese Grundsätze sind auch für die sich immer mehr einbürgernde Zusammenfassung von kritischen Kleinarten zu Aggregaten [HEYWOOD (1)] und für die vielseitige Verwendung der Kategorie Subspecies [J. G. HAWKES (2); vgl. aber auch KAPADIA) maßgebend.

Im Sinne der oben skizzierten realistischen Systematik (und im Gegensatz zu eher „idealistischen" Vorstellungen mancher Phylogenetiker und Numeriker) vermittelt das auf breitester Grundlage erstellte Lehr- und Handbuch "Principles of Angiosperm Taxonomy" von DAVIS u. HEYWOOD in ausgezeichneter Weise Überblick und Handwerkszeug für die praktische Arbeit. Es behandelt Geschichte der Taxonomie, Kategorien, Merkmalsanalyse, morphologische, anatomische, palynologische, embryologische, cytologische und phytochemische Kriterien, die Beziehung zwischen Phänotyp und Genotyp, Populationsgenetik, Hybridisierung, Anpassungen, Evolution usw.

Abstammung und Gliederung der Angiospermen. Im Vergleich zu den vergangenen Berichtsjahren ist hier eine gewisse Beruhigung eingetreten. Während MEEUSE (2) einen Ursprung von sehr verschiedenen Gymnospermen annimmt, mehren sich die Stimmen, die eine Entstehung von einer oder doch von verwandtschaftlich enger zusammengehörigen Gruppen der Pteridospermen vorschlagen; konkrete Befunde zu diesem Problem fehlen noch immer. – Wichtig ist vor allem die Herausgabe des 2. Bandes des völlig neugestalteten und stark erweiterten Englerschen Syllabus der Pflanzenfamilien durch MELCHIOR u. Mitarb. Die wichtigsten Änderungen gegenüber den früheren Auflagen betreffen die Voranstellung der *Dicotyledonae*, den engeren Anschluß der *Cactales* an die *Centrospermae* sowie der *Piperales*, *Aristolochiales* und *Guttiferales* an die *Polycarpicae*-Reihen, die Abspaltung der *Rutales* von den *Geraniales* und der *Celastrales* von den *Sapindales*, die Aufteilung der *Parietales* in *Guttiferales* und *Violales* (mit anschließenden *Cucurbitales*), die Überstellung der *Rubiaceae* zu den *Gentianales* (ehemals *Contortae*) und die Neufassung der übrigen *Rubiales* als *Dipsacales*, die Voranstellung der *Helobiae* und *Liliiflorae* bei den *Monocotyledonae*, die Neugruppierung der „*Farinosae*" (u. a. mit *Commelinales* und *Bromeliales*) sowie die Aufgliederung der „*Glumiflorae*" in *Cyperales* und *Graminales*. Leider konnte man sich noch nicht dazu entschließen, die Monochlamydeen hinter die *Polycarpicae* zu stellen und eine vereinheitlichte Familienbenennung (mit Endungen auf „*-aceae*") durchzuführen. Im übrigen ist den neuesten Erkenntnissen weitgehend Rechnung getragen worden, so daß ein hervorragendes Handbuch zustande kam. ECKARDT (3) legt ein schönes Verwandtschaftsbild der Angiospermen vor, in dem die Artenzahl der Reihen und die Organisationsstufen der Blüten berücksichtigt sind. In unverwüstlichem Optimismus hat HUTCHINSON (2) begonnen, den ersten Band einer Serie "The Genera of Flowering Plants (Angiospermae)" herauszugeben, in dem sehr ausführlich die ersten 7 der von ihm unterschiedenen 111 Ordnungen nach dem Muster von BENTHAM und HOOKERs "Genera Plantarum" besprochen und dabei auch phylogenetische Fragen berührt werden (*Dicotyledonae, Lignosae*: *Magnoliales* bis *Leguminosales*). Für die Gliederung der Dicotyledonen sind vor allem die Untersuchungen von LEINS (3) am Androeceum wichtig (vgl. S. 355). HUBER (1) will aufgrund einer sehr vielseitigen Merkmalsanalyse die bisher üblichen „*Rosales*" auflösen in *Saxifragales, Hamamelidales, Rosales* s. str. und *Leguminosae*; isoliert sind *Connaraceae, Cunoniaceae* und *Pittosporaceae*; enge Beziehungen bestehen zu *Haloragidales, Ericales* und *Cornales*; letztere Ordnung wird völlig neu gefaßt: *Philadelphaceae, Escalloniaceae, Styracaceae, Symplocaceae, Diapensiaceae, Aquifoliaceae* und *Cornaceae*. – TAKHTAJAN beschert uns eine neue Garnitur von Namen für die (Sub)Phyla der „*Telomobionta*".

Dokumentation und Nomenklatur. Angesichts der kaum mehr überschaubaren Akkumulation von Wissensgut erweisen sich moderne Methoden der Datensammlung und -verarbeitung auch für verschiedene Aspekte der botanisch-taxonomischen Arbeit als höchst wichtig. Über einschlägige Symposien wird in Taxon 12, 177—199 und 299 (1963) berichtet, allgemeine Fragen behandelt SANTIAGO. HAMANN (1, 3) erläutert die Verwendung von Hand- und Sichtlochkarten für die Merkmalserfassung. Hinweise für die Erstellung von Bestimmungsschlüsseln finden sich bei SCHEELE, OSBORNE (1, 2) u. LITTLE. PERRING, weiters SOPER sowie EHRENDORFER u. HAMANN diskutieren Möglichkeiten für eine Automatisierung der Arealkartierung. S. W. GOULD (1, 2) hat durch die Herausgabe eines Index der botanischen Familiennamen mittels Lochkartenverfahren wesentliche Pionierarbeit geleistet. Daß dem Projekt noch Kinderkrankheiten anhaften [WALTERS (2)] dürfte seine Verdammung (WOOD, COWAN u. BUCHHEIM) wohl kaum rechtfertigen. Die Möglichkeiten für eine Erweiterung dieses Systems bis herunter zur Species-Kategorie bespricht WALTERS (3).

Sehr bemerkenswert erscheint eine Empfehlung des Botanischen Kongresses, Edinburgh 1964, hinsichtlich einer ausreichenden Dokumentation aller botanischen Untersuchungen durch Herbarbelege in anerkannten Herbarien (Taxon 13, 282—284, 1964). Für experimentelle Arbeiten ist das steigende Angebot einwandfreien Samenmaterials von Wildformen durch botanische Gärten höchst bedeutungsvoll [vgl. HOWARD et al. sowie Taxon 13, 90—95 (1964)].

Bei der Nomenklatur ist es leider noch immer nicht zu einem Schutz althergebrachter Artnamen gekommen (STAFLEU). Sollten einige „Nur-Nomenklatoren" vielleicht um ihr Betätigungsfeld (Aufstöbern noch älterer Namen) besorgt sein? Für alle Fälle werden jedenfalls jetzt schon nomenklatorische Fragen extraterrestrischer Taxa diskutiert [Taxon 12, 282—283 (1963)]. Für Autoren, die möglichst viele neue Namen und Kombinationen schaffen wollen, gibt es aber auch auf der Erde noch ein unerschöpfliches Betätigungsfeld [vgl. z. B. Soó (1)].

2. Morphologie und Anatomie

Die angesichts der neueren Methoden heute öfters übersehene grundlegende Bedeutung profunder **morphologischer Studien** als Voraussetzung für jede Systematik wird in Übersichtsreferaten von P. MAHESHWARI (1) sowie MARKGRAF (2) herausgestellt. G. M. SCHULZE beschäftigt sich mit dem leidigen Problem einer Normierung der botanischen Terminologie. Die in ihren Grundzügen heute fast allgemein anerkannte Telomtheorie wird von W. N. STEWART diskutiert und von ZIMMERMANN (4) im ersten Band einer Reihe über Fortschritte der Evolutionsforschung ausführlich dargelegt. Dabei werden unter anderem auch kritische Punkte, wie die Anwendbarkeit im Hinblick auf Blattnervatur, Unifazialität, Staub- und Fruchtblatt-Morphologie berührt. Die in der Systematik bisher viel zu wenig berücksichtigten vegetativen Merkmale (OGURA) sind besonders in artenreichen feucht-tropischen Florengebieten von großer diagnostischer Bedeutung (vgl. LINDEMANN u. MENNEGA sowie KOCHUMMEN, S. 397, 395).

CSAPODY bespricht einen Bestimmungsschlüssel für Keimlinge und die Auswertung von Keimlingsmerkmalen für systematische und phylogenetische Fragen. Einzelbeispiele geben DE LAUBENFELS (Polykotyledonie bei Coniferen angeblich ursprünglich), KORCZAGINA (gelappte Blätter bei *Betulaceae* primitiv) und HOTTA (fortschreitende Blatteilung bei *Arisaema*). Die Fälle von abruptem Wechsel zwischen stark verschiedenen Jugend- und Reifestadien bei dikotylen Holzpflanzen mehren sich: *Cunoniaceae, Vesselowskya serratifolia* Jugendform von *Geissois pruinosa* (GUILLAUMIN u. HAMEL) und zahlreiche Beispiele aus Neuseeland (PHILIPSON). Bei den *Rubiaceae-Gardenieae* ist die Sproßverzweigung systematisch bedeutungsvoll [PETIT (3)]. Das Vorkommen von Nebenblättern spricht für die Zugehörigkeit der bisher vielfach zu den *Thymelaeales* gestellten *Geissolomataceae, Penaeaceae* und *Oliniaceae* zu den *Myrtales* und der Gattung *Heteropyxis* zu den *Myrtaceae* [WEBERLING (1)].

Vielfach diskutiert wird in letzter Zeit die auch für taxonomische Fragen oft wichtige Morphologie der Infloreszenzen. TROLL (im ersten Band einer umfangreichen Darstellung) und WEBERLING (2) verfolgen besonders typologische Gesichtspunkte und erläutern die taxonomische Wertigkeit durch viele Beispiele: polytele *Scrophulariaceae* (mit *Dermatobotrys*) und monotele *Solanaceae* (mit *Cestreae* und *Salpiglossideae*), *Corchoropsis* zu den *Sterculiaceae* und nicht zu den polytelen *Tiliaceae* usw. Dazu nimmt ZIMMERMANN (3) kritisch Stellung; er und STAUFFER entwickeln Ansätze zu einer Merkmalsphylogenie der Spermatophyten-Inflorescenz: cymös bzw. monotel → racemös bzw. polytel usw. Von großer Bedeutung für die Systematik der *Fagaceae* ist die morphologische Interpretation ihrer weiblichen Inflorescenzen und Cupulen: offenbar ursprünglich sind stärker dichasial verzweigte Fruchtstände mit mehrteiliger Cupula (z. B. bei *Chrysolepis* und der neuen Gattung *Trigonobalanus*); daraus sind anscheinend mehrfach parallel *Quercus*-artige Typen mit Einzelfrüchten und einheitlicher Cupula entstanden [HJELMQUIST (1); FORMAN (1, 2); BRETT].

Der Calyculus der *Loranthaceae* deutet auf Reduktion von Inflorescenzen proteaceen-artiger Verfahren (C. V. RAO); ähnliche Reduktionserscheinungen schildert WATSON (2) für die *Ericales*. MARKGRAF (1) gibt eine neue Interpretation der umstrittenen Inflorescenz von *Davidia (Davidiaceae* mit *Actinidiaceae* verwandt?*)*. FROEBE erörtert die mannigfachen Reduktionserscheinungen im Inflorescenzbereich der *Apiaceae-Saniculoideae*. PAYNE (1) schildert die mit einer Umstellung von Entomogamie zur Anemogamie parallele Spezialisierung der Inflorescenzen bei den *Asteraceae-Ambrosieae*.

Hinsichtlich der Bewertung der Sporangienträger bei den Spermatophyten stehen sich nach wie vor „stachyspore“ und „phyllospore“ Theorien einigermaßen unversöhnlich gegenüber. Die für die *Coniferophytina* ziemlich generell anerkannte Stachysporie wird aufgrund schöner Neufunde weiblicher Zapfen von *Pseudovoltzia liebeana* (Zechstein) von SCHWEITZER neuerlich in Frage gestellt: Während die Samenschuppe

(„Fruchtschuppe") nach FLORIN durch Verschmelzung von getrennten fertilen (im wesentlichen nur einzelne Samenanlagen) und vegetativen Schuppen entstanden ist, schlägt SCHWEITZER eine Interpretation vor, nach der es sich um das Fusionsprodukt mehrerer lycopsidenartiger, gegabelter Sporophylle mit vegetativen Abschnitten und je einer Samenanlage handelt. Für die Angiospermen ergänzt MELVILLE seine „Gonophylltheorie", die auf der Vorstellung von Tragblatt und achselständigem Sporangienträger fußt (vgl. Fortschritte **23**, 66; **25**, 83); er behandelt nunmehr das Androeceum (1) und gibt eine Zusammenfassung (2). Ähnlichen Gedankengängen folgt auch MEEUSE, wenn er zwar den weiblichen Strobilus der meisten *Cycadales* als Sporophyllstand akzeptiert, das weibliche Sporophyll von *Cycas* aber als Verschmelzungsprodukt von Tragblatt und Strobilus und damit als „pseudophyllospor" interpretiert [MEEUSE (1)]. Diesem Schema sollen auch viele Angiospermen folgen, wobei die eindeutig foliaren Karpelle etwa der *Polycarpicae* als Ergebnis einer entwicklungsgeschichtlich stärker foliaren Determination gedeutet werden [MEEUSE (3)]. Demgegenüber wird für die Fruchtknoten von *Engelhardia* u. a. *Juglandales* sowie *Urticales, Piperales, Cyperales, Pandanales* usw. (ebenso wie für echte Arillusbildungen bei anderen Angiospermen) eine Entstehung aus der Cupula der Pteridospermen bzw. der Chlamys der *Gnetales* postuliert (MEEUSE u. HOUTHUESEN). Nach dieser Auffassung wären also die Fruchtknoten der Angiospermen untereinander nicht homolog [vgl. dazu auch S. 351 u. MEEUSE (4, 6)]. PURI (3), CORNER (4) und auch MARKGRAF (2) machen sich demgegenüber zu entschiedenen Sprechern für die klassische „phyllospore" Interpretation der Samenanlagenträger der Angiospermen. SWAMY u. PERIASAMY erläutern dazu ihre Vorstellungen vom conduplikativen Karpell. Gewisse Schwierigkeiten der klassischen Karpelltheorie versuchen ZIMMERMANN (4) sowie VOELTER u. WEBER mit Hilfe der Telomtheorie zu überwinden. Auch die Zentralplacenta von *Cerastium* steht nach den histogenetischen Untersuchungen von ROTH im Zusammenhang mit den Fruchtblättern. Die erstaunlich ähnlichen schlauchförmigen bzw. diplophyllen Frucht- und Staubblätter der primitiven *Winteraceae Pseudowintera* (SAMPSON; BHANDARI) und Vergrünungsphänomene bei Cruciferen-Staubblättern (GUYOT u. DUPUY) scheinen die von LEINFELLNER vertretene Auffassung von der morphologischen Wertigkeit dieser Organe zu stützen. Damit ergeben sich nach Ansicht des Ref. bemerkenswerte Beziehungen zu den becherförmigen Trägern von Samenanlagen und Mikrosporangiengruppen bei den Pteridospermen, deren Kenntnis in letzter Zeit wesentlich vermehrt wurde (ANDREWS; CAMP u. HUBBARD; A. G. LONG; D. L. SMITH). Bei den Sporangienträgern dieser frühen Spermatophyta ist eine klare morphologische Differenzierung in „axial" und „foliar" offenbar noch nicht vollzogen gewesen. Sollte dies nicht auch bei der morphologischen Interpretation der entsprechenden Organe bei den Angiospermen zu denken geben?

Der Bedeutung von Blütenmorphologie und -anatomie für die Systematik der Angiospermen sind die beiden folgenden Referate gewidmet:

PURI (1) weist darauf hin, daß das Leitbündelsystem nur mit Vorsicht für morphologische und systematische Schlußfolgerungen herangezogen werden kann und ECKARDT (4) bespricht interessante neue Beiträge: Mannigfaltigkeit des Perianths der *Polycarpicae*, „falsche" Obdiplostemonie bei verschiedenen dialypetalen Familien, Phyllosporie und Euanthien bei *Juncaginaceae* und *Potamogetonaceae*, *Poaceae* ursprünglich wohl P 3 + 3 A 3 + 3 G (3) usw. Besonders wichtig erscheinen neuere Arbeiten über die Entwicklungsgeschichte des Androeceums, aus denen das Fehlen echter Obdiplostemonie [etwa bei den *Ericales*: LEINS (1)] und die Bedeutung der sekundären Vermehrung cyclischer Staubblattanlagen bei abgeleiteten Angiospermengruppen im Gegensatz zur ursprünglichen und schraubigen Polyandrie der *Polycarpicae* hervorgeht. Dabei erfolgt das Dedoublement beim Rosifloren-Ast auf der Ventralseite der Anlagen und schreitet zentripetal fort, während es sich beim Guttiferen-Ast um zentrifugales Dedoublement handelt [LEINS (3)]; Beispiele: *Hypericum* [LEINS (2)] und die sicher nicht zu den *Ranunculales* sondern zu den *Dilleniales* gehörige Gattung *Paeonia* (HIEPKO). – Aus reduzierten Staubblättern ist offenbar der Diskusring bei *Alisma* entstanden (DAUMAN). Bei den Nektarien der *Zingiberaceae* handelt es sich dagegen angeblich um Karpellauswüchse (V. S. RAO).

Als weitere Beispiele für blütenmorphologische Beiträge mit systematischer Bedeutung seien angeführt: Das Perigon der *Liliaceae* ist staminaler Herkunft [LEINFELLNER (1)]; *Bruniaceae* teilweise mit kongenital verwachsenen alternierenden Staub- und Kronblättern: „Pseudosympetalie", auch sonst große Vielfalt und fortschreitende Komplikation der schlauchförmigen bzw. diplophyllen Kronblätter [LEINFELLNER (2, 3)]; *Molluginaceae* ursprünglich mit schraubigen Tepalen und 3 Staubblattkreisen, *Glinus* scheint zu den *Aizoaceae* zu vermitteln [H. P. SHARMA (1)]; Entwicklungsrichtungen im Blütenbau der *Cactaceae* [BUXBAUM (5)], ihr unterständiger Fruchtknoten entsteht durch Absenkung der Karpell-Ventralseite (BOKE); Karpell von *Drimys* mit 3 Bündeln (S. C. TUCKER u. GIFFORD); Fruchtknoten von *Nelumbo* mit sehr komplexer Bündelversorgung der in ein Hypanthium eingesenkten Karpelle (LEEUWEN); bei den *Rosaceae* spricht der Fruchtknotenbau für eine Sonderstellung von *Prinsepia: Prinsepioideae* und *Osmaronia: Osmaronieae*, während *Maddenia* und *Pygeum* zu den *Prunoideae* gehören, Entwicklungstendenzen bei *Prunus* und den *Pomoideae* [STERLING (1—4)]; Blütenbau der *Apocynaceae* (V. S. RAO u. GANGULI); Fruchtknotenbau und Diskus bei den *Lamiaceae*, *Ajuga* den *Verbenaceae* besonders nahestehend (GUÉDÈS); pseudomonomere Fruchtknoten bei *Berberidaceae* (KAUTE), *Garryaceae* [Affinitäten zu *Cornaceae*: EYDE (2)], *Cornaceae* (*Griselinia* und *Aucuba* verwandt, Hinweise auf die Familiengliederung: KUBITZKI) und *Poaceae* (CHANDRA).

Eine sehr gute Einführung in die vergleichende **Anatomie** der höheren Pflanzen mit vielen Beispielen für eine taxonomische Auswertung legt CARLQUIST (1) vor. CORTESI ist der Herausgeber eines einschlägigen Sammelwerkes; allgemeine Grundlagen diskutiert METCALFE. Radiographische Methoden dürften sich nach NITZELIUS vor allem auch bei der Analyse von Herbarmaterial empfehlen. Interessante anatomisch-systematische Monographien liefern STANT für die *Alismataceae* (Hinweise auf Affinitäten zu *Butomaceae*, aber kaum zu krautigen *Ranunculaceae*), TOMLINSON für die *Liliaceae Aphyllanthes* (keine Ähnlichkeit mit *Eriocaulaceae*, eher mit *Xanthorrhoeaceae*), CARLQUIST (3) für die monotypischen *Lactoridaceae* (Stellung am besten in der Nähe von *Monimiaceae*,

Chloranthaceae, *Lauraceae* und *Gomortegaceae* im Rahmen der *Annonales*) sowie die aberrante Composite *Fitchia* (CARLQUIST u. GRANT) und schließlich A. C. SMITH u. AYENSU für *Calyptosepalum* (nicht zu den *Santalaceae* bzw. *Celastrales* sondern zu *Drypetes* in den *Euphorbiaceae*).

Mit anatomischen Methoden lassen sich auch Hybriden erfassen; Beispiele dafür liefern PRYOR u. DADSWELL für *Eucalyptus* (Holzanatomie), WEBB u. CARLQUIST für *Salvia* (Blattanatomie) und HILLSON für *Mentha* (Blütenanatomie). Auch den Feinstrukturen von Zellbestandteilen könnte in Zukunft größere systematische Bedeutung zukommen: BROWN u. JOHNSON untersuchen den unterschiedlichen Chloroplastenbau bei niederen und höheren Pflanzen, aber auch innerhalb der *Poaceae* mit dem Elektronenmikroskop. TATEOKA (1) referiert über Stärkekörner und ihre Verwendung in der Systematik der *Poaceae*.

Das primäre Leitbündelsystem der Dicotyledonen läßt sich nach PHILIPSON u. BALFOUR in einen allgemein verbreiteten parastichen Typ, in einen uni- bzw. trilakunären *Clerodendron*-Typ und weiter in *Casuarinaceae*-, *Calycanthaceae*- und den aberranten *Piperaceae*-Typ gliedern. Dabei ist zu berücksichtigen, daß unilakunäre Stammknoten bei Spermatophyten offenbar viel häufiger sind, als ursprünglich angenommen wurde [PANT u. MEHRA (3)]. EZELARAB u. DORMER zeigen, daß die *Ranunculaceae* im Hinblick auf die Nodienanatomie recht variabel sind, daß *Paeonia* aber deutlich abseits steht. Für das Sekundär-Holz der Samenpflanzen hat BRAUN (1, 2) Organisationsstufen und Typen mit fortschreitender Zelldifferenzierung und -spezialisierung aufgestellt, die bei systematischen Arbeiten an Holzgruppen sehr zu beachten wären. Als abschreckendes Beispiel unzureichender Berücksichtigung paralleler und konvergenter Entwicklungen seien hier auch die einseitigen phylogenetischen Spekulationen von GREGUSS (1) genannt, der das Pflanzenreich von den Algen bis zu den Angiospermen in 3 parallele Entwicklungsreihen zerlegen will.

Trotz der Variabilität der Holzstrukturen, die K. A. CHOWDHURY für tropische Gruppen herausstellt, ergeben sich daraus doch immer wieder wertvolle systematische Hinweise: *Corylus* besser doch nicht als eigene Familie (KASAPLIGIL); anatomische Unterscheidbarkeit von *Pereskiopsis* und verwandten Gattungen der *Cactaceae* [BAILEY (1)]; Selbständigkeit und Gliederung der *Capparaceae* (STERN, BRIZICKY u. TAMOLANG); *Cochlospermaceae* offenbar verwandt mit *Bixaceae* und *Flacourtiaceae* (KEATING); Gliederung der *Dipterocarpaceae* (GOTTWALD u. PARAMEWARAN) und der *Passifloraceae* mit der hierher und nicht zu den *Flacourtiaceae* gehörigen *Paropsia* (AYENSU u. STERN); *Asteraceae-Vernonieae* mit relativ primitiven Merkmalen [CARLQUIST (4)]; Tribus *Aristeae* der *Iridaceae* relativ ursprünglich (CHEADLE). — WHITMORE setzt seine Studien über die Borkenanatomie fort.

Taxonomisch wichtige Merkmale liefert auch die Anatomie der Blattstiele (HOWARD), was etwa für die Gattungen der *Ranunculaceae* [TAMURA (2)] und sogar für Arten der Gattung *Quercus* (GEORGESCU u. CIOBANU) belegt wird. Bei den *Ericaceae* scheint die Blattanatomie wichtige Hinweise auf die Verwandtschaft und ökologische Differenzierung zu geben (LEMS: *Andromedeae;* WATSON (1, 3): wesentliche Veränderung gegenüber dem bisherigen System von DRUDE: *Cassiope* und *Calluna* verwandt, Umfang der *Rhododendroideae* eingeschränkt, *Vaccinioideae* heterogen (einschließlich *Gaultheria!*) und sicher keine eigene Familie usw. ANANDA RAO u. DAKSHINI bearbeiten die Sklereiden im Blatt von *Memecylon* (*Melastomataceae*). Besonders wichtig ist nach wie vor die Anatomie der Blätter (aber auch der Ligulen, Spelzen und Embryonen) für die Systematik der Gräser: DECKER (2) veröffentlicht eine eingehende Bearbeitung der *Festuceae*, von denen 135 Gattungen auf die Gruppen der *Bambusoideae*, *Festucoideae*, *Centrothecoideae*, *Arundoideae* und *Eragrostoideae* aufgeteilt werden; innerhalb der Eragrostoideen hebt er die neue ectrosioide

Gruppe heraus [DECKER (1)]; *Ampelodesmos* wird in die Nähe von *Stipa* und zwischen die *Festucoideae* und *Arundoideae* gestellt [DECKER (3)]. Zahlreiche Beiträge liefert TATEOKA: *Erharta* bildet mit verwandten Gattungen eine natürliche, eher zu den *Arundinoideae* gehörige Gruppe (5); *Arthropogon* und die dazugehörige *Achlaena* gehören zu den *Panicoideae* (4); *Dielsichloa* ist eine primitive Gattung der *Festucoideae* (7); *Amphibromus* erscheint verwandt mit *Helictotrichon* und anderen *Aveneae* (6).

CHATTERJI u. RAIZADA besprechen die Bestimmung von *Bambuseae* nach vegetativen Merkmalen. Kritische Revisionen unter besonderer Berücksichtigung der Anatomie geben TÜRPE für *Deyeuxia*, Y. N. LEE (1—4) für *Miscanthus* und HSU (1) für *Panicum* (Formosa). Ähnliche Untersuchungsmethoden werden auch für *Carex* angewandt (JALAS u. HIRVELÄ für *C. elata* und Verwandte).

Mehr Berücksichtigung als bisher sollte auch die Blattnervatur finden. Untersuchungen liegen vor für *Welwitschia* (RODIN), für die isolierte, wohl Familienrang verdienende *Ranales*-Gattung *Circaeaster* mit offen-dichotomer Nervatur (FOSTER) und für die Mimosaceen-Gattung *Anadenanthera* (ALTSCHUL). Auch die Kronblattnervatur hat systematische Bedeutung: ARNOTT u. TUCKER für *Ranunculus* und CHRTEK für die *Rosales* s. l. (*Byblidaceae* isoliert).

Bei der Entwicklung der Spaltöffnungen und ihrer Nebenzellen dürfte doch größere Variabilität bestehen, als bisher angenommen wurde [BAILEY (2) für *Cactaceae*, PALIWAL u. BHANDARI für *Magnoliaceae*]. Außerdem muß die Entwicklungsgeschichte verfolgt werden, da haplocheile Stomata im herangewachsenem Zustand syndetocheil aussehen können (*Schisandra:* JALAN). Spezielle Untersuchungen liegen vor für *Ginkgo* und die *Cycadales* [Stomata haplocheil, bei *Cycas* Nebenzellen ringförmig angeordnet: PANT u. MEHRA (2); PANT u. NAUTIYAL], *Pinus* (Systematik chinesischer Arten: KWEI u. LEE), *Solanaceae* [Stomata, Cuticula und Haare; Hinweise auf Familiengliederung: AHMAD (1, 2)], *Acanthaceae* [Stomata syndetocheil: PANT u. MEHRA (1)] und die *Centrolepidaceae* [entgegen früheren Mitteilungen keine Besonderheiten: HAMANN (2)]. Auch die Analyse der Trichome (und Emergenzen) ist für die Systematik immer wieder wichtig: *Gossypium* [FRYXELL (2)], *Melastomataceae* [WINKLER (1) für *Miconia* und *Medinilla;* FEISSLY für *Osbeckieae*], *Asteraceae* und *Cichoriaceae* (35 Haartypen und ihre Verteilung: RAMAYYA) und *Poaceae* (Kennzeichnung der *Pappophoreae:* D. R. M. STEWART).

HARTL findet im „Placentoid" der Pollensäcke ein schönes Merkmal für die *Tubiflorae*, das im wesentlichen nur bei der Verwandtschaftsgruppe *Polemoniaceae*, *Hydrophyllaceae* und *Boraginaceae* zu fehlen scheint. SMIRNOVA bespricht eine morphologisch-anatomische Einteilung der Samen bei den *Monocotyledonae*. Von systematischer Bedeutung erweist sich ferner die Samenschale bei den *Nymphaeaceae* (MELIKIAN) sowie die Anatomie des Wurzelscheitels bei *Casuarina*, (im Gegensatz zum coniferen-ähnlichen Sproßscheitel durchaus dicotyledonenartig: PANKOW u. GUTTENBERG), bei *Cassia* (HAYAT u. HEIMSCH) und bei den *Scitamineae* (PILLAI).

3. Palynologie und Embryologie

Die ständig zunehmende Bedeutung der **Palynologie** für die Systematik wird aus mehreren Übersichtsreferaten ersichtlich, wobei den Fragen der Typologie und Klassifikation des Pollens sowie der Sporodermstratifizierung und dem LO-Muster besondere Aufmerksamkeit gewidmet wird. ERDTMAN (1, 2) bringt darüber hinaus wertvolle spezielle Hinweise: *Canellaceae* und *Calycanthaceae* eher zu *Magnoliales*, Ähnlichkeiten zwischen *Betulaceae* und *Casuarinaceae*, *Linaceae* und *Plumbaginaceae*, *Restionaceae* und *Poaceae*, *Zelkova* eher zu *Ulmoideae* als zu *Celtioideae* usw. VISHNU-MITTRE (2) berichtet über Merkmalsphylogenie der Angiospermen-Pollen sowie steno- u. eurypalyne-Gruppen, während STRAKA (6) außer einem historischen Überblick auch schöne Hinweise über die Phylogenie der *Pedaliaceae* vorlegt. Erwähnenswert sind ferner kritische Hinweise auf die Stellung diverser „genera incertae sedis" von ERDTMAN u. METCALFE (*Kania* nicht zu *Saxifragaceae* sondern zu *Myrtaceae*,

Tristania nicht zu *Lythraceae* sondern zu *Myrtaceae, Berenice* nicht zu *Saxifragaceae* sondern zu *Campanulaceae*), ein Lehrbuch der Palynologie [ERDTMAN (3)] sowie verschiedene, in Lieferungen erscheinende „Pollenfloren": Skandinavien (ERDTMAN u. PRAGLOWSKI), tropisches Asien (GUINET), Indien [P. K. K. NAIR (1, 2); P. K. K. NAIR u. SHARMA; P. K. K. NAIR u. REHMANN (1, 2)] und Madagaskar [STRAKA (3, 4); mit neuester Übersicht der Terminologie]. Vermehrtes Augenmerk wird in letzter Zeit auch den elektronenmikroskopisch faßbaren Details der Pollenstruktur gewidmet: UENO [(1, 2) „*Polycarpicae*"und „*Amentiferae*"; (2) *Casuarina* abgeleitet, aber von *Betulaceae, Myricaceae* usw. abweichend], STONE et al. (JUGLANS und *Carya* sehr ähnlich, Beziehungen zu *Betulaceae*) und SKVARLA u. LARSON (*Ambrosieae* von *Heliantheae-Melampodinae* abzuleiten).

Vielfach wird die Frage der Merkmalsphylogenie der Pollenformen diskutiert: So gibt S. K. SRIVASTAVA Hinweise auf die Entstehung der sakkaten Coniferenpollen; STRAKA (1) sowie T. K. WILSON fassen die Variabilität der Pollenformen bei der Winteracee *Bubbia perrieri* bzw. bei den *Canellaceae* als Bestätigung der Entwicklungsreihe anacolpat (= monosulcat) → trichotomocolpat bzw. trichotomosulcat → tricolpat auf. Aufgrund des Nebeneinandervorkommens von mono- und tricolpaten Pollen bei den *Proteaceae* vertritt GARSIDE die Ansicht, daß entsprechende Differenzierungen wohl teilweise polyphyletisch sind. Während pantoporater Pollen und solcher mit verstärkter Exineskulpturierung im allgemeinen als abgeleitet betrachtet wird [TSUKADA (2); H. P. SHARMA (2); PRESTING u. a.], sind P. K. K. NAIR u. REHMAN (2) für die *Convolvulaceae* gerade entgegengesetzter Meinung.

Für die immer häufigere taxonomische Verwendung von Pollenmerkmalen sollten so gut dokumentierte Arbeiten wie die von TSUKADA (1) über die *Caesalpinieae* beispielhaft sein. Vielversprechend sind auch Ansätze zur parallelen Erfassung fossiler und rezenter Pollen [TSUKADA (3) für die *Bombacaceae*]. Spezielle Beiträge betreffen im Familienrahmen etwa folgende Gruppen: *Portulacaceae* und verwandte Familien [starke Variabilität der Pollenformen und parallele Entwicklungslinien: H. P. SHARMA (2)], *Hectorellaceae* [Selbständigkeit innerhalb der *Centrospermae* gestützt: CRANWELL (1)], *Cactaceae* (Entwicklungslinien und Pollenformen: TSUKADA (2)], „*Polycarpicae*" [*Ceratophyllum* herausfallend: MITROIU (2); *Eupomatiaceae* ähnlich *Calycanthaceae, Myristicaceae* ähnlich *Annonaceae*, Gliederung der letzteren: CANRIGHT (1, 2)], *Ranunculaceae (Paeoniaceae* stark abweichend, Familiengliederung: VISHNU-MITTRE u. SHARMA; TARNAVSCHI u. MITROIU), *Nymphaeaceae (Barclaya* und *Nelumbium* besser als eigene Familien, „Pollenstammbaum": MEYER), *Hamamelidaceae (Altingia* und *Liquidambar* besser als eigene Familien, Ähnlichkeiten eher mit *Platanaceae, Trochodendraceae, Cercidiphyllaceae, Rosales* und *Ranales* als mit „*Amentiferae*": CHANG TSIN-TAN*)*, *Sarcolaenaceae* [relative Ähnlichkeiten mit *Tiliaceae*, fortschreitende Komplikation der Polleninnenwände: CARLQUIST (2), Ähnlichkeiten mit *Theales*, merkmalsphylogenetische Zusammenhänge zwischen den 8 madagassischen Gattungen: STRAKA (2, 5)], *Flacourtiaceae (Tisonia, Casearia* und *Sabouraea* aberrant: RETHORÉ), *Passifloraceae* (Ableitung von *Flacourtiaceae*, Parallelen zwischen Pollendifferenzierung und Systematik: PRESTING), *Cucurbitaceae* (schöne Synthese zwischen Pollenmerkmalen und neuer systematischer Anordnung: MARTICORENA; JEFFREY; ALIOSHINA), *Apiaceae (Hydrocotyloideae* sehr distinkt, Gliederung: TING et al. Neuumschreibung der *Tordylineae:* CERCEAU-LARRIVAL), *Lamiaceae* (Primitivität der *Ajugoideae* und *Prostantheroideae*; *Stachydeae* uneinheitlich: BORZOBA), *Asteraceae (Cynareae, Carduinae* und *Cirsium*, Pollenschlüssel teilweise bis zu den Arten: STEPA). Pollenanalysen führen heute schon vielfach bis in den Speciesbereich - so z. B. bei *Quercus* (Spoel-Walvius), *Anemone* (Entwicklungslinien des Pollens: Si u. Tschan), *Medicago* [K. u. I. Lesins (2)], *Linum* (Xavier u. Rogers), *Acer* (Pollenschlüssel: Helmich), *Collomia* (Loeblich), *Salvia* sect. *Audibertia* (Pollenschlüssel: Emboden) und *Iris* (Aufgliederung der Gattung, Abspaltung von gen. nov. *Siphostylis*, auch *Xiphium* und *Juno* besser eigene Gattungen: W. Schulze). In einzelnen Fällen ergibt sich sogar eine intraspezifische geographische Differenzierung der Pollenstruktur, etwa bei borealen und alpinkarpatischen Populationen von *Picea excelsa* (Dyakowska) oder innerhalb von *Hydrocotyle javanica* (Tseng u. Ting).

Embryologische Untersuchungen haben der Systematik in den Berichtsjahren weiterhin wichtigen, wenn auch nicht grundlegend neuen Wissenszuwachs gebracht. Allgemeine Referate zu diesem Thema bringen Cave (1) (mit Beispielen aus den *Liliaceae*: *Asphodelinae* und *Aloineae* angenähert, *Anthericinae* fernerstehend, *Calochortus* nicht zu den *Tulipeae*, *Phormium* nicht zu den *Agavaceae*), P. Maheswari (3) (Merkmalsübersicht, Spezielle Hinweise: *Loranthoideae* und *Viscoideae* besser eigene Familien, *Cactaceae* zu *Centrospermae*, *Tropaeolaceae* näher *Lythraceae*, *Empetraceae* zu *Ericales*, *Callitrichaceae* zu *Tubiflorae*, Trennung von *Butomaceae* und *Limnocharitaceae* usw., Notwendigkeit besserer Dokumentation) und Hamann (4) (mit Beispielen aus den als heterogen erkannten „*Farinosae*" und „*Liliiflorae*", Differentialmerkmal „mehliges" bzw. „öliges" Endosperm unzulänglich). In einem allgemeine Fragen behandelnden Sammelband [Herausgeber P. Maheswari (2)] bringen besonders Johri sowie Crété auch systematisch wichtige Beiträge. Poddubnaya-Arnoldi legt eine allgemeine Embryologie der Angiospermen vor.

Auch in der speziellen Embryologie mehrt sich unser Wissen über die Häufigkeit paralleler und konvergenter Entwicklungen. Einen extremen Stand vertritt dabei Meeuse (5), wenn er im Zusammenhang mit seinen Vorstellungen über die Polyphylie der Angiospermen versucht, das Phänomen der doppelten Befruchtung als $\pm$ notwendige Begleiterscheinung der Umstellung von Zoidiogamie zu Siphonogamie darzustellen und damit als Kriterium für die nähere Verwandtschaft aller Angiospermen abzuwerten. Weiters wird auch die Chalazogamie kaum mehr als ursprünglich betrachtet, besonders seitdem sich etliche ältere Angaben als irrig erwiesen haben (z. B. Kimura für die *Salicaceae*). Auch die systematische Wertigkeit der verschiedenen Embryosacktypen erscheint etwas erschüttert, da sich immer mehr Hinweise dafür ergeben, daß mehrere Typen in der gleichen Art, ja vielfach sogar im gleichen Individuum nebeneinander vorkommen können [Hjelmquist u. Grazi; Hjelmquist (2): zwei *Tamarix*-Arten mit fünf verschiedenen ES-Typen; Bhandaryi u. Kapil für *Trollius*; G. L. Davis (1–4) für die *Asteraceae Minuria*].

Vermehrte Aufmerksamkeit findet die Embryogenese (Swamy u. Padmanabhan) als systematisches Kriterium. Crété (2) erläutert eine periodische Klassifizierung nach der Abfolge der Teilungswände im heranwachsenden Embryo und bringt Beispiele (*Primulales* und *Euphorbiales* einheitlich, *Diapensia* besser isoliert als *Diapensiales*, *Poaceae* und *Cyperaceae* verschieden usw.). Wichtig sind wohl die diesbezüglichen

Unterschiede bei den *Coniferae* [C. R. CHOWDHURY]. HUBER (1) bringt interessante allgemeine Hinweise für die Angiospermen. KUDRYASHOV stellt Ähnlichkeiten bei der Embryoentwicklung zwischen *Helobiae* und *Nymphaeales* fest und nimmt als Ursache für die Entstehung der Monokotyledonie Unterentwicklung des Vegetationspunktes an. Bei allen einschlägigen Untersuchungen ist aber immer auch mit einer gewissen Labilität der Embryogenese zu rechnen (POLLOCK u. JENSEN).

Beim männlichen Gametophyten ergeben sich aus der Zahl der entstehenden Zellen bei der Reife und aus der Kernstruktur (GODINEAU: Differenzierung von *Campanulaceae* und „*Compositae*", von *Rubiaceae* und *Dipsacaceae* + *Valerianaceae*) sowie aus dem Chemismus (AUGER-BARREAU: Differenzierungen zwischen *Caryophyllaceae* und *Chenopodiaceae*, *Papaveraceae* und *Brassicaceae* usw.) Anhaltspunkte für die Taxonomie.

Aus der großen Zahl spezieller embryologischer Beiträge können im folgenden nur einige Beispiele genannt werden: WANG u. CHIEN (*Metasequoia* eigene Gattung, nahe *Sequoiadendron*), MARTENS (*Welwitschia* ebenso wie *Gnetum* mit tetrasporem Embryosack und mit Archegonien; *Ephedra* dagegen monospor und ohne Archegonien), KIMURA (*Salicaceae* einheitlich), RAM u. NATH (eigene Familie *Cannabinaceae* berechtigt), HAYASHI sowie KAPIL u. JALAN (*Schisandra* und *Kadsura* ähnlich *Magnoliaceae*; einander widersprechende Ansichten über die Berechtigung einer Abgliederung der *Schisandraceae*), SASTRI (1) (Systematik der *Lauraceae* noch unbefriedigend, Ähnlichkeiten mit *Monimiaceae* und *Hernandiaceae*), VIJAYARAGHAVAN (*Sarcandra* eher zu den *Ranales* als zu *Santalales* bzw. *Piperales*), KANTA [vermutlich Entwicklungslinie *Chloranthaceae* (?) → *Saururaceae* → *Piperaceae*], MASAND (*Zygophyllaceae* nicht zu *Malpighiales* sondern zu *Geraniales*), COPELAND (*Aquifoliaceae* den *Oleaceae* ähnlich, von *Celastraceae* stark abweichend), SINGH (Affinitäten zwischen *Violaceae* und *Resedaceae*), YAMAZAKI (1) (die *Loganiacea* *Mitrasacme* ähnlich *Tubiflorae* und *Contortae*, aber von *Buddleiaceae* verschieden), WUNDERLICH (*Labiatae-Pogostemoneae* heterogen, *Pogostemon*- und *Elsholtzia*-Gattungsgruppe), CRÉTÉ (1) (Sonderstellung der *Labiatae-Thyminae*), PADAMANABHAD (*Avicennia* von anderen *Verbenaceae* verschieden, aber wohl keine eigene Familie), PALSER sowie VEILLET-BARTOSZEWSKA (*Ericales* mit Ausnahme der *Diapensiaceae* einheitlich und mit *Clethraceae* den *Actinidiaceae* und *Theaceae* nahe), RAM u. MASAND; RAM u. WADHI (*Nelsonioideae* besser nicht zu *Scrophulariaceae* sondern zu *Acanthaceae*, Familiengliederung der letzteren nach Endospermstruktur), GOVINDAPPA sowie TIAGI (*Scrophulariaceae-Rhinantheae* ähnlich *Gerardeae*, *Melampyrum* abweichend; Anschluß der *Orobanchaceae* hier und nicht bei den *Gesneriaceae*), KAPIL u. VIJAYARAGHAVAN sowie WANT (*Pentaphragma* sowie *Lobelioideae* verbleiben besser in den *Campanulaceae*), SWAMY (*Stemonaceae* zu *Liliales*, nahe *Dioscoreaceae*), DE VOS (*Lanaria* näher *Tecophilaeaceae* als *Haemodoraceae*), S. C. u. N. MAHESHWARI sowie S. C. MAHESHWARI u. KAPIL (*Lemnaceae* nicht von *Helobiae* sondern von *Araceae* abzuleiten).

4. Cytologie und Genetik

Cytologie und Genetik haben in den letzten Jahren für die Systematik und Evolutionsforschung der Samenpflanzen keine grundlegend neuen Methoden und Einzelerkenntnisse gebracht. Cytogenetische Daten sind aber für die experimentelle Klärung der Mikro-Evolution so entscheidend, daß sie nunmehr im steigenden Umfang bei systematischen Arbeiten routinemäßig erarbeitet werden. Dadurch ergeben sich erst solide Grundlagen für eine vergleichende Evolutionsforschung (S. 379ff.).

An wichtigen allgemeinen Darstellungen über stammesgeschichtlich und systematisch orientierte Cytogenetik wären anzuführen: Die anregende "Chromosome Botany" von DARLINGTON ist in zweiter Auflage erschienen. Das Gedankengut der Darlington-Schule wird nun in einem ausgezeichneten Buch von K. R. LEWIS u. JOHN fortgeführt und erweitert. EHRENDORFER (2) gibt eine Übersicht über Cytologie, Taxonomie und Evolution bei Samenpflanzen, wobei u. a. Zusammenhänge und Abfolge diverser Veränderungen im Bereich von Gen, Chromosomenstruktur, Chromosomenzahl, Centromer, Zell- und Kernteilung bei der stammesgeschichtlichen Differenzierung verschiedener Sippengruppen dargestellt werden. Solche Ergebnisse können nur durch eingehende und gleichzeitige Berücksichtigung aller Aspekte der Stammesgeschichte gewonnen werden. Davon losgelöste und auf den cytologischen Bereich beschränkte Spekulationen über „karyotype evolution" erscheinen dagegen etwas suspekt [MAEKAWA (1); SATO]. Cytogenetische Aspekte der Angiospermen-Evolution werden weiter in einem Buch von BURNHAM diskutiert; ein Symposium der „Indian Botanical Society" über das gleiche Thema findet sich in ihrem Memoiren-Band 4 (1963). Eine sehr gründliche Darstellung der Veränderung der Chromosomenzahlen (Aneuploide, Dysploidie, Polyploidie) ist RIEGER zu verdanken; LEVAN u. MÜNTZING diskutieren die Terminologie solcher Veränderungen. Anhand von zahlreichen Beispielen betont FAVARGER (3), daß chromosomenstrukturelle und zahlenmäßige Differenzierung bei den Angiospermen, häufiger als bisher vermutet, auch intraspezifisch sein kann. Eine Fundgrube cytotaxonomischer Literatur stellt der nunmehr durch WULFF abgeschlossene Band II der allgemeinen Pflanzenkaryologie von TISCHLER dar.

Chromosomenlisten. Bei der großen Bedeutung einwandfrei dokumentierter Chromosomenzahlen für systematische und stammesgeschichtliche Fragen sind vorbildliche Zusammenstellungen, wie etwa die von BEUZENBERG u. HAIR bzw. HAIR (1) für die neuseeländische Flora, überaus wichtig. Derartige Chromosomenlisten erscheinen nun auch fortlaufend in den Zeitschriften „Madroño" und „Taxon". Als Nachschlagewerk ist der Index pflanzlicher Chromosomenzahlen, der nunmehr für die Jahre 1962 und 1963 vorliegt (CAVE u. HOMMERSAND), unentbehrlich. Chromosomenlisten liegen weiters für folgende Bereiche vor: Niederlande (GADELLA u. KLIPHUIS), Westalpen (GUINOCHET u. LOGEOIS), Bulgarien (KOŽUHAROV u. KUZMANOV), Polen (SKALIŃSKA et al.), Finnland [SORSA (2)], Indien, Holzpflanzen (NANDA; P. N. MEHRA u. SINGH), Thailand, Monocotylen [LARSEN (1)], Taiwan (T.-I. CHUANG), CHAO, HU u. KWAN, Japan [HARA u. KUROSAWA (3)], Neuguinea, Bismarckgebirge (BORGMANN), Kanarische Inseln [LARSEN (2); MICHAELIS], tropisches Afrika (MANGENOT), westliches Canada [PACKER (2)] und arktisches Alaska (HOLMEN). Besonders wichtig erscheinen dabei die Beiträge aus den in dieser Hinsicht noch kaum untersuchten tropischen Floren.

Genmutationen. Ein besonders anschauliches Objekt für die Demonstration des Ausmaßes genmutativer Differenzierung ist das erweiterte Mutantensortiment der Erbse (GOTTSCHALK). Ob sich die Befunde über die mutative Entstehung „interspezifischer" Gene an *Pisum* [LAMPRECHT (5)] verallgemeinern lassen, muß wohl noch überprüft werden. Vorwiegend genisch differenzierte Formenkreise finden sich vor allem bei Holzpflanzen. Die cytogenetischen Untersuchungen von SIMAK (1, 2) an *Larix*, von GOLDSCHMIDT an *Ribes* und von NAITHANI u. RAGHUVANSHI an *Citrus* stellen dafür weitere Beispiele dar; auch die Riesengattung *Ficus* (CONDIT) scheint diesem Typus anzugehören. Die in ihren Lebensformen sehr plastische *Fabaceae*-Gattung *Sesbania* [J. B. GILLETT (2)] ist ebenfalls cytologisch sehr einheitlich. An krautigen Formenkreisen mit vorwiegend genischer Differenzierung liegen Untersuchungen vor für *Sorghum* (MAGOON u. SHAMBULINGAPPA; MAGOON et al., mit Hinweisen auf „kryptische" Strukturunterschiede zwischen den Pachytän-

Chromosomen verschiedener Arten), *Aquilegia* [SKALIŃSKA (2)], *Saintpaulia* (ARISUMI), *Vigna sinensis* (FARIS) und zahlreiche Wild- und Kulturformen von *Cucurbita* (BEMIS; WHITAKER u. BEMIS). Auch chasmophytische Formenkreise ägäischer *Campanula*-Arten [PHITOS (1, 2, 3)] weisen im Gegensatz zu ökologisch plastischeren Gruppen strukturell einheitliche und diploide Chromosomengarnituren auf.

Agmatoploidie. Die Vermehrung der Chromosomenzahl durch Querteilung von Chromosomen mit diffusem Centromer bei *Luzula* kann durch Röntgenbestrahlung experimentell wiederholt werden (NORDENSKIÖLD) und läßt sich auch durch quantitative DNS-Messungen bestätigen (HALKKA).

Ruhekernstrukturen, Crossing-Over und Chromosomenmutationen. Die fortschreitende Klarlegung der Ruhekernstrukturen [TSCHERMAK-WOESS (1)] ergibt bessere Möglichkeiten für ihre taxonomische Auswertung; ein besonders eindrucksvolles Beispiel stellen die Untersuchungen von KURABAYASHI, LEWIS u. RAVEN an den Ruhekernen der *Onagraceae* dar (S. 383). — Die große Bedeutung des Crossing-Overs für die Rekombinationsrate und damit für die genetisch-phylogenetische Plastizität der Populationen begründet weitere Analysen der Chiasmafrequenzen. Vielfach kann genetische Steuerung nachgewiesen werden [*Melandrium:* LAWRENCE (1), *Delphinium:* BASAK u. JAIN, *Dactylis* (SHAH)]. Bei Fremdbefruchtern von *Secale* ist die Chiasmafrequenz bei perennierenden Sippen höher als bei einjährigen(SUN u. REES). — Zur Klärung der Terminologie bei Chromosomenbeschreibungen schlagen LEVAN, FREDGA u. SANDBERG die Unterscheidung von meta-, submeta-, subtelo-, acro- und telozentrischen Chromosomen vor. Bei der Erstellung von Karyogrammen ist auf die unterschiedliche Kontraktion längerer und kürzerer Arme bzw. eu- und heterochromatischer Chromosomenabschnitte zu achten [MAGUIRE; HAYNES; DYER (2)]. Für *Agropyron* verwendet HENEEN originelle Streudiagramme (Längenverhältnis der Chromosomenarme) zur Darstellung der Chromosomengarnituren. Immer häufiger werden nun auch bei höheren Pflanzen die Hinweise auf chromosomenstrukturelle Heterozygotie: Bei *Trillium ovatum* nimmt die Heterozygotie gegen den nördlichen Arealrand ab (KURABAYASHI), bei dem vorwiegend vegetativ-apomiktischen *Allium carinatum* lassen sich strukturheterozygote Lokalsippen erkennen [TSCHERMAK-WOESS (2)], bei *Nothoscordum* ist ein Biotyp mit $2n = 19$ weit verbreitet (PIZZOLONGO). Entsprechende Angaben liegen auch für zahlreiche andere Angiospermen vor [DYER (1); BOZZINI; KAMARA].

Ein sehr schönes Beispiel für die ± sympatrische Genese von Kreuzungsbarrieren durch Translokationen und Inversionen zwischen morphologisch nicht unterscheidbaren Populationen von *Anemone cylindrica* beschreiben HEIMBURGER u. KAMITAKAHARA. Bei *Elymus rechingeri* sind diverse isolierte ägais-Populationen fortschreitend chromosomenstrukturell und morphologisch differenziert (HENEEN u. RUNEMARK). Ähnlich liegen die Verhältnisse auch bei *Pisum*, wo sich verschiedene Stadien des Aufbaues von strukturell bedingten Kreuzungsbarrieren erkennen lassen [LAMPRECHT (1, 3, 4)]. Bei *Uvularia (Liliaceae)* scheint die chromosomenstrukturelle Differenzierung das sympatrische Vorkommen primär allopatrisch und genisch entfalteter Arten zu ermöglichen [WILBUR (1); KAWANO u. ILTIS (3)]. Weitere entsprechende Beispiele werden für *Cyrtanthus* (WILSENACH) und *Hordeum* (HUNZIKER u. MAUMÚS) mitgeteilt.

Dysploidie (Wegen der Verwendung dieses Begriffes vgl. EHRENDORFER (2), S. 114!). Die Bedeutung verschiedener Chromosomen-Basiszahlen für taxonomische und stammesgeschichtliche Fragen ist bekannt. Ob wegen unterschiedlicher Basiszahlen eine z. T. sehr weitgehende Aufsplitterung mancher Gattung (etwa *Gentiana, Euphorbia, Agropyron* u. *Elymus*), wie sie LÖVE (1, 2) vorschlägt, notwendig ist, muß sich wohl erst erweisen.

Eine Differenzierung der Basiszahlen ist in letzter Zeit etwa für die Systematik folgender Familien und Gattungen verwendet worden: *Loranthaceae*, Australien [absteigende Dysploidie: $x = 14, 12, 11, 10, 9$, vielfach gattungscharakteristisch: BARLOW (2)], *Crassulaceae* [extreme Plastizität: UHL (1, 2)], *Saxifraga* [DAMBOLDT u. PODLECH (1)], *Astragalus* (altweltliche Arten mit $x = 8$, neuweltliche Arten mit $x = 11, 12, 13, 14$: LEDINGHAM u. REVER; LEDINGHAM u. FAHSELT; BARNEBY),

Apocynaceae (Tribus- und Gattungsgliederung: ROY TAPADAR), *Campanula* [große Bedeutung für taxonomische Gliederung: GADELLA (3, 4); PODLECH u. DAMBOLDT; CONTANDRIOPOULOS (1)], *Agavaceae* [$x = 30$, aber auch $x = 19$: *Nolina* und $x = 24$: *Doryanthes*, Umgrenzung der Familie noch problematisch: CAVE (2)], *Juncus* (unterschiedliche Basiszahlen: $x = 9$, 17—22, 25 und unterschiedliche Chromosomengrößen mit der Sektionsgliederung $\pm$ übereinstimmend: SNOGERUP), *Restionaceae: Lepyrodia* [L. A. S. JOHNSON u. EVANS (3)], *Spartina* (kleine Chromosomen, $x = 9$, 10, 12; gehört zu den *Chlorideae:* MARCHANT (1)), *Amaryllidaceae* (Chromosomenzahlen sehr variabel $x = 6$—30, die postulierte Grundzahl $x = 5$ erscheint dem Ref. allerdings sehr unwahrscheinlich: BOSE) und *Zingiberaceae: Kaempferia* [§ *Monolophus*, $x = 10$, besser als eigene Gattung *Caulokaempferia:* LARSEN (3)].

Im Artbereich spielt Dysploidie vor allem bei stammesgeschichtlich aktiven krautigen Gruppen eine große Rolle. JAIN, VASUDEVAN u. BASAK konnten bei *Delphinium ajacis* durch Röntgenbestrahlung den ersten Schritt zur Reduktion der Basiszahl herbeiführen: Vereinigung der langen Arme zweier subterminaler Chromosomen durch Translokation; das übrigbleibende winzige Restchromosom kann leicht verloren gehen. Bei *Collinsia* ist die experimentelle Herstellung von Individuen mit hyperdiploiden Chromosomenzahlen durch Kreuzung von $2x$-, $3x$- und $4x$-Formen möglich (GARBER; CHOMCHALOW u. GARBER). *Minuartia* und *Arenaria* sind durch parallele, offenbar aufsteigende Dysploidiereihen von $x = 9$ bis $x = 15$ gekennzeichnet. In diesem Zusammenhang weist FAVARGER (1) auf die Bedeutung paralleler Entwicklungstendenzen im Genom verwandter Sippengruppen hin (vgl. dazu auch *Dipsacaceae* S. 384—385).

An weiteren Beispielen für dysploid differenzierte Artengruppen können angeführt werden: *Saxifraga exarata-moschata*-Gruppe [$x = 10$, 11, 13, 14 und Polyploidie: DAMBOLDT u. PODLECH (2)], *Mentzelia* (bei § *Bartonia* $x = 9$, 10, 11 ohne Polyploidie, im Gegensatz dazu § *Trachyphytum* mit $x = 9$ und Polyploidie, $2x$ bis $8x$: THOMPSON), *Citrullus vulgaris* (var. *fistulosus* mit $2n = 24$ als Art von var. *vulgaris* mit $2n = 22$ abzutrennen: KHOSHOO u. VIJ), *Swertia* (im Himalaya mit $x = 8$, 9, 10, 12, 13, 14: KHOSHOO u. TANDON), *Myosotis* [ausgezeichnete cytotaxonomische Studie der *M. silvatica*-Gruppe mit Dysploidiereihe $x = 11$, 10, 9 und 16, und der *M. alpestris*-Gruppe mit $x = 12$ und Polyploidie $2x$ bis $6x$: MERXMÜLLER u. GRAU, GRAU (1, 2)], *Asteraceae-Astereae (Machaeranthera* § *Psilactis* $x = 4$, 5, 9: TURNER u. HORNE; hier und bei anderen *Astereae* wird aufsteigende Dysploidie postuliert. Dem widersprechen SOLBRIG et al. — wohl mit Recht — aufgrund breit dokumentierter Befunde, aus denen Reduktion von $x = 9$ wahrscheinlich gemacht werden kann*)*, *Haplopappus divaricatus* (die Art umfaßt vikariierende Rassen mit $x = 7$, 6, 5, 4 und teilweise auch mit akzessorischen Chromosomen: E. B. SMITH), *Bahia* (umfassende cytotaxonomische Studie der neuweltlichen *Helenieae*-Gattung mit einer Dysploidiereihe $x = 12$, 11, 10, 8 und mit Polyploidie: ELLISON; daß diese Reihe aufsteigend sein soll, erscheint dem Ref. fraglich), *Asteraceae-Senecioneae* [auch hier dürfte es sich bei den Sippen mit $n = 5$ um Endpunkte absteigender Dysploidiereihen handeln: ARANO (1); ORNDUFF, RAVEN et al.], *Cirsium* (in Europa *C. casabonae* $x = 16$, sonst $x = 17$: RENZONICELA; in Nordamerika mehrfach parallel absteigende Dysploidie $x = 17$, 16, 15, 14, 13, 12, 11, 10, 9: FRANKTON u. MOORE; R. J. MOORE u. FRANKTON (1); OWNBEY u. YU-TSENG HSI), *Allium*, USSR (auf und absteigende Dysploide von $x = 8$: VAKHTINA), *Ornithogalum*, Süd-Afrika (Artengruppen teils stabil, teils sehr labil, etwa *O. virens*-Serie mit $x = 3$, 4, 5, 6, 8, 9: PIENAAR), *Iris spuria*-Gruppe(diploide Basisserie mit *I. sintenisii* $n = 8$, *I. kerneriana* $n = 9$, *I. brandzae* und *I. urumovii* $n = 10$ sowie *I. spuria* $n = 11$, darauf aufbauende tetraploide und hexaploide sowie aneuploide hybridogene Gartenformen: LENZ u. DAY), *Commelinaceae* [vielfach erstaunliche Labilität der Chromosomenzahlen: W. H. LEWIS (2); K. L. MEHRA, FARUQI u. CELARIER (1, 2)], *Oncidium* mit verwandten Gattungen [$x = 5$, 12—24, Polyploidiereihe mit $x = 14$ und 21, diploide

Basis-Sippen ($x = 7$ usw.) also offenbar größtenteils ausgestorben; Zwischenzahlen hybridogen?: SINOTÔ].

Polyploidie. Ein Symposiumband (SAKHAROV et al.) faßt russische Beiträge über Polyploidie im Pflanzenreich zusammen, wobei besonders auch praktische Gesichtspunkte der Pflanzenzüchtung berücksichtigt werden. – Die kritiklose Auswertung des Syndese-Verhaltens bei Polyploiden und ihren Hybriden als Hinweis auf den Genomaufbau ist in letzter Zeit sehr suspekt geworden. Nachdem RILEY bei hexaploiden Weizen eine über die Genomhomologien hinweggreifende genetische Steuerung der Syndese (Reduktion der Multivalentfrequenz) erwiesen hat [nachträgliche Befunde: R. RILEY u. CHAPMAN (1)], liegen nun auch entsprechende Angaben für viele andere Polyploide vor. *Gossypium* (ENDRIZZI), *Hibiscus* [MENZEL u. WILSON (1)], *Lycopersium* × *Solanum*-Hybriden (MENZEL), *Helianthus* (HEISER u. SMITH), *Bothriochla* (CHHEDDA u. HARLAN) und *Oryzopsis* × *Stipa*-Hybriden (L. JOHNSON). Durch die Verwendung von telocentrischen Chromosomen konnten R. RILEY u. KEMPANNA; R. RILEY u. CHAPMAN (2) bei *Triticum* × *Aegilops*-Bastarden die Syndese homoeologer Chromosomen verschiedener Genome direkt nachweisen. Trotz mancher kritischer Ansichten (etwa PANIGRAHI u. KAMMATHY für *Commelina*) dürfte sich auch die Sekundärassoziation meiotischer Bivalente mit Vorsicht als Hinweis auf Genomhomologien verwenden lassen (KEMPANNA u. RILEY für *Triticum*). Bei *Sorghum* belegt DOGGETT (1, 2) die Fertilitätsverbesserung experimenteller Autopolyploider durch Hybridisierung und Einführung von „Fertilitätsgenen"; solche Vorgänge könnten auch bei der Genese natürlicher Autopolyploider eine Rolle spielen. – Wegen des vereinzelten Auftretens von Polyhaploiden in kontrollierten Nachkommenschaften (KIMBER u. RILEY) vertreten RAVEN u. THOMPSON die Ansicht, daß auch unter natürlichen Bedingungen ein „Pendeln" der Sippen zwischen Diploidie und Polyploidie denkbar wäre.

Über die cytogenetischen und taxonomischen Verhältnisse bei sexuellen Polyploidgruppen liegen wieder zahlreiche schöne Untersuchungen vor: *Spergularia* [diverse $2x$-$4x$-($6x$-)Sippen unterschiedlicher Affinität: MONNIER; RATTER (2, 3, 4)], *Arenaria ciliata* agg. [interessante geographische Verteilung von $4x$- bis über $20x$-Rassen: FAVARGER (4, 5)], *Silene*, Nordamerika [$2x$ schon stark dezimiert, $4x$—$8x$, viele hybridogene Kombinationen steril: KRUCKEBERG (1, 2)], *Anemone* [*A. multifida*-Gruppe $4x$, mit einem großen Chromosomensatz von *A. riparia* ($2x$) vel aff. und einem kleinen Satz, *A. drummondii*-Gruppe $4x$—$6x$, mit 2 (3) kleinen Sätzen: HEIMBURGER u. BORAIAH; BORAIAH u. HEIMBURGER], *Mercurialis annua* [polymorpher Formenkreis mit diözischen $2x$ und monözischen $4x$—$12x$: DURAND (1, 2)], *Papaver* § *Orthorhoeades* [ökologisch-geographisch differenzierte Arten $2x$, $4x$, $6x$: FEINBRUN (2)], *Erysimum* [polymorphe Sippen aus den Pyrenäen, Westalpen und dem Jura $2x$, $4x$, $8x$ auf $x = 7, 8, 9$: FAVARGER (6)], *Chrysosplenium* § *Alternifolia* [zirkumpolarer Formenkreis mit $4x$, $6x$, $8x$, $16x$, $20x$ auf $x = 6$(?): PACKER (1); FÜRNKRANZ (1)], *Fragaria* (Hybriden mit *Potentilla:* J. R. ELLIS; $5x$-Hybriden aus *F. chiloensis*, $8x$ und *F. vesca*, $2x$: BRINGHURST u. KHAN), *Codiaeum variegatum* (Kulturformen mit $2x$, $3x$ und $4x$ auf $x_2 = 24$ ± fertil kreuzbar: PANCHO u. HILARIO), *Hibiscus* § *Furcaria* [Genomanalyse diverser $2x$, $4x$ und $8x$: MENZEL u. WILSON (2)], *Pinguicula* [umfassende taxonomische Gliederung mit Hinweisen auf $2x$, $4x$ und $8x$-Sippen: CASPER (1)], *Campanula* (cytogenetische Affinitäten zwischen *C. rotundifolia* $4x$ und *C. cochleariifolia* $2x$ ermöglichen hybridogene Infiltration: BIELAWSKA), *Lobelia* [Meiose experimenteller Hybriden aus dem $2x$- und $4x$-Komplex von § *Lobelia:* W. M. BOWDEN (3, 4)], *Artemisia* [neue Chromosomenzählungen und Karyogramme: KAWATANI u. OHNO; ARANO (5). *Artemisia tridentata*-Gruppe: $2x$- und $4x$-Sippen: R. L. TAYLOR et al. *A. laciniata*-Gruppe: phylogenetische Zusammenhänge zwischen verschiedenen $2x$-, $4x$- und $6x$-Sippen: EHRENDORFER (3)], *Chrysanthemum zawadskii* (vikariierende Rassen $2x$, $6x$ und $8x$: SHIMIZU), *Grindelia* ($2x$ und $4x$ gut miteinander kreuzbar: DUNFORD), *Ruppia* und *Zannichellia* (norddeutsche Sippen ± ökologisch differenziert, *Ruppia* $2x$ und $4x$, *Zannichellia* $4x$, $6x$ und hypo-$6x$: REESE), *Erythronium* [*E. americanum* $4x$ aus *E. rostratum* $2x$ und *E. umbilicatum* $2x$: PARKS u. HARDIN), *Dioscorea* (teilweise intraspezifische Sippen mit $2x$, $3x$, $4x$, $5x$, $6x$, $7x$, $8x$, $10x$, $14x$ auf $x=9$ (neuweltliche Arten) und 10 (12) (altweltliche Arten): MARTIN u. ORTIZ], *Iris* [netzförmige allopolyploide Verbindungen zwischen vielen (Sub)Sektionen: SIMONET], *Pennisetum* [Genomanalyse von *P. typhoides* $2x (4x)$ × *P. purpureum* $4x$: RAMAN et al.], *Dactylis glomerata* (sehr ähnliche $2x$- und $4x$-Formen in einer Unterart: subsp. *woronowii:* DOROSZEWSKA), *Phleum alpinum* agg. [intraspezifische $2x$- und $4x$-Sippen in Ostasien: TATEOKA (9)].

Viele Beiträge runden das Bild der *Poaceae-Hordeeae* als eines umfangreichen Polyploidkomplexes, in dem Arten und Gattungen reticulat miteinander verknüpft sind: *Agropyron* × *Sitanion* [DEWEY (3); BOYLE], experimentelle $6x$ aus *Agropyron* × *Aegilops* (EVANS), *Sitanion* [schöne Revision der durch die vermehrten Hüllspelzengrannen ausgezeichneten tetraploiden Gattung, Entstehung aus *Elymus* × *Agropyron* (?): F. D. WILSON], *Agropyrum* [hervorragende cytogenetische Monographie der europäischen Arten: CAUDERON; natürliche und experimentelle polyploide Hybriden nordamerikanischer und eurasiatischer Arten: DEWEY (1, 2, 4, 5)], *Elytrigia junceae*-Gruppe [vikariierende $4x$- und $6x$-Sippen im Küstenbereich Europas und Südafrikas: LÖVE (1)], *Eremopyrum* (sterile $2x$-Bastarde zwischen Arten mit verschiedenen Genomen: SAKAMOTO u. MURAMATSU), *Elymus* [ausführliche cytogenetische und taxonomische Darstellung nordamerikanischer Sippen und Hybriden: $2x$ bis $8x$: W. M. BOWDEN (2)], *Hordeum* (experimentelle Allotetraploide aus diploidem Bastard zwischen *H. marinum* × *H. pusillum:* SCHOOLER), *Triticum* (*T. zhukovskyi*, neue $6x$-Sippe aus *T. timopheevi* $4x$ und *T. monococcum* $2x$: UPADHYA u. SWAMINATHAN; Isolation von *T. timopheevi:* WAGENAAR). W. M. BOWDEN (1) gibt eine cytotaxonomische Übersicht der kanadischen *Hordeae*. Sehr wichtig erscheinen die Hinweise von D. ZOHARY u. FELDMAN, die für *Aegilops-Triticum* nachweisen, daß die Tetraploiden hybridogene Formenschwärme bilden, wobei von den beiden Genomen eines meist stabil bleibt, während das andere genisch und strukturell modifiziert wird (Anpassung, Diploidisierung!).

Steigende Beachtung finden paläopolyploide Formenkreise, bei denen die Diploiden bereits ausgefallen sind. Besonders bei Holzpflanzen ist dieses Phänomen weit verbreitet: *Welwitschia* hat 42 überwiegend telozentrische Chromosomen, ist aber sicher nicht direkt aus *Ephedra* mit $x = 7$ entstanden (KHOSHOO u. AHUJA). Bei den *Moraceae* und *Urticaceae* überwiegen Paläopolyploide auf $x = 7$ bzw. $x_2 = 13$ (LE COQ). Die *Salicaceae* haben einheitlich $x_2 = 19$ und weiterführende Polyploidie bis $10\,x$ [SUDA (2)]. Für die *Meliaceae* konnten bisher nur paläopolyploide Arten gefunden werden, die offenbar auf ausgestorbene Sippen mit $x = 7$, 8 und 9 aufbauen [MINFRAY (1, 2)]. Die Beispiele für krautige paläopolyploide Formenkreise wurden in letzter Zeit besonders durch die schönen Studien von KRESS (2, 3) an *Primula* § *Auricula* vermehrt; auch *Androsace* subsect. *Aretia* ist paläopolyploid mit $x_2 = 20$ (19). Weitere Beispiele sind gewisse *Asteraceae-Gnaphalineae* und *Senecioneae*, z. B. *Leontopodium* $x_2 = 13$ [ARANO (4)] und die *Ambrosieae* mit $x_2 = 18$ (PAYNE et al.).

Besonders bei Polyploiden und Hybriden ist eine gewisse Oscillation der Chromosomenzahlen (Aneuploidie) nicht selten. Dabei kann es sogar zur intraindividuellen Instabilität kommen (MURRAY u. CRAIG für *Medicago*, YANG für *Nicotiana*, GILDEN-

HUYS u. BRIX für *Pennisetum*). Bei der *Hydrocharitaceae Ottelia alismoides* finden sich Cytotypen mit $n = 28, 30, 32, 33, 36$: CHATTERJEE et al. Aus Aneuploidie erwachsende cytotaxonomische Probleme erörtert LÖVKVIST (2).

Plasmon. Verstärkte Beachtung finden in letzter Zeit Differenzierungen im Bereich von Plasma und Plastiden. Sie wirken sich in Form reziprok unterschiedlicher Gen-Plasma-Interaktion und unterschiedlicher Kompatibilität bei Artkreuzungen aus. Einschlägige Darstellungen wurden in den Berichtjahren etwa für *Arachis* (ASHRI), *Phasaeolus* (THOMAS), *Lotus* (S. 381), *Onagraceae* (S. 384), *Solanum* (S. 385) und *Streptocarpus* (OEHLKERS) gegeben. Plasmondifferenzierungen scheinen damit bei der Evolution der Spermatophyten doch eine viel größere und allgemeinere Bedeutung zu haben, als bisher angenommen wurde.

Hybridisierung. Die ausschlaggebende Bedeutung der Hybridisierung für das Evolutionsgeschehen wird immer deutlicher erkennbar. BOBROV (2, 3) und RATTENBURY stellen den Aspekt der hybridogenen Erneuerung der genetischen Plastizität der Floren Südosteuropas bzw. Neuseelandes nach den Klimaschwankungen des Pleistozäns heraus. In einem einschlägigen Symposium am Edinburgh-Kongress [BURTT (2), S. 131–135] werden neben speziellen Beispielen und Hinweisen auf die hybridogene Entstehung der meisten Unkräuter (H. G. BAKER), die Abhängigkeit des Verlaufs der Hybridisierung von der Chromosomenstruktur (H. LEWIS) und die entscheidende Rolle der Hybridisierung für die Entstehung neuer Sippen im Zuge von Differenzierungs- und Hybridisierungs-Cyclen [EHRENDORFER (4): Beispiele aus *Galium, Knautia, Achillea* usw.] diskutiert. Neue Beispiele für die Stimulierung der mutativen Differenzierung durch Hybridisierung und damit für das Phänomen der Differenzierungs-Hybridisierungs-Cyclen werden vorgelegt für *Picea* (MORGENSTERN u. FARRAR), *Quercus* (J. M. TUCKER; FORDE u. FAIRS; BURK; COUSENS), *Cowania* und *Purshia* (weite Ausbreitung und Stabilisierung intergenerischer Introgressions-Derivate: STUTZ u. THOMAS), *Amelanchier* [CRUISE (1)], *Oenothera* [RAVEN (1)], *Phlox* [LEVIN (1)], *Ammophila-Calamagrostis* (*A. baltica* hybridogen aus *A. arenaria* und *C. epigeios*: KUBIEN) und *Scirpus* [SCHUYLER (1)]. Für Formenkreise, die infolge Hybridisierung verwandte Sippen „assimilieren", schlagen HARLAN und DE WET (2) den Terminus „Compilospecies" vor (Beispiele aus *Andropogoneae, Triticum, Zea* usw.). Das charakteristische Phänomen der „Kohärenz" der elterlichen Merkmale bei Hybriden (vgl. dazu neuerdings etwa HIESEY; HIESEY, NOBS u. MILNER) ist nach PHILLIPS (2) bei *Gossypium* nicht durch Affinität der entsprechenden Chromosomen bzw. ihrer Centromere erklärbar.

Vielfach ergeben sich bei Hybridanalysen Hinweise auf die beteiligten Isolationsfaktoren: etwa unterschiedliche Ökologie bei nordamerikanischen *Juniperus*-Sippen (HALL, MC CORMICK u. FOGG; HALL u. CARR) und bei der *Plantago coronopus*-Gruppe (GORENFLOT), unterschiedliche Blütenökologie etwa bei der vielfach heterostylen *Myrtaceae*-Gattung *Darwinia* [BRIGGS (3)] und bei ± autogamen *Prunella*-Arten (NELSON), unterschiedliche Embryo-Endosperm-Entwicklung etwa bei *Primula* (VALENTINE u. WOODELL), chromosomenstrukturelle Differenzierung bei *Aegilops* (ANKORI u. ZOHARY), *Hordeum* (MITCHELL u. WILTON), *Kalimeris* (Einkreuzung „fremder" Chromosomen: SHINDO) und Dysploidie, etwa bei *Carduus* (Selektion bei aneuploiden Hybridabkömmlingen von *C. acanthoides* $2n = 22$ und *C. nutans* $2n = 16$: R. J. MOORE u. MULLIGAN). Sterile aber heterotische Bastarde können gelegentlich durch vegetative Vermehrung große Verbreitungsgebiete aufbauen, wie etwa die diploide *Circaea intermedia* [RAVEN (6)], eingeschleppte hybridogene

Mimulus-Populationen (ROBERTS), der triploide *Streptopus oreopolus* (D. LÖVE u. HARRIES) und *Puccinellia vacillans* (intergenerischer Bastard aus *Phippsia algida* und *Colpodium vahlianum:* O. HEDBERG) oder die hexaploide, sterile *Rorippa* × *sterilis* [JONSELL (1)]. — Im Hinblick auf die hohe Frequenz von Hybriden bei den *Gramineae* kommt KNOBLOCH zur Ansicht, daß bei Gruppen mit vereinfachten Blüten Hybridisierung eine größere Rolle spielt als bei solchen mit hoher blütenbiologischer Spezialisierung. — Die Möglichkeiten zur hybridogenen Kombination morphologisch oft erstaunlich unterschiedlicher Ausgangsarten und die Auswertung der Hybridisierung für praktische pflanzenzüchterische Zwecke werden in einem nunmehr auch in englischer Sprache vorliegenden Symposiumbericht behandelt (TSITSIN). — VALENTINE (3) sowie TERRELL diskutieren die taxonomische Kennzeichnung und Bewertung hybridogener Sippen.

Agamospermie. Ein gutes Sammelreferat legt BATTAGLIA [in P. MAHESHWARI (2)] vor. Das charakteristische Bild der meist hybridogenen, polyploiden und dabei oft anorthoploiden bzw. aneuploiden Apomikten, die auf diploiden sexuellen Ausgangssippen aufbauen, wurde in den letzten Jahren mehrfach ergänzt:

Urticaceae, Boehmeria (OKABE); *Rosaceae, Cotoneaster* (ZEILINGA), *Sorbus* (pflanzengeographisch interessante Lokalsippen: KÁRPATI), *Potentilla* (starke Variabilität, diplo- bis apospore ES und pseudogame bis autonome Embryoentwicklung: G. L. SMITH), *Alchemilla* (Variabilität innerhalb der Agamospecies: M. E. BRADSHAW); *Asteraceae, Minuria* [G. L. DAVIS (1—4)], *Antennaria* [polyploide Hybriden zwischen *A. carpatica* und *A. dioica* zeigen Teilaspekte der Agamospermie aber noch keine Funktion: URBANSKA-WORYTKIEWICZ (1, 2)]; *Cichoriaceae, Taraxacum* (MALECKA; HOU-LIU), *Ixeris* ($2x$ ± kreuzbar aber noch nicht funktionell agamosperm wie $3x$ und $4x$: NISIOKA), *Hieracium* subg. *Pilosella* (diverse $3x$, $4x$, $5x$-Typen: G. u. B. TURESSON); *Poaceae, Poa* [Hinweise auf umfangreiche experimentelle Kreuzungsversuche: J. CLAUSEN, HIESEY u. NOBS; *P. bulbosa*-Gruppe in Israel: HEYN (1)], *Hierochloë* (*H. odorata* mit $4x$-, $6x$- und $8x$-Formen: WEIMARCK; NORSTOG), *Bouteloua curtipendula*-Gruppe [sehr komplex mit $2x$- bis $10x$- Formen: F. W. GOULD u. KAPADIA; KAPADIA u. GOULD (1, 2) (vgl. auch S. 382).

5. Chorologie und Ökologie

Angesichts der großen Bedeutung des Arealbildes für Rekonstruktionsversuche der raum-zeitlichen Entfaltung von Formenkreisen und Floren, finden einschlägige Fragen immer wieder Beachtung [TURRILL (3)]. Ein Monumentalwerk stellt der nunmehr vorliegende 1. Band der vergleichenden Chorologie der zentraleuropäischen Flora von MEUSEL dar: Vielfach sind ganze Formenkreise mit weit über den angegebenen Rahmen hinausgreifenden Arealen dargestellt. In den Berichtsjahren wurden ferner mehrere wichtige geologisch-chorologisch-ökologische Sammelwerke veröffentlicht, so für den nordatlantischen Raum (A. u. D. LÖVE), für den pazifischen Bereich [GRESSITT; kartographische Unterlagen: STEENIS (1)] für Australien (KEAST, GROCKER u. CHRISTIAN) und für Südafrika (D. H. S. DAVIS).

Immer mehr werden bei historischen und pflanzengeographischen Interpretationen cytotaxonomische Daten zu Hilfe genommen, wobei besonders die Abfolge von diploiden zu polyploiden Sippen bedeutungsvoll ist. FAVARGER (2, 4—6, 8) setzt seine wertvollen Beiträge über die Cytotaxonomie der Flora der Alpenländer fort; dabei tritt besonders die Bedeutung der Südwestalpen als eiszeitlicher Refugialraum deutlich in Erscheinung. Auch die cytotaxonomischen Untersuchungen über die endemitenreiche Flora Korsikas werden weitergeführt [CONTANDRIOPOULOS (2, 3)]. SKALINSKA (1, 3) präsentiert cytotaxonomisch-chorologische Analysen der weniger isolierten Flora der Tatra. Weitere einschlägige Beiträge liegen vor für japanisch-himalayische [HARA u. KUROSAWA (2)] und für antarktische Elemente [D. M. MOORE (4, 5)]. Cytotaxonomische Daten spielen nunmehr auch bei der Interpretation stark disjunkter Areale mit Hilfe von „Landbrücken" bzw. „Fernverbreitung" eine größere Rolle: STEENIS (2) (Genese von Inselfloren), CORNER (1) (*Ficus* im Pazifik), HAIR (2) (Cytotaxonomie von *Podocarpus*) u. a. treten für die erste Alternative ein. Nach CONSTANCE (1) sowie RAVEN (4) sprechen dagegen cytotaxonomische Befunde an amphitropischen krautigen Formenkreisen im westlichen Nord- und Südamerika eher für Fernverbreitung. Vielleicht liegen hier teilweise keine echten Widersprüche vor, da sich holzige und krautige Lebensformen in der Leichtigkeit der Verbreitung möglicherweise unterschiedlich verhalten. Auch zum Thema des Alters von Endemiten [FRYXELL (1)] können cytotaxonomische Daten wesentliches beitragen: FAVARGER (7) sowie CONTANDRIOPOULOS (2, 3) (Typen von Endemiten und Hinweise auf die Häufigkeit von Paläopolyploidie bei Reliktsippen) FÜRNKRANZ (2) (das reliktäre *Taraxacum apenninum* im Gegensatz zu den sonst häufigen polyploiden und apomiktischen Sippen diploid und sexuell).

Unsere Vorstellungen über den heute als besonders wichtig erkannten Initialvorgang der allopatrischen Populationsdifferenzierung werden durch mehrere Untersuchungen vervollständigt: Clines der Blütenfarben und Allele bei *Justicia simplex* (JOSHI u. JAIN) und bei *Asclepias tuberosa* (WOODSON), mikrogeographische Aufgliederung von *Pinus sabiniana* (GRIFFIN) und *P. radiata* (FORDE (2)], *Melandrium* [LAWRENCE (2, 3)], *Viola nephrophylla* (N. H. RUSSELL u. CROSSWHITE) und *Collinsia heterophylla* (WEIL u. ALLARD), fortschreitender Aufbau von Kreuzungsbarrieren innerhalb der *Senecio lautus*-Gruppe]ORNDUFF (3)], bei *Haloragis* [FORDE (1)] usw. Polyploidie ermöglicht vielfach eine sympatrische Überlagerung von verwandten Sippen, wie dies etwa für die *Artemisia laciniata*-Gruppe demonstriert wird: Aus den in Südosteuropa sympatrischen Sippen *A. laciniata* ($2x$) und *A. armeniaca* ($4x$) haben sich weit nach Westen vorgeschobene und heute disjunkt-reliktäre $6x$-Populationen herausgebildet [EHRENDORFER (3)].

Ausgezeichneten lokalgeographischen Zeigerwert haben vielfach apomiktische Sippen, wie dies etwa für die *Ranunculus auricomus*-Gruppe [MARKLUND (2)]: subsp. *holanthus* Zeiger für die schwedische Kolonisation in Finnland im 13. Jahrhundert), für *Sorbus* (KÁRPÁTI) und für die *Taraxaca* von Öland (SAARSOO u. HAGLUND) dargelegt wird.

Bei einer ganzen Reihe von Verwandtschaftsgruppen wurden in letzter Zeit fossile und rezente Sippen nebeneinander untersucht, wodurch die raum-zeitliche Komponente der Arealbildung besonders klar hervortritt. Ein monumentaler Beitrag ist hier die kartographische Darstellung der Gattungsareale sämtlicher *Coniferales* und *Taxales* seit dem Ende des Palaeozoicums durch FLORIN. Die Auswertung dieser Daten ergibt u. a. eine erstaunliche räumliche Beständigkeit offenbar uralter, paralleler, nord- und südhemisphärischer Gruppen. Ähnliches gilt anscheinend auch für die wohl immer südhemisphärische Angiospermengattung *Nothofagus* [CRANWELL (2)]. Die fortschreitende disjunkte Auflösung der Areale nordhemisphärischer Formenkreise von der Kreide bis zur Gegenwart wird für *Nelumbo* (SNIGIREVSKAYA), die *Nyssaceae* [EYDE (1) sowie EYDE u. BARGHOORN], *Trapella* und *Rhododendron ponticum* agg. [TRALAU (1, 2)] sowie *Najas* (KOLESNIKOVA) dargestellt. Weiters hebt ANDREÁNSZKY die Bedeutung eines altertiären Bildungszentrums für mediterrane *Quercus*-Arten in Nordwest-Afrika hervor; TRALAU (3) behandelt die tropische Palmengattung *Nypa*.

Schließlich seien noch einige Beispiele für chorologisch-systematische Analysen rezenter Formenkreise angeführt: Die Mannigfaltigkeit der Arealbildung nordhemisphärischer Gräser geht hervor aus den Arbeiten von KOYAMA u. KAWANO (expansive und regressive Typen), HARTLEY (*Poa*, weltweit mit Zentrum in Asien) und K. C. MISRA (*Stipa*, Wanderungsrouten). *Cakile* hat offenbar aus zentralasiatischen Wüsten heraus die Küstenräume der ganzen Welt besetzt [PODEDIMOVA (1)]. Nordhemisphärisch bis arktisch-alpine Gruppen wurden im *Saxifraga flagellaris*-Komplex (HULTÉN) und in der Gattung *Oxytropis* [YURTSEV; VASSILCZENKO (2)] bearbeitet. MEUSEL u. JÄGER schildern die Entfaltung diverser *Fabaceae*-Gattungen (z. B. *Lotus*) unter mediterranen Klimaverhältnissen in der alten und neuen Welt. Bemerkenswert ist auch die geographisch-ökologische Gliederung europäischer *Carlina*-Arten (MEUSEL u. WERNER), der Gattung *Limonium* im westlichen Mittelmeergebiet [PIGNATTI (2)] und des illyrisch-montanen *Thesium auriculatum* [HENDRYCH (4)]. Ein ausgezeichnetes Bild der Entfaltung eines paläo- und neotropischen Formenkreises (Ausgangspunkt offenbar südhemisphärisch-pazifisch) bietet *Weinmannia* [BERNARDI (1)]. Mit einigen seewasserverbreiteten Arten hat die neotropisch zentrierte *Fabaceae*-Gattung *Canavalia* pantropische Areale und interessante Inseltypen hervorgebracht (SAUER). Die Arten der Palmengattung *Raphia* bilden im tropischen Westafrika von Süd nach Nord mit zunehmender Trockenheit vikariierende Gürtelareale (T. A. RUSSELL). Sehr interessant ist weiters die vikariierende Verteilung von 240, im wesentlichen am Kap massierten Arten der *Fabaceae*-Gattung *Aspalathus* [R. DAHLGREN (2)]. CROIZAT erläutert die Prinzipien seiner „Pangeographie" am Beispiel der *Bombacaceae* (wodurch seine Thesen allerdings nicht wesentlich an Überzeugungskraft gewinnen).

Wie irrig und unvollständig unsere Kenntnisse von den Arealen selbst auffälliger Angiospermen in Mitteleuropa vielfach noch sind, demonstriert WIDDER mit dem Beispiel von *Dianthus alpinus*, der bislang für verschiedene Gebiete der Ostalpen angegeben wurde, sich aber nunmehr als Endemit der nordöstlichen Kalkalpen entpuppt. Wegen der grundlegenden Bedeutung exakter Kenntnisse der Areale für viele weiterführende Forschungen schlagen EHRENDORFER und HAMANN eine floristische Kartierung Mitteleuropas vor. Ähnlich wie beim "Atlas of the British Flora" soll die Datensammlung und die Datenverarbeitung bis zum Kartendruck normiert und weitgehend automatisiert werden. Eine Realisierung dieses Projektes sollte besonders auch der Taxonomie zugute kommen; eine Zusammenarbeit aller Interessenten auf internationaler Basis wäre dafür nötig.

Ohne Berücksichtigung des Lebensraumes und der Funktion der Organismen lassen sich unsere Vorstellungen vom Vorgang der stammesgeschichtlichen Differenzierung nicht vertiefen. Die Wichtigkeit **ökologischer Aspekte** in der Evolutionsforschung kann etwa demonstriert werden durch die Gegenüberstellung jüngst erschienener Beiträge: ökologische Populationsgenetik (FORD) – Zusammenhänge zwischen Genotyp, Phänotyp und Umwelt [A. D. BRADSHAW (2)] – funktionelle Veränderungen der Pflanzen bei der Eroberung des Landes, bei der Entstehung von Blüten, Früchten usw. [CORNER (5)]. Besonders die Tropen bieten hier noch schier unerschöpfliche Probleme [RICHARDS, H. G. BAKER (3)], denn der interessante Beitrag von FEDOROV über die Sippengliederung im Bereich tropischer Regenwälder ist derzeit wohl noch eine Arbeitshypothese. Bemerkenswert ist in diesem Zusammenhang auch die besonders auf zoologischer Seite aktive Diskussion über sehr unterschiedliche Artenzahlen in verschiedenen Lebensräumen (T. H. HAMILTON, RUBINOFF, BARTH u. BUSH; C. E. KING; MAC ARTHUR; CONNELL u. ORIAS).

Eine Verbesserung der Kontakte zwischen Systematik und Ökologie ergibt sich einmal aus pflanzensoziologischen, autökologischen und biologischen Studien an bestimmten Sippengruppen. Beispiele dafür wären etwa die Beiträge in der "Biological Flora of the British Isles" (S. 394), die geobotanische Monographie ungarischer Orchideen [BORSOS (1, 2)], Studien an verschiedenen Gräsern (*Stipa dasyphylla*, pontisch: SZUJKÓ-LACZA; *Andropogon gayanus*, tropisch: B. N. BOWDEN; *Bromus tectorum*, besonders in den USA eingeschleppte Populationen: KLEMMEDSON u. SMITH), an spanischen *Rhamnaceae* [MARTÍNEZ (1)] und an *Anagallis* in Polen (KORNÁS), die vielseitige, chorologisch-ökologische Analyse der europäisch-arktischen, disjunkten *Primula nutans* ssp. *finmarchica* (L. u. Y. MÄKINEN), eine schöne Wuchsformanalyse derKugelpolster-*Valerianacea Phyllactis* (RAUH u. WILLER) und die vorbildlich vielseitige Darstellung des isolierten kalifornischen Relikt-Endemiten *Arctostaphylos myrtifolia* (GANKIN u. MAJOR). Eine leichtere Auswertbarkeit ökologischer Daten für die Systematik wäre möglich, wenn bei vegetationskundlichen Arbeiten öfters als bisher Florenkataloge oder zumindest Artenverzeichnisse beigegeben wären, wie z. B. bei ELLENBERG: Mitteleuropa; MARTÍNEZ (2): Sierra de Guadarrama, Spanien; KILLICK: Drakensberge, Südafrika. Auch moderne Florenwerke wenden der ökologischen Kennzeichnung der Arten vielfach mehr Augenmerk zu als bisher. Vorbildlich ist in dieser Hinsicht etwa die Flora des Schweizer Nationalparks (ZOLLER, S. 394), das neue Handbuch der ungarischen Flora und Vegetation (SOÓ, S. 394) sowie die Vegetation und Flora der Sonora-Wüste (SHREVE u. WIGGINS, S. 396). Anzustreben ist weiter eine möglichst umfassende Kennzeichnung der Arten: ZÓLYOMI schlägt dafür ein ökologisches Schema vor, E. SCHMID will besonders die Lebensform und die phylogenetische Position der Arten berücksichtigt wissen, PIGNATTI (1) sowie PACKER u. JOHNSON vermuten schließlich Zusammenhänge zwischen Ökologie und Polyploidie (ohne dabei allerdings das Phänomen der Paläopolyploidie ausreichend zu berücksichtigen).

Ökotypen. Der grundlegende Vorgang der ökologischen Differenzierung im vegetativen Bereich läßt sich vielfach aus der Existenz von ökologischen Clines und von ± kontinuierlich miteinander verbundenen, lokalen bzw. umfassenderen Ökotypen und weiter Ökotypengruppen ablesen [A. D. BRADSHAW (1); LANGLET]. Zu diesem dynamischen Bild wollen die ursprünglichen und auch neuere genökologische Termini und Kategorien (GREGOR) nicht recht passen.

Parallele Umwelteinflüsse lassen vielfach parallele Ökotypen entstehen; dies geht aus vergleichenden Untersuchungen über nordamerikanische Präriegräser (McMILLAN) und subalpine Buschformen von Holzpflanzen [J. CLAUSEN (1, 2)] hervor. Dabei zeigen selektionsgeprägte natürliche Sippen (von ökologischen Rassen über Unterarten bis zu Arten) im Kreuzungsexperiment ganz allgemein eine bemerkenswerte genetische Kohärenz der coadaptierten Merkmale (HIESEY et al.; NOBS et al. (2); HIESEY: Beispiele aus den Verwandtschaftsgruppen von *Achillea millefolium*, *Potentilla glandulosa*, *Mimulus cardinalis* — *M. lewisii*).

Es ist naheliegend, daß das Phänomen der Ökotypen-Differenzierung in einer "ecological radiation" der Artengruppen und Gattungen seine Fortsetzung findet, wie dies etwa für die Fabaceen *Oxytropis* § *Baicalia* (YURTSEV) und *Adesmia* [BURKART (1): mit paralleler blattanatomischer

Differenzierung], für *Eucalyptus* (FLORENCE: verwandte Arten in vikariierenden, entferntere in gleichen Pflanzengesellschaften), für *Euphorbia* subgen. *Esula* [KUZMANOV (2): große Mannigfaltigkeit der Lebensformen] und für die *Asteraceae Gutierrezia* [SOLBRIG (3): ökologische „Explosion" in sehr unterschiedlichen Lebensräumen Südamerikas] dargelegt wird.

Die einfachste Methode zur Demonstration der ökologischen Sippengliederung ist dabei die pflanzensoziologische Analyse der Begleitvegetation [M. E. BRADSHAW et al.: *Alchemilla* in Südost-Canada; HÁBEROVÁ: Sippen von *Achillea millefolium* agg. in der Slowakei; E. I. u. A. NYÁRÁDY (1, 2): *Festuca ovina* agg. in Rumänien]. Weiter führen Transplantationsversuche und autökologische Experimente [MERGEN: Ökotypen von *Pinus strobus;* MYERS u. BORMANN: Hochlagen-Ökotyp von *Abies balsamea* zu *A. fraseri* überleitend; WILBUR (2); MCCORMICK u. PLATT: ökologische Clines bei der winterannuellen *Crassulaceae Diamorpha cymosa;* JENNINGS: Höhenstufenökotypen bei *Rubus idaeus;* ALI (3): ökologische Differenzierung von Keimlingen, Blattschnitt und Wuchsformen beim australischen *Senecio lautus*-Komplex]. Schließlich wird sogar die physiologische Analyse aseptischer Zellkulturen aus verschiedenen Herkünften vorgeschlagen (ELLIOTT et al.). Im einzelnen zeigen sich bei diesen Untersuchungen ökologisch-physiologische Differenzierungen im Hinblick auf Photosynthese und Blattemperaturen [MILNER, HIESEY u. NOBS; MILNER u. HIESEY (1,2): *Mimulus*], Atmung und Wachstumsrate (MOONEY: *Polygonum bistortoides*), Blührhythmik [G. W. GILLETT (1): *Phacelia franklinii*-Gruppe], Stickstoffausnutzung (VOSE u. BREESE: *Lolium*), NaCl-Toleranz (WEIHE: *Festuca rubra*) und allgemeine edaphische Ansprüche (ÚLEHLOVÁ: Kleinarten von *Stipa*). Besonders bemerkenswert sind die Sippen auf substratbedingten Sonderstandorten. So findet sich auf den Kupferböden Katangas eine Spezialflora: Infraspezifische Rassen und Kleinarten, die aus der weit verbreiteten Flora der Umgebung hervorgegangen sind, und isolierte Relikte älterer Floren, die sich hier als edaphische Spezialisten gegen die Konkurrenz jüngerer Elemente halten konnten (DUVIGNEAUD u. DENAEYER-DE SMET: ausgezeichneter Beitrag mit vielen gut dokumentierten Beispielen). Entsprechende experimentell-autökologische Beiträge liefern BRÖKER über zinkresistente Galmeiformen von *Silene inflata,* JOWETT über bleiresistente Populationen von *Agrostis tenuis;* AUQUIER (2) bearbeitet Galmeipopulationen von *Festuca.*

Zum vielschichtigen Problem der halbparasitären und vielfach saisondifferenzierten *Scrophulariaceae-Rhinanthoideae* liegen mehrere neue Beiträge vor: Geringe Merkmalskorrelationen, lokale Ökotypen und Clines bei *Melampyrum pratense* (JALAS u. RAITANEN; A. J. E. SMITH), konvergente Segetalökotypen bei *Odontites* (V. M. SCHMIDT), wirtsbedingte Plastizität (WILINS) sowie echter und falscher Saisonpolymorphismus bei *Euphrasia* (SMEJKAL). Über Biologie und vermutliche Spezialisierung der *Loranthaceae* von terrestrischen Wurzelparasiten zu epiphytischen Astparasiten berichten KUIJT (1) sowie S. G. HAMILTON u. BARLOW.

Blütenbiologie und Fortpflanzungssystem. Veränderungen im Blütenbau im Zusammenhang mit einem Wechsel des Bestäubungsmodus (z. B. Anemogamie, verschiedene Formen der Zoogamie) bzw. des Fortpflanzungssystems (z. B. Selbstbestäubung, Diöcie) gehören zu den wichtigsten Aspekten der stammesgeschichtlichen Differenzierung der Spermatophyten. Grundlegende Übersichtsreferate mit zahlreichen Beispielen bringen PIJL (1, 2) sowie H. G. BAKER (1). LEPPIK diskutiert im Zusammenhang mit der Blütenevolution das spärliche Fossilmaterial. Die Auffächerung zahlreicher Verwandtschaftsgruppen in blütenbiologischer Hinsicht (melittophile, psychophile, myophile, chiropterophile, ornithophile u. a. „Stiltypen") dokumentiert VOGEL (3) mit Hinweisen auf die *Lobeliaceae, Nicotiana* u. a. Ähnliche Darstellungen geben V. GRANT (1) für die *Polemoniaceae,* DODSON für die *Orchidaceae* des tropischen Amerikas und SPRAGUE für *Pedicularis* (*Scrophulariaceae*).

Bei blütenbiologischen Analysen sollten folgende Voraussetzungen gewährleistet sein: 1. Sorgfältige morphologische, anatomische und biochemische Untersuchungen der Blüten [etwa VOGEL für Duftdrüsen im Blütenbereich (1), für Kesselfallen-Blumen (4) bzw. für männliche Euglossinen anlockende *Catasetinae* und *Stanhopeae* (2)]. 2. Möglichst vollständige Erfassung der Blütensucher und ihres Verhaltens [etwa GREGORY sowie LINSLEY et al. für *Oenothera;* MACIOR für *Dodecatheon*]. 3. Experimentelle Befunde (etwa SCORA: saftmalfreie Mutante bei *Monarda* wird von Blütenbesuchern gemieden). — Blütenbiologische Differenzierungen tragen vielfach auch zur Barrierenbildung zwischen verwandten Sippen bei, so etwa zwischen den auf verschiedene Besucherkreise spezialisierten Arten *Salvia apiana* und *S. mellifera* (K. A. u. V. GRANT) oder bei Gräsern mit Pollenausschüttung zu verschiedenen Tageszeiten (PONOMAREV u. TURBACHEVA).

Im Hinblick auf die verschiedenen Fortpflanzungssysteme der Angiospermen entwirft CROWE das Bild der vermutlichen phylogenetischen Abfolge von Selbststerilität mit gametophytischer bis sporophytischer Kontrolle zu Heterostylie, Gynodiöcie, Diöcie bzw. zu Autogamie. Am autogamen *Phasaeolus lunatus* können durch genetische Untersuchungen die erbliche und die umweltbedingte Variabilität der Fremdbestäubungsrate (etwa 1—15%) und die selektiven Vorteile der Heterozygotie demonstriert werden; die Populationen sind demnach keineswegs homozygot (ALLARD; IMAM u. ALLARD; WORKMAN u. ALLARD; HARDING u. TUCKER). Bei *Medicago* sind die perennen Arten meist allogam, die annuellen dagegen meist autogam (BÓCSA u. MÁNDY); autogam ist auch der annuelle *Lathyrus nissolia* (CANNON). KHOSHOO bringt mit seinen schönen Untersuchungen an *Sisymbrium irio* agg. ein weiteres Beispiel für einen annuellen und autogamen Formenkreis mit deutlicher Genomdifferenzierung und Allopolyploidie. Die bessere Migrationsfähigkeit von Autogamen wird neuerlich an nord- und südamerikanischen Sippenpaaren der *Cichoriaceae Microseris* und *Agoseris* belegt (CHAMBERS). Bei *Cucumis* repräsentiert eine Mutante mit geschlossen bleibenden Blüten den möglichen Schritt zur Kleistogamie (GROFF u. ODLAND). Über die kleistogamen Blüten von *Viola* berichten SATAKE u. ITO.

Viel Aufmerksamkeit wird in letzter Zeit wieder dem Phänomen der Heterostylie zugewendet. Während die Variabilität der Griffellänge bei *Mirabilis* anscheinend keine Vorstufe zur Heterostylie darstellt [H. G. BAKER (2)], handelt es sich bei der *Turneracea Piriqueta* (ORNDUFF u. PERRY), bei der *Loganiacea Gelsemium* (DUNCAN u. DEJONG) und bei diversen *Rubiaceae* [BREMEKAMP (2); BAHADUR] um echte Distylie. Kompliziertere Verhältnisse liegen bei *Oxalis* [ursprünglich Tristylie, durch Ausfall der Mittelklasse zu Distylie abgewandelt, mehrfach Entstehung autogamer monomorpher Sippen: ORNDUFF (4); MULCAHY; G. EITEN] und bei *Narcissus* vor (A. FERNANDES; DULBERGER). Bei der *Myrtacea Pimenta dioica* sind die beiden Geschlechter kaum unterscheidbar (CHAPMAN). Teilweise irreguläre Anteile der verschiedenen Geschlechtstypen am Populationsaufbau werden für diverse diöcische (GODLEY) und gynodiöcische Arten (BURROWS, HOBBS u. MELVILLE: *Gentiana;* CONNOR: *Cortaderia, Poaceae*) mitgeteilt.

Fruchtbiologie. Die Bedeutung fruchtbiologischer Differenzierung für die Stammesgeschichte der Angiospermen wird erst in letzter Zeit gebührend berücksichtigt. CORNER (2, 3, 5) faßt sogar das Blühen der Angiospermen als neotenisches Fruchten auf. Sowohl er als auch PIJL (3) vertreten die Auffassung, daß die Samen und Früchte der Angiospermen ursprünglich fleischig und zoochor waren und leiten von diesem Samen- und Fruchttypus alle anderen ab. Ein bemerkenswertes Beispiel für fruchtbiologische Differenzierung als Grundlage der stammesgeschichtlichen Entfaltung einer Angiospermenfamilie stellen die *Dipsacaceae* dar, bei denen Gattungen und Artengruppen jeweils in Richtung auf sklerochore, ballochore, pterochore, pogonochore oder elaiosomochore Fruchtbildung spezialisiert sind [EHRENDORFER (5, 6)]. Eine ähnliche Vielfalt der Fruchtformen findet sich bei den *Pedaliaceae* (IHLENFELDT).

Erwähnenwert sind weiters verschiedene Öffnungsformen bei *Convolvulaceae*-Kapseln [STOPP (2)], Hinweise auf die Genese der epizoochor funktionierenden Griffelhaken an den Balgnüßchen von *Geum* [GAJEWSKI (2)], morphologischer und keimungsphysiologischer Polymorphismus der Früchte bei der Wüsten-Composite *Gymnarrhena micrantha* (KOLLER u. ROTH) sowie der genetische Polymorphismus von *speltoides*- bzw. *ligustica*-Formen (Ähren zusammenhängend, nur oberstes Ährchen begrannt bzw. Ähren zerfallend, jedes Ährchen begrannt) in den Populationen von *Aegilops speltoides* (D. ZOHARY u. IMBER). OKADA beginnt mit der Illustration japanischer Samen und Früchte.

Wirt-Parasit-Verhältnis. Der Zeigerwert von Parasiten für die Affinitäten ihrer Wirtspflanzen wird noch recht wenig ausgewertet. DURRIEU gibt eine kurze Übersicht über mykologische Beispiele (z. B. *Cystopus candidus* auf *Capparaceae, Brassicaceae* und *Resedaceae;* diverse *Uredinales* auf *Rosaceae: Gymnosporangium* auf *Pomoideae; Tranzschelia, Leucotelium, Thekospora* auf *Prunoideae; Phragmidium* auf *Potentilleae, Roseae* und *Sanguisorbeae;* aber *Trachyspora* auf *Alchemilla* und *Puccinastrum* auf *Agrimonia* sowie *Tiphragmium* auf *Filipenduleae; Uromyces polygoni-avicularia*e auf *Polygonum* subgen. *Avicularia*, verschiedene *Puccinia*-Arten auf anderen Gruppen der Gattung usw.). SCHMIEDEKNECHT schildert die parallele Entfaltung diverser *Pseudopeziza*-Arten und ihrer Wirtspflanzen, der *Fabaceae-Trifolieae;* ähnliches gilt für die Brandpilze auf *Carex* (KUKKONEN) und diverse Rostpilze auf *Oxalis* (G. EITEN). EHRLICH u. RAVEN stellen die bisher sehr unterschätzte Bedeutung der Coevolution von Tieren und ihren Futterpflanzen am Beispiel der *Papilionoideae* und *Angiospermae* dar und betonen die Wichtigkeit sekundärer Inhaltsstoffe als Abwehrmittel der Pflanzen gegen phytophage Tiere; so sind etwa die *Ranunculaceae, Myrtaceae, Cucurbitaceae* und *Rubiaceae* fast ohne Schmetterlingsfraß. Auch eine systematische Auswertbarkeit wird angedeutet: So fressen etwa *Pierinae* nur auf *Capparaceae* und *Brassicaceae, Danainae* auf *Apocynaceae* und *Asclepiadaceae, Heliconiini* und *Argynini* auf *Flacourtiaceae, Violaceae, Turneraceae* und *Passifloraceae.*

6. Vergleichende Phytochemie

ALSTON u. TURNER (1) legen ein erstes Lehrbuch der in den letzten Jahren explosiv entfalteten biochemischen Systematik vor, in dem nach einer allgemeinen taxonomischen Einleitung die verschiedenen Stoffgruppen, die Biochemie von Hybriden und schließlich die taxonomische Auswertung biochemischer Daten behandelt wird. Grundlegend sind auch die beiden folgenden, auf Symposiumberichten aufbauenden Sammelwerke: In dem von SWAIN herausgegebenen Band sind besonders folgende Beiträge bemerkenswert: GIBBS (Geschichte der Chemotaxonomie), ERDTMAN (Hinweise auf die unterschiedlichen Inhaltsstoffe im Holz der *Pinales, Cupressales* usw.), BATE-SMITH (Leucoanthocyane, Flavonole und Hydroxysäuren besonders bei Holzpflanzen, Flavone, Flavanone und Methoxysäuren besonders bei Krautpflanzen usw.), FLÜCK (Beeinflussung des Gehalts an Sekundärstoffen durch innere und äußere Faktoren), EGLINGTON u. HAMILTON (Alkane in Blattwachsen: Systematik der *Crassulaceae-Sempervivoideae*), HEGNAUER (Alkaloide und ihre Bedeutung für die Chemotaxonomie diverser Angiospermenfamilien), PRICE (Hinweis auf Eigenständigkeit der *Rutaceae* aufgrund ihrer Alkaloide). 47 Beiträge von mikrobiologischer, botanischer und zoologischer Seite sind in dem von LEONE redigierten Symposiumbericht vereinigt; hier wird die Auswertung einer Fülle biochemischer, serologischer, physiologischer und molekularbiologischer Befunde für die Taxonomie in höchst anregender Weise diskutiert. Hinzuweisen ist ferner auf einige Grundsatzreferate über botanische Chemotaxonomie: MIROV (3) (zunehmende

Komplikation von Terpenen im Evolutionsverlauf, Syringaaldehyd im Holz der Angiospermen aber nicht der Gymnospermen, Chemotaxonomie von *Pinus* usw.); WILLAMAN u. LI (angebliche Zusammenhänge zwischen Lebensraum bzw. Lebensform und Komplexität der Alkaloide bei höheren Pflanzen): ALSTON, MABRY u. TURNER (der Aussagewert übereinstimmender Inhaltsstoffe sollte durch Nachweis übereinstimmender Biosynthesewege erhärtet werden, Genetik des biochemischen Polymorphismus usw.); REZNIK („gute" und „schlechte" biochemische Merkmale und Möglichkeiten ihrer phylogenetischen Interpretation: Biflavonyle der *Gymnospermae* und *Casuarina*, Flavonoide von *Galium* und *Asperula* usw.); RAMA DAS; BÖRITZ. In methodischer Hinsicht ist ein Beitrag von KANDLER über die Verwendung von C_{14} zur Herstellung zweidimensionaler Papierchromatogramme und darauffolgender Autoradiographie bemerkenswert; damit ergeben sich interessante Ansatzpunkte für eine chemotaxonomische Auswertung von Hamamelose, Oligosacchariden und Zuckeralkoholen. Die Analyse von Papierchromatogrammen als „Fleckmuster" (TURNER u. MABRY) kann dagegen heute nur mehr als erste grobe chemotaxonomische Informationsquelle gelten.

Gewisse Schwierigkeiten für die Chemotaxonomie ergeben sich aus dem immer häufiger nachgewiesenen biochemischen Polymorphismus vieler Arten: Übersichtsreferat: TÉTÉNYI (2); Beispiele: *Sedum acre* (PRISZTER und TÉTÉNYI), *Daucus carota* (STAHL), *Petroselinum hortense* (STAHL u. JORK), *Strophanthus sarmentosus* (REICHSTEIN), *Solanum dulcamara* [SANDER (2)], *Mentha longifolia* (TÉTÉNYI u. VÁGUJFALVI), *Achillea millefolium* agg. [TÉTÉNYI, TYIHÁK, MÁTHÉ und SVÁB (1, 2); TYIHÁK, MÁTHÉ, SVÁB u. TETÉNYI], *Tanacetum vulgare* (STAHL u. SCHMITT). Da jahreszeitliche und ontogenetische Aspekte (R. H. SMITH: Oleoresine im Holz von *Pinus ponderosa*) ebenso wie edaphische Faktoren (MCCLURE u. ALSTON: phenolische Inhaltsstoffe von *Spirodela*) offenbar keine wesentliche Modifikation der Stoffausstattung bedingen, handelt es sich anscheinend überwiegend um erblich fixierten Polymorphismus. Bei *Collinsia* führen solche Verhältnisse STRØMNAES u. GARBER (bzw. GARBER u. STRØMNAES) zur Annahme, daß die Inhaltsstoffe taxonomisch kaum auswertbar sind. Bei *Pinus muricata* (FORDE u. BLIGHT) sowie bei *Baptisia leucophaea* (BREHM u. ALSTON) stimmt weiters das geographische Verteilungsmuster der Inhaltsstoffe und der morphologischen Merkmale nicht überein. Angesichts dieser Tatsachen erscheint es sehr bedenklich, wenn TÉTÉNYI (1) (neben den vielfach schon existierenden herkömmlichen infraspezifischen Taxa) noch lateinisch benannte und nomenklatorisch verbindliche „Chemo-Varietäten" kreieren will.

HEGNAUER (1, 2) setzt sein Monumentalwerk über die Chemotaxonomie der Pflanzen mit den Bänden II (*Monocotyledoneae*) und III (*Dicotyledoneae*, Familien A–C) fort. Die biochemischen Befunde aus der weit verstreuten Literatur wurden sehr vollständig gesammelt, mit anatomischen Daten übersichtlich zusammengestellt und in souveräner Weise mit den verschiedenen bisherigen systematisch-phylogenetischen Gruppierungen konfrontiert. Sehr wichtig sind die vielen Hinweise auf noch offene Probleme.

Aus der Fülle der in diesem Standardwerk mitgeteilten chemotaxonomischen Befunde seien einige besonders wichtige Schlußfolgerungen referiert: Bei den *Liliaceae* sprechen die Inhaltsstoffe gegen eine allzu starke Aufteilung; weiters wäre zu befürworten eine Gliederung der *Melanthioideae* (Saponine), *Wurmbaeoideae* (Colchizin) und *Lilioideae*, etwa entsprechend den Vorschlägen von BUXBAUM, und eine Zusammenfassung und Neugliederung der *Asphodeleae* und *Aloineae*, wie sie schon SCHNARF ventiliert hat. Auch die *Allioideae* gehören biochemisch eher zu den

Liliaceae als zu den durch ihre Alkaloide gut gekennzeichneten *Amaryllidaceae*. Die *Agavaceae* heben sich dagegen biochemisch kaum von den *Liliaceae* ab. Weiters wird die Sonderstellung der *Bromeliaceae*, *Poaceae* und *Cyperaceae* erhärtet, dagegen dürften die *Arecaceae (Palmae)*, *Cyclanthaceae* und *Araceae* zusammengehören, auch die *Scitamineae* bilden eine biochemisch geschlossene Gruppe.

Bei den „*Amentiferae*" ergeben sich Zusammenhänge zwischen *Fagaceae*, *Betulaceae*, *Myricaceae sowie Casuarinaceae* (die angeblichen Affinitäten mit *Gymnospermae* sind nicht überzeugend!) und *Hamamelidaceae*. Die *Juglandaceae* scheinen dagegen etwas abseits zu stehen. Auch die *Cercidiphyllaceae* dürften eher mit den *Hamamelidales* als mit den *Magnoliales* in Verbindung zu bringen sein. Die *Salicaceae* stellen offenbar eine getrennte Entwicklungslinie dar. Die *Centrospermae* (mit *Cactaceae*!) sind vor allem durch ihre Betacyane gekennzeichnet; obwohl die *Molluginaecae* und *Caryophyllaceae* an ihrer Stelle Anthocyane aufweisen, erscheint durch anderwärtige biochemische Ähnlichkeiten (z. B. durch das Vorkommen von Triterpensaponinen) ihre Zugehörigkeit zu den *Centrospermae* doch wahrscheinlich. Offenbar haben sich die *Centrospermae* von teilweise noch anthocyanhältigen Vorfahren aufgefächert. Aufgrund ihrer Aporphinalkaloide schließen sich die *Aristolochiaceae* deutlich an die *Magnoliales* an. Die *Ranunculales* sind besonders durch ihre Isochinolinalkaloide gekennzeichnet. Hierher wären auch die *Papaveraceae* zu stellen, die mit den durch Senfölglucoside und Myrosinzellen charakterisierten *Capparidales (Capparaceae, Brassicaceae, Resedaceae* und *Moringaceae)* in biochemischer Hinsicht wenig gemein haben. Durch das gelegentliche Vorkommen dieser Inhaltsstoffe bei einem Teil der *Parietales (Passiflorales)* und die Auffindung von Cucurbitacinen auch bei den *Brassicaceae* ergeben sich interessante Hinweise auf mögliche Verwandtschaftsbeziehungen. Andere *Parietales*-Familien *(Cistaceae, Bixaceae, Cochlospermaceae)* zeigen dagegen eher biochemische Ähnlichkeiten mit den *Dilleniaceae (Guttiferales)*.

Holzige und krautige *Saxifragales* (etwa *Cunoniaceae* und *Saxifragaceae* s. str.) lassen sich durch polyphenole Gerbstoffe u. a. als zusammengehörig erkennen; von den *Brexiaceae*, *Escalloniaceae* u. a. lassen sich durch das gemeinsame Vorkommen von Dulcit, Pristimerin usw. auffällige Beziehungen zu den *Celastrales (Celastraceae, Hippocrateaceae, Siphonodontaceae)* feststellen, während die *Aquifoliaceae* deutlich abseits stehen. An die *Saxifragales* (bzw. *Cunoniales*) lassen sich aufgrund des gemeinsamen Vorkommens bestimmter Pseudoindicane auch die *Cornaceae* und *Garryaceae* anschließen, während die durch Petroselinsäure, Falcarinon u. a. auch biochemisch als eng zusammengehörig erkennbaren *Araliaceae* und *Apiaceae (Umbelliferae)* eher mit den *Terebinthales* im Zusammenhang stehen. Die derzeitige Fassung von *Rutales* bzw. *Terebinthales* und *Sapindales* erscheint problematisch, da einerseits die recht isolierten *Anacardiaceae* Ähnlichkeit mit den *Burseraceae*, andererseits die nah verwandten *Sapindaceae* und *Aceraceae* auch Ähnlichkeiten mit den *Polygalaceae* erkennen lassen.

Die Zusammenfassung von *Gentianales* und *Rubiaceae* wird vor allem durch die gemeinsamen Indolbasen gestützt. *Apocynaceae* und *Asclepiadaceae* sind trotz mancher Ähnlichkeiten durch unterschiedliche Alkaloide und Bitterstoffe klar getrennt. Die vielfach mit den *Loganiaceae* verknüpften *Buddlejaceae* sind auch biochemisch eher den *Tubiflorae* zuzurechnen. Allerdings sind *Gentianales* und *Tubiflorae* durch manche biochemische Ähnlichkeiten verbunden. Die *Tubiflorae* (z. B. *Acanthaceae, Bignoniaceae, Scrophulariaceae, Verbenaceae, Lamiaceae* usw.) lassen sich vor allem durch das Vorkommen von Pseudoindikanen, Naphthochinonen, Kaffeesäurederivaten und das Fehlen von Leucanthocyanen kennzeichnen und bilden offenbar eine einheitliche Verwandtschaftsgruppe. Die ebenfalls hierher gehörigen *Convolvulaceae* zeigen durch das Vorkommen von Scopoletin u. a. Ähnlichkeit mit den *Solanaceae*, die *Boraginaceae* deuten mit ihren Senecio-Alkaloiden und inulinartigen Fructanen auf Beziehung zwischen *Tubiflorae* und *Campanulales*. Sehr eigenartig und weiter zu überprüfen sind recht breite biochemische Ähnlichkeiten zwischen *Umbelliflorae* (s. str.) und *Asteraceae*. Innerhalb der *Campanulales* erscheint der Zusammenhang zwischen *Campanulaceae* und *Asteraceae* bzw. *Cichoriaceae* durch gemeinsame Triterpensaponine gesichert. Weiters ergeben sich interessante Ansätze zur biochemischen Gliederung der Riesenfamilie *Asteraceae* und zur Abtrennung der *Cichoriaceae* (bei denen Polyine fehlen).

Aus der kaum mehr überschaubaren Fülle spezieller chemotaxonomischer Beiträge seien folgende Arbeiten herausgegriffen: MIROV (1, 2) (Terpene bei *Pinus*), HILLIS u. ORMAN (Differenzierung neuseeländischer *Nothofagus*-Arten), LEBRETON (Flavonoide der *Urticales*), BECK (Betacyane bei *Centrospermae*, nur *Molluginaceae* und *Caryophyllaceae* ebenso wie *Plumbaginaceae* und *Primulaceae* mit Anthocyanen, biochemische Einheitlichkeit der *Primulaceae*), MORS et al. (*Aniba*, *Lauraceae*: α-Pyron-Biosynthesewege parallel mit Reduktionslinien im Androeceum), RUIJGROK (Ranunculin bei *Helleboreae* und *Ranunculeae*), MANSKE (*Oceanopapaver* ohne Alkaloide, wohl nicht zu *Papaveraceae*), HENKE (Flavonoide bestätigen die bisherige Gattungsgliederung von *Malus*), NÜRNBERGER (Flavonole bei *Sorbus*), BILLEK u. KINDL (biochemische Heterogenität der *Saxifragaceae* s. l.), E. A. BELL (Aminosäuren bei *Lathyrus*), HARNEY u. GRANT (1—3) (Chemotaxonomie der *Lotus corniculatus*-Gruppe), MUNSON (Blütenpigmente nordamerikanischer *Viola*-Arten), HATHAWAY (Hydroxystilbene als Hinweis auf die natürliche Gliederung von *Eucalyptus*), FUJITA (2—6) (Biosynthese von Cumarinen und anderen Inhaltsstoffen parallel zur phylogenetischen Aufgliederung verschiedener *Angelica*-Arten), SANDER (1) (Gliederung der Gattung *Solanum*), GORENFLOT u. BOURDU (taxonomische Bedeutung von Sacchariden bei *Plantago*), MOZA et al. (Colchizine bei den *Liliaceae-Wurmbaeoideae*), RHEEDE VAN OUDTSHOORN (*Bulbine* gehört zu den *Liliaceae-Asphodelinae*), SAGHIR u. MANN (taxonomische Bedeutung flüchtiger Schwefelverbindungen für die Systematik von *Allium*).

Bei Bastarden ergeben sich teilweise kombinative oder intermediäre Stoffmuster; dadurch kann eine parallele morphologische und biochemische Analyse von Hybridschwärmen möglich werden z. B. bei *Baptisia* [ALSTON u. TURNER (2); ALSTON u. HEMPEL; MCHALE u. ALSTON], *Betula* (K. E. CLAUSEN), *Coprosma* (A. O. TAYLOR). Teilweise sind die Ergebnisse aber auch irregulär oder es entstehen neuartige „hybride" Inhaltsstoffe, z. B. bei *Lotus* [HARNEY u. GRANT (2, 3)] oder *Nicotiana* (H. H. SMITH u. ABASHIAN). Neuerdings werden papierchromatographische Befunde auch als zusätzliche Hilfsmittel zur Rekonstruktion der Entstehung von Allopolyploiden herangezogen; danach ist die tetraploide *Lobelia elongata* aus diploiden *L. puberula*- und *L. cardinalis*-ähnlichen Ausgangsformen entstanden (CHAUBAL et al.). *Viola quercetorum* ($4x$) wird auf *V. purpurea* ($2x$) und *V. aurea* var. *mohavensis* ($2x$) zurückgeführt (STEBBINS et al.). Weiters kann die Genese von $2x$-, $4x$- u. $8x$-Sippen perennierender Arten von *Zinnia* geklärt werden (TORRES u. LEVIN).

Zu erwähnen wären noch serologische Befunde zur Verwandtschaft der *Cornaceae*, *Nyssaceae* und der isolierten Gattung *Davidia* (FAIRBROTHERS u. JOHNSON) und zur Affinität verschiedener Arten von *Nicotiana* (LONGO). BLAGOVESCHENSKI glaubt an den Proteinen der Samenpflanzen im Laufe der Stammesgeschichte eine fortschreitende Verschiebung des Albumin-Globulin-Verhältnisses feststellen zu können. Abzuwarten bleibt, ob sich auch bei höheren Pflanzen Elektrophorese-Studien an Proteinen (SIBLEY) und Versuche von Ähnlichkeitsbestimmungen zwischen spezifischen DNS (HOYER, MCCARTHY u. BOLTON) für taxonomische Zwecke werden auswerten lassen.

7. Biometrie

Im Zusammenhang mit der Diskussion um eine phänetische und numerische Taxonomie (vgl. S. 349ff.) sind wesentlich verbesserte mathematische Methoden zur Bestimmung von Ähnlichkeitskoeffizienten entwickelt bzw. in den Dienst systematischer Arbeit gestellt worden. Eine ausgezeichnete Übersicht findet sich in dem Buch über "Numerical Taxonomy" von SOKAL u. SNEATH: Bestimmung der "operational taxonomic units" (OTU's), Auswahl, Klassifizierung und "Coding" der Merkmale, Assoziations- und Korrelationskoeffizienten nach Q- und R-Technik, Affinitätsbestimmung der OTU's und ihre Gruppierung ("Clustering") zu „Phenons" sowie Konstruktion von Ähnlichkeitsdendrogrammen. Weitere Beiträge zu diesen mathematischen Methoden finden sich etwa bei HEYWOOD u. MCNEILL (2), HUBER (2), DU PRAW (mit Beispielen aus den Apiden) sowie KENDRICK u. PROCTOR (mit Beispielen aus den *Fungi Imperfecti*). Numerisch-taxonomische Bearbeitungen für Angiospermen bringen DAVIDSON (*Cirsium altissimum* – *C. discolor*-Komplex) sowie – unter Anwendung andersartiger Methoden – ROBERTY u. VAUTIER bzw. ROBERTY (Gattungen der *Polygonaceae* bzw. *Convolvulaceae*). JENTYS-SZAFEROWA bespricht schöne Beispiele für die Anwendung biometrischer Methoden bei fossilem und rezentem Material von *Carpinus*, *Menyanthes* u. a., BALKOVSKY sowie N. H. RUSSELL berichten über mathematisch orientierte Merkmalserfassung und Beschreibung. Entsprechende Daten können mit Hilfe von Lochkartenverfahren für die Erstellung von Bestimmungsschlüsseln verwendet werden (S. 352).

8. Kulturpflanzen

Die Bedeutung positiv allometrischen Wachstums der vom Menschen genutzten Organe in der Evolution der Kulturpflanzen schildert SCHWANITZ (1). Besonders auf praktische Züchtungsfragen ausgerichtet ist das nunmehr in englischer Übersetzung vorliegende Büchlein über Nutzpflanzen und ihre Wildformen von ZUKOVSKIJ. In einem Sammelwerk über angewandte Botanik [TURRILL (1)] werden u. a. Aspekte der Getreidezüchtung, der Entstehung der Zierpflanzen und Obstsorten sowie der Kulturpflanzentaxonomie behandelt. Ein Symposium über Kulturpflanzenevolution [HUTCHINSON (3)] enthält u. a. Beiträge über die als Unkraut in Weizenfeldern entstandenen *Sorghum*-Kulturformen, über die Coevolution von Kultur- und Unkrautformen bei *Triticum*, *Avena* und *Hordeum*, und über Cytogenetik bei Mais, Weizen, Kartoffel und Futterpflanzen. Angaben über die Verbreitung der Kulturpflanzen in der USSR sind einem von SCHISCHKIN herausgegebenen Atlas zu entnehmen, während ein Symposiumbericht (BARRAU) den Zusammenhängen zwischen menschlichen Wanderwegen und Kulturpflanzen im Pazifik nachgeht. SIMMONDS (1) berichtet über die Taxonomie von Bananen und Kartoffeln. Für die infolge Hybridisierung oft schwierige Systematik der Kulturpflanzen [TERPÓ (2)] schlägt JIRÁSEK (1) andere Kategorien als für Wildpflanzen vor, u. a. "Specioid" und „Subspecioid". Über die sehr begrüßenswerten Bestrebungen zur Stabilisierung der Kulturpflanzennamen berichtet PUNT.

Von den zahlreichen Beiträgen über einzelne Gruppen von Kulturpflanzen kann hier nur eine kleine Auswahl angeführt werden. **Getreide:** *Triticum* (FRANKEL u. MUNDAY: Stammbaum mit Zeittafel; SWAMINATHAN: experimentelle Auslösung von Blockmutationen bei *T. aestivum*-6*x*, die anderen Arten, z. B. *T. spelta*, *T. vavilovii*,

T. sphaerococcum entsprechen; BRIGGLE u. REITZ: Kulturformen in den USA), *Secale* [KRANZ; KHUSH (1, 2): aus dem perennen allogamen *S. montanum* sind offenbar im Raum von Transkaukasien bis Nordafghanistan das annuelle, kleistogame und durch eine Translokation differierende *S. vavilovii* und weiter annuelle, allogame und durch zwei Translokationen differierende Wild- und Unkrautformen von *S. cereale* mit kleinen Körnern und brüchiger Rhachis wie ssp. *ancestrale*, ssp. *dighoricum*, ssp. *afghanicum* sowie ssp. *segetale* und schließlich aus letzterer — wohl polytop — die großkörnigen Kulturformen des Roggens mit fester Rhachis entstanden; DEODIKAR: Übersicht] *Hordeum* (WARD: Merkmalsdifferenzierung der Kultursorten; TOVIA u. ZOHARY: aus Hybridisierung zwischen 6-zeiligen Kulturgersten und zweizeiligem *Hordeum spontaneum* entstehen *H. agriocrithon*-artige Formen; BAKHTEYEV: *Hordeum spontaneum* als Ausgangssippe der Kulturformen; NILAN: Cytologie und Genetik), *Avena* (RAJHATHY u. DYCK: unterschiedliche diploide Genome haben *A. strigosa* et aff., *A. longiglumis* und *A. pilosa*; THOMAS u. JONES: Syndese bei experimentellen $5x$- und $10x$-Hybriden weist auf eine Entstehung von *A. sativa*-$6x$ aus $4x$-Sippen wie z.B. *A. abyssinica* und *A. strigosa*-$2x$), *Eleusine* [K.L. MEHRA (1): Nach Populationsanalysen sind aus *E. indica*-$2x$ durch Hybridisierung *E. africana* und durch Polyploidie *E. coracana*-$4x$ und aus dieser wiederum die afroasiatischen Kulturformen entstanden], *Oryza* (Rice genetics and cytogenetics: Proc. Symp. Los Baños, Philippines; Amsterdam, London, New York 1964; GHOSE, GHATGE u. SUBRAMANYAN: Indien; H.W. LI et al.: Arten nach Größe und Eu- bzw. Heterochromatingehalt ihrer Chromosomen verschieden; SEN: Pachytän-Chromosomen von *O. perennis;* die asiatische *O. sativa* ist nach SEETHARAMAN aus der afrikanischen Kulturform *O. glaberrima* entstanden, nach MORISHIMA, HINATA u. OKA ist dagegen eher eine parallele Entwicklung aus Wildformen anzunehmen: *O. sativa* in Asien aus *O. perennis* und *O. glaberrima* in Afrika aus *O. breviligulata; O. spontanea* wäre eine sekundäre Unkrautform), *Echinochloa* [YABUNO: Parallele Entwicklung der Kulturformen *E. frumentacea* bzw. *E. utilis* (nov. spec.) aus den Wildformen *E. colona* bzw. *E. crus-galli*], *Zea* [MANGELSDORF u. REEVES (1, 2, 3); MANGELSDORF u. MCNEISH; MANGELSDORF u. GALINAT; REEVES u. MANGELSDORF (1, 2): Sehr eindrucksvolle Rekonstruktion der Entstehung des Kulturmaises aus heute ausgestorbenen *Zea*-Wildformen (mexikanische Höhlenfunde von 5200 v. Chr. bis heute!): Entwicklung über Spelzen-Mais und infolge hybridogener Introgression von *Tripsacum*-Genen; *Euchlena* = Teosinte wäre ein solches Hybridprodukt und keine Mais-Stammform; GALINAT, CHAGANTI u. HAGER: *Tripsacum* allopolyploid aus *Zea*-Wildformen und *Manisuris* ?].

Stärkeknollen. *Manihot* [D. J. ROGERS (1): Gattungszentren in Mexiko und im tropischen Südamerika, hybridogen verknüpfte Wild-, Unkraut- und Kulturformen], *Ipomoea* (NISHIYAMA; NISHIYAMA u. TERAMURA: Batate aus mexikanischen *I. trifida*-ähnlichen Wildformen; CONKLIN: Wohl erst in der Neuzeit von Mittelamerika in den Pazifischen Raum und nach Afrika), *Solanum* [J. G. HAWKES (1): Revision von § *Tuberarium* subsect. *Hyperbasarthrum;* BRÜCHER (1): $2x$-Kulturkartoffeln auf Chiloe; $4x$-Kulturkartoffeln: SIMMONDS (2, 3): Entstehung der europäischen *Tuberosum*-Gruppe durch Selektion aus Chile-Herkünften der nur schwach differenzierten süd- bis mittelamerikanischen *Andigena*-Gruppe; YEH, PELOQUIN u. HOUGAS: Bestätigung dieser These durch haploide *tuberosum* × *andigena*-Bastarde mit normaler Meiose], *Dioscorea* (WAITT: Yams).

Zuckerpflanzen. *Beta* (BANDLOW: Wildformen und ihre Hybriden mit Zuckerrüben), *Saccharum* (PRICE: hochpolyploide und aneuploide Kulturformen sind Hybriden aus 4 Wildarten; ARTSCHWAGER u. BRANDES: Gesamtdarst.), *Arenga* (MILLER: Zuckerpalme, Gesamtdarst.).

Gemüse-, Öl- und Grünfutterpflanzen. *Spergularia* (BOROS u. JANOSSY: Spark in Ungarn), *Atriplex* (PRISZTER: Gartenmelde in Ungarn), *Brassica* (CURRAN: Nomenkl. u. Cyt.; HELM: taxonomische Gliederung der Kulturformen von *B. oleracea;* MAC NAUGHTON: neue allo- und autopolyploide Kulturformen), *Raphanus* (WEIN: Kulturgeschichte von Rettich und Radieschen), *Glycine* (NORMAN: Soyabohne), *Voandzeia* und *Kerstingiella* (HEPPER: Wildformen von „Bambara" und „Kersting's Groundnut" in Afrika), *Melia* (MITRA: *M. azadirachata* als Ölpflanze „Neem"), *Cucurbita* (WHITAKER u. DAVIS; WHITAKER u. BEMIS: Gesamtdarstellung und Genese der Kulturformen des Kürbis, vgl. S. 362), *Citrullus* (FILOV: Entstehung und

Systematik der Wassermelonen), *Capsicum* (KORMOS), *Solanum* [HEISER (4): andine Kultursippe *S. muricatum* = Pepino, wohl aus *S. caripense*- und *S. tabanoense*-ähnlichen Wildformen], *Allium* (H. A. JONES u. MANN: Übersicht der Kulturformen), *Asparagus* (THUESEN: Cytogenetik des Spargels).

Nüsse und Obst. Erforschung der ungarischen Wildformen [TERPÓ (1)], *Juglans* [WERNECK (1): Vorrömische Funde in Kärnten: bodenständige Steinnüsse und mazedonisch-moesische Kulturformen, aber noch keine Mittelmeerrassen], *Ficus* (JESZENSKY u. KÁRPÁTI: Kulturfeigen in Ungarn), *Malus* und *Pyrus* [KNIGHT: Literaturübersicht; WERNECK (2): Wildbirnen im östlichen Österreich], *Vitis* [VASSILCZENKO (1): Stammformen der Kulturrebe in Mittelasien].

Faserpflanzen. *Cannabis* (MÁNDY u. BÓCSA: Hanf in Ungarn), *Linum* (KULPA und DANERT: Kulturleine aus *L. angustifolium*, Systematik aller *L. usitissimum*-Sorten), *Gossypium* [HUTCHINSON (1); PHILLIPS (1): Die neuweltlichen $4x$-Sippen *G. hirsutum*, *G. barbadense* usw. allopolyploid aus der altweltlichen $2x$-Gruppe von *G. herbaceum* — *G. arboreum* und aus neuweltlichen Diploiden; der Zeitpunkt dafür jedenfalls präkolumbianisch, Fossilfunde: C. E. SMITH u. MACNEISH; STEPHENS: Einwanderungsgeschichte der polynesischen Baumwollsippen; D. CLEMENT u. PHILLIPS; PHILLIPS u. CLEMENT: Genese des neuen *G. barbosanum*-$4x$ von den Cape Verde-Inseln; SETHI et al.: Baumwolle in Indien].

Kautschuk. Gesamtdarstellung (POLHAMUS).

Holzpflanzen. Übersicht der in Europa kultivierten Arten, Nomenklatur [J. SCHULTZE-MOTEL].

Zierpflanzen. *Iris* (RANDOLPH).

9. Evolutionsforschung

In den Berichtsjahren sind einige wichtige zusammenfassende Darstellungen über den heutigen Stand der Evolutionsforschung erschienen, z. B. MAYR: hervorragende Synthese unter besonderer Berücksichtigung der Mikroevolution bei Tieren, V. GRANT (2): Entstehung der Anpassungen, ROSS: Bedeutung geographisch-ökologischer Aspekte der Evolution, EHRLICH u. HOLM: populationsgenetische Phänomene als Grundlage des Evolutionsgeschehens, ALLEN: Wesen der biologischen Mannigfaltigkeit und weiters etwa OLSON: russische Beiträge, VALENTINE (1) sowie SCHWANITZ (2). Ein Vergleich dieser Arbeiten zeigt, daß über die einzelnen Mechanismen und Faktoren, besonders im Bereich der Mikroevolution und bei höheren Organismen, heute ziemliche Einigkeit besteht. Umwälzende Neuentdeckungen sind hier offenbar nicht mehr zu erwarten. Die immer weiter anwachsende Fülle phylogenetisch gut durchgearbeiteter Formenkreise sollte nun aber synthetisch ausgewertet werden (WARDLAW). Durch immer klarer hervortretende gesetzmäßige Zusammenhänge zwischen sehr verschiedenen Phänomenen der stammesgeschichtlichen Differenzierung wird es nun tatsächlich möglich, bestimmte „Evolutionsmuster" herauszustellen. Bei den Samenpflanzen ist dazu ein erster Anfang bereits gemacht worden [V. GRANT (2); EHRENDORFER (2, 5, 6); VALENTINE (2)]. Die erwähnten Zusammenhänge sind anscheinend dadurch bedingt, daß über das „Rekombinationssystem" etwa so verschiedene Phänomene wie „Lebensform" (langsame oder rasche Generationsfolge), „Fortpflanzungsbiologie" (Verbreitungsradius von Pollen und Propagulen; Allogamie, Autogamie bzw. Apomixis), „Chromosomenapparat" (Zahl der Chromosomen, Chiasmafrequenz), „innere und äußere Isolationsfaktoren" (Kreuzungsbarrieren, geographisch-ökologische Isolation) und „Populationsgröße" miteinander korreliert sind. All dies ist natürlich auch mit der räumlichen, ökologisch-geographischen Position der Sippen (stabile bzw. labile, alte bzw. junge Lebensgemeinschaften) kausal verknüpft. Musterbildung ergibt sich nun offenbar dadurch, daß bei Konstantstellung eines Phänomens viele andere damit zusammenhängende ebenfalls ± fixiert erscheinen. Ein Symposium über post-tertiäre Sippenbildung in Europa (SYLVESTER-BRADLEY) läßt etwa viele Ähnlichkeiten in der räumlichen Entfaltung pflanzlicher und tierischer Gruppen erkennen. An Arealrändern sind infolge verstärkter räumlicher Isolation und geringer Populationsgröße die Möglichkeiten für drastisch beschleunigte Evolution und die Eroberung edaphisch aberranter Standorte vermehrt [RAVEN (8)]. Die folgende Zusammenstellung von in letzter Zeit besonders eingehend studierten Formenkreisen stellt die Musterbildung im Hinblick auf Lebensformen, Chromosomenapparat und Fortpflanzungssystem heraus.

Ein sehr schönes Beispiel für eine diploide ($n = 12$) Holzpflanzengruppe mit sehr geringer chromosomenstruktureller Differenzierung und dementsprechend häufiger Hybridisierung, dafür aber mit verstärkter geographisch-ökologischer Auffächerung (besonders auch in edaphischer Hinsicht) hat NOBS durch seine Studien an der westlich-nordamerikanischen *Rhamnacea*-Gattung *Ceanothus* beigebracht. Für § *Cerastes* können in Kalifornien unter Zuhilfenahme fossiler Belege sowie anatomischer und chorologischer Befunde vier Entfaltungswellen rekonstruiert werden: zwei heute vornehmlich küstennahe und reliktär-disjunkt aufgelöste Gruppen seit dem Miozän (I offenbar vom Süden, II anscheinend vom Norden her entfaltet), weiters die vom kontinentalen Südosten seit dem Pliozän gegen die Küste vorstoßende *C. cuneatus-greggii*-Gruppe (III) und schließlich (IV), eine junge Populationsdifferenzierung aus Hybridschwärmen zwischen III und I + II.

Ein ähnliches Muster repräsentiert die tropisch-amerikanische Holzpflanzengattung *Theobroma;* sie ist ebenfalls diploid ($2n = 20$), die Arten hybridisieren leicht, die Auffächerung erfolgte aber vorwiegend geographisch und war von Differenzierungen hinsichtlich Keimungsverhalten, Verzweigung, Blüten- und Fruchtformen usw. getragen (vorbildliche Monographie von CUATRECASAS). Zur gleichen Mustergruppe dürfte auch die vom saisontrockenen in den immergrünen Bereich vorstoßende primitive tropische *Capparaceae*-Gattung *Crateva* [JACOBS (2)] gehören.

Dysploidie, also die Veränderung der Chromosomenbasiszahl, ist bei Holzpflanzen meist Begleiterscheinung einer heute schon weit zurückliegenden aktiven stammesgeschichtlichen Primärdifferenzierung gewesen. Ein großartiges Beispiel dafür liefern L. A. S. JOHNSON u. BRIGGS (sowie RAMSAY) mit ihrer Darstellung der bis in die Kreide zurückgehenden Auffächerung der Triben und Gattungen der *Proteaceae* mit $x = 7 \rightarrow 5 \rightarrow \rightarrow 10$, $7 \rightarrow 14 \rightarrow 13 \rightarrow 12 \rightarrow 11 \rightarrow 10$, $14 \rightarrow 15$, wobei die vermutliche Ausgangszahl $x = 7$ nur mehr bei zwei Gattungen (*Placospermum* und *Persoonia*) vorkommt. Diese Differenzierung hat offenbar von tropischen Formen (im malesisch-australischen Raum?) mit radiären, entomophilen Blüten in racemösen Infloreszenzen ihren Ausgang genommen und war durch vielfache parallele Entwicklungstendenzen, etwa Eindringen in sommertrockene Lebensräume, blütenbiologische Spezialisierung besonders in Richtung von Ornithophilie usw. begleitet. — Auch bei *Cassia* bleibt eine Veränderung der Chromosomengrundzahl auf Sektionen (bzw. Artengruppen) beschränkt (IRWIN).

Vielfach sind bei tropischen Holzpflanzengruppen nur mehr paläopolyploide Vertreter bekannt: So wurde etwa bei der Gattung *Cola* bisher nur $2n = 42$ (40) festgestellt; die Differenzierung der westafrikanischen Arten ist vikariierend geographisch [BODARD (1)]. Ebenfalls zur Gruppe tropisch-paläopolyploider Holzpflanzen dürften die Gattungen um *Bombax* gehören, für die A. ROBYNS (1, 2) eine vorbildliche Monographie vorlegt. Danach erfolgte eine frühe Aufspaltung in alt- und neuweltliche Gattungen und ihre Entfaltung in geographischer und ökologischer Hinsicht: epi- und hypogäische Keimung, immergrüne bzw. sommergrüne Blätter, unterschiedliche Größe und Länge der Blüten und Staubblattröhren usw.

Krautige Verwandtschaftsgruppen sind im allgemeinen jünger und stammesgeschichtlich aktiver als holzige Formenkreise, was sich auch in einer vermehrten cytogenetischen Labilität und verstärktem Einbau genetischer Barrieren widerspiegelt. Bei *Mimulus* sind die ausdauernden Arten von § *Erythranthe* zwar ökologisch [NOBS et al. (1); MILNER u. HIESEY (1, 2)] und blütenbiologisch stark differenziert, chromosomenstrukturell aber noch einheitlich ($n = 8$) und voll fertil kreuzbar (R. K. VICKERY, MUKHERJEE u. WIENS); Kreuzungsexperimente erweisen allerdings das Vorliegen einer beachtlichen genetischen Kohärenz innerhalb der Arten [NOBS et al. (1, 2)]. Im Gegensatz dazu finden sich bei § *Simiolus* alle Aspekte des Aufbaus von Kreuzungsbarrieren [reduzierter Samenansatz bei den Elternpflanzen, Keimungs- und Entwicklungshemmungen bei F_1, Ausfall der F_2 in verschiedener Intensität (R. K. VICKERY)]. Dabei kann die Chromosomenzahl gleich bleiben oder sich oft auch intraspezifisch verändern: $n = 14, 15, 16; 28, 30, 31; 45, 46$ (MIA, MUKHERJEE u. VICKERY). Trotz Sterilität können solche Hybriden durch ihre vegetative Fortpflanzung konkurrenzfähig sein (ROBERTS).

Exemplarisch für das Muster von Polyploidkomplexen mit sexueller Fortpflanzung bei perennierenden Stauden ist etwa die *Lotus corniculatus*-Gruppe. Die Sippen der Diploidstufe sind morphologisch [mono- bis polygenische Vererbung: NETTANCOURT u. GRANT (4)], phytochemisch [HARNEY u. GRANT (1, 2)] und geographisch-ökologisch differenziert und voneinander durch abgestufte Barrieren (plasmatische, genische und schwache chromosomenstrukturelle Unterschiede) bis zur völligen Inkompatibilität isoliert; die experimentellen Hybriden sind meist nur nach Embryokultur erhältlich und haben $\pm$ reduzierten Samenansatz sowie teilweise prämeiotische Störungen: Cytomixie [NETTANCOURT u. GRANT (1, 2, 3); W. F. GRANT, BULLEN u. NETTANCOURT]. Die Tetraploiden bilden einen polymorphen, untereinander und mit den Diploiden vielfach hybridogen verzahnten Formenschwarm [ZAJACOVÁ; ŽERTOVÁ (3)], der sich kaum weiter spezifisch gliedern läßt (LARSEN u. ŽERTOVÁ). *Lotus uliginosus* ist eine abseitsstehende, stabile, alte und diploide Art [ŽERTOVA (1)]. – Ein weiteres, sehr schönes Beispiel für einen Polyploid-Komplex stellt *Anthoxanthum* dar ($2x$ bis $16x$!). Entgegen früheren Ansichten, daß *A. odoratum*-$4x$ aus *A. alpinum*-$2x$ durch Autopolyploidie entstanden, und wegen mangelhafter morphologischer Unterscheidbarkeit (I. HEDBERG) damit spezifisch zu vereinigen sei (B. M. G. JONES; B. M. G. JONES u. MELDERIS), klären die ausgezeichneten cytogenetischen Untersuchungen von BORRILL sowie K. JONES (2) die Sachlage nun dahin, daß *A. odoratum* aus chromosomenstrukturell differenzierten Diploiden, nämlich aus dem mediterranen *A. ovatum* und verwandten Sippen (kaum aber aus *A. aristatum*) und aus *A. alpinum* durch Allopolyploidie entstanden ist und sich gegenüber den diploiden Ausgangssippen nunmehr durch verstärkten chromosomenstrukturellen Polymorphismus auszeichnet.

Neuere Untersuchungen korrigieren seinerzeitige Veröffentlichungen über die Entstehung von *Spartina* × *townsendii*. Dabei handelt es sich um den sterilen Bastard aus *S. maritima* $2n = 60$ und *S. alternifolia* $2n = 62$, aus dem eine derzeit noch unbenannte Allotetraploide mit $2n = 120$, 122 oder 124 entstanden ist [MARCHANT (1, 2)]. Besonders interessant sind die ökologischen Bedingungen der Ausbreitung bzw. des stellenweisen Rückganges dieser hybridogenen Sippen (LAMBERT). Einen vorwiegend perennen Polyploidkomplex, bei dem die $2x$-Stufe ($x = 4$) schon fast ausgefallen ist und bei dem keine oder nur schwache Differenzierung der Genome erfolgte, stellt *Gutierrezia (Asteraceae-Astereae)* dar [RÜDENBERG und SOLBRIG; SOLBRIG (3, 4)]. Innerhalb von *G. sarothrae* sind die sehr variablen lokalen $2x$- und $4x$-Populationen kaum voneinander zu trennen und infraspezifisch. Andere Arten sind höher polyploid; so ist es in Südamerika zu einer explosiven Entfaltung von $6x$-, $10x$-, $14x$- und $16x$-Sippen gekommen. Völlig ausgefallen sind $2x$- und $4x$-Wurzelsippen bei der paläohexaploiden *Primula* sect. *Auricula* [KRESS (2)]. Diese Sektion ist wohl aus heute ausgestorbenen asiatischen Sippen mit $x = 11$ entstanden. Parallel zu der in Europa von Ost nach West erfolgten Einwanderung und fortschreitenden morphologischen und ökologischen Spezialisierung läßt sich absteigende Aneuploidie mit $2n = 66 \to (64) \to 62$ feststellen.

Über die Struktur polyploider apomiktisch-agamospermischer Formenkreise sind durch ausgezeichnete Studien an *Poaceae-Bothriochloininae* viele neue Erkenntnisse gewonnen worden. Im einzelnen wurden dabei folgende Gattungen erfaßt: *Dichanthium* [DE WET u. RICHARDSON; DE WET, BORGAONKAR u. RICHARDSON; K. L. MEHRA (2); BORGAONKAR u. DE WET (2); DE WET u. SINGH: diploide, kleistogame bzw. allogame Wurzelsippen, auf letzteren ± apomiktische Polyploide aufbauend; DE WET u. BORGAONKAR: Hybridisierung mit *Bothriochloa*], *Bothriochloa* [$2x$—$18x$; CHHEDDA u. HARLAN; DE WET u. HIGGINS (1, 2): *B. pertusa*-Komplex: sexuelle $2x$, $4x$, $6x$ und parallele Apomikten $4x$, $5x$, $6x$], *Capillipedium* [2—$5x$; DE WET, BORGAONKAR u. CHHEDDA: Hybridisierung mit *Bothriochloa*], *Euclasta* ($4x$) und *Eremopogon* ($4x$). Während die $2x$ meist Reliktärendemiten sind (Endemitenzentren z. B. in stabilen Lebensräumen Nordwest-Indiens: HARLAN), handelt es sich bei den ± apomiktischen Polyploiden vielfach um weit verbreitete und sehr aggressive Sippen, die als „Compilospecies" [HARLAN u. DE WET (2)] die diploiden Ausgangssippen fortschreitend aufsaugen und dabei in labilen, anthropogen veränderten Lebensräumen sekundäre Hybridisierungszentren bilden. So entstehen überaus polymorphe Komplexe, die mehrfach sogar über Gattungsgrenzen hinweggreifen. Agamospermie findet sich nur bei Polyploiden und ist durch Gene für Produktion unreduzierter Embryosäcke und Parthenogenese bedingt (HARLAN, BROOKS, BORGAONKAR u. DE WET); daneben kommen aber an den gleichen Pflanzen vielfach auch noch reduzierte, sexuelle Embryosäcke zur Ausbildung [BORGAONKAR u. DE WET (1); das Verhältnis ist modifizierbar: KNOX u. HESLOP-HARRISON]. Agamospermie ermöglicht vor allem die Erhaltung starker Heterozygotie [HARLAN u. DE WET (1)].

Krautig-annuelle Formenkreise zeigen gegenüber perennierenden oft eine noch weiter verstärkte Labilität. Schöne diesbezügliche Studien liegen etwa vor für *Rumex* subg. *Acetosa*, wo bei den perennierenden europäischen Sippen zwar morphologische und ökologische, aber nur mäßige chromosomenstrukturelle Differenzierung gegeben ist [GAJEWSKI, SWIETLINSKA u. ŽUK; SWIETLINSKA: $2n = 14$ (♀), 15 (♂); *R. acetosa* und *R. arifolius* gut kreuzbar, besser nur Unterarten, *R. thyrsifolius* genetisch und phänologisch isoliert; ŽUK: chromosomenstruktureller Polymorphismus, Polyploidie und Geschlechtsbestimmung], während der einjährige, nordamerikanische *R. hastatulus* im Hinblick auf seinen diploid-reduzierten Chromosomensatz sehr labil ist [B. W. SMITH (1, 2): 2n = 10 (♀), 10 (♂) oder 8 (♀), 9 (♂) bzw. 6 (♀), 6 (♂), ♂ mit XY oder XY_1Y_2].

Bei *Vicia* kommt es im Zusammenhang mit dem Übergang von perennen zu annuellen Arten ebenfalls zu absteigender Dysploidie: $x = 7 \rightarrow 6 \rightarrow 5$ und zu verstärkter Chromosomenasymmetrie; auch die Chiasmafrequenzen sind recht unterschiedlich [HUZIWARA u. KONDO; L. M. SRIVASTAVA (1, 2); ČINČURA (1)]. Bei der perennen *Vicia cracca*-Gruppe gibt es Teilsippen mit $2n = 14$ u. 28 sowie 12 u. 24 [ROUSI (1); ŽERTOVÁ (2)]. Bei der annuellen *V. sativa*-Gruppe ist dagegen bei verstärkter chromosomenstruktureller Differenzierung mehrfach Dysploidie festzustellen, $x = 7 \rightarrow 6 \rightarrow 5$ (1. Teil eines ausgezeichneten Beitrages von METTIN u. HANELT). — Bei der mediterranen-orientalischen *Asteraceae-Cardueae Carthamus* (HANELT) ist nur die reliktäre sect. *Thamnacanthus* halbstrauchig, alle anderen Sektionen sind annuell; weiters erfahren etwa die Hüllblätter, die Blütenfarbe und die Chromosomenzahlen ($2n = 24 \rightarrow 20$) eine Differenzierung. Der autogame *C. lanatus* ist allo-$4x$ bzw. -$6x$ aus 2 bzw. 3 anderen Sektionen entstanden. Innerhalb der allogamen § *Lepidopappus* und *Odontagnathius* läßt sich zwischen allopatrisch aufgefächerten Sippen sehr schön der fortschreitende Aufbau von Kreuzungsbarrieren durch Translokationen verfolgen (SCHANK u. KNOWLES).

An rein annuellen Formenkreisen wäre etwa auf die amerikanischen *Helenieae*-Gattungen *Blennosperma* und *Lasthenia* hinzuweisen, wo aus den nordamerikanischen *B. nanum* ($n = 7$) und *B. bakeri* ($n = 9$) die südamerikanische *B. chilense* ($n = 16$) und aus nordamerikanischen allogamen Arten die autogame *L. glaberrima* mit der nächst verwandten südamerikanischen *L. kunthii* entstanden ist (Fernverbreitung durch Polyploidie und Autogamie gefördert: ORNDUFF (1, 2)]. — Bei der *Brassicaceae*-Gattung *Leavenworthia* ist die Entwicklung von lokalen Fremdbestäubern zu aggressiven Selbstbestäubern (mit entsprechenden blütenmorphologischen Veränderungen) in zwei parallelen Artenreihen mit $n = 11$ bzw. $n = 15$ (und einer allopolyploiden Verbindungssippe mit $n = 24$) ebenfalls sehr eindrucksvoll; dabei sind die Selbstbestäuber vielfach sympatrisch [ROLLINS (1)]. — V. GRANT (2, 3, 4) setzt seine intensiven Studien an der *Polemoniaceae*-Gattung *Gilia* fort und findet bei der westlich nord- und südamerikanischen Gruppe der annuellen "cobwebby Gilias" ähnliche Verhältnisse: mehrfach parallele Entwicklung von Allo- zu Autogamen, Auffächerung weniger morphologisch als ökologisch-geographisch, Barrierenaufbau und sympatrisches Vorkommen, vielfach Allopolyploide: $4x$ ($8x$). — Eine pflanzliche *Drosophila* verspricht die annuelle, diploide und autogame *Arabidopsis thaliana* zu werden, über die vielfältigste Informationen zusammengetragen werden [RÖBBELEN (1, 2)].

Eine Reihe von Familien und größeren Gattungen umfassen mehrere der oben besprochenen Differenzierungsmuster. Wohl am vollständigsten sind unsere diesbezüglichen Kenntnisse für die *Onagraceae*. RAVEN (9) gliedert die Familie nunmehr in *Fuchsieae, Lopezieae, Circaeeae, Onagreae, Jussieueae* und *Epilobieae*; damit konform gehen Chromosomengrundzahlen ($x = 11$, $10 \rightarrow 7$ usw.), cytogenetische Mechanismen (z. B. Komplex-Heterozygotie nur bei *Onagreae*) und Ruhekernstrukturen (KURABAYASHI, LEWIS u. RAVEN: fortschreitende Heterochromatinisierung). MITROIU (1) behandelt palynologische Merkmale. Die Familie ist offenbar im westlichen Nordamerika entstanden und läßt Differenzierungen hinsichtlich Lebensform (holzig → perenn → annuell) sowie Blüten- und Fruchtbiologie erkennen (H. LEWIS u. RAVEN).

Bei der annuellen *Onagraceae*-Gattung *Clarkia* läßt sich die schrittweise Entstehung von Barrieren durch Einbau von Translokationen (und Inversionen) etwa bei der diploiden *Clarkia unguiculata* und ihren im Süden während des Pleistozäns

„zurückgelassenen" Tochtersippen klar verfolgen [VASEK (2, 4)]. *C. rhomboidea*-$4x$ ($n = 12$) ist allopolyploid aus *C. virgata* ($n = 5$) und *C. mildrediae* ($n = 7$) entstanden, ihre Translokationstypen spiegeln die ehemalige pleistozäne Verbreitung wieder (MOSQUIN). Bei manchen allogamen Arten von *Clarkia* ist Translokationsheterozygotie (balancierter Polymorphismus?) weit verbreitet, erreicht aber wegen des Fehlens von Letalfaktoren nie das Ausmaß wie bei *Oenothera* [SNOW (2)]. Parallel mit dem Übergang von Autogamie zu Allogamie, wie er auch für *Clarkia* mehrfach parallel erwiesen ist [VASEK (3)], nimmt das Ausmaß an struktureller Heterozygotie ab (SNOW u. IMAM). Modellfälle für absteigende Dysploidie bzw. Aneuploidie beschreiben SNOW (2) bzw. VASEK (1). *Gayophytum* repräsentiert das Muster eines autogamen, annuellen $2x/4x$-Komplexes, eine Art ist komplex-heterozygot (H. LEWIS; H. LEWIS u. SZWEYKOWSKI). Bei *Oenothera* konnte CLELAND (1, 2) die Entstehung der autogamen ringbildenden Komplexheterozygoten durch hybridogene Kombination sich übereinanderschiebender Sippenwellen weitgehend rekonstruieren. Dabei spielt die Verträglichkeit verschiedener Plasmone mit verschiedenen Genomen und das allmähliche phylogenetische „Auswechseln" langsamer durch rascher reduplizierende Plastome eine große Rolle [STUBBE (1, 2)]. Bei den Letalfaktoren, welche die Kombination vieler Genome verhindern, handelt es sich nach STEINER um Selbststerilitätsgene. Wegen der blütenbiologischen Auffächerung vieler *Onagraceae* vgl. GREGORY; LINSLEY, MACSWAIN u. RAVEN. *Calylophus* wird von SHINNERS (1) für Texas revidiert. RAVEN (7) gibt eine Synopsis der 75 altweltlichen Arten der Sumpf- und Wasserpflanzen-Gattung *Ludwigia* und zieht *Jussieua* ein; dabei sind auch palynologische Merkmale von Bedeutung (VENKATESWARLU u. SESHAVATARAM). Die weltweite Gattung *Epilobium* scheint ebenfalls im westlichen Nordamerika ihren Ausgang genommen zu haben und steht dort mit einigen aberranten Arten ($n = 15$) in naher Beziehung zu der ornithophilen Gattung *Zauschneria* (ebenfalls $n = 15$: H. LEWIS u. RAVEN). Die geringe chromosomenstrukturelle Differenzierung der meisten *Epilobium*-Arten mit $n = 18$ (RAVEN u. MOORE) ermöglicht trotz weitgehender Autogamie öfters Hybridisierung (H. LEWIS u. MOORE). RAVEN setzt die Revision der Gattung für die Türkei (3) und den Himalaya (2) fort und klärt die Zugehörigkeit von *Boisduvalia tasmanica* zu *Epilobium* (5). Er bearbeitet auch die britischen Arten von *Circaea*, alle mit $2n = 22$ (6).

Eine Übersicht über die seit 20 Jahren laufenden cytotaxonomischen Untersuchungen an einer anderen, im südwestlichen Nordamerika zentrierten Familie, den *Hydrophyllaceae*, gibt CONSTANCE (2). Immer wiederkehrende Entwicklungstendenzen sind auch hier: Halbsträucher → Stauden → Annuelle, Allogamie → Autogamie usw. Zwischen und vielfach auch innerhalb der 18 Gattungen herrscht eine außerordentliche Mannigfaltigkeit der Chromosomenzahlen (Dysploidie, Polyploidie); die Ausgangszahlen dürften zwischen $x = 7$ und $x = 11$ liegen. In morphologischer Hinsicht altertümliche Gattungen wie *Codon*, *Wigandia* und *Eriodictyon* sind paläopolyploid und relativ stabil ($x_2 = 17, 19, 14$).

Bestimmte Verwandtschaftsgruppen treten allerdings karyologisch klar heraus, etwa die Reihe *Hydrophyllum-Pholistoma-Nemophila-Ellisia*: $x = 9$, *Hesperochiron-Tricardia*: $x = 8$, *Phacelia* subg. *Howellanthus*: $x = 8$, subg. *Cosmanthus*: $x = 9$ und subg. *Phacelia*: $x = 10, 11$. Bei *Phacelia* (und auch sonst) sind die Annuellen im Hinblick auf ab- und aufsteigende Dysploidie und Polyploidie immer viel labiler als die Perennen. Damit verbunden ist verstärkter Einbau von Kreuzungsbarrieren [G. W. GILLETT (2): *Phacelia* subg. *Cosmanthus*]. Vor allem mit autogamen Elementen hat die Familie mehrfach auch Südamerika erreicht (HECKARD). Wegen der blührhythmischen Differenzierung der *Phacelia franklinii*-Gruppe vgl. G. W. GILLETT (1).

Die mediterran-orientalisch zentrierten *Dipsacaceae* behandelt EHRENDORFER (5, 6); palynologische Hinweise bringen SPOEL-WALVIUS u. VRIES. Die Auffächerung der etwa 8 Gattungen entspricht weitgehend fruchtbiologischen Spezialisierungen (S. 372) und ist von primärer

Dysploidie $x = 8$ (?) – 9 – 10 begleitet (die verwandte Familie der *Morinaceae* ist paläopolyploid: $x_2 = 17$). Innerhalb der Gattungen spielen dann vor allem geographische-ökologische und vegetative Differenzierungen (Halbsträucher → Stauden → Annuelle) eine große Rolle. Es lassen sich 4, in der Familie mehrfach wiederkehrende Differenzierungsmuster erkennen: perennierend-allogam-diploide (*I*, $x = 8$, 9 oder 10), perennierend-allogam-polyploide (II, $x = 9$ oder 10, $2x$–$4x$–$6x$), annuell-autogam-diploide (III, $x = 9$ oder 10) und annuell-allogam-dysploide (IV, $x = 9 \rightarrow 5$, $9 \rightarrow 7$, $10 \rightarrow 8$). Bei I bis III ist die Chromosomenstruktur nicht oder schwach, bei IV stark differenziert, die Bedeutung der Hybridisierung nimmt von II bzw. I über III zu IV rasch ab; bei II handelt es sich etwa um phylogenetisch konservative, konvergent-retikulate, bei IV dagegen um progressiv-divergente Formenkreise.

Auch bei den krautigen, australischen *Goodeniaceae* ist die frühtertiäre Gattungsauffächerung von Dysploidie begleitet. Im Vorkommen von Strukturheterozygoten, Chromosomenaberranten und Polyploiden zeigt sich auch hier die größere Plastizität der krautigen im Vergleich zu den holzigen Gruppen [Peacock (1)]. *Goodenia bellidifolia* hat infraspezifische, allopatrische Polyploidrassen ($2x$—$4x$—$6x$—$8x$) ausgebildet, deren Entstehung mit klimatisch-geologischen Veränderungen seit dem Pliozän/Pleistozän zusammenhängt [Peacock (2)]. — Zahlreiche Arbeiten vermehren unsere Kenntnisse über die bemerkenswerte Gattung *Viola* (vgl. Fortschritte **25**, 101; J. Clausen (3) sowie M. S. Baker: westliches Nordamerika; Gadella (1): Niederlande]. Typische Beispiele für perennierende polyploide Formenkreise mit disjunkten Diploiden und hybridogen verknüpften Polyploiden repräsentieren die nordamerikanischen Sippen von § *Chamaemelanium* ($x = 6$, $2x$—$12x$; wegen phytochemischer Aufklärung der Genese solcher Polyploiden: Stebbins et al.; Munson, vgl. S. 376), mit denen auch die zirkumpolare *V. biflora* $2x$ in enger Beziehung steht. Ähnlich ist die Struktur von § *Nomimium-Caulescentes* ($x = 10$, $2x$—$8x$) und -*Adnatae* [D. M. Moore (3): Neuguinea]. Ursprünglich sind hier die diploiden *V. chelmea* (§ *Nomimium-Acaules*) und *V. delphinantha* [§ *Delphinopsis* A. Schmidt (3)]. Einen paläopolyploiden Komplex stellen die *Boreali-Americanae* der § *Plagiostigma* dar ($x_2 = 27$) (N. H. Russell u. Crosswhite). Für § *Melanium* versucht A. Schmidt (1, 2, 4) eine Klärung der perennierenden Sippen der Alpen und mediterranen Gebirge mit Hilfe der Chromosomenzahlen; dabei lassen sich die Gruppen der *V. calcarata, V. gracilis, V. elegantula* und *V. bertolonii* (alle $x = 10$), der *V. eugeniae* ($x = 17$) und der paläopolyploiden *V. nebrodensis* und *V. corsica* ($x_2 = 26$) unterscheiden. Auch bei § *Melanium* finden sich mehrfach Übergänge von Allo- zu Autogamie. Dabei zeigen die annuellen altweltlichen *Tricolores* im Hinblick auf Chromosomenstruktur, Dysploidie und Polyploidie verstärkte Plastizität [A. Schmidt (4) sowie Pettet]. Genetisch davon isoliert ist der einzige Vertreter dieser Gruppe in Nordamerika, *V. rafinesquii* (Clausen, Channell u. Nur).

Das unterschiedliche Differenzierungsmuster Perenner und Annueller wird auch bei *Helianthus* deutlich (Heiser u. Smith): die letzteren sind diploid und ± chromosomenstrukturell differenziert (Kreuzungsbarrieren), während die ersteren stark hybridogen verfilzte Polyploidkomplexe bilden [Clevenger u. Heiser; R. C. Jackson; R. W. Long (1)]. Die Gattung *Viguiera* scheint sich an annuelle *Helianthus*-Arten anzuschließen [Heiser (1)].

Für *Solanum* und *Lycopersicum* mehren sich Hinweise auf eine Differenzierung von Plasmon-Typen, die sich mit bestimmten Genen zu ± reduzierter Fertilität bzw. Sterilität kombinieren, so etwa bei der *S. tuberosum-chacoense-kurtzianum*-Gruppe (Grun u. Radlow; Grun u. Aubertin), beim *Lycopersicum hirsutum*-Komplex [Martin (1)] und innerhalb von *L. peruvianum* [Rick (2) allmählicher Aufbau von polygenisch bedingten Barrieren zwischen allopatrischen Populationen]. Die chromosomenstrukturelle Differenzierung ist demgegenüber schwächer (Haynes), was etwa auch durch die Möglichkeit der Kreuzung mancher *Solanum*-Arten mit *Lycopersicum* unterstrichen wird [Syndese der F_1 ± normal: Khush u. Rick;

Menzel; Wann u. Johnson; chemotaxonomische Hinweise auf Gliederung von *Solanum* und *Lycopersicum:* Sander (1, 2)]. Bei verschiedenen Gruppen von *Solanum* ist auch Polyploidie von Bedeutung, so etwa bei der *S. nigrum*-Gruppe ($x = 12$, $2x$—$4x$—$6x$: Tandon u. Rao) und beim australischen *S. aviculare*-Komplex ($x_2 = 23$, 2—$4x$: Baylis). Beide Gruppen sind autogam, ihre Glieder vielfach sympatrisch. Bei den diploiden Galapagos-Tomaten kommt es infolge Autogamie zur Ausbildung zahlreicher Lokalsippen [Rick (1)].

10. Systematik der Familien und Gattungen

Gymnospermae: Indien Sitholey. Evolutionstendenzen: Ind. Bot. Soc. Mem. **4**, 1963. — **Cycadaceae** (S. 354, 357): cyt.: L. A. S. Johnson. — **Ginkgoaceae** (S. 357). — **Coniferae** (S. 353, 354, 360, 367, 373): Ehemalige und heutige Verbreitung: Florin. — **Pinaceae** (S. 357, 358, 359, 361, 366, 368, 371, 374, 376): *Abies*, Schlüssel u. Revision der altweltlichen Arten: Matzenko (1, 2). *Pinus* (Forts.), *Cedrus* und *Abies:* Gaussen. — **Taxodiaceae** (S. 360). — **Cupressaceae** (S. 366). — **Podocarpaceae** (S. 368): *Podocarpus*, cyt.: Fujita (1). *Phyllocladus:* Keng. *Podocarpus* § *Dacrycarpus*, embryol.: Quinn. — **Taxaceae:** *Amentotaxus*: T.-I. Chuang u. Hu. — **Ephedracaeae** (S. 360, 365). — **Welwitschiaceae** (S. 357, 360, 365). — **Gnetaceae** (S. 360).

Angiospermae: Faulks. — **Pandanaceae:** *Freycinetia*, Salomon-Inseln: B. C. Stone. *Pandanus*, Arten aus Malesien, Thailand und Vietnam: St. John (1, 2, 3). — **Helobiae** (S. 351, 359, 360). — **Potamogetonaceae** (S. 355, 364): Revision der pantropischen Gattung *Halodule:* Hartog. — **Najadaceae** (S. 369). — **Zanichelliaceae** (S. 364): morph.: Reinecke. — **Alismataceae** (S. 355, 355): anat.: Stant. *Alisma*, cyt.: Pogan (1, 2). — **Butomaceae** (S. 355). — **Hydrocharitaceae** (S. 366): *Elodea*, Südamerika: St. John (4). *Lagarosiphon*, Südafrika: Obermeyer (2). — **Juncaginaceae** (S. 355). — **Poaceae** (S. 351, 355, 356, 357, 359, 361, 362, 363, 364, 365, 366, 367, 369, 370, 371, 372, 373, 375, 377, 378, 381, 382): Systematische Kriterien: Auquier (1). Index to grass species: Chase u. Niles. Cyt.: Singh u. Godward; W. M. Bowden u. Senn. Mitteleuropa: Scholz (1, 2). Hybridogene *Ammophila baltica:* Kubień. *Anthephora*, eigene Tribus: Reeder. *Arundinelleae*, Ost- und Südafrika: Phipps. *Arundinoideae*, Neuseeland: Zotov. *Aveneae:* Tateoka (6, 7); Stammesgeschichte u. primitive Gattung *Metcalfia:* Tateoka (8). *Axonopus:* Black. *Bouteloua/Chondrosium*, zwei Gattungen: F. W. Gould (1). *Bromus*, cyt.: Nath u. Nielsen. *Cenchrus*, tax., cyt.: DeLisle (1, 2). *Crypsis:* Lorch. *Ctenium*, Afrika: Clayton (1). *Ctenopsis*, Spanien: Paunero (2). *Falona* von *Cynosurus* abgespalten: Jirásek u. Chrtek. *Dactylis*, cyt.: Sinskaya. *Danthonia (Sieglingia) decumbens*, cyt.: Schwarz u. Bässler. *Deschampsia caespitosa* agg., cyt.: Kawando. *Digitaria*, cyt.: F. W. Gould (2). *Eragrostis*, Indien: Roy. *Festuca:* Slowakei: Májovský; Rumänien: E. I. u. A. Nyárády (1, 2); Niederlande: De Wulde-Duyfjes; *F. arenaria:* Kjellqvist; *F. ovina* agg., Frankreich: Bidault; *F. rubra*, Deutschland: Patzke (1); Bastarde mit *Lolium:* Beddows. *Hordeum*, Alaska: Mitchell u. Wilton. *Ichnanthus*, Südamerika: Swallen (1). *Koeleria*, *Bulbosae:* Ujhelyi. *Lolium:* Vasek u. Ferguson; Hybridisierung: Hovin, Hill u. Terrell; cyt. Affinitäten zu *Festuca:* Essad. *Melica* § *Beckeriana*, Deutschland: Rauschert. *Micraira:* S. T. Blake (2) ;*Miscanthus:* Y. N. Lee (1—4). *Oropetium*, Afrika: H. Gillet u. Quezel. *Oryza*, Schlüssel: Tateoka (3); embryol. u. tax.: Tateoka (10); palyn.: Misro u. Rath; cyt.: Chao-Hwa Hu; cyt.: Bouharmont; *O. latifolia* agg.: Tateoka (2); *O. minuta* u. *O. officinalis:* Tateoka u. Pancho. *Oryzopsis* × *Stipa*, tax. u. cyt.: L. Johnson; *Paniceae:* cyt.: P. K. Gupta; Formosa, Schlüssel, cyt.: Hsu; (1, 2) Spanien: Paunero (1). *Paspalum*, cyt.: Banks (1, 2). *Poa:* § *Ochlopoa:* Fröhner (1); *P. deylii* sp. nov.: Chrtek u. Jirásek (3); *P. palustris*, ČSSR: Chrtek u. Jirásek (2); *P. pratensis* agg.: Jirásek (2). *Sasa:* Suzuki. *Sporoboleae*, krit. Beitr.: Clayton (2). *Trisetum:* Gliederung u. neue Gattung: *Trisetaria:* Chrtek u. Jirásek (1). — Neue Gattungen: *Piresia* u. *Bulbulus (Olyroideae):* Swallen (2); *Cyclostachya (Chlorideae, Bouteloua stolonifera):* J. R. u. C. G. Reeder; *Dryopoa* (aff. *Poa*): J. W. Vickery; *Loxodera* u. *Lepargochloa (Andropogoneae*, verw. *Rhytachne):* Launert; *Pogononeura* (verw. *Tríchoneura* u. *Leptochloa*): Napper; *Reederochloa (Aeluropodeae*, verw. *Distichlis):* Soderstrom u. Decker; *Ystia (Schizachyrium kwiluense):* Compère. — **Cyperaceae**

(S. 351, 354, 359, 366, 375): allg. tax.: KOYAMA (1); Puerto Rico: MAS. *Bulbostylis*, allg. u. Afrika: BODARD (2, 3). *Eleocharis austriaca:* WALTERS (1). *Carex:* cyt., Spanien: KJELLQVIST u. LÖVE; Nordamerika: R. J. MOORE u. CALDER; § *Distigmaticae*, Skandinavien: SYLVÉN; § *Spirostachyae*, Abtrennung von *C. hostiana:* PATZKE (2); *C. flavella* u. Hybriden, cyt.: DIETRICH; *C. macrostachys*, Apuanische Alpen: FENAROLI: *Scleria hirtella* et aff., chorol.: ROBINSON. *Scirpus: S. cyperinus* agg., cyt.: SCHUYLER (2); § *Pterolepis:* KOYAMA (2). — Neue Gattungen: *Afrotrilepis* (subg. *Afrotrilepis*): RAYNAL; *Egleria* (verw. *Eleocharis* u. *Websteria*): L. T. EITEN. — **Arecaceae** (S. 369, 375, 378): Allg. tax.: H. E. MOORE (1). Verz. cult. Arten: H. E. MOORE (5). Cyt.: REED; ABRAHAM, MATHEW u. NINAN. *Copernicia*, Westindien: B. E. DAHLGREN u. GLASSMAN. *Iriartella*, mit Schlüssel zu den *Iriarteae:* H. E. MOORE (6). *Nypa*, rezente und fossile Arten: TRALAU (3). *Opsiandra*, Mexiko: GÓMEZ POMPA (2). *Phoenix*, Indien: MAHABALE u. PARTHASARATHY. — Neue Gattung: *Chrysallidosperma:* H. E. MOORE (4). — **Cyclanthaceae** (S. 375). — **Araceae** (S. 355, 375). Brasilien: BARROSO (1). — **Lemnaceae** (S. 360, 374). — **„Farinosae"** (S. 351, 359). — **Restionaceae** (S. 357, 363): Cyt.: BRIGGS (2). *Restio gracilis* agg., cyt.: L. A. S. JOHNSON u. EVANS (1); *R. tetraphyllus*, geogr. Rassen: L. A. S. JOHNSON u. EVANS (2). *Lepyrodia*, Gattungsgliederung nach anat. u. cyt. Merkmalen: L. A. S. JOHNSON u. EVANS (3). — **Centrolepidaceae** (S. 357). — **Xyridaceae.** Peru: L. B. SMITH (5). — **Bromeliaceae** (S. 375): Div. tax. Hinw., *Pitcairnia, Puya:* L. B. SMITH (1, 3, 6, 7). — **Commelinaceae** (S. 363, 364): Argentinien: BACIGALUPO; Indien, cyt.: KAMMATHY u. ROLLA (1, 2); Äthiopien, cyt.: W. H. LEWIS u. TADDESSE. *Commelinantia* gehört zu *Tinantia:* ROHWEDER. *Commelina africana:* BRENAN (3). — Neue Gattungen: *Hadrodemas (Tradescantia warszewicziana):* H. E. MOORE (3); *Ballya* (verw. *Murdannia, Aneilema*): BRENAN (4). — **Juncaceae** (S. 362, 363): *Luzula:* subg. nov. *Marlenia* für *L. purpurea:* EBINGER (1); subg. *Pterodes:* EBINGER (2); Spanien: MONTSERRAT RECORDER; *L. spicata* agg., Italien: CHRTEK u. KŘÍSA. *Juncus:* Sektionsgliederung, cyt.: SNOGERUP; Neuseeland: EDGAR. — **Stemonaceae** (S. 360). — **Liliaceae** (S. 355, 359, 362, 363, 365, 367, 374, 376, 379): *Agapanthus*, cyt.: H. B. RILEY u. MUKERJEE; cyt.: A. K. SHARMA u. MUKHOPADHYAY (1). *Anthericum*, cyt.: STRANDHEDE. *Asphodeline* u. *Asphodelus*, cult.: INGRAM (3). *Bulbinella*, Neuseeland, cyt.: L. B. MOORE. *Dipcadi*, Südafrika: OBERMEYER (1). *Disporum*, Taiwan: CHAO, CHUANG u. HU. *Eremurus:* Biol. u. Evol., Wiederherstellung der Genera *Ammolirion, Henningia* und *Selonia:* KHOKHRIAKOV; Südwestasien: WENDELBO (2). *Fritillaria camtschatcensis*, $2x$- u. $3x$-subsp.: MATSUURA u. TOYOKUNI. *Haworthia*, phytochem.: H. P. RILEY u. ISBELL. *Ornithogalum*, div.: ZAHARIADI. *Polygonatum:* cyt.: JINNO; Nordamerika, cyt.: KAWANO u. ILTIS (2). *Smilacina*, Nordamerika, cyt.: KAWANO u. ILTIS (1). *Smilax*, Indien: KOYAMA (3). *Wurmbaea*, neue südafrik. Arten: NORDENSTAM (2). — **Agavaceae** (S. 359, 363, 375): *Agave:* GÓMEZ POMPA (1); südwestl. U.S.A.: BREITUNG. *Yucca*, cyt.: A. K. SHARMA u. SARKAR. — *Haemodoraceae* (S. 360). — **Tecophilaeaceae** (S. 360). — **Amaryllidaceae** (S. 362, 363, 372, 375): Übersicht, Schlüssel u. Beschreibung der Gattungen: TRAUB (3). Krit. Notizen: TRAUB (2). *Hymenocallis*, Schlüssel: TRAUB (1). *Lycoris*, cyt.: BOSE u. FLORY. *Pancratium*, Westafrika, cyt.: J. K. MORTON (2). *Sternbergia*, cyt., nahe *Narcissus:* FLAGG u. FLORY. — **Velloziaceae.** Amerika, Ergänz.: L. B. SMITH (2, 4). — **Dioscoreaceae** (S. 365). — **Iridaceae** (S. 356, 359, 363, 365, 379): Cyt.: A. K. u. A. SHARMA. *Crocus albiflorus* ($2n = 8$) u. *C. napolitanus* ($2n = 16$) am Alpenostrand: WOLKINGER. *Iris:* Monographie, *Xiphium, Iridoctyum* und *Gynandriris* eigene Gattungen: RODIONENKO (vgl. dazu auch DRESS); palyn., Gattungsgliederung, Abspaltung der neuen Gattung *Siphostylis:* W. SCHULZE; Polen, cyt.: WCISŁO; *I. illyrica*, cyt.: LAUSI. *Romulea*, Nordwestafrika: MARIN. — **Scitamineae** (S. 357, 375). — **Musaceae** (S. 377). — **Zingiberaceae** (S 355, 363): Unterfam. *Zingiberoideae* u. *Costoideae*, letztere keine eigene Familie: PANCHAKSHARAPPA. — Neue Gattung: *Caulokaempferia (Kaempferia* § *Monolophus):* LARSEN (3). — **Orchidaceae** (S. 363, 370, 371, 372): Cyt.: TANAKA u. KAMEMOTO; CHARDARD; Deutschland: BISSE; Niederlande, cyt.: KLIPHUIS; Thailand: SEIDENFADEN u. SMITINAND; Afrika, zahlr. neue Arten: SUMMERHAYES; Madagaskar, Hinw. u. neue Arten: SENGHAS. *Aerides* u. verwandte Gattungen, cyt.: SHINDO u. KAMEMOTO (5). *Coelogyne:* A. D. HAWKES. *Dendrobium:* cyt.: K. JONES (1); § *Ceratobium*, § *Phalaenanthe* u. § *Latourea*, cyt.: KAMEMOTO, SHINDO u. KOSAKI; Differenzierung von § *Phalaenanthe* u. § *Ceratobium:* S. T. BLAKE (1); § *Nigrohirsutae*, cyt.: SHINDO u.

Kamemoto (2). *Neofinetia* et aff., *Ophrys:* Sundermann. *Phalaenopsis*, cyt.: Shindo u. Kamemoto (3). *Pterostylis:* Gilbert; cyt.: Shindo u. Kamemoto (1); *Sarcanthinae*, cyt.: Shindo u. Kamemoto (4). *Vanda*, hybr. cyt.: Kamemoto u. Shindo. *Vanilla*, cyt.: Martin (2).

Casuarinaceae (S. 357, 357, 358, 374, 375). — **Piperaceae** (S.351, 354, 360). — **Chloranthaceae** (S. 360). — **Salicaceae** (S. 359, 360, 365, 375): Cyt.: Suda (1, 2). — **Garryaceae** (S. 355, 375). — **Myricaceae** (S. 358, 375). — **Leitneriaceae:** *Leitneria floridana* ($2n = 16$), verwandt mit *Myricaceae* ($x = 8$) (! ?): Webster u. Miller (2). — **Juglandaceae** (S. 354, 358, 375, 379): *Carya:* Asien: Manning; Pollengröße, cyt.: D. E. Stone (1, 2). — **Betulaceae** (S. 355, 356, 357, 358, 375, 376, 377): *Carpinus, Ostrya Carpinopsis* etc. wären wegen vielfältiger Unterschiede als eigene Familie *Corylaceae* abzutrennen: Kuprianova. — In Nordwestdeutschland kaum Hybriden zwischen *Betula verrucosa* ($2x$) und *B. pubescens* ($4x$): Dieterich. *Betula*, große Bedeutung der Hybridisierung, viele hybridogene Sippen: Natho. — **Fagaceae** (S. 353, 356, 359, 366, 369, 375, 376): *Nothofagus* weicht durch $n = 13$ von allen anderen Gattungen der Familie mit $n = 12$ ab, Armstrong u. Wylie. *Quercus pubescens* u. a. nördlich der Alpen: Schwarz (1). Neue primitive tropische Gattung: *Trigonobalanus (Quercoideae: T. verticillata*, N-Borneo, Celebes und *T. doichangensis*, Thailand*)*: Forman (1). — **Urticales** (S. 354, 376). — **Ulmaceae** (S. 357). — **Moraceae** (S. 361, 365, 368, 379). — **Urticaceae** (S. 365, 367): Madagaskar, diverse Gattungen: Leandri. *Poikilospermum*, Übergangsposition zu den *Moraceae*, Revision: Chew. — **Cannabinaceae** (S. 360, 379). — **Proteaceae** (S. 358, 380): *Protea*, trop. Afrika: Beard. — **Santalaceae** (S. 369): Gliederung der altweltl. Gattung *Thesium*, neue Gattung: *Austroamericium* (südamerikanische Arten von *Thesium* und verwandtschaftliche Gruppierung der *Thesieae*) Hendrych (1—3). **Loranthaceae** (S. 353, 359, 362, 371,): Zahlreiche Merkmale sprechen für die konvergente Entstehung von *Loranthaceae* und *Viscaceae* aus *Santalaceae:* Dixit sowie Barlow (3). Madagaskar: Balle (1); portug. Afrika: Balle (2); Costa Rica: Kuijt (2); Nordamerika, cyt. u. dysploide Differenzierung der Gattungen: Wiens (2). *Lysiana:* Barlow (1). *Phoradendron*, acathophylle Arten: Wiens (1). — **Aristolochiaceae** (S. 351, 375). — **Polygonaceae** (S. 371, 373, 377, 382): Die Phylogenie folgt angeblich absteigenden Dysploidiereihen: Maekawa (4). *Polygonella*, cyt. u. tax.: Horton. *Polygonum: P. aviculare* agg., Japan: K. Ito; *P. lapathifolium* agg.: Timson. *Rheum*, cult., $2x$- u. $4x$-Sippen, viele Bastarde: Schratz u. Schnelle. *Rumex acetosella* agg., Schlüssel: Weinert. — **Centrospermae** (S. 350, 358, 375, 376). — **Chenopodiaceae** (S. 354, 360, 378): Cyt.: P. N. Mehra u. Malik. *Bassia*, Australien: Ising (2). *Chenopodium*, cyt.: Homsher; Giusti. *Salicornia*, Gliederung, polyploide Kleinarten innerhalb *S. europaea* agg.: Ball (1). — Neue Gattung: *Cyrilwhitea:* Ising (1). — **Amaranthaceae:** Palyn.: Vishnu-Mittre (1); tropisches Afrika: Cavaco (1). *Psilotrichum* u. a.: Verdcourt (1). — **Nyctaginaceae** (S. 372): *Pisonia*, altweltl. Arten: Stemmerik. — **Molluginaceae** (S. 355, 376). — **Aizoaceae:** Versuch einer neuen Gliederung von *Mesembrianthemum* und verwandten Gattungen: Rappa u. Camarrone (1, 2); krit. Hinw.: Bolus. — **Portulacaceae:** *Claytonia*, USSR: Volkova.*Montia fontana*, Unterarten: D. M. Moore (1). *Portulaca*, Amerika: C. Legrand. — **Caryophyllaceae** (S. 360, 362, 363, 364, 368, 369, 371, 376, 378): Die Abgliederung der *Hectorellaceae* auch palyn. begründet: Cranwell (1). Palyn.: VishnuMittre u. Gupta. Cyt.: Nussbaumer. Abgrenzung von *Acanthophyllum* und *Gypsophila:* Gilli. *Cerastium:* Japan: Mizushima; Nordafrika, ausführliche Monographie: Möschl; Europa, annuelle Arten, krit. Hinw.: Sell u. Whitehead; subscet. *Perennia:* Jalas. *Herniaria:* cyt.: Frost; subgen. *Heterochiton* in Europa: Brummitt u. Heywood. *Minuartia verna* agg., neue Gliederung der $2x$- u. $4x$-Sippen in Europa: Halliday. *Petrorhagia* (= *Tunica*). krit. Rev.: Ball u. Heywood. *Pleioneura*, zentralas. Gattung, mit *Gypsophila* und *Saponaria* verwandt: Rechinger (2). *Silene conoidea*- u. *S. conica*-Gruppe, cyt.: Khoshoo u. Bhatia (1). *Stellaria longipes* agg., Nordamerika: Porsild. *Viscaria alpina*, amphiatlantische Differenzierung: Böcher (2). — **Nymphaeaceae** (S. 357, 358, 369): *Barclaya* und andere Gattungen, cyt.: Sokolovskaya u. Melikian. — **Ceratophyllaceae** (S. 358). — **Trochodendraceae:** Offenbar früher Seitenzweig primitiver Angiospermen: Pervukhina. — **Cercidiphyllaceae** (S. 375). — **„Ranales“** (S. 357). — **Ranunculaceae** (S. 349, 356, 357, 358, 359, 362, 363, 364, 368, 373, 376): Die morphologisch aberrante Gattung *Circaeaster* besser eine eigene Familie: Foster; cyt.: Maekawa (3).

Ranunculaceae, morph. anat. und phylog. Hinw.: TAMURA (1—5). *Helleboreae* u. *Ranunculeae:* RUIJGROK. *Aconitum:* Himalaya: LAUENER; *A. lycoctonum*-Gruppe, Europa, morph.-geogr. Analyse: WARNCKE; östl. Nordamerika, Lokalpopulationen: HARDIN. *Adonis*, einjährige Arten, Zentrum im Nahen Osten: RIEDL (4). *Adonis* u. *Myosurus*, cyt.: KURITA. *Aquilegia*, cyt. u. tax.: SKALIŃSKA (2). *Caltha*, cyt.: KOOTIN-SANWU. *Clematis*, Indien, Illustr.: A. L. GUPTA. *Delphinium*, Rev. europ. Arten: PAWŁOWSKI (2). *Isopyrum:* CALDER u. TAYLOR. *Pulsatilla:* ZIMMERMANN (2); subsect. *Patentes*, hybridogene Kontakte zwischen den 5 nordhemisphärischen Arten: ZIMMERMANN u. MIELICH-VOGEL. *Ranunculus:* Neuseeland: FISHER u. HAIR; subg. *Batrachium*, generische Abtrennung kaum begründet, Hinweise auf die Phylogenie: COOK; *R. lappaceus*-Gruppe, Hybridisierung: BRIGGS (1); *R. auricomus* agg., Ungarn: SOÓ (2). — **Paeoniaceae** (S. 355, 356): *Paeonia:* Kaukasus: KEMULARIJA-NATADZE; Europa: CULLEN u. HEYWOOD. — **Berberidaceae** (S. 355): *Berberis*, hybridogene Introgression, Türkei: CULLEN u. COODE. *Caulophyllum* ($2n = 16$), Ableitung über *Ranzania* ($2n = 14$) von *Epimedium* ($2n = 12$): R. J. MOORE (2). *Mahonia*, cult.: LI. — **Magnoliaceae** (S. 357, 358, 360). — **Winteraceae** (S. 354, 358): *Degeneria* embryol. abweichend: *Degeneriaceae; Pseudowintera* paßt dagegen gut zu *Winteraceae:* BHANDARI. — **Himantandraceae:** Fruchtbau: BUCHHEIM. — **Calycanthaceae** (S. 357, 358). — **Lactoridaceae** (S. 355). — **Annonaceae** (S. 358): Palyn.: CANRIGHT (1); Afrika u. Madagaskar: LE THOMAS. *Desmos, Dasymaschalon* u. *Richella* offenbar verwandt, *Monodoroideae* dagegen wahrscheinlich heterogen: CANRIGHT (2). *Richella* u. *Oxymitra:* STEENIS (3). — **Eupomatiaceae** (S. 358). — **Myristicaceae** (S. 358). — **Monimiaceae:** Holzanat.: LEMESLE. — **Lauraceae** (S. 360, 376): Hinweise auf den Blütenbau (G1!): SASTRI (2). Bibliographie: KOSTERMANS (2). Trop. Afrika: FOUILLOY. *Beilschmiedia*, Gabon: FOUILLOY u. HALLE. *Ocotea*, Südbrasilien: VATTIMO. — **Papaveraceae** (S. 360, 364, 375, 376): *Papaver* § *Orthorhoeades*, Naher Osten u. cyt.: FEINBRUN (1, 2). *Eschscholtzia*, Süd-Kalifornien: ERNST. — **Capparidales** (S. 360, 375). — **Capparaceae** (S. 356, 373, 380): *Buchholzia:* RISSEEUW. *Capparis*, holzanat. Gruppierung, § *Cynophylla* heterogen: STERN, BRIZICKY u. TAMOLANG. *Cleome ornithopodioides* agg., USSR: TZVELEV. *Stixis:* JACOBS (1). — **Fumariaceae:** *Fumaria officinalis* agg., cyt.: DAKER. — **Brassicaceae** (S. 349, 360, 364, 367, 369, 372, 373, 378, 383): USA, cyt.: EASTERLY. Canada, cyt.: MULLIGAN. *Alyssum:* Naher Osten: DUDLEY (1); Synopsis der Gattung, Differenzierung von *Alyssoides* und *Aurinia:* DUDLEY (2). *Biscutella*, Schlüssel: GUINEA. *Brassica insularis:* CORSI. *Cakile:* Allg. u. spez. Teil einer Monogr: POBEDIMOVA (1, 2); Europa: BALL (2). *Cardamine amara*, $2x$- u. $4x$-Population am Alpenostrand: HABELER. *Cochlearia*, Südschweden, cyt.: LÖVKVIST (1). *Draba*, Mitteleuropa u. Alpen, diploide u. polyploide Sippen: MERXMÜLLER u. BUTTLER. *Erysimum:* ČSSR: KONĚTOPSKÝ; Westalpen u. Pyrenäen, Dysploidie und Polyploidie: FAVARGER (6). *Goldbachia* u. *Gryptospora:* BOTSCHANTZEV. *Hesperis*, cyt.: DVOŘÁK. *Iberis arbuscula*, spec. nov.: RUNEMARK. *Isatis*, Anatolien: P. H. DAVIS. *Lepidium*, Argentinien: BOELCKE. *Papuzilla:* ROYEN (3). *Rorippa silvestris* agg., $2x$- u. $4x$-Rassen, Skandinavien: JONSELL (2). *Subularia:* MULLIGAN u. CALDER. — **Resedaceae:** *Sesamoides:* HEYWOOD (4). — **Rosales** (S. 352, 357). — **Podostemonaceae:** Japan: SHIN. — **Crassulaceae** S. 362, 371, 373, 374): Cyt.: UHL (1, 2). — **Saxifragaceae** (S. 357, 358, 362, 363, 364, 369, 375, 376): Taiwan: SHIMIZU u. KAO. — **Brexiaceae** (S. 375). — **Escalloniaceae** (S. 352, 375). — **Cunoniaceae** (S. 352, 353, 369, 375): *Weinmannia*, umfassende Rev.: BERNARDI (2, 3). — **Bruniaceae** (S. 355). — **Hamamelidaceae** (S. 358, 375): *Saxfragites* nicht zu *Euphorbiaceae* sondern zu *Distylium, Hamamelidaceae:* AIRY-SHAW (2). — **Eucommiaceae:** Morph. u. embryol.: ECKARDT (1). — **Crossosomataceae:** *Crossosoma:* embryol. u. morph. Affinitäten zu *Paeoniaceae* u. *Dilleniaceae:* KAPIL u. VANI; cyt. ($n = 12$) von *Paeonia* ($n = 5$) stark abweichend: RAVEN u. CAVE. — **Rosaceae** (S. 355, 364, 366, 367, 370, 371, 373, 376, 379,): Phytochem.: BATE-SMITH. *Acaena*, Argentinien: GRONDONA. *Alchemilla:* Deutschland: FRÖHNER (2); *A. glabra* und Verwandte, Mitteleuropa: FRÖHNER (3). *Chaenomeles*, mit wichtigen Hinw. auf die Gliederung der *Pomoideae:* WEBER. *Crataegus*, Hinw. auf hybridogene Arten: LAUGHLIN. *Rosa*, Spanien: VICIOSO. *Rubus: R. hispidus* × *R. setosus:* STEELE u. HODGDON; *R. ferox* am Alpenostrand: MAURER. *Sanguisorba officinalis* agg., $4x$- u. $8x$-Sippen: NORDBORG. *Sorbus*, Anatolien: GABRIÉLJAN. *Neillia (Spiraeoideae):* VIDAL. — **Chrysobalanaceae:** PRANCE. — **Mimosaceae** (S. 357): *Acacia*, Samenformen:

VASSAL. *Anadenanthera:* ALTSCHUL. *Ingeae:* MOHLENBROCK (1). *Mimosa* ser. *Lepidotae:* BURKART (2). *Pithecellobium,* Gliederung: MOHLENBROCK (2). — **Caesalpiniaceae** (S. 357, 358, 380): *Didelotia:* OLDEMAN. *Stachyothyrsus* u. *Kaoue* vereinigt: J. LEONARD u. VOORHOEVE. — **Fabaceae** (S. 359, 361, 362, 365, 366, 369, 370, 372, 373, 374, 376, 378, 381, 383): Cyt. *(Onobrychis, Hedysarum):* HEYN (3). *Ormosia* u. *Desmodium:* KNAAP-VAN MEEUWEN. *Derris* u. *Pongamia:* THOTHATHRI. *Adesmia,* anat., tax.: BURKART (1). *Ammothamni,* Rev. der irano-tur. Gattung: BORISSOVA. *Astragalus:* Nordamerika, monumentale Monographie mit Arealkarten für alle Arten: BARNEBY; trop. Afrika: J. B. GILLETT (3). *Borbonia* gehört zu *Aspalathus:* R. DAHLGREN (1). *Canavalia:* SAUER. *Caragana,* hybr.: R. J. MOORE (1). *Colutea,* grundlegende Monogr. der euras.-ostafrik. Gattung: BROWICZ (1, 2). *Oreophysa,* eine monotypische Gattung aus der Verwandtschaft von *Colutea:* BROWICZ (3). *Crotalaria:* Malesien: MUNK; Taiwan: C. C. CHUANG; cyt.: MAGOON, KOPPAR, RAMANNA u. SINHA; DATTA u. BISWAS. *Desmodium:* krit. Hinw.: SCHUBERT; Taiwan: LIU u. CHUANG. *Dussia:* RUDD. *Galega,* trop. Afrika, Beziehungen zu *Astragalus:* J. B. GILLETT (1). *Glycine:* HERMANN; cyt.: PRITCHARD. *Gueldenstaedtia:* ALI (2). *Isoberlinia:* BRENAN (2). *Lespedeza,* U.S.A., Indiana, cytogenet. u. biol. Analyse sympatrischer Populationen: CLEWELL. *Lotononis bainesii* paßt mit $x = 9$ in die Chromosomenreihe der *Genisteae*: BYTH. *Euchlora* muß mit *Lotononis* vereinigt werden: R. DAHLGREN (3). *Medicago:* Grundlegende Monogr. der einjährigen Arten: HEYN (2); cyt.: MARIANI; K. u. I. LESINS (1); *M. falcata*-2*x* durch *M. hemicycla*-2*x* mit *M. sativa*-2*x* verbunden: K. u. I. LESINS (3); *M. sativa* × *M. dzhawakhetica*-2*x*: W. M. CLEMENT. *Ononis:* Hybriden: MORISSET; Nordostdeutschland, Schlüssel u. Gliederung: ENDTMANN. *Psoralea,* West-Pakistan: ALI (1). *Sesbainia,* Afrika: J. B. GILLETT (2). *Stylosanthes,* Ergänz.: MOHLENBROCK (4). *Sweetia* nicht zu den *Caesalpiniaceae* sondern in Übergangsposition zu *Fabaceae-Sophoreae:* MOHLENBROCK (3). *Trifolium,* cyt.: BRITTEN. — Neue Gattungen: *Pseudoglycine (Glycine lyallii):* HERMANN. *Uribea (Lotoideae-Sophoreae):* DUGAND. — **Geraniaceae:** *Erodium:* Mittelmeerländer u. cyt.: GUITTONNEAU (1, 2). *Pelargonium,* stammsukkulente Sippen Südwestafrikas: MERXMÜLLER (2). — **Oxalidaceae** (S. 372, 373): *Oxalis* § *Corniculatae:* G. EITEN. — **Tropaeolaceae** (S. 359): *Magallana:* RUIZ LEAL u. PEREZ-MOREAU. — **Linaceae** (S. 357, 359, 379): *Linum,* Nordamerika u. Texas, gelbblühende Arten: C. M. ROGERS (1, 2). — **Zygophyllaceae** (S. 360): Baja California: PORTER. *Zygophyllum,* Südwestafrika: SCHREIBER. — **Rutaceae** (S. 363, 373): *Correa:* P. G. WILSON. — **Burseraceae** (S. 375). — **Meliaceae** (S. 365, 378): Blütenanat., Neugliederung der Familie: N. C. NAIR. — Neue Gattung: *Calodecaryia (Turraeeae):* LEROY. — **Polygalaceae** (S. 375): *Monninia* cyt.: LARSEN (4). — **Euphorbiaceae** (S. 356, 362, 364, 371, 378): *Euphorbia,* Bulgarien: KUZMANOV (1). *Reverchonia,* Hinw. auf Gliederung der *Phylanthoideae:* WEBSTER u. MILLER (1). *Trigonostemum,* Malesien: JABLONSKI. — Neue Gattungen: *Borneodendron* (verw. *Baloghia*), *Loerzingia* (verw. *Tapoides*), *Octospermum (Mallotus pleiogynus)* u. a. Hinweise: AIRY-SHAW (1, 4). — **Callitrichaceae** (S. 359). — **Empetraceae** (S. 359). — **Anacardiaceae** (S. 375): Afrika, krit. Hinw.: R. u. A. FERNANDES. *Rhus:* BRIZICKY. — **Celastrales** (S. 375). — **Aquifoliaceae** (S. 360, 375). — **Celastraceae:** Malesien: HOU. — **Hippocrateaceae:** Westafrika u. Argentinien: HALLÉ (1) sowie MEYER u. LEGNAME. — **Salvadoraceae:** Ostafrika: VERDCOURT (2). — **Aceraceae** (S. 359, 375). — **Sapindaceae** (S. 375): Cyt.: GUERVIN. — **Didiereaceae:** Die Zuordnung zu den *Centrospermae* in die Nähe der *Cactaceae* wird durch zahlreiche Hinweise gestützt: SCHÖLCH. — **Rhamnaceae** (S. 370, 380): *Ziziphus* (incl. *Sarcomphalus*), Nordamerika u. Westindien: JOHNSTON (1, 2). — **Vitaceae** (S. 379). — **Elaeocarpaceae:** Abgrenzung von *Aristotelia* u. *Sericolea:* BALGOOY (2). *Aceratium,* Australien: BALGOOY (1). *Dubouzetia:* VIROT u. GUILLAUMIN. — **Sarcolaenaceae** (S. 358). — **Tiliaceae:** Madagaskar u. Komoren: Gliederung der Familie, neue Gattung: *Pseudocorchorus (Corchorus greveanus):* CAPURON. *Pentace:* KOSTERMANS (3). — **Malvaceae** (S. 357, 364, 366, 379): Palyn.: PRASAD. *Alcea,* Südwestasien: M. ZOHARY (1, 2). *Hibiscus,* Hawaii: ROE. *Napaea,* cyt.: ILTIS u. KAWANO. *Pavonia,* Argentinien, cyt.: KRAPOVICKAS u. CHRISTÓBAL. — **Bombacaceae** (S. 358, 369, 381): Neue Gattung: *Tartagalia (Adansonieae):* CAPURRO. — **Sterculiaceae** (S. 353, 380, 381): *Sterculieae:* W. SCHULTZE-MOTEL. *Theobroma:* CUATRECASAS. — **Dilleniaceae** (S. 375). — **Ochnaceae:** *Lavradia:* DWYER. Von *Ouratea* werden *Rhabdophyllum* und die neue Gattung *Idertia* abgespalten, cyt.: FARRON. —

Dioncophyllaceae: Eine breite Merkmalsanalyse ergibt Affinitäten mit *Parietales* (bes. *Ancistrocladaceae* und *Droseraceae*) und weiter mit *Sarraceniales:* R. SCHMID. — **Theaceae:** Cyt.: SANTAMOUR. — **Hypericaceae** (S. 355). — **Dipterocarpaceae** (S. 356): Borneo: ASHTON (1, 2); MEIJER (mit Hinweisen auf die Formbildung). — **Tamaricaceae** (S. 359). — **Cistaceae** (S. 375): Palyn.: HEYDACKER. Cyt.: LÖVE u. KJELLQUIST. — **Bixaceae** (S. 375). — **Cochlospermaceae** (S. 356, 375): Kongo: W. ROBYNS (1). — **Canellaceae** (S. 357, 358). — **Violaceae** (S. 360, 368, 372, 373, 376, 385): Trop. Afrika: TENNANT (1). *Viola:* Japan: MAEKAWA u. HASHIMOTO; Neuguinea: D. M. MOORE (2, 3); *Chaelophylloides*-Gruppe, Japan: E. ITO. — **Flacourtiaceae** (S. 356, 358, 373). — **Turneraceae** (S. 372, 373). — **Passifloraceae** (S. 356, 373): *Adenia,* Ostafrika: VERDCOURT (3). — **Loasaceae** (S. 363): Unterschiedliche Differenzierungsmuster bei *Eucnide* u. *Sympetaleia:* THOMPSON u. ERNST. — **Begoniaceae:** Peru, neue Arten: L. B. SMITH u. SCHUBERT. — **Cactaceae** (S. 351, 355, 356, 357, 358, 359): KRAINZ. Palyn.: KURTZ. *Ariocarpus:* E. F. ANDERSON (2). *Browningia*-Linie geht über *Castellanosia* auf *Rauhocereus* zurück: BUXBAUM (1, 2). *Echinocacteae* und ihre Entwicklungslinien: BUXBAUM (3). *Lophocereus:* LINDSAY. *Mammilaria* gehört zur *Neobesseya*-Linie der *Echinocacteae-Ferocactinae:* BUXBAUM (4). *Neodawsonia:* BRAVO u. McDOUGALL. *Neogomesia:* E. F. ANDERSON (1). *Pachycereae* und ihre Entwicklungslinien: BUXBAUM (6). — **Myrtales** *(= Myrtiflorae)* (S. 353). — **Oliniaceae:** *Olinia,* Angola: A. u. R. FERNANDES. — **Thymelaeaceae:** *Craterosiphon* u. *Peddiea,* Kongo: A. ROBYNS (3). *Daphneae:* HAMAYA. *Lethodon* (bisher fraglich bei *Lauraceae,* bezieht sich auf *Microsemma salicifolia*): KOSTERMANS (1). *Lophostoma* u. *Ovidia:* NEVLING (1, 2). — **Elaeagnaceae:** *Hippophaë,* cyt.: ROUSI (2). — **Lythraceae** (S. 358, 359): *Heimia,* phytochem.: DOUGLAS et al. — **Nyssaceae** (S. 369, 376): Palyn.: SOHMA. — **Davidiaceae** (S. 353, 376). — **Combretaceae:** *Buchenavia, Ramatuella* u. *Quisqualis:* EXELL u. STACE (1, 2). — **Myrtaceae** (S. 356, 357, 358, 366, 371, 372, 373, 376): Neuseeland, palyn.: McINTYRE; trop. Amerika: McVAUGH. *Calyptranthes,* Südbrasilien: D. LEGRAND. *Eucalyptus:* Evolution: PRYOR; Abspaltung der neuen Gattung *Symphyomyrtus:* D. J. u. S. G. M. CARR. — **Melastomataceae** (S. 356, 357): WURDACK (2); El Salvador: WINKLER (2); Malesien: FURTADO. *Poteranthera:* WURDACK (1). *Vomita:* MORLEY. — **Onagraceae** (S. 362, 366, 372, 383). — **Haloragaceae** (S. 368): *Haloragis erecta,* geogr.-ökolog. Auffächerung: FORDE (1). — **Araliaceae** (S. 375): Cyt.: A. K. SHARMA u. CHATTERJI. — **Apiaceae** (S. 353, 358, 359, 374, 375, 376): Türkei, Schlüssel: HEDGE u. LAMOND; Iraq, krit. Hinw.: TOWNSEND. *Aletes* u. *Neoparrya:* THEOBALD, TSENG u. MATHIAS. *Eryngium:* Nordafrika: BRETON; südöstliche USA: R. C. BELL. *Seseli,* cyt.: ČINČURA (2). — Neue Gattungen: *Sclerotiaria, Elaeopleurum* u. *Talassia:* KOROWIN. *Calyptrosciadium* u. *Alocarpum (Smyrnieae), Mastigoscidium (Ammineae-Carinae):* KUBER, RECHINGER u. RIEDL. — **Cornaceae** (S. 355, 375, 376).

Diapensiaceae (S. 359): *Diplarche* als eigene Tribus von *Ericaceae* zu *Diapensiaceae* überstellt: AIRY-SHAW (3). — **Ericales** (S. 360): Palyn.: FRANKS u. WATSON. — **Pyrolaceae:** *Pyrola rotundifolia* agg., Skandinavien: KŘÍSA. — **Ericaceae** (S. 353, 356, 369, 370): Cult.: INGRAM (1); British Columbia: SZCZAWINSKI; Asien, Pazifik: SLEUMER (1). *Erica,* Südafrika, neue Arten, Revision und Schlüssel: DULFER (1, 2). *Gaultheria,* hybr.: FRANKLIN. — **Epacridaceae**: SLEUMER (2). — **Myrsinaceae:** Amerika: LUNDELL. — **Primulaceae** (S. 365, 366, 370, 372, 376, 382): Cyt. u. phylog.: KRESS (1); cult.: INGRAM (2). *Cyclamen:* tax. u. cyt.: SCHWARZ u. LEPPER. *Dionysia,* Afghanistan: WENDELBO (1). *Soldanella,* Nord-Karpaten: PAWŁOWSKA. *Vitaliana,* Hinw. Phylogenie u. Gliederung der Familie: SCHWARZ (2). — **Plumbaginaceae** (S. 357, 369, 376): LABBÉ. *Plumbago,* cyt.: K. V. O. DAHLGREN. — **Sapotaceae:** Familiengliederung, krit. Hinw., neue Gattung: *Piresodendron (Pouteria ucuqui):* AUBRÉVILLE (1—3, 5—7). — **Oleaceae:** *Nestegis:* GREEN (2). *Osmanthus:* Neu-Kaldeonien: GREEN (1). — **Loganiaceae** (S. 360, 372, 375): Cyt.: GADELLA (2). Affinitäten über „*Buddlejeae*" zu *Scrophulariaceae,* über *Potalieae* zu *Apocynaceae,* über *Spigelieae* zu *Rubiaceae,* über *Gelsemieae* und *Antonieae* zu *Oleaceae:* LEENHOUTS. *Retzia,* aff. *Solanaceae* (?): LEEUWENBERG. — **Buddlejaceae** (S. 375). — **Gentianaceae** (S. 362, 363, 372, 377): Japan: TOYOKUNI; Neuguinea: ROYEN (1); Madagaskar: HUMBERT (1). *Centaurium,* cyt.: ZELTNER. *Gentiana* § *Pneumonanthe,* östl. Nordamerika, phylog.: PRINGLE. *Sweertia,* krit. Beitr.: PISSJAUKOVA. — **Apocynaceae** (S. 355, 363, 373, 374, 375): *Strophanthus,* phytochem.: JÄGER, SCHINDLER, WEISS u.

REICHSTEIN. — **Asclepiadaceae** (S. 368,373,375): Phytochem.: ABISCH u. REICHSTEIN; Bombay: SANTAPAU u. IRANI; Texas: SHINNERS (2). *Ceropegia umbraticola*-Gruppe: STOPP (1). Hinweise auf sukk. Arten von *Pachypodium, Stapelianthus, Cynanchum, Folotzia:* RAUH (1—14). Neue Gattung: *Rhytidocaulon* (verw. *Echidnopsis*): BALLY.

Tubiflorae (S. 357, 375): Palyn.: TARNAVSCHI u. RĂDULESCU. — **Convolvulaceae** (S. 358, 373, 375, 377, 378): *Cuscuta*, Israel: FEINBRUN u. TAUB. *Ipomoea*, cyt.: NAKAJIMA; A. JONES. — Neue Gattung: *Neuropeltopsis* (verw. *Neuropeltis*): OOSTSTROOM. — **Polemoniaceae** (S. 359, 366, 371, 383): *Cantua:* INFANTES VERA. *Phlox: P. drummondii* agg.: ERBE u. TURNER; subsect. *Divaricatae:* LEVIN (2). — **Hydrophyllaceae** (S. 371, 384). — **Boraginaceae** (S. 363, 375): Asien, krit. Beitr.: RIEDL (2). *Anchusa*, Gliederung: RIEDL (1). *Echium*, kritische Beiträge: KLOTZ. *Onosma* § *Podonosma:* RIEDL (5). — Neue Gattung: *Decalepidanthus (Lithospermeae):* RIEDL (3). — **Verbenaceae** (S. 360): Palyn., Indien: P. K. K. NAIR u. REHMANN (1); cyt.: A. K. SHARMA u. MUKHOPADHYAY (2). *Glandularia* (p. p.), Argentinien: TRONCOSO. *Verbena:* Beiträge zur Monogr.: MOLDENKE; *V. stricta* u. a., hybr.: POINDEXTER. — **Lamiaceae** (S. 355, 356, 358, 359, 360, 366, 372, 374): Orient: RECHINGER (1); cyt.: Westafrika: I. K. MORTON (1). *Lamium galeobdolon*, $2x$- u. $4x$-Sippen: DERSCH. *Mentha gentilis* agg., Ostskandinavien: (1) MARKLUND. *Orthosiphon*, Südafrika: CODD. *Satureja*, Süd-Amerika: EPLING u. JÁTIVA. *Scutellaria* § *Lupulinaria*, Kaukasus: CHARADZE. *Thymus:* Österreich: MACHULE; *Th. capitatus*, cyt.: SIBILIO. — Neue Gattung: *Antonina (Satureieae):* VVEDENSKIJ. — **Nolanaceae:** *Nolana*, Peru: FERREYRA. — **Solanaceae** (S. 353, 357, 364, 365, 371, 374, 375, 376, 377, 378, 379, 385): Südbrasilien, krit. Beitr.: L. B. SMITH u. DOWNS. *Solanum:* § *Tubera rium*, Argentinien, neue Arten: BRÜCHER (2); § *Morella*, Ecuador: HEISER (3); *S. melongena*, hybr., cyt.: CAPINPIN, LANDE u. PANCHO. *Withania*, phytochem.: SCHWARTING. — **Scrophulariaceae** (S. 349, 353, 360, 363, 367, 368, 370, 371, 374, 381): *Antirrhinum*, Nordamerika, cyt.: GÜNTHER u. ROTHMALER. *Besseya* u. *Synthyris*, hybr., cyt.: KRUCKEBERG u. HEDGLIN. *Chaenorrhinum*, Spanien: LOSA (2). *Digitalis*, cult.: WERNER. *Euphrasia*, Ostasien: YAMAZAKI (1, 2). *Odontites*, Norddeutschland: SCHNEIDER. *Linaria genistifolia* Gruppe, palyn.: JANKÓ. *Penstemon:* USA, Wyoming: WETHERELL; § *Fasciculus*, Mexiko: STRAW. *Striga*, Indien: SALDANHA. *Torenia*, China: LI (1) — **Bignoniaceae:** *Amyphilophium*, Argentinien: FABRIS. — **Pedaliaceae** (S. 357, 369, 372). — **Orobanchaceae** (S. 360). — **Gesneriaceae** (S. 360, 362, 366): Gliederung u. Schlüssel: BURTT (1); Fruchtmerkmale: IVANINA; cyt.: RATTER (1); RATTER u. PRENTICE; R. E. LEE u. GREAR; R. E. LEE. *Sinningia/Reichsteineria*, künstliche Abgrenzung, cytogenet. Hinw.: CLAYBERG. *Trichantha:* C. V. MORTON. — Neue Gattung: *Resia (Cyrtandroideae*, verw. *Nepeanthus):* H. E. MOORE (2). — **Lentibulariaceae** (S. 364): Eindeutige Hinweise auf Verwandtschaft mit *Scrophulariaceae:* CASPER (2); Kolumbien, Peru: PÉREZ. *Pinguicula*, schöne Gliederung der Gattung: CASPER (1). *Utricularia*, Afrika: P. TAYLOR. — **Acanthaceae** (S. 357, 360, 368): Cyt.: J. L. ELLIS. *Ruellia*, Florida, phylog.: R. W. LONG (2). *Sanchezia* u. a.: E. C. LEONARD u. SMITH. — Neue Gattung: *Santapaua* (verw. *Plaesianthera* u. a.): BALAKRISHNAN u. SUBRAMANYAM. — **Plantaginaceae** (S. 366, 376): Neuguinea: ROYEN (2). *Plantago:* Spanien: LOSA (1); *P. atrata* agg., cyt.: CARTIER. – **Rubiaceae** (S. 351, 353, 360, 366, 372, 373, 374, 375, 376): Cyt.: USA: W. H. LEWIS (1); Himalaya: KHOSHOO u. BHATIA (2). USA, Ohio: HAUSER. *Bertiera* (inkl. *Justenia*), *Gardenieae:* HALLÉ (3, 5). *Chasallia*, Madagaskar: BREMEKAMP (3). *Cinchonoideae, Schismatoclada* u. a., Madagaskar: CAVACO (2). *Coffea*, hybr. cyt.: VISHVESHWARA. *Coprosma*, Neuseeland: G. M. TAYLOR. *Cruckshanksia:* RICARDI u. QUEZADA. *Euosmia, Mussaendeae:* STEYERMARK (3). *Gardenia*, cyt.: DERAMUS, THOMAS u. WALKER. *Mussaenda:* JAYAWEERA (1—3). *Urophylleae;* Afrika: HALLÉ (4). *Oreopolus*, berechtigt neben *Cruckshanksia:* RICARDI. *Psychotriae*, Madagaskar, krit. Beitr.: BREMEKAMP (1). *Psychotria:* Afrika: PETIT (2); Hawaii: FOSBERG. *Rubia cordifolia* agg., cyt.: HARA u. KUROSAWA (1). *Spermacoceae*, Westafrika, krit. Beitr.: ASSÉMIEN. — Neue Gattungen: *Colletoecema (Plectronia dewevrei):* PETIT (1). *Dioicodendron:* STEYERMARK (2). *Pittierothamnus:* STEYERMARK (1). *Pseudonesohedyotis (Hedyotideae):* TENNANT (2). *Pseudosabicea (Moussaendeae*, verw. *Sabicea):* HALLÉ (2). — **Dipsacales** (S. 360). — **Caprifoliaceae:** Palyn.: RĂDULESCU. — **Valerianaceae** (S. 360, 370): Brasilien: BORSINI (1, 2). — **Dipsacaceae** (S. 360, 366, 384). — **Cucurbitaceae** (S. 362, 372, 373, 378): Embryol: GULIAYEV. *Luffa*, krit. Beitr.: SINGH u. BHANDARI. *Zombitsia:* KERAUDREN (1). *Zehneria*,

Madagaskar: KERAUDREN (2). — Neue Gattung: *Lemurosicyos (Luffa variegata)*: KERAUDREN (3). — **Campanulaceae** (S. 358, 360, 362, 363, 364, 371, 375, 376): *Campanula:* Nordamerika: SHETLER (1); Rumänien: MORARIU; *C. rotundifolia* agg., cyt.: HUBAC; BÖCHER (1). — **Goodeniaceae** (S. 385): Cyt.: MAEKAWA (2). **Compositae** (S. 357, 360): Familiengliederung u. Nomenkl.: SOLBRIG (2); cyt., Thailand: R. M. KING; cyt., südwestl. USA, Mexiko, Zentralamerika: DE JONG u. LONGPRE; POWELL u. TURNER; TURNER u. KING. Arkt-.alpine Arten, cyt.: ZHUKOVA. — **Asteraceae** (S. 353, 356, 358, 359, 363, 364, 365, 366, 367, 368, 369, 370, 371, 373, 374, 375, 376, 377, 382, 383, 385): Cyt.: ARANO (1—6); ARANO u. NAKAMURA. *Achillea nobilis*-Gruppe: BÄSSLER. *Alvordia:* CARTER. *Ambrosia* (incl. *Franseria*), kritische Beiträge: PAYNE (2). *Anisopappus:* WILD. *Aphanostephus*, cyt.: E. B. SMITH u. JOHNSON. *Artemisia* § *Tridentatae:* BEETLE. *Astereae*, cyt.: DE JONG u. MONTGOMERY. *Aster: Himalaya:* GRIERSON; USA, Michigan, cyt.: FASSEN. *Baccharis*, südwestliche USA: MAHLER u. WATERALL. *Cacalia*, Mexiko: PIPPEN. *Calendula*, cyt.: JANAKI AMMAL u. SOBTI. *Calenduleae*, cyt.: NORLINDH. *Carduus:* Gliederung in subgen. *Carduus*, *Afrocarduus* und *Alfredia*, sehr gediegene Rev.: KAZMI (2); Deutschland: KAZMI (1). *Centaurea:* Aufteilung der künstlichen Gattung *Phaeopappus*, krit. Beitr.: WAGENITZ (1); cyt. Hinw. Gattungsgliederung: GUINOCHET u. FOISSAC; *C. jacea* agg., cyt.: GARDOU. *Chaenactis*, cytogenet.: KYHOS. *Cirsium*, Nordamerika, cyt.: FRANKTON u. MOORE; MOORE u. FRANKTON (1, 2). *Erigeron*, Südamerika: SOLBRIG (1). *Eupatorieae*, Brasilien, S. Catarina: CABRERA u. VITTET. *Evax* u. *Filago:* Gliederung u. Nomenkl.: CHRTEK u. HOLUB. *Flaveria*, embryol.: S. MISRA. *Florestina:* TURNER. *Inuleae-Gnaphalineae*, Südamerika, krit. Beitr.: CABRERA (1). *Jurinea* u. *Jurinella*, krit. Beitr.: ILJIN. *Leucanthemum*, Jugoslawien: HORVATIČ. *Liatris*, phylog. Beitr.: CRUISE (2). *Melananthera*, krit. Beitr.: ASSI. *Millotia:* SCHODDE. *Oliganthes* u. *Pollalesta:* ARISTEGUIETA. *Olivaea:* DE JONG u. BEAMAN. *Petasites*, cyt.: SØRENSEN u. CHRISTIANSEN. *Petradoria*, cyt. u. tax.: L. C. ANDERSON. *Pluchea lanceolata*, cyt.: KOUL. *Ratibida*, hybr., cyt.: S. W. JACKSON. *Sanvitalia*, cyt.: TORRES (3). *Saussurea*, krit. Beitr.: LIPSCHITZ. *Solidago*, cyt.: BEAUDRY. *Tragoceras:* TORRES (2). *Tripleurospermum*, cyt.: KAY. *Vernonia*, südwestliche USA, hybr.: S. B. JONES. *Zinnia*, tax. u. cyt.: TORRES (1, 4). — Neue Gattungen: *Brasilia:* BARROSO (2); *Darwiniothamnus (Erigeron tenuifolius* u. *E. lancifolius)*: HARLING. *Comptonanthus* (verw. *Lasiopogon*): NORDENSTAM (1). — **Cichoriaceae** (S. 367, 368, 372, 375): Cyt.: SORSA (1). Madagaskar: HUMBERT (2). *Hieracium*, Balkan, krit. Beitr.: PAWŁOWSKI (1). *Hypochoeris*, südamerik. Arten, krit. Beitr.: CABRERA (2). *Taraxacum:* Asien, neue Arten: SOEST; Indien, Illustr.: CHOPRA. *Tragopogon*, Slowakei, cyt.: ČINČURA u. HINDÁKOVÁ. *Youngia*, Indien: RAZI.

11. Floren

Die Produktion von wichtigen Florenwerken macht erfreuliche Fortschritte. In Europa ist besonders auf das Erscheinen des 1. Bandes der „Flora Europaea" hinzuweisen. Dieses Standardwerk (mit Schlüsseln, kurzer Beschreibung der Taxa und Verbreitungsangaben nach Ländern) soll vier Bände umfassen und wird durch ein britisches Team in Zusammenarbeit mit zahlreichen Spezialisten und Regionalberatern herausgebracht. Von großer Bedeutung für unsere Kenntnisse von der artenreichen Flora des nahen Ostens ist die nunmehr in zwanglosen Familienlieferungen erscheinende „Flora Iranica" von RECHINGER. Sehr bemerkenswert ist ferner der Abschluß des 30-bändigen Riesenwerkes der Flora der USSR [BOBROV (1, 4)]. Dieses Florenwerk findet nun in zahlreichen Ländern Osteuropas und in vielen Sowjetrepubliken Nachahmung. Von einer entsprechenden Flora Chinas sollen ebenfalls bereits die ersten Bände erschienen sein (vom. Ref. noch nicht gesehen). Nachdem unsere noch sehr ungenügenden Kenntnisse von tropischen Floren [AUBRÉ-

VILLE (4) für Afrika] und die Bedeutung solcher Floren besonders für Entwicklungsländer [BRENAN (1)] sich nun doch allgemein herumsprechen, finden Herausgeber von Florenwerken für Afrika und Asien günstige Startbedingungen und fortlaufende Förderung. Für die Tropen der neuen Welt scheint das Projekt einer „Flora Neotropica" ebenfalls langsam Form anzunehmen [DE WOLF (1)] obwohl es sich dabei wahrscheinlich um das größte derartige Vorhaben handelt, das jemals in Angriff genommen wurde [mindestens 30000 Arten: DE WOLF (2)]. Unter der Leitung von DYER hat ein weiteres großes Florenprojekt, und zwar für Südafrika, sein Erscheinen begonnen; es wird auf 33 Bände projektiert.

Angefügt seien hier noch einige wichtige regionale Bibliographien: Die "Association for Tropical Biology" veröffentlicht in ihrem Bulletin 3, 16—64 (1964) ein Verzeichnis der tropisch-biologischen Literatur; ähnliche Zwecke verfolgt ein „Index Bibl. Bot. Tropicale" für 1963 [Sect. Biol. Vég. ORSTOM **1964** (1), 1—45]. Im Bol. Soc. Arg. Bot. erscheinen nunmehr laufend Hinweise auf neue Arten und botanische Literatur in Südamerika. Bemerkenswert sind schließlich noch folgende Beiträge: S. F. BLAKE u. ATWOOD (Florenverzeichnis für die neue Welt), FRODIN (Florenverzeichnis für die ganze Welt), NARAYASWAMI sowie P. MAHESHWARI u. KAPIL (Indien), AETFAT-Index (Afrika), TYRELL-GLYNN u. LEVYNS (Südafrika), LANGMANN (Mexico). — Richtlinien für die Abfassung von Floren hat TURRILL (4) gegeben.

Europa. TUTIN, HEYWOOD, BURGES, VALENTINE, WALTERS u. WEBB: Flora Europaea **1**, Cambridge 1964: *Lycopodiaceae* bis *Platanaceae*. — HEYWOOD u. PICHI-SERMOLLI: Proceedings of the second Flora Europaea Symposium, Genova 1961. Webbia **18**, 1—582 (1963). — HEYWOOD: Not. syst. fl. europ. **2**, **3**, **4**, Fedd. Rep. **68**, 163—210 (1963) u. **69**, 44—62, 142—154 (1964). — LINDMAN: Nordens Flora, 3 vol., Stockholm 1964. — LID: The Flora of Jan Mayen, Norsk Polarinst. Skr. **30** (1964). — SONCK: Die Gefäßpflanzenflora von Pielisjärvi und Lieska, Nordkarelien. Acta Bot. Fenn. **67** (1964). — WEIMARCK: Skånes Flora, Lund 1963. — CLAPHAM, TUTIN u. WARBURG: Flora of the British Isles, Illustr. **3** u. **4**, Cambridge 1963 u. 1965: *Boraginaceae* - *Compositae, Monocotyledones*. — Biological Flora of the British Isles: *Hypericum linearifolium, Mertensia maritima, Glaucium flavum, Gentiana verna, Potentilla fruticosa, Agropyron repens, Lathyrus japonicus, Plantago major, P. media* u. *P. lanceolata, Myosotis alpestris, Menyanthes trifoliata, Rumex obtusifolius* u. *R. crispus, Papaver*, J. Ecol. **51** (1963) u. **52** (1964). — PERRING, SELL und WALTERS: A Flora of Cambridgeshire, Cambridge 1964. — OOSTSTROOM, REICHGELT et al.: Flora Neerlandica **1** (6), Amsterdam 1964: *Alismataceae* - *Typhaceae*. — LAWALRÈE: Flore Générale de Belgique, Spermatophytes **4** (2 u. 3), Bruxelles 1963 u. 1964: *Papilionaceae* - *Oxalidaceae, Geraniaceae* - *Rhamnaceae*. — HEGI: Flora von Mitteleuropa 2. Aufl. **4** (1/7) 1963: *Brassicaceae* (Ende) - *Resedaceae;* **4** (2/2—3) 1963: *Crassulaceae* bis *Saxifragaceae;* **4** (2/4) 1964: *Parnassiaceae* bis *Rosaceae;* **4** (3/1) 1964: *Compositae* (II.). — ROTHMALER: Exkursionsflora von Deutschland, Kritischer Ergänzungsband (Gefäßpflanzen), Berlin 1963. — FUCHS: Flora von Göttingen, Göttingen u. Zürich 1964. — HEGI: Alpenflora 18. Aufl. (MERXMÜLLER), München 1963. — ZOLLER: Flora des schweizerischen Nationalparks und seiner Umgebung, Erg. wiss. Unters. schweiz. Nationalpark **9** (51) (1964). — JANCHEN: Geänderte Namen von Gefäßpflanzen Österreichs, Phyton (Austria) **10** (1963). — JANCHEN: Catalogus Florae Austriae, Pteridophyten und Anthophyten, **1**. u. **2**. Erg.-Heft, Wien 1963 u. 1964. — MARTÍNEZ: Estudio de la Vegetation y Flora de las Sierras de Guadarrama y Gredos, An. Inst. Bot. Cavanilles **21**, 5—325 (1963). — GODAY: Vegetación y Flórula de la Cuenca Extremeña del Guadiana, Publ. excel. Diput. Prov. Badajoz, Madrid (1964). — MARTINO: Flora e vegetazione dell'Isola di Pantellaria, Lav. Ist. Bot. Giard. Colon. Palermo **19**, 87—243 (1963). — MONTELUCCI: Ricerche sulla vegetazione dell'Etruria. XIII. Materiali per la flora e la vegetazione di Viareggio, Webbia **19**, 73—347 (1964), — SOÓ: Syst.-geobot. Handbuch der ungarischen Flora und Vegetation **1**, Budapest 1964. — JORDANOV,

Kitanov u. Vălev: Flora Reipublicae popularis Bulgaricae **1** u. **2**, Sofia 1963 u. 1964: *Pteridophyta - Gramineae, Cyperaceae - Orchidaceae.* — Nyárády: Flora Reipublicae popularis Romanicae **9**, Bucuresti 1964: *Cucurbitaceae - Compositae* (I). — Pawłowski: Flora Polska **10**, Warschau 1963: *Sympetalae - Scrophulariaceae.* — Skwirzyńska: Flora polonicae . . . iconographia **9** (2), Warschau 1963 *Cruciferae*: (1). — Maewskij: Flora srednej polosy ewropejskoj tschasti SSSR, Leningrad 1964. — Wisjulina: Flora Ukrainsk. RSR **11**, Kiew 1962. — Lietuvos TSR Flora (= Litauische SSR) **2**, Vilnius 1963.

Asien. Bobrow u. Zwelew: Flora SSSR **29**; Indices; Moskau u. Leningrad 1964. — Rozhevits u. Shishkin: Flora of the USSR **2**, Jerusalem 1963: *Gramineae* (engl. transl. Landau). — Tolmatchev: Flora arctica URSS **1**—**4**, Moskau-Leningrad 1960/1963: *Polypodiaceae - Orchidaceae.* — Grossgejm: Flora Kawkasa **6**, 2. Aufl., Moskau-Leningrad 1962: *Geraniaceae-Araliaceae.* — Vvedensky: Flora Uzbekistanica **6**, Taschkent 1962: *Compositae.* — Bondarenko: Predelitel wyssch. rast. Karakalpakii, Taschkent 1964. — Zakirov: Die Flora und Vegetation im Bassin des Flusses Zeravšan **2**, Taschkent 1962. — Pawlow: Flora Kasachstana **8**, Alma-Ata 1965: *Solanaceae - Compositae* z. T. — Stepanova: Vegetation und Flora des Tarbagatai-Bergrückens, Alma-Ata 1962. — Ikonnikov: The key for the identification of plants of the Pamirs, Pamirsk. Biol. Stanz. Trud. **20**, 1—282 (1963). — Rechinger: Flora Iranica **1**—**7**, Graz 1963/1964: *Ephedraceae, Euphorbiaceae, Tamaricaceae, Onagraceae, Convolvulaceae, Cuscutaceae, Orobanchaceae, Araceae.* — Rechinger: Flora of Lowland Iraq, Weinheim 1964. — Al-Rawi: Wild plants of Iraq, Minist. Agric., Techn. Bull. 14 (1964). — Afghanistan: Køie u. Rechinger: Symbolae Afghanicae **5**, Biol. Skr. Kgl. Danske Vidensk. Selsk. **13** (4) (1963): div. Fam. — Hedge u. Wendelbo: Studies in the flora of Afghanistan **1**, Årbok Univ. Bergen, Mat.-Naturv. Serie 1963 (18) (1964). — Gilli: Beiträge zur Flora Afghanistans **4**, Feddes Rep. **69**, **155**—**175** (1964): *Ranales* u. *Rhoeadales.* — Kitamura: Plants of West Pakistan and Afghanistan, Res. Kyoto Univ. Sc. Exp. Karakoram and Hindukush 1955, 3 (1964). — Subramanyam: Account of common Indian aquatic Angiosperms, Counc. Sci. Ind. Res., New Delhi, Bot. Monogr. 3 (1962). — Maheshwari: The flora of Dehli, Counc. Sci. Ind. Res., New Dehli 1963. — Prain: Bengal Plants **1** und **2**, Calcutta 1963: *Ranunculaceae - Salvadoraceae; Apocynaceae - Selaginellaceae* (Neudruck). — Nair: A key to the families of Burmese flowering plants, Rangoon 1962. — Nair: The families of Burmese flowering plants, **2** vol., Rangoon 1963: Dicotyledons-Lignosae; Dicotyledons-Herbaceae und Monocotyledons. — Larsen: Studies in the Flora of Thailand, **14**—**25**, Dansk Bot. Ark. 20 (3); 23 (1) (1963): Cyt. u. div. Fam. — Aubréville: Flore du Cambodge, du Laos et du Vietnam **3**, Paris 1963: *Sapotaceae.* — Kochummen: Keys for . . . timber trees of Malaya . . ., Res. Pamphl. For. Res. Inst. Kepong **43** (1963). — Steenis: Flora Malesiana ser. I-6 (2), Groningen 1962: *Loganiaceae, Najadaceae* usw.; ser. I-6 (3), Groningen 1964: *Celastraceae* (II), *Epacridaceae, Geraniaceae, Nyctaginaceae;* ser. II-1, Groningen 1963: *Cyatheaceae.* — Backer u. Bakhuizen van den Brink: Flora of Java **1**, Groningen 1963: *Gymnospermae - Buxaceae.* — Anderson: The flora of the Peat Swamp Forests of Sarawak and Brunei, Gard. Bull. Singapore **20**, 131—228 (1963). — Ohwi: A Flora of Japan, Washington 1964—1965. — Kurata et al.: Illustrated important forest trees of Japan, Tokyo 1964. — Li: Woody flora of Taiwan, Pennsylvania/Narberth 1963.

Pazifik und Australien. Degener: Flora Hawaiiensis **6**, Hawaii 1957—1963. — Burbidge: Dictionary of Australian plant genera, Sydney 1963. — Flora of N. S. Wales, Contr. N. S. Wales Natl. Herb. 1963: **136**, *Flacourtiaceae* u. **201**, *Hymenophyllaceae.* — Beadle, Evans u. Carolin: Handbook of the Vascular Plants of the Sydney district and the Blue Mountains, New South Wales, Armidale 1963. — Willis: A Handbook to Plants in Victoria **1**, Melbourne 1962. — Curtis: The students flora of Tasmania **2**, Tasmania, Hobart 1963: *Lythraceae - Epacridaceae.*

Afrika. Jaeger u. Sell: Icones Plantarum Africanarum **6** (121—144), Ifan-Dakar 1964. — Schaeffer: Pflanzen der Kanarischen Inseln (Bestimmungsbuch), Ratzeburg 1963. — Maire u. Quézel: Flore de l'Afrique du Nord **9** *(Caryophyllaceae-Paronychioideae* u. *Alsinoideae);* **10** *(Caryophyllaceae-Silenoideae)* u. **11** *(Papaveraceae z. T.)*, Paris 1963/1964. — Nègre: Petite flora des régions arides du Maroc occidental, 2 vol., Paris 1961—1962. — Hutchinson u. Dalziel: Flora of west tropical Africa 2 (2nd ed.: HEPPER), London 1963: alle *Sympetalae.* — ASSI: Contribution à l'étude floristique de la Cote-d'Ivoire . . ., Encycl. Biol. **61**, Paris 1963. — AUBRÉVILLE: Flore du Gabon **1**, **6**, **8**, Paris 1962, 1963 u. **1964**: div. Fam. — AUBRÉVILLE: Flore du Cameroun **1** *(Rutaceae, Zygophyllaceae, Balanitaceae)*; **2** *(Sapotaceae)* u. **3** *(Pteridophyta)*, Paris 1963 u. 1964. — Flora du Congo, du Rwanda et du Burundi **10**, Bruxelles 1963: *Tiliaceae, Malvaceae, Bombacaceae, Sterculiaceae, Huaceae, Scytopetalaceae.* — CUFODONTIS: Enumeratio plantarum Aethiopiae, Spermatophyta, Suppl. Bull. Jard. Bot. Brux. **33**, 829—876 *(Lamiaceae* z. T. - *Solanaceae)*, 877—924 *(Solanum - Utricularia)* u. **34**, 925—978 *(Globulariaceae - Acanthaceae)* (1963 u. 1964). — BREITENBACH: The indigenous trees of Ethiopia (2nd. ed)., Addis Abeba 1963. — PICHI-SERMOLLI: Adumbratio florae Aethiopicae, Webbia **17**, 33—43 *(Gleicheniaceae)*, 299—315 *(Cryptogrammaceae)*, 317—328 *(Actinopteridaceae)* (1962 u. 1963). — HUBBARD u. MILNE-REDHEAD: Flora of tropical East Africa, London 1963 u. 1964: *Convolvulaceae, Capparidaceae.* — WHITE: Forest Flora of Northern Rhodesia, Oxford 1962. — EXELL et al.: Flora Zambesiaca **2** (1), London 1963: *Tiliaceae - Icacinaceae.* — DYER et al.: Flora of Southern Africa **26**, Pretoria 1963: *Myrsinaceae - Apocynaceae.* — RILEY: Families of Flowering Plants of Southern Africa, Univ. Kentucky 1963. — HUMBERT: Flore de Madagascar et des Comores: **189**. Fam. *(Compositae* III*)* 1963, **121**. Fam. *(Didiereaceae)* 1963 u. **60**. Fam. *(Loranthaceae)* 1964, Paris. — CAPURON: Contribution a l'étude de la flore de Madagascar XI—XVI), Adansonia **3**: 370—400 (1963).

Nordamerika. GJAEREVOLL: Botanical investigations in Central Alaska. 2, Kgl. Norske Vidensk. Selsk. Skr. 1963, **4** (1963): *Salicaceae-Umbelliferae.* — MARIE-VICTORIN: Flore Laurentienne, 2. ed. (ROULEAU), Montréal 1964. — ERSKINE: The plants of Prince Edward Island, Canada Dept. Agr. Publ. **1088** (1960). — GLEASON u. CRONQUIST: Manual of Vascular Plants of Northeastern United States and adjacent Canada, Princeton etc. 1963. — PEASE: A Flora of Northern NewHampshire, Cambridge 1964. — Biological Generic Flora of the southeastern United States, J. Arn. Arb.; ERNST: **44**, 81—95 (1963), *Capparidaceae* u. *Moringaceae;* ERNST u. THOMPSON: **44**, 138—142 (1963), *Loasaceae;* ERNST: **44**, 193—210 (1963), *Hamamelidaceae* u. *Platanaceae;* SOLBRIG: **44**, 436—461 (1963), *Compositae;* BRIZICKY: **44**, 462—501 (1963), *Sapindales;* ERNST **45**, 1—35, *Berberidaceae, Lardizabalaceae, Menispermaceae;* BRIZICKY: **45**, 206—234 (1964), *Celastrales;* GRAHAM: **45**, 235—250 (1964), *Lythraceae;* GRAHAM: **45**, 274—278 (1964), *Elaeagnaceae;* GRAHAM: **45**, 285—301 (1964), *Rhizophoraceae* u. *Combretaceae;* BRIZICKY: **45**, 346—357 (1964), *Cistaceae;* BRIZICKY: **45**, 439—463 (1964), *Rhamnaceae;* BRIZICKY: **46**, 48—67 (1965), *Vitaceae.* — STRAUSBAUGH und CORE: Flora of West Virginia **4**, West Virginia. Univ. Bull. **65**, (3—2), 861—1075 (1964): *Rubiaceae-Compositae.* — RADFORD et al.: Guide to the vascular flora of the Carolinas, North Carolina, Chapel Hill. —Wisconsin: Preliminary reports on the flora of Wisconsin, *Compositae* I, II, III; Trans. Wisc. Acad. **52**, 255—382 (1963). — JONES: Flora of Illinois, 3. Aufl., Notre Dame 1963. — STEYERMARK: Flora of Missouri, Iowa 1963. — LUNDELL et al.: Flora of Texas **1** u. **2**, Texas, Renner 1964: *Boraginaceae.* — VINES: Trees, shrubs, and woody vines of the Southwest, Austin 1960. — PORTER: A flora of Wyoming **1** u. **2**, Univ. Wyoming, Agr. Exp. Sta. Bull. **402** u. **404** (1962/1963): *Gymnospermae; Monocotyledoneae* (z. T.). — HITCHCOCK, CRONQUIST, OWNBEY u. THOMPSON: Vascular Plants of the Pacific Northwest **2**, Seattle 1964: *Salicaceae - Saxifragaceae.* — ST. JOHN: Flora of southeastern Washington and adjacent Idaho, 3. Aufl., Calif., Escondido 1963. — SHREVE u. WIGGINS: Vegetation and Flora of the Sonoran Desert, 2 vol., Stanford 1964. — HOWITT u. HOWELL: The vascular plants of Monterey County California, Wasmann J. Biol. **22** (1) (1964). — RAVEN: A flora of San Clemente Island, California, Aliso **5**, 289—347 (1963).

Mittel- und Südamerika. LIOGIER: Flora de Cuba **5**, Rio Piedras 1962: *Rubiaceae-Compositae.* — STANDLEY und WILLIAMS: Flora of Guatemala **7** (3, 4), Fieldiana Bot. **24** (7), 283—405, 407—570 (1963): *Myrtaceae; Melastomataceae, Onagraceae, Haloragaceae.* — Flora of Panama **6**, Ann. Miss. Bot. Gard. **51**, 1—107 (1964): *Tiliaceae, Bombacaceae, Sterculiaceae* (ROBYNS). — STOFFERS: Flora of the Netherlands Antilles **1** (1, 2), Utrecht u. Den Haag (1963). — Flora of Venezuela **10** (1, 2), Caracas 1964: *Compositae* (ARISTEGUIETA). — MAGUIRE, WURDACK et al.: The botany of the Guayana Highlands **5**, Mem. New York Bot. Gard. **10** (5) (1964). —

LINDEMAN u. MENNEGA: Bomenboek voor Suriname, Paramaribo bzw. Medd. Bot. Mus. Utrecht **200**, 1963. — BENJAMIN: Flora do Estado da Guanabara, *Rubiaceae* II, Arq. Jard. Bot. Rio de Janeiro **17**, 25—41 (1963). — Flora ilustrada do Rio Grande do Sul **4**, B. Inst. Ci. Nat. **12**, 1—29: *Passifloraceae* (SACO). — LEGRAND: Flora of Uruguay, Montevideo **1963**: *Ranunculaceae; Mayacaceae, Zygophyllaceae, Celastraceae, Lythraceae, Primulaceae* (LOURTEIG). — LOMBARDO: Flora arborea... Uruguay, 2nd. ed., Montevideo **1964**. — Flora Argentina, Rev. Museo La Plata, n. s. **9**, 175—241 (1963): *Calyceraceae* (PONTIROLI). — CABRERA: Flora de la Provincia de Buenos Aires **6**, Col. Cient. Inst. Nac. Tecn. Agropec. **6** (6a) (1963): *Compositae*. — SKOTTSBERG: Zur Naturgeschichte der Insel San Ambrosio (Islas Desventuradas, Chile) **2**, Ark. Bot. **4**, 465—488 (1963): *Spermatophyta*. — BÖCHER, HJERTING u. RAHN: Botanical studies in the Atuel Valley Area, Mendoza province, Argentina **1**, Dansk Bot. Ark. **22** (1) (1963). — GREENE: The vascular flora of South Georgia, British Antarctic Survey, Sc. Rep. **45** (1964).

Literatur

ABISCH, E., u. T. REICHSTEIN: Helv. Chim. Acta **45**, 2090—2116 (1962). — ABRAHAM, A., P. M. MATHEW, and C. A. NINAN: Cytologia **26**, 327—332 (1961). — AHMAD, K. J.: (1) Lloydia **27**, 243—250 (1964); — (2) Canad. J. Bot. **42**, 793—803 (1964). — AIRY-SHAW, H. K.: (1) Kew Bull. **16**, 341—372 (1963); (2) **17**, 263—264 (1963); (3) **17**, 507—509 (1964); (4) **19**, 299—328 (1965). — ALI, S. I.: (1) Biologia **9**, 17—22 (1963); — (2) Candollea **18**, 137—159 (1963); — (3) Austr. J. Bot. **12**, 282—291, 292—316 (1964). — ALIOSHINA, L. A.: Bot. J. (Moskau) **49**, 1773—1776 (1964). — ALLARD, R. W.: Genetics **48**, 1389—1395 (1963). — ALLEN, J. (Ed.): The nature of Biological diversity, VII + 304 S., London 1963. — ALSTON, R. E., and K. HEMPEL: J. Hered. **55**, 267—269 (1964). — ALSTON, R. E., A. J. MABRY, and B. L. TURNER: Science **142**, 545—552 (1963). — ALSTON, R. E., and B. L. TURNER: (1) Biochemical Systematics, 404 S., Prentice Hall 1963; — (2) Amer. J. Bot. **50**, 159—173 (1963). — ALTSCHUL, S. R.: Contr. Gray Herb. **193**, 3—65 (1964). — ANANDA RAO, T., and K. M. M. DAKSHINI: Proc. Ind. Acad. Sc. B **58**, 28—35 (1963). — ANDERSON, E. F.: (1) Cact. Succ. J. **35**, 138—145 (1963); — (2) Amer. J. Bot. **50**, 724—732 (1963); **51**, 144—151 (1964). — ANDERSON, L. C.: Trans. Kans. Acad. **66**, 632—684 (1964). — ANDREÁNSZKY, G.: Vegetatio **11**, 155—172 (1963). — ANDREWS, H. N.: Science **142**, 925—931 (1963). — ANKORI, H., and D. ZOHARY: Cytologia **27**, 314—324 (1962). — ARANO, H.: (1) Bot. Mag. (Tokyo) **75**, 401—410 (1962); (2) **76**, 32—39 (1963); (3) **76**, 219—224 (1963); (4) **76**, 419—427 (1963); (5) **76**, 459—465 (1963); (6) **77**, 86—97 (1964). — ARANO, H., and T. NAKAMURA: Bot. Mag. (Tokyo) **77**, 54—58, 59—65 (1964). — ARISTEGUIETA, L.: Bol. Soc. Venez. Ci. Nat. **23**, 255—288 (1963). — ARISUMI, T.: J. Hered. **55**, 181—183 (1964). — ARMSTRONG, J. M., and A. P. WYLIE: Nature **205**, 1340—1341 (1965). — ARNOTT, H. J., and S. C. TUCKER: Amer. J. Bot. **50**, 821—830 (1963). — ARTSCHWAGER, E., and E. W. BRANDES: U. S. Dept. Agr., Agr. Handbook No. **122**, II + 307 S. 1958. — ASHRI, A.: Genetics **50**, 363—372 (1964). — ASHTON, P. S.: (1) Gard. Bull. Singapore **30**, 229—284 (1963); — (2) A manual of the dipterocarp trees of Brunei State, XII + 242 S. Oxford 1964. — ASSÉMIEN, P.: Ann. Fac. Sc. Dakar **9**, 5—49 (1963). — ASSI, L. A.: Adansonia **4**, 338—342 (1964). — AUBRÉVILLE, A.: (1) Adansonia **3**, 19—42 (1963); (2) 227—231 (1963); (3) 327—335 (1963); (4) **4**, 4—7 (1964); (5) 38—41 (1964); (6) 228—232 (1964); (7) 367—391 (1964). — AUGER-BARREAU, R.: Botaniste, sér. **47**, 5—233 (1964). — AUQUIER, P.: (1) Natura Mosana, Liège **16**, 1—63 (1963); — (2) Bull. Soc. Bot. Belg. **97**, 99—129 (1964). — AYENSU, E. S., and W. L. STERN: Contrib. U. S. Natl. Herb. **34**, 45—73 (1964).

BACIGALUPO, N. M.: Darwinia **13**, 87—103 (1964). — BÄSSLER, M.: Feddes Repert. **68**, 139—162 (1963). — BAHADUR, B.: Rhodora **66**, 56—60 (1964). — BAILEY, I. W.: (1) J. Arn. Arb. **45**, 140—157 (1964); (2) **45**, 374—384 (1964). — BAKER, H. G.: (1) Science **139**, 877—883 (1963); — (2) Evolution **18**, 507—512 (1964); — (3) Taxon **13**, 121—126 (1964). — BAKER, M. S.: Madroño **15**, 199—204 (1963). — BAKHTEYEV, F. K.: Iswest. Akad. Nauk SSR, Ser. Biol. **1964**, 655—667 (1964). — BALAKRISHNAN, N. P., and K. SUBRAMANYAM: J. Ind. Bot. Soc. **42**, 411—415 (1963). — BALGOOY, M. M. J. VAN: (1) Blumea **12**, 71—77 (1963); (2) 79—88 (1963).

— Balkovsky, B. E.: Bot. J. (Moskau) **49**, 1279—1285 (1964). — Ball, P. W.: (1) Feddes Repert. **69**, 1—8 (1964); (2) **69**, 35—40 (1964). — Ball, P. W., and V. H. Heywood: Bull. Brit. Mus. (Nat. Hist.) Bot. **3** (4), 121—172 (1964). — Balle, S.: (1) Adansonia **4**, 105—141 (1964); — (2) Bol. Soc. Brot. 2. Sér. **38**, 9—80 (1964). — Bally, P. R. O.: Candollea **18**, 335—339 (1963). — Bandlow, G.: Züchter **31**, 362—372 (1961). — Banks, D. J.: (1) Rhodora **66**, 368—370 (1964); — (2) Sida **1**, 306—312 (1964). — Barlow, B. A.: (1) Proc. Linn. Soc. N. S. Wales **88**, 137—150 (1963); (2) 151—160 (1963); — (3) **89**, 268—272 (1965). — Barneby, R. C.: Mem. N. Y. Bot. Gard. **13** (IV), 1—1188 (1964). — Barrau, J. (Ed.): Plants and the migrations of Pacific peoples: a symposium, VI + 136 S., Honolulu, Hawaii 1963. — Barroso, G. M.: (1) Arq. Jard. Bot. Rio de Janeiro **17**, 5—17 (1963); (2) 19—20 (1963). — Basak, S. L., and H. K. Jain: Heredity **19**, 53—61 (1964). — Bate-Smith, E. C.: J. Linn. Soc. (Botany) **58** (370), 39—54 (1961). — Baylis, G. T.: Austral. J. Bot. **11**, 168—177 (1963). — Beard, J. S.: Kirkia **3**, 138—206 (1963). — Beaudry, J. R.: Canad. J. Genet. Cytol. **5**, 150—174 (1963). — Beck, E.: Beiträge zur Chemosystematik einiger Centrospermen, Plumbaginaceen und Primulaceen, 82 S., Diss. Naturw. Fak. Univ. München 1963. — Beddows, A. R.: J. Linn. Soc. (Bot.) **59**, 89—98 (1965). — Beetle, A. A.: Univ. Wyoming Agr. Exp. Stat. Bull. **368**, 83 S. (1960). — Bell, E. A.: Nature **203**, 378—380 (1964). — Bell, R. C.: Castanea **28**, 73—79 (1963). — Bemis, W. P.: J. Hered. **54**, 285—289 (1963). — Bennett, E.: Rec. Scot. Plant Breed. Stat. **1964**, 49—115 (1964). — Bernardi, L.: (1) Adansonia **3**, 404—421 (1963); — (2) Candollea **18**, 285—334 (1963); — (3) Bot. Jb. **83**, 185—221 (1964). — Beuzenberg, E. J., and J. B. Hair: N. Z. J. Bot. **1**, 53—67 (1963). — Bhandaryi, N. N.: Phytomorphology **13**, 303—316 (1964). — Bhandaryi, N. N., and R. N. Kapil: Beitr. Biol. Pfl. **40**, 113—120 (1964). — Bidault, M.: Bull. Soc. Bot. Fr. **110**, 372—380 (1964). — Bielawska, H.: Acta Soc. Bot. Polon. **33**, 15—44 (1964). — Billek, G., u. H. Kindl: Mh. Chem. **93**, 85—98 (1962). — Bisse, J.: Feddes Rep. **67**, 181—189 (1963). — Black, G. A.: Adv. Front. Pl. Sc. **5**, 1—186 (1963). — Blagoveschenski, A. V.: Bull. Acad. Sc. USSR, Biol. Ser. **1962**, 845—856 (1962). — Blake, S. F., and A. C. Atwood: Geographical Guide to Floras of the World **I**, 336 S., (Neudruck 1963). — Blake, S. T.: (1) Proc. Roy. Soc. Queensl. **74**, 29—44 (1964); (2) 45—52 (1964). — Bobrov, E. G.: (1) Bot. J. (Moskau) **48**, 1729—1740 (1963); (2) Webbia **18**, 57—64 (1963); — (3) Abstr. Pap. 10th Intern. Congr. Bot. Edinburgh, 137 (1964); — (4) Nature **205**, 1046—1049 (1965). — Bock, W. J.: Am. Nat. **97**, 265—285 (1963). — Bócsa, I., and G. Mándy: Acta Bot. Acad. Sc. Hung. **10**, 13—26 (1964). — Bodard, M.: (1) Ann. Fac. Sc. Univ. Dakar **7**, 182 S. (1962); — (2) Bull. Soc. Bot. Fr. **110**, 158—160 (1963); — (3) Ann. Fac. Sci. Dakar, Ser.: Sci. vég. **9**, 51—80 (1963). — Böcher, T.: (1) Bot. Not. **116**, 113—121 (1963); — (2) Biol. Skr. Dan. Vid. Selsk. **11** (6), 1—33 (1963). — Boelcke, O.: Darwiniana **13**, 506—528 (1964). — Böritz, S.: Biol. Zbl. **83**, 725—738 (1964). — Boke, N. H.: Amer. J. Bot. **51**, 598—610 (1964). — Bolus, H. M. L.: J. S. Afr. Bot. **29**, 11—19 (1963). — Bonner, J.: Amer. Inst. Biol. Sc. Bull. **13**, 20—21 (1963). — Boraiah, G., and M. Heimburger: Canad. J. Bot. **42**, 891—922 (1964). — Borgaonkar, D. S., and J. M. J. de Wet: (1) Cytologia **28**, 54—67 (1963); — (2) Phyton (Argentina) **21**, 55—60 (1964). — Borgmann, E.: Z. Bot. **52**, 118—172 (1964). — Borissova, A.: Not. Syst. Herb. Inst. Bot. Komarov **22**, 172—179 (1963). — Boros, A., u. A. Jánossy: Kulturflora Ungarns **7**, VII + 36 S. (1962). — Borrill, M.: Genetica **34**, 183—210 (1963). — Borsini, O. E.: (1) Lilloa **31**, 149—170 (1962); — (2) Sellowia **15**, 123—136 (1963). — Borsos, O.: (1) Ann. Univ. Sc. Budapest, Sect. Biol. **6**, 43—81 (1963); (2) **7**, 45—71 (1964). — Borzoba, I. A.: Arb. der Moskauer Vet. Akad. **33**, 92—95 (1961). — Bose, S.: Bull. Bot. Surv. India **4**, 27—38 (1963). — Bose, S., and W. S. Flory: Nucleus **6**, 141—156 (1963). — Botschantzev, V.: Not. Syst. Herb. Inst. Bot. Komarov **22**, 135—143 (1963). — Bouharmont, J.: Cytologia **27**, 258—275 (1962). — Bowden, B. N.: J. Ecol. **52**, 255—271 (1964). — Bowden, W. M.: (1) Canad. J. Bot. **40**, 1675—1711 (1962); (2) **42**, 547—601 (1964); — (3) Canad. J. Genet. Cyt. **6**, 121—139 (1964); (4) **6**, 364—369 (1964). — Bowden, W. M., and H. A. Senn: Canad. J. Bot. **40**, 1115—1124 (1961). — Boyle, W. S.: Madroño **17**, 10—16 (1963). — Bozzini, A.: Caryologia **17**, 459—464 (1964). — Bradshaw, A. D.: (1) Syst. Ass. Publ. **4**, 7—16 (1962); — (2) Rec. Scot. Plant Breed. Stat. **1964**, 117—125 (1964). — Bradshaw, M. E.:

Watsonia 5, 304—320, 321—326 (1963). — BRADSHAW, M. E., P. DANSERAU, and D. H. VALENTINE: Canad. J. Bot. 42, 89—104 (1964). — BRAUN, H. J.: (1) Die Organisation des Stammes von Bäumen und Sträuchern, 162 S., Stuttgart 1963; — (2) Ber. Dtsch. Bot. Ges. 77, 355—367 (1965). — BRAVO, H. H., and T. MCDOUGALL: Cact. Succ. J. 35, 107—116 (1963). — BREHM, B. G., and R. E. ALSTON: Amer. J. Bot. 51, 644—650 (1964). — BREITUNG, A. J.: Cact. Succ. J. 35, 14—17, 74—77, 120—122, 149—151, 173—175 (1963); 36, 11—14, 34—37, 71—74, 101—104, 138—139 (1964). — BREMEKAMP, C. E. B.: (1) Verh. Konink. Nederl. Akad. Wetens., Afd. Nat. 54 (5), 181 S. (1963); — (2) Grana Palyn. 4, 53—63 (1963); — (3) Candollea 18, 195—238 (1963). — BRENAN, J. P. M.: (1) Impact 13, 123—148 (1963); — (2) Kew Bull. 17, 219—226 (1963); — (3) Mitt. Bot. Staatssamml. München 5, 199—222 (1964); — (4) Kew Bull. 19, 63—68 (1964). — BRETON, A.: Mém. Soc. Sc. Nat. Phys. Maroc, Bot. (n. s.) 2, 86 S. (1962). — BRETT, D. W.: New Phyt. 63, 96—118 (1964). — BRIGGLE, L. W., and L. P. REITZ: U. S. Dept. Agr. Tech. Bull. 1278, III + 153 S. (1963). — BRIGGS, B. G.: (1) Evolution 16, 372—390 (1962); — (2) Contr. N. S. Wales Natl. Herb. 3, 228—232 (1963); — (3) Evolution 18, 292—303 (1964). — BRINGHURST, R. S., and D. A. KHAN: Amer. J. Bot. 50, 658—661 (1963). — BRITTEN, E. J.: Cytologia 29, 428—449 (1963). — BRIZICKY, G. K.: J. Arn. Arb. 44, 60—80 (1963). — BRÖKER, W.: Flora 153, 122—156 (1963). — BROWICZ, K.: (1) Monogr. Bot. (Warszawa) 14, 1—136 (1963); — (2) Arboretum Kórnickie, Rocz. 8, 5—28 (1963); — (3) Kew Bull. 16, 493—495 (1963). — BROWN, W. V., and S. C. JOHNSON: Amer. J. Bot. 51, 671 S. (1964). — BRÜCHER, H.: (1) Qual. Pl. Mat. Veg. 9, 187—202 (1963); — (2) Darwinia 13, 104—114 (1964). — BRUMMITT, R. K., and V. H. HEYWOOD: Feddes Rep. 69, 24—32 (1964). — BUCHHEIM, G.: Sitzber. Ges. Naturf. Freunde Berlin 2, 78—92 (1962). — BURK, C. J.: J. Elisha Mitchell Soc. 79, 159—163 (1963). — BURKART, A.: (1) Darwinia 13, 9—66 (1964); (2) 343—427 (1964). — BURNHAM, CH. R.: Discussions in cytogenetics, 375 S., Minneapolis 1963. — BURROWS, C. J., J. F. HOBBS, and R. MELVILLE: Nature 203, 203—204 (1964). — BURTT, B. L. (Ed.): (1) Not. Bot. Gard. Edinburgh 24, 205—220 (1962); — (2) Abstr. pap. 10th Intern. Bot. Congr., Edinburgh 1964, 518 S., Edinburgh 1964. — BUXBAUM, F.: (1) Kakt. Sukk. 14, 184—187, 202—205, 226—229 (1963); — (2) Beitr. Biol. Pfl. 38, 383—419 (1963); — (3) Kakt. Sukk. 14, 42—46, 64—65, 86—90 (1963); (4) 14, 104—106, 123—126, 142—144 (1963); (5) 14, 2—5, 22—25 (1963); (6) 15, 89—91, 107—109, 130—133, 154—159, 176—177, 196—198, 214—217, 230—231 (1964); 16, 42—45, 82—85 (1965). — BYTH, D. E.: Nature 202, 830 (1964).

CABRERA, A. L.: (1) Bol. Soc. Arg. Bot. 9, 359—386 (1961); (2) 10, 166—195 (1963). — CABRERA, A. L., y N. VITTET: Sellowia, 15, 149—258 (1963). — CALDER, J. A., and R. L. TAYLOR: Madroño 17, 69—76 (1963). — CAMP, W. H., and M. M. HUBBARD: Amer. J. Bot. 50, 235—243 (1963). — CANNON, J. F. M.: Watsonia 6, 28—35 (1964). — CANRIGHT, J. E.: (1) Pollen et Spores 4, 338—339 (1962); — (2) Grana Palyn. 4, 64—72 (1963). — CAPINPIN, J. M., M. LANDE, and J. V. PANCHO: Philipp. J. Sc. 92, 169—176 (1963). — CAPURON, R.: Adansonia 3, 91—129 (1963); 4, 269—300 (1964). — CAPURRO, R. H.: Bol. Soc. Arg. Bot. 9, 319—324 (1961). — CARLQUIST, S.: (1) Comparative plant anatomy, IX + 146 S., New York 1961; — (2) Brittonia 16, 231—254 (1964); — (3) Aliso 5, 421—435 (1964); (4) 5, 451—467 (1964). — CARLQUIST, S., and M. L. GRANT: Pacif. Sci. 17, 282—298 (1963). — CARR, D. J., and S. G. M. CARR: In: LEEPER, G. W. (Ed.): The Evolution of living organisms, 426—445, Melbourne etc. 1962. — CARTER, A.: Proc. Calif. Acad. 30, 157—174 (1964). — CARTIER, D.: C. R. Acad. Sci. (Paris) 256, 2900—2902 (1963). — CASPER, S. J.: (1) Bot. Jb. 82, 321—335 (1963); — (2) Österr. Bot. Z. 110, 108—131 (1963). — CAUDERON, Y.: Rev. Cyt. Biol. Végét. 25, 287—301 (1962). — CAVACO, A.: (1) Mém. Mus. Nat. Hist. Nat. sér. B, Bot. 13, 1—254 (1962); — (2) Adansonia 4, 185—195 (1964). — CAVE, M. S.: (1) Lilloa 31, 171—181 (1962); — (2) Madroño 17, 163—170 (1964). — CAVE, M. S., and H. F. C. HOMMERSAND (Ed.): Index to Plant Chromosome numbers 2 (7, 8) für 1962 u. 1963, Chapel Hill 1963 u. 1964. — CERCEAU-LARRIVAL, M. T.: Pollen et Spores 5, 297—323 (1963). — CHAMBERS, K. L.: Quart. Rev. Biol. 38, 124—140 (1963). — CHANDRA, N.: J. Ind. Bot. Soc. 42, 252—259 (1963). — CHANG TSIN-TAN: Acta Inst. Bot. Komarov. Ser. 1 (Flora Syst. Plant. Vasc.) 13, 173—232 (1964). — CHAO, C. Y., T.-I. CHUANG, and W. W. L. HU: Bot. Bull. Acad. Sin. (N. S.) 4, 80—89 (1963). — CHAO-HWA HU: Cytologia 27, 285—295

(1962). — Chapman, G. P.: Ann. Bot. (N. S.) **28**, 451—458 (1964). — Charadze, A. L.: Akad. Wiss. Grus. SSR **22**, 43—56 (1961). — Chardard, R.: Rev. Cyt. Biol. Vég. **26**, 1—58 (1963). — Chase, A., and C. Niles: Index to grass species, 3 vol., Boston, Mass. 1962. — Chatterjee, N., H. C. Gangulee, and A. K. Sharma: Proc. Indian Sci. Congr. Assoc. 50th Sess. **3**, 447—448 (1963). — Chatterji, R. N., and M. B. Raizada: Indian For. **89**, 744—756 (1963). — Chaubal, M. G., R. M. Baxter, and G. C. Walker: J. Pharm. Sci. **51**, 885—888 (1962). — Cheadle, V. I.: Phytomorphology **13**, 245—248 (1964). — Chhedda, H. R., and J. R. Harlan: Caryologia **15**, 461—476 (1962). — Chew, W.-L.: Gard. Bull. Singapore **20**, 1—103 (1963). — Chomchalow, N., and E. D. Garber: Canad. J. Genet. Cyt. **6**, 488—499 (1964). — Chopra, S.: Bull. Natl. Bot. Gardens Lucknow, India **91** (1964). — Chowdhury, C. R.: Phytomorphology **12**, 313—338 (1963). — Chowdhury, K. A.: J. Ind. Bot. Soc. **43**, 334—342 (1964). — Chrtek, J.: Acta Horti Bot. Prag. **1963**, 13—29 (1964). — Chrtek, J., u. J. Holub: Preslia **35**, 1—17 (1963). — Chrtek, J., and V. Jirásek: (1) Webbia **17**, 569—580 (1963); — (2) Nov. Bot. Inst. Bot. Univ. Carolinae Pragensis **1964**, 1—5 (1964); — (3) Feddes Rep. **69**, 176—180 (1964). — Chrtek, J., and B. Křísa: Webbia **19**, 1—10 (1964). — Chuang, C. C.: Taiwania **9**, 65—92 (1963). — Chuang, T.-I., C. Y. Chao, W. W. L. Hu, and S. C. Kwan: Taiwania **8**, 51—66 (1962). — Chuang, T.-I., and W. W. L. Hu: Bot. Bull. Acad. Sin. (N. S.) **4**, 10—14 (1963). — Činčura, F.: (1) Acta F. R. N. Univ. Comen **7**, 349—388 (1963); — (2) Biologia (Bratislava) **18**, 184—194 (1963). — Činčura, F., u. M. Hindáková: Biologia (Bratislava) **19**, 611—620 (1964). — Clausen, J.: (1) Proc. Nat. Acad. Sci. **50**, 860—868 (1963); — (2) Carnegie Inst. Wash. Year Book **62**, 394—398 (1963); — (3) Madroño **17**, 173—197 (1964). — Clausen, J., R. B. Channell, and U. Nur: Rhodora **66**, 32—46 (1964). — Clausen, J., W. M. Hiesey, and M. A. Nobs: Carnegie Inst. Wash. Year Book **61**, 325—333 (1962). — Clausen, K. E.: Canad. J. Bot. **41**, 441—458 (1963). — Clayberg, C. D.: Amer. J. Bot. **50**, 633 (1963). — Clayton, W. D.: (1) Kew Bull. **16**, 471—475 (1963); (2) **19**, 287—296 (1965). — Cleland, R. E.: (1) Adv. Genet. **11**, 147—237 (1962); — (2) Proc. Amer. Phil. Soc. **108**, 87—98 (1964). — Clement, D., and L. L. Phillips: Bot. Mus. Leafl. **20**, 213—218 (1963). — Clement, W. M.: Canad. J. Genet. Cyt. **5**, 427—432 (1963). — Clevenger, S., and C. B. Heiser: Rhodora **65**, 121—133 (1963). — Clewell, A. F.: Brittonia **16**, 208—219 (1964). — Codd, L. E.: Bothalia **8**, 149—162 (1964). — Compère, P.: Bull. Jard. Brux. **33**, 399—401 (1963). — Condit, I. J.: Madroño **17**, 153—155 (1964). — Conklin, H. C. in Barrau, J. (Ed.): Plants and the Migrations of Pacific peoples, 129—136. — Connell, J. H., and E. Orias: Am. Nat. **98**, 399—414 (1964). — Connor, H. E.: N. Z. J. Bot. **1**, 258—264 (1963). — Constance, L.: (1) Quart. Rev. Biol. **38**, 109—116 (1963); — (2) Brittonia **15**, 273—285 (1963); — (3) Taxon **13**, 257—273 (1964). — Contandriopoulos, J.: (1) Bull. Soc. Bot. Fr. **111**, 222—235 (1964); — (2) C. R. Soc. Biogéogr. **357**, 44—62 (1964); — (3) Rev. Gén. Bot. **71**, 361—384 (1964). — Cook, C. D. K.: Watsonia **5**, 294—303 (1963). — Copeland, H. F.: Phytomorphology **13**, 455—464 (1964). — Corner, E. J. H.: (1) Symp. Pacific Basin Biogeogr. Honolulu **1961**, 233—245 (1963); — (2) Adansonia **3**, 422—445 (1963); (3) **4**, 156—184 (1964); — (4) Phytomorphology **13**, 290—292 (1964); — (5) The life of plants, XII + 315 S., London 1964. — Corsi, G.: Ann. Bot. (Roma) **27**, 419—430 (1963). — Cortesi, R. (Ed.): Inventaire anatomique des végétaux supérieures (Spermatophytes et quelques Ptéridophytes), Genf 1960. — Cousens, J. E.: Watsonia **5**, 273—286 (1963). — Cranwell, L. M.: (1) Grana Palyn. **4**, 195—202 (1963); — (2) Symp. Pacific Basin Biogeogr. Honolulu 1961, 387—400 (1963). — Crété, P.: (1) Phytomorphology **13**, 364—367 (1964); (2) **14**, 70—78 (1964). — Croizat, L.: Adansonia **4**, 427—455 (1964). — Cronquist, A.: Sida **1**, 109—116 (1963). — Crowe, L. K.: Heredity **19**, 435—457 (1964). — Cruise, J. E.: (1) Canad. J. Bot. **42**, 651—663 (1964); (2) **42**, 1445—1455 (1964). — Csapody, V.: Fragm. Bot. Budapest 3, 109—126 (1963). — Cuatrecasas, J.: Contrib. U. S. Natl. Herb. **35**, 379—614 (1964). — Cullen, J., and M. J. Coode: Not. Bot. Gard. Edinburgh **26**, 35—42 (1964). — Cullen, J., and V. H. Heywood: Feddes Repert. **69**, 32—35 (1964). — Curran, P. L.: Sci. Proc. R. Dublin Soc. **1** (12), 319—335 (1962).

Dahlgren, B. E., and S. F. Glassman: Gentes Herb. **9**, 42—232 (1963). — Dahlgren, K. V. O.: Sv. Bot. Tidskr. **58**, 172—176 (1964). — Dahlgren, R.: (1) Bot. Not. **116**, 185—192 (1963); (2) **116**, 431—472 (1963); (3) **117**, 371—388 (1964). —

DAKER, M. G.: Proc. Bot. Soc. Brit. Isl. **5** (2), 168—169 (1963). — DAMBOLDT, J., u. D. PODLECH: (1) Ber. Bayr. Bot. Ges. **36**, 29—32 (1963); — (2) Ber. Dtsch. Bot. Ges. **77**, 332—339 (1965). — DARLINGTON, C. D.: Chromosome Botany and the origins of cultivated plants, XVI + 231 S., London 1963. — DATTA, R. M., and P. K. BISWAS: Caryologia **16**, 701—705 (1964). — DAUMANN, E.: Preslia **36**, 226—239 (1964). — DAVIDSON, R. A.: Brittonia **15**, 222—241 (1963). — DAVIS, D. H. S. (Ed.): Ecological Studies in Southern Africa **13**, 400 S., Den Haag 1964. — DAVIS, G. L.: (1) Proc. Linn. Soc. N. S. Wales **88**, 35—40 (1963); — (2) Austral. J. Bot. **12**, 152—156 (1964); — (3) Nature **204**, 94 (1964); — (4) Phytomorphology **14**, 231—239 (1964). — DAVIS, P. H.: Not. Bot. Gard. Edinburgh **26**, 11—25 (1964). — DAVIS, P. H., and V. H. HEYWOOD: Principles of Angiosperm taxonomy, XX + 556 S., Edinburgh, London 1963. — DECKER, H. F.: (1) Amer. J. Bot. **50**, 633 (1963); (2) **51**, 453—463 (1964); — (3) Brittonia **16**, 76—79 (1964). — DE JONG, D. C. D., and J. H. BEAMAN: Brittonia **15**, 86—92 (1963). — DE JONG, D. C. D., and E. K. LONGPRE: Rhodora **65**, 225—240 (1963). — DE JONG, D. C. D., and F. H. MONTGOMERY: Aliso **5**, 255—256 (1963). — DE LAUBENFELS, D. J.: Phytomorphology **12**, 296—300 (1963). — DE LISLE, D. G.: (1) Iowa State J. Sci. **37**, 259—351 (1963); — (2) Amer. J. Bot. **51**, 1133—1134 (1964). — DEODIKAR, G. B.: Ind. Counc. Agric. Res. New Delhi, I. C. A. R. Ceral Crop Ser. **3**, VIII + 152 S. (1963). — DERAMUS, R., J. L. THOMAS, and J. H. WALKER: Baileya **12**, 160—162 (1964). — DERSCH, G.: Ber. Dtsch. Bot. Ges. **76**, 351—359 (1964). — DE VOS, M. P.: J. S. Afr. Bot. **29**, 79—90 (1963). — DE WET, J. M. J., and D. S. BORGAONKAR: Bot. Gaz. **124**, 437—440 (1963). — DE WET, J. M. J., D. S. BORGAONKAR, and H. R. CHHEDA: Cytologia **26**, 268—273 (1961). — DE WET, J. M. J., D. S. BORGAONKAR, and W. L. RICHARDSON: Caryologia **16**, 47—55 (1963). — DE WET, J. M. J., and M. L. HIGGINS: (1) Phyton (Argentina) **20**, 205—211 (1963); — (2) Cytologia **29**, 103—108 (1964). — DE WET, J. M. J., and W. L. RICHARDSON: Phyton (Argentina) **20**, 19—28 (1963). — DE WET, J. M. J., and A. P. SINGH: Caryologia **17**, 153—160 (1964). — DEWEY, D. R.: (1) Amer. J. Bot. **50**, 552—562 (1963); — (2) Bull. Torr. Bot. Cl. **90**, 111—122 (1963); (3) **91**, 396—405 (1964); — (4) Amer. J. Bot. **51**, 763—769 (1964); (5) **51**, 1062—1068 (1964). — DE WOLF, G. P.: (1) Taxon **12**, 251—253 (1963); (2) **13**, 149—153 (1964). — DE WULDE-DUYFJES, B. E. E.: Gorteria **2**, 40—48 (1964). — DIETERICH, H.: Silvae Genetica **12**, 110—124 (1963). — DIETRICH, W.: Ber. Bayr. Bot. Ges. **37**, 101—103 (1964). — DIXIT, S. N.: Bull. Bot. Surv. India **4**, 49—55 (1963). — DODSON, C. H.: Amer. Orchid Soc. Bull. **31**, 525—534, 641—649, 731—735 (1962). — DOGGETT, H.: (1) Heredity **19**, 403—417 (1964); (2) **19**, 543—558 (1964). — DOROSZEWSKA, A.: Acta Soc. Bot. Polon. **32**, 113—130 (1963). — DOUGLAS, B. et al.: Lloydia **27**, 25—31 (1964). — DRESS, W. J.: Bull. Amer. Iris Soc. **166**, 79—83 (1962). — DUDLEY, T. R.: (1) J. Arn. Arb. **45**, 57—100 (1964); (2) 358—373 (1964). — DUGAND, A.: Mutisia **27**, 1—12 (1962). — DULBERGER, R.: Evolution **18**, 361—363 (1964). — DULFER, H.: (1) Ann. Naturhist. Mus. Wien **66**, 19—33 (1963); (2) **67**, 79—147 (1964). — DUNCAN, W. H., and D. W. DEJONG: Sida **1**, 346—357 (1964). — DUNFORD, M. P.: Amer. J. Bot. **51**, 49—56 (1964). — DU PRAW, E. J.: Nature **202**, 849—852 (1964). — DURAND, B.: (1) Rev. Cyt. Biol. Vég. **25**, 337—341 (1962); — (2) Thèses Fac. Sci. Univ. Montpellier **296**, 579—736 (1964). — DURRIEU, G.: Monde Plantes **58** (338), 4 (1963). — DUVIGNEAUD, P., et S. DENAEYER-DE SMET: Bull. Soc. Bot. Belg. **96**, 93—231 (1963). — DVOŘÁK, F.: Preslia **36**, 178—184 (1964). — DWYER, J. D.: Bull. Jard. Bot. Bruxelles **34**, 507—518 (1964). — DYAKOWSKA, J.: Acta Soc. Bot. Polon. **33**, 727—748 (1964). — DYER, A. F.: (1) Chromosoma (Berl.) **13**, 545—576 (1963); — (2) Cytologia **29**, 155—170, 171—190 (1964).

EASTERLY, N. W.: Castanea **28**, 39—42 (1963). — EBINGER, J. E.: (1) Brittonia **15**, 169—174 (1963); — (2) Mem. N. Y. Bot. Gard. **10**, 279—304 (1964). — ECKARDT, T.: (1) J. Ind. Bot. Soc. **42** A, 27—34 (1963); — (2) Phytomorphol. **14**, 79—92 (1964); — (3) Umschau **64**, 496—502 (1964); — (4) Ber. Dtsch. Bot. Ges. **7** (38)—(49) (1964). — EDGAR, E.: New Zeal. J. Bot. **2**, 177—204 (1964). — EHRENDORFER, F.: (1) Planta Med. **11**, 234—251 (1963); — (2) Vistas Bot. **4**, 99—186 (1964); — (3) Österr. bot. Z. **111**, 84—142 (1964); — (4) Abstr. 10th Int. Bot. Congr. Edinburgh **1964**, 132—133 (1964); — (5) Proc. XI. Int. Congr. Genetics, The Hague 1963, **2**, 399—407 (1965); — (6) Ber. Dtsch. Bot. Ges. **77** (83)—(94) (1965). — EHRENDORFER, F., u. U. HAMANN: Ber. Dtsch. Bot. Ges. **78**, 35—50 (1965). — EHRLICH, P. R., and

R. W. HOLM: Process of Evolution, 347 S., San Francisco, Toronto, London 1963. — EHRLICH, P. R., and P. H. RAVEN: Evolution **18**, 586—608 (1964). — EITEN, G.: Amer. Midl. Nat. **69**, 257—309 (1963). — EITEN, L. T.: Phytolog. **9**, 481—487 (1964). — ELLENBERG, H.: Vegetation Mitteleuropas m. d. Alpen. Einführg. Phytolog. **4** (2) von H. WALTER. 943 S., Stuttgart 1963. — ELLIOTT, R. F., F. NICHOLSON, and W. M. HIESEY: Carneg. Institut. Wash. Yearb. **61**, 323—325 (1962). — ELLIS, J. L.: Sci. Cult. **28**, 191—192 (1962). — ELLIS, J. R.: Proc. Linn. Soc. **173**, 99—106 (1962). — ELLISON, W. L.: Rhodora **66**, 177—215, 281—311 (1964). — EMBODEN, W. A.: Pollen et Spores **6**, 527—536 (1964). — ENDRIZZI, J. E.: Evolution **16**, 325—329 (1962). — ENDTMANN, J.: Feddes Repert. **69**, 103—131 (1964). — ENGLER, A.: Syllabus Pflanzenfam. II. Angiospermen. Nebst einer Übersicht über die Florenreiche und Florengebiete der Erde, ca. 600 S., (12. Aufl.), Königstein/Taunus 1963. — EPLING, C., y C. JÁTIVA: Brittonia **16**, 393—416 (1964). — ERBE, L., and B. L. TURNER: Amer. Midl. Nat. **67**, 257—281 (1962). — ERDTMAN, G.: (1) Palynology. In: Adv. Bot. Res. **1**, 149—208 (1963); — (2) Introduktion till palynol., 198 S., Stockholm 1963; — (3) In: Vistas Botany. **4**, 23—54 (1964). — ERDTMAN, G., and C. R. METCALFE: Kew Bull. **17**, 249—256 (1963). — ERDTMAN, G., u. J. PRAGLOWSKI: Introduct. Scandinav. Pollen Flora. I, 585 S., Stockholm 1961, II, 385 S., Stockholm 1963. — ERNST, W. R.: Madroño **17**, 281—294 (1964). — ESSAD, S.: Rev. Cyt. Biol. Vég. **25**, 391—396 (1962). — EVANS, L. E.: Canad. J. Genet. Cyt. **6**, 19—28 (1964). — EXELL, A. W., and C. A. STACE: (1) Bull. Brit. Mus. (Nat. Hist.) **3** (1), 46 S. (1963); — (2) Bol. Soc. Brot. 2. Sér. **38**, 139—143 (1964). — EYDE, R. H.: (1) J. Arn. Arb. **44**, 1—59 (1963); — (2) Amer. J. Bot. **51**, 1083—1092 (1964). — EYDE, R. H., and E. S. BARGHOORN: J. Arn. Arb. **44**, 328—376 (1963). — EZELARAB, G. E., and K. J. DORMER: Ann. Bot., N. S. **27**, 23—38 (1963).

FABRIS, H. A.: Darwiniana **13**, 449—458 (1964). — FAIRBROTHERS, D. E., and M. A. JOHNSON: Amer. J. Bot. **50**, 634 (1963). — FARIS, D. G.: Canad. J. Genet. Cyt. **6**, 255—258 (1964). — FARRON, C.: Ber. Schweiz. Bot. Ges. **73**, 196—217 (1963). — FASSEN, P. VAN: Mich. Bot. **2**, 17—27 (1963). — FAULKS, P. J.: The Systematization of the Angiosperms, 19 S., 2. ed., London 1964. — FAVARGER, C.: (1) Rev. Cyt. Biol. Vég. **25**, 277—286 (1962); (2) 397—410 (1962); — (3) Planta Med. **11**, 268—277 (1963); — (4) Monde Plantes **58** (338), 2—3 (1963); — (5) Ber. Schweiz. Bot. Ges. **73**, 161—178 (1963); — (6) Bull. Soc. bot. Suisse **74**, 5—40 (1964); — (7) C. R. Soc. Biogéogr. **357**, 23—44 (1964); — (8) Ber. Dtsch. Bot. Ges. **77**, (73)—(83) (1965). — FEDOROV, A. A.: Abstr. 10th Int. Bot. Congr. Edinburgh **1964**, 518 (1964). — FEINBRUN, N.: (1) Israel J. Bot. **12**, 74—96 (1963); — (2) Caryologia **16**, 649—652 (1964). — FEINBRUN, N., and S. TAUB: Israel J. Bot. **13**, 1—23 (1964). — FEISSLY, C.: Bull. Soc. neuchâtel. Sci. nat. **87**, 137—170 (1964). — FENAROLI, L.: Webbia **19**, 11—23 (1964). — FERNANDES, A.: Bol. Soc. Brot., 2. Sér. **38**, 81—96 (1964). — FERNANDES, A., et R.: Mem. Junta Invest. Ultramar, 2. Sér. **38**, 9—20 (1963). — FERNANDES, R., et A.: Bol. Soc. Brot., 2. Sér. **38**, 145—194 (1965). — FERREYRA, R.: Mem. Mus. Hist. Nat. Lima **12**, 1—71 (1961). — FILOV, A. I.: Bot. J. (Moskau) **47**, 1035—1040 (1962). — FISHER, F. J. F., and J. B. HAIR: New Zeal. J. Bot. **1**, 325—335 (1963). — FLAGG, R. O., and W. S. FLORY: Plant Life **18**, 44—45 (1962). — FLORENCE, R. G.: Proc. Linn. Soc. N. S. Wales **89**, 171—190 (1965). — FLORIN, R.: Acta Hort. Berg. **20**, 121—312 (1963). — FORD, E. B.: Ecological Genetics, XV + 335 S., London 1964. — FORDE, M. B.: (1) New Zeal. J. Bot. **2**, 425—453 (1964); (2) 459—485, 486—501 (1964). — FORDE, M. B., and M. M. BLIGHT: New Zeal. J. Bot. **2**, 44—52 (1964). — FORDE, M. B., and D. G. FAIRS: Evolution **16**, 338—347 (1962). — FORMAN, L. L.: (1) Kew Bull. **17**, 381—396 (1964); — (2) Abstr. 10th Int. Bot. Congr. Edinburgh **1964**, 368 (1964). — FOSBERG, F. R.: Brittonia **16**, 255—271 (1964). — FOSTER, A. S.: J. Arn. Arb. **44**, 299—327 (1963). — FOUILLOY, R.: Adansonia **4**, 320—330 (1964). — FOUILLOY, R., et N. HALLÉ: Adansonia **3**, 240—249 (1963). — FRANKEL, O. H., and A. MUNDAY: Evolution of Wheat. In: I. G. W. LEEPER (Ed.): Evolution of living Organisms 173—180, London-New York 1962. — FRANKLIN, D. A.: New Zeal. J. Bot. **2**, 34—43 (1964). — FRANKS, J. W., and L. WATSON: Pollen et Spores **5**, 51—68 (1963). — FRANKTON, C., and R. J. MOORE: Canad. J. Bot. **41**, 73—84 (1963). — FRODIN, D. G.: Guide to the Standard Floras of the World, IV + 59 S., Knoxville 1964. — FROEBE, H. A.: Beitr. Biol. Pfl. **40**, 325—388 (1965). — FRÖHNER, S.: (1) Wiss. Z. Univ. Halle, Math.-Nat. **12/9**,

669—676 (1963); (2) 13/9, 681—687 (1964); — (3) Bot. Jb. 83, 370—405 (1965). — Frost, L. C.: Heredity 19, 346 (1964). — Fryxell, P. A.: (1) Acta Biotheoret. 15, 105—118 (1962); — (2) Bot. Gaz. 125, 108—114 (1964). — Fürnkranz D,.: (1) Österr. bot. Z. 110, 281—284 (1963); (2) 111, 231—239 (1964). — Fujita, Y.: (1) Jap. J. Bot. 38, 203—207 (1963); (2) 244—247 (1963); (3) 309—312 (1963); (4) 39, 274—276 (1964); (5) 340—342 (1964); (6) 353—355 (1964). — Furtado, C. X.: Gard. Bull. Singapore 20, 105—122 (1963).

Gabriéljan, E. C.: Nachr. Akad. Wiss. ArmenSSR., Biol. Wiss. 15, 61—71 (1962). — Gadella, T. W. J.: (1) Acta Bot. Neerl. 12, 17—39 (1963); — (2) Koninkl. Nederl. Akad. Wet. Amsterdam, Proc. ser. C 66 (3), 5 S. (1963); (3) 14 S. (1963); — (4) Wentia 11, 1—104 (1964). — Gadella, T. W. J., and E. Kliphuis: Acta Bot. Neerl. 12, 195—230 (1963). — Gajewski, W.: (1) Acta Soc. Bot. Polon. 32, 281—293 (1963); — (2) Proc. XI. Int. Congr. Genet. Genetics today 2, 423—430 (1965). — Gajewski, W., Z. Swietlinska, and J. Zuk: Regnum veget. 27, 16—24 (1963). — Galinat, W. C., R. S. K. Chaganti, and F. D. Hager: Bot. Mus. Leafl. 20, 289—316 (1964). — Gankin, R., and J. Major: Ecology 45, 792—808 (1964). — Garber, E. D.: Bot. Gaz. 125, 46—50 (1964). — Garber, E. D., and Ø. Strømnaes: Bot. Gaz. 125, 96—101 (1964). — Gardou, C.: Rev. Cyt. Biol. Vég. 25, 367—372 (1962). — Garside, S.: J. S. Afr. Bot. 12, 27—34 (1964). — Gaussen, K.: Fac. Sci. Toulouse VII, (273) — (480) (1964). — Georgescu, C. C., and I. R. Ciobanu: Rev. Roum. Biol., sér. Bot. 9, 183—190 (1964). — Ghose, R. L. M., M. B. Ghatge, and V. Subramanyan: Rice in India, XII + 474 S., New. Delhi 1960. — Gilbert, P. A.: Amer. Orchid Soc. Bull. 33, 107—109 (1964). — Gildenhuys, P., and K. Brix: Heredity 19, 533—542 (1964). — Gillett, G. W.: (1) Amer. J. Bot. 50, 798—801 (1963); — (2) Rhodora 66, 359—368 (1964). — Gillett, H., et P. Quezel: J. Agr. Trop. Bot. Appl. 6, 37—58 (1959). — Gillett, J. B.: (1) Kew Bull. 17, 81—85 (1963); (2) 91—159 (1963); (3) 413—423 (1964). — Gilli, A.: Österr. bot. Z. 111, 285—290 (1964). — Gilmour, J. S. L., and S. M. Walters: Vistas in Botany 4, 1—22 (1964). — Giusti, L.: Darwiniana 13, 486—505 (1964). — Godineau, M.: Rev. Cytol. Biol. Vég. 26, 363—397 (1963). — Godley, E. J.: New Zeal. J. Bot. 2, 205—212 (1964). — Goldschmidt, E.: Hereditas 51, 146—186 (1964). — Gómez Pompa, A.: (1) Cact. Succ. Mex. 8, 3—28 (1963); — (2) Bol. Soc. Bot. Méx. 28, 19—28 (1963). — Gorenflot, R.: Adansonia 4, 393—417 (1964). — Gorenflot, R., et R. Bourdu: Rev. Cyt. Biol. Vég. 25, 349—360 (1962). — Gottschalk, W.: Bot. Stud. 14, VII + 359 S. (1964). — Gottwald, H., u. N. Paramewaran: Z. Bot. 52, 321—334 (1964). — Gould, F. W.: (1) Amer. J. Bot. 50, 634 (1963); — (2) Brittonia 15, 241—244 (1963). — Gould, F. W., and Z. J. Kapadia: Brittonia 16, 182—207 (1964). — Gould, S. W.: (1) Int. Plant Index 1, 132 S. (1962); — (2) Taxon 12, 177—182 (1963). — Govindappa, D. A.: Canad. J. Bot. 41, 267—302 (1963). — Grant, K. A., and V.: Evolution 18, 196—212 (1964). — Grant, V.: (1) Recent Advances Bot. 55—60 (1961); — (2) Origin od Adaptations, X + 606 S., London 1963; — (3) Aliso 5, 479—507 (1964); — (4) Advances Genet. 12, 281—328 (1964). — Grant, W. F., M. R. Bullen, and D. Nettancourt: Canad. J. Genet. Cytol. 4, 105—128 (1962). — Grau, J.: (1) Österr. bot. Z. 111, 561—617 (1964); — (2) Ber. Dtsch. Bot. Ges. 77 (99)—(101) (1965). — Green, P. S.: (1) J. Arn. Arb. 44, 268—283 (1963); (2) 377—389 (1963). — Gregor, J. W.: Regnun veget. 27, 24—26 (1963). — Gregory, D. P.: Aliso 5, 385—419 (1964). — Greguss, P.: (1) Acta Bot. Acad. Sci. Hung. 10, 127—144 (1964); — (2) Acta Biol. N. S. 10, 50 S. (1964). — Gressitt, J. L.: 10th Pac. Sci. Congr. Honolulu 1961, IX + 563 S. (1963). — Grierson, A. J. C.: Not. Roy. Bot. Gard. Edinburgh 26, 67—163 (1964). — Griffin, J. R.: J. Arn. Arb. 45, 260—273 (1964). — Groff, D., and M. L. Odland: J. Hered. 54, 191—192 (1963). — Grondona, E.: Darwiniana 13, 209—342 (1964). — Grun, P., and M. Aubertin: Genetics 51, 399—409 (1965). — Grun, P., and A. Radlow: Heredity 16, 137—143 (1961). — Guédès, M.: Bull. Soc. Bot. Fr. 111, 16—33 (1964). — Günther, E., u. W. Rothmaler: Biol. Zbl. 82, 95—99 (1963). — Guervin, C.: Bull. Mus. Nat. Hist. Nat. 33, 616—619 (1961). — Guillaumin, A., et J.-L. Hamel: Bull. Soc. Bot. Fr. 110, 279—281 (1964). — Guinea, E.: An. Inst. Bot. Cavanill. 21, 387—405 (1963). — Guinet, Ph.: Inst. Franc. Pondich. Trav. Sect. Sci. Techn. 5 (1) (1962). — Guinochet, M., et J. Foissac: Rev. Cyt. Biol. Vég. 25, 373—387 (1962). — Guinochet, M., et A. Logeois: Rev. Cytol. Biol. Vég. 25, 465—477 (1962). — Guittonneau, G.:

(1) Bull. Soc. Bot. Fr. **110**, 241—244 (1963); (2) **111**, 1—4 (1964). — GULIAYEV, V. A.: Bot. Zur. (Moskwa) **48**, 80—85 (1963) (russ.). — GUPTA, A. L.: Bull. Natl. Bot. Gard. **80**, 46 pl. (1963). — GUPTA, P. K.: Curr. Sci. **32**, 180—181 (1963). — GUYOT, M., et P. DUPUY: Bull. Soc. Bot. Fr. **110**, 210—216 (1963).

HABELER, E.: Phyton (Austria) **10**, 161—205 (1963). — HÁBEROVÁ, I.: Acta Fac. rer. Nat. Univ. Comenian. **8**, Bot. 321—350 (1963). — HAIR, J. B.: (1) New Zeal. J. Bot. **1**, 243—257 (1963); — (2) Symp. Pac. Bas. Biogeogr. Honolulu **1961**, 401—414 (1963). — HALKKA, O.: Hereditas **52**, 81—88 (1964). — HALL, M. T., and C. J. CARR: Butl. Univ. Bot. Stud. **14**, 21—40 (1964). — HALL, M. T., J. F. MCCORMICK, and G. G. FOGG: Butl. Univ. Bot. Stud. **14**, 9—28 (1962). — HALLÉ, N.: (1) Mém. Inst. Fr. Afr. Noire **64**, 1—245 (1962); — (2) Adansonia 3, 168—177 (1963); (3) 294—306 (1963); (4) 233—238 (1964); (5) 457—459 (1964). — HALLIDAY, G.: Feddes Rep. **69**, 8—14 (1964). — HAMANN, U.: (1) Bot. Jb. **82**, 129—136 (1963); (2) 316—320 (1963); — (3) Ber. Dtsch. Bot. Ges. **76**, (80)—(91) (1964); (4) **77**, (45)—(54) (1965). — HAMAYA, T.: Acta Hort. Gotob. **26**, 63—99 (1963). — HAMILTON, S. G., and B. A. BARLOW: Proc. Linn. Soc. N. S. Wales **88**, 74—90 (1963). — HAMILTON, T. H., I. RUBINOFF, R. H. BARTH, and G. L. BUSH: Sci. **142**, 1575—1577 (1963). — HANELT, P.: Feddes Rep. **67**, 41—180 (1963). — HARA, H., and S. KUROSAWA: (1) Sci. Rep. Tôhoku Univ. Ser. IV. (Biol.) **29**, 257—259 (1963); — (2) J. Jap. Bot. **38**, 71—74 (1963); (3) 113—116 (1963). — HARDIN, J. W.: Brittonia **16**, 80—94 (1964). — HARDING, J., and C. L. TUCKER: Heredity **19**, 369—381 (1964). — HARLAN, J. R.: Amer. Nat. **97**, 91—98 (1963). — HARLAN, J. R., M. H. BROOKS, D. S. BORGAONKAR, and J. M. J. DE WET: Bot. Gaz. **125**, 41—46 (1964). — HARLAN, J. R., and J. M. J. DEWET: (1) Crop Sci. **3**, 314—316 (1963); — (2) Evolution **17**, 497—501 (1963). — HARLING, G.: Acta Hort. Berg. **20**, 63—120 (1962). — HARNEY, P. M., and W. F. GRANT: (1) Sci. **142**, 1061 (1963); — (2) Canad. J. Genet. Cytol. **6**, 140—146 (1964); — (3) Amer. J. Bot. **51**, 621—627 (1964). — HARTL, D.: Ber. Dtsch. Bot. Ges. **76**, (70)—(72) (1964). — HARTLEY, W.: Austral. J. Bot. **9**, 152—161 (1961). — HARTOG, C. DEN: Blumea **12**, 289—312 (1964). — HATHAWAY, D. E.: Biochem. J. **83**, 80—84 (1962). — HAUSER, E. J. P.: Ohio J. Sci. **64**, 27—35 (1964). — HAWKES, A. D.: Amer. Orchid Soc. Bull. **32**, 356—360 (1963). — HAWKES, J. G.: (1) Record Scott. Plant Breed. Stat. Pentlandfield 1963, 76—174 (1963); — (2) Proc. Birmingh. Nat. Hist. Phil. Soc. **20**, 15—21 (1963). — HAYASHI, Y.: Sci. Rep. Tóhoku Univ. Ser. IV. (Biol.) **29**, 403—411 (1963). — HAYAT, M. A., and C. HEIMSCH: Amer. J. Bot. **50**, 965—971 (1963). — HAYNES, F. L.: J. Hered. **55**, 168—173 (1964). — HECKARD, L. R.: Quart. Rev. Biol. **38**, 117—123 (1963). — HEDBERG, I.: Sv. Bot. Tidskr. **58**, 237—240 (1964). — HEDBERG, O.: Bot. Tidskr. **58**, 157—167 (1963). — HEDGE, I. C., and J. M. LAMOND: Not. Roy. Bot. Gard. Edinburgh **25**, 171—177 (1964). — HEGNAUER, R.: (1) Chemotaxonomie der Pflanzen, II, Monocotyledoneae, 540 S. Stuttgart u. Basel 1963; — (2) III, Dicotyledoneae, Acanthac.-Cyrillac., 743 S., 1964. — HEIMBURGER, M., and G. BORAIAH: Canad. J. Genet. Cyt. **6**, 529—539 (1964). — HEIMBURGER, M., and I. E. KAMITAKAHARA: Evolution **17**, 358—367 (1963). — HEISER, C. B.: (1) Madroño **17**, 118—127 (1963); — (2) Bryolog. **66**, 120—124 (1963); — (3) Cienc. Natural. **6**, 50—58 (1963); — (4) Baileya **12**, 151—158 (1964). — HEISER, C. B., and D. M. SMITH: Rhodora **66**, 344—358 (1964). — HELM, J.: Kulturpflanze **11**, 92—210 (1963). — HELMICH, D. E.: Pap. Mich. Acad. Sci., I. **48**, 151—164 (1963). — HENDRYCH, R.: (1) Novit. bot. Hort. bot. Univ. Carol. Prag. 1962, 17—24 (1962); — (2) Bol. Soc. Argent. Bot. **10**, 120—128 (1963); — (3) Novitat. bot. Inst. bot. Univ. Carol. Prag. 1964, 7—21 (1964); — (4) Acta Hort. Bot. Prag. 1963, 33—46 (1964). — HENEEN, W. K.: Hereditas **48**, 471—502 (1962). — HENEEN, W. K., and H. RUNEMARK: Hereditas **48**, 545—564 (1962). — HENKE, O.: Flora **153**, 358—372 (1963). — HEPPER, F. N.: Kew Bull. **16**, 395—407 (1963). — HERMANN, F. J.: Techn. Bull. U. S. Dept. Agric. **1268**, 1—82 (1962). — HEYDACKER, F.: Pollen et Spores **5**, 41—49 (1963). — HEYN, C. C.: (1) Bull. Res. Counc. of Israel **11D**, 117—126 (1962); — (2) Scripta Hierosolymitana **12**, 154 S., London (1963); — (3) Israel J. Bot. **12**, 187—191 (1964). — HEYWOOD, V. H.: (1) Regnum Veg. **27**, 26—37 (1963); — (2) Scot. Plant Breed. Stat. Rep. **1963** (1963); — (3) The Times, Science Review **52**, 12—14 (1964); — (4) Feddes Rep. **69**, 40—44 (1964). — HEYWOOD, V. H., and J. MCNEILL: (1) Nature **203**, 1220—1224 (1964); — (2) Syst. Ass. (London) **6**, XI + 164 S. (1964). — HIEPKO, P.: Ber. Dtsch. Bot. Ges. **77**, 427—435 (1965). — HIESEY, W. M.:

Genetics today (Proc. XI. Internat. Congr. Gen., The Hague. The Netherlands 1963); 2, 437—445 (1965). — Hiesey, W. M., M. A. Nobs, and H. W. Milner: Carnegie Inst. Wash. Year Book **62**, 387—389 (1963). — Hillis, W. E., and H. R. Orman: J. Linn. Soc. (Bot.) **58**, 175—184 (1962). — Hillson, C. J.: Amer. J. Bot. **50**, 971—978 (1963). — Hjelmquist, H.: (1) Bot. Not. 6, **116**, 225—237 (1963); — (2) Phytomorphology **14**, 186—196 (1964). — Hjelmquist, H., and F. Grazi: Bot. Not. **117**, 141—166 (1964). — Holmen, K.: Bot. Not. **117**, 109—118 (1964). — Homsher, P. J.: Amer. J. Bot. **50**, 621—622 (1963). — Horton, J. H.: Brittonia **15**, 177—203 (1963). — Horvatić, S.: Acta Bot. Croat. **22**, 203—218 (1963). — Hotta, M.: Acta Phytotax. Geobot. **21**, 9—16 (1964). — Hou, D.: Blumea **12**, 31—38 (1963). — Hou-Liu, S. Y.: Acta Bot. Neerl. **12**, 76—83 (1963). — Hovin, A. W., H. D. Hill, and E. E. Terrell: Amer. J. Bot. **50**, 635 S. (1963). — Howard, R.: Adv. Hort. Sc. Appl., Proc. 15th Intern. Hort. Congr. Nice 1958, **3**, 7—13 (1962). — Howard, R. A., B. L. Wagenknecht, and P. S. Green: Regnum Veg. **28**, 120 S. (1963). — Hoyer, B. H., B. J. McCarthy, and E. T. Bolton: Science **144**, 959—967 (1964). — Hsu, C.-C. (1) J. Jap. Bot. **38**, 75—86 (1963); — Taiwania **9**, 33—57 (1963). — Hubac, J. M.: Rev. Cyt. Biol. Vég. **25**, 361—366 (1962). — Huber, H.: (1) Mitt. Bot. Staatssammlg. München **5**, 1—48 (1963); — (2) Bot. Jb. **83**, 222—249 (1964). — Hultén, E.: Sv. Bot. Tidskr. **58**, 81—104 (1964). — Humbert, H.: (1) Adansonia 3, 343—351, **4**, 28—37 (1963/1964); — (2) Bull. Soc. Bot. Belg. **95**, 205—209 (1964). — Hunziker, J. H., and L. Maumús: Cytologia **29**, 32—41 (1964). — Hutchinson, J.: (1) Ann. Rep. Smith. Inst., Publ. **4518**, 497—515 (1963); — (2) The genera of flowering plants (Angiospermae), based principally on the Genera Plantarum of G. Bentham and J. D. Hooker **1** (Dicotyledones), XI + 516 S., Oxford, 1964; (3) Essays on crop plant evolution, VII + 204 S., Cambridge 1965. — Huziwara, Y., and S. Kondo: Bot. Mag. (Tokyo) **76**, 324—331 (1963).

Ihlenfeldt, H.-D.: Ber. Dtsch. Bot. Ges. **77** (27)—(31) (1965). — Iljin, M.: Not. Syst. Herb. Inst. Bot. Komarov **22**, 256—287 (1963). — Iltis, H. H., and S. Kawano: Amer. Midl. Nat. **72**, 76—81 (1964). — Imam, A. G., and R. W. Allard: Genetics **51**, 49—62 (1965). — Infantes Vera, J. G.: Lilloa **31**, 75—107 (1962). — Ingram, J.: (1) Baileya **11**, 29—35, 37—46 (1963); (2) **11**, 69—90 (1963); (3) **12**, 1—10 (1964). — Irwin, H. S.: Mem. New York Bot. Gard. **12** (1), 1—114 (1964). — Ising, E. H.: (1) Trans. Roy. Soc. S. Aust. **88**, 61—62 (1964); (2) **88**, 63—110 (1964). — Ito, E.: Bull. Nat. Sc. Mus. **6**, 194—203 (1962). — Ito, K.: J. Jap. Bot. **39**, 65—78 (1964). — Ivanina, L. I.: Bot. J. (Moskau) **50**, 29—43 (1965).

Jablonski, E.: Brittonia **15**, 151—168 (1963). — Jackson, R. C.: Brittonia **15**, 260—271 (1963). — Jackson, S. W.: Univ. Kans. Sci. Bull. **44**, 3—27 (1963). — Jacobs, M.: (1) Blumea **12**, 5—12 (1963); (2) **12**, 177—208 (1964). — Jäger, H. H., O. Schindler, E. Weiss u. T. Reichstein: Helv. Chimica Acta **48**, 202—219 (1965). — Jain, H. K., K. N. Vasudevan, and S. L. Basak: Chromosoma **14**, 534—540 (1963). — Jalan, S.: Phytomorphology **12**, 239—242 (1963). — Jalas, J.: Arch. Soc. „Vanamo" **18**, 57—65 (1963). — Jalas, J., and U. Hirvelä: Ann. Bot. Fenn. **1**, 47—54 (1964). — Jalas, J., and P. R. Raitanén: Ann. Bot. Soc. Zool. Bot. Fenn. „Vanamo" **34** (1), 1—21 (1962). — Janaki Ammal, E. K., and S. N. Sobti: Proc. Indian Acad. Sci. B **55**, 128—130 (1962). — Jankó, B.: Acta Bot. Acad. Scient. Hung. **10**, 257—274 (1964). — Jayaweera, M. A. (1) J. Arn. Arb. **44**, 11—126 (1963); (2) **44**, 232—267 (1963); (3) **45**, 101—139 (1964). — Jeffrey, C.: Kew Bull. **17**, 473—477 (1964). — Jennings, D. L.: New Phyt. **63**, 153—157 (1964). — Jentys-Szaferowa, J.: Acta Soc. Bot. Polon. **33**, 77—94 (1964). — Jeszensky, A., u. I. Kárpáti: Kulturflora Ungarns **7**, XII + 76 S. (1963). — Jinno, T.: Mem. Ehime Univ. Sect. II, Ser. B., **4**, 389—394 (1962). — Jirásek, V.: (1) Taxon **13**, 226—232 (1964); (2) Acta Horti Bot. Prag. **1963**, 60—68 (1964). — Jirásek, V., u. J. Chrtek: Nov. Bot. Inst. Bot. Univ. Carolinae Pragensis **1964**, 23—27 (1964). — Johnson, L.: Amer. J. Bot. **50**, 228—234 (1963). — Johnson, L. A. S.: Contribut. N. S. W. Natl. Herb. **3**, 235—240 (1963). — Johnson, L. A. S., and B. G. Briggs: Austral. J. Bot. **11**, 21—61 (1963). — Johnson, L. A. S., and O. O. Evans: (1) Contr. N. S. Wales Natl. Herb. 3, 200—217 (1963); (2) **3**, 218—222 (1963); (3) **3**, 223—227 (1963). — Johnston, M. C.: (1) Amer. J. Bot. **50**, 1020—1027 (1963); (2) **51**, 1113—1118 (1964). — Jones, A.: J. Hered. **55**, 216—219 (1964). — Jones, B. M. G.: Nature **198**, 610 (1963). — Jones, B. M. G., and A. Melderis: Proc. Bot. Soc. Brit.

Isl. **5**, 375—377 (1964). — JONES, H. A., and L. K. MANN: Onions and their allies. Botany, Cultivation, and Utilization, New York 1963. — JONES, K.: (1) Amer. Orchid. Soc. Bull. **1963**, 634—640 (1963); — (2) Chromosoma **15**, 248—274 (1964). — JONES, S. B.: Rhodora **66**, 382—401 (1964). — JONSELL, B.: (1) Bot. Not. **116**, 1—6 (1963); — (2) Sv. Bot. Tidskr. **58**, 204—208 (1964). — JOSHI, B. C., and S. K. JAIN: Amer. Nat. **98**, 123—125 (1964). — JOWETT, D.: Evolution **18**, 70—81 (1964).

KAMARA, O. P.: Chromosoma (Berl.) **13**, 540—544 (1963). — KAMEMOTO, H., and K. SHINDO: Bot. Gaz. **125**, 132—138 (1964). — KAMEMOTO, H., K. SHINDO, and K. KOSAKI: Pacif. Sci. **18**, 104—115 (1964). — KAMMATHY, R. V., and S. R. ROLLA: (1) Bull. bot. Surv. India **3**, 167—169 (1962); (2) **3**, 393—394 (1962). — KANDLER, O.: Ber. Dtsch. Bot. Ges. **77**, (62)—(73) (1965). — KANTA, K.: Phytomorphology **12**, 207—221 (1963). — KAPADIA, Z. J.: Taxon **12**, 257—259 (1963). — KAPADIA, Z. J., and F. W. GOULD: (1) Amer. J. Bot. **51**, 166—172 (1964); — (2) Bull. Torrey Bot. Club **91**, 465—478 (1964). — KAPIL, R. N., and S. JALAN: Bot. Not. **117**, 285—306 (1964). — KAPIL, R. N., and R. S. VANI: Curr. Sci. **32**, 493—495 (1963). — KAPIL, R. N., and M. R. VIJAYARAGHAVAN: Curr. Sic. **31**, 270—272 (1962). — KÁRPATI, Z.: Publ. Acad. Horti-Viticult. **1** (2): 31—46 (1964). — KASAPLIGIL, B.: Adansonia **4**, 43—90 (1964). — KAUTE, U.: Beiträge zur Morphologie des Gynoeceums der Berberidaceen mit einem Anhang über die Rhizomknospe von Plagiorhegma dubium, Dissertation, Berlin 1963. — KAWANDO, S.: Canad. J. Bot. **41**, 719—742 (1963). — KAWANO, S., and H. H. ILTIS: (1) Chromosoma **14**, 296—309 (1963); — (2) Cytologia **28**, 321—330 (1963); — (3) Bull. Torrey Bot. Club **91**, 13—23 (1964). — KAWATANI, T., and T. OHNO: Bull. Nat. Inst. Hygienic Sc. **82**, 183—193 (1964). — KAY, Q. O. N.: Proc. Bot. Soc. Brit. Isl. **5**, 377 (1964). — KAZMI, S. M. A.: (1) Ber. Bayer. Bot. Ges.: **37**, 53—59 (1964); — (2) Mitt. Bot. Staatssammlg. München **5**, 139—198 (1963), 279—550 (1964). — KEAST, A., R. L. CROCKER, and C. S. CHRISTIAN: Biography and Ecology in Australia, VI + 640 S., Den Haag 1963. — KEATING, R. C.: Amer. J. Bot. **51**, 673 (1964). — KEMPANNA, C., and R. RILEY: Heredity **19**, 289—299 (1964). — KEMULARIJA-NATADZE, L. M.: Arb. Bot. Inst. Tiflis Akad. Wiss. Grus. SSR **21**, 3—51 (1961). — KENDRICK, W. B., and J. R. PROCTOR: Canad. J. Bot. **42**, 65—88 (1964). — KENG, H.: Gard. Bull. Singapore **20**, 127—130 (1963). — KERAUDREN, M.: (1) Adansonia **3**, 167 (1963); (2) **4**, 331—337 (1964); — (3) Bull. Soc. Bot. Fr. **110**, 404—405 (1964). — KHOKHRIAKOV, A. P.: Bot. J. (Moskau) **48**, 1310—1320 (1963). — KHOSHOO, T. N.: J. Ind. Bot. Soc. **42 A**, 74—82 (1963). — KHOSHOO, T. N., and M. R. AHUJA: Chromosoma **14**, 522—533 (1963). — KHOSHOO, T. N., and S. K. BHATIA: (1) Proc. Indian Acad. Sci., B **57**, 368—378 (1963); (2) **58**, 36—44 (1963). — KHOSHOO, T. N., and S. R. TANDON: Caryologia **16**, 445—477 (1963). — KHOSHOO, T. N., and S. P. VIJ: Caryologia **16**, 541—552 (1963). — KHUSH, G. S.: (1) Econ. Bot. **17**, 60—71 (1963); — (2) Z. Pflanzenzücht. **50**, 34—43 (1963). — KHUSH, G. S., and C. M. RICK: Genetica **33**, 167—183 (1963). — KILLICK, D. J. B.: Bot. Survey S. Afr., Mem. **34**, 178 S. (1963). — KIMBER, G., and R. RILEY: Bot. Rev. **29**, 480—531 (1963). — KIMURA, C.: Sci. Rep. Tôhoku Univ. Ser. IV. (Biol.) **29**, 393—398 (1963). — KING, C. E.: Ecology **45**, 716—727 (1964). — KING, R. M.: Phytologia **11**, 217—218 (1965). — KJELLQVIST, E.: Bot. Not. **117**, 389—396 (1964). — KJELLQVIST, E., and A. LÖVE: Bot. Not. **116**, 241—248 (1963). — KLEMMEDSON, J. O., and J. G. SMITH: Bot. Rev. **30**, 226—262 (1964). — KLIPHUIS, E.: Acta Bot. Neerl. **12**, 172—194 (1963). — KLOTZ, G.: Wiss. Z. Univ. Halle, Math.-Nat. **11**, 293—302, 703—711, 1087—1104 (1962); **12**, 137—142 (1963). — KNAAP-VAN MEEUWEN, M. S.: Reinwardtia **6**, 225—238, 239—276 (1962). — KNIGHT, R. L.: Abstract bibliography of fruit breeding and genetics to 1960, Malus and Pyrus. Commonwealth Bureau Hort. Plant. Crops, East. Malling Res. Stat., Maidstone, Kent, Techn. Comm. **29** (1963). — KNOBLOCH, I. W.: Darwiniana **12**, 624—628 (1963). — KNOX, R. B., and J. HESLOP-HARRISON: Bot. Not. **116**, 127—141 (1963). — KOLESNIKOVA, T. D.: Bot. J. (Moskau) **50**, 182—190 (1965). — KOLLER, D., and N. ROTH: Amer. J. Bot. **51**, 26—35 (1964). — KONĚTOPSKÝ, A.: Preslia **35**, 135—145 (1963). — KOOTIN-SANWU, M.: Proc. Bot. Soc. Brit. Isl. **5**, 377—378 (1964). — KORCZAGINA, I. A.: Bot. J. (Moskau) **50**, 335—349 (1965). — KORMOS, J.: Mag. Tud. Akad. Biol. Csop. Közl. **5**, 271—280 (1962). — KORNÁS, J.: Fragm. Florist. Geobot. **8**, 131—138 (1962). — KOROWIN, E. P.: Akad. Wissensch. Kasachstan, Trudy, Bot. Inst., Alma-Ata **13**, 242—262 (1962). — KOSTERMANS, A. J. G. H.: (1) Bot. Zurn. **48**, 830—833 (1963); —

(2) Bibliographia Lauracearum, 1450 S., Bogor, Indonesia 1964; — (3) A monograph of the genus Pentace Hassk. (Tiliaceae), 48 S., Communication **87**, Forest Research Inst., Bogor, Indonesia 1964. — KOUL, A. K.: Caryologia **17**, 443—451 (1964). — KOYAMA, T.: (1) J. Fac. Sc. Tokyo sect. III Bot. **8**, 149—278 (1962), Quart. J. Taiwan Mus. **14** (1961); — (2) Canad. J. Bot. **41**, 1107—1131 (1963); — (3) Adv. Front. Pl. Sc. **4**, 39—77 (1963). — KOYAMA, T., and S. KAWANO: Canad. J. Bot. **42**, 859—889 (1964). — KOŽUHAROV, S., and B. KUZMANOV: Annuaire Univ. Sofia **57**, 103—109 (1964). — KRAINZ, H. (Ed): Die Kakteen, Lfg. **23—29**, Stuttgart 1963 bis 1964. — KRANZ, A. R.: Umschau **63**, 499—503 (1963). — KRAPOVICKAS, A., y C. L. CHRISTÓBAL: Lilloa **31**, 5—74 (1962). — KRESS, A.: (1) Phyton **10**, 225—236 (1963); — (2) Österr. Bot. Z. **110**, 53—102 (1963); — (3) Ber. Bayer. Bot. Ges. **36**, 33—39 (1963). — KŘÍSA, B.: Bot. Not. **117**, 397—417 (1964). — KRUCKEBERG, A. R.: (1) Brittonia **16**, 95—105 (1963); — (2) Madroño **15**, 205—215 (1963). — KRUCKEBERG, A. R., and F. L. HEDGLIN: Madroño **17**, 109—115 (1963). — KUBER, G., K. H. RECHINGER u. H. RIEDL: Anzeiger math.-natuw. Kl. Österr. Akad. Wissensch. 1964, **12**, 362—367 (1964). — KUBIEŃ, E.: Acta Soc. Bot. Polon. **33**, 527—546 (1964). — KUBITZKI, K.: Ber. Dtsch. Bot. Ges. **76**, 33—39 (1963). — KUDRYASHOV, L. V.: Bot. J. (Moskau) **49**, 473—486 (1964). — KUIJT, J.: (1) Canad. J. Bot. **41**, 927—938 (1963); — (2) Bot. Jb. **83**, 250—326 (1964). — KUKKONEN, I.: Ann. Bot. Soc. Vanamo **34** (3), VI + 122 S. (1963). — KULPA, W., u. S. DANERT: Kulturpflanze Bh. 3, 341—388 (1962). — KUPRIANOVA, L. A.: Taxon **12**, 12—13 (1963). — KURABAYASHI, M.: Evolution **17**, 296—306 (1963). — KURABAYASHI, M., H. LEWIS, and P. H. RAVEN: Amer. J. Bot. **49**, 1003—1026 (1962). — KURITA, M.: Mem. Ehime Univ. Sect. II, Ser. B **4**, 487—492 (1963). — KURTZ, E.: Grana Palyn. **4**, 367—372 (1963). — KUZMANOV, B.: (1) Mitt. Bot. Inst. Bulg. Akad. Wiss. Sofia **12**, 101—186 (1963); — (2) Blumea **12**, 369—379 (1964). — KWEI, Y. L., and C. L. LEE: Acta Bot. Sin. **11**, 44—66 (1963). — KYHOS, D. W.: Amer. J. Bot. **50**, 635 (1963).

LABBÉ, A.: Trav. Lab. Biol. Vég. Grenoble et du Lautaret **1**, 113 S. (1962). — LAMBERT, J. M.: Nature **204**, 1136—1138 (1964). — LAMPRECHT, H.: (1) Agri Hort. Genet. **21**, 35—55 (1963); (2) **22**, 1—55 (1964); (3) **22**, 56—148 (1964); (4) **22**, 243—255 (1964); (5) **22**, 272—280 (1964). — LANGLET, O.: Nature **200**, 347—348 (1963). — LANGMAN, I. K.: A selected guide to the literature on the flowering plants of Mexico, 1016 S., Pennsylvania 1964. — LARSEN, K.: (1) Danks Bot. Ark. **20**, 211—275 (1963); — (2) Bot. Not. **116**, 409—424 (1963); — (3) Bot. Tidskr. **60**, 165—179 (1964); — (4) Phyton (Argentina) **21**, 45—46 (1964). — LARSEN, K., and A. ŽERTOVÁ: Bot. Tidskr. **59**, 177—194 (1963). — LAUENER, L. A.: Not. Roy. Bot. Gard. Edinburgh **25**, 1—30 (1963). — LAUGHLIN, K.: Phytologia **9**, 185—186 (1963). — LAUNERT, E.: Bol. Soc. Brot. **37**, 2a Sér.; 79—89 (1963). — LAUSI, D.: Univ. Trieste, Ist. Bot. **18**, 1—9 (1964). — LAWRENCE, C. W.: (1) Heredity **18**, 135—147 (1963); (2) **18**, 149—163 (1963); (3) **19**, 1—19 (1964). — LEANDRI, J.: Adansonia **3**, 78—88 (1963). — LEBRETON, P.: Bull. Soc. Bot. Fr. **111**, 80—93 (1964). — LE COQ, C.: Rev. Gén. Bot. **70**, 385—426 (1963). — LEDINGHAM, G. F., and M. D. FAHSELT: Sida **1**, 313—327 (1964). — LEDINGHAM, G. F., and B. M. REVER: Canad. J. Genet. Cytol. **5**, 18—32 (1963). — LEE, R. E.: Baileya **12**, 159 (1964). — LEE, R. E., and J. W. GREAR: Baileya **11**, 131 (1963). — LEE, Y. N.: (1) Bot. Mag. Tokyo **77**, 122—130 (1964); — (2) Jap. J. Bot. **39**, 196—205 (1964); (3) 257—265 (1964); (4) 289—298 (1964). — LEENHOUTS, P. W.: Jaarb. Kon. Ned. Bot. Ver. over 1961, 57—58 (1962). — LEEUWEN, W. A. M. VAN: Acta Bot. Neerl. **12**, 84—97 (1963). — LEEUWENBERG, A. J. M.: Acta Bot. Neerl. **13**, 333—339 (1964). — LEGRAND, C.: An. Mus. Hist. Nat. Montevideo, ser. **2**, **7**, **3**, 147 S. (1962). — LEGRAND, D.: Lilloa **31**, 183—206 (1962). — LEINFELLNER, W.: (1) Österr. Bot. Z. **110**, 448—467 (1963); (2) **111**, 345—353 (1964); (3) **111**, 500—526 (1964). — LEINS, P.: (1) Bot. Jb. **83**, 57—88 (1964); — (2) Ber. Dtsch. Bot. Ges. **77**, 112—123 (1964); (3) **77**, (22)—(26) (1965). — LEMESLE, R.: C. R. Acad. Sc. Paris **257**, 225—228 (1963). — LEMS, K.: Bot. Gaz. **125**, 178—186 (1964). — LENZ, L. W., and A. DAY: Aliso **5**, 257—272 (1963). — LEONARD. E. C., and L. B. SMITH: Rhodora **66**, 313—343 (1964). — LEONARD, J., and A. G. VOORHOEVE: Bull. Jard. Bot. Bruxelles **34**, 419—423 (1964). — LEONE, C. A. (Ed.): The International Conference of Taxonomic Biochemistry, Physiology and Serology, 728 S., New York (1964). — LEPPIK, E. E.: Lloydia **26**, 91—115 (1963). — LEROY, J. F.: J. Agr. Trop. Bot. Appl. **7** (6—7—8):

379—382 (1960). — LESINS, K., and I.: (1) Canad. J. Genet. Cytol. 5, 133—137 (1963); (2) 5, 270—280 (1963); (3) 6, 152—163 (1964). — LE THOMAS, A.: Adansonia 3, 287—293 (1963). — LEVAN, A., K. FREDGA, and A. A. SANDBERG: Hereditas 52, 201—220 (1964). — LEVAN, A., and A. MÜNTZING: Portug. Acta Biol. 7, Sér. A., 1—16 (1963). — LEVIN, D. A.: (1) Amer. J. Bot. 50, 714—720 (1963); — (2) Variation and evolution in Phlox subsection Divaricatae, 139 S., Diss. Illinois 1964. — LEWIS, H.: Regnum Veg. 27, 37—44 (1963). — LEWIS, H., and D. M. MOORE: Bull. Torrey Bot. Club 89, 365—370 (1962). — LEWIS, H., and P.-H. RAVEN: Rec. Adv. Bot. (Bot. Congr. Montreal 1959) 2, 1466—1469 (1961). — LEWIS, H., and J. SZWEYKOWSKI: Brittonia 16, 343—391 (1964). — LEWIS, K. R., and B. JOHN: Chromosome marker, X + 489 S., London 1963. — LEWIS, W. H.: (1) Brittonia 14, 285—290 (1962); — (2) Sida 1, 274—293 (1964). — LEWIS, W. H., and E. TADDESSE: Kirkia 4, 213—215 (1964). — LI, H.-L.: (1) Morris Arb. Bull. 14, 43—50 (1963); (2) Taiwania 9, 1—9 (1963). — LI, H. W., et al.: Cytologia 28 264—277 (1963). — LINDSAY, G.: Cact. Succ. J. 35, 176—192 (1963). — LINSLEY, E. G., J. W. MACSWAIN, and P. H. RAVEN: Univ. Calif. Publ. Entom. 33, 1—24, 25—58 (1963); 33, 59—98 (1964). — LIPSCHITZ, S.: Not. Syst. Herb. Inst. Bot. Komarov 22, 222—255 (1963). — LITTLE, E. L.: Bol. Inst. Forest. Lat. Amer. 11, 39—57 (1963). — LIU, T.-S., and C.-C. CHUANG: Taiwania 8, 67—126 (1962). — LOEBLICH, A. R.: Madroño 17, 205—216 (1964). — LÖVE, A.: (1) Kulturpflanze Bh. 3, 74—85 (1962); — (2) Regnum Veg. 27, 45—51 (1963); — (3) Taxon 13, 33—45 (1964); — (4) Genetics today (Proc. XI. Internat. Congr. Gen., The Hague, The Netherlands, (1963); 2, 409—415 (1965). — LÖVE, A., and E. KJELLQUIST: Portug. Acta Biol. 8, 69—80 (1964). — LÖVE, A., and D. (Ed.): North Atlantic Biota and their History, 396 S., Oxford 1963. — LÖVE, A., and O. T. SOLBRIG (Ed.): Taxon 13, 99—110, 201—209 (1964); 14, 50—57, 86—92 (1965). — LÖVE, D., and H. HARRIES: Rhodora 65, 310—317 (1963). — LÖVKVIST, B.: (1) Bot. Not. 116, 326—330 (1963); — (2) Regnum Veg. 27, 51—57 (1963). — LONG, A. G.: Abstr. 10th Intern. Bot. Congr. Edinburgh 1964, 20—21 (1964). — LONG, R. W.: (1) Ohio J. Sci. 63, 273—281 (1963); — (2) Amer. J. Bot. 51, 842—852 (1964). — LONGO, C.: Giorn. Bot. Ital. 70, 228—242 (1963). — LORCH, J.: Bull. Res. Counc. Israel 11 D, 91—102 (1962). — LOSA, T. M.: (1) An. Inst. Bot. Cavanilles 20, 7—50 (1962); (2) 21, 543—572 (1963). — LUBISCHEW, A. A.: Evolution 17, 414—430 (1963). — LUNDELL, C. L.: Wrightia 3, 77—90 (1963).

MACARTHUR, R. H.: Amer. Nat. 98, 387—397 (1964). — MCCLURE, J. W., and R. E. ALSTON: Amer. J. Bot. 50, 636 (1963). — MCCORMICK, J. F., and R. B. PLATT: Bot. Gaz. 125, 271—279 (1964). — MCHALE, J., and R. E. ALSTON: Evolution 18, 304—311 (1964). — MACHULE, M.: Phyton 10, 128—144 (1963). — MCINTYRE, D. J.: Trans. Roy. Soc. New Zealand, Bot. 2, 83—107 (1963). — MACIOR, L. W.: Amer. J. Bot. 51, 96—108 (1964). — MACKERRAS, I. M.: Proc. Linn. Soc. N. S. Wales 88, 324—335 (1964). — MCMILLAN, C.: Amer. J. Bot. 51, 1119—1128 (1964). — MCNAUGHTON, I. H.: Rec. Scot. Plant Breed. Stat. 1963, 48—68 (1963). — MCVAUGH, R.: Fieldiana (Bot.) 29, 391—532 (1963). — MAEKAWA, F.: (1) J. Fac. Sc. Univ. Tokyo, sect. III (Bot.) 8, 377—398 (1963); — (2) J. Jap. Bot. 38, 321—324 (1963); (3) 38, 368 (1963); (4) 39, 366—370 (1964). — MAEKAWA, F., and T. HASHIMOTO: Violets of Japan, 9 S., Tokyo 1963. — MÄKINEN, L., and Y.: Ann. Bot. Fenn. 1, 273—291 (1964). — MAGOON, M. L., M. N. KOPPAR, M. S. RAMANNA, and A. K. SINHA: Le Cellule 63, 375—396 (1963). — MAGOON, M. L., and K. G. SHAMBULINGAPPA: Chromosoma 14, 572—588 (1963). — MAGOON, M. L. et al.: Cytologia 29, 42—60 (1964). — MAGUIRE, M. P.: Cytologia 27, 248—257 (1962). — MAHABALE, T. S., and M. V. PARTHASARATHY: J. Bombay nat. Hist. Soc. 60, 371—387 (1963). — MAHESHWARI, P.: (1) Bull. Bot. Surv. India 4, 85—94 (1963); — (2) Intern. Soc. Plant Morphologists, Univ. Dehli, X + 467 S., 1963; — (3) Vistas in Botany 4, 55—97 (1964). — MAHESHWARI, P., and R. N. KAPIL: Fifty years of science in India. Progress of Botany. Indian Sci. Congr. Ass., Calcutta, VII + 178 S., 1963. — MAHESHWARI, S. C., and N.: Beitr. Biol. Pfl. 39, 179—188 (1963). — MAHESHWARI, S. C., and R. N. KAPIL: Amer. J. Bot. 50, 907—914 (1963). — MAHLER, W. F., and U. T. WATERALL: Southw. Nat. 9, 189—202 (1964). — MÁJOVSKÝ, J.: Acta F. R. N. Univ. Comen. 7, 317—335 (1963). — MALECKA, J.: Acta Biol. Cracov., ser. Bot. 5, 117—136 (1963). — MÁNDY, G., u. I. BÓCSA: Kulturflora Ungarns 8, XIV + 144 S., (1962). — MANGELS-

DORF, P. C., and W. C. GALINAT: Proc. Natl. Acad. Sci. USA **51**, 147—150 (1964). — MANGELSDORF, P. C., and R. G. REEVES: (1) Bot. Mus. Leaflets, Harvard Univ. **18**, 329—356 (1959); (2) **18**, 389—411 (1959); (3) **18**, 413—427 (1959). — MANGELSDORF, P. C., and R. S. MACNEISH: Science **143**, 538—545 (1964). — MANGENOT, S. et G.: Rev. Cyt. Biol. Vég. **25**, 411—447 (1962). — MANNING, W. E.: Brittonia **15**, 123—125 (1963). — MANSFELD, R.: Kulturpflanze Bh. **3**, 26—46 (1962). — MANSKE, R. H.: Nature **200**, 1123 (1963). — MARCHANT, C. J.: (1) Nature **199**, 929 (1963); — (2) Proc. Bot. Soc. Brit. Isl. **5**, 378 (1964). — MARIANI, A.: Caryologia **16**, 139—142 (1963). — MARIN, A.: Trav. Inst. Sc. Chérif., ser. Bot. **27**, 1—48 (1962). — MARKGRAF, F.: (1) Ber. Dtsch. Bot. Ges. **76**, (63)—(69) (1964); (2) **77**, (17)—(22) (1965). — MARKLUND, G.: (1) Mem. Soc. Fauna Fl. Fenn. **38**, 2—18 (1963); — (2) Sv. Bot. Tidskr. **58**, 18—26 (1964). — MARTENS, P.: Bull. Soc. Bot. Belg. **97**, 151—152 (1964). — MARTICORENA, C.: Grana Palyn. **4**, 78—91 (1963). — MARTIN, F. W.: (1) Evolution **17**, 519—528 (1963); — (2) Bull. Torrey Bot. Club **90**, 416—417 (1963). — MARTIN, F. W., and S. ORTIZ: Cytologia **28**, 96—101 (1963). — MARTÍNEZ, S. R.: (1) An. Acad. Farm. **28**, 363—397 (1962); — (2) An. Inst. Bot. Madrid **21**, 1—325 (1963). — MAS, A. G.: Cyperaceae of Puerto Rico, 315 S., Puerto Rico, Mayaguez 1964. — MASAND, P.: Phytomorphology **13**, 293—302 (1964). — MATSUURA, H., and H. TOYOKUNI: Tôhoku Univ. Ser. IV (Biol.) **29**, 239—245 (1963). — MATZENKO, A.: (1) Not. Syst. Herb. Inst. Bot. Komarov **22**, 33—42 (1963); — (2) Acta Inst. Botanici Komarovii, Ser. 1 (Flora Syst. Plant. Vasc.) Fasc. **13**, 3—103 (1964). — MAURER, W.: Mitt. Abt. Zool. Bot. Landesmus. Graz **18**, 1—18 (1964). — MAYR, E.: Animal species and evolution, XIV + 797 S., Cambridge 1963. — MEEUSE, A. D. J.: (1) Acta Bot. Neerl. **12**, 119—128 (1963); (2) Adv. Front. Plant Sc. **1**, 105—127 (1963); (3) **7**, 115—156 (1963); — (4) Acta Biotheoretica **16**, 127—182 (1963); — (5) Phytomorphology **13**, 237—244 (1964); — (6) Acta. Bot. Neerl. **13**, 97—112 (1964). — MEEUSE, A. D. J., and J. HOUTHUESEN: Acta Bot. Neerl. **13**, 352—366 (1964). — MEHRA, K. L.: (1) Phyton (Argentina) **20**, 189—198 (1963); (2) **21**, 119—126 (1964). — MEHRA, K. L., S. A. FARUQI, and R. P. CELARIER: (1) Caryologia **16**, 525—533 (1963); (2) **16**, 693—700 (1964). — MEHRA, P. N., and C. P. MALIK: Caryologia **16**, 67—84 (1963). — MEHRA, P. N., and A. SINGH: Proc. Indian Sci. Congr. Assoc. 50th Sess. **3**, 453 (1963). — MEIJER, W.: Acta Bot. Neerl. **12**, 319—353 (1963). — MELIKIAN, A. P.: J. Bot. (Moskau) **49**, 432—436 (1964). — MELVILLE, R.: (1) Kew Bull. **17**, 1—63 (1963); — (2) New Scientist **22**, 494—496 (1963). — MENZEL, M. Y.: Genetics **50**, 855—862 (1964). — MENZEL, M. Y., and F. D. WILSON: (1) J. Hered. **54**, 55—60 (1963); —(2) Amer. J. Bot. **50**, 262—271 (1963). — MERGEN, F.: Ecology **44**, 716—727 (1963). — MERXMÜLLER, H.: (1) Regnum Veg. **27**, 57—62 (1963); — (2) Mitt. Bot. Staatssammlg. München **5**, 229—245 (1964). — MERXMÜLLER, H., u. K.-P. BUTTLER: Ber. Dtsch. Bot. Ges. **77**, 411—415 (1965). — MERXMÜLLER, H., u. J. GRAU: Ber. Dtsch. Bot. Ges. **76**, 23—29 (1963). — METCALFE, C. R.: Adv. Bot. Res. **1**, 101—147 (1963). — METTIN, D., u. P. HANELT: Kulturpflanze **12**, 163—225 (1964). — MEUSEL, H.: Vergleichende Chorologie der zentraleuropäischen Flora, Jena 1965. — MEUSEL, H., u. E. JÄGER: Kulturpflanze Bh. **3**, 249—262 (1962). — MEUSEL, H., u. K. WERNER: Wiss. Z. Univ. Halle, Math.-Nat. **11**, 279—292 (1962). — MEYER, N. R.: Bot. J. **49**, 1421—1429 (1964). — MEYER, T., y P. R. LEGNAME: Lilloa **31**, 229—244 (1962). — MIA, M. M., B. B. MUKHERJEE, and R. K. VICKERY: Madroño **17**, 156—160 (1964). — MICHAELIS, G.: Planta **62**, 194 (1964). — MILLER, R. H.: Principes **8**, 115—147 (1964). — MILNER, H. W., and W. M. HIESEY: (1) Plant Physiol. 39, 208—213 (1964); (2) **39**, 746—750 (1964). — MILNER, H. W., W. M. HIESEY, and M. A. NOBS: Carnegie Inst. Wash. Year Book **63**, 426—430 (1964). — MINFRAY, E.: (1) Bull. Mus. Nat. Hist. Natur. **35** (5), 527—531 (1963); — (2) Bull. Soc. Bot. Fr. **110**, 180—192 (1963). — MIROV, N. T. (1) in K. V. THIMANN (Ed.): The physiology of forest trees, 251—268, New York 1958; — (2) US. Dept. Agr. Forest Service Techn. Bull. **1239**, 154 S., Washington 1961; — (3) Lloydia **26**, 117—124 (1963). — MISRA, K. C.: Trop. Ecol. **4**, 1—20 (1963). — MISRA, S.: Bot. Mag. (Tokyo) **77**, 290—296 (1964). — MISRO, B., and G. RATH: J. Biol. Sc. **4**, 36—46 (1961). — MITCHELL, W. W., and A. C. WILTON: Madroño **17**, 269—280 (1964). — MITRA, C. R.: Neem, 199 S., Indian Central Oilseeds Committee, Himayatnagar, Hyderabad 1963. — MITROIU, N.: (1) Acta Bot. Horti Bucurestiensis 1961—1962, Fasc. I, Volum Festiv, 435—457 (1963); — (2)

Studii si cerc. biol. B. veg. **15**, 239—246 (1963). — Mizushima, M.: Sci. Rep. Tôhoku Univ. Ser. IV (Biol.) **29**, 277—294 (1963). — Möschl, W.: Mem. Soc. Broteriana **17**, 116 S. (1964). — Mohlenbrock, R. H.: (1) Reinwardtia **6**, 429—437 (1963); (2) **6**, 443—447 (1963); — (3) Webbia **17**, 223—263 (1963); — (4) Rhodora **65**, 245—258 (1963). — Moldenke, H. N.: Phytologia **8**, 460—496; **9**, 8—54, 59—97, 113—181, 189—238, 267—336 (1963); **9**, 351—407, 459—480, 501—506; **10**, 56—88, 89—161, 173—236, 271—319, 406—416, 490—504; **11**, 1—68, 80—142, 155—213 (1964); **11**, 219—287, 290—357, 400—422 (1965). — Monnier, P.: Rev. Cyt. Biol. Vég. **25**, 325—335 (1962). — Montserrat Recoder, P.: Anal. Inst. Bot. Cavanilles **21**, 407—541 (1963). — Mooney, H. A.: Ecology **44**, 812—816 (1963). — Moore, D. M.: (1) Bot. Not. **116**, 16—30 (1963); — (2) Nova Guinea (Bot.) **11**, 177—187 (1963); — (3) Feddes Rep. **68**, 81—86 (1963); — (4) Madroño **17**, 52—53 (1963); — (5) Proc. Symp. Antarctic Biol., Paris 1962, 195—202, Paris 1964. — Moore, H. E.: (1) Amer. Hort. Mag. **40**, 17—26 (1961); — (2) Bot. Mus. Leaflets. Harvard Univ. **20**, 85—92 (1962); — (3) Baileya **10**, 131—136 (1962); — (4) Principes **7**, 107—115 (1963); (5) **7**, 119—184 (1963); — (6) Gentes Herb. **9**, 275—285 (1963). — Moore, L. B.: N. Z. J. Bot. **2**, 286—304 (1964). — Moore, R. J.: (1) Canad. J. Genet. Cytol. **5**, 119—126 (1963); (2) **5**, 384—388 (1963). — Moore, R. J., and J. A. Calder: Canad. J. Bot. **42**, 1387—1391 (1964). — Moore, R. J., and C. Frankton: (1) Canad. J. Bot. **41**, 1553—1567 (1963); (2) **42**, 451—461 (1964). — Moore, R. J., and G. A. Mulligan: Canad. J. Bot. **42**, 1605—1613 (1964). — Morariu, J.: Acta Bot. Horti Bucurestiensis 1961—1962, Fasc. I, Volum Festiv, 77—89 (1963). — Morgenstern, E. K., and J. L. Farrar: Technical Report **4**, 46 S. (1964). — Morishima, H., K. Hinata, and H.-I. Oka: Evolution **17**, 170—181 (1963). — Morisset, P.: Proc. Bot. Soc. Brit. Isl. **5**, 378—379 (1964). — Morley, T.: Bull. Torrey Bot. Club **90**, 1—16 (1963). — Mors, W. B., M. T. Magalhaes u. O. R. Gottlieb: Fortschr. Chem. org. Naturstoffe **20**, 131 (1962). — Morton, C. V.: Contr. U. S. Natl. Herb. **38**, 1—27 (1963). — Morton, J. K.: (1) J. Linn. Soc. Lond. Bot. **58**, 231—283 (1962); — (2) Kew Bull. **19**, 337—347 (1965). — Mosquin, T.: Evolution **18**, 12—25 (1964). — Moza, B. K., H. Potěšilová, and F. Šantavý: Planta Medica **10**, 152—159 (1962). — Mulcahy, D. L.: Amer. J. Bot. **51**, 1045—1050 (1964). — Mulligan, G. A.: Canad. J. Bot. **42**, 1509—1519 (1964). — Mulligan, G. A., and J. A. Calder: Rhodora **66**, 127—135 (1964). — Munk, W. J. de: Reinwardtia **6**, 195—223 (1962). — Munson, J. E.: Mich. Bot. **2**, 67—78 (1963). — Murray, B. E., and I. L. Craig: Canad. J. Genet. Cyt. **6**, 170—177 (1964). — Myers, O., and F. H. Bormann: Ecology **44**, 429—436 (1963).

Nair, N. C.: J. Ind. Bot. Soc. **42**, 177—188 (1963). — Nair, P. K. K.: (1) Bull. Nat. Bot. Gard. Lucknow **53**, 1—35 (1962); (2) **63**, 32 S. (1962). — Nair, P. K. K., and K. Rehmann: (1) Bull. Nat. Bot. Gard. Lucknow **76**, 23 S. (1962); (2) **83**, 16 S. (1963). — Nair, P. K. K., and M. Sharma: Bull. Nat. Bot. Gard. Lucknow **65**, II + 37 S. (1962). — Naithani, S. P., and S. S. Raghuvanshi: Genetica **33**, 301—312 (1963). — Nakajima, G.: Cytologia **29**, 351—359 (1963). — Nanda, P. C.: J. Indian. bot. Soc. **41**, 271—277 (1962). — Napper, D. M.: Kirkia **3**, 112—130 (1963). — Narayaswami, V.: A bibliography of Indology. **2** (1) 1961. — Nath, J., and E. L. Nielsen: Crop. Science **1**, 375 (1961). — Natho, G.: Biol. Zbl. **83**, 189—195 (1964). — Nelson, A. P.: Evolution **18**, 43—51 (1964). — Nettancourt, D. de, and W. F. Grant: (1) Canad. J. Genet. Cyt. **5**, 338—347 (1963); — (2) Cytologia **29**, 191—195 (1964); — (3) Canad. J. Genet. Cyt. **6**, 29—36 (1964); (4) **6**, 277—287 (1964). — Nevling, L. I.: (1) J. Arn. Arb. **44**, 143—163 (1963); — (2) Darwinia **13**, 72—86 (1964). — Nilan, R. A.: Res. stud. Wash. State Univ., Monogr. Supp. **3**, 278 S. (1964). — Nishiyama, I.: Plants and the migrations of Pacific peoples: a symposium, 10th Pacific science Congress, Honolulu, Hawaii 1963. — Nishiyama, I., and T. Teramura: Economic Bot. **16**, 304—314 (1962). — Nisioka, T.: Jap. J. Bot. **18**, 199—223 (1963). — Nitzelius, T.: Bot. Not. **116**, 238—240 (1963). — Nobs, M. A.: Carnegie Inst. Wash. Publ. **623** (1963). — Nobs, M. A., W. M. Hiesey, and H. W. Milner: (1) Carnegie Inst. Wash. Year Book **62**, 389—391 (1963); (2) **63**, 432—435 (1964). — Nordborg, G.: Bot. Not. **116**, 267—288 (1963). — Nordenskiöld, H.: Hereditas **48**, 503—519 (1962). — Nordenstam, R. B.: (1) J. s. Afr. Bot. **30**, 53—65 (1964); (2) Bot. Not. **117**, 173—182 (1964). — Norlindh, T.: Bot. Not. **116**, 193—209 (1963). — Norman, A. G. (Ed.): The Soybean. Genetics-Breeding-Physiology-Nutrition-Management,

250 S. New York, London 1963. — NORSTOG, K.: Amer. J. Bot. **50**, 815—821 (1963). — NÜRNBERGER, H.: Flora **155**, 598—602 (1964). — NUSSBAUMER, F.: Extrait Bull. Soc. neuchâteloise Sci. natur. **87**, 171—180 (1964). — NYÁRÁDY, E. I., u. A.: (1) Rev. Roum. Biol., sér. Bot. **9**, 99—137 (1964); (2) **9**, 151—172 (1964).

OBERMEYER, A. A.: (1) Bothalia **8**, 117—137 (1964); (2) **8**, 139—146 (1964). — OEHLKERS, F.: Adv. Genet. **12** (1964). — OGURA, Y: Phytomorphology **14**, 240—247 (1964). — OKABE, S.: Sci. Rep. Tôhoku Univ. Ser. IV (Biol.) **29**, 207—215 (1963). — OKADA, T.: Illustrations of fruits and seeds of Japan, No.1, 292 S., Tokyo u. Kyoto 1964. — OLDEMAN, R. A. A.: Blumea **12**, 209—239 (1964). — OLSON, E. C.: Evolution **17**, 119—120 (1963). — OOSTSTROOM, S. J. VAN: Blumea **12**, 365—367 (1964). — ORNDUFF, R.: (1) Quart. Rev. Biol. **38**, 141—150 (1963); — (2) Brittonia **16**, 289—295 (1964); — (3) Evolution **18**, 349—360 (1964); — (4) Amer. J. Bot. **51**, 307—314 (1964). — ORNDUFF, R., and J. D. PERRY: Rhodora **66**, 100—109 (1964). — ORNDUFF, R., P. H. RAVEN, D. W. KYHOS, and A. R. KRUCKEBERG: Amer. J. Bot. **50**, 131—139 (1963). — OSBORNE, D. V.: (1) New Phytol. **62**, 35—43 (1963); (2) **62**, 144—160 (1963). — OWNBEY, G. B., and YU-TSENG HSI: Rhodora **65**, 339—354 (1963).

PACKER, J. G.: (1) Canad. J. Bot. **41**, 85—103 (1963); (2) **42**, 473—494 (1964). — PACKER, J. G., and A. W. JOHNSON: Abstr. 10th Intern. Bot. Congr. 139 (1964). — PADMANABHAD, D.: Curr. Sci. **31**, 434—435 (1962). — PALIWAL, G. S., and N. N. BHANDARI: Phytomorphology **12**, 409—412 (1962). — PALSER, B. F.: Bot. Gaz. **124**, 200—219 (1963). — PANCHAKSHARAPPA, M. G.: Bull. Bot. Surv. India **4**, 129—135 (1963). — PANCHO, J. V., and F. I. HILARIO: Philippine Agr. **47**, 104—112 (1963). — PANIGRAHI, G., and R. V. KAMMATHY: J. Ind. Bot. Soc. **43**, 294—310 (1964). — PANKOW, H., u. H. v. GUTTENBERG: Österr. Bot. Z. **110**, 132—136 (1963). — PANT, D. D., and B. MEHRA: (1) Ann. Bot., N. S. **27**, 647—652 (1963); — (2) J. Linn. Soc. (Bot.) **58**, 491—496 (1964); — (3) Phytomorphology **14**, 384—387 (1964). — PANT, D. D., and D. NAUTIYAL: Senck. Biol. **44**, 257—348 (1963). — PARKS, C. R., and J. W. HARDIN: Brittonia **15**, 245—259 (1963). — PATZKE, E.: (1) Decheniana **117**, 191—196 (1964); — (2) Ber. Dtsch. Bot. Ges. **77**, 196—197 (1964). — PAUNERO, E.: (1) An. Inst. Bot. Cavanilles **20**, 51—90 (1962); — (2) An. Inst. Bot. Cavanilles **21**, 357—386 (1963). — PAWŁOWSKA, S.: Fragm. Florist. Geobot. **9**, 3—30 (1963). — PAWŁOWSKI, B.: (1) Acta Soc. Bot. Polon. **32**, 473—491 (1963); — (2) Fragm. Florist. Geobot. **9**, 429—446 (1963). — PAYNE, W. W.: (1) Amer. J. Bot. **50**, 872—880 (1963); — (2) J. Arn. Arb. **45**, 400—438 (1964). — PAYNE, W. W., P. H. RAVEN, and D. W. KYHOS: Amer. J. Bot. **51**, 419—424 (1964). — PEACOCK, J. W.: (1) Proc. Linn. Soc. N. S. Wales **88**, 8—27 (1963); (2) **87**, 388—396 (1963). — PÉREZ, A. F.: Caldasia **9**, 5—84 (1964). — PERRING, F. H.: Taxon **12**, 183—190 (1963). — PERVUKHINA, N. V.: Bot. J. (Moskau) **48**, 939—948 (1963). — PETIT, E.: (1) Bull. Jard. Bot. Brux. 33, 375—380 (1963); (2) **34**, 1—160, 161—229 (1964); (3) **34**, 527—535 (1964). — PETTET, A.: Watsonia **6**, 39—50, 51—69 (1964). — PHILIPSON, W. R.: J. Ind. Bot. Soc. **42A**, 167—179 (1963). — PHILIPSON, W. R., and E. E. BALFOUR: Bot. Rev. **29**, 382—404 (1963). — PHILLIPS, L. L.: (1) Evolution **17**, 460—469 (1963); — (2) Heredity **19**, 21—26 (1964). — PHILLIPS, L. L., and D. CLEMENT: Canad. J. Genet. Cyt. **5**, 459—461 (1963). — PHIPPS, J. B.: Kirkia **4**, 87—124 (1964). — PHITOS, D.: (1) Phyton (Austria) **10**, 124—127 (1963); — (2) Ber. Dtsch. Bot. Ges. **77**, 49—54 (1964); — (3) Österr. Bot. Z. **111**, 208—230 (1964). — PIENAAR, R. DE V.: J. S. Afr. Bot. **29**, 111—130 (1963). — PIGNATTI, S.: (1) Mitt. ostalp.-din. pflanzensoz. Arbeitsgem. **1**, 57—62 (1961); — (2) Webbia **18**, 73—93 (1963). — PIJL, L. VAN DER: (1) Evolution **14**, 403—416 (1960); (2) **15**, 44—59 (1961); — (3) Abstr. 10th Intern. Bot. Congr. Edinburgh 1964, 116 (1964). — PILLAI, S. K.: Phyton (Austria) **10**, 253—257 (1963). — PIPPEN, R. W.: Diss. Michigan, 215 S. 1964. — PISSJAUKOVA, V.: Not. Syst. Herb. Inst. Bot. Komarov. **22**, 101—215 (1963). — PIZZOLONGO, P.: Ann. Bot. (Roma) **27**, 393—403 (1963). — POBEDIMOVA, E. G.: (1) Bot. J. (Moskau) **48**, 1762—1775 (1963); — (2) Nov. Syst. Plant. Vasc. Inst. Bot. Komarov. Acad. Sci. URSS, Moskau 1964: 90—128 (1964). — PODDUBNAYA-ARNOLDI, V. A.: General Embryology of Angiospermae (russ.). 482 S., Moskau 1964. — PODLECH, D., u. J. DAMBOLDT: Ber. Dtsch. Bot. Ges. **76**, 360—369 (1964). — POGAN, E.: (1) Canad. J. Bot. **41**, 1011—1013 (1963); — (2) Acta Biol. Cracov. Bot. **6**, 185—202 (1964). — POINDEXTER, J. D.: Transact. Kans. Acad. **65**,

409—419 (1963). — POLHAMUS, L. G.: Rubber: botany cultivation and utilization, 488 S., London 1962. — POLLOCK, E. G., and W. A. JENSEN: Amer. J. Bot. **51**, 915—921 (1964). — PONOMAREV, A. N., and T. P. TURBACHEVA: Dokl. Biol. Sect. Acad. Sci. URSS (translation) **146**, 1006—1008 (1962/63). — PORSILD, A. E.: Natl. Mus. Canada Bull. **186**, 1—35 (1963). — PORTER, D. M.: Contr. Gray Herb. **192**, 99—135 (1963). — POWELL, A. M., and B. L. TURNER: Madroño **17**, 128—140 (1963). — PRANCE, I.: J. Oxford Univ. For. Soc. ser. **5**, **11**, 41—42 (1963). — PRASAD, S. S.: J. Ind. Bot. Soc. **42**, 463—468 (1963). — PRESTING, D.: Ber. Dtsch. Bot. Ges. **77**, (40)—(44) (1965). — PRICE, S.: Econ. Bot. **17**, 97—106 (1963). — PRINGLE, J. S.: Amer. J. Bot. **50**, 637 (1963). — PRISZTER, S.: Kulturflora Ungarns **7**, VII + 56 S. (1962). — PRISZTER, S., and P. TÉTENYI: Bot. Közl. **50**, 67—78 (1963). — PRITCHARD, A. J.: Nature **202**, 322 (1964). — PRYOR, L. D. in G. W. LEEPER: The Evolution of living organisms, 446—455 Melbourne etc. 1962. — PRYOR, L. D., and H. E. DADSWELL: Austral. J. Bot. **12**, 29—45 (1964). — PUNT, W.: Regn. veget. **36**, 36 S. (1964). — PURI, V.: (1) Bull. Bot. Surv. India **4**, 161—165 (1963); (2) **4**, 167—172 (1963); — (3) J. Ind. Bot. Soc. **42 A**, 189—198 (1963).

QUINN, C. J.: Phytomorphology **14**, 342—351 (1964).

RĂDULESCU, D.: Acta bot. horti Bucureşti, 289—298 (1960). — RAJHATHY, T., and P. L. DYCK: Canad. J. Genet. Cytol. **5**, 175—179 (1963). — RAM, H. Y., and P. MASAND: Phytomorphology **13**, 82—91 (1963). — RAM, H. Y. M., and R. NATH: Phytomorphology **14**, 414—429 (1964). — RAM, H. Y. M., and M. WADHI: Phytomorphology **14**, 388—413 (1964). — RAMA DAS, V. S.: Bull. Bot. Surv. India **4**, 173—176 (1963). — RAMAN, V. S., M. K. NAIR, and D. KRISHNASWAMI: J. Ind. Bot. Soc. **42**, 469—473 (1963). — RAMAYYA, N.: Bull. Bot. Surv. India **4**, 177—188, 189—192 (1963). — RAMSAY, H. P.: Austral. J. Bot. **11**, 1—20 (1963). — RANDOLPH, L. F. (Ed.): Garden Irises, XXXIII + 575 S., St. Louis 1959. — RAO, C. V.: J. Ind. Bot. Soc. **42**, 618—628 (1964). — RAO, V. S.: New. Phytol. **62**, 342—349 (1963). — RAO, V. S., and A. GANGULI: J. Ind. Bot. Soc. **42**, 419—435 (1963). — RAPPA, F., e V. CAMARRONE: (1) Lav. Ist. Bot. Giard. Colon. Palermo **18**, 11—32 (1962); (2) **18**, 203—248 (1962). — RATTENBURY, J. A.: Evolution **16**, 348—363 (1962). — RATTER, J. A.: (1) Note Roy. Bot. Gard. Edinburgh **24**, 221—229 (1963); (2) **25**, 293—302 (1964); (3) **26**, 203—223 (1965); (4) **26**, 224—236 (1965). — RATTER, J. A., and H. T. PRENTICE: Not. Roy. Bot. Gard. Edinburgh **25**, 303—307 (1964). — RAUH, W.: (1) Kakt. Sukk. **14**, 54—55 (1963); (2) 67—71 (1963); (3) 84—86 (1963); (4) 106—107 (1963); (5) 127—129 (1963); (6) 145—148 (1963); (7) 172—173 (1963); (8) 182—184 (1963); (9) 208—210 (1963); (10) 222—225 (1963); (11) **15**, 2—3 (1964); (12) 27—28 (1964); (13) 42—43 (1964); (14) 65—67 (1964). — RAUH, W., u. K. H. WILLER: Bot. Jb. **82**, 262—272 (1963). — RAUSCHERT, S.: Ber. Dtsch. Bot. Ges. **76**, 235—243 (1963). — RAVEN, P. H.: (1) Proc. Linn. Soc. **173**, 92—98 (1962); — (2) Bull. Brit. Mus. (Nat. Hist.), Bot. **2** (12), 325—382 (1962); — (3) Not. Roy. Bot. Gard. Edinburgh **24**, 183—203 (1962); — (4) Quart. Rev. Biology **38**, 151—177 (1963); — (5) Aliso **5**, 247—249 (1963); — (6) Watsonia **5**, 262—272 (1963); — (7) Reinwardtia **6**, 327—427 (1963); — (8) Evolution **18**, 336—338 (1964); — (9) Brittonia **16**, 276—288 (1964). — RAVEN, P. H., and M. S. CAVE: Madroño **17**, 68 (1963). — RAVEN, P. H., and D. M. MOORE: Watsonia **6**, 36—38 (1964). — RAVEN, P. H., and H. J. THOMPSON: Amer. Nat. **98**, 251—252 (1964). — RAYNAL, J.: Adansonia **3**, 250—265 (1963). — RAZI, B. A.: Bull. Bot. Soc. Coll. Sci. Nagpur **3**, 33—41 (1962). — RECHINGER, K. H.: (1) Kulturpflanze Bh. **3**, 47—73 (1962); — (2) Ann. Naturhist. Mus. Wien **66**, 45—50 (1963). — REED, R. W.: Principes **7**, 85—88 (1963). — REEDER, J. R.: Trans. Amer. Microscop. Soc. **79**, 211—218 (1960). — REEDER, J. R., and C. G. REEDER: Bull. Torr. Bot. Cl. **90**, 193—201 (1963). — REESE, G.: Schr. Naturwiss. Ver. Schlesw.-Holst. **34**, 44—70 (1963). — REEVES, R. G., and P. C. MANGELSDORF: (1) Bot. Mus. Leafl. Harvard Univ. **18**, 357—387 (1959); (2) **18**, 428—440 (1959). — REICHSTEIN, T.: Planta Med. **11** (3), 293—302 (1963). — REINECKE, P.: J. S. Afr. Bot. **30**, 93—101 (1964). — RENZONI-CELA, G.: Giorn. Bot. Ital. **70**, 493—504 (1964). — RETHORÉ, J.: Adansonia **3**, 236—239 (1963). — REZNIK, H.: Ber. Dtsch. Bot. Ges. **77**, (54)—(61) (1965). — RHEEDE VAN OUDTSHOORN, M. C. B.: Planta Med. **11**, 332—337 (1963). — RICARDI, M.: Gayana (Bot.) **6**, 3—16 (1963). — RICARDI, M., y M. QUEZADA: Gayana (Bot.) **9**, 1—36 (1963). — RICHARDS, P. W.: Assoc. Trop. Biol. Inc. Bull. **3**, 8—15 (1964). — RICK, CH. M.: (1) Calif. Acad. Sci., Occ. Pap. **44**,

59—77 (1963); — (2) Evolution **17**, 216—232 (1963). — RIEDL, H.: (1) Österr. Bot. Z. **110**, 543—546 (1963); (2) **110**, 511—542 (1963); (3) **110**, 608—612 (1963); — (4) Ann. Naturhist. Mus. Wien **66**, 51—90 (1963); (5) Anz. math.-naturwiss. Kl. Österr. Akad. Wiss. **1964**, 354—362 (1964). — RIEGER, R.: Genommutationen (Ploidiemutationen). Genetik, Grundlagen, Ergebnisse, 183 S., Jena 1963. — RILEY, H. P., and D. MUKERJEE: Cytologia **27**, 325—332 (1962). — RILEY, H. P., and C. J. ISBELL: J. S. Afr. Bot. **29**, 59—73 (1963). — RILEY, R., and V. CHAPMAN: (1) Heredity **18**, 473—484 (1963); — (2) Nature **203**, 156—158 (1964). — RILEY, R., and C. KEMPANNA: Heredity **18**, 287—306 (1963). — RISSEEUW, M.: Acta Bot. Neerl. **13**, 161—174 (1964). — ROBERTS, R. H.: Watsonia **6**, 70—75 (1964). — ROBERTY, G.: Boissiera **10**, 129—156 (1964). — ROBERTY, G., et S. VAUTIER: Boissiera **10**, 7—128 (1964). — ROBINSON, E. A.: Kirkia 175—184 (1964). — ROBYNS, A.: (1) Bull. Jard. Bot. Brux. **33**, 1—144, 145—316 (1963); — (2) Grana Palynolog. **4**, 73—77 (1963); — (3) Bull. Jard. Bot. Brux. **34**, 301—307, 389—395 (1964). — ROBYNS, W.: (1) Bull. Jard. Bot. Brux. **33**, 417—420 (1963); — (2) Taxon **13**, 301—303 (1964). — RODIN, R. J.: Amer. J. Bot. **50**, 641—648 (1963). — RODIONENKO, I.: Die Gattung Iris (russ.), 216 S., Moskau-Leningrad 1961. — ROE, M. J.: Pac. Sci. **15**, 3—32 (1961). — RÖBBELEN, G. (Ed.): (1) Arabidopsis Inform. Serv. **1**, 51 S. (1964); (2) **2**, 57 S. (1965). — ROGERS, C. M.: (1) Brittonia **15**, 97—122 (1963); — (2) Sida **1**, 328—336 (1964). — ROGERS, D. J.: (1) Bull. Torrey Bot. Club **90**, 43—54 (1963); — (2) Brittonia **15**, 285—290 (1963). — ROHWEDER, O.: Ber. Dtsch. Bot. Ges. **75**, 51—56 (1962). — ROLLINS, R. C.: (1) Contr. Gray Herb. **192**, 3—98 (1963); — (2) Taxon **14**, 1—6 (1965). — ROSS, H. H.: A Synthesis of evolutionary Theory, 387 S., Englewood Cliffs 1962. — ROTH, I.: Bot. Jb. **82**, 100—118 (1963). — ROUSI, A.: (1) Hereditas **48**, 390—408 (1962); — (2) Ann. Bot. Fenn. **2**, 1—18 (1965). — ROY, K. K.: Bull. Natl. Bot. Gard. Lucknow **90**, 26 S. (1964). — ROY TAPADAR, N. N.: Caryologia **17**, 103—138 (1964). — ROYEN, P. VAN: (1) Nova Guinea, Bot. **17**, 369—416 (1964); (2) **18**, 417—426 (1964); (3) **19**, 427—432 (1964). — RUDD, V. E.: Contr. U. S. Natl. Herb. **32**, 247—277 (1963). — RÜDENBERG, L., and O. T. SOLBRIG: Phyton (Argentina) **20**, 199—204 (1963). — RUIJGROK, H. W. L.: Naturwiss. **50**, 620—621 (1963). — RUIZ LEAL, A., y R. L. PEREZ-MOREAU: Darwiniana **13**, 459—467 (1964). — RUNEMARK, H.: Bot. Not. **116**, 323—325 (1963). — RUSSELL, N. H.: Adv. Front. Pl. Sci. **2** (1963). — RUSSELL, N. H., and F. S. CROSSWHITE: Madroño **17**, 56—65 (1963). — RUSSELL, T. A.: Kew Bull. **19**, 173—196 (1965).

SAARSOO, B., och G. E. HAGLUND: Ark. Bot. **4**, 515 (1963). — SAGHIR, A. R., and L. K. MANN: Amer. J. Bot. **51**, 684 (1964). — ST. JOHN, H.: (1) Pac. Sci. **17**, 3—46 (1963); (2) 329—360 (1963); (3) 466—492 (1963); — (4) Darwiniana **12**, 639—652 (1963). — SAKAMOTO, S., and M. MURAMATSU: Canad. J. Genet. Cyt. **5**, 433—436 (1963). — SAKHAROV, V. V. et al.: Polyploidie végétal (russ.), C. R. Soc. Mosc. Nat. **5**, sér. biol., sect. génét., 375 S. (1962). — SALDANHA, C. J.: Bull. Bot. Surv. India **5**, 67—79 (1963). — SAMPSON, F. B.: Phytomorphology **13**, 403—423 (1964). — SANDER, H.: (1) Bot. Jb. **82**, 404—428 (1963); — (2) Planata Med. **11**, 303—316 (1963). — SANTAMOUR, F. S.: Morris Arb. Bull. **14**, 51—53 (1963). — SANTAPAU, H., and N. A. IRANI: Univ. Bombay Bot. Mem. **4**, VI + 118 S. (1962). — SANTIAGO, A.: Taxon **14**, 58—63 (1965). — SASTRI, R. L. N.: (1) Ann. Bot. **27**, 425—433 (1963); (2) **29**, 39—44 (1965). — SATAKE, Y., and E. ITO: Bull. Natl. Sci. Mus. **7**, 111—125 (1964). — SATÔ, D.: Sci. Pap. Coll. Gen. Univ. Tokyo **12**, 173—210 (1962). — SATTLER, R.: Z. Bot. **51**, 340—347 (1963). — SAUER, J.: Brittonia **16**, 106—108 (1964). — SCHANK, S. C., and P. F. KNOWLES: Amer. J. Bot. **51**, 1093—1102 (1964). — SCHEELE, M.: Acta Biotheoret. **14**, 61—98 (1961). — SCHISCHKIN, B. K. (ed.): Botan. Atlas, 504 S. Moskau-Leningrad 1963. — SCHMID, E.: Ber. Schweiz. Bot. Ges. **73**, 276—324 (1963). — SCHMID, R.: Bot. Jb. **83**, 1—56 (1964). — SCHMIDT, A.: (1) Österr. bot. Z. **110**, 285—293 (1963); — (2) Flora **154**, 158—162 (1964); — (3) Ber. Dtsch. Bot. Ges. **77**, 256—261 (1964); (4) **77**, (94)—(99) (1965). — SCHMIDT, V. M.: Bot. J. (Moskau) **48**, 989—1000 (1963). — SCHMIEDEKNECHT, M.: Biol. Zbl. **83**, 695—715 (1964). — SCHNEIDER, U.: Feddes Repert. **69**, 180—195 (1964). — SCHODDE, R.: Trans. Roy. Soc. S. Austr. **87**, 209—241 (1963). — SCHÖLCH, H.-F.: Ber. Dtsch. Bot. Ges. **76**, (49)—(55) (1964). — SCHOLZ, H.: (1) Ber. Dtsch. Bot. Ges. **76**, 135—146 (1963); (2) **77**, 145—160 (1964). — SCHOOLER, A. B.: J. Hered. **54**, 51—54 (1963). — SCHRATZ, E., u. F. J. SCHNELLE: Ber. Dtsch. Bot. Ges. **77**, 161 bis

177 (1964). — SCHREIBER, A.: Mitt. Bot. Staatssammlg. München **5**, 49—114 (1963). — SCHUBERT, B. G.: J. Arn. Arb. **44**, 284—297 (1963). — SCHULTZE-MOTEL, J.: Kulturpflanze **12**, 325—472 (1964). — SCHULTZE-MOTEL, W.: Willdenowia **3**, 581 (1964). — SCHULZE, G. M.: Ber. Dtsch. Bot. Ges. **76**, (74)—(79) (1964). — SCHULZE, W.: Grana Palyn. **5**, 40—79 (1964). — SCHUYLER, A. E.: (1) Amer. J. Bot. **50**, 637 (1963); — (2) Proc. Acad. Nat. Sci. Philad. **115**, 283—311 (1963). — SCHWANITZ, F.: (1) Genetica Agr. **15**, 329—350 (1962); — (2) Planta Med. **11**, 252—267 (1963). — SCHWARTING, A. E. et al.: Lloydia **26**, 258—273 (1963). — SCHWARZ, O: (1) Drudea **2**, 11—36 (1962); — (2) Feddes Repert. **67**, 16—41 (1963). — SCHWARZ, O., u. M. BÄSSLER: Österr. Bot. Z. **111**, 193—207 (1964). — SCHWARZ, O., u. L. LEPPER: Feddes Repert. **69**, 73—103 (1964). — SCHWEITZER, H.-J.: Palaeontograph. **113B**, 1—29 (1963). — SCORA, R. W.: Nature **204**, 1011—1012 (1964). — SEETHARAMAN, R.: Sci. Cult. **28**, 286—289 (1962). — SEIDENFADEN, G., and T. SMITINAND: Orchids of Thailand, a preliminary List, part I, II/1, II/2, III, IV/1, 647 S., Bangkok 1959—1963. — SELL, P. D., and F. H. WHITEHEAD: Feddes Repert. **69**, 14—24 (1964). — SEN, S. K.: Nature **202**, 1362—1363 (1964). — SENGHAS, K.-H.: Adansonia **4**, 301—314 (1964). — SETHI, B. L. et al.: Cotton in India, XIV + 474 S. Bombay 1960. — SHAH, S. S.: Heredity **19**, 736—738 (1964). — SHARMA, A. K., and A. K. CHATTERJI: Cytologia **29**, 1—12 (1964). — SHARMA, A. K., and S. MUKHOPADHYAY: (1) Caryologia **16**, 27—137 (1963); — (2) J. Genet. **58**, 358—386 (1963). — SHARMA, A. K., and A. K. SARKAR: Bot. Tidskr. **60**, 180—190 (1964). — SHARMA, A. K., and A. SHARMA: Cytologia **26**, 274—284 (1961). — SHARMA, H. P.: (1) J. Ind. Bot. Soc. **42**, 19—32 (1963); (2) **43**, 637—645 (1964). — SHETLER, S. G.: (1) Rhodora **65**, 319—337 (1963); — (2) Amer. Inst. Biol. Sci. Bull. **13**, 23—25 (1963). — SHIMIZU, T.: J. Jap. Bot. **36**, 176—180 (1961). — SHIMIZU, T., and M.-T. KAO: Taiwania **8**, 127—142 (1962). — SHIN, T.: Nature of Kagoshima **1964**, 89—94 (1964). — SHINDO, K.: Bot. Mag. Tokyo **77**, 250—361 (1964). — SHINDO, K., and H. KAMEMOTO: (1) Cytologia **27**, 402—409 (1962); (2) **28**, 68—75 (1963); (3) **29**, 390—398 (1963); — (4) Amer. J. Bot. **50**, 73—79 (1963); (5) Bull. Amer. Orchid Soc. **32**, 922—926 (1963). — SHINNERS, L. H.: (1) Sida **1**, 337—345 (1964); (2) 358—367 (1964). — SI, I.-T., u. Z.-T. TSCHAN: Acta Bot. Sin. **12**, 19—38 (1964). — SIBILIO, E.: Delpinoa N. S. **3**, 225—237 (1962). — SIBLEY, C. G.: Ibis **102**, 215—284 (1960). — SIMAK, M.: (1) Medd. Stat. Skogsforskn. Inst. **51**, 1—22 (1962); — (2) Stud. Forest. Suecica **17**, 3—15 (1964). — SIMMONDS, N. W.: (1) Proc. Linn. Soc. **173**, 111—113 (1962); — (2) J. Linn. Soc. London, Bot. **58**, 461—474 (1964); (3) **59**, 43—56 (1964). — SIMONET, M.: Rev. Cyt. Biol. Végét. **25**, 303—308 (1962). — SIMPSON, G. G.: (1) Principles of animal Taxonomy, 247 S., New York 1961; — (2) Science **144**, 712—713 (1964). — SINGH, D.: J. Ind. Bot. Soc. **42**, 448—462 (1963). — SINGH, D., and M. M. BHANDARI: Baileya **11**, 133—141 (1963). — SINGH, D. N., and M. B. E. GODWARD: Heredity **18**, 538—540 (1963). — SINOTÔ, Y.: Cytologia **27**, 306—313 (1962). — SINSKAYA, E. N.: Bot. J. (Moskau) **49**, 177—184 (1964). — SITHOLEY, R. V.: Bull. Nat. Bot. Gard. Lucknow **86**, 1—78 (1963). — SKALIŃSKA, M.: (1) Acta Biol. Cracov. Bot. **6**, 205—233 (1964); (2) **7**, 1—23 (1964); — (3) Abstr. 10th Intern. Bot. Congr. Edinburgh **1964**, 136 (1964). — SKALIŃSKA, M. et al.: Acta Soc. Bot. Polon. **33**, 45—76 (1964). — SKVARLA, J. J., and D. A. LARSON: Amer. J. Bot. **50**, 637 (1963). — SLEUMER, H.: (1) Blumea **12**, 89—144 (1963); (2) **12**, 145—171 (1963). — SMEJKAL, M.: Publ. Fac. Sci. Univ. Brno **19**, 169—193 (1963). — SMIRNOVA, E. S.: Bjull. glawn. bot. sada Moskwa **55**, 71—81 (1964). — SMITH, A. C., and E. S. AYENSU: Brittonia **16**, 220—227 (1964). — SMITH, A. J. E.: Watsonia **5**, 336—367 (1963). — SMITH, B. W.: (1) Genetics **48**, 1265—1288 (1963); — (2) Evolution **18**, 93—104 (1964). — SMITH, C. E.: Bioscience **14**, 15—16 (1964). — SMITH, C. E., and R. S. MAC NEISH: Sience **143**, 675—676 (1964). — SMITH, D. L.: Biol. Rev. **39**, 137—159 (1964). — SMITH, E. B.: Rhodora **66**, 63—66 (1964). — SMITH, E. B., and R. R. JOHNSON: Rhodora **66**, 270—272 (1964). — SMITH, G. L.: New Phytolog. **62**, 264—282, 283—300 (1963). — SMITH, H. H., and D. V. ABASHIAN: Amer. J. Bot. **50**, 435—447 (1963). — SMITH, L. B.: (1) Phytologia **8**, 497—507 (1963); (2) 507—514 (1963); (3) **9**, 242—261 (1963): (4) 262—264 (1963); — (5) Publ. Mus. Hist. Nat. „Javier Prado", Ser. B., Bot. **15**, 1—13 (1963); — (6) Phytologia **10**, 1—55 (1964); (7) 454—488 (1964). — SMITH, L. B., and R. J. DOWNS: Phytologia **10**, 422—453 (1964). — SMITH, L. B., and B. G. SCHUBERT: Publ. Mus. Hist. Nat. „Javier Prado", Ser. B., Bot. **17**, 1—11 (1963). —

Smith, R. H.: Nature **202**, 107—108 (1964). — Smith-White, S.: In: G. W. Leeper (ed.): Evolution of living Organisms, 119—135, Melbourne etc. 1962. — Snigirevskaya, N. S.: Acta Inst. Bot. Komarov. Ser. 1, **13**, 104—172 (1964). — Snogerup, S.: Bot. Not. **116**, 142—156 (1963). — Snow, R.: (1) Amer. J. Bot. **50**, 337—348 (1963); — (2) Genetica **35**, 205—235 (1964). — Snow, R., and A. Imam: Amer. J. Bot. **51**, 160—165 (1964). — Soderstrom, T. R., and H. F. Decker: Brittonia **16**, 334—339 (1964). — Soest, J. L. van: Wentia **10**, 1—91 (1963). — Sohma, K.: Sci. Rep. Tôhoku Univ. Ser. IV (Biol.) **29**, 389—392 (1963). — Sokal, R. R.: Taxon **12**, 190—199 (1963). — Sokal, R. R., and P. H. A. Sneath: Principles of numerical Taxonomy, XVI + 359 S., San Francisco and London 1963. — Sokolovskaya, A. P., and A. P. Melikian: Bot. J. (Moskau) **49**, 585—586 (1964). — Solbrig, O. T.: (1) Contr. Gray Herb. **191**, 1—79 (1962); — (2) Taxon **12**, 229—235 (1963); — (3) Amer. J. Bot. **50**, 638 (1963); — (4) Contr. Gray Herb. **193**, 67—115 (1964). — Solbrig, O. T., L. C. Anderson, D. W. Kyhos, P. H. Raven, and L. Rüdenberg: Amer. J. Bot. **51**, 513—519 (1964). — Soó, R.: (1) Acta Bot. Acad. Sci. Hung. **9**, 419—431 (1963); (2) **10**, 221—237 (1964). — Soper, J. H.: Canad. J. Bot. **42**, 1087—1100 (1964). — Sørensen, T., and H. Christiansen: Bot. Tidsskr. **59**, 311—314 (1964). — Sorsa, V.: (1) Arch. Soc. „Vanamo" **18**, 65—67 (1963); — (2) Ann. Acad. Sci. Fenn., Ser. A, IV (Biol.) **68**, 1—14 (1963). — Spoel-Walvius, M. R. van der: Acta Bot. Neerl. **12**, 525—532 (1963). — Spoel-Walvius, M. R. van der, and R. J. De Vries: Acta Bot. Neerl. **13**, 422—431 (1964). — Sprague, E. F.: Aliso **5**, 181—209 (1962). — Srivastava, L. M.: (1) Cytologia **28**, 154—169 (1963); — (2) Naturwiss. **51**, 44 (1964). — Srivastava, S. K.: Bull. bot. Soc. Bengal **14**, 5—9 (1963). — Stafleu, F. A.: Taxon **13**, 273—282 (1964). — Stahl, E.: Arch. Pharmaz. **297**, 500—511 (1964). — Stahl, E., u. H. Jork: Arch. Pharmaz. **297**, 273—281 (1964). — Stahl, E., u. G. Schmitt: Arch. Pharmaz. **297**, 385—391 (1964). — Stant, M. Y.: J. Linn. Soc. Bot. **59**, 1—42 (1964). — Stauffer, H. U.: Bot. Jb. **82**, 216—251 (1963). — Stebbins, G. L.: Plant Sci. Bull. **9** (4), **5** (1963). — Stebbins, G. L. et al.: Amer. J. Bot. **50**, 830—839 (1963). — Steele, F., and A. R. Hodgdon: Rhodora **65**, 262—270 (1963). — Steenis, C. G. G. J., van: (1) Plant Pacific Areas, vol. 1, 297 S., Manila 1963; — (2) Adv. Sci. (May) **1964**, 79—92 (1964); — (3) Blumea **12**, 353—361 (1964). — Steiner, E.: Evolution **18**, 370—378 (1964). — Stemmerik, J. F.: Blumea **12**, 275—284 (1964). — Stepa, I. S.: Arb. Bot. Inst. Akad. Wiss. Grus. SSR, Tiflis **21**, 81—126 (1961). — Stephens, S. G.: Ann. Mo. Bot. Gard. **50**, 1—22 (1964). — Sterling, C.: (1) Amer. J. Bot. **50**, 693—699 (1963); (2) **51**, 36—44 (1964); (3) 354—360 (1964); (4) 705—712 (1964). — Stern, W. L., G. K. Brizicky, and F. N. Tamolang: Contr. U. S. Natl. Herb. **34**, 25—43 (1963). — Stewart, D. R. M.: Ann. Bot. (N. S.) **28**, 565—567 (1964). — Stewart, W. N.: Phytomorphology **14**, 120—134 (1964). — Steyermark, J. A.: (1) Bol. Soc. Venez. Ci. Nat. **23**, 92—95 (1962); (2) **25**, 23—28 (1963); (3) 217—224 (1964). — Stone, B. C.: Proc. Biol. Soc. Wash. **76**, 1—8 (1963). — Stone, D. E.: (1) Brittonia **15**, 208—215 (1963); (2) **16**, 230 (1964). — Stone, D. E., J. Reich, and S. Whitfield: Pollen et Spores **6**, 379—392 (1964). — Stopp, K.: (1) Bot. Jb. **83**, 115—125 (1964); — (2) Beitr. Biol. Pfl. **38**, 179—188 (1963). — Straka, H.: (1) Grana Palyn. **4**, 355—360 (1963); — (2) Ber. Dtsch. Bot. Ges. **76**, (55)—(62) (1964); — (3) Pollen et Spores **6**, 239—288 (1964); (4) 289—300 (1964); — (5) Beitr. Biol. Pfl. **41**, 65—68 (1965); — (6) Ber. Dtsch. Bot. Ges. **77**, (31)—(39) (1965). — Strandhede, S.-O.: Bot. Not. **116**, 215—221 (1963). — Straw, R. M.: Brittonia **15**, 49—64 (1963). — Strømnaes, O., and E. D. Garber: Bot. Gaz. **124**, 363—367 (1963). — Stubbe, W.: (1) Z. Vererbungsl. **94**, 392—411 (1963); — (2) Genetica **35**, 28—33 (1964). — Stutz, H. C., and L. K. Thomas: Evolution **18**, 183—195 (1964). — Suda, Y.: (1) Sci. Rep. Tóhoku Univ., Ser. IV (Biol.) **29**, 35—44 (1963); (2) 413—430 (1963). — Summerhayes, V. S.: Kew Bull. **17**, 511—561 (1964). — Sun, S., and H. Rees: Heredity **19**, 357—367 (1964). — Sundermann, H. (Ed.): Jber. Naturwiss. Ver. Wuppertal **19**, 72 S. (1964). — Suzuki, S.: Jap. J. Bot. **18**, 289—307 (1964). — Swain, T. (Ed.): Chemical Plant Taxonomy, IX + 543 S., London, New York 1963. — Swallen, J. R.: (1) Phytologia **11**, 73—80 (1964); (2) 152—154 (1964). — Swaminathan, M. S.: J. Ind. Bot. Soc. **42A**, 276—282 (1963). — Swamy, B. G. L.: Phytomorphology **14**, 458—468 (1964). — Swamy, B. G. L., and D. Padmanabhan: J. Ind. Bot. Soc. **41**, 422—439 (1963). — Swamy, B. G. L., and K. Periasamy: Phytomorphology **14**, 319—327 (1964). — Swiet-

LIŃSKA, Z.: Acta Soc. Bot. Polon. 32, 215—279 (1963). — SYLVÉN, N.: Opera Bot. 8 (2), 1—161 (1963). — SYLVESTER-BRADLEY, P. C.: Nature 199, 126—130 (1963). — SZCZAWINSKI, A. F.: Brit. Columb. Prov. Mus. Handbook 19, 205 S. (1962). — SZUJKO-LACZA, J.: Fragm. Bot. Mus. Hist. Nat. Hung. 2, 53—72 (1962).

TAKHTAJAN, A.: Taxon 13, 160—164 (1964). — TAMURA, M.: (1) Acta Phytotax. Geobot. 20, 71—81 (1962); — (2) Sci. Rep. Coll. Gen. Educ., Osaka Univ. 11, 19—47 (1962); (3) 115—126 (1963); (4) 12, 141—156 (1963); (5) 13, 25—38 (1964). — TANAKA, R., and H. KAMEMOTO: Tabulation of chromosome numbers of orchids. Jap. Orchid Soc., 45 S. 1963. — TANDON, S. L., and G. R. RAO: Nature 201, 1348—1349 (1964). — TARNAVSCHI, I. T., et N. MITROIU in: Probleme der Biologie, Acad. Republ. Pop. Rómine 79—122 (1962). — TARNAVSCHI, I. T., et C. RĂDULESCU: Acta Bot. Hort. Bucur. 1961—1962, vol. festiv. fac. 1: 401—421 (1963). — TATEOKA, T.: (1) Bot. Mag. (Tokyo) 75, 377—382 (1962); (2) 418—427 (1962); (3) 76, 165—173 (1963); (4) 286—291 (1963); — (5) Bot. Gaz. 124, 264—270 (1963); — (6) J. Jap. Bot. 38, 208—214 (1963); (7) 353—358 (1963); — (8) Bot. Mag. Tokyo 77, 69—72 (1964); — (9) J. Jap. Bot. 39, 7—11 (1964); — (10) Amer. J. Bot. 51, 539—543 (1964). — TATEOKA, T., and J. V. PANCHO: Bot. Mag. Tokyo 76, 366—373 (1963). — TAYLOR, A. O.: New Phytolog. 63, 135—139 (1964). — TAYLOR, G. M.: Tuatara 9, 31—64 (1961). — TAYLOR, P.: Kew Bull. 18, 1—245 (1964). — TAYLOR, R. L., L. S. MARCHAND, and C. W. CROMPTON: Canad. J. Genet. Cyt. 6, 42—45 (1964). — TENNANT, J. R.: (1) Kew Bull. 16, 409—435 (1963); (2) 19, 277—284 (1965). — TERPÓ, A.: (1) Ann. Acad. Horti-Viticult. 11, 243—271 (1963); — (2) Publ. Acad. Horti-Viticult. 1 (2), 47—62 (1964). — TERRELL, E. E.: Taxon 12, 105—108 (1963). — TÉTÉNYI, P.: (1) Planta Med. 11, 287—292 (1963); — (2) Bull. Soc. Bot. Fr. 110, 177—179 (1963). — TÉTÉNYI, P., E. TYIHÁK, I. MÁTHÉ u. J. SVÁB: (1) Pharmazie 17, 463—466 (1962); (2) 19, 55—60 (1964). — TÉTÉNYI, P., u. D. VÁGUJFALVI: Herba Hung. 2, 183—199 (1963). — THEOBALD, W. L., C. S. TSENG, and M. E. MATHIAS: Brittonia 16, 296—315 (1964). — THOMAS, H.: Genetica 35, 59—74 (1964). — THOMAS, H., and M. L. JONES: Chromosoma 15, 132—139 (1964). — THOMPSON, H. J.: Madroño 17, 16—22 (1963). — THOMPSON, H. J., and W. R. ERNST: Amer. J. Bot. 50, 638 (1963). — THORNE, R. F.: Amer. Nat. 97, 287—305 (1963). — THOTHATHRI, K.: Bull. Bot. Survey India 3, 175—200, 417—423 (1962). — THUESEN, A.: Yearb. Roy. Veter. Agricult. College (Copenhagen) 1960, 47—71 (1960). — TIAGI, B.: Bot. Not. 116, 81—93 (1963). — TIMSON, J.: Watsonia 5, 386—395 (1963). — TING, W. S., C. C. TSENG, and M. E. MATHIAS: Pollen et Spores 6, 479—514 (1964). — TISCHLER, G.: Allgemeine Pflanzenkaryologie 2 (6), 1073—1227 (1963) (H. D. WULFF). — TOMLINSON, P. B.: J. Linn. Soc. (Bot.) 59, 163—173 (1965). — TORRES, A. M.: (1) Brittonia 15, 1—25 (1963); (2) 290—302 (1963); (3) 16, 417—433 (1964); — (4) Amer. J. Bot. 51, 567—573 (1964). — TORRES, A. M., and D. A. LEVIN: Amer. J. Bot. 51, 639—643 (1964). — TOVIA, T., and D. ZOHARY: Bull. Res. Counc. Israel 11D, 43—45 (1962). — TOWNSEND, C. C.: Kew Bull. 17, 427—439 (1964). — TOYOKUNI, H.: J. Fac. Sci. Hokkaido Univ., ser. V (Bot.) 7, 137—259 (1963). — TRALAU, H.: (1) Phyton (Austria) 10, 103—109 (1963); — (2) Bot. Not. 117, 119—123 (1964); — (3) Svenska Vet. akad. Handlg., Ser. 4, 10, 1—30 (1964). — TRAUB, H. P.: (1) Plant Life 18, 55—72 (1962); (2) 19, 57—62 (1963); — (3) The genera of Amaryllidaceae, 85 S., La Jolla, Calif. 1963. — TROLL, W.: Die Infloreszenzen 1, XIII + 615 S., Jena 1964. — TRONCOSO, N. S.: Darwiniana 13, 468—485 (1964). — TSCHERMAK-WOESS, E.: (1) Protoplasmatologia 5 (1), 158 S. (1963); — (2) Österr. Bot. Z. 111, 159—165 (1964). — TSENG, CH. C., and W. S. TING: Pollen et Spores 6, 125—139 (1964). — TSITSIN, N. V. (Ed.): Wide Hybridization in Plants, Moskau 1958, Übersetzung Israel Progr. scient. Transl., 364 S., Jerusalem 1962. — TSUKADA, M.: (1) Pollen et Spores 5, 239—284 (1963); (2) 6, 45—84 (1964); (3) 393—462 (1964). — TUCKER, J. M.: Amer. J. Bot. 50, 699—708 (1963). — TUCKER, S. C., and E. M. GIFFORD: Phytomorphology 14, 197—202 (1964). — TÜRPE, A. M.: Lilloa 31, 109—143 (1962). — TURNER, B. L.: Brittonia 15, 27—46 (1963). — TURNER, B. L., and D. HORNE: Brittonia 16, 316—331 (1964). — TURNER, B. L., and R. M. KING: Southw. Nat. 9, 27—39 (1964). — TURNER, B. L., and T. J. MABRY: Taxon 13, 11—14 (1964). — TURESSON, G., and B. TURESSON: Bot. Not. 116, 157—160 (1963). — TURRILL, W. B.: (1) (Ed.) Vistas in Botany 2, Oxford etc. 1963; (2) 4, Oxford etc. 1964; (3) 187—224 (1964); (4) 225—238 (1964). — TUTIN, T. G.: Bot. Not. 116,

122—126 (1963). — Tyihák, E., I. Máthé, J. Sváb u. P. Tétényi: Pharmazie **18**, 566—568 (1963). — Tyrrell-Glynn, B. A., and M. R. Levyns: Flora Africana, south african botanical books 1600—1963, 77 S., Cape Town 1963. — Tzvelev, N.: Not. Syst. Herb. Inst. Bot. Komarov. **22**, 122—134 (1963).

Ueno, J.: (1) Acta Phytotax. Geobot. **19**, 137—141 (1963); — (2) Grana Palyn. **4**, 189—194 (1963). — Uhl, C. H.: (1) Amer. J. Bot. **50**, 623 (1963); — (2) Cact. Succ. J. **35**, 80—84 (1963). — Ujhelyi, J.: Ann. Hist. Nat. Mus. Natl. Hung. **54**, 199—220 (1962). — Ulehlová, B.: Preslia **36**, 343—361 (1964). — Upadhya, M. D., and M. S. Swaminathan: Chromosoma **14**, 589—600 (1963). — Urbanska-Worytkiewicz, K.: (1) Acta Biol. Cracov., ser. Bot. **5**, 97—102 (1963); (2) 103—115 (1963).

Vakhtina, L. I.: Bot. J. (Moskau): **49**, 870—875 (1964). — Valentine, D. H.: (1) Rev. Cyt. Biol. Vég. **25**, 255—266 (1962); — (2) Arch. Soc. „Vanamo" **18**, 69—82 (1963); — (3) Webbia **18**, 47—55 (1963). — Valentine, D. H., and S. R. J. Woodell: New Phytolog. **62**, 125—143 (1963). — Vasek, F. C.: (1) Amer. J. Bot. **50**, 308—314 (1963); — (2) Evolution **18**, 26—42 (1964); (3) 213—218 (1964); — (4) Madroño **17**, 219—221 (1964). — Vasek, F. C., and J. K. Ferguson: Madroño **17**, 79—82 (1963). — Vassal, J.: Bull. Soc. Hist. Nat. Toulouse **98**, 341—371 (1963). — Vassilczenko, I. T.: (1) Bot. J. (Moskau) **49**, 487—502 (1964); (2) **50**, 313—323 (1965). — Vattimo, I. de: Arq. Jard. Bot. Rio de Janeiro **17**, 199—228 (1963). — Vaughan, J. G., J. S. Hemingway, and H. J. Schofield: J. Linn. Soc. (Bot.) **58**, 435—447 (1963). — Veillet-Bartoszewska, M.: Rev. Gén. Bot. **70**, 141—230 (1963). — Venkateswarlu, J., and V. Seshavataram: Curr. Sci. **32**, 443—45 (1963). — Verdcourt, B.: (1) Kew. Bull. **17**, 489—501 (1964); (2) **19**, 147—162 (1964); — (3) Bol. Soc. Brot. 2. Sér. **38**, 97—106 (1964). — Vicioso, C.: Inst. Forest. Invest. Exper. Madrid **35** (86), 1—134 (1964). — Vickery, J. W.: Contr. N. S. Wales Natl. Herb. **3**, 195—197 (1963). — Vickery, R. K.: Evolution **18**, 52—69 (1964). — Vickery, R. K., B. B. Mukherjee, and D. Wiens: Madroño **17**, 53—56 (1963). — Vidal, J.: Adansonia **3**, 142—166 (1963). — Vijayaraghavan, M. R.: Phytomorphology **14**, 429—441 (1964). — Virot, R., et A. Guillaumin: Adansonia **3**, 266—286 (1963). — Vishnu-Mittre: (1) J. Ind. Bot. Soc. **42**, 86—101 (1963); — (2) Phytomorphology **14**, 135—147 (1964). — Vishnu-Mittre, and H. P. Gupta: Pollen et Spores **6**, 99—111 (1964). — Vishnu-Mittre, and B. D. Sharma: Pollen et Spores **5**, 285—296 (1963). — Vishveshwara, S.: Caryologia **16**, 535—539 (1963). — Voelter, K.-H., u. W. Weber: Z. Bot. **50**, 498—516 (1962). — Vogel, St.: (1) Akad. Wiss. Liter. Abh. math.-naturwiss. Kl. **1962** (10), 599—763 (1963); — (2) Österr. Bot. Z. **110**, 308—337 (1963); — (3) Ber. Dtsch. Bot. Ges. **76**, (98)—(101) (1964); — (4) Umschau **65**, 12—17 (1965). — Volkova, E. V.: Bot. J. (Moskau) **49**, 1760—1768 (1964). — Vose, P. B., and E. L. Breese: Ann. Bot. (N. S.) **28**, 251—270 (1964). — Vvedenskij, A. I.: Bot. Mater. Herb. Bot. Inst. Akad. Wiss. Usb. SSR **16**, 15—17 (1961).

Wagenaar, E. B.: Cereal News **8**, 16—19 (1963). — Wagenitz, G.: (1) Bot. Jb. **82**, 137—215 (1963); — (2) Ber. Dtsch. Bot. Ges. **76**, (91)—(97) (1964). — Waitt, A.: Field Crop Abstr. **16**, 145—157 (1963). — Walters, S. M.: (1) Watsonia **5**, 329—335 (1963); — (2) Taxon **12**, 249—250 (1963); (3) **14**, 6—10 (1965). — Wang, F. H., and N. F. Chien: Acta Bot. Sin. **12**, 241—262 (1964). — Wann, E. V., and K. W. Johnson: Bot. Gaz. **124**, 451—455 (1963). — Want, G.: Austral. J. Bot. **11**, 152—167 (1963). — Ward, D. J.: U. S. Dept. Agr. Techn. Bull. **1276**, VI + 112 S. (1962). — Wardlaw, C. W.: Trans. Bot. Soc. Edinburgh **39**, 361—372 (1963). — Warncke, K.: Diss. Naturwiss. Fak. Univ. München, 66 S. 1964. — Watson, L.: (1) New Phytolog. **63**, 274—280 (1964); — (2) Ann. Bot. (N. S.) **28**, 311—318 (1964); — (3) J. Linn. Soc. (Bot.) **59**, 111—125 (1965). — Wcisło, H.: Acta Biol. Cracov., ser. Bot. **7**, 25—26 (1964). — Webb, A.-A., and S. Carlquist: Aliso **5**, 437—449 (1964). — Weber, C.: J. Arn. Arb. **45**, 161—205, 302—435 (1964). — Weberling, F.: (1) Bot. Jb. **82**, 119—128 (1963); — (2) Ber. Dtsch. Bot. Ges. **76**, (102)—(112) (1964). — Webster, G. L., and K. I. Miller: (1) Rhodora **65**, 193—207 (1963). — (2) Amer. J. Bot. **50**, 638 (1963). — Weihe, K. von: Beitr. Biol. Pfl. **39**, 241—262 (1963). — Weil, J., and R. W. Allard: Evolution **18**, 515—525 (1964). — Weimarck, G.: Bot. Not. **116**, 172—176 (1963). — Wein, K.: Kulturpflanze **12**, 33—74 (1964). — Weinert, E.: Wiss. Z. Univ. Halle, Math.-Nat. **12**, 676—677 (1963). — Wendelbo, P.: (1) Årbok Univ. Bergen Math.-Nat. Ser. **1963/19**, 28 S. (1963); (2) **1964/5**, 45 S.

(1964). — WERNECK, H. L.: (1) Carinthia I, **153**, 112—128 (1963); — (2) Naturkundl. Jb. Linz **1963**, 119—121 (1963). — WERNER, K.: Kulturpflanze Beih. **3**, 167—182 (1962). — WETHERELL, V. J.: Univ. Wyo. Publ. **27**, 26—79 (1962). — WHITAKER, T. W., and W. P. BEMIS: Evolution **18**, 553—559 (1964). — WHITAKER, T. W., and G. N. DAVIS: Cucurbits: Botany, Cultivation and Utilization, XII + 250 S., London, New York 1962. — WHITMORE, T. C.: New Phytolog. **62**, 161—169 (1963). — WIDDER, F. J.: Ber. Bayer. Bot. Ges. **37**, 81—97 (1964). — WIENS, D.: (1) Brittonia **16**, 11—54 (1964); — (2) Amer. J. Bot. **51**, 1—6 (1964). — WILBUR, R. L.: (1) Rhodora **65**, 158—188 (1963); (2) **66**, 87—92 (1964). — WILD, H.: Kirkia **4**, 45—73 (1964). — WILINS, D. A.: Ann. Bot. (N. S.) **27**, 533—552 (1963). — WILLAMAN, J. J., and H. L. LI: Econ. Bot. **17**, 180—185 (1963). — WILSENACH, R.: Cytologia **28**, 170—180 (1963). — WILSON, F. D.: Brittonia **15**, 303—323 (1963). — WILSON, P. G.: Trans. Roy. Soc. S. Australia **85**, 21—53 (1961). — WILSON, T. K.: Bot. Gaz. **125**, 192—197 (1964). — WINKLER, S.: (1) Österr. Bot. Z. **111**, 372—392 (1964); — (2) Bot. Jb. **83**, 331—369 (1965). — WOLKINGER, F.: Jb. Schutz Alpenpfl. u. -tiere **29**, 18 S. (1964). — WOOD, C. E., R. S. COWAN, and G. BUCHHEIM: Taxon **12**, 2—12 (1963). — WOODSON, R. E.: Evolution **18**, 143—163 (1964). — WORKMAN, P. L., and R. W. ALLARD: Heredity **19**, 181—189 (1964). — WUNDERLICH, R.: J. Ind. Bot. Soc. **42 A**, 321—330 (1963). — WURDACK, J. J.: (1) Fieldiana (Botany) **29**, 533—541 (1963); — (2) Phytologia **11**, 377—400 (1965).

XAVIER, K. S., and C. M. ROGERS: Rhodora **65**, 137—145 (1963).

YABUNO, T.: Cytologia **27**, 296—305 (1962). — YAMAZAKI, T.: (1) Sci. Rep Tôhoku Univ., Ser. IV (Biol.) **29**, 201—205 (1963); — (2) Acta Phytotax. Geobot. **19**, 164—172; **20**, 158—163 (1962—1963). — YANG, S.-J.: Genetics **50**, 745—756 (1964). — YEH, B. P., S. J. PELOQUIN, and R. W. HOUGAS: Canad. J. Genet. Cyt. **6**, 393—402 (1964). — YURTSEV, B. A.: Bot. J. (Moskau) **49**, 634—648 (1964).

ZAHARIADI, C.: Acad. Rep. Pop. Roum. Rev.Biol. **7**, 5—41 (1962). — ZAJACOVÁ, V.: Acta F. R. N. Univ. Comen. **7**, 389—422 (1963). — ZEILINGA, A. E.: Bot. Not. **117**, 262—278 (1964). — ZELTNER, L.: Bull. Soc. Neuchât. Sci. Nat. **86**, 93—100 (1963). — ŽERTOVÁ, A.: (1) Acta Hort. Bot. Prag. **1963**, 80—83 (1964); — (2) Biológia (Bratislava) **18**, 697—700 (1963); — (3) Österr. Bot. Z. **111**, 337—344 (1964). — ZHUKOVA, P. G.: Bot. J. (Moskau) **49**, 1656—1659 (1964). — ZIMMERMANN, W.: (1) Biol. Zbl. **82**, 525—568 (1963); — (2) Schr. Ver. Verbreit. naturwiss. Kenntn. Wien **1962/63**, 99—122 (1964); — (3) Ber. Dtsch. Bot. Ges. **78**, 3—12 (1965); — (4) Die Telomtheorie, IX + 236 S., Stuttgart 1965. — ZIMMERMANN, W., u. G. MIELICH-VOGEL: Kulturpflanze, Beih. **3**, 93—133 (1962). — ZOHARY, D., and M. FELDMAN: Evolution **16**, 44—61 (1962). — ZOHARY, D., and D. IMBER: Heredity **18**, 223—231 (1963). — ZOHARY, M.: (1) Bull. Res. Counc. Israel **11 D**, 210—229 (1963); — (2) Israel J. Bot. **12**, 1—26 (1963). — ZOLYOMI, B.: Acta Bot. Acad. Sci. Hung. **10**, 377—416 (1964). — ZOTOV, V. D.: New Zealand J. Bot. **1**, 78—136 (1963). — ZUCK, R. K.: Biosci. **14** (2), 13—14 (1964). — ŽUK, J.: Acta Soc. Bot. Polon. **32**, 5—67 (1963). — ŽUKOVSKIJ, P. M.: Cultivated plants and their wild relatives (Übersetzung), 107 S., Commonwealth Agr. Bur. Farnham Royal 1962.

7. Paläobotanik

Bericht über die Jahre 1963 und 1964

Von WALTER JUNG, München

Mit 5 Abbildungen

Vorbemerkung. Entsprechend der Zielsetzung der „Fortschritte der Botanik" und ganz im Sinne der Vorbemerkung zum Abschnitt Paläobotanik von HIRMER in Band 1 werden auch im diesjährigen Bericht ausschließlich botanische Ergebnisse gewürdigt. Arbeiten, in denen die Paläobotanik lediglich als Hilfswissenschaft der Stratigraphie dient, hierher gehören viele der mikropaläontologischen Veröffentlichungen, blieben unberücksichtigt. Ebenso konnten Publikationen, die keine wesentlichen Neuerkenntnisse bringen, wie schon bisher im allgemeinen keine Aufnahme finden.

Die so entstehenden Lücken in der Literaturübersicht schließen die bekannten Referatenorgane:

„Zentralblatt für Geologie und Paläontologie"
"Excerpta Botanica"
"Biological Abstracts"
"Bibliography of North American Geology" in "U.S. Geological Survey Bulletin"
"Bulletin Signalétique"
„Rapport sur la Paleobotanique dans le Monde"
„Bibliographie" — Ergänzungshefte zu "Pollen et Spores"
"Referatiwnij Shurnal".

Herr Prof. Dr. K. MÄGDEFRAU, Tübingen, hat mir die bei ihm während der letzten zwei Jahre angesammelte Literatur bereitwilligst zur Verfügung gestellt, wofür ich meinem verehrten Lehrer zu großem Dank verpflichtet bin. Allein so war es möglich, das Gesamtgebiet der Paläobotanik zu erfassen.

I. Allgemeiner Teil

Zehn Jahre nach dem Erscheinen der 1. Auflage wurde nun die 2. Auflage des „Lehrbuches der Paläobotanik" von GOTHAN u. WEYLAND der Öffentlichkeit übergeben. Nachdem in der neuen Auflage auch die Bebilderung auf einen Stand gebracht wurde, der auch strengste Maßstäbe befriedigt und wie er von einem modernen Lehrbuch erwartet werden darf, entfallen alle jene Einschränkungen, die früher (vgl. Fortschr. Bot. **17**, **256**) gemacht werden mußten. Konnte damals das Angiospermen-Kapitel schon als besonders wertvoll hervorgehoben werden, gilt dies für die zweite Auflage noch mehr. Zahlreiche photographische Wiedergaben von Früchten und Cuticularpräparaten zeigen, welche sichere systematische Grundlagen die Tertiär-Botanik bereits bekommen hat. – Das Gesamtgebiet der Paläobotanik wird auch von MORET in der 3. verbesserten und vermehrten Auflage seines „Manuel de Paléontologie Végétale" in gedrängter, taschenbuchähnlicher Form behandelt. – Die wertvollste paläobotanische Neuerscheinung in den Berichtsjahren stellt ohne Zweifel der unter der Leitung von BOUREAU erscheinende „Traité de Paléobotanique" dar. Dieser wird wohl für lange Zeit das Standardwerk auf dem Gebiete der Paläobotanik bleiben. Von dem in 9 Bänden geplanten Werk (Band 1–7 Systematik, Bd. 8 Sporologie, Bd. 9 Pflanzengeographie) ist als erster Band No. 3 „*Sphenophyta* und *Noeggerathiophyta*" erschienen. Text und Bebilderung – zahlreiche Photographien, Rekonstruktionen und Schemata – können nur als „excellent" bezeichnet werden. Die Vereinigung der beiden genannten Klassen in einem Band geschah nicht zufällig. Vielmehr werden, was nicht neu ist, die Noeggerathiophyten wegen mancher Ähnlichkeiten in der Innervierung der Blättchen und im Bau der Sporangienähren mit den Sphenophyten, speziell den *Sphenophyllales* in Beziehung gebracht, wenn auch mit Vorbehalt.

Über zwei Vorschläge für ein „natürliches System", für die in erster Linie Fossilien als Beweismaterial herangezogen wurden, ist zu berichten: Nach GREGUSS haben sich die gesamten Landpflanzen in drei parallelen Ästen entwickelt. Dabei sei der eine Ast gekennzeichnet durch monopodiale Verzweigung, der andere durch dichotome und der dritte Ast schließlich durch verticillate Aufteilung seiner Achsen. Es erstaunt zu sehen, daß auf diese Weise u. a. Characeen, Calamitaceen, Cupressaceen, Ephedraceen und Casuarinaceen miteinander näher verwandt werden. – DABER (2) wiederum geht von dem Gedanken aus, daß die einzelnen Pflanzengruppen zu verschiedenen Zeiten ganz verschieden stark systematisch differenziert waren. Daraus lasse sich folgern, daß es ein natürliches System nicht gebe, sondern nur „eine historisch bedingte Folge von einander anschließenden natürlichen Systemen". Demgemäß werden sechs zeitlich aufeinanderfolgende Systeme unterschieden, aus denen die jeweilige Entfaltung einer bestimmten Gruppe am Wert des jeweils zuerkannten Taxons (Abteilung, Klasse, Ordnung usw.) zu ersehen ist. – PANT stellt ein künstliches System für fossile Megasporen dar, in Form eines Bestimmungsschlüssels. Darin werden lediglich acht Megasporen-Typen unterschieden.

Methodik. Über die optischen Grundlagen der Phasenkontrastmikroskopie und deren Anwendung in der Paläontologie gibt BERENDT Aufschluß. Anhand von überzeugenden Tafeln ist ersichtlich, daß wenigstens bei Cuticularpräparaten das Phasenkontrast- dem normalen Hellicht-Verfahren in bestimmten Fällen überlegen ist. Dabei ist bei dünnen Kutikeln das echte Phasenkontrastverfahren, bei derberen das „Phasenmischlicht" vorzuziehen. — Erfahrungen bei der Benützung des Hollerith-Systems in der Palynologie werden von FOURNIER and NEWMAN bekannt gemacht. — Vorschläge zur rationelleren Benennung pflanzlicher Neogen-Fossilien hat STRAUS gemacht. Wie schon von verschiedener Seite früher vorgeschlagen (z. B. MÄDLER 1939), empfiehlt er in bestimmten Fällen an den Namen der rezenten Art den Zusatz „*fossilis*" anzuhängen.

II. Spezieller Teil

A. Fossile Pflanzengruppen

1. Bacteriophyta. Nicht alltäglich sind die Ergebnisse der von DOMBROWSKI (1, 2, 3) angestellten bakteriologischen Untersuchungen paläozoischer Salzlager, über welche er 1960 erstmalig publizierte. Nach den Feststellungen dieses Autors soll es gelingen, aus den praktisch porenfreien Salzablagerungen des gesamten Paläozoikums – das älteste untersuchte Lager war sogar präkambrisch – halophile bzw. halotolerante Bakterienstämme (insgesamt 18!) zu kultivieren. Als Erklärung für dieses Phänomen wird Vitalfixierung durch Wasserentzug und gleichzeitige Aussalzung des Bakterieneiweißes angesehen, infolge Austrocknens der ehemaligen Lebensräume, d. h. der paläozoischen Flachmeere. Die Bilder von Dünnschliffen durch Steinsalzkristalle, die die eingeschlossenen Bakterien sichtbar werden lassen sollen, können freilich für sich allein nicht überzeugen. Dagegen beeindruckt neben der Akribie in der Methodik vor allem die Tatsache, daß die gewonnenen Resultate von anderer Seite an anderem Material reproduziert werden konnten.

2. Cyanophyta. Während gemeinhin paläozoische Blaualgen, oder was als solche angesehen wird, keine genaueren Einzelheiten erkennen lassen, sind die von STARMACH aus dem ältesten Ordoviz Polens unter dem Namen *Schizotrichites ordoviciensis* beschriebenen Fossilien wegen ihrer vorzüglichen Erhaltung höchst bemerkenswert. Es handelt sich um unecht verzweigte Stränge, deren jeder aus 1–4 Algenfäden besteht. Umkleidet sind die Stränge von einer ziemlich mächtigen, im Leben wohl gallertigen Scheide. Diese und andere morphologischen Eigenschaften lassen eine große Ähnlichkeit mit der rezenten Gattung *Schizothrix* erkennen. Die gute, ja hervorragende Erhaltung wird sicher mit Recht dem Umstand zugeschrieben, daß die Thalli in diesem Falle verkieselt sind. – Im Gegensatz zu EISENACK (Fortschr. Bot. **23**, 108) hält ADAMCZAK ihre *Gloeocapsomorpha prisca* aus erratischen Blöcken in Polen, deren Herkunftsgebiet das Ordoviz des Baltikums ist, doch für eine Blaualge, nämlich aus der Familie der Entophysalidaceen. Daß sich die wenig resistenten Pektinmembranen über so lange Zeit erhalten haben, erklärt die Autorin mit nachträglicher Imprägnierung durch widerstandsfähigere Substanzen.

3. Thallophyta. *a) Peridineae.* Der „Katalog der fossilen Dinoflagellaten, Hystrichosphären und verwandten Mikrofossilien", herausgegeben von EISENACK (5), will versuchen, die thallophytischen Mikrofossilien, die in immer unübersehbarerer Gattungs- und Artenzahl beschrieben werden, übersichtlich zusammenzustellen. Der erste Teil (Dinoflagellaten) läßt am Gelingen des Vorhabens keine Zweifel. Ein umfangreiches Schriftenverzeichnis und ein neunseitiger Tafelteil komplettieren Band I. Da die ähnlich artenreichen fossilen Sporen und Pollen schon seit Jahren im "Catalog of Fossil Spores and Pollen" gesichtet werden, sind nach Abschluß die wichtigsten Gruppen pflanzlicher Mikrofossilien in moderner Weise katalogisiert, – In Ergänzung seiner 1961 gegebenen Übersicht (Fortschr. Bot. **25**, 141) erläutert EISENACK (4) einige seit 1961 neu hinzugekommene Gattungen, Familien und Unterordnungen und ordnet diese systematisch ein. – Der gleiche Autor (2, 3) diskutiert die stets aktuelle Frage nach der Natur, der systematischen Stellung und dem rezenten Vorhandensein der Hystrichosphären. Dabei erfährt die Deutung letzterer als Cysten von Dinoflagellaten durch EVITT (Fortschr. Bot. **25**, 141) Ablehnung. Sie werden jedoch z. T. als mögliche Ahnen bestimmter Dinoflagellaten angesehen. Die Frage nach dem rezenten Vorkommen von Hystrichosphären bleibt einstweilen unbeantwortet.

Des weiteren wird von EISENACK (1) noch über sekundäre Wandbildungen bei Hystrichosphären berichtet. — Die Frage nach dem Grade der Verwandtschaft zwischen der fossilen Dinoflagellatengattung *Deflandrea* und dem hauptsächlich rezenten Genus *Peridinium* steht im Vordergrund einer Arbeit von MANUM über vier neue *Deflandrea*-Arten aus der Kreide der Graham-Insel, Kanada. Der Autor kommt dabei zu dem Schluß, daß die ganze Gattung *Deflandrea* "represents fossil forms of *Peridinium*". Demgemäß erfolgt die Einreihung unter den *Peridiniaceae*. — Ob die Hystrichosphären auch im Süßwasser lebten, wie von CHURCHILL and SARJEANT angegeben, bedarf nach VARMA noch einer gründlichen Prüfung. — DOWNIE setzt seine Untersuchungen an altpaläozoischen Hystrichosphären aus England fort (Fortschr. Bot. **25**, 141). SCHAARSCHMIDT, WALL and DOWNIER sowie TASCH berichten über permische Hystrichosphären. Damit werden aus dieser Fossilgruppe immer mehr jungpaläozoische Formen bekannt.

b) Silicoflagellatae. Zwei Arten der Gattung *Dictyocha* aus der oberen Kreide von Wyoming und Colorado, beschrieben von KLEMENT, stellten den ersten sicheren Nachweis dieser Gattung in prätertiären Ablagerungen dar. Doch ist jenem Autor neuerdings ein älteres Vorkommen aus der Unterkreide von Wyoming bekannt geworden.

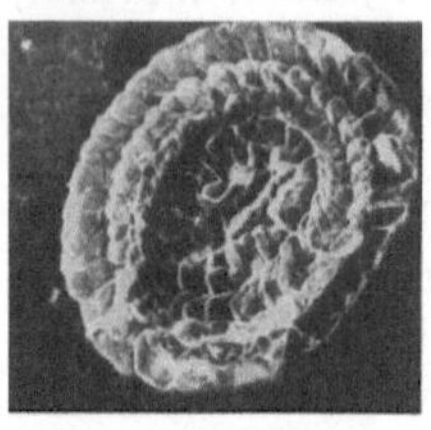

Abb. 1. Ericsonia ovalis (Coccolith). Mitteleozän. 3000/1. (Aus BLACK)

c) Coccolithineae. Bei der systematischen Erfassung der vielfältigen Formen treten mehr und mehr elektronenmikroskopische Untersuchungen an Rhabdolithen und Coccolithen in den Vordergrund. Bereits früher wurde im Rahmen dieser Berichte (Fortschr. Bot. **19**, 111) darauf hingewiesen, daß sich zu diesem Zweck mittels Anwendung des Kohlenstoff-Abdruckverfahrens Bilder von großer Plastizität erzielen lassen, wie die Aufnahmen bei BLACK von Coccolithen aus Kreide und Tertiär und die bei HAY and TOWE von Rhabdolithen aus dem Eozän neuerlich zeigen (Abb. 1). — Vollständige Coccolithophoriden-Gehäuse werden besonders häufig in der obersten Kreide gefunden. Das konnte MARTINI auch für das Dan-Vorkommen auf Fehmarn bestätigen. Die Gehäusegröße übersteigt in keinem Fall 30 μ.

d) Dasycladaceae. Nur verhältnismäßig wenige Veröffentlichungen, die sich mit Dasycladaceen beschäftigen, sind auch für den Botaniker von Interesse, weil bei dieser Algengruppe das Schwergewicht oft ausschließlich auf deren stratigraphische Verteilung gelegt wird. Stratigraphisch und paläobotanisch interessant ist ein Genus, das WOOD aus dem Untercarbon von England bekannt macht, und welches wahrscheinlich auch in Rußland vorkommt. Höchst ungewöhnlich für eine paläozoische Dasycladacee ist die streng quirlige (euspondyle) Anordnung der Seitenäste an der zylindrischen Stammzelle bei der Gattung *Nanopora*. Auf diese Weise entsteht ein radiär-symmetrischer Thallusbau, dessen einzelne Quirle in sehr gleichmäßigen und sehr engen Abständen stehen. *Nanopora* ähnelt so gewissen triassischen Gattungen, die aber wesentlich größere Ausmaße aufweisen. – Wie in jüngster Zeit HERAK (Fortschr. Bot. **25**, 142) kommt auch OTT zu dem Schluß, daß das Vorkommen von trichophoren und vesiculiferen Ästen bei *Diplopora annulata* wohl nicht Ausdruck eines Sexual-Dimorphismus ist, sondern einer Gestaltsänderung bei dem Wechsel von endosporer zu cladosporer Fortpflanzung entspreche. Da bei *Diplopora annulata* ein fließender Übergang zwischen beiden Astformen, vereinzelt an ein und demselben Individuum, vorkommt, dürfte die Ausbildung von Cysten bzw. Gameten noch nicht streng lokalisiert gewesen sein. – Eine Trennung von regelmäßig alternierenden sterilen und fertilen Quirlen tritt bereits im untersten Jura auf, wie LEBOUCHE and LEMOINE an *Cylindroporella ellenbergeri* aus dem unteren Lias Frankreichs zeigen konnten.

e) Phaeophyceae. Über etwas dubiose Fossilien, die aus dem ligurischen Flysch stammen und am ehesten zu der Braunalgengattung *Sargassum* gehören sollen, berichtet WETZEL.

f) Charophyceae. Gleichsam ein Lehrbuch der Characeenkunde stellt die Arbeit von MASLOV dar. Da alle wichtigen Arbeitsrichtungen, z. B. Morphologie, Systematik, Stratigraphie, Phylogenie behandelt werden, wird die Bearbeitung fossiler Vertreter dieser Algengruppe auch für den Nichtspezialisten möglich bzw. wesentlich erleichtert. Eine Übersicht von GRAMBAST (2) über alle fossilen und rezenten Charophytengruppen weist 53 Gattungen auf, die sich auf 10 Familien verteilen. Ein Vergleich mit der von MÄGDEFRAU zusammengestellten Tabelle (Fortschr. Bot. **17**, 261), wo nur 21 Gattungen aufgeführt sind, zeigt die Fortschritte, welche die paläobotanische Erforschung dieser gut abgegrenzten Algengruppe während der letzten 10 Jahre gemacht hat. – GRAMBAST beschreibt in der genannten und in einer jüngst erst publizierten (1) Arbeit zwei Vertreter der neuen Gattung *Septorella.* Wie bei den Clavatoraceen ist der Gyrogonit von einer zusätzlichen, aus vertikal gestreckten Zellen bestehenden und seitlich 6 Öffnungen aufweisenden Hülle umgeben. Die Arten dieser neuen Gattung stellen somit Nachzügler dar innerhalb jener ausgestorbenen, vor allem auf Unterkreide und den alleroberstem Jura beschränkten Familie.

g) Rhodophyceae. ELLIOTT berichtet über vier tertiäre Gattungen der hauptsächlich paläo- und mesozoischen Solenoporaceen. Obwohl es sich bei dem tertiären Fossilmaterial um verhältnismäßig gut erhaltene Reste handelt, konnten nur wenige und in ihrer Natur durchaus nicht eindeutige Strukturen als Fortpflanzungsorgane gedeutet werden. Anders lautende Veröffentlichungen (RAO and VARMA, vgl. Fortschr. Bot. **17**, 260) erfahren durch ELLIOTT eine zurückhaltende Beurteilung. Das Aussterben dieser Familie im Jungtertiär wird mit mangelnder innerer Differenzierung in Zusammenhang gebracht, die vor allem die Fortpflanzungsorgane betraf: Normalerweise seien wohl bei den Solenoporaceen die undifferenzierten Thalluszellen zur Bildung von Fortpflanzungskörpern befähigt gewesen. – JOHNSON verdanken wir eine monographische Bearbeitung der Gattung *Archaeolithothamnium,* die im Jura auftritt und bis in die Jetztzeit überdauert hat. Ausführliche Tabellen halten Lebensdauer und Unterscheidungsmerkmale der einzelnen Arten fest. – Die bereits früher vorgenommene Vereinigung (1) der fossilen (Kreide-Eozän)-Gattung *Pseudolithothamnium* mit der rezenten Squamariaceen-Gattung *Ethelia* erläutern nochmals (2) MASSIEUX et DENIZOT am Beispiel der eozänen Art *Ps. album.*

h) Algae incertae sedis. Der Referent verzichtet ausführlicher auf die Abhandlung von FAHLBUSCH einzugehen, weil er sich nicht entschließen kann, die Conodonten als Sporangien oder Reservestoffspeicher von Algen anzusehen. — Eine eigenartige Pflanze aus dem Ober-Devon des Rheinischen Schiefergebirges beschreibt JUX. Es handelt sich um eine wenig verzweigte, deutlich gegliederte und längsgestreifte Achse, deren obere Knoten Wirbel von fein verzweigten Anhängern tragen. Mehr basalwärts entspringen ebenfalls an den Knoten unverzweigte oder (?) wenig zerteilte Seitenachsen, die ihrerseits eine Anzahl von kugeligen Gebilden („Sporangien“ ?), in Quirlen angeordnet, tragen. Aus Art und Weise der Besiedlung durch epiphytische Serpeln läßt sich folgern, daß es sich um eine ehemals aufrecht gewachsene Pflanze des marinen Benthos handelt, die einst subaquatische Rasen gebildet haben mag. Systematisch ist eine Einstufung nicht möglich, auch wenn rein morphologisch Beziehungen zu den verschiedensten Algenklassen mit vertizillaten Vertretern, ja sogar zu den Sphenophyllen, gesehen werden können. Deshalb erfolgt eine Einreihung in die altpaläozoische Sammelgattung *Chaetocladus*, die bereits ähnliche Reste enthält (vgl. KRÄUSEL u. WEYLAND).

i) Fungi. Fossile Pilzfunde sind vor allem immer von paläobiologischem Interesse. Das gilt auch für die parasitischen Pilze, die SCHINDEWOLF auf Ammonitengehäusen beobachtet hat und für epiphylle Pilze aus dem Eozän von Nordamerika, welche letztere DILCHER den Ascomyceten (Meliolaceen und Microthyriaceen) zurechnet. — Daß Kohle sehr reich an Pilzresten ist, bestätigen auch die paläomycologischen Studien an Kohlen aus dem Carbon von Oberschlesien von BENEŠ and KRAUSSOVÁ. Außer Myzelien, Sklerotien und Sporen kommen auch Asci, Conidien und ganze Fruchtkörper vor.

4. Pteridophyta. *a) Psilophytinae.* Anhand des Beispieles der Psilophyten bejaht ZIMMERMANN entgegen anderer Ansichten noch einmal eine der grundsätzlichen phylogenetischen Fragen, ob nämlich vegetative Telome und Sporangien einander homolog sind.

b) Lycopodiinae. Beobachtungen an Gametophyten von Lepidodendraceen liegen nicht allzu viele vor. Deshalb ist eine Untersuchung erwähnenswert, die GALTIER an Megasporen von *Lepidodendron esnostense* angestellt hat. Dabei konnte zum ersten Mal ein allerdings noch ganz undifferenzierter Embryo eines Schuppenbaumes gefunden werden. Im übrigen ergaben die angefertigten Serienschnitte eine Bestätigung für die große Ähnlichkeit der Gametophyten von *Lepidodendron* mit denen von *Selaginella,* in Anordnung und Bau der Archegonien. – Acht Arten von lycopodialen Zapfen aus dem Obercarbon von Ohio bzw. Illinois sind der Gegenstand einer ausführlichen systematischen und morphologischen Darstellung durch ABBOTT. Die unisexuellen Zapfen stellt der Verfasser darin zu zwei neugeschaffenen Gattungen: Diejenigen Arten, die zahlreiche, freiwerdende Megasporen ausbilden, kommen zu *Lepidostrobopsis* und solche, die nur eine einzige, im Sporangium bleibende Megaspore besitzen, zu *Lepidocarbopsis.* – Im Oberdevon ist es über die bloße Heterosporie hinaus bereits zu einer Reduktion der Sporenzahl auf eine Spore pro Megasporangium gekommen. Dies beweisen nach CHALONER and PETTITT disperse *Cystosporites*-Sporen aus Kanada, an deren proximalem Pol die 3 abortierten Sporen jeder Tetrade ansitzen. Ob aber dergestaltige Megasporen nur bei den Lepidospermen vorgekommen sind, ist ungewiß. Um jene dispersen Sporen zu dieser Lycophytengruppe in Beziehung bringen zu können, müßten auch die Sporangienbeschaffenheit und die Frage des Vorhandenseins eines Integumentes geklärt sein.

c) Equisetinae. Alle bisher auf ihre Epidermis-Struktur untersuchten *Sphenophyllum*-Arten stimmen darin grundsätzlich überein. Das gilt, wie PANT and MEHRA feststellten, auch für die Gondwana-Form *Sphenophyllum speciosum.* So sind bei allen bisher untersuchten Arten die Epidermiszellen der Blättchen in der Regel stark gewellt und die Stomata haplocheil gebaut. Andererseits sind bei der Gondwana-Art die Blattadern öfter dichotom geteilt und enden am mehr oder weniger gewellten Blattrand, ohne Hydathoden zu bilden. Die nicht versenkten Schließzellen dieser Art sind im ganzen unregelmäßiger gebaut als die mancher euramerischer Arten. Aus den angeführten Gemeinsamkeiten, aber auch aus der Gestalt der Einzelbättchen kann gefolgert werden, daß *Sph. speciosum* tatsächlich zu dieser mehr im Norden verbreitet gewesenen Gattung gehört, obgleich in diesem Falle der Fund von fruktifizierenden Exemplaren noch aussteht. – Die Gruppe der fossilen Artikulaten ist reich an sonderbaren Fruktifikationsformen. Einen weiteren ungewöhnlichen Typ hat nun LEISMAN in oberkarbonen coal-balls aus den USA gefunden und an Serienschliffen untersucht. Ausgezeichnet ist dieses *Mesidiophyton paulus* durch den Besitz von Eigentümlichkeiten, die teils für Calamiten, teils für Sphenophyllen charakteristisch sind. Calamitenähnlich sind die in Quirlen stehenden nadelförmigen Blätter, deren und der Brakteen von Quirl zu Quirl alternierende Anordnung und ihre dabei wechselnde Anzahl pro Wirtel. Für eine Verwandtschaft mit den Sphenophyllen sprechen dagegen die dreieckige exarche Protostele, die welligen Epidermiszellen auf Blättern und Brakteen und vor allem der Umstand, daß die Sporangien nicht direkt an der Ährenachse, sondern kurz gestielt auf der Oberseite der Brakteen stehen. In erster Linie deshalb erfolgt eine Eingliederung der neuen Gattung unter die *Sphenophyllales*. Eine Reihe weiterer Eigentümlichkeiten (basale Verwachsung der Brakteen, die in jedem Quirl mit den dazugehörigen Sporangien auf Lücke stehen, Fehlen eines Sekundärxylems, tiefe Furchung der internodialen Oberfläche, dichotome Verzweigung) vervollständigen das Bild dieser eigenartigen, krautigen Pflanze (Abb. 2). Morphogenetisch von großer Wichtigkeit ist die bereits erwähnte Eigenschaft, daß die ebenfalls in der Zahl pro Quirl nicht konstanten Sporangien mit den Deckblättern alternieren und so an der Nahtstelle von je zwei nebeneinander sitzenden Brakteen angewachsen sind. Dies scheint gegen die von HIRMER angenommene morphologische Einheit von Deckblatt und Sporangiophor zu sprechen. Kleinere Exemplare von *Asterophyllites charaeformis* könnten als im Abdruck erhaltene Sprosse zu der neuen Gattung gehören. – Wie einer Mitteilung von CHAPHEKAR (1) zu entnehmen ist, hat sich anläßlich des Fundes einer neuen Calamitenblüte vom Typ *Protocalamostachys* (Fortschr. Bot. **14**, 116) im Unterkarbon von Schottland der Tatbestand ergeben, daß zwei verschiedene *Protocalamostachys*-Arten höchstwahrscheinlich zu demselben strukturbietenden Stammtyp, *Archaeocalamites goepperti* gehören. – Nachdem bekanntermaßen sowohl unter den bärlappartigen als auch unter den farnartigen Pflanzen im Paläozoicum Vertreter mit Samen oder samenähnlichen Gebilden vorkamen, ist ähnliches neuerdings durch BAXTER für die Articulaten sicher nachgewiesen. Bei *Calamocarpon insignis* aus dem nordamerikanischen Obercarbon reift wie bei *Lepidocarpon*

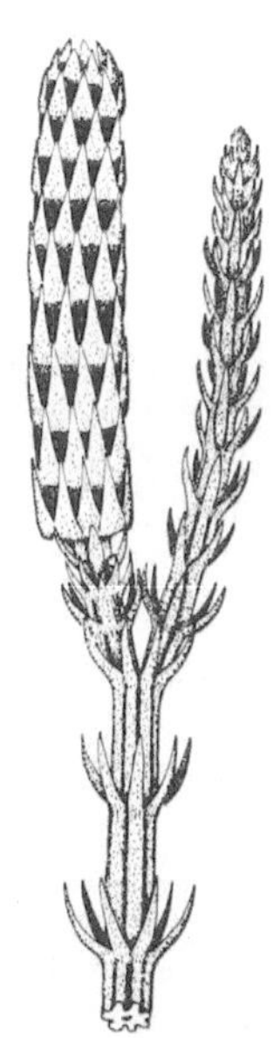

Abb. 2. Mesidiophyton paulus. Rekonstruktion. (Aus LEISMAN)

im Megasporangium nur mehr eine Spore aus. Es fehlt jedoch eine mit dem Integument vergleichbare Bildung. Sporangium und Spore bilden eine maximal 3,0 × 0,9 mm große Verbreitungseinheit, die bei der Reife abfällt (Abb. 3). Morphologisch erinnern die Sporangienähren, besonders die mit Mikrosporangien ansonsten an den *Calamostachys*-Typ, von dem sich *Calamocarpon* aber anatomisch einwandfrei unterscheiden läßt. Allerdings sind die etwa 12 linealen Brakteen bei *Calamocarpon* nicht zu einer becherförmigen Hülle verwachsen gewesen. Im Abdruck erhaltene Individuen sind bisher wahrscheinlich verkannt und unter anderem Namen beschrieben worden.

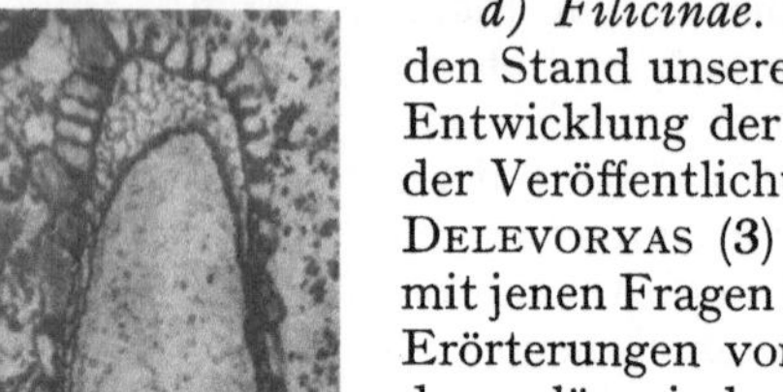

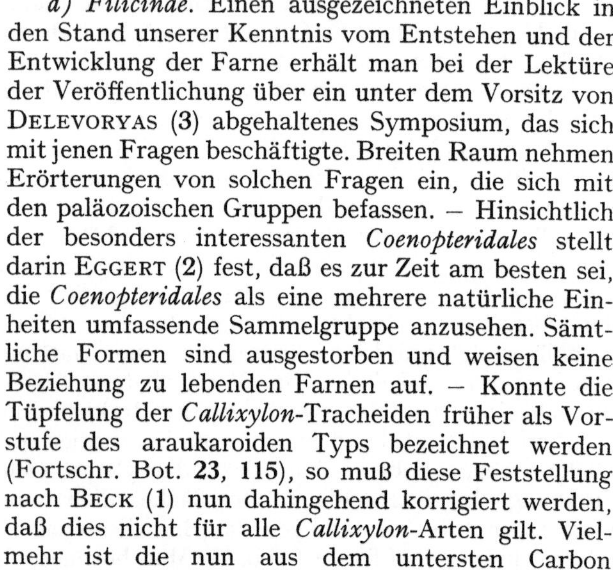

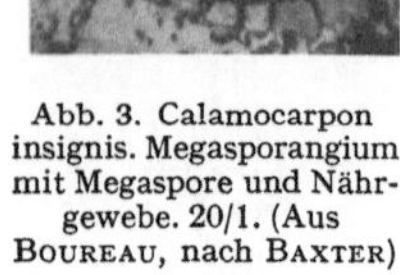

Abb. 3. Calamocarpon insignis. Megasporangium mit Megaspore und Nährgewebe. 20/1. (Aus Boureau, nach Baxter)

d) Filicinae. Einen ausgezeichneten Einblick in den Stand unserer Kenntnis vom Entstehen und der Entwicklung der Farne erhält man bei der Lektüre der Veröffentlichung über ein unter dem Vorsitz von Delevoryas (3) abgehaltenes Symposium, das sich mit jenen Fragen beschäftigte. Breiten Raum nehmen Erörterungen von solchen Fragen ein, die sich mit den paläozoischen Gruppen befassen. – Hinsichtlich der besonders interessanten *Coenopteridales* stellt darin Eggert (2) fest, daß es zur Zeit am besten sei, die *Coenopteridales* als eine mehrere natürliche Einheiten umfassende Sammelgruppe anzusehen. Sämtliche Formen sind ausgestorben und weisen keine Beziehung zu lebenden Farnen auf. – Konnte die Tüpfelung der *Callixylon*-Tracheiden früher als Vorstufe des araukaroiden Typs bezeichnet werden (Fortschr. Bot. **23**, **115**), so muß diese Feststellung nach Beck (1) nun dahingehend korrigiert werden, daß dies nicht für alle *Callixylon*-Arten gilt. Vielmehr ist die nun aus dem untersten Carbon bekannt gewordene Art *C. arnoldii* durchaus abietoid getüpfelt: Die kreisrunden, in Gruppen angeordneten Tüpfel sind nur ausnahmsweise mehrreihig, in der Regel aber einreihig. Auf zwei Punkte macht der Entdecker besonders aufmerksam: Die stratigraphisch oberste *Callixylon*-Art hat tatsächlich den modernsten Holzbau und die früher geäußerte Ansicht (Fortschr. Bot. **25**, **145**), hat sich weiter bestätigt, daß *Archaeopteris* kein Farn, sondern eine primitive Gymnosperme sei. Eine Verwandtschaft mit den Cordaiten wird daher für möglich gehalten. – Ebenfalls durch Gymnospermen-Charakter zeichnet sich ein Stamm aus, den Beck (2) im Ober-Devon der USA fand. Was diesen Fund paläobotanisch interessant macht, ist das, daß an dem Stamm eine *Psygmophyllum*-Beblätterung ansaß. Bisher war diese Art von Laub in ihrer systematischen Zugehörigkeit noch völlig unklar gewesen (Fortschr. Bot. **14**, 109–110). Die Stammanatomie erinnert etwas an *Calamopitys*, die die Beblätterung jedoch an *Cordaites*. Von weiteren diesbezüglichen Funden und Untersuchungen darf man sich Klärung mancher Frage erwarten, vor allem die, wie die systematischen Beziehungen zu *Archaeopteris* bzw. *Callixylon* sind.

Bisher wurde für *Stauropteris oldhamia* ein pinnater Verzweigungsmodus angenommen, der besonders in den Verzweigungen höherer Ordnung zum Ausdruck gekommen sein sollte. Nun konnte CHAPHEKAR (2) nachweisen, daß die bisherigen Rekonstruktionen dieser Coenopteridalen bezüglich der Darstellung der Achsen 5. und 6. Ordnung falsch sind (Abb. 4). Die Zweige 5. Ordnung sind gleichsam trichotom geteilt. Der mittlere Ast setzte die Achse 5. Ordnung fort und läuft als dünner Trieb aus. Die bei der trichotomen Aufteilung entstandenen Seitenäste stellen die Achsen 6. Ordnung dar, die sich sofort noch einmal gabeln. Diese Gabeläste stellen wahrscheinlich die feinsten Endtriebe des gesamten

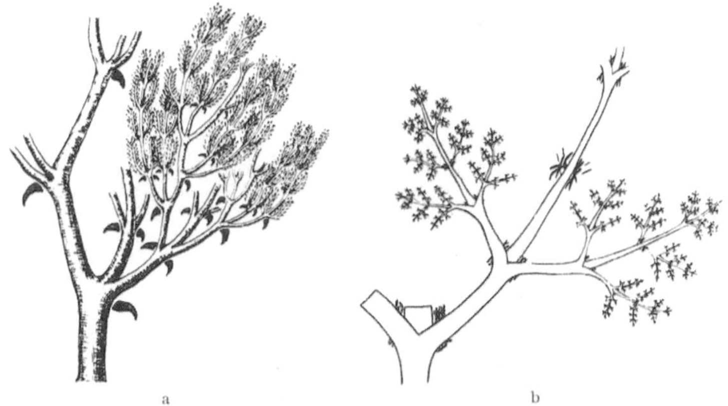

Abb. 4 a u. b. (a) Stauropteris oldhamia. Frühere Rekonstruktion des Wedelaufbaues. (Aus DARRAH, nach HIRMER). (b) Stauropteris oldhamia. Jetzige Rekonstruktion. (Aus CHAPHEKAR)

Zweigsystems dar. Eine bemerkenswerte Deutung erfahren auch die an den Achsen Nr. 1–4 sitzenden dornartigen Aphlebien. Sie werden als ein- bis fünffach dichotom geteilte Achsensysteme erkannt, deren Einzelglieder extrem stark verkürzt sind. Der Autor folgert aus diesem Befund, daß an jeder Verzweigungsstelle der dickeren Achsen nicht zwei, sondern in Wirklichkeit, durch Dichotomie entstanden, vier Äste, d. h. zwei Gabelpaare entspringen. In jedem Paar verkümmere ein Ast zu einer Aphlebie, während der andere zur Achse nächsthöherer Ordnung werde.

Die von BAXTER (Fortschr. Bot. **14**, 118) entdeckte *Ankyropteris glabra* ist von den drei *Ankyropteris*-Arten, deren Belaubung man kennt, die modernste Form. Das geht aus einer von EGGERT (1) gegebenen Rekonstruktion hervor: Diese Art besitzt ein Megaphyll, das in der zweizeiligen Anordnung der Fiedern erster und zweiter Ordnung, in der Ausbildung einer Lamina und deren adaxialer Stellung an den Fiedern zweiter Ordnung sehr stark an die zweidimensionalen Wedel rezenter Farne erinnert. Anatomie und das Vorhandensein von vierteiligen Aphlebien stellen diese Art jedoch zu den Zygopteridaceen-Formen, die noch „Raumblätter" besitzen. — Ebenfalls aus dem nordamerikanischen Obercarbon erwähnen ANDREWS and AGASHE eine Anhäufung von mehr als 2000 Stücken eines zylindrischen Sporangiums, welches einstweilen nicht einordbar ist, obwohl die darin eingeschlossenen Sporen sehr charakteristisch sind. — Hervorragend erhaltene verkieselte Reste eines Farnes aus dem Alttertiär von Oregon konnten ARNOLD and DAUGHERTY auf die Mangroven bevorzugende Gattung *Acrostichum* beziehen. Die Fossilien ähneln stark den beiden rezenten Arten *A. aureum* und *A. danaefolium*.

5. Gymnospermae. *a) Pteridospermales.* Die aufsehenerregenden Entdeckungen von LONG (Fortschr. Bot. **25**, **148**) im Unterkarbon von Schottland – sie wurden als eine der bedeutsamsten paläobotanischen Entdeckungen der letzten Jahrzehnte apostrophiert – erfuhren nun durch ANDREWS sowie CAMP und HUBBARD eine eingehende Würdigung hinsichtlich ihrer Bedeutung für Morphogenie und Phylogenie der Samenpflanzen, speziell der Samenfarne. Zumindestens für letztere kann als bewiesen gelten, daß Integument und Cupula aus der Verwachsung von

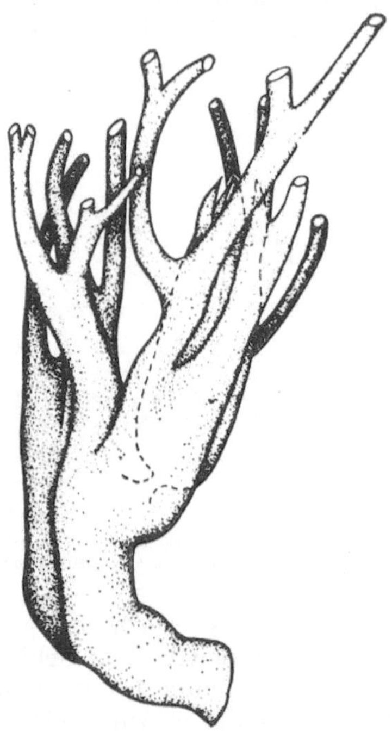

Abb. 5. Eurystoma angulare. Einzelne Samenanlage, eingehüllt von den Kupula-Ästen. (Aus ANDREWS, nach LONG)

sterilen Megaphyllabschnitten hervorgegangen sind. An der Bildung des Integumentes scheinen dabei weniger zahlreiche vegetative Telome beteiligt gewesen zu sein als bei der Herausbildung der Cupulae, die ihrerseits mit den Fruchtblättern der Angiospermen homolog sein könnten. Für Integument und Cupula lassen sich innerhalb der Pteridospermen morphogenetische Stufenreihen aufstellen, die von *Genomosperma kidstoni* (acht länglich-lineale, völlig getrennte Integumental-Abschnitte) bis *Stamnostoma huttonense* (einheitliches Integument) reichen, bzw. von *Eurystoma angulare* (Abb.5). (Cupula stellt ein dichotom geteiltes Telomsystem dar) bis Calathospermum scoticum (Cupula umschließt becherförmig bis zu 70 Samen, Fortschr. Bot. **14**, **125**).

Auf eine morphologische Reihe innerhalb der Samengattung *Stephanospermum* machen LEISMAN and ROTH aufmerksam. Die Entwicklungsreihe dieser Gattung, die *Pachytesta* nahesteht, ist gekennzeichnet durch eine Verringerung der Gesamtgröße, Verkleinerung der Skulptur, Verkürzung des Mikropylar-Fortsatzes und durch das Verschwinden von Kanten und Dehiszensmarke. — Ein isoliertes, wahrscheinlich zu medullosoiden Pteridospermen gehöriges Mikrosporangium, *Schopfitheca*, beschreibt DELEVORYAS (2) aus dem Obercarbon von Illinois. Es enthält monolete Sporen beträchtlicher Größe (420—480 μ). — An einem kleinen Samen der Gattung *Conostoma*, ebenfalls aus dem Obercarbon, haben TAYLOR and LEISMAN eine einzigartige Skulptur bemerkt. Sie besteht aus gürtelförmig den Samen umschlingenden Sklerenchymbändern. — Eine neue *Gangamopteris*-Fruktifikation — es ist der siebte Typ aus der Gruppe der *Glossopterides* — konnte PLUMSTEAD (1) in Südafrika ausfindig machen. Abgesehen davon, daß nicht bekannt ist, ob es sich dabei um ein männliches oder weibliches Organ handelt, ist das beigegebene Schemabild unklar, so daß dieser zweite *Gangamopteris*-Fruktifikationstyp „*Vannus*" als ganz ungenügend bekannt angesehen werden muß. — Der Cuticular-Struktur von *Palaeovittaria raniganjensis* widmeten PANT and VERMA (3) eine genauere Untersuchung. Der *Cuticularbau* schließt sich eng an den von *Noeggerathiopsis* an (amphistomatische Spaltöffnungsapparate, gerade, nicht gewellte Wände der Epidermiszellen, Längsorientierung der Stomata). Aber es bestehen doch auch wichtige Unterschiede. Die Ähnlichkeit zu *Noeggerathiopsis* und *Cordaites* ist zudem bei einer anderen Art derselben Gattung *Palaeovittaria* weit geringer. — Nach den Feststellungen der gleichen Autoren (1) ist die Gondwana-Gattung *Rhabdotaenia* wegen ihrer Cuticularstruktur ebenfalls in die Verwandtschaft von *Glossopteris, Gangamopteris* und *Palaeovittaria* zu stellen. — DABER stellt klar, daß die erst im Obercarbon erscheinenden paripinnaten Gattungen *Paripteris* und *Linopteris* trotz ihres späten Erscheinens als morphophylogenetisch weniger entwickelt betrachtet werden dürfen. Sie stellen eine Sondergruppe unter den Neuropteriden dar, die durch eine „Wiederbelebung einer bestimmten Anzahl von Atavismen" gekennzeichnet ist. So könne unter anderem in der Ausbildung von Zwischenfiedern und in der Andeutung einer Flexuosität der Wedelachsen ein Anklingen an den ehemals stattgefundenen Evolutionsprozeß der Übergipfelung gesehen werden. In gleicher Richtung weise ein Vergleich der männlichen Fruktifikationen.

b) Cycadales. Eine neue eigenartige Gattung, *Pteronilssonia*, aus der indischen Gondwanaformation haben PANT and MEHRA (2) ausfindig gemacht. Wie bereits in der Gattungsbezeichnung zum Ausdruck gebracht sein soll, ähnelt jener Blattyp äußerlich *Pterophyllum*. Die Stomata sind jedoch nicht syndetocheil, sondern haplocheil gebaut wie bei *Nilssonia*. Von letzter Gattung aber trennt *Pteronilssonia* der Besitz einer gegabelten Rhachis.

c) Bennettitales. Die in allen Lehrbüchern übernommene Wielandsche Rekonstruktion einer *Cycadeoidea*-Blüte (vgl. GOTHAN-WEYLAND, 2. Aufl. S. 327) bedarf nach DELEVORYAS (1) einer Korrektur, die das Bild grundsätzlich verändert. Darnach muß man annehmen, daß die *Cycadeoidea*-Blüten kein derartig angiospermenähnliches Aussehen hatten, mit ausgebreiteten Hüll- und „Staubblättern". Abgesehen davon, daß nirgendwo eine derartig entfaltete Blüte fossil gefunden werden konnte, gewiß erstaunlich bei der großen Anzahl von *Cycadeoidea*-Resten, sprechen nach DELEVORYAS auch neue morphologische und anatomische Befunde gegen die frühere Anschauung. Sie betreffen in erster Linie die Mikrosporophylle. Diese stellten höchstwahrscheinlich keine Farnwedel „en miniature" dar, sondern sind zu einem ziemlich kompakten „zusammengesetzten Synangium" ("compound synangium") verwachsen. Es besteht aus einem unteren fertilen und einem oberen sterilen Abschnitt. Letzterer überwölbt kappenartig das kegelförmige Gynäceum. Ersterer birgt in seinem Inneren Hunderte von Synangien. Diese liegen in 20—30 Reihen übereinander, getrennt voneinander durch Trabeculae. Diese sterilen Gewebestränge, welche Innen- und Außenseite des ganzen Synangiums verbinden, hat WIELAND seinerzeit für Fiedern eingerollter Mikrosporophyll-Wedel gehalten. Nach DELEVORYAS sollen die Mikrosporen so frei geworden sein, daß das ganze synangiale Gebilde abriß, schließlich abfiel und erst beim Eintrocknen die Pollenkörner frei gab. Weiter weist er darauf hin, daß die männlichen Blütenteile von *Cycadeoidea* den Mikrosporangienständen gewisser paläozoischer Samenfarne in ihrem Aufbau auf diese Weise sehr ähnlich werden.

d) Cordaitales. Einen anatomisch wie biologisch gleichermaßen interessanten Typ von *Cordaites*-Wurzeln hat CRIDLAND beobachtet. Es handelt sich bei *Amyelon iowense* um Stelzwurzeln, wie sie Mangrovepflanzen heutzutage besitzen. Im Innern wird das bei jungen Wurzeln zunächst als tetrarche Protostele ausgebildete Leitbündelsystem im Verlaufe des Wachstums zu einer tetrarchen Siphonostele. Das Phloem zeigt deutlich zwei Zonen, einen inneren Teil, der wohl normale Siebteilfunktion gehabt haben dürfte und einen äußeren Teil, der als Aerenchym entwickelt war. Nach außen an diese Zone anschließend folgt wiederum ein Aerenchym, das jedoch das Phelloderm darstellt. Peripher abgeschlossen wird das Gewebe im Alter durch das anschließende Periderm, nachdem primäre Rinde und Epidermis abgestoßen worden sind. Die Seitenwurzeln entsprangen in Büscheln an mit Kork bedeckten Erhebungen. An ihrer Abgangsstelle saßen paarweise Lentizellen. – Um auch inkohlte Cordaitenblätter spezifisch bestimmen zu können, hat BARTHEL (1, 2, 3) fünf Cordaiten auf ihre Cuticulareigenschaften hin untersucht und die Epidermismerkmale aller bisher bearbeiteten inkohlten Cordaiten tabellarisch zusammengestellt. Darnach scheint es, daß sich *Cordaites principalis* in mehrere Arten aufspalten läßt, die bisher alle unter einem Namen vereinigt waren. – Die Frage, ob die auffallende Ähnlichkeit in Gestalt und Nervatur zwischen *Cordaites* und *Noeggerathiopsis* auch in der Cuticularstruktur zum Ausdruck kommt, haben PANT and VERMA (2) zum Gegenstand einer vergleichenden Untersuchung gemacht. Sie kamen zu dem Ergebnis, beide Gattungen müßten sehr eng verwandt sein. Das Vorhandensein geringfügiger Unterschiede im Cuticularbau, das Fehlen von *Cordaianthus*-Blüten in den Gondwana-Ablagerungen und die großen Lücken in der Kenntnis von der Anatomie des Genus *Noeggerathiopsis* ließen es aber den Autoren geraten erscheinen, einstweilen eine eigene Gattung noch beizubehalten.

e) Coniferales. Unser gesamtes derzeitiges Wissen über die erdgeschichtliche Entwicklung und die geographische Verbreitung der fossilen und rezenten Coniferengruppen (incl. *Taxales*) hat FLORIN (2) nach Art einer Monographie zusammengefaßt. Zahlreiche Verbreitungskarten und ein Literaturverzeichnis von über 1200 Titeln bereichern das Werk. – In Fortführung seiner früheren Untersuchungen (Fortschr. Bot. **23**, 117) hat SCHWEITZER den weiblichen Zapfen von *Pseudovoltzia liebeana*, vor allem hinsichtlich seiner Bedeutung für die Phylogenie der Coniferen, untersucht. Nach diesem Autor läßt das teils strukturbietend, teils inkohlt erhaltene Material aus dem niederrheinischen Zechstein zwar erkennen, daß der weibliche Zapfen von *Pseudovoltzia* tatsächlich ein Blütenstand ist, wie FLORIN seinerzeit feststellte (Fortschr. Bot. **10**, **96–108** und **14**, **132–134**), läßt aber keine sichere Entscheidung zu, ob, wie FLORIN glaubt, die Samenanlagen bei den Coniferen sich terminal an eigenen, ursprünglich freien, stielartigen Megasporophyllen befinden, oder ob bestimmte Blätter des Samenschuppenkomplexes solche Sporophylle darstellen, welche Meinung bereits WALTON vertrat. Im ersten Falle könnten die Cordaiten und Lebachien als gemeinsame Stammgruppe für sämtliche Coniferen betrachtet werden, im zweiten Falle wäre *Pseudovoltzia* das erste faßbare Glied einer Kette, die ihren Ursprung nicht bei den erwähnten Coniferen-Gruppen, sondern vielleicht bei den Lycophyten haben könnte und mit Ausnahme von *Cephalotaxus* alle rezenten Coniferen umfassen würde. – Vom berühmten triassischen „versteinerten Wald" in Arizona stammen Baumwurzeln, die DAUGHERTY einer anatomischen Betrachtung unterzog. Die Wurzeln, welche teilweise noch eine Kalyptra tragen, ähneln holzanatomisch sehr stark solchen rezenter Araukariaceen. Es ist mehr als wahrscheinlich, daß sie zu den als *Araucarioxylon arizonicum* bezeichneten Stämmen gehören. – Eine sichere Bestimmungsgrundlage für den Bearbeiter tertiärer Floren hat SVESHNIKOVA gegeben, indem sie die lebenden und fossilen Vertreter der Sciadopityaceen und Taxodiaceen nach ihren Epidermis-Strukturen schlüsselte, wobei sie die deskribtive Terminologie von FLORIN (1) benützte. – Das für die Paläobotanik wichtigste Ergebnis der systematischen Revision der Gattung *Sequoia* durch SCHWARZ u. WEIDE ist dieses, daß den drei lebenden Arten ebenfalls nur drei fossile gegenüber stehen: *S. reichenbachii*, *S. langsdorfii*, und *S. occidentalis*. Die Gattung *Metasequoia* ist damit aufgelöst. Leider haben viele der aufgeführten Merkmale für den Paläobotaniker nur wenig Wert, andererseits wurden solche, die auch das Fossil noch zeigt, nach Ansicht des Referenten nicht genügend herausgestellt. – Den in bestimmten spättriassischen und jurassischen Ablagerungen häufigen Pollentyp *Classopollis*, der z. T. mit Sicherheit zu der interessanten Conifere *Cheirolepis münsteri* gehört, haben BETTITT and CHALONER elektronenmikroskopisch untersucht und dabei festgestellt, daß *Classopollis* in der Kompliziertheit der Wandstruktur sämtliche rezente Angiospermen-Pollenkörner übertrifft.

6. Angiospermae. In Fortführung seiner früheren Arbeiten (Fortschr. Bot. **25**, **150**) hat LEPPIK die Evolution der typischen „Blumenblüte" anhand des Fossilmaterials untersucht. Er kommt dabei zu dem Schluß, daß die Bennettiteen in der Tat als Ausgangspunkt für die gesamte Blütenevolution anzusehen sind. – Sehr interessant sind die Funde von Angiospermensamen – der Referent möchte hinzusetzen, bzw. -früchte –, die KNOBLOCH (**1, 2**) in der südböhmischen Oberkreide gemacht hat. Zunächst ist ihre geringe Größe auffallend (0,1–1,2 mm). Sodann ist bemerkenswert, daß es noch nicht gelang, sie mit einer der bekannten Angiospermengruppen in Verbindung zu bringen. Der Autor denkt an ausgestorbene Gattungen und wegen der Kleinheit an krautartige Dikotyledonen. Als dritter Punkt muß hervorgehoben werden, daß derartige Mikrosamen anscheinend weit verbreitet sind. Sie liegen bis jetzt vor aus der Kreide von Aachen, Quedlinburg, Südböhmen und schließlich besitzt die Bayerische Staatssammlung für Paläontologie in München gleichartige Fossilien aus der alpinen Gosaukreide. – Die systematische Stellung eines bisweilen in tertiären Ablagerungen massenhaft vorkommenden Fruchtfossils, *Carbolithes rosenkjaeri*, konnte SZAFER klären. Nach ihm waren unter dieser Bezeichnung mehrere ausgestorbene Arten einer ebenfalls ausgestorbenen Unterfamilie der Onagraceen, nämlich der *Parajussieueae*, verborgen. Diese Unterfamilie nimmt nach SZAFERs Ansicht eine Mittelstellung zwischen Onagraceen und Halorrhagidaceen ein. – Auf die Möglichkeit, daß nicht alle *Palmoxyla* tatsächlich von Palmen zu stammen brauchen, sondern irgend einer anderen baumförmigen Monokotylengattung angehören können, machen WEYLAND u. KILPPER aufmerksam. Die Untersuchung eines Stammrestes mit *Palmoxylon*-Struktur aus der niederrheinischen Braunkohle, der nicht nur mit vollständigem Querschnitt, sondern auch noch mit ansitzenden Blattbasen erhalten war, erbrachte jedenfalls den Beweis, daß keine Palme, vielmehr eine einstweilen unbekannte Monokotyledone vorliegen muß. Am ähnlichsten gebaut sind die Stämme aus der Verwandtschaft von *Dracaena*.

Auch die nur im Abdruck vorliegenden Blattfossilien haben, wenn es um das Problem der Artabgrenzung geht, ihren Wert. Dies zeigt deutlich die mit großer Sorgfalt durchgeführte Revision der von HEER in seiner „Flora tertiaria Helvetiae" aufgeführten *Acer*- und *Quercus*-Arten durch HANTKE. Es ist zu hoffen, daß noch viele weitere Gattungen dieser klassischen Obermiozänflora, etwa *Ulmus* oder *Juglans*, eine derartige Neubearbeitung erfahren. – Ein Bild unserer gegenwärtigen Kenntnisstandes von der Entstehung des Bernsteins verdanken wir LANGENHEIM. Sie weist darauf hin, daß der Bernstein, der in den verschiedensten Teilen der Welt aus Ablagerungen unterschiedlichen Alters geborgen wird, von einer größeren Anzahl von Pflanzen stammen dürfte, als man gemeinhin annimmt. Außer gewissen Pinaceen, von denen manche Vertreter ja oft als die Bernsteinbäume par excellence hingestellt werden, haben sich nach LANGENHEIM auch verschiedene Vertreter der Araukariaceen, Taxodiaceen, Hamamelidaceen, Leguminosen, Dipterocarpaceen und Anacardiaceen, deren rezente Vergleichsarten auch heute noch reichlich Sekrete absondern, maßgeblich an der Bernsteinbildung beteiligt.

B. Ökologie, Geographie und Soziologie

Am Beispiel der südafrikanischen *Glossopteris*-Flora erläutert PLUMSTEAD (2) die Auswirkungen, die eine plötzlich einsetzende Entwicklung im Pflanzenreich für die Evolution des tierischen Lebens haben kann. Die relativ großlaubigen Blätter und die beeren- oder nußartigen Früchte jener Pflanzengruppe hätten in Zusammenwirkung mit der durch sie gestalteten Umwelt die reiche Entwicklung einer pflanzenfressenden Tierwelt, vor allem der Insekten und der berühmten Karroo-Reptilien, verursacht. – Mindestens seit HABERLANDT ist allgemein bekannt, daß aus der Anatomie einer Pflanze bis zu einem gewissen Grade auf ihre ökologischen Eigenheiten geschlossen werden kann. Welche Hilfe die Kenntnis dieses Phänomens für den Paläobotaniker sein kann, der die Kutikeln tertiärer Blattfossilien studiert, stellt RÜFFLE in einem zusammenfassenden Aufsatz anhand von Beispielen heraus. – Das Trockenelement in der mitteleuropäischen Tertiärflora hat ANDREÁNSZKY (1, 2) zum Gegenstand zweier Betrachtungen gemacht. Nach ihm hat im Alttertiär wie im Jungtertiär die Entwicklung des Trockenelementes von nordatlantischen Gebieten (Spanien und Marokko) ihren Ausgang genommen. Während aber das Trockenelement des ausgehenden Tertiärs vor allem Arten umfaßt, deren Verwandte heute im Bereich der Mediterraneis leben (vor allem gewisse Eichen und Ahorn-Arten) sind die Angehörigen des alttertiären Trockenelementes (vor allem *Eukalyptus*-Arten) in der Jetztzeit oft auf abgelegene Zufluchtsgebiete, häufig der Südhalbkugel (Kapgebiet, Australien), beschränkt.

AXELROD, dessen Hypothese über Ort und Zeit der Entstehung der Angiospermen in der Fachwelt allgemeines Aufsehen erregt hat (Fortschr. Bot. **15**, 97; **23**, 118 und **25**, 149), hat einen interessanten Diskussionsbeitrag zur Frage der Kontinentalverschiebung geliefert. Seiner Meinung nach gibt es keinen paläobotanischen Beweis, daß die Kontinente seit dem Carbon über 60–70 Breitengrade verschoben wurden. Vor allem die mindestens seit dem Carbon bemerkbare Symmetrie in der Ausbildung der Pflanzengürtel von Nord- und Südhalbkugel widerspreche einer derartig großräumigen Verschiebung. Daneben werden auch anatomische und pflanzenphysiologische Bedenken angemeldet, die allerdings nicht recht überzeugen. – Ein neues (vgl. Fortschr. Bot. **8**, 122–125) paläogeographisches Gesamtbild der eurasiatischen Jura- und Unterkreideflora entwirft VAKHRAMEEV. Während dieses Zeitabschnittes waren in Eurasien zwei pflanzengeographische Großprovinzen vorhanden: Die sibirische Provinz im Norden und die südlich davon gelegene indoeuropäische. Letztere setzte sich von West nach Ost aus vier Florenbezirken zusammen: Europa, Mittelasien, Indien und Ostasien. Die sibirische Provinz zeichnete sich durch eine auffällige Gattungs- und Artenarmut aus. Lediglich die Ginkgophyten waren reicher entwickelt. Als Ursache hierfür wird das im Süden feuchtere und wärmere Klima angegeben. Diese klaren Verhältnisse im unteren Jura komplizierten sich später insofern, als sich im Verlaufe des Juras mit dem Trocknerwerden des Klimas in weiten Teilen der indoeuropäischen Provinz auch dort eine Verarmung der Flora bemerkbar machte, die lediglich die anscheinend weniger empfindlichen Pteridospermen und Coniferen nicht betraf. Im Zuge dieser Aridisierung wurde die Grenze zwischen den Großprovinzen nach Norden vorgeschoben. Da die klimatischen Veränderungen während des Jura in der sibirischen Provinz sich weniger auswirkten, erhielten sich vor allem in derem Osten, zahlreiche Jura-Relikte (Cycadophyten und Ginkgophyten) bis in die Unterkreide. Die gürtelförmige Zonierung in einen nördlichen und einen südlichen Abschnitt während des Juras und der Unterkreide lasse sich auch auf dem amerikanischen Kontinent verfolgen, wo allerdings aus diesem Zeitabschnitt weit weniger Florenfunde vorlägen. Das weite Ausbiegen der Grenze zwischen den beiden Großprovinzen nach Norden in Grönland, wo die berühmte unterliassische Flora rein indoeuropäischen

Charakter aufweist, wird mit einem möglichen Vorhandensein einer nach Norden gerichteten warmen Meeresströmung in Zusammenhang gebracht.

Die zehn häufigsten, dikotylen Gattungen und Arten des europäischen Tertiärs, deren Heimat heute Asien ist, hat TRALAU nach Art eines Kataloges erfaßt. Diese Zusammenstellung von Fundpunkten und Literaturzitaten wird in Zukunft bei monographischen und floristischen Bearbeitungen von großem Nutzen sein.

Die Methoden der modernen Pflanzensoziologie auf einen Teil des Ruhrcarbons angewandt zu haben, ist das Verdienst der Arbeit von DRÄGERT. Nach Makrofossilien werden drei Pflanzengesellschaften ausgeschieden. 1. Eine Artikulaten-Gesellschaft, 2. eine Pteridophyllen-Gesellschaft, 3. eine Lepidophyten-Cordaitengesellschaft. Über die Aufeinanderfolge dieser drei Gesellschaften wird nichts ausgesagt. Doch müßte die Sukzession vom Calamiten-Flachmoor über das Pteridophyllen-Übergangsmoor zum Lepidophyten-Cordaiten-Waldmoor gegangen sein, wenn die drei in der Arbeit ausgeschiedenen Moortypen ihrem Charakter nach richtig erfaßt sind.

Literatur

ABBOT, M. L.: Palaeontographica (Stuttgart) B, **112**, 93—118 (1963). — ADAMCZAK, E.: Acta palaeont. **8**, 465—472 (1963). — ANDRÉANSZKY, G.: (1) Vegetatio **11**, 95—111 (1963); — (2) Vegetatio **11**, 155—172 (1963). — ANDREWS, H. N.: Science **142**, 925—931 (1963). — ANDREWS, H. N., and S. N. AGASHE: Palaeobotanist **11**, 46—48 (1963). — ARNOLD, CH. A., and L. H. DAUGHERTY: Contrib. Mus. Paleont. Univ. Michigan **18**, 205—227 (1963). — AXELROD, D. J.: J. Geophysical Research **68**, 3257—3263 (1963).

BARTHEL, M.: (1) Hall. Jb. Mitteldtsch. Erdgesch. **4**, 37—39 (1962); — (2) Jb. Staatl. Mus. Min. Geol. Dresden, 1962, 157—162 (1963); — (3) Geologie **13**, 60—72 (1964). — BAXTER, R. W.: Amer. J. Bot. **50**, 469—476 (1963). — BECK, CH. B.: (1) Brittonia **14**, 322—327 (1962); — (2) Science **141**, 431—433 (1963). — BENEŠ, K., and J. KRAUSSOVÁ: Sborník Geol. VěD, Rada P, **4**, 65—88 (1964). — BERENDT, W.: Palaeontographica (Stuttgart) B, **115**, 59—73 (1964). — BLACK, M.: Palaeontology **7**, 306—316 (1964). — BOUREAU, E.: Traité de Paléobotanique **3** (Spenophyta, Noeggerathiophyta). Paris 1964.

CAMP, W. H., and M. M. HUBBARD: Amer. J. Bot. **50**, 235—243 (1963). — CHALONER, W. G., and J. M. PETTITT: Palaeontology **7**, 29—36 (1964). — CHAPHEKAR, M.: (1) Palaeontology **6**, 428—429 (1963); — (2) Palaeobotanist **11**, 123—130 (1964). — CHURCHILL, D. M., and W. A. SARJEANT: Nature (London) **194**, 1094 (1962). — CRIDLAND, A. A.: Palaeontology **7**, 186—209 (1964).

DABER, R.: (1) Geologie **12**, 1210—1218 (1963); — (2) Geologie **13**, 970—996 (1964). — DAUGHERTY, L. H.: Amer. J. Bot. **50**, 802—805 (1963). — DELEVORYAS, TH.: (1) Amer. J. Bot. **50**, 45—52 (1963); — (2) Palaeontology **7**, 60—63 (1964); — (3) Mem. Torrey Bot. Club **21** (1964). — DILCHER, D.: Science **142**, 667—669 (1963). — DOMBROWSKI, H.: (1) Zbl. Bakt. Paras. etc. **178**, 83—90 (1960); — (2) Biol. Zbl. **82**, 477—484 (1963); — (3) Medico (Europa-Ausgabe), 1964, 38—51 (1964). — DOWNIE, C.: Palaeontology **6**, 625—652 (1963). — DRÄGERT, K.: Forschungsber. Landes Nordrhein-Westfalen Nr. 1363 (1964).

EGGERT, D. A.: (1) Amer. J. Bot. **50**, 379—387 (1963); — (2) Mem. Torrey Bot. Club **21/5**, 38—57 (1964). — EISENACK, A.: (1) N. Jb. Geol. Paläont. Abh. **118**, 207—216 (1963); — (2) N. Jb. Geol. Pal. Mh. 1963, 225—231 (1963); — (3) N. Jb. Geol. Paläont. Mh. 1964, 108—113 (1964); — (4) N. Jb. Geol. Paläont. Mh. 1964, 321—334 (1964); — (5) Katalog der fossilen Dinoflagellaten, Hystrichospären und verwandten Mikrofossilien **1** (Dinoflagellaten). Stuttgart 1964. — ELLIOTT, G. F.: Palaeontology **7**, 695—702 (1965).

FAHLBUSCH, K.: Palaeontographica (Stuttgart) A, **123**, 137—201 (1964). — FLORIN, R.: (1) Kungl. Svensk. Vet. Handl. 3. Ser. **10/1** (1931); — (2) Acta Horti Bergiani **20**, 121—312 (1963). — FOURNIER, G. R., and R. C. NEWMAN: Micropaleontology **10**, 111—118 (1964).

GALTIER, J.: C. R. Acad. Sci. (Paris) **258**, 2625—2628 (1964). — GOTHAN, W., u. H. WEYLAND: Lehrbuch der Paläobotanik. 2. Aufl. Berlin 1964. — GRAMBAST, L.:

(1) C. R. Acad. Sci. (Paris) **258**, 643—646 (1964); — (2) Natural. monspel. sér. Bot. **14**, 63—86 (1962). — GREGUSS, P.: Acta Univ. Szeged., Acta biol. N. S. **10**, 3—51 (1964).

HANTKE, R.: Neujahrsbl. Naturf. Ges. Zürich **1965**, 1—140 (1965). — HAY, W. W., and K. M. TOWE: Eclog. Geol. Helv. **56**, 951—955 (1963).

JAIN, R. K.: Bot. Gaz. **125**, 26—33 (1964). — JOHNSON, J. H.: J. Paleontol. **37**, 175—211 (1963). — JUX, U.: Palaeontographica (Stuttgart) B, **114**, 118—134 (1964).

KLEMENT, K. W.: J. Paleontol. **37**, 268—270 (1963). — KNOBLOCH, E.: (1) Ber. Geol. Ges. DDR **7**/2 (1963); — (2) Jb. Staatl. Mus. Min. Geol. Dresden, 1964, 133—201 (1964). — KRÄUSEL, R., u. H. WEYLAND: Senckenberg. leth. **43**, 249—282 (1962).

LANGENHEIM, J. H.: Bot. Mus. Leaflets Havard Univ. **20**, 225—287 (1964). — LEBOUCHÉ, M. C., et M. LEMOINE: Rev. Micropal. **6**, 89—101 (1963). — LEISMAN, G. A.: Palaeontographica (Stuttgart) B, **114**, 135—146 (1964). — LEISMAN, G. A., and J. ROTH: Bot. Gaz. **124**, 231—240 (1963). — LEPPIK, E. E.: Lloydia **26**, 91—115 (1963).

MÄDLER, K.: Abh. Senckenberg. naturf. Ges. **446** (1939). — MANUM, S.: Norsk Polarinst. Årbok 1962, 55—67 (1963). — MARTINI, E.: N. Jb. Geol. Paläont. Abh. **121**, 47—54 (1964). — MASLOV, V. P.: Trudy Akad. Nauk CCCR Geol. Inst. **82**, 1—104 (1963). — MASSIEUX, M., et M. DENIZOT: (1) C. R. Acad. Sci. (Paris) **254**, 2626—2628 (1962); — (2) Rev. Micropaleont. **7**, 31—42 (1964). — MORET, L.: Manuel de Paléontologie végétale. 3. Aufl. Paris 1964.

OTT, E.: Untersuchungen an ladinischen Dasycladaceen aus den nördlichen Kalkalpen. Dissertation Univ. Tübingen 1963.

PANT, D. D.: Bull. Bot. Surv. India **4**, 155—160 (1962). — PANT, D. D., and B. MEHRA: (1) Palaeontographica (Stuttgart) B, **112**, 51—57 (1963); — (2) Palaeontographica (Stuttgart) B, **113**, 126—134 (1963). — PANT, D. D., and B. K. VERMA: (1) Palaeontology **6**, 301—314 (1963); — (2) Palaeontographica (Stuttgart) B, **115**, 21—44 (1964); — (3) Palaeontographica (Stuttgart) B, **115**, 45—50 (1964). — PETTITT, J. M., and W. G. CHALONER: Pollen et Spores **6**, 611—620 (1964). — PLUMSTEAD, E.: (1) Palaeobotanist **11**, 106—114 (1963); — (2) South African J. Sci. **59**, 147—152 (1963).

RÜFFLE, L.: Wissensch. Z. Humboldt-Univ. Berlin, math.-nat. R. **13**, 25—46 (1964).

SCHAARSCHMIDT, F.: Palaeontographica (Stuttgart) B, **113**, 38—91 (1963). — SCHINDEWOLF, O. H.: N. Jb. Geol. Paläont. Abh. **118**, 177—181 (1963). — SCHWARZ, O., u. H. WEIDE: Feddes Repert. **66**, 159—192 (1962). — SCHWEITZER, H.-J.: Palaeontographica (Stuttgart) B, **113**, 1—29 (1963). — SNIGIREVSKAYA, S.: Paleobotanika (Moskau u. Leningrad) **5**, 5—37 (1964). — STARMACH, K.: Acta palaeont. **8**, 451—460 (1963). — STRAUS, A.: Advanc. Front. Plant Sci. **6**, 135—140 (1963). — SVESHNIKOVA, I. N.: Paleobotanika (Moskau u. Leningrad) **4**, 205—229 (1963). — SZAFER, W.: Acta palaeobot. **4**, 3—34 (1963).

TASCH, P.: Micropaleontology **9**, 332—336 (1963). — TAYLOR, TH. N., and G. A. LEISMAN: Amer. J. Bot. **50**, 574—580 (1963). — TRALAU, H.: Kungl. Svenska Vetensk. Handl. 4. Ser. **9**/3 (1963).

VAKHRAMEEV, V. A.: Trudy Akad. Nauk CCCR, Geol. Inst. **102**, 1—260 (1964). — VARMA, C. P.: Grana palynol. **5**, 124—128 (1964). — VOGELLEHNER, D.: Taxon **13**, 233—237 (1964).

WALL, D., and C. DOWNIE: Palaeontology **5**, 770—784 (1963). — WALTON, J.: Mem. Proc. Manchester Lit. Phil. Soc. **73**, 1—6 (1928). — WETZEL, W.: N. Jb. Geol. Paläont. Mh. **1963**, 689—691 (1963). — WEYLAND, H., u. K. KILPPER: Palaeontographica (Stuttgart) B, **115**, 1—20 (1964). — WOOD, A.: Palaeontology **7**, 181—185 (1964).

ZIMMERMANN, W.: Ber. dtsch. Bot. Ges. **76**, 255—264 (1963).

E. Geobotanik

1. Areal- und Florenkunde (Floristische Geobotanik)

Von HELMUT GAMS, Innsbruck

1. Allgemeine Arealkunde und Biogeographie

Zwei neue Lehrbücher der Pflanzengeographie im weitesten Sinne sind durch ebenso universelle wie originelle Darstellung und gute Illustrierung auch mit vielen Areal- und Vegetationskarten ausgezeichnet: das polnische von SZAFER, die Neubearbeitung eines 1949 und 1959 in 2 Auflagen, 1956 auch in russischer und chinesischer Übersetzung erschienenen Lehrbuchs mit besonders ausführlicher Darstellung der historischen Pflanzengeographie (114 S. mit Bildern vieler Mikro- und Makrofossilien und 2 großen Diagrammtafeln) und 22 S. Bibliographie, und die französische Biogéographie végétale von OZENDA, die erste französische Gesamtdarstellung der Pflanzengeographie und Vegetationskunde mit besonderer Berücksichtigung Westeuropas und der Vegetationskartierung (mit farbigen Vegetationskarten von Frankreich und der ganzen Erde), aber nur knapper Behandlung der Florengeschichte und nur 5 S. Bibliographie.

In der Pariser Société de Biogéographie wurde 1964 in mehreren Sitzungen der Endemismus von Floren und Faunen behandelt, so von GAUSSEN seine äußeren und inneren Gründe, von FAVARGER die Bedeutung der Cytotaxonomie für die von ihm unterschiedenen Endemitengruppen (Palaeo-, Patro-, Schizo- und Apoendemiten), von G. BERNARDI Beziehungen zu den taxonomischen Kategorien, von KIRIAKOFF der Vikarismus besonders von Tieren. Über westmediterranen Endemismus sprachen COLOM (Pleistozän der Balearen) und CONTANDRIOPOULOS (Korsische Bergflora), über endemische Saharapflanzen (mit Karten für 12 Arten) QUÉZEL, über den Endemismus Neu-Kaledoniens GUILLAUMIN.

Mit dem Umfang verschiedener Floren befaßt sich DE WOLF.

2. Floren und Ikonographien

a) Thallophyten. In der sehr langsam fortgeführten Rabenhorstschen Kryptogamenflora sind als eine der letzten Lieferungen von HUSTEDTs Diatomeenbearbeitung die *Naviculae lyratae* erschienen. Im 13. Supplement zur Nova Hedwigia geben DAWSON, ACLETO und FOLVIK 81 Tafeln von Tangen der peruanischen Küste. Im 2. Band der Uredineenflora von Marokko von GUYOT und MALENÇON sind 200 Arten angeführt. Die Flechtenflora Indiens von AJAY SINGH enthält 947 Arten aus 143 Gattungen. Die 4. Lief. der südafrikanischen Flechtenflora von DODGE reicht von den Dermatocarpaceen bis zu den Pertusariaceen.

b) Archegoniaten. In der Flora von Surinam ist der 1. Teil der Laubmoose von P. FLORSCHÜTZ erschienen; von der Farnflora von Peru von TRYON eine weitere Lieferung mit den *Dennstaedtieae-Oleandreae*.

c) Europäische Gefäßpflanzenfloren. VAN OOSTROOM gibt eine Zusammenstellung neuerer europäischer (besonders westeuropäischer) Floren. In einigen zeigt sich eine zögernde Abkehr von dem in den meisten (so in der nunmehr abgeschlossenen Komarovschen Flora der USSR und auch in der im Erscheinen begriffenen Chorologie MEUSELs) noch immer befolgten System ENGLERs, so auch in dem unter MELCHIORs Redaktion endlich erschienenen 2. Bd. der 12. Auflage von ENGLERs Syllabus, im 1. der 4 Bände der Flora Europaea, in der nach WETTSTEINs Vorgang die Monokotylen hinter die Dikotylen gestellt werden, in einigen Neubearbeitungen der Hegischen Flora und in der neuen Flora der Türkei. Der 1. Band der Flora europaea, an dem 51 Autoren mitgewirkt haben, darunter die britischen Herausgeber BURGES, CLAPHAM, HEYWOOD, TUTIN, VALENTINE, WALTERS und WEBB, enthält die Pteridophyten (mit Auflösung von *Lycopodium* in 4 Gattungen, der Polypodiaceen s. lato in 15 Familien), Gymnospermen und 49 Dikotylenfamilien von den Amentifloren über Centrospermen, *Ranales* und *Rhoeadales* bis zur ersten Hälfte der wie die *Ranales* noch im weiten Sinne ENGLERs gefaßten *Rosales*. Kritische Bemerkungen zur Flora europaea sind u. a. in Taxon und Webbia (von AYMONIN u. a.) enthalten. Von der Hegischen Flora von Mitteleuropa sind nunmehr die neubearbeiteten Bände III_1 und IV_1 (mit den von MARKGRAF bearbeiteten *Rhoeadales*) abgeschlossen und die Bände IV_3 (*Leguminosae* und *Geraniales*) und V_4 (*Labiatae* und *Solanaceae*) im wesentlichen unverändert, nur mit einigen neuen Bildern und kurzen Nachträgen von GAMS, PODLECH u. a. nachgedruckt, die Bände III_2 (mit den von FRIEDRICH bearbeiteten Caryophyllaceen), III_3 (mit den von ZIMMERMANN bearbeiteten Ranunculaceen), IV_2 (mit den von H. HUBER neu gegliederten *Rosales*) und VI_1 (mit den von WAGENITZ bearbeiteten Compositen) im Druck, so daß in etwa 2 Jahren das ganze Werk großenteils erneuert verfügbar sein wird. Von Gefäßpflanzenfloren kleinerer Gebiete der Alpenländer seien eine recht umfangreiche des Schweizerischen Nationalparks von ZOLLER, eine kleinere des Allgäus von DÖRR und MÜLLER und die 2. Aufl. der Südalpenflora von PITSCHMANN, REISIGL und SCHIECHTL genannt und die 1962 stark erweitert erschienene 2. Auflage der Südalpenflora von DALLA FIOR nachgetragen. Aus Westeuropa sind weitere Lieferungen der Flora Neerlandica (*Helobiae* u. a. von VAN OOSTROOM, *Carex* von REICHGELT) und der Belgischen Flora (*Geraniaceae* bis *Rhamnaceae* von LAWALRÉE), ein 2. Band der französischen Gehölzflora von ROL (Nadel- und Laubhölzer der Bergwälder), eine 1519 Arten von Gefäßpflanzen umfassende Flora von Cambridgeshire von PERRING u. Mitarb. und die 20. Lief. der englischen Ikonographie von ROSS-CRAIG (*Plumbaginaceae-Polemoniaceae*) mit 42 Tafeln zu nennen. Die Flora der Insel Jan Mayen von J. und D. LID enthält vorzügliche Zeichnungen und 62 Puk. In Budapest ist ein auf 4 Bände geplantes Werk über Ungarns Flora und Vegetation von R. SOÓ im Erscheinen. Bd. 1 enthält den allgemeinen Teil und die Systematik der Bryophyten, Pteridophyten und

Gymnospermen, Bd. 2 die Angiospermen. Die von KOMAROV begründete Russische Flora ist mit 30 Bänden, von denen die 6 Compositenbände 1959–1964 erschienen sind, und einem gleich den letzten nach dem Tod auch des 2. Herausgebers von BOBROV und ZVELOV redigierten, von IVANINA, LEONOVA und MATZENKO verfaßten Registerband abgeschlossen. Sie umfaßt 17520 Arten (von denen manche wohl besser als Unterarten zu bewerten wären) aus 1676 Gattungen und 160 Familien. Nachträge dazu und Neubearbeitungen einzelner Gattungen und Familien folgen in den beiden ebenfalls vom Komarov-Institut in Leningrad herausgegebenen Serien „Flora u. Systematik d. höheren Pflanzen“ und "Novitates systematicae plantarum vascularium" (früher „Notulae systematicae ex herbario“).

d) Außereuropäische Gefäßpflanzenfloren. Der 1. Band einer neuen, von DAVIS (Edinburgh) redigierten illustrierten Flora der Türkei umfaßt etwa 900 Arten von Pteridophyten, Gymnospermen, *Polycarpicae*, *Rhoeadales* und einen Teil der *Parietales*, davon etwa $^1/_5$ endemische, mit 30 Karten. RECHINGER gibt außer der lieferungsweise erscheinenden, bereits angezeigten Flora Iranica zusammen mit 21 Mitarbeitern eine einbändige Flora des Irakischen Tieflandes heraus. Eine weitere Lieferung der Flora Malesiana enthält den 2. Teil der Celastraceen von DING HOU, die Epacridaceen von SLEUMER, Geraniaceen von CAROLIN und Nyctaginaceen von STEMMERIK. BACKERs Flora von Java wird mit dem 3. Band abgeschlossen. Die Smithsonian Institution veröffentlicht eine englische Übersetzung der Japanischen Flora von OHWI. Ein Bildwerk über die japanischen Monokotylen von KITAMURA, MURATA und KOYAMA enthält 108 Farbtafeln von WATANABE. – Die Flora des arktischen Teils von Alaska von WIGGINS u. THOMAS enthält 150 Karten. Von der mehrbändigen Flora von Panama von WOODSON, SCEHRY u. Mitarb. sind einige der 1943 erschienen Lieferungen (Gymnospermen, Monokotylen, Melastomataceen u. a.) neu gedruckt worden. Von RADFORD, AHLERS und RITCHIE BELL liegt eine neue Flora der Carolinen vor; von der großen Flora von Venezuela eine Compositen-Bearbeitung von ARISTEGUETA, von der Flora von Uruguay die Bearbeitung 5 weiterer Familien von LOURTEIG.

3. Arealkarten im Dienst der Systematik und Karten einzelner Gattungen und Arten

a) Flechten. RASSADINA gibt Darstellungen des Gesamtareals der vorwiegend subozeanischen *Menegazzia pertusa* und der in Südasien und Amerika verbreiteten *Evernia cirrhata*.

b) Bryophyten. Zwei große Kartenwerke sind im Erscheinen: Von der British Bryological Society seit 1960 Karten für mindestens 200 der 940 britischen Arten nach Netzquadraten, von denen 1963 neun von Jungermanialen und 13 von Laubmoosen von RATCLIFFE, RICHARDS, WALLACE u. a. erschienen sind; vom Botanischen Institut der Universität Posen, wo auch ähnliche Karten für andere Pflanzengruppen vorbereitet werden, der bereits angezeigte Lebermoosatlas von SZWEYKOWSKI, der

267 Arten der Flora Polens mit Karten auch der Gesamtareale umfassen soll, von denen in den beiden ersten Lieferungen 20 Arten behandelt sind. Vom Leningrader Kryptogameninstitut sind (u. a. in der umbenannten Reihe „Novit. syst. plant. non vascul.") neue Karten folgender Lebermoose erschienen: *Riccia rhenana* von GAJEWAJA, *Conocephalum supradecompositum, Lepicolea fryei* und *Frullania bolandieri* von LADYSHENSKAJA u. Mitarb. Karten südhemisphärischer Jungermanialen bereitet R. SCHUSTER vor. – Auch Laubmooskarten liegen besonders wieder von den Britischen Inseln (von BRIGGS, RATCLIFFE, TALLIS, WHITEHOUSE u. a.), aus Polen (von KACZMARZ, WACLAWSKA) und USSR (EREMINA, SAVICZ-LJUBICKA, SMIRNOVA u. a.) vor, an sonstigen u. a. von TOUW für holländische Pottiaceen, von PILOUS für *Leucobryum juniperoideum* im Kaukasusgebiet, von CRUM für *Encalypta brevicollis* und *longicollis* in Grönland und Nordamerika, von PANKOW und LINDNER für das sich in Norddeutschland weiter ausbreitende *Orthodontium germanicum = lineare*, von KOPONEN für *Eurhynchium striatum* und *zetterstedtii* in Nordosteuropa, von TIXIER für 5 *Neckeropsis*-Arten und *Myurium* in Südostasien.

c) Gefäßpflanzen. Über die Beratungen für die Kartierung der europäischen Flora von Edinburgh und München referieren u. a. EHRENDORFER und HAMANN. Abgesehen von den großen Kartensammlungen, wie den leider noch immer unvollständigen HULTÉNs und MEUSELs, seien folgende Karten genannt: Eine Puk der bisher in Bayern festgestellten Fundorte von bivalentem (kalkmeidendem) und quadrivalentem (kalkholdem) *Asplenium trichomanes* von DAMBOLDT, das polnische Kartenwerk für 169 Holzpflanzen, das seit 1963 in Posen in ähnlicher Ausstattung wie der Lebermoosatlas SZWEYKOWSKIs von BROWICZ und GOSTYNSKI in Lieferungen mit je 5 Karten und Textblättern erscheint, von denen die 3 ersten 2 endemische *Betula*-Arten, 8 Rosaceen (dazu auch BROWICZ (1), KLASTERSKI u. BROWICZ), *Acer campestre, Staphylea pinnata, Tilia platyphyllos, Rhododendron flavum* und *Chamaedaphne calyculata* enthalten. GAWLOWSKA gibt für *Arctostaphylos uva-ursi* Puk der Verbreitung in Polen und FlK des Gesamtareals. BARNERY's Atlas der 368 nordamerikamischen *Astragalus*-Arten (excl. *Oxytropis*) enthält 163 Karten; ŠMARDAs Atlas Mährischer Xerothermen, 277 Karten.

Weitere Holzpflanzenkarten: Die nördlichsten *Pinus silvestris*-Fundorte an der Lena (bis 66°40′) von SCHACHOVA, *Juniperus sabina* im südlichen Ural von GORTSCHAKOVSKY und KOLESNIKOV, *Platanus orientalis* in Bulgarien und ganz Südosteuropa von BROWICZ, *Potentilla fruticosa* in Großbritannien von ELTKIN und WOODELL, 3 *Weinmannia*-Arten (Cunoniaceen) auf Madagaskar von BERNARDI, *Deutzia grandiflora* und *hamata* in Ostasien von ZAIKONNIKOVA, 3 mittelasiatische *Berberis*-Arten von SZISIK, die Leguminosen *Chesneya* und *Chesniella* in Mittelasien von BORISSOVA und die tropischen Ulmaceen-Gattungen *Aphananthe* und *Gironniera* von GRUDZINSKAJA. Arealkarten krautiger Wasserpflanzen geben REESE für 3 *Ruppia*- und 5 *Zannichellia*-Sippen in Schleswig-Holstein, KOLESNIKOVA für die heutige und frühere Verbreitung der osteuropäischen und nordasiatischen *Najas*-Arten, SNIGIREVSKAJA für die heutige und frühere Gesamtverbreitung der *Nelumbo*-Arten, JAEGER für die Gesamtverbreitung (Flk, Puk für Europa) von *Wolffia arrhiza, Aldrovanda vesiculosa* und *Ceratophyllum submersum.* HÖLLE gibt eine Puk für *Carex caespitosa* in Bayern. Besonders instruktiv ist eine Zusammenstellung von Karten verschiedener Autoren für *Dianthus alpinus* in den Ostalpen von WIDDER; sie zeigt klar die Überlegenheit von Puk nach kritischer Sichtung aller Fundortsangaben sowohl über Urk und Flk wie auch über Netzquadratkarten. In ähnlicher Weise hat WIDDERs Schüler WOLKINGER die ostalpine Verbreitung von *Crocus napolitanus* und *albiflorus* revidiert. Für die alpinen und karpatischen *Aquilegia*-Arten gibt SKALINSKA Puk, für *Ranunculus auricomus* ssp. *holanthus* beiderseits der Ostsee (2) und 4 *Mentha*-Sippen in Finnland MARKLUND (1). Von der „Biologischen Flora der Britischen Inseln" sind weiter mit Karten erschienen: *Chenopodium album* von WILLIAMS, *Glaucium flavum* und *Mertensia maritima* von SCOTT, *Lathyrus japonicus* (= *maritimus*) von BRIGHTMORE und WHITE, *Hypericum linearifolium* von IVIMLY-COOK, *Gentiana verna* von ELKINGTON, 3 *Plantago*-Arten von SAGAR und HARPER. PIGNATTI gibt 11 Urk für südeuropäische *Limonium*-Arten, DVOŘAK Karten für *Hesperis sibirica und sylvestris*, ASSADOV für *Geranium lucidum* im Kaukasus, GROSSET für *Daphne cneorum* einschl. die nicht als Art zu bewertende *D. julia des* Dongebietes, WASSILEVSKAJA und PETROV für die endemisch-zentralasiatische *Tetraena mongolica,* die eine Sonderstellung zwischen Zygophyllaceen und Malpighiaceen einnimmt, FEINBRUN und TAUB für 12 *Cuscuta*-Arten in Israel und Jordanien. GAVRILJUK für die auf sibirischen *Alnus*-Arten schmarotzende Rafflesiacee *Boschniakia rossica* in Nordasien, PISSJAUKOVA für die Subsect. *Alternifolia* von *Swertia,* REBRISTAJA (1) für 9 eurasische Arten von *Castilleja,* PEDERSEN für die von ihm früher in Dänemark studierte *Odontites verna* ssp. *pumila* in Holland.

4. Arealkarten im Dienst der regionalen Pflanzengeographie, Florengeschichte und Vegetationskunde

Aus der Fülle der regionalen Arbeiten, die immer häufiger auch Arealkarten enthalten, seien genannt: Das zum internationalen Botanikerkongreß von Edinburgh von BURNETT herausgegebene Sammelwerk über die Vegetation Schottlands, FRANSSON's Behandlung der Südgrenze von Schwedisch-Norrland in dem zu DU RIETZ's 70. Geburtstag herausgegebenen Sammelwerk über die Pflanzendecke Schwedens, eine an STERNERs, KUPFFERs und LIPPMAAs Arbeiten anschließende Darstellung von EILART über das durch 30 Arten vertretene „pontische" und das durch 22 Angiospermen vertretene „pontosarmatische" Florenelement Estlands (mit Puk für das Ostbaltikum, Urk des Gesamtareals). BOGATSCHEV nimmt aufgrund der in Puk dargestellten Verbreitung von 16 Angiospermen, deren Nord-, Süd-, Ost- und Westgrenzen das Wolgagebiet um Jaroslavl durchziehen, eine Gliederung in 10 Rayons vor. KRJUKOVA stellt die Verbreitung von 5 Papilionaceen auf der Krim dar, REBRISTAJA (2) in 15 Puk die Verbreitung sibirischer Angiospermen in der europäischen Arktis. Über Ergebnisse eines 1962 von A. und D. LÖVE in Reykjavik veranstalteten

Symposiums über nordatlantische Floren- und Faunengeschichte berichtet u. a. T. EINARSSON. Danach ist die nordatlantische Landbrücke wohl schon im Miozän abgebrochen, und nur besonders frostharte Pflanzen und Tiere konnten an eisfreien Küstenstrecken Islands die letzte Eiszeit überdauern. BØCHER läßt seinen früheren Werken über Grönland eine Pflanzengeographie der mittleren Westküste mit 47 Puk folgen. COLINVAUX versucht, durch palynologische Untersuchung von 3 Bohrprofilen aus der Umgebung der Behringstraße deren Klima- und Vegetationsverhältnisse im Spätquartär zu ermitteln; doch reicht wohl keines dieser Profile bis vor die letzte Eiszeit, deren Klima sicher hocharktisch war, zurück. – Aus Südasien seien weitere Vegetationskarten 1:1 Million aus Vorderindien von GAUSSEN, LEGRIS und VIART (Blätter Madras, Godavar und Jagannath) genannt, die ebenso wie das 1. Blatt (Kap Comorin 1960) die Verbreitung vieler Wald- und Kulturpflanzen durch Signaturen zeigen, und eine Pflanzengeographie des höchsten Bergs von Indonesien, des 4175 m hohen Kinabalu auf Borneo von VAN STEENIS, mit Karten der Gesamtverbreitung von *Oreobolus* und von 7 Dikotylengattungen in Südostasien. Die von GRESSITT redigierte „Biogeographie des Pazifischen Beckens" enthält die beim Pazifischen Kongreß von Honolulu 1961 gehaltenen Vorträge, darunter auch solche über Wanderungen um die Beringstraße und um die Antarktis. Von den bei JUNK im Haag erscheinenden Monographiae Biologicae sind bis 1964 14 Bände erschienen, von denen mehrere vorwiegend biogeographischen Inhalts sind, so der 8. von KEAST u. a. über Australien, der 11. von KOZHOV über den Baikal und der 14. von DAVIS über Südafrika. Für 1965 ist außer einem Neudruck des auch viele Areal- und Vegetationskarten enthaltenden Australienbands ein von VAN OYE und VAN MIEGHEM redigierter Antarktis-Band im Erscheinen.

Literatur

ARISTEGUETA, L.: Flora of Venezuela **10**, 941 S. (1964). — ASSADOV, K. S.: Bot. J. **50**, 556—558 (1965). — AYMONIN, G.: Bull. Soc. Biogéogr. **41**, 141—149 (1964/65).

BACKER, C. A.: Flora of Java **2** (1964); **3** (1965). — BARNEBY, R. C.: Mem. New York Bot. Garden **13**, 1—1288 (1964). — BERNARDI, G.: C. R. Soc. Biogéogr. **41**, 115—129 (1965). — BERNARDI, L.: Ber. Schweiz. bot. Ges. **74**, 258—266 (1964/65). — BØCHER, T. W.: Medd. om Grönland **148**, 1—289 (1963). — BOGATSCHEV, W. K.: Bot. J. **49**, 1725—1749 (1964). — BORISSOVA, A.: Not. syst. pl. vasc. **1**, 178—190 (1964). — BRIGGS, D.: J. Ecol. **53**, 69—96 (1965). — BRIGHTMORE, D., and P. H. F. WHITE: J. Ecol. **51**, 795—801 (1963). — BROWICZ, K. (1): Roczn. Dendrol. **17**, 73—90 (1963); — (2) Arboret. Kornič. **9**, 37—58 (1964). — BROWICZ, K., and M. GOSTYNSKI: Atlas of distrib. of trees a. Shrubs in Poland **1**—**3**, Poznań (1963—1964). — BURGES s. HEYWOOD u. a. — BURNETT, J. H.: Vegetation of Scotland. Edinburgh, 613 S. (1964).

COLINVAUX, P. A.: Ecol. Monogr. **34**, 297—329 (1964). — COLOM, G.: C. R. Soc. Biogéogr. **41**, 62—67 (1964). — CONTANDRIOPOULOS, J.: C. R. Soc. Biogéogr. **41**, 44—62 (1964). CRUM, H.: Bull. Nat. Mus. Canada **186**, 36—44 (1963).

DALLA FIOR, G.: La nostra Flora ed. 2, 752 p., Trento (1962). — DAMBOLDT, J.: Ber. Bay. bot. Ges. **37**, 5—9 (1964/65). — DAVIS, D. H. S.: Monogr. Biol. **14**, 415 S. (1964). — DAVIS, P. H.: Flora of Turkey **1**, 550 p. (1965). — DAWSON, E. Y., C. ACLETO, and N. FOLDVIK: N. Hedwig. Suppl. **13**, 81 pl. (1964). — DODGE, C. E.:

N. Hedwig. Suppl. **12** (1964). — Dörr, E., u. L. Müller: Ber. Bay. bot. Ges. **37**, 31—40 (1964/65). — Dvořak, Fr. : (1) Biologia **19**, 649—659 (1964); (2) Bot. J. **50**, 218—219 (1965).

Ehrendorfer, Fr., u. U. Hamann: Ber. dtsch. bot. Ges. **78**, 35—50 (1965). — Eilart, J.: Scr. Zool. Bot. Inst. Tartu **3**, 264 S. (1963). — Einarsson, Tr.: J. Ecol. **52**, 617—625 (1964). — Elkington, T. T.: J. Ecol. **51**, 755—767 (1963). — Elkington, T. T., and S. R. J. Woodell: J. Ecol. **51**, 755—767 (1963). — Eremina, N.: Novit. syst. pl. non vasc. **1**, 318—324 (1964).

Favarger, C.: C. R. Soc. Biogéogr. **41**, 23—44 (1964). — Feinbrun, N., and S. Taub: Israel J. Bot. **13**, 1—23 (1964). — Florschütz, P. A.: Fl. of Suriname **6**, 271 p. (1964). — Fransson, S.: Acta phytogeogr. suec. **50**, 167—175 (1965).

Gajevaja, N.: Nov. syst. pl. non vasc. **1**, 251—255 (1964). — Gams, H.: Hegis ill. Fl. IV 3, 1113—1751 (2. Aufl. 1964) u. V 4, 2255—2655 (2. Aufl. 1964). — Gaussen, H.: C. R. Soc. Biogéogr. **41**, 13—19 (1964). — Gaussen, H., P. Legris et M. Viart: Trav. Inst. franç. Pondicherry **2**, 1—47 (1963); **3**, 1—56 (1964); **4**, 1—46 (1964). — Gavriljuk, W. A.: Bot. J. **50**, 523—528 (1965). — Gawlowska, J.: Ochr. przyrody **30**, 23—50 (1965). — Gortschakovsky, P., u. P. Kolesnikov: Bot. J. **49**, 1496—1501 (1964). — Gressitt, J. L.: Pacific Bas. in Biogeogr. Honolulu, 562 p. (1963). — Grudzinskaja, I.: Nov. syst. pl. vasc. **1**, 49—70 (1964). — Guillaumin, A.: C. R. Soc. Biogéogr. **41**, 67—75 (1964). — Guyot, A. L., et G. Malençon: Trav. Inst. sc. Chérif. **28**, 162 p (1963).

Heywood, Burges, Tutin u. a.: Flora europaea **1**, 1—464, Cambridge (1964).— Höller, J.: Ber. Bay. bot. Ges. **37**, 106—108 (1964/65). — Hustedt, Fr.: Rabenhorsts Kryptogamenfl. VII 3, 349—556 (1964).

Ivimly-Cook, R. B.: J. Ecol. **51**, 727—732 (1963). — Jäger, E.: Ber. dtsch. bot. Ges. **77**, 101—111 (1964).

Karczmarz, K.: Ann. Univ. Lublin **18** C, 367—410 (1963). — Keast, A., R. Crocker, C. S. Christian: Monogr. Biol. 8 (1959), ed. 2 (1965). — Kiriakoff, S. G.: C. R. Soc. Biogéogr. **41**, 103—115 (1965). — Kitamura, S., G. Murata, T. Koyama: Jap. Monocot. 465 S., Osaka (1964). — Klásterský, I., u. K. Browicz: Preslia **36**, 185—192. — Kolesnikowa, T. D.: Bot. J. **50**, 182—190 (1963). — Komarov, W.: Flora URSS **29**, 798 S. (1964); — Indices alphabet. 262 S. (1964). — Koponen, T.: Ann. Bot. Fenn. **1**, 250—256 (1964). — Kozhov, M.: Monogr. Biol. **11**, 360 S. (1963). — Krjukova, I. W.: Bot. J. **50**, 538—540 (1965).

Ladyshenskaja, K.: Novit. syst. pl. non vasc. **1**, 256—264 (1964). — Ladyshenskaja, K., i L. Wassiljeva: Novit. syst. pl. non vasc. **1**, 265—269 (1964). — Ladyshenskaja, K, i L. Zinovjeva: Novit. syst. pl. non vasc. **1**, 269—275 (1964).— Lawalrée, A.: Fl. gen. de Belg. **4**, 239—390 (1964). — Lid, J.: Skr. Norsk Polarinst. **130**, 107 S. (1965). — Lourteig, A.: Flora d. Uruguay **5** Fam. 138 S. (1963).

Markgraf, Fr.: Hegis ill. Flora IV 1, 321—547 (1965). — Marklund, G.: (1) Mem. Soc. Faun. et Fl. Fenn. **38**, 1—18 (1963). — (2) Sv. Bot. Tidskr. **58**, 18—26 (1964). — Matzenko, A. E.: Acta Inst. Komarov. 1 (Fl. et syst. pl. vasc.) **13**, 1—103 (1964). — Melchior, H.: Englers Syllabus d. Pflanzenfam. 12. Aufl. II, 666 S. (1964).

Ohwi, J.: Flora of Japan **1**, 1000 S. (1965). — van Oostroom, S. J.: (1) Fl. Neerl. I 6, 242 S. (1965). — (2) Natura (Amsterdam) **61**, 145—148 (1964). — van Oye, O., u. J. van Mieghem: Monogr. Biol. **15** (1965). — Ozenda, P.: Biogéogr. végétale, 374 p. Paris 1964.

Pankow, H., u. A. Lindner: Ber. dtsch. bot. Ges. **77**, 76—81 (1964). — Pedersen, A.: Gorteria **1**, 128—131 (1963). — Perring, F. H., P. D. Sell, S. M. Walters, and H. L. K. Whitehouse: Fl. of Cambridgeshire. Cambridge (1965). — Pignatti, S.: Webbia **18**, 73—93 (1963). — Pilous, Z.: Preslia **37**, 13—26 (1965). — Pissjaukova, V.: Not. syst. pl. vasc. **1**, 267—278 (1964). — Pitschmann, H., H. Reisigl u. H. Schiechtl: Flora d. Südalpen 2. Aufl., 299 S. (1965).

Quézel, P.: C. R. Soc. Biogéogr. **41**, 89—103 u. 137—149 (1965).

Radford, A. E., H. E. Ahlers, and C. Ritchie Bell: Fl. Carolines, Chapel Hill, 392 p. (1964). — Rassadina, K. (1): Novit. syst. pl. non vasc. **1**, 235—250 (1964). — (2)Rassadina, K. A.: Novit. syst. pl. non vasc. **2**, 194—198 (1965). — Ratcliffe, D. A., P. W. Richards, E. C. Wallace u. a.: Trans. Brit. Bryol. Soc. **4**, 506—527 (1963). — Rebristaja O. V.: (1) Not. syst. pl. vasc. **1**, 283—311

(1964); — (2) Bot. J. **49**, 839—853 (1964). — RECHINGER, K. H.: Flora of Lowland Iraq, 746 p. (1965). — REESE, G.: Schr. Naturw. Ver. Schleswig-Holst. **34**, 44—70 (1963). — ROL, R.: Fl. d. arbres usw. **2**, 80 p. (1963). — ROSS-CRAIG, S.: Draw. of Brit. pl. **20**, 42 pl. (1964).

SAGAR, G. R., and J. L. HARPER: J. Ecol. **52**, 189—221 (1964). — SAVICZ-LJUB., L.: Novit. syst. pl. non vasc. **1**, 286—292 (1964). — SAVICZ-LJUB., u. Z. SMIRNOVA: Bot. J. **48**, 350—361 (1963). — SCHACHOVA, O. V.: Bot. J. **49**, 581—585 (1964). — SCOTT, G. A. M.: J. Ecol. **51**, 733—754 (1963). — SINCH, A.: Bull. Bot. Gard. Lucknow **93**, 356 p. (1964). — SKALINSKA, N.: Acta biol. cracov. **7**, 1—23 (1964). — SLEUMER, u. STEMMERIK s. VAN STEENIS. — SLIZIK, L.: Not. syst. pl. vasc. **1**, 79—89 (1964). — SMIRNOVA, Z.: Novit. syst. pl. non vasc. **1**, 301—317 (1964). — SNIGIREVSKAJA, N. S.: Acta Inst. Komarov. I (Fl. et syst. pl. vasc.) **13**, 104—172 (1964).— Soó, R.: Handb. d. Ungar. Flora u. Veget. **1**, **590** S. (1964).; **2** (1965). — VAN STEENIS, C. GG. J.: (1) Fl. Males. **1—6** (1948 ff.); — (2) Proc. roy. Soc. London **161**, 7—38 (1964). — SZAFER, WL.: Ogolna geogr. roslin, 433 S. Warszawa 1964. — SZWEYKOWSKI, J.: Atlas of spore-pl. in Poland IV 2. 23 p. (1964).

TALLIS, J. H.: Trans. Brit. Bryol. Soc. **4**, 102—106 (1961). — TIXIER, P.: C. R. Soc. Biogéogr. **41**, 20—23 (1964). — TOUW, A.: Buxbaumia **17**, 82—100 (1963/64). — TRYON, R. M.: Contrib. Gray Herb. 253 p. (1964).

WACLAWSKA, Z.: Fragm. flor. geobot. **10**, 357—397 (1964). — WASSILEVSKAJA, V. u. M. PETROV: Bot. J. **49**, 1506—1513 (1964). — WIDDER, F.: Ber. Bay. bot. Ges. **37**, 81—97 (1964/65). — WIGGINS, I. L., and J. H. THOMAS: Spec. publ. **4**, Univ. Toronto, 437 S. (1962). — WILLIAMS, J. T.: J. Ecol. **51**, 711—725 (1963). — DE WOLF, G. P.: Taxon **13**, 149—153 (1964). — WOLKINGER, F.: Jahrb. Ver. z. Schutz d. Alpenpfl. **29**, 35—52 (1964). — WOODSON, R. E., R. W. SCHERY u. a.: Flora of Panama **3** (1945—1949, Neudr. 1965); **7** (1958, Neudr. 1965).

ZAIKONNIKOVA, T.: Not. syst. pl. vasc. **1**, 132—144 (1964). — ZOLLER, H.: Ergebn. d. wiss. Unters. im Schweiz. Nationalpark **9**, 408 S. (1964).

2. Floren- und Vegetationsgeschichte seit dem Ende des Tertiärs (Historische Geobotanik)

Bericht über die Jahre 1963 und 1964

Von BURKHARD FRENZEL, Weihenstephan b. Freising/Obb.

1. Das Quartär in Amerika

a) Allgemeine Probleme. Als eines der wichtigsten und gleichzeitig auch schwierigsten Probleme der quartären Vegetationsgeschichte der Nordhalbkugel erweist sich in zunehmendem Maße die Evolution der Pflanzendecke während der Letzten Eiszeit; denn dieser Vorgang könnte, wenn er hinreichend geklärt würde, tiefe Einblicke in die Klimageschichte des Eiszeitalters, wie auch in die Gliederung des Pleistozäns ermöglichen. Weiterhin kommt hinzu, daß der begründete Verdacht besteht, diese Eiszeit sei durch wärmere Phasen gegliedert gewesen, die in manchen Gebieten mit echten Interglazialen verwechselt worden sein könnten (vgl. „Fortschritte", **26**, S. 114ff.). Die in den letzten Jahren in Nord-Amerika und im russischen Teil von Asien durchgeführten vegetationsgeschichtlichen Untersuchungen haben in dieser Beziehung manche neuen Aspekte erbracht. Daher seien die unter diesem Gesichtspunkt wichtigen Arbeiten des nordamerikanischen Raumes zunächst betrachtet (Sibirien vgl. S. 449).

FLINT (1) zeigte, daß in dem Zeitraum zwischen dem Ende des letzten Interglazials (Sangamon-Interglazial) und dem Beginn der herkömmlichen Letzten Eiszeit ("classical Wisconsin") in Nord-Amerika mindestens drei oder vier bedeutendere Kaltzeiten nachzuweisen seien, getrennt voneinander durch Warmzeiten, die allerdings nicht das Ausmaß des Letzten Interglazials oder des Postglazials erreicht haben. Aus diesem Grunde muß dieser Abschnitt noch zur Letzten Eiszeit (sensu lato) gerechnet werden. Es ist bemerkenswert, daß MULLER nahe Otto (bei Buffalo, N. Y.) eine ältere Moräne erwähnt, die unter den Schichten einer Nadelwaldphase gelegen ist, deren C^{14}-Alter zu 63900 ± 1700 v. h. (= vor heute) bestimmt worden ist. Diese Moräne sei wahrscheinlich jünger als das Letzte Interglazial, da sie nicht nennenswert verwittert ist. Aus Südost-Indiana erwähnten KAPP und GOODING (1) sowie GOODING ebenfalls eine älteste Moräne (Whitewater drift), die dort über dem Boden des Sangamon-Interglazials ansteht, aber wesentlich älter als das „classical Wisconsin" ist, und HEUSSER (4) beschrieb einen ungefähr gleichalten Gletschervorstoß von der Olympus-Halbinsel an der Westgrenze des Staates Washington.

Bezüglich der weiteren Einzelheiten über die sich hieran anschließenden Vorstöße und Rückzüge des nordamerikanischen Inlandeises sei auf die erwähnten

Arbeiten, sowie auf STEWART und MACCLINTOCK verwiesen. Es möge nur erwähnt werden, daß der maximale Gletschervorstoß der Letzten Eiszeit offenbar in dem Zeitraum des "classical Wisconsin" erfolgt ist, d. h. in dem Zeitraum, der ursprünglich auch in Mitteleuropa als die eigentliche Zeit der großen Vereisungen der Weichsel- und Würmeiszeit, bzw. der Valdai-Eiszeit angesehen wurde. Zwischen dem Ende des Letzten Interglazials und dem Beginn des "classical Wisconsin" spielten sich aber sowohl in Nord-Amerika, als auch in den übrigen Gebieten (mindestens) der Nord-Halbkugel bedeutende klimatische Schwankungen ab, aus denen offenbar aus Nord-Amerika (im Gegensatz zu Europa) auch weitreichende Vorstöße des Inlandeises nachgewiesen werden können.

Nach MULLER, sowie KAPP und GOODING (1) wurde die älteste Wärmeschwankung der Letzten Eiszeit in den Staaten New York und Indiana durch artenarme Nadelwälder gekennzeichnet, beherrscht von *Pinus* (cf. *banksiana* und cf. *strobus*) und *Picea* (cf. *glauca* und cf. *mariana*: MULLER). *Tsuga* fehlte völlig, und andere Coniferen und Thermophile waren nur sporadisch vertreten. Auch die Moosflora dieser Interstadiale läßt auf einen borealen Nadelwald schließen [KAPP und GOODING (1)]. An der Westküste der Olympus-Halbinsel dehnten sich aber *Pinus* cf. *contorta*-Wälder aus [HEUSSER (4)]. Während der verschiedenen Kaltzeiten der Letzten Eiszeit waren dort neben unbedeutenden Nadelwald-Hainen aus *Tsuga mertensiana*, *Abies* cf. *lasiocarpa*, *Picea sitchensis*, *Alnus* und *Pinus contorta* kräuterreiche Gramineengesellschaften weit verbreitet [HEUSSER (4)]. Über die kaltzeitlichen Typen der Vegetation des Mittel- und Ostteiles der Vereinigten Staaten liegen hingegen leider keine neueren Angaben vor. Dies ist um so bedauerlicher, als unsere Kenntnisse von den Vegetationstypen südlich des damaligen Eisrandes sehr wenig befriedigen. Die bisher am meisten vertretene Ansicht, daß direkt am Eisrand der boreale Nadelwald begonnen habe, ohne daß eine Tundren- oder Steppenzone nennenswerten Ausmaßes verbreitet gewesen ist, wird allerdings von BRUNNSCHWEILER auf Grund eines Studiums der letzteiszeitlichen Bodenfrost- und Lößvorkommen in Nord-Amerika ernsthaft – und mir scheint wohl begründet – bezweifelt. Es sei vielmehr damit zu rechnen, daß während der Höchststände der Letzten Eiszeit ein breiter Tundren- und Löß-Steppengürtel innerhalb des Flachlandes den Eisrand begleitet habe.

Immerhin scheinen in Nord-Amerika den Pflanzen meist viel bessere Wanderungsmöglichkeiten offengestanden zu haben, als etwa in weiten Teilen Europas, so daß die Wiederbesiedelung des Geländes durch den Wald bei jeder Klimabesserung schneller erfolgen konnte, als in Europa. Hierin mag auch die Ursache für die häufigen Beobachtungen liegen, daß die Interstadiale in Nord-Amerika oft länger als in Europa gedauert haben [so KAPP und GOODING (1) sowie GOODING], denn ihre Länge wird ja durch den Zeitraum festgelegt, innerhalb dessen sich in dem betrachteten Gebiet eine anspruchsvollere Vegetation hatte halten können.

b) Alaska. Aus den Arbeiten von COLINVAUX und von HEUSSER (1) geht hervor, daß während der gesamten Letzten Eiszeit in West-Alaska die Tundra geherrscht hatte (Seward Peninsula bzw. Cape Thompson). Diese Tundra wurde bei Cape Thompson am Ende der Letzten Eiszeit von Cyperaceen, *Gramineae* und *Salix* bestimmt, im frühen Postglazial aber durch *Betula*- und *Empetrum-Ericaceae*-Zwergstrauchheiden [HEUSSER (1)]. Interessanterweise erwähnte PORTER innerhalb der letzten größeren

Vereisung der Brooks-Range vier Phasen, deren eine (Anayaknaurak-Vorstoß) kurz nach 13270 ± v. h. erfolgt sei, und deren letzter (Anivik Lake-Vorstoß) gegen 7241 ± v. h. zu Ende gegangen sei. Dieser letzte Vorstoß ähnelt damit sehr dem so rätselhaften Cochrane-Vorstoß, der in Nord-Ontario nicht lange vor 6800 v. h. zu einer beträchtlichen Ausdehnung des Inlandeises geführt hatte, zu einer Zeit also, als in Mitteleuropa das Klimaoptimum der mittleren Wärmezeit erreicht war [FLINT (1)]. Aus demselben Abschnitt erwähnte HEUSSER (2) vom Nordteil der Alaska-Halbinsel (Naknek River) einen beachtlichen Gletschervorstoß (Ende gegen 5500–6000 v. h.), der auch hier innerhalb der durch Birken- und Erlenbestände, mit wenig *Picea*, gekennzeichneten postglazialen Wärmezeit erfolgt ist. Es ist weiterhin beachtenswert, daß in dem betrachteten Gebiet gegen 5000 v. h. offenbar infolge eines Klimarückschlages eine Phase der Zwergstrauch-Tundra beginnt, die ungefähr gegen 2500–3000 v. h. endete. Diese Beobachtung bestärkt zusätzlich die Vermutung, daß der in Mittel- und Westeuropa ebenfalls gegen 5000 v. h. einsetzende Abfall der *Ulmus*-Kurve in den Pollendiagrammen nicht nur vom Menschen bedingt war, sondern daß hieran auch ein Klimaumschwung beteiligt war (vgl. auch „Fortschritte", **26**, S. 118).

c) Das Spätglazial im Nordteil der Vereinigten Staaten. Oben wurde bereits daran erinnert, daß nach vielfach gehegter Ansicht der Wald während der Letzten Eiszeit den Eisrand in Nord-Amerika unmittelbar gesäumt habe. Der Grund für diese Annahme liegt zu einem nicht geringen Teil in vegetationsgeschichtlichen Untersuchungen über das Spätglazial, bei denen wiederholt, so auch in dem hier zu überblickenden Berichtszeitraum, beobachtet worden ist, daß damals zunächst der nordische Fichtenwald, später auch der Kiefernwald, unmittelbar dem Eisrand gefolgt sein muß: Wisconsin: WEST; Gebiet der Großen Seen: WRIGHT (2); Michigan: SEMKEN, MILLER und STEVENS; Ohio: KAPP und GOODING (2); Vermont: WHITEHEAD und BENTLEY. Diese Beobachtungen treffen aber nur für den kontinentalen Klimabereich zu; aus den ozeanischeren Gebieten wurden hingegen gleichalte Tundren oder andere Typen einer offenen Vegetation längs des Eisrandes beschrieben: Olympus-Halbinsel, Westliches Washington: HEUSSER (4); östliches Long Island: DONNER; Insel Martha's Vineyard vor Massachusetts: OGDEN (2); (hier mit *Armeria sibirica, Artemisia* cf. *borealis, Dryas, Linnaea borealis, Saxifraga* cf. *oppositifolia, Shepherdia canadensis* u. a.); Massachusetts: ARGUS und DAVIS *(Salix herbacea, Dryas integrifolia, Vaccinium uliginosum* cf. var. *alpina, Betula glandulosa?, Polytrichum juniperinum, P. piliferum).* Schon damals scheint also die Vegetation in Abhängigkeit von der Klimatönung in kontinentalere und ozanischere Typen gegliedert gewesen zu sein. Der häufige spätglaziale Nachweis von *Ephedra*- und *Sarcobatus*-Pollen kann jedoch nach MAHER nicht als Hinweis auf ehemalige Steppen verwandt werden, da diese beiden Pollentypen noch heute sehr stark über weite Entfernungen und in große Höhen verweht werden.

Ein besonderes spätglaziales Problem des nördlichen Teiles der USA stellt der relativ hohe und konstant auftretende Anteil von Pollen thermophiler Gehölzarten dar, der in den Schichten der Fichtenphase (Ältere Tundrenzeit und Two Creeks-Alleröd-

Interstadial) und in der anschließenden Kiefernphase (Jüngere Tundrenzeit und Beginn des Postglazials) in weiten Gebieten beobachtet wird. Es scheint damit gerechnet werden zu müssen, daß in das damalige Waldland an edaphisch und geländeklimatisch besonders günstigen Standorten Bestände aus *Quercus*, *Ostrya/Carpinus*, *Corylus*, *Carya* u. a. vorgestoßen waren, daß aber neben ihnen in dem sonst vorherrschenden Nadelwald an trockenen Standorten auch noch Inseln einer steppenartigen Vegetation zu finden waren [CUSHING; FARNHAM, MCANDREWS und WRIGHT; WHITEHEAD und BENTLEY; KAPP und GOODING (2); SEMKEN, MILLER und STEVENS; WRIGHT (2); WEST].

d) Postglazial im nordost-amerikanischen Waldland. Vor der Besiedelung von Martha's Vineyard durch europäische Siedler war dort sehr wahrscheinlich ein geschlossener Hochwald verbreitet, in dem die Bedeutung von *Carya*, *Quercus*, *Nyssa* und *Fagus* größer als gegenwärtig war. Dieser Wald ist durch die europäischen Siedler schnell degradiert und zurückgedrängt worden [OGDEN (1)]. Ähnliche Störungen der natürlichen Waldvegetation seit dem 17. Jahrhundert zeigen auch die Untersuchungen HEUSSERS (3) an *Chamaecyparis*-Sümpfen im nordöstlichen New Jersey. Darüber hinaus lehren diese Analysen, daß der boreale Lärchen-Fichten-*Tsuga* Wald der höheren Teile dieses Gebietes wahrscheinlich erst um die Zeitenwende eingewandert ist und daß die den Sümpfen bis vor kurzem einen so eigentümlichen Habitus verleihende *Chamaecyparis thyoides* vermutlich erst im 13. und 15. Jahrhundert während einer Klimabesserung von Süden her einwandern konnte. Nach SEARS (2) verdanken die gegenwärtigen *Tsuga*-, *Carya*- und *Fagus*bestände an der Küste Connecticuts einer gegen 3000 v. h. einsetzenden Klimaverschlechterung ihre weite Verbreitung, auf Kosten der vorher dominanten Eichen.

e) Das letzte Interglazial im Nordostteil der Vereinigten Staaten. Im südöstlichen Indiana ist ein kräftig entwickelter fossiler Boden verbreitet, der z. T. etwas torfig ausgebildet ist [KAPP und GOODING (1)]. Diesem Horizont scheint auf Long Island der „Gardiner's Clay" stratigraphisch ungefähr zu entsprechen, der auf der interglazialen „Pamlico-Terrasse" ansteht (DONNER). Innerhalb des Gardiner's Clay läßt sich die folgende Vegetationsentwicklung ablesen: 1. Kiefern-Fichten-Phase; 2. *Quercus* (bis 50%)-*Fagus* (bis 10%)-*Carya* (bis 8%)-Phase; 3. *Pinus-Picea-Betula*-Phase. Der letzte Teil des Interglazials ist hier nicht mehr erfaßt (DONNER). Er fehlt auch weitgehend im südöstlichen Indiana, wo die Waldentwicklung insgesamt reicher gegliedert war: 1. *Pinus-Picea*-Phase; 2. *Pinus*-Phase; 3. Zunehmende Bedeutung der Harthölzer und der Strauchvegetation, auf Kosten von *Pinus* und *Picea;* 4. Maximum der Harthölzer, und zwar besonders von *Quercus* und *Carya* (beide jeweils um 40%); dazu eine große Fülle anderer thermophiler Laubhölzer; 5. Übergang zu der Nadelwaldphase, fehlt in diesen Diagrammen; 6. *Picea-Abies-Pinus*-Phase. Der hohe Artenreichtum der Waldvegetation während des Klimaoptimums des Sangamon-Interglazials dieses Gebietes wird von KAPP und GOODING (1) durch die damals stärkere Zerschneidung des Reliefs und die infolgedessen größere Zahl verschiedener Biotope erklärt.

f) Nordamerikanische Trockengebiete. Bekanntlich zeichneten sich die Eiszeiten in geringeren geographischen Breiten vielfach durch einen verbesserten Wasserhaushalt der Natur aus, und FLINT (2) ist davon überzeugt, daß mindestens die letzte dieser feuchten Phasen (Pluvial) mit der Letzten Eiszeit synchron verlaufen ist. Einen sehr einleuchtenden Beweis für die Richtigkeit dieser Annahme lieferte die Arbeit von STUIVER über junge Salzvorkommen im Gebiet des Searles Lake im Wüstengebiet Südost-Californiens. Hier stehen zwei Salzlager an, getrennt voneinander durch den "Parting Mud". Das obere Salzlager datiert aus der Zeit von rund 10000 bis 6500 v. h. Der parting mud wurde zwischen 24200 und 10200 v. h. abgelagert, wobei besonders hohe Sedimentationsgeschwindigkeiten (d. h. eine besonders feuchte Klimaphase) zwischen 19000 und 14000 v. h. erreicht worden sind. Die Sedimentation des Unteren Salzlagers erfolgte in der Zeit von 32700 bis 24200 v. h., wiederholt unterbrochen von Phasen eines feuchteren Klimas. Eine weitere Trockenzeit dürfte gegen 48000 v. h. eingetreten sein. Die Sedimentation des unteren Salzlagers fand damit gleichzeitig mit dem Paudorf-Interstadial Europas statt! Die Zeit der Sedimentation des parting mud entspricht aber dem Höchststand der Letzten Eiszeit, oder dem "classical Wisconsin". Zu dieser Zeit war in dem Gebiet zwischen dem Colorado-Plateau und dem Nordabfall der Sierra Nevada Occidental an die Stelle der heutigen Wüsten-Vegetation ein Waldland oder eine Nadelholz-Savanne aus *Pinus ponderosa* getreten, möglicherweise mit einem gewissen Anteil an *Picea, Abies* und *Pseudotsuga* (MARTIN). Eine entsprechende Waldvegetation wird auch von SEARS und ROOSMA aus Nevada beschrieben. Daß diese pluviale Phase nicht nur durch höhere Niederschläge, sondern auch durch abgesenkte Temperaturen ausgezeichnet war, lehren die Beobachtungen von BENT und WRIGHT über die damalige Depression der oberen Waldgrenze um mindestens 2500 ft. in den Chuska Mountains, New Mexiko, und diejenigen von MARTIN, SABELS und SHUTLER über die Geschichte der Dornsavannen- und Gehölzvegetation im Grand Canyon. Erst gegen 10000 v. h. wanderte die heutige Wüstenvegetation nach Süd-Arizona ein. Im Großen ist sie dort seither unverändert geblieben, abgesehen von einer etwas stärkeren Ausdehnung der an feuchtere Standorte angepaßten Compositen-Vegetation, sowie der für erhöhte Sommerregen charakteristischen *Kallstroemia* und der *Nyctaginaceae*, wie aber auch der Eichenbestände, in der Zeit von 8000 bis 4000 v. h. Diese Beobachtungen lassen bessere Niederschlagsverhältnisse innerhalb der postglazialen Wärmezeit erkennen. Vielleicht liegt in diesen hygrischen Veränderungen auch die Ursache für den gleichzeitig (5040 $\pm$ 95 v. h.) höheren Baumpollenanteil im Dünengebiet Nebraskas, durch den dieser Abschnitt gegenüber der anschließenden ausgeprägten Phase einer weiträumigen Prärievegetation deutlich verschieden ist. SEARS (1) erwägt allerdings die Möglichkeit eines relativ kühlen Atlantikums in Nord-Amerika, im Gegensatz zu den europäischen Verhältnissen.

g) Süd-Amerika. Es wird gewöhnlich vermutet, daß die pleistozänen Klimaschwankungen im innertropischen Bereich von geringer Intensität gewesen seien, so daß sich dort die Vegetation schon seit langem ungestört habe entwickeln können (etwa: KOEPCKE für die peruanische Westküste). Es ist daher von ganz besonderer Bedeutung, daß in Südamerika und in Afrika (vgl. S. 457) die so viel versprechenden Pollenanalysen fortgesetzt werden konnten, bei denen deutlich geworden ist, daß auch dort die Vegetation durch die Klimaschwankungen des Eiszeitalters tiefgreifend beansprucht worden ist. Hier ist die Arbeit von VAN DER HAMMEN und GONZALEZ besonders zu erwähnen, aus der der wiederholte Wechsel zwischen der offenen kaltzeitlichen Gramineen-Vegetation und dem meist von *Alnus* bestimmten Wald der Interglaziale in der 2600 m hoch gelegenen Sabana de Bogotá klar hervorgeht. Eine Abweichung von dieser Regel macht nur die Letzte Eiszeit, während der in dem Gebiet eine Waldvegetation gedieh, gekennzeichnet durch *Alnus* und *Quercus*. Die Verff. sehen den Grund für diese Abweichung in der erst mit Beginn der vorletzten Eiszeit zögernd von Norden her erfolgenden Einwanderung der kälteresistenten *Quercus*-Bestände, die während der Letzten Eiszeit in starkem Maße an die Stelle der bedeutend thermophileren *Weinmannia*-Bestände treten konnten. Möglicherweise umfaßt die hier besprochene Tiefbohrung die Sedimentation des gesamten Quartärs, seit dem Ende des Reuver. Ein weiteres interessantes Detail dieser Untersuchung ist, daß sich in dem frühquartären Abschnitt ein sehr mächtiger Horizont abzeichnet, der floristisch auf eine Warmzeit schließen läßt, die aber kühler gewesen zu sein scheint, als die übrigen Interglaziale. Verff. erwägen hier die Möglichkeit eines Interstadials der Mindel-Eiszeit. Daß die Beobachtungen über beachtliche Veränderungen in der tropischen Vegetation während des Eiszeitalters nicht vereinzelt dastehen, ist bereits früher in Hinblick auf den bedeutenden letzteiszeitlichen Wandel in der Küstenvegetation von Britisch-Guayana gezeigt worden („Fortschritte", 25, S. 175). VAN DER HAMMEN (3) legte jetzt ausführlich die Ergebnisse dieser Untersuchung vor. Darüber hinaus zeichnet sich aber auch in den Llanos Orientales seit dem Spätglazial der Wechsel von artenarmen Gras-Savannen über die postglazialen Wälder mit nur vereinzelten Savannen-Inseln zu den gegenwärtigen, anscheinend vom Menschen wesentlich geförderten Savannen dieses Gebietes ab [VAN DER HAMMEN (2)]. Schließlich sind noch pollenanalytische Untersuchungen VAN DER HAMMENs (1) aus einem in 3800 m Höhe gelegenen Kar der Cordillera Oriental Columbiens zu erwähnen: Hier folgte auf eine sehr waldarme Zeit, die ungefähr dem Beginn des europäischen Subboreals entsprochen haben dürfte (errechnet aus der Sedimentationsgeschwindigkeit) noch im Subboreal eine Phase beträchtlichen Anstiegs der Waldgrenze, besonders aus *Quercus* und *Alnus*. Die Ursache hierfür dürfte in besonderen thermischen und hygrischen Verhältnissen liegen. Etwa gleichzeitig mit der Grenze Subboreal/Subatlantikum in Europa sank die Waldgrenze wieder ab. Diese Verlagerungen der Waldgrenze scheinen nichts mit dem zwischen 300 bis 600 v. Chr. und 1200 n. Chr. in den tieferen Regionen praktizierten, ausgedehnten Maisanbau zu tun zu haben.

2. Das Quartär in Nord- und Ost-Asien

a) Postglazial. Wie schon eingangs betont, kommt nicht nur in Europa und Amerika, sondern auch in Nord-Asien der Gliederung der Letzten Eiszeit und der hiermit zusammenhängenden Vegetationsgeschichte dieses Zeitraumes eine große Bedeutung zu. Darüber hinaus eröffnen sich durch die Einführung der Altersbestimmung nach der C^{14}-Methode auch für das Postglazial Nord-Asiens neue Möglichkeiten, festgefahrene, z. T. recht widerspruchsvolle Ansichten besser begründet erneut zu diskutieren. In dieser Beziehung sind Untersuchungen von LAVRUŠIN, DEVIRC, GITERMAN und MARKOVA, sowie von VINOGRADOV, DEVIRC, DOBKINA und MARKOVA beachtenswert, bei denen gezeigt werden konnte, daß die ältesten postglazialen Zeugen eines Vorstoßes baumförmiger Birken, Erlen und von Lärchen in die heutige Tundra am Unterlauf der Indigirka aus der Zeit von ungefähr 9000 v. h. datieren; die jüngsten Reste dieser Ausdehnung des Waldes haben aber ein Alter von 3470 ± 170 Jahren v. h.: Der Waldvorstoß, der früher z. T. als in das letzte Interglazial gehörig angesehen worden ist, erfolgte dort demnach synchron mit der postglazialen Wärmezeit Europas, und zur selben Zeit trat dort der Klima-Umschwung des Subatlantikums ein. Bemerkenswerterweise kann auch aus den nordöstlichen Pamiren (Gebiet des Kara-Kul) eine beträchtliche wärmezeitliche Anhebung der oberen Verbreitungsgrenze von *Eurotia ceratoides*, *Betula* und *Juniperus* nachgewiesen werden, die von BUTOMO, RANOV, SIDOROV und ŠILKINA – jedoch mir unverständlich – als Ergebnis einer seither erfolgten Hebung des Gebirges um 600–700 m gedeutet wird. Angesichts dieser Beobachtungen erscheint es wenig wahrscheinlich, daß im Nordteil der Westsibirischen Tiefebene ausgerechnet das postglaziale Klimaoptimum wegen einer hohen Kontinentalität des Klimas eine Zeit beträchtlicher Frostbodenbildungen gewesen sei, deren Wirksamkeit jedoch unter dem kalt ozeanischen Klima des Subatlantikums beträchtlich abgenommen habe (POPOV und SMIRNOVA).

b) Letzte Eiszeit. Nach verbreiteter Ansicht war der Zeitraum zwischen dem Kazancev-Interglazial, das mit dem Eem-Interglazial synchronisiert wird, und dem Postglazial in zwei Kaltzeiten (ältere: Zyrjanka-Kaltzeit; jüngere: Sartan-Kaltzeit) und eine Warmzeit (Karginsker Warmzeit) gegliedert (vgl. „Fortschritte", **25**, S. **178**, **182**). Nach dieser Anschauung nimmt die Karginsker Warmzeit dieselbe stratigraphische Position ein, wie in Ost-Europa das hypothetische Mologo-Šeksninsker Interglazial und in Mittel-Europa das Göttweig-Interstadial („Fortschritte", **26**, S. 114ff.). Es scheint nun so, als käme bei der Klärung dieser wichtigen Frage dem Gebiet in der Umgebung von Irkutsk eine hohe Bedeutung zu. Dort stehen nämlich nach den übereinstimmenden Beobachtungen von GOLUBEVA und RAVSKIJ; RAVSKIJ, ALEKSANDROVA, VANGENGEJM, GERBOVA und GOLUBEVA, sowie LOGAČEV, LOMONOSOVA und KLIMANOVA in Hanglehmen und Lößlehmen auf mittelpleistozänen Flußterrassen vier fossile Böden an. Von diesen ist der zweitunterste eine außerordentlich kräftig entwickelte Schwarzerde, die nach ihrer stratigraphischen Lage nur aus dem letzten Interglazial (Kazancev) stammen kann. Der darunter anstehende älteste Boden ist weniger deutlich, zumal da er noch durch fossile Bodenfrosterscheinungen beträchtlich gestört wird. Dieser Boden wird in das Messov-Samburg-, d. h. in das Saale-Warthe-Interstadial gestellt. Bei den beiden oberhalb der interglazialen Schwarzerde in Lößlehmen entwickelten Böden handelt es sich um z. T. recht kräftige Humushorizonte, die nachträglich vergleyt sind. Zwischen ihnen und der fossilen Schwarzerde sind Spuren kräftiger fossiler Bodenfrosterscheinungen zu erkennen. Erst oberhalb des obersten Humushorizontes steht echter Löß an. Die Verhältnisse gleichen demnach denjenigen Niederösterreichs oder der Tschechoslowakei verblüffend. Sie zeigen, daß auf das letzte Interglazial zunächst abwechselnd kühlere und wärmere Phasen gefolgt sind, deren wärmste Abschnitte wahrscheinlich stets wesentlich kühler als das Postglazial gewesen sind. Erst nach diesen Wärmeschwankungen setzte der Höhepunkt der Letzten Eiszeit ein, mit beträchtlicher Lößakkumulation und vielfach auch mit der Bildung von Eiskeilnetzen. Falls diese Beobachtungen zutreffen, dann verbleibt für die oben geschilderte hypothetische Gliederung der Letzten Eiszeit dieses Raumes in die Zyrjanka-Kaltzeit, die Karginsker Warmzeit und die Sartan-Kaltzeit in der bisher meist geforderten Form kein Platz mehr. Hierfür spricht auch, daß der Sartan-Vorstoß des Eises selbst in den Putoran-Bergen des Nordwestteiles Mittel-Sibiriens nur außerordentlich gering war, so daß er von VAS'KOVSKIJ (2) dem Salpaussälkä-Stand des nordeuropäischen Eises gleichgesetzt wird (ebenso unter Vorbehalt: LAVRUŠIN, DEVIRC, GITERMAN und MARKOVA). Andererseits weist in dieselbe Richtung die häufig zu machende Beobachtung, daß Sedimente, die aus stratigraphisch zwingenden Gründen in eine Wärmephase der Letzten Eiszeit gestellt werden müssen, bisher in der Regel nur einen unbedeutenden Vorstoß des Birkenwaldes oder eines recht artenarmen lichten Nadelwaldes in das ehemals vom Wald geräumte Gelände erkennen lassen (neben der genannten Literatur vgl. noch CEJTLIN). In der Mehrzahl der Fälle, in denen von einem beträchtlichen Vorstoß der Taiga auf das Gebiet der heutigen Tundra oder aber im Süden von einer starken Ausdehnung südlicher Taigatypen berichtet wird, die während des vor mehr als 24500 Jahren v. h. erfolgten „Karginsker Interglazials" (!) [ŠEVELEVA (1, 2); KIND] eingetreten sein sollen, sind die stratigraphischen Verhältnisse der Fundorte allerdings so zweifelhaft, daß mit Verwechslung mit wesentlich älteren und jüngeren Sedimenten gerechnet werden muß (vgl. die genannte Literatur, sowie GAKKEL und KOROTKEVIČ für Nord-Jakutien).

Die während der extremen Kaltzeiten der Letzten Eiszeit in Nord-Asien verbreiteten wichtigsten Vegetationstypen sind bereits in „Fortschritte" **23**, S. 144 und **25**, S. 182ff. ausführlich erläutert worden, so daß hier lediglich weitere Ergänzungen angegeben zu werden brauchen: Flußgebiet der Unteren Tunguska: CEJTLIN; Umgebung von Irkutsk: LOGAČEV, LOMONOSOVA und KLIMANOVA; Südteil Ost-Sibiriens: GOLUBEVA und RAVSKIJ; RAVSKIJ, ALEKSANDROVA, VANGENGEJM, GERBOVA und GOLUBEVA; Jakutien: GITERMAN; GAKKEL und KOROTKEVIČ; VAS'KOVSKIJ; Tschuktschen-Halbinsel: PETROV; Vergletscherungen des Kirgisischen Alatau und des Kungei-Alatau: MAKSIMOV und OCHOTNIKOV; Eiszeiten in China: KOZARSKI.

c) Das Quartär vom Beginn der maximalen Eiszeit bis zum Beginn der Letzten Eiszeit. Die gerade erwähnten Arbeiten enthalten ebenfalls reiche Angaben über die verschiedenen Typen der Vegetation Sibiriens während des Letzten Interglazials. Darüber hinaus verdankt man GITERMAN, sowie GITERMAN, GOLUBEVA, ZAKLINSKAJA, KORENEVA und MATVEEVA kartographische Darstellungen der Vegetationszonierung während des Klimaoptimums des Letzten Interglazials dieses Raumes. Hierbei wird deutlich, daß das Areal der Tundra beträchtlich eingeschränkt war, denn im Nordteil West-Sibiriens hatten die Waldtundra oder lichte Nadelwälder mit *Picea* und *Betula nana* die Tundra verdrängt, östlich des

Jenisseij waren aber Bestände aus *Alnus*, *Betula* und *Larix* weit auf das Gebiet der heutigen Tundra vorgestoßen. Bislang sind weite Teile der quartären Vegetationsgeschichte der in florengeographischer Beziehung so interessanten Halbinsel Kamtschatka weitgehend unerforscht. Daher werden zwei Arbeiten von Kuprina und Skiba (1, 2) sehr begrüßt, aus denen hervorgeht, daß in der zentralen Senke dieser Halbinsel wahrscheinlich während des Kazancev-Interglazials (besser: „Krutojar-Interglazial") stets Wälder aus *Picea* Sect. *Eupicea* und Sect. *Omorika* sowie *Abies* geherrscht hatten, begleitet an den Berghängen von *Betula*- und *Larix*-Wäldern [Kuprina und Skiba (2)]. Aus einer wesentlich älteren pleistozänen Warmzeit stammen aber aus demselben Gebiet in weit verbreiteten blauen Tonen gefundene Pollenfloren, die auf artenarme *Larix*- und *Betula-Larix*-Wälder schließen lassen, ohne Beteiligung von *Picea* und *Abies* [Kuprina und Skiba (1)]. Dies ist recht bemerkenswert, denn dann muß angenommen werden, *Abies* sei erst in einem späteren Abschnitt des Pleistozäns eingewandert, sei somit dort nicht als Tertiärrelikt zu betrachten. Das Alter dieser Warmzeit, deren Klima kälter als das der Gegenwart gewesen zu sein scheint, ist unbekannt.

Bei den bisher erwähnten Interglazialvorkommen sind in der Regel nur kurze Abschnitte der Warmzeit erfaßt worden, ohne daß es gelungen ist, eine detaillierte Gliederung der Vegetationsgeschichte zu geben. Es muß daher einem zukünftigen Bericht in den „Fortschritten" vorbehalten bleiben, dieses Problem sorgfältiger weiter zu verfolgen.

Analog den europäischen Verhältnissen erhebt sich auch in Sibirien die Frage nach der möglichen Aufteilung der maximalen Eiszeit (hier als Samarov-Eiszeit bezeichnet) in zwei selbständige Eiszeiten (vgl. Tabelle in „Fortschritte" **25**, S. 178). Kapljanska, Tarnogradskij und Vangengejm teilen nun eine in dieser Beziehung interessante Beobachtung vom Unterlauf der Tavda mit (Ort: Nižnjaja Tavda): Hier ist die 3. Terrasse in die Sedimente des maximalen Vorstoßes der Samarov-Eiszeit eingeschnitten; flußaufwärts verzahnt sich aber diese Terrasse mit den glazigenen Sedimenten der Taz-(Warthe-)Vereisung. In den Altwasser- und Auensedimenten der 3. Terrasse, deren Alter unabhängig von der geomorphologischen Situation durch *Mammuthus primigenius* (früher Typ), *Coelodonta antiquitatis* und *Bison priscus* cf. *longicornis* festgelegt wird, wurde eine Pollenflora gefunden, die den Wechsel von einer initialen Waldsteppenphase mit viel *Artemisia*, *Chenopodiaceae* und *Gramineae* sowie *Pinus haploxylon* und *Betula* zu einer *Pinus-Waldphase (Pinus diploxylon, P. haploxylon* und *Picea)* erkennen läßt. Diese leitete schließlich über eine *Alnus*- und *Betula*-Phase in die anschließende Taz-kaltzeitliche *Artemisia*- und *Chenopodiaceae*-Steppenphase. Sollten die stratigraphischen und geomorphologischen Beschreibungen zutreffen, dann bezeichnet die *Pinus*-Waldphase tatsächlich das Klimaoptimum der Warmzeit zwischen Samarov- und Taz-Vorstoß. Ob dieser insgesamt aber recht arme Wald interglaziale Verhältnisse anzeigt, scheint bei der Lage des Gebietes in der Nähe eiszeitlicher Refugien in Kazachastan und im Mittleren und im Süd-Ural doch recht zweifelhaft.

Leider helfen in dieser Beziehung auch nicht die übrigen in der bereits erwähnten umfangreichen Literatur enthaltenen zahllosen Angaben weiter, da die stratigraphische Zuordnung in denjenigen Fällen, in denen von einer damaligen beträchtlichen Erwärmung gesprochen wird, zu wünschen übrig läßt. Möglicherweise sind aber für die Zukunft von einer Fortsetzung der eben erst begonnenen systematischen Untersuchung fossiler Böden [Rudnyj Altai: KRIGER; Oberlauf des Ob: RJASINA (1, 2); MALOLETKO] und der fossilen Frostbodenerscheinungen [Gebiet von Krasnojarsk: ŠEVELEVA (3)] wesentliche Fortschritte zu erwarten.

Zahlreiche Einzelheiten über die Vegetation Sibiriens während der Taz- und der Samarov-Vereisung erfährt man aus den Abhandlungen von PETROV (Tschuktschen-Halbinsel), VAS'KOVSKIJ (Nordost-Sibirien), GAKKEL und KOROTKEVIĆ (Nord-Jakutien), GITERMAN (Jakutien), RAVSKIJ, ALEKSANDROVA, VANGENGEJM, GERBOVA und GOLUBEVA (Süd-Sibirien), LOGAČEV, LOMONOSOVA und KLIMANOVA (Umgebung von Irkutsk), CEJTLIN (Flußgebiet der Unteren Tunguska), ŠEVELEVA (3); (Mittellauf des Jenisseij bei Krasnojarsk), RJASINA (1); (Oberlauf des Ob), MIZEROV und VOTACH (Unterlauf des Čulym), MALOLETKO (nordwestliches Vorland des Altai), ADAMENKO (Mündung von Bija und Katun im Nordwesten des Altai), ČUMAKOV, JARMIZIN, NOVIKOV und MAKAROVSKIJ (Rudnyj Altai), RAKOVEC und ŠMIDT (Altai), SAMSONOV (*Salix-*, *Populus-* und *Myricaria*-Bestände an grundwassernahen Stellen West-Turkmeniens). Auf die in diesen Arbeiten vorgelegten Ergebnisse sei hier nicht näher eingegangen.

d) Das Quartär vor der maximalen Vereisung. Schon früher hatte VASIL'EV (1, 2) die Ansicht vertreten, in der pleistozänen Vegetationsgeschichte Ost- und Mittel-Sibiriens seien keine den europäischen und amerikanischen Verhältnissen vergleichbare einschneidende Veränderungen vorgekommen, sondern die Vegetation habe sich dort seit dem Tertiär ungestört entwickeln können, bis schließlich im Postglazial wesentliche Klimaverschlechterungen und damit tiefgreifende Umgruppierungen in der Vegetation aufgetreten seien. Diese sicherlich haltlose Hypothese lebt neuerdings in Arbeiten von GITERMAN; RAVSKIJ, ALEKSANDROVA, VANGENGEJM, GERBOVA und GOLUBEVA, sowie von LOGAČEV, LOMONOSOVA und KLIMANOVA z. T. wieder auf. Es geht hierbei darum, daß es offenbar schwierig ist, in Süd- und Ost-Sibirien zweifelsfreie kaltzeitliche Bildungen zu finden, die älter als die Samarov-Eiszeit sind, zumal da sich die stark verwitterte älteste „Moräne" des Altai (u. a. RAKOVEC und ŠMIDT) als nicht-glazigenen Ursprungs erwiesen hat (LISKUN; DEVJATKIN: Pollenflora eines *Pinus silvestris* – *P. sibirica* – *Picea*-Waldes in dieser „Moräne" am Kubardu!).

Nach LEVINA läßt aber die Pollenflora lakustriner und fluviatiler Sedimente unterhalb der äußersten Grenze der Samarov-Moräne am Jenisseij einen typisch pleistozänen Vegetationswechsel erkennen, der von einer ältesten Kräuter- und Gramineen-Vegetation mit *Lycopodium appressum* und nur sehr wenig *Betula*, *Alnus* und *Salix* über eine anschließende zweigeteilte Waldphase bis hin zu der Eisrand-nahen offenen Vegetation aus anfänglich viel Kräutern, *Artemisia* und Chenopodiaceen, später aber besonders *Betula nana* und vielen *Bryales* zur Zeit der Samarov-Eiszeit führte. Die offenbar interglaziale Waldzeit umfaßte eine intiale *Picea-* und *Pinus sibirica*-Phase, in der die Bedeutung von *Betula*-Hainen höher als gegenwärtig war, und eine terminale *Betula*-Phase mit kräftigem Moorwachstum. Beide Waldphasen waren durch eine Zeit weiter Verbreitung der offenen Vegetation mit viel *Chenopodiaceae* voneinander getrennt. Nach Lage der Dinge kann es sich bei den beiden Waldphasen nur um das Tobol-(Holstein-)Interglazial handeln, das ja auch nach Ansicht von RUSKE in Mitteldeutschland zweigeteilt war. Die älteste offene Vegetation datiert aber vermutlich aus der vorangegangenen Kaltzeit, der Jarska-Eiszeit (sensu ŠACKIJ, vgl. „Fortschritte" **25**, S. 178, Tabelle 1, Spalte 2), aus der von MALOLETKO von Jarskoe bei Tomsk Makrofossilien von *Selaginella selaginoides, Larix* sp., *Potamogeton alpinum, Betula nana, Potentilla nivea, Arctostaphylos* sp. u. a. erwähnt wurden. Bereits vor der Samarov-Eiszeit muß demnach auch in Sibirien mindestens eine bedeutende Kaltzeit eingetreten sein, auf die auch nach den Beschreibungen von RAVSKIJ, ALEKSANDROVA, VANGENGEJM, GERBOVA und GOLUBEVA das Vorkommen fossilen Bodeneises und sehr alter Tundren-Steppenphasen im Barguzintal, sowie einer tiefhinabreichenden „Moräne" im Chilkok-Tal im Westteil Transbaikaliens schließen lassen. Aus dem vorausgegangenen Cromer-Interglazial (faunistisch belegt) erwähnten ČUMAKOV sowie ČUMAKOV, JARMIZIN, NOVIKOV und MAKAROVSKIJ vom Rudnyj Altai Pollenfloren eines *Pinus sibirica-Picea-Abies*-Waldes, mit wenig *Quercus, Ulmus* und *Osmundaceae.*

Ob noch ältere Kaltzeiten in Sibirien zweifelsfrei nachweisbar sein werden, muß die zukünftige Forschung erweisen. Immerhin fällt auf, daß erneut aus mehreren Landschaften Berichte über einschneidende, sehr frühe pleistozäne Veränderungen in der Pflanzendecke beigesteuert werden. So läßt die wahrscheinlich in das Villafranchien gehörende Kyzylgir-Serie der Čuja-Senke im südöstlichen Altai (faunistisch belegt) einen Vegetationswandel erkennen, der von Nadelwäldern aus *Pinus haploxylon* und *P. diploxylon, Picea, Abies, Tsuga diversifolia* und einer Reihe thermophiler Coniferen und breitblättriger Gehölze zu den späteren *Picea* (40–80%)-*Tsuga* (10–35%)-*Abies*- und *Larix*-Wäldern, mit *Pinus* und *Betula* aber fast ohne alle thermophilen Arten führte (DEVJATKIN). Analoge Veränderungen beschrieb ALEKSANDROVA aus dem Barguzin-Tal im westlichen Transbaikalien, wo die an thermophilen Nadel- und Laubhölzern reichen Nadelwälder der kohleführenden Serie nach Akkumulation der später noch zu besprechenden ockerfarbenen Sedimente in artenarme Nadelwälder übergegangen sind, die im wesentlichen von *Picea*, daneben aber auch von *Pinus, Alnus, Betula* und vereinzelt *Tsuga* beherrscht wurden. Aus Nord-Korea beschrieb MEŽVILK eine sehr artenarme *Picea-Pinus-Alnus-Betula*-Waldvegetation, mit viel *Polypodiaceae* (Čilposan-Komplex). VAS'KOVSKIJ (2) setzte seine interessanten Untersuchungen über die Vegetationsgeschichte des Frühpleistozäns in Nordost-Asien fort. Danach entsprechen dem Ermanov-Horizont Kamtschatkas („Fortschritte" **25**, S. 177 und POGOŽEV, GOLJAKOV und ARSANOV) an der Penžina-Bucht der „nižnegusinskij" und der „verchnegusinskij-Komplex". Die zuerst genannte Schichtserie wird durch Makrofossilien von *Picea anadyrensis, Pc. hondoensis, Pc. vitjasii, Pc. camtschatica, Pc. antiqua, Pinus itelmenorum, P. monticola, P.* ex Sect. *Strobus, Pseudotsuga magadanica, Tsuga* sp. *Metasequoia disticha, Juglans cinerea* und *Corylus* sp. gekennzeichnet. Diese artenreiche Flora wurde anscheinend infolge einer beträchtlichen Klimaverschlechterung während der Bildung des „verchnegusinskij-Komplex" von einer bedeutend artenärmeren Flora abgelöst: *Picea hondoensis, Pc. anadyrensis, Pc. bilibini, Pinus monticola, Tsuga minuta, Larix leptolepis*. Spuren einer ältesten Vereisung, die die Schichten dieser beiden Floren voneinander trennte, sollen angeblich wiederholt dort gefunden worden sein. VAS'KOVSKIJ hatte schon früher (1) einen Teil der Flora des Ermanov-Horizontes mit der der Mamontova Gora am Unterlauf des Aldan verglichen. Nach neueren Untersuchungen von DOROFEEV und TJULINA muß die dortige Flora aber in das Mittel- bis Obermiozän gestellt werden (vgl. auch VČERAŠNJAJA), wenn sich auch in dem erwähnten sehr mächtigen Aufschluß pollenanalytisch ein langsamer Übergang von der tertiären zu der nur unvollkommen bekannten frühpleistozänen Waldvegetation abzeichnet (BOJARSKAJA). – Ebenfalls in das unterste Pleistozän dürfte eine Makrofossilienflora der Deljankir-Senke am Oberlauf der Nera (Flußgebiet der Indigirka) gehören, in der neben *Picea pacifica, Azolla* Sect. *Rhizosperma, Decodon gibbosus* und *Epipremnum crassum* immerhin schon *Larix dahurica, Selaginella selaginoides* und *Calla palustris* vorkamen (BARANOVA). Und schließlich gehören hierhin Pollenfloren vom Oberlauf der Indigirka (Flüßchen Promežutočnyj), die den Übergang von einer an *Polypodiaceae* und Sphagnen sehr reichen *Picea-Pinus (haploxylon* und *diploxylon)*-Vegetation mit *Tsuga, Betula, Alnus, Juglandaceae, Corylus* u. a. zu der *Pinus haploxylon-Picea-Tsuga*-Taiga erkennen lassen (LOŽKIN). Die eingetretene Florenverarmung infolge einer frühpleistozänen beträchtlichen Klimaverschlechterung wird aus den skizzierten Befunden recht deutlich, zumal wenn der jungtertiäre Ausgangspunkt dieser Vegetationsentwicklung berücksichtigt wird, auf den hier nur verwiesen werden kann: Korjaken-Gebirge: VASILEVSKAJA, EGIAZAROV, KRIŠTOFOVIČ und PUČUGINA; Kurilen: VERGUNOV und PRJALUCHINA; Westsibirische Tiefebene: ŠACKIJ und JUŠIN; KUL'KOVA; GORBUNOV; DOROFEEV.

Es ist sehr zu begrüßen, daß aus dem florengeschichtlich so wichtigen Gebiet der Hyrkana neue frühquartäre Florenfunde bekannt geworden sind: Im Westteil des Bozdag (Aserbaidschanische SSR) sammelte BAŠIROV in Tonen des unteren Apšeron *Typha* sp., *Arundo* sp., *Salix cinerea, S. alba, Populus hyrcana, Pterocarya pterocarpa, Juglans regia, Alnus subcordata, Corylus colurna, Pyracantha coccinea, Buxus sempervirens, Acer velutinum, A. tataricum, Vitis silvestris, Tilia platyphyllos, Daphne* cf. *cneorum, Punica granatum, Rhododendron luteum* u. a.; GABRIELJAN beschrieb aber aus den etwas älteren Akčagyl-Sedimenten am Zangezur vorherrschend *Quercus iberica*, viel *Acer ibericum, Populus hybrida, Celtis caucasica, Fraxinus oxycarpa, Acer laetum, Ulmus foliacea, Berberis vulgaris, Carpinus betulus, Myriophyllum spicatum* u. a. (vgl. auch MKRTČJAN). Etwa gleichalte Bryoflora des Kaukasus, čaudinsker Horizont: ABRAMOVA und ABRAMOV (fast identisch mit der heutigen desselben Gebietes!). Gleichalte Savannenfaunen Aserbaidschans: BURČAK-ABRAMOVIČ.

Oben wurde bereits darauf hingewiesen, daß in den frühquartären Sedimenten (eopleistozäne Sedimente der neueren russischen Terminologie) Süd-Sibiriens wiederholt ockerfarbene, an anderen Stellen aber auch leuchtend rot gefärbte Sedimente anstehen, meist gebildet aus einer tonigen Grundmasse, mit vorherrschend Montmorillonit, und zahllosen wenig gerundeten gröberen Blöcken, die sehr stark angewittert sind. Diese rotgefärbten Sedimente werden im gesamten Süd-Sibirien lokal beobachtet, und ihr Verbreitungsgebiet erstreckt sich nach Norden bis zu den nördlichen Nebenflüssen des Wiljuij. Im Westteil Trans-Baikaliens enthalten sie eine *Hipparion*-Fauna mit *Dicerorhinus, Gazella* cf. *sinensis, Mimomys* ex gr. *redii-pusillus* u. a. (ALEKSANDROVA, VANGENGEJM, GERBOVA, GULUBEVA und RAVSKIJ). Diese Fauna verweist die sie enthaltenden Sedimente in das älteste Pleistozän und läßt an Savannen denken. Eine derart weite Verbreitung frühpleistozäner Savannen ist aber mit dem gegenwärtigen Stand unserer Kenntnis von der damaligen weithin vorherrschenden, immerhin noch recht artenreichen Waldvegetation Mittel-Sibiriens nicht vereinbar. LOGAČEV, LOMONOSOVA und KLIMANOVA verdankt man den in dieser Beziehung interessanten Nachweis von Wald-Pollenspektren in den roten Sedimenten zwischen Marcha und Tjung, zwei nördlichen Nebenflüssen des Wiljuij, wie aber auch die Beobachtung, daß diese roten Sedimente nur in der Umgebung von Irkutsk und in West-Transbaikalien Kalk und Gips enthalten, daß sie aber im Norden häufig vergleyt und stets entkalkt sind. Es handelt sich bei den roten frühpleistozänen Lehmen offenbar um Abspülmaterial einer älteren, weit verbreiteten Verwitterungsdecke, das somit nicht als Hinweis auf die gewaltige frühpleistozäne Ausdehnung südlicher Savannentypen über den größten Teil Mittel-Sibiriens hinweg gedeutet werden kann.

3. Das Quartär in Vorder- und Süd-Asien

Nach HUTCHINSON, COWGILL, VAN ZEIST und WRIGHT zeichnet sich in der Umgebung des Zeribar-Sees im Zagros-Gebirge Südwest-Irans seit der Letzten Eiszeit der folgende Vegetationswandel ab (vgl. „Fortschritte“ **25**, S. 182): A) Chenopodiaceen- und *Artemisia*steppe des Spätglazials (C^{14}-Alter dieses Horizontes nahe seiner Oberkante: **14800** v. h.); B_1) Eichen-Pistaciensavanne mit viel *Chenopodiaceae*, aber weniger *Artemisia;* B_2) Weiterhin Zunahme von *Quercus* und *Pistacia*, beträchtlicher Rückgang von *Chenopodiaceae;* C) ab etwa **5460** v. h. (C^{14}) absolute Dominanz des *Quercus*-Waldes, auf Kosten der *Chenopodiaceae* und von *Pistacia*. Gräserpollen des Cerealia-Typs kommen von Anfang an vor, und zwar so, daß ihr relativer Anteil an der Gesamtsumme der Gramineenpollen in den spätglazialen Sedimenten am höchsten ist. Mit der sehr verwickelten letzteiszeitlichen Klimageschichte Libanons beschäftigte sich WRIGHT (1). Danach folgten auf die letzt-interglazialen Meereshochstände von **15** m und **6** m drei Phasen einer beachtlichen Bodenbildung, deren mittlere ein C^{14}-Alter von **44400** $\pm$ **1200** v. h. hat; die jüngste, offenbar besonders intensive Phase der Bodenbildung, ist aber älter als eine zu **28500** $\pm$ **380** v. h. datierte Schicht. Welchen Phasen der mitteleuropäischen Klima- und Vegetationsgeschichte diese Zeiten der Bodenbildung im Vorderen Orient entsprechen mögen, ist noch völlig offen.

VISHNU-MITTRE, SINGH und SAKSENA verdankt man bemerkenswerte Einblicke in die wahrscheinlich frühpleistozäne Vegetationsgeschichte des Südwestteiles des Kaschmir-Tales. Hier konnte in den „Lower Karewa“-Schichten folgende Veränderungen der Vegetation ermittelt werden: Phase der *Quercus*-Wälder, z. T. mit *Cedrus deodara, Abies, Picea* und *Pinus wallichiana* → waldlose Vegetation weitgehend bestimmt von *Cyperaceae, Gramineae* und *Chenopodiaceae* → Phase der *Pinus wallichiana*-Bestände mit sehr wenig Krautvegetation → erneute Phase der Steppenvegetation aus *Artemisia, Gramineae* und *Chenopodiaceae* → Eichen-Mischwaldphase → Phase des *Picea*- und *Quercus*-Waldes → Phase der *Juglans*- und *Ulmus*-Bestände. Sicherlich verbirgt sich hinter diesem Wechsel zunächst ein Wandel im Wasserhaushalt des Standortes. Darüber hinaus scheint aber auch mit thermischen Veränderungen gerechnet werden zu müssen, deren Bedeutung schwer abzuschätzen ist. Da die Vegetation insgesamt artenarm ist, besonders in bezug auf subtropische Arten, rechnen die Verff. mit einem frühpleistozänen Alter der Lower Karewa-Schichten, ohne dieses jedoch genauer festlegen zu können.

4. Das Quartär in Afrika

Oben wurde bereits auf neuere Beobachtungen in den Tropen hingewiesen, die erkennen lassen, daß selbst die dortige Vegetation durch die eiszeitlichen Klimaschwankungen beträchtlich beeinflußt worden ist. In der Sahara zeichnet sich sowohl im Norden (Wadi Saoura), wie auch im Süden (Ost-Nigerien, älteste Sedimente des „Grand Tschad") eine letzteiszeitliche feuchte Phase ab (Wadi Saoura C^{14}: 20300 ± 1000 v. h.; Grand Tschad: 22000 v. h.), die derjenigen Südost-Californiens vollkommen entspricht (CONRAD und S. 447). Eine zweite, aber wesentlich weniger wirksame feuchte Phase wird im Wadi Saoura durch einen lessivierten Boden gekennzeichnet, dem ein Alter von 6160 ± 320 Jahren v. h. zukommt. Er wurde somit in derselben feuchten postglazialen Epoche gebildet, die auch in Süd-Arizona zur Ausdehnung der hygrophileren Compositenvegetation und der *Quercus*-Bestände geführt hatte (CONRAD und S. 447; vgl. für die Cyrenaica auch HEY). Der Rückzug der letzteiszeitlichen Gletscher von ihrem maximalen Stand begann am Ruwenzori vor ungefähr 15000 Jahren (LIVINGSTONE; zur Korrektur des C^{14}-Datums vgl. COETZEE). Zu derselben Zeit umgaben in 2440 m Höhe den gegenwärtig im montanen Regenwald gelegenen Sacred Lake auf der Nordost-Seite des Mt. Kenya offene Vegetationstypen der *Ericaceae*-Zone. Die Waldgrenze war somit damals gegenüber den heutigen Verhältnissen um 1000 bis 1100 m hinabgedrückt. Erst gegen 10600 v. h., d. h. mit dem Beginn des Postglazials, näherte sich die Waldgrenze dem Untersuchungsgebiet schnell, gekennzeichnet durch einen anfänglichen starken Anstieg der Werte für *Hagenia* und dann für alle anderen Waldbäume. Am weitesten verbreitet waren die Arten des semi-tropical rain forest im Atlantikum und im Subboreal, danach ging ihr Anteil wieder etwas zurück (COETZEE). Die großen Züge der Vegetationsgeschichte dieser tropischen Berge entsprachen demnach denjenigen der Vegetationsgeschichte der kühlgemäßigten Breiten in einem ganz erstaunlichen Maße.

Merkwürdige Eigenarten der pleistozänen Florengeschichte des Hoggar-Massivs teilten VAN CAMPO (1, 2) und VAN CAMPO, AYMONIN, GUINET und ROGNON mit. Danach kamen in der Villafranchien-Flora dieses Gebirges in 2300 m Höhe neben den herrschenden *Chenopodiaceae*, *Gramineae* und *Compositae* tropische Arten (*Antidesma* und eine *Sapotaceae*), montan-ostmediterrane (*Picea* cf. *orientalis*, *Zelkova*, *Alnus*, *Ostrya*, *Taxus*, *Pterocarya* cf. *fraxinifolia* und *Ulmus*) und schließlich typisch mediterrane Vertreter wie *Pinus*, *Cupressus*, *Quercus*, mehrere *Oleaceae* und *Cistaceae* vor. In der demgegenüber schon sehr verarmten letzteiszeitlichen Flora desselben Gebirges bei Tarhenanet (1900 m) wurden aber immerhin noch Pollen der tropischen Mimosacee *Entada*, der ostmediterran-montanen *Tilia* cf. *rubra*, *Zelkova*, *Ostrya*, *Ulmus*, *Juglans*, *Alnus* und *Corylus* und der mediterranen Gattungen *Pinus*, *Vitis* und der *Oleaceae* registriert. VAN CAMPO, AYMONIN, GUINET und ROGNON meinen, daß es sich um lichte Gehölze gehandelt habe, die dort unter einem feuchteren Klima gediehen. Ein beträchtlicher Ferntransport der Pollen sei nicht in Betracht zu ziehen. Angesichts der in dieser Beziehung sehr zur Vorsicht mahnenden Untersuchungen von MAL'GINA über den rezenten Pollenflug und die jahreszeitlich recht unterschiedliche Pollensedimentation und -konservierung in West-Turkestan wären hier jedoch noch weitere Untersuchungen erwünscht.

Literatur

ABRAMOVA, A. L., i I. I. ABRAMOV: Bot. Žurn. **49**, 1486—1487 (1964). — ADAMENKO, O. M.: Trudy Komissii izuč. četvert. per. **22**, 150—164 (1963). — ALEKSANDROVA, L. P.: Biul. Komissii izuč. četvert. per. **29**, 149—155 (1964). — ALEKSANDROVA, L. P., E. A. VANGENGEJM, V. G. GERBOVA, L. V. GOLUBEVA i E. I. RAVSKIJ: Biul. Komissii izuč. četvert. per. **28**, 84—101 (1963). — ARGUS, G. W., and M. B. DAVIS: Amer. Midland Naturalist **67**, 106—117 (1962).

BARANOVA, JU. P.: Doklady Akad. Nauk SSSR **146**, 161—163 (1962). — BAŠIROV, O. M.: Doklady Akad. Nauk Azerbajdž. SSR **20**, Nr. 7, 47—50 (1964). — BENT, A. M., and H. E. WRIGHT: Bull. Geol. Soc. Amer. **74**, 491—500 (1963). — BOJARSKAJA, T. D.: Vestnik Mosk. Universiteta, Ser. **5** geogr. **1964**, Nr. 2, 90—91 (1964). — BRUNNSCHWEILER, D.: Z. Geomorph. N. F. **8**, 223—231 (1964). — BURĆAK-ABRAMOVIĆ, N. I.: Doklady Akad. Nauk Azerbajdž. SSR **20**, Nr. 7, 43—46 (1964). — BUTOMO, S. V., V. A. RANOV, L. F. SIDOROV i I. A. ŠILKINA: Doklady Akad. Nauk SSSR **146**, 1380—1382 (1962).

CAMPO, M. VAN: (1) C. R. Acad. Sci. (Paris) **258**, 1297—1299 (1964); — (2) C. R. Acad. Sci. (Paris) **258**, 1873—1876 (1964). — CAMPO, M. VAN, G. AYMONIN, PH. GUINET, P. ROGNON: Pollen et Spores **6**, 169—194 (1964). — CEJTLIN, S. M.: Trudy Geol. In-ta Akad. Nauk SSSR **100**, 187 S. (1964). — COETZEE, J. A.: Nature (Lond.) **204**, 564—566 (1964). — COLINVAUX, P. A.: Nature (Lond.) **198**, 609—610 (1963). — CONRAD, G.: C. R. Acad. Sci. (Paris) **257**, 2506—2509 (1963). — ČUMAKOV, I. S.: Trudy Komissii izuč. četvert. per. **22**, 100—127 (1963). — ČUMAKOV, I. S., O. D. JARMIZIN, G. N. NOVIKOV i S. A. MAKAROVSKIJ: Trudy Komissii izuč. četvert. per. **22**, 128—138 (1963). — CUSHING, E. J.: Amer. J. Sci. **262**, 1075—1088 (1964).

DEVJATKIN, E. V.: Trudy Komissii izuč. četvert. per. **22**, 32—63 (1963). — DONNER, J. J.: Amer. J. Sci. **262**, 355—376 (1964). — DOROFEEV, P. I.: Trudy Sibirsk. naučn.-issledovat. in-ta geologii, geofiziki i mineral'nogo syr'ja; Vyp. **22**, 360—365 (1962). — DOROFEEV, P. I., i L. N. TJULINA: Problemy Botaniki **6**, 45—54 (1962).

EGIAZAROV, B. CH., L. V. KRIŠTOFOVIĆ i G. K. PUĆUGINA: In: EGIAZAROV, B. CH. (Herausgeber): Geologija Korjaskogo Nagor'ja 109—121, Moskva (1963).

FARNHAM, R. S., J. H. MCANDREWS, and H. E. WRIGHT: Amer. J. Sci. **262**, 393—412 (1964). — FLINT, R. F.: (1) Science **139**, 402—404 (1963); — (2) Geogr. Review **53**, 123—129 (1963).

GABRIELJAN, A. A.: Paleogen i neogen Armjanskoj SSR, 299 S., Erevan (1964). — GAKKEL', JA. JA., i E. S. KOROTKEVIĆ (Herausgeber): Severnaja Jakutija. Trudy arkt. i antarkt. naučno-issledov. in-ta glavn. upravl. severn. morsk. puti **236**, 48—60 (1962). — GITERMAN, R. E.: Trudy Geol. In-ta, Akad. Nauk SSSR **78**, 192 S. (1963). — GITERMAN, R. E., L. V. GOLUBEVA, E. D. ZAKLINSKAJA, E. V. KORENEVA i O. V. MATVEEVA: Doklady Akad. Nauk SSSR **152**, 937—940 (1963). — GOLUBEVA, L. N., i E. I. RAVSKIJ: Biul. Komissii izuč. četvert. per. **29**, 132—148 (1964). — GOODING, A. M.: J. Geol. **71**, 665—682 (1963). — GORBUNOV, M. G.: Trudy sibirskogo naučno-issledov. in-ta geologii, geofiziki i mineral'nogo syr'ja, Vyp. **22**, 312—327 (1962).

HAMMEN, TH. VAN DER: (1) Revista Acad. Colomb. de Ciencias Exactas, Fisicas y Naturales **11**, Nr. 44, 359—361 (1962); — (2) Ber. geobot. Inst. E. T. H., Stiftung Rübel **34**, 62 (1963); — (3) Leidse Geol. Mededel. **29**, 125—180 (1963). — HAMMEN, TH. VAN DER, and E. GONZALEZ: Geologie en Mijnb. **43**, 113—117 (1964). — HEUSSER, C. J.: (1) Grana Palynol. **4**, 149—159 (1963); — (2) Amer. Antiquity **29**, 74—81 (1963); — (3) Bull. Torrey Bot. Club **90**, 16—28 (1963); — (4) Ecology **45**, 23—40 (1964). — HEY, R. W.: Eiszeitalter u. Gegenw. **14**, 77—84 (1963). — HUTCHINSON, G. E., U. M. COWGILL, W. VAN ZEIST, H. E. WRIGHT: Science **140**, 65—69 (1963).

KAPLJANSKAJA, F. A., V. D. TARNOGRADSKIJ i E. A. VANGENGEJM: Biul. Komissii izuč. četvert. per. **29**, 189—195 (1964). — KAPP, R., and A. M. GOODING: (1) J. Geol. **72**, 307—326 (1964); — (2) Amer. J. Sci. **262**, 259—266 (1964). — KIND, N. V.: Biul. Komissii izuč. četvert. per. **28**, 169—170 (1963). — KOEPCKE, H.-W.: Bonner Geogr. Abh. **29**, 320 S. (1961). — KOZARSKI, S.: Z. Geomorph. N. F. **7**, 49—70 (1963). — KRIGER, N. I.: Trudy Komissii izuč. četvert. per. **22**, 139—146 (1963). — KUL'KOVA, I. A.: Sistematika i metody izučenija iskopaemych pyl'cy i spor, 141—147, Moskva (1964). — KUPRINA, N. P., i L. A. SKIBA: (1) Doklady Akad. Nauk SSSR **148**, 904—905 (1963); — (2) Izvestija Akad. Nauk SSSR, ser. geol. **1964**, Nr. 8, 78—83 (1964).

LAVRUŠIN, JU. A., A. L. DEVIRC, R. E. GITERMAN i N. G. MARKOVA: Biul. Komissii izuč. četvert. per. **28**, 112—126 (1963). — LEVINA, T. P.: Sistematika i metody izučenija iskopaemych pyl'cy i spor, 208—217, Moskva (1964). — LISKUN, I. G.: Trudy Komissii po izuč. četvert. per. **22**, 76—87 (1963). — LIVINGSTONE, D. A.: Nature (Lond.) **194**, 859—860 (1962). — LOGAĆEV, N. A., T. K. LOMONOSOVA i V. M. KLIMANOVA: Kajnozojskie otloženija Irkutskogo amfiteatra, 195 S., Moskva 1964. — LOŠKIN, A. V.: Doklady Akad. Nauk SSSR **152**, 949—952 (1963).

MAHER, L. J.: Ecology **45**, 391—395 (1964). — MAKSIMOV, E. V., i V. N. OCHOTNIKOV: Doklady Akad. Nauk SSSR **152**, 956—959 (1963). — MAL'GINA, E. A.: Trudy In-ta Geogr., Akad. Nauk SSSR **77**, 113—138 (1959). — MALOLETKO, A. M.: Trudy Komissii izuč. četvert. per. **22**, 165—182 (1963). — MARTIN, P. S.: The Last 10000 Years. 87 S. Univ. of Arizona, Tucson Press 1963. — MARTIN, P. S., B. E. SABELS, and D. SHUTLER: Amer. J. Sci. **259**, 102—127 (1961). — MEŠVILK, A. A.: Materialy regional'noj stratigrafii SSSR, 261—274, Moskva 1963. — MIZEROV, B. V., i M. R. VOTACH: Sistematika i metody izučenija iskopaemych pyl'cy i spor, 218—222, Moskva 1964. — MKRTĆJAN, S. S. (Herausgeber): Geologija Armjanskoj SSR, **2**, stratigrafija, 432 S., Erevan 1964. — MULLER, E. H.: Amer. J. Sci. **262**, 461—478 (1964).

OGDEN, J. G.: (1) Amer. Midland Naturalist **66**, 417—430 (1961); — (2) Amer. J. Sci. **261**, 344—353 (1963).

PETROV, O. M.: Biul. Komissii izuč. četvert. per. **28**, 135—152 (1963). — POGOŠEV, A. G., V. I. GOLJAKOV i A. S. ARSANOV: in EGIAZAROV, B. CH. (Herausgeber): Geologija Korjakskogo Nagor'ja 122—132, Moskva 1963. — POPOV, A. I., i T. I. SMIRNOVA: Vestnik Mosk. Universiteta, ser. **5** geogr., **1964**, Nr. 2, 32—39 (1964). — PORTER, ST. C.: Amer. J. Sci. **262**, 446—460 (1964).

RAKOVEC, O. A., i G. A. ŠMIDT: Trudy Komissii izuč. četvert. per. **22**, 5—31 (1963). — RAVSKIJ, E. I., L. P. ALEKSANDROVA, E. A. VANGENGEJM, V. G. GERBOVA i L. V. GOLUBEVA: Trudy Geol. In-ta, Akad. Nauk SSSR **105**, 280 S. (1964). — RJASINA, V. E.: (1) Biul. Komissii izuč. četvert. per. **27**, 86—97 (1962); — (2) Trudy Komissii izuč. četvert. per. **22**, 183—189 (1963). — RUSKE, R.: Geologie **13**, 570—597 (1964).

ŠACKIJ, S. B., i V. I. JUŠIN: Trudy Sibirskogo naučno-issledov. in-ta geologii, geofiziki i mineral'nogo syr'ja, Vyp. **22**, 295—303 (1962). — SAMSONOV, S. K.: Paleogeografija zapadnoj Turkmenii v novokaspijskoe vremja. 126 S., Moskva 1963. — SEARS, P. B.: (1) Science **134**, 2038—2040 (1961); — (2) Science **140**, 59—60 (1963). — SEARS, P. B., and A. ROOSMA: Amer. J. Sci. **259**, 669—678 (1961). — SEMKEN, H. A., B. B. MILLER, and J. B. STEVENS: J. Paleont. **38**, 823—835 (1964). — ŠEVELEVA, N. S.: (1) Biul. Komissii izuč. četvert. per. **28**, 167—169 (1963); — (2) Problemy paleogeografii i morfogeneza v poljarnych stranach i vysokogor'e, 85—97, Moskva 1964; — (3) Problemy paleogeografii i morfogeneza v poljarnych stranach i vysokogor'e, 98—108, Moskva 1964. — STEWART, D. P., and P. MACCLINTOCK: Amer. J. Sci. **262**, 1089—1097 (1964). — STUIVER, M.: Amer. J. Sci. **262**, 377—392 (1964).

VASIL'EV, V. N.: (1) Trudy Komissii izuč. četvert. per. **12**, 22—53 (1955); — (2) Materialy istorii flory i rastitel'nosti SSSR **3**, 361—457 (1958). — VAS'KOVSKIJ, A. P.: (1) In: MARKOV, K. K., i A. I. POPOV: Lednikovyj period na territorii Evropejsk. časti SSSR i Sibiri, **510—545**, Moskva 1959; — (2) In: EGIAZAROV, B. CH. (Herausgeber): Geologija Korjakskogo Nagor'ja, 143—168, Moskva 1963. — VĆERAŠNJAJA, G. P.: Paleontologičeskij Žurnal **1964**, Nr. 3, 95—99 (1964). — VERGUNOV, G. P., i A. F. PRJALUCHINA: Doklady Akad. Nauk SSSR **152**, 1420—1423 (1963). — VINOGRADOV, A. P., A. L. DEVIRC, E. I. DOBKINA, i N. G. MARKOVA: Absoljutnaja geochronologija četvertičnogo perioda 8—17 (1963). — VISHNU-MITTRE, G. SINGH, and K. M. S. SAKSENA: Palaeobotanist **11**, 92—95 (1962).

WEST, R. G.: Amer. J. Sci. **259**, 766—783 (1961). — WHITEHEAD, D. R., and D. R. BENTLEY: Pollen et Spores **5**, 115—127 (1963). — WRIGHT, H. E.: (1) Quaternaria **6**, **525—539** (1962); — (2) Ecology **45**, 439—448 (1964).

3. Vegetationskunde (Soziologische Geobotanik)

Von HEINZ ELLENBERG, Zürich

I. Allgemeines

1. Lehrbücher und Übersichten

Die klassische „Pflanzensoziologie" von BRAUN-BLANQUET erschien in 3., bedeutend erweiterter Auflage. WALTERs Darstellung der tropischen und subtropischen Vegetation liegt in 2., stellenweise entschieden veränderter Auflage vor (s. Fortschr. Bot. **24**, **123**). Von den zugehörigen Vegetationsmonographien schrieb KNAPP (3) den 1. Band, der die mannigfaltige Vegetation von Nord- und Mittelamerika vorwiegend aufgrund von Literaturstudien behandelt. OZENDA stellte die Vegetationskunde knapp, aber anregend in seiner «Biogéographie végétale» dar. Ein wissenschaftliches Taschenbuch über „Pflanzensoziologie" verfaßte F. FUKAREK. Die von F. FUKAREK, JASNOWSKI und NEUHÄUSEL erarbeitete Gegenüberstellung pflanzensoziologischer Fachausdrücke in deutscher, tschechischer und polnischer Sprache enthält zugleich zahlreiche Begriffs-Definitionen.

Eine Bibliographie der bisher vorliegenden Bestimmungsschlüssel von Pflanzengesellschaften sammelte TÜXEN (1). Über kryptogame Epiphyten-Gesellschaften liegt nach BARKMANs Verzeichnis schon eine reiche Literatur vor. Auch die pilzsoziologische Bibliographie von TÜXEN (2) umfaßt zahlreiche Veröffentlichungen sowohl über reine Pilzgesellschaften (Mycocoenosen) und Boden-Mikropilze als auch über Pilze in Phanerogamengesellschaften.

2. Vegetationsanalyse und -gliederung

Rasche Fortschritte machte die mathematische Behandlung vegetationskundlicher Probleme. Wie KERSHAW in seinem Lehrbuch über "quantitative and dynamic ecology" betont, entspricht das Mosaik der Individuen und Sippen in der Pflanzendecke nur selten der Zufallsverteilung. „Muster" (patterns) verschiedener Größenordnung sind fast überall feststellbar. Diese spiegeln einesteils die morphologischen Eigenschaften der Sippen wider, insbesondere die Form ihrer vegetativen Ausbreitung. Oft werden die Muster auch von kleinräumig wechselnden Umweltsfaktoren verursacht. Zu einem großen Teil kommen sie aber erst durch die Einwirkung von Konkurrenten zustande, sind also „soziologische Muster" und – wie WILLIAMS hervorhebt – Ausdruck eines dynamischen Gleichgewichts. Da das Lehrbuch von WILLIAMS die Probleme und Methoden der quantitativen Biocoenologie mehr vom zoologischen Standpunkt aus behandelt, ergänzen sich beide Bücher in anregender Weise.

Die mathematische Analyse der Korrelationen zwischen den verschiedenen Sippen führt nach KERSHAW, GOODALL und anderen Autoren immer wieder zur Entdeckung natürlicher Artengruppierungen oder „Ballungen" (clusterings). Mit Hilfe dieser Diskontinuitäten kann man die Vegetation typisieren und in ein hierarchisches System bringen. Selbst in Gebieten mit recht gleichmäßigen Bodenverhältnissen und ohne störende menschliche Einflüsse stellt die Pflanzendecke kein ideales Continuum (im Sinne von GLEASON, CURTIS und anderen amerikanischen Autoren) dar, dessen Gefüge nach verschiedenen Richtungen hin graduell variiert. Vielmehr ist sie, um mit JUHÁSZ NAGY zu sprechen, "continous and discontinous at the same time". Die Anordnung (ordination) der Einzelbestände nach bestimmten Gradienten steht deshalb in keinem Widerspruch zu ihrer systematischen Gruppierung (classification). Wie auch GOODALL betont, sollte man sich der Vorteile beider Methoden bedienen, anstatt wie die meisten Autoren bisher entweder nur den einen oder nur den anderen Standpunkt zu vertreten. WATT setzt sich gleichfalls für eine Überbrückung der Gegensätze zwischen den Schulen ein und bekräftigt im übrigen, daß auch zwischen Synökologie und Autökologie gleitende Übergänge bestehen. Die Diskussion über diese prinzipiellen Streitpunkte dürfte somit zu einem gewissen Abschluß gelangt sein.

Vor einer Überbewertung der Mathematik in der Phytocoenotik warnt unter anderen MIKYŠKA (1). Man muß sich stets bewußt bleiben, daß die Pflanzenarten keine Ziffern sind und nur mit Vorbehalten als gleichwertige Einheiten in die Berechnung von Gemeinschaftskoeffizienten o. dgl. eingehen dürfen. Deshalb sind Sichtlochkarten, bei denen der qualitative Überblick nicht verloren geht, nach ELLENBERG und CRISTOFOLINI unter den modernen Lochkartenverfahren besonders geeignet für den Vergleich und die Analyse von Vegetationsaufnahmen. IBM-Lochkarten können, wie auch BECKING feststellt, für die pflanzensoziologische Systematik nur verwendet werden, wenn man für jede Species einer Vegetationsaufnahme eine besondere Karte vorsieht und in dieser verbindende Lochungen für den betreffenden Aufnahmeort und dessen Standortsgegebenheiten anbringt.

Für die Kennzeichnung von Vegetationseinheiten und ihre Klassifikation werden Differentialarten immer wichtiger als Charakterarten. Bei seiner Übersicht der Pflanzengesellschaften des nordostdeutschen Flachlandes beispielsweise bedient sich PASSARGE (1) nur noch der Kombinationen von soziologischen Artengruppen. BEEFTINK kennzeichnet die Assoziationen in seiner Klassifikation der sw-niederländischen Salzvegetation mit Hilfe sog. differenzierender Artenkombinationen. Um artenarme Einheiten zu erfassen, beschreibt er sie teilweise nicht als Assoziationen, sondern als Soziationen bzw. Consoziationen, die sich durch konstant vorherrschende Arten auszeichnen. Bei ihrem neuen System der Wasserpflanzengesellschaften Europas berücksichtigen HARTOG und SEGAL nicht nur die floristische Zusammensetzung, sondern auch die Lebensformen und andere Strukturmerkmale.

Zur ökologischen Kennzeichnung von Pflanzengesellschaften verwenden ZOLYOMY und PRÉCSÉNYI ähnlich wie schon DUVIGNEAUD, ELLENBERG u. a. (s. Fortschr.

Bot. **24**, 133) sog. ökologische Artengruppen. Um diese weltweit anwenden zu können, erweitern sie aber die Zahl der Gruppen und arbeiten mit einer 10stufigen Temperaturzahl (T) und einer 11stufigen Wasserzahl (W) neben der weiterhin 5stufigen Reaktionszahl (R). Keine der von ihnen aufgeführten 400 Waldpflanzen Ungarns wird gegenüber T und W als indifferent angesehen. Was die weltweite Anwendung dieser Gruppenziffern wahrscheinlich sehr erschweren wird, ist die Tatsache, daß sich die meisten Arten nicht in ihrem gesamten Verbreitungsgebiet gegenüber den drei genannten Faktoren gleich verhalten, sondern je nach den gegebenen Konkurrenten und sonstigen Bedingungen in verschiedenen Bereichen ihrer physiologischen Amplitude leben. Schon in Mitteleuropa müßte man viele der von ZOLYOMI und PRÉCSÉNYI bewerteten Arten anders einstufen, wie z. B. die kürzlich von SEBALD für das obere Neckarland vorgenommene Gruppierung, die von PASSARGE und HOFMANN verfaßte Übersicht der soziologischen Artengruppen mitteleuropäischer Wälder und mehrere ältere Veröffentlichungen zeigen.

SUKACHEV und DYLIS geben in ihrer vielseitigen Darstellung russischer Wald-Geobiocoenosen auch einen Einblick in deren Klassifikation. Um eine Klassifikation der Biocoenosen oder Ökosysteme (s. Fortschr. Bot. **24**, 133) von British Columbia bemühen sich außerdem KRAJINA sowie ORLOCI. Sie benutzen in erster Linie Vegetationsmerkmale, ordnen aber die Biocoenosen in „bioklimatische Zonen" ein. Tiere und Kryptogamen berücksichtigte KRAMER neben höheren Pflanzen für die Charakterisierung temporärer Tümpel im Bonner Kottenforst, die er in vorbildlicher Weise ökologisch untersuchte.

WINDISCH berichtet über weitere Ergebnisse seiner Untersuchungen an Hefe- und Schwemmpilz-Gesellschaften in Bieren.

Vielen Pflanzensoziologen wird die von RAUSCHERT zusammengestellte Liste der Stämme von Pflanzennamen und der ihnen entsprechenden Bindevokale (o oder i) bei der Benennung von Pflanzengesellschaften willkommen sein. Hiernach dürfte z. B. eine *Agrostis*-Gesellschaft weder *Agrostidetum* noch *Agrostetum* heißen, sondern müßte vielmehr *Agrostietum* genannt werden; statt *Secalinetalia* müßte man richtiger *Secalietalia* schreiben, usw. Zu allgemeinen Fragen der phytocoenologischen Terminologie nimmt NEUHÄUSL Stellung.

3. Vegetationsentwicklung

Eine gründliche Untersuchung der primären Sukzessionen auf gut datierten Lavaströmen in Sakarajima (SW-Japan) verdanken wir TAGAWA. Flechten- und Moosstadien entwickeln sich in den ersten 20 Jahren. Zur Ausbildung von krautigen Gesellschaften kommt es in etwa 50 Jahren. Nach 100 Jahren hat sich ein Gebüsch eingestellt, in dem bereits *Alnus firma* und andere später hervortretende Bäume Fuß gefaßt haben. In den während 150–200 Jahren entstandenen Wäldern spielt *Cyclobalanopsis glauca* eine Rolle. Die etwa 500–700 Jahre alten Wälder werden von *Machilus thunbergii* und anderen langlebigen Hölzern beherrscht. Durch Brände bei Vulkanausbrüchen kommt es allerdings hier und dort zu „Retrogressionen" und sekundären Sukzessionen. In den nördlichen Yatsugatake-Bergen studierte KIMURA die Vegetationsdynamik in Beziehung zur Bodenentwicklung.

Die in den Böden verschiedener Pflanzengesellschaften einer Sukzessionsreihe enthaltenen Samen stammen nach NUMATA, HAYASHI, KOMURA und OKI z. T. von Arten früherer, z. T. von solchen späterer Stadien der Reihe. Manche Arten, die nur in Pflanzengesellschaften außerhalb der Sukzessionsreihe vorkommen, sind zwar als Samen im Boden der betrachteten Serie zu finden, können sich aber nicht entwickeln.

Die Zahl der Samen und der durch sie vertretenen Pflanzenarten nimmt mit zunehmender Annäherung an das Endstadium der Vegetationsentwicklung ab und ist z. B. in einem *Pinus*-Stadium schon deutlich geringer als im vorhergehenden *Imperata*-Stadium.

Die Vegetation nahe dem Rande des Gletschers Skaftafellsjökull (SE-Island) und in wachsender Entfernung von diesem analysierte PERSSON in ihren Beziehungen zum pH-Wert, Ca-, K- und Na-Gehalt und anderen Eigenschaften des Bodens. Auf solchen feinerdereichen Moränen schreitet die Sukzession rascher voran als auf dem meist grobblockigen Bergsturzmaterial, über dessen Besiedlung in den Alpen MAYER berichtet. Von derartigen Rohboden-Besiedlungen abgesehen, sind primäre Sukzessionen in den Alpen viel seltener zu beobachten, als man bisher annahm. Das stellt z. B. HARTL fest, der bei der Untersuchung der Vegetation des Eisenhuts im Kärntner Nockgebiet zu dem Schluß kommt, daß sich das Mosaik der Pflanzengemeinschaften allein aus dem örtlichen Wechsel der klimatisch-edaphischen Bedingungen sowie aus anthropo-zoogenen Einflüssen erklären läßt.

Auch Hochmoore enthalten viel mehr stabile Elemente, als man bisher glaubte. Nach MASING können in den estländischen Hochmooren die meisten Blänken, aber auch gewisse Schlenken jahrhundertelang bestehen bleiben. Wie OVERBECK betont, ist die durch wiederholte Schilderungen zum Allgemeingut gewordene cyclische Sukzession auf Hochmooren in Nordwestdeutschland ebenfalls zweifelhaft geworden. In den näher untersuchten Moorprofilen läßt sich keine regelmäßige Aufeinanderfolge von Schlenken und Bulten nachweisen. In dem montanen Jura-Hochmoor von Cachot konnte MATHEY cyclische Sukzessionen ebensowenig wahrscheinlich machen. Für die Verteilung von *Scheuchzerietum* und *Sphagnetum medii* ist hier die räumliche Verteilung des mooreigenen Grundwassers entscheidend, und diese bleibt offensichtlich konstant. Erdgeschichtlich gesehen, sind die ombrogenen Hochmoore übrigens nach Ansicht von POP sehr jung. Bisher wurden keine Fossilfunde von ombrogenen Torfen bekannt, die älter wären als postglazial. Die Pflanzengesellschaften der *Sphagnum*-Hochmoore haben sich im Laufe der letzten Nacheiszeit aus Elementen verschiedener Herkunft gebildet, insbesondere aus Bewohnern anmooriger Böden und eutropher Moore unter subpolarem Klima.

Auf den Dünen im nördlichen Teil der Insel Sylt hat sich die Pflanzendecke während der letzten Jahrzehnte durch natürliche Kräfte und menschliche Eingriffe stark und stellenweise schnell verändert, wie STRAKA durch Karten belegen kann. Auch die von KÖHLER und SUKOPP erneut studierte Gehölzentwicklung auf Trümmerstandorten in Berlin verlief recht rasch.

Die Epiphyten-Vegetation auf Zweigen von *Fraxinus exceslior* in Süd-Skandinavien und Dänemark bildet sich nach DEGELIUS in ganz bestimmter Weise. Die Zahl der Flechtenarten z. B. wächst von null im ersten Jahre auf etwa 40 im 10. Jahre und sinkt dann wieder bis zum 20. Jahre auf unter 10 ab, und zwar infolge von Konkurrenz. Zuerst werden unebene Flächen, z. B. Blattnarben, besiedelt, wobei foliose Flechten die Hauptrolle spielen. Später finden sich auf den glatten Internodien Krustenflächen als Pioniere ein.

Sekundäre Sukzessionen lassen sich in der Regel leichter verfolgen als primäre und wurden von zahlreichen Autoren beschrieben. Nach dem Abbrennen von *Calluna*-Heiden im Frühjahr z. B. stellt sich schon im Sommer reichliche Verjüngung ein. HANSEN konnte dabei feststellen, daß sich *Calluna, Empetrum, Erica tetralix,*

Juniperus communis und *Pinus mugo* vorwiegend aus Samen regenerieren, während bei *Arctostaphylos uva-ursi, Molinia coerulea, Deschampsia flexuosa* und einigen anderen Arten die vegetative Erholung eine etwa gleich große Rolle spielt. Die meisten Arten, auch die Vaccinien, regenerieren sich aber fast nur vegetativ.

Nach dem Aufhören des menschlichen Einflusses entwickeln sich viele bisher offene Vegetationsformationen wieder zum Wald. Das Zentrum eines von MIKYŠKA (2) wiederholt kartierten Naturschutzgebietes bei Königgrätz z. B. hatte 1924 noch den Charakter eines Übergangsmoores (mit *Caricion canescenti-fuscae*-Rasen) und trägt jetzt eine *Lycopus europaeus*-Fazies des *Carici elongatae-Alnetum glutinosae*. MORAVEC und RYBNIČKOVÁ konnten durch Pollenanalysen nachweisen, daß die von ihnen untersuchten Kleinseggenrasen erst von den Siedlern im Subatlanticum aus Bruchwäldern geschaffen wurden. Wahrscheinlich werden auch andere Kleinseggenrasen zu Unrecht von vielen Autoren für natürliche gehalten werden.

4. Kausalfragen, insbesondere Konkurrenz

Neben den Eigenschaften der in der Flora gegebenen Pflanzensippen und der Faktorenkonstellation des betreffenden Standortes entscheidet die Konkurrenz der sich ansiedelnden Individuen und Sippen über die Zusammensetzung der Pflanzengesellschaft, die sich hier schließlich entwickelt. Der gegenseitigen Beeinflussung der Pflanzen kommt daher für die kausale Vegetationskunde besondere Bedeutung zu.

Eine aus der Sicht des Waldbaues geschriebene kritische Zusammenfassung unseres Wissens von der gegenseitigen Einwirkung höherer Pflanzen verdanken wir RÖHRIG. Wie schon andere Autoren kommt er zu dem Schluß, daß in der Regel die Konkurrenz um Licht, Wasser und Nährstoffe entscheidend ist, nicht die als Allelopathie i.e.S. bezeichnete Stoffausscheidung. Letztere spielt für das Zustandekommen bestimmter Pflanzengesellschaften kaum je eine nachweisbare Rolle, obwohl sie in allgemeinen Darstellungen immer wieder hervorgehoben wird (z. B. von BURRICHTER).

Allerdings konnte JARVIS experimentell zeigen, daß Wurzelausscheidungen von *Deschampsia flexuosa* die Entwicklung von *Betula*-Sämlingen sowie das Längenwachstum von *Lupinus*-Wurzeln behindern. Er stellte außerdem fest, daß der von *Deschampsia* gebildete Humus auffallend wenig Mykorrhiza-Wurzeln von Birken und Erlen enthält. Dichte Bestände von *Vaccinium myrtillus* oder *Nardus stricta* behindern nach LEIBUNDGUT durch ihre Wurzelkonkurrenz die Ansamung von Bäumen wie *Pinus silvestris* und *Larix*, und zwar auch dort, wo keine Rohhumusdecke mehr vorhanden ist. Ob in diesem Falle allelopathische Wirkungen mitspielen, ist noch nicht geklärt. *Oxalis acetosella* wird durch Wurzelkonkurrenz nur wenig beeinflußt. Wichtiger ist nach BECHER ein ausreichender Lichtgenuß. Überraschenderweise gedeiht selbst diese schattenfeste Art um so besser, je mehr Licht ihr zur Verfügung steht. Ähnlich wie die von BORNKAMM (Fortschr. Bot. **26**, **136**) geprüften Ackerunkräuter darf sie also keineswegs als schattenliebend gelten. Nur die Konkurrenz anderer Arten engt ihren Lebensraum in der Natur auf schattige Standorte ein.

Düngungsversuche mit Wildpflanzen zeigen immer wieder, daß auch die Bewohner oligotropher Standorte durch bessere Ernährung gefördert werden. In Reinkultur wächst z. B. *Molinia coerulea* nach CHWASTEK bei Düngung mit N, K und P_2O_5 besser als auf ungedüngten Parzellen, während sie sich in Mischung mit anderen Wiesenpflanzen umgekehrt verhält. Besonders eindrucksvoll sind die auf nährstoffarmem Dünensand von LUX großflächig ausgeführten Düngungsexperimente mit *Corynephorus canescens*. Die Zahl der Horste pro Fläche stieg z. B. bei NPKCa-Düngung auf 251–292% von derjenigen auf ungedüngten Parzellen, weil die Pflanzen stärker blühten und sich wirksamer vermehrten. Sie gediehen aber auch vegetativ kräftiger, so daß z. B. die Halmlänge von 6,7–7 cm auf 11–12,2 cm anwuchs. *Ammophila arenaria* sprach auf Düngung noch stärker an als *Corynephorus* und konnte mit deren Hilfe sogar auf stark ausgewaschenen, alten Dünensanden erfolgreich angepflanzt werden. Wahrscheinlich ist auch bei solchen genügsameren Gräsern die verfügbare „Ernährungsfläche" entscheidend für ihre Entwicklung, nicht nur bei anspruchsvollen Gräsern wie *Arrhenatherum elatius*, mit dem SHENNIKOV und SERAFIMOWITCH experimentierten.

Landwirtschaftliche Arbeiten über die Konkurrenz zwischen Kulturpflanzen und zwischen Wiesenpflanzen faßte DONALD zusammen. Bei der Keimung ist der gegenseitige Einfluß meistens gering, wie auch KLEE an *Trifolium pratense*, *Medicago sativa* und einigen Unkrautarten bestätigt. Erst bei der späteren Entwicklung tritt sie stärker in Erscheinung. Lichtbedürftige und langsam wachsende Arten, wie z. B. die von SEBALD (2) untersuchte *Tofieldia calyculata*, können sich nur auf konkurrenzarmen Standorten halten. Schafweide führte in den Trocken- und Halbtrockenrasen des Nördlinger Rieses zur Auslese erblich zwergwüchsiger Formen von *Pulsatilla vulgaris*, die dort nach GOTTHARD weit verbreitet sind. Hierbei dürfte die von HARD an Kalktriften in der Umgebung von Saarbrücken erwiesene hohe Wandergeschwindigkeit der xerothermen Arten eine Rolle mitgespielt haben. Wandernde Schafherden und die wilde Feldgraswirtschaft früherer Jahrhunderte sorgten sowohl für den Transport der Samen als auch für offene, konkurrenzarme Ansiedlungsplätze.

Die Eigentümlichkeit der Flora und Vegetation auf den Dolomitböden Bosniens und der Herzegowina kann nach RITER-STUDNIČKA der „konservierenden" Eigenschaft des Substrates zugeschrieben werden. Sie führte nicht oder doch nur in seltenen Ausnahmefällen zur Entstehung neuer, dolomiteigener Sippen, sondern trug vor allem zur Erhaltung konkurrenzschwacher Sippen bei, die sich hierher vor den auf besseren Böden kräftiger gedeihenden Arten flüchteten.

II. Gebietsbearbeitungen

1. Europa

In Mitteleuropa und seinen Nachbargebieten ist die Fülle der vorliegenden Publikationen sowie der bisher beschriebenen und wiederholt neu gefaßten Vegetationseinheiten fast unübersehbar geworden. Deshalb können hier nur einige zusammenfassende Werke und Bibliographien genannt und nur wenige sonstige Veröffentlichungen als Beispiele erwähnt werden.

In der Reihe Excerpta Botanica, Sect. B (s. Fortschr. Bot. **22**, 124 und **24**, 135) erschienen unter anderem Bibliographien über Österreich (WAGNER, 1), Belgien (SOUGNEZ und TOURNAY) und Frankreich (BRAUN-BLANQUET, LEMEÉ und MOLINIER) sowie der 8. Teil der Bibliographie von Deutschland (TÜXEN und MEISSNER). Die geobotanische Literatur Rumäniens ist in eine Bibliographie der höheren Pflanzen von BORZA und

NGÁRÁDY einbegriffen. P. FUKAREK stellte die jugoslawische Literatur über Waldgesellschaften zusammen. Der von Soó (1) herausgegebene 1. Band der systematisch-geobotanischen Synopsis der Flora und Vegetation Ungarns enthält Literaturangaben zu allen bisher von dort beschriebenen Assoziationen und Subassoziationen.

Eine geographisch-systematische Gliederung der mitteleuropäischen Eichen-Hainbuchenwälder (*Querco-Carpinetum*) schlägt TRACZYK (1, 2) vor. NEUHÄUSLOVÁ-NOVOTNÁ trägt zur Charakteristik der *Carpinion*-Gesellschaften in der Tschechoslowakei bei. Das an SW-Deutschland erinnernde *Galio-Carpinetum* ist auf Böhmen, Westmähren und Schlesien beschränkt, während das *Carici pilosae-Carpinetum* und andere Assoziationen vorwiegend in der Slowakei auftreten. In S- und SW-Böhmen, außerhalb des geschlossenen Verbreitungsgebietes der Hainbuche, wird das *Galio-Carpinetum* durch ein *Tilio-Quercetum* vertreten. MIKYŠKA (3) hält sich in der Einteilung der Eichen-Hainbuchenwälder und anderer Wälder der ostböhmischen Tiefebene mehr an nw-deutsche Vorbilder. Die *Carpinus*-Wälder außerhalb des Areals von *Fagus* in Masuren, also an der Ostgrenze der Eichen-Hainbuchenwälder, gliedert PASSARGE (3) in zahlreiche Einheiten, die sich gemeinsam durch *Picea abies* und *Chaerophyllum aromaticum* auszeichnen, während ihnen manche westlicheren Arten fehlen. Die Waldvegetation im altdiluvialen und alluvialen Tiefland östlich von Siedlce zeigt nach DENISIUK noch rein mitteleuropäische Züge. LAPRAZ beschreibt Eichen- und Hainbuchen-Mischwälder Westfrankreichs.

Die Buchenwald-Gesellschaften Südosteuropas teilt Soó (2) mehreren regionalen *Fagion*-Verbänden zu. Die im Vergleich zu Mitteleuropa viel artenreicheren illyrischen Buchenwälder (*Fagion illyricum*) beispielsweise gliedert BORHIDI weiterhin in 4 Unterverbände, die mehr oder minder den Höhenstufen der Vegetation entsprechen. Großenteils acidophile Wald- und Heidegesellschaften des Soproner Hügellandes beschreibt CSAPODY. Eine systematische Liste der bisher aus den rumänischen Karpaten bekannt gewordenen Pflanzengesellschaften stellte BORZA zusammen. Eine knappe Übersicht der höheren Vegetationseinheiten des Tatragebirges verfaßte HADAČ, während SZAFER u. Mitarb. eine naturwissenschaftlich-landeskundliche Monographie des polnischen Nationalparkes Hohe Tatra herausgaben. Die Wälder der polnischen Ostkarpaten, insbesondere die Fageten, wurden von ZARZYCKI (1, 2) eingehend untersucht, auch im Hinblick auf die Biologie und Ökologie einzelner Arten. Obwohl so viel weiter östlich gelegen, spielt hier *Fagus* eine ähnlich große Rolle wie in den Gebirgen des westlichen Mitteleuropa, z. B. in der Rhön (HOFMANN). Aufschlußreich ist auch ein Vergleich mit den Buchenwäldern der Stubnitz auf Rügen, die von JESCHKE im Rahmen einer vielseitigen Monographie dieses Naturschutzgebietes dargestellt wurden.

Nach ähnlichen Gesichtspunkten wie TRACZYK gliedert MATUSZKIEWICZ (1) die *Pinus silvestris*-Wälder des mittel- und osteuropäischen Flachlandes. Einen konzentrierten Überblick über die Vegetation NO-Polens, wo Nadelwälder eine große Rolle spielen, vermittelt der von ihm (2) herausgegebene Exkursionsführer. Waldgesellschaften des SO-Teiles von Masowien behandelt SOKOŁOWSKI. Die Kiefernwälder auf den Sanddünen an der polnischen Ostseeküste haben in WOJTERSKI einen gründlichen Bearbeiter gefunden. RUŽIČKA beschreibt die Wälder im Sandgebiet der sw-slowakischen Tiefebene. Das *Luzulo silvaticae-Piceetum* der slowenischen Ostalpen hat WRABER eingehend studiert. P. FUKAREKs Überblick über die *Abies*-Arten und die Tannenwälder der Balkanhalbinsel erschien im Heft 9/10 der Schweiz. Z. Forstwes. **115**, das auch andere interessante Beiträge über Tannenwälder enthält.

Die Vegetation der Flußauen und Flußufer Europas wurde von mehreren Autoren bearbeitet, z. B. von ŠEDA (Mähren), WATTENDORFF (Westfalen) und MONDINO (Piemont). Hervorzuheben ist die sorgfältige und mit einer genauen Vegetationskarte versehene Monographie von LINHARD über die natürliche Vegetation im Mündungsgebiet der Isar und ihre Standortsverhältnisse. Einen gut dokumentierten Überblick über die Uferweidengebüsche (sowie die anthropogenen Feldhecken) des Westkarpatengebietes erarbeitete JURKO. KOPECKÝ und HEJNÝ begründen die Notwendigkeit, die *Phalaris*-Flußröhrichte als selbständigen Verband von den Stillwasser-Röhrichten abzutrennen und in zahlreiche Einheiten zu gliedern. Im ungarischen Donau-Überschwemmungsraum untersuchte KÁRPÁTI vor allem die Abhängigkeit der Pflanzengesellschaften vom Grade der Wasserverschmutzung.

Ein System der Wasserpflanzen-Gesellschaften Europas mit mehreren neuen Klassen entwerfen HARTOG und SEGAL. Die Erforschung der Stillwasser-Vegetation wurde am Bodensee besonders gefördert [LANG (1, 2)]. Als Beispiele für weitere Arbeiten seien VANDEN BERGHEN (1, Lac de Hourtin im Gironde-Gebiet) und KRAUSCH (Stechlinsee) erwähnt.

Als eine noch natürliche Seemarsch-Landschaft beschreibt KÖNIG den Bupheverkoog auf Pellworm. TÜXEN und WESTHOFF verfolgen die *Saginetea maritimae*, eine Gesellschaftsklasse im wechselhalinen Grenzbereich, über die europäischen Meeresküsten. VANDEN BERGHEN (2) schildert die Landvegetation an den westeuropäischen Küsten.

Auf dem Gebiet der Moorforschung gab TRASS ein aufschlußreiches Sammelheft heraus, zu dem zahlreiche estländische und russische Autoren beitrugen. Es behandelt Probleme der Klassifikation von Mooren, Moorlandschaften und Moorgewässern, faßt verschiedene regionale und lokale Mooruntersuchungen zusammen und geht auch auf die Vegetation als Indikator der Moorbeschaffenheit sowie auf Sukzessionsfragen ein (s. Abschnitt I 3). Selbst in den Pyrenäen gibt es noch *Sphagnum*-Hochmoore und die verschiedensten anderen Moortypen. Leider wurden sie bisher wenig untersucht und verschwinden nach COURTEJAIRE immer mehr infolge menschlicher Eingriffe.

Zwischen den natürlichen und den anthropo-zoogenen Vegetationsformationen stehen die erst in den letzten Jahren klar erkannten Staudengesellschaften an Wald- und Gebüschsäumen. MÜLLER faßt sie zur Klasse *Trifolio-Geranietea* zusammen und gliedert sie in mehrere Ordnungen, Verbände und Assoziationen.

Im ersten Band seiner „Pflanzengesellschaften des nordostdeutschen Flachlandes" gibt PASSARGE (1) eine systematische Übersicht der Pflanzengesellschaften außerhalb der Wälder. Gesondert behandelt er (2) die soziologische Gliederung binnenländischer *Calluna*-Heiden.

In ihren systematischen Monographien der Moorwiesen sowie der Bachröhrichte Ungarns berücksichtigt KOVÁCS (1, 2) auch die mitteleuropäische Literatur. Die kontinentalen Steppenrasen (*Festucetalia vallesiacae*) in Brandenburg sowie die mitteleuropäischen Sand- und Silicat-Trockenrasen hat KRAUSCH (1, 2) neu eingeteilt.

Den Bergwiesen des Harzes, Thüringer Waldes und Erzgebirges widmet HUNDT eine in ihrer Verbindung von Vegetationsbeschreibung, pflanzengeographischer Interpretation, ökologischer Untersuchung und praktischer Auswertung mustergültige Monographie. Er gliedert seine Untersuchungsbereiche in „Grünlandwuchsgebiete", deren jedes sich durch ein ihm eigenes, standortsgebundenes Gesellschafts-Mosaik auszeichnet.

Arbeiten über die Vegetation Nord- und Südeuropas sind spärlicher. Sie sollen deshalb erst gemeinsam mit denen des nächsten Berichtsjahres referiert werden.

2. Asien

Die Pflanzendecke Jordaniens beschreiben und gliedern POORE und ROBERTSON mit Hilfe von Luftbildern. Als Teil des Bandes Mittelasien der von GAUSSEN herausgegebenen «Géographie forestière du monde» erschien die ausführliche Beschreibung der Vegetation Indiens von LEGRIS.

Eine Bibliographie der vegetationskundlichen Literatur über China stellte HANELT zusammen. In Japan erschienen außer den in Abschnitt I 3 genannten

Arbeiten zahlreiche Vegetationsbeschreibungen. Die *Fagus crenata*-Wälder behandelt SASAKI nach der Methode Zürich-Montpellier, wobei er auch Gemeinschaftskoeffizienten berechnet. Wie die umfangreiche Stetigkeitstabelle zeigt, sind die japanischen Buchenwälder viel artenreicher als die europäischen, lassen sich aber ebenfalls mit Hilfe von Artengruppen gliedern. Einen Überblick über die Graslandtypen Japans vermittelt NUMATA. Als weitere Beispiele seien die Arbeiten von SUZUKI über die Schneetälchen des Gassan-Gebirges und von MIYAWAKI über die Trittgesellschaften auf den japanischen Inseln erwähnt. Die von UMEZU beschriebenen Salzpflanzengesellschaften in Nordkyusyu ähneln in vieler Hinsicht denen europäischer Küsten.

3. Amerika und Antarktis

Eine gründliche und gut illustrierte Darstellung der Flora und Vegetation im mittleren Westgrönland verdanken wir BÖCHER. Wie in der alpinen Stufe unserer Hochgebirge sind hier die Gesellschaften oft nur kleinräumig ausgebildet, treten aber zu charakteristischen Mosaikkomplexen zusammen. Am Beispiel von Südgrönland gibt KNAPP (1) eine Übersicht der im arktischen und subarktischen Bereich herrschenden und physiognomisch wichtigen Vegetationseinheiten. Er gliedert das Gebiet in zwei durch immergrüne Zwergstrauchheiden gekennzeichnete ozeanische Wuchszonen und drei mehr sommergrüne, subkontinentale Wuchszonen, die jeweils Höhenstufen darstellen.

Im Vergleich zur arktischen ist die antarktische Vegetation eintönig und artenarm. Sie besteht nach FOLLMANN (1) vorwiegend aus Flechten, von denen jetzt mehr als 300 Arten bekannt sind. Sie bilden hier wie in den Hochgebirgen der gemäßigten Zone die letzten Vorposten der Pflanzendecke. Nur 2 Blütenpflanzen gedeihen heute in der Antarktis, während aus der Arktis gegen 100 genannt werden. An zeitweilig schneefreiem Raum steht der Vegetation in der Antarktis aber auch nur etwa 5500 km^2 zur Verfügung, statt gegen 1000000 km^2 in der Arktis. Um diesen geringen Raum kämpft zudem die Seevogelfauna als starker Konkurrent.

Die Flechtengesellschaften in Nordamerika, insbesondere in dem von LOOMAN bearbeiteten Saskatchewan, haben große Ähnlichkeit mit den entsprechenden Gesellschaften in Europa. Bei den aus höheren Pflanzen gebildeten Gesellschaften ist das weniger der Fall, wie z. B. aus der Beschreibung der Waldvegetation Neufundlands hervorgeht, die DAMMAN nach der Methode von Zürich-Montpellier vornahm. Seine floristisch unterschiedenen Einheiten erwiesen sich teilweise nicht als fein genug, um Standortsunterschiede zu erfassen, die für die Holzproduktion wichtig sind. Als Faksimile der Ausgabe von 1950 kam BRAUNs Beschreibung der laubwerfenden Wälder des östlichen Nordamerika neu heraus. Auf das reich illustrierte Begleitheft zu KÜCHLERs Karte der potentiellen natürlichen Vegetation in den USA sei auch an dieser Stelle hingewiesen. Die Vegetation im südwestlichen Nordamerika vergleicht KNAPP (2) mit derjenigen der Kanarischen Inseln und des nördlichen Polynesien im Hinblick auf die Eigenschaften der Vegetation von tropisch-subtropischen Trockengebieten überhaupt [vgl. auch KNAPP (3)].

Eine Vorstellung von den natürlichen Formationen Columbiens vermittelt der Begleittext zur Karte von ESPINAL und MONTENEGRO. VELOSO und KLEIN beschreiben Pflanzengesellschaften aus Südbrasilien. KLEIN gibt außerdem einen Eindruck von der Hochland-Vegetation im Nordosten von Santa Catarina, besonders von den dort herrschenden Araucarien-Wäldern.

In dem umfassenden Bericht von THOMASSON über das Plankton der Araucarischen Seen findet man auch Schilderungen der Landvegetation Nordpatagoniens. Verbreitung und Vegetationscharakter der hochandinen Paramos stellt WEBER anschaulich dar.

Flechtengesellschaften der Osterinsel beschreibt FOLLMANN (2). Die Wachstumsrate gesteinsbewohnender Krustenflechten ist unter tropischen Klimabedingungen verhältnismäßig groß (etwa 8—17 mm/Jahr), wie sich z. B. aus dem Vergleich von Photographien der Mauern des Ahus von Vinapu aus den Jahren 1914 und 1961 ergab (3). Aus seinem Flechtenbewuchs zu schließen, hat dieses Monument ebenso wie andere daraufhin untersuchte Grabmäler und Standbilder nur ein Alter von 430 (±8%) Jahren. Die rätselhafte Steinzeitkultur der Osterinsel ist also jünger, als die meisten Archäologen annehmen.

4. Afrika

Eine Übersicht der belgischen Tropenforschung in Afrika, insbesondere der zahlreichen und eingehenden vegetationskundlichen Veröffentlichungen, findet man bei LEBRUN. Die montanen Wälder der Kamerunberge behandelt RICHARDS. Ihre Grenzen gegen das Grasland sind fast überall scharf, was er vorwiegend auf Brände zurückführt. Einen knappen Überblick über das Pflanzenkleid der Maskarenen und seine Verwüstung durch den Menschen seit dem 18. Jahrhundert gibt STRAKA.

III. Kartierungen und Anwendungen

1. Europa

Bibliographien über Vegetationskarten verfaßten WAGNER (2, Österreich) sowie KRIPPELOVA und NEUHÄUSL (Tschechoslowakei). SEIBERT sammelte die Arbeiten über das Zusammenwirken zwischen Pflanzensoziologie, Wasserwirtschaft und Wasserbau.

Die Karte der natürlichen Vegetation von Ostdeutschland erschien jetzt in größerem Maßstab (1:500000), ebenfalls als Ergebnis des Zusammenwirkens zahlreicher Mitarbeiter unter Leitung von SCAMONI. Die potentielle natürliche Vegetation (d. h. die Naturvegetation unter den heutigen, teilweise durch den Menschen geschaffenen Bodenbedingungen) des Ojcow-Nationalparks im Krakauer Jura wurde von MEDWECKA-KORNAŚ und KORNAŚ kartiert und ausführlich beschrieben. Als Grundlage für die Wiederbewaldung der degradierten Karst- und Flyschgebiete im slowenischen Küstenland lieferte WRABER eine Karte gleicher Art. Allgemein gelten Karten der potentiellen Naturvegetation als gute Planungshilfen für die Forstwirtschaft, wenn sie auch in manchen Fällen einer Ergänzung durch Bodenkartierungen bedürfen (KRONTORÁD u. MÁLEK, s. auch DAMMAN). Zur Kartierung der potentiellen Vegetation in dem landwirtschaftlich genutzten Gebiet von Kutno (Polen) bedienten sich FALIŃSKI, HRYNKIEVICZ-SUDNIK und FABISZEWSKI der Feldhecken (*Prunetalia*). Die Zusammenfassung der vegetationskundlichen, ökologischen und historischen Vorarbeiten zur Kartierung der „Oberschwäbischen Fichtenreviere" gibt Einblick in die vorbildliche Arbeit der (von F. v. HORNSTEIN begründeten und jetzt aufgelösten) *Arbeitsgemeinschaft* dieses Namens.

Vegetationskundliche Untersuchungen als Beiträge zur Lösung von Aufgaben der Landeskultur und Wasserwirtschaft stellen MEUSEL und SCHUBERT zusammen. Aus Vegetationskarten werden heute meistens von den Autoren selbst Karten für die praktische Auswertung abgeleitet, so z. B. eine „Karte der Versickerungsmöglichkeiten" von WIEDENROTH und eine „Uferzustandskarte" für die Fließgewässer im Thüringer Gebirge von BAUER, HIEKEL und NIEMANN. HUNDT (2) entwarf Karten der Wasserstufen für ein thüringisches Wiesengebiet. KRAUSE (1) gewann aus seiner Grünlandkarte der südbadischen Rheinebene (1:100000) eine Karte der Wasserversorgung, auf der zu erkennen ist, wie weit die Ertragsleistung des Grünlandes vom Rheinwasserstand unabhängig ist und wie weit nicht. Derselbe Autor (2) erörtert die großräumige Auswertung einer Vegetationskarte der Allmendweiden im Hochschwarzwald. Er faßt die pflanzensoziologischen Einheiten nach der Dauer der Vegetationszeit, der Bodenfeuchtigkeit und anderen Faktoren zu Standortsgruppen zusammen. Auch in den Niederlanden dienen Vegetationskarten als Grundlage für die landwirtschaftliche Verbesserung großer Grünlandgebiete, werden aber nach DE BOER ebenfalls durch Auswertekarten ergänzt (Wasserzustand, Pflegezustand, giftige und lästige Unkräuter, Grünland-Nutzwert).

Eine Vegetationskarte von Gebirgsweiden in den Südalpen entwarfen GIACOMINI, PIROLA und WIKUS. Auch im Gebirge helfen Luftbilder bei der Vegetationskartierung, wie HAEFNER in der Umgebung von Davos zeigt. Für Sukzessionsstudien in offener Vegetation und im Grünland sowie für kleinräumige Kartenaufnahmen benutzt ROSSETTI mit Vorteil einen Fesselballon.

2. Außereuropäische Länder

Der neue russische Weltatlas enthält Vegetationskarten aller Erdteile, auf denen insgesamt etwa 500 Einheiten unterschieden werden (Bearbeiter SOCHAVA). Eine – leider wenig illustrierte – Darstellung der russischen Methoden zur Vegetationskartierung und praktischen Auswertung von Vegetationskarten erschien in englischer Sprache (VIKTOROV, VOSTOKOVA und VYSHIVKIN).

Als einzelner erarbeitete KÜCHLER eine Karte der potentiellen natürlichen Vegetation der USA (außer Alaska) im Maßstab 1:3168000. Auch der Erläuterungsband ist für Übersichtskarten mustergültig, indem er von jeder der 116 Einheiten durch eine Photographie eine physiognomische Vorstellung gibt.

Die von DIELS, MILDBREAD und SCHULZE-MENZ 1939–1942 entworfene Vegetationskarte von Afrika 1:15 Mill. konnte erst jetzt erscheinen. Im Gegensatz zu der von der UNESCO 1959 herausgebrachten Afrikakarte zeigt sie nicht die heutige Pflanzendecke, sondern die natürlichen Vegetationsgebiete. „Xerophile Grasfluren ohne Baumwuchs" kommen nur außerhalb der Wendekreise vor. Der allmähliche Übergang vom tropischen Regenwald zu den subtropischen Halbwüsten wird durch verschiedene Typen von Savannen vermittelt, in denen Baumwuchs möglich ist.

Literatur

Arbeitsgemeinschaft „Oberschwäbische Fichtenreviere" (Hrsg.): Standort, Wald und Waldwirtschaft in Oberschwaben. Stuttgart 1964, 323 S.

BARKMAN, J. J.: Excerpta bot., Sect. B **4**, 59—86 (1962). — BAUER, L., W. HIEKEL u. E. NIEMANN: Wiss. Z. Univ. Halle **13**, Sonderb. Bot., 171—185 (1964). — BECHER, R.: Ber. oberhess. Ges. Natur- u. Heilkunde Gießen, N. F., naturw. Abt. **33**, 145—148 (1964). — BECKING, R. W.: Trop. Ecol. **4**, 21—28 (1963). — BEEFTNIK, W. G.: Landbouwhogesch. Wageningen **65**, 1, 167 S. (1965). — BÖCHER, T. W.: Medd. om Grönland **148**, 3, 289 S. (1963). — BOER, A. DE: In: R. TÜXEN, Ber. internat. Sympos. Vegetat. Kartierung 23.—26. 3. 1959. Stolzenau/Weser 441—455 (1963). — BORHIDI, A.: Acta bot. Acad. Sci. Hung. **9**, 259—307 (1963). — BORZA, A.: Biológia (Bratislava) **18**, 856—864 (1963). — BORZA, A., et E. I. NYÁRÁDY: Webbia **18**, 420—444 (1963). — BRAUN, E. L.: Deciduous forests of eastern North America, 596 S., New York and London: Hafner Publ. Co. 1964. — BRAUN-BLANQUET, J.: Pflanzensoziologie, 865 S., 3. Aufl. Wien 1964. — BRAUN-BLANQUET, J., G. LEMÉE et R. MOLINIER: Excerpta bot., Sect. B **5**, 1—53 (1963). — BURRICHTER, E.: Abh. Landesmus. Naturkunde Münster i. Westf. **26**, 3—16 (1964).

CHWASTEK, M.: Poznań Soc. Friends of Sci., Sect. agric. and sylvicult. Sci. **14**, 277—356 (1963). — COURTEJAIRE, J.: Bull. Soc. d'Hist. nat. Toulouse **99**, 187—194 (1964). — CSAPODY, I.: Acta bot. Acad. Sci. Hung. **10**, 43—85 (1964).

DAMMANN, A. W. H.: Forest Research Branch Contrib. (Canada) **596**, 62 S. (1964). — DEGELIUS, G.: Acta Horti Gotoburg. **27**, 11—55 (1964). — DENISIUK, Z.: Poznań Soc. Friends of Sci., Dep. math. nat. Sci., Sect. Biol. **17**, No. 2, 132 S.

(1963). — Diels, L., J. Mildbraed u. G. K. Schulze-Menz: Willdenowia (Berlin-Dahlem) Beih. 1 (1963). — Donald, C. M.: Advances in Agron. **15**, 1—118 (1963).

Ellenberg, H., u. G. Cristofolini: Ber. geobot. Inst. ETH, Stiftg. Rübel, Zürich, **35**, 124—134 (1964). — Espinal, T. L. S., et E. Montenegro M.: Formaciones vegetales de Colombia. Memoria explicativa sobre el mapa ecológico. Bogotá, D. E. (Colombia) 1963, 201 S.

Faliński, J. B., J. Hrynkievicz-Sudnik u. J. Fabiszewski: Acta Soc. Bot. Polon. **32**, 693—714 (1963). — Follmann, G.: (1) Umschau (Frankf. a. M.) **1964**, 101—103 (1964); — (2) Revista univ. (Univ. católica Chile) **46**, 149—154 (1961); — (3) Ber. dtsch. bot. Ges. **75**, 245—260 (1962). — Follmann, G., u. P. Weisser: Result. bot. XVII. Exped. antárt. chilena **1**, 10 S. (1963). — Fukarek, F.: Pflanzensoziologie, 160 S. Berlin: Akademie-Verl. 1964. — Fukarek, F., M. Jasnowski u. R. Neuhäusl: Termini phytosociologici linguis germanica et bohemica et polonica expressi, 74 S. Jena: G. Fischer 1964. — Fukarek, P.: (1) „Narodni Sumar", Sarajevo, 1961, 193—219 (1961); — (2) Schweiz. Z. Forstwes. **115**, 518—533 (1964).

Giacomini, V., A. Pirola e E. Wikus: Delpinoa (Napoli) N. S. **4**, 233—317 (1964). — Goodall, D. W.: Vegetatio **11**, 297—316 (1963). — Gotthard, W.: Bot. Jb. **84**, 1—50 (1965).

Hadač, E.: Vegetatio **11**, 46—54 (1962). — Haefner, H.: Landeskundl. Luftbildauswertg. im mitteleurop. Raum (Bad Godesberg) **6**, 117 S (1963). — Hanelt, P.: Excerpta bot., Sect. B **6**, 106—134 (1964). — Hansen, K.: Bot. Tidsskr. **60**, 1—41 (1964). — Hard, G.: Ann. Univ. Sarav. (Heidelberg), R. philos. Fak. **2**, 176 S. (1964). — Hartl, H.: Carinthia II (Klagenfurt) **73**, 293—336 (1963). — Hartog, C. den, and S. Segal: Acta bot. neerland. **13**, 367—393 (1964). — Hofmann, G.: Arch. Naturschutz, **4**, 191—206 (1964). — Hundt, R.: (1) Pflanzensoziol. (Jena) **14**, 264 S. (1964); — (2) Wiss. Z. Univ. Halle **13**, Sonderb. Bot., 149—170 (1964). — Jarvis, P. G.: Oikos **15**, 56—78 (1964). — Jeschke, L.: Natur u. Naturschutz in Mecklenb. **2**, 154 S. (1964). — Juhász Nagy, P.: Acta bot. Acad. Sci. Hung. **10**, 159—174 (1964). — Jurko, A.: Biol. Práce (Bratislava) **10**, H. 6, 100 S. (1964).

Kárpáti, V.: Acta bot. Acad. Sci. Hung. **9**, 323—385 (1963). — Kershaw, K. A.: Quantitative and dynamic ecology, 183 S. London: Edward Arnold Ltd. 1964. — Kimura, M.: Jap. J. Bot. **18**, 255—287 (1963). — Klee, I.: Ber. oberhess. Ges. Natur- u. Heilkunde Gießen, N. F., naturw. Abt. **33**, 131—140 (1964). — Klein, R. M.: Sellowia, An. bot. Herb. „Barbosa Rodrigues" (Santa Cạtarina, Brasil) **15**, 39—56 (1963). — Knapp, R.: (1) Ber. oberhess. Ges. Natur- u. Heilkunde Gießen, N. F., naturw. Abt. **33**, 91—129 (1964); (2)**33**, 149—163 (1964); — (3) Die Vegetation von Nord- und Mittelamerika, 373 S. Stuttgart: G. Fischer 1964. — Kohler, A., u. M. Sukopp: Ber. dtsch. bot. Ges. **76**, 389—406 (1964). — König, D.: In: M. Petersen (Hsgb.) 25 Jahre Bupheverkoog. Kiel 1964, S. 52—78. — Kopecký, K., u. S. Hejný: Preslia (Praha) **37**, 53—78 (1965). — Kovács, M.: (1) Die Moorwiesen Ungarns. Die Vegetation ungarischer Landschaften **3**, 214 S. Budapest 1962; — (2) Acta bot. Acad. Sci. Hung. **8**, 109—143 (1962). — Krajina, V. J.: Ecol. western North Amer. (Vancouver, Canada) **1**, 1—17 (1965). — Kramer, M.: Decheniana (Bonn) **117**, 53—132 (1964). — Krausch, H.-D.: (1) Feddes Repert. Beih. **139**, 167—227 (1962); — (2) Mitt. florist.-soziolog. Arbeitsgem. N. F. **9**, 266—269 (1962); — (3) Limnologica (Berlin) **2**, 423—482 (1964). — Krause, W.: (1) Arb. rhein. Landeskunde (Bonn) **20**, 77 S. (1963); — (2) „Das wirtschaftseigene Futter" **10**, 101—112 (1964). — Krippelowa, T., u. R. Neuhäusl: Excerpta bot., Sect. B **5**, 203—214 (1963). — Krontorád, K., u. J. Málek: Acta Univ. Agric. Brno C **1961**, 51—74 (1961). — Küchler, A. W.: Amer. geogr. Soc., spec. Publ. **36**, 38 + 116 S. (1964).

Lang, G.: (1) Ber. dtsch. bot. Ges. **75**, 366—377 (1963); — (2) Umschau **1964**, 270—275 (1964). — Lapraz, M. G.: Mém. Soc. Sci. phys. et nat. Bordeaux, 8e Sér., **3**, 36 p. (1963). — Lebrun, J.: Livre blanc Acad. roy. Sci. outre-mer (Bruxelles) **2**, No. 243, 703—713 (1962). — Legris, P.: Trav. Lab. forest. Toulouse **5**, 1[ére] Sect. II, 596 S. (1963). — Leibundgut, H.: Schweiz. Z. Forstwes. **115**, 331—336 (1964). — Linhard, H.: Ber. naturw. Ver. Landshut **24**, 3—70 (1964). — Looman,

J.: Ecology 45, 481—491 (1964). — LUX, H.: Angew. Pflanzensoziol. (Stolzenau/Weser) 20, 6—53 (1964).

MASING, V.: Tartu Riikliku Ülikooli Toimet. 145, 253—257 (1963). — MATHEY, W.: Bull. Soc. neuchâtel. Sci. nat. 87, 3e Sér., 103—135 (1964). — MAYER, H.: Mitt. Staatsforstverw. Bayerns 34, 191—203 (1964). — MEDWECKA-KORNÁS, A., and J. KORNÁS: Bull. Acad. polon. Sci., Cl. II, 11, 357—359 (1963). — MEUSEL, H., u. R. SCHUBERT (Hrsg.): Wiss. Z. Univ. Halle 13, Sonderb. Bot. (1964). — MIKYŠKA, R.: (1) Preslia (Prag) 36, 144—164 (1964); — (2) Preslia (Praha) 36, 28—37 (1964); — (3) Rozpr. českoslov. Akad. Věd, Řada mat. a prirodn. Věd. 73, 15, 91 S. (1963). — MIYAWAKI, A.: Bot. Mag. Tokyo 77, 365—374 (1964). — MONDINO, G. P.: Allionia (Torino) 9, 43—64 (1963). — MORAVEC, J., u. E. RYBNÍČKOVÁ: Preslia (Praha) 36, 376—391 (1964). — MÜLLER, T.: Mitt. florist.-soziolog. Arbeitsgem. N. F. 9, 95—140 (1962).

NEUHÄUSL, R.: Preslia (Praha) 35, 302—315 (1963). – NEUHÄUSLOVÁ-NOVOTNÁ, Z.: Preslia (Praha) 36, 38—54 (1964). — NUMATA, M.: J. College Art and Sci., Chiba Univ., 3, 327—342 (1961). — NUMATA, M., I. HAYASHI, T. KOMURA, and K. OKI: Jap. J. Ecol. 14, 207—215 (1964).

ORLOCI, L.: Ecol. western North Amer. (Vancouver, Canada) 1, 18—34 (1965). — OVERBECK, F.: Ber. dtsch. bot. Ges. 76, 1. Generalvers. h., 12 S. — OZENDA, P.: Biogéographie végétale, 374 S. Paris: Ed. Doin 1964.

PASSARGE, H.: (1) Pflanzensoziol. (Jena) 13, 324 S. (1964); — (2) Verh. bot. Ver. Prov. Brandenburg 101, 8—17 (1964); — (3) Arch. Fortswes. 13, 667—689 (1964). — PASSARGE, H., u. G. HOFMANN: Arch. Forstwes. 13, 913—937 (1964). — PERSSON, Å.: Bot. Not. (Lund) 117, 323—354 (1964). — POORE, M. E. D., and V. C. ROBERTSON: An approach to the rapid description and mapping of biological habitats. London (The Nature Conservancy) 1964, 68 S. — POP, E.: Ber. geobot. Inst. ETH, Stiftg. Rübel, Zürich, 35, 113—118 (1964).

RAUSCHERT, S.: Mitt. florist.-soziol. Arbeitsgem. N. F. 10, 232—249 (1963). — RICHARDS, P. W.: J. Ecol. 51, 529—554 (1963). — RITER-STUDNIČKA, H.: Godišn. biol. Inst. Univ. Sarajevu 15, 77—112 (1962). — RÖHRIG, E.: Forstarch. 35, 25—39 (1964). — ROSSETTI, CH.: Bull. Serv. Carte phytogéogr. Sér. B. 7, 211—238 (1963). — RUŽIČKA, M.: Biol. Práce (Bratislava) 10, 1, 119 S. (1964).

SASAKI, Y.: J. Sci. Hiroshima Univ., Ser. B, Div. 2 (Bot.) 10, 1—55 (1964). — SCAMONI, A. (Hrsg.): Feddes Repert. Beih. 141, 106 S. (1964). — SEBALD, O.: (1) Mitt. Ver. forstl. Standortskunde u. Forstpflanzenzücht. 14, 60—63 (1964); — (2) Jh. Ver. vaterländ. Naturkunde Württemberg 118/119, 287—292 (1964). — ŠEDA, Z.: Publ. Fac. Sci. Univ. Brno L 20, Nr. 445, 293—352 (1963). — SEIBERT, P.: Excerpta bot., Sect. B 5, 81—102 (1963). — SHENNIKOV, A. P., and N. B. SERAFIMOVICH: Geobotanika (Moskau-Leningrad) 14, 208—226 (1963). — SOCHAVA, L.: Bemerkungen zu den Vegetationskarten im russischen geographischen Weltatlas, Moskau 1964 (russ.). — SOKOŁOWSKI, A.: Monogr. Bot. 16, 176 S. (1963). — SOÓ, R.: (1) Synopsis systematico-geobotanica florae vegetationisque Hungariae I. Budapest (Akadémiai Kiadó) 1964, 589 S.; — (2) Studia biol. hung. (Budapest) 1, 104 S, (1964). — SOUGNEZ, N., u. R. TOURNAY: Excerpta bot., Sect. B 5, 215—240 usw. (1963). — STRAKA, H.: (1) Schr. naturw. Ver. Schlesw.-Holst. 34, 19—34 (1963); — (2) Naturw-Rundschau 16, 100—104 (1963). — SUZUKI, T.: In: R. TÜXEN: Ber. internat. Sympos. Vegetationskartierung 23.—26. März 1959, Stolzenau/Weser, 219—230 (1963). — SZAFER, W., u. Mitarb.: Tatrzański Park Narodowy. Polska Akad. Nauk. Wydawn. Popularn. 21, Kraków 1962, 675 S.

TAGAWA, H.: Mem. Fac. Sci. Kyushu Univ., Ser. E. Biol. 3, 165—228 (1964). — THOMASSON, K.: Acta phytogeogr. suec. 47, 139 S. (1963). — TRACZYK, T.: (1) Acta Soc. Bot. Polon. 31, 275—304 (1962); (2) 31, 621—635 (1962); — (3) Ekolog. polska, Ser. A, 8, 85—125 (1960). — TRASS, H. (Hrsg.): Tartu Riikliku Ülikooli Toimet. 145, 351 S. (1963). — TÜXEN, R.: (1) Excerpta bot., Sect. B, 4, 87—88 (1962); — (2) Excerpta bot., Sect. B 6, 135—160 (1964). — TÜXEN, R., u. H. MEISSNER: Excerpta bot., Sect. B 6, 1—80 (1964). — TÜXEN, R., u. V. WESTHOFF: Mitt. florist-soziolog. Arbeitsgem. N. F. 10, 116—129 (1962).

UMEZU, Y.: Jap. J. Ecol. 14, 153—160 (1964).

VANDEN BERGHEN, C.: (1) Bull. Jard. bot. de l'Etat, Bruxelles, **34**, 243—267 (1964); — (2) La végétation terrestre du littoral de l'Europe occidentale. Bruxelles (Les Naturalistes belges) 1964, 115 S. — VELOSO, H. P., e R. M. KLEIN: Sellowia (Santa Catarina, Brasil) **15**, 57—114 (1963). — VIKTOROV, S. V., YE. A. VOSTOKOVA, and D. D. VYSHIVKIN: Short guide to geo-botanical surveying, 158 S. Oxford, London, New York, Paris: Pergamon Press 1964.

WAGNER, H.: (1) Excerpta bot., Sect. B **3**, 241—304 (1961); — (2) Excerpta bot., Sect. B **3**, 305—315 (1961). — WALTER, H.: Die Vegetation der Erde in ökophysiologischer Betrachtung. Bd. 1. Die tropischen und subtropischen Zonen. 2. Aufl. 592 S. Stuttgart: G. Fischer 1964. — WATT, A. S.: J. Ecol. **52** (Suppl.) 203—211 (1964). — WATTENDORFF, J.: Abh. Landesmus. f. Naturk. Münster i. Westf. **26**, 2—33 (1964). — WEBER, H.: Jb. Ver. Schutze d. Alpenpflanzen u. -Tiere **28**, 16 S. (1963). — WIEDENROTH, E.-M.: Wiss. Z. Univ. Halle **13**, Sonderb. Bot., 53—107 (1964). — WILLIAMS, C. B.: Patterns in the balance of nature and related problems in quantitative ecology, 324 S. London and New York: Academic Press 1964. — WINDISCH, S.: Monatsschr. Brauerei **15**, 203—210 (1962). — WOJTERSKI T.:, Poznań Soc. Friends of Sci., Dep. math. and nat. Sci., Sect. Biol. **28**, No. 2, 217 S. (1964). — WRABER, M.: (1) Acad. Sci. et Art. sloven., Diss. **7**, 75—176 (1963); — (2) In: R. TÜXEN: Ber. internat. Sympos. Vegetationskartierg. 23.—26. 3. 1959, Stolzenau/Weser 369—384 (1963).

ZARZYCKI, K.: (1) Acta agr. et silv., Ser. leśna **3**, 3—132 (1963); — (2) Bull. Acad. polon. Sci., Cl. II, **12**, 15—21 (1964). — ZOLYOMI, B., u. J. PRÉCSÉNYI: Acta bot. Acad. Sci. Hung. **10**, 377—416 (1964).

4. Standortslehre (Ökologische Geobotanik)

Von

WILHELM LÖTSCHERT, Frankfurt a. M., und HEINZ ELLENBERG, Zürich

1. Allgemeines

Die in 3. Auflage erschienene „Pflanzensoziologie" von BRAUN-BLANQUET räumt der Standortslehre wiederum den größten Platz ein. SHENNIKOV gibt eine Einführung in die russische, stark ökologisch orientierte Geobotanik. Die Grundlagen der Wald-Biogeocoenologie behandeln SUKACHEV und DYLIS in einem umfangreichen Lehrbuch. Das dreibändige Lehrbuch der „Ökologie der Tiere" von SCHWERDTFEGER kann auch dem Geobotaniker viele Anregungen geben. Der 1. Band: „Autökologie" kam 1963 heraus; eine „Demökologie" (die Populationen behandelnd) und eine „Synökologie" sollen demnächst erscheinen. Kürzer und unter anderen Gesichtspunkten stellt ANDREWARTHA die gleichen Themen dar. KRAJINA versucht eine Philosophie der Ökologie.

Das auf langer Erfahrung und sorgfältigen Erprobungen beruhende pflanzenökologische Praktikum von STEUBING beschreibt die im Felde und Laboratorium brauchbaren Methoden und Geräte zum Bestimmen wichtiger Standortsfaktoren. In bodenkundlicher Hinsicht wird es durch das zweibändige Methodenbuch von FIEDLER (1, 2) ergänzt.

Die für 1962 und 1963 fortgesetzte agrarmeteorologische Bibliographie von SCHNEIDER (1, 2) enthält jeweils mehr als tausend Kurzreferate und gibt wieder einen Überblick über den raschen Fortschritt der Mikrometeorologie und ihre vielfältigen Beziehungen zur Biologie und zu anderen Nachbarwissenschaften.

2. Wärmefaktor

Eine Erdkarte mit farbigen Linien gleicher Schneegrenz-Höhen legt HERMES vor. Er möchte die „klimatische" Schneegrenze lieber als „regionale" bezeichnen, denn jede Schneegrenze ist ja klimatisch bedingt, auch die lokale. Die niedrigste reg. Sgr. in Europa findet sich auf NW-Island (500–750 m über N.N.), die höchste im Bereich des Monte Rosa und Gran Paradiso (3200–3300 m). Die absolut höchste Grenze liegt über dem 6740 m hohen erloschenen Vulkan Llullaillaco (6800–6900 m, etwa 24° 50′ S) im chilenisch-argentischen Grenzbereich.

Der extrem kalte Winter 1962/63 führte in der Umgebung zugefrorener Seen, z. B. an dem von SCHREIBER beobachteten Neuenburger See in der Schweiz, zur Umkehr phänologischer Höhenstufen, weil die nur langsam auftauende Eismasse noch bis in den Spätfrühling hinein abkühlend auf ihre Umgebung wirkte. Entwässerter Moorboden ist ein so schlechter Wärmeleiter, daß er sich im Frühjahr – außer in der Nähe seiner Oberfläche – langsamer erwärmt als nasser (HEIKURAINEN und SEPPÄLÄ).

Interessante Untersuchungen über die Beziehungen zwischen Witterung und Buchen-Mastjahren führte WACHTER durch. Spätfröste, Sommerdürren und kühl-feuchte Sommerwitterung verhindern bei *Fagus* einen reichen Blüten- und Fruchtansatz, während die gegenteiligen Bedingungen mit Mastjahren korreliert sind. Die meteorologischen und biologischen Grundlagen der Verhütung von Frostschäden behandelt der 1. Band eines von SCHNELLE herausgegebenen Lehrbuches über Frostschutz im Pflanzenbau.

Ähnlich wie Gezeitenalgen (Fortschr. Bot. **26**, 125) sind nach den Untersuchungen von BIEBL (1) auch tropische Moose ohne ökologische Notwendigkeit erstaunlich kälteresistent. Manche Arten (*Herberta juniperina, Rhizogonium spiniforme*) erreichen eine Kälteresistenz von – 16° C, während die Hitzeresistenz der untersuchten Arten 35 bis 38° C nicht übersteigt. Für widerstandsfähige Parkgewächse lag die Hitzeresistenz bei 50 bis 56° C, für Mangrovebäume bei 50° C.

Im Laufe des Jahres untersuchte KAPPEN die vitale und letale Frost-, Hitze- und Austrocknungsresistenz bei einheimischen Polypodiaceen. Danach nehmen – offenbar parallel mit einer allgemeinen plasmatischen Resistenzerhöhung – alle drei Resistenzformen im Winter gemeinsam zu. Die Hitzeresistenz kann im Sommer unabhängig von den anderen Formen innerhalb gewisser Grenzen adaptativ ansteigen. *Dryopteris spinulosa* erreichte seine letale Frostresistenz-Grenze bei – 32° C. Die Keimlinge der von KREEB (2) in Australien untersuchten Arten der Gattung *Hakea* sind resistenter gegen Hitze und Trockenheit als die der Gattung *Acacia* und diese wiederum resistenter als Arten der Gattung *Eucalyptus*.

Tagesregistrierungen von Blattemperaturen in der südfranzösischen Macchie hat KREEB (1) mit der NTC-Methode vorgenommen. Danach kann die Übertemperatur für *Cistus albidus* im Verhältnis zur umgebenden Luft + 12° C betragen. An trockenen Standorten war die Temperaturerhöhung beim Blatt von *Quercus ilex* größer als an feuchten Standorten, eine Tatsache, die dem von LANGE nachgewiesenen Kühlungseffekt der Transpiration entspricht (vgl. Fortschr. Bot. *22*, 112).

Zwischen der Oberfläche eines nackten Kalkfelsens, den Spalten eines Karrenfeldes und einem dichten Haselgebüsch bestehen auch im Gebiet des Burren in Westirland mikroklimatische ebenso wie floristische Gegensätze. Doch sind die Unterschiede in der Temperatur und Luftfeuchte nach den Messungen von DICKINSON, PEARSON und WEBB in diesem extrem ozeanischen Klimabereich wesentlich geringer, als man sie etwa in Mitteleuropa erwarten würde.

3. Wasserfaktor

Der von WALTER und LIETH herausgegebene Klimadiagramm-Weltatlas enthält nach Erscheinen der 2. Lieferung die wichtigsten Klimadiagramme aus Europa, Amerika, Afrika, Australien und dem größten Teil Asiens.

Wie die umfangreichen Registrierungen von TRANQUILLINI ergeben, werden Evaporation und Transpiration während des Tages in erster Linie von der Strahlung bestimmt. In der Nacht dagegen hängen sie überwiegend von der Luftfeuchtigkeit und vom Wind ab. 2000 m ü. N.N. ist die Evaporation trotz der stärkeren Strahlung in der Regel etwas niedriger als in der Ebene, wo die Lufttemperatur meist höher ist. Die Evaporation erreichte bei einer Durchströmungsgeschwindigkeit in der Cuvette von 2000 l/h den gleichen Wert wie in der freien Luft. – Wasserabgabe und Temperatur eines Blattes in Abhängigkeit von Strahlungsbilanz, Umgebungstemperatur und Luftfeuchtigkeit sowie von zwei Diffusionswiderständen (innerhalb und außerhalb des Blattes) berechnet LINACRE.

Die Bartflechten-Draperien an den Baumästen subalpiner Nadelholzbestände, insbesondere die seltene *Usnea longissima* im Bereich des „Eiskellers" in der Gottschuchen (s. Fortschr. Bot. **22**, 113), sind nach REZNIK so angeordnet, daß sie große Wassermengen aus windbewegtem Nebel auszukämmen vermögen. Ruhende Nebel genügen für die Wasserversorgung dieser Flechten ebensowenig wie für die der Tillandsien und anderer Pflanzen in den Nebeloasen an der peruanischen Küste.

Nach den Untersuchungen von BIEBL (2) sind weder *Tillandsia usneoides* noch die an Extremstandorten, z. B. auf Leitungsdrähten, vorkommende *Tillandsia recurvata* in der Lage, Wasser in Dampfform aufzunehmen. Die Wasserdampfaufnahme von *T. recurvata* war bei 95% rel. Luftf. in 24 Std praktisch gleich Null. Das Wassersättigungsdefizit (n. STOCKER) kann für *T. recurvata* bis 68,1%, für *T. usneoides* bis 69,9% betragen. Die osmotischen Werte liegen zwischen 6,3–8,5 at, sind also ähnlich niedrig wie bei vielen Sukkulenten.

Die osmotischen Werte südchilenischer Holzgewächse im immerfeuchten Bergwald, aber auch im Sommer- und Lorbeerwald zeigen nach KUBITZKI eine geringe Amplitude. Die lorbeerblättrigen und selbst die immergrünen Baumarten stehen mit ihren auffallend niedrigen osmotischen Werten (10–19 at) den Arten des tropischen Regenwaldes näher als denen der nordhemisphärischen gemäßigten Zone. Die osmotischen Werte von Hängemoosen in den Mooswäldern auf Puerto Rico liegen zwischen 17,9–32,2 at und entsprechen nach BIEBL (3) etwa denen der „verhältnismäßig trockenresistenten mesophytischen" Moose Mitteleuropas.

Die Wasserversorgung der viviparen Keimlinge von *Rhizophora mangle* hat PANNIER (2) untersucht. Mit verschiedenen Methoden bestätigte er den von WALTER (Werte bei KIPP-GOLLER) gefundenen osmotischen Sprung zwischen Integument (12,4 at) und Fruchtschale (23,0 at).

Die Bemühungen, den Zeitpunkt des Stomataschlusses bei Wassermangel exakt zu bestimmen, setzte BANNISTER (1) fort. Er untersuchte ferner (2) Keimung und Jugendwachstum von *Calluna vulgaris*, *Erica tertalix* und *Erica cinerea* bei verschiedenem Bodenwassergehalt (unter, über und in der Nähe der Feldkapazität) auf mineralreichen Humus- und Moorböden (3). Außerdem verfolgte er den Bodenwassergehalt, die relative Turgeszenz ([Feldgew. — Trockengew.]: [Turgeszenzgew. — Trockengew.]) und die Relation des maximalen Wassergehaltes zum Trockengewicht im Verlaufe eines Jahres. *Erica tetralix* und *Calluna vulgaris* zeigen bei abnehmendem Wassergehalt in Mineralböden zunächst eine deutlichere Transpirationssteigerung als in Torfböden [BANNISTER (4)].

Zu begrüßen ist das von WECHMANN herausgegebene Lehrbuch der Hydrologie, in dem Fragen des Wasserhaushaltes sowie das Grundwasser ausführlich behandelt werden. HEIKURAINEN benutzt das Fallen des Grundwasserspiegels in regenfreien Zeiten dazu, die tägliche Evapotranspiration von Waldbeständen zu berechnen. Die Permeabilität durchlässiger Böden, die Gliederung des Makroporenraumes und die Beziehungen zwischen Permeabilität und Bodentypen untersuchte KOPP mit Hilfe einer Kombination von Infiltrometer und Neutronensonde. In Lößboden (Parabraunerde) ist die vertikale Wasserbewegung, gemessen an der ersten Feuchtigkeitszunahme in 105 cm Tiefe, größer als in Sand (43,2 m/Tag gegenüber 17–25 m), weil letzterer weniger Grobporen enthält. Das Sickerwasser kann trockene, nicht bis zur Feldkapazität aufgefüllte Horizonte durchlaufen, wenn die Poren nur groß genug sind. Um einen Einblick in die Bodenwasserverhältnisse und ihre Abhängigkeit von der Witterung und vom Bodentyp in fein differenzierten Heidegesellschaften bemüht sich HORST. Er arbeitet die Feldkapazität und die Verarmungsgrenze in Abhängigkeit vom Humusgehalt heraus und gibt zahlreiche Kurven über den Jahresgang des Bodenwassers in Heideböden.

Die Versuche, den Bodenwassergehalt mittels rückstreuender Neutronen zu messen, verlaufen weiter ermutigend. Nach einer zusammenfassenden Übersicht von GREENFIELD beeinträchtigen weder Humussubstanzen noch Salze oder Strukturunebenheiten die Bestimmung (vgl. auch Fortschr. Bot. **26**, 127).

4. Licht und Stoffproduktion

Die bei der Planung des „Internationalen Biologischen Programmes" erarbeiteten Gesichtspunkte für die Untersuchung der Produktivität von Land-Lebensgemeinschaften fassen ELLENBERG und OVINGTON zusammen. Eine wichtige Voraussetzung für die Produktivitätsbestimmung ist die Messung der assimilierenden Oberfläche. Zu ihrer Methodik legt GEYGER eine gründliche Untersuchung vor, die an nordwestdeutschen Wiesengesellschaften durchgeführt wurde.

Die Blattfläche von kleinblättrigen Büschen in Israel bestimmte WHITEMAN durch Einsammeln nach Größenklassen, Auszählen innerhalb jeder Klasse und Vermessung einer jeweils nur geringen Anzahl (5) Blätter. Über Versuche, die Trockensubstanz-Produktion auf der Grundlage der assimilierenden Fläche und des Chlorophyllgehaltes in wenig geschichteten Pflanzengemeinschaften zu bestimmen, berichten MEDINA und LIETH.

Nach ANDERSON (1), die die jahreszeitlichen Lichtschwankungen von 1961 bis 1963 registrierte, stimmen die Licht- und Schattenphasen in englischen Laubmischwäldern nicht mit den Perioden hoher und niedriger Lichtintensität im Freiland überein. Von März bis Mai trat ein absolutes Intensitätsmaximum auf. Im Sommer und Winter wird die Intensität im Bestandesinnern relativ stärker durch die Unterschiede in der Dichte des Kronendaches sowie durch die Veränderungen während des Laubaustriebs variiert als zur Zeit des Intensitätsmaximums [ANDERSON (2)].

Die beiden kalksteten Felsgesellschaften des *Polypodietum serrati* und der an xerothermen Tertiärrelikten reichen *Asplenium glandulosum-Phagnalon sordidum*-Assoziation besiedeln nach BRAUN-BLANQUET und NIKLFELD im Bas Languedoc Standorte unterschiedlicher Lichtintensität. An einer SSO-Wand mit dem *Asplenietum* ergaben sich während des Tages 700 Kilolux/h, an einer NNW-Wand mit dem *Polypodietum* nur 28 Kilolux/h.

5. Boden und chemische Faktoren

Das neue Lehrbuch der Bodenkunde von FIEDLER und REISIG behandelt das gesamte Stoffgebiet der Pedologie einschließlich der Pflanzennährstoffe. PRUSINKIEWICZ legt einen neuen Entwurf zur Systematik der Waldbodenhumus-Formen unter besonderer Berücksichtigung der Feuchtigkeit vor. Die Veränderungen der Trockensubstanz, des Stickstoff- und Kohlenstoffgehaltes sowie des Energiegehaltes in der Streu von Laubwäldern analysiert in Abhängigkeit von der Bodenfauna BOCOCK. Die Humusakkumulation in Podsolböden des Amazonasgebietes ist nach KLINGE und OHLE maßgeblich durch herrschenden Phosphat- und Sulfatmangel bedingt. Weitere Voraussetzungen sind hohe Luftfeuchtigkeit, hoher Grundwasserspiegel und Kalkmangel. CORMACK und GIMINGHAM haben die Streuproduktion von *Calluna vulgaris* in verschiedenen Entwicklungsstadien der Heide untersucht und finden bei einer Jahresproduktion zwischen 59,6 und 712,4 kg/ha je ein Maximum des Streueanfalls im Oktober und Februar.

Einen Überblick über die Bedeutung des Stickstoffs als Standortfaktor gibt ELLENBERG. In den von ihm untersuchten Waldböden zeigt die NH_4- bzw. NO_3-Produktion einen ausgesprochenen Jahresgang, der in seinen großen Zügen von der Temperatur, im einzelnen aber vom Wassergehalt des Bodens kontrolliert wird. Die stärkste Nitrifikation findet man nach MORAVEC in basenreichen Böden bei etwa 25° C und einem Wassergehalt von rund 60% der Feldkapazität. In sauren Rohhumusdecken unter *Luzulo-Fagetum* fanden MORAVCOVÁ-HUSOVÁ und ELLENBERG übereinstimmend nur Akkumulation von NH_4, aber eine überraschend starke, während in den schwach sauren Mullböden bodenfeuchter Eichen-Hainbuchenwälder NO_3-Akkumulation vorherrscht. Auch in Wiesenböden kann man nach KOVÁCS (1, 2) ähnliche Beziehungen zwischen dem pH-Wert und der Stickstoff-Anlieferung feststellen. Wie EVERS zusammenfassend betont, ist es nun aber für viele Pflanzen nicht gleichgültig, ob ihnen der Stickstoff in Form von NO_3 oder NH_4 angeboten wird. *Populus*-Arten vermögen NH_4 nur bei neutraler bis alkalischer Reaktion zu verwerten, *Picea*- und *Pinus*-Arten sowie andere Coniferen dagegen auch bei saurer. Bei gemischter NO_3- und NH_4-Ernährung wachsen letztere allerdings am besten. Die ökologische Bedeutung dieser physiologischen Befunde ist erst in wenigen Fällen erwiesen, wahrscheinlich aber sehr groß. Denn in den meisten sauren Böden wird ja nur NH_4 produziert, können sich also nur Arten vom physiologischen Typ der Nadelhölzer normal mit N versorgen. Wahrscheinlich hängt das verschiedene Verhalten der Pflanzenarten gegenüber der N-Form bei saurer Bodenreaktion von der Differenz der Kationen und anorganischen Anionen in den Blättern ab, wie EVERS sowie DE WIT, DIJKSHOORN und NOGGLE überzeugend begründen.

Im „Schwarzen Wasser", einem dystrophen Dünensee bei Wesel am Niederrhein, ist der Nährstoffgehalt des Wassers im Bereich der Verlandungsvegetation (*Sphagnum recurvum*-Zwischenmoor u. dgl.) viel höher als im freien Wasser. Der NO_3-Gehalt z. B. beträgt 0,21—0,40 mg/l gegenüber nur 0,06 mg/l, der SO_4-Gehalt 17,9—28,9 gegenüber 15,5 mg /l (BURCKHARDT und BURGSDORF).

Nach WALTER wird die Keimung nitrophiler Arten durch Nitratzufuhr gesteigert und ihre weitere Entwicklung gefördert. Ihr Optimum liegt bei Konzentrationen, bei denen Nicht-Nitrophile nicht mehr lebensfähig sind. Die Letalkonzentration für Stickstoff rückt bei Nitrophilen in einen Bereich, der nur an extrem stickstoffreichen Ruderalstandorten vorkommt. Es wurden im Anschluß an Standortsbeobachtungen die Nitrophilen in 5 Gruppen eingeteilt und ihr Nitrophiliegrad im Keim-, Gefäß-, Feld- und Wettbewerbsversuch geprüft. *Sisymbrium officinale* und *Solanum dulcamara* verlangen höhere NO_3-Konzentrationen als *Urtica dioica*, die bei der Keimung durch mittlere Nitratkonzentration gefördert wird. Einige der geprüften Arten erwiesen sich als ausgesprochen nitratophob.

Die vertikalen pH-Abstufungen sind in Hoch- und Flachmooren verschieden [LÖTSCHERT (1)]. Während in Hochmoorschlenken die pH-Werte z. B. von 0 bis 8 cm Bodentiefe von pH 3,6 auf 4,4 ansteigen, kann in Zwischenmoorgesellschaften zunächst ein pH-Abfall und je nach Vorhandensein von Flachmoorresten im Untergrund wieder ein Anstieg vorkommen. In nährstoffreichen Gesellschaften des *Magnocaricion* fielen die Werte über eine Distanz von 50 cm von pH 6,2 auf 5,1. Über kurzfristige Abhängigkeitsbeziehungen zwischen jahreszeitlichen pH-Änderungen und Bodenwassergehalt in Sandböden der Lüneburger Heide berichten LÖTSCHERT und HORST. Der CO_2-Gehalt der Bodenluft und die CO_2-Abgabe des Bodens („Bodenatmung") zeigen nach LÖTSCHERT (2) im *Melico-Fagetum* der baltischen Jungmoräne Beziehungen zu den verschieden reichen Ausbildungsformen dieses Waldtyps. Das Atmungs-CO_2 kommt als Ursache der jahreszeitlichen pH-Schwankungen nicht in Frage [LÖTSCHERT (3)].

Die Boden- und Vegetationsänderung an hydrothermal beeinflußten Standorten untersuchte SALISBURY in Utah. Dort wachsen auf extrem sauren Böden bei pH 2,0—3,0 noch 5 Phanerogamen, nämlich *Quercus gambelii*, *Pinus ponderosa*, *Pinus flexilis*, *Arctostaphylos patula* und *Erigeron nudicaule*. Der Al-, Fe^{+++}- und SO_4-Gehalt des Bodens steigt mit fallendem pH-Wert, während der PO_4-Gehalt abfällt. Für den K- und Ca-Gehalt ergaben sich keine Beziehungen zum pH-Wert. Zwischen dem pH-Wert und der elektrischen Leitfähigkeit des Wassers aus den oberen Schichten eines sehr wechselvollen Moores (Store mosse in S-Schweden) besteht nach SVENSSON eine recht enge Korrelation.

Bei einer auf Kalkboden wachsenden *Dianthus lumnitzeri* gelang KINZEL der Nachweis, daß das aufgenommene Ca einseitig die Oxalatbildung stimuliert (Calciophobe ILJINS). Bei *Geranium sanguineum* hingegen wird durch Ca-Aufnahme nicht die Oxalatbildung gehemmt, sondern die Bildung anderer Säuren, die mit Ca lösliche

Salze bilden. In den Geweben von Kalk- und Kieselzeigern variieren die angesammelten Mineralien viel weniger als im zugehörigen Boden. Trotzdem zeigt das in England kalkstete *Origanum vulgare* nach JEFFERIES und WILLIS (1) einen deutlich höheren Gehalt an Ca, Mg, Fe, K, P, N und Zn im Gewebe als die kalkfliehenden Arten *Juncus squarrosus* und *Nardus stricta*. *Sieglingia decumbens* nimmt bei breiter ökologischer Amplitude eine Zwischenstellung ein. In Quarzsandkulturen fanden dieselben Autoren (2), daß *Origanum* viel höhere Ca-Gaben zum Wachstum benötigte als *Juncus und Nardus*. Letztere wuchsen nur bei geringen Ca-Gaben und scheinen Mn zu speichern. In Hungerkulturen zeigten alle 4 Arten einen niedrigeren „Mineralienspiegel" als die im Freiland wachsenden Exemplare.

Im Anschluß an die anregende Darstellung von DUVIGNAUD und TANGHE bürgert sich auch in anderen Ländern die Untersuchung des Stoffkreislaufs am Standort ein. So untersuchten STEUBING und DAPPER den Cl-Kreislauf im Meso-Oecosystem einer binnenländischen Salzwiese. Dabei wurden der Cl-Gehalt des Bodens bis 10 cm Tiefe einschließlich seiner Bakterien sowie der Cl-Gehalt der höheren Vegetation erfaßt. Der osmotische Wert sowie der Gehalt von Na, K, Cl und SO_4 stiegen bei Salzmarschen- und Dünenpflanzen in der Umgebung von Neapel nach Untersuchungen von ÖNAL während der Vegetationsperiode kontinuierlich an. Der Cl-Anteil am osmotischen Wert betrug mehr als 50%. Jüngere Blätter hatten einen geringeren osmotischen Wert als ältere. Der SO_4-Gehalt war gering und nahm mit dem Alter ab. Auf der Gaspé-Halbinsel an der Westküste Canadas hat LIETH zur Charakterisierung der Bodensalinität den Cl-Gehalt des Bodenwassers bestimmt, da das gesamte Untersuchungsgebiet Grundwasserstandsschwankungen in Abhängigkeit vom Ebbe-Flut-Rhythmus zeigt. Die vorhandenen Arten werden in eine ökologische Reihe geordnet.

PANNIER (1) konnte in Kulturversuchen feststellen, daß Keimlinge von *Rhizophora mangle* das beste Wurzel- und Sproßwachstum in einer Lösung aus 25% Meerwasser und 75% Regenwasser zeigen. SCHOLANDER u. Mitarb. haben an den Blättern von *Aegialitis*, *Aegiceras* und *Avicennia* eine deutliche Tagesperiodizität der Salzabscheidung mit einem Maximum um die Mittagszeit nachgewiesen. Die Salzkonzentration der sezernierten Lösung betrug bei *Aegialitis* 1,8–4,9%, *Aegiceras* 0,9–2,9% und *Avicennia* 4,1%. Das abgeschiedene Salz bestand zu 90% aus NaCl und 4% aus KCl. Der Xylemsaft enthält bei nicht sezernierenden Mangrovepflanzen 10 bis 50 mal mehr NaCl als bei *Hibiscus*- und *Eugenia*-Arten aus dem Küstenbereich.

Sulfate und Chloride wirken sich nach STROGONOV bei gleichem osmotischen Wert der Bodenlösung sowohl physiologisch als auch anatomisch verschieden aus. *Salicornia* z. B. wird bei Gegenwart von Cl stärker succulent, durch SO_4 dagegen stärker xeromorph als in Süßwasser-Kontrollen. *Gossypium* wird durch Cl mehr geschädigt als durch SO_4. Jede der geprüften Species reagierte in besonderer Weise. In seinem Buch über die physiologischen Grundlagen der Salztoleranz bringt STROGONOV auch eine Karte von Eurasien, auf der Gebiete mit reiner Chlorid-Verbrackung, Chlorid-Sulfat-V., Sulfat-Chlorid V. und Sulfat-Carbonat-V. unterschieden werden.

Den Schwermetallgehalt von Flechten auf mittelalterlichen Erzschlackenhalden des Harzes haben LANGE und ZIEGLER bei 8 Arten des *Acarosporetum sinopicae* untersucht. Danach bewegte sich der Fe-Gehalt zwischen 55000 ppM bei *Acarospora sinopica* und 5832 ppM bei *Lecanora epanora*. Der Cu-Anteil lag zwischen 1100ppM (*Acarospora sinopica*) und 60 ppM (*Acarospora smaragdulina* f. *subochracea*). *Acarospora sinopica* nimmt auf Sandstein ebenso viel Fe und Cu auf wie auf Schlacke. Die verschiedenen Möglichkeiten der Erfassung von Immissionsschäden durch SO_2 hat STRATMANN erörtert.

Mit dem Wurzelwerk höherer Pflanzen, das für ihre Wasser- und Stoffaufnahme von so großer Bedeutung ist, befaßten sich erfreulicherweise mehrere Autoren gründlich. WELLER (2) sichtete die bisher vorliegende Literatur über Wurzeluntersuchungen – auch die russische – und stellt die Ausbreitung der Wurzeln im Boden in Abhängigkeit von genetischen und ökologischen Faktoren dar. Um die Verteilung der aktiven Wurzeln von Obstbäumen in verschiedenen Böden quantitativ zu erfassen, zählt WELLER (1) die Wurzelspitzen aus, die sich in einem Liter Boden befinden. Deren Zahl beträgt in der Regel mehrere Hundert, kann aber unter Mulchrasen oder in Stauwasser-Horizonten auf 1–4 Tausend ansteigen. In ökologischer Hinsicht ist sie ein besseres Maß für die Wurzeltätigkeit als z. B. die Länge der Feinwurzeln oder gar als das Gesamtgewicht der Wurzeln pro Liter Boden. Die Entwicklung des Wurzelwerkes von *Tilia cordata* und *T. platyphyllos* hat SEN morphologisch, anatomisch und ökologisch sowie im Hinblick auf ihre Mycorrhiza studiert. In Lehmböden leben sowohl die „kurzen" als auch die „langen" Wurzelenden länger als in Sandböden, wo sie öfters neu gebildet werden müssen. Gute Zeichnungen der Wurzelverbreitung von Ackerunkräutern sind WIEDENROTH und MÖRCHEN zu verdanken. Die Unkräuter treten unterirdisch oft schon in Konkurrenz, wenn sie oberirdisch noch keine Berührung haben.

6. Mechanische Faktoren und Eingriffe des Menschen

Bei Untersuchungen in Colorado prüfte SCHUSTER das Wurzelwachstum von Weidepflanzen bei 3 verschiedenen Beweidungsintensitäten. Danach entwickelten *Mühlenbergia montana*, *Festuca arizonica*, *Bouteloua gracilis*, *Artemisia frigida* und *Antennaria aprica* bei mäßigem Beweidungsgrad in einem Untersuchungszeitraum von 17 Jahren ähnlich tiefgehende Wurzelsysteme wie bei ausbleibender Beweidung. Die maximale Wurzeltiefe wird bei mäßiger Beweidung ebenso groß wie bei unterbleibender.

Vorkommen und Entstehung von „Vegetationsbögen", die überwiegend aus *Chrysopogon aucheri* und *Andropogon kelleri* bestehen, beschreiben BOALER und HODGE unter Verwendung von Luftbildern aus dem nordwestlichen Somaliland. An ihrer Genese, die im Diagramm dargestellt wird, ist Solifluktion beteiligt.

Nach den von MÜLLER kritisch ausgewerteten Windschutzversuchen in SW-Deutschland hat sich die Windbremsung unter sonst vergleichbaren Bedingungen nur selten günstig auf die Erträge von Ackerfrüchten oder Grünland ausgewirkt. Es kamen vereinzelt sogar Ertragsminderungen vor, doch waren die Auswirkungen – entgegen den Erwartungen vieler Landschaftsgestalter – meistens gering. Wie in den heckenreichen Landschaften NW-Europas sind auch die in verschiedenen Teilen der Schweiz vorkommenden alten Hecken nirgends als Windschutzanlagen begründet worden, sondern nach STEINER-HAREMAKER und STEINER entweder auf Lesesteinwällen, Mauern oder Kanten von Ackerterassen spontan entstanden oder aber als Einfriedigungen angepflanzt worden. LUX zeigte durch simultane Messungen, daß *Ammophila*-Anpflanzungen am Leehang einer Vordüne auf Sylt den Wind erheblich bremsen. In 10 cm Höhe beträgt seine Geschwindigkeit nur noch 18% von derjenigen am freien Strande.

Einen einfachen Schalenwindmesser mit niedriger Anlaufschwelle (1 m/sec) und lichtelektrischem Abgriff der Drehgeschwindigkeit hat BERGER-LANDEFELDT beschrieben.

Den früheren, naturnäheren Zustand der Wälder im Inneren Alaskas erschließt LUTZ aus kritisch gesichteten historischen Quellen. Bis etwa 1900 waren sie reicher an Schatthölzern (z. B. *Picea alba*) und an alten, bis über 25 m hohen Bäumen. Die seither rasch häufiger gewordenen Waldbrände haben Pionierhölzer wie *Betula papyrifera* und *Populus*-Arten begünstigt und dazu geführt, daß die meisten Nadelholzbestände heute nicht älter als 60 Jahre sind.

Literatur

ANDERSON, M. C.: (1) J. Ecol. **52**, 27—41 (1964); (2) **52**, 643—663 (1964). — ANDREWARTHA, H. G.: Introduction to the study of animal populations, 281 S. London: Methuen and Co 1961.

BANNISTER, P.: (1) J. Ecol. **52**, 151—158 (1964); (2) **52**, 423—432 (1964); (3) **52**, 481—497 (1964); (4) **52**, 499—509 (1964). — BEALS, E. W., and J. B. COPE: Ecology **45**, 777—792 (1964). — BERGER-LANDEFELDT, U.: Mitt. florist.-soziol. Arbeitsgem. N. F. **10**, 250—255 (1963) Festschr. STOCKER. — BIEBL, R.: (1) Protoplasma **59**, 133—156 (1964); (2) **58**, 345—368 (1964); (3) **59**, 277—297 (1964). — BOALER, S. B., and C. A. H. HODGE: J. Ecol. **52**, 511—544 (1964). — BOCOCK, K. L.: J. Ecol. **52**, 273—284 (1964). — BRAUN-BLANQUET, J.: Pflanzensoziologie. 3. Aufl. 865 S. Wien-New York: Springer 1964. — BRAUN-BLANQUET, J., et H. NIKLFELD: Mitt. florist.-soziol. Arbeitsgem. N. F. **10**, 184—187 (1963) Festschr. STOCKER. — BURCKHARDT, H., u. H. L. BURGSDORF: Gewässer und Abwässer **1962**, H. 30/31, 36—98 (1962).

CORMACK, E., and C. H. GIMINGHAM: J. Ecol. **52**, 285—297 (1964).

DE WIT, C. T., W. DIJKSHOORN, and J. C. NOGGLE: Versl. landb. Onderz. Wageningen **69**, 15, 68 S. (1963). — DICKINSON, C. H., M. C. PEARSON, and D. A. WEBB: Proc. roy. irish Acad. **63**, Sect. B, 291—302 (1964).

ELLENBERG, H.: Ber. dtsch. bot. Ges. **77**, 82—92 (1964). — ELLENBERG, H., and J. D. OVINGTON: Ber. geobot. Inst. ETH, Stiftg. Rübel, Zürich **35**, 29—40 (1964). — EVERS, F. H.: Mitt. Ver. forstl. Standortskunde u. Forstpflanzenzücht. **14**, 19—37 (1964).

FIEDLER, H., u. H. REISIG: Lehrbuch der Bodenkunde. 544 S. Jena: VEB Gustav Fischer 1964. — FIEDLER, H. J.: (1) Die Untersuchung der Böden. Bd. 1., 235 S. Dresden u. Leipzig: Th. Steinkopff 1964; — (2) Bd. 2, 256 S. Dresden u. Leipzig: Th. Steinkopff, 1965.

GEYGER, E.: Ber. geobot. Inst. ETH, Stiftg. Rübel, Zürich **35**, 41—112 (1964). — GREENFIELD, H.: Arch. f. Met., Geophys. u. Bioklimatologie, Ser. B **13**, 378—390 (1964).

HEIKURAINEN, L.: Acta forest. fenn. **76**, **5**, 16 S. (1964). — HEIKURAINEN, L., and K. SEPPÄLÄ: Acta forest. fenn. **76**, **4**, 33 S. (1964). — HERMES, K.: Geogr. Taschenb. **1964/65**, 38—71 (1964). — HORST, K.: Naturschutz u. Landschaftspflege Niedersachs. **2**, 60 S. (1964).

JEFFERIES, R. L., and A. J. WILLIS: (1) J. Ecol. **52**, 121—138 (1964); (2) **52**, 691—707 (1964).

KAPPEN, L.: Flora **155**, 123—166 (1964). — KINZEL, H.: Protoplasma **57**, 522—555 (1963). — KIPP-GOLLER, A.: Z. Bot. **35**, 1—40 (1939/40) — KLINGE, H., and W. OHLE: Verh. internat. Verein. Limnol. **15**, 1067—1076 (1964). — KOPP, E.: Z. Kulturtechn. u. Flurbereinigung **6**, 65—90 (1965). — KOVÁCS, M.: (1) Acta bot. Acad. Sci. Hung. **10**, 175—211 (1964); — (2) Acta agron. Acad. Sci. Hung. **13**, 61—91 (1964). — KRAJINA, V. J.: Ecol. western North Amer. (Vancouver, Canada) **1**, 102—111 (1965). — KREEB, K.: (1) Beitr. z. Phytologie, Arb. Landw. Hochschule Hohenheim **30**, 50—58 (1964) Festschr. WALTER; — (2) Ber. dtsch. bot. Ges. **78**, 90—98 (1965). — KUBITZKI, K.: Flora **155**, 101—116 (1964).

LANGE, O. L., u. H. ZIEGLER: Mitt. florist.-soziol. Arbeitsgem. N. F. **10**, 156—183 (1963) Festschr. STOCKER. — LIETH, H.: Beitr. z. Phytologie, Arb. Landw. Hochschule Hohenheim **30**, 71—88 (1964) Festschr. WALTER. — LINACRE, E. T.: Arch. f. Met., Geophys. u. Bioklimatologie, Ser. B. **13**, 391—399 (1964). — LÖTSCHERT, W.: (1) Z. Bot. **51**, 452—467 (1963); — (2) Mitt. florist.-soziol. Arbeitsgem. N. F. **10**, 188—200 (1963). Festschr. STOCKER; — (3) Angew. Bot. **38**, 255—268 (1964). — LÖTSCHERT, W., u. K. HORST: Flora **152**, 689—701 (1962). — LUTZ, H. J.: Northern Forest Exper. Stat., Juneau (Alaska) **1963**, 74 S. (1963). — LUX, H.: Angew. Pflanzensoziol. (Stolzenau/Weser) **20**, 6—53 (1964).

MEDINA, E., u. H. LIETH: Beitr. Biol. Pflanzen **40**, 451—494 (1964). — MEUSEL, H., u. R. SCHUBERT (Hsg.): Vegetationskundliche Untersuchungen als Beiträge zur Lösung von Aufgaben der Landeskultur und Wasserwirtschaft. Wiss. Z. Univ. Halle Sonderh. **1964**, 185 S. — MORAVEC, J.: Rostl. výroba (Praha) **36**, 852—859 (1963). — MORAVCOVÁ-HUSOVÁ, M.: Preslia (Praha) **36**, 55—63 (1964). — MÜLLER, T.: Veröff. Landesstelle Naturschutz u. Landschaftspflege Baden-Württemberg **32**, 71—126 (1964).

ÖNAL, M.: Beitr. z. Phytologie, Arb. Landw. Hochschule Hohenheim **30**, 89—100 (1964) Festschrift WALTER.

PANNIER, F.: (1) Acta Ci. venezol. **10**, 68—78 (1959); (2) **13**, 184—202 (1962). — PRUSINKIEWICZ, Z.: Ges. Freunde d. Wiss. Poznań, Abt. Land- u. Forstwirtsch. **18**, 361—380 (1964).

REZNIK, H.: Carinthia II (Klagenfurt) **73**, 221—226 (1963).

SALISBURY, F. B.: Ecology **45**, 1—9 (1964). — SCHNEIDER, M.: (1) Bibliogr. dtsch. Wetterdienstes **16**, 197 S. (1963); (2) **17**, 187 S. (1965). — SCHNELLE, F. (Hrsg.): Frostschutz im Pflanzenbau, Bd. 1, 488 S. München-Basel-Wien: BLV-Verl. 1964. — SCHOLANDER, P. F., H. T. HAMMEL, E. HEMMINGSEN, and W. GAREY: Plant Physiol. **37**, 722—729 (1962). — SCHREIBER, K. F.: Ber. geobot. Inst. ETH, Stiftg. Rübel, Zürich **35**, 119—123 (1964). — SCHUSTER, J. L.: Ecology **45**, 63—70 (1964). — SCHWERDTFEGER, F.: Ökologie der Tiere. 1. Teil: Autökologie, 461 S. Hamburg u. Berlin: P. Parey 1963. — SEN, D. N.: Acta Univ. Carol. (Praha), Biol. Suppl. **1964**/I, 85 S. (1964). — SHENNIKOV, A. P.: Einführung in die Geobotanik (russ.) 447 S. Leningrad 1964. — STEINER-HAREMAKER, I., u. D. STEINER: Geographica helvet. **1961**, 61—76 (1961). — STEUBING, L.: Pflanzenökologisches Praktikum, 262 S. Berlin u. Hamburg: P. Parey 1965. — STEUBING, L., u. H. DAPPER: Ber. dtsch. bot. Ges. **77**, 71—74 (1964). — STRATMANN, H.: Forschungsber. des Landes Nordrhein-Westfalen (Westdeutscher Verlag Köln und Opladen) **1164**, 69 S. (1963). — STROGONOV, B. P.: Physiological basis of salt tolerance of plants. Jerusalem (Israel Progr. sci. Translat.) 1964, 279 S. — SUKACHEV, V., and N. DYLIS: Fundamentals of forest biogeocoenology (russ.), 574 S., Moscov: NAUKA 1964. — SVENSSON, G.: Bot. Not. (Lund) **118**, 49—86 (1965).

TRANQUILLINI, W.: Ber. dtsch. bot. Ges. **77**, 204—218 (1964).

WACHTER, H.: Forstarch. **35**, 69—78 (1964). — WALTER, H.: Mitt. florist.-soziol. Arbeitsgem. N. F. **10**, 56—69 (1963) Festschr. STOCKER. — WALTER, H., u. H. LIETH: Klimadiagramm-Weltatlas. 2. Liefr., Jena: VEB G. Fischer 1964. — WECHMANN, A. (Hrsg.): Hydrologie, 535 S. München-Wien: Oldenbourg 1964. — WELLER, F.: (1) Arb. landw. Hochsch. Hohenheim **31**, 181 S. (1964); (2) **32**, 123 S. (1965). — WHITEMAN, P. C.: Israel J. Bot. **13**, 36—38 (1964). — WIEDENROTH, E.-M., u. G. MÖRCHEN: Wiss. Z. Univ. Berlin, math.-nat. R. **13**, 645—652 (1964).

5. Blütenökologie und andere ökologische Sondergebiete

Von THEODOR SCHMUCKER, Göttingen

Blütenökologie

Die Selbststerilität ist das wirksamste Mittel zur Verhinderung der Selbstbefruchtung i. e. S. und die Ursache wichtiger genetischer Folgeerscheinungen. Es ist z. B. ökologisch wenig bedeutsam, ob, vielleicht durch sinnreiche Gestaltungen, die Selbstbefruchtung der einzelnen Blüten eines blütenreichen Baumes verhindert wird oder nicht. An der Nichtbeachtung dieser Verhältnisse krankt ein großer Teil besonders der älteren blütenbiologischen Beobachtungen. Aber die Fertilitätsverhältnisse sind oft nicht ganz leicht festzustellen. STERN wies nach, daß *Betula pendula* weitgehend selbststeril ist, fügte aber hinzu, daß sich bei niederer Temperatur ein erheblich besserer Samenansatz ergebe. (Im übrigen schwanken die Ansichten über das Auftreten von Bastarden zwischen unseren beiden Baumbirken noch immer. NATHO, der die Formenmannigfaltigkeit taxonomisch zu bändigen versuchte, meint, es könnten bis zu 30% Bastarde angenommen werden. DIETERICH weist aber nach, daß solche in der Natur höchstens eine ganz geringe Rolle spielen.) Immer wieder werden ferner Fälle nachgewiesen, bei denen der Fertilitätsgrad individuell stark schwankt; neuerdings durch DIECKERT für Fichte und Lärche (bei beiden ist die Selbstung effektiv immer unterlegen) und ähnlich durch KRAUS und SQUILLACE für *Pinus elliottii*. Für letztere Art brachten SQUILLACE und KRAUS ein albino-Gen für die Analyse zum Einsatz und fanden, daß bei 9 von 11 untersuchten Bäumen 5 oder weniger Prozent der Samen durch Selbstung entstanden waren, bei 2 aber 23 bzw. 27%. Bei *Castanea* sind nach JAYNES bei Artkreuzungen Anzeichen einer gewissen Unverträglichkeit vorhanden (geringerer Fruchtansatz usw.), bei Kreuzungen innerhalb einer Untergattung aber schwächer als zwischen anderen Untergattungen.

Die diöcische Verteilung ist nicht immer radikal durchgeführt; sei es daß bei diöcischen Verwandtschaftskreisen zuweilen auch das jeweils andere Geschlecht erscheint, sei es, daß die Zwittrigkeit Einschränkungen erfährt. Ersteres ist der Fall bei der Gattung *Populus*, von deren etwa 35 Arten nach LESTER alle, mit Ausnahme der monöcischen und selbstfertilen *P. lasiocarpa* aus China, diöcisch sind. Er fand jedoch unter 138 aus dem westlichen Connecticut stammenden Bäumen von *P. tremuloides* bei 38% derselben auch das andere Geschlecht in mannigfacher Verteilung über Kronen und Blüten vor; doch nie soweit, daß nicht ein Geschlecht vorherrschend geblieben wäre. Bei der gleichen Art entdeckten MAINI und COUPLAND ein kleines Areal mit etwa 100 Bäumen, die sehr häufig Abweichungen von reiner Diöcie aufwiesen. Von 550 Bäumen von

P. deltoides, die FARMER untersuchte, waren 54% männlich, 46% weiblich. Außer gewissen Eigenheiten des Stammes gab es keine Unterschiede in der vegetativen Sphäre. Aus der Familie der *Gentianaceen*, die fast ausnahmslos Zwitterblüten besitzen, fanden BURROW und HOBBS auf Gebirgen Neuseelands eine gynodiöcische Art *(Gentiana bellioides)* mit kleineren, durch Verkümmerung der Stamina weiblichen bzw. größeren zwittrigen, ebenfalls samenerzeugenden Blüten im Verhältnis 27 : 82. MELVILLE weist in der gleichen Arbeit darauf hin, daß in Neuseeland solche Besonderheiten häufig seien, wobei der relative Mangel an geeigneten Bestäubern die volle Diöcie als zu gefährlich erscheinen lassen könnte. Geradezu auf dem Wege zur Diöcie scheint nach CHAPMAN *Pimentaria dioica (Myrtaceae)* zu sein. Die Familie, ja sogar die ganze Reihe der *Myrtales* (14000 Arten), besitzen fast ausschließlich Zwitterblüten. Auch bei *P. dioica* scheint es so zu sein. Aber funktionell sind hier die Blüten effektiv eingeschlechtlich in diöcischer Verteilung. Geringere Anzahl der Antheren und schlechtere Keimfähigkeit des Pollens bei der einen Form weisen darauf hin.

Ein naheliegender „Nutzen" der Selbstfertilität, verbunden mit Autogamie, wird von RAVEN für jene Arten vermutet, die in identischen oder doch nahe verwandten Arten in hohen Breiten sowohl Nord- wie Südamerikas auftreten. Sie sind zumeist selbstfertil, so daß, wenigstens theoretisch, direkte Fernverbreitung (in 85% der Fälle von N nach S), vielleicht sogar als einmaliges Ereignis, angenommen werden könnte.

Eigenartige Verhältnisse wies SCHANDERL für *Juglans regia* (in abgeschwächtem Ausmaß auch für *J. nigra*) nach. Zahlreiche Sippen erzeugen normale Früchte auch ohne Bestäubung. Der Embryo geht aus Nucelluszellen hervor (Apospore Apomixis). Bei manchen Sippen ist im empfängnisbereiten Zustand im Nucellus überhaupt kein Embryosack vorhanden. Sie haben die stärkste Neigung zur Agamospermie. Diese ist, vielleicht wegen des ungünstigeren Klimas, in Deutschland häufiger als in Frankreich. Übrigens wurde nie Chalazogamie gefunden.

Aus dem weiten Reich der Bestäubungsmannigfaltigkeit mögen hier einige Fälle vorgeführt werden. WIEFELSPÜTZ konnte zeigen, wie bei *Ophrys apifera* als einziger Art der Gattung erfolgreiche Selbstbestäubung stattfinden kann, also bei einer Art aus einer Gattung mit hochspezialisierten Insektenblüten. Auf ebenso einfache wie sinnreiche Art werden schließlich die Pollinien der eigenen Blüte in die Narbengrube durch entsprechende Krümmungen des Pollinienstiels eingeführt. Der Erfolg sind (nach frdl. briefl. Mitteilung) voll ausgebildete Samen. (Das gleiche Heft enthält, nebenbei bemerkt, 25 wunderbare Farbphotos der Blüten fast aller *Ophrys*-Arten, ferner eine sehr gute Zusammenfassung über die Befunde KULLENBERGs von F. J. MEYER). Von *Helianthus annuus*, deren riesige Blütenscheiben sich nach MOROZOW keineswegs der Sonne nachdrehen, berichtet FREE, daß auf ihr Bienen (weniger Hummeln) Nektar und, besonders morgens und abends, zuweilen auch Pollen sammeln. Bienen besuchen auch die extrafloralen Nektarien, aber nicht auf dem gleichen Flug. Fremdbestäubung scheint förderlich zu sein. *Veratrum nigrum* lockt die Besucher (nur *Dipteren*, vornehmlich Aasfliegen) nur durch den Geruch an, wie DAUMANN feststellte. Bei *Arum maculatum* sind die Blüten entsprechenden Sperrhaare schon sehr frühzeitig, im Primordienstadium, gekennzeichnet. An der Blütenstandsachse entstehen oberhalb der Sperrhaare (Spadix) überhaupt keine Primordien mehr, wie WALTON fand. Ein Schritt weiter in der Analyse des Erwärmungsphänomens von *Arum* ist TENDILLE, GERVAIS und COIC gelungen. Sie fanden in den sich erwärmenden Teilen und nur in diesen (also nicht in der Spatha) neben anderen Chinonen das Coenzym Q 10, welches intermediär in der Atmungskette wichtig ist. Sein Gehalt steigt beim Aufblühen sehr stark, besonders auch im Spadix. Die als angewandte Blütenbiologie gepriesenen Zuchtbestrebungen, beim Rotklee Rassen mit kürzeren Blütenröhren zu erzielen, damit der Honig anstatt nur den raren Hummeln auch Bienen zugänglich werde, sind nach DAMISCH meist ziemlich fehlgeschlagen, weil Kurzröhrigkeit oft ein Anzeichen für, genetisch bedingt, weniger leistungsfähige Rassen ist. Erfolgreiche Bestäubung kann gemäß ALLEN bei *Pseudotsuga* auch dann erfolgen, wenn die weiblichen Blüten vom Regen durchfeuchtet sind, eine gewiß nicht gleichgültige Eigenheit. Wer farbige Abbildungen von mexikanischen *Orchideen*blüten und bestäubenden *Kolibri*-Arten betrachten will (beide allerdings ohne Zusammenhang nebeneinander), der möge das prunkvolle, großformatige, in Mexico-City erschienene Werk von MONTES DE OCA betrachten, auch so eine Leistung.

Außenumstände entscheiden darüber, ob und wann Pflanzen blühen. Sowohl SCHMITT wie BECKER berichten, wie in weiten Gegenden Westdeutschlands im späten Dezember 1962 gesäter Winterweizen im Jahr darauf nicht schoßte, weil sofort nach der Saat die Samenkörner trocken einfroren und in diesem Zustand, bei anhaltendem Frost und großer Trockenheit, bis ins Frühjahr hinein verblieben. *Elodea*, welche in Mittelrußland selten, in Mitteleuropa nur in heißen Jahren blüht, blühte in der Gegend der mittleren Wolga in den Jahren 1958 und 1959 in Massen. Warum, bleibt fraglich; vielleicht hat man das Blühen auch zuweilen übersehen (MATVEYEV). Daß die Bäume in den (trockeneren) Tropengegenden überwiegend in der Trockenzeit blühen, ist altbekannt. NIOKU stellte es wieder in Nigeria fest, ebenso, daß die Wachstumserscheinungen auch bei immergrünen Arten oft weitgehend an bestimmte Monate gebunden sind, besonders an die letzten Monate der Trockenzeit. Wenn *Clerodendron incanum* von Zeit zu Zeit massenhaft blüht, etwa 1 Monat nach einem Regenfall, so ist dafür nach REES nicht die Feuchte bedingend, sondern ein Temperatursturz von mindestens 3°. Es erfolgt dann die Anlage von Blüten, nicht aber die Aufhebung einer Hemmung beim Aufblühen. (Man sieht sich verleitet, an das plötzliche Massenauftreten von Pilzen bei uns, besonders im Herbst, zu denken, was – nach DUPERREX – darauf beruht, daß niedergegangener Regen eine gewisse, unumgänglich nötige Bodenfeuchte hervorruft.)

Die Pollenforschung, derzeit stark in Entwicklung, bringt ständig neue Ergebnisse hervor, die der Blütenökologe zunächst wenigstens anmerken sollte. Darüber nur einige Andeutungen. Daß die Formenmannigfaltigkeit der Pollenkörner das „Bedürfnis" weit überschreitet, dürfte unbestritten, aber auch theoretisch beachtlich sein. TSUKADA untersuchte den Pollen von 37 *Cacteen*arten aus 14 Gattungen und sah sich daraufhin veranlaßt, 15 Pollentypen aufzustellen. Nach COZ

CAMPOS ist bei allen *Lythraceen* Perus der Pollen polymorph, bis zu 8 Typen bei einer Art, wohl in Zusammenhang mit der Polymorphie der Staubblätter. Pollenkörner von *Ephedra* fliegen in Trockengebieten des Südwestens der USA über 100 km weit (MAHER).

Zur Entwicklung der Pollenschläuche ist Borsäure bekanntlich oft bedeutungsvoll. Für *Petunia* gibt FÄHNRICH (1 u. 2) an, Borsäure sei unentbehrlich und unersetzlich. Nach MASCARENHAS und MACHLIS wird das Pollenschlauchwachstum durch die Ca-Konzentration der Gewebe gerichtet; Borsäure steigert die Anziehungskraft von Ca. BREWBAKER und KWACK kamen nach Untersuchung von mehreren hundert Blütenpflanzen zu dem Ergebnis, daß neben B das Ca eine entscheidende Rolle spiele. Nach ZIEGLER, LÜTTGE u. LÜTTGE enthält Nektar zwar zahlreiche wasserlösliche Vitamine, aber in relativ geringer Konzentration.

Der Aufwand für die Erzeugung von Blüten muß nach OVINGTON bei Stoff- und Energiebilanzuntersuchungen von Wäldern beachtet werden. Er wechselt stark, ist z. B. für die ♂ Blüten bei Eichen relativ gering (1% d. Blätter), bei *Populus* viel größer.

Die oft wenig beliebte und doch so notwendige Mathematik bringen KIMURA und CROW zum Einsatz zur Klarstellung der Befruchtungsverhältnisse innerhalb einer Population.

AUTRUM u. v. ZWEHL wiesen mit glänzender Methodik nach, daß wahrscheinlich die Sehzellen der Biene Sehfarbstoffe (wie bei Wirbeltieren auch Retinin) enthalten. Das Farbsehen der Bienen ist nunmehr durch beispielhafte Zusammenarbeit von Verhaltensexperiment, elektrophysiologischer Analyse und Biochemie weitgehend aufgeklärt, und das trotz der außerordentlichen Kleinheit der Sehzellen des Insektenauges.

Ausbreitung

Die Meinung, die Keimung der Samen sei ein ganz einfaches Geschehen, ist längst der Erkenntnis gewichen, daß es sich dabei recht oft um komplexe physiologische Phänomene von großer Mannigfaltigkeit handelt. Diese Einsicht ist natürlich für die Ökologie von Wichtigkeit. Es wundert nicht, daß ein Buch mit 236 Seiten (MAYER u. POLJAKOFF-MAYBER) über die Samenkeimung neben den Grundtatsachen nur ausgewählte Kapitel enthält, z. B. über die oft recht merkwürdigen Erscheinungen der Keimhemmung und Keimförderung. Auch die Ökologie kommt zu ihrem Recht.

Die (notwendige) Frosteinwirkung auf Samen des Winterweizens ist eine ziemlich harte Beeinflussung (über das Verhalten trocken gefrosteter Samen vgl. Kapitel Blütenbiologie). SAMYGIN und VARLAMOV berichten, wovon die Überlebensrate abhängt (gefrostet bei −20 bis −40°). Keimende Samen lassen sich durch Vorbehandlung mit +2° abhärten, was insbesondere bei fortgeschrittenerem Keimlingsstadium erfolgreich, bei nur gequollenem Samen aber überflüssig ist. Hohe Temperaturen nach der Frostung setzen den Prozentsatz Überlebender herab. In ähnlicher Weise reagieren bereits zu Keimlingen fortgeschrittene Stadien. Bei succulenten Halophyten hemmt eine Salzkonzentration von 4% nach UNGAR die Keimung meist vollständig. Das Optimum liegt für verschiedene Arten verschieden; bei 0% *(Salicornia europaea)* oder bei 0,5% oder bis 3% besteht Indifferenz *(Suaeda linearis)*. Samen von *Zelkova* müssen, wenn ihre Keimfähigkeit nicht alsbald verlorengehen soll, rasch in ein feuchtkühles Substrat gelangen (ASANOVA).

Die Naturverjüngung in Wäldern erfolgt nicht immer klaglos, bei uns z. B. in Buchenwäldern mitten im natürlichen Areal der Buche.

Burschel, Huss und Kalbhenn untersuchten die Bedingungen für Naturverjüngung in denselben und die Möglichkeit der Verbesserung durch forstliche Maßnahmen. Ökologisch bezeichnend ist, daß aus den je m^2 gezählten Bucheckern (300–700) eine Keimlingszahl von maximal 170 resultierte und, ohne forstliche Vorarbeit, schließlich eine Pflanzenzahl von 0,2–2%. Alles übrige geht verloren, durch Fäulnis, Tierfraß, Trocknis usw. Forstliche Maßnahmen erlauben in vielen Fällen erhebliche Besserung. Aber auch in „Urwäldern" sieht es diesbezüglich nicht immer glänzend aus. In Wäldern aus einheimischen Coniferen Neuseelands *(Dacrydium, Libocedrus, Podocarpus)* war (nach Stammanalysen) die natürliche Erhaltung besonders im 17. und 18. Jahrhundert sehr schlecht, wohl bedingt durch Klimaänderung, wodurch die Konkurrenzverhältnisse für die Baumkeimlinge verschlechtert wurden (Wardle).

Die Verbreitung erfolgt bei sehr leichten Fortpflanzungseinheiten einfach durch Luftströmungen. In der Atmosphäre über den USA fanden Brown, Larson und Bold oft mehr Verbreitungseinheiten von Algen als von Pilzen bzw. Pollenkörner (von diesen bis 3000 je m^3). Der Transport kleiner, schwimmender Wasserpflanzen *(Wolffia, Aldrovanda* usw.*)* an ihre oft sehr diffus verbreiteten Kleinstandorte erfolgt bekanntlich durch Wasservögel. Jäger leitet daraus, unter Beigabe sehr instruktiver Arealkarten, die Lage der Fundorte her und betont dabei, daß dort, wo die übertragenen Pflanzen hingelangen, auch geeignete Lebensbedingungen vorhanden sein müssen, besonders auch hinsichtlich der Konkurrenz, wenn Dauererhaltung gewährleistet sein soll. Das Abschleudern der Samen usw. ist zwar sicher, führt aber nicht in die Weite. Die Sporenballen von *Pleurage (Euascomycet)* fliegen bis 35 cm weit (Callaghan). Die durch so sehr verschiedene Mechanismen fortgeschleuderten Samen von *Arceuthobium* (Hinds u. Mitarb.) bzw. *Ecballium* (Wolters) haben die sehr beträchtliche Anfangsgeschwindigkeit von etwa 15 m/sec. Die Flugsamen von *Pinus* werden durch Öffnen der Zapfenschuppen frei dadurch, daß beim Austrocknen längsgestellte Strukturelemente der Oberseite in der Richtung der Schuppenmediane stärker schrumpfen als die quergestellten der Unterseite (Harlow, Côté u. Day). Nur in nächste Nähe, aber mit Sicherheit, führt die Geokarpie, wie sie aus verschiedenen Verwandtschaftskreisen bekannt ist und neuerdings von Evrard für die *Flacourtiacee Paraphyadanthe flagelliflora* festgestellt wurde. Die stolonenartigen Blütenstände erzeugen unter der Bodenoberfläche fleischige Früchte, deren Weiterverbreitung wohl durch wühlende Tiere erfolgt, ähnlich wie bei *Cucumis humifructus.*

Mycorrhiza i. w. S.

Die Mycorrhizabildung ist weit verbreitet. Laughton fand in Südafrika (Knysna) in der Wurzelrinde aller einheimischen Pflanzen verzweigte, septierte Hyphen unbekannter Pilze und meint, dieses Phänomen als endotrophe Myc. deuten zu dürfen. In Eichenwäldern Columbias fahndete Singer nach Myc. bei den Eichen und fand sie auch weit verbreitet. Es handelte sich um jene Pilzgattungen, die, nach bisherigen

Erfahrungen in nördlichen Ländern, auch zu erwarten waren. *Metasequoia* besitzt, wie KONOE beobachtete, in den Kurzwurzeln, besonders in den oberen Bodenschichten, eine endotrophe Myc. vesicular-arbuscularen Typs. ZAK und MARX isolierten von einem einzigen Baum von *Pinus caribaea* 7 verschiedene Myc.-Pilze und meinen, es wären deren noch mehr.

Daß auch endotrophe Myc. das Wachstum fördern kann, dafür gibt es bei diesem noch etwas dunklen Problem immer wieder Einzelbelege. *Liriodendron* besitzt eine endotrophe Myc., die eindeutig das Wachstum fördert (CLARK). Auch beim Mais tritt eine solche auf und fördert erheblich, sogar einigermaßen parallel zu ihrer eigenen Entwicklung (GERDEMANN).

An den Wurzeln von *Podocarpus lawrencii*, einem kleinen Baum der Hochgebirge Tasmaniens und S. E. Australiens, fanden BERGERSEN u. COSTIN stets die kleinen, charakteristischen Wurzelknöllchen, zuweilen an Masse bis zu einem Drittel des Wurzelgewichts. Sie wachsen an der Spitze weiter. In sämtlichen Zellen tritt ein nicht septiertes Pilzmycel auf, oft in Ballen. Bakterien wurden nicht gefunden, wohl aber (schwache) N-Bindung nachgewiesen. LINNEMANN wies nach, daß bestimmte Formen der mykotrophen Wurzeln bei *Pseudotsuga menziesii* an Wurzeln, die aus Stecklingen hervorgehen, wieder auftreten.

Eine der merkwürdigsten Pflanzengestalten, die HAMADA u. NAKAMURA nun eingehender untersuchen konnten, ist *Galeola altissima* (Java bis Südjapan), eine holomykotrophe, chlorophyllfreie Orchidee mit Schuppenblättern, deren bis 5 mm dicke Sprosse, bis 40 m lang, mittels Haftwurzeln an Bäumen hochklettern. Sie entwickelt reichblütige Rispen ziegelgelber Blüten. Eine Samenkapsel enthält fast 20000 Samen. Die Wurzeln (Lang-, Haft- und Kurzwurzeln) besitzen kein Velamen. Haft- und Langwurzeln tragen an der Substratseite zahlreiche Wurzelhaare. Die abgeflachten, bis 3 cm langen Kurzwurzeln liegen oft dicht bei dicht, geradezu Matten bildend. Dieses gewaltige Gebilde ernährt sich mit Hilfe eines Pilzes von Holz. Die Rindenzellen der Kurzwurzeln (14–19 Schichten unter einer Exodermis mit stark verdickten Außenwänden und Durchlaßzellen) sind von Pilzhyphen, oft in Knäueln, erfüllt. Sie werden tolypophag verdaut. Eine deutlich differenzierte Pilzwirtschicht scheint nicht vorhanden zu sein. Der Pilz, die *Thelephoracee Hymenochaete crocicreas*, baut Holz unter Weißfleckenfäulnis ab. Man könnte sagen, der Pilz ist Saprophyt auf faulendem Holz, die Riesenorchidee ist Parasit auf diesem Pilz. (Bei der ebenfalls hochkletternden *G. hydra* ist der Pilz *Fomes* spec.)

GÄUMANN entdeckte in Fortführung seiner wichtigen Untersuchungen, daß in dem Gewebe (Knollen, Wurzeln, Stengeln) von *Orchis militaris* und *Loroglossum hircinum* nach Befall durch gewisse, antigen wirkende Pilze (vor allem Myc.-Pilze) oder nach Verletzungen bei Luftzutritt als bisher nicht vorhanden gewesene Abwehrstoffe die Dihydrophenanthrenderivate Orchinol und Hircinol (Verhältnis beider bei *Orchis* etwa 100 : 1, bei *Loroglossum* 1 : 100) sich bilden. Die Hemmstoffe richten sich also gegen den Myc.-Pilz und verhindern seine schrankenlose Ausbreitung in allen Pflanzenteilen. Sie dienen aber auch zur Verhinderung der Wundinfektion durch gewöhnliche Fäulnispilze des Bodens. Das Myc.-Verhältnis ging wohl hervor aus einem Abwehrverhältnis. *Ophrys* zeigt ähnliche Erscheinungen. HARDEGGER, SCHELLENBAUM und CORRODI zeigten, daß Orchinol (neben einer anderen biologisch unwirksamen Verbindung) im Knollengewebe von *Orchis militaris* nach Infektion mit *Rhizoctonia repens* entsteht, bei *Loroglossum* eine verwandte, isomere Verbindung (Loroglossol), die aber biologisch unwirksam ist.

RAGHAVAN u. TORREY gelang es, Samen einer hybriden *Cattleya* ohne Pilz zur Entwicklung zu bringen, wenn als Substrat für die oberflächlich sterilisierten Samen Agar mit einer modifizierten Nährlösung nach SPOERL verwendet wurde und NH_4-Salze als einzige N-Quelle. Die Samen keimten rasch mit anschließender guter Entwicklung. Nitrate und Nitrite erwiesen sich als ungeeignet, auch bei Veränderung der Acidität oder Zugabe von Kinetin oder Ascorbinsäure. Mindestens 60 Tage alte Keimlinge konnten aber auch Nitrate ausnutzen. Nitrat-Reductase war dann nachzuweisen. Jedenfalls ist in diesem Fall die Keimung ohne Mithilfe eines symbiontischen Pilzes geglückt.

Zwei Arbeiten über Myc. allgemeinen Inhalts seien noch kurz genannt. F. H. MEYER legt dar, daß die Theorie von BJÖRKMAN (Grad der Myc.-Bildung abhängig von der Zuckerkonzentration in den Wirtswurzeln bzw. den Lebensumständen des Baumes, die dazu führen) modifiziert werden muß. Er meint, der Pilz erzwinge selbst erhöhten Zuckerzufluß im Baum zu den Wurzeln, und führt dafür Versuchsergebnisse an. Das Problem bedarf dringend der Aufklärung; z. B. wieweit dieses oder jenes gilt. HORAK geht in anderer Beziehung noch viel weiter. Anschließend an Befunde von MOSER wies er nach, daß *Phlegmacium*-Arten (obligate Myc.-Pilze an Fichten) durch oxydative Desaminierung aus Tryptophan Indolderivate (IES) erzeugen. Daß durch IES die Umgestaltung der mykotrophen Wurzeln bedingt sein kann, ist schon bekannt. HORAK glaubt nun, solche Indolderivate gelangten auf dem Wege über das Hartigsche Netz in den Baum und wirkten sich auch in diesem aus, teils morphogenetisch (Beeinflussung des Längenwachstums, der Ausbildung der Blattfläche usw.), teils physiologisch-chemisch durch Einflußnahme auf Photosynthese, Respiration usw. Die Zukunft wird zeigen, was daran richtig ist, insbesondere an dem Modell eines „Auxin-Energie-Cyclus“ bei der Fichte mit *Xerocomus* als streuabbauendem Pilz und *Phlegmacium* als obligatem Myc.-Pilz.

Symbiosen. Antibiosen

Zum Problem der Leguminosenknöllchen muß hier eine kleine Auswahl genügen. DART u. MERCER haben neue elektronenmikroskopische Untersuchungen über die *Leguminosen*knöllchen angestellt. DIXON hat mit gleicher Methode die Infektionsfäden und den Gestaltwandel der Bakterien bzw. Bakteroiden untersucht. GELIN u. BLIXT stellten beim Vergleich von Erbsensorten außerordentliche Unterschiede in der Neigung, Knöllchen zu bilden, fest. Diese Neigung ist abhängig von zwei mendelnden Genen. Zwischen Knöllchenzahl und Samenertrag besteht eine enge Beziehung. Aus der N-Analyse von Roggen, der mit Wicken in Mischsaat wuchs, konnte PÁLFI wieder ableiten, daß schon frühzeitig in der Entwicklung assimilierter Stickstoff in den Boden ausgeschieden wird.

In Alberta untersuchte MOORE sechs verholzte Arten (2 Arten von *Alnus*, 1 *Myrica*, 2 von *Shepherdia*, 1 *Eleagnus*) und fand fast immer an ihnen Knöllchen. Die drei *Eleagnaceen*arten haben anscheinend gleiche Symbionten. Bei den vier Gattungen scheint der Chemismus der N-Assimilation gewisse Unterschiede zu besitzen. Aus den Knöllchen von *Myrica cerifera* isolierte SILVER einen Pilz mit schmalen Hyphen, der sich kultivieren ließ. *Casuarina equisetifolia* bindet nach DOMMERGUES je Jahr und ha auf Sandboden bis zu 58 kg N. Erlenwurzeln lassen sich infizieren durch Gartenerde, die zerriebenes Knöllchengewebe enthält, wie ROSSI fand.

Ammophila wächst auf sehr N-armem Dünensand recht kräftig. Sie erhält nach HASSOUNA und WAREING den Stickstoff offenbar durch nichtsymbiontische Mikroben, die in ihrer Rhizosphäre leben. In der Rhizosphäre eines ägyptischen Wüstenstrauches erwies sich die Mikrobenpopulation sehr viel dichter als im umgebenden Boden. Neben Cellulosezersetzern gab es N-Binder, die im Boden fehlten *(Azotobacter, Clostridium)*, und merkwürdigerweise auch sehr viele *Actinomyceten* (MAHMOUD u. Mitarb.).

Der Symbiose steht die Antibiose gegenüber. An vielen Stellen der Hartlaubgebiete in Israel werden die sonst häufigen Sträucher nach LITAV u. Mitarb. dort ausgeschlossen, wo Gräser, z. B. *Avena sterilis*, reichlich sind. Wenn im kalifornischen Grasland im Innern von Beständen aromatischer Pflanzen, wie *Salvia* oder *Artemisia*, und ringsherum einjährige Gräser fehlen, so durch das Auftreten aromatischer Stoffe, die wohl auch durch den Tau in die Gräser gelangen. Das berichten MULLER, MULLER u. HAINES. Das Wachstum von Raps wird durch Quecken als Unkraut nicht nur durch Konkurrenz gehemmt, sondern, besonders in nassem Boden, nach GRÜMMER, durch Stoffe, die von den Queckenrhizomen ausgeschieden werden, wobei das ätherische Öl Agropyron beteiligt sein dürfte. Durch Wurzelausscheidungen der Bäume wird nach LEE und MONSI im Kiefernwald Südkoreas die Zusammensetzung der Bodenflora stark mitbestimmt, da verschiedene Arten durch sie in ganz verschiedenem Ausmaß gehemmt werden. Ähnliches könnte es anderswo auch geben und müßte bei soziologischen Arbeiten berücksichtigt werden. Ebenso ein Befund von JARVIS. In Rasen von *Deschampsia flexuosa* ist das Wachstum der mycotrophen Wurzeln von Eichen und Birken stark gehemmt, bedingt durch einen wasserlöslichen Stoff, den die *Deschampsia*-Wurzeln ausscheiden. Er hemmt auch Raps und Lupinen. Von 18 Moosarten (16 Laub- und 2 Lebermoose) besitzen nach Befunden von WOLTERS (2) die meisten antifungale Eigenschaften, bei dreien *(Diplophyllum albicans, Plagiothecium denticulatum, Pogonatum aloides)* von sehr starker Wirkung. Diese macht sich geltend gegenüber höheren Pilzen, gerade auch Holzzerstörern und Imperfecti. Aus 345 bulgarischen Bodenproben isolierten SHEIKOVA u. GEORGIEVA 1200 *Actinomyceten*-Stämme. Fast die Hälfte davon wirkte auf Bakterien, niedere Pilze usw. antagonistisch. Wenn aber *Fomes annosus* und *Peniophora gigantea* z. B. auf Stubbenoberfläche sich als Antagonisten gebärden, so beruht das vor allem auf Nährstoffkonkurrenz (GREMMEN).

Wilde *Saccharum*-Arten haben z. T. bereits recht hohen Zuckergehalt. Das ist ökologisch nicht gleichgültig; denn bei sehr guter Nährstoffzufuhr können Ableger die für starke Eigenassimilation erforderliche Höhe von 2 m rasch erreichen, was im Konkurrenzkampf (beobachtet in Neuguinea) von Bedeutung ist (BULL u. GLASZIOU).

Phanerogame Parasiten, Insectivoren

Die sog. Halbparasiten sind naturgemäß weniger vom Wirt abhängig und weniger spezialisiert. *Pedicularis canadensis* wurde von PIEHL auf 80 Wirtsarten aus 35 Familien beobachtet (auch auf *Pteridophyten*), kann aber wahrscheinlich alle Phanerogamen befallen, wenn auch verschieden stark. *Melampyrum lineare* kann nach CANTLON u. Mitarb. auch selbständig leben, bleibt aber dann schwächer. Übergang von radioaktivem P wurde beobachtet. Auch hier ist der Wirtskreis groß und reicht von *Pinus* bis *Vaccinium*. Alle von WILKINS untersuchten *Euphrasia*-Arten können ohne Wirt sogar blühen und fruchten. Anschluß an einen Wirt fördert stark, je nach Art recht verschieden. Die Zeit des Anschlusses ist für die formale Ausgestaltung des Wirtes von großer Wichtigkeit. *Castilleya*, verwandt mit *Melampyrum*, wurde von MALCOLM auf *Kalanchoë* und anderen Blütenpflanzen als Parasit nachgewiesen, einmal durch Feststellung des Wurzelanschlusses, dann durch starke Hemmung der Entwicklung des Wirtes *Kalanchoe*. Die sonderbaren Köpfchendrüsen von *Lathraea clandestina* (Holoparasit) haben offenbar regen Stoffwechsel und starken Stoffaustausch mit der Blatthöhle. SCHNEPF, der ihren Bau elektronenmikroskopisch untersuchte, meint, die Funktion bleibe auch jetzt noch unbekannt. Wie außerordentlich verschiedenartig der Anschluß bei den *Loranthaceen* erfolgt, geht aus weiteren Untersuchungen von THODAY hervor. Neues fand auch FINERAN. Bei *Exocarpus bidwilli*, einer Art mit sehr kleinen Blättern, teilt sich, wie bei keiner anderen *Santalacee*, der vorwiegend aus Parenchym bestehende Senker innerhalb der Wirtswurzeln in mehrere Äste. Die Lebens- und Funktionsdauer der Haustorien ist ungewöhnlich lang.

Der Hauptinhalt der umfangreichen, wichtigen Arbeiten von HULL und LEONARD (1 u. 2) über die Wirt-Parasiten-Verhältnisse der *Loranthaceen Arceuthobium* und *Phoradendron* (erstere stets schuppenblättrig, letztere auch mit laubblättrigen Arten; erstere nur auf Nadelbäumen, letztere vorwiegend auf Laubbäumen) läßt sich folgendermaßen andeuten. Man ließ Zweige usw. sowohl der Wirtspflanze wie des Parasiten in einer Atmosphäre assimilieren, die $C^{14}O_2$ enthielt, und bestimmte den Verbleib des aufgenommenen Radiocarbons. *Phoradendron* besitzt normalen Chlorophyllgehalt und assimiliert stark. Radiocarbon ist (Parasitenzweige assimilieren) auch im intramatrikalen Teil festzustellen. *Ph.* nimmt (Wirtszweige assimilieren) aus dem Wirt kein Radiocarbon auf. *Ph.* ist also ein „Wasserparasit", der Assimilate usw. aus dem Wirt höchstens in unbedeutender Menge aufnimmt. *Arceuthobium* hingegen hat nur geringen Chlorophyllgehalt (10–20% der Norm) und assimiliert zwar, aber schwach. Radiocarbon gelangt (Parasitenzweige assimilieren) nicht in den intramatrikalen Teil, wohl aber, und zwar in großer Menge, in den intra- und extramatrikalen Teil des Parasiten, wenn Wirtszweige assimilieren. *Arceuthobium* ist also nicht nur „Wasserparasit", sondern auf dem Wege zum Holoparasitismus schon ziemlich weit fortgeschritten.

Die *Arceuthobien* erweisen sich sogar als Attraktionszentren für Wirtsassimilate. (Nebenbei bemerkt, *A. minimum*, in Kumaon auf *Pinus excelsa* schmarotzend, hat kaum noch extramatrikale vegetative Organe und ist praktisch Holoparasit; ähnlich wie *Viscum minimum* auf *Euphorbien* im Kapland). Der große Schaden, den *A.* bei Massenbefall in Nadelwäldern anrichten kann, beruht also z. gr. T. auf Stoffentzug, weniger auf Gürtelung u. dgl. Übergang von Assimilaten vom Parasiten auf den Wirt findet bei beiden Gattungen nicht statt. (REDISKE u. SHEA – vgl. „Fortschritte d. Botanik" Bd. 25 – hatten aber mit ähnlicher Methodik gefunden, daß bei etwa 30 cm hohen Jungpflanzen von *Pinus contorta*, besetzt mit *A. americanum*, ein beträchtlicher Teil der Assimilate des Parasiten in den Wirt geleitet wird. Ihrer Ansicht nach beruht der Schaden durch *Arceuthobiumbesatz* in erster Linie auf Hemmung des Assimilationsstromes im Wirt zu dessen Wurzeln, im Sinne einer Art biologischer Gürtelung.)

BARANYAY studierte den Einfluß von *Arceuthobium* auf den Wassergehalt der Wirtsrinde und fand in und um die Befallstelle erhebliche Einwirkung, und zwar nach Jahreszeit, Standort und Alter der Infektion in verschiedener Weise, z. T. so, daß möglicherweise die Ansiedlung parasitischer, holzzerstörender Pilze erleichtert wird. Übertragung von *Arceuthobium* mit Pfropfzweigen gelang KUIJT; das intramatrikale System dringt nämlich zuweilen bis zu den Sproßvegetationspunkten des Wirtes vor.

Die phanerogamen Holoparasiten haben nach BEREZNEGOVSKAYA die Fähigkeit zur Durchführung wichtiger physiologisch-chemischer Prozesse verloren, insbesondere zur Synthese energiereicher Stoffe, besitzen aber Enzymsysteme, um die vom Wirt stammende potentielle Energie für sich auszunutzen. Bei *Cuscuta* findet, wie MACLEOD feststellte, kein Enzymtransport vom Wirt in den Parasiten statt. *Cuscuta campestris* als Parasit auf Früchten von *Capsicum annuum* beobachtete PLAVSIĆ-GOJKOVIĆ.

Die Carnivoren haben, wie manch andere Sonderfälle, in der Botanik früher eine größere Rolle gespielt als heutzutage. Aber vieles und gerade das Grundlegende mußte mangels geeigneter Methoden unsicher bleiben. Das wird jetzt anders, und die Arbeit trägt ihre Früchte. LÜTTGE (1) konnte bestätigen, daß sowohl in geschlossenen wie offenen Kannen von *Nepenthes*, die bereits etwas gefangen hatten, Casein und Ovalbumin verdaut werden. (Casein optimal bei pH = 2,1 und dann wieder bei pH = 6–6,5; Ovalbumin bei saurer Reaktion). Die Fermente sind noch nicht identifiziert worden. Aber jedenfalls genügen alle älteren Angaben heute nicht mehr. Die für die Kannenflüssigkeit gefundenen pH-Werte (3,5–5,8) sind für Peptidasen und Transaminasen ungünstig. Deren Optimum liegt im schwach alkalischen Bereich. Auffallend ist das sehr hohe Temperaturoptimum (50° u. mehr) der Proteinase-Tätigkeit. Transaminasen wurden auch in geschlossenen Kannen gefunden, Leucinaminopeptidase nur in offenen, die bereits Fänge gemacht hatten. Es stammt also offenbar von Mikroorganismen in der Kanne. Man könnte geradezu von einer Symbiose sprechen; die Mikroben helfen beim Aufschluß und erhalten ihrerseits etwas von den Abbauprodukten. Die alte Meinung, die Sekretion in den Kannen werde durch Zugabe von

Casein u. dgl. stimuliert, konnte nicht bestätigt werden. Daß *Nepenthes* aus der Kannenflüssigkeit Stoffe aufnimmt, konnte [LÜTTGE (2)] direkt nachweisen. $^{32}PO_4$ konnte nach kurzer Zeit im Kannengewebe gefunden werden, ebenso C^{14} (aus Alanin) nach einiger Zeit. Für *Dionaea* wies LÜTTGE (2) die Aufnahme von allerlei Stoffen (Harnstoff, Ovalbium, Glutaminsäure, Glucose, Fructose, Pepton – nicht von Leucin und Asparaginsäure) dadurch nach, daß nach ihrem Aufbringen erhebliche Atmungssteigerung eintrat. Im Saft von Blättern, die mit Fleisch gefüttert worden waren, konnte Proteinase-Aktivität nachgewiesen werden, ferner das Vorhandensein einer Reihe von Peptidasen und Dipeptidasen. Aber sie stammen vielleicht alle von Mikroorganismen, die sich an Ort und Stelle entwickelt haben.

*Nematoden*fangende Pilze sind im Boden unter Umständen so konkurrenzschwach, daß erst Nematodenfang ihre Entwicklung ermöglicht. Auch Antistoffe gegen sie sind vorhanden und hemmen mindestens die Sporenkeimung (MANKAU).

Extreme Standorte

Auf den Aschen des seit 1952 in Mexiko entstandenen neuen Vulkans Paricutin ist, bedingt vor allem durch Wasser- und Stickstoffmangel, der pflanzliche Bewuchs meist sehr spärlich geblieben. Auf Lava gibt es Flechten, wenige Moose, noch weniger Farne und Blütenpflanzen. Fast alle Neusiedler sind anemochor oder endozoochor (EGGLER). Auf den schneefrei werdenden Böden in der Antarktis bewirken die zuweilen massenhaft vorkommenden *Cyanophyceen* erhebliche N-Bindung (HOLM-HANSEN). Deren Fähigkeit dazu (ob immer ohne Bakterien ?) wurde immer wieder nachgewiesen (NEHRING, PANKOW, TAHA). In den Böden der Mangrove findet erhebliche mikrobielle N-Bindung statt, auch durch Azotobacter, trotz der Sauerstoffarmut, wie eigens nachgewiesen wurde (RODINA).

In der Hocharktis Zentralkanadas beträgt der Zuwachs bei *Salix arctica* nur noch ein Fünftel von dem in der Subarktis. (Jahrringbreiten durchschnittlich 0,07 bzw. 0,2—0,7 mm; in Südalaska etwa 2,5 mm) (WILSON). Der Zuwachs von *Cladonia*-Arten in der Gegend des Großen Sklavensees (etwa 60° N) beträgt immerhin noch 3—6 mm im Jahr (SCOTTER).

Extreme Standorte sind auch die vieler Epiphyten, allen voran vielleicht *Tillandsia usneoides*. Deren „Saugschuppen" sind altberühmt. DOLZMANN (1 u. 2) untersuchte nun elektronenmikroskopisch deren Zellmembranen. Bei der großen Kuppelzelle, die als Zentralzelle die breite Schuppenfläche trägt, ließen sich mehrere Eigenheiten (bei Cytoplasma, Mitochondrien, Plastiden) nachweisen, die wahrscheinlich mit der Aufgabe der Wasseraufnahme in Beziehung stehen. Die Wand zwischen der Kuppelzelle und der anschließenden oberen Aufnahmezelle, durch die das ins Innere geleitete Wasser durchtreten muß, ist demgemäß reich an Plasmodesmen.

In der Gattung *Platycerium* ist *P. stemaria* (Regenwaldart) tatsächlich dürreresistenter als *P. angolense* (Art regengrüner Wälder). Die Wasserreserven in den schwammigen Basalteilen sind recht beträchtlich. Der Humus in den Blattnischen stammt zu etwa 95% von *Platycerium* selbst, so daß bezüglich der Mineralsubstanzen eine Art interner Stoffkreislauf mit geringen Verlusten anzunehmen ist. Diese Angaben stammen von BOYER, dessen umfangreiche Arbeit eine große Menge experimentell bestimmter Einzelheiten enthält.

Auf den Blättern tropischer Waldbäume wies RUINEN eine reichliche Saprophytenvegetation nach, in der besonders reichlich Hefen vorkommen. Die meisten derselben sind durch hohe Lipolyseaktivität ausgezeichnet, wodurch sie vielleicht im Stande sind, die Blattcuticula anzugreifen.

BETH und LINSKENS untersuchten die epiphytischen Gesellschaften auf Meeresalgen. Häufig liegen mehrere Gesellschaften übereinander. Sie wirken physiologisch-ökologisch aufeinander ein, so daß auch deutliche Sukzessionen auftreten. Zum Verständnis all dieser mannigfachen Beziehungen werden Kausalanalysen versucht, die bereits gute Ergebnisse zeitigten.

Extreme Standorte sind Rasen-Fußballplätze u. dgl. Wie lange bekannt, ist *Poa annua* besonders trittsicher. PIETSCH meint, man sollte dieses Gras für solche Zwecke züchten, wie andere Nutzpflanzen auch.

In einem dichten *Bambus*bestand Burmas beträgt die oberirdische Trockenmasse etwa ebensoviel wie in einem zwanzigjährigen Eichenwald bei Woronesh (ROZANOV und ROZANOVA).

Tiere und Pflanzen

Auf den ersten Band des umfassenden Buches von BUHR über Gallen sei besonders hingewiesen. Ferner auf das umfangreiche Werk von CARTER, das vielfältige Beziehungen aufzeigt, besonders auch über Virusübertragung.

Den Gedanken, daß die Anfälligkeit von Wäldern gegen Schadinsekten durch Trockenzeiten u. dgl. stark erhöht wird, fand GRAHAM auch für die Laubmischwälder in Michigan bestätigt. (Daneben spielt zu starker Wildbestand eine Rolle.) SCHWENKE gibt dafür folgende Kausalkette an und beweist sie experimentell: Trockenheit, gestörter Wasserhaushalt der Bäume, Zuckerreichtum, Steigen des Nährwertes. Vor allem sinkt auch die Larvensterblichkeit. Auf den Blättern vieler Pflanzenarten aus 28 Familien fand BARROW *Domatien*, die aber nicht von Milben, Insekten usw. erzeugt werden, sondern Bildungen des Blattes sind.

Aphiden prüfen, wie EHRHARDT nachwies, die Eignung einer Pflanze für sie durch Probeeinstiche und entscheiden nach Aufnahme von Siebröhrensaft, ob sie bleiben (Wirtspflanzen) oder nicht.

Wohl selten wurde die hohe Bedeutung der Regenwürmer so klar dargetan wie in einer Arbeit von WITTICH. Untersuchungsgebiet war ein reiner Fichtenwald im südlichen Schwarzwald, in dem nach den Standortsverhältnissen (Basenarmut, kühl und feucht) die Bildung extrem ungünstiger Humusformen und starke Podsolierung zu erwarten war. Aber gewisse Standortsverhältnisse gestatteten auch die Entwicklung einer sehr reichlichen Regenwurmfauna. Unter ihrem entscheidenden Einfluß entstand ein Boden von weit günstigerem Mullzustand mit Braunerdedynamik. Die Umwandlung der Nadelstreu erfolgt ganz überwiegend durch die Regenwürmer, zumal die abgefallenen Nadeln durchschnittlich nach wenigen Wochen oder Monaten durch den Regenwurmdarm gegangen sind. Dort werden sie in Humusstoffe, und zwar solche von hoher Stabilität, verwandelt und als solche ausgeschieden. Daher der für den Standort unwahrscheinlich gute Bodenzustand. Es kommt also keineswegs die wühlende Tätigkeit allein in Betracht. Es ist nicht ausgeschlossen, daß es gelingt, durch künstliche Maßnahmen anderwärts den Regenwurmbestand zu erhöhen und damit gerade an gefährdeten Standorten die Bodenbildung günstig zu beeinflussen.

Literatur

ALLEN, G. S.: Forest Sci. **9**, 386—393 (1963). — ASANOVA, B. K.: Bot. Z. **49**, 436—438 (1964). — AUTRUM, H., u. V. v. ZWEHL: Z. vgl. Physiol. **48**, 357—384 (1964).

BARANYAY, J. A.: Canad. J. Bot. **42**, 1313—1319 (1964). — BARROS, M. A. A. DE: An. Esc. sup. Agric. Univ. S. Paulo **18**, 113—130 (1963). — BECKER, A.: Z. Pflanzenkrankh. Pflanzenschutz **72**, 79—81 (1965). — BEREZNEGOVSKAYA, L. N.: Ž. obšč. Biol. **24**, 194—201 (1963). — BERGERSEN, F. J., and A. B. COSTIN: Aust. J. biol. Sci. **17**, 44—48 (1964). — BETH, K., u. H. F. LINSKENS: Naturwiss. Rdsch. **17**, 254—257 (1964). — BOYER, Y.: Ann. Sci. natur., Bot. (Paris) Sér. 12, **5**, 87—228 (1964). — BREWBAKER, J. L., and B. H. KWACK: Amer. J. Bot. **50**, 859—865 (1963). — BROWN jr., R. M., D. A. LARSON, and H. C. BOLD: Science **143**, 583—585 (1964). — BUHR, H.: Bestimmungstabellen der Gallen (Zoo- und Phytocecidien) an Pflanzen Mittel- und Nordeuropas. Bd. 1 (Pflanzengattungen A—M). XVI, 761 S. Jena: VEB Gustav Fischer Verlag 1964. — BULL, T. A., u. K. T. GLASZIOU: Aust. J. Biol. Sci. **16**, 737—742 (1963). — BURROW, C. J., J. F. HOBBS, and R. MELVILLE: Nature (Lond.) **204**, 203—205 (1964). — BURSCHEL, P., J. HUSS u. R. KALBHENN: Schriftenreihe forstl. Fak. Univ. Göttingen **34**, 1—186, 1964.

CALLAGHAN, A. A.: Trans. Brit. mycol. Soc. **45**, 249—254 (1962). — CANTLON, J. E., E. J. C. CURTIS, and W. M. MALCOLM: Ecology **44**, 466—474 (1963). — CARTER, W.: Insects in relation to plant disease. New York and London: Interscience Publ. John Wiley & SONS. 1962. 705 S. — CHAPMAN, G. P.: Ann. Bot. (Lond.) N. S. **28**, 451—458 (1964). — CLARK, F. B.: Science **140**, 1220—1221 (1963). — COZ CAMPOS, D.: Pollen et Spores **6**, 303—345 (1964).

DAMISCH, W.: Biol. Zbl. **82**, 303—341 (1963). — DART, P. J., u. F. V. MERCER: Arch. Mikrobiol. **49**, 209—235 (1964). — DAUMANN, E.: Preslia (Praha) **35**, 289—296 (1963). — DIECKERT, H.: Silvae Genet. (Frankfurt a.M.) **13**, 77—86 (1964). — DIETERICH, H.: Silvae Genet. (Frankfurt a.M.) **12**, 110—124 (1963). — DIXON, R. O. D.: Arch. Mikrobiol. **48**, 166—178 (1964). — DOLTZMANN, P.: (1) Planta **60**, 461—472 (1964); (2) **64**, 76—80 (1965). — DOMMERGUES, Y.: Agrochimica (Pisa) **7**, 335—340 (1963). — DUPERREX, A.: Ber. schweiz. bot. Ges. **73**, 218—226 (1963).

EGGLER, W. A.: Amer. Midland Natural. **69**, 38—68 (1963). — EHRHARDT, P.: Experientia (Basel) **19**, 204—205 (1963). — EVRARD, C.: Bull. Soc. roy. botan. Belg. **95**, 269—276 (1964).

FÄHNRICH, P.: Planta **61**, 187—195 (1964); **62**, 39—50 (1964). — FARMER, R. E. jr.: Silvae Genet. (Frankfurt a.M.) **13**, 116—118 (1964). — FINERAN, B. A.: Phytomorphology **13**, 249—267 (1963). — FREE, J. B.: J. Appl. Ecology **I**, 19—27 (1964).

GÄUMANN, E.: Phytopath. Z. **49**, 211—232 (1964). — GELIN, O., and S. BLIXT: Agri hortique genet. (Landskrona) **22**, 149—159 (1964). — GERDEMANN, J. W.: Mycologia (N. Y.) **56**, 342—349 (1964). — GRAHAM, S. A.: J. Forestry **61**, 356—359 (1963). — GREMMEN, J.: Ned. bosbouw-Tijdschr. **35**, 356—367 (1963). — GRÜMMER, G.: Naturwissenschaften **51**, 366 (1964).

HAMADA, M., and S. I. NAKAMURA: Sci. Rep. Tôhoku Univ., Ser. 4, **29**, 227—238 (1963). — HARDEGGER, E., M. SCHELLENBAUM u. H. CORRODI: Helv. chim. Acta **46**, 1171—1180 (1963). — HARLOW, W. M., W. A. CÔTÉ jr., and A. C. DAY: J. Forestry **62**, 539—540 (1964). — HASSOUNA, M. G., and P. F. WAREING: Nature (Lond.) **202**, 467—469 (1964). — HINDS, T. E., F. G. HAWKSWORTH, and W. J. MCGINNIES: Science **140**, 1236—1238 (1963). — HOLM-HANSEN, O.: Science **139**, 1059—1060 (1963). — HORAK, E.: Phytopathol. Z. **51**, 491—515 (1964). — HULL, R. J., and O. A. LEONARD: (1) Plant Physiol. **39**, 996—1007 (1964); (2) **39**, 1008—1017 (1964).

JÄGER, E.: Ber. dtsch. bot. Ges. **77**, 101—111 (1964). — JARVIS, P. G.: Oikos **15**, 56—78 (1964). — JAYNES, R. A.: Silvae Genet. (Frankfurt a. M.) **13**, 146—154 (1964).

KIMURA, M., and J. F. CROW: Evolution (Lawrence, Kan.) **17**, 279—288 (1963). — KONOE, R.: J. Biol. Osaka City Univ. **13**, 105—110 (1962). — KRAUS, J. F., u. A. E. SQUILLACE: Silvae Genet. (Frankfurt a. M.) **13**, 72—76 (1964). — KUIJT, J.: Forest Sci. **10**, 78—79 (1964).

LAUGHTON, E. M.: Bot. Gaz. **125**, 38—40 (1964). — LEE, I. K., and M. MONSI: Bot. Mag. Tokyo **76**, 400—413 (1963). — LESTER, D. T.: Silvae Genet. (Frankfurt a. M.) **12**, 141—151 (1963). — LINNEMANN, G.: Zbl. Bakt., II. Abt. **116**, 632—643 (1963). — LITAV, M., G. KUPERNIK, and G. ORSHAN: J. Ecol. (Oxford) **51**, 467—480 (1963). — LÜTTGE, U.: (1) Planta **63**, 103—117 (1964); (2) Flora **155**, 228—236 (1964).

MACLEOD, D. G.: New Phytol. **62**, 57—263 (1963). — MAHER, L. J.: Ecology **45**, 391—395 (1964). — MAHMOUD, S. A. Z., EL FADL A. a M. K. ELFMOTY: Folia microbiol. (Praha) **9**, 1—8 (1964). — MAINI, J. S., and R. T. COUPLAND: Canad. J. Bot. **42**, 835—839 (1964). — MALCOLM, W. M.: Bull. Torrey bot. Club **91**, 324—326 (1964). — MANKAU, R.: Phytopathology **52**, 611—615 (1962). — MASCARENHAS, J. P., and L. MACHLIS: Plant Phys. **39**, 70—77 (1964). — MATVEYEV, V. I.: Bot. Z. **49**, 743—744 (1964) (Russisch). — MAYER, A. M., and A. POLJAKOFF-MAYBER: The germination of seeds. VII, 236 S. Oxford: Pergamon Press 1963. — MEYER, F. H.: Umschau Fortschr. Wiss. u. Tech. **64**, 325—328 (1964). — MEYER, F. J.: „Die Orchidee"; Sonderheft „Probleme der Orchideengattung Ophrys", 42—55. Hannover: Brücke-Verlag 1954. — MONTES DE OCA: Colibries y Orquideas de Mexico. Editorial Fourier. S. A. Mexico 1963. 30 Seiten. 59 Tafeln. — MOORE, A. W.: Canad. J. Bot. **42**, 952—955 (1964). — MOROZOW, V. K.: Bot. Z. **48**, 885—888 (1963). — MULLER, C. H., W. H. MULLER, and B. L. HAINES: Science **143**, 471—473 (1964).

NATHO, G.: Biol. Zbl. **83**, 189—195 (1964). — NEHRING, D. Z.: Fischerei, N. F. **12**, 307—318 (1964). — NIOKU, E.: J. Ecol. **51**, 617—624 (1963).

OVINGTON, J. D.: Oikos **14**, 148—153 (1963).

PÁLFI, G.: Acta biol. (Szeged.) N. S. **8**, 85—91 (1962). — PANKOW, H.: Naturwissenschaften **51**, 274—275 (1964). — PIEHL, M. A.: Amer. J. Bot. **50**, 978—985 (1963). — PIETSCH, R.: Z. Acker- u. Pflanzenbau **119**, 347—368 (1964). — PLAVŠIĆ-GOJKOVIĆ, N.: Biol. Glas. **15**, 89—101 (1962).

RAGHAVAN, V., and J. G. TORREY: Amer. J. Bot. **36**, 51, 264—274 (1964). — RAVEN, P. H.: Quart. Rev. Biol. **38**, 151—177 (1963). — REES, A. R.: J. Ecol. **52**, 9—17 (1964). — RODINA, A. G.: Dokl. Akad. Nauk SSSR **155**, 1437—1439 (1964). — ROZANOV, B. G., i J. M. ROZANOVA: Bot. Ž. **49**, 348—357 (1964). — ROSSI, S.: Ann. Inst. Pasteur (Paris) **106**, 505—510 (1964). — RUINEN, J.: Antonie van Leeuwenhoek Labor. Microbiol., Agric. Univ. Wageningen **29**, 425—438 (1963).

SAMYGIN, G. A., i V. N. VARLAMOV: Fiziol. Rastenij **11**, 308—315 (1964). — SCHANDERL, H.: Biol. Zbl. **83**, 71—103 (1964). — SCHMITT, N.: Z. Pflanzenkrankh. u. Pflanzenschutz **72**, 77—78 (1965). — SCHNEPF, E.: Planta **60**, 473—482 (1964). — SCHWENKE, W.: Z. angew. Entomol. **51**, 371—376 (1963). — SCOTTER, G. W.: Canad. J. Bot. **41**, 1199—1202 (1963). — SHEIKOVA, G., a J. GEORGIEVA: Folia microbiol. (Praha) **8**, 308—312 (1963). — SILVER, W. S.: J. Bact. **87**, 416—421 (1964). — SINGER, R.: Mycopath. Myc. appl. (Den Haag) **20**, 239—250 (1963). — SQUILLACE, A. E., u. J. F. KRAUS: Silvae Genet. (Frankfurt a. M.) **12**, 46—50 (1963). — STERN, K.: Silvae Genet. (Frankfurt a. M.) **12**, 80—82 (1963).

TAHA, M. S.: Mikrobiologija (Mosk.) **33**, 397—403 (1964). — TENDILLE, C., C. GERVAIS et Y. COÏC: Ann. Physiol. vég. **6**, 25—32 (1964). — THODAY, D.: Proc. roy. Soc. (Lond.) **157**, 507—516 (1963). — TSUKADA, M.: Pollen et Spores **6**, 45—84 (1964).

UNGAR, I. A.: Ecology **43**, 763—764 (1962).

WALTON, A.: Ann. Bot. (Lond.), N. S. **28**, 271—282 (1964). — WARDLE, P.: N. Z. J. Bot. **1**, 301—315 (1963). — WIEFELSPÜTZ, W.: „Die Orchidee": Sonderheft „Probleme der Gattung Ophrys", 56—62. Hannover: Brücke-Verlag 1964. — WILKINS, D. A.: Ann. Bot. (Lond.) N. S. **27**, 533—552 (1963). — WILSON, J. W.: Ann. Bot. (Lond.) N. S. **28**, 71—76 (1964). — WITTICH, W.: Schriftenreihe forstl. Fak. Univ. Göttingen **30**, 1—60 (1963). — WOLTERS, B.: (1) Planta **60**, 344—348 (1963); (2) **62**, 81—96 (1964).

ZAK, B., and D. H. MARX: Forest Sci. **10**, 214—222 (1964). — ZIEGLER, H., U. LÜTTGE u. U. LÜTTGE: Flora **154**, 215—229 (1964).

Anhang[1]: Pflanzenschutz

Von HERMANN FISCHER, Kiel

Integrierte Bekämpfung von Pflanzenkrankheiten

Um den Einsatz chemischer Pflanzenschutzmittel auf ein sinnvolles Minimum beschränken zu können, werden seit einigen Jahren die Möglichkeiten einer „integrierten Schädlingsbekämpfung" (Fortschr. Bot. **24**, 459) zur Niederhaltung tierischer Schaderreger eingehend studiert. Man will alle geeigneten biologischen Fakten ausschöpfen, um einerseits eine größere Widerstandsfähigkeit der Pflanze, andererseits eine Schwächung oder Vernichtung der Schaderreger zu erreichen. In diesem Zusammenhang und aus gleichen Gründen gewinnen auch die Arbeiten Interesse, die bei der Bekämpfung pilzlicher und bakterieller Pathogene ähnliche Prinzipien verfolgen, und in denen acker- und pflanzenbauliche Methoden hinsichtlich ihres Einflusses auf Pflanzenkrankheiten untersucht werden. Leider läßt sich der wichtigste Faktor – die biologisch richtige Fruchtfolge – häufig aus arbeits- und wirtschaftspolitischen Gründen nicht in einem wünschenswerten Umfang einsetzen. Um so bedeutungsvoller sind Untersuchungen über den Einfluß von Düngung und Bodenbearbeitung auf Pflanzenkrankheiten, wenn die Bodenbearbeitung arbeitstechnisch leider auch bereits gewissen Beschränkungen unterliegt.

BOCHOW u. SEIDEL setzten ihre Arbeiten zur Frage des Einflusses organischer Düngung auf den Befall durch parasitische Pilze fort und untersuchten die Wirkung einer Stallmist- bzw. Strohdüngung auf *Plasmodiophora brassicae* Wor., *Ophiobolus graminis* Sacc. sowie *Helminthosporium sativum* P., K. et B. Stallmistdüngung führt in der ersten Vegetationsperiode zu einer Abnahme der Bodenverseuchung mit *P. brassicae* (es wird eine stofflich bedingte Keimstimulation des Erregers angenommen); geringe Mengen Roggenstrohmehl wirken ebenfalls keimstimulierend, höhere hemmend. Die Überlebensrate von *O. graminis* nahm mit steigender Zufuhr von Stallmist ab. Ähnlich wirken Vorjahresgaben von Stroh mit Kalkstickstoff sowie eine vierwöchige oberirdische Rotte des Strohes vor dem Einpflügen. Auch der Befall von Weizen durch *H. sativum* nahm ebenso wie die saprophytische Entwicklung dieses Pilzes mit steigenden Stallmistgaben sowie nach kombinierter Stroh-Stickstoff-Düngung ab; bei letzterer handelt es sich nicht um einen ausschließlichen Stickstoff-Effekt. – *Sclerotium rolfsii*, ein gefährlicher Pathogen an Erdnüssen, entwickelt sich nach GARREN saprophytisch gut auf abgestorbenen Pflanzenteilen. Befinden sich Pflanzenreste in unmittelbarer Nachbarschaft von Erdnußpflanzen, so kommt es infolge des reichlich vorhandenen Pilzmaterials zu heftigen Infektionen. Zwischen Mulchparzellen und solchen, auf denen die Pflanzenreste tief eingearbeitet worden waren,

---

[1] Dieser Beitrag war bereits vorbereitet, als der Beschluß gefaßt wurde, das Kapitel „Angewandte Botanik" in Zukunft wegzulassen.

kommt es zu signifikanten Ertragsunterschieden. Werden nach einer mechanischen Unkrautbekämpfung die Krautreste durch Anhäufeln in Höhe der Infektionszone angereichert, kann sich in ihnen *S. rolfsii* üppig entwickeln, und es kommt zu erheblichen Mindererträgen im Vergleich zu Flächen, bei denen die Unkrautbekämpfung chemisch durchgeführt worden war. Bei Versuchen zur Bekämpfung des Flaschenkürbis-Mosaiks, einer gefährlichen Gurkenkrankheit im Jordantal, gelang es dagegen NITZANY, GEISENBERG u. KOCH, den Befall durch eine unmittelbar nach der Saat aufgebrachte Mulchschicht zurückzudrängen und die Erträge erheblich zu steigern. Dieser Erfolg beruht auf einer Repellent-Wirkung, die die Schicht auf den Hauptvektor der Virose, *Bemisia tabaci* Genn., ausübt.

Die Halmbruchkrankheit, *Cercosporella herpotrichoides* Fron., gewinnt mit zunehmender Einengung der Fruchtfolge bzw. verstärktem Getreideanbau immer mehr an Bedeutung. Sie verursacht nicht nur geringere Erträge, sondern erschwert auch den Mähdrusch. Der Befall des Weizens geht nach BOCKMANN mit dem Ausmaß des krankhaften Halmbruches parallel. Das Auftreten von Lagerfrucht läßt sich durch frühzeitige Kalkstickstoffgaben zurückhalten; ertragsmäßig werden diese allerdings nur wirksam, wenn die Bestände eine hohe Keimdichte aufweisen. Zu dünnen Beständen ist eine Düngung mit Kalkammonsalpeter angebracht. Bei dieser können, anders als beim Kalkstickstoff, gewisse Lagerschäden durch höhere Bestandesdichte aufgefangen werden. Kalkstickstoffgaben haben eine Verkürzung der Halmlänge zur Folge, die sich ebenfalls günstig auf die Standfestigkeit auswirkt. Über gute Erfolge einer kombinierten Anwendung von Kalkstickstoff und nachfolgender Quecksilberspritzung berichtet DIERCKS. Spritzungen mit Chlor-Cholinchlorid (CCC) bewirken nach BOCKMANN durch Halmverdickung bzw. Halmwandversteifung ebenfalls eine erhöhte Standfestigkeit bei Befall durch *Cercosporella*. Damit werden frühere Beobachtungen von MAYR, PRIMOST u. RITTMEYER bestätigt. Der Wirkstoff scheint auch zur Unterdrückung weiterer, durch pilzliche Erreger hervorgerufene Krankheitssymptome Bedeutung zu erlangen. SINHA u. WOOD berichten, daß – anscheinend durch Einwirkung auf den Stoffwechsel der Pflanze – die *Verticillium*-Welke an Tomaten durch Wurzelbehandlung mit CCC wirksam bekämpft werden konnte. Der Wirkstoff verhinderte in vitro das Wachstum des Pilzes nicht.

Den Einfluß einer Kalkstickstoffdüngung auf den Befall des Getreides mit Mehltau *(Erysiphe graminis)* untersuchten FISCHBEK u. BAUER. Pflanzen, die mehrfach unterteilte Kalksalpetergaben erhalten hatten, unterschieden sich im Habitus nicht von den mit Kalkstickstoff gedüngten; trotzdem hatten die mit Kalksalpeter ernährten einen erheblich höheren Mehltaubefall. Es entstand die Frage, ob diese Wirkung durch eine fungicide Tätigkeit des Cyanamids hervorgerufen worden war; dabei müßte es sich wegen des langen Zeitraumes zwischen der Kalkstickstoffanwendung und dem Auftreten des Mehltaues um eine „systemische" Wirkung handeln. Sprühversuche mit Cyanamid-Lösungen bestätigten eine gewisse fungicide Wirkung mit jedoch ziemlich begrenztem Zeitraum, die den auch von anderen Autoren beobachteten geringeren Mehltaubefall nach Kalkstickstoff-Düngungen nicht erklärt.

Nach Scheys, Wijnhoven u. Luysen sind Bodenstruktur und Wasserhaushalt des Bodens entscheidend für das Auftreten des Apfelbaumkrebses *(Nectria galligena* Bres.*)*. In Obstplantagen mit starkem Krebsvorkommen führten sie dem Boden einerseits Plastikstoffe, andererseits Stalldung und Straßenkompost zu, denen Mineraldünger zugesetzt worden waren. Das Krankheitsbild wurde nur durch die Plastikstoffe (ohne Mineraldünger) günstig beeinflußt, die eine bessere Durchlüftung des Bodens bewirkten. Außer mit der besseren Bodenstruktur steigen Zahl und Schwere der Infektionen mit der Höhe des Wasserspiegels. – Weinhold u. Oswald stellten einen starken Einfluß der Fruchtfolge auf das Auftreten von Kartoffelschorf *(Streptomyces scabies)* fest. Durch den vorhergehenden Anbau von Sojabohnen wurde zwar kein Rückgang erreicht, wohl aber eine weitere Befallsausweitung verhindert. Gerste als Deckfrucht und Gündüngung verdoppelte das Schorfvorkommen. Der Befallszuwachs wurde durch jährlichen Wechsel der Kartoffeln mit Zuckerrüben oder Baumwolle kaum beeinflußt; bei der Fruchtfolge Kartoffel-Zuckerrübe-Baumwolle nahm der Schorfbefall stärker zu als zu erwarten war.

Viele Autoren befaßten sich mit dem Einfluß der Mineraldüngung, insbesondere der Stickstoffzufuhr, auf das Auftreten von Pilzkrankheiten. Nach Hobbs u. Waters ist die Befallsstärke von *Botrytis cinerea* an *Chrysanthemum morifolium* abhängig von der Höhe der Stickstoffdüngung; die Höhe der Kalizufuhr scheint ohne Einfluß zu sein. Hohe Stickstoffgaben steigern auch die Anfälligkeit von Tulpen gegen *B. tulipae*, doch gleichen sie das praktisch durch höhere Erträge aus (Valâskova); hier vermögen Kali und Phosphorsäure die Abwehrkraft zu erhöhen. Nilsson u. Nelson beobachteten an Nelken mit steigender Stickstoffversorgung ein stärkeres Auftreten von *Phialophora (Verticillium) cinerescens*. Freeman erreichte dadurch eine Vermehrung der durch *Pericularia grisea* hervorgerufenen Blattinfektionen an St. Augustine-Gras *(Stenotaphrum secundatum)* um 65–125%. Der Gehalt an Gesamtstickstoff und freien Aminosäuren im Blattgewebe korreliert eng mit der Schwere der Erkrankung. Mehrjährige Versuche von Lefter u. Pasc zeigten, daß die Befallsstärke von *Sclerotinia laxa* an Pflaumen weitgehend von der Düngung abhängt: steigende Stickstoff- und fallende Kaligaben begünstigten die Krankheit. Ein niedriges N : K-Verhältnis ergibt steigende Ernten infolge geringeren Ausfalls an Früchten.

Die Versorgung von Saatgut mit Spurenelementen ist oft günstig beurteilt worden, ebenso oft hat man aber ihren Wert bezweifelt. Neue Beiträge zu dieser Frage liegen vor. Grebenchuk glaubt, durch Anfeuchten des Saatgutes mit Co-, Mn- und Fe-Lösungen eine Resistenzsteigerung der Gerste gegen Mehltau *(Erysiphe graminis)* sowie gegen *Helminthosporium gramineum* erzielen zu können. Nach Gromyko wechselt zwar die Wirkung einer Behandlung des Saatgutes mit Spurenelementen von Jahr zu Jahr, doch förderte sie regelmäßig – mehr oder weniger – die Resistenz gegen *Cercospora beticola*. Eine vorbeugende Tauchbehandlung von Maissaatgut in Borsäure-, Zinksulfat- oder Mikronährstofflösungen erhöhte nach Geshele u. Val'ter die Resistenz gegen Maisbeulenbrand *(Ustilago maydis)*.

Die durch *Phoma herbarum var. medicagini* hervorgerufene Blattflecken- und Stengelschwärzekrankheit an Luzerne tritt stärker auf, wenn die Pflanzen von Blattläusen befallen sind. Der abgeschiedene Honigtau stimuliert offenbar den Pilz. In Versuchen konnten BANTHARI u. WILCOXSON die Krankheitssymptome erheblich durch Zufügnung von Asparagin, Glucose oder Kartoffelglucose zu den Sporenaufschwemmungen verstärken; der Pilz entwickelte längere und stärkere Keimschläuche und drang schneller in die Pflanze ein. Ernährungszustand der Luzerne sowie Düngung beeinflußten die Krankheit nicht. Eine Blattlausbekämpfung scheint also Vorbedingung für die Kontrolle der Pilzkrankheit zu sein. INOUE, TAKEUCHI u. KOMADA führten einem schwer verseuchten Boden Chitin zu und verminderten dadurch erheblich das Auftreten von *Fusarium oxysporum f. sp. raphani*, eine Folge der Vermehrung von Antagonisten. Die Pflanzen zeigten auf behandelten Böden z. T. Mangelsymptome, die aber wieder verschwanden.

„Stippigkeit" an Äpfeln wurde von SCHUMACHER wirksam durch Calcium-Spritzungen bekämpft, doch kann diese Behandlung nach RAPHAEL auch zu Blattverbrennungen und Fruchtverfärbungen führen; allerdings sei der Schaden nie so groß wie der Nutzen. Stippigkeit kann auch durch Ausdünnen der Äpfel verstärkt auftreten, während der Befall durch *Gloeosporium perennes* dadurch nicht beeinflußt wird (SHARPLES).

SINGH versuchte, das Wachstum des Bodenpilzes *Pythium sp.* durch *Trichoderma viride* zu unterdrücken. Dies gelang ihm aber nur unter sterilen Bedingungen, unter natürlichen Verhältnissen, also bei Anwesenheit von anderen Bodenorganismen, trat ein Antagonismus nicht in Erscheinung. Interessant sind Beobachtungen von ARNANDI, FERRARI u. TASSALINI, die eine wachsende Resistenz von Kartoffeln gegen *Erwinia atroseptica* durch vorhergehende Behandlung mit abgeschwächten Kulturen erzielten. Die Vaccination scheint reale Immunitätsreaktionen auszulösen.

Die durch *Rhizoctonia solani* verursachten Auflaufschäden an Kartoffeln sowie die Unsicherheit von Bekämpfungsmaßnahmen zwingen zu weiteren Arbeiten. Nach MORDUE ist die Übertragung des Pilzes durch das Saatgut gefährlicher als eine Bodeninfektion. Entscheidend für die Pilzfreiheit der Saatknollen seien die Lagerbedingungen bei der Überwinterung. Der Pilz kann sich zwar bei einer weiten Temperaturspanne (5–25° C), aber nur bei einer rel. Luftfeuchtigkeit von 93% und höher entwickeln. Unter diesen Bedingungen wachsen von den Sklerotien oder dem braunen Mycel an der Knollenoberfläche farblose Hyphen zu den Augen und den sich entwickelnden Trieben, später auch zu den Stolonen und Wurzeln. Da Sklerotien und Mycel an den Knollen auch bei niedriger rel. Luftfeuchtigkeit wenigstens vier Wochen überleben können, muß hierauf bei der Lagerhaltung Rücksicht genommen und für eine entsprechende dauernde Trockenheit Sorge getragen werden. Ähnliche Beobachtungen liegen auch von JENNINGS und von MOOI vor. Ersterer empfiehlt daher, die Desinfektion der Knollen unmittelbar nach der Ernte, also bereits vor der Einlagerung vorzunehmen, um die Ausgangsverseuchung möglichst klein zu halten. Nach MOOI verursacht die chemische Krautabtötung in Saatkartoffelbeständen ein früheres und zahlreicheres Auftreten von Sklerotien an den Knollen als das Entkrauten von Hand. Eine Begründung kann nicht gegeben werden. – Einhaltung günstiger Lagerbedingungen für Saatkartoffeln zur Vermeidung der *Rhizoctonia*-Schäden ist auch deshalb so wichtig, weil der Erreger außerordentlich leicht gegen Fungicide resistent wird. Neuerdings berichten ELSAID u. SINCLAIR wieder von Fällen erstaunlich schneller Resistenzbildung gegen bekannte Wirkstoffe, u. a. gegen Captan, Maneb, TMTD, Pentachlornitrobenzol.

Literatur

ARNANDI, C., A. FERRARI e C. TASSALINI: Riv. Pat. veg., Pavia, Ser. 3, **4**, 3—40 (1964).

BANTTARI, E. E., and R. D. WILCOXSON: Phytopathology **54**, 1415—1417 (1964). — BOCHOW, H., u. D. SEIDEL: Phytopath. Z. **50**, 291—310 (1964). — BOCKMANN, H.: Nachrbl. dtsch. Pflanzenschd. (Braunschweig) **16**, 97—105 (1964).

DIERCKS, R.: Z. Acker- u. Pflanzenbau **118**, 369—388 (1964).

ELSAID, H. M., and J. B. SINCLAIR: Phytopathology **54**, 518—522 (1964).

FISCHBECK, G., u. F. BAUER: Z. Pflanzenkr. **71**, 24—34 (1964). — FREEMANN, T. E.: Phytopathology **54**, 1187—1189 (1964).

GARREN, K. H.: Phytopathology **54**, 279—281 (1964). — GESHELE, E. E., and O. Y. VAL'TER: J. agric. Sci. (Moskau) **7**, 40—42 (1962). — GREBENSCHUK, E. A.: Trud. Khar'kov. sel. Khoz. Inst. **38**, 174—187, 188—193 (1962). — GROMYKO, G. N.: Trud. Khar'kov. sel. Khoz. Inst. **38**, 147—156 (1962).

HOBBS, E. L., and W. E. WATERS: Phytophathology **54**, 674—676 (1964).

INOUE, Y., S. TAKEUCHI, and H. KOMADA: Res. Prog. Rep. Tokai-Kinki natn. agric. Exp. Stn. **1**, 6—11 (1964).

JENNINGS, J. W.: Europ. Potato J. **7**, 21—32 (1964).

LEFTER, G., and I. PASC: Grădina via si livada **12**, 49—53 (1963).

MAYR, H. H., E. PRIMOST u. G. RITTMEYER: Bodenkultur **13**, 27—45 (1962). — MOOI, J. C.: Jaarsverslag 1962 Inst. v. Plantenz. Onderzoek, Wageningen (1963). — MORDUE, J. E. M.: Rep. Sch. Agric. Nottingham 1963, 42—48 (1964).

NILSSON, G. I., and P. V. NELSON: Phytopathology **54**, 1172—1173 (1964). — NITZANY, F. E., H. GEISENBERG, and B. KOCH: Phytopatology **54**, 1059—1061 (1964).

RAPHAEL, T. D.: Tasm. J. Agric. **25**, 234—275 (1964).

SCHEYS, G., J. WIJNHOVEN et D. LUYSEN: Agricultura, Löwen, Sér. 2, **12**, 375—407 (1964). — SCHUMACHER, R.: Schweiz. Z. Obst- u. Weinbau **73**, 177—181 (1964). — SHARPLES, R. O.: J. Hort. Sci. **39**, 224—235 (1964). — SINGH, R. S.: Naturwissenschaften **51**, 173 (1964). — SINHA, A. K., and R. K. S. WOOD: Nature (Lond.) **202**, 824 (1964).

VALÁSKOVA, E.: Acta průhon. **1963**, 17—36.

WEINHOLD, A. R., J. W. OSWALD, T. BOWMAN, J. BISHOP and D. WRIGHT: Amer. Potato J. **41**, 265—273 (1964).

Sachverzeichnis

Die *kursiv* gedruckten Seitenzahlen weisen auf die Hauptbehandlung des betreffenden Stichwortes hin

FORTSCHRITTE DER BOTANIK

BEGRÜNDET VON FRITZ VON WETTSTEIN

HERAUSGEGEBEN VON

ERWIN BÜNNING · HEINZ ELLENBERG
TÜBINGEN ZÜRICH

KARL ESSER · HERMANN MERXMÜLLER
BOCHUM MÜNCHEN

PETER SITTE
HEIDELBERG

IN ZUSAMMENARBEIT MIT ZAHLREICHEN FACHKOLLEGEN
UND BOTANISCHEN GESELLSCHAFTEN

SONDERDRUCK AUS BAND XXVII

LOTHAR GEITLER UND ELISABETH TSCHERMAK-WOESS

MORPHOLOGIE UND ENTWICKLUNGSGESCHICHTE DER ZELLE

NICHT IM HANDEL

Springer-Verlag Berlin Heidelberg GmbH
1965

FORTSCHRITTE DER BOTANIK

BEGRÜNDET VON FRITZ VON WETTSTEIN

HERAUSGEGEBEN VON

ERWIN BÜNNING · HEINZ ELLENBERG
TÜBINGEN ZÜRICH

KARL ESSER · HERMANN MERXMÜLLER
BOCHUM MÜNCHEN

PETER SITTE
HEIDELBERG

IN ZUSAMMENARBEIT MIT ZAHLREICHEN FACHKOLLEGEN
UND BOTANISCHEN GESELLSCHAFTEN

SONDERDRUCK AUS BAND XXVII

PETER SITTE

FEINBAU DER ZELLE BEI HÖHEREN ORGANISMEN

NICHT IM HANDEL

Springer-Verlag Berlin Heidelberg GmbH
1965

FORTSCHRITTE DER BOTANIK

BEGRÜNDET VON FRITZ VON WETTSTEIN

HERAUSGEGEBEN VON

ERWIN BÜNNING · HEINZ ELLENBERG
TÜBINGEN ZÜRICH

KARL ESSER · HERMANN MERXMÜLLER
BOCHUM MÜNCHEN

PETER SITTE
HEIDELBERG

IN ZUSAMMENARBEIT MIT ZAHLREICHEN FACHKOLLEGEN
UND BOTANISCHEN GESELLSCHAFTEN

SONDERDRUCK AUS BAND XXVII

GERHART DREWS

SUBMIKROSKOPISCHE CYTOLOGIE DER BAKTERIENZELLE

NICHT IM HANDEL

Springer-Verlag Berlin Heidelberg GmbH
1965

FORTSCHRITTE DER BOTANIK

BEGRÜNDET VON FRITZ VON WETTSTEIN

HERAUSGEGEBEN VON

ERWIN BÜNNING · HEINZ ELLENBERG
TÜBINGEN ZÜRICH

KARL ESSER · HERMANN MERXMÜLLER
BOCHUM MÜNCHEN

PETER SITTE
HEIDELBERG

IN ZUSAMMENARBEIT MIT ZAHLREICHEN FACHKOLLEGEN
UND BOTANISCHEN GESELLSCHAFTEN

SONDERDRUCK AUS BAND XXVII

WILHELM TROLL UND HANS WEBER

MORPHOLOGIE EINSCHLIESSLICH ANATOMIE

NICHT IM HANDEL

Springer-Verlag Berlin Heidelberg GmbH
1965

FORTSCHRITTE DER BOTANIK

BEGRÜNDET VON FRITZ VON WETTSTEIN

HERAUSGEGEBEN VON

ERWIN BÜNNING · HEINZ ELLENBERG
TÜBINGEN ZÜRICH
KARL ESSER · HERMANN MERXMÜLLER
BOCHUM MÜNCHEN
PETER SITTE
HEIDELBERG

IN ZUSAMMENARBEIT MIT ZAHLREICHEN FACHKOLLEGEN UND BOTANISCHEN GESELLSCHAFTEN

SONDERDRUCK AUS BAND XXVII

HUBERT ZIEGLER

WASSERUMSATZ UND STOFFBEWEGUNGEN

NICHT IM HANDEL

Springer-Verlag Berlin Heidelberg GmbH
1965

FORTSCHRITTE DER BOTANIK

BEGRÜNDET VON FRITZ VON WETTSTEIN

HERAUSGEGEBEN VON

ERWIN BÜNNING · HEINZ ELLENBERG
TÜBINGEN ZÜRICH

KARL ESSER · HERMANN MERXMÜLLER
BOCHUM MÜNCHEN

PETER SITTE
HEIDELBERG

IN ZUSAMMENARBEIT MIT ZAHLREICHEN FACHKOLLEGEN
UND BOTANISCHEN GESELLSCHAFTEN

SONDERDRUCK AUS BAND XXVII

HORST MARSCHNER

MINERALSTOFFWECHSEL

NICHT IM HANDEL

Springer-Verlag Berlin Heidelberg GmbH
1965

FORTSCHRITTE DER BOTANIK

BEGRÜNDET VON FRITZ VON WETTSTEIN

HERAUSGEGEBEN VON

ERWIN BÜNNING · HEINZ ELLENBERG
TÜBINGEN ZÜRICH

KARL ESSER · HERMANN MERXMÜLLER
BOCHUM MÜNCHEN

PETER SITTE
HEIDELBERG

IN ZUSAMMENARBEIT MIT ZAHLREICHEN FACHKOLLEGEN UND BOTANISCHEN GESELLSCHAFTEN

SONDERDRUCK AUS BAND XXVII

HELMUT METZNER

PHOTOSYNTHESE

NICHT IM HANDEL

Springer-Verlag Berlin Heidelberg GmbH

1965

FORTSCHRITTE DER BOTANIK

BEGRÜNDET VON FRITZ VON WETTSTEIN

HERAUSGEGEBEN VON

ERWIN BÜNNING · HEINZ ELLENBERG
TÜBINGEN ZÜRICH
KARL ESSER · HERMANN MERXMÜLLER
BOCHUM MÜNCHEN
PETER SITTE
HEIDELBERG

IN ZUSAMMENARBEIT MIT ZAHLREICHEN FACHKOLLEGEN
UND BOTANISCHEN GESELLSCHAFTEN

SONDERDRUCK AUS BAND XXVII

ERICH KESSLER

N-STOFFWECHSEL

NICHT IM HANDEL

Springer-Verlag Berlin Heidelberg GmbH
1965

FORTSCHRITTE DER BOTANIK

BEGRÜNDET VON FRITZ VON WETTSTEIN

HERAUSGEGEBEN VON

ERWIN BÜNNING · HEINZ ELLENBERG
TÜBINGEN ZÜRICH

KARL ESSER · HERMANN MERXMÜLLER
BOCHUM MÜNCHEN

PETER SITTE
HEIDELBERG

IN ZUSAMMENARBEIT MIT ZAHLREICHEN FACHKOLLEGEN UND BOTANISCHEN GESELLSCHAFTEN

SONDERDRUCK AUS BAND XXVII

MEINHART ZENK

WACHSTUM

NICHT IM HANDEL

Springer-Verlag Berlin Heidelberg GmbH
1965

FORTSCHRITTE DER BOTANIK

BEGRÜNDET VON FRITZ VON WETTSTEIN

HERAUSGEGEBEN VON

ERWIN BÜNNING · HEINZ ELLENBERG
TÜBINGEN ZÜRICH

KARL ESSER · HERMANN MERXMÜLLER
BOCHUM MÜNCHEN

PETER SITTE
HEIDELBERG

IN ZUSAMMENARBEIT MIT ZAHLREICHEN FACHKOLLEGEN
UND BOTANISCHEN GESELLSCHAFTEN

SONDERDRUCK AUS BAND XXVII

MARIANNE KROH

PHYSIOLOGIE DER FORTPFLANZUNG UND SEXUALITÄT

NICHT IM HANDEL

Springer-Verlag Berlin Heidelberg GmbH
1965